2025
한국산업인력공단 필기시험 집중 대비서

국가기술자격증 사이버교육연수원

실내건축기사
필기 문제해설
Engineer Interior Architecture

이 상 화 지음

기본 원리부터 정답에 이르기까지 명확하고 풍부한 해설을 통해 자신감은 물론
모든 문제에 탄력적으로 대응할 수 있는 능력을 키워줍니다.

속성준비 수험생을 위한 **압축핵심정리**
8년간 높은 합격률로 강의해 온 **저자 직접 집필**
새로운 유형에 따른 저자의 **질의 응답**

 유튜브 채널 '실내건축 이상화'에서
문제풀이 영상을 확인하세요
youtube.com/@실내건축기사

**2022년부터
주요 변경사항**
120문제에서
80문제로 축소
과목 및 단원
대폭 변경

도서출판  엔플북스

Preface

머리말

실내건축은 21세기에 들어서면서 경제성장 및 건축기술의 발달은 인간의 생활에 대하여 다양한 욕구를 반영하고 있습니다. 국내에서의 실내건축 학문적 역사는 다른 분야와 비교하여 그 기간은 짧지만 빠른 속도로 발전을 이루었습니다.

실내건축은 설계도면을 기준으로 하여 인간의 거주환경을 쾌적하게 만들 수 있는 결과를 제시할 수 있도록 해야 하며 이러한 흐름에 맞추어 사회적으로 더욱 그 필요성과 실용적 가치가 높아지고 있는 실내건축 산업기사 자격증의 필기시험 대비서인 본 교재를 다양한 실무경험과 오랜 학원강의를 바탕으로 만들려고 노력했습니다.

본 교재는 우선 자격증을 준비하는 수험생들의 성향 상 짧은 시기에 핵심적인 내용을 습득할 수 있도록 요약하면서도 기본적이며 핵심적인 내용들을 놓치지 않도록 정리하였습니다.

또한, 실제 기출문제 중 생소하거나 난해한 내용들도 이 책을 통해 혼자서 공부할 수 있도록 쉽게 정리하였습니다.

저자는 최선을 다해 본 교재를 집필하였으나 다소 부족하거나 미진한 면이 발견될 수 있는 점 미리 양해 말씀드리며 차후 부족한 부분은 많은 조언을 통해서 보완하도록 노력하겠습니다.

이 교재를 통해 학습서를 준비하는 많은 수험생들이 반드시 합격의 영광을 누리기를 진심으로 기원하며 끝으로 이 책이 출판될 수 있도록 애써주신 도서출판 엔플북스 관계자 여러분께 감사드립니다.

목차

제1편 실내디자인 계획

chapter 1. 실내디자인 기획
1.1 실내디자인 일반 ···2
1.2 실내디자인 프로세스 ···4
1.3 실내디자인 역사 트렌드 ···································7

chapter 2. 실내디자인 기본계획
2.1 디자인의 요소 ···21
2.2 디자인의 원리 ···29
2.3 실내디자인 기본 요소 ·····································33
2.4 조명 ···40
2.5 장식 및 디스플레이 ···46

chapter 3. 세부 공간계획 및 설계도서 작성
3.1 공간계획 ···50
3.2 설계도서 작성 ···84

제2편 색채 및 사용자 분석

chapter 1. 프레젠테이션 및 색채지각
1.1 디자인 프레젠테이션 ·······································96
1.2 색채지각의 기본 원리 ···································103
1.3 색의 분류와 속성 ···107
1.4 색의 혼합 ···109
1.5 색체계 ···112
1.6 색이름 ···122

chapter 2. 색채 심리 및 조화

    2.1 색의 지각적 효과 ··125
    2.2 색의 감정적 효과 ··130
    2.3 색채 조화론 ··133
    2.4 배색 ··143
    2.5 색채 관리 ··147
    2.6 색채 계획 ··149

chapter 3. 가구계획 및 사용자분석

    3.1 가구 디자인 ··156
    3.2 인간-기계시스템 ··163
    3.3 신체활동의 생리적 배경 ····························169
    3.4 신체반응 및 신체역학 ································175
    3.5 신체활동 ··179
    3.6 신체계측 ··181
    3.7 시각 ··184
    3.8 청각 ··189
    3.9 지각과 기타 감각 ··195

제3편　시공 및 재료

chapter 1. 시공관리

    1.1 공정 및 안전관리 ······································200
    1.2 실내건축 협력공사 ····································207

chapter 2. 목공사

    2.1 개요 ··226
    2.2 목재의 조직 ··227
    2.3 제재 및 건조 ··229
    2.4 목재의 성질 ··230
    2.5 제품 및 목공사 ··233

chapter 3. 석공사

    3.1 개요 ··245
    3.2 석재의 가공 및 성질 ··································247

chapter 4. 조적공사
    4.1 점토제품 ·· 251
    4.2 조적공사 ·· 252

chapter 5. 금속재료 및 내장공사
    5.1 철강 ·· 261
    5.2 비철금속 ·· 264
    5.3 금속제품 및 주요 공사 ··· 267

chapter 6. 창호 및 유리공사
    6.1 성형 및 분류 ·· 274
    6.2 유리제품 ·· 275

chapter 7. 미장공사
    7.1 일반사항 ·· 281
    7.2 미장재료의 종류 ··· 282
    7.3 미장공사 ·· 286

chapter 8. 도장공사
    8.1 도장재료 ·· 288
    8.2 각종 페인트 ··· 289
    8.3 주요 도장 ·· 293

chapter 9. 타일공사·수장공사
    9.1 타일공사 ·· 296
    9.2 수장공사 ·· 299

chapter 10. 적산 및 실무도서
    10.1 적산 ··· 304
    10.2 공사비의 구성 ·· 309

제4편 실내디자인 환경

chapter 1. 실내환경
    1.1 열 및 습기환경 ·· 314
    1.2 공기환경 ·· 325
    1.3 빛환경 ··· 330

1.4 음환경 ……………………………………………………………………341

chapter 2. 건축관련 법규
2.1 건축법규 총론 ……………………………………………………………348
2.2 피난관련규정 ………………………………………………………………352
2.3 방화·설비규정 및 기타 ……………………………………………………365
2.4 소방법규 ……………………………………………………………………381

chapter 3. 건축설비
3.1 급수 및 급탕설비 …………………………………………………………400
3.2 공기조화설비 및 기타 설비 ………………………………………………416

제5편 │ 과년도 문제 및 CBT 복원문제

★ 2021년 3월7일 ………………………………………………………………438
★ 2021년 5월15일 ……………………………………………………………453
★ 2021년 9월12일 ……………………………………………………………468
★ 2022년 3월5일 ………………………………………………………………483
★ 2022년 4월24일 ……………………………………………………………493
★ 2022년 제4회 ………………………………………………………………503
★ 2023년 제1회 ………………………………………………………………514
★ 2023년 제2회 ………………………………………………………………525
★ 2023년 제4회 ………………………………………………………………536
★ 2024년 제1회 ………………………………………………………………547
★ 2024년 제2회 ………………………………………………………………557
★ 2024년 제3회 ………………………………………………………………567

제6편 │ 모의고사

★ 모의고사 ……………………………………………………………………579

제7편 │ 과년도 문제 해설 및 정답

★ 과년도문제해설 ……………………………………………………………643

제8편 모의고사 해설 및 정답

★ 모의고사해설 ··749

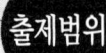

◎ 개정된 실내건축기사 필기 출제범위(2022. 1. 1~2024. 12. 31)

과목명	주요 항목	세부 항목
실내디자인계획 (20문항)	실내디자인 기획	사용자 요구사항 파악 설계 개념 설정
	실내디자인 기본계획	디자인 요소, 디자인 원리 공간 기본 구상 및 계획 실내디자인 요소
	실내디자인 세부공간계획	주거, 업무, 상업, 전시공간
	실내디자인 설계도서 작성	실시설계 도서작성 수집 실시설계 도면 작성
	실내디자인 프레젠테이션	프레젠테이션 기획, 작성 프레젠테이션
색채 및 사용자행태분석 (20문항)	실내디자인 색채계획	색채 구상, 검토, 계획
	실내디자인 가구계획	가구 자료 조사 가구 적용 검토, 가구 계획
	사용자 행태분석	인간-기계시스템과 인간요소 시스템 설계와 인간요소 사용자 행태분석 연구 및 적용
	인체계측	신체활동의 생리적 배경 신체반응의 측정 및 신체역학 근력 및 지구력, 에너지 소비, 동작의 속도와 정확성 신체계측
실내디자인 시공 및 재료 (20문항)	실내디자인 시공관리	공정계획 관리 안전 관리 실내디자인 협력공사
	실내디자인 마감계획	목공사, 석공사, 조적공사, 타일공사, 금속공사 창호 및 유리공사, 도장공사, 미장공사, 수장공사
	실내디자인 실무도서 작성	실무도서 작성
실내디자인 환경 (20문항)	실내디자인 자료분석	주변 환경조사 건축법령, 건축관계법령 분석 화재 및 소방관계 법령 분석
	실내디자인 조명계획	실내조명 자료 조사 및 적용 실내조명 계획
	실내디자인 설비계획	기계설비, 전기설비, 소방설비 계획

memo

part 1

실내디자인계획

CHAPTER 1 실내디자인 기획

1.1 실내디자인 일반

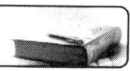

1. 실내디자인의 개념

실내디자인이란 인간이 거주하는 모든 공간을 보다 기능적이며 쾌적하게 창조해 내는 행위 일체를 말한다. 실내디자인은 주로 건축에서 기본적인 영역을 결정짓고 내부공간에서 이루어질 기능과 형태 및 크기 등을 파악하여 실내공간을 쾌적한 인간 거주의 공간으로 창조해 내는 활동이다.

(1) 실내디자인의 영역
주거공간, 상업공간, 공공·업무공간, 전시공간(영리·비영리), 특수공간(선박, 차, 비행기)

(2) 실내디자인의 분류
① 실내건축(interior architecture)
  ㉠ 인테리어 디자인의 영역을 더욱 뚜렷이 하기 위해 실내건축이란 말을 사용한다.
  ㉡ 벽, 천장, 바닥 등 구조체를 포함한 실내의 큰 덩어리를 다루는 장치적인 것이나 실내의 마감재료, 가구와 장식물 등을 배치하는 장식적 실내연출을 포괄적으로 다루는 건축적인 행위를 뜻한다.
② 실내장치
  건축적인 요소보다는 감각적인 치장적 공간, 다시 말해 기능적 요소보다는 감성 위주의 실내디자인에 사용된 단어로서 무대장치, 영화세트에 주로 사용되었다.
③ 실내장식(interior decoration)
  데코레이션은 인테리어 디자인과 관련시켜 사용하고 있으나 서로 업무영역을 달리하고 있는 독립분야이기도 하다. 인테리어 디자인은 실내의 전체 윤곽을 다루는 건축적

인 영역으로서 남성적인 면을 가지고 있으나 인테리어 데코레이션은 감각이 와 닿는 섬세한 부분을 다루는 여성적인 업무영역의 분야라고 할 수 있다.

④ 실내의장

실내의장이란 말은 보다 넓은 의미의 인테리어 디자인을 의미한다. 실내 디자인적 요소, 실내 연출적 요소, 내장재의 디자인, 단위가구 디자인 등을 망라하여 지칭할 수 있는 말로 실내건축에 근접할 수 있는 표현이다.

2. 실내디자인의 목표 및 조건

(1) 실내디자인의 목적

인테리어의 궁극적 목적은 인간생활의 쾌적성을 추구하는 것이다. 실내공간의 쾌적성은 기능의 해결과 감성적 요소의 부여, 이 두 가지 요소가 충족되었을 때 이루어진다.

(2) 실내디자인의 조건

① 기능적 조건

실내디자인은 사용 목적에 최대한으로 적합한 공간을 만드는 것으로 실내디자인의 기본 조건 중 가장 먼저 고려해야 하는 조건이다.

> **Point 실내공간의 주요기능**
> 작업기능, 휴식기능, 취식기능, 취침기능

② 물리적, 환경적 조건

열, 소리, 공기, 빛, 설비 등 제반요소를 고려하여 쾌적한 환경을 추구한다.

③ 정서적 조건

사용자의 심미적, 심리적 예술욕구를 충족한다.

> **Point**
> 감성적인 요소는 시청각 법칙에 의해 창조되는 것이다. 정서적 환경의 조성은 인간성의 존중, 인간생활의 질 향상을 위해 필요한 요건이다.

1.2 실내디자인 프로세스

1. 프로젝트의 전개

(1) 프로젝트의 발생 형식
① 신축공간의 실내디자인
② 개보수(리노베이션)에 의한 실내디자인

(2) 실내디자인 프로그래밍
실내디자인의 전개 과정에서 실내디자인을 착수하기 전, 프로젝트의 전모를 분석하고 개념화하며 목표를 명확하게 하는 초기 단계를 말한다.

① 목표설정(identify) : 기존의 건축공간 또는 새로운 프로젝트에 있어서 문제점을 인식하는 단계라 할 수 있다. 위치, 규모, 면적, 천장고와 천장 내부 상태, 기존 건물의 구조와 마감재의 상태, 주출입구의 위치와 형태, 설비배관의 위치, 예산 및 의뢰인의 의도를 파악한다.

② 조사
  ㉠ 아이디어 수집(gather) : 문제의 조사, 사례 연구, 자료의 수집, 예비 아이디어를 구상하고 공사 사례 등을 수집한다.
  ㉡ 아이디어 정선(refine) : 구상한 아이디어와 수집한 자료를 요구조건과 기준에 맞춰 정리하고 정선한다.

③ 분석 : 정선된 안을 토대로 장단점을 파악하고 분석한다. 분석은 환경적 분석, 정보의 해석, 사용자의 의사분석, 상관성의 체계 분석 등 세부적 사안을 충분히 검토한다.

④ 종합 : 각 부분 해결안을 작성 후 창의적 사고가 반영된 복합적 해결안을 작성한다.

⑤ 결정 : 여러 단계의 검토를 거친 후 실행에 옮길 안을 결정한다.

(3) 실내디자인 프로세스
① 기획
  ㉠ 공간의 사용목적, 공사 예산, 완성 후 운영에 이르기까지의 전체 관련사항을 종합 검토하는 단계
  ㉡ 문제에 대한 인식과 규명 및 정보의 조사, 분석, 종합을 하는 단계

② 기본계획
　㉠ 계획에 필요한 조건(외부적, 내부적 조건)을 파악한다.
　㉡ 기본 개념을 설정하고 계획의 평가기준을 설정한다.
③ 기본설계
　㉠ 구상을 위한 도면 작성과 시각화 과정을 거친다.
　㉡ 각종 대안의 작성 및 평가, 의뢰인의 승인 및 설득 과정을 거친다.
　㉢ 결정안을 도면화(프리젠테이션)하고 모델링 및 조정을 거쳐 최종 결정안에 도달한다.
④ 실시설계
　㉠ 결정안에 대한 실시설계도(시공 및 제작을 위한 도면)를 작성한다.
　㉡ 시방서를 작성하고 수정 및 보완을 한다.
⑤ 시공 및 평가
　㉠ 실시설계도에 따라 정확한 시공을 한다.
　㉡ 완성 후 평가(P.O.E : Post Occupancy Evaluation)를 한다.

2. 조건 설정

(1) 외부적 조건
① 입지적 조건 : 프로젝트 대상 지역에 대한 교통수단, 도로관계, 상권 등 지역의 규모와 배후지에 대한 입지조건을 비롯하여 방위, 기후, 일조 조건 등의 자연적 조건도 이에 포함된다.
② 건축적 조건 : 공간의 형태, 규모, 주출입구, 개구부 현황과 채광, 방음, 파사드 등을 파악해야 한다.
③ 설비적 조건 : 위생설비, 배관위치, 급배수설비, 상하수도시설, 환기시설, 냉난방 설비, 소방설비, 전기설비 등을 파악한다.
④ 기타 조건 : 건물주의 요구사항, 임차계약상황, 건물 등기 등이 해당된다.

(2) 내부적 조건
① 계획의 목적, 실의 개수와 규모, 의뢰자의 예산 및 요구사항, 공간사용자의 행위 등을 파악한다.
② 공간 사용자의 수, 행위의 빈도, 사용시간 등을 분석하여 동선, 규모, 기능에 반영한다.

3. 레이아웃 및 이미지 구축

(1) 공간의 레이아웃
① 레이아웃이란 공간 배분 계획에 따른 배치를 말한다.
② 공간 사용자의 특성, 사용목적, 사용시간, 사용빈도, 행위의 연결 등을 고려하여 전체 공간을 몇 개의 생활권으로 구분하는 것을 조닝(zoning)이라고 하며, 그 구분된 공간을 구역(zone)이라 한다.
③ 실내 디자인의 레이아웃(layout) 단계에서 고려해야 할 내용
   ㉠ 출입형식 및 동선체계
   ㉡ 인체공학적 치수와 가구의 크기(가구의 크기와 점유면적)
   ㉢ 공간 상호간의 연계성(zoning)

(2) 디자인 이미지 구축
① 실내공간은 기능이나 용도 및 목적에 맞는 그 공간 특유의 디자인 이미지를 구축하여야 한다.
② 디자이너의 개인적인 기호나 취향을 지나치게 자기중심적으로 부각시키거나 지나친 유행의 추종은 피하는 것이 좋다.

4. 사용자 요구조건 파악

(1) 요구사항 조사
① 사용자 분석
   ㉠ 목적 및 용도 파악 : 공간사용 목적을 파악하고 그에 따른 기능과 용도를 공간에 적용한다.
   ㉡ 요구사항 파악 : 사용자 요구사항을 조사하여 설계에 반영하도록 한다.
② 산업 전반에 대한 이해
   ㉠ 관련 산업 및 기술에 대한 이해
   ㉡ 특허권, 디자인 저작권 등 지식재산 관련 이해
   ㉢ 패러다임과 인테리어 트렌드에 대한 이해
   ㉣ 재료 및 시공에 대한 이해
   ㉤ 공정별 투입 장비와 인원에 대한 이해
   ㉥ 제반 법규와 법령에 대한 이해

(2) 요구사항 분석

① 결정 요소
- ㉠ 사용자 요구사항의 특성
- ㉡ 설계의 목적 및 용도
- ㉢ 형태 및 기능

② 체크리스트 작성

　문제 항목을 나열하고 항목별 특정 변수에 대해 검토하기 위한 리스트를 작성한다.

③ 용도에 따른 디자인 요소 분석

④ 문제점 파악 및 현장조사 분석

(3) 설계 개념 설정

① 디자인 콘셉트
- ㉠ 콘셉트와 스토리텔링
- ㉡ 요구에 맞는 콘셉트 설정
- ㉢ 콘셉트에 맞는 디자인 제시

② 설계 방향
- ㉠ 아이디어 스케치 : 디자이너의 생각을 스케치로 표현하다.
- ㉡ 도면화 : 아이디어 스케치를 발전시켜 도면화한다.
- ㉢ 콘셉트에 부합한 공간 제시

③ 동선, 색채, 조명 기획

1.3 실내디자인 역사 트렌드

1. 서양건축사

고대건축	고전건축	중세건축	근세건축	18~19세기
이집트 건축 서아시아 건축	그리스 건축 로마 건축	초기 기독교 건축 비잔틴 건축 로마네스크 건축 고딕 건축	르네상스 건축 바로크 건축 로코코 건축	신고전주의 건축 낭만주의 건축 절충주의 건축

(1) 고대 및 고전건축

① 이집트 건축

특징	영혼불멸 사상을 토대로 신전과 분묘 건축 성행
마스터바	분묘 및 신전 역할을 한 건축물
피라미드	• 형태 변화 : 계단형 → 굴절형(과도기) → 사각뿔형 • 본체가 완성되면 주변에 성곽을 두르고 부속건물을 건설하였다.
기타	아몬 신전, 핫셉스트 신전, 오벨리스크, 파일런

② 서아시아 건축

특징	아치 구법의 발생, 궁륭(vault) 구법 발달
주택	• 두꺼운 벽체의 중정식 주택이 보편화되었다. • 개구부는 모두 중정을 향하며, 외벽에는 거의 뚫지 않았다.
지구라트	• 높은 곳에 있어야 할 신의 거소로 지어진 탑 • 네 모서리가 동서남북을 향한다.

③ 그리스 건축

특징	• 서구문화의 발상지라 할 수 있다. • 쾌적한 기후의 지역적 특색, 대리석이 주재료로 쓰임 • 신전 건축은 사방이 기둥을 사용, 단순하고 창문이 없는 형태
신전	• 파르테논 신전 : 도리아 오더 신전 • 에렉테이온 신전 : 이오니아식 신전, 남면에 여신상주 조각 • 올림피에이온 신전 : 최초의 코린트 오더 신전
기타	• 원형극장 : 에피다우로스 극장, 디오니소스 극장 • 스토아 : 아고라 내에 지은 다목적 공공건물(정치, 상업, 종교행위) • 아고라 : 시민광장. 집회, 상업, 사교, 교육 등의 목적으로 사용 • 아크로폴리스 : 신전이 지어지고 왕이 머무르는 언덕 위 고지대 지역
착시교정	• 엔타시스(entasis) : 기둥 위 2/3지점을 볼록하게 만들었다. • 라이징(rising) : 기단의 중앙부 높이를 살짝 높였다. • 안쏠림 : 바깥쪽 기둥 상부를 안쪽으로 조금 기울어지게 했다. • 바깥쪽 기둥은 다소 굵게 하고, 기둥 간격을 중앙부보다 좁게 했다.

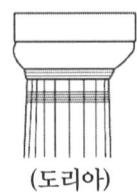  

(도리아)　　(이오니아)　　(코린티안)

[그리스 오더]

④ 로마 건축

특징	• 정교함과 세련됨보다는 방대한 규모의 공간을 축조 • 아치와 볼트 기법을 발전시켜 구조체로 사용하였다. • 화산재를 이용한 콘크리트가 처음 사용되었다.
판테온 신전	• 로마시대 대표 신전. 돔 위 지름 9m 천장으로 채광하였다. • 16개의 크고 작은 원형 기둥이 둘러싼 로톤다 위에 돔을 축조했다.
콜로세움	• 정식명칭은 플라비우스 경기장. AD 80년에 완성되었다. • 1층 도리아, 2층 이오니아, 3층 코린트식 오더가 아치에 쓰였다.
기타	• 카라칼라 욕장 : 다양한 문화시설을 갖춘 대목욕탕 • 개선문 : 전쟁에서 승전한 개선장군을 기념하기 위한 문 • 인술라 : 서민 공동주택. 1층 개방 필로티(상점, 공장)

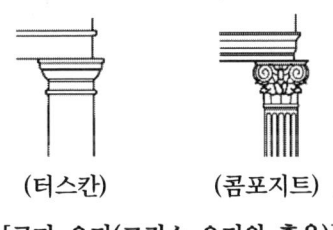

(터스칸)   (콤포지트)

[로마 오더(그리스 오더와 혼용)]

(2) 중세건축

① 초기 기독교 건축

㉠ 특징

ⓐ 건축구조, 재료 등은 로마시대를 답습하였다.

ⓑ 카타콤(순교자 무덤)에서 유래된 중앙집중형 평면과 바실리카의 장축형 평면으로 나뉜다.

㉡ 바실리카

ⓐ 로마시대에 쓰인 바실리카를 기독교 건축물의 표준으로 삼았다.

ⓑ 각 부 명칭

신랑(nave)	신도들이 자리하는 교회 내부 중앙. 상부의 고창으로 채광한다.
측랑(aisle)	신랑 양쪽 복도. 계상랑이 설치되어 있는 경우는 이 위치에서 당내를 내려다보기 위한 트리포리움이 아케이드와 고창 사이에 설치되었다.
아트리움(atrium)	출입구와 본당 사이 앞마당. 중앙에 분수가 있고 주위에 회랑이 있다.

| 나르텍스(narthex) | 네이브 앞 예비공간. 미세레자나 속죄자는 미사에 참가할 수 없어 나르텍스에서 참여하기도 하였다. |
| 앱스(apse) | 신랑 단부에 위치한 반원형 공간, 제단과 사제석이 위치했다. |

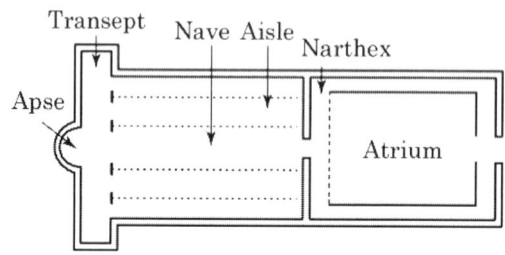

ⓒ 대표 건축물 : 성 베드로 성당(재건 전), 성 클레멘트 성당

② 비잔틴 건축

㉠ 특징

ⓐ 로마 건축에 동양적 요소(사라센 양식)이 혼합된 건축양식

ⓑ 그리스의 십자형 평면과 동양의 돔 구조를 혼용하였다.

ⓒ 돔과 펜던티브를 사용했고, 스테인드글라스가 처음 쓰였다.

ⓓ 다발 기둥과 이중 주두를 사용하여 구조적 보강과 장식효과를 겸하였다.

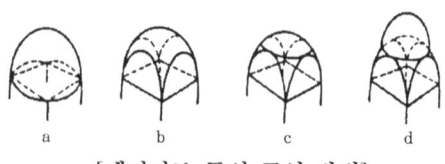

[펜던티브 돔의 구성 방법]

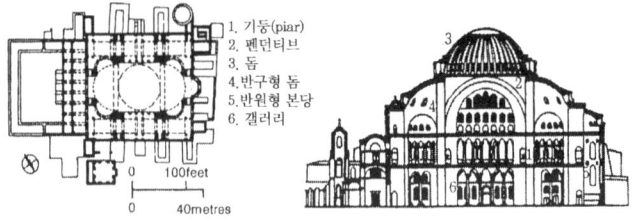

[성 소피아 성당]

> **Point**
> 스테인드 글라스는 비잔틴 양식에서 처음 쓰였고, 로마네스크 건축에서는 고창에 장식용으로 많이 쓰이다가 고딕 건축에 이르러 전성기를 이루게 되었다.

  © 건축물 : 성 소피아 성당, 성 마르크 성당

 ③ 로마네스크 건축(10~13C)

  ⓘ 특징

    ⓐ 이탈리아를 중심으로 유럽 교회건축에 집중되어 전개된 과도기적 양식

    ⓑ 아트리움을 없애고 현관을 도로에 접하고 정면에 종탑을 설치했다.

    ⓒ 외부 창에 블라인드 아케이드를 설치했다.

  ⓘ 대표 건축물 : 피사 대성당, 슈파이어 성당, 더럼 대성당

  ⓘ 실내디자인

    ⓐ 높은 천장고 형성에 따른 구조적 기초가 형성됐다.(교차볼트 발달)

    ⓑ 스테인드글라스에 의한 채광을 주로 사용했다.

    ⓒ 가구류는 신분의 표현이 되기도 했으며, X자형 스툴이 보편적으로 쓰였다.

    ⓓ 주택은 홀(hall) 공간을 중요시하였다.

 ④ 고딕 건축(12~16C)

  ⓘ 특징

    ⓐ 중세 종교건축의 양식이 완성된 전성기 양식

    ⓑ 구조적 문제의 역학적 해결

리브 볼트	볼트 무게를 줄이기 위해 리브 수가 늘어나고 리브 사이 얇은 패널을 끼움
첨두아치	• 폭에 구애받지 않고 창의 높이를 자유롭게 조절할 수 있게 되었다. • 천장, 창, 출입구, 아케이드 등에 널리 이용되었다.
플라잉 버트레스	• 두꺼운 버트레스를 벽에서 분리하여 버팀 기둥을 세우고 아치 형태로 이은 것을 말한다. • 부재 단면 감소, 첨탑 설치에 의한 의장효과, 자유로워진 외부 채광

  ⓘ 대표 건축물

    ⓐ 프랑스 : 노트르담 사원, 라옹 성당, 샤르트르 성당, 랭스 성당, 아미앵 성당

    ⓑ 독일 : 쾰른 대성당, 울름 성당

    ⓒ 이탈리아 : 밀라노 사원

ⓓ 영국 : 링컨 대성당, 웨스트민스터 사원, 솔즈베리 성당

ⓒ 실내디자인

　ⓐ 스테인드글라스의 전성기이며, 장미창・Flamboyant・Tracery 등의 장식기법이 도입됐다.

　ⓑ 실내장식과 가구에 수직을 강조한 형태와 풍부한 조각이 표면에 이용되었다.

　ⓒ 정교한 조각으로 대형 가구를 제작하였다.

　ⓓ 가구생산에 직종별로 길드(Guild) 조직이 발생되어 생산의 분업화가 발생되었다.

(3) 근세건축

① 르네상스 건축(15~17C)

ⓐ 특징

　ⓐ 종교건축과 공공건축이 동시에 발전했으며, 광범위하게 가구가 사용되었다.

　ⓑ 그리스, 로마 시대 오더 등 고전적 요소들을 장식적으로 이용했다.

　ⓒ 중층 건축물은 매 층마다 돌림띠를 써서 수평성을 강조했다.

　ⓓ 착색유리 대신 모자이크, 프레스코 벽화가 도입되고 금속장식을 사용했다.

　ⓔ 돔 기술이 발전하고, 수학적 비례체계가 전반적으로 활용되었다.

　ⓕ 외벽 표면을 거칠게 마감하여 재질감을 강조하는 러스티케이션 기법을 적용했다.

ⓑ 건축가와 건축물

　ⓐ 브루넬레스키 : 파치예배당, 피렌체(플로렌스) 대성당의 돔

　ⓑ 알베르티 : 팔라초 투첼라이, 성프란체스코 교회 파사드 사원

　ⓒ 브라만테 : 베드로 대성당의 평면

　ⓓ 미켈란젤로 : 성베드로 성당, 로렌시안 도서관, 캄피돌리오 광장

　ⓔ 팔라디오 : 빌라 카프라, 팔라초 케리카더, 올림피코 극장

ⓒ 실내디자인

　ⓐ 계단이 실내디자인 요소로 적극 활용되었다.

　ⓑ 외관의 구성 기법을 실내에도 그대로 적용하였다.

　ⓒ 그로테스크 문양과 아라베스크 문양이 적극 활용되었다.

② 바로크 건축(르네상스 말기)

ⓐ 특징

　ⓐ 르네상스 양식에서 변형된 것으로 자유로우면서 개성적인 건축

　ⓑ 회화, 조각, 공예들이 건축에 융합되었고, 구조・장식 등이 전체의 효과를 위해 사

용되었다.
ⓒ 규모가 크고 전체와 부분의 취급이 양성적이며 감각적으로 취급했다.
ⓓ 르네상스의 정연한 질서, 정적이며 명쾌한 건축과는 달리 바로크 건축은 신시대를 전개시키는 선구적인 의의가 크다.
ⓛ 건축물

성 베드로 성당	• 현 교황청 건물로 최초 성 베드로 유해 위에 바실리카 형식으로 세워졌다. • 16세기 교황 율리오 2세가 재건계획 수립을 시작하였다. • 설계공모에 브라만테의 그릭 크로스형 평면이 당선된 후, 라파엘로 산치오에 의해 라틴 크로스 평면으로 수정되었다. • 미켈란젤로가 그릭 크로스로 회귀시킨 후, 중앙 돔을 설계하였다. • 마데르노가 정면부를 확장하고, 베르니니가 대회랑과 광장을 완성하였다.
베르사이유 궁전 (프랑스)	• 루이 13세의 별장을 루이 14세가 왕권 과시용으로 재건하였다. • 설계 : 루이 르 보(건축), 샤를르 르 브랭(실내) • 궁전보다 정원이 더 넓으며, 거울의 방과 같은 다양한 공간이 설치되었다.
기타 건축가 및 건축물	• 보로미니 : 성 카를로스 성당, 성 아보 성당 • 구아리니 : 성 로렌초 성당, 카리냐뇨 궁전 • 크리스토퍼 렌 : 영국 건축가. 세인트 폴 대성당

③ 로코코 건축
㉠ 특징
ⓐ 바로크 건축에 이어 18세기 프랑스 중심으로 발전된 개인주의적 양식
ⓑ 바로크 양식이 종교 권력을 바탕으로 인간의 공적 생활을 위주로 발전한 데 비해, 로코코 양식은 개인의 프라이버시를 위주로 한 양식으로 주로 실내공간을 아담하고 아름답게 장식하는 데 중점을 두었다.
ⓒ 부드러운 곡선 디자인이 구성의 주조를 이룬다(여성적이고 화려함).
ⓓ 개인생활에 중점을 둔 작고 섬세한 공간을 추구했고, 크로 장중한 것은 배격했다.
ⓔ 몰딩은 전체적으로 가늘고 약하며, 조각은 매우 얇고 평탄한 것을 썼다.
㉡ 건축물
ⓐ 제르만 보프란 : 호텔 담로장
ⓑ 피셔 : 오토보이렌 수도원

(4) 18~20세기 건축

① (신)고전주의 건축

특징	• 바로크, 로코코를 퇴폐적인 것으로 보고 그에 반발하여 고전의 부흥 모색 • 그리스·로마 문화를 연구하여 고전건축의 우수한 면을 모방
건축물	• 프랑스 : 수플로 - 파리의 판테온(로마 판테온 모방) • 영국 : 스머크 - 대영 박물관(그리스 파르테논) • 독일 : 쉰켈 - 베를린 왕립 극장(전면 이오니아 오더)

② 낭만주의 건축

특징	• 고전주의에 대한 반발로 중세 고딕건축에 주목했다. • 고딕 양식이 구조와 재료를 정직하게 표현했다며 유지 계승하려 했다.
건축물	• 영국 : 찰스 베리 - 국회의사당 • 프랑스 : 바류와 가우 - 클로틸드 성당 • 독일 : 쉰켈 - 베를린 사원

③ 절충주의(선택주의) 건축

특징	• 특정 양식에 국한되지 않고 과거의 모든 양식들을 활용하였다. • 일정 기준 없이 각종 양식을 선택적으로 도입하였다.
건축물	파리 오페라 하우스, 웨스트민스터 대성당, 빈 시청사

④ 미술공예운동

㉠ 특징

ⓐ 기계 생산을 거부하고 수공업으로의 복귀를 주장하였다.

ⓑ 미술과 공예의 통일로 인해 대량생산과 제품의 예술적 향상을 동시에 추구하였다.

ⓒ 예술의 대중성 및 실용성을 추구하고 가격절감을 꾀하였다.

ⓓ 독일공작연맹의 창설에 큰 영향을 끼쳤다.

㉡ 건축가 및 저자

ⓐ 윌리엄 모리스 : 미술공예운동의 창시자로 필립 웨브와 함께 붉은 집(red house)을 건축하였다.

ⓑ 오거스트 페레 : 성 마리 성당, 성 오거스틴 성당 설계

ⓒ 존 러스킨 : 건축예술론, 건축의 7등, 베니스의 돌 등을 저술한 작가로 기계가 예술을 창조한다는 것을 부정하고 수공예의 가치를 주장하였다.

⑤ 시카고파 건축
  ㉠ 특징
    ⓐ 1871년 시카고 대화재 이후, 고층 건축물 위주로 전개된 건축 활동
    ⓑ 강철을 사용하고 방화구조를 채택했다.
    ⓒ 전통 양식을 벗어나 합리적, 기능적인 형식을 표현하였다.
  ㉡ 건축가
    ⓐ 윌리엄 르바론 제니 : 시카고파 창시자. 홈 보험사 빌딩
    ⓑ 다니엘 번햄 : 릴라이언스 빌딩
    ⓒ 루이스 설리반 : '형태는 기능을 따른다.'라는 기능주의 주장. 웨인라이트 빌딩
⑥ 아르누보(Art Nouveau)
  ㉠ 특징
    ⓐ 시카고의 루이스 설리반과 브뤼셀의 빅토르 오르타에 의해 본격 창시되었다.
    ⓑ 일정한 형식이 없고, 주로 철의 유연성을 이용하여 곡선미를 표현하였다.
  ㉡ 건축가
    ⓐ 빅토르 오르타 : 반 에트벨데 하우스, 튜링 저택
    ⓑ 앙리 반 데 벨데 : 육클 저택, 하비 이발관
    ⓒ 헥토르 기마르 : 파리 지하철 입구, 카스텔 베랑제
    ⓓ 찰스 레니 매킨토시 : 영국 글래스고 미술관
    ⓔ 안토니오 가우디 : 사그라다 파밀리아 성당, 카사밀라 주택, 구엘 공원
⑦ 세제션 운동(빈 분리파)
  ㉠ 특징
    ⓐ 과거 양식에서 벗어나 예술 활동을 하자는 운동
    ⓑ 수평・수직의 기하학적 구성과 철골구조・철근콘크리트 구조를 시도했다.
  ㉡ 건축물
    ⓐ 오토 바그너 : 빈 우체국
    ⓑ 요셉 호프만 : 브뤼셀 스토크레 저택
    ⓒ 피터 베렌스 : 터빈 공장
⑧ 데 스틸
  ㉠ 몬드리안, 게리 리트펠트 등이 모여서 만든 잡지의 이름에서 유래하였다.
  ㉡ 네덜란드에서 생겨난 신조형주의 운동

　　ⓒ 색면 구성을 강조하고 질서와 배분을 중요시한다.
　　ⓔ 3원색과 점, 선, 면을 기본 조형요소로 구성하는 토털 디자인의 성향을 나타낸다.
　　ⓜ 강한 원색 대비를 통한 비례를 보여 주는 몬드리안의 작품이 대표적이다.
　　ⓗ 대표적 건축물 : 슈뢰더 하우스
⑨ 바우하우스
　　㉠ 1919년 발터 그로피우스를 중심으로 독일의 바이마르에 창설된 조형학교이다.
　　㉡ 예술적 창작과 공학적 기술을 통합하고 새로운 조형이념에 근거한 교육을 주창했다.
　　㉢ 예비과정에서 재료, 형태, 색 등에 대한 기본교육을 하였다.
　　㉣ 건축, 조각, 회화뿐만 아니라 현대 디자인의 발전에 결정적인 영향을 끼쳤다.
⑩ 근대 건축의 거장

건축가	르 코르뷔지에	미스 반 데어 로에	프랭크 로이드 라이트
건축 특징	• 구조주의와 순수주의 • 도미노 시스템	• 수직면과 수평으로 구획된 공간 • 벽은 공간의 필요에 의해 차단	• 상호관입 • 주택에서 굴뚝을 중심 핵으로 이용
사상	• 근대 건축 5원칙 • 집은 살기 위한 기계	보편적 공간 (Universal Space)	유기적인 건축
주요 작품	• 빌라 사보아 • 롱샹 성당	• 판스워스 주택 • 시그램 빌딩	• 낙수장 • 구겐하임 미술관

> **Point** 르 코르뷔지에의 근대건축의 5원칙
> ① 필로티, ② 옥상정원, ③ 자유로운 평면, ④ 자유로운 입면, ⑤ 수평띠창(연속창)

⑪ 포스트 모더니즘

특징	• 모더니즘의 기능성과 규칙성에 반하는 건축사상 • 대중성 · 상징성 · 복합성을 구현하고자 했다. • 기념비적인 형상과 익살스런 형태를 구사하며, 매너리즘적, 기호론적 디자인 특성을 보였다.
건축가	• 로버트 벤츄리 : 길드 하우스 • 필립 존슨 : AT&T 빌딩

2. 한국 건축사

(1) 공포

① 특징

㉠ 수직재와 수평재가 접합되는 부분을 장식적, 구조적으로 짜 맞춘 것이다.

㉡ 역삼각형의 형식으로 한 단씩 올라가며 건물 내외로 빠져나와 건물의 높이를 높여주는 동시에 외목도리를 받쳐줌으로써 처마를 길게 뺄 수 있도록 해 준다.

㉢ 기둥과 지붕의 중간에 놓여 지붕하중을 기둥에 전달하는 것이 주 기능이다.

㉣ 기능적 역할에서 차차 의장 요소로 발전되었으며 시대에 따라 형식도 변화하였다.

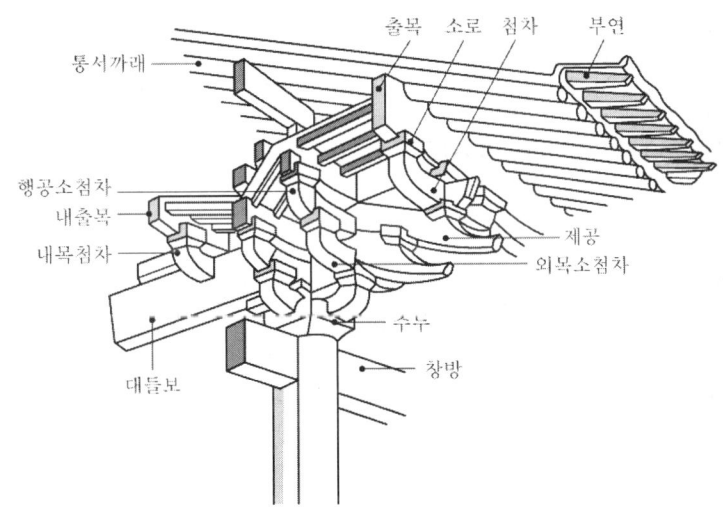

② 주요 부재

출목	• 도리와 평행한 첨차가 기둥의 중심축선상에서 바깥으로 나온 것 • 도리를 기둥열 밖으로 빼내어 서까래가 안정되게 걸리도록 한다. • 기둥열을 중심으로 건물 안으로 빠져나온 출목을 내출목, 밖으로 빠져나온 출목을 외출목이라 한다.
주두	• 기둥머리 위에 살미, 첨차 등 공포 부재를 받치는 넓은 사각형 부재 • 상부 하중을 균등하게 기둥에 전달하는 기능을 한다.
살미	• 주두 위에 보 방향으로 중첩해 설치한 장방형 단면의 긴 부재 • 건물 높이를 높여줌과 동시에 출목을 형성할 수 있게 한다. • 첨차를 아래에 놓고 살미를 위에 올려놓아서 두 부재가 첨차와 직각으로 반턱맞춤으로 결구된다.

첨차	• 주두 또는 소로 위에 도리와 평행한 방향으로 얹힌 짤막한 부재 • 마구리를 수직이나 경사지게 자르고, 첨차 끝부분의 아랫면은 둥글게 굴려 깎아 만들거나(교두형), 연화두형으로 깎아 만든다. • 주심선상에 놓인 첨차는 주심첨차라 하고, 출목선상에 놓인 첨차는 출목첨차라 부르며, 크기에 따라 대첨차와 소첨차로 나뉜다.

(2) 건축물의 주요 형식

① 주심포 양식

특징	• 우리나라 공포 양식 중 가장 오래된 형식 • 고려 중기~조선 초기에 많이 쓰였으며 고려시대 건물이 주류를 이룬다. • 기둥 상부에만 공포를 배치하며, 첨차는 쌍S자형을 취하고 있다. • 배흘림기둥을 쓰고, 기둥 위 또는 기둥 사이에 평방 없이 창방을 설치 • 주로 맞배지붕이 쓰이고 서까래가 노출되는 연등천장이 함께 적용되었다.
건축물	• 봉정사 극락전, 부석사 무량수전, 수덕사 대웅전, 강릉 객사문

② 다포계 양식

특징	• 기둥과 기둥 사이에도 공포가 다수 들어가는 형식 • 평방을 놓고 그 위에 주두와 첨차, 소로들로 구성되는 공포를 짜는 형식
건축물	• 심원사 보광전, 남대문, 봉정사 대웅전

③ 익공식

특징	• 주두 밑에 창방과 직교되도록 새의 날개 조각을 한 부재(익공)를 끼운다. • 익공 개수에 따라 초익공, 이익공이라 부른다.
건축물	• 강릉 해운정, 강릉 오죽헌, 종묘 정전

- 하앙식 구조 : 처마를 깊게 한 형식. 주심포에서 다포계로 넘어가는 과도기
- 봉정사 극락전 : 국내 현존 가장 오래된 목조 건축물
- 심원사 보광전 : 가장 오래된 다포계 건축물
- 완주 화암사 극락전 : 국내 현존 유일 하앙식 건축물

(3) 지붕 및 기타 요소

① 지붕

맞배지붕	• 가장 간단한 형식으로 지붕면이 양면으로 경사를 짓는 지붕 • 기와지붕으로는 가장 간결한 구성이며 주로 주심포 계통에 적용되었다.
팔작지붕	• 합각지붕이라고도 한다. • 용마루 부분이 삼각형의 벽을 이루고 처마 끝은 우진각지붕과 같다.
우진각지붕	• 건물 사면에 지붕면이 있고 귀마루가 용마루에서 만나게 되는 지붕 형태

[팔작지붕]

[맞배지붕]

[우진각지붕]

② 단청

모로단청	• 부재 끝만 간단히 문양을 넣고 부재 중간은 긋기만 하여 가칠상태로 두는 것 • 전체적으로 단아한 느낌을 주며, 사찰 누각과 궁궐 부속건물 등에 쓰였다.
가칠단청	• 문양, 선 등을 전혀 도색하지 않고 한두 가지 색으로 칠한 단순한 단청 • 사찰 요사채, 궁이나 능의 협문에 주로 사용된다.
긋기단청	• 가칠단청을 한 위에 부재의 형태를 따라 먹선과 분선을 나란히 긋기한 것 • 때에 따라 색을 더 사용하고, 마구리에 간단히 문양을 넣기도 한다.
금단청	• 비단에 수를 놓는 것처럼 모든 부재에 빈틈없이 화려하고 복잡하게 도색한다. • 주로 사찰 법당이나 주요 전각에 많이 사용한다.

③ 머름

㉠ 미닫이 문지방 아래나 벽 아래 중방, 창 아래 설치된 높은 문지방

㉡ 방풍과 프라이버시 보호 역할을 하며 출입이 잦은 문에는 설치하지 않는다.

㉢ 높이는 30~45cm 정도로 마루에 앉은 사람이 팔을 걸치기에 편안하도록 한다.

㉣ 상방과 하방 사이에는 동자와 청판을 댄다.

④ 기타

보아지	• 기둥과 보가 서로 연결되는 부분을 보강해 주는 건축 부재 • 연결 직각부에 끼워 보나 기둥에 횡력 작용 시 변형을 방지한다.
추녀	• 추녀마루를 받치며 모임지붕의 귀에 대각선 방향으로 거는 경사 부재
추녀마루	• 지붕의 귀에 있는 마루
활주	• 추녀뿌리를 받치는 기둥

CHAPTER 2 실내디자인 기본계획

2.1 디자인의 요소

1. 점

점은 실내 공간에서 위치를 지정하며 길이, 너비, 깊이 등을 갖지 않는다. 그러므로 정적이며 방향이 없고 자기중심적이다.

(1) 점의 조형적 특징

① 기하학적으로 크기는 없고, 위치만 존재한다.
② 점은 선의 양끝(한계), 선의 교차, 선의 굴절, 면과 선의 교차에서 나타난다.
③ 점은 색채 또는 명암에 의해 바탕에서 부각되는 가장 작은 면이라고 할 수 있다.
④ 공간에 2개 이상의 점을 가까운 거리로 떼어 놓으면 상호의 장력으로 선이나 형의 효과가 생긴다(점과 점 사이에 장력 발생).
⑤ 공간에 한 점을 두면 집중효과가 있다.
⑥ 나란히 있는 점의 간격에 따라 집합, 분리의 효과를 얻는다.

2. 선

(1) 선의 의미

① 점이 확장되어 선을 이룬다.
② 개념적으로 길이는 있지만, 넓이나 깊이가 없다.
③ 점이 정적인 반면 선은 점의 이동 행로를 나타내고 시각적으로 방향을 표시하며 이동, 성장할 수 있다.

(2) 선의 형성
면의 한계, 면의 교차, 면의 굴절부분에 형성된다.

(3) 선의 역할
① 결합, 연결, 지지, 에워쌈 또는 다른 시각요소와의 교차
② 평면의 테두리와 형상 부여
③ 평면의 표면을 분절

(4) 선의 종류와 느낌
① 직선
  ㉠ 수평선 : 수평선은 직선 중 가장 간단하고 단순하다(안정, 균형, 정적, 무한, 평등, 영원).
  ㉡ 수직선 : 엄격성, 위엄성, 절대, 위험, 단정, 신앙, 고상함
  ㉢ 사선 : 차가움과 따뜻함이 포함된 운동성(약동감)을 나타내며 불안정한 느낌을 준다(운동, 변화, 반항, 공간감).
② 곡선 : 곡선은 공통적으로 우아하고 여성적 이미지를 가지며 유연성을 갖고 감정적이다.
  ㉠ 기하곡선 : 안정적이면서 합리적인 리듬감을 느끼게 한다.
  ㉡ 자유곡선 : 자유분방한 변화와 유연한 리듬감을 느끼게 한다.

(5) 선의 조형적 특징
① 선의 조밀성의 변화로 깊이를 느낀다.
② 지그재그선, 곡선의 반복으로 양감의 효과를 얻는다.
③ 선을 끊음으로써 점을 느낀다.
④ 많은 선의 근접으로 면을 느낀다.
⑤ 선을 포갬으로써 패턴을 얻을 수 있다.

3. 면·형태

(1) 면의 의미
① 선이 확장되어 면이 된다.(축방향을 제외한 곳으로 확장)
② 이론적으로 평면은 길이와 너비는 있지만 깊이는 없다.

(2) 면의 형성
① 선의 이동에 의해 생긴 면   ② 절단에 의해 생긴 면

(3) 면의 조형 효과

삼각형	• 안정·부동·차가운 느낌을 나타낸다. • 정각이 예각이면 상승하고 찌르는 느낌, 둔각이면 아래로 밀어붙이는 느낌을 준다. • 정삼각형은 가장 안정된 통합 느낌을 준다.
사각형	단정한 느낌 (정사각형은 엄격하고 경직된 느낌, 마름모는 경쾌함)
다각형	풍요한 느낌이 있으나 변이 많을수록 원에 가까워진다.
원형	단순하고 원만한 느낌을 준다.

(4) 형태

① 형태의 시각작용

  ㉠ 형태시 : 대상을 인식하는 데 가장 기본적인 모서리, 테두리를 의미한다.

  ㉡ 명암시 : 명암에 의해 지각되는 형태를 의미한다.

  ㉢ 색각시 : 형과 색을 통합적으로 인지하는 것을 말한다.

② 형태의 분류

  형태는 크게 이념적 형태와 현실적 형태로 나누어진다. 이념적 형태는 순수형태 또는 추상형태로 나누어지며 현실적 형태는 자연적 형태와 인위적 형태로 나뉜다.

  ㉠ 현실적 형태 : 우리의 주변에서 우리가 지각하여 얻는 형태를 말하며 자연적, 인위적 형태 모두를 포함한다.

    ⓐ 자연적 형태 : 자연물과 같이 불변의 상태에 머물러 있지 않고 항상 변화하며 운동하고 있는 형태

    ⓑ 인위적 형태 : 사용자의 요구로 형성된 타율적·인공적 형태로 그것이 속한 시대성을 가지며 재료와 함께 이것을 처리하는 기술이 요구된다.

  ㉡ 이념적 형태 : 인간의 지각, 즉 시각과 촉각 등으로 직접 느낄 수 없고 개념적으로만 제시될 수 있는 형태로서 순수형태와 추상형태로 나뉜다.

    ⓐ 순수형태 : 순수형태는 현실형태와 대립하는 동시에 모든 형태의 기본이 되는 기초이다. 즉 순수형태의 기본형식은 기하학에 있어서와 같이 점, 선, 면, 입체를 말하며 현실형태를 구성하는 원소로 표현하는 기반이다.

    ⓑ 추상적 형태 : 구체적인 형태를 생략하거나 과장된 표현으로 재구성된 형태이다. 이렇게 재구성된 형태는 원형을 알아보거나 유추하기가 어렵게 된다.

③ 형태의 지각심리(Gestalt psychology) : 인간은 자신이 본 것을 조직화하려는 기본 성

향을 가지고 있다.

㉠ 접근성 : 가까이 있는 시각요소들이 그룹이나 패턴으로 보이는 현상. 형태와 크기가 같은 점의 배열이지만 간격에 따라 왼쪽은 수평선, 오른쪽은 수직선처럼 지각된다.

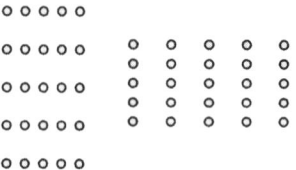

㉡ 유사성 : 형태, 색, 질감 등의 유사한 시각적 요소들이 연관되어 보이는 경향. 접근성과 상관없이 흰색 원과 회색 삼각형이 자연스럽게 구분된다.

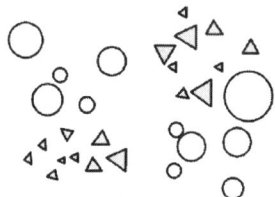

㉢ 폐쇄성 : 불완전한 시각요소들이 폐쇄된 형태로 묶여 지각되는 것이다. 사각형으로 완성되지 않은 직선들은 완성된 사각형처럼, 원형으로 배열된 점들은 완성된 원처럼 지각된다.

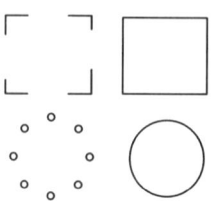

㉣ 연속성 : 유사한 배열이 하나의 묶음으로 인식되는 현상(공동 운명의 법칙)

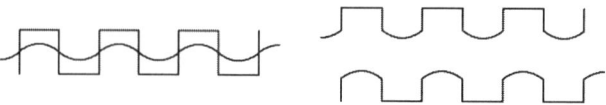

오른쪽 그림을 왼쪽 그림과 같이 결합하면 원래의 형을 지각하기가 어렵고 수평선과 수직선으로 된 연속적인 선과 관통해 지나가는 연속적인 곡선으로 지각한다.

㉰ 단순성 : 눈에 익숙한 간단한 형태로만 도형을 보게 되는 현상. 맨 왼쪽 그림의 8개의 점은 복잡한 형태보다는 가장 오른쪽의 다각형과 같이 단순하게 인지된다.

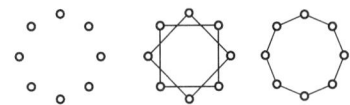

④ 반전도형 : 두 형이 교대로 지각될 수는 있어도 두 형이 동시에 도형이나 배경으로 보이는 경우는 없다.

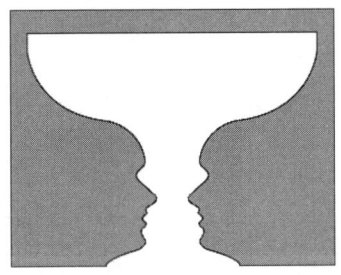

⑤ 착시

헤링(Hering) 착시	체르너(Zollner) 착시	뮐러-라이어 (Müller-Lyer) 착시
평행을 이루는 직선이 만곡되어 보인다.	평행선의 각도가 비틀어져 보인다.	직선 길이가 다르게 보인다.
포겐도르프 (Poggendorf) 착시	분트(Wundt) 착시	헬름홀츠(Helmholz) 착시
직선이 이어져 보이지 않는다.	수직선이 수평선보다 길어 보인다.	수평선 배열이 더 홀쭉해 보인다.

4. 질감

손으로 만지면 어떤 느낌이 든다는 것을 경험을 통해 알고 있는데 이것이 물체의 질감이다. 질감은 재료로서 구체화되기 때문에 재질에 대한 감각적 체험이 중요하다. 이러한 재질의 질감이 갖는 지각적 유형에 의해서 촉각적 질감, 시각적 질감, 구조적 질감으로 분류될 수 있다.

(1) 촉각적 질감

촉각적 질감은 실제 손으로 만져서 알 수 있는 직접적인 질감이다.

① 가용적 질감 : 재료의 성질을 그대로 표현한 가용적 질감
② 조절적 질감 : 재료의 질감을 조절·변형시켜 다른 질감으로 나타내는 질감
③ 유기적 질감 : 여러 질감의 재료를 모아서 만드는 새로운 질감

(2) 시각적 질감

시각적 질감은 눈으로 보이는 느낌, 즉 시각을 통해 촉각을 불러일으킬 수 있는 질감을 의미한다. 이것은 2차원의 평면 위에 색과 명암, 패턴 등 실제로는 존재하지 않는 질감을 느끼게 하는 것이다.

① 자연적 질감 : 형태와 질감이 분리되지 않는 것
② 장식적 질감 : 형태에 영향을 주지 않고 표면에만 질감이 나타나는 것
③ 기계적 질감 : 사진에서 보이는 조직이나 스크린 패턴과 같은 질감

(3) 구조적 질감

어떤 물체가 만들어진 방법이나 재료로부터 생긴 것으로 물질의 표면질감은 대개의 경우 그것이 형성된 본질이나 구성상태가 나타나게 되는데, 실내 공간의 표면에서 인간감각에 와 닿는 모든 재료는 일단 구조적 질감이라 할 수 있다.

5. 문양(Patten)

장식으로써 질서를 만드는 배열을 뜻하며, 2차원보다 3차원적인 장식의 질서를 부여하는 배열로서 공간의 성격이나 스케일에 맞도록 구성한다.

(1) 문양의 모티브

자연적 모티브, 양식화 모티브, 추상적 모티브가 사용된다.

(2) 문양의 특징

① 연속성에 의한 운동감이 있으므로 디자인의 전체 리듬과 적절히 어울려 혼란을 주지 않도록 한다.
② 규모가 크든, 작든, 추상적이든 간에 운동감을 지닌다.
③ 전체적으로 잘 어울리게 하여 디자인에 혼란을 주지 않도록 한다.

6. 공간

(1) 공간의 형태

실내공간은 바닥, 벽, 천장 등과 같은 수평, 수직의 요소가 조합하여 여러 가지 공간으로 구성 전개된다. 인간은 공간의 심리적인 영향 및 공간 감각에 영향을 받기 때문에 인체와 공간의 크기, 공간의 형태에 대한 균형 등은 한정 정도와 함께 공간의식을 형성하게 된다. 한정된 실내 공간은 평면으로가 아닌 체적으로서의 넓이로 이해되어야 한다.

(2) 공간의 균형

실내공간에서의 균형은 사람과의 상대적인 관계를 기본으로, 실내공간의 제요소의 관계에 있어 그 비례로 파악된다.

① 스케일과 휴먼 스케일 : 스케일은 상대적인 크기, 즉 척도를 말하며 휴먼 스케일은 인간의 신체를 기준으로 파악, 측정하는 척도 기준으로 인간의 크기에 비해 너무 크거나 작지 않아야 한다. 휴먼 스케일이 잘 적용된 건물에서 인간은 편안함과 안락함을 느끼게 된다.
② 모듈 : 일종의 치수 특정단위로서 건축 및 실내 공간의 디자인에 있어 종류와 규모에 따라 계획자가 정하는 상대적·구체적인 기준의 단위이다.

> **Point**
> 미터, 인치 등의 단위는 절대적이며 추상적인 단위이다(모듈과 대응되는 개념).

㉠ 기본 모듈은 1M(10cm)의 배수가 되도록 하고 건물의 높이는 2M(20cm)의 배수가 되도록 한다. 또한 건물의 평면상의 길이는 3M(30cm)의 배수가 되도록 한다.
㉡ 모듈러 플래닝 : 모듈을 기본 척도로 하여 그리드 플래닝(grid planning)을 적용하면 사전에 변경을 예측할 수가 있다. 모듈을 설정하여 계획을 전개시키면 설계 작업이 단순화되어 용이하고 건축구성재의 대량 생산이 가능해져 재료의 생산 비용이 저렴해진다. 가구류나 내부벽체도 가구의 변경, 이동 설치가 쉽고 융통성 있는 평면 계획

이 가능해진다.

ⓒ 모듈러 코디네이션(modular coordination : M.C) : 건축의 재료부품에서 설계 시공에 이르기까지 건축 생산 전반에 걸쳐 치수상의 유기적 연계성을 만들어내는 것을 말한다. 설계와 시공을 연결해주는 치수시스템으로 건축 외에 실내나 가구 분야에까지 확장, 적용될 수 있다.

ⓐ 장점 : 호환성, 비용절감, 공기단축, 표준화
ⓑ 단점 : 획일적인 디자인, 개성 상실

③ 공간의 동선

동선이란 사람이나 물건이 움직이는 선을 연결한 것이다. 동선이 짧으면 짧을수록 효율적이나 공간의 성격에 따라 길게 하여 더 많은 시간 동안 머물도록 유도되기도 한다. 동선계획 시 사람이나 물건의 통행량과 함께 동선의 방향, 교차, 그리고 이동하면서 이루어지는 사람의 행위나 물건의 흐름을 고려해야 한다.

> **Point** 동선의 3요소 : 길이(속도), 빈도, 하중
>
> ㉠ 동선의 유형은 직선형, 방사형, 나선형, 격자형, 혼합형으로 구분된다.
> ㉡ 실내의 출입구 위치에 따라 동선 및 시선의 이동이 다르고 실내의 인상과 가구배치 등에 영향을 준다.
> ㉢ 전시공간의 관람동선과 상업공간의 고객동선은 예외적으로 길게 하는 것이 유리하다.

(3) 공간의 분할과 연결

① 공간의 분할

차단적 구획	칸막이에 의해 내부공간을 수평, 수직으로 구획해서 몇 개의 실로 구분하는 것(칸막이는 고정벽, 이동벽, 커튼, 블라인드, 유리창, 열주, 수납장 등)
심리, 도덕적 구획	완전히 공간을 분할하는 것은 아니나, 가구, 기둥, 벽난로, 식물, 조각 등과 같은 구성 요소 또는 바닥, 천장면의 단차의 변화로 인해 구획하는 것
지각적 구획	조명을 사용하거나 마감재료의 변화, 통로나 복도, 공간형태의 변화, 앨코브(alcove)공간을 만들어 하나의 실에서 양분되는 이미지를 가지고 구획하는 것

> **Point** 앨코브(alcove)
>
> 방의 한 군데가 움푹하게 들어간 곳. 벽면의 일부가 쑥 들어가서 이루어진 조그마한 스페이스

② 공간의 연결

공간을 칸막이로 분할하거나 구획하지 않고 각각의 목적에 따라 공간을 연결 또는 서로 접촉시켜 연결하거나 두 개의 공간을 맞물려 공통공간을 두어 두 공간을 연결하거나 공간 속에 또 하나의 공간을 두기도 한다.

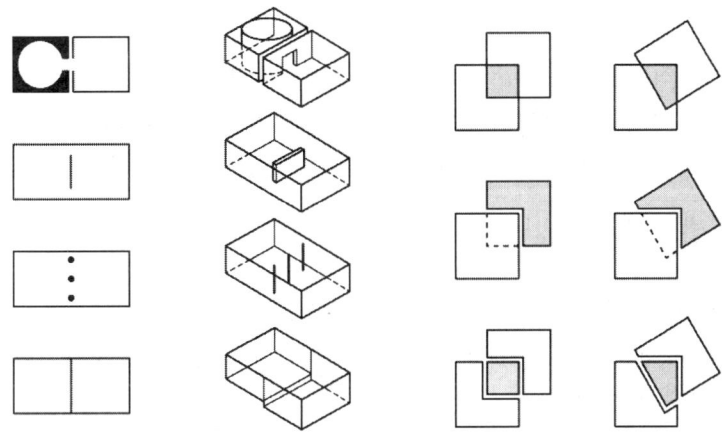

2.2 디자인의 원리

1. 스케일과 비례

(1) 스케일

① 스케일은 물체의 크기와 인체의 관계 그리고 물체 상호간의 관계를 말한다.
② 실내와 그 내부에 배치되는 가구와 같은 요소들의 체적, 인간의 척도와 인간의 동작 범위를 고려한 공간 관계 형성, 그리고 무엇보다도 이런 요소들의 실제적인 크기 등을 고려해야 한다.
③ 실내디자인에서의 스케일은 그 공간의 사용 목적에 따라 적용방법이 다를 수 있다.

(2) 비례

① 건축물이나 조형물의 각 부분 또는 부분과 전체와의 관계
② 인체 측정을 통한 비례의 적용은 추상적, 상징적 비율이 아닌 기능적인 비율을 추구한다.
③ 공간의 비례는 평면, 단면, 입면의 3차원으로 동시에 고려해야 한다.
④ 비례의 원리는 부분과 부분 또는 부분과 전체와의 수량적 관계를 미적으로 분할하는

데 있다.

⑤ 비례의 종류

　㉠ 황금비례 : 주어진 길이를 가장 이상적으로 둘로 나눌 때는 큰 것(a)과 작은 것(b)의 비가 큰 것과 작은 것의 합에 대한 큰 것의 비와 같게 하는 비로, 근사값이 약 1.618인 무리수이다(a : b = a+b : a). 고대 그리스인들이 창안하여 가장 균형 잡힌 아름다운 미적 비례의 전형으로 건축, 미술 등의 분야에서 다양하게 활용하였다.

　㉡ 루트비 : 루트비는 사각형의 한 변을 1로 할 때 긴 변의 길이가 $\sqrt{2}$, $\sqrt{3}$ 등의 무리수로 되어 있는 것을 말한다. 대표적인 예로 우리가 사용하고 있는 종이의 크기는 1 : $\sqrt{2}$ 의 비례를 가진다.

> **Point 금강비례**
>
> 1 : $\sqrt{2}$ 의 비례, 즉 1 : 1.414의 비례로 이 비율이 편리하고 안락한 형태임을 관습적으로 알게 되어 계승해 왔다.

　㉢ 모듈러 : 모듈러는 르 코르뷔지에(Le Corbusier)의 건축적 비례이며 우리의 인체의 특성과 관계하여 나타낼 수 있는 비례로, 목의 두 배는 허리의 둘레로 또는 양팔까지의 거리를 키로 나타낼 수 있는 법칙을 비례로 하여 구상하였다. 이렇게 구성된 비례의 법칙으로 아파트나 공공건물의 디자인에 많이 이용되었다. 사람의 키를 183cm로 할 때 배꼽의 위치 113cm(183×0.618)를 기준으로 황금비율화한 것이다.

　㉣ 피보나치 비율 : 1 : 2 : 3 : 5와 같이 앞의 두 항의 합이 다음 수와 같은 상가 급수이다. 이 비율은 숫자가 반복될수록 황금비례인 1 : 1.618에 수렴한다.

2. 균형 및 리듬

(1) 균형

균형이란 2개의 디자인 요소의 상호작용이 중심점에서 역학적으로 평형상태가 될 때를 말한다. 즉, 공간에서의 균형은 실내에서 감지되는 시각적 무게의 균형을 말하며 서로 반대되는 힘의 평형상태를 말하기도 한다.

　① 대칭적 균형

대칭은 균형에서 가장 정형의 구성 요소이다. 따라서 질서를 주는 방법이 용이하며 통일감을 얻기 쉬우나, 엄격하고 딱딱한 느낌을 주기도 한다. 대칭의 유형에는 좌우 대칭과 방사 대칭이 있다. 대표적인 예로 인간의 얼굴처럼 대칭을 가지는 조형을 쉽게 볼 수 있다.

② 비대칭적 균형

비대칭은 형태상으로는 불균형이지만 시각상의 정돈에 의해 균형 잡힌 것으로 보인다. 고단위 디자인의 요인으로 나타내기 어려운 요소이다. 아주 숙련된 디자이너들이 구상하는 것으로 변화 있는 형태로 개성적인 감정을 느끼게 도와준다.

③ 시각적 균형

㉠ 크기가 큰 것은 작은 것보다 시각적 중량감이 크다.
㉡ 어두운 색상이 밝은 색상보다 시각적 중량감이 크다.
㉢ 거칠고 복잡한 질감은 부드럽고 단순한 것보다 시각적 중량감이 크다.
㉣ 불규칙적인 형태는 기하학적인 형태보다 시각적 중량감이 크다.
㉤ 사선이나 톱니모양의 선은 수직선이나 수평선보다 시각적 중량감이 크다.
㉥ 기하학적인 형태는 불규칙한 형태보다 가볍게 느껴진다.

(2) 리듬

리듬은 각 요소와 부분 사이의 강약이 규칙적으로 연속할 때 생기는 것을 말하며, 규칙적인 요소들의 반복으로 디자인에 시각적인 질서를 부여하는 통제된 운동감각이다.

① 반복

디자인 요소의 반복은 규칙을 어떻게 하느냐로 정해진다. 비교적 크기가 큰 단위형태를 적게 사용하면 단조롭고 대담해 보이며, 크기를 작게 하고 많이 사용하면 디자인 요소를 획일적인 질감의 일부로 보이게 한다.

② 점이

각 디자인 요소의 각 부분 사이에 일정한 단계적인 변화를 주어 점이 효과를 보이게 하는 것으로 힘의 장단이라고 할 수 있다. 점이는 점차적인 변화와 질서 방법을 주는 것으로 반복보다 한층 동적인 느낌을 주며 조형을 보는 사람에게 힘찬 이미지를 준다.

③ 대립(대조, 대비)

점진적 변화가 아닌, 사각형에서 원형으로나 초록색에서 빨간색으로 곧바로 바뀌는 것과 같이 갑작스러운 변화를 줌으로써 상반된 분위기를 조성하도록 하는 리듬의 형태로 자극적인 디자인을 연출한다.

④ 변이

원형 아치, 늘어진 커튼이나 둥근 의자 등에서 볼 수 있는 리듬이다.

⑤ 방사

중심축에서 밖으로 선이 퍼져 나가는 리듬의 일종이다. 이런 유형은 조명 램프나 화환과 같은 액세서리에서 흔히 볼 수 있다.

3. 통일·강조·조화·대비

(1) 통일

통일성은 디자인에 미적 질서를 주는 기본 원리로 디자인 대상의 전체 중 각 부분, 각 요소의 여러 다른 점을 정리해 관계를 맺는다. 모든 디자인 원리의 구심점이 되며 다양한 요소, 소재 또는 조건을 선택하고 정리하여 하나의 완성체로 종합하는 것이다. 변화를 원심적 활동이라 한다면, 통일은 구심적 활동이라 할 수 있으며 통일과 변화는 상반되는 성질을 지니고 있으면서도 서로 긴밀한 유기적 관계를 유지한다.

① 정적 통일 : 반복되는 동일한 디자인 요소가 적용되며 단일 목적의 공간에 주로 이용된다(교육공간, 기념공간).
② 동적 통일 : 변화가 있고 성장이 있는 흐름의 전개가 가능한 방식이며 다목적 공간에 이용된다(상업시설, 레저시설).
③ 양식 통일 : 동시대적 양식의 배열 또는 관련된 기능의 유사성을 이용하는 통일감 형성(휴양 목적 공간, 교통 관련 공간)

(2) 강조

강조는 시각적인 힘의 장단이 아니라 강약에 단계를 주어 디자인 일부에 주어지는 초점이나 의도적인 변화이다.

① 강조는 공간에서 색채나 형태를 강조함으로써 전체의 성격을 명백하게 규정한다.
② 시각적 초점은 강조의 원리가 적용되는 부분으로 주위가 대칭균형으로 놓였을 때 효과적이다.

(3) 조화

2개 이상의 요소 또는 부분적인 상호관계에서 이들이 서로 배척 없이 서로 어울리면서 통일되어 전체적으로 미적·감각적 효과를 극대화시키며 발휘하는 상태를 말한다.

단순조화	• 제반요소를 단순화하여 실내를 조화롭게 한다. • 마감재를 동일한 소재나 색채를 사용하는 등, 뚜렷하고 선명한 이미지를 준다. • 깊은 맛은 부족하나 경쾌한 실내 공간 조성에 유용하다. • 한정된 작은 규모에 적절하다.
복잡조화	• 다양한 주제와 이미지가 적용되어 풍부한 감성과 다양한 경험을 준다. • 서로 다른 요소가 각각의 개체이면서도 공존하도록 구성한다. • 쇼핑, 레저 공간 등 다양한 계층의 사용자와 이용 목적이 요구되는 공간에 사용한다.

(4) 대비

성질이나 질량이 전혀 다른 둘 이상의 것이 동일한 공간에 배열될 때 서로의 특징을 한층 돋보이게 하는 현상이다.

2.3 실내디자인 기본 요소

1. 바닥

바닥면은 건물형태를 위한 물리적, 시각적 기초를 제공하며 걸어 다니는 공간표면을 에워싼다. 바닥면은 건물 안에서의 활동에 영향을 주므로 구조적으로 안전해야 하며 앉고 보고 수행하는 곳으로 신체의 척도와 공간 규모에 맞게 계단을 설치하거나 단을 만들 수 있다. 또, 신성하거나 중요한 장소는 높게 설정될 수 있다.

(1) 바닥의 기능

① 천장과 함께 공간을 구성하는 수평적 요소로서 생활을 지탱하는 가장 기본적인 요소이다.
② 외부로부터 추위와 습기를 차단하고 사람과 물건을 지지하여 생활 장소를 지탱한다.
③ 바닥은 신체와 접촉하므로 촉각적으로 만족할 수 있는 조건을 요구한다.
④ 고저차가 가능하여 필요에 따라 공간의 영역 조정을 한다.
⑤ 바닥차가 없을 때는 색이나 질감, 마감 재료의 변화를 통해 다른 면보다 강조하거나 영역을 구분해 줄 수도 있다.

(2) 바닥재의 종류

콘크리트	기본 구조재로 널리 쓰인다. 관리의 용이성과 내마모성이 좋고, 별도의 미장작업이나 마감재를 활용하기에 용이하다.
석재	견고하고 영구적이어서 널리 쓰인다. 구조적으로 지지능력이 있는 콘크리트나 다른 바닥 위에 깔아 사용한다. 고급스럽고 단단하지만, 소음이 있고 차가운 느낌을 준다.
인조석·테라초	시멘트 모르타르와 화강암이나 대리석 종석을 혼합한 것으로, 그라인더로 갈고 닦아서 표면을 매끄럽게 한 후 금속 줄눈대로 면적을 분할한다. 다양한 색상과 구조 효과가 가능하다.
목재	마루 등으로 널리 사용된다. 기본 구조용으로 사용되며 다른 재료로 마감되거나 노출상태로 사용한다. 자연미를 가지고 있으며 따뜻한 느낌이지만 부패 및 마모, 변형의 우려가 있다.
타일	주방, 욕실, 수영장 등 물을 사용하거나 습기가 있는 공간에 쓰인다. 방수효과와 단단한 표면 재질 때문에 위생시설에도 널리 쓰인다.
리놀륨, 비닐장판	얇은 판 형식이나 타일의 형태를 띠고 있으며 광범위한 색상과 무늬 선택이 가능하다. 탄력이 있고 청결 유지에 용이하다.

2. 벽

(1) 벽의 높이에 따른 경계

상징적 경계	높이 600mm 이하의 벽이나 담장은 두 공간을 상징적으로 분리한다.
시각적 개방	높이 1200mm 정도의 경계는 두 공간 상호간의 통행이 어렵지만 시선높이인 1500mm보다는 낮아서 시각적으로 개방되어 에워싼 느낌을 갖는다.
시각적 차단	높이 1800mm 정도의 높이는 시각적으로 완전히 차단되므로 프라이버시를 유지할 수 있고 하나의 실을 만들 수 있다.

[상징적 경계의 벽]

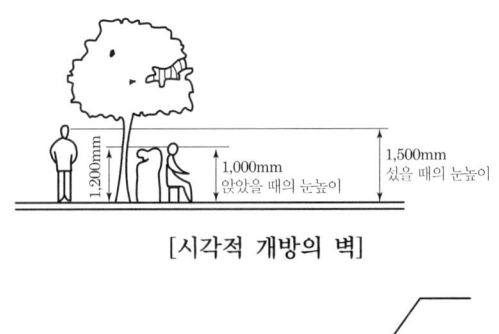

[시각적 개방의 벽]

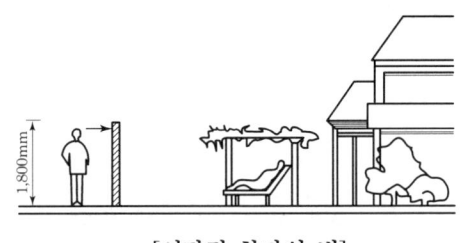

[시각적 차단의 벽]

(2) 벽의 기능
① 공간을 에워싸는 수직적 요소로 수평방향을 차단하여 공간을 형성한다.
② 외부로부터의 방어와 프라이버시를 확보한다.
③ 공간과 공간을 구분한다.
④ 인간의 시선이나 동선을 차단하고 공기의 움직임, 소리의 전파, 열의 이동을 제어한다.

3. 천장
천장은 바닥과 함께 실내 공간을 형성하는 수평적 요소로서 다양한 형태나 패턴의 처리가 가능하면서 바닥과는 달리 하중을 싣지 않으므로 형태에 있어 자유롭다.

(1) 천장의 기능
① 바닥과 함께 공간을 형성하는 수평적 요소로서 바닥과 천장 사이에 있는 내부공간을 규정한다.
② 지붕이나 위층 바닥 부재를 노출시키지 않는 차단의 역할을 한다.
③ 열, 음향, 빛의 조절의 매체로서 방어, 방음, 방진 기능이 있어야 한다.
④ 천장의 형태를 강조하여 요철을 주거나 경사지게 처리하면 공간을 활기 있게 하고 공간의 실제 용적을 증가시키므로 확장감과 방향성을 줄 수 있다.
⑤ 시각적 흐름이 최종적으로 멈추는 곳으로 지각의 느낌에 영향을 준다. 낮은 천장은 아늑한 느낌, 높은 천장은 확장감을 준다.

4. 기둥 및 보

기둥	• 공간 내 수직적 요소로 크기와 형상을 가지고 있다. • 실내에 노출된 기둥은 공간의 영역을 규정하며, 공간의 흐름과 동선에 영향을 미친다.
보	• 바닥에 작용하는 하중을 기둥이나 벽에 전달한다. • 보통 공조·조명설비에 수반되는 배선 및 장치와 함께 천장에 감춰진다. • 조형계획에서는 제한적 요소로 작용한다. • 천장 자체에 리듬을 줌으로써 개성을 강조한다.

5. 개구부

개구부란 벽을 구성하지 않는 부분을 총칭하는 말로 바닥, 벽, 천장과 함께 실내공간의 성격을 규정한다. 개구부의 위치·크기·개수·형태·목적은 실의 성격, 용도, 규모에 따라 다르며 가구 배치와 동선계획에 결정적인 영향을 미친다.

 개구부의 기능

① 한 공간과 인접된 공간을 연결시킨다.
② 채광, 통풍이 가능하게 한다.
③ 전망과 프라이버시를 확보한다.

(1) 문(Door)

출입구는 공간과 공간 사이에서 시각적이며 신체적인 이동을 유도하며, 공간 안에서의 동선의 형태에 영향을 미친다. 또한 보안을 유지하기도 하며 공간 사이에서뿐만 아니라 외부로부터의 소음 차단 효과도 있다.

• 사람과 물건이 실내, 실외로 통행하기 위한 개구부이다.
• 문의 위치는 시점 이동에 영향을 주며 내부 공간에서의 동선을 결정하고 가구배치에 중요한 영향을 준다.
• 문의 치수는 사람이나 물건의 동선의 양, 빈도, 유형에 따라 결정된다.
① 유형
  ㉠ 여닫이문 : 작동이 용이하고 간단한 철물로 조작되며 외기를 차단시키고 방음에 매우 효과적이어서 가장 일반적인 형태이다. 개폐 시 회전을 위한 공간이 필요하다.
  ㉡ 미닫이문 : 상부나 바닥의 트랙으로 지지되며 여닫이와는 달리 문의 호를 위한 바닥

공간이 필요 없다. 문틀의 홈이나 벽 옆의 레일로 문이 미끄러져 열고 닫히는 문. 틈새가 생기므로 실내 공간에서만 쓰인다.

　ⓒ 미서기문 : 윗틀과 밑틀에 두 줄로 홈을 파서 문 한 짝을 다른 한 짝 옆에 밀어 붙이게 한 것으로 두 짝 또는 네 짝 미서기가 많이 쓰인다.

　② 접이문 : 상하트랙으로 지지되는 시각적 공간분할용 스크린에 쓰인다.

　⑩ 회전문 : 외기를 차단시키고 건물 안으로 들어오는 한기를 막아 열의 손실을 줄이며, 출입동선을 나뉘어지게 하여 많은 사람을 빨리 이동시킬 수 있다.

　⑪ 자재문 : 문틀 옆에 자유경첩을 달아 안팎으로 자유롭게 여닫는 문이다.

② 구조

　㉠ 플러시문 : 목재 울거미 안에 중간 살대를 격자 혹은 수평, 수직으로 25~30cm 이내로 배치한 후 양면에 합판을 일체화시킨 문이다.

　㉡ 패널문 : 평평한 패널구조(가끔 유리가 끼워지기도 함)이거나 가로대와 세로대가 결합된 구조로 되어 있다.

　㉢ 유리문 : 채광이 잘 되며 시각적인 개방감을 준다.

　㉣ 금속문 : 도난방지나 화재 전파를 막아주는 방화문으로 쓰인다.

(2) 창문(Windows)

창문은 환기와 빛을 제공하기 위해 벽에 만들어지는 단순한 개구부에 불과했으나 현대건축에서는 자연적인 제요소로부터의 보호, 사생활 제공, 시각적 즐거움이나 전망을 첨가시켜 주는 디자인 요소로서의 역할 같은 부가적 기능을 한다.

① 개폐방식에 의한 분류

　㉠ 고정창 : 고정창은 열리지 않으며 빛을 유입시키는 것을 목적으로 한다. 상점의 창문이나 밀폐된 냉방공간과 같이 여는 기능이 필요 없을 때 사용된다.

　㉡ 미서기창 : 두 장의 창으로 구성되어 있으며 좌우로 밀어서 연다. 페어글라스를 사용하여 단열, 방음, 방습의 효과도 부여할 수 있다. 창문의 가장 일반적 형태이다.

　㉢ 들창 : 창틀의 상단부를 축으로 들어올리는 형식으로 빌딩의 부분 환기창으로 사용된다.

　㉣ 안젖힘창 : 들창과 비슷하나 아래쪽에 경첩이 달려 있고 환기하기에 좋다.

　㉤ 양여닫이창 : 두 장의 창으로 이루어져 있으며 창의 좌우측을 축으로 하여 여닫는다.

② 창의 위치

　㉠ 측창 : 실내 측면의 수직 창에서 빛이 들어오는 형태이다. 이 형식은 공간의 조도

분포가 불균일하고 조도가 작지만 반사로 인한 눈부심이 적으며 입체감이 좋다.
- ⓒ 천창 : 건물의 지붕이나 천장면에 채광 목적으로 수평면이나 약간 경사진 면에 낸 창으로 조도가 균일하고 측창의 3배 정도의 밝기이다. 단, 환기 조절 및 청소는 곤란하며 개방감도 낮다.
- ⓒ 정측창 : 창턱 높이가 눈높이보다 높아야 하고 창의 상부가 천장선과 같거나 그 아래에 위치한 창으로 미술관, 박물관, 공장 등 시선을 분산시키지 않고 채광을 해야 할 공간에 적용된다.

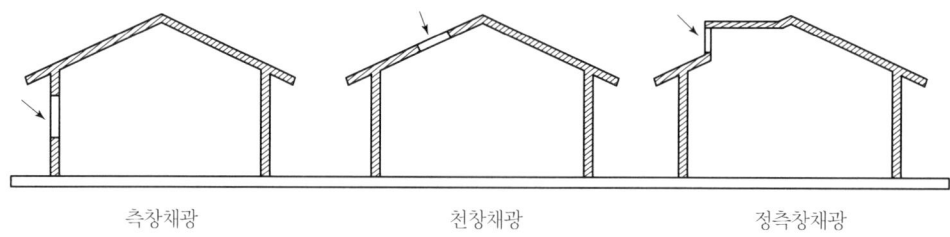

측창채광   천창채광   정측창채광

③ 특수창
- ㉠ 픽처 윈도(picture window) : 바닥부터 천장까지 이어지는 창
- ㉡ 윈도 월(window wall) : 벽면 전체를 창으로 처리한 개방감이 좋은 창이다.
- ㉢ 고창(clearstory) : 천장 가까운 벽 상부에 좁고 길게 뚫린 창으로 주로 환기를 목적으로 설치한다.
- ㉣ 베이 윈도(bay window) : 평면이 밖으로 돌출된 창

④ 일조 조절
- ㉠ 커튼처리 : 커튼은 인테리어적인 기능, 빛과 시선의 조절 기능, 열과 음의 차단 기능(보온성, 단열성, 흡음성)을 가진다.

새시 커튼	창문의 절반 정도만을 친 형태의 커튼으로 주로 투명성이 있는 재료로 만들어진다.
글라스 커튼	투명한 소재로 유리창의 한 부분에 항상 드리워져 있는 형태의 커튼
드로우 커튼	창문의 레일을 이용해 펼쳤다 접을 수 있도록 설치한 커튼
드레이퍼리 커튼	창문에 느슨하게 걸려 있는 중량감 있는 커튼

Point 케이싱(casing)
문선, 트림이라고도 하며 벽과 문틀 사이의 틈새를 막아주는 일종의 몰딩을 말한다.

ⓒ 블라인드

수평 블라인드	얇은 수평 띠나 루버로 이루어져 있고 직물 테이프나 끈으로 엮어서 잡아당겨 작동시킨다. 반사광, 공기의 흐름, 프라이버시를 조절하기 위해 각도를 기울일 수 있는 장치가 되어 있다.
수직 블라인드	천장이나 벽에 수직으로 매달리며 도르래가 달리거나 트랙을 타고 움직인다. 외부경관을 더 많이 보고 내부로 많은 빛을 유입시키기 위해 돌릴 수 있다.
롤 블라인드	상하로 줄을 조절하여 돌돌 말려 올라가고 다시 펼 수 있는 형식의 블라인드

ⓒ 루버 : 평평한 부재를 전면에 설치하여 일조를 차단하는 것으로 수평형, 수직형, 격자형이 있다.

6. 통로

내부공간에서의 통로공간은 사람의 출입과 물건의 통행을 위한 공간이다. 건물의 내·외부를 연결하는 통로로서의 출입구와 실과 실을 수평으로 연결하는 통로로서의 복도, 홀 그리고 수직으로 연결하는 계단, 에스컬레이터, 엘리베이터가 이에 속한다.

(1) 계단 및 경사로

① 수직방향으로 공간을 연결하는 상하통행 공간이다.
② 대규모의 공간일 경우 계단실을 독립시키지 않고 실내에 도입해서 동적인 활력요소로 처리한다.
③ 계단은 통행자의 밀도, 빈도, 연령 및 통행자의 상태에 따라 사용상의 고려가 필요하다.
④ 계단의 재료나 구조방법은 공간의 성격, 공간구성 수법, 강도, 내구성, 경제성 등을 고려하여 결정한다.
⑤ 계단 기본 치수

단너비	15cm 이상	계획가능 각도	20~45°
단높이	23cm 이하	일반적인 각도	30~35°

⑥ 경사로는 계단을 대체하거나 손수레, 휠체어, 자전거 이동을 위해 설치하고 높이 1m당 최소 길이 8m 이상으로 설계하며 바닥은 미끄러지지 않는 마감재로 해야 한다.

(2) 출입구

주출입을 위한 개구부를 의미할 수 있으나 실제 디자인의 개념을 적용시킬 때는 파사드

(Facade)의 일부분으로 처리한다.

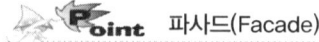 파사드(Facade)

건물의 정면을 의미함과 동시에 디자인에 있어서 건축물 및 홀의 출입구, 벽 마감재, 쇼윈도, 간판, 광고판, 광고탑, 네온사인 등을 포함한 건축물 또는 점포 전체의 얼굴로서 공간의 첫 인상을 정하는 부분을 말한다. 기업 이미지 또는 상점의 상품에 대한 첫 인상을 주는 부분이므로 강인한 이미지를 줄 수 있도록 계획한다.

(3) 복도(통로)

기능이 같거나 다른 공간을 이어주는 연결공간임과 동시에 각 공간의 독립성을 부여하도록 분리하는 통로공간이다. 또한 창의 위치에 따라서 선룸의 역할도 한다.

(4) 홀

동선이 집중되었다가 분산되는 곳으로 각 공간은 홀을 중심으로 구성되므로 주출입구 가까이에 위치한다.

2.4 조명

조명은 실내 환경에 명도, 위치, 색채, 형태 그리고 빛의 양과 질에 영향을 미치기 때문에 매우 중요한 요소이다. 조명은 개구부를 통한 실내 채광방식의 자연조명과 인공적인 발광체인 광원으로 공간에 빛을 제공하는 인공조명으로 구분된다.

1. 조명의 선택 및 분류

(1) 조명기구 선택 시 고려사항

① 구조상 광원의 교환, 청소 등 보수 유지가 용이해야 한다.
② 실내디자인의 일부로 형태, 색채, 재료 등은 전체 분위기와 어울려야 한다.
③ 점등 시 배광, 명암이 쾌적한 분위기를 만들어야 한다.

 조명설계 순서

소요조도 결정 – 광원의 선택 – 조명기구 선택 – 조명기구 배치 – 검토

(2) 조명의 분류

① 조명방식에 따른 분류
  ㉠ 전체조명 : 실 전체를 평균적으로 밝고 온화한 분위기로 전체적으로 균일한 조도가 되도록 하고 조명기구를 일정하게 분산시킨다.
  ㉡ 국부조명 : 작고 정해진 공간에 높은 조도로 조명하기 위해 특별히 조명을 집중시킨다. 공간에 초점을 집중시킬 때나 하나의 실에서 영역을 구획할 때 국부조명이 사용된다. ex) 거실의 스탠드
  ㉢ 장식조명 : 조명기구 자체가 예술품과 같이 분위기를 살려주는 역할을 한다. ex) 펜던트, 샹들리에, 브래킷

② 배광 방식에 따른 분류

조명	직접	반직접	전반확산	반간접	간접
배광방식	위 0~10% 아래 100~90%	10~40% 90~60%	40~50% 40~50%	60~90% 40~10%	90~100% 10~0%

③ 설치 형태에 따른 분류
  ㉠ 매입형(down light, 다운라이트) : 조명기구는 천장에 매입되고 빛이 수직으로 하향, 직사된다.
  ㉡ 직부형(ceiling light, 실링라이트) : 천장등이라고도 한다. 배광이 효과적이며 빛이 직접 보이기 때문에 매입형보다 눈부심이 많지만, 조명효율은 좋다.
  ㉢ 벽부형(bracket, 브래킷) : 벽체에 부착하는 조명의 통칭으로 브래킷이라 한다. 장식성이 좋다.
  ㉣ 펜던트(pendant) : 파이프나 와이어에 달아 천장에 매단 조명 방식으로, 조명기구 자체가 빛을 발하는 액세서리 역할을 한다.
  ㉤ 이동형 조명 : 테이블 스탠드, 플로어 스탠드

④ 건축화 조명
  천장, 벽, 기둥 등 건축 부분을 이용하여 조명하는 방식이다. 건축화 조명은 눈부심이 적고 명랑한 느낌을 주며 현대적인 감각을 느끼게 하나 설치 비용도 직접 조명에 비해 많이 들고 유지비용 역시 높기 때문에 경제적 효율성은 떨어진다.
  ㉠ 코브 조명 : 광원의 노출을 가리고 상향 조명으로 천장 또는 벽면을 비춘 반사광에

의해 간접 조명한다. 부드럽고 균등하며 눈부심이 없는 빛을 제공하여 보조조명으로 중요하게 쓰인다.

ⓒ 코니스 조명 : 천장 또는 천장 가까이에 장착되고 옆면을 가려 빛은 아래를 향해서만 떨어진다. 재질감 있는 벽면의 드라마틱한 특성을 강조해 주거나 재미있는 조명 효과를 준다.

ⓒ 밸런스 조명 : 코브와 코니스를 혼합한 형태로 천장 방향과 바닥 방향 양쪽으로 빛을 비춘다.

ⓒ 광천장 조명 : 건축구조체로 천장에 조명기구를 설치하고 그 밑에 창호지나 반투명 아크릴과 같은 확산성 재료를 이용해서 마감 처리하여 마치 넓은 천장 표면 자체가 조명인 것처럼 연출한다.

ⓒ 광창 조명 : 광천장과 같은 방식으로 광원을 넓은 면적의 벽면에 매입, 시선에 안락한 배경으로 작용한다. 지하철 광고판 등에서 사용한다.

ⓑ 코퍼 조명 : 천장에 사각형 또는 원형의 구멍을 뚫어 단차를 두어 천장 내부에 조명을 설치하는 방식

ⓢ 캐노피 조명 : 국부적으로 강한 조도를 주기 위해 벽면이나 천장면의 일부를 돌출시켜 조명을 설치하고 그 아랫부분을 집중적으로 비춘다. 카운터 상부, 욕실의 세면대, 드레싱 룸에 쓰인다.

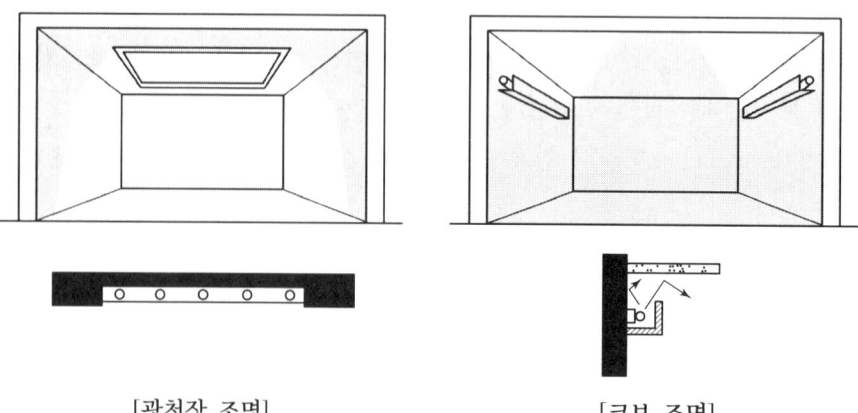

[광천장 조명]   [코브 조명]

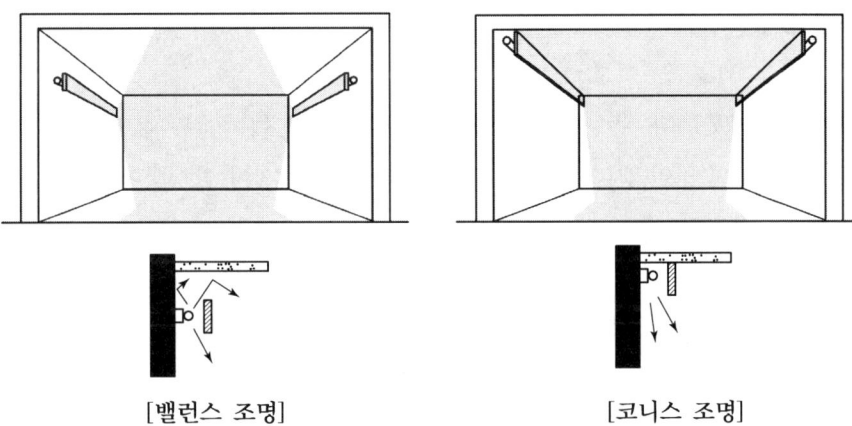

[밸런스 조명]　　　　　　　　[코니스 조명]

(3) 광원

① 백열전구
  ㉠ 고열의 필라멘트의 온도 방사에 의한 발광으로 조명하는 광원으로 형광등과 함께 가장 널리 사용되어 왔다.
  ㉡ 가격이 저렴하고 크기가 작아 빛의 컨트롤이 쉬우며 연색성이 자연채광에 가깝다.
  ㉢ 효율이 낮고 발광온도가 높아 다소 위험하며 광원의 수명도 짧다.
  ㉣ 점멸빈도가 높고 사용시간이 적은 곳, 강조 조명이 필요한 곳에 적합하다.

② 형광등
  ㉠ 수은과 아르곤의 혼합가스를 봉입한 방전관으로 유리관 내에 자외선을 발생하고 이 것이 유리관 내벽에 도포된 형광물질을 유도방출하여 발광하는 방전등이다.
  ㉡ 백열등보다 10배 정도 수명이 길고 눈부심도 적으며 발광온도도 낮다. 또한 같은 전력으로 백열등보다 3~4배의 조도를 얻어 에너지가 절약된다.
  ㉢ 형광체의 색을 다양하게 할 수 있고 빛의 확산이 좋지만 자외선이 방출된다.
  ㉣ 점등에 시간이 걸리며 빛의 어른거림이 발생하고 자외선 전구 내부에 흑화가 발생한다.

③ 나트륨등
  ㉠ 수명이 매우 긴 광원으로 도로 가로등 및 체육관, 광장조명 등에 사용되고 있다.
  ㉡ 연색성이 매우 나쁘고 다소 불쾌감을 준다.

④ 메탈할라이드등
  ㉠ 효율이 높고 연색성도 좋은 광원으로 나트륨등과 혼용하여 연색성 개선에 활용된다.
  ㉡ 수명이 비교적 길지만 가격이 다소 높고 램프 점등방향에 제약을 받는다.

ⓒ 천장이 높은 내부조명에 쓰이며 고연색등은 미술관, 상점, 경기장에 사용한다.
⑤ 수은등
  ㉠ 수명이 나트륨등과 비슷하며 하나의 등으로 큰 광속을 얻을 수 있다.
  ㉡ 효율이 높고 수명이 길며 가격도 저렴한 편이며 자외선이 발생하여 살균, 의료, 사진용으로도 쓰인다.
  ㉢ 빌딩, 공장 등의 외벽, 도로 조명으로 많이 쓰인다.
⑥ LED(발광다이오드, Light Emitting Diode)등
  ㉠ 반도체를 이용한 조명으로 발열이 적어 내구성이 길고 낮은 전력으로 효율 높은 조명을 쓸 수 있다.
  ㉡ 눈의 피로도가 낮으며 형광등처럼 자외선이 나오지 않아 피부에도 안전하다.

2. 연출기법

(1) 조명의 연출 요소

① 조명의 연색성 : 어떠한 물체이든지 자연광과 인공조명에서 비교해 보면 색감이 서로 다르게 보이는데 이를 연색성이라 한다.
  ㉠ 백열등의 조명하에서는 빨강색, 노랑색이 강조되어 대체로 붉은 계통의 색은 생생하게 보이는 반면, 회색, 푸른색 계통의 색은 침체되어 보인다.
  ㉡ 형광등의 조명하에서는 파랑색, 녹색이 강조되어 푸른 계통의 색은 선명하고 보다 서늘하게 보이고 빨강색은 흐릿하게 보인다.
  ㉢ 단일 광원으로 전체를 조명하는 것보다 2종류 이상의 광원을 혼합하여 사용하는 것이 연색성을 좋게 한다.
  ㉣ 평균 연색평가 지수(Ra) : 규정된 8종류의 시험 색을 표준 광원에 대비하여 시료 광원 조명 시의 CIE UCS 색도도에 의한 색도 변화의 평균값에서 구한 것을 말한다.

지수 (Ra)	25	60	65~75	75~90	80~90	85~95	90 이상
광원	나트륨등	수은등	일반 형광등	메탈 할라이드	LED 램프	3, 5파장 형광램프	백열등, 할로겐램프

② 색온도 : 발광되는 빛이 온도에 따라 색상이 달라지는 것을 절대 온도 단위인 K로 나타낸 것이다. 빛을 전혀 반사하지 않는 완전 흑체를 가열하면 온도가 높을수록 파장이 짧은 청색 계통의 빛이, 온도가 낮을수록 적색 계통의 빛이 나온다.

촛불	백열등	태양(정오)	맑은 하늘
1800~2000K	2500~3600K	5500~6000K	8000K~

③ 조명과 마감재료
  ㉠ 발광면적이 작은 백열등은 지향성(指向性)의 빛이어서 광택이 뚜렷하고 요철이 명쾌하게 나타나 질감의 효과가 뚜렷이 표현된다.
  ㉡ 발광면적이 넓은 형광등은 확산되는 빛을 발하므로 부드러운 재질감을 느끼게 한다.
  ㉢ 조도가 크면 클수록 음영이 뚜렷해져 재질감, 입체감도 지나치게 강조되므로 부드러운 확산광이 필요하다.
④ 조명과 공간감 : 조명은 주어진 공간을 축소, 확대시키거나 긴장, 이완시키므로 시각적, 심리적 효과의 연출 요소로서 해석 가능하다. 조명에 의한 실내의 벽, 바닥, 천장면의 명암은 실내의 표정, 실의 크기, 천장의 높이 변화 등에 영향을 미치는 중요한 요소이다.
  ㉠ 어두운 벽면은 공간을 축소시켜 보이고 밝은 벽면은 공간을 확장시켜 보인다.
  ㉡ 어두운 천장은 시각적으로 낮게 보이나 천장 테두리의 조명은 천장과 벽면을 시각적으로 높아 보이게 한다.

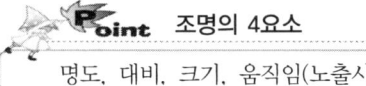 **Point 조명의 4요소**
명도, 대비, 크기, 움직임(노출시간)

(2) 조명의 연출 기법

① 강조기법(High-light) : 물체를 강조하거나 시야 내의 어느 한 부분에 주의를 집중시키는 효과가 있다.
② 빔 플레이(Beam play) : 강조하고자 하는 물체에 의도적인 광선을 조사함으로써 광선 그 자체에 시각적인 특성을 지니게 하는 기법이다.
③ 월 워싱(wall washing) : 수직벽면을 빛으로 쓸어내리는 듯한 효과를 주기 위해 수직벽면에 균일한 조도로 빛을 비추는 기법이다. 코니스 조명과 같은 건축화 조명으로 공간 상승, 확대의 느낌을 주며 광원과 조명기구의 종류·건축화 조명 방식에 따라 다양한 효과를 가질 수 있다. 바닥이나 천장에도 조명을 비추어 같은 효과를 가질 수 있는데 이를 플로어 워싱(floor washing), 실링 워싱(ceiling washing)이라 한다.
④ 그림자 연출 기법(shadow play) : 빛과 그림자의 효과를 이용하여 공간의 질감과 깊이

를 느끼게 하는 기법이다.

⑤ 실루엣 기법(silhouette) : 물체의 형상만을 강조하는 기법으로 눈부심이 없지만 물체의 세밀한 묘사는 할 수 없다. 광원 앞에 있는 사람의 행위가 실루엣으로 나타나므로 시각적으로 인간이 공간과 환경에 종속되는 효과를 준다. 이러한 공간은 친근하고 시적인 분위기를 자아낸다.

⑥ 후광조명기법(Back lighting) : 빛을 아크릴, 스테인드글라스와 같이 반투명 재료를 통과하게 하여 배면의 빛을 확산시키는 방법으로 상품의 배경조명, 간판 후광조명 등으로 효과적이다.

⑦ 글레이징 기법(galzing) : 빛의 각도를 이용하는 방법으로 수직면과 평행한 광선을 벽에 비춘다. 벽면 마감재료의 재질감을 강조시키며 벽면을 분할하여 천장이 낮아 보인다. 글레이징 효과를 내기 위해 매입등은 천장 끝에서 150~300mm 정도 거리를 두고 설치한다.

⑧ 상향조명기법(up lighting) : 윗부분을 강조하고자 할 때 사용하는 기법이다. 공간의 벽면, 천장면을 간접적으로 비추며 낭만적이고 은은한 느낌의 공간 분위기를 자아낸다.

⑨ 스파클 기법(sparkle) : 어두운 배경에서 광원 자체를 이용해 흥미로운 반짝임(스파클)을 연출하는 기법이다.

> **Point 캐스케이드(Cascade)**
> 계단식 폭포를 의미하며, 다른 의미로는 건축설계에서 각 층의 단면을 계단식으로 구성하는 것을 말한다. 조명 용어 중에서 위치 및 높이차를 두고 설치되어 단계적으로 점등, 점멸을 반복하는 조명장치를 캐스케이드식 조명이라 부르기도 한다.

2.5 장식 및 디스플레이

1. 장식(accessory)

- 실내를 구성하는 여러 요소 중 시각적인 요소를 강조하는 오브제를 말한다.
- 공간에 활력과 즐거움을 부여하고 리듬과 짜임새 있는 공간을 구성한다.
- 디자인의 의도, 주제, 크기, 재질감, 색채, 표현방법, 그리고 내부 공간의 성격, 크기, 마감재료, 색채 등을 고려하여 선정한다.

(1) 장식품

실내디자인 완성에 보조적 역할을 하는 비교적 작고 이동이 손쉬운 물품을 말한다.

실용적 장식품	생활에 필요한 실질적인 기능이 있는 물품이면서 장식적 효과도 갖는다. (가전제품, 조명기구, 스크린(병풍), 꽃꽂이 용구 등)
감상용 장식품	감상 위주의 물품. 공간과 조화를 이루도록 적당한 크기, 수량, 색채, 주제를 정한다. (골동품, 수석, 분재, 관상수, 어조류, 화초류 등)
기념용 장식품	개인의 취미활동이나 전문직종의 활동 실적에 따른 기념 요소가 강한 물품 (트로피, 상패, 메달, 배지, 펜던트, 탁본 등)

(2) 예술품

동양화, 서양화의 회화를 비롯하여, 판화, 스케치, 벽화, 모자이크, 슈퍼그래픽 등의 평면적 작품과 고가구와 민속품, 조각, 공예 등 입체적 작품이 있다.

> **Point 슈퍼그래픽**
> 건물 외부나 담장, 벽 등에 이용되는 대형 그림으로 화려한 색상이나 추상적인 디자인이 많다.

2. 디스플레이

디스플레이란 상품의 판매를 목적으로 상품의 특징과 성격을 효과적으로 나타내어 판매공간에 진열함으로써 구매의욕을 돋우어 판매에 이르도록 하는 판매촉진 수단이다.

(1) 디스플레이의 유형

① 상점 외부 디스플레이
  ㉠ 상점의 이미지를 효과적으로 표출하여 상점에 호감을 갖도록 전체 외부 요소를 디자인하는 것이다.
  ㉡ 출입문, 파사드, 쇼윈도, 사인, 차양, 조명장치 등 외부 요소들은 상점의 특성과 점내 활동 내용을 나타내야 한다.
  ㉢ 주변환경과 조화를 이루어야 한다.
  ㉣ 고려사항
    ⓐ 외부의 규모 및 지역적 특성
    ⓑ 영속성 및 차별성
    ⓒ 점포의 성격, 차별상품의 선별법과 고객목표

> **Point** 디스플레이의 정보전달 요소
> ① 사용 목적, 기능성, 신뢰감, 경제성에 관한 상품성
> ② 계절, 행사, 새 상품 입하에 대한 시기성
> ③ 정치, 경제, 문화 등의 생활성

② 쇼윈도 디스플레이

　상품을 진열하여 지나가는 사람들의 시선을 끌어 관심을 갖게 하고 상점 밖에서도 상점을 파악할 수 있게 한다. 또한 점포에 대한 정보를 제공하여 구매의욕을 돋우어 상점 내로 유도해 판매로 연결시키는 기능을 한다.

　㉠ 디스플레이 계획
　　ⓐ 상점 성격을 고려하여 판매정책을 반영해야 한다.
　　ⓑ 주력 상품을 선정하고 머천다이저, 코디네이터, 구매 담당자들과 협조하도록 한다.
　　ⓒ 상품의 특성을 살려 디스플레이 방향을 설정한다.
　　ⓓ 계절, 시기에 적합한 연출을 하며 유행을 선도하는 표현이 되어야 한다.

③ 상점 내부 디스플레이

　㉠ 스테이지 디스플레이 : 마네킹을 올려놓거나 옷을 펼쳐놓는 디스플레이에 쓰이며 매장 중심부에 배치하여 쉽게 고객의 시선을 끌 수 있다. 일반 진열보다 눈에 띄게 진열한다.

　㉡ 아일랜드 디스플레이 : 바닥에서 100~400mm 정도 올라와 있는 단형태의 디스플레이 방법이다.

　㉢ 벽면 디스플레이 : 벽면 상부를 진열 공간으로 쓰고 벽면 하단은 수납공간으로 활용하며 실내 전체 분위기의 바탕이 되도록 디스플레이한다.

　㉣ 행거 디스플레이 : 의류 진열에 필수적이며 주위 진열 공간과 복합적인 진열방법으로 계획한다.

　㉤ 쇼 케이스 디스플레이 : 상품의 저장기능과 진열기능을 겸하는 장점이 있다. 보통 카운터보다 높이가 높고 사방에서 상품을 볼 수 있다.

　㉥ 기둥 디스플레이 : 기둥을 중심으로 선반, 쇼 케이스, 스테이지 등을 설치하여 디스플레이를 입체적으로 처리한다.

　㉦ POP(point of purchase) 디스플레이 : 구매시점 촉진광고란 뜻으로 점포 내의 고객에게 정보 제공 및 구매 설득을 위해 설계된 모든 판매촉진 자극요소를 뜻한다. 구입

하려는 시점에서의 광고 효과를 극대화할 수 있는 윈도 디스플레이나 카운터 진열광고, 바닥진열 및 선반·벽면광고 등이 있다.

(2) 디스플레이의 기본

① 유효 진열 범위

인간공학적 측면에서 신체적 조건과 시선을 고려하여 이에 준한 상품의 진열과 특성, 종류에 따라 합리적인 진열이 되도록 한다.

㉠ 눈높이 1400~1500mm를 기준으로 상향 10°, 하향 20° 사이가 고객이 시선을 두기에 가장 편안한 범위이다.

㉡ 유효한 상품진열범위는 바닥에서 600mm부터 상한선 2100mm 정도이지만 실제 손이 닿는 높이는 1800~1900mm 정도가 되기 때문에 진열선반은 1700mm 이하로 한다.

② 상품진열 위치

㉠ 통로측은 1200mm 이하에 상품을 소량으로 중점상품을 진열한다.

㉡ 중간의 진열은 1200~1350mm 높이로 상품을 다량으로 풍부하게 진열한다.

㉢ 벽면 진열은 2200~2700mm 높이로 상품을 다양하게 진열하거나 수납공간으로 활용한다.

> **Point 골든 스페이스**
> 고객의 시선이 가장 편하게 머물고 손으로 잡기에도 가장 편안한 850~1,250mm 높이로 이 범위에 주력 상품을 진열한다.

(3) VMD(Visual MerchanDising)

상품과 고객 사이에서 치밀하게 계획된 정보 전달 수단으로 장식된 시각과 통신을 꾀하고자 하는 디스플레이의 기법이 VMD이다. 즉, 상품계획, 상점계획, 판촉 등을 시각화시켜 상점 이미지를 고객에게 인식시키는 판매 전략을 뜻한다.

구 분	주역할	위 치
IP(item presentation)	기본 상품의 분류정리	제반집기(선반, 행거)
PP(point of sale presentation)	한 유닛의 대표 상품 진열	벽면상단 및 집기 상단, 디스플레이 테이블
VP(visual presentation)	상점의 이미지, 패션테마의 종합적인 표현	파사드, 쇼윈도

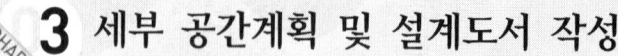

CHAPTER 3 세부 공간계획 및 설계도서 작성

3.1 공간계획

1. 주거공간

(1) 주거공간의 실내계획 기본 개념
① 주거계획의 기본 방향
  ㉠ 생활의 쾌적함을 추구한다.
    ⓐ 생리적 쾌적함 : 적당한 온도, 습도, 조명, 환기
    ⓑ 심리적 쾌적함 : 공간의 깊이, 색, 마감재, 빛의 상태
  ㉡ 가족 본위의 주거공간이 되도록 한다.
  ㉢ 개인의 프라이버시나, 개인생활이 존중되도록 한다.
  ㉣ 생활의 편리함을 추구한다. : 합리적 동선계획, 능률적이고 쾌적한 작업공간
② 실내계획 고려사항
  ㉠ 기후 : 기온, 강수량, 일사량, 풍향 등 기후에 대한 물리적 요소는 지붕의 형태, 평면 구성, 개구부의 위치 결정 등에 큰 영향을 미친다.
  ㉡ 위치 : 도시, 교외, 해변, 산 등 주택이 위치한 지역적 조건에 따라 도시주택, 전원주택, 별장주택으로 구분되며 이에 따라 생활내용도 달라지므로 계획에 반영해야 한다.
  ㉢ 방위 : 방위는 실의 배치와 개구부 특히 창의 위치와 관련된 요인이며 전망, 바람, 채광 등에 대한 주택의 노출방향을 나타낸다. 개구부 설치를 고려하여 커튼, 차양 등으로 햇빛, 프라이버시를 조정한다.
  ㉣ 디자인 스타일 : 어떤 지역이나 특정사회에서 유행되었던 가구나 실내에서 나타나는 표현양식은 거주자의 기호, 주생활 양식 등에 따라 결정되고 계획에 반영된다. 스타

일이 결정된 후 가구나 실내에서부터 외관에 이르기까지 조화로운 디자인 스타일을 추구한다.

ⓒ 거주자 : 가족유형, 직업, 기호, 취미, 수입정도 등을 조사한다. 각 개인이나 가족의 기호를 조사하여 개성적인 실내가 되도록 한다.

ⓑ 주생활 양식 : 주택을 중심으로 행해지는 생활양식은 가족의 구성 조건, 사회적인 계층, 지역적인 기후, 풍토 조건 등에 따라 달라진다. 각종 행위의 장소나 시간 사용, 가구 및 물품사용 정도, 배치 유형, 각 실의 꾸밈상태, 거주자의 의식 등을 조사하고 이를 기본으로 각 실 배치에 따른 동선계획, 가구배치와 유형, 실의 규모와 성격, 장식 등 전반에 대한 실내계획에 반영한다.

> **Point 각 실의 방위**
> ① 동쪽 - 침실, 식당
> ② 서쪽 - 욕실, 건조실, 탈의실
> ③ 남쪽 - 노인실, 아동실, 거실
> ④ 북쪽 - 화장실, 보일러실

③ 공간의 구성

㉠ 기능·용도에 의한 분류

개인공간	개인의 사생활을 위한 사적 공간으로 개인의 기호, 취미나 개성 등 프라이버시가 요구된다(침실, 공부방, 작업실, 욕실, 서재).
작업공간	가사노동이 이루어지는 주방, 세탁실, 작업실, 다용도실, 서비스 야드 등)
사회적 공간	가족 공동으로 사용하는 공간(거실, 응접실, 식당, 현관 등)

㉡ 사용시간에 의한 분류

주간 사용 공간	낮에 주로 사용되는 초등학생 이하의 어린이방, 노인실, 거실 등. 조망 방위 등 개구부와의 관계 등을 고려하여 채광을 충분히 고려한다.
야간 사용 공간	중, 고등학생의 침실, 부모 침실 등. 하루에 한두 번 햇빛을 받을 수 있도록 한다.

ⓒ 행동반사에 의한 분류

정적 공간	조용하고 정숙한 분위기를 요구하는 부부침실, 서재, 노인실 등으로 완전히 독립성이 요구되고 소음공해가 없어야 하며 시청각적 프라이버시가 확보되어야 하므로 동적 공간과 분리한다.
동적 공간	실에서의 활동과 능률을 중요시하며 독립성보다 개방성을 필요로 하는 거실, 식당, 부엌, 현관 등이 이에 속한다.

④ 동선 및 평면계획
  ㉠ 상호관계가 밀접한 것은 근접시키고, 상반되는 것은 격리시킨다.
  ㉡ 빈도를 기준으로 주동선과 부동선으로 분류하되 주동선은 외부와 직접 연결하고 동선은 가능한 한 짧게 직선화한다.
  ㉢ 주부는 실내에 머무르는 시간이 길고 작업량이 많으므로 작업공간의 동선이 우선되어야 한다.
  ㉣ 각 실의 동선계획은 가구배치계획에 따라 변하게 된다. 특히 거실, 식당, 부엌, 마루 등은 통로에 근접하되 통로로 이용되는 면적을 최소한으로 줄이며 이들 실을 가로지르거나 하여 가구배치에 영향을 주지 않도록 한다.

> **Point 조닝(Zoning)**
> 공간 내에서 이루어지는 다양한 행동의 목적, 공간, 사용시간, 입체 동작 상태 등에 따라 구분되는 공간을 구역(zone)이라 하며, 이 구역을 구분하는 것을 조닝(zoning)이라 한다. 주거공간의 조닝계획은 생활공간, 사용시간, 주 행동, 행동반사, 사용자의 프라이버시 및 사용빈도에 의한 분류 등으로 구분할 수 있다. 상호간의 관련된 기능, 방위, 위치를 결정하며 빛, 난방, 조망, 어프로치 기능의 결합 등을 충분히 고려한다.

⑤ 조명 및 배색계획
  ㉠ 조명계획
    ⓐ 전체 조명은 형광등으로 하고 매입등, 스포트라이트, 펜던트 등의 국부조명과 장식조명을 광원 크기가 작은 백열등, 할로겐등으로 조합한다.
    ⓑ 적정조도를 유지해야 하는 실 : 부엌, 서재, 어린이방, 계단 등
    ⓒ 분위기를 중시하는 실 : 거실, 식당, 침실 등
  ㉡ 배색 계획
    ⓐ 거주자의 취향을 반영하여 개성적인 분위기를 연출하도록 한다.
    ⓑ 공간에서 가장 눈에 잘 띄는 벽면의 색을 우선 결정한다.

ⓒ 개구부가 많거나 벽에 위치한 가구가 많을 때는 차분한 색을 선택하는 것이 바람직하다.

ⓓ 보색이나 원색은 실내에서 악센트 컬러로 사용하여 포인트를 준다.

(2) 거실(living room)

① 거실의 기능

거실은 각 실을 연결하는 동선의 분기점으로 가족의 단란, 휴식, 안락, 여가, 접객, 사교, 가사, 육아, 대화, 독서, 음악감상, TV 시청, 취미, 식사 등의 장소로 사용되는 다목적 다기능 공간이다.

② 거실의 위치

㉠ 여름에는 시원하고 겨울에는 따뜻한 남향 또는 남동, 남서향으로 배치. 현관, 복도, 계단 등과 근접하고 독립성, 안전성을 유지하도록 한다.

㉡ 창을 통해 옥외의 전망이 보이는 곳이 적당하며 창을 최대한 넓혀 시각적 개방감을 갖도록 한다.

㉢ 거실과 연결되는 테라스는 거실 공간의 연장으로 거실과 테라스의 유지관리상 10~12cm 정도의 바닥차를 준다.

③ 거실의 규모와 형태

㉠ 가족 수, 가족구성, 전체 주택의 규모, 접객빈도, 주생활 양식에 따라 규모가 결정된다.

ⓐ 5인 가족이 식당과 겸할 경우 최소 $16.5m^2$의 면적이 필요하며 권장기준인 18~24 m^2가 적당하다.

ⓑ 최소한 5인이 앉아 최소한의 거리로 TV를 시청할 수 있는 소파 한 세트를 놓을 경우 10.0~$16.5m^2$ 정도가 필요하다.

㉡ 거실의 평면 형태는 정방형보다 짧은 변이 너무 좁지 않을 정도의 장방형이 가구배치와 TV 시청에 유리하다.

④ 거실의 세부계획

㉠ 배치 및 가구

ⓐ 거실의 규모, 형태, 개구부의 위치와 크기, 가구 조건, 거주자의 취향 등에 따라 달라진다.

ⓑ 전망이 좋은 경우 벽에 기대는 것보다 시선이 자연스럽게 밖을 향하도록 배치한다.

ⓒ 거실에 벽난로가 설치되어 있을 경우 공간의 초점이 되므로 가구를 벽난로를 중심으로 배치한다.

ⓓ 소파에서 스크린(화면)을 중심으로 텔레비전을 시청하기에 적합한 최대 범위는 60° 이내가 적당하다.

ⓛ 거실의 조명 계획

ⓐ 직접조명과 간접조명을 병행하며 휴식을 취하기 좋은 편안하고 밝은 분위기의 부드러운 조명계획을 한다.

ⓑ 식당과 부엌이 같은 공간에 있거나 근접할 경우 조명을 이용하여 영역을 시각적으로 구분시킨다.

ⓒ 거실의 색채 계획

ⓐ 밝고 안정감이 있는 무난한 색을 선택한다.

ⓑ 엷은 무채색, 중간색, 밝은 계통의 색은 실내를 차분하게 가라앉혀 준다.

ⓒ 거실의 규모가 클 경우 한색보다는 아늑한 난색계통을 사용한다.

(3) 식당(dining room)

식당은 가족실로서의 기능을 갖는다는 의미에서 거실과 함께 가족행위의 중심장소가 되므로 거실과 식당이 연결되는 것이 바람직하다.

① 식당의 기능

㉠ 가족실로서 자연채광이 풍부하고 청결하여야 한다.

㉡ 연속된 가사작업의 흐름을 위해 식당, 주방, 가사실과 연결되는 것이 좋다.

② 식당의 규모와 유형

㉠ 규모

ⓐ 손님의 접대 빈도가 높거나 주택 규모가 크면 독립공간으로 마련한다.

ⓑ 식당의 규모는 식사하는 사람의 수에 따른 식탁의 크기와 형태, 의자 배치상태, 주변통로와 음식을 대접하기 위한 서비스동선에 대한 여유 공간 등에 의해 결정된다.

ⓒ 4~5인을 기준으로 9m² 정도이며, 1인당 1.7~2.3m²의 면적이 필요하다.

㉡ 유형

ⓐ 다이닝 룸(D) : 부엌 등의 다른 실과 완전히 독립된 식당. 식사 분위기는 가장 좋지만 동선은 가장 불편한 구성이 된다. 대규모 주택 및 별장에 적합하다.

ⓑ 다이닝 키친(DK) : 가장 전형적인 형태로 주방의 한 부분에 식탁을 설치하는 형식 가사동선상 가장 편리한 형태이며 주방의 조리공간과 근접해 있으므로 식사분위

기는 좋지 못하다.
ⓒ 리빙 다이닝(LD) : 거실의 일부를 식사실로 구성한 형식. 거실이 접하고 있는 외부 조망이나 일조, 환기 등을 공유하는 형태로서 식사 분위기는 좋은 편이다. 단, 주방과의 동선이 길어질 수 있으며 거실의 기능을 방해할 수 있으므로 설계 시 이에 대한 고려가 선결되어야 한다.
ⓓ 리빙 다이닝 키친(LDK) : 거실, 식당, 부엌이 한 공간에 설치되는 형태로 원룸이나 독신자 아파트 등 소규모 주택에 적합하다.
ⓔ 다이닝 포치(DP) : 옥외 테라스나 마당 등에 마련되는 옥외의 식사공간을 뜻한다.

> **Point 다이닝 앨코브**
> 리빙 다이닝의 일종으로 거실의 일부 공간을 돌출되거나 오목한 앨코브 형태로 만들어 식사실을 배치한 형태를 뜻한다.

③ 식당의 가구
  ㉠ 식탁 : 1인당 식사에 필요한 크기는 가로 600mm, 세로 350mm 정도이다.
  ㉡ 의자 : 좌판과 식탁의 높이 차이는 280~300mm 정도가 적당하다.
  ㉢ 찬장 : 찬장은 식기, 수저세트, 테이블보, 양초, 식탁소품 등 수납의 용도 외에 식당의 분위기를 형성하는 장식적 요소로도 형성된다.

④ 세부계획
  ㉠ 식당의 조명 : 천장에 부착한 직부등과 천장에 매달아 놓은 펜던트형이 일반적이다.
  ㉡ 식당의 색채 : 즐거운 식사분위기를 만들기 위해 자극적인 색은 피하고 난색계통의 오렌지, 핑크, 크림색, 베이지색이 무난하다.
  ㉢ 식당의 마감재료
    ⓐ 타일과 대리석은 차가운 느낌을 주나 고급스럽고 호화스러운 분위기를 만든다.
    ⓑ 벽과 천장은 타일, 벽지, 목재 등으로 마감할 수 있으나 냄새가 배고 오염되기 쉬운 점을 고려한다.

(4) 부엌(kitchen)
과거에는 식생활만을 해결하기 위한 공간으로 취급되었다가 작업대의 입식화와 더불어 주방공간도 쾌적하게 변화되었다.
  ① 기본 사항 및 위치
    ㉠ 거실에서 식당, 부엌으로까지 자연스럽게 연결되도록 한다.

    ⓒ 각 가정의 식생활 패턴에 적합하게 계획하며 환기와 통풍이 용이해야 한다.

② 주방의 유형

    ㉠ 독립형 : 부엌이 일실로 독립된 형태이다. 주방의 기능성과 청결감이 크지만 공간점유율도 커진다.

    ㉡ 반독립형 : 부엌이 인접한 거실이나 식사공간과 겸하는 LDK, DK, LD 형식이 해당된다. 작업동선이 짧으며 좁은 공간을 넓게 활용할 수 있다. 칸막이나 해치 도어, 커튼 등으로 공간을 구분하며 환기에 유의한다.

    ㉢ 오픈키친 : 반독립형 부엌과 같으나 칸막이 구획이 없이 완전히 개방된 형식이다. 부엌과 인접한 공간과는 오픈 플래닝으로 처리하되 낮은 수납장, 식탁과 별도로 마련된 카운터로 영역을 구분한다. 여러 기능이 한곳에 모아지므로 환기, 통풍, 난방, 부엌의 설비에 유의한다. 주로 원룸시스템에서 많이 적용한다.

    ㉣ 아일랜드키친 : 취사용 작업대가 하나의 섬처럼 실내에 설치되어 있다.

    ㉤ 키친네트 : 작업대 길이가 2000mm 이내인 간이 부엌이다. 사무실이나 독신용 아파트에 많이 설치된다.

    ㉥ 클로젯 키친 : 단일가구 형태로 통합된 주방 시스템을 말한다.

 **해치**

식당과 주방 사이에 접시 등을 출입시키기 위한 작은 개구부

③ 주방의 동선과 규모

    ㉠ 주방은 움직임이 많고 장시간 일하는 곳이므로 작업동선은 짧고 간단 명료해야 한다.

    ㉡ 식사공간과 가까이 하며 서비스 야드 성격의 마당이나 다용도실, 가사실과 직접 연결한다.

    ㉢ 가족의 수와 구성, 손님의 수와 접객빈도 등에 따른 식생활 패턴을 고려하여 주방 규모를 결정한다.

    ㉣ 주방 면적은 주택 면적의 8~10%가 적당하다.

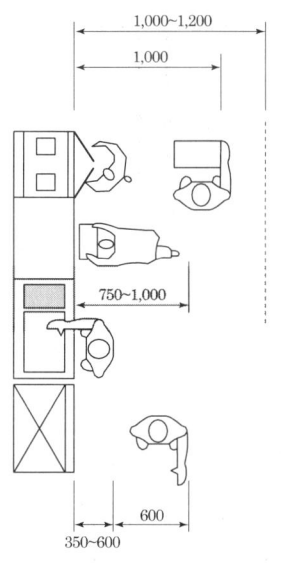
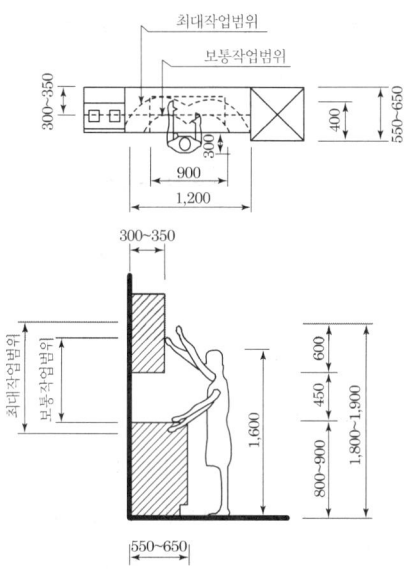

④ 작업대의 배치유형

작업대는 부엌에서 취사가 행해지는 곳으로 준비대 → 개수대 → 조리대 → 가열대 → 배선대로 연결된다.

㉠ 일자형 : 작업대를 일렬로 한 벽면에 배치한 형태이다. 작업대의 총길이가 3000mm를 넘지 않도록 하며 일반적으로 2700mm 이내가 적합하다.

㉡ 병렬형 : 양쪽 벽면에 작업대를 마주 보도록 배치하는 형태이다. 동선이 짧아 효과적이나 돌아보는 동작이 많아 쉽게 피로를 느낄 수 있다. 작업통로는 700mm~1100mm 정도가 적합하다.

㉢ ㄱ자형 : 인접된 양면의 벽에 ㄱ자형으로 배치하여 동선의 흐름이 자연스러운 형식이다. 여유 공간에 식탁을 배치하면 다이닝 키친이 되므로 공간 사용에 효과적이다.

㉣ ㄷ자형 : 인접된 3면의 벽에 ㄷ자형으로 배치한 형태이다. 가장 편리하고 능률적인 작업대의 배치이나 식탁과의 연결이 다소 불편하다. 작업대의 통로 폭은 1200~1500mm 정도가 적당하다. 대규모의 부엌에 많이 사용된다.

Point 주방의 작업삼각형(Work Triangle)

개수대, 가열대, 냉장고의 중심을 정점으로 하는 작업 길이를 최소화할 수 있는 선을 연결하여 삼각형 형태를 만든 것을 말한다. 이 삼각형의 각 변 길이의 합계는 5m 내외가 적합하다.

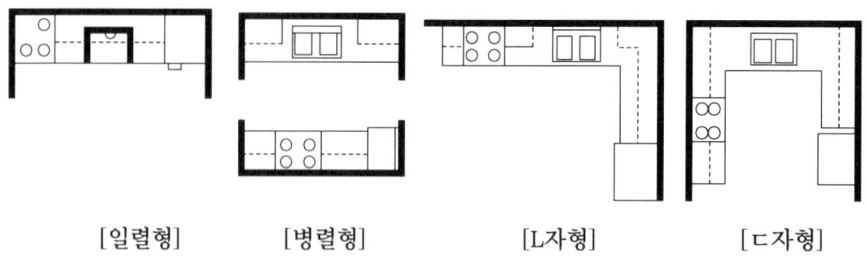

[일렬형]　　　[병렬형]　　　　[L자형]　　　　　[ㄷ자형]

⑤ 세부계획
　㉠ 조명 : 전체조명과 작업대를 비추는 국부조명을 병용하는 것이 일반적이며 방습형 조명을 사용한다.
　㉡ 색채 : 음식을 만드는 조리공간이므로 밝고 청결한 분위기를 형성하는 색채가 적절하다. 색채는 너무 다양하게 사용하는 것보다 전체를 통일해서 조화시킨다. 또한 벽, 바닥, 천장은 동색계로 처리하되 밝은 색으로 하여 확장감을 주도록 하고 바닥이나 걸레받이는 안정감이 들도록 어두운 색으로 처리한다.
　㉢ 마감재료 : 물과 불, 기름 등을 취급하므로 실내마감에서 많은 성능을 요구한다. 내구성, 내화성, 내열성, 내수성, 내유성 등 재료의 물리적인 특성을 고려하고 청소 및 유지관리도 용이한 것을 고른다.

(5) 침실(bed room)

침실의 주목적은 잠을 자기 위한 취침공간이며 주거공간 중 가장 사적인 공간이다. 독립성이 강한 공간으로 프라이버시가 확보되도록 한다.

① 기능

　침실은 취침기능 이외에 수납, 갱의, 작업, 휴식 등의 부가기능을 가지며 사용자의 생활유형에 따라서 각 기능을 부합하여 계획한다.

② 분류
　㉠ 부부침실(주침실) : 취침 이후에도 부부생활의 중심이 되므로 기밀성이 요구되며, 특히 다른 실과 인접한 벽면에 수납공간을 두거나 침실과 다른 각 실 사이에 서재, 욕실 등을 배치하여 프라이버시를 강화한다.
　㉡ 아동침실 : 아동침실은 취침, 학습, 놀이공간으로 아동의 성장에 따라 계획한다.
　㉢ 노인침실 : 주택 중심부에서 어느 정도 분리되고 조용하며 일조조건이 좋은 남향에 위치하도록 하고 2층 주택일 경우 보행하기 쉬운 아래층에 위치하도록 한다.
　㉣ 손님침실 : 독립된 실로 마련하지 못할 때는 푸시백 소파, 소파베드로 대용한다.

③ 위치
  ㉠ 사적인 공간이며 정적인 공간이므로 현관, 출입구에서 떨어진 조용한 곳으로 배치한다.
  ㉡ 일반적으로 거실을 중심으로 한 공동생활구역과 침실을 중심으로 한 개인생활구역 사이에 화장실, 욕실, 복도 등 완충공간을 두어 양 공간을 분리한다.
  ㉢ 2층 주택의 경우 1층에는 거실, 식당, 부엌 등의 공동생활구역을 두고 2층에는 침실 등 개인생활 공간을 배치한다.
  ㉣ 침실은 남향 또는 남동향이 가장 좋은 일조, 통풍조건으로 최소한 1일 1회 일사의 조건을 갖도록 한다.
  ㉤ 침실은 다른 실을 거치지 않고 바로 개인침실로 가는 동선이 바람직하며 통행이 번잡하지 않아야 한다.

④ 규모
  가구의 면적을 고려하지 않으면 1인용 침실은 최소 $6m^2$, 2인용 침실은 최소 $10m^2$ 정도로 계획한다.

⑤ 가구배치
  ㉠ 침대
    ⓐ 나이트테이블과 침대를 벽면에 기대어 설치하기 위해 1인용 침대의 경우 1500~1800mm, 2인용 침대나 트윈베드의 경우 2100~2600mm의 벽면이 확보되어야 한다.
    ⓑ 침대 배치는 실의 크기와 침대와의 균형, 통로부분의 확보, 침대의 배치유형이 적절해야 한다.
    ⓒ 침대 끝은 벽으로부터 최소 500~600mm 이상, 일반적으로 900mm 정도는 여유가 있어야 통행이 불편하지 않다.
    ⓓ 침대 양쪽에는 650mm 이상 공간이 있어야 나이트테이블이 놓일 수 있다.
  ㉡ 화장대 : 화장-착의-외출이라는 행위의 흐름을 고려해서 화장코너는 옷의 수납장 가까이에 배치하는 것이 이상적이다.

(6) 아동실
아동실은 취침, 학습, 놀이, 휴식 등의 다목적 공간으로 계획하며 성별, 연령, 사회생활, 생활양식 등에 따라 실의 위치, 크기, 가구계획, 색채계획이 조절되어야 한다.

① 위치와 규모
   ㉠ 채광이 좋고 테라스 등 옥외공간과 연결되는 곳에 위치하는 것이 가장 이상적이다. 화장실이 가깝고 부모의 시선이 자연스럽게 미치는 곳이 좋다.
   ㉡ 아동실의 경우 최소한 $7m^2$ 정도가 되어야 하며 다목적 기능에 따라 구획하고자 하는 경우에는 $16m^2$ 정도가 이상적이다.

② 가구배치
   ㉠ 성장에 맞춰 조절되는 유닛가구나 시스템가구가 적당하며 튼튼하고 위험성이 없어야 하며 유지관리가 용이해야 한다.
   ㉡ 아동실은 다목적 기능이므로 가구 점유면적을 최소화하고 충분한 놀이공간을 확보한다.
      ⓐ 침대 : 침대의 길이는 아동의 키보다 최소 200mm 이상 커야 한다. 공간 활용상 수납장 겸용 침대방식이나 소파 겸용 침대방식을 채택하기도 한다.
      ⓑ 책상, 의자, 책장 : 성장속도에 맞춰 높이가 조절 가능한 것이거나 필요에 따라 재조립해서 사용할 수 있는 것이 바람직하다.
      ⓒ 수납장 : 정리정돈의 습관화를 위해 꺼내기 쉬운 방법과 위치를 고려한다.

③ 세부계획
   ㉠ 조명 : 고연색성의 형광등으로 전체조명을 하고 학습이나 취침을 위해서는 형광등이나 백열등으로 국부조명을 한다. 책상면의 국부조명은 조도가 높고 질이 좋은 조명으로 처리하여 시력을 보호한다.
   ㉡ 색채 : 아이들이 좋아하는 순색을 기본으로 배색하되 색 면적이 너무 크면 안정감이 떨어지므로 밝고 안정감 있는 중간색조나 무채색을 바닥, 벽, 천장 등 큰 면적을 차지하는 부분에 사용하고 순색은 악센트 컬러로 사용한다.
   ㉢ 아동실의 마감재료 : 바닥은 청소가 용이한 비닐계 시트를 깔고 부분적으로 카펫이나 러그를 깔아 준다. 벽의 경우 낙서를 했을 때 쉽게 지울 수 있는 비닐벽지 등을 사용한다.

(7) 욕실

생리위생공간인 욕실, 세면실, 화장실의 각 실은 주택의 전체규모, 실의 목적에 따라 서로 근접시켜 배치하거나 한 공간에 모두 통합하여 1실 다목적화를 꾀한다.

① 규모

　욕조, 세면기, 변기를 한 공간에 둘 경우 $4m^2$ 이상, 세탁 공간을 포함하여 $5m^2$ 이상으로 한다.

② 유형

　입욕, 배설, 세면의 기능 배치에 따라 1실형, 2실형, 3실형으로 구분된다.

③ 세부계획

　㉠ 조명 : 습기가 많으므로 방습형 조명기구를 사용하며 100lux 전후의 조도가 필요하다. 백열등이나 유백색 형광등을 사용하며 화장을 위한 국부조명의 경우에는 거울 양쪽에 백열등의 벽부등을 달아 얼굴을 밝게 비추도록 한다.

　㉡ 색채 : 안락하고 편안한 분위기를 위해 한색계통보다 난색계통을 사용하는 것이 바람직하다.

　㉢ 마감재료 : 방수성, 방오성이 큰 재료를 사용하며 타일이나 석재 계열이 주로 쓰인다.

(8) 현관

현관은 출입을 위한 개구부로서 출입문을 중심으로 실외의 포치와 실내의 현관홀로 구분된다. 현관은 접대, 갱의의 기능이 있으며 주택 전체의 첫인상이 결정되는 부분이기도 하다.

① 위치 및 규모

　㉠ 현관의 위치는 주택의 위치조건, 도로와의 관계, 대지의 형태에 의해 결정된다. 주택 외부에서 쉽게 보이며 계단, 복도 등 동선을 유도하는 통로공간과 원활히 연결되도록 한다.

　㉡ 현관의 규모는 가족 구성원, 방문객 수, 주택의 규모 등에 따라 달라지나 최소한 1200mm×900mm는 되어야 한다.

　㉢ 현관과 거실의 바닥차이를 계단 한 단 정도인 150~210mm로 해서 신발 착용 및 청소의 용이성을 부여한다.

② 가구 및 소품

　신발장, 옷걸이, 우산걸이, 거울, 신발매트 등이나 장식물을 이용해서 매력 있는 공간으로 계획한다.

③ 현관문

　방범에는 안여닫이가 좋으나 비상탈출이나 신발 정리에 용이한 밖여닫이가 많이 쓰인다.

④ 세부계획

　㉠ 조명

　　ⓐ 부드러운 확산광으로 하며 현관에 있는 사람의 얼굴에 잘 조명되고 신발을 벗을 때 그림자에 방해가 되지 않는 곳에 위치하도록 한다.

　　ⓑ 브래킷을 신발장 반대편에 설치하면 신발장 안까지 조명할 수 있어 유리하다.

　㉡ 색채계획 : 현관 전체를 밝은 동색이나 유사색으로 처리하여 넓어 보이도록 하고 바닥은 더러워지기 쉬운 곳이므로 저명도, 저채도의 색으로 계획한다.

　㉢ 마감재료 : 물청소가 가능한 마감 재료인 타일, 테라초, 대리석, 화강석을 일반적으로 많이 이용한다.

> **Point** 현관 위치 결정의 영향 요소
> 주택의 입지조건, 도로, 대지의 형태, 계단, 복도와의 연결

(9) 다용도실

다용도실은 유틸리티 룸 또는 가사실이라고 하며 세탁, 다림질, 재봉 등 전반적인 가사 작업공간의 하나로 여러 작업 목적으로 사용되는 주부의 생활공간이다.

① 소규모 주택의 경우 부엌의 한 부분에 작업대와 통일 배치시키면 공간 활용의 극대화를 꾀할 수 있다.

② 다용도실은 부엌과 직결되며 옥외작업장인 서비스 야드나 장독대 또는 지하실의 출입이 편한 곳에 위치해야 한다.

③ 크기는 간단한 작업 시 $2~4m^2$ 정도가 보통이며 다림질, 재봉질을 겸할 경우 $8~10m^2$ 정도가 필요하다.

④ 세탁을 위한 급배수설비는 욕실, 세면실, 변소, 부엌 등 물을 사용하는 공간과 집약시켜 코어 시스템으로 계획하는 것이 바람직하다.

(10) 공동주거(아파트)의 형식

① 주동 외관에 따른 분류

　㉠ 판상형

　　ⓐ 가장 보편적 형태로, 단위주거에 균등한 조건을 주며 건물시공이 용이하다.

　　ⓑ 건물의 그림자가 커지며 건물 중앙부 저층의 주거공간은 시야가 답답해지는 단점이 있다.

ⓛ 탑상형
  ⓐ 몇 세대를 조합하여 탑의 형태로 쌓아올린 형식이다.
  ⓑ 용적률면에서 판상형보다 유리하고, 조망이나 녹지공원 확보도 용이하다
  ⓒ 남향을 선호하는 한국 주거 기준으로는 단위주거 조건이 불균등해지는 단점이 있다.
 ㉢ 복합형 : 여러 가지 형을 복합한 것으로 대지의 형태에 제약을 받을 때 사용한다.
② 평면형식별 분류
 ㉠ 홀(계단실)형
  ⓐ 계단실, 엘리베이터 홀에서 마주보는 두 세대가 바로 연결되는 형식이다.
  ⓑ 단위주거의 두 벽면이 외벽에 면하기 때문에 채광, 통풍에 유리하다.
  ⓒ 출입이 편리하고 독립성이 크며 통로면적이 절약되지만, 전용면적이 줄어들고 엘리베이터 이용률이 낮다.
 ㉡ 갓복도(편복도)형
  ⓐ 건물 한쪽에 접한 긴 복도에 단위주거가 면하는 형식이다.
  ⓑ 엘리베이터 1대당 이용 단위주거 수가 많아서 고층화에 유리하다.
  ⓒ 단위주거의 독립성이 좋지 않으며 채광, 통풍 등이 다소 불리해진다.
 ㉢ 중복도형
  ⓐ 건물의 중앙에 있는 복도 양쪽에 단위주거가 배치되어 고밀도화에 좋은 형식이다.
  ⓑ 단위주거의 평면상 배치계획이 어렵고 채광, 통풍 등의 실내 환경이 불균등하다.
  ⓒ 각 세대의 독립성도 나쁘며 화재 시 방연 및 대피도 까다롭다.
  ⓓ 주로 도시형 1인 주택 및 독신자 아파트에 적용된다.
 ㉣ 집중형
  ⓐ 중앙에 엘리베이터와 계단홀을 배치하고 주위에 많은 단위주거를 집중 배치한 형식이다.
  ⓑ 단위주거의 조건에 따라 일조 조건이 나빠지므로 평면계획에 특별한 고려가 필요하다.
③ 단면 형식별 분류
 ㉠ 플랫(단층)형
  ⓐ 단위주거가 1층씩 구성되어 있는 형태로 일반적인 단면 형식이다.
  ⓑ 같은 평면이 수직으로 중첩되어 구조가 단순하다.

　　ⓛ 메조넷(복층)형
　　　ⓐ 1개의 단위주거가 2개 층 이상에 걸쳐 있는 형태로서 편복도형에서 많이 쓰인다.
　　　ⓑ 공공통로의 면적을 줄이고 엘리베이터의 정지 층을 감소시킨다.
　　　ⓒ 단위주거의 평면계획에 변화를 줄 수 있으며 거주성, 프라이버시, 일조, 통풍 등의 실내 환경이 좋아진다.
　　　ⓓ 각 층 평면이 다르므로 구조 및 설비계획과 피난계획이 다소 어려워진다.
　　　ⓔ 한 세대가 두 층으로 구성되면 듀플렉스, 세 층으로 구성되면 트리플렉스라 한다.
　　ⓒ 스킵 플로어형
　　　ⓐ 건물 각 층 바닥 높이를 일반적인 건물처럼 1층씩 높이지 않고, 계단의 각 층계참마다 반 층 높이로 올라간다.
　　　ⓑ 한 층씩 걸러서 복도를 설치하고 그 밖의 층은 복도가 없이 계단실에서 단위주거로 들어가는 형식이다.
　　　ⓒ 엘리베이터는 복도가 있는 층만 정지한다.
　　　ⓓ 프라이버시가 좋고 두 벽의 외면이 가능한 홀형과 엘리베이터 이용률이 높은 편복도형의 장점을 취합한 것이다. 다만, 단위주거와 엘리베이터 홀과의 동선은 길어진다.

2. 상업공간

(1) 상업공간의 계획 개념

① 계획 기본 개념
　ⓘ 상업공간의 실내계획은 실내, 외부공간을 창조적이고 효과적으로 계획하여 판매 신장의 결과와 수익의 증가를 기대하는 의도적인 창조행위로 기능적인 편리성뿐만 아니라 아이덴티티에 의해 표현되는 시각전달의 장으로 공간을 조형화하여 심미적, 심리적 만족을 줄 수 있도록 한다.
　ⓛ 상업공간은 규모별, 업종별로 요구조건이 다양하므로 디자인에 관련된 사항뿐만 아니라 경영자가 의도하는 구상과 경영방침, 환경의 특이성, 시대의 경향, 유행 등이 포함되고 사회현상, 소비자행동, 상품, 마케팅 등의 이해가 병행되어 종합적인 개념으로 디자인해야 한다.
　ⓒ 물리적 기능조건보다 상점 내 전체의 통일성과 개성을 추구하는 공간을 지향하고 시각적 조형을 통해 판매 공간의 이미지를 구축한다. 즉, 상업공간 자체가 하나의 디스

플레이 대상이 되어 메시지를 전달한다.

　　ㄹ 소재의 구성은 공간의 성격과 질을 좌우하므로 표면적 효과와 내면적 이미지를 조화롭게 연출한다.

　② 구매를 충동시키는 판매촉진 5단계(AIDCA 혹은 AIDMA)

　　㉠ 주의를 끌 것 : Attention

　　㉡ 고객의 흥미를 끌 것 : Interest

　　㉢ 구매 욕구를 일으킬 것 : Desire

　　㉣ 구매를 확신 또는 구매의사를 기억하게 할 것 : Confidence, Memory

　　㉤ 구매결정을 유발할 것 : Action

(2) 상업공간의 실내계획 프로세스

　① 기획 및 계획조건의 파악

　　㉠ 입지적 특성 : 도시환경규모, 경합지역의 유무, 상권의 성격 및 규모, 교통조건, 대지, 도로 등

　　㉡ 시장조사 : 타 상점과의 경합관계, 소비경향 등

　　㉢ 상품의 특성과 구성 : 취급상품의 수량, 질 등과 품목별 매상고를 파악하여 적절한 상품의 구성을 꾀한다.

　　㉣ 관리경영적 측면 : 유통경로, 매입, 판매, 제조, 관리, 조직, 운영 등에 대한 사항을 파악한다.

　　㉤ 대상고객 분석 : 연령, 직업, 패션과 유행에 대한 흥미 정도, 구매동기, 라이프스타일 등을 파악한다.

　② 기본계획

　　㉠ 전제 설정 : 다양한 표현의 유도와 선택의 폭을 넓히도록 계획의 전제를 세운다. 이 계획의 전제는 기본계획 및 실시설계에서 적용될 설계지침으로 실내디자인과 관련된 분야의 기본원칙 설정, 기본설계에 필요한 프로그래밍의 작성, 다양한 실내디자인의 표현과 기본개념을 제안, 발휘하도록 한다.

　　㉡ 계획의 목적 및 범위 : 대상공간에 대한 미래지향적 사업방향의 설정, 인간환경과 조화될 수 있는 공간여부에 목적을 세우고 수익성 증대 및 개성 있는 특징 표현으로 이미지 부각을 고려하고 공간적 범위와 내용적 범위를 정확히 한다.

　　㉢ 계획의 전개 : 본격적인 디자인의 구상단계로 쾌적하고 개성 있는 분위기의 이미지를 추구한다. 그리고 사용재료의 품질, 새로운 시공법, 새로운 장치, 바닥, 벽, 천장,

기둥, 개구부 등 실내디자인의 제요소를 전체적으로 정리한다. 또한 판매대의 유형과 크기, 테이블, 카운터 등의 크기와 좌석배치의 유형을 결정하고 배치한다. 이들 상품 및 가구배치와 함께 공간별 면적 배분, 디스플레이 효과, 동선계획을 진행한다.

③ 실시설계

ㄱ) 재료마감과 시공법의 확정 : 사용재료의 질, 크기, 색채 등을 지정하고 시공법 제작법까지 자세히 지시한다.

ㄴ) 집기의 선정 : 판매대의 유형, 형태, 크기, 구조법 등을 결정하여 지시한다. 가구의 색, 형태, 재질, 크기 등도 결정되고 광원, 배광방식, 조명기구, 조명방식이 결정된다.

ㄷ) 제설비의 산정 : 공조, 냉난방, 전기, 급배수, 오수처리 등 설비부분을 고려하여 디자인과 조정한다. 주방기기, 위생기기, 냉난방기기도 결정한다.

ㄹ) 디스플레이의 방법과 위치결정 : 집기, 기구, 마네킹, 소품 등으로 상품진열효과를 극대화시킨다.

ㅁ) 관련 디자인의 토털 코디네이트 : 로고타임, 심벌, 마크, 파사드를 비롯한 상점 외의 간판류, 사인, POP 광고 등을 조정하여 토털 코디네이트한다.

ㅂ) 법적 규제와의 대조 : 건축법, 소방법 등 관계법규를 확인하고 디자인을 조정한다.

(3) 상점의 실내계획

① 상점계획 기본요소

대상물	전달하고자 하는 내용물(정보요소)
공간	전달하고자 하는 대상물과 고객이 만나 커뮤니케이션이 이루어지는 장
시간	대상물에 대한 시대, 계절, 발매시기 등
고객	전달하고자 하는 대상물의 내용을 받아들이는 수신자

② 공간구성

ㄱ) 판매부분 : 매장을 뜻하며 도입 공간, 통로 공간, 상품전시공간, 서비스 공간으로 구성된다.

ㄴ) 부대부분 : 상품관리 공간, 판매원의 후생 공간, 시설 및 영업 관리부분, 주차장으로 이루어진다.

ㄷ) 파사드 : 쇼윈도, 출입구 및 홀 등 평면적 구성요소와 아케이드, 광고판, 사인, 외부장치 등 입체적인 구성 요소의 총체이다.

③ 동선계획

고객동선	• 고객 시선에 들어오는 상품과의 거리에서 이루어지는 시각적 관계로, 고객의 행동·습관·보행 방향 등을 감안하여 결정한다. • 고객동선은 가능한 한 길게 하여 충동구매를 유발하게 한다.
종업원동선	고객동선과 교차되지 않도록 하며 동선을 짧게 하여 피로를 줄인다.
상품관리동선	• 반입, 보관, 포장, 발송 등 상품이 이동하는 동선이다. • 매장, 창고, 작업장 등을 최단거리로 연결하는 것이 바람직하다.

(4) 매장계획

① 상품구성과 배치

중점상품	주력상품은 주통로에 접하는 부분에 상호연관성을 고려하여 연속 배치한다.
보완상품	주력 상품의 판매력을 높이는 보조 상품군은 부통로부분에 품목, 크기 등의 분류로 나누어 배치한다.
전략상품	충동구매 성격의 상품은 눈에 잘 띄는 내부의 전면부분, 주통로에 면한 부분, 중앙코너에 위치시킨다.

② 진열대의 배치

상품을 진열하기 위한 쇼케이스, 행거, 진열장 등을 포함한다.

굴절배열형	쇼케이스와 고객동선이 굴절 또는 곡선으로 구성되는 상점으로 대면판매와 측면판매방식이 조합된 형식이다. 안경점, 문방구점, 양품점 등 상품이 소형이고 고가일 때 적용된다.
직렬배열형	진열대가 입구에서 안으로 향하며 직선적으로 구성된 형식이다. 고객의 흐름이 빠르며 부문별 상품진열이 용이하다. 침구, 가전제품, 식기, 서적 등 상품이 큰 측면판매의 업종에서 많이 볼 수 있다.
환상배열형	매장 중앙에 쇼케이스, 진열스테이지 등이 직선이나 곡선에 의한 고리모양 부분으로 설치되고 고가 상품을 배치하며 벽면에 저가상품을 진열한다. 수예품, 민예품과 같은 업종에 많이 적용된다.
복합형	평면의 크기, 형태, 상품에 따라 위의 방법들을 적절히 혼합하는 형식이다.

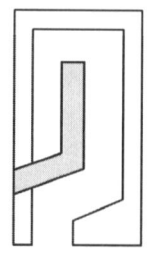 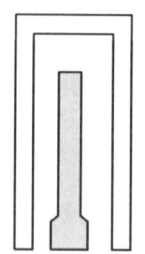 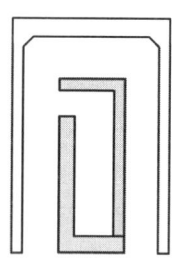 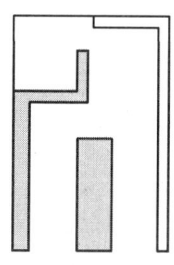

[굴절배열형]   [직렬배열형]   [환상배열형]   [복합형]

③ 매장판매형식
  ㉠ 대면판매 : 쇼케이스를 가운데 두고 점원이 고객을 마주보며 판매하는 형식. 상품 설명이 용이하고 점원의 위치가 고정된다. 진열면적이 작은 고가, 소형 상품 매장에 적합하며 쇼케이스가 넓어지면 상점 분위기가 부드럽지 못하게 된다.
  ㉡ 측면판매 : 점원과 고객이 진열상품을 같은 방향으로 보며 판매하는 형식. 상품을 쉽게 만질 수 있어서 충동적 구매 및 선택이 용이하다. 진열 면적이 넓은 상점에 적합하며 점원의 위치 고정이 어렵고 상품의 설명 및 포장은 다소 불편하다.

(5) 쇼윈도

쇼윈도는 도로변에 설치되는 상점의 얼굴부분에 해당하는 부분이다.
① 쇼윈도의 평면형식
  ㉠ 평면형 : 가장 일반적으로 사용되는 기본형으로 눈부심이 생기기 쉬우나 점내 면적활용이 크다.
  ㉡ 곡면형 : 곡면유리를 사용하여 쇼윈도 구성에 변화를 주어 고객의 시선을 유도하고 흥미를 끈다.
  ㉢ 경사형 : 유리면을 경사지게 처리하여 시선과 동선을 자연스럽게 유도한다. 눈부심이 적다.

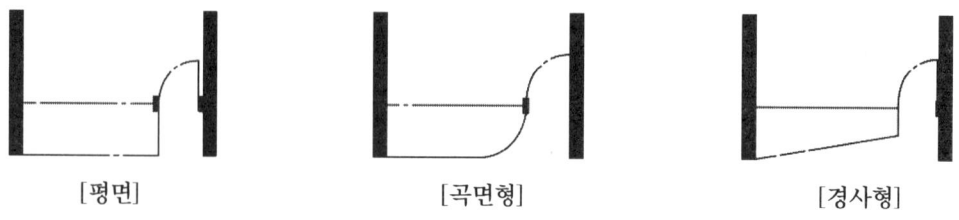

[평면]   [곡면형]   [경사형]

  ㉣ 만입형 : 점두의 일부를 만입시켜서 쇼윈도를 구성하는 방식으로, 도로의 통행을 신경 쓰지 않고 진열된 상품을 볼 수 있으며 상점에 들어가지 않고도 품목을 알 수 있

다. 단, 점내 면적이나 자연채광 유입이 감소될 수 있으므로 만입되는 면적을 효과적으로 계획해야 한다.

ⓜ 홀형 : 만입되는 부분을 더욱 넓게 하여 홀이 되도록 하는 형식이다.

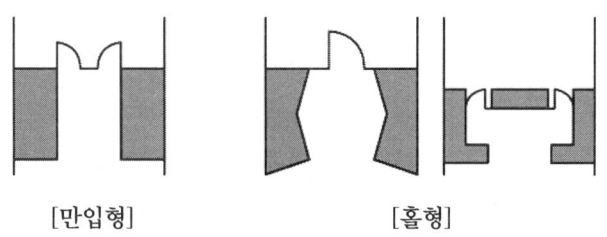

[만입형]   [홀형]

② 쇼윈도 단면형식 : 단층형, 다층형, 오픈스페이스형

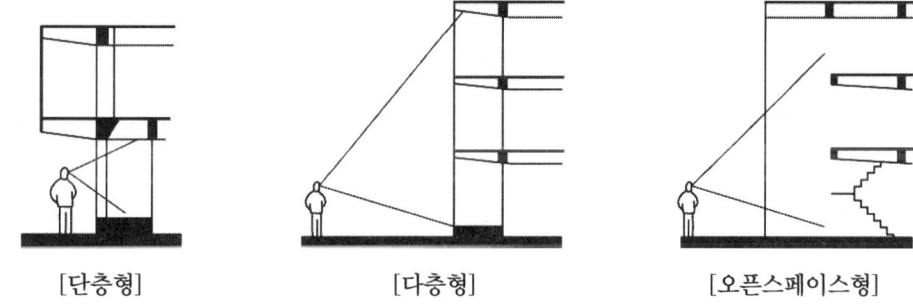

[단층형]   [다층형]   [오픈스페이스형]

③ 쇼윈도 배면처리
  ㉠ 개방형 : 쇼윈도 밖에서 내부를 볼 수 있는 방식으로 상점 내부의 인상을 즉시 전달할 수 있다.
  ㉡ 차단형 : 쇼윈도 밖에서 상점 내부가 보이지 않도록 차단한 방식으로 디스플레이에 대한 주목성이 크다.

④ 쇼윈도 전면의 눈부심 방지
  ㉠ 차양을 쇼윈도에 설치하여 햇빛을 차단한다. 도로면을 어둡게 하고 쇼윈도 내부를 밝게 한다.
  ㉡ 가로수를 쇼윈도 앞에 심어 도로 건너편의 건물이 비치지 않도록 한다.
  ㉢ 곡면유리를 사용하거나 경사지게 처리한다.

(6) 상점의 조명계획
① 기본사항
  ㉠ 고객이 진열된 상품에 대한 흥미를 갖도록 하며 어느 각도에서든 명료하게 상품을

　　　　볼 수 있어야 한다.
　　ⓒ 쇼윈도 조명은 상품을 강조하고 통행자의 주목을 끌어 내부로 유도하여 구매행위에 이르도록 한다.
　　ⓒ 조명의 자외선이나 발광열로 인한 상품 손상에 유의해야 한다.
　　ⓔ 계절, 날씨, 시간 등에 대응할 수 있는 조명계획이 필요하다.
② 조명의 기능
　　㉠ 확산기능 : 전체의 분위기를 밝고 균일하게 하는 고조도의 전체조명
　　ⓒ 집중기능 : 스포트라이트를 이용한 국부조명으로 부분적인 강조
　　ⓒ 연출기능 : 동적이며 환상적인 분위기를 만들거나 심리적인 변화를 줄 때 이용
③ 조명 방식
　　㉠ 매입형 : 광원을 노출시킬 경우 조명효율이 좋고 천장의 마무리에도 좋다. 전체 조명으로 사용할 경우 균일한 조도를 위해 배치에 주의한다.
　　ⓒ 직부형 : 효율이 좋고 매장 전체를 조명할 수 있으며 광원을 확산형 커버로 감싸면 눈부심이 없고 부드러운 분위기의 조명이 된다.
　　ⓒ 펜던트형 : 천장에 매달아 늘어뜨린 형태로 특정한 부분을 집중적으로 비출 때 유용하며 조명기구 자체가 액세서리 역할도 하므로 조형적인 면도 고려해야 한다.
　　ⓔ 건축화 조명 : 조명효율은 떨어지나 눈부심이 적어 쾌적하며 매장의 분위기를 고급스럽게 연출할 수 있다.
④ 쇼윈도의 조명
　　㉠ 상점 내 전체조명보다 2~4배 높은 조도로 조명한다.
　　ⓒ 귀금속, 시계, 보석 등은 1000lux 정도 높은 조도가 필요하므로 스포트라이트를 겸용한다.
　　ⓒ 광원이 사람의 눈에 직접 비추지 않도록 주의한다.

(7) 음식점의 실내계획

① 기본사항
　　㉠ 실내계획은 식욕을 자연스럽게 자극하고 편히 쉴 수 있는 편안한 분위기로 전개한다.
　　ⓒ 레스토랑의 규모, 독특한 메뉴와 음식의 맛과 가격, 서비스 정도, 좌석의 배치유형 등을 규정한다.
　　ⓒ 실내의 청결, 음식의 신선감 등 위생적인 면에 관한 고려와 함께 사인, 메뉴, 식기 등을 토털 코디네이트한다.

㉣ 종업원의 피로가 절감되고 효과적인 서비스가 될 수 있도록 서비스시설을 계획한다.

② 음식점의 분류

㉠ 요리에 의한 분류 : 한식당, 양식당, 중식당, 일식당

㉡ 서비스에 의한 분류

ⓐ 셀프서비스 : 가격이 저렴하고 음식 선정이 자유롭다.

ⓑ 카운터서비스 : 좌석이 카운터와 의자로 되어 있는 형식. 회전율이 빨라서 소규모 음식점에 적합하다.

ⓒ 테이블서비스 : 주방에서 요리가 서비스되는 보편적인 유형으로 비교적 고가의 식당에 적합하다.

ⓓ 객실서비스 : 호텔, 항공 등에서 쓰이며 서비스 질이 높은 편이다.

㉢ 식음형태별 분류 : 카페, 레스토랑, 스낵바, 주점 등

③ 공간구성

㉠ 영업부분 : 식당, 라운지, 로비, 현관입구, 화장실, 클록룸, 담화실로 고객이 머무는 공간이며 수익을 가져오는 부분이다.

㉡ 조리부분 : 주방을 포함한 매입실, 배선실, 팬트리, 세척실, 주류창고, 식품 저장고

㉢ 관리부분 : 식당을 경영하기 위한 부분으로 접수, 사무실, 지배인실, 준비실, 기계실, 라커룸, 종업원실 등이다.

Point 팬트리

주방과 식당 사이에 식품, 식기 등을 저장하기 위해 설치한 공간

④ 동선계획

㉠ 고객동선 : 고객동선과 주요 서비스동선은 교차되지 않도록 한다.

㉡ 음식서비스 동선 : 주문받은 음식이 조리되어 테이블에서 서비스되기까지의 동선으로 가능한 한 짧고 단순화시킨다.

㉢ 식품동선 : 음식재료의 반입과 쓰레기의 반출을 위한 동선이다.

㉣ 음식점의 규모에 따라 다르지만 주요 통로는 2인이 지날 수 있어야 하며 보통 900~1200mm, 주통로에서 갈라진 부통로는 600~900mm, 박스석에 이르는 최종 통로의 부통로는 400~600mm가 필요하다.

⑤ 테이블
  ㉠ 4인용 테이블 : 정사각형인 경우 850~960mm 정도가 쓰이고 직사각형의 경우 1000~1200×700~800mm 정도가 표준크기이다.
  ㉡ 2인용 테이블 : 600~750mm 정도의 치수가 적합하다.
  ㉢ 6인용 테이블 : 1350~1800×650~800mm 정도의 크기가 적당하다.

⑥ 조명계획
  ㉠ 식사에 치중할 경우 음식을 돋보여 미각을 자극하는 조명으로, 음료나 주류 위주일 경우 침착하고 편안한 분위기의 조명으로 계획한다.
  ㉡ 펜던트 조명의 높이는 테이블 상판 위 600mm 정도가 되어야 일어설 때 머리가 부딪치지 않고 시선의 방해가 없다.
  ㉢ 백바(back bar)의 선반에도 조명하여 술병이나 잔을 비추도록 하되 전면에서 보이지 않도록 한다.

⑦ 색채계획
  ㉠ 난색계는 모두 식욕을 돋우는 경향이 있으므로 빨강, 주황의 중채도 색을 쓰는 것이 좋다.
  ㉡ 한색계에서 청록의 중간채도색은 음식물에 직접 배경이 될 때 보색관계인 빨강, 주황의 음식을 더욱 맛있어 보이게 한다. 단, 너무 강하지 않은 배경색이 되어야 한다.
  ㉢ 어두운 빨강, 자주색과 남색–보라를 많이 포함한 한색은 고기의 부패를 연상시키므로 단색의 경우 피한다.
  ㉣ 파란색의 연색성이 높은 형광등은 난색에는 적절치 못하므로 백열등을 중심으로 조명한다.
  ㉤ 음식점의 배색은 난색을 주조색으로 하여 즐겁고 편안한 분위기가 되도록 한다.

(8) 백화점 및 호텔 실내계획

① 백화점의 공간구성 : 고객공간, 점원공간, 상품공간, 판매공간
② 상품배치 및 층별 구성
  ㉠ 상품계획과 VMD 전략에 기초를 두고 품목별로 상품을 선정, 배치한다.
  ㉡ 전략상품과 수익성이 큰 상품을 주동선인 에스컬레이터, 엘리베이터 등에 접하도록 배치한다.

ⓒ 층별 구성

지하층	생필품, 식료품, 주방용품
1층	충동구매 제품, 선택 시간이 짧은 소형 상품(액세서리, 패션잡화)
2~3층	비교적 고가이고 선택 시간이 긴 상품(정장, 명품의류)
4~5층	일반 잡화류, 다양한 품목(침구, 서적, 문구, 완구, 의류)
6층 이상	비교적 넓은 면적이 필요한 상품(가구, 전자기기, 예술품)

③ 매장배치 유형

ⓐ 직각배치법 : 가장 일반적 배치방법으로 판매장의 유효면적을 최대로 할 수 있고 설치 및 유지비용이 저렴하다. 그러나 전체적으로 단조롭고 국부적 혼란이 발생하기 쉽다.

ⓑ 사선 배치 : 매장을 약 45도 사선으로 배치하여 동선상의 변화감을 주는 방식으로, 구석구석까지 구매고객이 도달할 수 있지만 많은 이형 진열장이 요구된다.

ⓒ 자유곡선 배치 : 유기적인 자유 곡선형으로 매장을 배치하는 방식으로 공간에 유연성을 줄 수 있는 반면, 동선 이용상 혼란이 있을 수 있으며 진열대 제작비가 상승한다.

ⓓ 방사배치법 : 에스컬레이터나 엘리베이터 홀을 중심으로 방사 형태를 이루는 것으로 일반적인 적용은 어려우며 건축설계 단계에서부터 계획되어야 가능하다.

④ 호텔 계획

ⓐ 현관은 로비와 라운지로 분기되는 접객 장소이다.

ⓑ 로비는 고객 동선의 중심으로 휴식, 독서, 면회, 담화 등이 이루어지는 다목적 공간으로 객실당 0.8~1.0m² 정도로 한다.

ⓒ 프런트 데스크는 안내와 계산이 이루어지는 운영의 중심으로 호텔 사무를 관장한다. 안내, 객실, 회계로 편성된다.

ⓓ 객실 유형 : 싱글, 더블, 트윈, 스위트, 프레지덴셜 룸

3. 업무공간

(1) 평면유형

① 코어

건물의 기계·수송설비 관련 부분과 서비스 공간 등을 핵(core) 형태로 집중시킨 공간. 설비가 집중되어 배관배선이 절약되고, 설비를 중심으로 사람의 움직임이 집약되

므로 낭비 없는 간결한 평면구성이 가능해진다.

외부코어	대규모의 실을 형성하는 건물에 적합하다. 분할과 개방이 용이하여 오픈 오피스에 적용된다.
중앙코어	각 층의 평면이 매우 넓은 고층 건물에 적용된다.
편심코어	각 층 평면이 작고 길이도 짧은 형태의 건물에 적용된다.
양단코어	비교적 평면이 긴 형태의 중·대규모 사무용 건물에 적합하다. 내부에서 직통계단까지의 피난거리 법규에 따라 2방향 피난이 가능하게 만든 형태이다.

> **Point 코어에 설치되는 공간**
> 계단실, 엘리베이터, 통로 및 홀, 전기 배선 공간, 덕트, 파이프 샤프트, 공조실, 화장실 등

② 실 형태에 따른 분류
  ㉠ 싱글 오피스(개실형, 복도형)
    ⓐ 복도를 중심으로 작은 공간의 실로 구획되는 유형으로 편복도·중복도식으로 분류된다.
    ⓑ 1~2인용 세포형 오피스와 여러 명을 위한 집단형 오피스로 구분된다.
    ⓒ 업무의 독립성과 쾌적한 환경이 보장되며 소음차단에 유리하다.
    ⓓ 경제성과 효율성이 낮고 공간의 융통성이 떨어진다.
  ㉡ 오픈 오피스(개방형)
    ⓐ 단일공간에 경영관리, 직급에 따라 업무별로 분할해서 배치하는 형식으로 간부급을 중심으로 서열대로 평행 배치된다.
    ⓑ 가구와 비품이 이동하기 쉽고 부서 간에 벽과 문이 없어 시설비, 관리비가 적게 든다.
    ⓒ 그리드 플래닝을 적용하여 복도, 통로면적이 최소화로 절약되고 공간낭비가 없어 사용할 수 있는 면적이 커진다.
    ⓓ 싱글 오피스의 경우 7.5~8.5m^2/인이나 오픈 오피스의 경우 4~5m^2/인으로 공간이 절약되고 시설·관리비가 절감된다.
    ⓔ 동선이 자유롭고 커뮤니케이션도 용이하며 일반직에 대한 관리직의 감독이 용이하다.
    ⓕ 소음과 프라이버시의 미확보, 산만한 분위기로 인한 능률저하의 단점이 있다.

ⓒ 오피스 랜드스케이프(office landscape)
    ⓐ 오픈 오피스의 문제점을 보완한 것으로 액션 오피스라고도 한다.
    ⓑ 전체적으로 질서 없이 업무의 흐름에 따라 배치하여 전통적 계획의 기하학적 양상과 모듈에 대한 개념을 없애 버렸다.
    ⓒ 그리드 플래닝에서 벗어나서 작업의 흐름과 긴밀도를 감안하여 능률적인 레이아웃을 구현한다.
    ⓓ 고정 칸막이벽과 복도를 없애고 스크린, 서류장 등을 활용하여 융통성 있게 계획한다.
    ⓔ 마감재는 흡음성 재료를 사용하고 소음이 발생하는 회의실과 휴게실은 격리시킨다.

> **Point 그리드 플래닝**
> 규칙적 격자선으로 만들어진 패턴에 맞춰 단위공간을 구성하는 것

(2) 업무공간의 실내계획

① 동선계획
  ㉠ 같은 층의 모든 작업평면은 하나의 코어에 기능적으로 집약되도록 한다.
  ㉡ 모든 가구는 단위그룹별로 순환동선 내에 배치하도록 하며 간결하게 동선 처리한다.
  ㉢ 회의용 가구나 휴식용 테이블은 작업공간에서 쉽게 닿을 수 있는 위치에 배치한다.
  ㉣ 주통로는 폭이 2000mm 이상, 일반통로는 1000mm 이상, 단위그룹 간의 통로는 700mm 이상이 되도록 한다.

② 평면 및 입면계획
  ㉠ 칸막이는 기둥, 보의 위치를 고려하여 구획하고 창의 한가운데에 칸막이가 오지 않도록 한다.
  ㉡ 평면, 입면 계획은 인원의 변화, 부서의 발전, 축소에 의한 변화에 대응 가능하도록 한다.
  ㉢ 조명, 콘센트, 전화선의 아웃렛 등도 가구나 실의 배치 변동 시 융통성 있게 대응 가능하도록 한다.

> **Point 모듈러 시스템**
> 바닥, 벽, 천장을 구성하는 각 부재의 크기를 기준단위로 한 모듈을 계획의 보조도구로 삼아 생활, 의장, 구조, 공법 등 다양한 면에서의 요구를 종합적으로 조정·해결하는 것이다. 모듈의 단위치수를 얼마로 하느냐에 따라 실의 크기, 각 부재의 치수가 정해진다.

(3) 가구계획

① 워크스테이션
 ㉠ 사무실 내 한 사람이 차지하는 면적을 기준으로 정해지는 사무작업공간의 기본단위
 ㉡ 사용자의 직위, 업무성격, 서류의 양에 따른 기본가구로 구성된다.

② OA 가구
 사무자동화 기기의 도입에 따라 적용되는 한 사람이 필요한 작업공간은 책상, 컴퓨터 테이블, 의자 등으로 구성되는데 최소 $4.8m^2$가 필요하며 취급업무에 따라 기기면적이 포함되어야 한다.

③ 시스템가구
 원하는 형태로 분해, 조립이 용이하게 만든 가변적 가구를 뜻한다.
 ㉠ 구성 요소 : 칸막이, 수납장, 서류 캐비닛, 서류함, 테이블
 ㉡ 치수산출의 기준 : 가구-인간, 가구-가구, 가구-건축구체와의 관계
 ㉢ 특징
  ⓐ 넓은 공간에 다양한 배치가 가능하고 가구배치계획에 합리성을 부여한다.
  ⓑ 동선흐름에 근거하여 배치함으로써 명확한 공간구분이 가능하다.
  ⓒ 색채, 재료, 형태가 통일되고 계급의식의 제거가 가능하다.
 ㉣ 기능 : 수납, 작업, 공간분할
 ㉤ 디자인 조건
  ⓐ 규격화된 디자인, 융통성과 경제성
  ⓑ 견고한 조립과 이동의 편리함, 설비의 신축성 있는 디자인
  ⓒ 인체치수 및 동작에 적합한 디자인
  ⓓ 개폐, 이동으로 인한 소음의 최소화

④ 책상배치 유형

동향형	• 책상을 같은 방향으로 배치하는 유형으로 통로 구분이 명확해진다. • 프라이버시 침해가 최소화되나 대향형에 비해 면적효율이 떨어진다.
대향형	• 책상이 서로 마주보는 형식으로 커뮤니케이션에 유리한 유형이다. • 전화, 전기 배선관리가 용이하지만 마주보기 때문에 프라이버시가 침해된다.
좌우대향형	• 조직의 융합을 꾀하기 쉽고 정보처리나 잡무동작의 효율이 좋은 형식 • 배치에 따른 면적손실이 크고 커뮤니케이션 형성에 불리하다.
십자형	• 4개의 책상이 맞물려 십자를 이루도록 배치한 형식으로 커뮤니케이션이 좋다. • 그룹작업을 하는 전문직업류에 적합한 유형이다.
자유형	• 낮은 칸막이로 1인 작업 공간이 주어지는 형태로 독립성을 요하는 전문직이나 간부급에 적당하다.

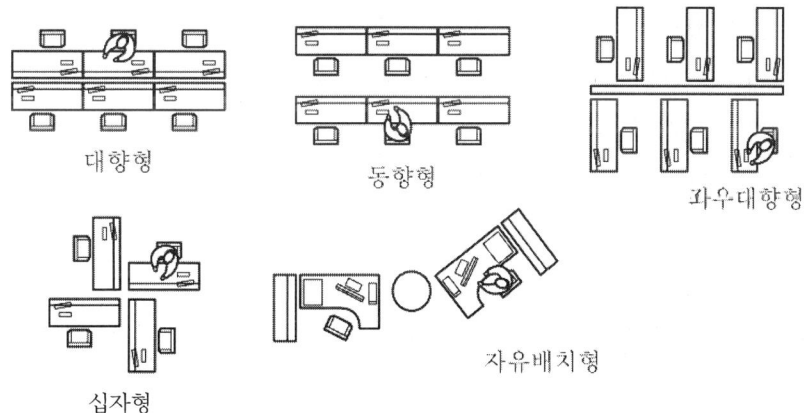

(4) 세부계획

① 로비 계획

㉠ 건물 입구부분에서 내방객을 처음 맞이하는 공간이다.

㉡ 건물 내외를 유기적으로 연결시켜 주는 전이공간이다.

㉢ 수직적으로 다른 공간보다 높고 평면적으로도 개방성이 강한 공간이다.

㉣ 외부에서 들어와 각 개실로 배분되는 통과공간뿐만 아니라 휴식·행사·정보전달공간으로서의 기능을 갖는다.

㉤ 대지조건, 도로 위치, 건물의 평면, 코어의 위치, 도시의 타 기능성과의 관련성을 고려하여 계획한다.

② 조명 및 색채
  ㉠ 충분한 조도와 눈부심이 없도록 하고 휘도 분포를 일정하게 해야 한다.
  ㉡ 능률적이고 쾌적한 업무와 안정감 있는 분위기를 연출할 수 있는 색채계획을 한다.

(5) 은행 실내계획

① 영업장

행원이 카운터를 경계로 고객과 접하고 행정사무와 부기업무를 처리하는 공간이다.
  ㉠ 객장과 영업장의 비율은 약 6 : 4 정도이다.
  ㉡ 행원 1인당 소요면적 : $4{\sim}5m^2$
  ㉢ 영업장 후방과 벽 사이는 2m 정도의 공간이 필요하다.
  ㉣ 양측 벽면으로 1.5m의 통로를 확보한다.
  ㉤ 책상의 뒤나 옆은 최소 600mm 이상의 여유 공간을 확보한다.

② 은행의 영업 카운터
  ㉠ 높이는 1000~1050mm, 폭은 600~750mm 정도로 한다.
  ㉡ 창구 하나의 길이는 1500~1700mm 정도로 고객 2~3명이 설 수 있는 길이이다.
  ㉢ 영업장 $1m^2$당 카운터 길이의 비율은 10cm이며 책상면의 조도는 300~400lx로 한다.

③ 객장

객장은 은행의 구성공간 중 고객이 많이 출입하는 공간으로 은행의 대중화정책에 따라 대고객서비스측면과 고객확보를 위한 전략의 하나로 중요한 의미를 갖는다.

4. 전시공간

(1) 기본개념

① 전시공간의 분류형

영리적 전시	유명 작가의 작품이나 기업의 상품 판매를 촉진하기 위한 전시
비영리적 전시	예술작품 발표, 일반 대중의 문화적 사고 개발 및 교육을 위한 전시

 전시공간 계획 시 고려사항

전시물의 특징, 관람객 동선, 관람 형식

② 쇼룸

진열매장, 전시실, 회사 내, 혹은 전시·기획 컨벤션 홀 등의 일정한 스페이스에 영구적 또는 일정기간 기업의 PR이나 판매촉진을 목적으로 각종 소재나 상품, 제조공정 등을 전시해서 일반대중에게 공개하는 장소 혹은 전시행위를 말한다.

㉠ 물품을 전시하여 관람자들에게 전시물을 쉽게 해설해 주는 목적을 가진다.
㉡ 메이커의 쇼룸은 상품을 전시하고 그 품질, 성능, 효용 등에 관해 소비자의 이해를 돕고 구매의욕을 촉진시킨다.
㉢ 공간구성
  ⓐ 상품전시공간 : 진열되는 상품을 디스플레이하기 위한 공간으로 진열대와 진열기구, 연출기구 등이 필요하다.
  ⓑ 상담공간 : 관람자에게 상품에 대한 지식, 효율성 등의 정보를 설명하거나 구매상담에 응하기 위한 공간
  ⓒ 어트랙션(attraction) 공간 : 입구에서 관람객의 시선을 집중시켜 쇼룸의 내부로 관람객을 유인하는 역할을 한다. 전시의도와 내용을 전달하기 위해 영상 디스플레이 장치, 모형, 동적 디스플레이 장치, 또는 실물 등의 기타 상징물이 놓여지는 공간이다.
  ⓓ 서비스 공간 : 전시상품에 대한 정보를 알리거나 관람자를 안내하기 위한 공간이다.
  ⓔ 파사드 : 쇼윈도의 출입구, 홀의 입구뿐만 아니라 광고판, 광고탑, 사인 등을 포함한다.

> **Point 전시공간의 건축적 조건**
> 단위 전시공간의 규모, 순회형식, 평면형식 등의 건축적 조건은 이미 주어져 변경할 수 없는 요소들이므로 계획의 기본으로 이해되어야 한다.

(2) 규모

① 천장고
  ㉠ 천장고는 조명, 음향, 공조방법 등의 환경공학적 조건, 공간의 지지적 조건, 전시물의 크기, 건축구조 조건 등에 의해 좌우된다.
  ㉡ 자연채광방식에서의 천장고는 5.4~6m로 높았으나 인공조명의 발달로 3.6~4m의 낮은 천장도 가능해졌다.

ⓒ 소규모 전시실의 경우 3m까지 가능하며 최소 관람자 눈높이의 2배 이상을 확보해야 한다.

② 실의 폭

ⓐ 천장고와 폭의 비가 5 : 7 기준으로 최적 가시거리는 4m이며 전시물 상한을 4.38m로 한정하고 2개의 유닛이 있을 경우 중앙통로를 포함해서 10m폭을 유지해야 한다.

ⓑ 실의 폭은 평균 5.5m가 최소이나 보통 6~8m로 하고 길이는 폭의 1.5~2배가 적당하다.

(3) 순회유형

① 연속순회형식

ⓐ 긴 직사각형 또는 다각형 평면의 전시실이 연속적으로 연결된 형식이다.

ⓑ 동선이 단순하고 공간을 절약할 수 있는 장점이 있으나 많은 실을 순서대로 관람하다 보면 피곤하고 지루해질 수 있다.

ⓒ 전시실을 폐쇄하게 되면 전체 동선이 막히게 된다.

② 갤러리 및 복도형

ⓐ 연속된 전시실의 한쪽 복도에 의해서 각 실을 배치한 형식이다.

ⓑ 각 전시실을 자유롭게 선택할 수 있으며 독립적으로 폐쇄 가능하다.

③ 중앙홀형

ⓐ 중심부에 하나의 큰 홀을 두고 그 주위에 전시실을 배치하는 형식이다.

ⓑ 중앙홀이 크면 동선의 혼란은 없으나 장래의 확장에는 많은 무리가 있다.

ⓒ 프랭크 로이드 라이트의 구겐하임미술관에서 이 형식을 기본으로 응용했다.

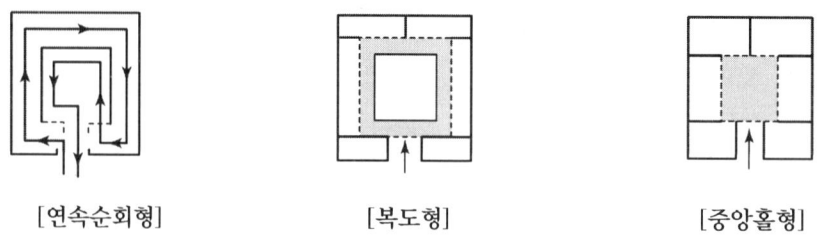

[연속순회형]   [복도형]   [중앙홀형]

(4) 공간계획

① 전시공간의 실내계획

ⓐ 자료 보존을 위해 직사광선에 자료가 직접 노출되지 않아야 한다.

ⓑ 바닥재는 관람에 집중할 수 있도록 발소리가 나지 않는 재료로 선택한다.

ⓒ 메시나 루버식 천장으로 설비기기를 눈에 띄지 않게 처리할 수 있다.

② 관람자를 위한 고려사항

　ⓐ 쾌적한 환경조건과 편안한 감상조건을 만족시킨다.

　ⓑ 관람 도중 쉴 수 있는 휴식의자나 소파 등을 100m마다 1개소 이상 배치한다.

　ⓒ 눈의 움직임은 가까운 곳에서 먼 곳으로, 작은 것에서 큰 것으로, 밝은 색에서 어두운 색으로 움직이므로 이에 따라 전시물을 배치하며 너무 단조롭지 않은 배치계획을 세운다.

(5) 전시방법

① 개별전시

벽면전시	벽면 전시판, 앨코브벽 전시, 벽면 진열장 전시, 앨코브 진열장 전시, 돌출 진열대 전시, 돌출 진열장 전시
바닥전시	바닥면 전시, 성큰된 바닥면 전시, 경사 바닥면 전시, 바닥면과 입체복합 전시
천장전시	달아매기 전시, 천장면 전시, 동적 전시

② 특수전시

　ⓐ 디오라마 전시 : 현장감을 가장 실감나게 표현하며 한정된 공간 속에서 배경스크린과 실물의 종합전시로 이루어진다.

　ⓑ 파노라마 전시 : 벽면전시와 오브제 전시를 병행하는 유형으로 연속적인 주제를 연관성 깊게 표현하기 위해 연출되는 전시방법이다.

　ⓒ 아일랜드 전시 : 사방에서 감상할 필요가 있는 조각물이나 모형을 벽면에서 띄어놓아서 전시장 중앙에 전시하는 방법

　ⓓ 하모니카 전시 : 전시평면이 하모니카 흡입구처럼 동일한 공간으로 연속되어 배치되는 전시기법으로 전시내용이 통일된 형식 속에서 반복되어 나타나는 방법으로 동일 종류의 전시물을 전시할 때 유리하다.

　ⓔ 영상 전시 : 실물을 직접 전시하지 못할 때 영상매체를 사용하는 전시방법이다.

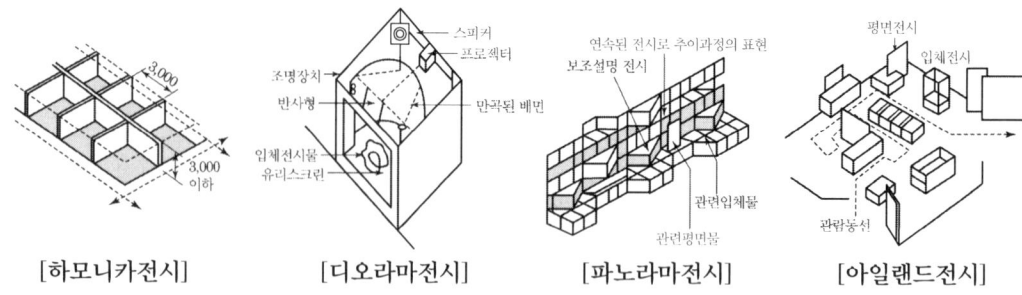

[하모니카전시]　　　[디오라마전시]　　　[파노라마전시]　　　[아일랜드전시]

(6) 세부계획

① 시거리
  ㉠ 전시물이 시선의 중앙에 위치할 때 정시야에 들어올 수 있는 전시물의 높이는 약 2배이다.
  ㉡ 최대로 짧은 관람거리는 전시물의 높이와 같거나 높이의 1.2배를 넘지 않도록 한다.

② 조명계획
  ㉠ 자연조명은 명시성이 좋고 색 온도가 높으나 직사광선으로 인한 반사광과 전시물의 퇴색이 발생하므로 직접 전시물을 비추는 것은 좋지 않다.
  ㉡ 인공조명은 자연 채광의 단점을 보완하며 부분조명, 국부조명으로 사용한다.
  ㉢ 눈부심이 적고 연색성이 좋아야 하며 입체 전시의 경우 입체감을 살릴 수 있게 한다.

③ 색채계획
  ㉠ 전시 주제에 맞춰 공간색을 지정하고 전시장 전체에 통일된 주조색을 사용한다.
  ㉡ 조명의 영향과 전시물의 색채를 고려하여 색을 정한다.

5. 공연장

(1) 평면유형

① 프로시니엄(proscenium)형
  ㉠ 연기자가 일정한 방향으로 공연하고 관객은 무대정면을 바라보는 형태이다.
  ㉡ 강연, 콘서트, 독주, 연극 등에 좋은 유형이다.

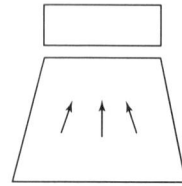 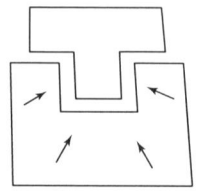

② 오픈 스테이지(open stage)형
  ㉠ 관객이 3방향을 둘러싼 형태로 연기자에게 좀 더 근접하여 관람할 수 있다.
  ㉡ 연기자는 혼란된 방향감 때문에 통일된 효과를 내는 것이 쉽지 않다.

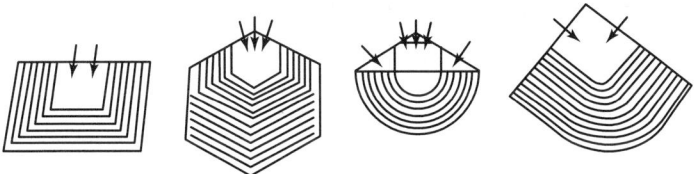

③ 아레나(arena)형
  ㉠ 관람석이 사방을 둘러싼 형태로 관객은 연기자에게 좀 더 근접하여 관람할 수 있다.
  ㉡ 배경이 없는 스포츠경기, 마당놀이, 판소리 등에 적합하다.

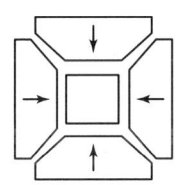

④ 가변형 무대
  ㉠ 필요에 따라서 무대와 객석이 변화될 수 있는 형이다.
  ㉡ 최소한의 비용으로 극장표현에 대한 최대한의 선택가능성을 부여한다.

(2) 세부계획

① 관람거리
  ㉠ A구역 : 배우의 표정이나 동작을 상세히 감상할 수 있는 사선 거리의 생리적 한도는 15m이다.
  ㉡ B구역 : 실제의 극장 건축에서는 될 수 있는 한 수용을 많이 하려는 생각에서 22m까지 제1차 허용 한도로 정한다.
  ㉢ C구역 : 현재 연극, 그랜드오페라, 발레, 뮤지컬은 배우의 일반적인 동작만 보이면 감상하는 데는 별 지장이 없으므로 이를 제2차 허용한도라고 하며 35m까지 둘 수 있다. 심포니오케스트라 같은 것은 이 거리에서는 감상이 곤란하다.

> **Point**
> 무대 예술의 감상에 있어서 배우 상호간, 배우와 배경과의 관계 때문에 수평편각의 허용 각도는 중심선에서 60°의 범위로 한다.

② 무대 용어
  ㉠ 에이프런 스테이지 : 막을 경계로 하여 바깥 부분, 즉 객석 쪽으로 나온 부분의 무대 (앞무대)
  ㉡ 그리드 아이언(grid iron) : 무대 천장 밑부분에 철골로 틈 없이 바닥을 만들어 조명 기구나 연기자가 매달리도록 만든 기구이다.
  ㉢ 플라이 갤러리(fly gallery) : 그리드 아이언에 올라가는 계단과 벽을 만들어 설치하는 좁은 통로
  ㉣ 록 레일(lock rail) : 와이어로프를 한 곳에 모아 조정하는 기구이다.
  ㉤ 사이클로라마(cyclorama) : 극장 무대의 배경장치. 완만한 U자형의 가동 또는 고정 곡면판으로 프로시니엄 아치의 상부 또는 좌우 측면에 마스킹 보드로 쓰거나 사이클로라마의 연장이 무대 후면을 가리는 데 쓰기도 한다.
  ㉥ 플라이 로프트(fly loft) : 무대의 상부공간(프로시니엄 높이의 4배)이다.

3.2 설계도서 작성

1. 제도 통칙

(1) 건축제도 통칙

① 용지규격
  ㉠ 제도용지의 크기는 한국공업규격 KS A 5201에 의거하여 A열을 따른다.
  ㉡ 제도용지의 크기 및 테두리

단위(mm)	A0	A1	A2	A3	A4
가로×세로	840×1188	594×840	420×594	297×420	210×297
테두리 (철하지 않을 때)	10	10	10	5	5
테두리(철할 때)			25		

  ㉢ 용지의 가로 · 세로비는 확대, 축소 시 일정하게 유지되도록 $1 : \sqrt{2}$ 의 비율로 한다.

② 표제란
  ㉠ 보통 도면의 오른쪽 하단에 위치한다.
  ㉡ 도면번호, 공사명칭, 축척, 책임자 성명, 도면작성일, 분류번호 등을 작성한다.
③ 선
  ㉠ 굵은 실선 : 외형선, 단면선 등 대상물의 보이는 부분, 가장 강조되는 부분을 표시한다.
  ㉡ 가는 실선 : 치수선, 치수보조선, 지시선 등을 표시한다.
  ㉢ 파선 : 대상물의 보이지 않는 부분을 표시한다.
  ㉣ 1점 쇄선 : 중심선 및 기준선 등을 표시한다.
  ㉤ 2점 쇄선 : 가상선, 무게중심선 등을 표시한다.
  ㉥ 해칭선 : 가는 실선으로 빗줄을 반복적으로 그은 선으로 절단면을 표시한다.
④ 척도
  ㉠ 배척 : 실물을 일정한 비율로 확대해서 그리는 것
  ㉡ 실척 : 실물과 같은 크기로 그리는 것
  ㉢ 축척 : 실물을 일정한 비율로 축소하는 것
⑤ 글자 및 숫자
  ㉠ 글자 크기는 높이로 표시하며 크기에 따라 11종류로 나뉜다.
  ㉡ 4자리 이상의 수는 3자리마다 휴지부를 찍거나 간격을 둠을 원칙으로 한다.
  ㉢ 문장은 왼쪽에서부터 가로쓰기를 원칙으로 한다.
  ㉣ 글자는 고딕체로 하고 수직 또는 15° 경사를 원칙으로 한다.
  ㉤ 숫자는 아라비아 숫자를 원칙으로 한다.
⑥ 치수
  ㉠ 단위 및 치수선
    ⓐ 길이의 단위는 mm이고 기호는 붙이지 않는다.
    ⓑ 치수선은 도면에 방해되지 않는 곳에 0.2mm 이하의 실선으로 긋는다.
    ⓒ 다른 치수와 만나지 않도록 하고 이웃 치수선과는 가지런하게 긋는다.

(2) 도면표시

① 재료 평면표시

구분 표시사항	scale 1/100, 1/200	scale 1/20, 1/50
벽 일반		
블록 벽체		
철골 철근콘크리트 기둥 및 철근콘크리트벽		
벽돌 벽체		
목조벽 — 양쪽 심벽		(펠대)
목조벽 — 한쪽 심벽		
목조벽 — 양쪽 평벽		(샛기둥)

② 재료 단면표시

구분	원칙 사용	준용
지반		
잡석다짐		
석재		
인조석		
자갈 및 모래	자갈, 모래	
콘크리트	강자갈, 쇄석, 철근배근	
목재	구조재, 보조구조재	치장재
기타	철재, 망사	벽돌, 블록

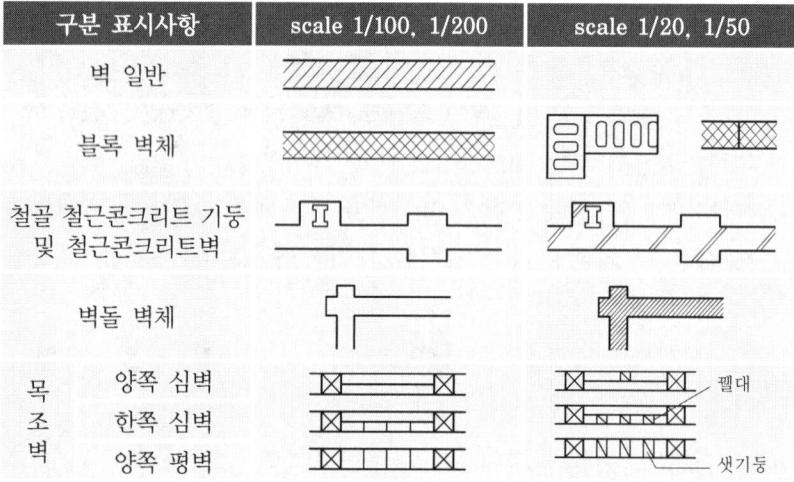

③ 출입구 평면표시

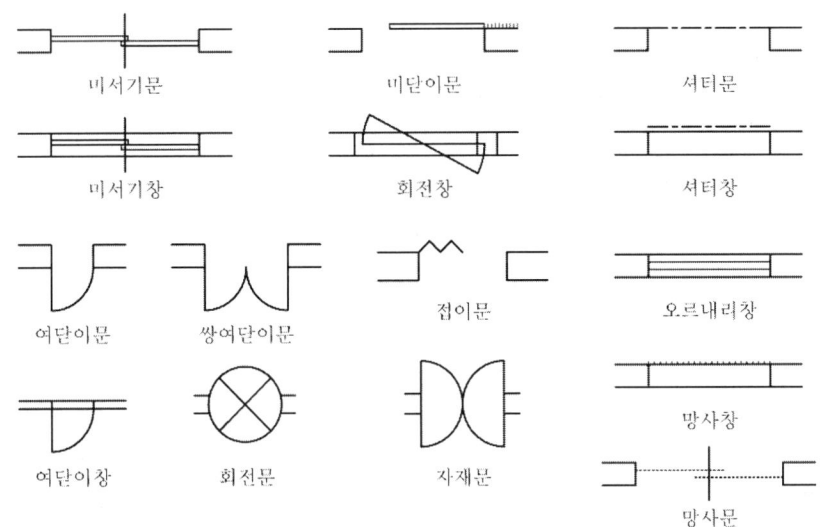

④ 창호 표시기호

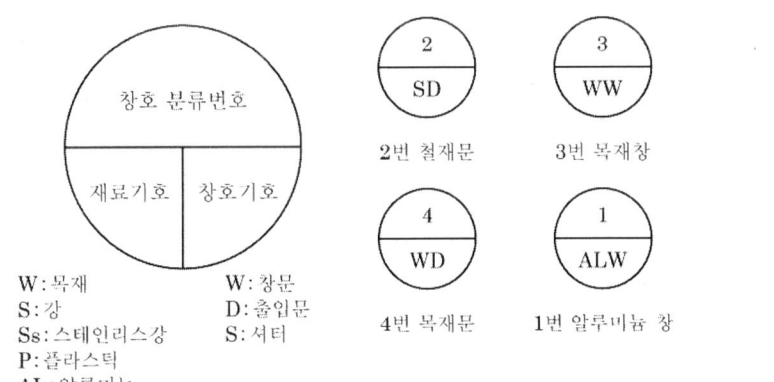

⑤ 옥내배선용 표시

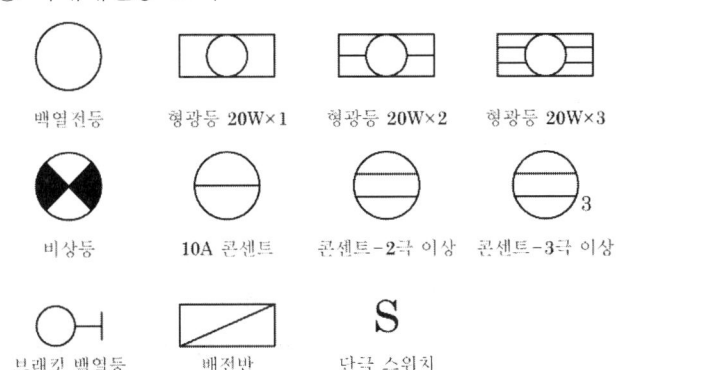

(3) 건축묘사 및 표현

① 묘사 도구

　㉠ 연필

　　ⓐ 9H부터 6B까지 15종에 F와 HB를 포함하여 17단계로 구분한다.

　　ⓑ 폭넓은 명암을 표현할 수 있으며 다양한 질감의 표현이 가능하다.

　　ⓒ 지울 수 있는 장점이 있으나 번지거나 더러워지기 쉽다.

　㉡ 잉크

　　ⓐ 농도를 정확하게 나타낼 수 있고 다양한 묘사가 가능하다.

　　ⓑ 선명하게 보이므로 도면이 깨끗하다.

　㉢ 색연필

　　ⓐ 간단하게 도면을 채색하여 실물의 느낌을 표현하는 데 사용한다.

　　ⓑ 실내건축물의 간단한 마감재료를 그리는 데 사용

　㉣ 물감

　　ⓐ 수채화 물감은 투명하고 신선한 느낌을 주며 부드럽고 밝게 표현된다.

　　ⓑ 불투명 물감은 포스터 물감을 주로 사용하며 사실적이고 재료의 질감 표현이 용이하다.

② 묘사 기법

　㉠ 단선에 의한 표현 : 윤곽선을 강하게 묘사하여 공간상의 입체를 돋보이게 하는 표현

　㉡ 여러 선에 의한 표현

　　ⓐ 선의 간격을 달리함으로써 면과 입체를 결정하는 방법

　　ⓑ 평면은 같은 간격의 선으로, 곡면은 선의 간격을 달리하여 표현하며, 선의 방향은 면이나 입체의 수직, 수평의 방위에 맞추어 그린다.

　㉢ 명암 처리만으로 표현 : 명암의 농도변화로 면, 입체를 표현

　㉣ 단선과 명암에 의한 표현 : 선으로 공간을 한정시키고 명암으로 음영을 넣는다.

　　ⓐ 평면 : 같은 명암의 농도로 표현

　　ⓑ 곡면 : 농도의 변화, 선의 간격을 다르게 또는 점의 밀도 변화로 표현

③ 각종 표현

　㉠ 스케치 : 각종 구상을 짧은 시간 안에 표현하는 데 쓰인다.

　㉡ 다이어그램 : 어떤 것이 진행되는 과정이나 실제의 디자인, 배경에서 근본적 구조나 관계를 표시하는 간단하고 신속한 방법으로 쓰인다.

(4) 투시도

① 용어

　㉠ 기면(G.P, Ground Plane) : 사람이 서 있는 면

　㉡ 기선(G.L, Ground Line) : 기면과 화면의 교차선

　㉢ 화면(P.P, Picture Plane) : 물체와 시점 사이에 기면과 수직한 평면

　㉣ 수평면(H.P, Horizental Plane) : 눈높이에 수평한 면

　㉤ 수평선(H.L, Horizental Line) : 수평면과 화면의 교차선

　㉥ 정점(S.P, Standing Point) : 사람이 서 있는 곳

　㉦ 시점(E.P, Eye point) : 보는 눈의 위치

　㉧ 소점(V.P, Vanishing point) : 수평선상에 존재하며 원근법을 표현하는 초점

　㉨ 시선축(Axis of vision) : 시점에서 화면에 수직하게 통하는 투사선

② 투시도 종류

　㉠ 1소점 투시도 : 실내투시도를 표현하고자 할 때 사용된다.

　㉡ 2소점 투시도 : 건물의 외관 등을 표현할 때 사용된다.

(5) 각종 표현

① 배경의 표현

　㉠ 주변환경, 스케일 표현 등을 위해서 적당하게 그린다.

　㉡ 건물보다 앞에 표현되는 배경은 사실적으로, 멀리 있는 것은 단순히 그린다.

　㉢ 사람의 크기나 위치를 통해 건축물의 크기 및 공간의 깊이와 높이를 느끼게 한다.

　㉣ 건물의 크기 및 공간의 용도 등을 위해 차량 및 가구를 표현한다.

② 음영 표현

　㉠ 건축물의 입체적 느낌을 나타내기 위해 표현한다.

　㉡ 물체의 위치, 빛의 방향에 맞게 정확하게 표현한다.

③ 전시용 패널

　㉠ 표현양식

　　ⓐ 하드보드 등의 패널에 직접 그리거나 패널 위에 트레싱지 등을 부착한다.

　　ⓑ 패널 위에 켄트지 등을 씌우고 나타낸다.

　㉡ 배치계획

　　ⓐ 완성된 표현 요소 결정→강조 및 설명부분을 구분→표현방법 검토→글자크기 및 도면 축척 조정→ 패널 작업

④ 건축모형

　㉠ 계획된 도면의 완성상태를 미리 판단하는 도구가 된다.

　㉡ 발사재, 코르크판 등의 목재나 하드보드 및 아크릴 등이 많이 쓰인다.

　㉢ 착색이 필요한 경우 조립 전 착색한다.

2. 도면 작성

(1) 도면 종류

① 계획설계도

　㉠ 구상도 : 설계에 대한 최초 생각을 자유롭게 표현하는 스케치 등의 작업

　㉡ 동선도 : 사람, 차량, 화물 등의 흐름을 도식화

　㉢ 조직도 : 공간의 용도 및 내용을 관련성 있게 정리하여 조직화

　㉣ 면적도표 : 소요 공간의 면적 비율을 산출하여 검토작업을 하는 도면

② 기본설계도 : 건축주에게 설계계획을 전달하는 등의 목적을 위한 도면으로, 계획설계도를 바탕으로 작성한 평면도, 입면도, 배치도, 투시도 등이 속한다.

③ 실시설계도

　㉠ 일반도 : 배치도, 평면도, 입면도, 단면도, 상세도, 전개도, 창호도 등

　㉡ 구조설계도 : 구조평면도, 구조 일람표, 골조도 및 각 부 상세도

　㉢ 설비도 : 전기, 가스, 상하수도, 환기, 냉난방 및 승강기 등의 표시

(2) 도면 작도

① 배치도

　㉠ 대지 내의 건물 위치와 부대시설 및 도로와 주변건물 등을 표현한다.

　㉡ 비교적 큰 비율로 축소하여 1/200~1/600 정도의 축척을 사용한다.

　㉢ 방위와 지반의 기준위치, 부지의 고저, 인접도로의 폭을 표시한다.

　㉣ 건물과 인지경계선, 지붕 윤곽, 대문, 차고, 옥외 상수도, 조경상태 등을 표현한다.

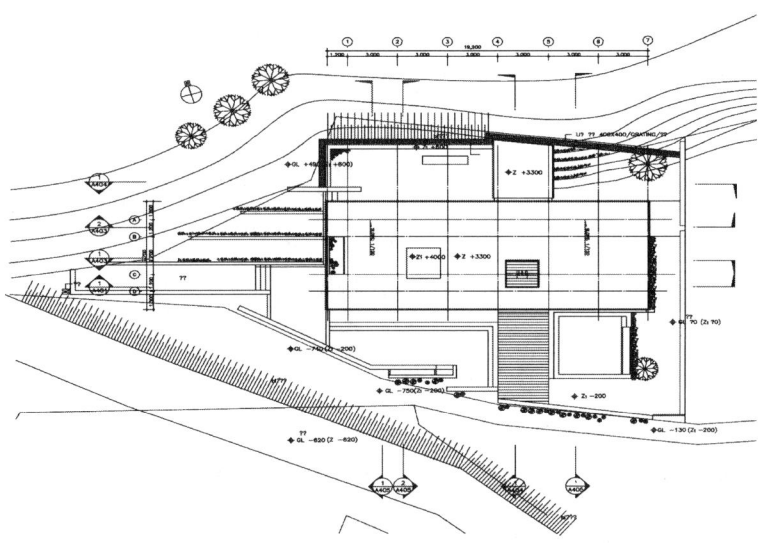

② 평면도

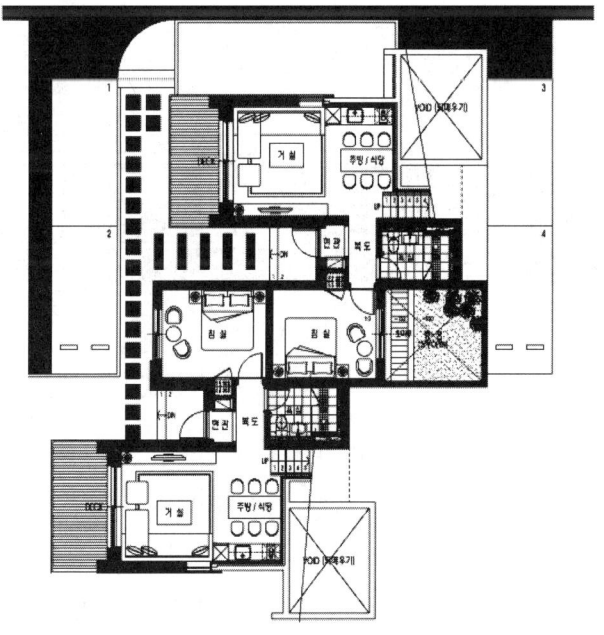

㉠ 각 층의 바닥면에서 1.2m 높이에서 수평 절단한 수직 투상도를 표현한 도면이다.
㉡ 설계 진행의 기본이 되는 도면으로 1/50~1/300의 축척을 사용한다.

ⓒ 실의 배치와 면적, 개구부의 너비와 위치, 창문과 출입구의 구분 등이 표현된다.
ⓔ 동선, 각 실 규모 등 생활공간의 구성을 가장 잘 볼 수 있는 도면이다.

③ 입면도

ⓐ 건물의 외형 혹은 실내의 각 면을 직립투상한 도면이다.
ⓑ 각 면의 마감재료와 전체높이 및 처마높이, 지붕의 경사 및 형상 등을 나타낸다.
ⓒ 1/50, 1/100, 1/200 등의 축척을 사용한다.
ⓔ 작도 순서
  ⓐ 도면배치에 따라 지반선을 그린다.
  ⓑ 수평방향의 각 층 높이와 창 높이를 그린다.
  ⓒ 기둥과 벽의 중심선을 정한 다음 수직 방향재까지의 거리를 그린다.
  ⓓ 문과 창의 형상을 그리고 외벽을 진하게 한 후 재료의 표시간격을 그린다.
  ⓔ 지붕, 옥상 등의 경계선을 명확히 하고 마감재와 조경을 표시한다.
  ⓕ 음영을 표시하여 효과를 내고 자동차 및 사람 등을 그려서 건물 크기를 느끼게 한다.

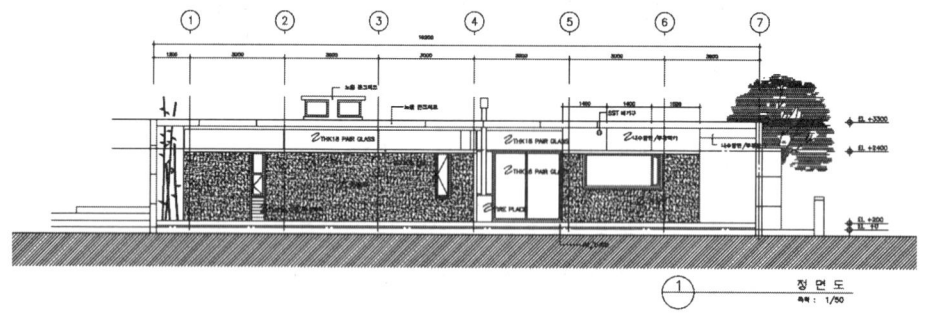

④ 단면도
ⓐ 건물을 수직으로 절단하여 수평방향으로 본 도면
ⓑ 입면도와 같은 축척으로 그리는 것이 일반적이다.
ⓒ 평면상 이해가 어렵거나 전체구조의 이해를 돕기 위해 그린다.
ⓔ 건물의 높이, 층고, 처마 높이, 창 높이 등이 표현되며 지반과 바닥의 차이를 그린다.
ⓕ 계단의 치수와 지붕의 물매 등을 표현한다.

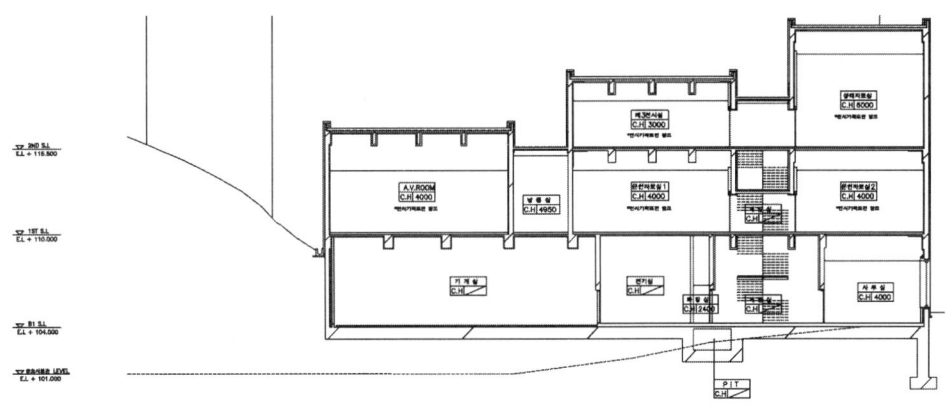

⑤ 기초평면도
  ㉠ 평면도와 같은 축척으로 그린다.
  ㉡ 기초의 중심을 기준으로 기초의 형상과 위치를 그린다.
⑥ 전개도
  ㉠ 각 실의 내부 의장을 나타내기 위한 도면이다.
  ㉡ 벽면 마감재료와 치수를 기입하고 창호의 종류와 치수를 기입한다.
⑦ 기타 도면 : 지붕틀 평면도, 천장 평면도, 창호도 등

memo

part 2

색채 및 사용자 분석

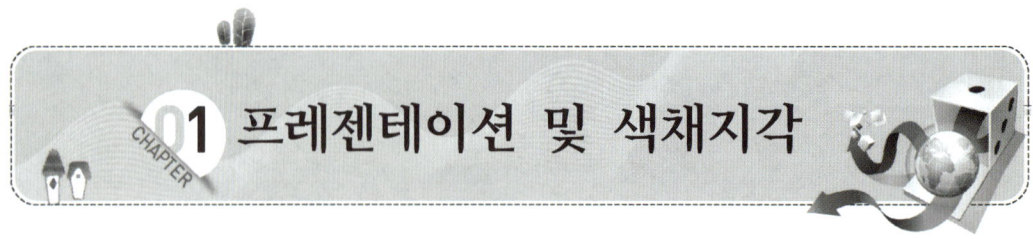

CHAPTER 01 프레젠테이션 및 색채지각

1.1 디자인 프레젠테이션

1. 프레젠테이션 기획

(1) 주제 및 방향 결정

① 프레젠테이션의 목적 및 대상

목 적	디자인, 아이디어, 설계, 성과물을 클라이언트에게 설득력있게 전달하기 위하여 관련 자료, 정보, 설계 내용을 시각화하여 합리적인 의사 결정을 유도한다.
대 상	해당 클라이언트가 원하는 바를 분석하고 사전에 합의된 목표와 의도를 정확하게 전달시키도록 충분히 이해할 수 있게 구성해야 한다.

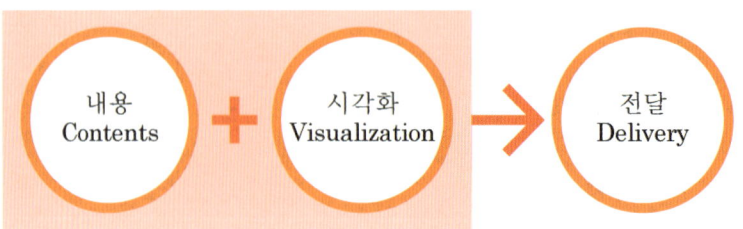

② 주제 및 방향 결정
　㉠ 주제
　　ⓐ 자료를 면밀히 조사하고 분석한 후 타당한 주제를 선정한다.
　　ⓑ 클라이언트의 주요 요구사항을 핵심으로 하여 PT 목표를 결정하고 논리적으로 기술한다.

ⓛ 방향 : 한정된 시간 안에 전달할 내용의 범위를 구체화하고 설명 및 설득을 통한 효과적인 프레젠테이션을 위해 기본적인 방향성을 제시한다.
③ 콘셉트에 따른 기획
　　㉠ 프레젠테이션의 3가지 목적 : 왜 하는가, 무엇을 성취하기 위함인가, 청중이 어떤 생각이나 행동을 취하기를 원하는가?
　　ⓛ 대상 파악 방법
　　　　ⓐ 인터뷰 대상자를 선정하여 직접 만난다.
　　　　ⓑ 사전에 체크 리스트를 만들어 인터뷰 시 주요사항을 빠뜨리지 않도록 주의한다.
　　　　ⓒ 인터뷰 결과를 정리 및 반영하고, 제안 시 반론이 제기될만한 점을 대비한다.
　　㉢ 주제 결정 : 주제를 확실히 결정하여 의견 조율의 효율성을 높인다.
　　㉣ 프레젠테이션 유형 결정

설득을 위한 PT	• 청중에게 발표자의 생각을 받아들이게 하는 PT • 청중에게 발표자가 의도하는 방향으로 생각하고 행동하도록 유도하는 것이다.
설명을 위한 PT	• 해당 클라이언트가 원하는 바를 분석하고 사전에 합의된 목표와 의도를 정확하게 전달시키도록 충분한 이해를 돕는 구성이 요구된다.

(2) 발표 전개방법
① 내용의 구조화 및 단순화

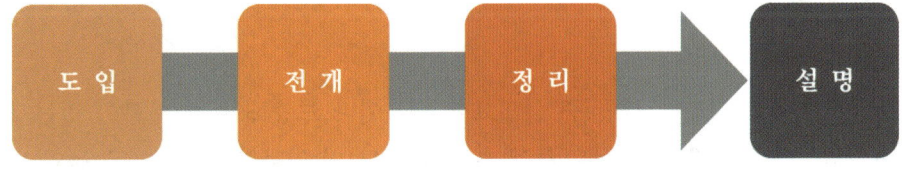

　　㉠ 도입 : 앞으로 무엇에 대해서 이야기할 것인지, 어떤 내용을 어떤 순서로 설명할 것인지, 어떤 결론을 도출시킬 것인지에 대하여 언급한다.
　　ⓛ 전개 : 구체적인 사실로부터 어떠한 과정을 통해서 결론에 이르게 되는지를 명확한 논리 전개에 의하여 설명한다.
　　㉢ 정리 : 중요한 핵심을 강조하고 결론적으로 청중이 무엇을 어떻게 해야 하는지 언급한다.
② 스토리 라인
　　스토리 라인은 스토리가 진행되는 흐름을 별도의 문서나 저장 매체에 기록해 두는 것

을 말한다. 완성된 결과물을 만들기 전에 어떤 완성품을 만들어야할지 고민한 후, 최종본을 선택한다. 스토리텔링을 하기 위한 '기록물'이라고 볼 수 있으며, 파워포인트 슬라이드에 직접 작성하거나, 수첩이나 보드를 적극적으로 활용한다.

㉠ 아이디어 제시

클라이언트의 입장을 고려한 아이디어가 필요하다. 발표를 듣고 그들의 변화를 이끌어낼 수 있는 명확한 목표와 목적에 의거한 아이디어를 제시한다.

㉡ 시나리오 작성

프레젠테이션에 들어갈 내용에 대한 스토리 구상 및 자료 수집이 완료된 후, 스토리를 바탕으로 시나리오를 작성한다. 프레젠테이션의 내용을 알기 쉽게 전달할 수 있는 시나리오를 작성하기 위해 프레젠테이션의 목적이 무엇인지, 어떤 메시지로 설득할 것인지, 내용을 어떻게 조합하는 것이 가장 효과적일 것인지를 생각한다. 시나리오 작성 시 전체 내용에 대한 줄거리 요약하여 자료의 방향과 틀을 잡는다.

㉢ 스토리 보드(Story Board) 제작

슬라이드를 디자인하기 전에 시나리오를 바탕으로 청중이 알기 쉽도록 슬라이드를 스케치하는 작업을 말한다. 스토리 보드를 작성하면 슬라이드 작업 시간이 단축되고, 전체 슬라이드에 대한 구조를 한눈에 파악할 수 있어 통일성있는 프레젠테이션을 준비할 수 있다. 스토리 보드를 사용하면 다이어그램이나 브레인스토밍 등의 스토리 구상을 통해 나온 각종 아이디어를 반영할 수 있다.

(3) 규모 및 수준 정의

① 자료 파악 및 준비

이전 단계에서 정리한 사항 중 불필요한 내용이나 보충해야 할 부분이 있는지 등을 확인해야 한다. 이러한 작업을 통해 프레젠테이션의 일관성과 명확성을 높일 수 있게 된다. 필요한 자료를 파악하기 위한 타당성이 높은 의견을 수렴할 때, 브레인스토밍 기법, 역브레인스토밍 기법, 분임토의 기법 등 적절한 기법을 활용하는 것도 방법이다.

② 단계별 전달 사항 및 필요 도구 정리

프레젠테이션의 단계와 진행 상황에 따른 필요한 내용과 툴은 다르므로 프레젠테이션의 단계마다 전달 사항들과 필요한 도구들을 정리한다.

③ 체크 리스트의 내용

다소 시간이 걸리더라도 중요한 것을 빠뜨리지 않고 발표하기 위해서는 체크 리스트를 작성해 두는 것이 좋다. 이는 발표의 형태를 결정하고, 청중을 분석하고, 주어진 시

간에 맞추는데 효과적이기 때문에 체크 리스트를 만들어 놓고 여러 차례 점검해 본다.

㉠ 내용적 측면

3P[People(청중), Purpose(목적), Place(장소)]를 통해 어느 것 하나라도 소홀함 없이 균형있게 비중을 두고 분석하여 사전에 준비해야 한다.

㉡ 환경적 측면

프레젠테이션 실정을 미리 파악해 청중의 수, 참여 형태, 매체나 장비 설치 여부, 상호 작용, 레이아웃 거리 조절, 장소, 배치, 시간, 여건 등의 요소를 고려한다.

㉢ 프레젠테이션의 마음가짐

클라이언트의 요구를 이해하고, 누구에게 전달하는 것인지를 생각한다. 또한 콘셉트를 충분하게 전달할 수 있도록 충분한 준비와 연습을 한다.

> **Point 프레젠테이션 시각 디자인의 4대원리**
> • 대비, 정렬, 비례, 근접의 원리

> **Point 프레젠테이션 디자인의 4대원리**
> • 명확성 : 핵심 내용을 명료하고 구체적으로 표현
> • 관련성 : 모든 표현 요소는 발표 주제와 관련이 있을 것
> • 애니메이션 : 적절한 애니 효과를 활용하여 전달 효율 극대화
> • 플롯 : 도입, 전개, 결말을 명확히 갖춘 스토리가 있을 것

2. 프리젠테이션 작성

(1) 프레젠테이션 제작 준비

① 논리적 의사 전달

㉠ 클라이언트의 전문성 분석

클라이언트가 전문가 집단이라면 디자이너는 디자인의 의도를 충분히 설명할 수 있는 전문 용어를 사용해도 좋다. 종합건설회사 임직원을 대상으로 프레젠테이션을 하는 경우 자신 있게 전문성과 다양한 논리적 문장을 사용하여 발표할 수 있다.

㉡ 논리적 문장 선택

프레젠테이션에 있어 디자이너는 프로젝트에 대한 충분한 연구와 조사·분석을 통해 클라이언트에게 자신감을 보여줄 수 있어야 한다.

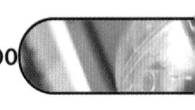

② 적절한 도식 표현

수량화된 정보를 활용한 도표나, 문자로 구성된 자료들은 표현을 간단하게 도식화하여 설득력을 높일 수 있는 프레젠테이션이 가능하다.

㉠ 도표의 활용

포지셔닝 차트, 플로우 차트, 스마트 아트, 도수분포표 등을 활용한다.

㉡ 슬라이드 템플릿

구분	내용
Circular Flows (원형적 흐름)	원형 순서도는 이어지는 순서를 표시하여 단계를 강조하는 경우 사용한다.
Linear Flows (선형적 흐름)	작업, 프로세스, 워크플로우 진행 방향, 시간 표시 막대, 순차적 단계 등을 표시하여 그룹 간의 상호 작용 또는 관계를 강조할 때 사용한다.
Vertical Flows (수직적 흐름)	상향의 비례형 또는 계층형 관계를 나타내며, 위에서 아래로 또는 아래에서 위로 정보를 표시하는데 적합하다.
Segmentation (분할)	전체 또는 중심 개념에 대한 각 부분의 관계를 보여줌으로써 여러 개념들을 하나의 항목으로 정리할 수 있다.
Leverage/Balance (지렛대/균형)	상호 동등한 개념 또는 비교를 표현할 때 사용한다.
Interrelationship (상호 작용)	둘 이상의 모음 사이에 상호 작용하거나 겹치는 개념과 같은 부분이나 개념적 관계 또는 연결을 표현할 때 사용한다.
Barrier (장애물)	개념 간의 장벽을 표시하거나 개념에 포함되는 요소를 표현할 때 사용한다.

(2) 표현 매체 활용

① 프리핸드 스케치

현재 대부분의 설계 과정은 컴퓨터를 이용하지만 수작업에 비해 직관적이지 못한 편이다. 실내건축설계 초기 단계에서는 프리핸드 스케치 기법을 활용하여 실내디자인에서 요구되는 아이디어와 그 과정을 설득력 있게 구체화하고 시각화할 수 있다.

㉠ 프리핸드 스케치는 다양한 드로잉 기법과 조형 원리를 적용한 스케치 능력을 배양하여 실질적인 프레젠테이션 자료를 시각화할 수 있다.

㉡ 설계 의도를 명확하게 전달하고 습득하는 인지전달능력 학습을 배양하고, 프레젠테이션 보조 표현 기법으로 활용하여 디자인 전달을 명확히 할 수 있다.

ⓒ 프리핸드 스케치를 숙달하여, 의도된 조형이나 전달하려는 디자인 조형 감각을 드로 잉으로서 시각화하여, 프레젠테이션할 수 있다.

② 컴퓨터 활용 스케치업(SketchUp)

스케치업은 디자인의 능력을 보조하는 툴로 표현하고 싶은 디자인을 모델링할 때 빠른 속도로 3D 이미지 작업이 가능하다.

③ 캐드(CAD : Computer Aided Design)

과거에는 트레이싱지에 연필로 그리던 방식에서 90년대 이후 컴퓨터 기술의 발달로 컴퓨터 그래픽을 이용하여 도면을 그리고 있다.

④ 3D 모델링

최근에는 토목, 건축 분야부터 단순히 도면 작성의 한계를 넘어 계획 단계에서부터 3차원 개념을 적용하여 계획성 향상, 통합 협업 업체의 구축, 시공성 향상, 경제성 향상을 목적으로 3D로 작업하여 이해를 돕는다.

건축 및 디자인의 전문적인 지식이 기본적으로 갖추어져야 이해와 활용이 가능하므로 종합적인 선행 교육이 필요하다.

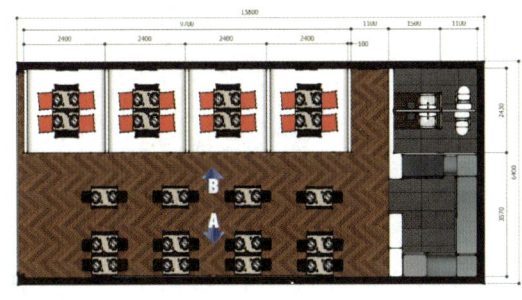 

(3) 구성 요소 제작 및 표현

① 레이아웃

레이아웃은 서체 및 폰트, 그래픽 요소 및 일러스트레이션, 색상 등의 구성 요소를 제한된 공간 안에 시각적, 기능적 조화를 효과적으로 배열, 배치하는 것이다. 구성 요소를 조화롭고 균형있게 배열하여, 조형미를 고려한 시각전달을 목적으로 한다. 그리고 내용을 논리적으로 전달하여 효과적인 의사소통이 가능할 수 있도록 구성되어야 한다.

② 색상

색상은 정보를 효과적으로 인지하고 기억할 수 있도록 시각적 주목성을 높여 준다. 프레젠테이션은 시각적으로 효율적인 전달이 가능한 시각 언어의 역할로 충분하다. 먼저 프레젠테이션 슬라이드의 메인 색상과 보조 색상을 선정하여 전체적인 통일감을 유지하도록 한다. 색상 선택의 핵심은 수용자를 중심으로 계획되고 디자인되어야 한다.

③ 이미지

이미지는 내용을 설명할 때 시각적 효과를 극대화할 수 있고, 슬라이드 디자인 시 균형감과 비례감을 준다. 이미지는 기록성과 현장성, 시사성, 과학성 등의 장점을 가지고 있어 내용 전달의 보조적인 역할을 하기 때문에 기술적인 부분과 디자인적인 요소를 모두 고려해 적절한 이미지를 사용해야 한다.

④ 다이어그램

다이어그램은 점, 선, 면 등의 기하학적인 기본 요소들과 기호 및 그래픽 디자인의 일러스트레이션, 사진, 구조 등을 도해하여 표현한 그림이다.

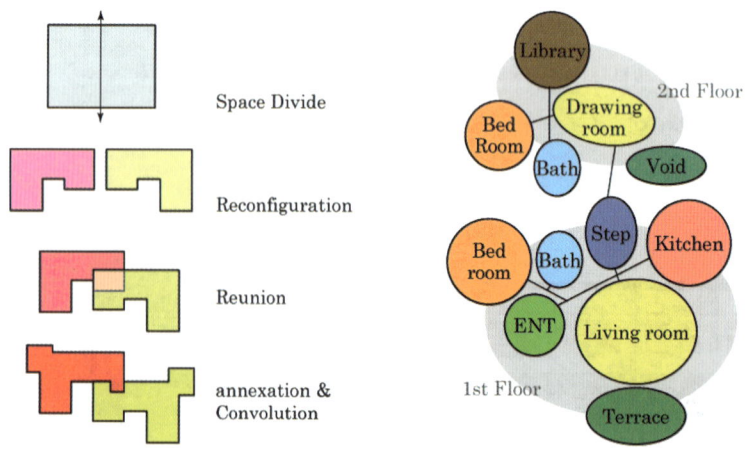

추상적인 개념이나 전체적인 흐름 등을 나타낼 때 다이어그램을 사용하면 정보 전달이나 이해를 쉽게 하는 데 도움을 준다. 메시지를 단순하게 텍스트 위주로 제시하기보다는 도해화해 제시함으로써 효과적인 전달이 가능한 것이 큰 장점이다.

⑤ 사운드 및 효과

사운드는 프레젠테이션 진행 시 주의와 주목을 끌 수 있는 요소로 내용 전달 시 청중의 몰입도 이끌 수 있다. 또한 애니메이션, 화면 전환 등의 효과는 크기, 비례, 각도 등의 변화를 통해서 내용의 집중과 주목을 이끌어내고 흥미를 유발함으로써 전달하려는 내용을 현실감있게 표현할 수 있다. 단, 과한 효과의 사용은 오히려 역효과를 일으킬 수 있으므로 적절한 곳에 포인트로 사용해야 한다.

1.2 색채지각의 기본 원리

1. 빛

가시광선	인간의 눈으로 지각될 수 있는 범위의 전자기파
350nm 이하 영역	자외선(Ultra-Violet), X선, 감마선
780nm 이하 영역	적외선(infrared), 전파, 열선 등

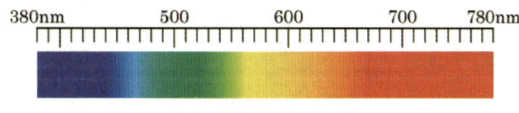

[가시광선의 영역]

2. 색각 학설

(1) 헤링의 반대색설(4원색설)

① 망막에 존재하는 빨강-초록, 노랑-파랑, 흰색-검정의 감각을 수용하는 3종의 시각세포가 있다고 주장했다.
② 빛에 의해 분해(이화작용)와 합성(동화작용)이라는 반대의 작용을 동시에 일으켜, 그 반응의 비율에 따라 색의 지각이 이루어지게 된다는 학설이다.

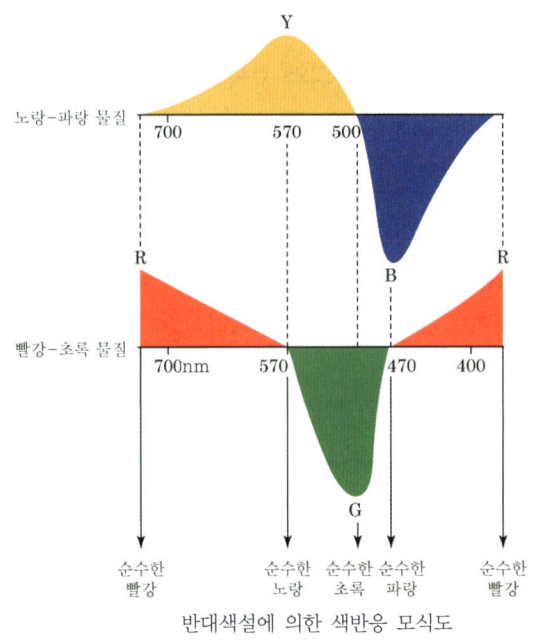

반대색설에 의한 색반응 모식도

반대색설은 대비 및 잔상 등의 현상의 설명에 용이하다.

(2) 영·헬름홀츠의 3원색설

① 망막에 존재하는 3종류(R, G, B)의 색각세포와 색광을 감광하는 수용기인 시신경세포가 색 지각을 일으킨다는 학설로 영이 발표 후 헬름홀츠가 분광감도를 구체적으로 제시하였다.

② TV, 모니터 등의 색 재현에 널리 응용되며 기본적인 색각이상을 설명하기에는 적합하나, 다양한 대비현상과 잔상 등에 대해서는 설명이 불가능하다.

(3) 색각단계설

반대색설과 3원색설을 통합한 이론으로 망막 시세포 단계에는 3원색설을, 시신경 및 대뇌에서는 반대색설을 대응시켜 설명한 학설이다.

(4) 색의 지각단계

① 광학적 단계 : 빛 → 각막 → 전방수 → 동공(홍채로 광량 조절) → 수정체(모양체근 두께 조절) → 유리체 → 망막

② 신호 변환 : 망막에서 받아들인 상을 인간이 사용할 수 있는 신호로 변환한다.

③ 대뇌 전달 : 망막 → 색소층 → 시세포 → 시신경(신호로 변환) → 대뇌
④ 색채, 형태 등의 정보로 대뇌에서 인식

3. 색각이상과 시각의 특성

(1) 색각이상의 분류

1색형	추상체 1색형 색각		3가지 추상체 중 하나만 기능하여 세상을 1색으로 지각한다.
	간상체 1색형 색각		추상체 불능으로 세상을 무채색으로 지각한다.
2색형	제1색각이상(적색맹)		L추상체의 결락으로 빨강-청록-회색을 혼동한다.
	제2색각이상(녹색맹)		M추상체의 결락으로 초록-자주-회색을 혼동한다.
	제3색각이상(청색맹)		S추상체의 결락으로 파랑-황록-회색을 혼동한다.
3색형	색각이상	제1색약(적색약)	L추상체 부족, 빨강에 둔감
		제2색약(녹색약)	M추상체 부족, 초록에 둔감
		제3색약(청색약)	S추상체 부족, 파랑에 둔감
	정상 3색형		

(2) 시각의 특성

① 시감도와 비시감도 곡선
  ㉠ 각 파장의 단색광에 의해 생긴 밝기의 감각을 뜻한다.
  ㉡ 단색광의 에너지가 같아도 인간의 눈은 같은 밝기로 느끼지 않는다.
  ㉢ 가장 밝게 느끼는 555nm의 파장인 황록색을 최대시감도로 하고 각 파장별 감도를 비교하여 표시한 곡선을 비시감도 곡선이라 한다.

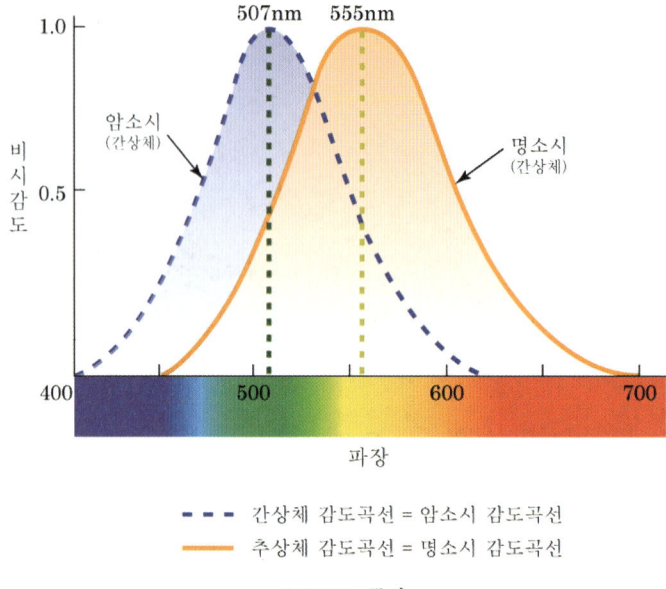

비시감도 곡선

② 암순응
  ㉠ 영화관이나 불을 끈 방에서처럼 갑자기 어두워질 때 눈이 순응하는 현상
  ㉡ 암순응에 의해 민감해진 눈의 감수성은 최저일 때보다 10만 배 정도 증가한다.
③ 명순응
  ㉠ 암순응과 반대로 갑자기 밝아질 때 눈이 적응하는 것을 말한다.
  ㉡ 순응 시간은 빛의 세기에 따라 다르나 암순응보다는 현저하게 빠르다.
④ 색순응
  ㉠ 눈이 조명이나 색광에 대하여 익숙해지면서 순응하는 것이다.
  ㉡ 형광등 조명에서 백열등 조명으로 이동하거나 선글라스의 사용 시 나타난다.
  ㉢ 광원의 분포에 따라 3종류의 추상체 감도를 스스로 보정하여 색 환경이 달라져도 올바른 판단을 한다.
⑤ 항상성
  ㉠ 빛의 강도와 분광분포가 바뀌거나 눈의 순응상태가 바뀌어도 눈으로 지각되는 색이 변화하지 않는 것을 색의 항상성이라 한다.
  ㉡ 어두운 공간에서 종이를 보면 회색이 아닌 흰색으로 인지하는 것은 항상성과 관계가 있다.

⑥ 연색성과 조건등색
  ㉠ 태양광(주광)을 기준으로 하여 어느 정도 주광과 비슷한 색상을 연출할 수 있는가를 나타내는 지표를 연색성이라 한다.
  ㉡ 같은 물체색이라도 조명에 따라서는 다르게 보이기도 한다.
  ㉢ 조건등색((Metamerism)이란 빛의 스펙트럼 상태가 서로 다른 두 개의 색자극이 특정한 조건에서 같은 색으로 보이는 경우를 뜻한다.
  ㉣ 조건등색은 연색성에 의한 일종의 가상색이므로 조건이 다른 상황에서는 색이 서로 달라져 보인다.
⑦ 분광반사율(spectral reflection factor)
  ㉠ 물체 표면이 스펙트럼 효과에 의해 빛을 반사하는 각 파장별 단색광의 세기를 말한다.
  ㉡ 물체의 색은 표면에서 반사되는 빛의 각 파장별 분광 반사율에 따라 특정 색으로 정의된다.
  ㉢ 분광 반사율의 척도는 가시광선의 전체 파장대역에 대해 반사율 100%가 되는 완전(이상) 확산 반사면을 기준으로 한다.
⑧ 색온도 : 발광되는 빛이 온도에 따라 색상이 달라지는 것을 절대온도 단위인 K로 나타낸 것이다. 빛을 전혀 반사하지 않는 완전 흑체를 가열하면 온도가 높을수록 파장이 짧은 청색 계통의 빛이, 온도가 낮을수록 적색 계통의 빛이 나온다.

1.3 색의 분류와 속성

1. 색의 분류

(1) 물리적 분류

색의 구분	설명
면색(Film color)	하늘의 파란색과 같이 음영이나 질감이 없이 균일하고 물체의 느낌이 들지 않은 채 색만 보이는 형태를 의미한다.
표면색(Surface color)	물체의 표면에 속하여 물체 자체를 구성하듯 지각되는 색. 표면색을 지각하는 관찰자는 그 색의 질감과 경연감, 색까지의 거리도 지각한다.

색의 구분	설명
경영색(Mirrored color)	고유의 색을 가진 거울 표면이 지각되고 거울 표면에 비친 대상물이 거울 표면의 배후에서 지각되는 색을 경영색이라 한다.
공간색(Volume color)	유리병 속 액체나 얼음 덩어리처럼 3차원 공간의 투명한 물질로 채워진 부피에서 느끼는 색
간섭색(Interference color)	비누거품이나 수면에 뜬 기름이나 CD 표면에서 나타나는 무지개색처럼 빛의 간섭에 의하여 나타나는 색
기타	투명면색, 투명표면색, 광택, 광휘, 작열 등

(2) 감각 · 지각적 분류

① 무채색 : 색상 · 채도가 없이 명도만으로 구별되는 색. 가시영역 파장대의 반사율에 따라 85% 정도를 흰색, 3% 정도를 검정, 그 사이를 회색으로 본다.

② 유채색 : 색의 3속성인 색상 · 명도 · 채도를 모두 지닌, 무채색이 아닌 모든 색을 칭한다.

 기억색
- 사과는 빨갛고 하늘은 파란색으로 대표되는 것처럼 이미 알려진 대상과 연계되어 기억되는 색
- 실제 관찰대상의 색은 기억색과 다르게 지각된다.

2. 색의 3속성

(1) 색상(Hue)

① 빨강, 노랑, 파랑이라는 고유 이름으로 구분되는 색의 특성을 말한다.

② 색상들을 단계적으로 둥글게 나열한 것을 색상환이라 한다.

③ 색상환에서 거리가 가까울수록 유사색이며, 반대일수록 보색에 가까워진다.

(2) 명도(Value)

① 색의 밝고 어두운 정도를 말하며 보통 0부터 10까지 11단계로 나뉜다.

② 명도의 단계별 구분

㉠ 고명도(light color) : 명도 7~10(4단계)이며, tint라고 한다.

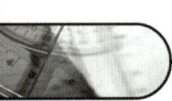

   ⓒ 중명도(middle color) : 명도 4~6(3단계)이며, pure라고 한다.

   ⓒ 저명도(dark color) : 명도 0~3도(4단계)이며, shade라고 한다.

(3) 채도(Chroma)

 ① 색의 강약, 맑기, 선명도를 말한다.

 ② 채도 0인 무채색보다 강도가 증대하는 정도로 수치를 할당한다.

 ③ 가장 채도가 높은 색을 순색이라 하며 혼합될수록 채도는 낮아진다.

1.4 색의 혼합

1. 가산혼합

(1) 기본 개념

 ① 빛(색광)의 혼합이며, 혼합할수록 명도가 높아진다.

 ② 가산혼합의 1차색은 빨강(Red), 초록(Green), 파랑(Blue)이다.

(2) 혼합식

 ① 빨강(Red)+초록(Green)=노랑(Yellow)

 ② 파랑(Blue)+초록(Green)=시안(Cyan)

 ③ 파랑(Blue)+빨강(Red)=마젠타(Magenta)

 ④ 빨강(Red)+초록(Green)+파랑(Blue)=흰색(White)

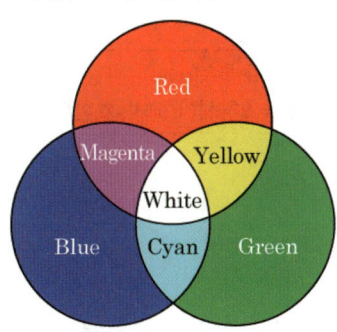

 노랑(Yellow), 시안(Cyan), 마젠타(Magenta)를 가산혼합의 2차색이라 한다.

2. 감산혼합

(1) 기본 개념

① 물감(색료)의 혼합이며, 혼합할수록 명도가 낮아진다.

② 감산혼합의 1차색은 시안(Cyan), 마젠타(Magenta), 노랑(Yellow)이다.

(2) 혼합식

① 마젠타(Magenta)+노랑(Yellow)=빨강(Red)

② 노랑(Yellow)+시안(Cyan)=초록(Green)

③ 시안(Cyan)+마젠타(Magenta)=파랑(Blue)

④ 마젠타(Magenta)+노랑(Yellow)+파랑(Cyan)=검정(Black)

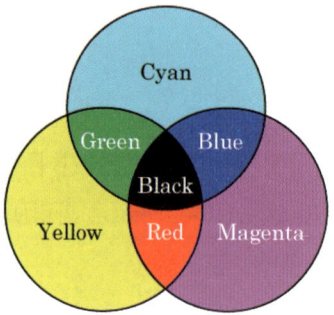

> **Point**
> 실제로는 감산혼합의 1차색 3가지를 섞어도 완전한 검정을 얻을 수 없다. 따라서 컬러 프린터와 같은 장치에서는 별도로 검정(K) 카트리지를 추가하며, 이런 형식을 CMYK라 한다.

> **Point**
> 감산혼합의 2차색인 빨강(Red), 초록(Green), 파랑(Blue)은 가산혼합의 1차색이다. 즉, 가산혼합과 감산혼합은 1차색과 2차색이 교차 호환된다.

3. 중간혼합

(1) 회전혼합

① 망막의 동일부에 2개 이상의 색자극이 매우 빠르게 번갈아 도달하면 각각의 색자극을 구별하지 못하고 혼색된 상태로 지각한다. 이러한 혼색을 회전혼합 또는 계시혼합이라 한다.

② 2색 이상이 칠해진 팽이나 돌림판의 회전에서 나타난다.

③ 혼색 결과는 칠해진 색의 면적대비에 의한 평균값으로 나타난다.

정지 　　　　　　　　　　　회전

> **Point**
> 이 혼색은 물리학자 맥스웰이 이론화 한 것으로 이때 사용되는 원판을 맥스웰 회전판이라 한다.

(2) 병치혼합

① 서로 다른 색이 조밀하게 병치되어 있어 서로 혼합되어 보이는 현상이다.
② 신인상파 화가인 쇠라와 시냑이 점묘화를 통해 표현한 방식이다.
③ 실제로는 색의 혼합이기보다 옆에 배치해두고 본다는 시각적인 혼합이다.
④ 사진 인쇄와 컬러 모니터 등에서 널리 사용되고 있다.

[조르주 쇠라 – 그랑드 자트 섬의 일요일 오후]

1.5 색체계

1. 혼색계와 현색계

(1) 혼색계(Color mixing system)
① 색감각을 일으키는 빛의 특성을 3자극치의 양으로 나타내는 물리적 체계이다.
② 모든 색은 적절하게 선정된 3가지 색광을 가산혼합시켜 등색시킨다는 원리의 색광표시 체계이다.
③ 대표적 혼색계는 CIE 표준색체계이다.

(2) 현색계(Color appearance system)
① 색 전체를 합리적으로 질서 있게 표시하고 구체적인 색표로 나타내는 시스템이다.
② 구체적인 특정 착색물체를 색표 등으로 표준을 정하고 번호와 기호 등을 붙여 표시한다.
③ 먼셀 색체계, 오스트발트 색체계, NCS 색체계, PCCS 색체계 등이 해당된다.

> 오스트발트 표색계는 현색계로 분류되지만 혼색계의 특성도 가지고 있다.

2. 먼셀 색체계

(1) 개요
① 미국의 색채연구가 먼셀이 창안한 것으로 색상, 명도, 채도의 3속성에 의해 기술한 색체계이다.
② 색의 3속성이 다른 색표를 순서에 따라 배열하여 일련의 수치를 할당하여 H V/C의 형식으로 표시한다. (ex : 빨강 - 5R 4/14)
③ 무채색의 경우 기호 N을 부가하여 명도 숫자로 표시한다. (ex : N5, N8)

(2) 기본색과 먼셀 색상환
① 빨강(R), 노랑(Y), 초록(G), 파랑(B), 보라(P)의 5개 기본 색상에 주황(YR), 황록(GY), 청록(BG), 청자(PB), 적자(RP)의 5개의 중간 색상을 더해서 10색상으로 하고 각각 10단위로 분할하여 총 100색상이 된다.

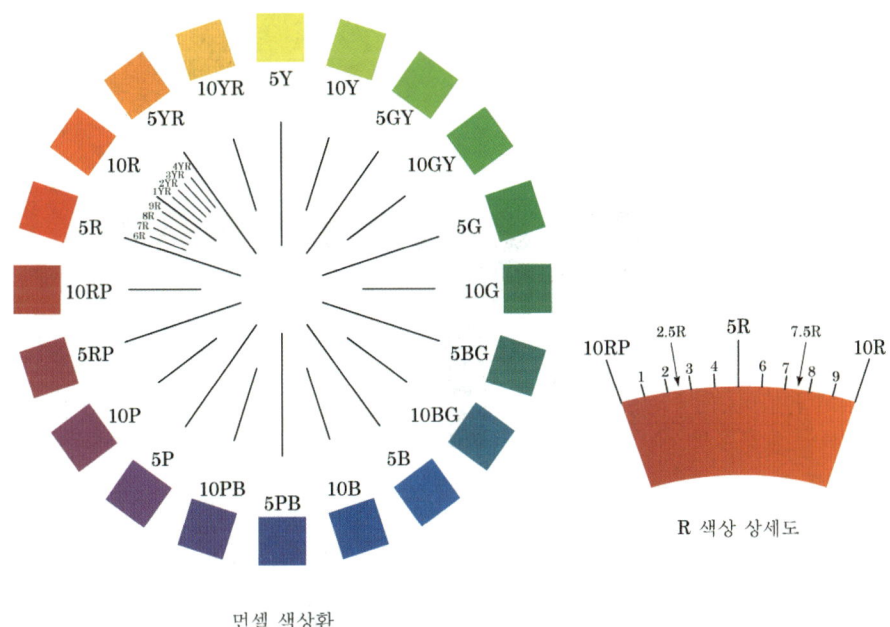

먼셀 색상환

R 색상 상세도

② 색상환은 기본 10색에 중간색을 하나씩 추가한 20색상환이 주로 사용된다.
③ 각 색상은 5R·5GY·5Y와 같이 중심에 있는 5번째 색을 대표색으로 한다.

> **Point**
> 먼셀 색상환은 우리나라 한국산업규격(KS A 0062·71)에서 기본색상으로 규정하여 사용한다.

> **Point** 먼셀 기본 10색상의 표준색 기초

색명	빨강 (R)	주황 (YR)	노랑 (Y)	연두 (GY)	녹색 (G)	청록 (BG)	파랑 (B)	남색 (PB)	보라 (P)	자주 (RP)
H V/C	5R 4/14	5YR 6/12	5Y 8/14	5GY 7/10	5G 5/10	5BG 5/10	5B 5/10	5PB 4/12	5P 4/10	5RP 4/12

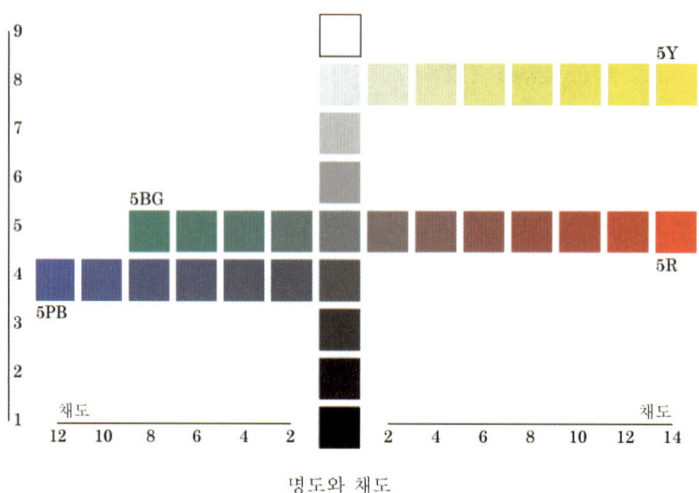

명도와 채도

(3) 먼셀 색입체

① 색상은 원 둘레에 색상환의 배열로, 명도는 중심 수직축에, 채도는 중심에서 방사상으로 뻗어 나가는 형식으로 표시된다.

② 색입체를 수직면으로 자르면 무채색 축 좌우에 등색상면이 보이고 수평으로 자르면 등명도면이 보인다.

③ 비대칭으로 성장하는 나무의 형상을 본따 먼셀 색채나무(Munsell color tree)라고도 불린다.

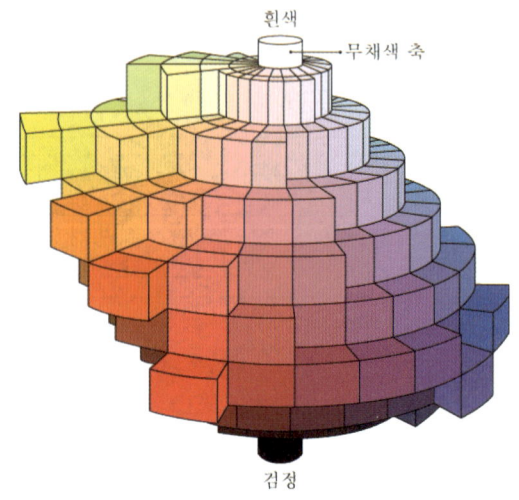

먼셀 색입체 모형과 개념도

(4) 먼셀 표색계의 특징

① 장점
  ㉠ 3속성에 의한 원통 좌표계로 표시되어 단순하고 인지하기 쉽다.
  ㉡ 각 속성이 10진수인 실수에 의해 표기되므로 무한히 세분화될 수 있다.
  ㉢ 먼셀 색체계의 3속성은 C.I.E XYZ 색체계의 시감반사율 및 색도 좌표와의 대응관계가 확립되어 있어 상호변환이 가능하다.
  ㉣ 세계 각국에서 산업기준으로 많이 채용되고 있다.

② 단점
  ㉠ 색상 분할을 5가지 기본색과 이들과의 보색관계 유지를 위해 전체적으로는 색상 간격이 다르다. 특히 자주색 부분과 남색 부분의 차이가 크다.
  ㉡ 채도가 다르면 명도에 대한 느낌도 달라지며, 특히 형광색에서 위화감이 큰 편이다.

3. 오스트발트 색체계

(1) 개요

① 1909년 노벨 화학상을 수상한 독일의 화학자 오스트발트가 창안한 색체계이다.
② 3속성에 따른 배열이 아닌, 혼색량의 다소에 따라 만들어진 형식이다.
③ 오스트발트 색체계의 3가지 요소
  ㉠ 모든 파장의 빛을 완전히 흡수하는 이상적인 검정(B, black)
  ㉡ 모든 파장의 빛을 완전히 반사하는 이상적인 흰색(W, white)
  ㉢ 특정 파장영역의 빛만 완전히 반사하고 다른 파장은 모두 흡수하는 이상적인 순색(C, full color)
④ 오스트발트 색체계의 모든 색은 3가지 요소의 혼합량에 의해 나타낼 수 있다.
  ㉠ 유채색 : B+W+C=100%   ㉡ 무채색 : B+W=100%

(2) 오스트발트 색상환

① 헤링의 4원색설을 기초로 원을 4등분하여 노랑(Yellow), 빨강(Red), 진청(Ultramarine Blue), 청록(Sea Green)을 마주 보도록 배치하고, 중간에 주황(Orange), 보라(Purple), 파랑(Turquoise), 연두(Leaf Green)를 배치하였다.
② 이 8색상을 3등분하여 24색상이 되도록 한 후 시계방향으로 번호를 붙였으며, 각 색상의 보색은 12번씩 차이가 나도록 배열하였다.

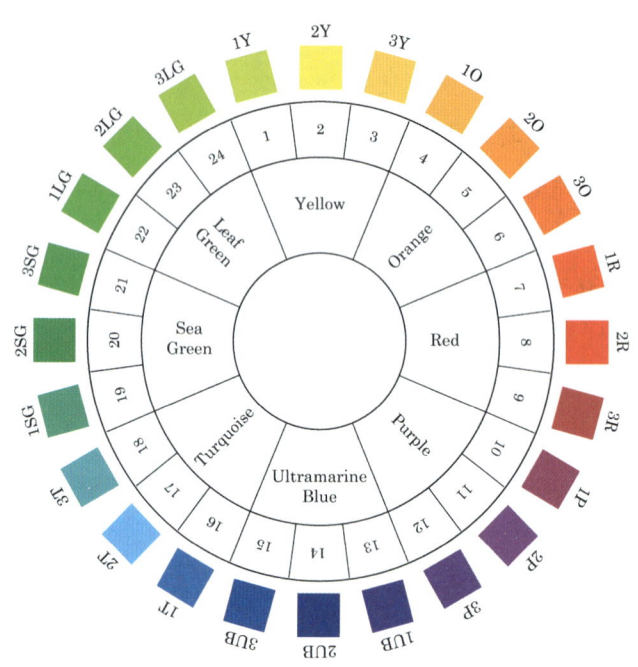

(3) 등색상 삼각형과 색입체

① 명도단계의 무채색 축을 수직변으로 하고 흰색, 검정색, 순색을 꼭짓점으로 하는 정삼각형을 구성한다.
② 삼각형 내부에 혼합량에 따라 등백계열, 등흑계열로 배열하고 각 변을 8등분하여 28색으로 나눈다.
③ '감각량은 자극량의 대수값에 비례한다'는 페히너의 법칙을 적용하여 지각적 차이를 등간격으로 배열한다.
  ㉠ 등백색 계열 : 앞글자가 같은 색의 배열. ex) pn-pl-pg
  ㉡ 등흑색 계열 : 뒷글자가 같은 색의 배열. ex) ca-ea-ga
  ㉢ 등순색 계열 : 무채색 축에 평행하는 수직배열. ex) ea-gc-ie
  ㉣ 무채색 계열 : 흰색과 검정의 사이에 배열되는 삼각형의 수직 축. ex) a-p

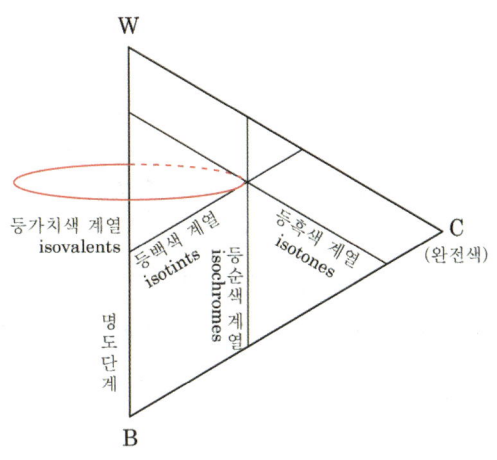

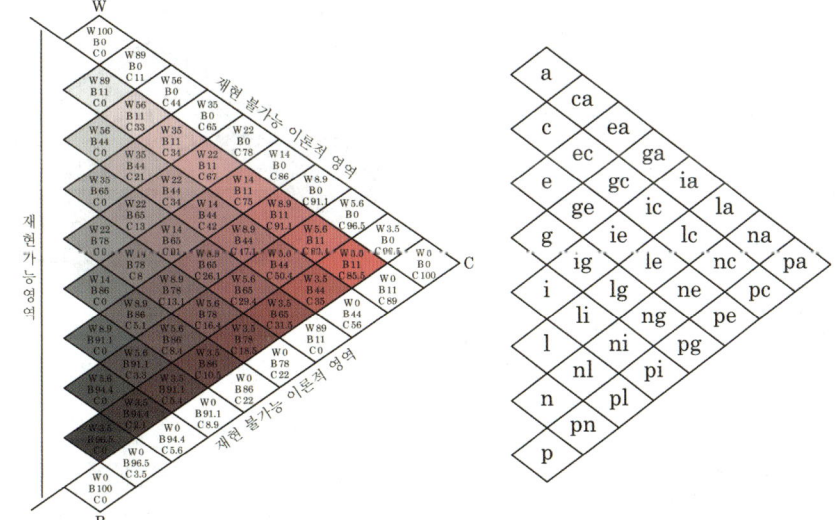

> **Point** 오스트발트 알파벳 기호 암기법
>
> a - c - e - g - i - l - n - p
> (에이스)의 (길)은 (너)무 (피)곤해

④ 표기법

기호	a	c	e	g	i	l	n	p
흰색량	89%	56%	35%	22%	14%	8.9%	5.6%	3.5%
검정색량	11%	44%	65%	78%	86%	91.1%	94.4%	96.5%

㉠ 색상번호-흰색량-검정색량 순으로 표기한다.

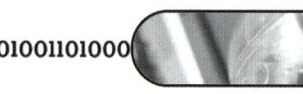

ⓛ 예를 들어 5gc의 경우 다음과 같이 회색빛을 띠는 주황색이 된다.

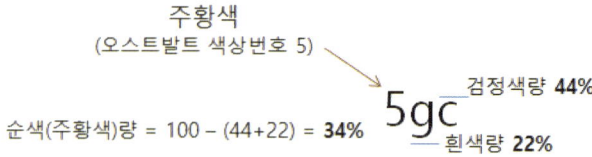

기호별 백색량 암기법(등색상삼각형 기준 아래에서 위로)

기호	p	n	l	l	g	e	c	a
백색량	3.5%	5.6%	8.9%	14%	22%	35%	56%	89%
	355689 – 14, 22 – 355689 (14, 22를 사이에 두고 355689가 앞·뒤로 중복)							

⑤ 색입체 : 무채색 축을 중심으로 색상 환에 따라 등색상 삼각형을 배열하면 복원추체 모양이 된다.

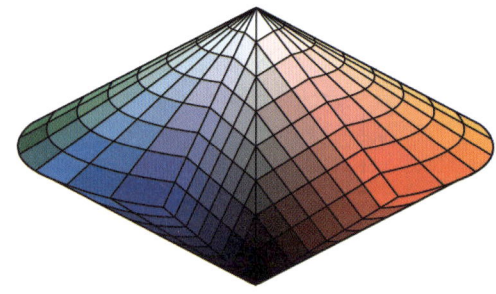

(4) 오스트발트 색체계의 특징

① 물체 표면색의 혼합비율에 의한 체계화를 근본 원리로 하므로 혼색계에 해당되면서도, 표준화된 색표에 의해 활용되므로 현색계의 성격도 띠고 있다.

② 각 계열로부터 조화하는 색의 조합을 쉽게 고를 수 있어 배색조화 계획에 용이하다.

③ 모든 색이 같은 형태의 삼각형 안에 배치되지만 먼셀 색체계와 달리 3속성에 근거하지 않아 측색을 위한 척도로 삼기에는 부족하다. 가령, 색상에 따라 기호가 같은 색이어도 명도, 채도의 감각이 같지 않고 명도의 구분도 명확하지 않다.

④ 직관적이지 못해 이해하기 어렵지만 색료를 만드는 공업 분야에서는 정량 조제에 널리 쓰인다.

4. CIE 색체계

(1) CIE 표준표색계

① 개요

1931년 국제조명위원회(CIE)에서 가법혼색의 원리를 기본으로 심리·물리적인 빛의 혼색실험에 기초한 색을 표시하는 방법으로 가장 과학적이고 국제적인 기준이 되는 색표시방법이다.

② CIE 색도도

   ㉠ 색도좌표를 평면 위에 나타낸 것으로 말발굽 형태의 선 위 숫자는 각 스펙트럼광의 파장을 나타낸다.

   ㉡ 무채색은 색도도 중심부에 있으며 테두리로 갈수록 채도가 높아진다.

   ㉢ 모든 색은 색도도의 말발굽 형태 내에 존재하며 테두리선을 스펙트럼 궤적이라 한다.

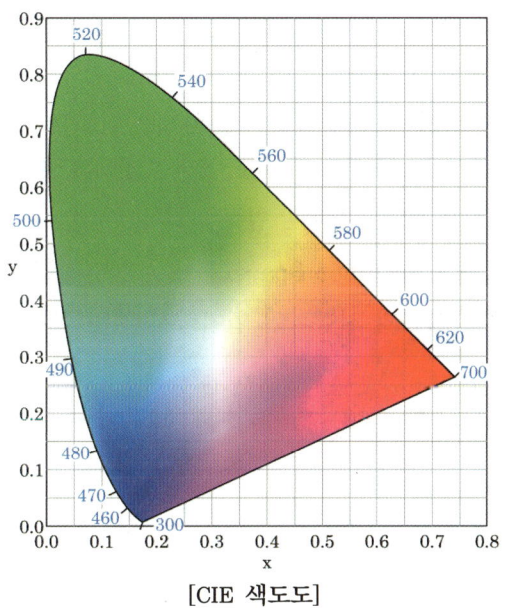

[CIE 색도도]

(2) CIE 표준광원

① 색을 관찰하거나 측정할 때 사용하는 조명광의 표준을 규정하였다.

② 표준광원의 종류

   ㉠ 표준광원 A : 텅스텐 전구(상관 색온도 2,856K)

   ㉡ 표준광원 B : 태양 직사광선(상관 색온도 4,874K)

   ㉢ 표준광원 C : 북창 주광(상관 색온도 6,774K)

   ㉣ 표준광원 D : 표준광 D65라고도 한다(상관 색온도 6,504K).

> **Point**
> 표준광 D65를 실현하는 인공광원이 개발되어 있지 않아 크세논램프 등을 상용광원으로 활용한다.

(3) CIE의 세부 색체계

① RGB 색체계
  ㉠ 3종류의 추상체는 서로 다른 분광감도를 가지고 있어 이를 가산혼합으로 조절할 수 있다.
  ㉡ CIE에서 이러한 등색실험을 통해 원자극 R은 700nm, G는 546nm, B는 435.8nm인 단색광의 혼합량에 의해 임의의 색을 표현하는 RGB 색체계를 제정했다.

② XYZ 색체계
  ㉠ RGB 색체계는 실재하는 3개의 단색광을 원자극으로 하지만 순도가 높은 색에 대해서 3자극치가 음수가 되는 등 취급이 불편하다.
  ㉡ 따라서 기준이 되는 광원의 분광특성과 눈의 분광감도를 규정하고 물체의 분광반사율에 따라 색을 표시하는 방법을 규정한 XYZ 색체계를 제정하여 공업제품의 색채관리와 색채연구 분야에 널리 쓰이고 있다.

③ 균등색공간(UCS, Uniform Color Space)
  ㉠ 색도도 위의 좌표상 거리와 시감각이 일치하지 않는 점을 조정하기 위해 만들어진 좌표계를 뜻한다.
  ㉡ 우리나라에서는 KS A0067에 L*a*b 색체계와 L*u*v 색체계가 규정되어 있다.

5. 기타 색체계

(1) NCS(Natural Color System)

① 개요
  ㉠ 헤링의 반대색설에 기초하여 창안되었으며 스웨덴과 노르웨이의 국가규격으로 쓰이고 있다.
  ㉡ 흰색, 검정, 빨강, 초록, 파랑, 노랑의 6가지 색을 원색으로 구성한다.

② 표기법
  ㉠ NCS에서의 모든 색은 '뉘앙스-색상'으로 표기한다.
  ㉡ 아래의 색 표기에서 S는 NCS 색표집 두 번째 판(Second edition)임을 나타낸다.
  ㉢ 2060에서 20은 검정색도, 60은 유채색도이다. 따라서 흰색도는 100-(20+60)=20이 된다.
  ㉣ B10G에서 10은 뒤에 오는 색상의 유채색도를 뜻한다. 따라서 총 60%의 유채색도를

파랑이 90%, 초록이 10% 차지하므로 전체 색에서 파랑과 초록은 각각 54%와 6%를 차지한다.

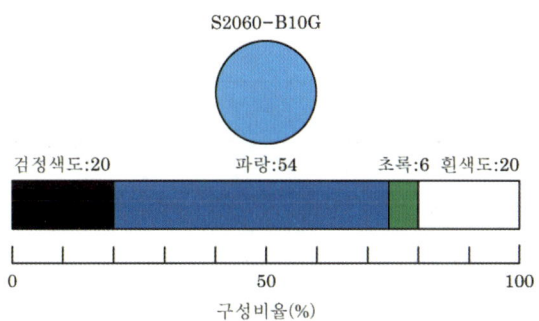

㉢ 무채색은 유채색도가 0이므로 다음과 같이 표기한다.
(ex : 4000-N → 검정색 40%, 흰색 60%의 회색)

(2) PCCS(Practical Color Co-ordinate System)

① 일본 색채연구소가 1964년 발표한 색체계이다.
② 명도와 채도의 복합개념인 톤(tone)과 색상의 조합에 의해 색채조화의 기본 색채계열을 표현한다.

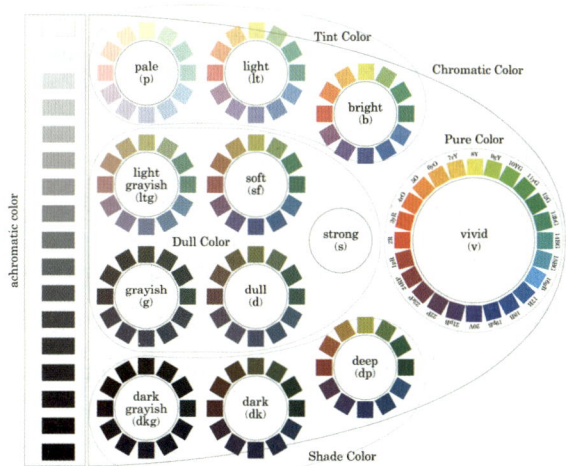

(3) DIN(Deutsches Insitue fur Normung) 색체계

① 오스트발트 색체계를 개량 발전시킨 것으로 독일공업규격에 제정되었다.
② 색상(T), 포화도(S), 암도(D)의 3가지 지각속성에 의해 색을 표기한다.

③ 색상은 오스트발트 색체계와 같이 24색이며 포화도는 0~7, 암도는 0~10의 범위로 나타낸다.

1.6 색이름

1. 관용색이름(고유색이름)

(1) 기원을 알 수 없는 색이름
① 흰색, 검정, 빨강, 노랑, 보라 등의 순수한 우리말 색이름
② 흑, 백, 적, 황, 청, 자 등 한자어

(2) 동물의 이름에서 유래된 색이름
① 쥐색, 낙타색, 샐먼 핑크(연어살색), 세피아(오징어 먹물)
② 피콕 블루(공작새 날개의 파란빛깔), 카나리아색(카나리아 날개의 초록빛 노랑)

(3) 식물의 이름에서 유래된 색이름
① 밤색, 복숭아색, 올리브색, 이끼색(moss green)

(4) 광물, 보석, 원료에서 유래된 색이름
① 금색, 은색, 호박색, 상아색
② 밝은 초록빛의 에머랄드색(emerald green)
③ 목탄의 어두운 보랏빛 회색인 차콜 그레이(chacoal gray)

(5) 인명이나 지명에서 유래된 색이름
① 쿠바 수도 하바나의 담배색인 하바나 브라운(havana brown)
② 프랑스 보르도 와인의 붉은빛에서 유래된 보르도색(bordeaux)
③ 베를린에서 발견된 안료의 진한 파랑인 프러시안 블루(prussian blue)

(6) 기타
① 음식 : 커피색, 초콜릿색, 우유색
② 자연현상 : 하늘색(sky blue), 바다색(marin blue)
③ 의류, 직물 : 군복의 카키색(khaki), 원모 모직물의 베이지색(beige)

2. 일반색이름(계통색이름)

관용색이름은 색의 이미지를 쉽게 전달할 수 있으나, 같은 색이라도 속성에 따라 여러 종류로 나뉘므로 각종 산업분야에서는 정확한 구분이 요구된다. 이에 따라 정확성을 부여하고 일정 규칙에 의해 색을 표현하도록 만든 색명을 일반색이름 또는 계통색이름이라 한다.

(1) ISCC · NBS 색이름법

미국의 전미색채협의회(ISCC : Inter Socieyty Color Council)와 국립표준국(NBS : National Bureau of Standards)이 공동으로 제정한 계통색이름법으로, 먼셀의 색입체를 267개 단위로 나누고 현생활에 실제로 쓰고 있는 이름과 일치하도록 만들어진 것이다.

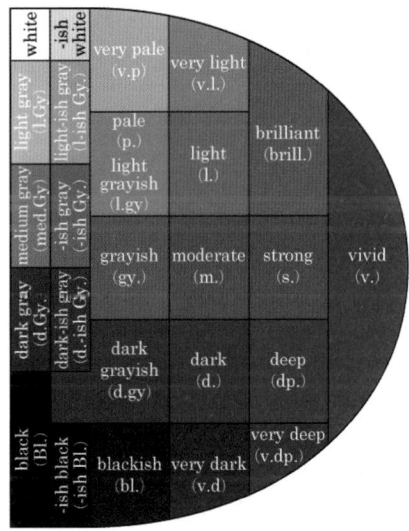

[ISCC-NBS 색상 수식어 배열]

(2) 수식형용사

형용사	대응영어	형용사	대응영어
선명한	vivid	어두운	dark
흐린	soft	진(한)	deep
탁한	dull	연(한)	pale
밝은	light		

(3) 주요 계통색이름 비교

색이름	대응 계통색	3속성	대응 영어
벚꽃색	흰 분홍	2.5R 9/2	cherry blossom
당근색	주황	2.5YR 6/14	carrot
카키색	탁한 황갈색	2.5Y 5/4	khaki
올리브그린	어두운 녹갈색	5GY 3/4	olive green
피콕그린	청록	7.5BG 3/8	peacock green
물색	연한 파랑	5B 7/6	aqua blue
인디고블루	어두운 파랑	2.5PB 2/4	indigo blue
포도색	탁한 보라	5P 3/6	grape
로즈핑크	분홍	10RP 7/8	rose pink
시멘트색	회색	N6	cement

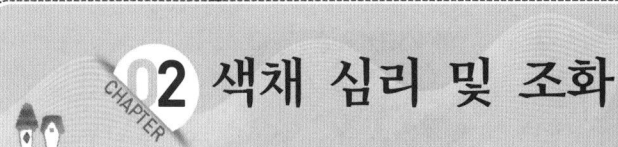

CHAPTER 02 색채 심리 및 조화

2.1 색의 지각적 효과

1. 색채 대비와 동화

(1) 동시 대비
서로 가까이 놓인 두 개 이상의 색을 동시에 볼 때 일어나는 색의 대비
① 명도 대비
　㉠ 명도가 다른 두 색이 근접하여 서로 영향을 주는 대비현상
　㉡ 흰색 바탕 속의 회색보다 검은색 바탕 속의 회색이 더 밝게 보인다.
　㉢ 명도차가 클수록 대비 현상이 강하게 일어난다.
　㉣ 유채색의 명도 사이에서도 대비 현상이 일어난다.

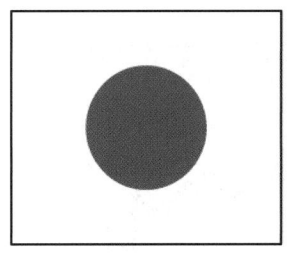 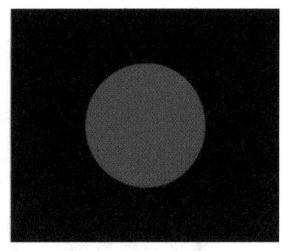

② 색상 대비
　㉠ 색상이 서로 다르게 보이는 두 색을 서로 대비시켰을 때 차이가 더욱 크게 느껴지는 것이다.
　㉡ 배경과 도형은 서로 각 색상환 둘레에서 반대 방향으로 기울어져 보이는 현상이다.
　㉢ 노랑 배경의 주황은 배경보다 멀어져 빨간색에 가까워진다.

ⓔ 빨강 배경의 주황은 배경보다 멀어져 노란색에 가까워진다.

③ 채도 대비
　㉠ 두 색의 채도차가 클수록 채도가 더 높아 보이는 대비현상
　㉡ 중채도의 녹색은 회색 배경 위에 있을 때, 고채도 녹색 배경 위에 있을 때보다 채도가 더 높아 보인다.

④ 보색 대비
　㉠ 보색 관계인 두 색을 주위에 놓으면, 서로의 영향으로 원래의 색상이 더욱 뚜렷해지는 현상
　㉡ 이런 현상은 색채의 보색 잔상이 상대방 색과 일치하기 때문에 나타나는 대비효과이다.

⑤ 연변 대비
　㉠ 나란히 배치된 색의 경계에서 일어나는 대비현상을 말한다.

ⓒ 아래 그림처럼 명도가 단계적으로 변하는 배치의 경계는 대비효과에 의해 입체적으로 보인다.

⑥ 면적 대비
  ㉠ 색이 가진 면적의 크고 작음에 따라 서로 다르게 보이는 현상
  ㉡ 같은 색이라 해도 면적이 커지면 명도 및 채도가 더욱 증대되어 보인다.

(2) 계시 대비

① 어떤 색을 보고 난 후 다른 색을 볼 때 먼저 본 색의 영향으로 다르게 보이는 현상
② 즉, 먼저 본 색과 나중에 보는 색이 혼색으로 되어 시간적으로 연속해서 생기는 대비현상이다.
③ 빨간색만을 잠시 주시한 후 노란색을 보면 연두색에 가까워 보인다.

(3) 동화 현상(color assimilation)

대비현상과는 반대로 어느 영역의 색이 근접한 색에 동화되는 현상이다.
① 명도 동화 : 흰색 바탕의 회색은 검정 바탕의 회색보다 더 밝아 보인다.

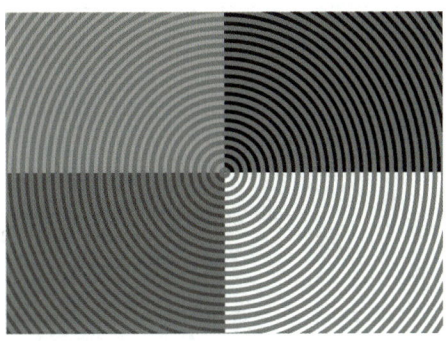

② 색상 동화 : 연두 위의 녹색은 보다 밝은 연두의 영향을, 파랑 위의 녹색은 보다 어두운

파랑의 영향을 받는다.

③ 채도 동화 : 동일한 붉은 계열의 바탕색이지만, 빨간 줄무늬의 배경색이 더 붉게 보인다.

 베졸드 동화 현상

바탕에 비해 무늬가 가늘고 좁을수록 효과가 나타나기 쉽고 배경색과 도형의 명도와 색상 차이가 작을수록 효과가 현저하게 나타난다. 이러한 효과를 베졸드 동화 현상이라 한다.

2. 색의 효과

(1) 잔상

먼저 주어진 자극의 색채, 밝기, 배치 등을 제거한 후에도 시각적 상이 남는 현상

① 양성 잔상
  ㉠ 원자극과 색이나 밝기가 같은 잔상으로 '정의 잔상'이라고도 한다.
  ㉡ 어두운 밤에 불꽃놀이를 보면 불꽃과 같은 밝기나 색상의 잔상이 보인다.
  ㉢ 영화, 애니메이션 등에 활용된다.

② 음성 잔상
 ㉠ 색이나 밝기가 원자극의 반대로 나타나는 잔상으로 '부의 잔상'이라고도 한다.
 ㉡ 무채색의 경우 반대되는 명암이 나타나며, 유채색의 경우 원자극의 보색이 잔상으로 나타난다.

> 의사의 수술복이 녹색인 것은 혈액의 붉은색에 의해 보색잔상이 일어나서 수술에 방해가 되는 것을 막기 위해서이다.

(2) 시인성(명시도, visibility of color)

① 시인성이란 대상의 존재나 형상이 보이기 쉬운 정도를 뜻한다.
② 색을 구분할 수 있는 식별거리와 관련이 있다.

서열	내용색	배경색
1	검정	노랑
2	노랑	검정
3	녹색	흰색
4	빨강	흰색
5	검정	흰색
6	흰색	파랑
7	파랑	노랑
8	파랑	흰색
9	흰색	검정
10	녹색	노랑
11	검정	주황
12	빨강	노랑
13	주황	검정
14	노랑	파랑
15	흰색	녹색
16	검정	빨강
17	파랑	주황
18	노랑	녹색
19	파랑	빨강
20	노랑	빨강

[시인성 서열표]

도로의 표지판은 위험성 및 중요성 등을 감안하여 시인성 순위에 따른 배색을 한다.

  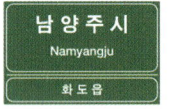

(3) 주목성(attractive of color)
① 특별히 주의를 갖지 않아도 색이 눈에 잘 띄는 성질을 뜻한다.
② 일반적으로 고명도, 고채도 색이, 또 한색보다 난색이 주목성이 높다.

2.2 색의 감정적 효과

1. 수반감정

(1) 온도감
색상에 따라서 따뜻하고 차갑게 느껴지는 감정효과

① 난색 : 빨강, 주황, 노랑 등의 장파장 색상. 무채색 중 저명도색
② 한색 : 파랑, 청록, 남색 등의 단파장 색상. 무채색 중 고명도색
③ 중성색 : 초록과 보라. 무채색 중 중명도인 회색

(2) 무게감
① 무게감은 색의 명도에 의해 좌우된다.
② 고명도일수록 가볍게, 저명도일수록 무겁게 느껴진다.
③ 색상, 채도의 영향은 작은 편이나, 난색은 비교적 가볍고 한색은 비교적 무겁게 느껴진다.

(3) 경연감
① 딱딱하고 부드러운 느낌은 채도 및 명도의 영향을 받는다.
② 고명도 저채도 색은 부드러운 느낌을, 저명도 고채도의 색은 딱딱한 느낌을 준다.
③ 색상에서는 난색이 한색보다 부드러운 느낌을 준다.
④ 대비가 강한 배색일수록 딱딱한 느낌을 준다.

(4) 기타 감정효과

① 강약감
  ㉠ 채도가 높을수록 자극적이며 강한 느낌을 준다.
  ㉡ 단색의 강약감에는 배경색도 영향을 준다.
② 화려함과 수수함
  ㉠ 색의 3속성이 복잡하게 적용되며, 채도의 영향이 가장 크다.
  ㉡ 3속성이 비슷할 경우 난색이 한색보다, 밝은 색이 어두운 색보다 화려한 느낌을 준다.
③ 흥분 및 진정·시간성·속도감
  ㉠ 난색은 흥분효과가 있고 한색은 진정 효과가 있다.
  ㉡ 고명도·고채도, 난색, 장파장 색은 시간이 길게, 속도감은 빠르게 느껴진다.
  ㉢ 저명도·저채도, 한색, 단파장 색은 시간이 짧게, 속도감은 느리게 느껴진다.
④ 진출과 후퇴, 팽창과 수축
  ㉠ 진출, 팽창색 : 고명도, 고채도, 난색 계열의 색(ex : 빨강, 노랑)
  ㉡ 후퇴, 수축색 : 저명도, 저채도, 한색 계열의 색(ex : 청록, 파랑)
  ㉢ 같은 색상일 경우 명도가 높으면 팽창해 보이고, 명도가 낮으면 수축해 보인다.
  ㉣ 같은 크기의 실내에서 후퇴색을 벽면에 사용하면 공간이 넓어 보인다.

2. 색의 연상과 상징

(1) 기본색의 연상 및 상징

색 채	연 상	상 징
빨강(R)	태양, 피, 불, 장미	정열, 경고, 열기, 피, 흥분, 혁명, 야망, 위험, 권력
주황(YR)	노을, 석양, 오렌지	생동감, 경쾌함, 화사함, 온정, 친근함, 식욕
노랑(Y)	개나리, 봄, 참외	명랑, 낙천적, 이기심, 희망, 황금, 활동, 팽창
연두(GY)	초원, 목장, 새싹	청순, 안정, 평화, 생동, 순진, 평온
녹색(G)	풀, 에메랄드, 풋과일	안전, 생명력, 신뢰, 평화, 건전, 편안함, 휴식
청록(BG)	호수, 바다	상쾌, 청순, 순진, 냉정
파랑(B)	하늘, 물, 남성	청결, 냉혹, 젊음, 차가움, 신비, 지혜, 이성

색채	연상	상징
남색(PB)	포도, 심해	침울, 고독, 냉정, 청결, 시원, 무거움
보라(P)	나팔꽃, 가지	예술, 고귀함, 신비, 독창성, 판타지, 영웅, 우아함
자주(RP)	자두, 팥	사랑, 화려, 흥분, 불안, 슬픔
흰색(W)	눈, 겨울, 병원	청결, 순결, 순수, 결백, 거룩함, 정직, 가벼움
검정(K)	어두운 밤, 가톨릭	비밀, 엄중함, 단순함, 암흑, 죽음, 진지함, 무게감

(2) 색의 다양한 연상

① 공감각
 ㉠ 어떤 감각기관에 주어진 자극으로 인해 다른 감각기관도 반응을 일으키는 것을 말한다.
 ㉡ 어느 특정 음을 들으면 일정 색이 떠오르는 것을 색청(color-hearing)이라 한다.
 ㉢ 어느 색을 보면 음이 느껴지는 것을 음시(音視)라고 한다.
 ㉣ 난색·한색의 연상도 일종의 공감각에 해당된다.

② 색채와 미각
 ㉠ 음식의 색채는 식욕의 증진 및 감퇴뿐 아니라 신선도의 판단에도 영향을 준다.
 ㉡ 각종 색과 맛의 연상

단맛	짠맛	신맛	쓴맛
빨강, 분홍	청록, 회색, 흰색	노랑, 연두	밤색, 올리브 그린

(3) 전통 오정색의 상징

색채	오행	계절	방위	풍수	오륜	신체
파랑	목(木)	봄	동	청룡	인	간장
빨강	화(火)	여름	남	주작	예	심장
노랑	토(土)	토용(土用)	중앙	황룡	신	위장
흰색	금(金)	가을	서	백호	의	폐
검정	수(水)	겨울	북	현무	지	신장

(4) 오륜기

① 올림픽의 상징으로 쓰이는 문양으로 처음 만들어질 때는 각 색상이 5대륙을 상징하는 것으로 고안되었다. (파랑-유럽, 노랑-아시아, 검정-아프리카, 녹색-오세아니아, 빨강-아메리카)

② 인종차별 논란으로 1976년부터는 공식적으로 다섯 가지 색의 대륙별 상징성을 삭제했다.

2.3 색채 조화론

1. 색채조화론의 발달

(1) 색채조화의 목적과 의의
① 색채조화란 2색 이상의 배색에 질서를 부여하고 조화를 추구하는 것이다.
② 구체적으로 색채조화와 배색감정, 구성색채와 기호, 조화경향의 특성 등을 이해해야 한다.
③ 궁극적인 목적은 색채미의 보편적 법칙과 원리를 확립하는 것이다.

(2) 색채조화의 유형
① 색채조화 연구의 유형
  ㉠ 다빈치 이후 예술가들에 의해 기록된 경험적 법칙
  ㉡ 철학자, 문학가에 의한 사변적 고찰
  ㉢ 과학자의 관찰결과와 실험에 기초한 분석 및 평가
  ㉣ 색채를 취급하는 각 분야 기술전문가의 설명서
  ㉤ 미술교육가에 의해 제시된 지침
② 색채조화론의 특징
  ㉠ 음악의 음계, 화음처럼 색채조화에도 기하학적, 수학적 비율이 있다.
  ㉡ 기하학적으로 체계화된 색 공간에서 규칙성을 가진 색의 조합은 조화한다.
③ 색채조화의 기본 원리
  ㉠ 질서의 원리 : 색채조화는 질서 있는 계획에 따라 선택된 색채들에서 생긴다.
  ㉡ 비모호성의 원리(명료성의 원리) : 색채조화는 명백하게 구분되는 두 색 이상의 배색

에서 얻어진다.

ⓒ 동류의 원리 : 가장 가까운 색끼리의 배색은 보는 사람에게 친밀감을 주며 조화를 느끼게 한다.

ⓔ 유사의 원리 : 배색된 색채들이 서로 공통되는 상태와 속성을 가질 때 그 색채군은 조화된다. '친근성의 원리'라고도 한다.

ⓜ 대비의 원리 : 배색된 색채들의 상태와 속성이 서로 반대되면서도 모호한 점이 없을 때 조화된다.

2. 오스트발트의 색채조화론

오스트발트는 색채 사이에 질서가 성립되면 그 배색은 조화한다는 원칙을 기초로 자신이 개발한 색채계에 의해 독자적인 색채조화론을 저술하였다. 오스트발트 색채조화론은 매우 조직적이고 배색의 처리방법이 명쾌하여 이해하기 쉬우나 색표집 없이는 이용할 수 없고 측색학적으로 결함을 가지고 있으며, 같은 기호의 색이 가진 3속성이 일정하지 않고 기억이 어려운 등의 문제점이 있다.

(1) 무채색의 조화

등색삼각형의 8단계 무채색에서 등간격으로 선택한 3색에 의한 배색은 조화한다.
(ex : e-i-n)

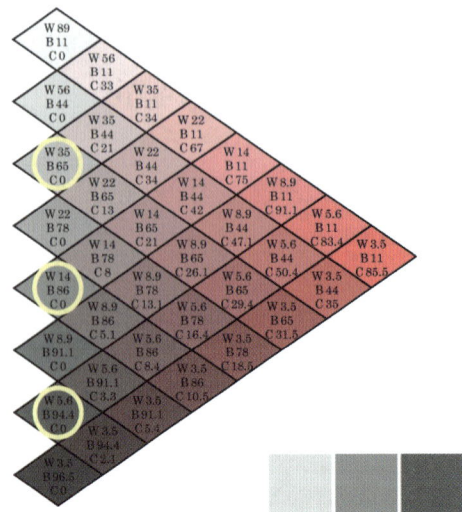

(2) 동일색상의 조화

① 등백색 계열의 조화
  ㉠ 등색삼각형의 검정-순색 직선에 평행하는 직선 위의 색은 흰색 함유량이 같아 조화한다.
  ㉡ 오스트발트 색상 기호에서 앞단어가 같은 색들의 조합이다.

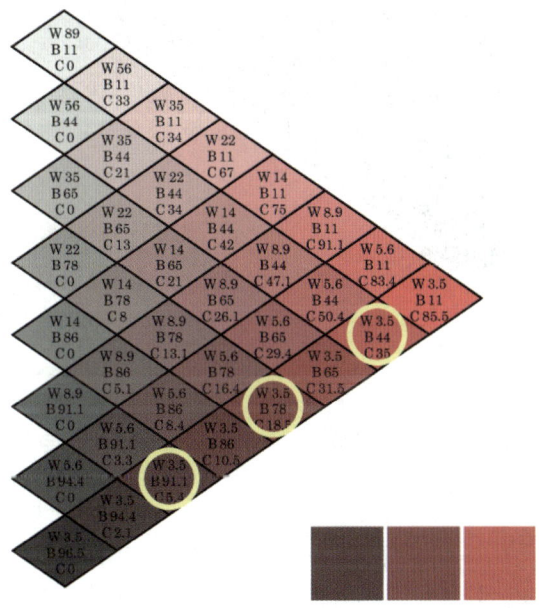

(pc-pg-pl의 조합으로 흰색의 함유량이 모두 3.5%이다.)

② 등흑색 계열의 조화
  ㉠ 등색삼각형의 흰색-순색 직선에 평행하는 직선 위의 색은 검정색 함유량이 같아 조화한다.
  ㉡ 오스트발트 색상 기호에서 뒷단어가 같은 색들의 조합이다.

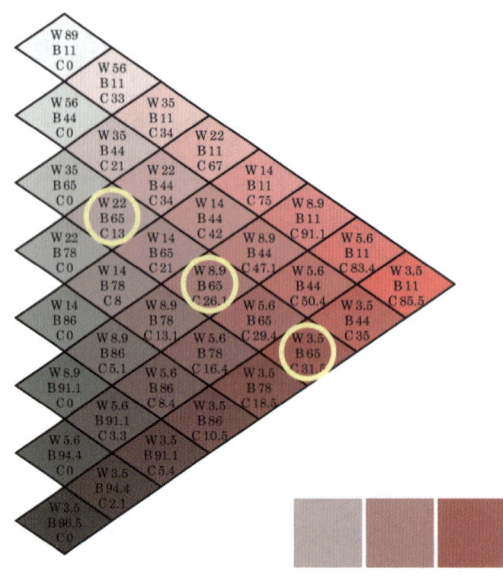

(ge-le-pe의 조합으로 검정의 함유량이 모두 65%이다.)

③ 등순색 계열의 조화
  ㉠ 등색삼각형의 무채색 축에 평행하는 직선 위의 색은 오스트발트 순도가 거의 같아서 조화한다.
  ㉡ 오스트발트 순도란 흰색과 순색 함유량의 비율이다.
  ㉢ 아래 그림처럼 ge-li-pn의 조합은 다음 표와 같은 순도를 가진다.

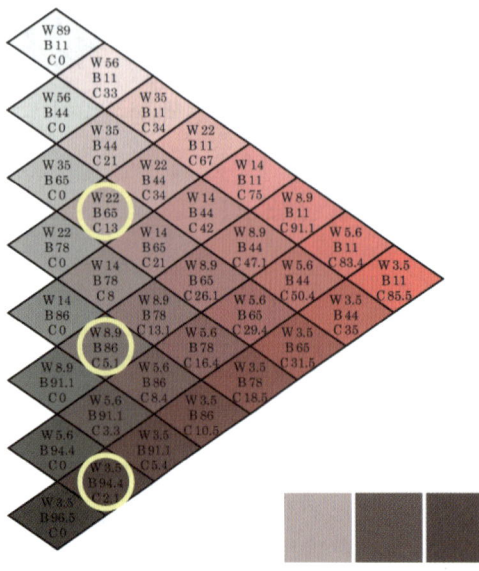

	흰색량	순색량	비율(순도)
ge	22%	13%	약 1.7 : 1
li	8.9%	5.1%	약 1.7 : 1
pn	3.5%	2.1%	약 1.7 : 1

④ 등색상 삼각형의 조화(이등변삼각형의 조화)
  ㉠ 등색삼각형 위에서 선택한 하나의 색은 등백색, 등흑색 계열을 통해 2개의 무채색과 연결되며 이렇게 조합된 3색의 배색도 조화한다.
    (a-ga-g, c-ic-i의 조합으로 모두 이등변삼각형을 이룬다.)

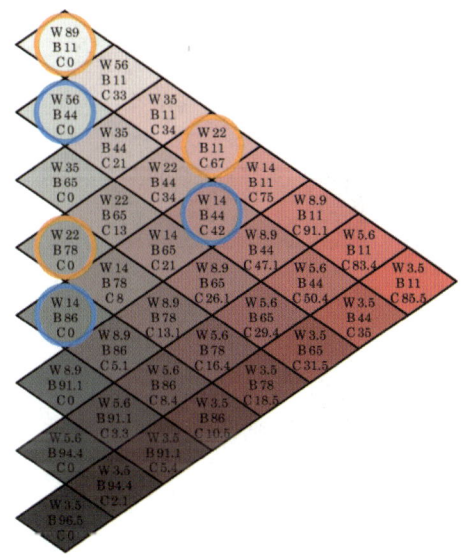

  ㉡ 유채색-유채색 간의 이등변삼각형 조합도 조화를 이룬다.
    (ex : ca-ga-ge. 앞의 두 색은 등흑계열 조화, 뒤의 두 색은 등백계열 조화가 된다.)

(3) 등가치색 계열의 조화
색상기호의 두 글자는 같고 색상번호만 다른 색들의 조합을 뜻한다.
① 유사 조화 : 색상차 2~4 이내의 범위. 약한 대비를 이룬다.
   (ex : 2ie-4ie, 6ni-10ni)

② 이색 조화 : 색상차 6~8의 범위. 중간 정도의 대비효과
   (ex : 16ga-22ga, 1pa-7pa-14pa)

③ 반대색 조화 : 색상차 12간격. 즉 보색대비를 이룬다.
(ex : 7lg-19lg)

(4) 윤성조화(다색조화)

① 오스트발트 색입체의 등색상 삼각형 속의 한 색을 지나는 수직선의 등순계열과 아래, 위 사변의 평행하는 선 등흑계열, 등백계열 및 수평으로 자른 원 등가색환에 놓인 색은 모두 조화를 이룬다.

② 윤성조화에서는 37개의 조화색을 얻어낼 수 있다. 예를 들어 1ie의 경우 등백계열 4색(i, ig, ie, ia), 등흑계열 5색(e, ge, le, ne, pe), 등순계열 5색(ea, gc, lg, ni, pl), 등가치색 23색(2ie~24ie)까지 도합 37색의 조화색이 얻어진다.

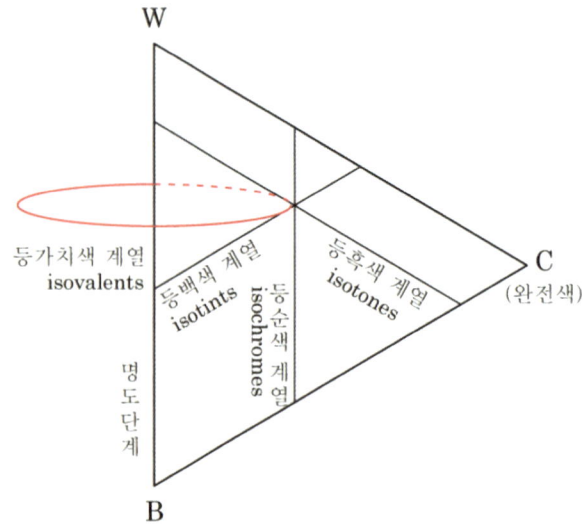

3. 문-스펜서의 조화론

- 1944년 미국광학협회잡지에 발표된 논문으로 구성되어 있다.
- 범위·면적효과·배색의 미도 3가지로 나누어서 정량적으로 체계화한 것이다.
- 배색조화에 대한 면적비나 아름다움의 정도를 계산에 의한 계량이 가능하도록 시도했다.
- 정량적 취급을 위해 색채의 연상·기호·상징성과 같은 복잡한 요인은 생략, 단순화시켰다는 비판이 있다.

(1) 조화와 부조화의 범위

① 조화
  ㉠ 동일조화 : 같은 색의 조화(톤은 다른 색)
  ㉡ 유사조화 : 유사한 색의 조화
  ㉢ 대비조화 : 반대색의 조화

② 부조화
  ㉠ 제1불명료 : 아주 유사한 색의 부조화
  ㉡ 제2불명료 : 약간 다른 색의 부조화
  ㉢ 눈부심

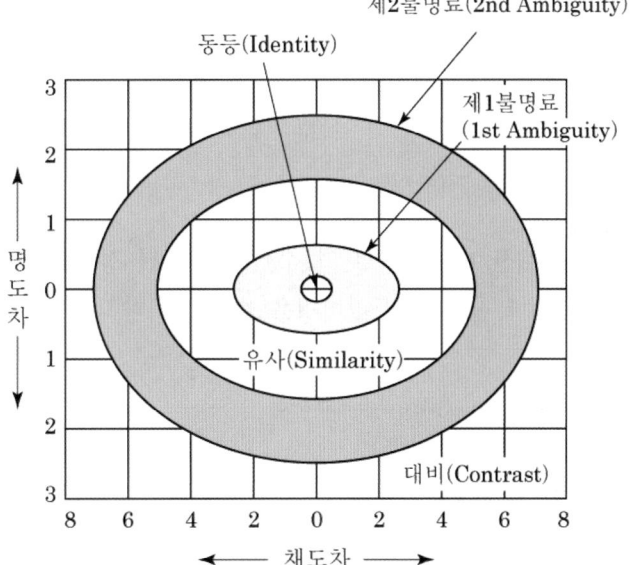

(2) 조화·부조화 영역과 먼셀 3속성과의 관계

	먼셀 색상차(100색 기준)	먼셀 명도차	먼셀 채도차
동일조화	0 ~ 1j.n.d	0 ~ 1j.n.d	0 ~ 1j.n.d
제1불명료	1j.n.d ~ 7	1j.n.d ~ 0.5	1j.n.d ~ 3
유사조화	7 ~ 12	0.5 ~ 1.5	3 ~ 5
제2불명료	12 ~ 28	1.5 ~ 2.5	5 ~ 7
대비조화	28 ~ 50	2.5 ~ 10	7 이상
눈부심	초과 영역		

※ j.n.d(just noticeable difference) : 최소식별역. 색의 차이를 분별할 수 있는 최소치를 의미한다.

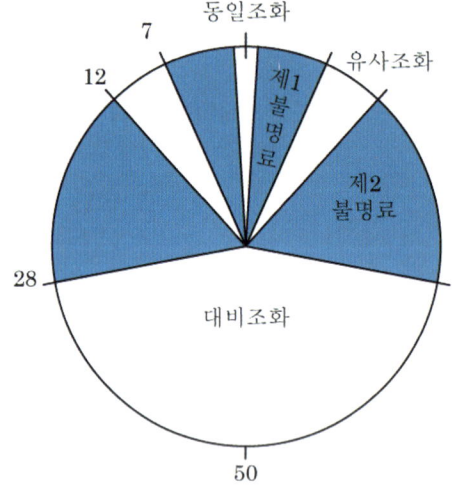

(3) 미도(美度)

① 배색의 아름다움을 계산으로 구하고 그 수치로 조화된 정도를 비교한다는 것이다.
② 버크호프가 '미(美)는 복잡성 속의 질서성을 가진 것이다'라는 명제로 수량적 공식을 제안했다.

$$미도(M) = \frac{질서의\ 요소(O)}{복잡성의\ 요소(C)}$$

㉠ 질서의 요소=색상 미적계수+명도 미적계수+채도 미적계수
㉡ 복잡성의 요소=색 수+색상 차가 있는 색 조합의 수
　　　　　　　　+명도 차가 있는 색 조합의 수
　　　　　　　　+채도 차가 있는 색 조합의 수

4. 파버-비렌의 색채 조화론

(1) 7개의 기본범주

① 개요 : 독자적인 색채체계에 의거하여 7가지 색조군(Color Triangle)을 분류하였다.

② 사용되는 색조군

　㉠ 흰색(White)

　㉡ 검은색(Black)

　㉢ 순색(Color)

　㉣ 그레이(Gray) : 흰색(White)+검은색(Black)

　㉤ 틴트(Tint) : 흰색(White)+순색(Color)

　㉥ 셰이드(Shade) : 검은색(Black)+순색(Color)

　㉦ 톤(Tone) : 흰색(White)+검은색(Black)+순색(Color)

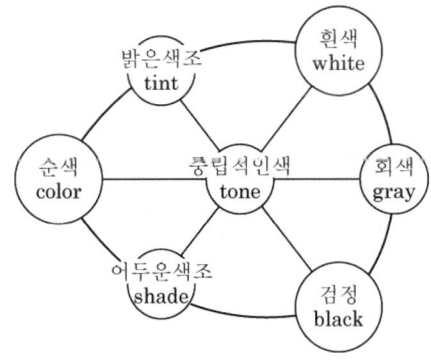

(2) 색 조합과 상징

① 색채조화의 원리

　㉠ 흰색+회색+검정 : 순색과 전혀 상관없는 무채색의 안정된 조화

　㉡ 순색+틴트+흰색 : 깨끗하고 신선한 조화

　㉢ 순색+셰이드+검정 : 색채의 깊이와 풍부함이 있는 조화

　㉣ 틴트+톤+셰이드 : 색조군에서 가장 세련되고 감동적인 조화

　㉤ 틴트+톤+검정(회색)

　㉥ 흰색+톤+셰이드

　㉦ 순색+흰색+검정

　㉧ 틴트+셰이드+톤+회색

② 비렌의 색과 상징형태

빨강	주황	녹색	노랑	파랑	보라
정사각형	직사각형	육각형	삼각형	원	타원

5. 기타 조화론

(1) 저드의 색채조화론(정성적 조화론)

- 색채조화는 좋고 싫음의 기호의 문제이다.
- 어느 배색에 익숙해지거나 싫증이 나도 기호가 변할 수 있는 등 해석에 따라 달라진다.
- 색채조화에 대한 선행연구를 종합하여 다음과 같이 4가지 조화유형을 정립했다.

① 질서의 원리
  ㉠ 질서 있는 계획에 따라 선택될 때 색채는 조화된다.
  ㉡ 균등 색공간에 기초를 둔 오스트발트나 문-스펜서 조화론에 근거한다.
  ㉢ 색공간 내부의 규칙(직선상 혹은 원 위)으로 선정된 어떠한 색도 조화한다.

② 친근성(숙지)의 원리
  ㉠ 관찰자에게 잘 알려져 있는 배색이 조화를 이룬다.
  ㉡ 자연을 지표로 하는 베졸드, 브뤼케 등의 이론과 공통된다.

③ 동류(공통·유사성)의 원리
  ㉠ 배색된 색들끼리 공통된 양상과 성질이 내포되어 있을 때 조화된다.
  ㉡ 조화를 이루지 못하는 배색에도 공통성을 부여하는 한 가지 색을 추가하면 조화를 이룬다.

④ 비모호성(명료성)의 원리
  ㉠ 색상 차나 명도, 채도, 면적의 차이가 분명한 배색이 조화롭다.
  ㉡ 명도의 차가 어느 정도 있는 배색이 명료성을 나타내기가 용이하다.

(2) 슈브뢸의 색채조화론
- 자신이 고안한 톤과 스케일의 개념으로 설명하였다.
- 톤(tone) : 순색에 흰색이나 검정색을 더해 만들어지는 점진적 변화
- 스케일(scale) : 각 색상별로 구성된 20단계 톤의 집합체

① 유사조화
  ㉠ 스케일 조화 : 단일 색상-톤의 단계가 다른 조화
  ㉡ 색상의 조화 : 인접 색상-근사 톤에 의한 조화
  ㉢ 주색광 조화 : 지배적 색조를 갖는 다른 색끼리의 주조색에 의한 조화

② 대비조화
  ㉠ 스케일 대비 조화 : 같은 색상-명암 톤이 대조적인 조화
  ㉡ 색상 대비 조화 : 인접 색상-명암 톤이 대조적인 조화
  ㉢ 색채 대비 조화 : 색상과 톤이 모두 대조적인 조화

2.4 배색

1. 개념과 요소

(1) 배색의 기본 개념
① 배색이란 어떤 목적을 위해 색과 색을 조합하여 새로운 효과를 도출해내는 것이다.
② 단색으로 쉽게 표현하기 어려운 이미지를 명확하게 전달하거나 중요한 정보를 효과적으로 강조한다.

(2) 배색의 구성 요소
① 기조색(base color)

　　㉠ 배색에서 가장 넓은 면적의 부분을 차지하는 색
　　㉡ 주로 바탕색이나 배경색인 경우가 많고 가장 억제된 색이 주로 쓰인다.
② 주조색(dominant color)
　　㉠ 배색에서 가장 출현 빈도가 높거나 대상에 강한 영향을 끼치는 색
　　㉡ 같은 계열의 색이나 동화되기 쉬운 유사색이 쓰이는 경우가 많다.
③ 보조색(assort color)
　　㉠ 주조색 다음으로 면적비가 크거나 출현 빈도가 높은 색
　　㉡ 주로 주조색을 보조하는 역할을 한다.
④ 강조색(accent color)
　　㉠ 사용 면적은 가장 작지만 가장 눈에 띄는 포인트 색이다.
　　㉡ 전체 색조에 긴장감을 주거나 집중을 유도하는 효과가 있다.

2. 배색 효과

(1) 톤을 이용한 배색

① 동일 톤의 배색 : 명도와 채도가 동일한 색상의 배색
② 유사 톤의 배색 : 인접한 톤을 가진 색상의 배색
③ 대조 톤의 배색 : 명도차 또는 채도차를 강조한 배색, 둘 다 대조적인 배색

(2) 도미넌트 배색

① 도미넌트 컬러 배색
　　㉠ 배색에 통일감을 주기 위해 지배적인 색상으로 전체를 통일시키는 배색
　　㉡ 동일 색상 또는 유사 색상의 범위에서 색을 선택하기도 한다.
② 도미넌트 톤 배색
　　㉠ 배색에 통일감을 주기 배색 전체의 톤을 통일시키는 배색
　　㉡ 전체적인 톤을 하나 선택한 후 색상은 자유롭게 배색할 수 있다.

(3) 기타 배색

① 톤 온 톤 배색(tone on tone)
  ㉠ 겹쳐진 톤이란 의미로, 동일 색상으로 명도차를 비교적 크게 설정하는 배색
  ㉡ 색상은 동일·유사의 범위에서 선택한다.
  ㉢ 톤은 특히 명도 차에 유의하여 유사 톤에서 대조 톤에 이르는 범위에서 고른다.

② 톤 인 톤 배색(tone in tone)
  ㉠ 비슷한 톤의 조합에 의한 배색을 뜻한다.
  ㉡ 종래의 개념은 동일 색상을 원칙으로 인접·유사색상의 범위 내에서 배색한다.
  ㉢ 최근에는 톤을 통일하고 색상은 자유롭게 선택한 배색도 톤 인 톤으로 분류한다.

③ 토널 배색(tonal)
  ㉠ 톤의 형용사로 '색의 어울림' 또는 '색조의'라는 의미가 된다.
  ㉡ 중명도·중채도인 중간색조를 덜(dull)톤을 기본으로 사용하는 경우가 많다.

④ 카마이외 배색(camaieu)
　㉠ 하나의 색상을 몇 종류의 색조로 변화시켜 그리는 단채화법을 카마이외(camaieu)라 한다.
　㉡ 3속성 모두 미묘한 차이가 있는 조합으로 애매한 느낌의 배색기법을 뜻한다.
　㉢ 동일한 색의 질감만을 변화시키는 배색을 뜻하기도 한다.

⑤ 포 카마이외 배색(faux camaieu)
　㉠ '모조품'이란 의미의 포(faux)를 붙인 배색으로 '가짜 카마이외'의 의미가 된다.
　㉡ 카마이외 배색이 거의 동일색상인 반면 포 카마이외 배색은 보다 차이를 느끼는 배색이다.

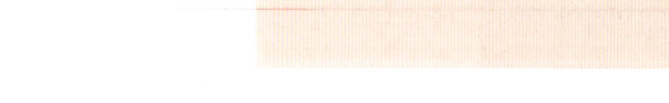

⑥ 트리콜로르 배색
　㉠ 3색의 배색을 의미하며 상징적 배색에 많이 쓰인다.
　㉡ 변화와 리듬 혹은 적당한 긴장감을 주며 3색의 색상과 톤의 조합에 의해 명쾌한 대비가 표현된다.

[프랑스와 독일 국기]

2.5 색채 관리

1. 색채조절과 관리

(1) 색채조절의 4요소

능률성	• 조명의 특징을 정확히 파악하여 조명의 효율성을 높인다. • 실내광의 조도분포를 만들어 물건의 입체시를 높인다. • 시야에 적절한 배색으로 시각적 판단을 쉽게 하게 한다.
안전성	• 시야 내에 눈부심 등의 눈의 긴장요소를 배제하여 눈의 피로를 줄인다. • 사고나 오염을 방지하고 위험물과 위험장소에 안전색채를 표시한다. • 청결과 위생을 유지한다.
쾌적성	• 친숙하고 쾌적한 환경을 유지하고 작업심리에 어울리는 기능적 배색을 한다. • 건축의 레이아웃과 실내공간의 기능에 일치하는 색을 사용한다. • 조도와 온도감 등을 효율적으로 조절한다.
심미성	• 스마트한 색채환경으로 사용자의 애착을 고취시킨다. • 대외적인 시각전달의 목적에 맞게 색채를 조절한다. • 대내적으로 작업원의 원기를 높이고 작업의욕을 촉진시키는 색을 사용한다.

(2) 안전과 색채

① 개념
  ㉠ 인간은 외부 정보의 85% 이상을 시각에 의존하며 대상의 인식은 '색 → 형 → 질감'의 순서로 한다.
  ㉡ 따라서 위험 신호 등의 전달수단으로는 색채를 활용하는 것이 가장 효율적이다.

② 안전색채
  ㉠ 빨강 : 방화(소화기·소화전), 금지(바리케이드), 정지(긴급 정지버튼)
  ㉡ 주황 : 위험(위험표지, 기계 안전커버 내면)
  ㉢ 노랑 : 주의(과속 방지턱), 명시(출구)
    ※ 검정 : 노랑과 주황을 눈에 잘 띄게 하는 배경, 보호색으로 사용
  ㉣ 녹색 : 안전(안전 깃발), 구급(구급상자, 보호구 상자), 피난(비상구)
  ㉤ 파랑 : 지시(주차 방향, 소재 표시), 주의(수리 중)
  ㉥ 자주 : 방사능

(3) 색채조절 사례

① 병원
  ㉠ 전반적인 색채는 저채도(2~4), 고명도(7~8)의 노랑, 베이지 등이 선호된다.
  ㉡ 수술실은 녹색계통을 사용하여 진정효과를 주고 보색잔상을 감소시킨다.
  ㉢ 접수, 수납 업무가 이루어지는 공간은 단파장계열의 색을 고명도, 저채도로 배색한다.

② 공장
  ㉠ 계기류와 조작장치의 색을 주변과 다르게 하여 실수와 오류를 줄인다.
  ㉡ 위험개소는 주황색으로 명시하고 통로는 흰색 선으로 표시한다.

③ 주택
  ㉠ 거실은 안정감을 주도록 너무 밝지 않은 무채색이나 중간색 계통으로 한다.
  ㉡ 벽은 연결성을 위해 동일색채를 배색하고 천장, 벽, 바닥 순으로 반사율을 점점 낮게 한다.
  ㉢ 징두리벽은 벽보다 낮은 명도로 하고 걸레받이는 더 어두운 색을 쓴다.
  ㉣ 식당은 난색 계통으로 하고 욕실은 반사광이 심할 수 있으므로 저채도의 색으로 한다.

④ 학교
  ㉠ 교실은 명도 6~7 정도로 하되, 고채도는 피한다.
  ㉡ 미술실은 무채색으로 하여 작품 등에 주목성을 준다.
  ㉢ 도서관, 교무실은 엷은 녹색 등의 차분한 배색을 한다.

⑤ 기타
  ㉠ 청과물점은 과일이 눈에 잘 띄도록 파랑, 청록 등 보색대비가 되는 배색을 한다.
  ㉡ 음식점은 난색계의 중채도 배색을 하여 과일, 고기, 양념 등을 맛있어 보이게 하거나 한색계의 중채도 배색으로 음식물의 채도를 강해 보이게 하기도 한다.
  ㉢ 꽃집은 강한 배색을 금하고 밝은 꽃은 어두운 색, 어두운 꽃은 밝은 색 배경을 사용한다.

2.6 색채 계획

1. 색채 계획 및 색채 디자인

(1) 색채 계획
다양한 색채이론을 바탕으로 인간생활에 실용화하는 단계로, 색의 성질, 표시, 배색, 효과 등을 고려, 목적한 바를 사람들에게 가장 적절하게 인식시키는 과정의 시작이다.

(2) 순서
① 색채 환경 분석
  ㉠ 기업 및 상품의 색채, 선전색, 포장색 등 경합 업체의 관용색 분석과 색채 예측 데이터의 수집이 필요하다.
  ㉡ 색채의 예측 데이터 수집 능력, 색채의 변별, 조색 능력이 필요하다.
② 색채 심리 분석
  ㉠ 기업 이미지, 색채, 유행 이미지를 측정한다.
  ㉡ 심리 조사 능력, 색채 구성 능력이 필요하다.
③ 색채 전달 계획
  ㉠ 기업 및 상품의 색채와 광고 색채를 결정한다.
  ㉡ 타사의 제품과 차별화시키는 마케팅 능력과 컬러 컨설턴트 능력이 필요하다.
④ 디자인에 적용
  ㉠ 색채의 규격 및 시방서의 작성, 컬러 매뉴얼의 작성이 필요하다.
  ㉡ 아트 디렉션의 능력이 요구된다.

(3) 디자인 영역과 색채
① 환경디자인과 색채
  ㉠ 환경색채의 분류
    ⓐ 거리를 멀리서 바라보는 원경색(landscape color)
    ⓑ 가로 중에서 개개의 건축물을 보는 중경색(townscape color)
    ⓒ 가로의 건축물에 둘러싸인 근경색(streetscape color)
    ⓓ 건축물과 마감재의 재질이 인지되는 근접색(wallscape color)
  ㉡ 도시환경과 색채
    ⓐ 거리의 시설물에 선택된 배색은 도시의 표정을 결정한다.

ⓑ 도로 표지를 비롯한 각종 표지는 도시 환경 형성에 중요한 역할을 한다.
ⓒ 간판과 광고탑 등은 경쟁적 설치를 지양하고 철저한 계획을 통해 조화로운 디자인이 요구된다.
ⓒ 슈퍼그래픽
ⓐ 건축물 표면이나 공간에 그래픽 의미를 부여하는 것을 뜻한다.
ⓑ 건물, 아파트, 주차장 등의 벽에 이르러 다양하게 도입되고 있다.
ⓒ 공간의 장식 역할을 하고 도시환경의 긴장감을 완화시킨다.

② 포장디자인과 색채
㉠ 제품의 속성을 강조하고 제품의 개성을 표현한다.
㉡ 구매자의 시각에 강한 자극을 주고 각인효과를 얻을 수 있다.
③ 제품디자인과 색채
㉠ 제품이 놓이게 될 주변환경에 대한 제반 조건을 파악 후 색채를 선택한다.
㉡ 소비자의 기호색과 유행색, 연상 이미지나 상징성을 고려한다.
㉢ 사용 시기 및 시간(계절, 시간)을 파악하고 제품 표면의 물리적 특성도 고려한다.

2. 디지털 색채

(1) 디지털 체계

① 비트(bit)
  ㉠ 컴퓨터 데이터의 가장 작은 단위이며 하나의 2진수 값을 가진다.
  ㉡ 실현 가능성이 동일한 N개의 대안이 있고 총 정보량이 H일 때 단위는 bit를 쓰며 다음과 같이 구한다.
  $$H = \log_2 N \quad (N = 2^H)$$
  ㉢ 16비트 컬러는 2의 16제곱인 65,536색을, 24비트 컬러는 2의 24제곱인 16,777,216색을 표현한다.

② 픽셀(pixel)
  ㉠ 디지털 이미지를 구성하는 최소의 점을 화소라 하며 단위로 픽셀을 쓴다.
  ㉡ X·Y축 좌표로 표시되는 디지털 이미지 평면 위에 나타낼 수 있는 이미지의 최소단위가 픽셀이다.

③ 해상도(resolution)
  ㉠ 어떤 패턴을 어느 정도의 세밀한 밀도로 표시할 수 있는지의 척도로 그래픽의 선명도를 표시한다.
  ㉡ 모니터상의 해상도인 PPI(pixel per inch)와 인쇄물의 해상도인 DPI(dot per inch)가 주로 쓰인다.
  ㉢ 해상도는 1인치당 찍을 수 있는 픽셀의 수를 뜻하며, 해상도가 높으면 그림은 섬세해진다.

(2) 디지털 색채 유형

① RGB
  ㉠ 모니터, 스크린과 같은 빛의 원리로 색을 구현하는 장치에 적용된다.
  ㉡ 빨강(R), 녹색(G), 파랑(B)을 혼합하여 우리가 볼 수 있는 모든 컬러를 재생한다.
  ㉢ 0~100% 혹은 0~255까지의 값으로 표현되는 3색의 혼합으로 색이 결정된다.
    (255, 0, 0=빨강/255, 255, 255=흰색/0, 0, 0=검정)
  ㉣ 대부분의 편집 프로그램은 RGB를 기본 색환경으로 사용한다.
  ㉤ 스캐너, 모니터, 프린터 등의 여러 장치를 함께 사용할 때는 이 형식이 적합하지 않다.

② HSV 또는 HSB
  ㉠ 색공간의 3차원 모델에 색상(hue), 채도(saturation), 명도(value 또는 brightness)의 3가지 축으로 위치시켜서, 이 3가지 값으로 색을 설명하고 측정하는 체계를 뜻한다.
  ㉡ 모든 색은 3차원 공간의 중심축 주위에 배열되며 축에서 멀어지면 채도가 높아진다.
  ㉢ 중심축은 명도를 나타내며 위로 가면 흰색, 아래로 가면 검정이 된다.
  ㉣ 대부분의 색상은 명도의 중간지점에서 고채도를 가진다.

③ CMYK
  ㉠ 인쇄물이나 그림과 같은 장치에서 사용되는 체계로 빛의 일부 파장을 흡수하고 표현 색만 반사하는 잉크의 특성을 이용하여 색을 표현한다.
  ㉡ 감법혼합의 원리상 시안(C), 마젠타(M), 노랑(Y)을 모두 혼합해도 순수한 검정을 얻을 수 없으므로 별도의 검정(K) 잉크를 추가하여 색을 나타낸다.

④ Lab 유형
  ㉠ CIE에서 제정한 균등 색공간(CIE L*a*b 색공간)에 의한 색채 형식이다.
  ㉡ L은 명도, a는 빨강과 녹색의 보색, b는 노랑과 파랑의 보색 축으로 색을 표시한다.
  ㉢ L=100은 흰색, L=0은 검정이 된다.
  ㉣ +a는 빨강, -a는 녹색, +b는 노랑, -b는 파랑이 되며 중심에서 멀어질수록 채도가 높아진다.
  ㉤ 이 형식은 RGB와 CMYK의 범위를 모두 포함하고 있으며 더 광범위하다.

(3) 그래픽 이미지

① BMP
  ㉠ MS사가 윈도우 사용자를 위해 개발한 고유의 그래픽 파일형식이다.
  ㉡ 윈도우의 시작과 종료에 쓰이는 이미지들과 바탕화면 배경 등에는 모두 BMP가 쓰였다.
  ㉢ 데이터를 비효율적으로 저장함으로써 파일의 용량이 심하게 커지는 경향이 있다.

② JPEG
  ㉠ 사진 전문가들에 의해 만들어진 형식으로 이미지 손상을 최소화시키며 압축하는 파일형식이다.
  ㉡ GIF 포맷이 256색인 반면 JPEG는 24비트를 전부 구현할 수 있다.
  ㉢ 압축률이 높을수록 이미지 손상이 커지므로 압축정도를 적절히 조절해야 한다.
  ㉣ 정교한 색의 표현이 가능하여 웹 디자인에 많이 쓰이며 호환성이 좋은 포맷이다.

③ GIF
  ㉠ 미국 통신회사에서 개발한 형식으로, 통신상에서 빠르게 주고받을 수 있도록 개발됐다.
  ㉡ 256 이하의 컬러만을 사용하여 파일 크기를 최소화할 수 있고 애니메이션 기능을 지원한다.

④ PNG
  ㉠ JPEG와 GIF의 장점을 합친 파일 포맷으로, 다른 파일로 변환 시 이미지 손상이 없다.
  ㉡ 풍부한 색 표현이 가능하면서 GIF처럼 투명한 배경을 만들 수 있다.
  ㉢ 지원되지 않는 브라우저나 프로그램들이 있다.

(4) 색영역 맵핑

① 색영역(color gamut) : 사람의 눈에 지각되거나 디지털 카메라, 스캐너, 모니터, 프린터 등의 장비에 의해 처리되는 색의 범위를 말한다. 여러 기계장치의 색영역은 종류, 제조업체에 따라 조금씩 차이가 있으며, 어떤 기계 장치도 인간의 눈보다 넓은 영역의 색을 처리할 수는 없다.

② 색영역 맵핑(color gamut mapping) : 카메라, 스캐너 등으로 입력된 영상 및 사진은 모니터와 같은 디스플레이 또는 프린터 출력물로 재현된다. 이 과정에서 입력장치와 출력장치의 색 차이가 발생하게 된다. 이 차이를 줄이는 방법 중 하나가 색영역 맵핑이다.

③ 색영역 맵핑의 기본 원칙
  ㉠ 색상이 바뀌지 않아야 한다.
  ㉡ 명도 축이 바뀌지 않아야 한다.
  ㉢ 채도를 압축시킨다.
  ㉣ 명도를 압축시킨다.
  ㉤ 어떤 색도 재현 장비의 색영역 밖에 존재하지 않도록 한다.

④ 맵핑 방법의 분류
  ㉠ 색영역 클립핑 : 재현 장치의 색영역 밖에 존재하는 색의 좌표 위치만 재현 장치 색영역의 가장자리로 이동시켜서 클립핑(끌어다 붙이기)하는 것이다. 재현 색영역의 명도 밖에 존재하는 색은 명도의 압축을 우선 실행한 후 색영역의 클립핑이 이루어지며, 이 방법은 영역 밖의 색만 바뀌는 방식이다.
    ⓐ 명도 불변 클립핑 방법 : 색영역 밖에 존재하는 각각의 색이 가진 명도는 그대로

유지하면서 채도 축에 평행하게 클립핑하는 방법이다. 재현 색영역의 명도 범위가 원본보다 좁은 경우에는 명도 압축을 먼저 실행하고 클립핑을 실행한다.

ⓑ 명도 중심점 클립핑 방법 : 색영역 밖에 존재하는 색들을 명도 축의 중심점 방향으로 이동시켜 재현 영역의 가장자리와 만나는 점에 클립핑한다.

ⓒ 돌출점 클립핑 방법 : 가장자리 계산단계에서 설정한 각각의 색상 각에 대하여 재현 색영역의 최대 채도 값을 갖는 점을 찾아 이를 돌출점으로 정하고, 이 돌출점에서 채도 축에 평행하게 이동하여 명도 축과 만나는 점(닻점)을 향해 재현 색영역 밖에 존재하는 색들을 이동시켜 재현 색영역 가장자리와 만나는 점에 클립핑한다.

ⓓ 최단거리 클립핑 방법 : 색공간에서 재현 색영역 밖에 존재하는 각 컬러의 좌표와 재현 색영역 가장자리와의 가장 최단거리 점을 찾아 이동시킨다.

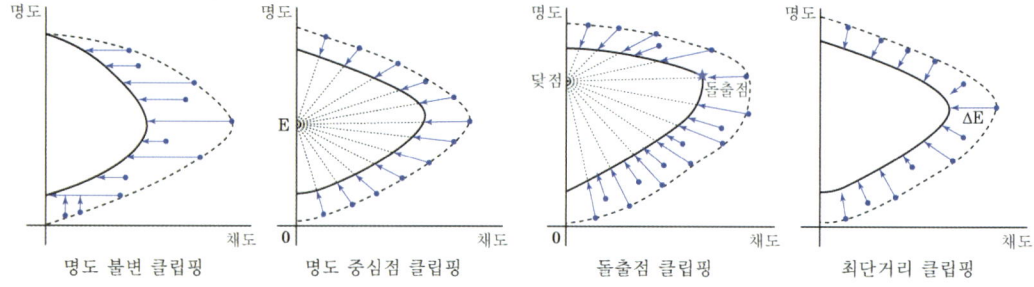

명도 불변 클립핑 　　명도 중심점 클립핑 　　돌출점 클립핑 　　최단거리 클립핑

ⓛ 압축 맵핑 : 원본 색영역과 중심선까지의 거리를 일정 비율로 압축하여 재현 색영역 안으로 이동시킨다. 클립핑 방법과의 가장 큰 차이는 원본 영역의 모든 색이 압축과정을 거쳐 변화한다는 점이다.

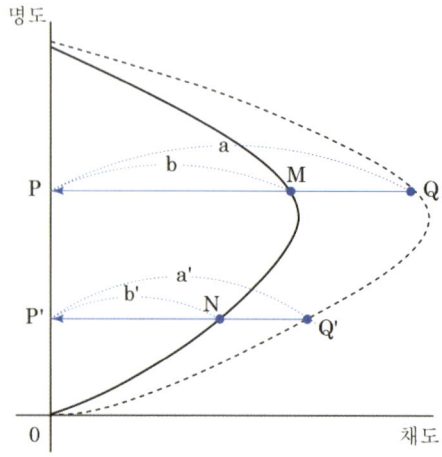

ⓐ 명도 불변 압축법 : 명도 값은 유지한 채로 원본 색영역의 모든 색 좌표를 채도 축에 평행하게 이동시켜 재현 색영역 범위 안으로 압축시킨다.

ⓑ 명도 중심점 압축법 : 원본 색영역의 모든 색 좌표를 명도 축 중심점 방향으로 이동시켜 재현 색영역 범위 안으로 압축시킨다.

ⓒ 돌출점 압축방법 : 가장자리 계산단계에서 설정한 각각의 색상 각에 대하여 재현 색영역의 최대 채도값을 갖는 돌출점을 찾고, 이 돌출점에서 채도 축에 평행하게 이동하여 명도축과 만나는 닻점을 향해 원본 색영역의 색을 재현 색영역 범위 안으로 압축시킨다.

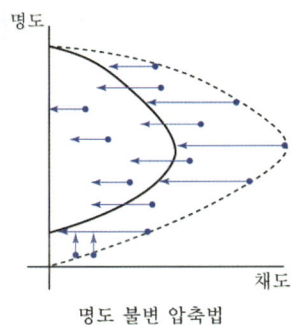
명도 불변 압축법

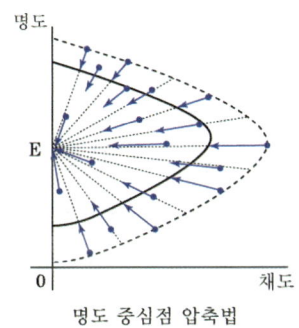
명도 중심점 압축법

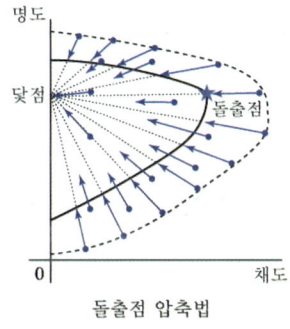
돌출점 압축법

CHAPTER 3 가구계획 및 사용자분석

3.1 가구 디자인

실내공간에서의 가구는 인간과 건축물을 연결하는 요소의 하나로서 인체를 지지하여 휴식, 작업 등의 행위를 보다 안락하고 능률적으로 행하게 하는 인간생활행위의 수단으로 사용된다. 또한 생활에 필요한 물품 등을 보관, 정리, 진열하는 수납의 기능을 가지며 실내장식적 요소로도 작용하여 미적 효과를 증대시켜 준다.

1. 기능 및 분류

(1) 가구의 기능

① 대공간적 기능 : 공간을 구성하는 디자인요소로서 수납공간을 형성하거나 각 공간을 분할하는 역할을 하기도 하며 동선을 결정하고 대화 공간 등을 결정한다.

② 대인적 기능 : 인간의 공간 사용행위 척도와 관련되는 것으로 작업, 휴식, 수납의 기능이 충족될 수 있는 인간행위 척도에 맞는 가구를 말한다. 인간공학적 입장에서 인체척도는 물론 심리적 휴먼 스케일까지 고찰하는 것이다.

③ 대환경적 기능 : 생활환경의 질을 높이기 위한 기능을 말하는 것으로 통일성 있는 디자인과 크기로 미적 효과를 높이며 타 기물과 함께 공간의 순위질서체계를 형성하고 유기적으로 변동시켜 공간을 만들어 나갈 수 있어야 한다.

④ 대사회적 기능 : 사회적 여건을 고려하여야 한다. 재료면에서 재료의 재순환, 대체자원의 연구가 계속 이루어져야 하며 환경적으로 재생의 연구면에서도 대처할 수 있는 기능을 가져야 한다.

(2) 가구의 분류

① 인체공학적 분류

인체지지용 가구 (인체계 가구)	인체와 밀접하게 관계되는 가구로서 직접 인체를 지지한다. 작업의자, 휴식의자, 침대 등이 이에 속한다.
작업용 가구 (준인체계 가구)	간접적으로 인간에 관계하고 인간 동작에 보조가 되는 가구로서 테이블, 주방작업대, 책상 등이 이에 속한다.
정리수납용 가구 (건축계 가구)	수납의 크기, 수량, 중량 등과 관계하며 실내 기둥 간의 치수, 벽의 길이, 천장의 높이 등의 조건에 지배되는 것이다. 벽장, 서랍, 선반, 칸막이 등이 이에 속한다.

② 가구의 이동에 따른 분류

이동가구	이동식 단일 가구로서 현대가구의 대부분이 이에 속한다.
붙박이가구	건물과 일체화시킨 가구로서 공간을 최대한 이용할 수 있는 장점이 있다.
모듈러가구	이동식이면서 시스템화되어 공간의 낭비 없이 가동성, 적응성의 편리함이 있다.

2. 배치

(1) 배치 시 유의사항

① 생활습관, 주행위, 생활기능, 동선계획에 맞도록 한다.

② 크고 작은 가구를 적당히 조화롭게 배치한다.

③ 의자나 소파 옆에는 보조 조명기구를 배치한다.

④ 큰 가구는 벽체에 붙여 놓아 실의 통일감을 갖도록 한다.

(2) 가구의 배치유형

① 대면형 : 테이블을 두고 마주앉는 형으로 가족 중심의 거실보다 응접실용으로 적당하다.

② ㄱ자형 : 시선이 마주치지 않아 안정감이 있고 1인용 의자의 배치에 의해 변화를 꾀할 수 있다.

③ ㄷ자형 : 전통적인 단란형으로 TV, 정원, 벽난로를 보고 있는 편안한 분위기를 꾀할 수 있다.

④ ㅁ자형 : 테이블을 중심으로 주위에 의자를 배치하는 형식으로 대화를 많이 하는 장소에 적합하다.

⑤ 직선형 : 일렬로 의자를 배치하는 방법으로 상대가 보이지 않으므로 대화는 부자연스럽다. 좁은 공간에 좋다.

⑥ 복합형 : 여러 형을 복합적으로 편성한 것이다.

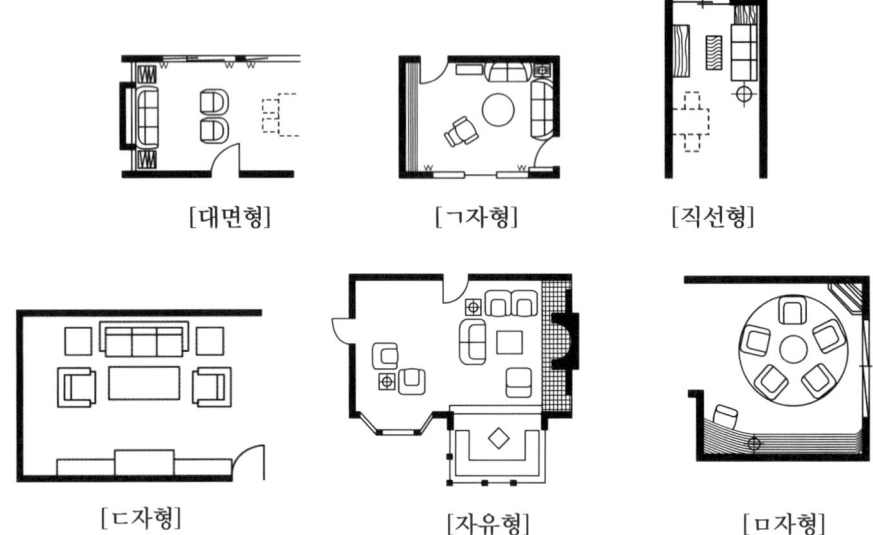

[대면형]   [ㄱ자형]   [직선형]

[ㄷ자형]   [자유형]   [ㅁ자형]

3. 가구의 유형

(1) 의자 및 소파

① 의자

  ㉠ 의자 디자인 고려사항

    ⓐ 정확히 바닥에서 300~450mm 높이로 반드시 발이 바닥에 닿아야 한다.

    ⓑ 허벅지 아래로 압박감이 없어야 하고 좌판은 편안하기 위해 너무 깊지 않아야 한다.

    ⓒ 등받이는 척추의 곡선을 유지하기 위해 등 아랫부분을 받쳐주어야 한다.

    ⓓ 팔걸이는 충분히 길어서 팔과 손을 받쳐주어야 한다.

  ㉡ 의자의 종류

    ⓐ 라운지 체어(lounge chairs) : 가장 편하게 휴식을 취할 수 있는 의자로 비교적 크다. 반쯤 기댄 자세에서 휴식을 취할 수 있으며 팔걸이, 발걸이, 머리받침이 조합되는 것이 보통이며 안락감을 위해 각도 조절, 회전 등이 가능한 기계장치가 부수적으로 추가된다.

    ⓑ 이지 체어(easy chairs) : 라운지 체어와 유사하지만 상대적으로 작고 기계적 장치

나 부수적인 기능이 제외된다. 그러나 등받이 각도는 편한 휴식을 위해 완만하게 설치한다. 담소, 독서용으로 적합하다.

ⓒ 사이드 체어(side chairs) : 보통 이지 체어보다 가볍고 작으며 팔걸이가 없다. 위로 세워진 등받이는 식사에 적합하고 앉은 이에게 긴장감을 주므로 학습용으로도 좋다.

ⓓ 폴딩 체어(folding chairs) : 접어서 보관, 운반할 수 있는 의자로 집회 장소나 보조용 의자로 쓰인다.

ⓔ 풀업 체어(pull-up chairs) : 이동하기 쉽고 잡기 편하며 여러 개를 겹쳐 들고 운반하기 쉬운 간이 의자이다.

ⓕ 스툴 체어(stool chairs) : 등받이는 없고 좌판과 다리만 있는 형태의 의자로서 가벼운 작업이나 잠시 휴식을 취할 때 유용하다.

Point 오토만
스툴의 일종으로 소파에 부속된 의자를 말한다.

[라운지 체어]   [회전식 라운지 체어]   [재래식 이지 체어]

[현대식 이지 체어]   [재래식 풀업 체어]   [현대식 풀업 체어]

ⓒ 유명 건축가 및 디자이너의 작품

ⓐ 바르셀로나 의자(Barcelona Chair) : 1929년 바르셀로나 국제 전시회인 독일 전시장에 비치된 의자로 건축가 미스 반 데 로에가 디자인했다. 스틸 소재의 X자 다리가 인상적이다.

ⓑ 바실리 의자 : 마르셀 브로이어에 의해 디자인된 것으로 처음으로 스틸 파이프를 휘어서 골조를 만들고 좌판, 등받이, 팔걸이는 가죽으로 하였다. 바우하우스의 교

수였던 바실리 칸딘스키를 위해 만들었다.
ⓒ 체스카 의자 : 마르셀 브로이어가 디자인한 의자로 자신의 딸 체스카(Chesca)의 이름을 인용했다. 프레임이 강철 파이프를 구부려서 캔틸레버 형태를 띠고 있다.
ⓓ 파이미오 의자 : 핀란드 건축가 알바 알토에 의해 디자인된 것으로 자작나무 합판을 성형하여 만들었으며 접합부위가 없고 목재가 지닌 재료의 단순성을 최대로 살린 의자이다.
ⓔ 토넷 의자 : 1800년대 중반 토넷 형제가 나무를 수증기로 가열한 뒤 금형 안에 넣어 구부리는 벤트우드 기법을 개발하여 디자인에 적용한 의자이다.
ⓕ 투겐하트 의자 : 투겐하트 주택을 위해 디자인된 이 의자는 프레임이 상당한 탄력성을 가지고 있어서 캔틸레버식 구조와 잘 조화되었다.
ⓖ 레드블루 의자 : 1918년 게릿 리트펠트가 디자인한 의자로 데 스틸 건축의 대표작인 슈뢰더 하우스에 비치되었다. 뼈대만 앙상하게 남은 형태와 빨강과 파랑의 조합이 특징이다.
ⓗ 판톤 의자 : 1953년 베르너 판톤이 디자인한 의자. 플라스틱의 가공성을 이용하여 사출성형 방식으로 생산되어 등받이부터 다리까지 한 덩어리인 세계 최초의 일체형 의자이다.

바르셀로나 의자   체스카 의자   바실리 의자   파이미오 의자

토넷 의자   투겐하트 의자   레드블루 의자   판톤 의자

② 소파
  ㉠ 체스터필드(chesterfield) : 속을 아주 많이 넣고 천으로 씌운 커다란 전형적인 소파
  ㉡ 카우치(couch) : 고대 로마시대에 음식을 먹거나 취침을 위해 사용한 긴 의자에서 유래된 것으로, 한쪽만 팔걸이가 있고 등받이가 낮은 소파 또는 좌판 한쪽을 올려 몸을 기대거나 침대로 겸용할 수 있도록 한 의자를 뜻한다.
  ㉢ 라운지(lounge) : 편히 누울 수 있도록 쿠션이 좋으며 머리와 어깨를 받칠 수 있도록 한쪽 부분이 경사져 있다.
  ㉣ 세티(settee) : 동일한 두 개의 의자를 나란히 합해 2인이 앉을 수 있도록 한 의자이다.
  ㉤ 다이밴(Divan) : 헤드보드와 풋보드가 없는 침대 혹은 팔걸이와 등받이가 없이 긴 소파의 형태

[체스터 필드]

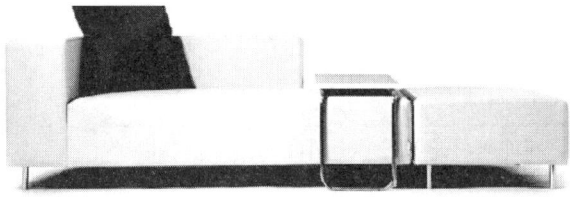

[카우치]

③ 모듈러 좌석(modular seating) : 의자 유닛을 분리, 결합할 수 있는 것으로 공항이나 로비, 라운지와 같은 대중을 위한 넓은 공간에 적합하다. 필요에 따라 장소와 형태를 바꿔 배치할 수 있으며 연속적인 받침대에 단위 좌석이나 부품을 더할 수 있어 시스템(system) 좌석이라고도 한다.

> **Point** 시스템 가구
> 통일된 치수로 모듈화된 유닛들이 가구를 형성하므로 질이 높고 생산비가 저렴하며, 공간 배치가 자유롭다.

(2) 테이블

테이블은 식사, 작업, 수납, 게임, 전시 및 회의 등 다양한 기능에 쓰인다. 한 사람이 차지하는 너비는 600mm 정도의 공간이 필요하며 사용 목적, 형태 또는 놓여질 장소 등에 따라 구별된다.

(3) 침대

① 침대의 크기
  ㉠ 싱글 베드(single bed) : 900~1000mm×1900~2000mm
  ㉡ 더블 베드(double bed) : 1350~1400mm×2000mm
  ㉢ 퀸 베드(queen bed) : 1500mm×2000mm
  ㉣ 킹 베드(king bed) : 2000mm×2000mm

② 침대의 종류
  ㉠ 하우스 베드(house bed) : 침대가 벽장에 수직으로 수납되는 형식
  ㉡ 푸시백 소파(push-back sofa) : 소파의 등받이를 밀쳐내어 침대로 전환하는 형식
  ㉢ 하이라이저 : 하나의 침대 밑에 저장된 또 하나의 침대
  ㉣ 스튜디어 카우치 : 천으로 씌운 윗부분의 매트가 젖혀지며 트윈 베드로 전환되는 형식
  ㉤ 데이 베드(day bed) : 간단히 낮잠을 자거나 소파 대용으로 쓰는 가구

> **Point**
> 1인 침대 두 개의 배치를 트윈이라 한다.

(4) 수납장

수납장에는 선반, 서랍, 캐비닛이 있다. 수납장은 붙박이 형태이기도 하고 천장에서 내려 달기도 하며 벽에 걸기도 하고 또는 독립된 가구의 형태를 지니기도 한다.
  • 수납장은 쉽게 물건을 넣고 꺼낼 수 있어야 한다.
  • 필요성, 편리함이나 사용횟수, 수납할 물건의 크기와 형태, 시각적인 효과, 즉 물건을

전시할 것인지 숨겨야 할 것인지를 먼저 정한다.

3.2 인간-기계시스템

1. 인간-기계시스템의 정의 및 유형

(1) 정의(MMS : Man-Machine System)
① 주변 환경 속에서 인간과 기계가 특정한 목적을 수행하기 위하여 결합된 집합체를 뜻한다.
② 주어진 입력으로부터 원하는 결과를 얻기 위해 상호작용하는 인간과 기계의 유기적 결합이다.

(2) 기본 체계
① 환경으로부터 입력된 다양한 정보는 감지(정보수용) → 처리(의사결정) → 행동(제어)에 의해 출력된다.
② 출력은 피드백 루프를 통해 다시 입력될 수 있다.

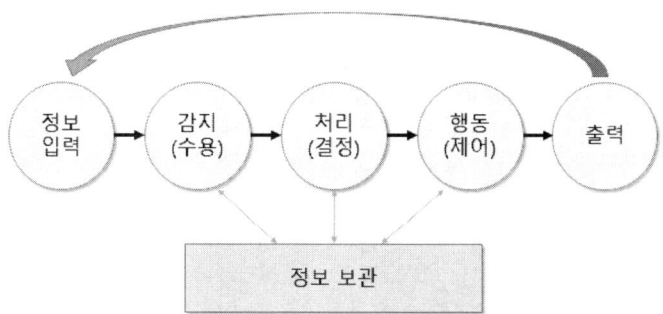

③ 인간-기계 시스템의 정보 흐름

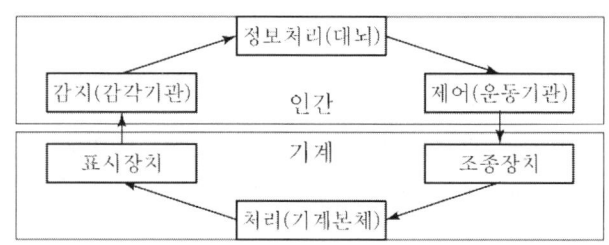

(3) 제어 유형

① 수동체계 : 수공구나 기타 보조물로 이루어지며 자신의 신체적인 힘을 동력원으로 사용하여 작업을 통제하는 인간사용자와 연결되는 체계를 말한다(망치, 자전거).

② 반자동(기계화)체계 : 여러 종류의 동력 공작기계와 같이 고도로 통합된 부품들로 구성된다. 변화가 별로 없는 기능을 수행하도록 설계하고 동력은 기계가 제공하고 인간은 조종 장치를 사용하여 통제하는 체계이다. (ex : 자동차)

③ 자동체계 : 인간의 개입이 최소화되고 감지, 정보처리 및 의사 결정 행동을 포함한 모든 임무를 기계가 수행하며 인간은 주로 감시, 프로그램, 정비유지 등의 기능을 수행한다(무인공장, 로봇, 전자동 에어컨).

(4) 능력과 신뢰도

① 인간과 기계의 비교

인간의 능력	기계의 능력
• 특정한 종류의 감각을 매우 낮은 자극으로도 감지한다(시각, 청각, 촉각, 미각 등). • 항공사진의 피사체나 말소리처럼 상황에 따라 변화하는 복잡한 자극의 형태를 식별한다. • 주위의 이상하거나 예기치 못한 사건을 감지한다. • 보관되어 있는 적절한 정보를 회수(상기)하며, 흔히 관련 있는 수많은 정보 항목을 회수한다. • 다양한 경험을 토대로 하여 의사 결정을 한다. • 상황적 요구에 따라 적응적인 결정을 하고 비상사태에 대처하여 임기응변할 수 있다. • 어떤 운용 방법이 실패할 경우 다른 방법을 선택한다. • 관찰을 통해서 일반화하여 귀납적으로 추리한다. • 원칙을 적용하여 다양한 문제를 해결한다.	• X선, 레이더파나 초음파같이 인간의 정상적인 감지력 범위 밖에 있는 자극을 감지한다. • 반복적인 작업의 신뢰성 있는 수행이 가능하다. • 입력 신호에 대한 일관성 있는 반응을 보인다. • 암호화된 정보의 신속하고 대량 보관이 가능하다. • 장시간의 작업수행이 가능하다. • 물리적인 양을 정확하게 계수하거나 측정한다. • 여러 개의 프로그램된 활동을 동시에 수행할 수 있다. • 큰 부하가 걸린 상황에서도 효율적으로 가동한다. • 연역적인 추리를 한다.

② 기계의 신뢰도

㉠ 직렬연결

ⓐ 제어계가 R개의 요소로 이어져서 각 요소 고장이 독립적으로 발생해도 제어계가 기능을 잃는 연결이다.

ⓑ 직렬연결의 신뢰도는 다음과 같이 구한다.

$$신뢰도\ R = R_1 \cdot R_2 \cdot R_3 \cdots = \sum_{i=1}^{n} R_i$$

ⓛ 병렬연결

　ⓐ 결함이 생기는 부품의 기능을 대체시킬 장치를 중복 부착시키는 시스템

　ⓑ 항공기, 열차 등의 제어장치 등에 쓰인다.

　ⓒ 병렬연결의 신뢰도는 다음과 같이 구한다.

$$신뢰도\ R = 1-(1-R_1) \cdot (1-R_2) \cdot (1-R_3) \cdots = 1 - \sum_{i=1}^{n}(1-R_i)$$

2. 인간의 정보처리와 입력

(1) 정보처리

① 측정단위

　㉠ 실현 가능성이 동일한 N개의 대안이 있을 때 총 정보량은 H bit라 쓰며 다음과 같이 구한다.

$$H = \log_2 N \quad (N = 2^H)$$

　㉡ 가능성이 동일한 대안이 2개일 때 정보량은 1bit이며, 4개일 때 정보량은 2bit이다.

② 인간의 정보처리

　㉠ 지각(perception) : 인체의 감각기관을 통하여 현존하는 환경의 자극에 대한 정보를 감지하여 받아들이는 과정이다.

　㉡ 인지(cognition) : 지각한 정보를 저장, 조직, 재편성, 추출하는 과정이다.

　㉢ 반응 : 환경의 자극 내용이 지각과 인지를 통하여 지식으로 체계화되었을 때 그 대상이 우호적인가 그렇지 않은가의 선호도 또는 만족도로 표현되는 것이 인간의 태도(attitude)이며 그것의 표출이다.

③ 인간의 기억체계

　㉠ 감각 보관(Sensory Storage)

　　ⓐ 감각기관에서 단시간에 주어진 정보가 정보제시 종료 후에도 원래의 형태로 매우 짧게 지속되는 현상

　　ⓑ 시각정보보존과 청각정보보존이 있다.

　　ⓒ 감각 보관은 자동적 보관이며 좀 더 길게 보관하려면 암호화된 작업 기억으로 이전

되어야 한다.
- 시각보존 : 상보관이라고도 한다. 시각적 자극이 잔상을 짧은 시간 지속시켜 영상 정보를 좀 더 처리하도록 돕는다.
- 청각보존 : 향보관이라고도 한다. 시각보존과 비슷하나 지속시간이 좀 더 길다.

ⓒ 작업 기억(Working memory)
ⓐ 정보들을 일시적으로 보유하고, 각종 인지적 과정을 계획하고 순서 지으며 실제 작업 기능을 수행하는 단기적 기억이다.
ⓑ 감각보관소로부터 암호화되어 전이된 현재 또는 최근의 정보를 잠시 기억하는 저장소 기능을 갖는다.
ⓒ 수많은 일상의 작업들은 작동 기억 능력에 의존한다(ex : 전화를 걸기 전까지 전화번호를 마음 속에 유지하는 것).
ⓓ 작업 기억은 작은 용량과 제한된 지속 시간의 특성을 지닌다.

> **Point 밀러의 마법의 수(Miller's magic number)**
> 인간의 절대적 식별 능력은 7±2개인데, 이것을 밀러의 마법의 수라고 한다. 이것은 작업 기억의 한계에 대한 의미이며 가장 쉽게 볼 수 있는 곳은 각종 웹페이지이다. 동시에 보이는 메뉴가 7개가 넘어가면 한 번에 인지되지 않아 복잡하다는 느낌이 들게 된다. 따라서 원하는 메뉴를 찾는 데도 시간이 더 걸리게 되는데, 때문에 한 번에 보이는 메뉴는 7개를 넘어가지 않게 디자인한다.

ⓒ 장기 기억(long term memory)
ⓐ 작업 기억 중 수 개월에서 길게는 평생 동안 의식 속에 유지하는 기억작용
ⓑ 아주 큰 저장 용량을 갖고 있으며 실제로 크기가 무한정하다는 것이 학계의 정설이다.
ⓒ 어떤 것을 쉽게 기억해 내지 못하는 것은 사라진 것이 아니라 단지 그 기억이 어디에 있는지 찾아내지 못했거나, 또는 기억을 재생해 내는 데 실패한 것이라고 본다.
ⓓ 일시적으로 그 기억을 찾지 못해도 후에 어떤 계기나 실마리를 통해 기억해내는 것이 장기기억에 해당한다.
ⓔ 관련이 있는 개별 정보를 조직화할 때, 기억할 때와 저장할 때의 상황이 서로 비슷할 때, 반복적이고 지속적으로 학습할 때 장기기억을 좀 더 수월하게 재생할 수 있다.

(2) 정보입력

① 양립성(兩立性 : compatibility) : 자극-반응 조합의 공간, 운동 혹은 개념적 관계가 인간의 기대와 모순되지 않는 성질

　㉠ 공간적 양립성 : 어떤 사물 특히 표시장치나 조종장치에서 물리적 형태나 공간적인 배치의 양립성(오른쪽 버튼을 누르면 오른쪽 기계가 작동한다.)

　㉡ 운동 양립성 : 표시장치, 조종장치, 체계반응의 운동방향의 양립성(조작장치를 시계방향으로 회전시키면 기계가 오른쪽으로 이동한다.)

　㉢ 개념적 양립성 : 어떤 암호 체계에서 청색이 정상을 나타내듯이 사람들이 가지고 있는 개념적 연상의 양립성(붉은색 버튼-온수, 청색 버튼-냉수)

② 신호검출이론(SDT : signal detection theory)

　㉠ 심리 물리학적 결정에 포함되는 감각과정과 판단과정에 관한 이론.

　㉡ 검출을 간섭하는 잡음 속에서 신호를 검출할 때, 신호에 대한 옳은 반응과 잡음일 때에 반응하는 잘못을 측정한다.

　㉢ 신호 판정의 4가지 반응대안

　　ⓐ 정확판정(Hit) : 신호 출현 시 신호라 판정. P(S|S)

　　ⓑ 허위경보(False Alarm) : 잡음만 있을 때 신호로 판정. P(S|N)

　　ⓒ 검출실패(Miss) : 신호가 나타나도 잡음으로 판정. P(N|S)

　　ⓓ 잡음 정확판단(Correct Noise) : 잡음만 있을 때 잡음이라 판정. P(N|N)

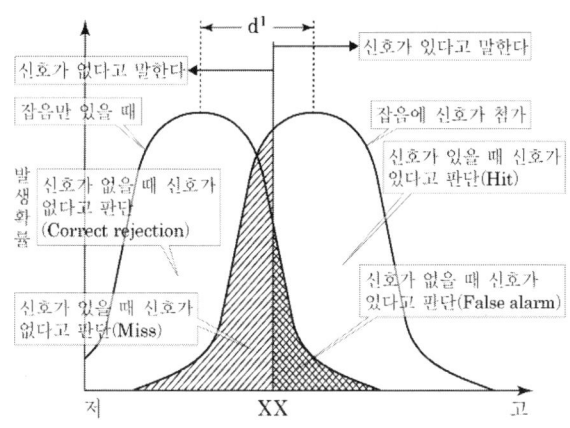

　　ⓔ 반응기준을 나타내는 값을 β라고 하며 반응기준점에서의 두 분포의 높이의 비로 나타낸다.

$\beta = b/a$ (a : 소음분포 높이, b : 신호분포 높이)

ⓕ 반응기준이 오른쪽으로 이동하면($\beta>1$) 정확판정은 적어지나 허위경보가 줄어드는 보수적 판정자가 된다.

ⓖ 반응기준이 왼쪽으로 이동하면($\beta<1$) 정확판정이 늘지만 허위경보도 늘어나는 진취적 판정자가 된다.

③ 인터페이스

㉠ 정의 : 서로 다른 물질, 영역을 구분하는 경계면을 뜻하는데 인간공학에서는 하나의 시스템을 구성하는 하드웨어와 소프트웨어 또는 2개의 시스템이 상호 작용할 수 있도록 접속되는 경계로 볼 수 있다. 정보기술 측면에서는 운영체제, 디스플레이 화면, 도움말, 입출력장치 등이 모두 해당된다.

㉡ 설계 원칙

ⓐ 사용자의 작업에 적합해야 한다.

ⓑ 이용이 쉽고 사용자의 지식이나 경험 수준에 따라 사용자에 맞는 기능 및 내용이 제공되어야 한다.

ⓒ 작업 실행에 대한 피드백이 제공되어야 한다.

ⓓ 정보의 디스플레이가 사용자에게 적당한 형식과 속도로 이루어져야 한다.

ⓔ 인간공학적 측면을 고려해야 한다.

3. 시스템 설계

(1) 시스템 설계의 단계

① 제1단계 - 목표 및 성능 명세 결정

㉠ 시스템은 목적이나 존재 이유가 있어야 한다.

㉡ 시스템의 목표와 성능의 명세가 명백하게 정의되어야 한다.

㉢ 목표의 예시 : 신제품 개발, 신기술 도입 등

② 제2단계 - 시스템의 정의

㉠ 특정한 기본 기능이 수행되어야 한다(우편업무 - 우편물 수집, 구역별 분류, 수송, 배달 등).

㉡ 수행 주체와 단계의 경향을 파악한다.

③ 제3단계 – 기본설계
  ㉠ 기능의 할당 : 인간, 하드웨어, 소프트웨어에 할당 수행할 기능을 결정
  ㉡ 인간-기계 비교의 한계점 인식
  ㉢ 인간성과(Performance) 요건의 규정 : 필요한 정확도, 속도, 숙련된 성능 개발 등의 규정
  ㉣ 과업분석(Task Analysis) : 설계 개선 및 인력 수요, 훈련 계획 등을 목적으로 분석
  ㉤ 작업설계(Job Design) : 장비 사용자의 특성을 파악, 작업의 만족을 제공
④ 제4단계 – 인터페이스 설계
  ㉠ 작업공간, 표시장치, 조종장치, 제어, 컴퓨터 대화 등이 포함된다.
  ㉡ 인터페이스 설계를 위한 인간 요소 자료 : 상식과 경험, 정량적 자료, 원칙, 수학적 함수와 등식, 도식적 설명물, 전문가의 판단, 설계 표준
⑤ 제5단계 – 촉진물 설계
  ㉠ 훈련프로그램이 시스템에 내장되어 있어 설비가 실제 운용되지 않을 때 훈련방식으로 전환한다.
  ㉡ 시스템 운전 및 보전에 대한 사항을 명시한 문서 등으로 준비한다.
⑥ 제6단계 – 시험 및 평가
  ㉠ 시스템이 의도된 대로 작동하는가를 입증하기 위해 결과물을 측정한다.
  ㉡ 인간 성능에 관련된 속성의 적절성을 보증하기 위해 실험절차, 시험조건, 피실험자, 충분한 반복횟수 등을 산정하여 평가한다.

3.3 신체활동의 생리적 배경

1. 인체의 구성

(1) 골격계 · 근육계 · 관절계
① 골격계 : 206개의 뼈·연골·연결조직으로 구성되어 있으며 다음의 기능을 갖는다.
  ㉠ 지지기능 : 신체의 무게를 지지한다.
  ㉡ 보호기능 : 외부의 충격으로부터 심장, 간 등의 장기를 보호한다.
  ㉢ 운동기능 : 뼈에 부착된 근육의 수축과 관절을 이용하여 지렛대처럼 운동한다.

　　ⓔ 조혈기능 : 골수에서 혈구를 생산하여 조혈작용을 한다.
　　ⓜ 저장기능 : 칼슘, 인산나트륨, 마그네슘, 이온 등 무기질을 저장한다.
② 근육계
　㉠ 수의근
　　ⓐ 골격근이라고도 불리며 중추신경의 지배를 받아 인간의 의지로 움직인다.
　　ⓑ 수축과 이완을 통해 팔꿈치, 어깨, 엉덩이, 무릎 등의 관절을 움직인다.
　㉡ 불수의근
　　ⓐ 내장이나 혈관의 벽과 같이 자율신경의 지배를 받으며 자의적으로 움직일 수 없다.
　　ⓑ 피로없이 지속적으로 운동을 함으로써 소화, 순환, 분비, 배설 등 신체 내부 환경을 조절한다.
　㉢ 심장근
　　ⓐ 불수의근이고 원통형 근섬유 구조로 되어 있으며 전류가 흐르는 전기섬유에 의해 수축·이완을 한다.
③ 관절계 : 인체의 뼈가 서로 기능적으로 연결되도록 한다.
　㉠ 접번(hinge)관절
　　ⓐ 경첩관절이라고도 한다. 하나의 축을 따라 구부리고 펼 수 있다.
　　ⓑ 운동 자유도는 1이며 굴곡-신전과 외선-내선이 가능하다. 팔꿈치 관절이 해당된다.
　㉡ 차축(pivot)관절
　　ⓐ 중쇠관절이라고도 한다. 길이가 긴 쪽을 축으로 하여 회전할 수 있다.
　　ⓑ 운동 자유도는 1이다. 정강뼈와 종아리뼈가 해당된다.
　㉢ 구상(ball&socket)관절
　　ⓐ 절구관절이라고도 한다. 어깨관절이 대표적이며, 3개의 축을 따라 움직인다.
　　ⓑ 운동 자유도는 3이며 굴곡-신전, 외선-내선, 내전-외전 및 회전운동이 가능하다.
　㉣ 타원(condyloid)관절
　　ⓐ 손목관절이 해당된다. 손은 2개의 축 위에서 움직이고, 굽히고 펴는 것이 가능하다.
　　ⓑ 운동 자유도는 2이다.
　㉤ 안장(saddle)관절
　　ⓐ 타원관절과 비슷하나 좀 더 광범위하게 움직인다.
　　ⓑ 엄지관절이 해당된다.

 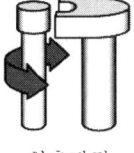   

접번관절	차축관절	구상관절	타원관절	안장관절

(2) 신경계

- 신체와 주위 환경에서 일어나는 변화·자극을 감지하고, 분석·종합하여 적절한 반응을 일으킨다.
- 인체 곳곳에 분포된 신경을 통해 전달된 정보를 통합·조절하여 생각·판단·행동 등을 조절하는 지휘센터이다.

① 중추신경

㉠ 두뇌

대뇌		• 두뇌 중 가장 크고 중요한 부분으로 골격근을 의지에 따라 움직인다. • 의식적인 생각·추론·기억·언어·감각에 대한 지각과 해석을 한다.
	전두엽	정보의 기억, 단기 기억, 판단을 담당한다.
	후두엽	시각의 처리와 인식을 담당한다.
	측두엽	언어기능, 청각·지각 처리, 장기 기억과 정서를 담당한다.
	두정엽	체감각을 지각한다.
중뇌		• 대뇌와 능뇌를 연결하는 역할을 하며 눈과 귀에서 감각정보를 받는다. • 척추동물의 모든 시각과 청각은 대뇌로 가기 전, 중뇌에서 먼저 분석된다.
능뇌		• 연수·소뇌로 구성되어 있으며 무의식적·불수의적·기계적 작용들을 조절한다. • 연수는 뇌의 가장 뒷부분에 위치하여, 호흡률·심장박동·혈압 등을 조절한다. • 소뇌는 연수의 위에 위치하여, 손발과 몸의 모든 수의적 움직임을 조절하며 자세와 균형을 유지한다. • 일관성 있는 조절을 위해 소뇌는 눈·평형감각기관·근육 등으로부터 정보를 얻는다.
척수		• 뇌와 말초신경계를 연결하는 일을 담당한다. • 뇌의 지령이 없어도 감각뉴런과 운동뉴런 사이에서 시냅스 반사를 일으킬 수 있는 자율성을 가지고 있다.

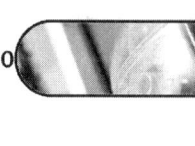

② 말초신경계
　㉠ 체신경계 : 의식이 관여하는 신경충격을 전달하며, 머리와 목 부위의 근육·샘·피부·점막 등에 분포하는 12쌍의 뇌 신경과 척수에서 나오는 31쌍의 척수신경으로 구성되어 있다.
　㉡ 자율신경계
　　ⓐ 본질적으로 운동신경계이며 심장·폐·소화기관·신장·방광·홍채·후각상피·땀샘·침샘 등에 분포되어 있다.
　　ⓑ 인간의 체내에서 일어나는 무의식적·불수의적 반응과 관련되어 있다.

(3) 순환·호흡·소화계

① 순환계 : 신체의 필수적인 물질을 온몸에 전달하는 수송 업무를 담당한다.
　㉠ 심장
　　ⓐ 흉골 뒤에 위치하며 기관·식도·내림대동맥의 앞쪽, 폐 사이, 횡격막 위에 위치한다.
　　ⓑ 심장의 2/3 정도는 왼쪽으로 치우쳐 있으며 2개의 방으로 나뉘어져 있다.
　　ⓒ 위쪽의 심방은 몸의 여러 곳으로부터 혈액을 받아들이며 아래의 심실은 폐와 온몸으로 혈액을 공급한다.
　㉡ 맥박
　　ⓐ 심장에 있는 대동맥판막이 열리고 닫힘에 따라 동맥 속으로 피가 밀려나오며 만들어지는 동맥압의 율동적 변화이다.
　　ⓑ 목에 있는 목동맥, 팔꿈치 안쪽의 상완동맥, 손목의 요골동맥에서 맥박을 잴 수 있다.
　㉢ 혈관
　　ⓐ 몸 전체에 혈액을 공급하고, 공급된 혈액은 다시 심장으로 돌아오는 폐순환계로 구성된다.
　　ⓑ 동맥은 심장으로부터 나온 혈액을 몸 전체에 공급하므로 조직까지의 혈류 전달을 위해 강하고 탄력있는 혈관 벽을 가져야 한다.
　　ⓒ 정맥은 말초조직에서 심장으로 혈액을 이동시키며 근육과 결합조직이 훨씬 적은 중간 막으로 덮인 얇은 내피가 있다.
　㉣ 모세혈관
　　ⓐ 약 100억 개에 달하며 혈액과 조직 사이에서 액체·영양분·노폐물을 교환한다.

ⓜ 림프계
  ⓐ 림프관, 림프, 흉선, 비장 등 림프구를 만들어 혈중으로 방출하는 계의 총칭
  ⓑ 심장을 중심으로 폐쇄되어 있는 혈관과 달리 림프계는 조직에 열려 있는 개방형 순환계이다.
  ⓒ 림프절에서 만들어진 백혈구 등의 면역 세포는 림프계를 순환하면서 몸 전체를 보호한다.
② 호흡계
  ㉠ 생명현상을 유지하기 위해 산소를 섭취하고 이산화탄소를 제거하는 일을 수행한다.
  ㉡ 인체의 세포 속에서 대사가 원활하게 일어나기 위해서는 계속해서 산소가 공급되고 노폐물이 제거되어야 한다.
  ㉢ 전도부(코 내부), 호흡 세기관지(허파 내부), 호흡부(폐포관 및 폐포) 등으로 구성
③ 소화계
  ㉠ 음식물을 소화·흡수하여 신체를 구성하는 모든 세포에 영양분을 공급한다.
  ㉡ 소화관(입·식도·위·소장·대장·직장·항문), 소화샘(침샘·간·이자샘)으로 구성
  ㉢ 음식물이 식도를 지나 장으로 이동하여 소화액과 섞이게 하는 연동운동으로 시작된다.
  ㉣ 소화된 영양소는 소장을 통해 흡수되며 일부는 대장을 통해 흡수되어 혈관과 임파선으로 이동한다.
  ㉤ 체내에서 불필요한 물질이나 소화할 수 없는 물질은 대장을 통과해 항문으로 배설된다.

(4) 내분비계·비뇨기계·생식계
① 내분비계
  ㉠ 내분비선은 호르몬이라는 화학물질을 분비하여 특정 부위로 운반한다.
  ㉡ 각각의 호르몬은 표적기관이라는 특정 장기에 작용하여 특이작용을 한다.
  ㉢ 인슐린·타이록신과 같은 호르몬은 많은 장기를 표적으로 하는 반면, 칼시토닌이나 일부 뇌하수체 호르몬은 표적장기가 하나 혹은 몇 개에 불과하다.
  ㉣ 호르몬은 성장 조절·음식물을 이용한 에너지 생산·스트레스 저항·체액의 pH 농도 조절 및 균형 유지·생식 조절 등의 역할을 한다.
② 비뇨기계
  ㉠ 신장
    ⓐ 몸 속 체액의 양과 이온 농도를 적절하게 조절한다.
    ⓑ 노폐물(요소, 요산, 크레아티닌 등)을 소변으로 내보내고 독성 물질·약물·대사

　　　　산물의 독을 제거한다.
　　　ⓒ 여러 호르몬의 작용으로 세포 밖 수분의 양과 혈압을 조절한다.
　　　ⓓ 적혈구 생성에 관여하며 간과 더불어 뼈를 만드는 내분비기능을 한다.
　　　ⓔ 인슐린, 글루카곤, 칼시토닌 등 여러 호르몬을 분해하거나 대사시킨다.
　　ⓒ 요관(수뇨관)
　　　ⓐ 신장에서 방광으로 소변을 운반하는 관으로 가늘고 길다(약 30cm).
　　　ⓑ 각 신장에서 나와 복강 뒤쪽으로 내려가서 방광에 연결된다.
　③ 생식기계 : 새로운 개체를 탄생시켜 종을 유지하는 기능을 맡는다.

2. 대사

(1) 대사 작용

① 대사 메커니즘
　㉠ 구성 물질 또는 축적되어 있는 단백질, 지방 등을 분해하거나 음식을 섭취한다.
　㉡ 필요한 물질을 합성하여 기계적인 일이나 열을 만든다.
　㉢ 호흡(내부)이나 육체적(외부) 에너지로 사용하며 이때 열이 발산된다.

② 에너지 대사율
　㉠ 인간은 체내로 받아들인 영양소를 산소와 화합시켜 발생하는 에너지로 활동한다.
　㉡ 이때 에너지가 출입하는 것을 에너지 대사라 한다.
　㉢ 에너지 대사율(RMR : Relative Metabolic Rate)

$$\text{에너지대사율}(R) = \frac{\text{작업 중 대사량} - \text{안정 대사량}}{\text{기초 대사량}}$$

③ 기초대사량
　㉠ 체온 유지, 호흡, 심장 박동 등 기초적인 생명 활동에 필요한 최소한의 에너지량을 뜻한다.
　㉡ 깨어 있는 상태의 최저 수준 에너지 대사로 신체 표면적에 비례한다.
　㉢ 안정대사량은 보통 식사 후 두 시간 이상 경과 시 대사량으로 기초대사량보다 20% 정도 증가한다.

(2) 젖산과 산소부채

① 젖산(latic acid)
　㉠ 격렬한 작업에서 충분한 산소가 공급되지 못해 축적되는 물질

ⓒ 혈액 속으로 들어가서 신장을 거쳐 소변으로 배출된다.
　　ⓒ 근육 내 젖산 축적은 근육 피로의 1차적 원인이 된다.
　② 산소부채(oxygen debt)
　　㉠ 젖산 제거속도가 생성속도에 못 미치면 활동이 끝난 후에도 젖산이 남게 된다.
　　ⓒ 이 젖산을 제거하기 위해서 산소가 더 필요한 현상을 산소부채라 한다.
　　ⓒ 산소부채로 인해 작업 중 증가됐던 맥박과 호흡이 휴식 상태에서도 즉각 감소되지 못한다.

> **Point 피로의 특징**
> ① 신체의 일부를 과용한 경우에도 피로는 전신적으로 나타난다.
> ② 작업능률의 저하 및 의욕을 감퇴시키는 성질을 가진다.
> ③ 정신적, 육체적으로 증상이 6개월 이상 지속되는 만성피로는 보통의 휴식으로 쉽게 회복되지 않는다.

3.4 신체반응 및 신체역학

1. 신체반응 척도

작업이 인체에 미치는 생리적 부담을 측정하는 것으로 맥박수와 산소소비량 측정이 있다.

(1) 생리적 척도

① 산소 소비량
　㉠ 산소는 음식물 대사와 에너지 방출에 사용된다.
　ⓒ 방출 에너지량은 섭취하는 음식량에 따라 달라진다(보통의 식사=산소 1L당 5kcal 방출).
　ⓒ 작업 중 산소 소비량은 더글라스 백을 사용하여 단위 시간당 배기량을 측정한다.
　ⓔ 질소는 체내에서 대사되지 않고 배기는 흡기보다 적으므로 배기 중 질소비율은 커진다.
② 심박과 심전도(ECG)
　㉠ 1분간 심실이 수축, 이완하는 주기를 심박수라 한다.
　ⓒ 심장근 수축에 따른 전기적 변화를 검출, 증폭, 기록한 것을 심전도라 한다.

> 맥박은 열 및 감정 압박의 영향을 잘 나타내지만 체질이나 건강과 같은 개인적 요소에도 좌우되므로 여러 종류의 작업지표를 나타내는 절대지표로는 산소소비량보다 덜 적합하다.

③ 근전도(EMG : electromyogram)
  ㉠ 근육의 활동전위를 기록한 곡선을 말한다.
  ㉡ 근전도에 의해서 운동기능의 이상 원인을 진찰하기도 한다.

(2) 심리적 척도

① 점멸 융합 주파수(CFF : Critical Flicker Fusion Frequency)
  ㉠ 일정 속도로 빛을 점멸시키면 깜빡거림을 인지하지만, 매우 빨라지면 쭉 켜진 것으로 인식한다.
  ㉡ 점멸되는 빛이 연속으로 보이는 정도는 피곤할수록 느려지게 된다.
  ㉢ 잘 때나 멍할 때의 CFF는 낮고, 긴장하거나 정신이 맑을 때의 CFF는 높다.

② 뇌파

구분	주파수(Hz)	상태
알파(α)파	8~13	명상과 같은 편안한 상태. 스트레스 및 집중력 향상에 도움이 된다.
베타(β)파	14~30	긴장 또는 흥분상태 등 모든 의식 활동 때에 나타난다.
세타(θ)파	4~7.99	졸음이나 수면 중에 나타난다. 긴장 이완 및 피로 회복에 도움이 된다.
델타(δ)파	0.5~3.99	깊은 수면이나 혼수상태에 나타나며 심신 치유에 도움이 된다.

③ 기타
  ㉠ 부정맥 : 심장활동의 불규칙성의 척도
  ㉡ 안구 측정 : EOG, eye camera
  ㉢ 정신전류반응(GSR)

2. 신체동작과 반응

(1) 신체 역학

① 굴곡(flexion) : 관절이 만드는 각도가 감소하는 동작. 팔꿈치 굽히기
② 신전(extension) : 관절이 만드는 각도가 증가하는 동작. 굽힌 팔꿈치 펴기

③ 외전(abducton) : 사지를 몸의 중심선으로부터 멀어지게 하는 동작. 팔을 수평으로 들기
④ 내전(adduction) : 사지를 몸의 중심선에 가깝게 하는 동작. 들어올린 팔을 내리기
⑤ 외선(lateral rotation) : 사지를 몸의 중심선 바깥쪽으로 회전하는 동작. 팔씨름을 지는 회전
⑥ 내선(medial rotation) : 사지를 몸의 중심선 쪽으로 회전하는 동작. 팔씨름을 이기는 회전
⑦ 회외(supination) : 직각상태에서 손바닥을 위로 보이게 돌리는 동작
⑧ 회내(pronation) : 직각상태에서 손등을 위로 보이게 돌리는 동작

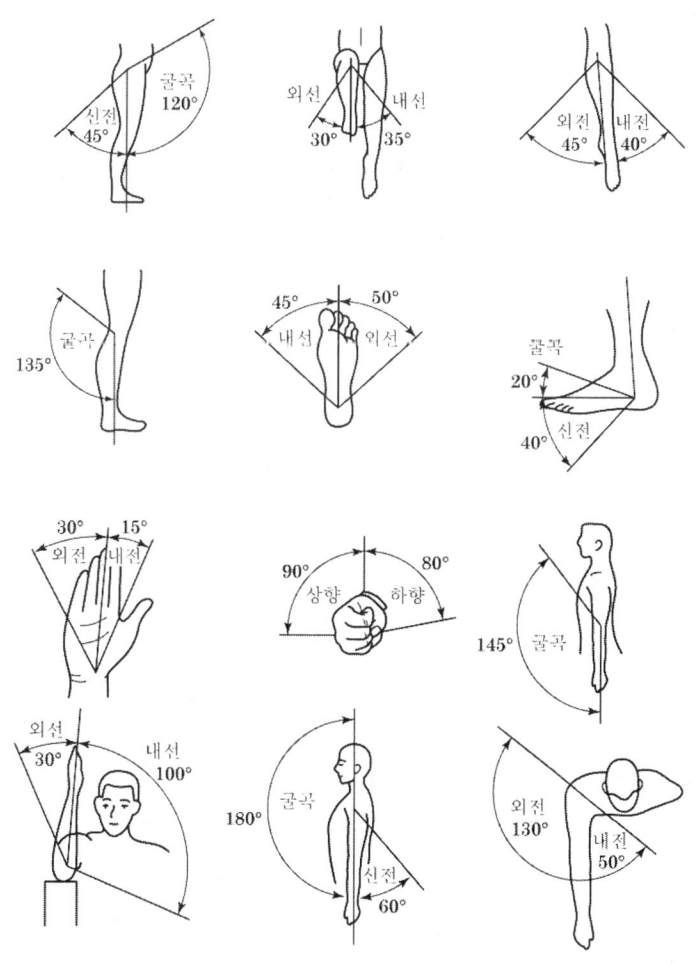

(2) 동작의 유형
① 독립동작 : 정지과녁에 이르는 단일동작

② 반복동작 : 하나 또는 여러 개의 정지과녁을 향한 단일동작의 반복. ex) 망치질, 방향키 반복누름

③ 계열동작 : 다수의 작업이 이루어지지만 궁극적으로는 단일목표를 갖는 동작. ex) 타이핑, 피아노

④ 연속동작 : 동작 중 특정 근육 조절이 필요한 동작. ex) 자동차 핸들조작

⑤ 조작동작 : 계기판을 보고 조정하는 동작. ex) 속도조절

⑥ 정지동작 : 신체 부위를 일정 시간 특정 위치로 유지하는 동작. ex) 부품이나 공구를 들고 있는 것

(3) 정적 반응

멈춰진 자세를 유지하기 위해서 근육은 수축상태를 지속해야 하는데 움직이는 경우보다 더 힘들 수 있다.

① 진전(tremor) : 몸이 떨리는 현상. 정적 자세를 유지해야 하는 작업 시에는 진전을 막아야 한다.

② 진전이 증가하는 경우 : 떨지 않으려 의식할 때 더 진전이 심해진다.

③ 진전을 감소시키는 방법
  ㉠ 시각적 참조(reference)
  ㉡ 정적 반응에 관여하는 신체부위를 잘 받친다.
  ㉢ 손을 심장높이에 위치하게 한다.
  ㉣ 대상물에 기계적인 마찰을 준다.

(4) 동작경제의 원칙

① 동작의 범위는 최소로 하고 동작의 순서를 합리화한다.

② 동작은 가급적 조합하여 하나의 동작으로 하고, 에너지 소모가 적은 동작으로 한다.

③ 두 손의 동작은 같이 시작하고 같이 끝나도록 한다.

④ 공구, 재료, 조작장치 등은 되도록 손이 닿는 범위 내에 둔다.

⑤ 중심이동을 최소화하고 관성, 중력 등의 물리적 조건을 이용한다.

⑥ 급격한 방향 전환을 배제하고, 동작의 경로를 자연스러운 흐름대로 배치한다.

⑦ 양손을 몸 쪽이나 바깥쪽으로 움직일 경우 좌우 대칭으로 한다.

⑧ 가능하면 손 대신 발이나 신체 다른 부분을 쓴다.

3.5 신체활동

1. 근력과 지구력

(1) 근력
① 정의 : 한 번의 수의적(voluntary)인 노력에 의해서 근육이 등척적으로 낼 수 있는 힘의 최대치
② 등속성 근력(동적 근력, isokinetic strength) : 물건을 들어올릴 때와 같이 팔, 다리 등이 움직이는 상태에서 발휘되는 근력
③ 등척성 근력(정적 근력, isometric strength) : 정지 상태에서 물건을 들고 있을 때처럼 고정 물체에 힘을 가하는 근력

(2) 지구력
① 정의 : 근력을 사용하여 특정 힘을 유지할 수 있는 능력을 뜻한다.
② 근력과의 비교
　㉠ 인간은 단시간 동안만 최대 근력을 유지할 수 있다.
　㉡ 정적 근력은 최대 근력의 20% 정도, 동적 근력은 30% 정도까지 발휘하여 유지될 수 있다.

2. 에너지 소비

(1) 육체활동에 따른 에너지 소비량
① 일상생활에서의 에너지 소비량

육체활동	수면	앉아 있기	서 있기	평지 걷기	다림질	자전거
소비량(kcal/min)	1.3	1.6	2.3	2.1	2~3	5.2

② 다양한 노동에서의 에너지 소비량(kcal/min)

① 앉은 자세	② 앉은 자세의 작업	③ 벽돌쌓기	④ 톱질
1.6	2.7	4.0	6.8
⑤ 도끼질	⑥ 삽질	⑦ 삽으로 넣기	⑧ 짐나르기(어깨)
8.0	8.5	10.2	16.2

(2) 운반방법에 따른 에너지 소비량

(등·가슴 운반을 100으로 했을 때)

등·가슴	머리	배낭	이마	어깨	목도	양손
100	103	109	114	123	129	144

(3) 작업부하와 휴식

① 인간의 작업 특성
  ㉠ 인간은 요구되는 육체적 활동수준을 장시간 유지할 수 없다.
  ㉡ 작업부하가 한계를 벗어나면 휴식을 통해 초과분을 보상해야 한다.
② 작업부하의 권장 한계
  ㉠ 8시간 작업 기준 남성 5kcal/min 이하, 여성 3.35kcal/min 이하
  ㉡ 4시간 작업 기준 남성 6.25kcal/min 이하, 여성 4.2kcal/min 이하
③ 휴식시간 산출

$$휴식시간(R) = \frac{T(W-S)}{S-1.5}$$

여기서, T=총 작업시간(min)
W=작업 중 평균 에너지 소비량(kcal/min)
S=권장 에너지 소비량(kcal/min)

3.6 신체계측

1. 인체치수의 분류 및 측정

(1) 인체치수의 분류
① 구조적 치수
  ㉠ 정적 자세에서 신체치수를 측정한 것이다.
  ㉡ 골격치수, 외곽치수 등 여러 신체부위를 측정할 수 있다.
② 기능적 치수
  ㉠ 활동 중인 신체 자세를 측정하는 것이다.
  ㉡ 인체 각 구조의 운동 기능으로부터 생활현상까지 관찰할 수 있다.

(2) 인체치수 측정
① 인체측정 기준점(한국인 인체치수 조사사업 기준)

머리마루점	머리수평면을 유지할 때 머리 부위 정중선상에서 가장 위쪽
눈초리점	눈의 위쪽과 아래쪽 눈꺼풀이 만나서 형성된 눈의 가쪽 구석
귀구슬점	귀의 귀구슬과 머리의 연결부분에서 가장 위쪽
목앞점	목밑둘레선에서 앞 정중선과 만나는 곳
어깨가쪽점	위팔 폭을 이등분하는 수직선과 겨드랑둘레선이 만나는 곳
겨드랑점	겨드랑 접힘선의 가장 아래점
엉덩이돌출점	엉덩이 부위에서 가장 뒤쪽으로 돌출한 곳
손끝점	셋째손가락의 끝
발끝점	첫째 또는 둘째발가락 중 더 긴 발가락의 끝
무릎뼈위점	무릎뼈 위가의 가장 위쪽

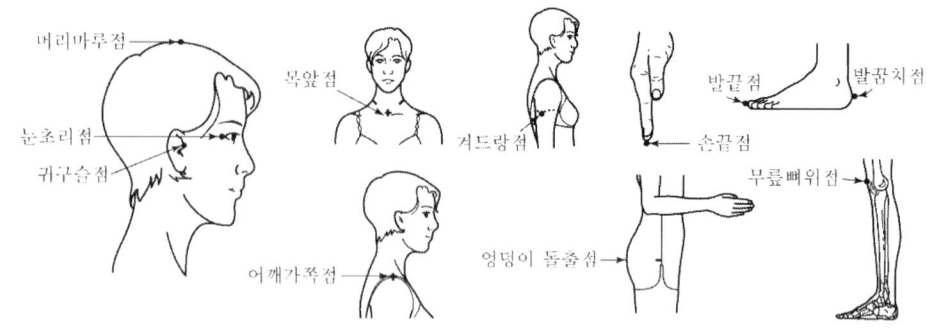

② 주요 측정항목(한국인 인체치수 조사사업 기준)

키	바닥면에서 머리마루점까지의 수직거리
어깨높이	바닥면에서 어깨점까지의 수직거리
엉덩이너비	양쪽 엉덩이 돌출점 수준에서의 수평거리
앉은키	앉은면에서 머리마루점까지의 수직거리
앉은 어깨높이	앉은면에서 어깨점까지의 수직거리
무릎높이	바닥면에서 정강뼈위점까지의 수직거리(선 자세)
앉은 무릎높이	바닥면에서 무릎뼈위점까지의 수직거리(앉은 자세)
어깨너비	양쪽 어깨점 사이의 수평거리(앉은 자세)
등길이	목뒤점에서 허리뒤점까지의 길이
허리높이	바닥면에서 허리앞점까지의 수직거리

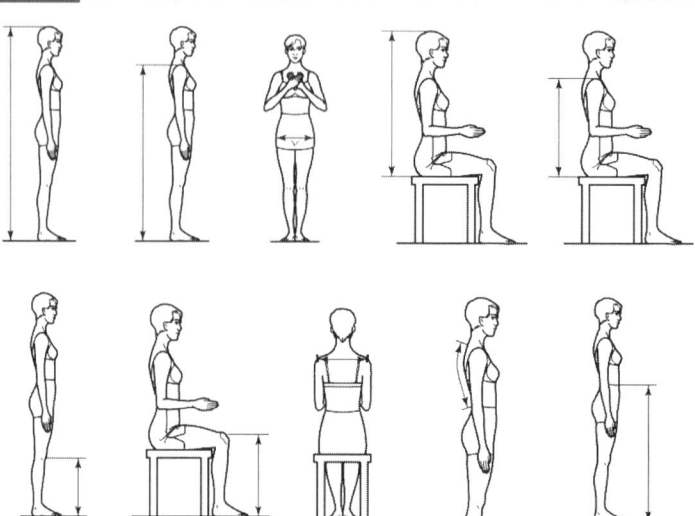

③ 인체치수의 약산치

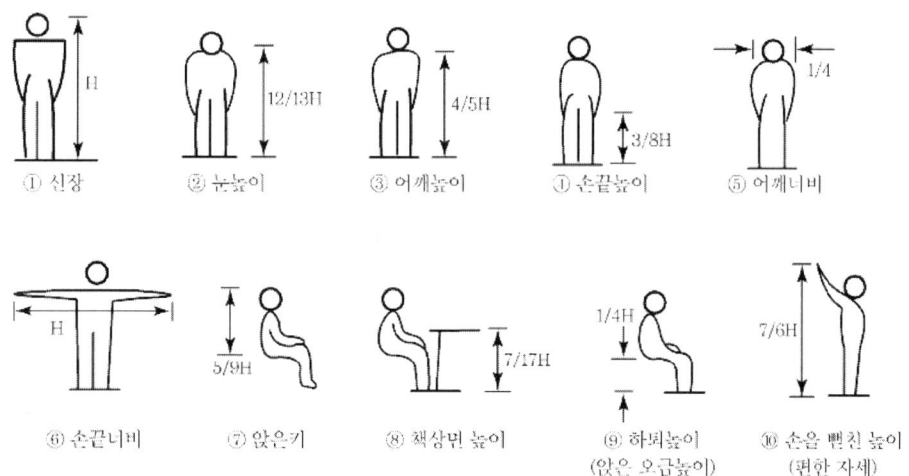

2. 인체측정 자료의 응용원칙

(1) 평균치 설계

① 평균치로 각종 장치와 설비를 설계하면 복잡한 인체측정 자료를 다루지 않아도 된다.
② 평균에 가까울수록 불편함은 줄어들고, 멀어질수록 불편함이 커진다.
③ 계산대, 창구 등의 설계에 적용된다.

(2) 최대·최소치 설계

특정 장치 및 설비의 설계 시, 대상 집단 모두가 받아들일 수 있도록 하는 방법이다.

① 최대 집단치 설계(최소치수)
  ㉠ 대상 집단에 대해 인체측정치의 상위 백분위 수를 기준으로 설계한다(90, 95, 99퍼센타일).
  ㉡ 출입문의 높이, 등산용 로프 강도 등에 적용된다(최소 얼마 이상).
  ㉢ 로프 강도를 최상위 체중에 해당하는 사람이 쓸 수 있게 만들면 그보다 가벼운 사람들도 쓸 수 있다.

② 최소 집단치 설계(최대치수)
  ㉠ 대상 집단에 대해 인체측정치의 하위 백분위 수를 기준으로 설계한다(1, 5, 10퍼센타일).

    ⓒ 선반 높이, 엘리베이터 버튼 높이, 비행기 조종간 거리 등에 적용된다(최대 얼마 이하).

    ⓒ 엘리베이터 버튼을 어린 아이가 누를 수 있게 설계하면 그보다 큰 사람도 사용 가능하다.

(3) 가변 설계(조절 치수)

① 인체치수가 다른 여러 사람을 수용할 수 있도록 가변적으로 만드는 방법이다.

② 자동차 좌석, 사무실 의자 등은 거리나 높이를 조절할 수 있도록 설계한다.

③ 조절범위는 대체로 5~95퍼센타일 범위로 한다.

3.7 시각

1. 눈의 구조 및 기능

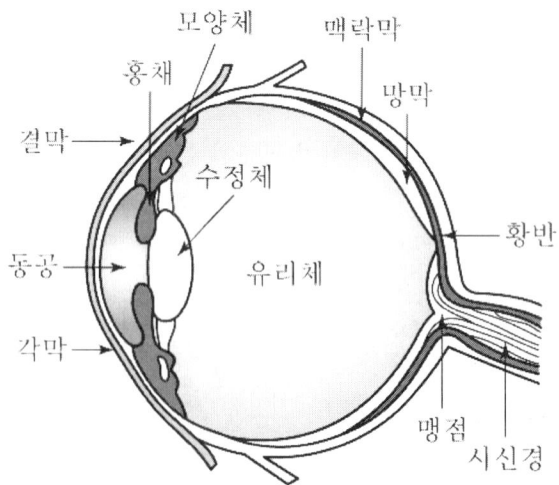

(1) 주요 부위와 카메라 기능과의 비교

눈의 부위	기 능	카메라의 비교
수정체	• 두께를 조절하여 초점을 맞추는 역할을 한다. • 먼 곳을 볼 때는 얇게, 가까운 곳을 볼 때는 두껍게 된다.	렌즈
동공	• 홍채의 개구부에서 눈에 들어오는 빛의 양을 조절한다. • 빛이 강할 때는 좁아지고, 빛이 약할 때는 넓어진다.	조리개
망막	• 안구의 가장 안쪽을 덮고 있는 투명한 신경조직이다. • 명암을 식별하는 간상체와 색을 식별하는 추상체가 존재한다.	필름
안근	• 보는 대상 쪽으로 눈을 돌려주는 작동을 한다. • 안근에 의하여 안구는 상하좌우로 움직인다.	카메라 스탠드

(2) 기타 부위의 특징 및 기능

① 유리체(초자체) : 안구 내부를 채우고 있는 투명한 젤리 형태 조직. 망막까지 빛을 통과시키고 안구 형태를 유지한다.

② 맹점 : 시신경이 맥락막과 공막을 뚫고 안구의 바깥으로 나가는 부위를 유두라 하며 이 부분의 망막에는 시세포가 없어 물체의 상이 맺히지 않으므로 시각의 기능을 할 수 없다. 이를 맹점이라 한다.

③ 황반 : 맹점 주변의 망막 위에 위치하며 시력 및 색각이 가장 강한 곳이다. 황반의 중심부에 움푹 패인 작은 부분을 중심와(中心窩)라고 하며, 여기에 시세포 중 하나인 원추세포가 밀집되어 있어 빛을 가장 선명하고 정확하게 받아들일 수 있다. 중심와의 주변으로 감에 따라 원추세포의 수는 급격히 감소하고 명암만을 감각하는 간상세포의 수가 늘어난다.

2. 시각과정과 요소

(1) 시각의 기본 과정

① 물체의 반사광이 투명한 각막, 전안방, 수정체를 통과한다.
② 원형의 동공은 홍채 근육의 작용으로 크기를 조절하여 빛의 양을 조절한다.
③ 동공을 통과한 빛은 수정체에서 굴절된 뒤, 안구를 채우고 있는 초자체를 지나간다.
④ 정상 또는 교정시력인 사람의 수정체는 눈 후면의 감광 표면인 망막에 빛의 초점을 맞춘다.

(2) 순응

새로운 광도 수준에 대한 시각의 적응

① 암순응(dark adaption)

　㉠ 밝은 곳에서 어두운 곳으로 전환 시의 순응

　㉡ 약 5분 정도의 추상체 순응단계를 거친 후 30분 내외의 간상체 순응단계로 이어진다.

　㉢ 어두운 곳에서 추상체는 색 감수성을 잃고, 간상체에 의존하게 된다.

② 명순응(lightness adaption)

　㉠ 어두운 곳에서 밝은 곳으로 전환 시의 순응

　㉡ 어둠 속에서 빛에 민감해진 시각계통을 강한 빛이 압도하여 일시적으로 보는 것이 힘들어진다.

　㉢ 명순응은 빠르면 수 초, 늦어도 1분 정도 걸린다.

> **Point 푸르킨예 현상**
>
> 체코의 생리학자 푸르킨예가 발견한 현상. 색광에 대한 시감도가 명암순응 상태에 의해 달라지는 현상으로 여러 명암순응의 상태에서 시감도곡선을 구하면 명순응의 정도가 높아지게 됨에 따라서 시감도곡선의 극대점이 장파장측으로 기울며 반대로 암순응의 정도가 높아지면 단파장측으로 기운다. 그 때문에 명순응 시에는 빨강이나 주황이 상대적으로 밝게 보이며 암순응 시에는 파란색이 밝게 보인다.

(3) 시각과 시력

① 시각

　㉠ 보는 물체에 의한 눈에서의 대각이며, 분(′) 단위로 나타낸다.

　㉡ 계산식

$$시각(分) = \frac{57.3 \times 60 \times L(\text{mm})}{D}$$

　　여기서, L=시선과 직각으로 측정한 물체의 크기(mm), D=물체와 눈 사이의 거리(mm)

　※ 1rad는 57.3°이고 1°=60′이므로 radian 단위를 분으로 환산시키기 위한 두 상수를 곱한다.

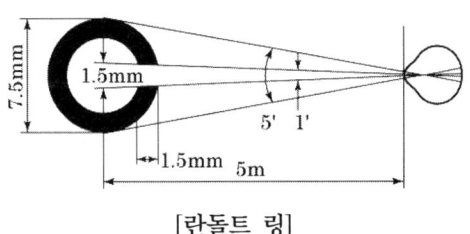

[란돌트 링]

② 시력
  ㉠ 시력은 시각의 역수로 나타낸다.
  ㉡ 시력 1.0은 최소 시각이 1분(分), 2.0은 최소 시각이 0.5분(分)인 시력을 말한다.

> **Point**
>
> 10m 거리에서 란돌트 링을 1.5mm 구분할 수 있는 사람의 시력은 얼마인가?
> [2012년 9월 출제]
>
> $$시각 = \frac{57.3 \times 60 \times 1.5}{10000} = 0.516(분) \qquad \therefore 시력 = \frac{1}{0.516} = 1.9$$

③ 시각 이상
  ㉠ 근시
    ⓐ 물체의 상이 망막 앞쪽에 맺히는 눈의 상태. 먼 거리에 있는 물체를 보는 것이 어렵다.
    ⓑ 오목렌즈로 교정한다.
    ⓒ 분류
      • 축성 근시 : 굴절력은 거의 정상이지만 안구 축이 길어져서 상이 앞에 맺힌다.
      • 굴절 근시 : 안구 축은 정상이지만 각막 또는 수정체의 굴절력이 강한 경우의 근시이다.
  ㉡ 원시
    ⓐ 물체의 상이 망막 뒤쪽에 맺히는 눈의 상태. 먼 곳은 잘 보이나 가까운 것이 잘 보이지 않는다.
    ⓑ 볼록렌즈로 교정한다.
    ⓒ 분류
      • 축성 원시 : 굴절력은 거의 정상이지만 안구 축이 짧아져서 상이 뒤에 맺힌다.
      • 굴절 원시 : 안구 축은 정상이지만 각막 또는 수정체의 굴절력이 약한 경우의

원시이다.
ⓒ 난시
  ⓐ 각막에서 굴절된 빛이 한 점에서 초점을 맺지 못하고 두 점 또는 그 이상의 초점을 갖는 눈의 굴절 이상
  ⓑ 초점이 망막 표면에 맞지 않는 원시나 근시와 달리, 각막과 수정체를 통과한 빛이 어느 한 점에 상을 맺지 못하므로 상이 흐려 보이게 된다.

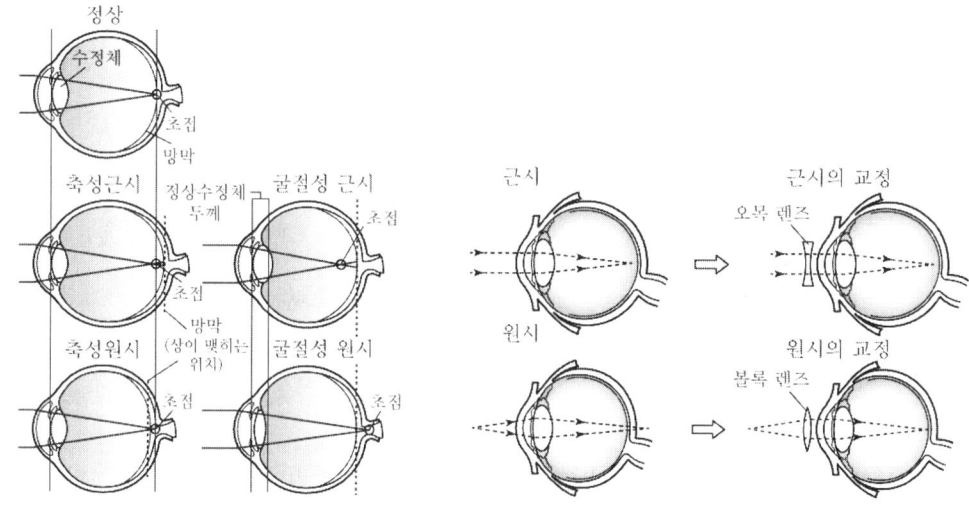

3.8 청각

1. 소리와 청각

(1) 귀의 구조

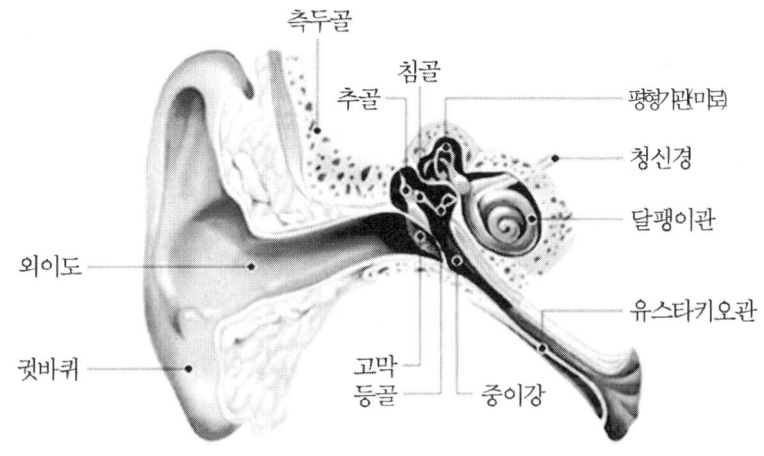

(2) 각 부분의 기능

① 외이
  ㉠ 소리를 모으는 역할을 수행한다.
  ㉡ 귓구멍, 귓바퀴, 외이도로 이루어지며, 고막을 경계로 중이와 구분된다.
② 중이
  ㉠ 침골, 추골, 고막등골이 고막의 진동을 내이의 난원창에 전달한다.
  ㉡ 고막의 진동이 와우각 속의 액체에 큰 운동을 가하여 듣는다는 느낌을 받게 한다.
③ 내이
  ㉠ 달팽이관은 신체 위치 및 운동의 감각을 느끼며, 소리를 청신경 중추에 보내는 역할을 한다.
  ㉡ 내부에 가득 찬 임파액이 소리를 내부로 유도하여 기저막을 진동시킨다.
  ㉢ 기저막 위의 작은 모상세포에서 받은 소리가 신경 충동을 일으켜 청신경을 통해 뇌에 전달한다.

(3) 골전도

① 공기 중 음파가 직접 내이에 전해져서 청각을 일으키는 경로를 뜻한다.
② 자신의 목소리를 녹음해서 들으면 어색하게 들리는 것은 골전도 과정이 없기 때문이다.

2. 소리와 능률

(1) 음의 성질

① 음파(sound wave) : 관성과 탄성을 가진 매질을 전파하는 압력의 변동으로서 매질입자가 전파방향과 같은 방향으로 운동하는 종파이다.
② 주파수(진동수) : 음이 전파될 때 파동현상을 나타내는데 이때 1초간 왕복운동수를 말한다.
  ㉠ 단위 : Hz(c/s)
  ㉡ 가청주파수 : 20~20000Hz, 청력손실은 4000Hz 전후에서 나타난다.
  ㉢ 초음파 : 초저주파수음(20Hz 미만), 초고주파수음(20000Hz 이상)
③ 음속
  ㉠ 음파가 전달되는 속도는 기온 15℃의 공기에서 약 340m/s이며 기온 1℃의 증가에 따라 0.6m/s씩 증가한다.

  음속 c=331.5+0.6t (t=기온)

  ㉡ 음속은 주파수의 영향은 받지 않고 통과하는 물질의 성질에 영향을 받는다.

(2) 음의 3요소

① 강도(크기)
  ㉠ 음의 크기는 감각량이며 음파의 진행방향에 수직인 단위면적을 통하여 단위시간에 운반되는 진동에너지의 양이다.
  ㉡ 사람이 듣는 음의 주파수가 같다면 면적이 크고 진폭이 클수록 큰 음이 된다.
② 높이
  ㉠ 주파수가 큰 음은 높고, 작은 음은 낮게 느낀다. 그러나 음의 크기나 파형의 영향도 받는다.
  ㉡ 음의 지속 시간이 짧으면 높이의 감각이 없어진다.
  ㉢ 1옥타브 위의 음은 기본 주파수에 대해 2배, 2옥타브 위의 음은 4배만큼 높은 주파수의 음을 의미한다.

③ 음색
  ㉠ 음파를 구성하는 배음구조에 따라 다르게 느껴지는 것을 말한다.
  ㉡ 외형상으로 비슷한 악기라 해도 음의 배열과 크기가 다르면 음색이 달라진다.

(3) 소리의 각종 현상

① 회절 : 음의 진행 중 장애물이 있으면 파동은 직진하지 않고 그 뒤쪽으로 돌아가는 현상. 칸막이벽 뒤의 소리가 들리는 것은 회절현상 때문이다.
② 간섭 : 양쪽에서 나온 음이 어떤 점에 도달하면 서로 강하게 하거나 약화시키거나 하는 현상이다.
③ 울림(에코) : 진동수가 조금 다른 두 음의 간섭에 의해 생기는 현상
④ 공명 : 발음체로부터 나오는 음파를 다른 물체가 흡수하여 같이 소리를 내는 현상. 실내에서 공명이 발생하면 균등한 음의 분포를 얻기가 힘들다.
⑤ 확산 : 음파가 구부러진 표면에 부딪쳐 여러 개의 작은 파형으로 나뉘는 것
⑥ 반사 : 음은 흡수, 투과, 또는 반사의 성질을 갖고 있으며, 각각의 비율은 재료에 따라 다르다.
⑦ 잔향 : 실내에서 어떤 음원이 갑자기 사라져도 그 음이 남아 있는 현상
⑧ 굴절 : 매질이 다른 곳을 통과하는 음의 속도가 달라져서 전파방향이 바뀌거나 소리가 흡수될 때 일어나며 진동수는 변하지 않는다.

3. 음량의 측정

(1) 데시벨(dB)

① 소리의 상대적인 크기를 나타내는 단위
② 매질 속을 진행하는 소리의 에너지는 음압의 제곱에 비례한다. 귀가 최대의 가청범위로부터 최소 가청범위까지의 비례 범위를 취급하는 데에는 벨(bel)을 쓴다. 두 음의 강도 차는 이 비의 상용대수를 따서 벨이라고 하고, 보통 이 벨을 10으로 나눈 데시벨(dB)을 쓰고 있다.
③ 데시벨은 소리의 강도(E)의 비례대수의 10배, 또는 음압(P)의 비례대수의 20배가 된다. 에코나 정재파 등과 같은 반사나 바람, 굴절에 의한 방해가 없는 한 소리의 크기는 거리의 제곱에 반비례한다.

(2) 음압과 음의 세기레벨

① 음압
  ㉠ 음파에 의해 공기 진동으로 생기는 대기 중의 변동으로 단위 면적에 작용하는 힘
  ㉡ 단위 : $\mathrm{dyne/cm^2(mbar)}$, $\mathrm{N/m^2(PA)}$

  dB 수준 = $20\log(\dfrac{P_1}{P_0})$

  [P_0 : 기준음의 음압, P_1 : 측정음 또는 비교음의 음압]

② 음의 세기레벨
  ㉠ 어떤 음의 세기가 기준치의 몇 배인가를 나타내는 정도
  ㉡ 기준치 : $10^{-12}\mathrm{W/m^2} = 10^{-16}\mathrm{W/cm^2}$

  dB 수준 = $I_L = 10\log(\dfrac{I_1}{I_0})$

  [I_0 : 기준음의 세기, I_1 : 측정음 또는 비교음의 세기]

(3) 주관적 척도와 감각량

① phon
  ㉠ 두 음이 있을 때 그 중 하나를 조절하면 같은 크기의 음이 되도록 할 수 있다.
  ㉡ 이러한 기법으로 정량적 평가를 하기 위한 음량 수준의 척도를 만든 것을 phon이라 한다.
  ㉢ 어떤 음의 phon값은 그 음과 같은 크기로 들리는 1000Hz 순음의 음압수준(dB)을 의미한다.
  ㉢ 여러 음의 주관적 등감도를 나타내기에 용이하지만 상이한 음의 상대적 크기는 나타내기 어렵다.

② sone
  ㉠ 음의 대소를 나타내는 감각량의 단위. 1000Hz, 40dB의 음압레벨을 가진 순음의 크기를 1sone으로 한다.
  ㉡ phon이 여러 음의 주관적 크기를 나타낸다면, sone은 다른 음의 상대적인 주관적 크기를 나타낸다.
  sone값 = $2^{(\text{phon값}-40)}$ (1sone=40phon, 2sone=50phon, 4sone=60phon)

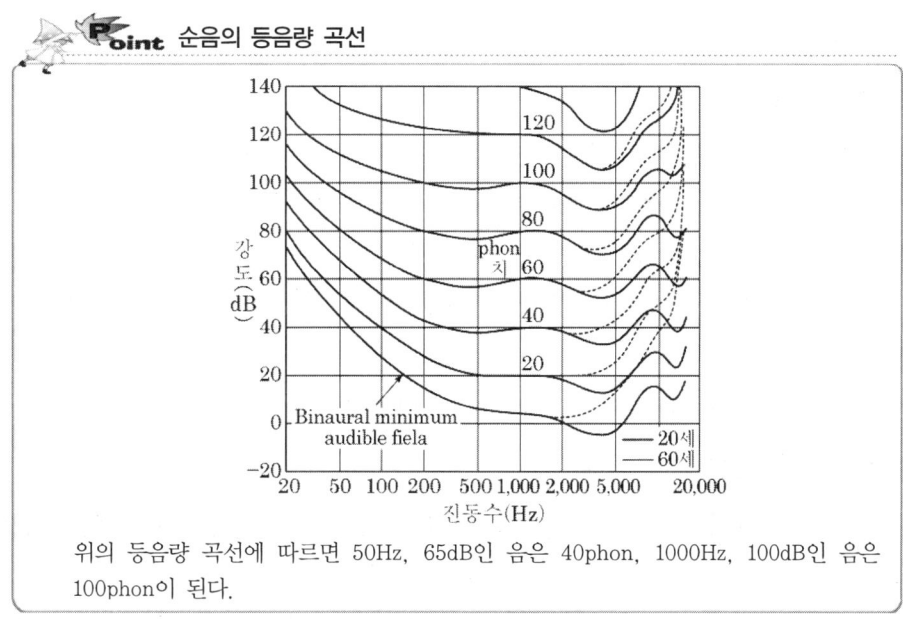

Point 순음의 등음량 곡선

위의 등음량 곡선에 따르면 50Hz, 65dB인 음은 40phon, 1000Hz, 100dB인 음은 100phon이 된다.

4. 대화와 대화 이해도

(1) 음의 은폐효과(masking effect)

① 음의 한 성분이 다른 성분의 청각 감지를 방해하는 현상을 뜻한다.
② 한 순음이 다른 순음을 엄폐할 때 진동수와 강도로써 엄폐 정도가 정해진다.
③ 엄폐하는 소음의 진동수는 신호의 진동수에 가깝거나 그보다 약간 낮은 것이 가장 엄폐되기 쉽다.
④ 백색소음에 의한 엄폐를 받고 있을 때 들리는 순음의 높이는 엄폐가 없을 때와 같다. 그러나 순음이 엄폐하는 소리보다 약간이라도 클 때, 순음은 약 10% 높은 소리로 들린다.

(2) 대화 이해도

① 대화의 에너지와 소음의 에너지 비율로, 이는 S/N으로 나타내고 S/N비(dB)로 측정한다.
② 대화와 소음을 합한 강도가 80dB을 넘으면 귀의 내부에서 소리의 왜곡이 생겨 이해도를 떨어뜨리게 된다.
③ 귀마개를 해도 S/N비는 변하지 않으나, 대화소음을 합한 강도를 20dB 정도 낮추어 청각기구에 의한 소리의 왜곡을 감소시켜 대화를 이해하는 데 도움이 된다.

5. 합성 음성

(1) 디지털 기록

① 기존의 아날로그 신호를 직접 기록 또는 재생(테이프나 레코드)하는 방법에서 발전하여, 음성을 디지털화하여 컴퓨터의 기억장치에 보관하는 것이다.
② 디지털화된 신호를 고속으로 추출하여 그 정보를 저장한 후에 음성으로 재생한다.
③ 디지털화된 정보를 저장하기 위해서는 대용량의 기억장치가 필요하다(단어 10개당 1메가비트 정도).
④ 음질은 우수하지만 신뢰도나 저장용량 문제로 인해 실용성은 낮다.

(2) 분석에 의한 합성

① 선형 예측, 파형 매개변수 코드화 등의 방법으로 보다 압축된 형식으로 변환, 저장하는 방법이다.
② 디지털 기록방법에 비해 용량이 적어지고 이전에 저장된 단어나 문구만으로 음성 메시지를 만들 수 있다.

(3) 규칙에 의한 합성

① 실제 음성을 코드화하는 다른 방법과 달리, 기본 음성의 생성, 단어와 문장의 조합, 운율 생성 등의 규칙에 기초하여 발음 모형의 적절한 모수들을 발음하는 방법이다.
② 많은 어휘를 비교적 적은 용량으로 구사할 수 있으나 음성의 질은 떨어진다.
③ 인간의 음성 없이도 새로운 어휘를 만들 수 있고, 문자를 직접 음성으로 변환할 수 있다.

3.9 지각과 기타 감각

1. 지각

(1) 지각과 인지
① 지각(perception) : 인체의 감각기관을 통하여 현존하는 환경의 자극에 대한 정보를 감지하여 받아들이는 과정
② 인지(cognition) : 받아들인 정보를 저장, 조직, 재편성, 추출하는 과정
③ 반응 : 환경의 자극 내용이 지각과 인지를 통하여 지식으로 체계화되었을 때 그 대상이 우호적인가 그렇지 않은가의 선호도 또는 만족도로 표현되는 것이 인간의 태도(attitude)이며 그것의 표출이다.

(2) 감지
① 변화감지역(JND : Just Noticeable Difference)
　㉠ 자극 사이의 변화를 감지할 수 있는 두 자극 사이의 가장 작은 차이를 의미한다.
　㉡ 변화감지역이 작을수록 감각의 변화를 검출하기 쉽다.
　㉢ 변화감지역은 사람이 50% 이상을 검출할 수 있는 자극 차원의 최소 차이로 구한다.
② Weber의 법칙
　㉠ 물리적 자극을 상대적으로 판단하는 데 있어 특정 감각의 변화감지역은 기준자극의 크기에 비례한다.

$$\text{Weber의 비} = \frac{\text{변화감지역}}{\text{기준자극 크기}}$$

　㉡ 감각별 Weber의 비

감각	시각	청각	무게	후각	미각
Weber의 비	1/60	1/10	1/50	1/4	1/3

(3) 착시와 착각

① 착시

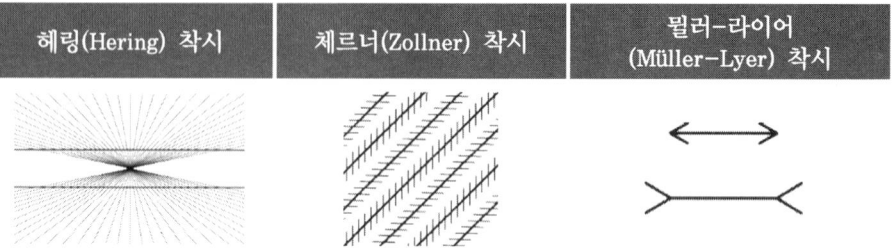

헤링(Hering) 착시	체르너(Zollner) 착시	뮐러-라이어(Müller-Lyer) 착시
평행을 이루는 직선이 만곡되어 보인다.	평행선의 각도가 비틀어져 보인다.	직선 길이가 다르게 보인다.

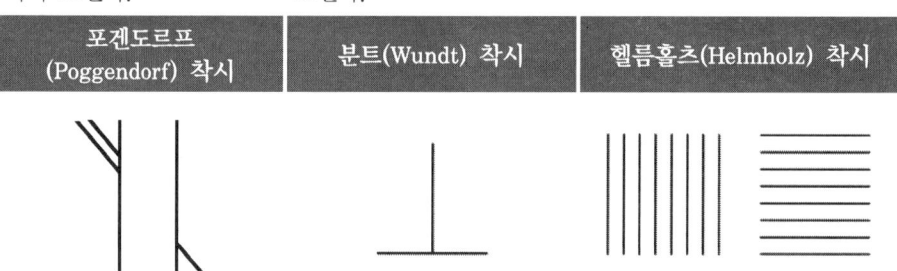

포겐도르프(Poggendorf) 착시	분트(Wundt) 착시	헬름홀츠(Helmholz) 착시
직선이 이어져 보이지 않는다.	수직선이 수평선보다 길어 보인다.	수평선 배열이 더 홀쭉해 보인다.

② 운동착각

㉠ 자동운동 : 캄캄한 방에 작은 불빛 하나만 있으면 정지되어 있는데도 불구하고 움직이는 것처럼 보인다.

㉡ 유도운동 : 두 대상 사이의 거리가 변화할 때 유도되는 운동 감각. 자기가 탄 기차는 움직이지 않는데도, 옆에 있는 기차가 움직이면 자기가 탄 기차가 움직이는 것처럼 보이는 것으로 알 수 있다.

㉢ 가현운동 : 정지하고 있는 대상물이 급속히 나타나거나 소멸하는 것을 반복하면 마치 운동하는 것처럼 인식되는 현상을 말한다. 영화의 영상은 가현운동을 활용한 것이다.

2. 촉각 및 후각

(1) 촉각

① 통각

㉠ 기계적·화학적·열적 자극 등에 통증을 느끼는 피부면의 감각

ⓒ 통각을 느끼는 통점이 피부에 가장 넓게 분포되어 있다(100~200개/cm^2).
② 압각
　　㉠ 피부나 점막을 압박하거나 끌어당기거나 하는 자극을 가했을 때 작용하는 압력의 차이 때문에 생기는 감각
　　ⓒ 자극이 작용하는 부위에 일어나는 것이 아니라 작용하는 부위와 작용하지 않은 부위와의 경계면에서 피부가 변형하는 부위에 일어난다.
　　ⓒ 압각을 느끼는 압점은 통점 다음으로 넓게 분포되어 있다(25~30개/cm^2).
③ 냉각
　　㉠ 온도가 내려가는 것을 느끼는 감각(냉점 개수 6~23개/cm^2)
　　ⓒ 온도가 낮아지면 인체 내에서 피부를 수축시켜 체온이 떨어지는 것을 막는다.
④ 온각
　　㉠ 피부나 점막에서 따뜻함을 느끼는 감각
　　ⓒ 피부에 분포된 온점은 가장 적다(팔 기준 온점 개수 1~2개/cm^2).

(2) 후각

① 향을 가진 물질의 미립자가 공기 중에 확산되어 후각기관을 자극하면 흥분을 일으켜서 대뇌에 전달하는 감각이다.
② 후각은 냄새의 자극이 일정 시간 경과하면 점점 쇠퇴하여 냄새에 대한 지각이 사라진다.
③ 후각의 민감도는 특정 물질과 그 냄새를 맡는 사람마다 상이하게 나타난다.
④ 후각은 많은 자극 중 하나를 식별하는 것보다 냄새의 존재를 탐지하는 데 효과적이다.

part 3

시공 및 재료

CHAPTER 1 시공관리

1.1 공정 및 안전관리

1. 공정관리

(1) 공정표

① 횡선식 공정표

세로축에 공사종목별 각 공사명을 배열하고 가로축에 날짜를 표기한 후 각 공사의 소요 시간을 횡선의 길이로 나타내는 공정표

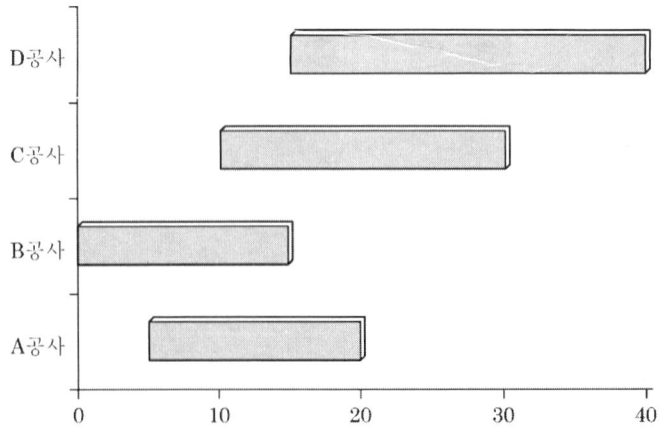

㉠ 장점

ⓐ 각 공정별 공사와 전체의 공정 시기 등이 일목요연하다.

ⓑ 공정별 공사의 착수 및 완료일이 명시되어 판단이 용이하다.

ⓒ 공정표의 형태가 단순하여 경험이 적은 사람도 쉽게 이해할 수 있다.

ⓒ 단점

ⓐ 작업 상호 간의 관계가 불분명하고, 공정선을 파악할 수 없어서 관리통제가 어렵다.

ⓑ 작업 상호 간의 유기적인 관련성과 종속관계 파악이 어렵다.

ⓒ 작업상황이 변동되었을 때 탄력성이 없다.

ⓓ 한 작업이 다른 작업 및 프로젝트에 미치는 영향을 파악할 수 없다.

② 사선식 공정표

세로에 공사량과 총 인부 등을 표시하고, 가로에 월, 일수 등을 표시하여 일정한 사선 절선을 가지고 공사의 진행상태(기성고)를 수량적으로 나타낸다. 작업의 관련성을 나타낼 수는 없으나 공사의 기성고를 표시하는데 편리하다.

㉠ 장점

ⓐ 전체 기성고 파악이 쉽고 자재, 장비, 노무 수배에 유리하다.

ⓑ 공사지연에 따른 조속한 대책을 세울 수 있다.

ⓒ 네트워크 공정표의 보조수단으로 사용할 수 있다.

㉡ 단점

ⓐ 각 단위작업의 기성고 및 조정이 불가능하다.

ⓑ 주공정선 파악이 불가능하고 각 작업 간 상호관계 파악이 불분명하다.

③ 열기식 공정표

부분 공정표로서 재료, 노무 등을 글자로 나열한 것이다. 재료 및 노무 수배에 유리하다.

④ 네트워크 공정표

전체 공정계획 속에 개개의 작업을 ○와 →로 구성되는 망형도로 표시하며, 이에 각 작업에 필요한 시간을 구하여 총괄적 견지에서 관리를 진행하는 공정표로 PERT 방식과 CPM 방식이 있다.

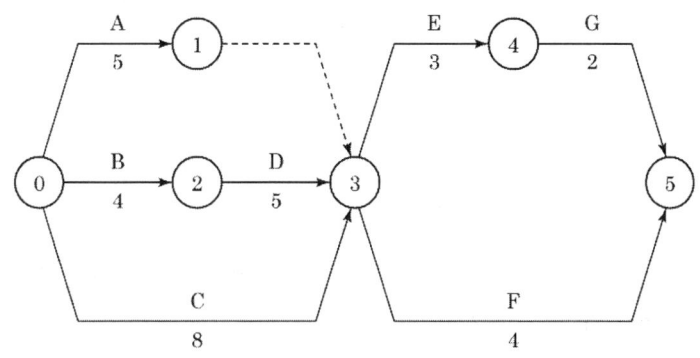

㉠ 장점
　ⓐ 공사계획의 전모와 공사 전체의 파악이 용이하다.
　ⓑ 각 작업의 흐름을 분해하여 작업 상호관계가 명확하게 표시된다.
　ⓒ 계획단계에서 문제점이 파악되므로 작업 전에 수정이 가능하다.
　ⓓ 공사의 진척상황을 누구나 쉽게 알 수 있다.
　ⓔ 주공정선(C.P)이 명확하고, 각 작업의 여유산출이 가능하다.

㉡ 단점
　ⓐ 작성시간이 오래 걸린다.
　ⓑ 작성 및 검사에 특별한 지식이 요구된다.
　ⓒ 기법의 표현상 세분화에 한계가 있다.

㉢ 주요 용어
　ⓐ 결합점(event, node) : 작업의 시작과 종료를 표시하는 개시점, 종료점, 연결점은 ○로 표시하며 작업의 진행방향으로 번호를 순차적으로 부여한다.
　ⓑ 작업(activity, job) : 프로젝트를 구성하는 작업단위 → 위에 작업명, 아래에 작업일수를 표시한다.
　ⓒ 더미(dummy) : 작업 상호관계를 연결시키는 점선 화살표로 명목상 작업이나 시간적 요소는 없다.
　ⓓ 주공정선(C.P : Critical Path) : 개시 결합점에서 종료 결합점에 이르는 경로 중 가장 긴 경로
　ⓔ 여유 : 공사가 종료되는 데 지장을 주지 않는 범위 내에서의 잔여시간

(2) 진도관리

① 공기단축

㉠ 시기
　ⓐ 지정 공기보다 계산 공기가 긴 경우
　ⓑ 진도관리(follow up)에 의해 작업이 지연되고 있는 경우

㉡ 시간과 비용의 관계
　ⓐ 총 공사비는 직접비와 간접비로 구성되고 일반적으로 시공 시 시공량에 비례하므로 시공속도를 빠르게 할수록 간접비는 감소되고 직접비는 증가한다.
　ⓑ 직접비와 간접비의 총 합계가 최소가 되도록 한 시공속도를 최적 시공속도 또는 경제속도라 한다.

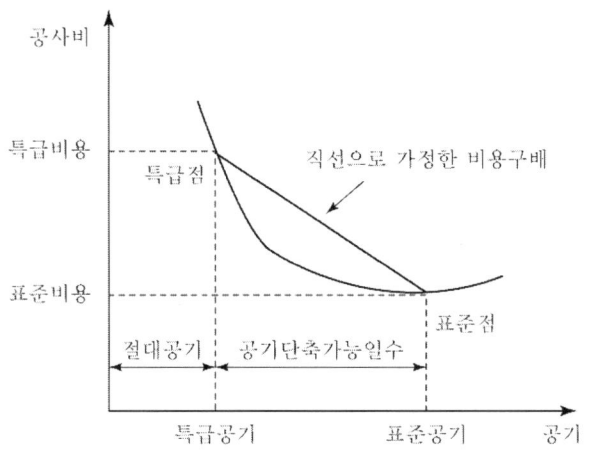

② 비용구배(cost slope)
  ㉠ 공기를 1일 단축할 때 증가하는 비용을 말한다.
  ㉡ 시간 단축 시 증가하는 비용의 곡선을 직선으로 가정한 기울기의 값이다.

  ※ 비용구배 = $\dfrac{\text{특급비} - \text{표준비}}{\text{표준공기} - \text{특급공기}}$

  ㉢ 단위는 원/일이며 공기단축 가능일수는 표준공기에서 특급공기를 뺀 일수이다.
  ㉣ 특급점이란 더 이상 단축할 수 없는 절대공기를 말한다.

2. 재료검수 및 안전관리

(1) 재료검수

① 비강도와 경제강도
  ㉠ 재료의 강도를 비중량으로 나눈 값을 비강도라 한다.
  ㉡ 강도를 kg/mm^2, 비중량(단위부피당 무게)을 kg/mm^3로 나타내면, 비강도는 mm, cm로 표시된다.
  ㉢ 항공기, 선박 등 가볍고 튼튼한 재료가 요구되는 곳에서 척도로 쓰인다.
  ㉣ 경제강도는 파괴강도를 허용강도로 나눈 것으로 안전율이라고도 한다.

② 목재 관리
  ㉠ 평균 연륜폭, 연륜밀도
   선분의 길이가 6cm이고, 연륜의 개수가 6개이면
   ⓐ 평균 연륜폭 : 60mm ÷ 6개 = 10mm/개

ⓑ 연륜밀도는 평균연륜폭의 역수이다. 따라서 연륜밀도는 6개÷60mm=0.1개/mm가 된다.

ⓒ 함수율(%)= $\dfrac{\text{건조 전 중량} - \text{건조 후 중량}}{\text{건조 후 중량}} \times 100(\%)$

③ 콘크리트 관리

㉠ 슬럼프 시험

슬럼프 콘에 콘크리트를 3회로 나누어 다져넣기를 한 후, 슬럼프 콘을 들어올려서 가라앉은 콘크리트 더미의 최상단 높이와 슬럼프 콘의 높이 차를 통해 콘크리트의 시공연도(Workability)를 확인하는 시험

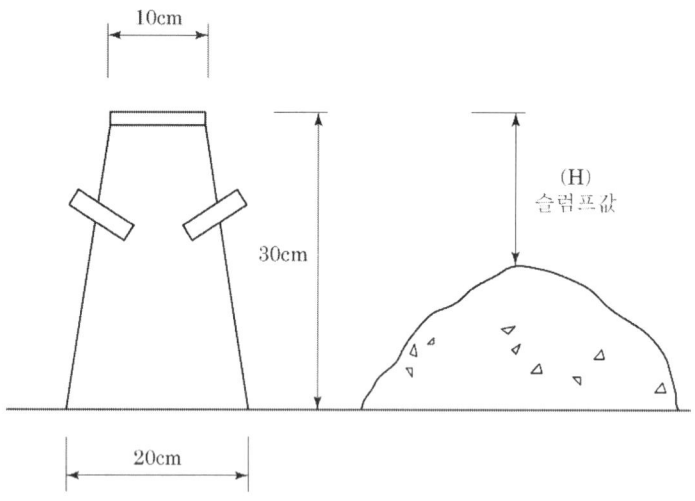

㉡ 골재의 함수율

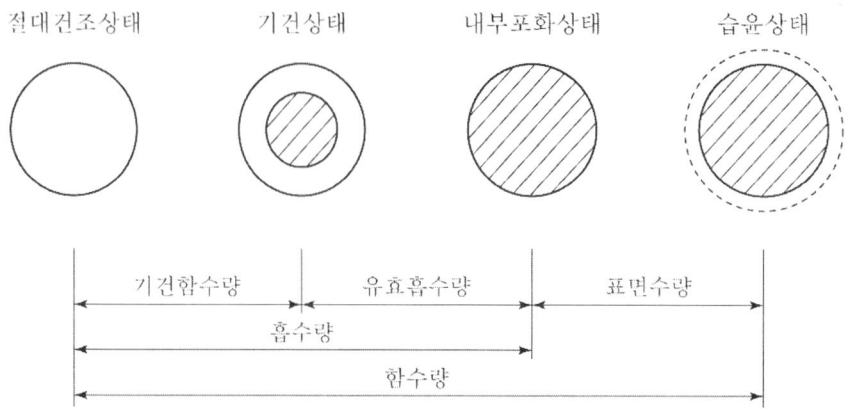

ⓐ 절건상태 : 중량변화가 없을 때까지 골재를 건조시킨 상태
ⓑ 기건상태 : 실내에 방치한 골재의 표면과 내부공극 일부가 건조한 상태
ⓒ 표면건조상태(내부포수상태) : 골재 표면에는 물이 없으나 내부공극은 물로 완전히 채워진 상태
ⓓ 습윤상태 : 내부공극도 모두 물로 채워지고 표면도 흥건히 젖어 있는 상태
ⓔ 각종 비율의 계산

흡수율	유효 흡수율	표면수율
$\dfrac{흡수량}{절대건조상태중량} \times 100\%$	$\dfrac{유효흡수량}{절대건조상태중량} \times 100\%$	$\dfrac{표면수량}{표면건조상태중량} \times 100\%$

③ 압축강도 : 최대 하중 ÷ 시험체의 단면적

(2) 안전관리

① 안전관리계획
　㉠ 안전관리의 목적 : 인명 존중, 사회복지 증진, 생산성 향상, 경제성 향상
　㉡ 사고통계 이론

하인리히의 법칙 (1 : 29 : 300)	1명의 중대사고가 일어나기 전에 29명의 경상자, 300명의 잠재적 부상자 발생
버드의 법칙 (1 : 10 : 30 : 600)	중상자 1명 발생 ← 경상자 10명 발생 ← 30번의 물적 손실 ← 600번의 위험한 순간

　㉢ 안전점검
　　ⓐ 의의 : 설비의 안전 확보, 설비의 안전상태 유지, 인적 안전행동 상태 유지
　　ⓑ 종류 : 정기점검, 수시점검, 특별점검, 임시점검
② 안전시설

추락방호망	• 작업면으로부터 가까운 지점에 수평으로 설치 • 작업면에서 설치 지점까지의 수직거리는 1m를 초과하지 않을 것 • 망의 처짐은 짧은 변 길이의 12% 이상이 되도록 할 것 • 건축물 바깥쪽으로 설치하는 경우 내민 길이는 벽면으로부터 3m 이상
낙하물 방지망 또는 방호선반	• 높이 10m 이내마다 설치하고, 내민 길이는 벽면으로부터 2m 이상 • 수평면과의 각도는 20도 이상 30도 이하 유지

안전난간	• 구성 : 상부 난간대, 중간 난간대, 발끝막이판 및 난간 기둥 • 상부 난간대는 바닥면·발판 또는 경사로의 표면으로부터 90cm 이상 지점 설치 • 발끝막이판은 바닥면 등으로부터 10cm 이상의 높이를 유지할 것 • 난간기둥은 상부와 중간 난간대를 견고하게 떠받칠 수 있도록 적정한 간격을 유지 • 난간대는 지름 2.7cm 이상 금속제 파이프나 그 이상의 강도가 있는 재료일 것 • 안전난간은 취약 지점에서 100kg 이상의 하중에 견딜 수 있는 튼튼한 구조일 것
기타 안전시설	• 승강설비 : 작업 높이 또는 깊이가 2m를 초과하는 장소 • 옥내작업장 비상경보설비 : 연면적 400m² 이상 또는 상시 50명 이상 근로자가 있는 곳

③ 안전관리계획

㉠ 안전관리계획의 주요 내용

ⓐ 건설공사의 개요 및 안전관리조직

ⓑ 공정별 안전점검계획(계측장비, CCTV 등 안전 모니터링 장비 설치 및 운용계획)

ⓒ 현장 주변 안전관리대책

ⓓ 통행안전시설 설치 및 교통 소통에 관한 계획

ⓔ 안전관리비 집행계획

ⓕ 안전교육 및 비상시 긴급조치계획

ⓖ 공종별 안전관리계획(대상 시설물별 건설공법 및 시공절차)

㉡ 안전점검의 시기 및 방법

건설사업자와 주택건설등록업자는 공사기간 동안 매일 자체안전점검을 하고, 법률에서 정하는 기관에 의뢰하여 기준에 따라 정기안전점검 및 정밀안전점검 등을 해야 한다.

ⓐ 주요사항

• 공사의 종류 및 규모 등을 고려하여 국토교통부장관이 정하여 고시하는 시기와 횟수에 따라 정기안전점검을 할 것

• 정기안전점검 결과 건설공사의 물리적·기능적 결함 등이 발견되어 보수·보강 등의 조치를 위하여 필요한 경우에는 정밀안전점검을 할 것

- 법률에서 정하는 안전관리계획을 수립해야 하는 건설공사의 경우, 그 건설공사를 준공(임시사용 포함)하기 직전에 정기안전점검 수준 이상의 안전점검을 할 것. 또한 해당 공사가 시행 도중 중단되어 1년 이상 방치된 시설물이 있는 경우, 그 공사를 다시 시작하기 전 그 시설물에 대하여 정기안전점검 수준의 안전점검을 할 것

ⓑ 정기 및 정밀안전점검 의뢰기관
- 시·도지사가 등록증을 발급한 안전진단전문기관
- 국토안전관리원

ⓒ 안전교육
ⓐ 안전관리책임자 또는 안전관리담당자는 법률에서 정하는 안전교육을 당일 공사작업자를 대상으로 매일 공사 착수 전에 실시하여야 한다.
ⓑ 안전교육은 당일 작업의 공법 이해, 시공상세도면에 따른 세부 시공순서 및 시공기술상의 주의사항 등을 포함해야 한다.
ⓒ 건설사업자와 주택건설등록업자는 안전교육 내용을 기록·관리하며, 준공 후 발주청에 관계 서류와 함께 제출해야 한다.

1.2 실내건축 협력공사

1. 가설공사

(1) 개요

가설공사는 건축 공사를 실시하기 위해 임시로 설치하는 제반시설 및 수단의 총칭이다. 공사가 완료되면 해체, 철거, 정리되는 임시적인 공사에 해당된다.

① 종류
㉠ 공통 가설공사
공사 전반에 걸쳐 공통으로 사용되는 것으로 운영 및 관리에 필요한 가설시설
ⓐ 가설 운반로, 가설 울타리, 가설 창고
ⓑ 현장 사무실, 임시 화장실, 공사용수 설비, 공사용 동력설비
㉡ 직접 가설공사
건축 공사의 직접적인 수행을 위해 필요한 시설

　　　　ⓐ 규준틀, 비계, 안전시설, 건축물 보양설비
　　　　ⓑ 낙하물 방지설비, 양중 및 운반시설, 타설시설
　② 시멘트 가설창고 설치 기준
　　㉠ 방습을 위해 지면에서 30cm 이상 띄어 저장한다.
　　㉡ 쌓기 포대수는 13포 이하로 한다.(장기 저장 시 7포 이하)
　　㉢ 출입구 이외의 개구부는 되도록 설치하지 않으며 반입, 반출로는 따로 낸다.
　　㉣ 창고 주위에 배수도랑을 설치하여 우수침입을 방지한다.
　③ 기준점 및 규준틀
　　㉠ 기준점
　　　　ⓐ 공사 중 건물의 높이 및 기준이 되는 표식으로 건물 인근에 설치한다.
　　　　ⓑ 이동의 염려가 없는 곳에 설치한다.
　　　　ⓒ 현장 어느 곳에서든 바라보기 좋으며 공사의 지장이 없는 위치에 설치한다.
　　　　ⓓ 최소 2개소 이상, 가급적 여러 곳에 설치한다.
　　㉡ 규준틀
　　　　ⓐ 수평 규준틀 : 건축물의 각 부 위치 및 높이, 기초 너비를 결정하기 위해 설치한다.
　　　　ⓑ 세로 규준틀 : 벽돌, 블록, 돌쌓기 등 조적공사에서 고저 및 수직면의 기준을 삼기 위해 설치한다. 쌓기 단수, 줄눈 표시, 앵커 볼트와 매립 철물 위치, 창문틀 위치 및 치수 표시, 테두리보나 인방보의 설치 위치 등이 표시된다.

(2) 비계

　① 사용 목적
　　작업의 용이, 재료의 운반 및 작업자의 통로, 작업 시 발판 역할
　② 분류
　　㉠ 재료상의 분류 : 통나무 비계, 파이프 비계(단식, 강관틀)
　　㉡ 위치상의 분류
　　　　ⓐ 외부 비계 : 외줄 비계, 겹비계, 쌍줄 비계, 달비계, 선반 비계
　　　　ⓑ 내부 비계 : 수평 비계, 말비계

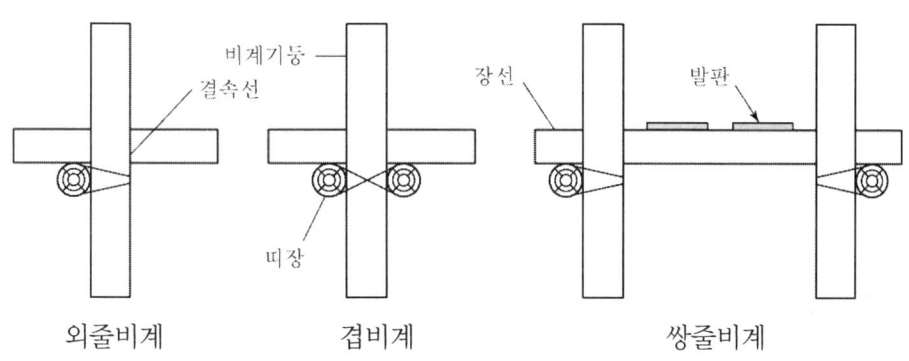

| 외줄비계 | 겹비계 | 쌍줄비계 |

말비계

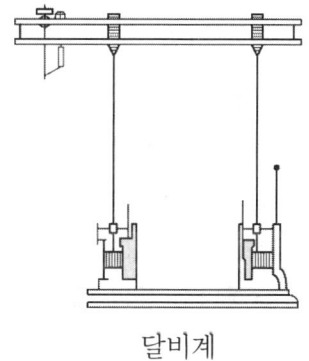
달비계

외줄 비계	소규모 공사에서 사용한다. 한쪽을 벽체에 걸치고 기둥에 띠장, 장선 및 발판을 대며 겹비계는 발판없이 도장공사 등에서 사용한다.
쌍줄 비계	비교적 대규모, 고층 건물 공사 등에 사용한다. 강관틀 비계가 대표적인 쌍줄 비계에 해당된다.
말비계	이동이 간편한 발돋움용 소규모 비계. 여러 개를 연결해서 사용하기도 한다.
달비계	건축물 완공 후 외부 수리, 치장공사, 유리창 청소 등을 위해 사용한다. Wire Rope로 작업대를 달아 내린 것으로 손 감기나, 작은 동력장치로 상하 조절을 하도록 제작한다.

③ 통나무 비계

㉠ 재료

ⓐ 형상이 곧고 흠이 없는 낙엽송, 삼나무 등을 사용한다.

ⓑ 직경 10~12cm 이내, 끝마무리 지름 3.5cm 정도로 한다.

ⓒ 결속선은 #8~10 철선, #16~18 아연도금 철선을 불에 구운 것을 사용한다.
ⓛ 구조
ⓐ 비계기둥 간격은 2.5m 이하로 하고 지상으로부터 첫 번째 띠장은 3m 이하의 위치에 설치한다.
ⓑ 기둥이 미끄러지거나 침하하는 것을 방지하기 위하여 비계기둥의 하단부를 묻고, 밑둥잡이를 설치하거나 깔판을 사용하는 등의 조치를 한다.
ⓒ 비계기둥의 이음이 겹침 이음인 경우 이음 부분에서 1m 이상을 서로 겹쳐서 두 군데 이상 묶고, 비계기둥의 이음이 맞댄이음인 경우 비계기둥을 쌍기둥 틀로 하거나 1.8m 이상의 덧댐목을 사용하여 네 군데 이상을 묶는다.
ⓓ 비계기둥·띠장·장선 등의 접속부 및 교차부는 철선이나 그 밖의 튼튼한 재료로 견고하게 묶는다.
ⓔ 교차 가새로 보강할 것
ⓕ 벽 이음 및 버팀 설치 기준
  • 간격은 수직 방향에서 5.5m 이하, 수평 방향에서는 7.5m 이하로 할 것
  • 강관·통나무 등의 재료를 사용하여 견고한 것으로 할 것
  • 인장재와 압축재로 구성되어 있는 경우, 인장재와 압축재의 간격은 1m 이내로 할 것
ⓒ 통나무 비계는 지상높이 4층 이하 또는 12m 이하인 건축물·공작물 등의 건조·해체 및 조립 등의 작업에만 사용할 수 있다.
④ 강관 비계
 ㉠ 비계기둥 간격은 띠장 방향에서는 1.85m 이하, 장선 방향에서는 1.5m 이하로 한다.
 ㉡ 띠장 간격은 2.0m 이하로 할 것(쌍기둥 틀 등에 의해 보강한 경우 제외)
 ㉢ 비계기둥 제일 윗부분으로부터 31m되는 지점 밑부분의 비계기둥은 2개의 강관으로 묶어세울 것
 ㉣ 비계기둥 간 적재하중은 400kg을 초과하지 않도록 할 것
⑤ 틀비계
 ㉠ 비계기둥의 밑둥에는 밑받침 철물을 사용하여야 하며 밑받침에 고저차가 있는 경우 조절형 밑받침 철물을 사용하여 각각의 강관틀비계가 항상 수평 및 수직을 유지하도록 한다.
 ㉡ 높이가 20m를 초과하거나 중량물의 적재를 수반하는 작업을 할 경우, 주틀 간의 간

격을 1.8m 이하로 한다.

ⓒ 주틀 간에 교차 가새를 설치하고 최상층 및 5층 이내마다 수평재를 설치한다.

ⓔ 수직 방향으로 6m, 수평 방향으로 8m 이내마다 벽이음을 한다.

ⓜ 길이가 띠장 방향으로 4m 이하이고 높이가 10m를 초과하는 경우, 10m 이내마다 띠장 방향으로 버팀기둥을 설치한다.

> **Point**
>
> 실내건축 공사 시 주로 사용되는 이동식 비계의 안전조치에 관한 설명으로 옳지 않은 것은? [2022년 3월 출제]
> ① 갑작스런 이동 및 전도를 방지하기 위하여 아웃트리거(outrigger)를 설치한다.
> ② 작업발판 위에서 사다리를 안전하게 사용할 수 있도록 작업발판은 항상 수평을 유지한다.
> ③ 작업발판의 최대적재하중은 250kg을 초과하지 않도록 한다.
> ④ 비계의 최상부에서 작업을 하는 경우에는 안전난간을 설치한다.
> [정답] ②
> **이동식 비계의 안전조치**
> - 갑작스러운 이동 또는 전도를 방지하기 위하여 브레이크, 쐐기 등으로 바퀴를 고정시킨 다음 비계의 일부를 견고한 시설물에 고정하거나 아웃트리거(outrigger) 등을 설치할 것
> - 승강용 사다리는 견고하게 설치할 것
> - 비계의 최상부에서 작업을 하는 경우 안전난간을 설치할 것
> - 작업발판은 항상 수평을 유지하고 작업발판 위에서 안전난간을 딛고 작업을 하거나 받침대 또는 사다리를 사용하여 작업하지 않도록 할 것
> - 작업발판의 최대적재하중은 250kg을 초과하지 않도록 할 것

2. 콘크리트 공사

(1) 시멘트와 골재

① 시멘트

ⓘ 포틀랜드 시멘트

보통 포틀랜드 시멘트 (KS 1종)	• 일반적으로 가장 많이 쓰이는 표준 시멘트 • 재령 4주 압축강도를 기준강도로 한다.
중용열 포틀랜드 시멘트 (KS 2종)	• C_3S와 C_3A를 적게 하여 수화열을 낮추고 안정성을 높인 시멘트 • 화학저항성 및 내구성이 좋으며 방사선 차단 효과가 있다. • 댐 축조, 콘크리트 포장, 매스콘크리트, 원자로 차폐용으로 쓰인다.

조강 포틀랜드 시멘트 (KS 3종)	• 분말도가 커서 수화열이 많이 발생하여 경화가 빠르다. • 조기강도가 높다.(1주 경화 = 보통시멘트 4주 압축강도) • 공기를 단축시킬 수 있어 긴급공사, 수중공사, 동기공사 등에 쓰인다.
저열 포틀랜드 시멘트 (KS 4종)	• 중용열 시멘트보다 C_2S의 함량을 높이고, C_3A와 C_3S를 줄여 수화열을 더 낮춘 시멘트이다. • 대규모 매스콘크리트 등 2종 시멘트와 유사한 용도로 쓰인다.
내황산염 포틀랜드 시멘트(KS 5종)	• 내황산염 저항성이 큰 C_4AF를 증가시킨 시멘트 • 온천공사, 해양구조물, 폐수처리장, 하수공사 구조물에 쓰인다.
백색 포틀랜드 시멘트	• 산화철을 가능한 한 포함하지 않게 하여 흰색을 띠도록 만든 시멘트 • 내마모성이 우수하고 박리·침식에 강하여 수중에서도 경화한다. • 안료에 의한 착색이 가능해 도장, 치장, 인조대리석 등에 쓰인다.

  ⓒ 주요 성질
    ⓐ 분말도
      분말도가 높으면 응결이 빠르고 조기강도가 높아지며 시공연도가 좋고 시공 후 투수성도 낮아진다. 그러나 콘크리트 응결 시 초기균열 발생이 생기며 저장 시 풍화작용도 일어나기 쉽다.
    ⓑ 응결 및 경화 요인
      석고량이 많아지면 응결이 늦어지고 풍화된 시멘트 역시 응결속도는 느려진다. 물시멘트비가 크면 응결이 지연되며 온도가 높을수록, 알칼리가 많을수록 빨라진다.
② 골재
  ㉠ 강도 및 품질
    ⓐ 골재의 형태는 표면이 거칠고 구형에 가까운 것이 좋으며 진흙이나 불순물이 포함되지 않도록 한다.
    ⓑ 적당한 비율로 모래와 자갈이 혼합되어야 한다.
    ⓒ 쇄석을 사용하면 접착력은 좋으나 공극률이 많고 연도가 저하된다.
    ⓓ 운모(돌비늘)가 함유되면 강도 저하 및 풍화가 생기기 쉽다.
  ㉡ 실적률과 공극률
    ⓐ 실적률 : 전체 부피 중 골재 입자가 차지하는 실제 용적의 백분율
    ⓑ 공극률 : 전체 부피 중 공극 부분이 차지하는 백분율
    ⓒ 실적률+공극률=100%
    ⓓ 잔골재와 굵은 골재의 공극률은 각각 30~40% 정도이며 적당히 혼합하면 20% 정도로 공극률이 감소하고 단위 용적당 무게가 커진다.

(2) 콘크리트

① 주요 성질

㉠ 워커빌리티(Workability)

ⓐ 반죽의 질기에 따른 작업의 난이 정도 및 재료 분리저항 정도를 나타내는 굳지 않은 콘크리트의 성질을 말한다. 시공연도라고도 한다.

ⓑ 너무 크거나 너무 작아도 문제가 되는 복잡한 지표이므로 용도나 타설하는 건축물 부위에 따라 적합한 워커빌리티를 얻어내는 것이 바람직하다.

ⓒ 가장 많이 쓰이는 측정방법은 슬럼프 시험이며 플로우 시험, 리몰딩 시험, 낙하 시험, 구 관입시험 등도 워커빌리티 측정에 쓰인다.

㉡ 재료 분리

콘크리트 비비기, 운반, 다지기 중 각각의 재료가 골고루 섞이지 않고 재료별로 집중되는 현상을 뜻한다.

재료 분리의 원인	• 자갈 최대 치수가 지나치게 큰 경우 • 입자가 거친 잔골재를 사용한 경우 • 단위수량 또는 단위골재량이 너무 많은 경우 • 단위배합이 적절치 못한 경우
블리딩	콘크리트 타설 후 무거운 골재가 가라앉고 가벼운 물과 미세물질들이 콘크리트 표면에 떠오르는 현상을 뜻한다. 콘크리트 상부를 다공질로 만들어 품질을 저하시키고 내부에 수로를 형성하여 수밀성과 내구성을 저하시킨다.
레이턴스	블리딩 현상으로 인해 콘크리트 표면에 침적된 미립물에 의한 얇은 피막층을 뜻한다. 철근과의 부착력 저하, 콘크리트 이음 타설 부분의 밀착성과 수밀성을 저하시키는 원인이 된다.

㉢ 체적 변화

건조수축 감소 조건	• 단위 수량, 공기량을 적게 한다. • (동일 물시멘트비에서) 단위 시멘트량을 적게 한다. • 온도는 낮을수록, 습도는 높을수록 감소 • 골재가 경질이고 탄성계수가 클수록 감소 • 콘크리트 부재 치수가 크면 건조가 느려지므로 감소 ※ 습윤양생기간은 건조수축과 직접적 연관이 적다.
온도변화	온도에 의한 체적 변화는 골재의 종류에 영향을 받는다. 석영일 때 체적변화가 가장 크고, 사암, 화강암, 현무암, 석회석 순으로 작아진다.
내화성	260℃ 이상이면 강도가 저하되고, 300~350℃ 이상이면 저하현상이 현저해지며, 500℃ 이상이면 구조체로 사용할 수 없게 된다.

② 특수 콘크리트
  ㉠ 경량 콘크리트
    ⓐ 중량 경감을 목적으로 만든 콘크리트로 단열 및 방음, 흡음을 목적으로 사용된다.
    ⓑ 다공질의 경량골재를 사용하거나 발포제를 넣어 기포를 형성시켜 만들며, 골재 사이 공극 형성을 위해 잔골재 사용을 제한해서 만들기도 한다.
  ㉡ A.L.C(autoclaved light weight concrete)
    ⓐ 실리카분이 풍부한 모래와 생석회를 주원료로 하여 발포·팽창시킨 성형품이다.
    ⓑ 주로 단열 및 방음재로 쓰이며 소규모 주택의 재료로도 많이 활용된다.
    ⓒ 다공질이므로 습기에 취약하고 강도가 낮은 편이다.
  ㉢ AE 콘크리트
    ⓐ AE(air entrained)제를 사용하여 공기를 연행한 다공질 콘크리트이다.
    ⓑ 연행공기가 볼 베어링 역할을 하여 시공연도가 좋아지고 블리딩이 감소한다.
    ⓒ 단위 수량을 감소시킬 수 있고 시공한 표면이 평활하게 된다.
    ⓓ 동결, 융해, 건습 등에 의한 용적변화가 작아 내구성이 증진된다.
    ⓔ 압축강도와 부착강도가 저하되고 마감 모르타르나 타일 부착력이 저하된다.
  ㉣ 프리스트레스트 콘크리트
    ⓐ 철근 대신 고강도 PC강재를 사용하여 인장강도를 증가시키고 특수시공에 의해 프리스트레스를 콘크리트에 가하는 것이다.
    ⓑ 콘크리트의 인장응력 발생 부위에 미리 압축력을 주어 콘크리트의 휨 저항을 증대시킨다.
    ⓒ 내구성이 커지며 균열이 방지되고 보 춤이 같은 경우 휨이 1/3 정도로 긴 스팬에 유리하여 넓은 공간의 건축물이나 고층 건축물에 사용된다.
    ⓓ 제작이 까다롭고 콘크리트를 양질 제품으로 사용해야 하며 비용이 많이 든다.
    ⓔ 부재의 두께가 얇아지므로 진동에는 다소 취약해진다.
    ⓕ 공법별 분류

프리텐션 공법	먼저 PC강재를 인장시켜 설치한 후 콘크리트를 타설하여 경화가 된 후에 인장력을 제거하여 콘크리트가 압축 프리스트레스를 받도록 한다. 소규모 건축 부품(벽판, 디딤판), T slab 등을 만들 때 사용한다.

포스트텐션 공법	콘크리트 타설 전에 관을 집어넣고 경화 후에 관 속으로 PC강재를 집어넣어 한쪽 끝을 정착하고 다른 쪽을 유압, 잭 등을 써서 긴장시켜 압축력이 주어지면 나사 등으로 정착시키거나 모르타르를 주입하는 방법으로 시공한다. 큰보, 교량, 터널 등 주로 대규모 구조물에 사용한다.

ⓜ 레디믹스트 콘크리트

ⓐ 개요
- 콘크리트 제조 공장에서 주문자의 요구 품질 및 수량에 맞게 배합하여 특수 운반 자동차로 현장까지 배달 공급하는 것으로, 현장에서는 레미콘이라 줄여 부른다.
- 현장이 협소한 경우에 유용하며, 품질이 균일하고 우수한 콘크리트를 사용할 수 있다.
- 운반 중의 재료 분리, 시간 경과에 따른 강도 저하를 방지해야 한다.
- 현장에 도착하여 바로 타설할 수 있도록 현장 준비 및 이동 간 긴밀한 연락이 필요하다.

ⓑ 운반 방식

센트럴 믹스 (central mix)	10분 내 단거리 운송방식. 교반이 거의 완료된 콘크리트를 트럭믹서에 넣고 운반한다.
슈링크 믹스 (shrink mix)	20~30분 거리 운송방식. 어느 정도 교반이 된 콘크리트를 트럭믹서에 넣고 출발한 후, 운반 중 교반을 마무리한다.
트랜싯 믹스 (transit mix)	1시간 내외의 장거리 운송방식. 시멘트는 가수 후 1시간이 지나면 응결이 시작되므로 미리 물을 섞지 않고 트럭믹서에는 건비빔 재료만 넣고 별도의 물탱크를 장착하고 출발한 후 적정한 시간에 급수하여 교반을 하는 방식이다.

ⓝ 매스 콘크리트

ⓐ 개요 및 조건
- 댐이나 교각과 같이 단면 치수가 매우 두꺼워서 수화열에 따른 온도 변화에 의해 콘크리트의 과도한 팽창과 수축이 발생하지 않도록 시공상 고려가 필요한 콘크리트를 말한다.
- 평판 구조의 경우 부재 단면의 최소 치수가 80cm 이상, 하단 구속 벽체는 50cm 이상, 콘크리트 내부 온도와 외기 온도와의 차이가 25℃ 이상인 콘크리트로 정의하고 있다.

- 프리스트레스트 콘크리트 구조물과 같이 부배합의 콘크리트가 쓰이는 경우에는 더 얇은 부재라도 구속 조건을 검토하여 매스 콘크리트로 적용하기도 한다.

ⓑ 균열 방지대책
- 저열시멘트를 사용한다.
- 굵은 골재의 최대 치수를 가능 범위 안에서 되도록 크게 한다.
- 잔골재율은 가능 범위 안에서 되도록 작게 하고 단위 수량도 최소로 한다.
- 물시멘트비, 슬럼프값은 가능 범위 안에서 되도록 작게 한다.
- 파이프 쿨링 : 파이프를 미리 묻어두고 냉각수를 통하게 하여 콘크리트를 냉각한다.
- 프리 쿨링 : 콘크리트나 자갈 등의 재료 일부 또는 전부를 미리 냉각한다.

ⓢ 기타 특수 콘크리트

ⓐ 프리플레이스트 콘크리트(구 프리팩트 콘크리트)
- 적당한 입도의 자갈을 미리 거푸집에 넣고 공극에 모르타르를 압입 시공한다.
- 콘크리트의 밀실성이 좋아서 내수성, 내구성이 좋고 동해나 융해에 강하다.
- 모르타르를 강한 압력으로 주입하므로 거푸집을 견고하게 만들어야 한다.

ⓑ 프리캐스트 콘크리트
- 공장에서 제작한 철근콘크리트 부재를 현장 이송하여 벽, 바닥, 지붕 등으로 조립하는 방식이다.
- 기성 제품화하여 비용이 절감되고 공기 단축이 가능해진다.
- 주로 교량의 상판이나 아파트의 외벽 등에 사용된다.

ⓒ 폴리머 콘크리트
- 합성수지 계통인 폴리머를 결합한 콘크리트로 시멘트와 함께 쓰는 것은 폴리머 시멘트 콘크리트라 하고, 시멘트를 쓰지 않고 폴리머에 중탄산칼슘이나 플라이애시 등을 혼합한 것은 폴리머 콘크리트 또는 레진 콘크리트라고도 한다.
- 수밀성, 내화학성, 내염성이 우수하여 기존의 시멘트 콘크리트에 비하여 내구성이 좋다.
- 해양구조물, 각종 수로, 공장배수시설 등에 적합하다.

3. 방수공사

(1) 분류

① 재료별 분류
  ㉠ 아스팔트 방수
  ㉡ 시멘트 액체 방수
  ㉢ 합성고분자 방수
     ⓐ 도막 방수   ⓑ 시트 방수
     ⓒ 실(seal)재 방수   ⓓ 혼화제 모르타르 방수

② 공법상 분류
  ㉠ 멤브레인 방수
     ⓐ 아스팔트 방수 : 열공법, 상온공법, 토치공법
     ⓑ 합성고분자 시트 방수
       • 재료 : 합성고무계, 합성수지계, 고무화 아스팔트계
       • 공법 : 노출공법, 보호누름공법, 단열공법
     ⓒ 도막 방수
       • 재료 : 용제형, 유제형, 에폭시형
       • 공법 : 라이닝공법, 코팅공법
  ㉡ 합성고분자 방수
     ⓐ 도막 방수(멤브레인과 공통 적용)
     ⓑ 합성고분자 시트 방수(멤브레인과 공통 적용)
     ⓒ 실(seal)재 방수

(2) 아스팔트 방수

① 재료

분류		특징	용도
천연 아스팔트	레이크 아스팔트	지표면 낮은 곳에 괴어 반액체, 고체로 굳은 형태	도로포장, 내산공사
	로크 아스팔트	역청분이 사암, 석회암 등의 암석에 침투한 것	
	아스팔타이트	많은 역청분을 함유한 검고 견고한 것	방수, 포장, 절연재료

분류		특징	용도
석유 아스팔트	스트레이트 아스팔트	반액체 상태. 아스팔트 및 루핑의 바탕재에 침투	아스팔트 펠트 루핑 바탕재
	블론 아스팔트	고체상태. 내열성과 내후성이 크다.	지붕 방수, 아스팔트 콘크리트
	아스팔트 콤파운드	블론 아스팔트에 광물질 미분 등을 혼입하여 품질 개량한 것	방수재료, 아스팔트 방수공사
	아스팔트 프라이머	아스팔트를 휘발성 용제로 녹인 것. 방수 시공 시 밑바탕에 도포하여 모재와 방수층의 부착을 좋게 한다.	
기타 아스팔트	컷백 아스팔트, 아스팔트 모르타르, 내산 아스팔트 모르타르		

② 품질검사 항목
㉠ 침입도 : 아스팔트 경도를 나타내는 것으로 25℃에서 100g추로 5초 동안 바늘을 누를 때 0.1mm 들어가는 것을 침입도 1이라 한다.
㉡ 감온비 : 아스팔트의 온도변화에 따른 침입도의 변화 정도를 나타내는 수치
㉢ 연화점 : 아스팔트를 가열하여 액상의 점도에 도달했을 때의 온도
㉣ 인화점 : 아스팔트를 가열하여 불꽃을 대면 불이 붙을 때의 온도
㉤ 신도 : 아스팔트가 늘어나는 정도

③ 제품
㉠ 아스팔트 펠트
무명, 삼, 펠트 등의 유기성 섬유로 직포를 만들고 스트레이트 아스팔트를 침투시킨 후 압착하여 제조한 두루마리 제품. 방수 및 방습성이 좋고 가볍고 넓은 면적을 쉽게 덮을 수 있어 기와 지붕 밑에 깔거나 방수공사 시 루핑과 병용한다.
㉡ 아스팔트 루핑
아스팔트 펠트의 양면에 아스팔트 콤파운드를 피복한 후 그 위에 활석, 운모 등의 미분말을 부착시킨 것
㉢ 아스팔트 싱글
품질 개량된 아스팔트 사이에 강인한 글라스 매트나 다공성 원지를 심재로 하고, 표면에 돌입자로 코팅한 것으로 주로 지붕재로 사용한다. 다양한 색상의 소재 사용으

로 미려한 외관을 창출하고 방수성과 내수성, 내변색성이 우수한 재료이다.
    ㉣ 아스팔트 에멀젼
      스트레이트 아스팔트를 가열하여 액상으로 만들고 유화제를 혼입한 것. 주로 도로포장에 사용된다.
  ④ 시공 시 유의사항
    ㉠ 시공바탕의 결함부분은 보수하고 청소한 뒤 모르타르 배합 1 : 3으로 15cm 정도 바르고 완전 건조시킨다. 이때 함수율은 8% 이하여야 한다.
    ㉡ 배수구 주위를 1/100 정도 물흘림 경사를 주고 구석, 모서리 치켜올림 부분은 부착이 잘 되도록 둥글게 3~10cm 면접어둔다(일반적인 물매 1/200 정도).
    ㉢ 펠트의 겹침은 엇갈리게 하고 가로와 세로 90cm 이상, 귀와 모서리는 30cm 이상 망상 루핑으로 덧붙임한다.
    ㉣ 신축줄눈은 3~5m마다(모르타르 얇은 줄눈일 때는 1m마다) 너비 1.5cm 깊이로 방수층까지 자르고 마무리 3cm 밑까지 모래 충전, 그 위 줄눈은 아스팔트 콤파운드나 블론 아스팔트로 충전한다.
    ㉤ 기온이 0℃ 이하가 되면 작업을 중지한다.

(3) 시멘트 액체 방수
  ① 시공 순서

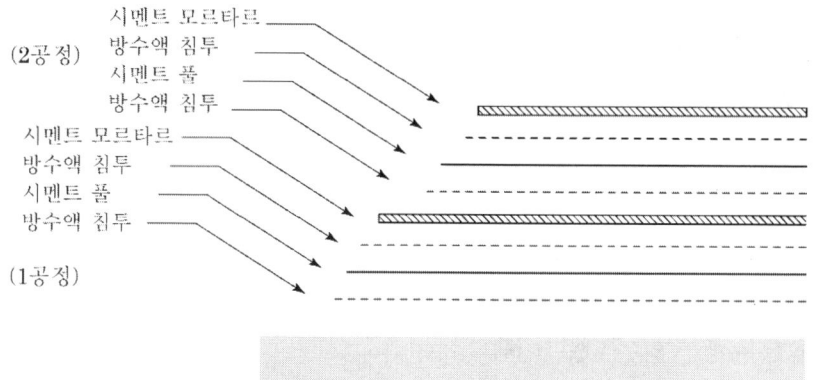

  ② 시공 시 유의사항
    ㉠ 바탕처리는 수밀하고 견고하게, 평탄하게 한다(물매 : 1/200 정도).
    ㉡ 배수구로 물매 1/100 정도, 깊이 6mm, 너비 9mm, 간격 1m 내외의 줄눈을 설치한다.
    ㉢ 원액을 5~10배 희석한 것을 모체에 1~3회 침투시킨다.

ㄹ) 방수 모르타르 배합비 1 : 2 ~ 1 : 3 정도, 매회 바름두께 6~9mm, 전체 두께 1.2 ~ 2.5cm 정도로 한다.
ㅁ) 방수 모르타르는 강도에 관계없이 방수능력이 큰 것으로 하고, 바름 바탕은 거칠게 한다.

Point 아스팔트 방수와 시멘트 방수의 비교

비교	아스팔트 방수	시멘트 방수
바탕처리	필수	불필요
외기 영향	작다.	크다.
신축성	크다.	거의 없다.
균열 발생	거의 없다. 작은 균열	잘 생긴다. 굵은 균열
방수층 무게	자체 무게는 작지만 보호 누름은 크다.	비교적 작다.
시공 난이도	복잡하고 오래 걸린다.	용이하고 공기가 짧다.
보호 누름	필수	불필요
비용	고가	다소 저렴한 편
결함 발견	어렵다.	쉽다.
보수성	전면적이며 비용이 크다.	부분적이며 비용이 적다.
방수 성능	신뢰할 수 있다.	시공은 간단하나 신뢰성이 낮다.

(4) 기타 방수

① 도막 방수
  ㄱ) 도료상의 방수제를 여러 번 칠하여 상당한 두께의 방수막을 형성하는 공법
  ㄴ) 경량이며 내후성과 내약품성이 우수하다.
  ㄷ) 시공이 간단하고 보수가 용이하며 노출공법이 가능하다.
  ㄹ) 균일한 두께를 얻는 것은 어렵다.
  ㅁ) 핀홀이 생기거나 바탕 균열에 의한 파단의 우려가 있다.
  ㅂ) 방수의 신뢰성은 낮은 편이며, 단열을 요하는 옥상 층에는 불리하다.

② 시트 방수
  ㄱ) 분류
    ⓐ 재료별 분류

- 합성고무계 : 가황고무계, 비가황고무계
- 합성수지계 : 염화비닐고무계, 에틸렌비닐고무계
- 고무화 아스팔트계

ⓑ 공법별 분류 : 노출공법, 보호누름공법, 단열공법

ⓒ 시공 순서

  ⓐ 일반적 시공 순서

    바탕처리 → 프라이머 칠 → 접착제 칠 → 시트붙이기 → 보호층 설치 및 마무리

  ⓑ 단열공법 시공 순서

    바탕처리 → 단열재 깔기 → 접착제 도포 → 시트붙이기 → 보강붙이기 → 조인트 실(seal) → 물채우기 시험

ⓒ 특징

  ⓐ 방수능력이 우수하고, 시공이 간단하며, 공기단축이 가능하다.

  ⓑ 제품이 규격화되어 균일한 두께로 시공이 가능하며 마감면이 미려하다.

  ⓒ 시트 이음부의 결함이 우려되고 누수 발생 시 국부적인 보수가 곤란하다.

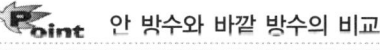

Point 안 방수와 바깥 방수의 비교

구분	안 방수	바깥 방수
사용환경	수압이 작고 얕은 지하실	수압이 크고 깊은 지하실
공사 시기	자유롭다.	본공사에 선행한다.
내수압성	작다.	크다.
보호 누름	필요하다.	없어도 무방하다.
비용	저렴하다.	고가이다.

4. 합성수지 공사

(1) 일반사항

① 개요

  합성수지는 석유, 석탄, 섬유소, 녹말, 고무 등의 원료를 인공적으로 합성시켜 만든 고분자 물질을 말하며, 일반적으로 플라스틱이라고도 한다.

② 장·단점

장 점	• 비중이 작고, 경량이며, 강도는 큰 편이다. • 내화학성 및 전기절연성이 우수한 재료가 많다. • 흡수 및 투수성이 적다. • 착색이 가능하고 광택이 좋은 재료이다. • 가공성이 크고 접착성이 좋다.
단 점	• 경도가 낮아서 잘 긁히며, 햇빛에 의해 변색이 쉽다. • 내열성이 작아서 비교적 저온에서 연화, 연질되며 연소 시 유독가스가 발생한다. • 온도 및 습도에 의한 변형이 크고 내후성이 부족하여 풍화의 우려가 있다.

(2) 구분

① 열경화성 수지

  ㉠ 특징

   ⓐ 강도 및 열 경화점이 높다.

   ⓑ 내후성이 좋고, 고가이며, 성형성은 부족하다.

  ㉡ 종류

   ⓐ 페놀 수지

   • 전기절연성과 내후성이 양호하고 매우 견고하다.

   • 수지 자체는 취약하여 성형품 등에는 충진제를 첨가한다.

   • 전기통신기재, 합판 접착제로 사용. 베이클라이트라고도 칭한다.

   ⓑ 요소 수지

   • 무색의 수지이기에 착색이 자유롭다.

   • 약산 및 약알칼리에 견디며 벤젠, 알코올 등의 유류에는 거의 침해받지 않는다.

   • 완구, 식기 등의 일용잡화로 사용된다.

   ⓒ 멜라민 수지

   • 요소 수지와 성질이 유사하면서 더 향상된 수지이다.

   • 내열성과 기계적, 전기적 성질 등이 우수하다.

   • 벽판, 천장판, 조리대, 냉장고 등에 사용된다.

ⓓ 폴리에스테르 수지

포화 폴리에스테르	• 내후성·밀착성·가요성이 우수하다. • 변성하는 유지·수지에 따라 성질이 다르다. • 래커, 바니시, 페인트 등의 원료로 사용된다.
불포화 폴리에스테르	• 유리섬유로 보강한 섬유강화플라스틱(FRP)의 원료가 된다. • 기계적 강도가 우수하고, 아케이드 천장·루버·칸막이 등에 사용된다.

포화 폴리에스테르는 제조법에 따라 열가소성이 될 수도 있다.

ⓔ 실리콘 수지
- 내열성과 내한성(-60 ~ 200℃)이 모두 우수하며 발수성과 방수력이 우수하다.
- 안정하고 탄성이 좋으며 내화학성이 크다.
- 접착제, 개스킷, 패킹, 윤활유 및 접착제 등으로 사용된다.

ⓕ 에폭시 수지
- 접착성이 매우 우수하여 금속, 유리, 고무의 접착제로 사용한다.
- 경화 시 용적의 감소가 극히 적으며 산과 알칼리에 강하다.
- 내약품성과 내용재성이 뛰어나다.

② 열가소성 수지

㉠ 특징

ⓐ 자유로운 형상으로 성형이 가능하고 강도 및 연화점이 낮다.

ⓑ 유기용제에 녹고 2차 성형도 가능하다.

㉡ 종류

ⓐ 염화비닐 수지
- 내산, 내알칼리성 및 내후성이 크고, 내수성은 양호한 편이다.
- 경질성이지만 가소제의 혼합으로 유연한 고무형태 제품을 제조한다.
- 필름, 시트, 지붕재, 벽재, 블라인드, 도료, 접착제 등의 건축재료로 사용한다.

ⓑ 폴리에틸렌 수지
- 유백색의 불투명한 수지이며 저온에서 유연성이 크다.

- 내화학성, 전기절연성, 내수성이 우수한 수지이다.
- 방수 및 방습시트, 전선피복, 일용잡화, 도료 및 접착제로 사용한다.

ⓒ 폴리프로필렌 수지
- 비중이 0.9 정도로 가볍고 기계적 강도가 우수하다.
- 내화학성과 내약품성, 전기절연성 및 가공성이 우수하다.
- 섬유제품, 의료기구 등으로 사용한다.

ⓓ ABS 수지
- 충격성, 경도, 치수안정성이 우수한 수지이다.
- 파이프 및 판재, 전기부품 등으로 사용한다.

ⓔ 아크릴 수지
- 유기유리라고도 하며 광선 및 자외선의 투과성이 좋다.
- 내후성 및 내약품성이 크지만 마모가 쉽고 고가이다.
- 스크린, 칸막이판, 창유리, 문짝, 조명기구 등으로 사용한다.

(3) 시공 주요사항

① 시공 온도

종류		시공온도의 한계
열가소성 수지		50℃(단시간 60℃) 이상
열경화성 수지	경화 폴리에스테르, 요소 수지	80℃(단시간 100℃) 이상
	페놀, 멜라민 수지	100℃(단시간 120℃) 이상

② 현장 작업 시 주의사항

㉠ 열가소성 플라스틱 재료들은 열팽창계수가 크므로 경질판의 정착에 있어서는 열에 의한 팽창 및 수축 여유를 고려해야 한다(아크릴, 폴리에틸렌 평판은 10℃의 온도차에 대해 1m마다 1~1.5mm, 비닐 평판에서는 0.7~0.8mm의 신축 여유를 두는 것을 표준으로 한다).

㉡ 마감부분에 사용하는 경우, 표면에 흠 또는 얼룩 변형이 생기지 않도록 하고 필요에 따라 종이, 천 등으로 보호하여 양생한다.

㉢ 양생 후, 부드러운 헝겊에 물, 비눗물 및 휘발유 등을 적셔서 청소한다.

㉣ 열가소성 평판의 곡면가공은 반지름을 판 두께의 300배 이내로 하고, 휠 경우에는

가열온도(110~130℃)를 준수한다.

> **Point 합성수지 성형방법**
>
> 압축성형, 압출성형, 사출성형, 주조성형, 압송성형

CHAPTER 2 목공사

2.1 개요

1. 목재의 분류 및 특징

(1) 분류

침엽수 (연질, 구조용)	소나무, 삼나무, 낙엽송, 잣나무, 측백나무
활엽수 (경질, 가구·수장재)	떡갈나무, 참나무, 오동나무, 버드나무, 나왕

(2) 특징

장점	• 비중이 비교적 작으면서도 강도가 크다(비강도). • 가공성이 좋고 공급이 풍부하며 수종이 다양하다. • 목재면에 아름다운 무늬가 있어 의장효과가 우수하다. • 열전도율이 낮아 단열효과가 좋으며 재질이 부드럽고 탄성이 있다.
단점	• 낮은 온도에서 타기 쉬워 화재에 위험하다. • 부패균에 의한 부식과 충해 및 풍화로 인해 재료의 성질이 나빠진다. • 건조수축으로 인한 변형이 크다. • 재질 및 섬유방향에 따라서 강도 차이가 생긴다.

(3) 용도·검수·보관

① 목재의 용도별 요구 성능

구조재	• 강도가 크고 곧고 길 것 • 수축과 변형이 적을 것 • 충해에 대한 저항성이 클 것 • 양질이며 공작이 용이할 것
수장재	• 무늬와 결, 빛깔이 아름다울 것 • 건조가 잘 된 부재일 것 • 수축과 변형이 적을 것 • 재질감이 좋을 것

② 검수사항 : 길이, 흠, 수량, 수종

③ 보관 시 주의사항

㉠ 땅바닥에 목재가 닿지 않도록 보관할 것

㉡ 종류, 규격, 용도별로 구분하여 보관할 것

㉢ 습기가 차지 않도록 자주 환기시킬 것

㉣ 흙, 먼지, 시멘트 가루가 묻지 않도록 보관할 것

2.2 목재의 조직

1. 목재의 조직

(1) 섬유세포

① 침엽수의 섬유세포

㉠ 가도관이라 하며 수목 용적의 90% 이상을 차지한다.

㉡ 침엽수는 도관이 따로 없으며 섬유세포가 수분과 양분의 통로가 된다.

② 활엽수의 섬유세포

㉠ 목섬유라 하며 수목의 강하고 견고한 성질을 주는 조직이다.

(2) 도관

활엽수에만 존재하는 양분과 수분의 통로로서 섬유세포와 평행한다.

(3) 수선

① 연륜을 횡단하여 수심에서 방사형으로 배열된 세포의 줄을 뜻한다.
② 침엽수와 활엽수가 다르게 나타나며, 참나무와 떡갈나무의 수선이 가장 큰 편이다.
③ 펄프 등의 제조에 있어서는 품질저하의 원인이 된다.

(4) 수지공

침엽수에 많이 나타나며 수지의 이동이나 저장을 하는 곳

(5) 나이테

① 춘재와 추재가 한 쌍으로 겹쳐져 나타내는 무늬를 나이테 혹은 연륜이라 한다.
② 춘재 : 봄, 여름에 생성된 넓은 목질부분. 부드럽고 가벼우며 연한 색을 띤다.
③ 추재 : 늦가을, 겨울에 생성된 좁은 띠. 치밀하고 단단하며 짙은 색을 띤다.
④ 춘재의 비율이 작을수록, 즉 추재의 간격이 좁을수록 목재의 강도가 크다.

2. 심재와 변재

(1) 심재(Heart wood)

① 목질부 중 수심 주위를 둘러싼 부분으로 세포가 거의 죽고 기계적 지지기능만 남은 부분이다.
② 세포벽에 리그닌이나 폴리페놀 등이 침착하여 짙은 색을 띠는 것이 일반적이다.
③ 재질이 단단하고 강도가 크며 함수율 및 신축변형이 작아서 목재로서 이용가치가 높은 부분이다.

(2) 변재(Sap wood)

① 목질부 중에서 심재 외측과 수피 내측 사이의 색이 옅은 부분을 말한다.
② 심재에 비해 비중이 낮고 강도가 약하며 흡수성이 커서 건조 시 수축변형이 큰 편이다.
③ 가공성이 풍부하여 곡선형과 같은 이형 제품을 제조하는 것에 주로 쓰인다.

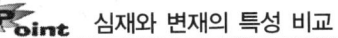
심재와 변재의 특성 비교

	비중	수축률	강도 및 내구성	품질
심재	크다	작다	크다	양호
변재	작다	크다	작다	나쁨

2.3 제재 및 건조

1. 제재

(1) 벌목

벌목시기는 늦가을부터 겨울이 적당하다. 이 시기에는 함수율이 낮아 건조가 빠르며 또한 인건비도 적을 뿐 아니라 운반도 편하다.

(2) 제재 계획

① 취재율(원목 무게÷제재한 목재 무게)을 최대한 높일 수 있도록 계획해야 한다.
② 침엽수는 70% 이상, 활엽수는 50% 이상이 되도록 한다.
③ 완성된 제품의 결을 고려하여 계획한다.

2. 건조

(1) 건조의 목적

① 목재는 섬유포화점 이하에서 강도가 높아지므로 건조해서 사용하는 것이 좋다.

② 내구성이 증진되고 수축에 의한 균열과 변형을 방지하기 위함도 주요 목적이다.
③ 구조재는 15~20%, 수장재 및 가구재는 10~15%의 함수율까지 건조시킨다.

(2) 건조방법

① 자연건조법

특정 장치를 이용하지 않고 자연적으로 건조하는 방법

대기건조법	직사광선과 비를 피하고 통풍이 잘 되는 곳에서 건조시키는 방법이다. 2~3개월에 한 번씩 뒤집어 쌓아줌으로써 균일하게 건조가 되도록 한다. 나무 마구리에는 페인트를 칠해서 부분적인 급속 건조를 막는다. 목재 간의 간격을 유지하고 땅에서 30cm 이상 떨어지도록 굄목을 받친다.
수침법	건조하기 전에 목재를 물 속에 담그고 목재 내 수액을 빼낸 후 건조한다 (삼투압의 원리를 이용). 부패 및 뒤틀림이 방지되며 건조시간을 단축시킬 수 있다.

② 인공건조법 : 기계장치에 의해 단시간에 건조시키는 방법이다.
  ㉠ 장점 : 건조시간이 짧고 함수율 등을 조절할 수 있다.
  ㉡ 단점 : 비용이 많이 든다.

증기법	건조실을 증기로 가열하여 건조하는 방법. 가장 많이 쓰인다.
열기법	건조실 내 공기를 가열하거나 가열공기를 넣어 건조하는 방법
훈연법	목재 등을 태운 연기를 건조실에 도입하여 건조하는 방법
진공법	원통형 탱크에 넣고 밀폐 후 고온, 저압 상태를 유지하여 수분을 제거하는 방법

2.4 목재의 성질

1. 함수율

목재에 포함되어 있는 수분을 완전히 건조시킨 목재의 중량에 대한 비율(일반적으로 살아 있는 생나무의 함수율은 심재 40~100%, 변재 80~200% 정도)

$$함수율(\%) = \frac{W_1 - W_2}{W_2} \times 100\%$$

W_1 : 건조하기 전 목재중량 W_2 : 절대건조 시 목재중량

(1) 섬유포화점
목재 내 유리수가 증발하고 세포의 수분이 포화상태일 때를 말한다. 이때 목재의 함수율은 약 30%이다.

(2) 기건재
대기 중 습도와 균형상태인 목재의 함수율로 보통 15% 정도이다.

(3) 전건재
완전히 건조되어 함수율이 0%가 된 상태를 말한다.

2. 목재의 강도

(1) 함수율은 벌목 직후 100% 정도에서 점차 섬유포화점 상태로 감소한다. 섬유포화점까지는 강도의 변화가 거의 없으나 그 이하에서는 점점 증가하여 전건재가 되면 섬유포화점 강도의 3배로 증가한다.

(2) 목재의 각종 강도와의 비율 관계(섬유의 평행방향의 압축강도를 1로 한 비교)

	섬유의 평행방향	섬유의 직각방향
압축강도	1	0.1~0.2
인장강도	2	0.07~0.2
휨 강도	1.5	0.1~0.2
전단강도	침엽수 0.16 / 활엽수 0.2	

3. 목재의 비중과 공극률

(1) 목재의 강도는 비중에 정비례한다.

(2) 공극을 포함하지 않는 목재의 실제 부분 비중을 진비중이라 하며, 수종 및 수령에 관계없이 약 1.54 정도이다.

(3) 목재는 절대건조 상태의 비중이 수종, 수령 등의 조건에 의해 다르게 나타난다. 따라서 다음의 공식에 의하여 목재 내부의 공극률을 산출할 수 있다.

$$공극률(\%) = \left(1 - \frac{r}{1.54}\right) \times 100\% \quad [r : 전건재의 비중, 1.54 : 목재의 진비중]$$

4. 목재의 내구성

(1) 목재의 흠

① 껍질박이(입피) : 목재가 성장 도중, 외상에 의하여 나무껍질이 목재 내부로 말려들어 간 것이다.

② 옹이
  ㉠ 본줄기가 줄기 조직에 말려들어 나이테가 밀집되고 수지가 뭉쳐지는 부분
  ㉡ 성장 중의 가지가 말려들어간 것을 생옹이라 하며, 강도에 미치는 영향은 적다.
  ㉢ 말라 죽은 가지가 말려 들어가서 생긴 것을 죽은 옹이라 하며 강도 저하와 외관 손상을 유발한다.

③ 갈라짐 : 불균등한 건조나 수축에 의해 생기며 주로 노목에서 나타난다.

④ 썩음(부패) : 주로 균에 의해 부패되며 강도 및 착화점 저하의 원인이 된다.
  ㉠ 온도 : 25~35℃에서 가장 왕성하며 4℃ 이하나 70℃ 내외에서는 사멸한다.
  ㉡ 습도 : 80%에서 왕성하며 20% 이하에서는 사멸한다.
  ㉢ 공기 : 산소를 차단하면 부패균은 사멸된다.

(2) 풍화 및 충해

① 풍화 : 오랜 기간 햇볕과 비바람 등 기상변화에 노출된 목재의 수지성분이 증발하여 광택이 떨어지고 변색 및 변질되는 현상. 이를 방지하기 위해서 페인트와 바니시 등을 발라준다.

② 충해 : 흰개미와 굼벵이 등에 의한 피해가 가장 많으며 춘재를 갉아먹는다.

5. 목재의 방부처리

(1) 방부제의 종류

① 유성 및 유용성 방부제
  ㉠ 크레오소트 : 흑갈색의 용액으로 저렴하다. 침투성이 좋지만 냄새가 강하여 외부용으로만 쓰인다.
  ㉡ 콜타르 : 방부성은 좋지만 침투성이 나쁘다. 흑색을 띤다.
  ㉢ 페인트 : 피막을 형성하여 표면을 보호하며 착색효과도 있다.
  ㉣ PCP(pentachlorophenol) : 방부력이 강한 무색의 유용성 방부제로서 착색이 가능하나 독성이 강해 사용에 주의를 요한다.

② 수용성 방부제
　㉠ 황산구리 1% 용액 : 철근부식의 우려가 있으며 인체에 유해. 방부력은 좋다.
　㉡ 염화아연 4% 용액 : 흡수성이 있으며 목질부를 약화시켜 페인트칠은 못함.
　㉢ 염화제2수은 1% 용액 : 방부효과가 우수하며 철재 부식현상. 인체에 유해
　㉣ 플루오르화나트륨 2% 용액 : 황색 분말. 철재, 인체에 무해하며 페인트 도장이 가능하나 고가이며 내구성이 비교적 좋지 않다.

(2) 방부제의 처리법
① 도포법 : 목재를 건조 후 균열부나 이음부에 바름. 침투깊이 5~6mm
② 침지법 : 목재를 방부액에 담금. 침투깊이 15mm
③ 상압 주입법 : 80~120℃의 크레오소트 오일액에 3~6시간 담금
④ 가압 주입법 : 원통에 7~31kg/cm^2 가압
⑤ 생리적 주입법 : 벌목 전에 뿌리에 약액 주입하는 방식

2.5 제품 및 목공사

1. 합판

(1) 개요
① 3장 이상의 얇은 단판(veneer)을 섬유방향이 직교하도록 겹쳐서 접착제로 붙여 만든 제품이다.
② 접합하는 판의 숫자는 홀수(3, 5, 7)로 겹쳐 양면의 결방향을 같게 한다.
③ 두께는 보통합판 기준 3mm~24mm까지 3mm 간격으로 제조된다.

(2) 특징
① 건조에 의한 수축, 변형이 적고 방향성이 없다.
② 일반 판재에 비해 균질하며 강도가 높은 제품을 만들 수 있다.
③ 균열 발생이 적고, 곡면 가공도 가능하다.
④ 표면의 가공을 통해 흡음효과도 낼 수 있다.

(3) 단판 제법

로터리 베니어 (rotary veneer)	• 원목을 길게 절단한 후 회전시키며 넓은 대패로 나이테에 따라 두루마리 퍼듯이 연속적으로 벗겨낸다. • 넓은 베니어판을 제조할 수 있고 원목의 낭비가 적어서 가장 많이 쓰인다. • 단판이 널결이어서 표면의 질은 떨어진다.
소드 베니어 (sawed veneer)	• 판재나 각재의 원목을 톱으로 얇게 켜낸 단판이다. • 아름다운 나뭇결을 얻을 수 있어 고급 수장재 등으로 쓰인다.
슬라이스드 베니어 (sliced veneer)	• 원목을 미리 적당한 각재로 만든 후 칼날, 대패 등으로 얇게 켜낸다. • 곧은결 또는 널결을 나타낼 수 있다.
반로터리 베니어 (half rotary veneer)	• 미리 껍질을 벗긴 원목을 반원으로 켜서, 긴 날에 원호를 그리며 상하로 움직여 단판을 벗겨낸다. 고급 무늬목을 얻을 때 사용한다.

(4) 합판 제품의 종류

① 보통합판(ordinary plywood)
  ㉠ 원목 재질 그대로 단판을 붙이고 표면처리를 따로 하지 않는 합판을 말한다.
  ㉡ 제조법에 따라 일반·무취·방충·난연 합판으로 구분된다.
② 내수합판(water proof plywood)
  ㉠ 내수성이 있는 합성수지 접착제로 접착시킨 합판이다.
  ㉡ 내수 정도에 따라 1급, 2급으로 분류되며 거푸집 및 외장재 등으로 쓰인다.
③ 무늬목치장합판(sliced veneer fancy plywood) : 보통합판 표면에 티크, 괴목 등 결이 좋은 무늬목을 얇게 붙인 제품이다.
④ 화장합판(decorated plywood)
  ㉠ 보통합판 표면에 프린트된 종이 등을 붙이고 그 위에 합성수지를 입힌 제품이다.
  ㉡ 멜라민, 폴리에스테르, 염화비닐 등이 쓰인다.
⑤ 프린트 합판(printing plywood) : 보통합판 표면을 천연목 나뭇결이나 여러 모양으로 인쇄 가공 또는 인쇄한 종이를 붙인 합판

2. 집성목재

얇은 판재(두께 1.5~3cm) 또는 소형 각재를 모아서 접착제로 붙여 가공한 것이다.

(1) 합판과의 구분
① 합판과 달리 각 재료의 섬유방향은 직교가 아닌 평행으로 접착한다.
② 판재가 아니라 기둥, 보, 계단과 같이 단면과 길이가 큰 재료로 사용한다.

(2) 특징
① 목재의 강도를 인공적으로 조절할 수 있으며 응력에 따라 필요한 단면을 만들 수 있다.
② 크고 긴 재료를 만들 수 있으며 아치와 같은 굽은 형태로도 제작이 가능하다.
③ 외관이 좋고 비틀림, 변형이 없어서 구조재와 장식재 등 다양한 용도로 쓸 수 있다.

3. 기타 목제품

(1) 파티클 보드 및 O.S.B

파티클 보드 (chip board)	• 목재의 작은 조각을 합성수지 접착제 등을 첨가하여 열압 제판한 것이다. • 표면에 무늬목·시트·도료 등을 사용하여 치장판으로 쓰기도 한다. • 온·습도에 의한 변형이 거의 없으나 부패방지를 위해 방습처리를 한다. • 음 및 열의 차단성이 우수하여 방음 및 단열재로 쓰인다. • 방향성이 없으며 못이나 나사 등의 지보력도 일반 목재와 같다. • 합판에 비해 휨강도는 떨어지나 면내 강성은 우수하다.
O.S.B (oriented stand board)	• 파티클 보드의 유형 중 하나로 가전제품 포장 등에 쓰인 것이 명칭의 유래이다. • 약 35×75mm의 장방형으로 자른 얇은 나뭇조각을 서로 직교하게 겹쳐 배열하고 방수성 수지로 압착 가공한 제품이다. • 파티클 보드의 조각은 타 제품 공정의 부산물인 반면, O.S.B의 조각은 원목에서 자른 것이므로 강도와 경도가 더 높다. • 칸막이벽, 가구, 내장재 등으로 쓰이며 목조주택 외장재로 쓰기도 한다.

(2) 벽, 천장재

코펜하겐 리브	두께 50mm, 너비 100mm 정도의 긴 판에 표면을 곡선 리브로 가공한 제품. 강당, 극장 등의 음향 조절용으로 쓰이며 일반 수장재로도 사용한다.
코르크판	코르크 나무표피를 원료로 하여 분말로 된 것을 판형으로 열압한 것으로 보온재 및 흡음재로 사용한다.

(3) 섬유판

저밀도 섬유판 (LDF)	• 비중 0.35 미만 • 흡음재, 하부 마감재, 단열재로 쓰인다.
중밀도 섬유판 (MDF)	• 비중 0.35 이상, 0.85 미만, 휨강도 15~35MPa • 마감이 깔끔하고 가공성이 좋아서 내장재 및 가구재로 많이 사용된다.
고밀도 섬유판 (HDF)	• 비중 0.85 이상, 바탕 및 치장용 • 보통 HDF(휨강도 20~40MPa), 강화 HDF(휨강도 35~50MPa)

Point 접착제에 따른 섬유판의 구분

종류	접착제	용도
U형	요소 수지 (이와 동등한 것)	가구, 캐비닛 등
M형	요소·멜라민 공축합 수지계 (이와 동등 이상의 것)	가구, 마루·지붕 바탕
P형	페놀 수지 (이와 동등 이상의 것)	가구, 마루·지붕·외벽 바탕
NAF형	비폼알데히드계(이소시아네이트 등)	

4. 가공 및 접합

(1) 철물

① 못
  ㉠ 못은 재의 섬유방향에 대하여 엇갈리게 박는다.
  ㉡ 경미한 곳 외에는 1개소에 4개 이상 박는 것을 원칙으로 한다.
  ㉢ 못의 길이 : 박는 나무두께의 2.5~3배(마구리는 3~3.5배)
  ㉣ 부재 두께는 못 지름의 6배 이상

② 볼트
  ㉠ 인장력을 받을 때 사용하며, 볼트 구멍은 볼트 지름보다 3mm 이상 작게 한다.
  ㉡ 구조용은 12mm 이상, 경미한 곳은 9mm 정도의 지름을 사용한다.

③ 듀벨
  ㉠ 볼트와 같이 사용하여 전단에 견디도록 한 보강철물

ⓒ 듀벨 배치는 동일 섬유방향에 대해서 엇갈리게 배치한다.

④ 기타 철물

안장쇠	큰보+작은보	양나사볼트	처마도리+깔도리
띠쇠	ㅅ자보+왕대공	감잡이쇠	평보+왕대공
감잡이쇠	왕대공+평보	주걱볼트	보+처마도리

(2) 가공

① 순서

  ㉠ 건조처리

  ㉡ 먹매김 : 목재의 마름질, 바심질을 위해 심먹을 넣고 가공형태를 그리는 것

  ㉢ 마름질 : 목재를 크기에 따라 각 부재의 소요길이로 잘라내는 것

  ㉣ 바심질 : 구멍뚫기, 홈파기, 면접기 등 대패질 등으로 목재를 다듬는 것

  ㉤ 세우기

② 먹매김

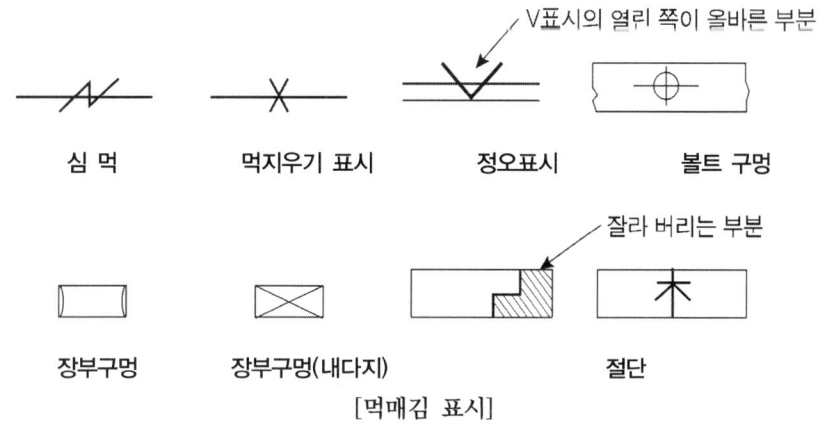

[먹매김 표시]

③ 마무리 정도

  ㉠ 막대패질(거친 대패질) : 제재 톱자국이 간신히 없어질 정도의 대패질

  ㉡ 중대패질 : 제재 톱자국이 완전히 없어지고 평활한 정도의 대패질

  ㉢ 마무리 대패질(고운 대패질) : 미끈하여 완전 평활한 대패질

④ 모접기

대패질한 재는 사용 개소에 따라 모접기(면접기)를 한다.

실모	등근모	쌍사모	게눈모
큰모	실오리모	평골모	티미리

⑤ 목재 가공 시 주의사항
  ㉠ 목재의 결점에서 이음, 맞춤을 피할 것
  ㉡ 이음, 맞춤은 응력이 작은 곳에서 행할 것
  ㉢ 심재, 변재 등 목재의 건조변형을 고려할 것
  ㉣ 치장부분은 먹줄이 남지 않게 대패질을 할 것
  ㉤ 줄 구멍, 볼트 구멍은 깊이를 정확하게 유지할 것

(3) 접합

① 이음

부재를 길이 방향으로 길게 접합하는 것 또는 그 자리

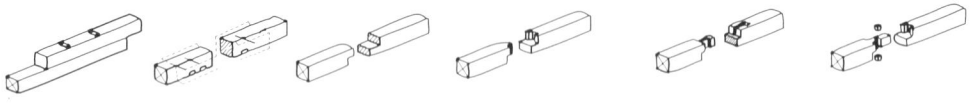

겹침이음   맞댄이음   반턱이음   턱걸이 주먹장이음   턱걸이 메뚜기장이음   긴촉이음

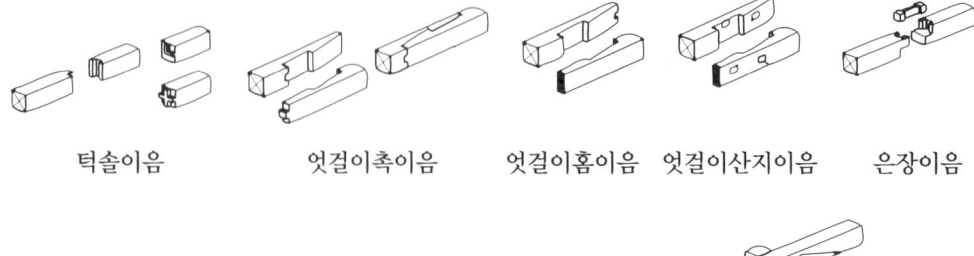

턱솔이음   엇걸이촉이음   엇걸이홈이음   엇걸이산지이음   은장이음

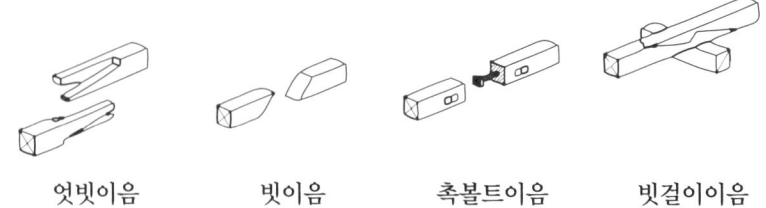

엇빗이음   빗이음   촉볼트이음   빗걸이이음

㉠ 주요 이음판

구분	방법	용도
맞댄이음	재를 서로 맞대고 덧판(널, 철판)을 써서 볼트 또는 못을 친다.	평보
겹친이음	재를 겹쳐대고 못, 볼트, 듀벨 등을 친다.	간단한 구조 통나무 비계
반턱이음	서로 턱을 내어 재를 겹쳐대고 못, 볼트, 듀벨 등을 친다.	장선
주먹장이음	가장 손쉽고 비교적 좋은 이음	토대, 멍에, 도리
메뚜기장이음	주먹장보다 더 튼튼한 이음. 공작이 까다롭다.	
빗이음	경사로 맞대어 잇는 방법	서까래, 지붕널
엇빗이음	가위처럼 갈라진 두 개의 촉이 서로 반대경사로 빗이음한 것	반자틀, 반자살대
턱솔이음	옆으로 물러나는 것을 막는 용도로 쓰는 이음촉	일반수장재 이음
엇걸이이음	이음 부위에 비녀(산지) 등을 박아 더욱 튼튼하게 한 이음	중요 가로재 이음
빗걸이이음	이음재의 밑에 보나 기둥, 도리 등의 받침이 있는 부재의 이음	통나무부

㉡ 위치에 따른 분류

심이음	부재의 중심에서 이음한 것
내이음	중심에서 벗어난 위치에서 이음한 것
베개이음	가로 받침대를 대고 이음한 것
보아지이음	심이음에 보아지(받침대)를 댄 것

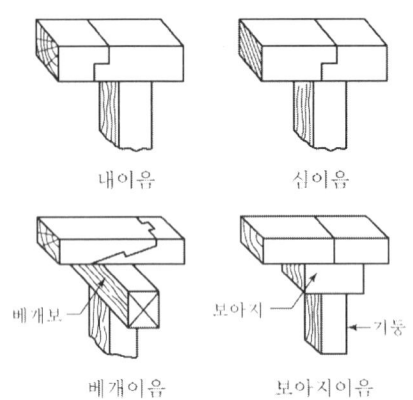

내이음 / 빗이음
베개이음 / 보아지이음

② 맞춤

부재를 직각이나 경사를 두어 접합하는 것

구분	방법	용도
반턱맞춤	가장 간단한 직교재 맞춤	일반용
걸침턱맞춤	부재의 턱을 따내고 직교하는 재가 통으로 내려 끼워지는 목재의 맞춤	지붕보+도리 층보+장선
안장맞춤	작은 재를 두 갈래로 중간을 파내고 큰 재의 쌍구멍에 끼우는 맞춤	평보+ㅅ자보
주먹장부맞춤	장부모양이 주먹장형으로 된 것	토대 T형 부분 토대+멍에
턱장부맞춤	장부에 작은 턱을 붙인 것	토대, 창호의 모서리 맞춤
연귀맞춤	직교되거나 경사로 교차되는 부재의 마구리가 보이지 않게 45°로 빗잘라 대는 맞춤	가구, 창문의 모서리 맞춤

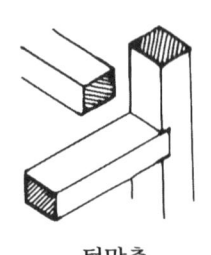 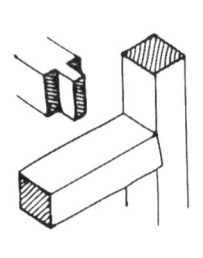 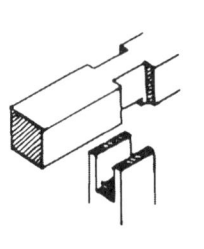 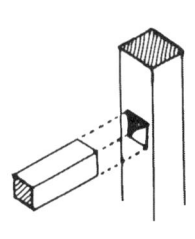

턱맞춤 / 턱솔맞춤 / 장부빗턱맞춤 / 숭어턱맞춤 / 통맞춤

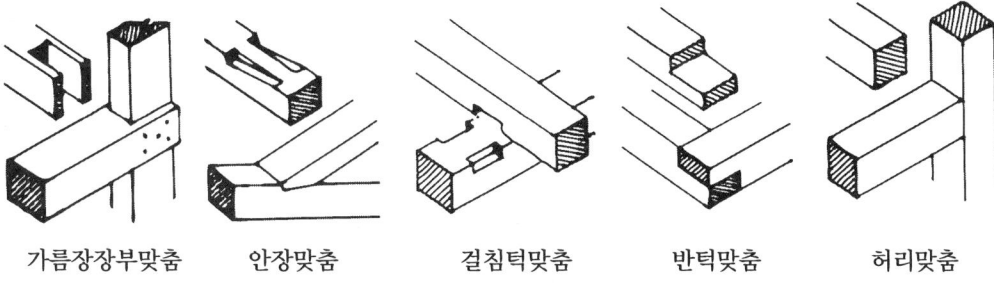

| 가름장장부맞춤 | 안장맞춤 | 걸침턱맞춤 | 반턱맞춤 | 허리맞춤 |

③ 쪽매

부재를 섬유방향과 평행으로 옆으로 대어 붙이는 것

구분	용도	형태
맞댄쪽매	경미한 구조	
반턱쪽매	거푸집, 두께 15mm 미만 널에 사용	
빗쪽매	반자틀, 지붕널에 사용	
제혀쪽매	가장 많이 사용. 마루널 깔기	
오늬쪽매	흙막이 널말뚝	
딴혀쪽매	마루널 깔기	
틈막이쪽매	징두리판벽, 천장	

④ 접합 시 주의사항

㉠ 응력이 작은 곳에서 한다.

㉡ 단면방향은 응력에 직각되게 한다.

㉢ 적게 깎아서 약해지지 않게 한다.

ㄹ. 모양에 치우치지 않게 간단하게 한다.
ㅁ. 응력이 균등하게 전달되게 한다.

5. 목공사 주요사항

(1) 순서

① 목조 전체 세우기 : 토대 → 1층 벽체 뼈대 → 2층 마루틀 → 2층 벽체 뼈대 → 지붕틀
② 벽체 뼈대 세우기 : 기둥 → 인방보 → 층도리 → 큰보

(2) 기둥

① 통재기둥 : 아래층에서 위층까지 1개의 부재로 된 기둥
② 평기둥 : 1층 높이로 세워지는 기둥. 약 2m 간격으로 배치한다.
③ 샛기둥 : 통재기둥과 평기둥 사이 45cm 내외 간격으로 설치하며 가새의 옆 휨을 막는다.

(3) 도리 및 보강재

① 층도리 : 2층 마룻바닥이 있는 부분에 수평으로 대는 가로재
② 깔도리 : 기둥 또는 벽 위에 놓아 지붕보 또는 평보를 받는 도리(절충식에서는 생략)
③ 처마도리 : 양식 구조에서는 깔도리 위에 걸친 보 위에 깔도리와 같은 방향으로 처마도리를 걸쳐대어 서까래를 받는다.
④ 횡력에 대한 보강재 : 가새, 귀잡이, 버팀대

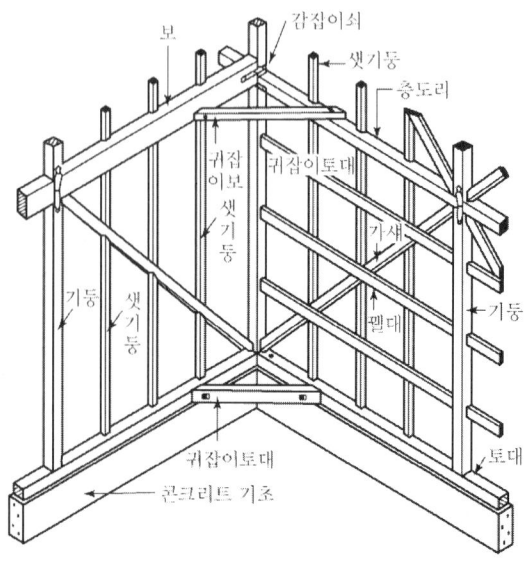

(4) 반자

① 종류 : 바름반자, 널반자, 넓은판 반자, 구성반자

② 반자틀 설치 순서
  ㉠ 달대받이   ㉡ 반자돌림대
  ㉢ 반자틀받이   ㉣ 반자틀
  ㉤ 달대

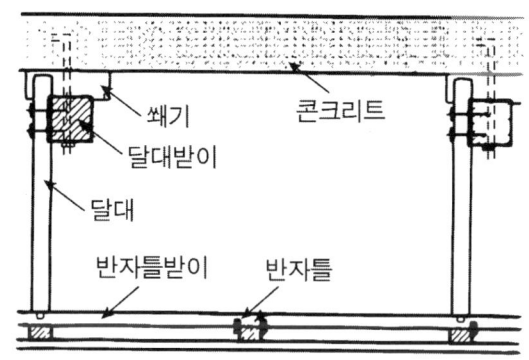

(5) 마루 및 계단

① 1층 마루
  ㉠ 동바리마루 : 주춧돌 → 동바리기둥 → 멍에 → 장선 → 마루널(밑창널 → 방수지 → 마루널)
  ㉡ 납작 마루 : 주춧돌 → 멍에 → 장선 → 마루널

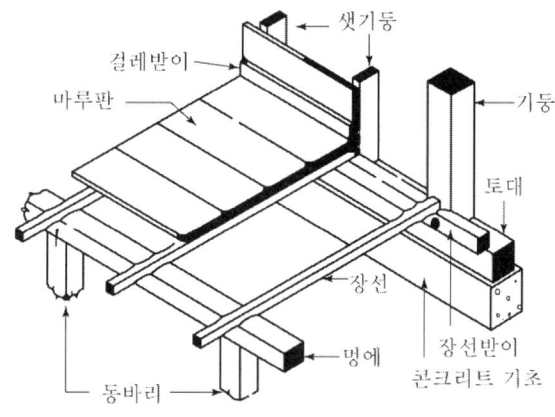

② 2층 마루
  ㉠ 홑마루(장선마루) : 장선 → 마루널. 간사이 2.4m 미만
  ㉡ 보마루 : 보 → 장선 → 마루널. 간사이 2.4~6.4m
  ㉢ 짠마루 : 큰보 → 작은보 → 장선 → 마루널. 간사이 6.4m 초과
③ 목조계단 설치 순서
  ㉠ 1층 멍에, 계단참, 2층받이 보
  ㉡ 계단옆판, 난간엄지기둥
  ㉢ 디딤판, 챌판
  ㉣ 난간동자
  ㉤ 난간두겁

CHAPTER 3 석공사

3.1 개요

석재는 고대부터 구조재 및 장식재로서 큰 역할을 하였다. 그러나 최근 철골, 철근콘크리트 구조와 같은 발달된 기술로 인해 구조재료로서의 용도는 현저히 떨어졌지만 여전히 장식재 등으로 널리 쓰이고 있다.

1. 석재의 장·단점

장 점	• 압축강도가 크다. • 불연성, 내구성, 내마모성, 내수성 등이 우수하다. • 장중하고 미려한 외관을 가지고 있다.
단 점	• 중량이 크고 가공이 어렵다. • 내화도가 낮고 인장강도가 작다. • 장대재를 얻기 어렵다.

2. 석재의 분류

(1) 화성암

지구 내부에서 유래하는 고온의 규산염 용융체(마그마)가 고결하여 형성된 암석

① 화강암
 ㉠ 석영, 장석, 운모, 각섬석 등의 광물질이 포함되어 백색, 흑색, 홍색, 청색 등 다양한 무늬와 색을 띠는 수려한 외관의 석재
 ㉡ 압축강도가 높아서 구조재로도 쓰이며 내장재나 콘크리트의 골재로도 쓴다.

　　ⓒ 내화도가 낮고 세밀한 가공이 어려운 것이 단점이다.
② 안산암
　　㉠ 가공성이 좋고 내화성도 높은 무광택의 석재로 판석이나 비석 등으로 쓰인다.
　　ⓒ 휘석, 안산암, 각섬, 안산암, 석영안산암으로 나뉘어진다.
③ 감람석
　　㉠ 크롬, 철광석으로 형성된 흑록색의 화성암. 석질이 치밀하다.
　　ⓒ 변질로 인해 사문암, 활석, 각섬석 등의 2차 광물이 된다.
④ 화산암
　　㉠ 화산지표면에 유출된 마그마가 급냉각되어 응고된 다공질의 석재
　　ⓒ 비중이 0.7~0.8 정도로 가볍고 경량골재나 내화재 등으로 쓰인다.

(2) 수성암

암석의 조각, 물 속의 광물질, 동식물의 유해 등이 침전되어 형성되는 석재
① 사암
　　㉠ 모래입자가 교착제와 같이 압력을 받다가 경화된 것
　　ⓒ 경질사암은 외벽재, 경구조재로, 연질사암은 내장재로 쓰인다.
② 점판암
　　㉠ 점토분이 지열, 지압으로 변질, 응고되어 형성된 석재
　　ⓒ 석질이 치밀하고 판재로 만들 수 있어 지붕, 외벽, 숫돌, 비석으로 사용된다.
③ 응회암
　　㉠ 마그마가 쌓여 응고된 것
　　ⓒ 다공질이고 내화도가 높은 석재. 경량골재, 내화재
④ 석회석 : 시멘트, 석회의 주원료

(3) 변성암

화성암이나 수성암이 강한 압력과 높은 열에 의하여 변질된 암석
① 대리석
　　㉠ 석회암이 변화되어 결정화된 암석
　　ⓒ 견고하나 열과 산에는 약하다.
　　ⓒ 색채와 반점이 수려하며 갈면 고운 광택이 난다.
　　㉣ 실내장식재, 조각재로 사용

② 트래버틴
- ㉠ 대리석의 일종, 다공질이고 황갈색
- ㉡ 석질이 불균일하며 특수 장식재로 사용

③ 사문암
- ㉠ 감람석 또는 섬록암이 변질된 것으로, 색조는 암녹색 바탕에 흑백색의 아름다운 무늬가 있다.
- ㉡ 경질이지만 풍화성이 있어 외벽보다는 실내장식용으로 사용된다.

3.2 석재의 가공 및 성질

1. 가공

(1) 손다듬기

공정	개요	공구·재료
혹두기	돌 표면의 거친 돌출부를 대강 다듬는 작업	쇠메, 망치
정다듬	표면을 정으로 쪼아 평평하게 다듬는 작업	정
도드락다듬	정다듬한 표면을 더 매끈하게 다듬는 작업 바닥면의 미끄럼 방지 및 내외벽 마감용으로 쓰인다.	도드락망치
잔다듬	표면을 평행방향으로 세밀하게 깎아 다듬는 작업	양날망치
물갈기	물을 뿌리고 수공구 또는 기계를 이용하여 표면광택을 내는 작업	숫돌, 모래, 금강사

Point 손다듬기 순서

혹두기 → 정다듬 → 도드락다듬 → 잔다듬 → 물갈기

(2) 특수 표면마무리 공법

① 모래 분사법 : 석재 표면에 고압공기의 압력으로 모래를 분출시켜 면을 곱게 마무리하는 공법

② 화염 분사법 : 버너 등으로 석재 표면을 달군 후 찬물을 뿌려 급랭시켜서 표면을 거칠

게 마무리하는 공법

③ 플래너 마감법 : 석재표면을 연마기계로 매끄럽게 깎아내어 다듬는 마감법

④ 착색법 : 석재의 흡수성을 이용하여 석재의 내부까지 착색시키는 공법

(3) 모치기

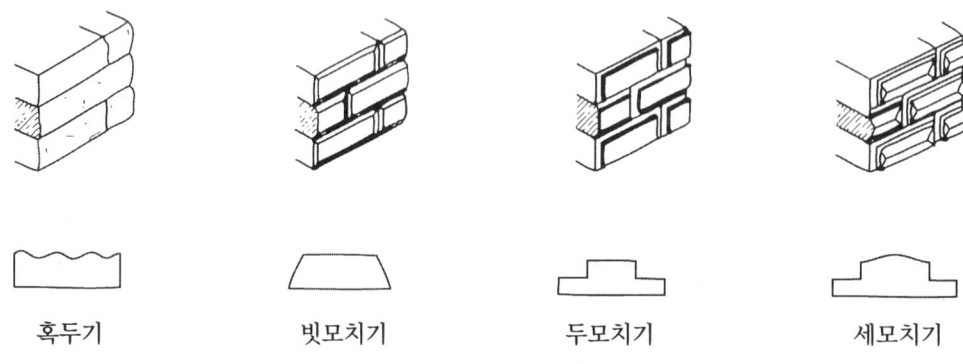

| 혹두기 | 빗모치기 | 두모치기 | 세모치기 |

> **Point 석재 가공 후 검사내용**
> 마무리 및 치수의 정도, 다듬기 정도, 면의 평활도, 모서리 각 여부

2. 성질

(1) 물리적 성질

① 석재의 비중은 기건 상태를 표준으로 한다.

② 압축강도는 비중이 클수록 좋다.

③ 인장강도는 압축강도의 5~10%에 불과하다.

석재	평균압축강도(kg/cm^2)	비중	흡수율(%)
화강암	1450~2000	2.62~2.7	0.3~0.5
안산암	1050~1150	2.53~2.58	1.8~3.2
응회암	90~370	2~2.4	13.5~18.2
사암	360	2.5	13.2
대리석	1000~1800	2.7~2.72	0.1~0.12
슬레이트	1890	2.74	0.24

(2) 내화성
① 석재의 고온파괴 및 강도저하 현상의 원인
  ㉠ 석재구성 조암광물의 열팽창계수의 차이
  ㉡ 조암광물 중 용융점이 낮은 부분이 녹아서 전체가 붕괴
  ㉢ 열전도율이 작아서 열에 대한 응력 발생
② 안산암, 응회암 및 사암은 1000℃ 이하에서는 압축강도의 저하가 작으며 오히려 어느 정도까지 상승하기도 한다.
③ 화강암은 석영분이 570℃ 정도가 되면 팽창으로 인해 붕괴되므로 600℃ 정도에서 강도가 급격히 저하된다.
④ 석회암, 대리석 등은 600℃ 이상이 되면 완전히 생석회로 변화된다.

3. 석재 제품

(1) 암면
① 안산암, 사문암을 고열로 녹여 작은 구멍으로 분출 : 솜모양
② 흡음, 단열, 보온성이 우수하여 단열재, 음향 흡음재로 쓰인다.

(2) 질석
① 운모계 광석을 800~1000℃로 가열 팽창시켜 다공질 경석으로 만든 것이다.
② 비중이 0.2~0.4로 경량이며, 단열, 흡음, 보온, 내화성이 우수하다.
③ 단열재·내화재·흡음재 및 경량골재로 사용된다.

(3) 펄라이트
① 진주암·흑요석 등을 적당한 입도로 분쇄하여 1000℃ 정도로 급속가열 팽창시켜 만든 것이다.
② 경량이고 불연성이 있어 단열재·보온재·흡음재 및 모르타르·플라스터의 골재로도 사용된다.

(4) 인조석·테라초
① 화강암·대리석 등의 쇄석을 종석으로 하여 백색포틀랜드 시멘트에 광물질 안료를 넣고 물로 혼합·반죽하여 경화 후 물갈기·잔다듬·씻어내기 등으로 마무리 한 일종의 모조석이다.
② 화강암을 종석으로 한 것은 인조석으로 총칭하며, 바닥 및 내외벽의 마감재·치장재로

사용된다.

③ 대리석을 종석으로 한 것을 테라초(인조대리석)이라 하며, 첨가재료에 따라 시멘트계·수지계·유리계로 나뉜다.

④ 테라초는 천연대리석보다 내오염성이 우수하고 산·유기용제에 강하며 유지 및 보수가 용이하여 실내장식재·바닥마감재·싱크대·세면대 등으로 널리 사용되고 있다.

CHAPTER 4 조적공사

4.1 점토제품

1. 제품

(1) 벽돌

① 벽돌 품질
  ㉠ 1종 벽돌 : 압축강도 24.50N/mm² 이상, 흡수율 10% 이하
  ㉡ 2종 벽돌 : 압축강도 14.79N/mm² 이상, 흡수율 15% 이하
② 특수벽돌

명칭	개요
이형벽돌	아치, 쌤돌 등 특정형태로 제작한 벽돌(보통벽돌을 마름질한 것 포함)
중공벽돌	벽돌에 구멍을 뚫은 것으로 단열·방음벽 또는 경량칸막이벽 등에 쓰인다.
다공질벽돌	톱밥이나 겨를 혼합하여 소성한 것으로 연소 후 공극이 생겨 가벼워진다. 비중이 낮고 무게가 가벼워 가공이 용이해지며 보온과 흡음성이 있어 방음 및 단열용으로 사용된다.
포도벽돌	도로나 바닥용으로 제조한 두꺼운 벽돌. 연화토나 도토를 사용하며 경질이고 흡수성이 작으며 내마모성과 내구성이 크다. 제조 시 색소를 넣기도 한다.
내화벽돌	내화점토로 만든 황백색 제품으로 SK26 이상의 내화도를 가진 것이다. 벽난로, 사우나, 굴뚝 등에 쓰인다. (규격 : 230×114×65mm)
과소품벽돌	아주 높은 온도로 소성하여 견고하고 두드리면 청음이 나는 벽돌. 흡수율은 낮으나 형상이 다소 불규칙하여 구조용으로는 부적당하다. 주로 장식용이나 기초 조적재 등으로 쓰인다.

명칭	개요
오지벽돌	오짓물(salt glaze)을 칠해 구운 치장벽돌로 표면이 매끄럽고 깨끗하다.

(2) 기와
① 지붕재료로 쓰이며 유약의 종류에 따라 기와의 색이 달라진다.
② 한식 기와, 일식 기와, 양식 기와 등으로 나누어진다. 한식형(한식 기와), 오금형(일식 기와), S형(양식 기와)

4.2 조적공사

1. 벽돌공사

(1) 벽돌 및 모르타르
① 벽돌 치수

(단위 : mm)

구분	길이	마구리	두께
재래형	210	100	60
표준형	190	90	57
내화벽돌	230	114	65
허용오차	±3mm	±3mm	±4mm

② 모르타르
㉠ 시멘트의 응결은 가수 후 1시간부터 시작되므로 배합 후 1시간 이내에 사용한다.
㉡ 줄눈두께는 10mm를 표준으로 한다. (단, 내화벽돌은 6mm)
㉢ 조적조의 줄눈은 응력분산을 위해 막힌줄눈을 원칙으로 한다.

ㄹ) 배합비

구분	시멘트 : 모래
조적용	1 : 3 ~ 1 : 5
아치쌓기	1 : 2
치장줄눈	1 : 1

③ 치장줄눈

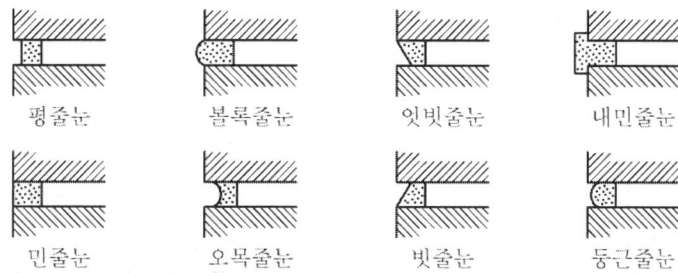

구분	용도	특징
평줄눈	벽돌의 형이 고르지 않을 때	거친 느낌의 질감
민줄눈	형태가 고르고 깔끔한 벽돌	깨끗한 질감
빗줄눈	색조 변화가 클 때	벽면의 음영차가 크고 질감이 강조된다.
볼록줄눈	벽돌형이 고르고 반듯할 때	순하고 부드러운 느낌
오목줄눈	면이 깨끗한 벽돌	약한 음영표시
내민줄눈	벽면이 고르지 못할 때	줄눈 효과 강조

(2) 벽돌 쌓기

① 주요 형식

종류	특징	비고
영식 쌓기	한 켜에 길이쌓기, 다음 켜는 마구리쌓기로 하며 모서리에 반절 또는 이오토막을 사용하여 통줄눈을 없앤다.	가장 튼튼한 형식
화란식 쌓기	한 켜에 길이쌓기, 다음 켜는 마구리쌓기로 하며 모서리에 칠오토막을 사용하여 모서리가 튼튼하다.	우리나라에서 많이 사용

종류	특징	비고
불식 쌓기	한 켜에 길이, 마구리를 번갈아 쌓는 형식	비내력벽 치장용
미식 쌓기	전면에 5켜를 길이쌓기로 하고, 다음 켜를 마구리쌓기로 하며, 뒷벽돌에 물리고 뒷면은 영식 쌓기로 한다.	치장용

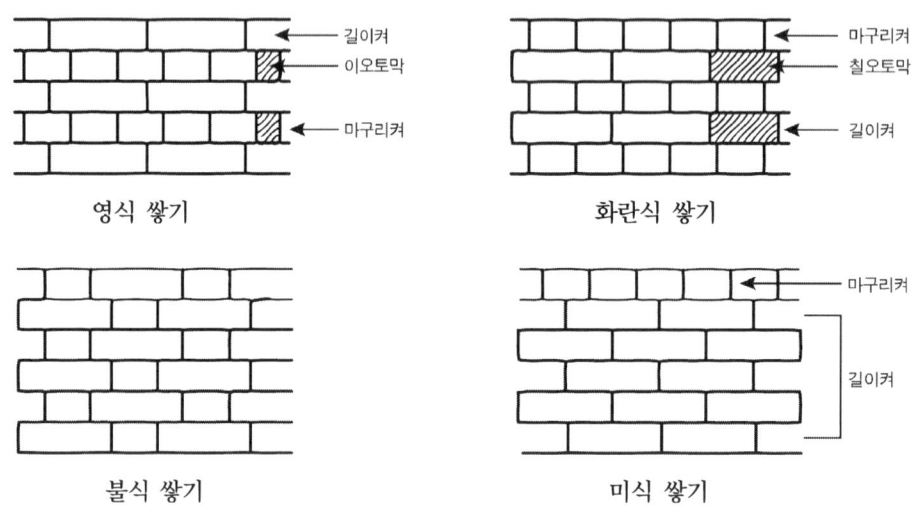

② 특수 벽돌쌓기

종류	특징	비고
영롱쌓기	벽면에 벽돌을 비워 구멍을 두어 쌓는 방식	치장용
엇모쌓기	45°로 모서리를 보이게 쌓는다.	벽면에 변화와 음영감을 준다.
길이쌓기	길이방향이 보이도록 벽돌을 쌓는다.	두께 0.5B
마구리쌓기	마구리방향이 보이도록 벽돌을 쌓는다.	두께 1.0B
길이세워쌓기	길이방향을 수직으로 세워 벽돌을 쌓는다.	내력벽이면서 의장적 효과
옆세워쌓기	마구리방향을 수직으로 세워 벽돌을 쌓는다.	

③ 벽돌쌓기 일반사항

㉠ 쌓기 순서

청소 → 벽돌 물축임 → 모르타르 건비빔 → 세로규준틀 설치 → 벽돌 나누기 → 규준

벽돌쌓기 → 수평실 설치 → 중간부 쌓기 → 줄눈 누르기 → 줄눈파기 → 치장줄눈 → 보양

ⓒ 공간쌓기
  ⓐ 목적 : 방습, 방음, 단열
  ⓑ 공간 너비 : 50~90mm 정도로 하며 50mm를 표준으로 한다.
  ⓒ 연결철물 간격 : 수직간격 45cm, 수평간격 90cm, 벽면적 $0.4m^2$ 이내마다 하나씩 들어가도록 설치한다.

ⓒ 내쌓기
벽면에 마루널 설치 시 박공벽, 수평띠 등의 모양을 내기 위해 벽면에서 벽돌을 내밀어 쌓는 방식으로 한 켜씩 내밀 때는 1/8B씩, 두 켜씩 내밀 때는 1/4B씩 내밀며, 최대 내미는 길이는 2.0B 이내로 한다. 이때 내쌓기는 마구리쌓기로 한다.

ⓒ 아치쌓기
개구부 상부에서 오는 수직 하중이 아치 축선에 따라 나누어 직압력으로 전달되게 하여 부재의 하부에 인장력이 생기지 않도록 하는 것으로 조적조에서는 폭이 작은 개구부도 상부에 아치를 트는 것을 원칙으로 한다.

본 아치	아치벽돌을 사용하여 쌓는 방식
막만든 아치	보통벽돌을 아치벽돌처럼 다듬어 쌓는 방식
거친 아치	보통벽돌을 그대로 사용하여 줄눈을 쐐기모양으로 하여 쌓는 방식
층두리 아치	아치의 폭이 클 때 층을 지어 겹쳐 쌓은 아치

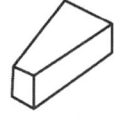
본 아치

막만든 아치

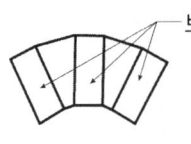
거친 아치

ⓒ 벽쌓기 시 주의사항
  ⓐ 하루쌓기 높이는 1.2m~1.5m(18~22켜) 정도로 한다.
  ⓑ 벽돌쌓기 전 충분히 물축임을 한다.
  ⓒ 도중쌓기를 중단할 때에는 벽 중간은 층단 떼어쌓기, 벽 모서리는 켜걸름 들여쌓기

로 한다.
ⓓ 굳기 시작한 모르타르는 사용하지 않는다.(가수 후 1시간 이내)
ⓔ 통줄눈이 생기지 않도록 영식 쌓기나 화란식 쌓기로 한다.

[층단 떼어쌓기]

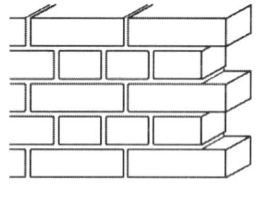

[켜걸름 들여쌓기]

(3) 균열 · 백화 · 누수

① 균열 원인

계획, 설계상의 미비로 인한 원인	시공상 결함에 의한 원인
• 기초의 부동침하 • 건물의 평면, 입면의 불균형 • 불균형 하중 • 벽돌 벽체의 강도 부족 • 불합리한 개구부 크기 및 배치의 불균형	• 벽돌 및 모르타르 강도 부족 • 재료의 신축성 • 모르타르 바름의 들뜨기 현상 • 다져넣기의 부족 • 이질재와의 접합부

② 백화현상

벽체의 표면에 흰가루가 생기는 현상

원인	• 재료 및 시공의 불량 • 모르타르 채워넣기 부족으로 빗물침투에 의한 화학반응 (빗물+소석회+탄산가스)
대책	• 소성이 잘된 벽돌을 사용한다. • 벽돌 표면에 파라핀 도료를 발라서 염류 유출을 방지한다. • 줄눈에 방수제를 발라 밀실 시공한다. • 비막이를 설치하여 물과의 접촉을 최소화시킨다.

③ 벽체의 누수현상 원인

㉠ 사춤 모르타르가 충분하지 않을 때
㉡ 치장줄눈의 시공이 완전하지 않을 때
㉢ 이질재의 접촉부

    ㉣ 벽돌쌓기 방법이 완전하지 못하게 되었을 때
    ㉤ 물흘림, 물끊기 및 비막이 시설 미비

2. 블록공사

(1) 블록의 종류 및 치수

① 종류
   ㉠ 인방블록 : 문꼴 위에 쌓아 철근과 콘크리트를 다져 넣어 보강하는 U자형 블록
   ㉡ 창쌤블록 : 창문틀 옆에 창문이 잘 끼워지도록 만들어진 블록
   ㉢ 창대블록 : 창문틀의 밑에 쌓는 블록
   ㉣ 가로근용 블록 : 가로철근을 집어넣고 콘크리트를 다져넣을 수 있는 블록

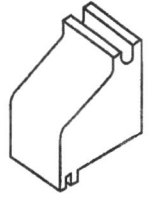 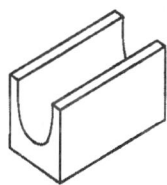 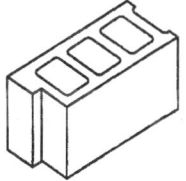 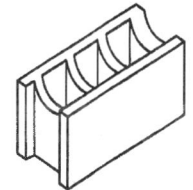

[창대블록]　　[인방블록]　　[창쌤블록]　　[가로근용블록]

② 블록치수

치수(mm)			허용오차(mm)
길이	높이	두께	
390	190	100 150 190	길이, 두께 ±2 높이 ±3

(2) 블록쌓기

① 시공도 기입사항
   ㉠ 블록나누기, 블록 종류 선택
   ㉡ 벽과 중심 간 치수
   ㉢ 창문틀 등 개구부의 안목치수
   ㉣ 철근 삽입 및 이음 위치, 철근의 지름 및 개소

ⓜ 나무벽돌, 앵커볼트, 급배수관, 전기 배선관 위치
② 시공 시 주의사항
  ㉠ 일반 블록쌓기는 막힌 줄눈으로 보강 블록조는 통줄눈으로 한다.
  ㉡ 블록의 모르타르 접촉면은 적당히 물축임을 한다.
  ㉢ 블록 살두께가 두꺼운 쪽이 위로 가게 쌓는다.
  ㉣ 하루 쌓는 높이는 1.2~1.5m(6~7켜) 정도로 쌓는다.
  ㉤ 쌓기용 모르타르 배합비는 1 : 3(시멘트 : 모래) 정도를 사용한다.

(3) 인방보 및 테두리보
① 인방보
  ㉠ 개구부 위에 건너질러서 상부 하중을 좌우 벽으로 전달시키는 보
  ㉡ 인방블록을 좌우 벽면에 20cm 이상 걸치고 철근의 정착길이는 40d 이상으로 한다.
② 테두리보
  ㉠ 설치 목적
    ⓐ 분산된 벽체를 일체로 하여 하중을 균등하게 분산시킨다.
    ⓑ 수직 균열을 방지한다.
    ⓒ 세로 철근을 정착시킨다.
    ⓓ 집중하중을 받는 부분의 보강재 역할을 한다.

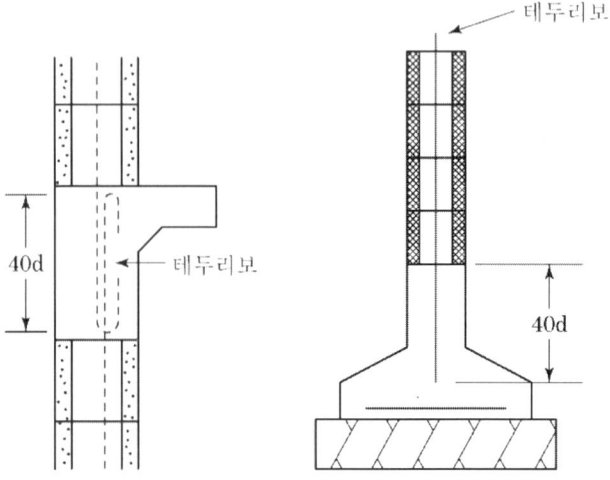

  ㉡ 치수
    ⓐ 춤 : 벽 두께의 1.5배 이상 또는 30cm 이상

ⓑ 나비 : 벽 두께 이상으로 한다.

ⓒ 철근 정착 : 40d 이상으로 하고 콘크리트로 사춤한다.

(4) 보강 블록조

① 특징

통줄눈 쌓기를 한 블록벽 중공부에 철근을 넣고 콘크리트를 채워 보강한 구조

② 시공방법

㉠ 세로근은 이어대지 않고 기초보 하단에서 테두리보 상단까지 40d 이상 정착시킨다.

㉡ D10 이상 철근을 사용하고 내력벽 끝부분, 모서리, 개구부 주변은 D13을 사용한다.

㉢ 철근의 간격은 40~80cm 이내로 한다.

㉣ 가로근의 이음은 25d 이상으로 하고 정착길이는 40d 이상으로 한다.

③ 기타 사항

㉠ 철근은 굵은 것보다 가는 것을 많이 사용하는 것이 유리하다.

㉡ 세로 철근을 댄 부분은 반드시 콘크리트를 채운다.

㉢ 모서리, 교차부, 개구부 주위, 벽 끝은 반드시 사춤 모르타르를 채운다.

(5) 블록량 산출

① 계산식

㉠ 블록량=벽면적×단위수량(장)

㉡ 단위수량에 블록 할증률 4%가 포함되므로 별도로 계산하지 않는다.

② 단위수량

(m^2당, 할증률 4% 포함)

형상	치수(mm)	블록량(장)
기본형	390×190×210 390×190×190 390×190×150 390×190×100	13장
장려형	290×190×190 290×190×150 290×190×100	17장

③ 산출법

벽면적 $1m^2$를 벽돌 1장의 면적으로 나누어 산출한다.

$(\frac{1}{0.39+0.01}) \times (\frac{1}{0.19+0.01}) = 12.5$

∴ 할증률 4%를 가산하여 $12.5 \times 1.04 = 13$장

CHAPTER 5 금속재료 및 내장공사

5.1 철강

제련된 철강은 철(Fe)을 주체로 하며 탄소(C)와 규소(Si), 망간(Mn), 황(S), 인(P) 등을 함유하고 있다. 특히 탄소의 함유량에 따라 철강의 성질이 달라진다.

구분	탄소량	특징
연철(순철)	0.04% 이하	연질이며 가단성이 크다.
(탄소)강	0.04~1.7% 이하	가단성, 주조성, 담금질 효과가 좋다.
주철	1.7% 이상	주조성이 좋고 경질이며 취성이 크다.

1. 가공 및 성형

(1) 가공 온도에 따른 구분

열간가공	900~1200℃에서 가공. 구조용재 가공에 사용한다.
냉간가공	700℃ 이하에서 가공. 조직이 치밀해지지만 변형이 생기고 소성변형은 어렵다.

(2) 성형방법

단조	가열된 강괴를 해머나 프레스로 두드려 조직을 치밀하게 하는 성형법
압연	가열된 강을 롤러 사이로 통과시켜 강판, 형강 등을 제조한다.
인발(견인)	다이스라는 틀의 작은 구멍을 통과시켜 강을 인출하는 것으로 철선 등을 제조하는 방법

(3) 열처리

구분	열처리방법	특성
풀림(소준) Annealing	800~1000℃에서 가열 성형 후 노 속에서 서냉	강의 연화 내부 응력 제거
불림(소둔) Normarlizing	800~1000℃에서 가열 성형 후 대기 중에서 냉각	결정립의 미세화 조직 균일화
담금질(소입) Hardening	가열한 강을 물 또는 기름 등에 담가 급속 냉각	경도 증대 내마모성 증가
뜨임(소려) tempering	담금질한 강을 다시 가열(200~600℃) 후 서냉	강성, 인성, 연성 증가

2. 강(탄소강)의 성질

(1) 물리적 성질

① 상온에서 탄소의 양이 증가하면 비중, 열전도율, 열팽창계수는 감소하고 비열과 전기 저항은 증가한다.

② 강의 열팽창계수는 콘크리트와 거의 같아서 철근콘크리트 구조로 만들 수 있다.

(2) 역학적 성질

① 응력변형도 곡선

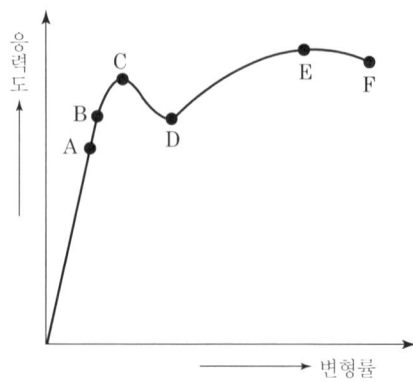

A. 비례한도 : 응력이 작을 때는 응력에 비례해서 변형이 커진다. 이 비례관계가 성립되는 한도를 말한다.
B. 탄성한도 : 외력이 제거되면 변형이 0으로 돌아가는 관계가 성립되는 한도
C, D 상위, 하위 항복점 : 외력이 더욱 작용되어 상위 항복점에 도달하면 응력이 조금 증가해도 변형이 급격히 증가하며 하위 항복점에 도달한다.
E. 최대 인장강도 : 응력과 변형이 비례하지 않는 상태이다.
F. 파괴강도 : 응력이 증가하지 않아도 스스로 변형이 커져서 파괴되는 상태이다.

② 탄소량과 강도의 관계

㉠ 인장강도는 탄소량 0.85% 정도에서 최대이며 그 이상이 되면 감소한다.

ⓒ 압축 및 전단강도는 0.85% 이상에서 오히려 증가한다.
　③ 온도와 강도의 관계
　　㉠ 상온에서 100℃까지는 거의 변화가 없으며 100℃부터 증가하여 250℃에서 최대가 되며 그 이상부터는 감소한다.
　　ⓒ 500℃에서는 0℃일 때의 강도의 1/2로, 900℃일 때는 1/10로 감소한다.

3. 주철과 합금강

(1) 주철 및 주강
① 탄소함유량이 1.7~6.67% 범위의 철을 뜻하며, 실용화되는 것은 2.5~4.5% 범위이다.
② 압연, 단조 등의 가공은 어려워서 주조성형으로 제품을 만든다.
③ 신장률은 강보다 작고 내식성은 일반 강보다 큰 편이다.
④ 종류
　㉠ 보통주철 : 창의 격자, 장식철물, 계단, 교량 손잡이, 방열기, 하수관뚜껑 제작
　ⓒ 가단주철 : 백선을 700~1000℃로 오랜 시간 풀림하여 연성과 전성을 증가시킨 것으로 탄소함유량은 2.4~2.6%. 듀벨, 창호철물 등에 쓰인다.
⑤ 주강
　㉠ 탄소함유량이 1% 이하인 용융강을 주조용으로 쓰는 것이다.
　ⓒ 기본적 성질은 탄소강에 가깝지만 인성이 조금 낮다.
　ⓒ 주철로서는 강도가 불충분한 주조용재에 쓰이며 주로 철골조의 주각, 기둥과 보의 접합부 등에 쓰인다.

(2) 특수강
탄소강에 특수한 성질을 주기 위해 다른 금속을 첨가한 합금강을 뜻한다.

구조용 합금강	• 니켈, 크롬, 망간 등을 각각 5% 이하로 첨가하여 뜨임처리한 것 • 인장강도, 항복점이 높고 인성이 크며 충격에도 잘 견딘다. • 프리스트레스트 콘크리트에 사용되는 강선은 구조용 특수강에 해당된다.
스테인리스강	• 크롬과 니켈을 첨가하여 내식성과 내열성을 높이고 기계적 성질을 개선한 것 • 건축 내·외장재, 창호재, 설비재, 위생기구, 주방용품으로 널리 쓰인다. • 부식성이 높은 환경에 유용하게 쓰이며 광택이 좋고 납땜도 가능하다. • 크롬과 니켈 함유량에 따라 다양한 종류로 구분되어 쓰인다.
내후성 강	• 내식성은 일반 강보다 크고 재질이나 가공성은 동등하거나 개선된 합금 • 망간, 구리, 규소, 크롬, 니켈 등을 첨가한다. • 표면에 발생한 녹이 안정된 산화막으로 고착되어 부식을 막아준다. • 구조용 재료, 강재 널말뚝, 박강판 등으로 널리 쓰인다.

Point TMCP강(Thermo-Mechanical Control Process steel)

- 가열-압연-냉각에 이르는 공정 전체를 특수 기술로 제어하여 제조되는 고강도, 고인성의 강재
- 용접성을 개선하여 용접성이 매우 우수하다.
- 강재 단면이 증가해도 항복강도가 저하되지 않는다.

5.2 비철금속

1. 구리

원광석을 용광로, 전로에서 녹인 후 전기분해에 의하여 정련

(1) 특성

① 열, 전기 전도율이 크고 연성과 전성이 매우 좋다.

② 건조공기에서 산화하지 않으나 습기가 있으면 녹청색으로 부식된다.

(2) 용도

전기재료, 철사, 못, 홈통 등

(3) 구리합금

① 황동(놋쇠) : 구리+아연(10~45%)

㉠ 외관이 아름답고 주조 및 가공이 쉽다.

㉡ 내구성이 좋아서 창호철물로 사용

② 청동 : 구리+주석(4~12%)

㉠ 청록색의 광택이 난다. 황동보다 내식성이 크고 주조하기 쉽다.

㉡ 장식, 공예재료로 쓰임

③ 포금 : 구리+주석(10%), 아연, 납

㉠ 강도와 경도가 크다.

㉡ 기계 톱니바퀴, 건축용 철물 등으로 쓰임

④ 인청동 : 청동+인

㉠ 탄성과 내마멸성이 크다.

㉡ 금속재 창호의 가동부분

⑤ 알루미늄 청동 : 구리+알루미늄(5~12%)

㉠ 변색되지 않으며 장식철물로 사용

2. 알루미늄

보크사이트의 알루미나(Al_2O_3)를 전기 분해하여 제조하는 대표적 경금속으로 철강 다음으로 많이 쓰인다.

(1) 특징

① 비중이 2.7 정도로 철과 구리에 비해 매우 가벼우면서도 강도가 높은 편이다.

② 가공성이 높고 전기와 열의 전도가 잘 되며 저온에 강하다.

③ 공기 중에서 안정된 산화피막을 형성하여 내식성이 좋다.

④ 위생적이고 빛과 열을 잘 반사하며 광택이 아름답다.

⑤ 산과 알칼리 및 해수에 침식이 되므로, 콘크리트·해수 접촉부·흙에 매립되는 부분은 사용을 금하거나 특별히 주의를 기울여야 한다.

(2) 용도 및 합금

① 용도 : 마감재, 창호철물 및 창호재료, 각종 설비 및 가구, 전열 및 반사재료로 쓰인다.

② 알루미늄 합금

㉠ 내식성, 내열성, 강도를 높이기 위해 구리·마그네슘·규소·아연 등을 첨가하여 제조한다.

　　　ⓒ 장식재, 멀리온, 커튼 월 등으로 널리 쓰인다.
　③ 두랄루민
　　　㉠ 알루미늄에 구리, 마그네슘, 망간 등을 첨가한 합금 (20C 초부터 사용)
　　　ⓒ 가벼우면서 강도가 크고 내식성이 높아서 고층 건물 내·외장재, 항공기 재료 등으로 사용된다.

3. 기타 금속

(1) 아연
　① 건조 공기에서는 거의 산화되지 않으며 습기나 탄산가스가 존재하면 표면에 염기성 탄산염의 막이 생성되어 내부 산화를 막는다.
　② 철과 구리에 대해 전기적 양성이 강하며 이들 금속의 부식 방지 용도로 쓰인다.
　③ 강도가 크고 연성 및 내식성이 좋아서 부식을 방지하는 도금재료 및 합금재료로 사용된다.
　④ 인장강도나 연신율이 낮기 때문에 열간 가공하여 결정을 미세화하여 가공성을 높일 수 있다.
　⑤ 함석판(아연 도금 강판), 지붕재료, 못, 피복재 등으로 사용된다.

> **Point 양은**
> 구리에 니켈(16~20%), 아연(15~35%)을 첨가한 합금으로 화이트 브론즈라고도 한다. 기계적 성질이 우수하고 내식성, 내마모성, 내열성이 높은 합금으로 스프링 재료, 온도 및 전기 저항체, 식기, 장식품으로 널리 쓰이고 있다.

(2) 납(鉛)
　① 비중이 매우 크며(11.5), 전연성이 커서 주조, 단조 등의 가공성이 우수하다.
　② 열전도율이 작으나 온도에 의한 신축은 큰 편이다.
　③ 산성에는 강하지만 알칼리에는 침식되므로 콘크리트와의 접촉은 주의해야 한다.
　④ 지붕재, 홈통, 급배수, 가스관 등으로 쓰이며 주석과 섞어 땜납 재료로도 쓰인다.
　⑤ 방사선을 잘 흡수하여 X선 사용 장소의 천장, 바닥, 방호용으로도 사용한다.

(3) 주석
　① 비중이 7.3 정도로 큰 금속으로 내식성이 크고 인체에 무해하다.

② 식품용 금속재, 청동, 철재 방식 도금재로 사용한다.

(4) 니켈
① 주로 합금용으로 사용되며 청백색을 띤다.
② 전성과 연성이 크고 내식성이 좋다.

5.3 금속제품 및 주요 공사

1. 판재·관재·선재

(1) 강판 및 강관
① 두께에 따른 강판의 구분
  ㉠ 박강판 : 두께 3mm 이하
  ㉡ 중강판 : 두께 3mm 초과, 6mm 이하
  ㉢ 후강판 : 두께 6mm 이상
② 제조공정별 강판의 분류
  ㉠ 열간압연강판 : 강을 재결정온도(1,200℃ 내외) 이상으로 압연하여 내부조직을 치밀하게 하고 결함을 개량한 강판
  ㉡ 냉간압연강판 : 가열하지 않고 상온에서 압연한 제품으로 열간압연강판보다 훨씬 얇고 표면이 곱다.
  ㉢ 아연도강판 : 산화방지를 위해 아연도금한 강판으로 함석판이라고도 한다.
  ㉣ 내후성강판 : 일반강판에 구리·크롬 등을 첨가한 저합금 강판. 외장재, 섀시 등으로 사용된다.
  ㉤ 기타 : 착색아연도강판, 프린트강판, 무늬강판, 스테인리스강판 등
③ 강관
  ㉠ 탄소강관 : 이음매 없이 강대(steel strip)나 강관을 용접하여 제조한 강관. 비계·말뚝·지주 및 기타 구조물에 사용된다.
  ㉡ 각형강관 : 각형으로 제조되어 건축·토목·가구 등에 사용된다.
  ㉢ 배관용 강관 : 급수·급탕·배수 및 기름·가스·공기 등의 배관에 사용된다.

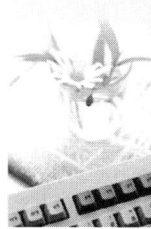

(2) 선재

① 철선
  ㉠ 연강을 상온으로 인발하여 가늘게 한 것. 철사라고도 한다.
  ㉡ 2가닥의 철선을 꼬아서 그 사이에 가시를 넣어 만든 것을 가시철선이라 하며 철조망 제조에 쓰인다.

② 와이어 라스 : 철선을 그물 모양으로 만든 것으로 모르타르 등의 바탕에 사용한다.

③ 와이어 메시
  ㉠ 연강철선을 격자형으로 짜서 용접한 것으로 용접철망이라고도 한다.
  ㉡ 벽체·바닥 등의 보강재로 사용하며 철근 대용으로도 쓰인다.

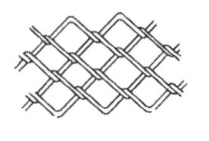

[와이어 라스]   [와이어 메시]

④ 와이어로프
  ㉠ 몇 개의 철사를 꼬아서 1줄의 스트랜드(새끼줄)를 만들고, 다시 6가닥의 스트랜드를 1줄의 마(麻)로프를 중심으로 꼬아서 만든 로프이다.
  ㉡ 로프의 꼬임에는 보통 꼬임과 랭 꼬임이 있으며, 또 스트랜드의 꼬임 방향에 따라서 S꼬임 로프와 Z꼬임 로프로 나뉜다.
  ㉢ 케이블카, 크레인, 오르내리창, 삭도(로프웨이) 등에 많이 쓰인다.

⑤ PC강선
  ㉠ PS 콘크리트에 프리스트레스를 주기 위해 사용하는 고강도의 강선
  ㉡ 피아노선재를 패턴팅(patenting)한 후 상온에서 인발·제조한다.

(3) 성형·가공제품

① 메탈라스
  ㉠ 0.4~0.8mm의 연강판에 그물눈을 내고 늘여 철망 모양으로 만든 것
  ㉡ 천장, 벽 등의 모르타르 바름 바탕용 철물로 사용된다.
  ㉢ 두께 6~13mm의 연강판을 늘여 만든 것은 익스팬디드 메탈이라 하며, 콘크리트 보강용으로 쓰인다.

② 플레이트(plate)
  ㉠ 데크플레이트 : 얇은 강판을 골 모양으로 성향한 것으로 콘크리트 슬래브의 거푸집 패널 또는 바닥 및 지붕판으로 사용된다.
  ㉡ 키스톤 플레이트 : 작은 간격의 골이 주름잡은 형태로 된 강판. 데크플레이트보다 춤이 작고 지붕, 외벽 등에 쓰인다.
③ 기타
  ㉠ 펀칭 메탈 : 금속판에 여러 가지 무늬의 구멍을 펀칭한 것. 배수구 및 환기구 커버로 쓰인다.
  ㉡ 코너비드 : 기둥, 벽의 모서리면 미장작업 용이 및 모서리 보호를 위해 설치하는 철물

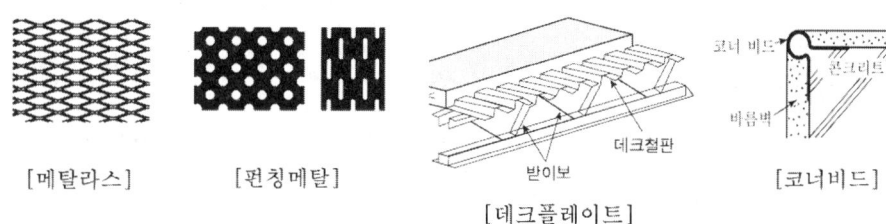

[메탈라스]   [펀칭메탈]   [데크플레이트]   [코너비드]

(4) 긴결철물
① 인서트
  ㉠ 반자틀 등의 구조물을 달아 매기 위해, 콘크리트 타설 전 미리 묻어 넣는 고정철물이다.
  ㉡ 차후 달대 등을 걸칠 수 있는 갈고리, 나사, 볼트 등의 형식으로 되어 있다.
② 익스팬션볼트 : 콘크리트 표면의 띠장, 문틀 등에 다른 부재를 고정하기 위해 묻어두는 특수 볼트로, 벽체 등에 박으면 끝이 벌어져서 구멍 내부에 고정이 된다.
③ 기타
  ㉠ 스크루 앵커 : 삽입된 연질금속 플러그에 나사못을 끼운 것
  ㉡ 드라이브 핀 : 타카 등을 사용하여 콘크리트나 강재 등에 박는 특수 못
  ㉢ 줄눈대 : 인조석 등의 바름에 신축균열방지 및 의장을 위해 구획하는 줄눈
  ㉣ 조이너 : 천장, 벽 등에 보드류를 붙이고 그 이음새를 감추고 누르는 데 쓰인다.

(5) 창호철물
① 정첩 · 돌쩌귀 · 지도리

　　㉠ 정첩 : 문짝을 문틀에 달아 여닫는 축이 되는 철물
　　㉡ 자유정첩 : 정첩에 스프링을 장치하여 양쪽으로 열리도록 한 철물
　　㉢ 돌쩌귀 : 정첩 대신 촉으로 돌게 한 철물로, 암톨쩌귀는 문설주에 박고 수톨쩌귀는 문짝에 박는다.
　　㉣ 지도리 : 장부를 구멍에 끼워 돌게 한 철물로 회전문에 사용한다.
② 힌지
　　㉠ 플로어 힌지 : 힌지와 스프링 유압밸브 장치가 된 상자를 바닥에 넣고 돌쩌귀처럼 상부에 무거운 여닫이문을 달아 사용하는 철물
　　㉡ 피벗 힌지 : 창이나 문의 상하에 지도리를 달아 개폐하게 만든 돌쩌귀 정첩의 일종
　　㉢ 래버토리 힌지 : 접히며 열리는 일종의 스프링 힌지로 공중전화, 공중화장실 등의 문에 사용한다.
③ 도어 클로저·도어 스톱
　　㉠ 도어 클로저 : 도어 체크라고도 한다. 문짝 상부와 벽에 장치를 설치하여 자동으로 문을 닫히게 한다.
　　㉡ 도어 스톱 : 보통 도어 체크와 한 세트가 되어 사용하거나 단독으로 사용되어 문을 개방한 상태로 유지하기 위해 바닥에 고정시키는 고무 등의 소재가 끝에 달린 지지철물을 말한다.
④ 기타
　　㉠ 나이트 래치 : 밖에서는 열쇠로 열고 안에서는 손잡이를 틀어 여는 철물
　　㉡ 크레센트 : 오르내리창을 걸어 잠그는 철물
　　㉢ 레일 : 미서기·미닫이 문에 달린 바퀴가 굴러가도록 길을 만드는 철물

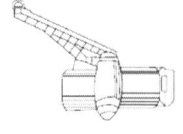 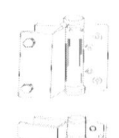 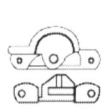 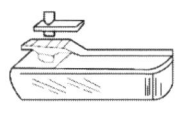 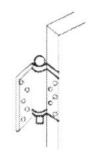 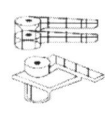

　　도어체크　　레버토리 힌지　　크레센트　　플로어 힌지　　자유정첩　　피벗힌지

(6) 구조용 긴결철물

리벳	• 철골구조 리벳접합에 쓰이는 긴결재 • 둥근머리 리벳이 가장 많이 쓰인다.

볼트	• 재질에 의한 분류
	   – 흑 볼트 : 가조임, 인장력 받는 곳, 경미구조물에 이용
	   – 중 볼트 : 내력용, 리벳 대용
	   – 상 볼트 : 핀 등의 중요부분, 장식효과
	• 형상에 의한 분류 : 양나사 볼트, 외나사 볼트, 주걱 볼트

듀벨	• 목재 이음 시 부재 사이에 끼워서 전단력에 저항한다.

2. 주요 금속공사

(1) 철골내화피복

① 습식공법

타설공법	• 철골구조체 주위에 거푸집을 설치하여 콘크리트를 타설하는 공법 • 치수 제작 및 표면마감이 쉽고 구조체와 일체화되어 시공성이 좋다. • 공기가 길고 하중은 커진다.
뿜칠공법	• 강재 주변에 접착제를 도포한 후 내화재료를 뿜칠하는 공법 • 복잡한 형상도 시공 가능하고 작업속도가 빠르며 비교적 저렴한 편이다. • 피복두께, 비중 등 관리가 어렵다.
미장공법	• 부착력 증가를 위해 메탈라스, 용접철망 부착 후 단열 모르타르로 미장한다. • 내화피복과 표면마무리가 동시에 완료된다. • 공기가 길고 기계화시공이 곤란하며 부착성, 균열, 방청을 검토해야 한다.
조적공법	• 강재 표면을 블록, 벽돌쌓기 등으로 내화 피복하는 공법 • 충격에 강하며 박리의 우려가 없다. • 공기가 길며 하중이 커진다.

② 건식공법

개요	• 내화, 단열이 우수한 경량의 성형판을 접착제나 연결철물로 부착한다. • 성형판 붙임공법이라고도 한다.
특징	• 공장제조판을 사용하므로 품질 신뢰성이 높고 부분적 보수가 용이하다. • 시공 시 절단 및 가공에 의한 재료손실이 크다. • 접합부 시공이 불량하면 결함에 의한 내화성능 저하가 우려된다. • 충격에 약하며 흡수성이 크다
시공 시 유의사항	• 강재면의 방청 확인 및 청소 철거 • 버팀붙임재는 내화피복판과 동일재질로 사용 • 줄눈부분의 틈 발생 방지 • 흡수성에 의한 접착력 저하 유의 • 충격에 의한 파손방지를 위해 보양처리 철저 • 접착제가 완전히 경화될 때까지 못 또는 꺾쇠로 보강

(2) 경량철골 반자틀

① 반자의 설치 목적

   미관적 구성, 분진(먼지) 방지, 차음 및 차열, 배선 및 배관의 차폐

② 경량철골 천장틀 설치 순서

   ㉠ 인서트 매입(앵커 설치)

   ㉡ 달대

   ㉢ 행거

   ㉣ 경량구조틀 설치

   　　ⓐ 캐링채널 설치 → ⓑ 클립 설치 → ⓒ M-BAR 설치

ⓜ 텍스(천장판) 붙이기

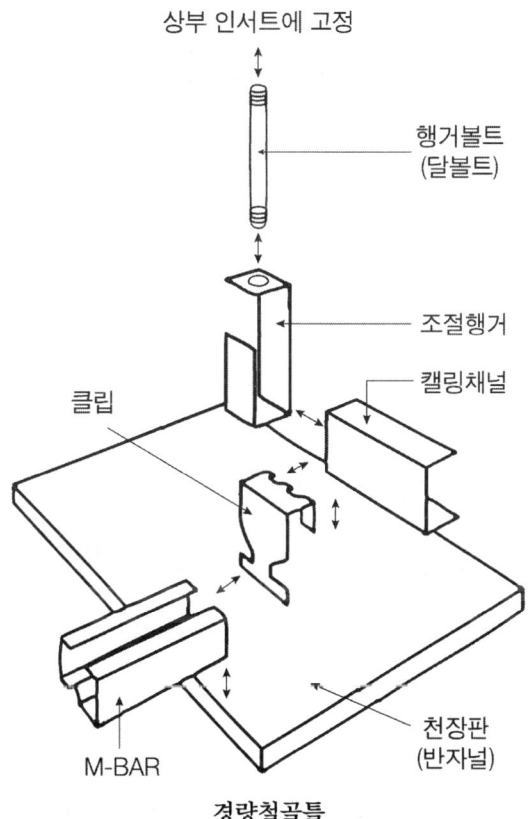

경량철골틀

CHAPTER 6 창호 및 유리공사

6.1 성형 및 분류

1. 성형

판인법	좁은 틈으로 흘러내리게 하여 얇은 막이 되게 하고 냉각탑에서 식히는 방법으로 6mm 이하 얇은 유리 제조 시 사용
롤러법	6mm 이상의 두꺼운 판유리, 요철이 있는 무늬유리 제조

2. 성분별 분류

종 류	특 성	용 도
소다 석회유리	• 용융점이 낮고 풍화의 우려가 있다. • 비교적 팽창률이 크고 강도가 크다. • 산에는 강하나 알칼리에는 약하다.	일반 건축 창유리 음료수병 제품
칼리 석회유리	• 용융점이 높고 내약품성이 크다. • 투명도가 크다.	고급장식품, 식기 공예품, 이화학용 기기
칼리 납 유리	• 용융점이 가장 낮고 가공이 쉽다. • 산, 열에 약하다. • 광선의 굴절률과 분산율이 크다.	고급기기, 광학용 렌즈 인조보석, 진공관
붕규산 유리	• 용융점이 가장 높고 전기절연성이 크다. • 내산성이 크고 팽창성이 작다.	내열기구 및 식기 글라스울 원료
석영 유리	• 내열성, 내식성이 크고 자외선 투과성이 크다.	전등, 살균 제품
물 유리	• 소다석회유리에서 석회를 제거하여 물에 녹게 한 것	방화 및 내산도료

3. 유리의 성질

비중	• 보통 판유리는 2.5 정도 • 납, 아연, 산화알루미늄 등 금속산화물이 포함되면 증가한다.
경도	모스 경도 기준 5.5~6.5
연화점	보통유리는 740℃ 내외, 칼리유리는 1000℃ 내외

> 유리의 강도는 휨강도를 말한다.

6.2 유리제품

1. 판유리 및 2차 제품

(1) 판유리

서리유리	• 유리면을 불화수소 등으로 부식시켜서 빛을 확산시킨다. • 투과성을 나쁘게 하여 프라이버시용으로 쓰인다.
무늬유리	무늬가 새겨진 롤러 사이를 통과시켜 제조하는 판유리
표면연마유리	• 판유리를 규사 등으로 연마 후 산화제이철로 닦아낸다. • 고급 창유리, 거울용 유리

(2) 유리의 2차 제품

유리블록	• 속빈 상자모양의 유리 2장을 맞대어 붙이고 저압 공기를 넣은 것 • 실내가 보이지 않은 상태로 채광을 하며 환기는 불가능하다. • 칸막이벽, 방음 및 단열, 장식용 벽체 등으로 사용된다.
프리즘타일	• 입사광선의 방향을 바꾸거나 확산 혹은 집중시키는 기능이 있다. • 지하실, 옥상 채광용 유리
폼글라스	• 다포질의 흑갈색 유리판 • 광선 투과가 안 되며 방음 및 보온성이 좋은 경량 제품이다.
유리섬유	• 용융된 유리를 작은 구멍을 통과시켜 섬유로 제조한다. • 환기장치 먼지 흡수, 화학공장 산 여과 등에 쓰인다.

3. 창호공사

(1) 개폐방법에 따른 명칭

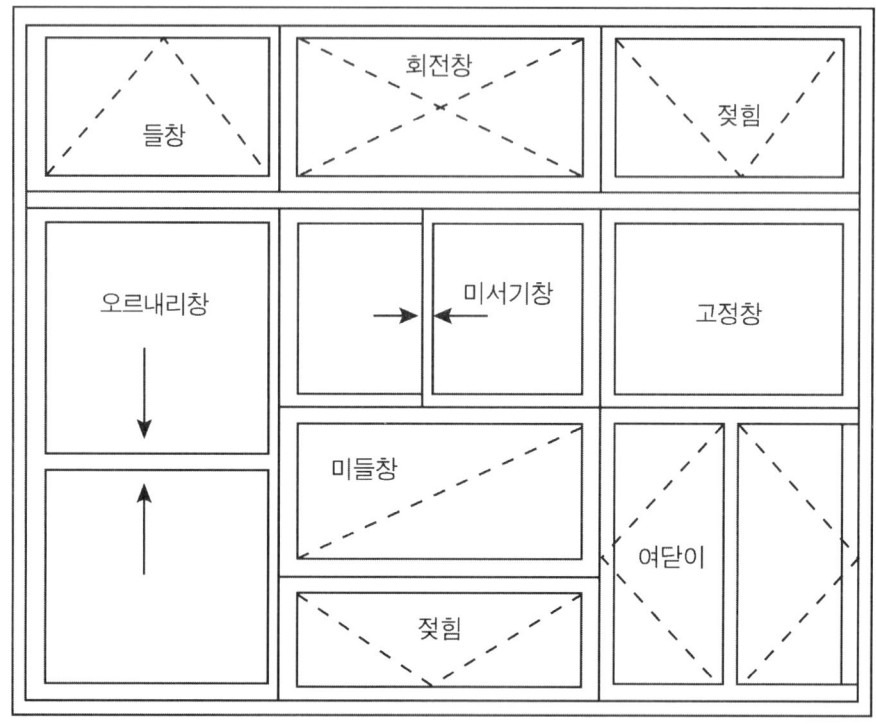

(2) 목재창호

양판문	울거미 중심에 넓은 판재를 댄 문
플러시문	중간 띠장을 10~20cm 간격으로 배치하고, 양면에 3~4mm 정도의 합판을 붙인 문
허니컴 플러시문	플러시문 울거미 속에 벌집모양으로 된 종이, 나무, 합성수지 등의 심재를 넣어 표면에 합판 등을 교착하여 만든 문
합판문	울거미의 중간에 합판을 대어 만든 문

(3) 알루미늄 창호

① 특징

  ㉠ 비중이 철의 1/3 정도로 가볍다.

  ㉡ 녹슬지 않고 사용 내구연한이 길다.

　　ⓒ 공작이 자유롭고 기밀성이 유리하다.
　　ⓔ 여닫음이 경쾌하다.
　② 시공 시 주의사항
　　㉠ 강도가 약하므로 취급에 주의한다.
　　㉡ 모르타르, 회반죽 등 알칼리성에 약하므로 직접 접촉은 피한다.
　　㉢ 동질의 재료로 하거나 녹막이칠을 한다.

(4) 특수 창호

종 류	특 징	용 도
행거도어	대형호차를 레일 위와 문 양 옆에 부착	창고, 격납고, 차고
주름문	세로살, 마름모살로 구성, 상하 가드레일을 설치	방도(防盜)용
무테문	강화유리(12mm), 아크릴판(20mm) 등을 이용, 울거미 없이 설치한 문	현관 출입용
아코디언 도어	상부는 행거롤러, 하부는 중앙 지도리를 써서 접혔다 펼쳐지도록 설치한 문	칸막이용
회전문	회전 지도리를 사용	방풍용, 출입빈번한 장소
셔터	홈대, 셔터 케이스, 로프, 홈통, 핸들상자로 구성	방화(防火)용

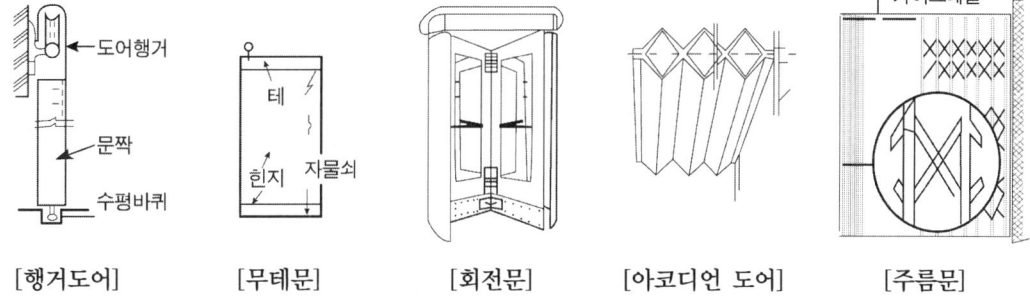

[행거도어]　　[무테문]　　[회전문]　　[아코디언 도어]　　[주름문]

(5) 창호철물

종류	용도 및 특징
정첩	한쪽은 문틀에, 다른 한쪽은 문에 고정(여닫이)
레일	바퀴의 경로, 문틀의 마모 방지(미서기, 미닫이, 아코디언문)
바퀴(호차)	창호가 잘 움직이도록 설치(미서기, 미닫이)
크레센트	오르내리기 창의 걸쇠(잠금장치)
오목손걸이	창호의 손잡이 역할
도르래	오르내리기 창호의 하중을 감소
지도리	회전문 등의 축으로 사용되는 철물
자유정첩	스프링이 설치되어 자동적으로 닫혀지는 철물(자재문)
플로어 힌지	오일 또는 스프링 장치가 내장된 힌지(무거운 여닫이문)
피벗 힌지	경쾌한 개폐가 가능하다.(무테문, 일반 방화문)
레버토리 힌지	공중전화 박스, 공중화장실 문
도어 클로저	현관문 상부, 문을 자동으로 닫히게 하는 장치

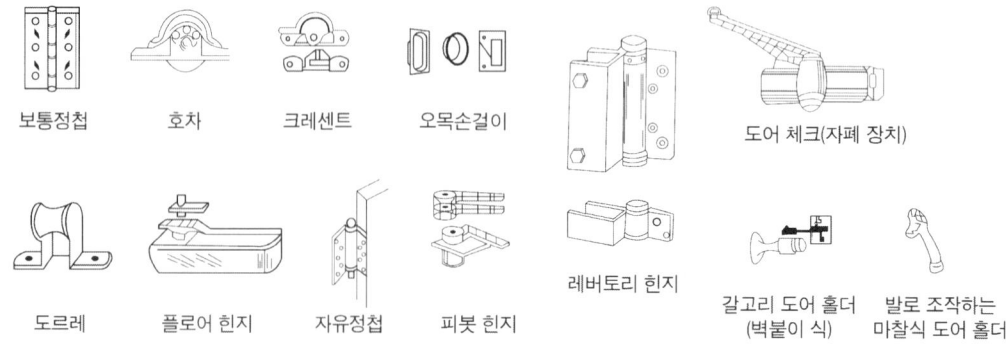

[각종 창호 철물]

Point 논슬립

- 계단의 디딤판 끝에 대어 미끄럼방지의 역할을 한다.
- 고정방법 : 고정매입법, 나중매입법, 접착제법

4. 유리공사

(1) 유리 끼우기
① 재료의 종류 : 반죽퍼티, 나무퍼티, 가스켓(고무, 합성수지)
② 끼우기 공법 : 반죽퍼티 대기, 나무퍼티 대기, 고무퍼티 대기, 누름대 대기
③ 절단 및 가공물

보통유리	유리칼(glass cutter, diamind cutter)로 절단
두꺼운 유리	유리칼로 금을 수차례 긋고 뒷면에서 고무망치로 두드려 절단
합판 유리	양면을 유리칼로 자르고 필름은 면도칼로 절단
강화유리 복층유리	절단이 불가능한 유리이므로 사용치수로 주문 제작
망입유리	유리는 칼로 자르고 꺾기를 반복하여 철을 절단

④ 유리 설치 후 보양 : 종이붙이기, 판 붙이기, 글자 붙이기

(2) 기타 사항
① 안전유리 : 강화유리, 접합유리, 망입유리
② 플로트 판유리 검사항목 : 만곡, 두께, 치수, 겉모양
③ 대형 판유리
  ㉠ 서스펜션(suspension) 공법
    ⓐ 대형의 판유리를 멀리온없이 유리만으로 세우는 공법
    ⓑ 유리 상단을 금속 클램프로 매달고 접합부는 리브 유리(stiffener)로 연결하여 개구부를 만들 수 있으며 유리 사이의 연결은 실런트로 메워 누름한다.
    ⓒ 종류 : 리브 보강 그레이징 시스템, 현수 및 리브 보강 그레이징 시스템, 현수 그레이징 시스템
  ㉡ SGS(Structural sealant Glazing System) 공법
    ⓐ 건물의 창과 외벽을 구성하는 유리와 패널류를 구조 실런트(Structural sealant)를 사용하여 실내측의 멀리온이나 프레임 등에 접착 고정하는 방법
    ⓑ 검토사항 : 풍압력, 온도변화 시 부재의 팽창·수축, 지진에 대한 검토, 유리중량 검토

Point 관련 용어

- 박배 : 창문을 창문틀에 설치하는 작업
- 마중대 : 미닫이 또는 여닫이 문짝이 서로 맞닿는 선대
- 여밈대 : 미서기 또는 오르내리기창이 서로 여며지는 선대
- 풍소란 : 창호가 닫혀졌을 때 틈새로 바람이 들어오지 않도록 덧대어 주는 것
- 멀리온 : 창 면적이 클 때 기존 창틀을 보강하는 중간 선대
- 세팅 블록(setting block) : 창틀에 유리판을 끼워 넣을 때 유리판의 파손을 방지하기 위하여 하단 아래쪽에 미리 삽입하는 나무, 고무, 합성수지 등의 재료에 의한 끼움재
- 정일푼 유리 : 두께 3mm의 판유리
- 컷 글라스(cut glass) : 판유리 가공품의 하나로서 표면에 광택이 있는 홈줄을 새겨 모양을 낸 유리
- 샌드 블라스트(sand blast) : 모래나 기타 연마제를 물이나 압축공기로 노즐을 통해 고속 분출하는 것으로 표면을 거칠게 하는 방법
- 트리플렉스 유리(triplex glass) : 접합유리의 일종으로 2겹의 유리 사이에 투명 플라스틱을 끼운 것
- LOW-e 유리 : 가시광선은 통과시키고 적외선을 반사하여 단열성능을 높인 특수유리

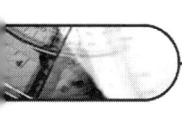
CHAPTER 07 미장공사

7.1 일반사항

1. 특징 및 분류

(1) 미장재료의 정의와 특징
① 건축물의 내외벽, 바닥, 천장 등에 장식, 보온, 보호 등을 목적으로 일정 두께로 흙손, 스프레이 등을 이용하여 바르는 점성재료를 말한다.
② 넓은 표면을 이음매 없이 마무리할 수 있으며 숙련공의 기능이 요구되고 습식 공사로 공기가 길어진다.

(2) 미장재료의 구성
① 결합재 : 물질 자체가 물리적 또는 화학적으로 고화하여 미장바름의 주체가 되는 재료. 시멘트, 석회, 석고, 돌로마이트석회, 점토 등이 있다.
② 골재 : 결합재가 가진 수축·균열과 같은 결점이나 점성 및 보수성 부족을 보완하고 경화시간 조절 및 치장을 목적으로 쓰이는 재료이다. 모래, 종석, 돌가루 등이 있다.
③ 보강재 : 바름재료의 성질을 개선하기 위해 사용하는 재료. 여물, 풀, 수염 등이 있다.
④ 혼화재료 : 작업성 증대, 착색, 방수, 내화, 단열, 차음, 방재, 음향 등의 효과를 얻기 위해서 사용하거나 응결시간을 단축 혹은 연장시키기 위해 사용하는 재료를 뜻한다.

(3) 미장재료의 분류
- 기경성 미장재료 : 공기 중 탄산가스와 반응하여 경화하는 미장재료(수축성)
- 수경성 미장재료 : 물과 반응하여 경화하는 미장재료(팽창성)

분류	미장재료	특징	표면 성질
기경성	진흙	진흙, 모래, 짚여물의 물반죽 흙벽 시공	
	회반죽, 회사벽	소석회+모래+여물+해초풀	알칼리성
	돌로마이트 플라스터	돌로마이트 석회+모래+여물 건조수축이 크다.	
수경성	순석고 플라스터	소석고+석회죽+모래+여물의 물반죽 경화속도가 빠르다.	중성
	석고계열 혼합석고 플라스터	혼합석고+모래+여물의 물반죽 약한 알칼리성을 띤다.	알칼리성
	경석고 플라스터	무수석고+모래+여물의 물반죽 표면의 경도가 크고 광택이 있다.	산성
	시멘트 모르타르	시멘트+물+모래	알칼리성
	인조석	백시멘트+종석+안료+물	
용액성	마그네시아 시멘트	바닥마감재인 리그노이드의 주원료	산성

7.2 미장재료의 종류

1. 회반죽 및 회사벽

(1) 회반죽

① 원료

㉠ 소석회, 해초풀, 여물, 모래 등을 혼합하여 바르는 미장재료이다.

㉡ 균열 방지를 위해 사용되는 여물은 짚여물, 삼여물, 종이여물, 털여물 등이 쓰인다.

㉢ 풀은 점성을 높이기 위해 사용한다.

② 특성 및 용도

㉠ 경도가 낮고 내수성이 약해서 실내 위주로 사용되며 경화시간이 오래 걸린다.

㉡ 외관이 부드럽고 시공정도에 따라 균열 및 박락의 우려가 적으며 저렴한 편이다.

㉢ 주로 목조 바탕, 벽돌 바탕 등에 쓰인다.

(2) 회사벽

① 석회죽에 모래를 넣어 반죽한 것으로 시멘트 또는 여물을 섞기도 한다.
② 석회죽과 모래, 황토, 회백토를 섞어 쓴 것을 회삼물이라고도 한다.
③ 재래식 흙벽의 정벌바름에 쓰이며 회삼물은 내부 벽돌벽면, 회반죽바름의 고름질 등에 쓰인다.

2. 돌로마이트 플라스터

(1) 원료

① 돌로마이트 석회에 모래 및 여물을 혼합하여 만들며, 시멘트를 섞기도 한다.
② 건조, 경화 시 수축률이 매우 커서 균열 방지를 위해 여물이나 무수축성 석고 플라스터를 섞는다.
③ 점성이 높아서 풀을 사용하지 않는다.

(2) 특성

① 강도 및 마감의 표면경도가 회반죽에 비해 크다.
② 풀을 쓰지 않아 변색, 냄새, 곰팡이 등이 없다.
③ 수증기나 물에 약해서 주로 실내 바름벽에서 사용한다.

3. 석고 플라스터

(1) 제법

생석고를 100℃ 이상 가열하여 소석고를 만들거나 230℃ 이상 가열하여 무수석고를 만들어 주원료로 하고 골재, 보강재, 혼화재를 혼합하여 반죽한 수경성 미장재료이다.

(2) 성질

① 다른 미장재료에 비해 응고가 빠르고 점성 및 내수성이 크다.
② 경도가 높고 수축 및 균열이 적다.

(3) 종류

① 혼합석고 플라스터
  ㉠ 소석고, 소석회, 완경제를 혼합한 혼합석고에 대리석 등을 공장에서 미리 혼합하여 제조된 것이다.

　　ⓒ 현장에서 물만 섞어 바로 사용할 수 있어서 기배합 석고 플라스터라고도 한다.
　　ⓔ 석고의 팽창성과 석회의 수축성을 상호 보완한 것이다.
　　ⓕ 석고 플라스터 중 가장 많이 사용하는 제품이다.

② 경석고 플라스터
　　㉠ 소석고를 300℃ 이상으로 가열하여 얻은 무수의 경석고를 주원료로 한다.
　　㉡ 물로 경화되지 않아서 명반, 붕사, 규사 등을 혼합하여 경화시킨다.
　　㉢ 은은한 붉은빛을 띠는 흰색의 마감 광택을 가지며, 경화속도는 느리지만 경도가 매우 높다.
　　㉣ 표면이 산성을 띠므로 작업 시 스테인리스 스틸 흙손을 사용하고 방청처리가 된 금속 재료만 접촉시킨다.
　　㉤ 벽 및 바닥 바름에도 쓰이며 킨스 시멘트라고도 부른다.

③ 순석고 플라스터
　　㉠ 소석고와 석회죽을 혼합해 만들며 석회죽이 응결 지연 및 작업성 증진 역할을 한다.
　　㉡ 현장에서의 석회죽 제작이 어려워서 많이 사용되지 않는다.
　　㉢ 크림용 석고 플라스터라고도 부른다.

④ 보드용 석고 플라스터
　　㉠ 소석고의 함유량을 많게 하여 부착강도를 크게 한 제품이다.
　　㉡ 주로 석고보드 붙임용이나 콘크리트 바탕의 초벌 바름 재료로 많이 사용된다.

4. 셀프 레벨링제

(1) 개요

자체 유동성이 있어서 평탄하게 되는 성질을 이용하여 바닥마름질 공사 등에 사용하는 재료이다.

(2) 종류

① 석고계 셀프 레벨링재 : 석고에 모래, 경화 지연제, 유동화제 등을 혼합한 것으로, 물이 닿지 않는 실내에서만 사용한다.
② 시멘트계 셀프 레벨링재 : 포틀랜드 시멘트에 모래, 분산제, 유동화제 등을 혼합한 것으로, 필요에 따라 팽창성 혼화재료를 사용한다.

(3) 시공 시 주의사항
① 경화 시 표면에 물결무늬가 생기지 않도록 창문 등을 밀폐하여 통풍과 기류를 차단한다.
② 시공 중이나 시공 완료 후 기온이 5℃ 이하가 되지 않도록 한다.

5. 시멘트 모르타르

종류		용도
보통 모르타르	보통 시멘트 모르타르	구조용, 일반수장용
	백시멘트 모르타르	착색, 치장용
특수 모르타르	바라이트 모르타르	방사선 차단용
	질석 모르타르	경량 구조용
	석면 모르타르	단열, 균열 방지용
	합성수지 모르타르	광택용
	방수 모르타르	방수용
	아스팔트 모르타트	내산성 바닥용

6. 기타 미장재료

(1) 합성 고분자 바름
① 합성고분자계 재료에 촉진제, 경화제, 골재 등을 배합한 미장재료이다.
② 에폭시, 폴리우레탄, 폴리에스테르 3종류가 가장 많이 쓰인다.
③ 방진・방수성, 탄력성, 내수성, 내약품성 등이 필요한 장소의 바닥재로 사용된다.

(2) 리신바름
돌로마이트에 화강암 부스러기, 색모래, 안료 등을 섞어 바른 후 굳기 전에 거친 솔, 얼레빗 등으로 표면을 긁어 거칠게 마무리한 인조석 바름의 일종이다.

(3) 러프코트
시멘트, 모래, 자갈, 안료 등을 섞고 이긴 것을 바탕바름이 마르기 전에 뿌려 붙이거나 바르는 것으로 인조석 바름의 일종으로 거친바름이라고도 한다.

7.3 미장공사

1. 기본 사항

(1) 미장공사 시 주의사항

① 양질의 재료를 사용한다.
② 바탕면을 거칠게 하고 적당한 물축임을 한다.
③ 바름 두께는 균일하게 한다.
④ 초벌 후 재벌까지의 기간을 충분히 잡는다.
⑤ 급격한 건조를 피하고 시공 및 경화 중에는 진동을 피한다.

(2) 미장공사 치장마무리 방법

① 시멘트 모르타르 바름
② 회반죽 바름
③ 플라스터 바름
④ 흙바름
⑤ 인조석 바름

2. 시멘트 모르타르 바름

(1) 바름 두께

① 1회의 바름 두께는 바닥을 제외하고 6mm를 표준으로 한다.
② 부위별 두께

외벽, 바닥	내벽	천장
24mm	18mm	15mm

③ 실내바닥 마무리 공법 : 바름마무리, 붙임마무리, 깔기마무리

(2) 시공 순서

① 바르기 순서
  ㉠ 일반적 순서 : 위 → 아래(밑)
  ㉡ 실내 순서 : 천장 → 벽 → 바닥
  ㉢ 외벽 순서 : 옥상난간 → 지층

② 시멘트 모르타르 3회 바름(벽)

바탕처리 → 물축이기 → 초벌바름 → 고름질 → 재벌 → 정벌

③ 시멘트 모르타르 바닥 바름

청소 및 물씻기 → 순시멘트풀 도포 → 모르타르 바름 → 규준대 밀기 → 나무흙손 고름질 → 쇠흙손 마감

3. 회반죽, 인조석 · 테라조

(1) 회반죽

① 시공 순서

반죽처리 → 재료반죽 → 바탕처리 → 수염붙이기 → 초벌바름 → 재벌바름 → 정벌바름 → 마무리 및 보양

② 해초풀의 역할

점도 증대, 부착력 증대, 강도 증대, 점도 증가에 의한 균열 방지

(2) 인조석 · 테라조 바름

① 재료 : 백시멘트, 종석, 안료, 석분

② 테라조 현장갈기 순서

황동줄눈대기 → 테라조 종석바름 → 양생 및 경화 → 초벌갈기 → 시멘트풀 먹임 → 정벌갈기 → 왁스칠

③ 줄눈대

㉠ 설치 목적

ⓐ 재료의 수축, 팽창에 대한 균열 방지

ⓑ 바름 구획 구분 및 보수의 용이성

㉡ 설치 간격 : 최대 간격 2m 이하, 보통은 90cm 각을 많이 이용한다.

(면적 $1.2m^2$ 이내)

CHAPTER 8 도장공사

8.1 도장재료

도장재료는 유동상태로 재료의 표면에 얇게 부착되어 시간이 흐름에 따라 표면에 부착한 채로 고화하여 소기의 성능(표면보호, 외관 및 형상의 변화)을 갖는 막으로 형성되는 재료를 말한다.

1. 도료의 분류
(1) 분류

구분		정의	종류
성분별 분류	페인트	바니시류에 안료를 첨가한 것 (불투명 피막형성 도료)	유성페인트, 수성페인트
	바니시	안료가 첨가되지 않은 것	유성바니시, 에나멜페인트, 휘발성 바니시
성분별 분류	합성수지 도료	안료와 합성수지 시너를 주원료로 한 것	용제형, 에멀션형, 무용제형
	옻칠		생칠 및 정칠
건조과정 분류	자연건조	도장만으로 상온에서 경화	바니시, 래커, 에멀션도료, 비닐수지
	가열건조	도장 후 가열하여 경화	아미노알키드수지, 에폭시수지, 페놀수지
용도별 분류			목재, 금속, 콘크리트용 방청용, 내산용, 전기절연용 등

구분	정의	종류
도장방법별 분류		솔칠용, 뿜칠용, 정전도장용, 에어리스 도장용 등

2. 도장 일반사항

(1) 도장의 목적
① 방습, 방청 등으로 인한 내구성 향상
② 색채, 무늬, 광택 등의 미적 효과
③ 전기절연성, 내수성, 방음성, 방사선 차단 등의 특수 성능 부여

(2) 도료 선택 시 주의사항
① 도장하고자 하는 물체의 사용목적
② 표면의 재료
③ 도장 시 기후조건
④ 경제성

(3) 보관 시 주의사항
① 직사광선이 들지 않도록 한다.
② 환기가 잘 되는 곳에 보관한다.
③ 화기로부터 격리시킨다.
④ 밀폐된 용기에 보관한다.
⑤ 도장에 사용한 걸레는 한적한 곳에서 소각한다.

8.2 각종 페인트

1. 수성페인트

(1) 재료 및 특징
① 재료
  안료, 교착제(카세인, 아라비아고무, 아교), 물

② 특징
  ㉠ 건조가 빠르다.
  ㉡ 물을 용제로 사용하므로 경제적이며 공해가 없다.
  ㉢ 알칼리성 표면에 도장할 수 있다.
  ㉣ 도장이 쉽고 보관의 제약도 적은 편이다.

(2) 분류

유기질 수성페인트	습기 없는 곳에서만 사용
무기질 수성페인트	마그네시아 시멘트, 백시멘트를 교착제로 사용. 실내외 모두 사용
에멀젼 페인트	수성페인트에 합성수지와 유화제를 섞어 제조

2. 유성페인트

(1) 재료

재료	내용	종류
안료	도료의 색채를 결정	• 백색 – 아연화(亞鉛華) • 적색 – 연단(鉛丹), 산화제이철 • 황색 – 아연노랑(亞鉛黃) • 청색 – 코발트청
기름(용제)	광택과 피막의 강도 증대	아마유, 오동유, 들기름, 삼씨기름, 콩기름
희석재	점도 유지와 작업성 증가	• 송진건류품 – 테레핀유 • 석유건류품 – 휘발유, 벤진, 석유 • 콜타르 증류품 – 벤졸, 솔벤트 • 알코올 – 에틸알코올, 메틸알코올 • 에스테르 – 초산아밀, 초산부틸 • 송근 건류품 – 송근유
건조제	기름(용제)의 건조 촉진	리사지(litharge), 연단(鉛丹), 수산화망간, 붕산망간, 염화코발트

(2) 특징

① 저렴하고 두꺼운 도막을 형성할 수 있다.

② 건조가 늦고 도막의 성질(변색성, 내약품성, 내알칼리성 등)이 나쁘다.
③ 목재, 석고판류, 철재 등에 사용된다.
④ 알칼리(회반죽, 돌로마이트, 시멘트 및 콘크리트) 표면에는 부적합하다.

3. 바니시

천연수지, 합성수지 또는 역청질 등을 건성유와 같이 열반응시켜 건조제를 넣고 용제에 녹인 것을 말한다.

(1) 유성바니시

① 재료 : 수지, 건성유, 희석제
② 특징
　㉠ 유성페인트보다 건조가 빠른 편이다.
　㉡ 광택이 좋고 투명하고 단단한 도막을 만든다.
　㉢ 내후성이 적어 실내 목재표면에 많이 이용된다.
　㉣ 내화학성이 나쁘고 시간이 지나면 누렇게 변색한다.
③ 분류

종류	특징
스파 바니시 (spar varnish)	내수성, 내마모성이 우수하다.(목부 외부용)
코팔 바니시 (copal varnish)	건조가 빠르다.(목부 내부용)
골드 사이즈 바니시 (gold size varnish)	건조가 빠르고 연마성이 좋다.
흑 바니시 (black varnish)	미관이 요구되지 않는 곳의 방청, 내수, 내약품용 도장

(2) 래커

① 클리어 래커(안료 첨가 ×)
　㉠ 유성 바니시에 비하여 도막이 얇고 견고하다.
　㉡ 담갈색 빛으로 시공 후에는 우아한 광택이 있다.
　㉢ 내수성, 내후성이 다소 부족하여 실내용으로 주로 사용된다.

ㄹ 목재면의 무늬를 살리기 위한 투명 도장재료로 쓰인다.

ㅁ 빨리 건조되므로 스프레이 시공하는 것이 좋다.

② 에나멜 래커(클리어 래커+안료)

ㄱ 유성 에나멜 페인트에 비하여 도막은 얇지만 견고하고 기계적 성질도 우수하다.

ㄴ 닦으면 광택이 나는 불투명 도료이다.

③ 하이 솔리드 래커

ㄱ 니트로셀룰로오스 수지와 가소제의 함유량을 보통 래커보다 많게 한 래커

ㄴ 도막이 두터워 능률을 높이고 경제적이다.

ㄷ 탄력이 있는 도막을 만들며 내후성도 좋지만 경화와 건조는 늦다.

(3) 래크(Lack)

① 휘발성 용제에 천연수지류를 녹인 것

② 건조가 빠르고 피막은 유성 바니시보다 약하다.

③ 내장재나 가구재에 사용한다.

5. 합성수지 도장재료

(1) 재료

용제형과 무용제형	합성수지+용제+안료
에멀젼형	합성수지+중화제+안료

(2) 특징 및 종류

① 특징

ㄱ 도막이 단단하고, 유성페인트보다 건조가 빠르다.

ㄴ 내마모성이 좋고, 내산성·내알칼리성이 있다.

② 종류

ㄱ 요소수지 도료   ㄴ 멜라민수지 도료

ㄷ 비닐계수지 도료   ㄹ 프탈산수지 도료

ㅁ 석탄산수지 도료

8.3 주요 도장

1. 특수 도장

(1) 녹막이칠

광명단	철골, 철판의 녹막이칠
징크로메이트 도료	알루미늄, 아연철판 녹막이칠
알루미늄 도료	내열성, 열반사 효과를 필요로 하는 곳
기타	아연분말도료, 산화철 녹막이 도료, 역청질 도료

(2) 색올림(stain : 착색제)

① 특징
  ㉠ 작업 용이성을 개선한다.
  ㉡ 색을 자유롭게, 선명하게 할 수 있다.
  ㉢ 표면을 보호하여 내구성을 증대시킨다.
  ㉣ 색올림이 표면으로부터 분리되지 않도록 주의한다

② 종류

수성 스테인	작업성이 좋고 색상이 선명하지만 건조가 늦다.
유성 스테인	작업성이 좋고 건조가 빠르지만 얼룩이 생길 수 있다.
알코올 스테인	퍼짐이 우수하고, 색상이 선명하며 건조가 빠르다.

(3) 기타

① 방화도장 : 규산소다 도료, 붕산카세인 도료, 합성수지 도료
② 콤비네이션 칠 : 색체의 콤비네이션을 도모한 마무리로서 단색 정벌칠을 한 위에 솔 또는 문지름으로써 빛깔이 다른 무늬를 돋우어 마무리한 것이다.

2. 도장 공법

종류	도구	특징
솔칠	솔	가장 일반적인 공법이다. 건조가 빠른 래커 등에는 부적합하다.
롤러칠	롤러	평활하고 넓은 면을 타공법에 비해 빨리 칠할 수 있다.

종류	도구	특징
문지름칠	솜, 헝겊	면이 고르고 광택이나 특수효과를 내기 위해 사용한다.
뿜칠	스프레이건 콤프레셔	• 래커 등 속건성 도료의 시공에 적당하다. • 스프레이건은 면에 직각이 되도록 평행 이동시킨다. • 뿜칠거리는 약 30cm 정도가 적당하다. • 1/3씩 겹쳐서 칠한다.

3. 각종 바탕만들기

(1) 개요

도료가 바탕에 부착을 저해하거나 부풀음, 터짐, 벗겨지는 원인이 될 수 있는 요소(유분, 수분, 진, 녹)을 사전에 제거하는 작업

(2) 목부 바탕처리 순서

① 오염, 부착물 제거

② 송진처리(긁어내기, 휘발유 닦기)

③ 연마지 닦기

④ 옹이땜(셀락니스 칠)

⑤ 구멍땜(퍼티먹임)

(3) 철부 바탕처리

① 오염, 부착물 제거

② 유류 제거(휘발유, 비눗물 닦기)

③ 녹 제거(샌드블라스트, 와이어 브러시)

④ 화학처리

⑤ 피막 마무리(연마지 닦기)

(4) 콘크리트, 모르타르 등의 바탕처리

① 건조

② 오염, 부착물 제거

③ 구멍 땜(석고)

④ 연마지 닦기

4. 칠하기 순서

(1) 수성페인트 칠하기 순서

바탕처리 → 초벌 → 연마지닦기 → 정벌칠

(2) 유성페인트 칠하기 순서

① 목부바탕

바탕처리 → 연마지닦기 → 초벌 → 퍼티먹임 → 연마지닦기 → 재벌 1회 → 연마지닦기 → 재벌 2회 → 연마지닦기 → 정벌칠

② 철부바탕

바탕처리 → 녹막이칠 → 연마지닦기 → 구멍땜 및 퍼티먹임 → 재벌 → 정벌칠

(3) 바니시 칠하기 순서

① 일반 순서

바탕처리 → 눈먹임 → 색올림 → 왁스 문지름

② 목재면 외부 공정순서

바탕처리 → 눈먹임 → 초벌착색 → 연마지닦기 → 정벌착색 → 왁스 문지름

(4) 도장작업 시 주의사항

① 우천 시, 습도 80% 이상, 기온 5℃ 이하, 강풍 시에는 도장을 중지한다.
② 도료보관 창고는 화기를 절대 금한다.
③ 직사광선을 피하고 환기가 되어야 한다.

> - 스티플 칠 : 표면에 잘잘한 요철 모양이나 질감을 내도록 하는 도장 마감
> - 시딩(seeding) 현상 : 도료 저장 중 온도의 상승 및 저하의 반복 작용에 의해 도료 내에 작은 결정이 무수히 발생하여 칠을 하면 도막에 좁쌀모양이 생기는 현상이다.

CHAPTER 9 타일공사·수장공사

9.1 타일공사

1. 점토재료 및 타일

(1) 점토재료의 분류

종류	소성온도(℃)	흡수율(%)	용도
토기	790~1000	20% 이상	기와, 벽돌, 토관
도기	1100~1230	15~20%	타일, 테라코타
석기	1160~1350	3~8%	타일, 클링커타일
자기	1230~1460	0~1%	자기질타일, 위생도기

※ 흡수성 : 토기 > 도기 > 석기 > 자기
※ 강도 : 자기 > 석기 > 도기 > 토기

(2) 타일

① 제조법에 의한 분류

종류	성형방법	용도
건식법	• 원재료를 건조 분말하여 프레스(가압)성형한 것 • 제조 능률이 좋고 치수도 정확하다.(단순형태)	내장, 바닥타일
습식법	• 원재료를 물반죽하여 형틀에 넣고 압출성형한 것 • 복잡한 형태의 제품에 좋다.	외장타일

② 용도상 분류

종류	특징
외부벽용 타일	• 흡수성이 적은 것 • 외기에 저항력이 강하고 단단한 것
내부벽용 타일	• 흡수성이 다소 있는 것 • 미려하고 위생적이며 청소가 용이한 것
내부바닥용 타일	• 단단하고 내구성이 강한 것 • 흡수성이 적은 것 • 내마모성이 좋고 충격에 강한 것 • 자기질, 석기질의 무유로 표면이 미끄럽지 않을 것

2. 타일 시공

(1) 동결현상

① 동결현상의 유형 : 박리, 균열, 백화, 동해

② 동해(凍害) 방지법
  ㉠ 붙임용 모르타르 배합비를 정확히 한다.
  ㉡ 소성온도가 높은 타일을 사용한다.
  ㉢ 흡수성이 낮은 타일을 사용한다.
  ㉣ 줄눈 누름을 충분히 하여 빗물의 침투를 방지한다.

(2) 타일 붙이기

① 바탕처리
  ㉠ 타일 부착 후 잘 되게 표면은 약간 거칠게 한다.
  ㉡ 바탕처리 후 1주일 이상 경과 후 타일붙임이 원칙이다.

② 배합비(시멘트 : 모래)

경질 타일	연질 타일
1 : 2	1 : 3

③ 벽타일 붙이기 및 줄눈 파기 순서
  ㉠ 벽타일 붙이기 순서

바탕처리 → 타일나누기 → 벽타일 붙이기 → 치장줄눈 → 보양

ⓒ 벽타일 줄눈 파기 순서

세로 → 가로

④ 바닥 플라스틱 타일 시공 순서

바탕고르기 → 프라이머 도포 → 접착제 도포 → 타일 붙이기 → 타일면 청소 → 타일면 왁스 먹임

(3) 타일 붙이기 공법

구분		특징
떠붙이기 공법	떠붙임	타일 이면에 모르타르를 얹어서 바탕면에 직접 붙인다.
	개량 떠붙임	벽돌 벽면 또는 거친 콘크리트 면에 먼저 평활하게 미장바름하고, 타일 이면에 모르타르를 3~6mm 정도로 얇게 발라 붙인다.
압착붙이기 공법	압축붙임	바탕면은 미리 미장바름하여 평활하게 하고, 그 위에 접착 모르타르를 얇게 바른 후, 타일을 한 장씩 눌러 붙인다.
	개량 압착붙임	바탕면에 모르타르 나무흙손 바름한 후 타일면과 흙손 바름면에 붙임 모르타르를 발라서 눌러 붙여 타일 주변에 모르타르가 빠져 나오게 하는 공법
접착제 붙임공법		유기질 접착제나 수지 모르타르를 바탕면에 바르고, 그 위에 타일을 붙이는 공법

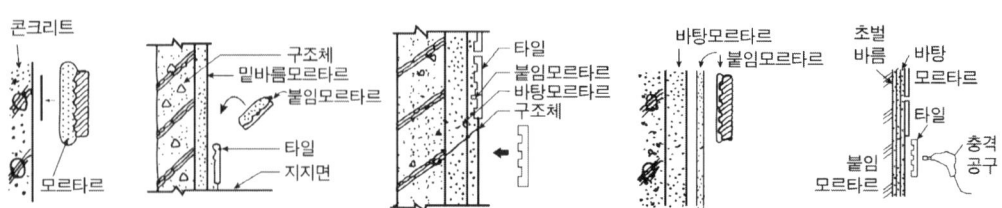

[떠붙임공법] [개량떠붙임공법] [압착붙임공법] [개량압착붙임공법] [밀착(동시줄눈)공법]

(4) 비교

떠붙임공법	압착공법
• 타일과 붙임 모르타르의 접착성이 비교적 양호하다. • 박리하는 수가 적다. • 타공법에 비해 시공관리가 용이하다. • 한 장씩 쌓아가므로 작업속도가 더디고 작업에 숙련을 요한다.	• 타일 이면에 공극이 적으므로 백화현상이 적다. • 직접 붙임공법에 비해 숙련도를 요하지 않는다. • 작업속도가 빠르고 능률이 높다. • 동해의 발생이 적다.

> **Point 타일 줄눈**
>
> | 구분 | | 줄눈 크기 |
> |---|---|---|
> | 대형 | 외부 | 9mm |
> | | 내부 | 6mm |
> | 소형 타일 | | 3mm |
> | 모자이크 타일 | | 2mm |

9.2 수장공사

1. 도배공사

(1) 벽도배

① 준비작업

㉠ 시공 전 72시간, 시공 후 48시간 경과 시까지는 온도가 16℃ 이상 유지
 (평상시 보관온도는 4℃)

㉡ 바탕면 건조상태(석고보드 곰팡이 발생, 미장보수 부위 미건조 등) 확인

㉢ 녹발생 예상부위는 방청도료 등으로 바탕처리

② 도배지의 종류

종이벽지	종이에 무늬와 색채를 프린트한 벽지, 저렴하고 많이 쓰인다.
지사벽지	종이를 실처럼 꼬아서 만든 벽지
섬유벽지	벽지의 색채, 무늬, 촉감, 흡음성 등이 좋다.
비닐벽지	방수성이 있고 청소가 쉽다.(주방, 어린이방)
발포벽지	• 종이벽지 위에 플라스틱 기포를 뿜어서 만든다. • 탄력성이 있어 흡음성과 질감이 좋고 물세척이 가능하다. • 기포의 크기별로 나뉘며, 기포가 클수록 좋고 고가이다.
갈포벽지	• 종이벽지 위에 칡 섬유의 줄기를 붙여 만든다. • 자연적인 거친 질감으로 흡음성이 좋고 아늑한 느낌을 준다. • 표면이 거칠어 먼지가 쉽게 앉으므로 관리가 불편하다.

③ 시공 순서

㉠ 3단계 시공 : 바탕처리 → 초배지바름 → 정배지바름

㉡ 5단계 시공

- 바탕처리 → 초배지바름 → 정배지바름 → 걸레받이 → 굽도리
- 바탕처리 → 초배지바름 → 재배지바름 → 정배지바름 → 굽도리

④ 풀칠 방법

㉠ 봉투 바름 : 도배지 주위에 풀칠하여 붙이고 주름은 물을 뿜어둔다.

㉡ 온통 바름 : 도배지 전부에 풀칠하며 순서는 중간부터 갓 둘레로 칠해 나간다.

㉢ 재벌정 바름 : 정배지 바로 밑에 바르며 순서는 밑에서 위로 붙여 나간다.

(2) 바닥깔기

① 장판깔기 순서

바탕처리 → 초배 → 재배 → 장판지 → 걸레받이 → 마무리칠

② 리놀륨 깔기 순서

바탕처리 → 깔기계획 → 임시깔기 → 정깔기 → 마무리 및 보양

(3) 카펫 공사

① 카펫의 특징

장점	단점
• 탄력성이 있다. • 방음(흡음)성이 있다. • 내구성이 있다.	• 유지관리 및 보수가 번거롭다. • 습기와 오염에 약하다. • 패턴이 단조롭다.

② 파일(pile)의 종류

[고리(loop)]   [컷(cut)]   [고리+컷]

③ 깔기공법

그리퍼공법	주변 바닥에 그리퍼 설치 후 카펫 고정. 가정 보편적이다.
못박기공법	벽 주변을 따라 카펫을 30mm 정도 꺾어 넣고 롤러로 끌어 당기면서 못을 50mm 정도 간격으로 박아 고정시킨다.
직접 붙이기 공법	콘크리트 바닥에 접착제 도포 후 카펫을 붙인다.
필업공법	빌포고무 등 구션재를 대지 않는 카펫 타일 붙임. 교체가 쉽다.

④ 시공 시 유의사항
  ㉠ 시공 전 바닥에 먼지, 오물, 습기 등 이물질과 틈새가 없어야 한다.
  ㉡ 타일의 배열이 바둑판 모양이 되도록 한다.
  ㉢ 카펫 제거 시에는 바닥을 상하게 하지 않게 한다.

4. 석고보드 공사

(1) 특징 및 종류

① 특징

장점	단점
• 내화성이 크다. • 경량이며 신축성이 거의 없다. • 가공이 용이하고 도료 도표가 가능하다.	• 재료의 강도가 약하다. • 파손되기 쉽다. • 습윤에 약하다.

② 용도에 따른 종류

일반 석고보드, 방화 석고보드, 방수 석고보드, 미장 석고보드

③ 형상별 분류

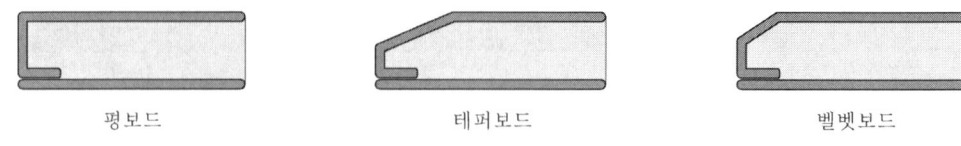

평보드 　　　　　테퍼보드 　　　　　벨벳보드

(2) 시공 순서 및 주의사항

① 이음새 시공 순서

바탕처리 → 하도 → 조인트 테이프 부착 → 중도 → 상도 → 샌딩처리

② 시공 시 주의사항

㉠ 이음매 처리 작업 전에 못이나 나사못머리가 보드 표면과 일치하는지 확인한다.

㉡ 컴파운드를 너무 두껍게 바르면 경화시간이 길어지고 크랙 등의 하자가 발생한다.

5. 커튼공사

(1) 주름

종류	특징
홀주름	• 소탈하며 다소 가벼운 느낌의 커튼형태로 보통 요척의 1.5배 소요. • 장식성이 적은 심플한 커튼에 사용된다.
겹주름	요척 1.5~2배. 캐주얼한 느낌이다.
3겹주름	요척 2~3배. 높은 장식성을 지닌다.
박스형 주름	• 플리츠에 간격을 잡을 땐 2배, 그렇지 않을 경우 요척의 3배 필요 • 중량감이 있고 고상한 분위기의 형태
게더 주름	게더 파이프를 이용해서 만들어지는 경쾌한 느낌의 커튼
플레인 스타일	민자 커튼. 요척의 1.2~1.5배가 소요된다.

※ 요척 : 커튼으로 가리고자 하는 장소의 폭

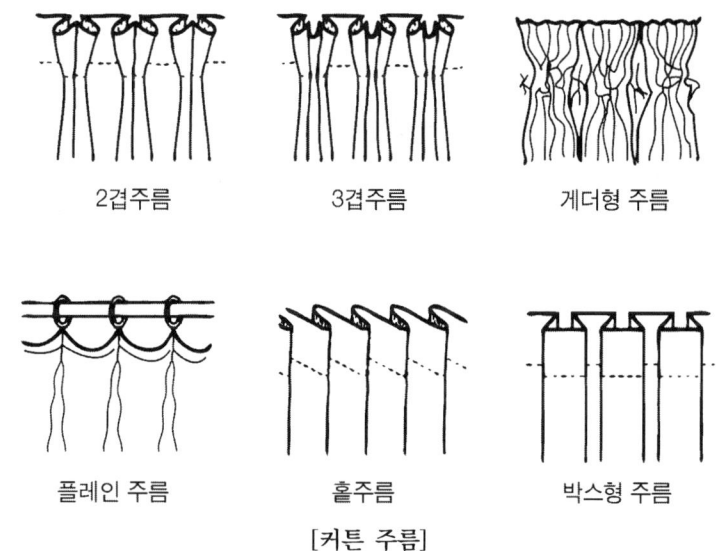

[커튼 주름]

(2) 커튼 선택 시 주의사항
① 천의 특성과 시각적 효과를 고려한다.
② 세탁 후 형의 변화나 치수변화가 없어야 한다.
③ 불연재로 선택해야 한다.
④ 탈색이 되지 않는 재료를 선택한다.

(3) 블라인드
① 정의 : 유리창 등에 직사광선과 시선 차단을 위해 설치하는 커튼 대용의 수장재
② 종류 : 수직블라인드, 수평블라인드, 롤블라인드, 로만블라인드

CHAPTER 10 적산 및 실무도서

10.1 적산

1. 비계면적

(1) 내부 비계면적
① 내부 비계면적은 연면적의 90%로 하며 손료는 외부 비계 3개월까지의 손율을 적용함을 원칙으로 한다.
② 수평 비계는 2가지 이상의 복합 공사 또는 단일 공사라도 작업이 복잡한 경우에 사용함을 원칙으로 한다.
③ 달비계는 층고 3.6m 미만일 때의 내부공사에서 사용함을 원칙으로 한다.

(2) 외부 비계면적
① 비계의 이격거리(D)

(단위 : cm)

구조	통나무 비계		파이프 비계	비고
	외줄 비계, 겹비계	쌍줄 비계		
목조	45	90	100	벽 중심에서 이격
조적조 철근콘크리트조 철골구조	45	90	100	벽 외측에서 이격

② 외부 비계면적

외부 비계면적 = 비계의 외주 길이 × 건물의 높이

㉠ 비계의 외주 길이=건물의 외주 길이(L)+늘어난 비계 길이
㉡ 늘어난 비계 거리=8(개소)×이격거리(D)

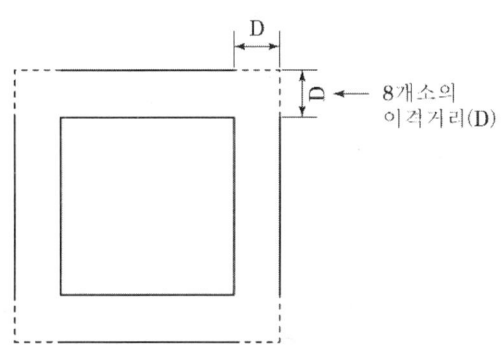

구분	외부 비계면적	비고
외줄 비계, 겹비계	A=(L+8개소×0.45m)×H=(L+3.6m)×H	H : 건축물의 높이
쌍줄 비계	A=(L+8개소×0.9m)×H=(L+7.2m)×H	L : 건물의 외주길이
단관, 틀비계	A=(L+8개소×1m)×H=(L+8m)×H	(단위 : m)

2. 조적공사 적산

(1) 벽돌량

① 기본 공식

㉠ 벽돌 정미량=벽 면적×단위 수량
㉡ 벽돌 구매량=벽 면적×단위 수량×(1+할증률)
※ 점토벽돌일 경우 1.03, 시멘트 벽돌일 경우 1.05를 곱한다.

② 단위 수량

벽돌형 \ 벽 두께	0.5B	1.0B	1.5B	2.0B	비고
표준형(190×90×57)	75	149	224	298	표준형과 기존형 벽돌의 줄눈은 10mm 기준 할증률 • 붉은 벽돌, 내화벽돌 : 3% • 시멘트 벽돌 : 5%
기본형(210×100×60)	65	130	195	260	
내화벽돌(줄눈 6mm)	59	118	177	236	

③ 산출법

㉠ 벽 면적 1m²를 벽돌 1장의 면적으로 나누어 산출한다.

㉡ 이때 벽돌 1장의 면적은 가로, 세로의 줄눈의 너비를 합산한 면적이다.

ex) 표준형 벽돌 0.5B 두께의 벽 1m²당 벽돌량

$$\frac{1m}{0.19+0.01} \times \frac{1m}{0.057+0.01} = 74.63 \Rightarrow 75장$$

(2) 쌓기 모르타르량

① 유의사항

㉠ 모르타르량은 할증률을 고려한 벽돌의 구입량이 아닌 정미량에만 적용된다.

㉡ 단위 수량은 벽돌 1000장을 기준으로 한다.

② 모르타르의 단위 수량

(단위 : m³/1000장)

벽돌형\벽 두께	0.5B	1.0B	1.5B	2.0B
표준형	0.25	0.33	0.35	0.36
기본형	0.3	0.37	0.4	0.42

③ 모르타르량 산출

$$모르타르량 = \frac{벽돌\ 정미량}{1000} \times 단위\ 수량(m^3)$$

> **Point 벽돌 적산 시 주의사항**
> - 벽돌량의 단위는 장(매)이므로 올림한 정수로 나타낸다.
> - 외벽의 높이와 내벽의 높이가 다를 수 있으므로 유의해야 한다.
> - 외벽 계산 시에는 중심치수로, 내벽 계산 시에는 안목치수로 계산한다.

3. 목재량

(1) 통나무 목재량 계산

① 개요

통나무는 일반적으로 길이 1m마다 둘레가 1.5~2cm씩, 즉 길이의 1/60씩 밑둥이 굵어진다. 따라서 총 길이 6m 미만과 이상인 것으로 구분하여 계산한다.

② 길이별 적산
  ㉠ 길이 6m 미만인 통나무
   통나무 마구리 지름을 한 변으로 하는 정사각형을 밑둥으로 하는 직육면체로 체적을 계산한다.

   $$목재량\ V = D \times D \times L$$

   D : 통나무 마구리 지름(m), L : 통나무 길이(m)

  ㉡ 길이 6m 이상인 통나무
   마구리 지름보다 좀 더 큰 가상의 정사각형의 한 변 길이를 다음과 같이 만들어 D'를 구하여 통나무 체적을 계산한다.

   $$목재량\ V = D' \times D' \times L$$

   $$(D' = D + \frac{L-4}{2})$$

   D' : 가상의 마구리 지름
   D : 통나무의 원래 마구리 지름
   L : 1m 미만을 버린 통나무 길이의 m 단위 정수값

(2) 창호 적산 시 유의사항

수평재와 수직재를 각각 계산하되 겹쳐지는 부분은 맞춤으로 접합되므로 수직, 수평재에서 중복 계산한다.

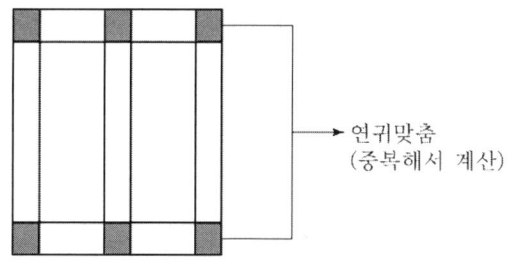

연귀맞춤
(중복해서 계산)

3. 기타 적산

(1) 타일공사 적산

① 수량 산출법

㉠ 정사각형 타일

- 타일량 = $\dfrac{\text{시공면적}(m^2)}{[\text{타일 한 변 길이}(m) + \text{줄눈}(m)]^2}$

㉡ 직사각형 타일

- 타일량 = $\dfrac{\text{시공면적}(m^2)}{[(\text{타일 가로길이}(m) + \text{줄눈}(m)) \times (\text{타일 세로길이}(m) + \text{줄눈}(m))]}$

※ 타일량은 정수 단위로 절상한다.

② 기타 적산량

㉠ 인부수(인), 도장공(인), 접착제(kg)양은 시공면적에 단위면적당 수량을 곱하여 구한다.

㉡ 인부수와 도장공은 꼭 정수로 절상하여 구한다.

(2) 도장 적산

① 목재면

구분	칠 면적	비고
양판문	안목면적 3~4배	
유리양판문 오르내리창	안목면적 2.5~3배	양면칠 기준이며 적산문제에서 별도의 조건이 없으면 최댓값 계산
플러시문	안목면적 2.7~3배	
미서기창	안목면적 1.1~1.7배	

② 철재면

구분	칠 면적	비고
철문	안목면적 2.4~2.6배	
새시	안목면적 1.6~2배	양면칠 기준이며 적산문제에서 별도의 조건이 없으면 최댓값 계산
셔터	안목면적 2.6배	

③ 기타 면

구분	칠 면적
징두리판벽 두겁대 걸레받이	바탕면적 1.5~2.5배
비늘판 벽	표면적 1.2배

9.2 공사비의 구성

1. 원가 구성

(1) 총공사비

① 총공사비 : 공사 원가+부가 이윤+일반관리비 부담금
② 공사원가 : 순공사비+현장경비
③ 순공사비 : 직접공사비+간접공사비
④ 직접공사비 : 재료비+노무비+외주비+경비
⑤ 노무비 : 직접노무비+간접노무비

> **Point**
> - 직접노무비 : 건설생산에 직접적으로 투입되는 인건비
> - 간접노무비 : 간접작업 임금, 후생복지비 등 간접적으로 투입되는 임금비용

(2) 가격의 구성

① 단일공사 : 한 공사장에 한 동의 건물만이 주 공사가 되고 다른 종목이 없는 경우
② 수련공사 : 한 공사장에 두 동 이상 혹은 다른 공사비목(옥외설비, 대지조성 등)이 있는 경우

2. 견적서 서식

(1) 적산과 견적

① 적산 : 공사에 필요한 공사량(재료, 품)을 산출하는 기술 활동이다.

② 견적 : 산출된 공사량에 적정 단가를 설정하여 곱한 후, 합산하여 총 공사비를 산출하는 기술활동으로 공사 개요 및 기일, 기타 조건에 의하여 달라질 수 있다.

(2) 구분

① 산출방식에 의한 분류

   ㉠ 명세 견적(적산)

      설계도서(도면, 시방서), 현장설명서, 구조 계산서 등에 의거하여 가장 정확하고 정밀하게 공사비를 산출하는 방법

   ㉡ 개산 견적(적산)

      기 수행된 공사의 자료, 통계치, 경험, 실험식 등에 의하여 개략적으로 공사비를 산출하는 방법

      ⓐ 단위수량에 의한 방법 : 단위면적, 단위체적, 단위설비에 의한 개산 견적

      ⓑ 단위비율에 의한 방법 : 가격 비율, 수량 비율에 의한 개산 견적

      ⓒ 부위별 개산 견적 : 건축물을 일정한 형식에 의거 부위별로 나누고 그 부위를 구성하고 있는 요소마다 가격을 결정하여 개략적 공사비를 산출

② 용도별 분류

   ㉠ 대내견적서 : 실제공사의 실행 예산 작성을 위한 공사비 산출

   ㉡ 대외견적서 : 시공자가 건축주에게 제출하기 위해 작성하는 것. 내용은 대체로 대내견적서와 유사하나 건축주의 이해를 돕기 위해 되도록 간단하면서도 구체적으로 작성한다.

③ 공사비 명세

   ㉠ 비목 : 한 공사를 각 건물별로 구별 계산. 각 비목을 집계하면 순공사비가 된다.

   ㉡ 과목 : 각 건물마다 공종별로 구분하여 작성. 각 과목을 집계하면 각동 건물의 비목이 된다.

   ㉢ 세목 : 각 공종별 과목을 다시 세분하여 재료, 노무, 기재손료, 운임 등으로 정리한 것. 이를 집계하면 한 건물의 공종별 과목이 된다.

 세목으로 기재된 견적서를 공사비내역명세서라 한다.

3. 적용 기준

(1) 수량 산출의 구분
① 정미량 : 설계도서에 의거하여 정확한 길이(m), 면적(m²), 체적(m³), 개수 등을 산출한 수량
② 소요량(구입량) : 산출된 정미량에 시공 시 발생되는 손·망실량 등을 고려하여 일정 비율의 수량(할증률)을 가산하여 산출된 수량

(2) 주요 재료별 할증률

할증률	재료	할증률	재료
1%	유리	5%	원형 철근 일반 볼트, 리벳 강관 시멘트 벽돌 수장합판(재) 목재(각재) 텍스, 석고보드 기와
2%	도료, 위생기구		
3%	이형 철근 붉은 벽돌 내화 벽돌 타일 테라코타 일반 합판 슬레이트	10%	강판(plate) 단열재 석재(정형)
		20%	졸대
4%	시멘트 블록	30%	석재(원석, 부정형)

(3) 수량의 계산 기준
① 수량은 C.G.S 단위를 사용한다.
  (C.G.S 단위 : 길이는 cm, 무게는 g, 시간은 초를 단위로 삼는 것)
② 수량의 단위 및 소수위는 표준품셈 단위에 의한다.

③ 계산과정에서 소수가 발생하면 문제의 요구사항에 따르고 명시가 없으면 소수점 이하 셋째자리에서 반올림하여 둘째자리까지만 구하여 답한다.

④ 계산에 쓰이는 분도(分度)는 분까지, 원둘레율(圓周率), 삼각함수(三角函數) 및 호도(弧度)의 유효숫자는 3자리(3位)로 한다.

(4) 수량 산출 시 주의사항

① 수량 산출 시 가급적 시공 순서에 의해서 계산한다.

② 지정 소수위(소수점 자리수)를 확인한다.

③ 단위 환산에 유의한다.

　㉠ 도면 단위(mm) → 수량 단위(m, m^2, m^3)

　㉡ 반드시 정수 단위인 경우 : 벽돌·블록·타일(장)·시멘트(포대)·인부 수(인)·운반횟수(회), 장비(대) 등

part 4

실내디자인 환경

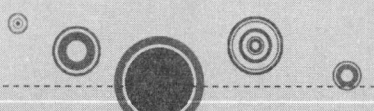

CHAPTER 01 실내환경

1.1 열 및 습기환경

1. 자연환경

(1) 일교차 및 연교차

일교차	• 하루 중 최고–최저 온도차. 보통 오후 2시 온도와 일출 직전의 온도차이다. • 맑은 날, 환절기가 크며, 해안보다 내륙지방이 크다. • 저위도 지방보다 고위도 지방이 크고, 표고가 높을수록 일교차는 작다. • 분지가 평지보다, 토지지대가 녹지지대보다 크다.
연교차	• 1년 중 가장 추운 달(1~2월)과 가장 더운 달(7~8월)의 월평균 기온차이다. • 위도에 따른 영향이 크며, 저위도보다 고위도로 갈수록 커진다. • 해안지역보다 내륙지역으로 갈수록 크고, 섬 지역은 대체로 작다.

(2) 비와 눈

① 강수 : 비·눈·우박 등 대기 중의 수증기가 응결하여 지면에 강하하는 모든 것
② 강수량 : 강우량과 강설량의 총합
③ 강수일 : 하루의 연강수량이 0.1mm 이상인 날

(3) 바람

① 압력차 및 온도차에 의한 공기의 이동현상
② 계절풍 : 대륙과 해수의 온도변화로 인해 계절에 따라 일정하게 부는 바람
③ 해안풍 : 낮에는 해안에서 육지로, 밤에는 육지에서 해안으로 분다.

(4) 일조와 일사

태양으로부터의 복사에 의한 에너지

① 일조율 : 가조시간(일출-일몰)에 대한 일조시간의 비를 백분율로 나타낸 것

$$일조율 = \frac{일조시간}{가조시간} \times 100(\%)$$

② 일조 조정과 일사 차폐

건축계획	• 건물의 형태는 정방형보다 동서로 긴 장방형이 좋다. • 창의 크기는 채광, 조명, 환기 등을 고려하여 크기를 결정한다.
차양장치	• 남면에 설치한 차양이나 발코니는 여름 일사를 효과적으로 차단한다. • 차양은 채광상으로는 약간 불리하지만 비가 올 때 개구부를 지켜준다.
인동 간격	• 건축물이 다수일 땐 그림자에 가리지 않도록 적당한 남북 간격을 두어야 한다. • 차양은 채광상으로는 약간 불리하지만 비가 올 때 개구부를 지켜준다.

2. 실내환경과 체감

(1) 대사

① 기초대사량

　공복 시 쾌적한 환경에서 편안한 자세로 누운 자세로 있을 때에 인체의 단위 시간당 생산 열량

② 에너지 대사율(relative metabolic rate, RMR)

$$에너지\ 대사율 = \frac{작업시간의\ 전체산소소비량 - 작업시간\ 중\ 안정\ 시\ 산소소비량}{작업시간의\ 기초대사량}$$

③ 열손실

　㉠ 인체의 열손실 비율 : 복사 45~50%, 대류 25~30%, 증발과 호흡 20~30%

　㉡ 혈관이 추운 외기에 접하면 수축하여 혈액공급은 감소하고 피부온도는 떨어진다.

　㉢ 혈관이 더운 외기에 접하면 팽창하여 혈액공급이 증가하고 피부온도는 증가한다.

(2) 쾌적환경 및 지표

① 열환경 4요소(물리적 요소)

　㉠ 기온(DBT)

　　ⓐ 인체의 쾌적에 가장 큰 영향을 미친다.

　　ⓑ 건구온도의 쾌적범위 : 16~28℃

ⓒ 우리나라 권장실내온도는 겨울철 18~20℃, 여름철 24~26℃이다.
ⓒ 습도
ⓐ 저온에서는 낮은 습도에서 더 춥게, 고온에서는 높은 습도에서 더 덥게 느낀다.
ⓑ 쾌적온도 범위 내에서 쾌적습도 범위는 40~70%이다.
ⓒ 기류
ⓐ 옥외에서 체감온도는 풍속이 1m/s 증가할 때마다 기온보다 1℃씩 떨어진다.
ⓑ 공기조화를 하는 실내의 기류는 0.5m/s 이하를 권장하고 있다.
ⓔ 복사열
ⓐ 기온 다음으로 인체의 쾌적환경에 영향이 크다.
ⓑ 차가운 유리창 부근에 있으면 인체열을 빼앗겨서 찬바람이 들어오는 것으로 착각을 일으킨다.
ⓒ 복사열이 기온보다 2℃ 정도 높은 상태일 때가 가장 쾌적하다.
② 주관적 요소
ⓒ 착의량
ⓐ 착의상태의 단위는 의복의 단열성능을 나타내는 clo(clothes)로 나타낸다.
ⓑ 1clo란 기온 21℃, 상대습도 50%, 기류 0.1m/s의 실내에서 착석, 휴식상태의 사람이 쾌적한 피부 표면 평균온도를 33℃로 유지하기 위한 의복의 열전도 저항을 뜻한다.
ⓒ 착의량의 총 clo=0.82×Σ(각 의복의 clo)
ⓒ 인체 활동
ⓒ 기타 : 연령과 성별, 피하 지방, 건강상태, 음식과 음료
③ 쾌적지표
ⓒ 유효온도(ET)
ⓐ 기온, 습도, 풍속의 3요소가 체감에 미치는 종합효과를 나타내는 단일 지표이다.
ⓑ 3요소의 조합에 의한 체감과 전적으로 같은 체감을 주는 습도 100%, 풍속 0m/sec인 때의 기온으로 나타낸다.
ⓒ 복사열이 고려되지 않고 습도가 과다 평가되어 있다.
ⓒ 수정 유효온도(CET)
ⓐ 글로브 온도를 건구 온도 대신에 사용하고 상당 습구온도를 습구온도 대신에 사용한 쾌적지표

ⓑ 기온, 습도, 기류 및 복사열의 영향을 동시에 고려하였다.

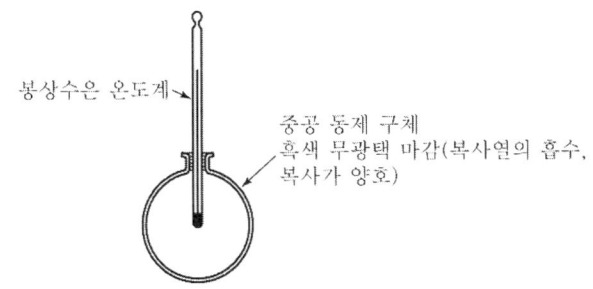

> **Point 글로브 온도계**
> ① 기온과 복사의 종합효과를 측정하는 것을 목적으로 만든 온도계로 1930년 버논(H. M. Vernon)에 의해 고안되었다.
> ② 외부 표면을 흑색 무광택으로 처리한 직경 15cm의 속이 빈 밀폐 구리공 중심에 온도계의 구부(球部)가 위치한다.
> ③ 풍속이 작을 때는 기온과 복사의 종합효과를 잘 나타내므로 이용해도 되나, 풍속이 큰 곳에서의 측정은 적절하지 못하다(1m/sec 이하 사용).

ⓒ 신유효온도(ET′)
  ⓐ 유효온도의 습도에 대한 과대평가를 보완하여 상대습도 100% 대신 50%선과 건구온도의 교차로 표시한 쾌적지표

ⓓ 표준유효온도(SET)
  ⓐ 상대습도 50%, 풍속 0.125m/s, 활동량 1met, 착의량 0.6clo의 동일한 표준환경에서 환경변수를 조합한 쾌적지표로서 활동량, 착의량 및 환경 조건에 따라 달라지는 온열감, 불쾌감 및 생리적 영향을 비교할 때 유용하다.

ⓔ 불쾌지수
  ⓐ 기상상태로 인해 인간이 느끼는 불쾌감의 정도
  ⓑ 온습도지수(THI)라 하여 ET를 간략화한 것이다.
- 무풍인 경우 $dI = 0.72(t+t') + 40.6$
- 풍속이 v인 경우 $dI = 0.72(t+t') - 7.2\sqrt{v} + 21.6G + 40.6$

여기서, t : 건구온도(℃) t' : 습구온도(℃)
        v : 풍속(m/s) G : 일사량(kcal/cm² · min)

  ⓒ $dI=70$에서 10%, 75에서 50%, 80에서 대부분의 사람이 불쾌감을 느낀다.

ⓕ 기타 : 작용온도, 등가온도, 등온감각온도

3. 전열

(1) 열전도

① 건축에서는 열이 벽체 내부의 고온측에서 저온측으로 이동하는 현상을 말한다.
② 열전도율의 단위 : λ(W/m·K)
③ 공극이 많은 재료일수록 열전도율은 작고, 열전도율은 비중량에 비례한다.
④ 전도열량(Q_c) 계산

계산	비고
$Q_c = \dfrac{\lambda}{d} \cdot A \cdot \Delta t \,(\text{W})$	λ : 열전도율[W/m·K]　　 d : 재료의 두께[m] A : 재료의 표면적[m²]　　 Δt : 온도차[℃]

> 두께 20cm의 철근 콘크리트 벽체의 내측표면온도가 15℃, 외측표면온도가 5℃일 때, 이 벽체를 통과하는 단위 면적당 열량은? (단, 벽체의 열전도율은 1.3W/m·K이다.)
> [2010년 3월 출제]
> ① 6.5W　　② 13W　　③ 65W　　④ 130W
>
> [풀이] $Q = \dfrac{\lambda}{d} \cdot A \cdot \Delta t = \dfrac{1.3}{0.2} \times 1 \times (15-5) = 65\text{W}$
>
> ※ 열전도 열량 계산 공식은 벽두께만 반비례(분모)하며 나머지 변수는 비례(분자)함을 기억하면 쉽다.

(2) 열전달

① 고체인 건축물의 벽체와 이에 접하는 공기층과의 전열현상이다.
② 벽체와 공기층 사이의 전열과정은 대류뿐만 아니라 복사와 전도를 동반한 복잡한 전열현상이며, 이들 전열과정을 일괄하여 열전달이라 한다.
③ 벽 표면적 1m², 벽과 공기의 온도차 1℃일 때 단위시간 동안에 흐르는 열량이다.
④ 전달열량(Q_v) 계산

계산	비고
$Q_v = a \cdot A \cdot \Delta t \,(\text{W})$	a : 열전달률[W/m²·K] A : 벽체와 공기접촉면적[m²] Δt : 온도차[℃]

> 실내 공기와 벽체 내측 표면의 열전달 열량은 열관류 열량과 같은 것으로 본다.

(3) 열관류

① 고체로 격리된 공간의 한쪽에서 다른 한쪽으로의 전열현상이다.
② 건축에서는 난방에 의해 높아진 실내의 열이 벽체를 통해 외부로 빠져나가는 것을 뜻한다(여름에는 반대).
③ 벽의 양측 유체온도가 다를 때, 열은 고온측에서 저온측으로 흘러 전달·전도·전달의 과정을 거쳐 두 유체 간의 전열이 행하여지고, 이 전 과정에 의한 전열을 종합하여 열관류라 한다.

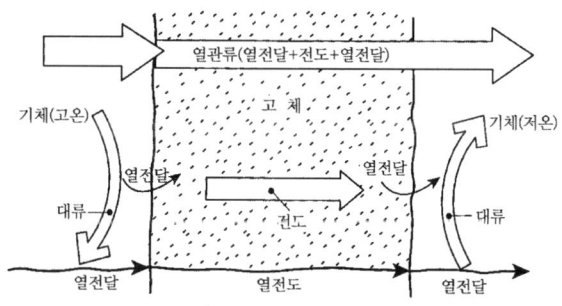

④ 열관류율

계산	비고
$k = \dfrac{1}{\dfrac{1}{a_0} + \sum \dfrac{d}{\lambda} + \dfrac{1}{a_1}} \ (\text{W/m}^2 \cdot \text{K})$	a_1, a_0 : 실내외 열전달률[W/m²·K] d : 벽체의 두께[m] λ : 벽체 열전도율[W/m·K]

> - 열관류저항, 열전도저항, 열전달저항은 각각 열관류율, 열전도율, 열전달률의 역수이다.
> - 열관류저항 : 1/k   • 열전도저항 : d/λ   • 열전달저항 : 1/a

Point

그림과 같은 구조를 갖는 벽체의 열관류 저항은? [2011년 6월 출제]

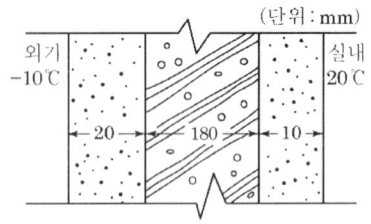

[조건]
- 실내측 표면열전달률 : 9.3W/m² · K
- 실외측 표면열전달률 : 23.2W/m² · K
- 콘크리트 열전도율 : 1.6W/m² · K
- 모르타르 열전도율 : 1.5W/m² · K

[풀이] 열관류율(k) = $\dfrac{1}{\dfrac{1}{a_1} + \sum \dfrac{d}{\lambda} + \dfrac{1}{a_0}}$ = $\dfrac{1}{\dfrac{1}{9.3} + \dfrac{0.02}{1.5} + \dfrac{0.18}{1.6} + \dfrac{0.01}{1.5} + \dfrac{1}{23.2}}$

= 3.53W/m² · K

열관류저항은 열관류율의 역수인 $1/k$이므로 $1/3.53$ = 약 0.28m² · K/W이다.

⑤ 열관류량

계산	비고
$Q = k \cdot A \cdot \Delta t$ (W)	k : 열관류율[W/m² · K] A : 면적[m²] Δt : 실내외 온도차[℃]

Point

다음과 같이 구성된 구조체에서 1m²당 관류열량은? (단, 실내온도 25℃, 외기온도 10℃, 내표면 열전달률 8W/m² · K, 외표면 열전달률 20W/m² · K) [2010년 5월 출제]

재료	열전도율(W/m² · K)	두께(mm)
석고	0.1	10
모르타르	1.1	15
콘크리트	1.3	150

① 15.66W　　② 21.36W　　③ 25.36W　　④ 37.13W

> **[풀이]** 열관류율(k)을 먼저 구하고 관류열량을 계산한다.
>
> ㉠ 열관류율(k) = $\dfrac{1}{\dfrac{1}{a_1} + \dfrac{d}{\lambda} + \dfrac{1}{a_2}}$ = $\dfrac{1}{\dfrac{1}{8} + \left(\dfrac{0.01}{0.1} + \dfrac{0.15}{1.3} + \dfrac{0.015}{1.1}\right) + \dfrac{1}{20}}$
>
> $= 2.48 \text{W/m}^2 \cdot \text{K}$
>
> 여기서, a : 열전달률(W/m² · K), λ : 열전도율(W/m² · K), d : 두께(m)
>
> ㉡ 관류열량 Q = k · A · ($t_i - t_o$) = 2.475 × 1 × (25−10) = 37.125W
>
> 여기서, k : 열관류율(W/m² · K), A : 표면적(m²)
> Δt : 두 지점 간의 온도차($t_i - t_o$)

(4) 열복사

① 어떤 온도의 물체에서 발하는 열에너지가 복사선을 투과하는 공간을 빛과 같이 일정속도로 나아가 발열체에서 떨어진 다른 물체에 도달하면 다시 열에너지로 바뀌는 것과 같은 전파에 의한 전열을 뜻한다.

② 어떤 물체에 입사한 열복사는 일부가 반사되거나 흡수되며 나머지는 투과한다.

③ 입사에너지를 1로 하면 흡수율(a) + 투과율(τ) + 반사율(γ) = 1이다.

④ 완전흑체로부터 단위면적(1m²)과 단위시간(1s)에 방사되는 열에너지는 표면의 절대온도 T의 4승에 비례한다.

(5) 단열

단열은 건축물 외피와 주위환경과의 열류를 차단하는 역할을 한다.

① 단열형태

㉠ 저항형(기포형) 단열 : 기포 단열재는 단열재 내부에서 공기를 정지시켜 대류가 생기지 않으므로 단열효과가 좋다.

㉡ 반사형 단열

ⓐ 반사형 단열은 복사의 형태로 열 이동이 이루어지는 공기층에 유효하다.

ⓑ 중공벽 내의 저온측면에 흡수율이 낮은 광택성 금속박판을 설치하면 표면 저항이 증가된다.

ⓒ 반사하는 표면이 다른 재료와 접촉되어 있으면 전도열이 생겨 단열효과가 떨어진다.

ⓓ 벽에 생긴 결로나 금속 표면의 먼지층은 흡수율과 복사율을 증가시키며 반사형 단열재료의 효율을 감소시킨다.

ⓒ 용량형 단열
- ⓐ 외피의 축열용량을 이용한 단열방식으로, 단위면적당 질량과 비열이 큰 재료를 건축물 외부 표면에 사용하여 건물 내부에 영향을 주는 시간을 지연시키는 방식이다.
- ⓑ 벽의 열용량은 단위 면적당 질량(kg/m^2)과 재료의 비열($kcal/kg℃$)의 곱으로 표시한다.
- ⓒ 전체 전열량은 큰 차이가 없지만 열전도를 지연시켜 실내 공간의 온열감각을 오래 지속시킬 수 있다.

② 단열계획
㉠ 최적단열두께 산정
㉡ 경제성 검토
㉢ 난방방식에 따른 단열계획
㉣ 타임 래그의 이용 : 건물 외피의 축열용량을 이용한 것으로, 건물 외벽에 작용하는 복사열에 의한 주간 온도변화의 시간 지연을 이용한 것이다.

> **Point 타임 래그(Time-lag)**
> 열용량이 0인 벽체 내에서 발생하는 열류의 피크에 대하여 주어진 구조체에서 일어나는 피크의 지연시간

③ 단열공법
㉠ 내단열
- ⓐ 벽, 바닥, 창호 주변의 내부 표면에 단열재를 설치하는 방식이다.
- ⓑ 실내온도가 비교적 높고 단시간 간헐난방을 하는 곳에 적합하다.
- ⓒ 시공은 가장 간편하나 내부결로 발생의 우려가 크다.
- ⓓ 타임 래그가 짧고 실온변동이 크며, 열교현상으로 인해 국부적 열손실이 발생한다.

㉡ 중단열
- ⓐ 공간쌓기와 같이 벽체 중앙에 단열재를 설치하는 공법이다.
- ⓑ 단열재 양쪽에 벽체가 시공되므로 별도의 마감은 필요 없으나 벽체 두께는 매우 커진다.

㉢ 외단열
- ⓐ 구조체의 외기측에 단열재를 설치하는 방식이다.
- ⓑ 실온변동이 작고 타임 래그가 길며 내부결로 위험이 적다.

　　ⓒ 일체화된 시공으로 열교현상은 잘 일어나지 않는다.
　　ⓓ 시공은 까다롭지만 열에너지 효율상 유리하다.

4. 습기와 결로

(1) 습기

공기 또는 재료가 기체(수증기) 및 액체(물)의 형으로 함유하는 수분을 습기라고 한다.

건조공기	수증기를 전혀 함유하고 있지 않으며, 질소나 산소 등과 같이 상온 가까이에서는 액화, 증발을 하지 않는 분자만으로 구성된 공기
습공기	수증기를 갖는 보통의 공기
포화공기	공기 속의 수분이 수증기의 형태로만 존재할 수 없는 상태의 공기. 상대습도 100%

① 습공기의 특성
　㉠ 절대습도(AH, Absolute Humidity)
　　ⓐ 단위중량(1kg)의 건조 공기 중에 포함되어 있는 수증기의 양(kg)
　　ⓑ 절대습도는 급격한 기상변화가 없는 한, 하루 중 거의 일정하다.
　㉡ 상대습도(RH, Relative Humidity)
　　ⓐ 습공기의 수증기압과 같은 온도의 포화 수증기압과의 비를 뜻한다.
　　ⓑ 공기를 가열하면 상대습도는 낮아지고 냉각하면 상대습도는 높아진다.
　　ⓒ 상대습도는 기온의 변화에 반비례한다.
　㉢ 노점온도
　　ⓐ 습공기가 포화상태일 때의 온도
　　ⓑ 공기 속의 수분이 수증기의 형태로만 존재할 수 없어 이슬로 맺히는 온도
　　ⓒ 노점온도 이하로 냉각되면 공기 속의 일부 수증기는 응축하여 안개나 물방울이 된다.
　㉣ 엔탈피
　　ⓐ 0℃의 건조공기와 0℃의 물을 기준으로 하여 측정한 습공기가 갖는 열량을 엔탈피라 한다.
　　ⓑ 비체적 : 건공기 1kg과 수증기 $x$kg을 포함한 습공기 $(1+x)$kg의 체적
　　ⓒ 습공기가 가열되거나 습도가 높아지면 엔탈피는 증가한다.

㉥ 습공기선도

ⓐ 표시사항 : 건구온도, 습구온도, 노점온도, 절대습도, 상대습도, 엔탈피, 비체적 등

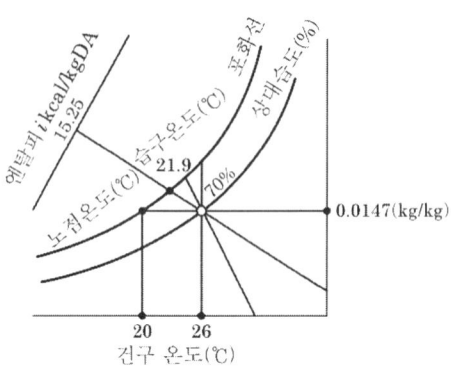

[습공기 선도 보는 법]

ⓑ 그림과 같이 26℃ 공기 속 수증기량(절대습도)이 0.0147(kg/kg)일 때 상대습도는 약 70%이다.

ⓒ 이때 습공기를 냉각하여 포화선에 닿을 때(상대습도가 100%)의 온도인 20℃가 노점온도가 된다.

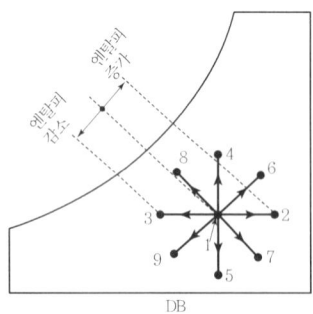

1 → 2 : 현열 가열(sensible heating)
1 → 3 : 현열 냉각(sensible cooling)
1 → 4 : 가습(humidification)
1 → 5 : 감습(dehumidification)
1 → 6 : 가열 가습(heating and humidifying)
1 → 7 : 가열 감습(heating and dehumidifying)
1 → 8 : 냉각 가습(cooling and humidifying)
1 → 9 : 냉각 감습(cooling and dehumidifying)

[공기조화의 각 과정]

(2) 결로

공기 중의 수증기가 건축물의 표면에 맺히는 현상을 결로라 한다.

① 결로의 원인

㉠ 실내외의 온도차

㉡ 실내의 습기발생 과다 : 조리, 세탁, 호흡

㉢ 환기부족, 시공불량, 시공 후 미건조

② 열교 현상
  ㉠ 구조상 일부 벽이 얇아지거나 재료가 다른 열관류 저항이 작은 부분이 생기면 결로하기 쉬운데, 이러한 부분을 열교(heat bridge)라 한다.
  ㉡ 열교 현상은 구조체 전체의 단열성을 저하시킨다.
  ㉢ 단열구조의 지지부재, 중공벽의 연결철물 통과부위, 벽체와 바닥·지붕과의 접합부, 창틀 등에서 발생하기 쉽다.
  ㉣ 방지대책
    ⓐ 접합 부위의 단열재가 연속되도록 시공한다.
    ⓑ 열전도율이 큰 구조재일 경우 가급적 외단열 시공한다.

1.2 공기환경

1. 실내공기의 오염과 환기

(1) 자연환기

① 풍력환기(바람에 의한 환기)
  ㉠ 자연풍이 건물에 부딪치는 기류에 의한 환기를 풍력환기라 한다.
  ㉡ 바람의 압력차가 커지면 환기량은 증가하며 창문이 닫혀 있는 경우에도 극간풍에 의한 환기가 일어나기도 한다.
② 중력환기(온도차에 의한 환기)
  ㉠ 실내와 실외의 온도 차이에 의해 공기밀도가 달라서 환기가 일어난다.
  ㉡ 실내에서는 천장부분의 차가운 공기의 밀도가 작고 바닥부분의 따뜻한 공기의 밀도가 커서 대류가 일어난다.
  ㉢ 굴뚝효과(stack effect : 연돌효과) : 실 외벽에 개구부가 있으면 실내 공기는 위쪽으로 나가고 실외 공기는 아래로 유입되는 현상으로 연돌효과라고도 한다.
  ㉣ 중성대 : 실내외 압력차가 0(공기의 유출입이 없는 면)
③ 개구부를 통한 환기
  ㉠ 환기량은 개구부 면적과 풍속에 비례하고 압력차·온도차·밀도차·개구부 높이차·풍압계수차에 비례한다.

ⓒ 개구부 환기는 병렬 합성보다 직렬 합성의 경우 더 효과가 좋다.
ⓒ 공기 유입구가 유출구보다 낮을 경우 가장 효율적이다.
ⓔ 유출구의 폭은 고정되어 있고 유입구의 폭만 증가하면 실내의 기류 속도는 변화가 작다.

(2) 인공환기

① 환기방식

방식	급기	배기	환기량	비고
제1종 환기	기계	기계	임의, 일정	병원, 공연장
제2종 환기	기계	자연	임의, 일정	반도체 공장, 무균실, 수술실
제3종 환기	자연	기계	임의, 일정	주방, 화장실 등 열·냄새가 있는 곳
제4종 환기	자연	자연	한정, 부정	필요환기량이 적은 경우

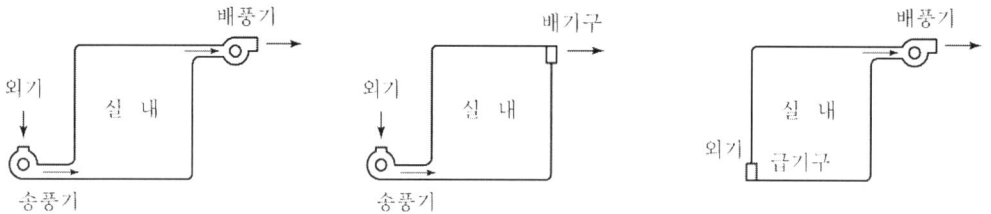

[1종 환기 : 실내압력 조정] [2종 환기 : 실내압력 정압(+)] [3종 환기 : 실내압력 부압(−)]

② 위치에 따른 분류

상향 환기법	하향 환기법
• 배기구는 천장이나 벽의 상부에 구성한다. • 흡기구는 벽의 하부에 설치하여 상승 환기가 된다. • 난방 효율은 좋지만 냉방 효율은 저하된다. • 기류 상승 시, 바닥의 먼지, 세균들이 실내에 확산된다. • 식당, 다방 등의 환기만을 목적으로 하는 곳에 사용한다.	• 흡기구는 벽 상부나 천장에 설치한다. • 배기구는 벽 하부에 두어 기류가 하강하게 된다. • 냉방용으로 많이 사용한다. • 공기의 방향에 따라 분산식과 수평식이 있다. • 학교, 병원, 공장 등 혼잡한 곳에 적합하다.

③ 국부환기

열, 수증기나 오염물질이 국부적으로 발생할 경우 실 전체에 확산되기 전에 배기하는 효율적 환기 방법이다.

2. 환기량과 기준

(1) 필요환기량

① 환기량의 단위

  ㉠ 1인당의 환기량($m^3/h \cdot 인$)

  ㉡ 단위 면적당의 환기량($m^3/h \cdot m^2$)

② 풍속에 의한 환기량

- 환기량 $Q = EAv \times C$

    여기서, Q : 환기량(m^3/sec) A : 유입구의 면적(m^2)
    E : 개구부효율(0.5~0.6) v : 풍속(m/sec)
    C : 수정계수

> 풍력에 의한 환기량을 계산하려고 한다. 유입구 면적과 건물이 받고 있는 풍속을 각각 2배로 증가시켰을 경우 환기량의 변화는? (단, 기타 조건은 동일함) [2012년 3월 출제]
> ① 2배 증가   ② 4배 증가   ③ 6배 증가   ④ 8배 증가
> [풀이] 위의 공식에 따라 환기량은 유입구 면적과 풍속에 비례하므로 환기량은 4배 증가한다.

③ 환기횟수

- 환기횟수 $N = \dfrac{Q}{V}$ (회/h)

    여기서, Q : 환기량 V : 실의 용적(m^3)

> 실용적이 3000m^3인 집회장에 500명이 있을 경우, 1시간당 최소 환기횟수는? (단, 1인당 필요한 신선공기량은 30m^3/h로 한다) [2012년 9월 출제]
> ① 2회   ② 3회   ③ 4회   ④ 5회
> [풀이] 환기량(Q)=n · V
>   여기서, Q : 환기량(m^3/h), n : 환기횟수(회/h), V : 실용적(m^3)
> 환기횟수 $N = \dfrac{Q}{V}$ 이므로 (500×30)/3000=5회

(2) 공기오염 종류별 환기량

① 연소에 의한 환기량

$$Q = \frac{S}{R_0 - R}$$

여기서 S : O_2 소비량(m^3/h) R_0 : 신선외기의 농도(m^3/h)

R : 실내허용농도(m^3/h)

② CO_2 농도에 따른 필요 환기량

$$Q = \frac{K}{C - C_0}$$

여기서 K : CO_2 발생량(m^3/h) C : 실내허용농도(m^3/m^3)

C_0 : 신선외기의 CO_2 농도(m^3/m^3)

Point

다음과 같은 조건에서 60명을 수용하는 강의실에 필요한 환기량은? [2013년 5월 출제]
[조건] • 대기 중의 탄산가스 농도 : 300ppm   • 실내의 탄산가스 허용농도 : 1000ppm
       • 1인당 탄산가스 토출량 : 0.017m^3/h

① 약 665m^3/h ② 약 845m^3/h
③ 약 1085m^3/h ④ 약 1460m^3/h

[풀이] ※ 1ppm=1/1000000m^3

$$Q = \frac{K}{C - C_0} = \frac{0.017 \times 60}{0.001 - 0.0003} = \frac{1.02}{0.0007} = 1457 m^3/h = 약\ 1460 m^3/h$$

여기서, Q : 필요환기량, C : 실내허용 CO_2 농도, C_0 : 외기의 CO_2 농도

---

③ 온도유지를 위한 필요환기량

$$Q = \frac{H}{C \times r \times (t_1 - t_0)}$$

여기서, Q : 환기량 H : 실내의 발생열량

t_1 : 실내공기온도(℃) t_0 : 신선외기온도(℃)

C : 공기의 비중 r : 공기의 비열

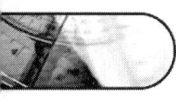

1000명을 수용하는 강당에서 실온을 20℃로 유지하기 위한 필요환기량은? (단, 외기온도 10℃, 1인당 발열량 30W, 공기의 비열 1.21kJ/m³·K이다.) [2016년 5월 출제]

① 2479.3m³/h   ② 5427.6m³/h
③ 8925.6m³/h   ④ 9842.5m³/h

[해설] $Q = \dfrac{H}{C \times r \times (t_1 - t_0)}$

여기서, Q : 환기량, H : 발생열량, C : 공기의 비중
r : 공기의 비열, t_1 : 유지온도, t_0 : 외기온도

H에서 1W=1J/s이므로 30W=0.03kJ/s이며, 시간당 환기량이므로 인원과 3,600초를 곱한다.

$Q = \dfrac{1000 \times 0.03 \text{kJ/s} \times 3600 \text{s}}{1.21 \text{kJ/m}^3 \cdot \text{k} \times (20-10)} = 8925.6 \text{m}^3/\text{h}$

※ 문제 조건에 공기 비중이 주어지지 않았으므로 1로 가정하고 계산한다.

④ 습도유지를 위한 필요환기량

$Q = \dfrac{W}{1.2(G_1 - G_0)}$

여기서 W : 실내의 수증기 발생량(kg/h)
G_1 : 실내공기의 절대습도(kg/kg′)
G_0 : 신선공기의 절대습도(kg/kg′)
1.2 : 1m³의 건조공기의 질량

수증기의 제거를 목적으로 환기를 하려고 한다. 수증기 발생량이 12kg/h이고 환기의 절대습도가 0.008kg/kg′ 일 때 실내 절대습도를 0.01kg/kg′ 으로 유지하기 위한 환기량은? (단, 공기의 밀도는 1.2kg/m³이다.) [2010년 9월 출제]

① 4800m³/h   ② 5000m³/h   ③ 5200m³/h   ④ 5400m³/h

[풀이] $Q = \dfrac{W}{1.2(G_1 - G_0)} = \dfrac{12}{1.2(0.01 - 0.008)} = 5000 \text{m}^3/\text{h}$

여기서, W : 실내의 수증기 발생량(kg/h)
G_1 : 실내공기의 절대습도(kg/kg′)
G_0 : 신선공기의 절대습도(kg/kg′)
1.2 : 1m³의 건조공기의 질량(kg), 즉 밀도

(3) 환기의 기준

① 실내공기 오염원

　㉠ 실내인원의 호흡과 연소 등에 의한 O_2의 감소, CO_2의 증가

　㉡ 난방에 의한 CO, CO_2의 발생

　㉢ 먼지 : 재실자의 거동, 의복에서 발생

　㉣ 석면, 라돈, 폼알데히드 등의 건축자재 부산물

② 공기 오염의 척도

　㉠ CO_2 농도에 비례하여 다른 유독기체의 농도가 변화하므로 실내 오염지표로 사용한다.

　㉡ 실내허용한도 : 장시간 0.01%, 단시간 0.1%

③ 다중이용시설 등의 실내공기질관리법령에 따른 신축 공동주택의 실내공기질 측정항목

　㉠ 대상시설 및 측정 지점수 : 100세대 이상의 신축공동주택, 기숙사, 연립주택

　㉡ 100세대를 기본으로 3개 지점(저층부, 중층부, 고층부), 추가 100세대마다 1개 지점씩 추가(중 → 저 → 고층부 순)

　㉢ 쾌적한 공기질 유지를 위한 실내공기질 권고 기준

폼알데히드	벤젠	톨루엔	에틸벤젠	자일렌	스티렌	라돈
$210\mu g/m^3$ 이하	$30\mu g/m^3$ 이하	$1000\mu g/m^3$ 이하	$360\mu g/m^3$ 이하	$700\mu g/m^3$ 이하	$300\mu g/m^3$ 이하	$148Bq/m^3$ 이하

※ μg : 마이크로그램(백만분의 1그램)

※ Bq : 베크렐(방사능 단위. 1초 동안에 1개의 원자핵이 붕괴하는 방사능(1dps)을 1베크렐이라 한다.)

1.3 빛환경

1. 빛과 빛환경

(1) 일조와 빛 환경

① 태양광선의 분류

　㉠ 가시광선 : 380~780nm 범위의 파장으로 눈에 보이는 광선

　㉡ 적외선 : 가시광선보다 파장이 긴 전자기파(780~2500nm 이상). 열적 효과를 가지

며 기후에 영향을 준다.

ⓒ 자외선 : 가시광선보다 파장이 짧은 전자기파(200~380nm). 생육작용과 살균작용

② 태양 남중고도의 계산(북반구 기준)

태양고도 $R = 90° - \phi + \theta$

(ϕ=위도, θ=태양적위〈춘추분=0°, 하지=23.5°, 동지=-23.5°〉)

③ 일사조건에 따른 건축계획

㉠ 건축물의 체적에 비해 외피면적이 작을수록 열손실이 적다.

㉡ 태양열을 이용하는 주택은 서쪽으로 기울어진 방위가 좋다.

㉢ 건축물의 형태가 동서로 긴 남향으로 지어지면 여름철에는 태양 남중고도가 높아 실내로 들어오는 일사가 적고 겨울철은 반대로 많아지게 된다.

(2) 빛의 성질과 단위

① 빛의 성질

㉠ 투과 : 같은 매질 속에서 3×10^8 m/s로 직진하며 반투명체는 빛의 직진을 교란·확산시킨다.

㉡ 반사

ⓐ 경면반사 : 빛의 방향을 한 방향으로만 변화시키는 것(입사각=반사각)

ⓑ 확산반사 : 빛의 반사광선이 여러 방향으로 확산되는 것. 무광택면으로부터의 반사

㉢ 굴절

ⓐ 빛이 하나의 투명매체에서 다른 매체로 들어갈 때 빛의 방향이 바뀌는 것이다.

ⓑ 입사각과 굴절각은 매질의 종류에 따라 빛의 속도가 차이가 생겨 굴절된다(스넬의 법칙).

② 빛의 단위와 용어

㉠ 시감도와 비시감도

시감도	파장마다 느끼는 빛의 밝기의 정도를 에너지량 1W당의 광속으로 나타낸 것
비시감도	최대 시감도를 단위로 하여 각 파장의 빛의 시감도를 비로 나타낸 것

㉡ 광속

ⓐ 광원에서 발산되는 빛의 양. 기호는 F, 단위는 lm(lumen)

㉢ 광도

ⓐ 광원으로부터 단위거리만큼 떨어진 곳에서 빛의 방향에 수직으로 놓인 단위면적을

단위시간에 통과하는 빛의 양

ⓑ 1cd는 점광원을 중심으로 1m²의 면적을 관통해 나오는 광속이 1lumen일 때 그 방향의 광도이다.

㉣ 조도

ⓐ 점광원에서 어떤 물체나 표면에 도달하는 빛의 단위면적당 밀도. 기호는 E, 단위는 lx(lux)

ⓑ 빛이 수직으로 입사할 경우 조도=광도/거리²(m)

ⓒ $\theta°$로 기울어진 경우 조도=광도/거리²(m)×$\cos\theta$

㉤ 휘도

ⓐ 빛을 발산하는 면의 밝기에 대한 척도. 기호는 L, 단위는 cd/m²(nit, asb, fL 등이 쓰이기도 한다.)

ⓑ 자체가 발광하고 있는 광원뿐만 아니라 조명되어 빛나는 2차적인 광원에 대해서도 밝기를 나타낸다.

㉥ 광속발산도

ⓐ 면의 단위면적에서 발산하는 광속. 기호는 M, 단위는 lm/m²

ⓑ 광속발산도와 휘도 모두 빛을 발산하는 면에 관한 측광량이지만 광속발산도는 면적당 면에서 나오는 모든 광속을 차지하고 있으며 휘도는 어느 특정 방향에 대하여 정의하는 것이다.

2. 시각과 조명

(1) 시각과 명시

① 순응

안구의 내부에 입사하는 빛의 양에 따라 망막의 감도가 변화하는 상태

암순응	어두운 곳에서 감광도가 높아지는 순응. 밝은 곳에서 어두운 곳으로 들어가면 잘 안 보이다가 간상체가 작용하여 점차 어둠이 눈에 익어 사물을 인식할 수 있게 된다.
명순응	밝은 곳에서 감광도가 낮아지는 순응. 어두운 곳에서 밝은 곳으로 나왔을 때 추상체가 작용하여 눈이 점차 밝음에 적응하는 것이다.

② 시각·시력·시야
　㉠ 시각
　　ⓐ 시각이란 보는 물체에 의한 눈에서의 대각이며, 일반적으로 분(´) 단위로 나타낸다.
　　ⓑ 시각 계산

$$시각(分) = \frac{57.3 \times 60 \times L}{D}$$

　　　여기서, L : 시선과 직각으로 측정한 물체의 크기
　　　　　　　D : 물체와 눈 사이의 거리
　　• 57.3과 60은 시각이 600분 이하일 때 radian 단위를 분으로 환산시키기 위한 상수이다.
　　• 시력 1.0이란 최소 시각이 1분(分)인 시력을 말한다.
　㉡ 시력
　　ⓐ 사물의 형태를 자세히 식별하거나 접근한 2개의 점이나 선 등을 선별하여 판별하는 능력
　　ⓑ 시력의 측정 방법에는 란돌트(Landolt) 링을 사용한다.

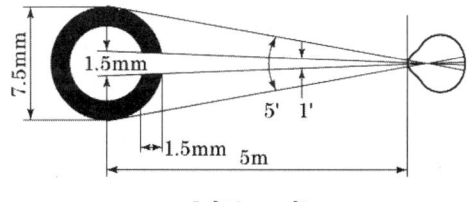

[란돌트 링]

　㉢ 시야
　　ⓐ 안구를 움직이지 않고 사물을 볼 수 있는 범위
　　ⓑ 시야의 범위는 보통 상향 60°, 하향 70°, 수평 180°이지만 사물을 선명하게 볼 수 있는 시각은 1° 내외이다.
③ 눈과 카메라의 구조상 비교
　㉠ 동공 : 조리개의 역할. 동공 주위 조직인 홍채가 들어오는 빛의 양을 조절한다.
　㉡ 수정체 : 렌즈의 역할. 눈으로 들어오는 빛을 굴절시킨다.
　㉢ 망막 : 필름의 역할. 빛에 대한 정보를 전기적 정보로 전환하여 뇌에 전달한다.
　㉣ 유두 : 셔터의 역할. 시신경의 다발이 모여 있다.

> **Point 푸르킨예(Purkinje) 현상**
> 명소시에서 암소시로 이동할 때 빨간 계통의 색은 어둡게 보이고 파란 계통의 색은 시감도가 높아져서 밝게 보이는 시각적 현상을 말한다.

(2) 빛의 분포

① 휘도 분포
  ㉠ 실내의 인공 광원이나 창문의 휘도가 너무 크면 눈부심(현휘현상, glare)을 느끼거나 또는 사물을 보기 어렵다. 또한 휘도의 높은 부분에 신경이 쓰여 작업성이 저하하거나 피로의 원인이 된다.
  ㉡ 공장의 경우 창문과 그 주위의 휘도비 및 그 밖의 각 부의 휘도비는 20 : 1과 40 : 1 정도이며, 사무실의 경우는 이보다 좀 낮다.

② 조도 분포
  ㉠ 실내에서 천장이나 벽, 바닥 등의 실내마감면이나 가구, 집기 등의 표면은 대부분 반사하므로, 조도의 분포는 물론 휘도의 분포에 주의하여야 한다.
  ㉡ 실내의 최대, 최저 조도비를 주광조명일 경우 10 : 1 이하, 인공조명일 경우 3 : 1 이하로 하는 것이 바람직하다. 병용조명의 경우는 6 : 1 정도가 적당하다.

③ 균제도
  ㉠ 휘도나 조도, 주광률 등의 분포를 나타내는 지표
  ㉡ 균제도 U는 휘도나 조도, 주광률 등의 최대치에 대한 최소치의 비이다.
  $$U = \frac{(\text{휘도, 조도, 주광률의}) \text{ 최소치}}{(\text{휘도, 조도, 주광률의}) \text{ 최대치}}$$

(3) 눈부심과 피로

① 글레어(glare)
  ㉠ 시야 내에 휘도가 높은 광원, 반사물체 등이 있어 이들로부터 빛이 눈에 들어와 대상을 보기 어렵게 하거나 눈부심으로 불쾌감을 느끼거나 하는 상태를 말한다.
  ㉡ 글레어에 대한 시각 반응은 망막 위의 광속의 분배에 의해 일어나며, 시야 내의 비균등 휘도는 망막의 흥분을 일으키고 행동을 저지하게 된다.
  ㉢ 글레어는 시선에서 30° 이내에 생기기 쉬우며, 이 범위를 글레어 존(glare zone)이라고 부른다.

② 글레어(현휘, 눈부심)의 발생 원인

㉠ 주위가 어둡고 눈이 순응되어 있는 휘도가 낮은 경우
㉡ 광원의 휘도가 높은 경우
㉢ 광원이 시선에 가까운 경우
㉣ 광원의 겉보기 면적이 큰 경우와 광원의 수가 많은 경우
③ 글레어(현휘, 눈부심)를 방지하기 위한 방법
  ㉠ 광원에 대한 방지
    ⓐ 광원의 휘도를 감소시키고 광원 수를 늘린다.
    ⓑ 시선에서 광원을 멀게 하고 휘광원 주위를 밝게 하여 휘도비를 감소시킨다.
    ⓒ 광원에 가리개, 갓, 차양 등을 설치한다.
  ㉡ 자연채광에 대한 방지
    ⓐ 창문을 높게 설치하고 창문의 상부에 차양을 설치한다.
    ⓑ 블라인드나 커튼 등을 설치한다.
  ㉢ 반사휘광에 대한 방지
    ⓐ 발광체의 휘도를 감소시키고 간접조명 수준을 높인다.
    ⓑ 반사광이 눈에 직접 비추지 않게 하고 무광택 도료 등의 마감을 한다.
④ 글레어의 종류
  ㉠ 불능 글레어(disability glare) : 잘 보이지 않게 되는 눈부심
  ㉡ 불쾌 글레어(discomfort glare) : 신경이 쓰이거나 불쾌감을 느끼게 하는 눈부심
  ㉢ 반사 글레어(reflection glare) : 인쇄물 등의 표면에서 반사한 빛이 눈에 들어와 인쇄물이 잘 보이지 않거나 광막반사(반사 글레어 중 대비의 저하에 따라 보기를 해치는 것)로 인해 쇼윈도 내부가 잘 보이지 않는 것

(4) 자연채광

① 주광
  ㉠ 직사일광 : 태양이 직접 노출되어 비추는 빛. 변동이 심해 광원으로서 직접 이용하기가 까다롭다.
  ㉡ 천공광 : 대기와 구름에 산란, 반사되어 비추는 빛
② 주광률
  ㉠ 실내 조도를 자연채광에 의해 얻을 경우 야외조도는 매순간 변화하므로 실내의 조도도 변화한다. 채광 설계에서 이와 같은 변화의 기준을 정하기는 어려우므로 주광률을 적용한다.

ⓒ 주광률 DF= $\dfrac{\text{실내작업면 조도}(E)}{\text{실외수평면 조도}(E_s)} \times 100\%$

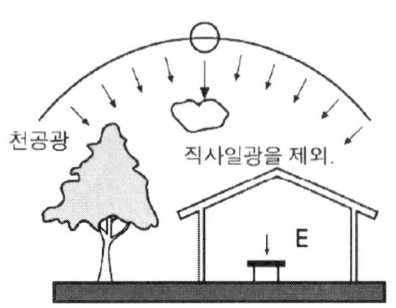
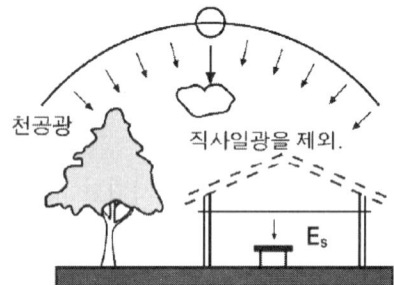

ⓒ 주광 계획 시 주의사항

ⓐ 실내 작업면은 직사광선을 직접 받지 않게 한다.

ⓑ 주광은 확산·분산시키고 다른 요소와 조합하여 계획한다.

ⓒ 천창, 고창 등 가급적 높은 곳에서 주광을 도입하고 측창의 경우 양측 채광을 한다.

ⓓ 작업 위치는 창과 평행하게 하고 가능한 한 창을 근접시킨다.

ⓔ 창의 위치

ⓐ 측창 : 실내 측면의 수직창에서 빛이 들어오는 형태이다. 이 형식은 공간의 조도 분포가 불균일하고 조도가 작지만 반사로 인한 눈부심이 적으며 입체감이 좋다.

ⓑ 천창 : 건물의 지붕이나 천장면에 채광 목적으로 수평면이나 약간 경사진 면에 낸 창으로 조도가 균일하고 측창의 3배 정도의 밝기이다. 단, 환기 조절 및 청소는 곤란하며 개방감도 낮다.

ⓒ 정측창 : 창턱 높이가 눈높이보다 높아야 하고 창의 상부가 천장선과 같거나 그 아래에 위치한 창으로 미술관, 박물관, 공장 등 시선을 분산시키지 않고 채광을 해야 할 공간에 적용된다.

(5) 인공조명

① 광원

㉠ 백열전구

ⓐ 고열의 필라멘트의 온도 방사에 의한 발광으로 조명하는 광원으로 형광등과 함께 가장 널리 사용되어 왔다.

ⓑ 광원의 가격이 저렴하고 크기가 작아 빛의 컨트롤이 용이하며 연색성이 자연채광

에 가깝다.
ⓒ 효율이 낮고 발광온도가 높아 다소 위험하며 광원의 수명도 짧다.
ⓓ 점멸빈도가 높고 사용시간이 적은 곳, 강조 조명이 필요한 곳에 적합하다.

ⓛ 형광등
ⓐ 수은과 아르곤의 혼합가스를 봉입한 방전관으로 유리관 내에 자외선을 발생하고 이것이 유리관 내벽에 도포된 형광물질을 유도방출하여 발광하는 방전등이다.
ⓑ 백열전구보다 10배 정도 수명이 길고 눈부심도 적으며 발광온도도 낮은 편이다. 또한 같은 전력으로 백열등보다 3~4배의 조도를 얻어 에너지 절약효과가 있다.
ⓒ 형광체의 색을 다양하게 할 수 있고 빛의 확산이 좋지만 자외선이 방출된다.
ⓓ 점등에 시간이 걸리며 빛의 어른거림이 발생하고 자외선 전구 내부에 흑화가 발생한다.

ⓒ 나트륨등
ⓐ 수명이 매우 긴 광원으로 도로 가로등 및 체육관, 광장조명 등에 사용되고 있다.
ⓑ 연색성이 매우 나쁘고 다소 불쾌감을 준다.

ⓔ 메탈할라이드등
ⓐ 효율이 높고 연색성도 좋은 광원으로 나트륨등과 혼용하여 연색성 개선에 활용된다.
ⓑ 수명이 비교적 길지만 가격이 다소 높고 램프 점등방향에 제약을 받는다.
ⓒ 천장이 높은 내부조명에 쓰이며 고연색등은 미술관, 상점, 경기장에 사용한다.

ⓜ 수은등
ⓐ 수명이 나트륨등과 비슷하며 하나의 등으로 큰 광속을 얻을 수 있다.
ⓑ 효율이 높고 수명이 길며 가격도 저렴한 편이며 자외선이 발생하여 살균, 의료, 사진용으로도 쓰인다.
ⓒ 빌딩, 공장 등의 외벽, 도로 조명으로 많이 쓰인다.

ⓗ LED(발광다이오드, Light Emitting Diode)등
ⓐ 반도체를 이용한 조명으로 발열이 적어 내구성이 길고 낮은 전력으로 효율 높은 조명을 쓸 수 있다.
ⓑ 눈의 피로도가 낮으며 형광등처럼 자외선이 나오지 않아 피부에도 안전하다.

② 건축화 조명
천장, 벽, 기둥 등 건축 부분을 이용하여 조명하는 방식이다. 건축화 조명은 눈부심이

적고 명랑한 느낌을 주며 현대적인 감각을 느끼게 하나 설치비용도 직접 조명에 비해 많이 들고 유지비용 역시 높기 때문에 경제적 효율성은 떨어진다.

㉠ 코브 조명 : 일반적으로 천장 주위를 둘러 설치된 홈 안에 광원이 가려져 있다. 높이에 대한 느낌을 표현할 수 있는 장점이 있다. 부드럽고 균등하며 눈부심이 없는 빛을 제공하여 보조조명으로 중요하게 쓰인다.

㉡ 코니스 조명 : 천장 또는 천장 가까이에 장착되고 옆면을 가려 빛은 아래를 향해서만 떨어진다. 재질감 있는 벽면의 드라마틱한 특성을 강조해 주거나 재미있는 조명효과를 준다.

㉢ 밸런스 조명 : 코브와 코니스를 혼합한 형태로 천장 방향과 바닥 방향 양쪽으로 빛을 비춘다.

㉣ 광천장 조명 : 건축구조체로 천장에 조명기구를 설치하고 그 밑에 창호지나 반투명 아크릴과 같은 확산성 재료를 이용해서 마감 처리하여 마치 넓은 천장 표면 자체가 조명인 것처럼 연출한다.

㉤ 광창 조명 : 광천장과 같은 방식으로 광원을 넓은 면적의 벽면에 매입, 시선에 안락한 배경으로 작용한다. 지하철 광고판 등에서 사용한다.

㉥ 코퍼 조명 : 천장에 사각형 또는 원형의 구멍을 뚫어 단차를 두어 천장 내부에 조명을 설치하는 방식

㉦ 캐노피 조명 : 사용자의 얼굴에 적당한 조도를 주기 위해 벽면이나 천장면의 일부를 돌출시켜 조명을 설치하며 강한 조명을 아래로 비춘다. 카운터 상부, 욕실의 세면대, 드레싱 룸에 설치된다.

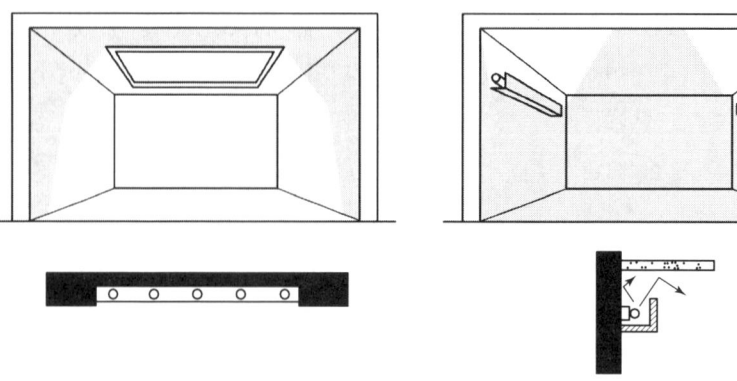

[광천장 조명]   [코브 조명]

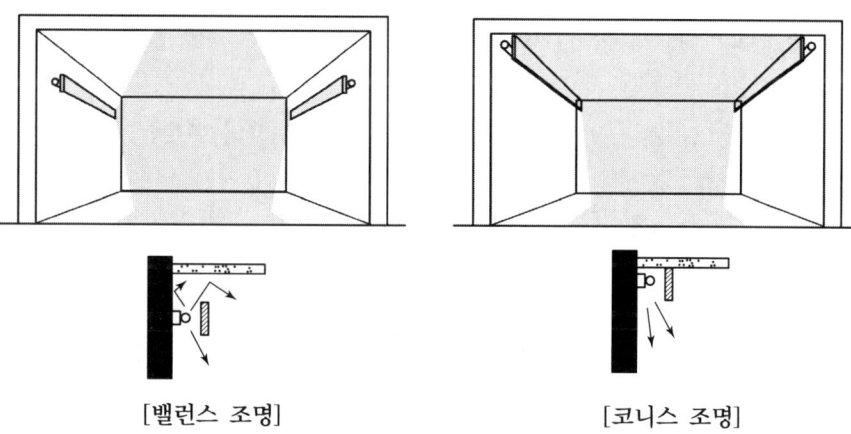

[밸런스 조명]　　　　　　　[코니스 조명]

3. 시각 환경의 구성

(1) 조명설계

① 조명계획의 순서

소요조도 결정 → 광원 선택 → 조명방식 선정 → 조명기구 선정 → 광속 계산(조명기구 수 산정) → 광원 배치

② 조명 계산

㉠ 조명률

ⓐ 광원에서 나온 빛은 작업면에 직접 도달하기도 하고 천장이나 벽 등에 반사되어 도달되기도 하며 조명기구 반사판이나 확산재에서 흡수되거나 창밖으로 빠져나가기도 하며 마감재나 가구에 흡수되기도 한다.

ⓑ 위와 같이 광원에서 나온 빛 가운데 작업면에 도달하는 빛의 합계가 몇 %인지를 나타내는 것을 조명률이라 하며 항상 1보다 작은 수로 나타난다.

㉡ 실지수

ⓐ 실의 형상에 따라 조명의 효율이 달라지는 것을 나타낸 것이다.

ⓑ 천장이 낮고 가로, 세로가 넓은 경우에는 실지수가 커지고 반대의 경우에는 작아진다.

ⓒ 실지수 $R = \dfrac{x \times y}{(x+y) \times H}$

(x : 실의 폭, y : 실의 안목길이, H : 작업면에서 광원까지의 높이)

㉢ 보수율

ⓐ 조명시설을 일정기간 사용 후 작업면에 도달하는 조도와 초기 조도와의 비이다.

ⓑ 조명시설은 시간이 경과하면 광속감쇠, 오염, 반사율 저하 등에 의해 조도가 낮아진다.

ⓒ 보수율 $M = E_t / E_i$ (E_t : 조명기구 교환 및 청소 전의 조도, E_i : 초기의 조도)

ⓔ 실내조명 계산

ⓐ 평균조도 $E = \dfrac{F \times U \times N}{A \times D} = \dfrac{F \times U \times N \times M}{A}$

ⓑ 광속 $F = \dfrac{E \times A \times D}{N \times U} = \dfrac{E \times A}{N \times U \times M}$

ⓒ 광원개수 $N = \dfrac{E \times A}{F \times U \times M}$

여기서, A : 방의 면적(m^2) U : 조명률
D : 감광보상률(보수율의 역수) M : 보수율

(2) 조명기구배치

① 광원간의 간격(S)

S ≤ 1.5H (작업면과 광원까지의 거리)

② 벽면과 광원 간격

㉠ S ≤ H/2 : 벽 가까이에서 작업을 하지 않는 경우

㉡ S ≤ H/3 : 벽 가까이에서 작업을 하는 경우

③ 조명의 높이

㉠ 직접조명 : 광원과 작업면의 거리는 천장과의 거리의 2/3 정도가 적당하다.

㉡ 간접조명 : 광원과 천장의 거리는 천장과 작업면 바닥까지의 거리의 1/5 정도가 적당하다.

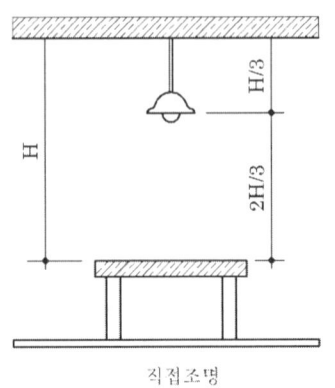
직접조명

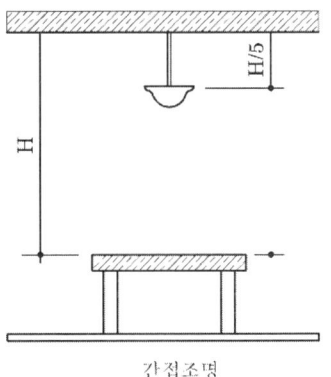
간접조명

1.4 음환경

1. 음의 기초

음은 객관적, 물리적으로 모든 탄성체 내에서 전달되어 가는 파동으로서 음파라 불리고, 주관적으로는 음파의 자극에 의해 인간의 귀에 생기는 감각이다.

(1) 음의 성질

① 음파(sound wave)
  ㉠ 음파는 관성과 탄성을 가진 매질을 전파하는 압력의 변동으로서 매질입자가 전파방향과 같은 방향으로 운동하는 종파이다.
  ㉡ 주파수(진동수) : 음은 전파될 때 파동현상을 나타내는데 이때 1초간의 왕복운동수를 말한다.
    ⓐ 단위 : Hz(c/s)
    ⓑ 가청주파수 : 20~20000Hz, 청력손실은 4000Hz 전후에서 나타난다.
    ⓒ 초음파 : 초저주파수음(20Hz 미만), 초고주파수음(20000Hz 이상)
    ⓓ 표준음 : 63, 125, 250, 500, 1000, 2000, 4000, 8000Hz의 순음
  ㉢ 음속
    ⓐ 음파가 전달되는 속도는 기온 15℃의 공기에서 약 340m/s이며 기온 1℃의 증가에 따라 0.6m/s씩 증가한다.
    ⓑ 음속 $c = 331.5 + 0.6t$ (t : 기온)
    ⓒ 음속은 주파수의 영향은 받지 않고 통과하는 물질의 성질에 영향을 받는다.

② 음의 3요소 : 강도, 높이, 음색
  ㉠ 강도(크기)
    ⓐ 음의 크기는 감각량이며 음파의 진행방향에 수직인 단위면적을 통하여 단위시간에 운반되는 진동에너지의 양이다.
    ⓑ 사람이 듣는 음의 주파수가 같다면 면적이 크고 진폭이 클수록 큰 음이 된다.
  ㉡ 높이
    ⓐ 주파수가 큰 음은 높고, 작은 음은 낮게 느낀다. 그러나 음의 크기나 파형의 영향도 받으므로 매우 복잡하다. 또 음의 지속 시간이 짧으면 높이의 감각이 없어진다.
    ⓑ 피아노의 낮은 '도'에서 높은 '도'를 1옥타브라고 한다. 즉, 1옥타브 위의 음은 기본

주파수에 대해 2배, 2옥타브 위의 음은 4배만큼 높은 주파수의 음을 의미한다.

ⓒ 음색

ⓐ 음파를 구성하는 배음구조에 따라 소리가 다르게 느껴지는 것을 말한다.

ⓑ 외형상으로 비슷한 악기라 해도 음의 배열과 크기가 다르면 음색이 달라지게 된다.

③ 음의 특성

㉠ 회절 : 음의 진행 중에 장애물이 있으면 파동은 직진하지 않고 그 뒤쪽으로 돌아가는 현상으로 칸막이벽 뒤의 소리가 들리는 것은 회절현상 때문이다.

㉡ 간섭 : 양쪽에서 나온 음이 어떤 점에 도달하면 서로 강하게 하거나 약화시키거나 하는 현상이다.

㉢ 울림(에코) : 진동수가 조금 다른 두 음의 간섭에 의해 생기는 현상

㉣ 공명 : 음을 발생하는 하나의 물체로부터 나오는 음에너지를 다른 물체가 흡수하여 같이 소리를 내기 시작하는 현상. 실내에서 공명이 발생하면 균등한 음의 분포를 얻기가 힘들다.

㉤ 확산 : 음파가 구부러진 표면에 부딪쳐 여러 개의 작은 파형으로 나뉘는 것

㉥ 반사 : 음파가 경계면에 부딪혀 일부 파동이 진행방향을 바꿔 되돌아오는 현상. 반듯한 면에서는 정반사가 일어나고 울퉁불퉁한 면에서는 난반사가 일어나며, 굴절되는 빛이 전혀 없이 모두 반사되는 것은 전반사라고 한다.

㉦ 잔향 : 실내에서 어떤 음원이 갑자기 사라져도 그 음이 남아 있는 현상

㉧ 굴절 : 매질이 다른 곳을 통과하는 음의 속도가 달라져서 전파방향이 바뀌거나 소리가 흡수될 때 일어나며 진동수는 변하지 않는다.

㉨ 정재파(定在波) : 진행되는 음파가 반사면에 부딪칠 때 반대방향으로 되돌아오는 음과의 중첩으로 음압의 변동이 중복되면서 실내에 머물러 있는 상태를 말한다.

(2) 음압과 음의 세기 레벨

① 데시벨(dB)

㉠ 소리의 상대적인 크기를 나타내는 단위

㉡ 소리의 전파에 있어 매체 속을 진행하는 에너지는 음압의 제곱에 비례한다. 귀가 최대의 가청범위로부터 최소 가청범위까지의 비례 범위를 취급하는 데에는 벨(bel)을 쓴다. 두 음의 강도 차는 이 비의 상용대수를 따서 벨이라고 하고, 보통 이 벨을 10으로 나눈 데시벨(dB)을 쓰고 있다.

㉢ 데시벨은 소리의 강도(E)의 비례대수의 10배, 또는 음압(P)의 비례대수의 20배가 된

다. 에코나 정재파 등과 같은 반사나 바람, 굴절에 의한 방해가 없는 한 소리의 크기는 거리의 제곱에 반비례한다.

② 음압(P)
  ㉠ 음파에 의해 공기 진동으로 생기는 대기 중의 변동으로 단위 면적에 작용하는 힘
  ㉡ 단위 : $dyne/cm^2(mbar)$, $N/m^2(PA)$
  ㉢ dB 수준 = $20\log\left(\dfrac{P_1}{P_0}\right)$ (P_0=기준음압, P_1=주어진 비교음의 음압)

③ 음의 세기레벨
  ㉠ 어떤 음의 세기가 기준치의 몇 배인가를 나타내는 것
  ㉡ 기준치 : $10^{-12}W/m^2 = 10^{-16}W/cm^2$
     (건강한 귀로 들을 수 있는 1000Hz의 순음의 세기)
  ㉢ dB 수준 $I_L = 10\log\left(\dfrac{I_1}{I_0}\right)$ (I_0=기준음의 세기, I_1=측정음의 세기)

(3) 음의 크기와 청각적 감각

① 감각량
  ㉠ 음의 대소를 나타내는 감각량의 단위는 sone을 쓴다.
  ㉡ 1000Hz, 40dB의 음압레벨을 가진 순음의 크기를 1sone으로 한다.

② 주관적 레벨
  ㉠ 귀의 감각적 변화를 고려한 주관적 척도를 폰(phon)이라 한다.
  ㉡ 1sone은 40phon에 해당되며 sone값을 2배로 하면 10phon씩 증가한다.
     (1sone=40phon, 2sone=50phon, 4sone=60phon)

③ 음의 합성과 분해

두 음의 레벨차	0	1	2	3	4	5	6	7	8	9	10
큰 음의 가산값	3.0	2.5	2.1	1.8	1.5	1.2	1.0	0.8	0.6	0.5	0.4

2. 실내 음향

(1) 흡음

벽체 등에 입사한 음파의 반사율을 가능한 한 낮추어 실내의 음에너지를 최대한 소멸시키는 작용을 흡음이라 한다.

① 다공질형 흡음재

글라스울, 암면 등의 광물, 식물섬유류처럼 모세관이나 연속기포로 되어 있는 재료에 음이 입사하면 음파는 그 세공 속으로 전파하여 주벽과의 마찰이나 점성저항 및 재료 소섬유의 진동 등으로 음에너지의 일부가 열에너지로 소비된다.

㉠ 고주파음의 흡음률이 높고 재료의 두께나 공기층 두께를 증가시킴으로써 저주파수의 흡음률을 증가시킬 수 있다.

㉡ 다공질 재료의 표면이 다른 재료에 의하여 피복되어 통기성이 저해되면 중·고주파수에서의 흡음률이 저하된다.

㉢ 재료 표면의 공극을 막는 마감을 하지 말고 부착법과 배후공기층 관리를 철저히 해야 한다.

② 판(막)진동형 흡음재

얇은 합판, 석고보드 등의 기밀한 재료에 음파가 오면 표면의 진동에 의해 음에너지의 일부가 마찰로 소비된다.

㉠ 저음역의 공진주파수에서 볼 수 있고 흡음률은 크지 않다.

㉡ 흡음률은 저음역에서는 0.2~0.5이고, 고음역에서는 0.1 내외이므로 반사판 구실을 한다.

㉢ 판류는 진동하기 쉬운 것이거나 얇은 것일수록 크다. 또 같은 판이라도 풀로 붙인 것보다는 못으로 고정한 것이 진동하기 쉽고 흡음률이 크다.

㉣ 흡음률의 피크는 대체로 200~300Hz 이하에 있으며 재료의 중량이 클수록, 판의 배후 공기층이 클수록 저음역으로 옮겨간다.

③ 구멍판 흡음재

합판, 석고보드 등의 경질판에 다수의 구멍을 관통시킨 것으로 구멍과 배후공기층으로 구성된다.

㉠ 중저음역 흡음률이 크며 판의 두께나 구멍크기와 간격에 따라 특성이 달라진다.

㉡ 배후공기층을 크게 하면 흡음주파수역이 넓어지며 흡음재를 추가로 넣어 흡음률을 높일 수도 있다.

(2) 차음

① 투과 손실

㉠ 음원이 재료나 구조물에 부딪치고 흡수되어 얼마나 감소하였는지의 정도를 투과손실이라 한다.

ⓛ 음의 투과율이 작을수록 차음력은 커지며 벽체의 두께와 질량에 차음력은 비례한다.

② 부분별 차음
  ㉠ 이중벽
    ⓐ 단층벽은 두께를 증가시켜도 투과손실의 증가가 크지 않지만 완전히 독립한 이중벽은 두 벽 각각의 투과손실의 합이 된다. 실제로는 두 벽체를 완전히 독립시키는 것은 불가능하여 두 결합을 어떻게 차단하느냐가 문제가 된다.
    ⓑ 각각 독립한 샛기둥을 두고 주변의 장치부분을 유연한 재료로 띄워 가능한 한 연속이나 접속을 하지 않도록 한다.
    ⓒ 공기층에 의한 결합을 차단하는 데는 공기층을 가능한 한 두껍게 하고 공간을 흡음 처리하는 것이 좋다.
  ㉡ 개구부와 틈새
    ⓐ 벽체가 기밀하다고 가정해도 일부 재료의 틈에서 음이 새어나기 때문에 투과손실은 예상한 값보다 작아진다.
    ⓑ 일정 이상의 큰 개구부가 있으면 그 부분의 투과율로 전체 투과손실을 계산한다.
    ⓒ 작은 틈이 있으면 회절 및 투과로 인해 차음성이 낮아지므로 판상 재료의 줄눈, 창, 출입구의 문틈 등은 기밀하도록 설계와 시공에 주의한다.
  ㉢ 창과 출입문
    ⓐ 창과 출입문의 차음은 창문 등 패널의 차음성과 창문 주변의 틈으로 정해진다.
    ⓑ 창문의 차음성은 일반적으로 틈에 의해 지배되는 경우가 많고, 창과 문이 그 틀과 닿는 부분의 설계시공의 정밀도로 같은 문을 사용하더라도 그 차음성은 큰 차이가 있다.
    ⓒ 문 패널의 투과손실을 크게 하여도 차음성은 좋아지지 않는다.
  ㉣ 고체음의 제어
    ⓐ 건물의 구조체 등의 고체음은 충격과 진동의 발생을 억제해야 줄일 수 있다.
    ⓑ 바닥 마감, 문지방 등과 설비 기계류는 진동이 작고 유연한 재료를 사용한다.

(3) 실내음향

① 특성
  ㉠ 음원과 수음점과의 거리가 멀어져도 음의 세기는 크게 감쇠하지 않는다.
  ㉡ 음원이 정지한 후에도 늦게 도달하는 반사음에 의해 잔향이 생긴다.
  ㉢ 실의 형이나 내장재료에 의해 반향, 울림, 기타 여러 특이 현상이 발생할 수 있다.

② 단면의 형태

　㉠ 천장 : 직접음을 보강하는 역할을 하므로, 특히 무대에서 멀리 떨어진 후방 좌석에서 중요하다. 돔과 같이 오목면은 음압 분포를 나쁘게 하므로 평면이나 볼록면으로 한다.

　㉡ 발코니 : 발코니 선단은 반향이나 음의 집중을 만들지 않도록 하면서 동시에 발코니 밑의 천장은 반사면이 되도록 반사재료를 사용한다.

　㉢ 바닥 : 바닥은 좌석이 배치되므로 큰 흡음력을 갖고 직접음은 그 흡음면에 따라 전파하므로 크게 감쇠한다. 이를 막기 위해서는 바닥의 구배를 크게 하여 앞좌석에 직접음이 가려지지 않도록 하는 것이 유일하다.

③ 평면의 형태

　㉠ 천장과 같이 음원 가까이의 벽에서는 반사음을 얻을 수 있도록 하고 음원에서 멀어지면서 확산성 또는 흡음성으로 마감하되 오목한 면은 피한다.

　㉡ 타원이나 원형의 평면은 특이현상을 일으키므로 벽면을 볼록하게 처리한다.

　㉢ 측벽은 부채꼴이 효과적이지만 뒷벽에서 반향의 위험이 많으므로 확산과 흡음을 잘 파악해야 한다.

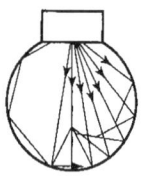   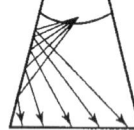

　　불량　　　벽면블록 처리 무난

[원형 평면]　　　　　　　　[부채꼴 평면]

④ 장애현상

　㉠ 에코(반향) : 직접음이 들린 후에 뚜렷이 분리하여 반사음이 들리는 경우로 직접음과 반사음과의 행정차가 17m 이상, 즉 시간차가 50m/s 이상될 때 일어나기 쉬우며 음성의 명확성이나 음악의 연주에 많은 영향을 미친다.

　㉡ 플러터 에코(flutter echo) : 박수 소리나 발자국 소리가 천장과 바닥면 및 옆벽과 옆벽 사이에서 왕복 반사하여 독특한 음색으로 울리는 경우를 말한다.

　㉢ 속삭임의 회랑(回廊) : 음이 커다란 요철면을 따라 반사를 되풀이함으로써 속삭임과 같은 작은 소리라도 먼 곳까지 들리는 경우를 말한다. 런던의 세인트폴 사원의 큰 돔(dome)의 회랑에서 생기는 이 현상이 특히 유명하다.

    ㉣ 음의 접점과 사점 : 음파도 그 파장보다 큰 요철면에서는 반사한 음선에 의해 접점이 생긴다. 그리고 음의 분포가 불균일한 사점이 생긴다.
    ㉤ 마스킹 효과 : 둘 이상의 음이 동시에 귀에 들어와 한쪽의 음 때문에 다른 음이 작게 들리는 현상

(4) 잔향

① 잔향시간

  ㉠ 실내음의 발생을 중지시킨 후 소음레벨이 60dB 감소(음의 세기로는 $1/10^6$, 음압으로는 1/1000 감소)될 때까지 걸리는 시간을 뜻한다.
  ㉡ 흡음력과 잔향시간은 반비례 관계이며 청중의 다소와 관계가 있다.
  ㉢ 잔향시간은 실용적에 비례하며 실의 표면적에 반비례한다.
  ㉣ 적정 잔향시간보다 길어지면 명료성이 저하된다.

② 잔향시간의 계산식

조건	계산식	고안자
흡음률, 반사성이 작은 실	$T = 0.161 \dfrac{V}{aS}$	Sabine
공기 흡수를 무시하는 경우	$T = 0.161 \dfrac{V}{-S\log_e(1-a)}$	Eyring
공기의 흡수를 무시할 수 없는 실의 경우	$T = 0.161 \dfrac{V}{-S\log_e(1a) + 4mV}$	Knudsen

③ 잔향계획

  ㉠ 명료도가 요구되는 강연은 짧은 편이 좋고, 풍부한 반향이 요구되는 음악에는 저음역이 다소 긴 편이 좋다.
  ㉡ 저음역은 판재료, 저·중음역은 공동 흡수에 의해, 고음역은 다공질 재료의 사용에 의해 흡음 처리를 한다.
  ㉢ 무대 쪽은 반사성 재료를, 반대쪽 벽은 흡음성 재료를 사용한다.

CHAPTER 2 건축 및 소방법령

2.1 건축법규 총론

1. 기본 개념

(1) 건축법의 목적
건축물의 대지·구조·설비 기준 및 용도 등을 정하여 건축물의 안전·기능·환경 및 미관을 향상시킴으로써 공공복리의 증진에 이바지하는 것을 목적으로 한다.

(2) 건축물
① 도로와 건축선
  ㉠ 도로의 정의 : 보행 및 자동차 통행이 가능한 너비 4m 이상의 도로
  ㉡ 지형적 조건에 의해서 차량통행이 곤란하다고 인정하여 시장, 군수, 구청장이 그 위치를 지정, 공고하는 구간에서는 너비를 3m로 적용한다.
  ㉢ 건축선 : 도로와 접한 부분에 있어서 건축물을 건축할 수 있는 선. 도로와의 경계선으로 한다.
  ㉣ 도로 폭이 4m 미만일 경우 건축선은 해당도로의 중심선으로부터 2m씩 떨어진 곳이 된다.
② 건축물
  ㉠ 토지에 정착하는 공작물 중 지붕 및 기둥 혹은 벽이 있는 것(지붕은 필수)
  ㉡ 대문, 담장과 같이 위에 부수되는 시설물
  ㉢ 지하 혹은 고가의 공작물에 설치하는 사무소, 공연장, 점포, 차고 등
③ 기타 용어 및 정의
  ㉠ 지하층 : 바닥이 지표면 아래에 있는 층으로서 해당 층의 바닥으로부터 지표면까지의

높이가 해당 층의 1/2 이상인 층
ⓒ 건축법상의 거실 : 건축물 내에서 거주, 집무, 작업, 집회, 오락 등 다양한 목적으로 사용되는 방을 총칭한다.
ⓒ 건축법규상의 주요 구조부 : 내력벽, 기둥, 바닥, 보, 지붕틀 및 주 계단
※ 사잇기둥, 최하층 바닥, 작은보, 차양, 옥외계단 등 구조상으로 중요하지 않은 부분 및 기초를 제외한다.

(3) 건축행위

① 건축행위 : 신축·증축·재축·개축·이전

행위 전		행위 후
기존 건축물이 없는 대지	신축	새롭게 건축물을 축조
		부속 건축물이 있는 경우의 주용도 건축물을 축조
기존 건축물이 있는 대지	증축	기존 건축물에 건축물의 규모를 증가(면적, 층수, 높이 등)
	재축	기존 건축물이 천재지변이나 그 밖의 재해로 멸실된 경우 그 대지에 다음 요건을 모두 갖추어 다시 축조하는 것을 말한다. ㉠ 연면적 합계는 종전 규모 이하로 할 것 ㉡ 동(棟)수, 층수 및 높이는 다음 중 하나에 해당할 것 　ⓐ 동수, 층수 및 높이가 모두 종전 규모 이하일 것 　ⓑ 동수, 층수 또는 높이의 어느 하나가 종전 규모를 초과하는 경우에는 해당 동수, 층수 및 높이가 건축법령에 모두 적합할 것
	개축	기존 건축물 전부 또는 일부(내력벽·기둥·보·지붕틀 중 셋 이상 포함되는 경우)를 해체하고 그 대지에 종전과 같은 규모의 범위에서 건축물을 다시 축조하는 것 ※ 한옥의 경우 지붕틀의 범위에서 서까래는 제외
	이전	건축물의 주요구조부를 해체하지 않고 동일 대지 내 위치를 변경하는 것

② 대수선 : 주요 구조부의 수선 또는 변경 또는 건축물 외형을 변경하는 것으로 ①의 행위에 해당하지 않는 행위
㉠ 내력벽을 증설 또는 해체하거나 그 벽면적을 $30m^2$ 이상 수선 또는 변경하는 것
㉡ 기둥을 증설 또는 해체하거나 3개 이상 수선 또는 변경하는 것
㉢ 보를 증설 또는 해체하거나 3개 이상 수선 또는 변경하는 것
㉣ 지붕틀(한옥의 경우 서까래 제외)을 증설 또는 해체하거나 3개 이상 수선 또는 변경

하는 것

ⓜ 방화벽 또는 방화구획을 위한 바닥 또는 벽을 증설 또는 해체하거나 수선 또는 변경하는 것

ⓗ 주 계단·피난계단 또는 특별피난계단을 증설 또는 해체하거나 수선 또는 변경하는 것

ⓢ 다가구주택의 가구 간 경계벽 또는 다세대주택의 세대 간 경계벽을 증설 또는 해체하거나 수선 또는 변경하는 것

ⓞ 건축물의 외벽에 사용하는 마감재료를 증설 또는 해체하거나 벽면적 30m² 이상 수선 또는 변경하는 것

2. 규모 산정

(1) 면적

① 대지면적 : 대지의 수평 투영면적으로 하며 건축선으로 둘러싸인 부분을 말한다.

② 건축면적 : 대지 점유면적의 지표로서 건축물의 외벽 중심선에 둘러싸인 부분의 수평 투영면적 또는 아래에 해당하는 선으로 둘러싸인 부분을 말한다.
  ㉠ 외벽이 없을 시 외곽의 기둥 중심선으로 산정
  ㉡ 처마, 차양 등 중심선으로부터 1m 이상 돌출된 부분의 경우 그 끝부분에서 1m 후퇴한 선으로 한다(단, 한옥은 2m, 창고는 3m).

③ 바닥면적 산정
  ㉠ 벽, 기둥 등의 구획의 중심선으로 둘러싸인 부분의 수평 투영면적
  ㉡ 벽, 기둥의 구획이 없는 건축물은 지붕 끝부분으로부터 수평거리 1m 후퇴
  ㉢ 제외 사항 : 공용의 필로티 등, 승강기, 계단탑, 장식탑, 1.5m 이하 다락, 굴뚝 등

④ 연면적
  ㉠ 각 층의 바닥면적의 합계
  ㉡ 다음은 연면적 산정에서 제외된다.
    ⓐ 지하층 면적 및 부속용도로서 지상층의 주차용 면적
    ⓑ 초고층·준초고층 건축물에 설치하는 피난안전구역의 면적
    ⓒ 건축물의 경사지붕 아래에 설치하는 대피공간의 면적

(2) 건폐율과 용적률

용어	설명	계산식
건폐율	건축면적의 대지면적에 대한 비율로, 건축밀도를 나타내는 지표	$\dfrac{건축면적}{대지면적} \times 100(\%)$
용적율	전체 대지면적에서 건물 각 층의 면적을 합한 연면적이 차지하는 비율	$\dfrac{연면적}{대지면적} \times 100(\%)$

(3) 높이와 층

① 건축물의 높이 : 지표면으로부터 당해 건축물의 상단까지의 높이

② 처마높이 : 지표면으로부터 건축물의 지붕틀·깔도리 상단·기둥 상단·테두리보 아래까지의 높이

③ 층고
  ㉠ 각 층의 슬래브 윗면부터 위층 슬래브의 윗면까지를 층고라 정의한다.
  ㉡ 동일한 층에서 높이가 다른 부분이 있을 시 높이에 따른 면적에 따라 가중 평균한 높이로 정한다.
  ㉢ 층수
    ⓐ 층의 구분이 명확치 않을 경우 4m마다 하나의 층으로 분할
    ⓑ 건축물의 부분에 따라 층수가 다를 경우 가장 많은 층수로 한다.
    ⓒ 승강기탑, 계단탑, 옥탑 건축물이 건축면적의 1/8 초과 시 층수에 가산한다.

3. 구조안전 확인

(1) 건축 및 대수선 시 설계자는 법으로 정하는 구조기준 등에 따라 그 구조의 안전을 확인하여야 한다.

(2) 착공신고 시 건축주가 설계자로부터 구조 안전 확인 서류를 받아 허가권자에게 제출해야 하는 건축물(표준설계도서에 따라 건축하는 건축물은 제외)

층수	2층(목구조 건축물은 3층) 이상
연면적	• 200m² (목구조 건축물의 경우 500m²) 이상 • 창고, 축사, 작물재배사는 제외
높이	13m 이상

	처마높이	9m 이상
	경간(기둥 간 거리)	10m 이상
	용도 및 규모 고려 중요도 높은 건축물 중 국토교통부령이 정하는 것	• 위험물 저장 및 처리 시설·국가 또는 지방자치단체의 청사·외국공관·소방서·발전소·방송국·전신전화국·데이터 센터 • 종합병원, 수술시설이나 응급시설이 있는 병원 • 연면적 5000m² 이상인 공연장·집회장·관람장·전시장·운동시설·판매시설·운수시설(화물터미널, 집배송시설 제외) • 아동관련시설·노인복지시설·사회복지시설·근로복지시설 • 5층 이상인 숙박시설·오피스텔·기숙사·아파트·교정시설 • 학교 • 수술시설과 응급시설 모두 없는 병원, 기타 연면적 1000m² 이상인 의료시설로서 두 번째 항목에 해당하지 않는 건축물
	박물관·기념관 (이와 유사한 것)	국가적 문화유산으로 보존할 가치가 있는 연면적 합계가 5000m² 이상인 건축물
	특수구조 건축물	• 한쪽 끝은 고정되고 다른 끝은 지지되지 않은 구조로 된 보·차양 등이 외벽의 중심선으로부터 3m 이상 돌출된 건축물 • 특수한 설계·시공·공법 등이 필요한 건축물로서 국토교통부장관이 정하여 고시하는 구조로 된 것
	주택	단독주택 및 공동주택

2.2 피난관련규정

1. 거실 및 복도

(1) 보행거리

① 피난층이 아닌 층에서의 보행거리 : 거실 각 부분으로부터의 피난층 또는 지상으로 통하는 직통계단(경사로 포함)에 이르는 보행거리

원칙	주요구조부가 내화구조 또는 불연재료인 경우	자동화 생산시설에 스프링클러 등 자동식 소화설비를 설치한 공장 (국토교통부령으로 정하는 공장인 경우)
30m 이하	50m 이하(공동주택 16층 이상의 층은 40m 이하)	75m 이하(무인화 공장은 100m)

② 피난층에서의 보행거리 : 피난층에서 계단 및 거실로부터 건축물 바깥으로의 출구에 이르는 보행거리

구분	원칙	주요구조부가 내화구조, 불연재료인 경우
계단으로부터 옥외로의 출구까지의 거리	30m 이하	50m 이하 (공동주택 16층 이상의 층 : 40m)
거실로부터 옥외로의 출구까지 거리(피난에 지장이 없는 출입구가 있는 것은 제외)	60m 이하	100m 이하 (공동주택 16층 이상의 층 : 80m)

③ 거실의 반자높이

건축물의 용도	반자높이	예외 규정
일반용도의 거실	2.1m 이상	• 공장 • 창고시설 • 위험물 저장 및 처리시설 • 동물 및 식품관련시설 • 분뇨 및 쓰레기처리 시설 • 묘지 관련 시설
• 문화 및 집회시설 (전시장 및 동·식물원은 제외) • 종교시설 및 장례식장 • 위락시설 중 유흥주점 ※ 관람실 또는 집회실로서 바닥면적 200m² 이상	4.0m 이상 (노대 아랫부분 : 2.7m 이상)	기계환기장치를 설치한 경우

(2) 복도

① 유효너비의 규정(연면적 200m² 초과 건축물)

구분	양 옆에 거실이 있는 복도	기타
유치원·초등학교·중학교·고등학교	2.4m 이상	1.8m 이상
공동주택·오피스텔	1.8m 이상	1.2m 이상
당해 층 거실바닥면적 합계 200m² 이상	1.5m 이상 (의료시설 1.8m 이상)	1.2m 이상

② 별도 규정(다음 용도의 관람석 또는 집회장에 접하는 복도의 유효너비)

해당 용도	당해 층 바닥면적 합계	유효너비
• 문화 및 집회시설 중 공연장·집회장·관람장·전시장 • 종교시설 중 종교집회장 • 노유자시설 중 아동 관련 시설·노인복지시설 • 수련시설 중 생활권수련시설 • 위락시설 중 유흥주점 및 장례식장의 관람실 또는 집회실	500m² 미만	1.5m 이상
	500~1000m² 미만	1.8m 이상
	1000m² 이상	2.4m 이상

③ 문화 및 집회시설 중 공연장에 설치하는 복도의 기준
  ㉠ 개별 관람실(바닥면적 300m² 이상인 경우)의 바깥쪽에는 그 양쪽 및 뒤쪽에 각각 복도를 설치해야 한다.
  ㉡ 하나의 층에 개별 관람실(바닥면적 300m² 미만인 경우)을 2개소 이상 연속하여 설치하는 경우에는 그 관람실의 바깥쪽의 앞쪽과 뒤쪽에 각각 복도를 설치해야 한다.

2. 계단 및 대피 공간

(1) 계단 설치 규정

① 연면적 200m²를 초과하는 건축물에 설치하는 계단의 기준

대상		설치 기준
계단참	높이가 3m를 넘는 계단	높이 3m 이내마다 설치(유효너비 1.2m 이상)
난간	높이가 1m를 넘는 계단 및 계단참	양 옆에 난간(벽 또는 이에 대치되는 것 포함)을 설치
중간 난간	너비가 3m를 넘는 계단	계단 중간에 너비 3m 이내마다 설치 (계단 단높이 15cm 이하, 단너비 30cm 이상인 경우 제외)

계단의 유효 높이(계단 바닥 마감면부터 상부 구조체의 하부 마감면까지의 연직방향 높이)
: 2.1m 이상

② 계단 유효너비·단높이·단너비

구분	계단·계단참 유효너비	단높이	단너비
초등학교	150cm 이상	16cm 이하	26cm 이상
중, 고등학교	150cm 이상	18cm 이하	26cm 이상
문화 및 집회시설(공연장, 집회장, 관람장) 판매시설(기타 이와 유사한 용도)	120cm 이상	–	–
위층 거실 바닥면적 합계가 200m² 이상 거실 바닥면적 합계가 100m² 이상인 지하층	120cm 이상	–	–
기타의 계단	60cm 이상	–	–

③ 난간 및 손잡이
  ㉠ 대상 : 공동주택(기숙사 제외)·제1종 및 제2종 근린생활시설·문화 및 집회시설·종교시설·판매시설·운수시설·의료시설·노유자시설·업무시설·숙박시설·위락시설·관광휴게시설의 계단
  ㉡ 아동의 이용에 안전하고 노약자 및 신체장애인의 이용에 편리한 구조로 하여야 하며, 양쪽에 벽 등이 있어 난간이 없는 경우 손잡이를 설치하여야 한다.
  ㉢ 세부기준
    ⓐ 손잡이는 최대지름 3.2cm 이상 3.8cm 이하인 원형 또는 타원형의 단면으로 할 것
    ⓑ 손잡이는 벽 등으로부터 5cm 이상 떨어지도록 하고, 계단으로부터의 높이는 85cm가 되도록 할 것
    ⓒ 계단이 끝나는 수평부분에서의 손잡이는 바깥쪽으로 30cm 이상 나오도록 설치할 것

> 계단을 대체하여 설치하는 경사로는 경사도가 1 : 8을 넘지 않아야 하며 표면을 거친 면으로 하거나 미끄러지지 아니하는 재료로 마감해야 한다.

④ 직통계단 2개소 이상 설치 대상
  다음에 해당하는 건축물은 피난층이 아닌 층에서 피난층 또는 지상으로 통하는 직통

계단(경사로 포함)을 2개소 이상 설치해야 한다.

건축물의 용도	해당부분	면적
• 문화 및 집회시설(전시장 및 동·식물원 제외) • 종교시설, 위락시설 중 주점영업 및 장례시설	그 층의 해당 용도로 쓰는 바닥면적의 합계	
• 단독주택 중 다중주택·다가구주택 • 정신과의원(1종 근린시설로 입원실 있는 경우) • 학원·독서실, 판매시설, 운수시설(여객용) • 의료시설(입원실이 없는 치과 제외) • 아동 관련 시설·노인복지시설 • 장애인 재활시설, 장애인 거주시설 • 숙박시설, 수련시설 중 유스호스텔	3층 이상의 층으로서 그 층의 해당 용도로 쓰는 거실바닥 면적합계	200m² 이상
• 지하층	그 층의 거실바닥면적 합계	
제2종 근린생활시설 중 • 공연장·종교집회장 • 인터넷컴퓨터게임시설 제공업소(3층 이상)	그 층의 당해 용도에 쓰이는 바닥면적의 합계	300m² 이상
• 공동주택(층당 4세대 이하 제외) • 업무시설 중 오피스텔	그 층의 해당 용도로 쓰는 거실바닥 면적합계	
• 위에 해당하지 않는 용도	3층 이상의 층으로 그 층 거실 바닥면적의 합계	400m² 이상

> **Point** 피난층 또는 지상으로 통하는 직통계단과 직접 연결되는 피난안전구역의 설치
> • 초고층 건축물 : 최대 30개 층마다 1개소 이상 설치
> • 준초고층 건축물 : 해당 건축물 전체 층수의 1/2에 해당하는 층으로부터 상하 5개층 이내에 1개소 이상 설치(국토교통부령으로 정하는 기준에 따라 직통계단을 설치하는 경우 제외)

⑤ 피난계단·특별피난계단의 설치
  ㉠ 5층 이상 또는 지하 2층 이하인 층에 설치하는 직통계단은 피난계단 또는 특별피난계단으로 설치해야 한다.
  ㉡ 주요구조부가 내화구조 또는 불연재료로 되어 있는 경우로서 다음에 해당하는 경우 제외

ⓐ 5층 이상인 층의 바닥면적의 합계가 200m² 이하인 경우

　　　ⓑ 5층 이상인 층의 바닥면적 200m² 이내마다 방화구획이 되어 있는 경우

　　ⓒ 건축물의 11층(공동주택은 16층) 이상인 층 또는 지하 3층 이하인 층으로부터 피난층 또는 지상으로 통하는 직통계단은 ㉠의 내용에도 불구하고 특별피난계단으로 설치해야 한다.

　　　ⓐ 갓복도식 공동주택과 바닥면적 400m² 미만인 층은 제외한다.

　　ⓓ ㉠에서 판매시설의 용도로 쓰는 층으로부터의 직통계단은 그 중 1개소 이상을 특별피난계단으로 설치해야 한다.

　　ⓔ 직통계단 외에 별도의 피난계단, 특별피난계단 설치 대상 : 건축물의 5층 이상인 층으로서 문화 및 집회시설 중 전시장 또는 동·식물원, 판매시설, 운수시설(여객용 시설만), 운동시설, 위락시설, 관광휴게시설(다중이용시설만) 또는 수련시설 중 생활권 수련시설의 용도로 쓰는 층에는 직통계단 외에 그 층의 해당 용도로 쓰는 바닥면적의 합계가 2000m²를 넘는 경우에는 그 넘는 2000m² 이내마다 1개소의 피난계단 또는 특별피난계단(4층 이하의 층에는 쓰지 않는 것)을 설치하여야 한다.

⑥ 옥외피난계단의 설치 기준

　　건축물의 3층 이상의 층(피난층 제외)으로서 다음에 해당하는 용도에 쓰이는 층의 경우에는 직통계단 외에 그 층으로부터 지상으로 통하는 옥외계단을 따로 설치하여야 한다.

건축물의 용도	기준
• 2종 근린생활시설 중 공연장	해당 용도로 쓰는 바닥면적 합계 300m² 이상
• 문화 및 집회시설 중 공연장 • 위락시설 중 주점영업	해당 용도로 쓰는 그 층 거실 바닥면적 합계 300m² 이상
• 문화 및 집회시설 중 집회장	1000m² 이상

⑦ 피난계단 및 특별피난계단의 구조

　㉠ 옥내피단계단의 구조

　　ⓐ 계단실 바깥쪽의 창은 반드시 옥내로 연결된 다른 창과 2m 이상 떨어져야 한다(예외 : 망입유리 붙박이창으로서 면적이 각각 1m² 이하는 제외).

　　ⓑ 건축물 내부에서 계단실로 통하는 출입구의 유효너비는 0.9m 이상으로 하고, 그

출입구에는 피난의 방향으로 열 수 있는 60분+방화문 또는 60분 방화문을 설치할 것(언제나 닫힌 상태 또는 화재 시 연기, 불꽃, 온도를 감지하여 자동적으로 닫히는 구조).
- ⓒ 건축물 내부와 접하는 창문(출입문 제외)의 경우 망입유리의 붙박이창으로서 그 면적은 각각 $1m^2$ 이하로 한다.
- ⓓ 계단실의 벽체는 내화구조로 하고 마감은 불연재료로 하며 계단은 피난층 혹은 지상까지 직접 연결되도록 한다.
- ⓔ 계단실은 예비전원에 의한 조명설비를 해야 한다.

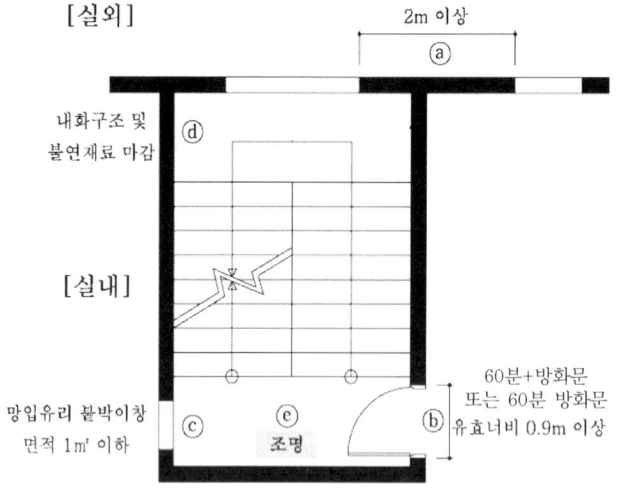

ⓛ 옥외피난계단의 구조
- ⓐ 내부에서 계단으로 통하는 출입구에는 60분+방화문 또는 60분 방화문을 설치할 것
- ⓑ 계단의 유효 폭은 0.9m 이상으로 한다.
- ⓒ 계단의 출입구는 계단으로 통하는 창문(망입유리 붙박이창 면적 $1m^2$ 이하 제외)로부터 2m 이상 떨어져야 한다.
- ⓓ 계단은 내화구조로 하며 지상 혹은 피난층까지 직접 연결되어야 한다.

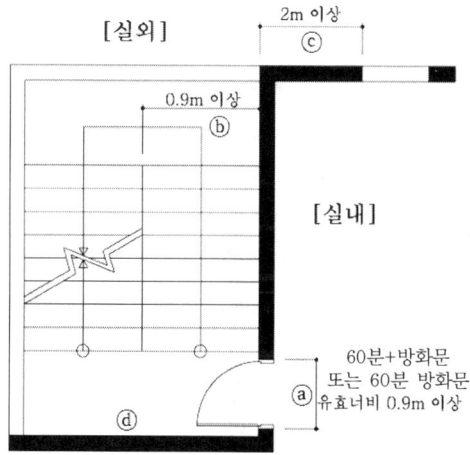

ⓒ 특별피난계단의 구조
  ⓐ 계단실, 부속실의 옥외에 접하는 창은 반드시 옥내로 연결된 다른 창과 2m 이상 떨어져야 한다(단, 망입유리 붙박이창으로 면적이 각각 $1m^2$ 이하인 경우 제외).
  ⓑ 계단실에는 노대 또는 부속실에 접하는 부분 외에는 건축물 내부와 접하는 창문 등을 설치하지 않으며 계단실과 접하는 부속실의 창문(출입문 제외)의 경우 망입유리 붙박이창으로서 그 면적은 각각 $1m^2$ 이하로 한다.
  ⓒ 계단실의 벽체는 내화구조로 하고 마감(바탕 포함)은 불연재료로 하며 계단은 피난층 혹은 지상까지 직접 연결되도록 한다.
  ⓓ 노대나 부속실로부터 계단실로 통하는 출입구는 유효너비 0.9m 이상으로 피난방향으로 열려지게 하며, 60분+방화문 또는 60분 방화문 또는 30분 방화문으로 설치한다.
  ⓔ 계단실은 예비전원에 의한 조명설비를 해야 한다.
  ⓕ 건축물 내부에서 노대나 부속실로 들어오는 출입문은 반드시 유효너비 0.9m 이상의 60분+방화문 또는 60분 방화문으로 할 것(언제나 닫힌 상태 또는 화재 시 연기, 불꽃, 온도를 감지하여 자동적으로 닫히는 구조)
  ⓖ 건축물 내부와 계단실은 노대를 통하여 연결하거나 외부를 향하여 열 수 있는 면적 $1m^2$ 이상인 창문(바닥으로부터 1m 이상의 높이에 설치한 것) 또는 규정에 적합한 구조의 배연설비가 있는 면적 $3m^2$ 이상인 부속실을 통하여 연결할 것

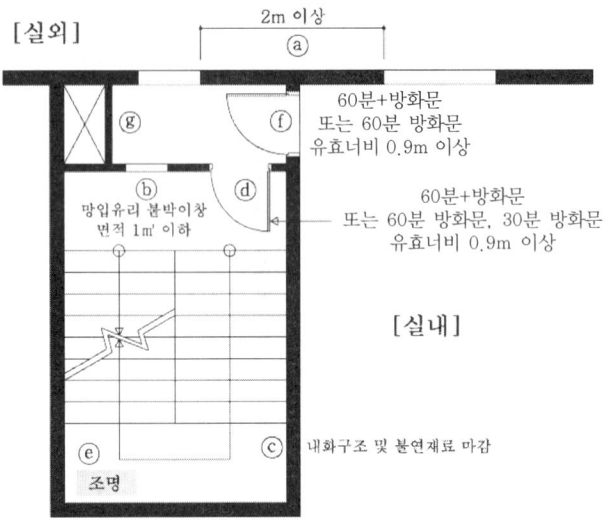

- 피난계단, 특별피난계단에 설치하는 방화문은 언제나 닫힌 상태를 유지하거나, 화재 시 연기·불꽃·온도를 감지하여 자동적으로 닫히는 구조여야 한다.
- 피난계단, 특별피난계단은 돌음계단으로 해서는 안 되며, 법령에 따라 옥상광장을 설치해야 하는 건축물인 경우 옥상으로 통하도록 설치해야 한다. 이 경우 옥상으로 통하는 출입문은 피난방향으로 열리는 구조로서 피난 시 이용에 장애가 없어야 한다.

⑧ 경사로 설치 대상 건축물

　다음에 해당하는 건축물의 피난층 또는 피난층의 승강장으로부터 건축물의 바깥쪽에 이르는 통로에는 경사로를 설치하여야 한다.

㉠ 제1종 근린생활시설 중 지역자치센터, 파출소, 지구대, 소방서, 우체국, 방송국, 보건소, 공공도서관, 지역건강보험조합 등 동일한 건축물 안에 당해 용도에 쓰이는 바닥면적의 합계가 1000m² 미만인 것

㉡ 제1종 근린생활시설 중 마을회관, 마을공동작업소, 마을공동구판장, 변전소, 양수장, 정수장, 대피소, 공중화장실

㉢ 연면적이 5000m² 이상인 판매시설, 운수시설

㉣ 교육연구시설 중 학교

㉤ 업무시설 중 국가 또는 지방자치단체의 청사와 외국공관의 건축물로서 제1종 근린생

활시설에 해당하지 않는 것
ⓑ 승강기를 설치해야 하는 건축물

(2) 출구 및 대피공간

① 바깥쪽으로의 출구

다음에 해당하는 건축물에는 관람석 또는 집회실로부터의 출구를 안여닫이로 해서는 안 된다.

㉠ 제2종 근린생활시설 중 공연장·종교집회장(해당용도 바닥면적 합계가 각각 300m^2 이상인 경우)

㉡ 문화 및 집회시설(전시장 및 동·식물원 제외)

㉢ 종교시설, 위락시설, 장례식장

② 공연장 개별관람실의 출구 설치 기준

㉠ 대상 : 문화 및 집회시설 중 공연장(바닥면적 300m^2 이상인 것에 한함)

㉡ 설치 기준

ⓐ 관람실별로 2개소 이상 설치

ⓑ 각 출구의 유효너비는 1.5m 이상

ⓒ 개별관람실 출구의 유효너비 합계는 관람석 바닥면적 100m^2마다 0.6m 비율로 산정한 너비 이상

③ 판매시설 중 도매시장, 소매시장, 상점의 출구 : 피난층에 설치하는 건축물 바깥쪽으로의 출구는 당해용도에 쓰이는 바닥면적이 최대인 층의 바닥면적 100m^2 마다 0.6m의 비율로 산정한 너비 이상으로 하여야 한다.

④ 옥상광장 및 대피공간

㉠ 5층 이상인 층이 제2종 근린생활시설 중 공연장·종교집회장·인터넷컴퓨터게임시설제공업소(해당용도 바닥면적 합계가 각각 300m^2 이상인 경우), 문화 및 집회시설(전시장 및 동·식물원 제외), 종교시설, 판매시설, 위락시설 중 주점영업 또는 장례시설의 용도로 쓰는 경우에는 피난 용도로 쓸 수 있는 광장을 옥상에 설치하여야 한다.

㉡ 옥상광장 또는 2층 이상인 층에 있는 노대나 그 밖에 이와 비슷한 것의 주위에는 높이 1.2m 이상의 난간을 설치하여야 한다(출입할 수 없는 구조인 경우는 제외).

㉢ 11층 이상인 건축물로서 11층 이상인 층의 바닥면적의 합계가 10000m^2 이상인 건축물의 옥상에는 다음 구분에 따른 공간을 확보하여야 한다.

ⓐ 헬리포트 또는 헬리콥터를 이용한 인명구조 공간 설치(평지붕인 경우)
- 헬리포트의 길이와 너비는 각각 22m 이상으로 할 것(공간에 따라 각각 15m까지 감축 가능)
- 중심으로부터 반경 12m 이내에는 헬리콥터 이·착륙에 장애가 되는 공작물, 조경시설, 난간 등 설치 금지
- 헬리포트 주위한계선은 백색으로 하되, 그 선의 너비는 38cm로 할 것
- 헬리포트의 중앙부분에는 지름 8m의 Ⓗ표지를 백색으로 하되, "H"표지의 선의 너비는 38cm로, "○"표지의 선의 너비는 60cm로 할 것
- 헬리콥터를 통하여 인명 등을 구조할 수 있는 공간을 설치하는 경우에는 직경 10m 이상의 구조공간을 확보하며 구조에 장애가 되는 건축물, 공작물 또는 난간 등 설치 금지
- 헬리포트로 통하는 출입문에 비상문자동개폐장치를 설치할 것

ⓑ 대피공간 설치(경사지붕인 경우)
- 대피공간의 면적은 지붕 수평투영면적의 1/10 이상일 것
- 특별피난계단 또는 피난계단과 연결되도록 할 것
- 출입구·창문을 제외한 부분은 해당 건축물의 다른 부분과 내화구조의 바닥 및 벽으로 구획할 것
- 출입구는 유효너비 0.9m 이상으로 하고, 그 출입구에는 60분+방화문 또는 60분 방화문을 설치할 것
- 내부마감재료는 불연재료로 하며 예비전원으로 작동하는 조명설비를 설치할 것
- 관리사무소 등과 긴급 연락이 가능한 통신시설을 설치할 것

ⓔ 피난계단, 특별피난계단의 옥상광장으로 연결 : 옥상광장을 설치해야 하는 건축물에는 피난계단 또는 특별피난계단을 옥상광장으로 통하도록 설치해야 한다. 이 경우 출입문은 피난방향으로 열리는 구조로서 피난 시 이용에 장애가 없어야 한다.

ⓜ 아파트의 대피공간 : 아파트 4층 이상인 층의 각 세대가 2개 이상의 직통계단을 사용할 수 없는 경우에는 발코니에 인접 세대와 공동으로 또는 각 세대별로 다음 요건을 모두 갖춘 대피공간을 하나 이상 설치하여야 한다. 이 경우 인접 세대와 공동으로 설치하는 대피공간은 인접 세대를 통하여 2개 이상의 직통계단을 쓸 수 있는 위치에 우선 설치되어야 한다.

ⓐ 대피공간은 바깥의 공기와 접할 것

ⓑ 대피공간은 실내의 다른 부분과 방화구획으로 구획될 것

ⓒ 대피공간의 바닥면적은 인접 세대와 공동으로 설치 시 $3m^2$ 이상, 각 세대별 설치 시 $2m^2$ 이상일 것

ⓓ 국토교통부장관이 정하는 기준에 적합할 것

ⓔ 대피공간으로 통하는 출입문은 60분+방화문으로 설치할 것

ⓕ 단, 인접 세대와의 경계벽이 파괴하기 쉬운 경량구조인 경우, 경계벽에 피난구를 설치한 경우, 발코니의 바닥에 규정에 맞는 하향식 피난구를 설치한 경우 또는 대피공간에 준하는 시설을 설치한 경우는 제외한다.

ⓑ 회전문의 설치 기준

ⓐ 계단이나 에스컬레이터로부터 2m 이상의 거리를 둘 것

ⓑ 회전문과 문틀사이 및 바닥사이는 다음 항목에서 정하는 간격을 확보하고 틈 사이를 고무와 고무펠트의 조합체 등을 사용하여 신체나 물건 등에 손상이 없도록 할 것
  • 회전문과 문틀 사이는 5cm 이상   • 회전문과 바닥 사이는 3cm 이하

ⓒ 출입에 지장이 없도록 일정한 방향으로 회전하는 구조로 할 것

ⓓ 회전문의 중심축에서 회전문과 문틀 사이의 간격을 포함한 회전문날개 끝부분까지의 길이는 140cm 이상이 되도록 할 것

ⓔ 회전문의 회전속도는 분당회전수가 8회를 넘지 아니하도록 할 것

ⓕ 자동회전문은 충격이 가하여지거나 사용자가 위험한 위치에 있는 경우에는 전자감지장치 등을 사용하여 정지하는 구조로 할 것

⑤ 지하층

㉠ 지하층의 구조

규모	설치 기준
바닥면적 $50m^2$를 넘는 층	직통계단 외에 비상탈출구 및 환기통 설치 (직통계단 2개소 이상 설치된 경우 제외)
• 제2종 근린생활시설 중 공연장 · 단란주점 · 당구장 · 노래연습장 • 문화 및 집회시설 중 예식장 · 공연장 • 수련시설 중 생활권수련시설 · 자연권수련시설 • 숙박시설 중 여관 · 여인숙, 위락시설 중 단란주점 · 유흥주점 • 다중이용업	해당용도로 쓰는 층의 거실 바닥면적의 합계 $50m^2$ 이상은 직통계단을 2개소 이상 설치할 것

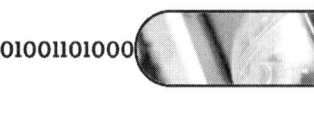

규모	설치 기준
바닥면적 1000m²를 넘는 층	방화구획으로 구획하는 각 부분마다 1개소 이상의 피난계단 또는 특별피난계단 설치
거실 바닥면적의 합계가 1000m² 이상인 층	환기설비 설치
지하층 바닥면적 300m² 이상인 층	식수공급을 위한 급수전을 1개소 이상 설치

ⓒ 비상탈출구의 기준(주택 제외)

비상탈출구	설치 기준
비상탈출구의 크기	유효너비 0.75m×유효높이 1.5m 이상
비상탈출구의 방향	피난방향으로 열리도록 하고 실내에서 항상 열 수 있는 구조로 하며, 내부 및 외부에는 비상탈출구의 표시 설치
비상탈출구의 설치 위치	출입구로부터 3m 이상 떨어진 곳에 설치
사다리의 설치	지하층의 바닥으로부터 비상탈출구의 아랫부분까지의 높이가 1.2m 이상이 되는 경우에는 벽체에 발판의 너비가 20cm 이상인 사다리 설치
피난통로의 유효너비	피난층 또는 지상으로 통하는 복도나 직통계단까지 이르는 피난통로의 유효너비는 75cm 이상
비상탈출구의 통로마감	피난통로에 실내에 접하는 부분의 마감과 그 바탕은 불연재료로 할 것
비상탈출구의 진입부분 피난통로의 처리	통행에 지장이 있는 물건을 방치하거나 시설물 설치 금지
비상탈출구의 유도등	비상탈출구의 유도등과 피난통로의 비상조명등의 설치는 소방법령에 따른다.

Point

단독주택, 공동주택의 지하층에는 거실을 설치할 수 없다. 다만, 다음 사항을 고려하여 해당 지방자치단체의 조례로 정하는 경우는 제외한다.(2024. 6. 18. 신설)
① 침수위험 정도를 비롯한 지역적 특성
② 피난 및 대피 가능성
③ 그 밖에 주거의 안전과 관련된 사항

ⓒ 지하층과 피난층 사이의 개방공간 : 바닥면적의 합계가 3000m² 이상인 공연장·집회장·관람장 또는 전시장을 지하층에 설치하는 경우에는 각 실에 있는 자가 지하층 각 층에서 건축물 밖으로 피난하여 옥외 계단 또는 경사로 등을 이용하여 피난층으로 대

피할 수 있도록 천장이 개방된 외부 공간을 설치하여야 한다.

2.3 방화·설비규정 및 기타

1. 방화에 관한 규정

(1) 방화구획

① 방화구획의 기준

주요구조부가 내화구조 또는 불연재료로 된 건축물로서 연면적이 1000㎡를 넘는 것은 국토교통부령으로 정하는 기준에 따라 내화구조로 된 바닥, 벽 및 방화문(자동방화셔터 포함)으로 구획하여야 한다. 단, 원자력안전법에 의한 원자로 및 관계시설은 원자력안전법에서 정하는 바에 따른다.

규모	구획기준		비고
10층 이하의 층	바닥면적 1000㎡(3000㎡) 이내마다 구획		수평 기준
수직 구획	매 층마다 구획. 다만, 지하 1층에서 지상으로 직접 연결하는 경사로 부위는 제외		
11층 이상의 층	실내마감이 불연재료인 경우	바닥면적 500㎡(1500㎡) 이내마다	( ) 안은 스프링클러 등 자동식 소화설비를 설치한 경우
	실내마감이 불연재료가 아닌 경우	바닥면적 200㎡(600㎡) 이내마다	

② 방화구획의 설치 기준

개구부	60분+방화문 또는 60분 방화문(언제나 닫힌 상태를 유지하거나 화재로 인한 연기 또는 불꽃 또는 온도를 감지하여 자동적으로 닫히는 구조), 자동방화셔터
방화구획의 관통부분 처리	외벽과 바닥 사이에 틈이 있거나 급수관·배전관·그 밖의 관이 방화구획으로 되어 있는 부분을 관통하여 틈이 생기는 경우, 그 틈을 내화채움성능이 있는 재료로 메울 것
댐퍼	환기·난방 또는 냉방시설의 풍도가 방화구획을 관통하는 경우, 그 관통부분 또는 이에 근접한 부분에 다음 기준에 적합한 댐퍼를 설치할 것. 단, 반도체공장건축물로서 방화구획을 관통하는 풍도의 주위에 스프링클러 헤드를 설치하는 경우는 제외한다.

개구부	60분+방화문 또는 60분 방화문(언제나 닫힌 상태를 유지하거나 화재로 인한 연기 또는 불꽃 또는 온도를 감지하여 자동적으로 닫히는 구조), 자동방화셔터
방화구획의 관통부분 처리	외벽과 바닥 사이에 틈이 있거나 급수관·배전관·그 밖의 관이 방화구획으로 되어 있는 부분을 관통하여 틈이 생기는 경우, 그 틈을 내화채움성능이 있는 재료로 메울 것
댐퍼	환기·난방 또는 냉방시설의 풍도가 방화구획을 관통하는 경우, 그 관통부분 또는 이에 근접한 부분에 다음 기준에 적합한 댐퍼를 설치할 것. 단, 반도체공장건축물로서 방화구획을 관통하는 풍도의 주위에 스프링클러 헤드를 설치하는 경우는 제외한다. • 화재로 인한 연기 또는 불꽃을 감지하여 자동적으로 닫히는 구조로 할 것 (주방 등 연기가 발생하는 부분은 온도에 의해 자동적으로 닫히는 구조 가능) • 국토교통부장관이 정하여 고시하는 비차열 및 방연성능 등의 기준에 적합할 것

③ 방화구획 완화대상

㉠ 문화 및 집회시설(동·식물원 제외), 종교시설, 운동시설 또는 장례시설의 용도로 쓰는 거실로서 시선 및 활동공간의 확보를 위하여 불가피한 부분

㉡ 물품의 제조·가공 및 운반(보관은 제외) 등에 필요한 고정식 대형기기 또는 설비의 설치를 위하여 불가피한 부분. 다만, 지하층인 경우에는 지하층의 외벽 한쪽 면(지하층 바닥면에서 지상층 바닥 아랫면까지의 외벽 면적 중 4분의 1 이상이 되는 면) 전체가 건물 밖으로 개방되어 보행과 자동차의 진입·출입이 가능한 경우로 한정한다.

㉢ 계단실부분·복도 또는 승강기의 승강로 부분(해당 승강기의 승강을 위한 승강로비 부분을 포함한다)으로서 그 건축물의 다른 부분과 방화구획으로 구획된 부분

㉣ 건축물의 최상층 또는 피난층으로서 대규모 회의장·강당·스카이라운지·로비 또는 피난안전구역 등의 용도로 쓰는 부분으로서 그 용도로 사용하기 위하여 불가피한 부분

㉤ 복층형 공동주택의 세대별 층 간 바닥 부분

㉥ 주요구조부가 내화구조 또는 불연재료로 된 주차장

㉦ 단독주택, 동물 및 식물 관련 시설 또는 교정 및 군사시설 중 집회, 체육, 창고의 용도로 쓰는 시설

④ 방화지구 안의 건축물
  ㉠ 방화지구 안의 건축물의 주요구조부 및 지붕·외벽은 내화구조로 해야 한다.
  ㉡ 예외
    ⓐ 연면적이 30m² 미만인 단층 부속건축물로서 외벽 및 처마면이 내화구조 또는 불연재료로 된 것
    ⓑ 주요구조부가 불연재료로 된 도매시장
  ㉢ 방화지구 안 공작물로서 간판, 광고탑 기타 대통령령이 정하는 공작물 중 건축물의 지붕 위에 설치하는 공작물 또는 높이 3m 이상의 공작물은 그 주요부를 불연재료로 하여야 한다.

⑤ **방화에 장애가 되는 용도의 제한**

	같은 건축물에 함께 설치할 수 없는 시설		예외(①만 해당)
	A	B	
①	• 공동주택, 의료시설, 장례시설 • 노유자시설(아동관련·노인복지시설)	• 위락시설, 공장 • 위험물저장 및 처리시설 • 자동차 관련 시설 (정비공장만 해당)	• 공동주택(기숙사만 해당)과 공장이 같은 건축물에 있는 경우 • 중심상업지역·일반상업지역 또는 근린상업지역에서 「도시 및 주거환경정비법」에 따른 재개발사업을 시행하는 경우 • 공동주택과 위락시설이 같은 초고층 건축물에 있는 경우(주택의 출입구·계단 및 승강기 등을 주택 외의 시설과 분리된 구조로 할 경우)
②	노유자시설(아동관련·노인복지시설)	판매시설 중 도매시장·소매시장	
③	• 단독주택(다중, 다가구주택), 공동주택 • 제1종 근린생활시설 중 조산원 또는 산후조리원	제2종 근린생활시설 중 다중생활시설	

(2) 방화벽·방화문

① 방화벽 구획대상
  ㉠ 연면적 1000m² 이상인 건축물은 방화벽으로 구획하되, 각 구획된 바닥면적의 합계

는 1000m² 미만이어야 한다.
    ⓒ 예외
      ⓐ 주요구조부가 내화구조이거나 불연재료인 건축물
      ⓑ 단독주택, 동물 및 식물관련시설, 공공용 시설 중 교도소 및 소년원 또는 묘지관련 시설(화장시설 및 동물화장시설 제외)
      ⓒ 내부설비의 구조상 방화벽으로 구획할 수 없는 창고시설
  ② 방화벽의 기준
    ㉠ 내화구조로서 홀로 설 수 있는 구조일 것
    ㉡ 방화벽의 양쪽 끝과 위쪽 끝을 건축물의 외벽면 및 지붕면으로부터 0.5m 이상 튀어나오게 할 것
    ㉢ 방화벽에 설치하는 출입문의 너비 및 높이는 각각 2.5m 이하로 하고, 해당 출입문에는 60분+방화문 또는 60분 방화문을 설치할 것
  ③ 방화문

60분+방화문	연기 및 불꽃 차단 60분 이상, 열 차단 30분 이상
60분 방화문	연기 및 불꽃 차단 60분 이상
30분 방화문	연기 및 불꽃 차단 30분 이상 60분 미만

- 비차열(非遮熱) : 화재로 인한 열은 막지 못하지만 화염은 막을 수 있는 것.
- 차열(遮熱) : 화재로 인한 열도 견디는 것

(3) 구조 및 마감

① 주요구조부를 내화구조로 해야 하는 건축물(예외 : 연면적이 50m² 이하인 단층의 부속건축물로서 외벽 및 처마 밑면을 방화구조로 한 것과 무대의 바닥)

건축물의 용도	기준	비고
• 문화 및 집회시설(전시장 및 동·식물원 제외) • 종교시설, 장례시설 • 위락시설 중 주점영업	관람실 또는 집회실 바닥면적 200m² 이상	옥외 관람석의 경우 1000m² 이상
• 제2종 근린생활시설 중 공연장·종교집회장	해당용도 바닥면적 300m² 이상	

건축물의 용도	기준	비고
• 문화 및 집회시설 중 전시장 및 동·식물원 • 판매시설, 운수시설, 수련시설 • 교육연구시설에 설치되는 강당·체육관 • 운동시설 중 체육관 및 운동장 • 위락시설(주점영업 제외) • 창고시설, 위험물저장 및 처리시설 • 자동차 관련 시설, 관광휴게시설 • 방송통신시설 중 방송국·전신전화국·촬영소 • 묘지 관련 시설 중 화장시설 및 동물화장시설	해당용도 바닥면적 500m² 이상	
• 공장(국토교통부령으로 정한 화재위험 작은 공장 제외)	해당용도 바닥면적 2000m² 이상	
건축물 2층이 • 단독주택 중 다중주택·다가구 주택 • 공동주택, 제1종 근린생활시설(의료용도 시설만) • 제2종 근린생활시설 중 다중생활시설 • 노유자시설 중 아동 관련 시설 및 노인복지시설 • 의료시설, 숙박시설, 장례시설 • 수련시설 중 유스호스텔, 업무시설 중 오피스텔	해당용도 바닥면적 400m² 이상	
• 3층 이상 건축물 및 지하층이 있는 건축물 (2층 이하인 경우 지하층 부분에 한함)		모두 해당. 단, 단독주택(다중주택 및 다가구주택 제외), 동물 및 식물 관련 시설, 발전시설(발전소 부속용도 시설 제외), 교도소·소년원 또는 묘지 관련 시설(화장시설 및 동물화장시설 제외)의 용도로 쓰는 건축물과 철강 관련 업종 공장 중 제어실로 사용하기 위하여 연면적 50m² 이하로 증축하는 부분 제외

막구조의 건축물은 주요구조부에만 내화구조로 할 수 있다.

② 내화구조의 기준

㉠ 벽체

구조 부분	해당 구조	기준 두께
( ) 안은 외벽 중 비내력벽	철근콘크리트조·철골철근콘크리트조	10cm(7cm) 이상
	벽돌조	19cm 이상

구조 부분	해당 구조	기준 두께
( ) 안은 외벽 중 비내력벽	철골조의 골구 양면에 철망모르타르로 덮을 때(바름바탕 불연재료에 한함)	4cm(3cm) 이상
	철골조의 골구 양면에 콘크리트 블록·벽돌·석재로 덮을 때	5cm(4cm) 이상
	철재로 보강된 콘크리트블록조·벽돌조·석조로서 콘크리트블록 등의 두께	5cm(4cm) 이상
	고온·고압의 증기로 양생된 경량기포 콘크리트패널 경량기포 콘크리트블록조	10cm 이상
	무근콘크리트조·콘크리트블록조·벽돌조·석조	(7cm) 이상

ⓛ 기둥(작은 지름이 25cm 이상인 것만 해당)

해당 구조		기준 두께
철근콘크리트조·철골철근콘크리트조		무관
철골조	철망모르타르로 덮을 때	6cm 이상
	경량골재 사용 시	5cm 이상
철골에 콘크리트블록·벽돌·석재로 덮은 것		7cm 이상
철골에 콘크리트로 덮은 것		5cm 이상

* 고강도 콘크리트(설계기준강도 50MPa 이상)를 사용하는 경우 국토교통부장관이 정하여 고시하는 고강도 콘크리트 내화성능 관리기준에 적합하여야 한다.

ⓒ 바닥

내화구조의 기준	기준 두께
철근콘크리트조·철골철근콘크리트조	10cm 이상
철재로 보강된 콘크리트블록조·벽돌조·석조로서 철재에 덮은 콘크리트 블록 등의 두께	5cm 이상
철재의 양면을 철망모르타르 혹은 콘크리트로 덮은 것	5cm 이상

② 보(지붕틀을 포함)

해당 구조		기준 두께
철근콘크리트조·철골철근콘크리트조		무관
철골조	철망모르타르로 덮을 때(경량골재 사용 시)	6cm(5cm) 이상
	콘크리트로 덮을 때	5cm 이상

* 철골조 지붕틀(바닥으로부터 그 아랫부분까지의 높이가 4m 이상인 것에 한함)로서 바로 아래에 반자가 없거나 불연재료로 된 반자가 있는 것
* 고강도 콘크리트 사용 시 내화성능 관리기준에 적합할 것

⑩ 지붕 및 계단

내화구조의 기준	기준 두께
철근콘크리트조·철골철근콘크리트조	두께 무관
철재로 보강된 콘크리트블록조·벽돌조·석조	
철골조(계단만 해당)	
철재로 보강된 유리블록 혹은 망입유리로 된 것(지붕만 해당)	
무근콘크리트조·콘크리트블록조·벽돌조·석조(계단만 해당)	

③ 방화구조의 기준

구조부분	방화구조 조건
철망모르타르 바르기	바름두께 2cm 이상
석고판 위에 시멘트모르타르 또는 회반죽을 바른 것	두께의 합이 2.5cm 이상
시멘트모르타르 위에 타일을 붙인 것	
심벽에 흙으로 맞벽치기한 것	두께 무관
한국산업규격이 정하는 바에 따라 시험결과 방화 2급 이상에 해당되는 것	

> 연면적 1000m² 이상인 목조건축물의 구조는 국토교통부령으로 정하는 바에 따라 방화구조로 하거나 불연재료로 하여야 한다.

④ 내부마감재료

다음에 해당하는 건축물의 내부마감재료는 표의 기준에 적합해야 한다. 단, 주요구조부가 내화구조 또는 불연재료로 된 건축물로서 그 거실의 바닥면적(스프링클러 설치면적 제외) 200m² 이내마다 방화구획이 되어 있는 경우는 제외한다.

건축물의 용도	마감재료	
	거실 부분의 벽·반자 (반자돌림대, 창대 등 제외)	복도, 계단, 통로의 벽·반자
• 단독주택 중 다중주택·다가구주택, 공동주택 • 제2종 근린생활시설 중 공연장·종교집회장·학원·독서실·인터넷컴퓨터게임시설제공업소·당구장·다중생활시설 • 발전시설, 방송통신시설(방송국·촬영소로 한정) • 공장, 창고시설, 자동차 관련시설, 위험물 저장 및 처리시설(자가난방·자가발전 등의 시설 포함) • 다중이용업의 용도로 쓰는 건축물	불연재료 준불연재료 난연재료	불연재료 준불연재료
• 5층 이상인 층 거실의 바닥면적의 합계 500m² 이상인 건축물		
• 위 항목의 지하층	불연재료 준불연재료	
• 문화 및 집회시설, 종교시설, 판매시설, 운수시설, 의료시설 • 교육연구시설 중 학교·학원 • 노유자시설, 수련시설 • 업무시설 중 오피스텔, 숙박시설, 장례시설 • 위락시설	불연재료 준불연재료 (지상·지하 모두)	불연재료 준불연재료

2. 설비 및 기타 규정

(1) 설비에 관한 규정

① 승용승강기

㉠ 설치 대상 : 층수가 6층 이상으로서 연면적 2000m² 이상인 건축물

㉡ 6층인 건축물로서 각 층 거실바닥면적 300m² 이내마다 1개소 이상 직통계단을 설치한 경우 제외한다.

ⓒ 설치대수 산정

건축물의 용도	6층 이상 거실바닥면적의 합계($s\,m^2$)		
	$3000m^2$ 이하	$3000m^2$ 초과	대수산정 방식
• 문화 및 집회시설(공연장, 집회장, 관람장) • 판매시설 • 의료시설	2대	2대에 $3000m^2$ 초과하는 매 $2000m^2$ 이내마다 1대를 더한 대수	$2+\dfrac{s-3000m^2}{2000m^2}$
• 문화 및 집회시설(전시장, 동·식물원만 해당) • 업무시설, 숙박시설, 위락시설	1대	1대에 $3000m^2$ 초과하는 매 $2000m^2$ 이내마다 1대를 더한 대수	$1+\dfrac{s-3000m^2}{2000m^2}$
• 공동주택 • 교육연구시설, 노유자시설 • 그 밖의 시설	1대	1대에 $3000m^2$ 초과하는 매 $3000m^2$ 이내마다 1대의 비율로 가산한 대수	$1+\dfrac{s-3000m^2}{3000m^2}$

※ 설치대수 산정에 있어 8인승 이상 15인 이하의 승강기는 1대로 보고, 16인승 이상의 승강기는 2대로 본다.

② 비상용 승강기

㉠ 높이 31m를 초과하는 건축물은 승용 승강기 외에 비상용 승강기를 추가로 설치해야 한다.

㉡ 비상용 승강기를 설치하지 않아도 되는 경우

ⓐ 높이 31m를 넘는 각 층을 거실 외의 용도로 쓰는 건축물

ⓑ 높이 31m를 넘는 각 층의 바닥면적의 합계가 $500m^2$ 이하인 건축물

ⓒ 높이 31m를 넘는 층수가 4개 층 이하로서 당해 각 층의 바닥면적의 합계 $200m^2$ (벽 및 반자가 실내에 접하는 부분의 마감을 불연재료로 한 경우에는 $500m^2$) 이내마다 방화구획으로 구획한 건축물

ⓒ 설치 대수

높이 31m를 넘는 각 층의 바닥면적 중 최대바닥면적	설치대수	대수산정 방식
1500m² 이하	1대 이상	
1500m² 초과	1대에 1500m²를 넘는 3000m² 이내마다 1대씩 가산	$1 + \dfrac{s - 1500\text{m}^2}{3000\text{m}^2}$

※ 2대 이상의 비상용 승강기를 설치하는 경우에는 화재 시 소화에 지장이 없도록 일정한 간격을 유지

ⓔ 승강장의 구조
  ⓐ 승강장의 창문 및 출입구 등 기타 개구부를 제외한 부분은 당해 건축물의 다른 부분과 내화구조의 바닥 및 벽으로 구획할 것. 단, 공동주택의 경우에는 승강장과 특별피난계단의 부속실과의 겸용부분을 특별피난계단의 계단실과 별도로 구획하는 때에는 승강장을 특별피난계단의 부속실과 겸용할 수 있다.
  ⓑ 승강장은 각 층의 내부와 연결될 수 있도록 하되, 그 출입구(승강로 출입구 제외)에는 60분+방화문 또는 60분 방화문을 설치하되 피난층은 제외 가능하다.
  ⓒ 노대 또는 외부를 향하여 열 수 있는 창문이나 배연설비를 설치할 것
  ⓓ 벽 및 반자가 실내에 접하는 부분의 마감재료 및 마감을 위한 바탕재료는 불연재료로 할 것
  ⓔ 채광이 되는 창문이 있거나 예비전원에 의한 조명설비를 할 것
  ⓕ 승강장의 바닥면적은 비상용 승강기 1대당 6m² 이상으로 할 것. 단, 옥외에 승강장을 설치하는 경우는 제외한다.
  ⓖ 피난층이 있는 승강장의 출입구(승강장이 없는 경우 승강로의 출입구)로부터 도로 또는 공지(공원·광장 기타 이와 유사한 것으로서 피난·소화를 위한 당해 대지에의 출입에 지장이 없는 것)에 이르는 거리가 30m 이하일 것
  ⓗ 승강장 출입구 부근의 잘 보이는 곳에 비상용 승강기 표지를 할 것
ⓜ 승강로의 구조
  ⓐ 승강로는 당해 건축물의 다른 부분과 내화구조로 구획할 것
  ⓑ 각 층으로부터 피난층까지 이르는 승강로를 단일구조로 연결하여 설치할 것

③ 배연설비
  ㉠ 배연설비의 설치 대상
    ⓐ 6층 이상인 건축물로서 다음 각 목의 어느 하나에 해당하는 용도로 쓰는 건축물
      • 제2종 근린생활시설 중 공연장, 종교집회장, 인터넷컴퓨터게임시설제공업소(해당용도 바닥면적의 합계 300m² 이상인 경우만 해당) 및 다중생활시설
      • 문화 및 집회시설, 종교시설, 판매시설, 운수시설
      • 의료시설(요양병원 및 정신병원 제외), 교육연구시설 중 연구소
      • 노유자시설 중 아동 관련 시설, 노인복지시설(노인요양시설 제외)
      • 수련시설 중 유스호스텔, 운동시설, 업무시설, 숙박시설, 위락시설, 관광휴게시설, 장례시설
    ⓑ 다음에 해당하는 건축물(층수 무관)
      • 의료시설 중 요양병원 및 정신병원
      • 노유자시설 중 노인요양시설·장애인 거주시설 및 장애인 의료재활시설
      • 제1종 근린생활시설 중 산후조리원
  ㉡ 배연설비의 구조

구분	구조 및 재료
설치 기준	• 방화구획마다 1개소 이상 배연구 설치 • 배연창 상변과 천장 또는 반자로부터 수직거리가 0.9m 이내 • 반자높이가 바닥으로부터 3m 이상인 경우 배연창 하변을 바닥으로부터 2.1m 이상 위치에 설치
배연구 유효면적	• 1m² 이상으로 건축물 바닥면적의 1/100 이상일 것 • 방화구획이 설치된 경우에는 그 구획된 부분의 바닥면적을 말함 • 바닥면적 산정 시 1/20 이상 환기창을 설치한 거실의 면적은 제외
배연구 구조	• 연기감지기, 열감지기에 의해 자동으로 열 수 있는 구조(수동개폐 가능한 구조) • 예비전원에 의해 열 수 있도록 할 것
기계식 배연설비	• 위의 규정에도 불구하고 소방관계법령의 규정에 따른 것

ⓒ 특별피난계단 및 비상용 승강기 승강장에 설치하는 배연설비의 구조

구분	구조 및 재료
배연구 구조	• 연기감지기, 열감지기에 의해 자동으로 열 수 있는 구조(수동개폐 가능한 구조) • 평상시 닫힌 상태를 유지하고, 연 경우에 배연에 의한 기류로 인하여 닫히지 않을 것 • 배연구 및 배연풍도는 불연재료로 하고, 화재가 발생한 경우 원활하게 배연시킬 수 있는 규모로서 외기 또는 평상시에 사용하지 아니하는 굴뚝에 연결할 것
배연기	• 배연구가 외기에 접하지 않는 경우에는 배연기를 설치할 것 • 배연기에는 예비전원을 설치할 것 • 배연구의 열림에 따라 자동적으로 작동하고, 충분한 공기배출 또는 가압 능력이 있을 것

※ 공기유입방식을 급기가압방식 또는 급·배기방식으로 하는 경우 소방관계법령의 규정에 적합하게 할 것

ⓔ 거실의 채광 및 환기를 위한 창문

구분	건축물의 용도	창문 등의 면적	예외 규정
채광	• 단독주택의 거실 • 공동주택의 거실 • 학교의 교실 • 의료시설의 병실 • 숙박시설의 객실	거실바닥면적의 1/10 이상	거실의 용도에 따른 조도기준의 조도 이상의 조명
환기		거실바닥면적의 1/20 이상	기계장치 및 중앙관리방식의 공기조화설비를 설치한 경우

Point 거실의 용도에 따른 조도 기준

거실의 용도 구분	조도 구분	바닥 위 85cm 수평면의 조도 (lx)
1. 거주	독서·식사·조리	150
	기타	70
2. 집무	설계·제도·계산	700
	일반사무	300
	기타	150
3. 작업	검사·시험·정밀검사·수술	700
	일반작업·제조·판매	300
	포장·세척	150
	기타	70
4. 집회	회의	300
	집회	150
	공연·관람	70
5. 오락	오락 일반	150
	기타	30
기타 명시되지 아니한 것		1~5항에 유사한 기준을 적용함

④ 난방설비

공동주택과 오피스텔의 난방설비를 개별난방방식으로 하는 경우에는 다음의 기준에 적합하여야 한다.

구분	구조 및 재료
보일러실의 위치	• 거실 이외의 장소에 설치 • 보일러실과 거실 사이는 내화구조의 벽으로 구획(출입구 제외)
보일러실의 환기	• 보일러실 윗부분에 0.5m² 이상의 환기창 설치 • 윗부분과 아랫부분에 지름 10cm 이상의 공기흡입구 및 배기구 설치(항상 개방된 상태) • 단, 전기보일러인 경우는 해당되지 않는다.
기름저장소	• 기름보일러의 기름저장소는 보일러실 외의 장소에 설치
오피스텔의 난방구획	• 난방구획을 방화구획으로 구획할 것
보일러실 연도	• 내화구조로서 공동연도로 설치할 것
보일러실과 거실 사이 출입구	• 출입구가 닫힌 경우 가스가 거실에 들어갈 수 없는 구조일 것
가스보일러	• 중앙집중공급방식으로 공급하는 경우에는 위 규정에도 불구하고 가스관계법령이 정하는 기준에 따른다(단, 오피스텔 난방구획에 대한 규정은 동일하게 지킬 것).

⑤ 배관설비

㉠ 건축물에 설치하는 급수·배수 등의 용도로 쓰는 배관설비의 설치 및 구조

ⓐ 배관설비를 콘크리트에 묻는 경우 부식의 우려가 있는 재료는 부식 방지조치를 할 것

ⓑ 건축물의 주요부분을 관통하여 배관하는 경우 구조내력에 지장이 없도록 할 것

ⓒ 승강기의 승강로 안에는 승강기의 운행에 필요한 배관설비 외의 배관설비를 설치하지 아니할 것

ⓓ 압력탱크 및 급탕설비에는 폭발 등의 위험을 막을 수 있는 시설을 설치할 것

㉡ 배수용 배관설비는 ㉠의 기준 외에 다음 기준에 적합하여야 한다.

ⓐ 배출시키는 빗물 또는 오수의 양 및 수질에 따라 그에 적당한 용량 및 경사를 지게 하거나 그에 적합한 재질을 사용할 것

ⓑ 배관설비에는 배수트랩·통기관을 설치하는 등 위생에 지장이 없도록 할 것

ⓒ 배관설비의 오수에 접하는 부분은 내수재료를 사용할 것

ⓓ 지하실 등 공공하수도로 자연배수를 할 수 없는 곳에는 배수용량에 맞는 강제배수시설을 설치할 것

ⓔ 우수관과 오수관은 분리하여 배관할 것

ⓕ 배관이 콘크리트 구조체에 매설되거나 관통할 경우에는 구조체에 덧관을 미리 매설하는 등 배관의 부식을 방지하고 그 수선 및 교체가 용이하도록 할 것

(2) 기타

① 에너지절약계획서

㉠ 연면적 합계 500m² 이상 건축물은 에너지절약계획서를 제출한다.

㉡ 제외대상

ⓐ 단독주택, 다중주택, 다가구주택

ⓑ 문화 및 집회시설 중 동·식물원

ⓒ 건축법 시행령 기준 냉방 또는 난방 설비를 설치하지 않는 공장, 창고, 위험물 저장 및 처리시설, 자동차 관련시설, 동·식물 관련시설, 자원순환 관련시설, 교정 및 군사시설, 방송통신시설, 발전시설, 묘지관련시설

ⓓ 그 밖에 국토교통부장관이 에너지 절약계획서를 첨부할 필요가 없다고 정하여 고시하는 건축물

② 관계기술전문가와의 협력
  ㉠ 다음에 해당하는 건축물의 설계자는 해당 건축물에 대한 구조의 안전을 확인하는 경우 건축구조기술사의 협력을 받아야 한다.
    ⓐ 6층 이상인 건축물
    ⓑ 특수구조 건축물
    ⓒ 다중이용 및 준다중이용 건축물
    ⓓ 3층 이상의 필로티형식 건축물
    ⓔ 그 밖에 국토교통부령으로 정하는 건축물
  ㉡ 연면적 10000m^2 이상인 건축물(창고시설 제외) 또는 에너지를 대량으로 소비하는 건축물로서 국토교통부령으로 정하는 건축물에 건축설비를 설치하는 경우에는 다음 기준에 따라 관계전문기술자의 협력을 받아야 한다.
    ⓐ 전기, 승강기(전기 분야만 해당) 및 피뢰침 : 건축전기설비기술사 또는 발송배전기술사
    ⓑ 급수·배수(配水)·배수(排水)·환기·난방·소화·배연·오물처리 설비 및 승강기(기계 분야만 해당) : 건축기계설비기술사 또는 공조냉동기계기술사
    ⓒ 가스설비 : 건축기계설비기술사, 공조냉동기계기술사 또는 가스기술사
  ㉢ 깊이 10m 이상의 토지 굴착공사 또는 높이 5m 이상의 옹벽 등의 공사를 수반하는 건축물의 설계자 및 공사감리자는 토지 굴착 등에 관하여 토목 분야 기술사 또는 국토개발 분야의 지질 및 기반 기술사의 협력을 받아야 한다.
  ㉣ 설계자 및 공사감리자는 안전상 필요하다고 인정하는 경우, 관계 법령에서 정하는 경우 및 설계계약 또는 감리계약에 따라 건축주가 요청하는 경우에는 관계전문기술자의 협력을 받아야 한다.
  ㉤ 특수구조 건축물 및 고층건축물의 공사감리자는 해당 공정에 다다를 때 건축구조기술사의 협력을 받아야 한다.
  ㉥ ㉠~㉤ 규정에 따라 설계자 또는 공사감리자에게 협력한 관계전문기술자는 공사 현장을 확인하고, 그가 작성한 설계도서 또는 감리중간보고서 및 감리완료보고서에 설계자 또는 공사감리자와 함께 서명날인하여야 한다.
  ㉦ 구조 안전의 확인에 관하여 설계자에게 협력한 건축구조기술사는 구조의 안전을 확인한 건축물의 구조도 등 구조 관련 서류에 설계자와 함께 서명날인하여야 한다.

③ 방습 및 내수
  ㉠ 방습조치 : 건축물의 최하층에 있는 거실바닥의 높이는 지표면으로부터 45cm 이상으로 하여야 한다(지표면을 콘크리트바닥으로 설치하는 등 방습조치를 한 경우 제외).
  ㉡ 내수재료의 마감 : 제1종 근린생활시설(일반목욕장의 욕실, 휴게음식점의 조리장)과 제2종 근린생활시설(일반음식점, 휴게음식점의 조리장), 숙박시설에서 욕실 또는 조리장의 바닥과 그 바닥으로부터 높이 1m까지의 안벽의 마감은 내수재료로 하여야 한다.
  ㉢ 욕실, 화장실, 목욕장 등의 바닥 마감재료는 미끄럼을 방지할 수 있는 것으로 한다.

  > **Point 내수재료**
  > 벽돌·자연석·인조석·콘크리트·아스팔트·도자기질 재료·유리 및 그 밖에 이와 비슷한 내수성 건축재료

④ 경계벽 및 차음구조
  ㉠ 다음 건축물의 경계벽은 내화구조로 하고 지붕 밑 또는 바로 위층 바닥판까지 닿게 하여야 한다.

대상 건축물	구획되는 부분
단독주택 중 다가구주택 공동주택(기숙사 제외) 노유자시설 중 노인복지주택	각 세대 간의 경계벽(발코니 부분 제외)
숙박시설의 객실 공동주택 중 기숙사의 침실 의료시설의 병실 교육연구시설 중 학교의 교실 노유자시설 중 노인요양시설의 호실 산후조리원의 임산부실, 신생아실	각 실 간의 경계벽

  ㉡ ㉠항에 따른 경계벽은 다음 중 하나에 해당하는 구조로 한다. 단, 다가구주택 및 공동주택의 세대 간 경계벽인 경우에는 주택건설기준 등에 관한 규정인 (   ) 안의 두께로 한다.

벽체의 구조	기준 두께
철근콘크리트조, 철골철근콘크리트조	10cm(15cm) 이상
무근콘크리트조, 석조	10cm(20cm) 이상 〈시멘트모르타르, 회반죽 또는 석고 플라스터 바름두께 포함〉
콘크리트블록조, 벽돌조	19cm 이상
조립식 주택부재인 콘크리트판	12cm 이상(*다가구주택 및 공동주택만 해당)

각 항목 외에 국토교통부장관이 정하여 고시하는 기준에 따라 국토교통부장관이 지정하는 자 또는 한국건설기술연구원장이 실시하는 품질시험에서 그 성능이 확인된 것

2.4 소방법규

1. 소방관리

(1) 용어 정의

소방시설	대통령령으로 정하는 소화설비, 경보설비, 피난구조설비, 소화용수설비, 소화활동설비
소방시설등	소방시설과 비상구(非常口), 그 밖에 소방 관련 시설로서 대통령령으로 정하는 것
특정소방대상물	소방시설을 설치하여야 하는 소방대상물로서 대통령령으로 정하는 것
소방용품	소방시설등을 구성하거나 소방용으로 사용되는 제품 또는 기기로서 대통령령으로 정하는 것
관계지역	소방대상물이 있는 장소 및 그 이웃 지역으로서 화재의 예방, 경계·진압, 구조·구급 등의 활동에 필요한 지역
관계인	소방대상물의 소유자·관리자 또는 점유자
무창층	지상층 중 다음 조건을 모두 갖춘 개구부의 면적의 합계가 해당 층의 바닥면적 1/30 이하가 되는 층 • 지름 50cm 이상의 원이 내접할 수 있는 크기일 것 • 해당 층의 바닥면으로부터 개구부 밑부분까지의 높이가 1.2m 이내일 것 • 도로 또는 차량이 진입할 수 있는 빈터를 향할 것

> 무창층은 소방시설 설치 등의 조건에서 지상층임에도 불구하고 지하층과 동일 또는 유사한 것으로 취급한다.

(2) 건축허가 등의 동의

건축허가 등을 함에 있어서 미리 소방본부장 또는 소방서장의 동의를 받아야 하는 건축물 등의 범위기준 및 동의 기간 등은 다음과 같다.

① 6층 이상 또는 연면적 400m² 이상인 건축물(단, 아래 시설은 해당 기준 이상)
  ㉠ 학교시설사업 촉진법에 따라 건축하는 학교시설 : 100m²
  ㉡ 노유자시설 및 수련시설 : 200m²
  ㉢ 정신보건법에 따른 정신의료기관 : 300m²(입원실이 없는 정신건강의학과 의원은 제외)
  ㉣ 장애인 의료재활시설 : 300m²

② 차고·주차장 또는 주차용도로 사용되는 시설로 다음 중에 해당되는 것
  ㉠ 차고·주차장으로 사용되는 층 중 바닥면적 200m² 이상 층이 있는 시설
  ㉡ 승강기 등 기계장치에 의한 주차시설로 자동차 20대 이상 주차 가능 시설

③ 항공기격납고, 관망탑, 항공관제탑, 방송용 송·수신탑

④ 지하층 또는 무창층이 있는 건축물로 바닥면적 150m² 이상(공연장의 경우 100m²)인 층이 있는 것

⑤ 조산원, 산후조리원, 위험물 저장 및 처리 시설, 발전시설 중 풍력발전소·전기저장시설, 지하구

⑥ 노유자시설 중 다음 하나에 해당하는 것
  ㉠ 노인 관련 시설 중 다음에 해당하는 것
    ⓐ 노인주거복지시설·노인의료복지시설 및 재가노인복지시설
    ⓑ 학대피해노인 전용쉼터
  ㉡ 아동복지시설(아동상담소, 아동전용시설 및 지역아동센터 제외)
  ㉢ 장애인 거주시설
  ㉣ 정신질환자 관련 시설(24시간 주거를 제공하지 않는 것 제외)
  ㉤ 노숙인자활시설, 노숙인재활시설 및 노숙인요양시설

ⓑ 결핵환자나 한센인이 24시간 생활하는 노유자시설
　　ⓢ 요양병원(정신병원, 의료재활시설은 제외)
　다음 특정소방대상물은 동의대상에서 제외한다.
　　㉠ 소화기구, 누전경보기, 피난기구, 방열복·방화복·공기호흡기 및 인공소생기, 유도등 또는 유도표지가 화재안전기준에 적합하게 설치된 특정소방대상물
　　㉡ 건축물의 증축 또는 용도변경으로 인하여 해당 특정소방대상물에 추가로 소방시설이 설치되지 아니하는 경우 그 특정소방대상물
⑦ 건축물의 신축·증축·개축 등에 대한 행정기관의 동의 요구를 받은 소방본부장 또는 소방서장은 건축허가 등의 동의요구서류를 접수한 날부터 5일 이내에 동의여부를 회신해야 한다.
⑧ 건축허가청이 건축허가의 동의를 받은 건축물에 대하여 건축허가 대상물의 허가를 취소한 때에는 취소한 날부터 7일 이내에 그 사실을 소방서장에게 통지하여야 한다.

(3) 소방안전관리

소방안전관리자를 선임하여야 하는 특정소방대상물은 다음과 같다.
① 특급 소방안전관리대상물
　㉠ 30층 이상이거나 지상으로부터 높이가 120m 이상인 특정소방대상물(지하층 포함)
　㉡ ㉠에 해당하지 아니하는 특정소방대상물로서 연면적이 10만m^2 이상인 특정소방대상물(아파트 제외)
　㉢ 50층 이상이거나 지상으로부터 높이 200m 이상인 아파트(지하층 제외)
　㉣ 소방안전관리자 자격 : 소방기술사 또는 소방시설관리사, 소방설비기사 취득 후 5년(산업기사 7년) 이상 1급 소방안전관리대상물 관리자로 근무한 자, 소방공무원 20년 이상 근무경력자 등
② 1급 소방안전관리대상물
　㉠ 연면적 15000m^2 이상인 특정소방대상물(아파트, 연립주택 제외)
　㉡ ㉠에 해당하지 아니하는 특정소방대상물로서 층수가 11층 이상인 것(아파트 제외)
　㉢ 30층 이상(지하층 제외)이거나 지상으로부터 높이 120m 이상인 아파트
　㉣ 가연성 가스를 1천톤 이상 저장·취급하는 시설
　㉤ 소방안전관리자 자격 : 소방설비기사 또는 소방설비산업기사 보유자, 산업안전기사 또는 산업안전산업기사 취득 후 2년 이상 2급 소방안전관리대상물 관리자로 근무한

자, 소방공무원 7년 이상 근무경력자 등

> 동·식물원, 철강 등 불연성 물품 저장·취급 창고, 위험물 저장 및 처리 시설 중 위험물 제조소 등, 지하구는 특급 소방안전관리대상물 및 1급 소방안전관리대상물에서 제외한다.

③ 2급 소방안전관리대상물
  ㉠ 옥내소화전, 스프링클러설비, 간이스프링클러설비 또는 물분무 등 소화설비(호스릴 방식만 설치한 경우 제외)를 설치하는 특정소방대상물
  ㉡ 가스 제조설비를 갖추고 도시가스사업의 허가를 받아야 하는 시설 또는 가연성 가스를 100t 이상 1000t 미만 저장·취급하는 시설
  ㉢ 지하구, 보물 또는 국보로 지정된 목조건축물
  ㉣ 공동주택으로서 다음에 해당하는 것
    ⓐ 300세대 이상 공동주택
    ⓑ 150세대 이상으로서 승강기가 설치된 공동주택
    ⓒ 150세대 이상으로서 중앙집중식 난방방식(지역난방방식 포함) 공동주택
    ⓓ 주택 외의 시설과 150세대 이상 주택을 동일건축물로 건축한 것
    ⓔ 위 항목 외에 입주자 등이 대통령령으로 정하는 기준에 따라 동의하여 정하는 공동주택

④ 3급 소방안전관리대상물
  ㉠ 간이스프링클러설비(주택전용 간이스프링클러설비 제외) 및 자동화재탐지설비 설치대상 중 특, 1, 2급 소방안전관리대상물에 속하지 않는 것
  ㉡ 소방안전관리자의 자격 : 소방공무원으로서 1년 이상 근무경력자, 소방청장이 실시하는 3급 소방안전관리대상물의 소방안전관리에 관한 시험에 합격한 사람

(4) 관리감독
① 소방특별조사
  ㉠ 소방특별조사는 다음에 해당하는 경우 실시한다.
    ⓐ 관계인이 법규에 따라 실시하는 소방시설 등, 방화시설, 피난시설 등에 대한 자체점검 등이 불성실하거나 불완전하다고 인정되는 경우
    ⓑ 화재경계지구에 대한 소방특별조사 등 다른 법률에서 소방특별조사를 실시하도록

한 경우
  ⓒ 국가적 행사 등 주요 행사가 개최되는 장소 및 그 주변의 관계 지역에 대하여 소방안전관리 실태를 점검할 필요가 있는 경우
  ⓓ 화재가 자주 발생하였거나 발생할 우려가 뚜렷한 곳에 대한 점검이 필요한 경우
  ⓔ 재난예측정보, 기상예보 분석 결과 화재, 재난·재해의 발생 위험이 판단되는 경우
  ⓕ ⓐ~ⓔ에서 화재, 재난·재해, 그 밖의 긴급한 상황 발생 시 인명 또는 재산 피해의 우려가 현저하다고 판단되는 경우
ⓛ 소방특별조사를 하려면 7일 전에 관계인에게 조사대상, 조사기간 및 조사사유 등을 서면으로 알려야 한다. 다만, 다음의 경우는 예외로 한다.
  ⓐ 화재, 재난·재해가 발생할 우려가 뚜렷하여 긴급하게 조사할 필요가 있는 경우
  ⓑ 소방특별조사의 실시를 사전에 통지하면 조사목적을 달성할 수 없다고 인정되는 경우
ⓒ 소방특별조사의 항목
  ⓐ 소방안전관리 업무 수행에 관한 사항
  ⓑ 소방계획서의 이행에 관한 사항
  ⓒ 자체점검 및 정기적 점검 등에 관한 사항
  ⓓ 화재 예방조치 등에 관한 사항
  ⓔ 불을 사용하는 설비 등의 관리와 특수가연물의 저장·취급에 관한 사항
  ⓕ 다중이용업소의 안전관리에 관한 사항
  ⓖ 위험물 안전관리법에 따른 안전관리에 관한 사항
② 다중이용업의 완비증명
  ㉠ 다중이용업소는 다음 시설을 기준에 맞게 설치·유지하여야 한다.

설치 대상		설치 기준
소방시설	소화설비	소화기 또는 자동확산소화기, 간이스프링클러설비
	피난구조설비	피난기구(미끄럼대·피난사다리·구조대·완강기·다수인 피난장비·승강식 피난기), 비상조명등(휴대용 포함), 유도등·피난유도선
	경보설비	비상벨설비 또는 자동화재탐지설비
기타 시설		비상구, 영업장 내부 피난통로, 영상음향차단장치, 방화구획(영업장-보일러실), 창문

ⓒ 다중이용업소의 안전시설 등을 설치하기 전에 미리 소방본부장이나 소방서장에게 행정안전부령으로 정하는 안전시설 등의 설계도서를 첨부하여 행정안전부령으로 정하는 바에 따라 신고하여야 한다.
  ⓐ 안전시설 등을 설치하려는 경우
  ⓑ 영업장 내부구조를 변경하려는 경우로서 다음에 해당하는 경우
    • 영업장 면적의 증가
    • 영업장의 구획된 실의 증가
    • 내부통로 구조의 변경
  ⓒ 안전시설 등의 공사를 마친 경우

 **다중이용업**
> 불특정 다수인이 이용하는 영업 중 화재 등 재난 발생 시 생명·신체·재산상의 피해가 발생할 우려가 높은 영업

(5) 특수장소의 방염

① 방염성능기준 이상의 실내장식물 등을 설치하여야 하는 특정소방대상물
  ㉠ 근린생활시설 중 의원, 조산원, 산후조리원, 체력단련장, 공연장 및 종교집회장
  ㉡ 건축물의 옥내에 있는 시설로서 문화 및 집회시설, 종교시설, 운동시설(수영장은 제외)
  ㉢ 의료시설, 노유자시설, 숙박시설, 다중이용업소
  ㉣ 교육연구시설 중 합숙소, 숙박이 가능한 수련시설
  ㉤ 방송통신시설 중 방송국 및 촬영소
  ㉥ 위에 해당하지 않는 것으로서 층수가 11층 이상인 것(아파트는 제외)

② 방염성능기준 이상을 확보하여야 하는 실내장식물
  ㉠ 제조 또는 가공 공정에서 방염처리를 한 물품(합판·목재류의 경우 설치 현장에서 방염처리를 한 것을 포함)으로서 다음 중 하나에 해당하는 것
    ⓐ 창문에 설치하는 커튼류(블라인드 포함)
    ⓑ 카펫, 두께가 2mm 미만인 벽지류(종이벽지 제외)
    ⓒ 전시용 합판 또는 섬유판, 무대용 합판 또는 섬유판
    ⓓ 암막·무대막(영화상영관과 가상체험 체육시설에 설치하는 스크린 포함)
    ⓔ 섬유류 또는 합성수지류 등을 원료로 하여 제작된 소파·의자(단란주점영업, 유흥

주점영업 및 노래연습장업의 영업장에 설치하는 것만 해당)
ⓒ 건축물 내부의 천장이나 벽에 부착하거나 설치하는 것으로서 다음 중 어느 하나에 해당하는 것. 다만, 가구류(옷장, 찬장, 식탁, 식탁용 의자, 사무용 책상, 사무용 의자, 계산대 및 그 외에 이와 비슷한 것)와 너비 10cm 이하인 반자돌림대 등과 「건축법」 제52조에 따른 내부마감재료는 제외)
  ⓐ 종이류(두께 2mm 이상인 것)·합성수지류 또는 섬유류를 주원료로 한 물품
  ⓑ 합판이나 목재
  ⓒ 공간 구획을 위해 설치하는 간이 칸막이(접이식 등 이동 가능한 벽체나 천장 또는 반자가 실내에 접하는 부분까지 구획하지 아니하는 벽체를 말한다.)
  ⓓ 흡음, 방음을 위하여 설치하는 흡음재(흡음용 커튼 포함) 또는 방음재(방음용 커튼 포함)
③ 방염성능대상물품의 성능기준
  ㉠ 버너의 불꽃을 제거한 때부터 불꽃을 올리며 연소하는 상태가 그칠 때까지 시간은 20초 이내일 것
  ㉡ 버너의 불꽃을 제거한 때부터 불꽃을 올리지 아니하고 연소하는 상태가 그칠 때까지 시간은 30초 이내일 것
  ㉢ 탄화한 면적은 50cm² 이내, 탄화한 길이는 20cm 이내일 것
  ㉣ 불꽃에 의하여 완전히 녹을 때까지 불꽃의 접촉 횟수는 3회 이상일 것
  ㉤ 소방청장이 정하여 고시한 방법으로 발연량을 측정하는 경우 최대연기밀도는 400 이하일 것
④ 소방본부장 또는 소방서장은 ②항의 물품 외에 다음 하나에 해당하는 경우 방염처리된 물품을 사용하도록 권장할 수 있다.
  ㉠ 다중이용업소, 의료시설, 노유자시설, 숙박시설 또는 장례식장에서 사용하는 침구류·소파 및 의자
  ㉡ 건축물 내부의 천장 또는 벽에 부착하거나 설치하는 가구류

2. 특정소방대상물에 설치·관리해야 하는 소방시설

(1) 소화설비
가. 소화기구 설치 대상

① 연면적 33m² 이상인 것. 다만, 노유자시설의 경우에는 투척용 소화용구 등을 화재안전기준에 따라 산정된 소화기 수량의 1/2 이상으로 설치할 수 있다.

② ①에 해당하지 않는 시설로서 가스시설, 발전시설 중 전기저장시설 및 문화재

③ 터널, 지하구

나. 자동소화장치 설치 대상(후드 및 덕트가 설치된 주방이 있는 것)

① 주거용 주방자동소화장치 설치 대상 : 아파트 등 및 오피스텔의 모든 층

② 상업용 주방자동소화장치 설치 대상 : 판매시설 중 '대규모 점포'에 입점해 있는 일반음식점, 집단급식소

③ (캐비닛형, 가스, 분말, 고체 에어로졸) 자동소화장치 설치 대상 : 화재안전기준에서 정하는 장소

다. 옥내소화전설비 설치 대상. 다만 위험물 저장 및 처리 시설 중 가스시설, 지하구 및 업무시설 중 무인변전소(방재실 등에서 스프링클러설비 또는 물분무 등 소화설비를 원격으로 조정할 수 있는 무인변전소 한정)는 제외한다.

① 다음의 어느 하나에 해당하는 경우에는 모든 층

㉠ 연면적 3천m² 이상인 것(지하가 중 터널 제외)

㉡ 지하층·무창층으로서 바닥면적이 300m² 이상인 층이 있는 것

㉢ 층수가 4층 이상인 것 중 바닥면적이 600m² 이상인 층이 있는 것

② ①에 해당하지 않는 근린생활시설, 판매시설, 운수시설, 의료시설, 노유자 시설, 업무시설, 숙박시설, 위락시설, 공장, 창고시설, 항공기 및 자동차 관련 시설, 교정 및 군사시설 중 국방·군사시설, 방송통신시설, 발전시설, 장례시설 또는 복합건축물로서 다음의 어느 하나에 해당하는 경우에는 모든 층

㉠ 연면적 1천5백m² 이상인 것

㉡ 지하층·무창층으로서 바닥면적이 300m² 이상인 층이 있는 것

㉢ 층수가 4층 이상인 것 중 바닥면적이 300m² 이상인 층이 있는 것

③ 건축물의 옥상에 설치된 차고·주차장으로서 사용되는 면적이 200m² 이상인 경우 해당 부분

④ 지하가 중 터널로서 다음에 해당하는 터널

㉠ 길이가 1천m 이상인 터널

㉡ 예상교통량, 경사도 등 터널의 특성을 고려하여 행정안전부령으로 정하는 터널

⑤ ① 및 ②에 해당하지 않는 공장 또는 창고시설로서「화재의 예방 및 안전관리에 관한

법률 시행령」별표 2에서 정하는 수량의 750배 이상의 특수가연물을 저장·취급하는 것

라. 스프링클러설비 설치 대상(위험물 저장 및 처리 시설 중 가스시설 및 지하구 제외)
① 층수가 6층 이상인 특정소방대상물의 경우 모든 층. 다만, 다음의 어느 하나에 해당하는 경우는 제외한다.
㉠ 주택 관련 법령에 따라 기존의 아파트 등을 리모델링하는 경우로서 건축물의 연면적 및 층의 높이가 변경되지 않는 경우. 이 경우 해당 아파트 등의 사용검사 당시의 소방시설의 설치에 관한 대통령령 또는 화재안전기준을 적용한다.
㉡ 스프링클러설비가 없는 기존의 특정소방대상물을 용도 변경하는 경우. 다만, ②부터 ⑥까지 및 ⑨부터 ⑫까지의 규정에 해당하는 특정소방대상물로 용도 변경하는 경우 해당 규정에 따라 스프링클러설비를 설치한다.
② 기숙사(교육연구시설·수련시설 내에 있는 학생 수용을 위한 것) 또는 복합건축물로서 연면적 5천m² 이상인 경우에는 모든 층
③ 문화 및 집회시설(동·식물원 제외), 종교시설(주요구조부가 목조인 것 제외), 운동시설(물놀이형 시설 및 바닥이 불연재료이고 관람석이 없는 운동시설 제외)로서 다음의 어느 하나에 해당하는 경우에는 모든 층
㉠ 수용인원이 100명 이상인 것
㉡ 영화상영관의 용도로 쓰는 층의 바닥면적이 지하층 또는 무창층인 경우에는 500m² 이상, 그 밖의 층의 경우에는 1천m² 이상인 것
㉢ 무대부가 지하층·무창층 또는 4층 이상의 층에 있는 경우에는 무대부의 면적이 300m² 이상인 것
㉣ 무대부가 ㉢ 외의 층에 있는 경우에는 무대부의 면적이 500m² 이상인 것
④ 판매시설, 운수시설 및 창고시설(물류터미널 한정)로서 바닥면적의 합계가 5천m² 이상이거나 수용인원이 500명 이상인 경우에는 모든 층
⑤ 다음의 어느 하나에 해당하는 용도로 사용되는 시설의 바닥면적의 합계가 600m² 이상인 것은 모든 층
㉠ 근린생활시설 중 조산원 및 산후조리원
㉡ 의료시설 중 정신의료기관, 종합병원, 병원, 치과병원, 한방병원 및 요양병원
㉢ 노유자시설, 숙박이 가능한 수련시설, 숙박시설
⑥ 창고시설(물류터미널은 제외)로서 바닥면적 합계가 5천m² 이상인 경우 모든 층

⑦ 특정소방대상물의 지하층·무창층(축사 제외) 또는 층수가 4층 이상인 층으로서 바닥면적이 1천m² 이상인 층이 있는 경우에는 해당 층

⑧ 랙식 창고(rack warehouse) : 랙(물건을 수납할 수 있는 선반이나 유사한 것)을 갖춘 것으로서 천장 또는 반자(반자가 없는 경우 지붕의 옥내에 면하는 부분)의 높이가 10m를 초과하고, 랙이 설치된 층의 바닥면적의 합계가 1천5백m² 이상인 경우에는 모든 층

⑨ 공장 또는 창고시설로서 다음의 어느 하나에 해당하는 시설
  ㉠ '화재의 예방 및 안전관리에 관한 법률 시행령' 별표 2에서 정하는 수량의 1천 배 이상의 특수가연물을 저장·취급하는 시설
  ㉡ '원자력안전법 시행령'에 따른 중·저준위 방사성 폐기물 저장시설 중 소화수를 수집·처리하는 설비가 있는 저장시설

⑩ 지붕 또는 외벽이 불연재료가 아니거나 내화구조가 아닌 공장 또는 창고시설로서 다음에 해당하는 것
  ㉠ 창고시설(물류터미널 한정) 중 ④에 해당하지 않는 것으로서 바닥면적의 합계가 2천5백m² 이상이거나 수용인원이 250명 이상인 경우에는 모든 층
  ㉡ 창고시설(물류터미널 제외) 중 ⑥에 해당하지 않는 것으로서 바닥면적의 합계가 2천5백m² 이상인 경우에는 모든 층
  ㉢ 공장 또는 창고시설 중 ⑦에 해당하지 않는 것으로서 지하층·무창층 또는 층수가 4층 이상인 것 중 바닥면적이 500m² 이상인 경우에는 모든 층
  ㉣ 랙식 창고 중 ⑧에 해당하지 않는 것으로서 바닥면적의 합계가 750m² 이상인 경우 모든 층
  ㉤ 공장 또는 창고시설 중 ⑨-㉠에 해당하지 않는 것으로서 「화재의 예방 및 안전관리에 관한 법률 시행령」 별표 2에서 정하는 수량의 500배 이상의 특수가연물을 저장·취급하는 시설

⑪ 교정 및 군사시설 중 다음의 어느 하나에 해당하는 경우에는 해당 장소
  ㉠ 보호감호소, 교도소, 구치소 및 그 지소, 보호관찰소, 갱생보호시설, 치료감호시설, 소년원 및 소년분류심사원의 수용거실
  ㉡ 「출입국관리법」에 따른 보호시설(외국인보호소의 경우 보호대상자의 생활공간으로 한정)로 사용하는 부분. 다만, 보호시설이 임차건물에 있는 경우는 제외한다.
  ㉢ 「경찰관 직무집행법」에 따른 유치장

⑫ 지하가(터널 제외)로서 연면적 1천m^2 이상인 것

⑬ 발전시설 중 전기저장시설

⑭ ①부터 ⑬까지의 특정소방대상물에 부속된 보일러실 또는 연결통로 등

마. 간이스프링클러설비 설치 대상

① 공동주택 중 연립주택 및 다세대주택(연립주택 및 다세대주택에 설치하는 간이스프링클러설비는 화재안전기준에 따른 주택전용 간이스프링클러설비를 설치한다.)

② 근린생활시설 중 다음에 해당하는 것

㉠ 근린생활시설로 사용하는 부분의 바닥면적 합계가 1천m^2 이상인 것은 모든 층

㉡ 의원, 치과의원 및 한의원으로서 입원실이 있는 시설

㉢ 조산원 및 산후조리원으로서 연면적 600m^2 미만인 시설

③ 의료시설 중 다음의 어느 하나에 해당하는 시설

㉠ 종합병원, 병원, 치과병원, 한방병원 및 요양병원(의료재활시설은 제외한다)으로 사용되는 바닥면적의 합계가 600m^2 미만인 시설

㉡ 정신의료기관 또는 의료재활시설로 사용되는 바닥면적의 합계가 300m^2 이상 600m^2 미만인 시설

㉢ 정신의료기관 또는 의료재활시설로 사용되는 바닥면적의 합계가 300m^2 미만이고, 창살(철재·플라스틱 또는 목재 등으로 사람의 탈출 등을 막기 위하여 설치한 것을 말하며, 화재 시 자동으로 열리는 구조로 되어 있는 창살은 제외한다)이 설치된 시설

④ 교육연구시설 내에 합숙소로서 연면적 100m^2 이상인 경우에는 모든 층

⑤ 노유자시설로서 다음의 어느 하나에 해당하는 시설

㉠ 제7조제1항제7호 각 목에 따른 시설(단독주택 또는 공동주택에 설치되는 시설 제외)

㉡ ㉠에 해당하지 않는 노유자시설로 해당 시설로 사용하는 바닥면적의 합계가 300m^2 이상 600m^2 미만인 시설

㉢ ㉠에 해당하지 않는 노유자시설로 해당 시설로 사용하는 바닥면적의 합계가 300m^2 미만이고, 창살(철재·플라스틱 또는 목재 등으로 사람의 탈출 등을 막기 위하여 설치한 것을 말하며, 화재 시 자동으로 열리는 구조로 되어 있는 창살은 제외)이 설치된 시설

⑥ 숙박시설로 사용되는 바닥면적의 합계가 300m^2 이상 600m^2 미만인 시설

⑦ 건물을 임차하여 「출입국관리법」 제52조제2항에 따른 보호시설로 사용하는 부분
⑧ 복합건축물로서 연면적 1천m² 이상인 것은 모든 층

바. 물분무 등 소화설비 설치 대상(위험물 저장 및 처리 시설 중 가스시설 및 지하구 제외)
① 항공기 및 자동차 관련 시설 중 항공기 격납고
② 차고, 주차용 건축물 또는 철골 조립식 주차시설. 이 경우 연면적 800m² 이상인 것만 해당한다.
③ 건축물의 내부에 설치된 차고·주차장으로서 차고 또는 주차의 용도로 사용되는 면적이 200m² 이상인 경우 해당 부분(50세대 미만 연립주택 및 다세대주택은 제외)
④ 기계장치에 의한 주차시설을 이용하여 20대 이상의 차량을 주차할 수 있는 시설
⑤ 특정소방대상물에 설치된 전기실·발전실·변전실(가연성 절연유를 사용하지 않는 변압기·전류차단기 등의 전기기기와 가연성 피복을 사용하지 않은 전선 및 케이블만을 설치한 전기실·발전실 및 변전실은 제외한다)·축전지실·통신기기실 또는 전산실, 그 밖에 이와 비슷한 것으로서 바닥면적이 300m² 이상인 것(하나의 방화구획 내에 둘 이상의 실(室)이 설치되어 있는 경우에는 이를 하나의 실로 보아 바닥면적을 산정한다). 다만, 내화구조로 된 공정제어실 내에 설치된 주조정실로서 양압시설(외부 오염 공기 침투를 차단하고 내부의 나쁜 공기가 자연스럽게 외부로 흐를 수 있도록 한 시설을 말한다)이 설치되고 전기기기에 220볼트 이하인 저전압이 사용되며 종업원이 24시간 상주하는 곳은 제외한다.
⑥ 소화수를 수집·처리하는 설비가 설치되어 있지 않은 중·저준위 방사성 폐기물의 저장시설. 이 시설에는 이산화탄소 소화설비, 할론 소화설비 또는 할로겐 화합물 및 불활성 기체 소화설비를 설치하여야 한다.
⑦ 지하가 중 예상 교통량, 경사도 등 터널의 특성을 고려하여 행정안전부령으로 정하는 터널. 이 시설에는 물분무 소화설비를 설치하여야 한다.
⑧ 문화재 중 「문화재보호법」 제2조제3항제1호 또는 제2호에 따른 지정문화재로서 소방청장이 문화재청장과 협의하여 정하는 것

사. 옥외소화전설비 설치 대상(아파트 등, 위험물 저장 및 처리 시설 중 가스시설, 지하구 및 지하가 중 터널 제외)
① 지상 1층 및 2층의 바닥면적의 합계가 9천m² 이상인 것. 이 경우 같은 구(區) 내의 둘 이상의 특정소방대상물이 행정안전부령으로 정하는 연소(延燒) 우려가 있는 구조인 경우에는 이를 하나의 특정소방대상물로 본다.

② 문화재 중 「문화재보호법」 제23조에 따라 보물 또는 국보로 지정된 목조건축물
③ ①에 해당하지 않는 공장 또는 창고시설로서 「화재의 예방 및 안전관리에 관한 법률 시행령」 별표 2에서 정하는 수량의 750배 이상의 특수가연물을 저장·취급하는 것

(2) 경보설비

가. 단독경보형 감지기 설치 대상
① 교육연구시설 내에 있는 기숙사 또는 합숙소로서 연면적 2천m^2 미만인 것
② 수련시설 내에 있는 기숙사 또는 합숙소로서 연면적 2천m^2 미만인 것
③ 다-㉠에 해당하지 않는 수련시설(숙박시설이 있는 것만 해당)
④ 연면적 400m^2 미만의 유치원
⑤ 공동주택 중 연립주택 및 다세대주택(⑤는 연동형으로 설치)

나. 비상경보설비 설치 대상(모래·석재 등 불연재료 공장 및 창고시설, 위험물 저장 및 처리시설 중 가스시설, 사람이 거주하지 않거나 벽이 없는 축사 등 동물 및 식물 관련 시설 및 지하구는 제외)
① 연면적 400m^2 이상인 것은 모든 층
② 지하층 또는 무창층의 바닥면적이 150m^2(공연장의 경우 100m^2) 이상인 것은 모든 층
③ 지하가 중 터널로서 길이가 500m 이상인 것
④ 50명 이상의 근로자가 작업하는 옥내 작업장

다. 자동화재탐지설비 설치 대상
① 공동주택 중 아파트 등·기숙사 및 숙박시설의 경우에는 모든 층
② 층수가 6층 이상인 건축물의 경우에는 모든 층
③ 근린생활시설(목욕장 제외), 의료시설(정신의료기관 및 요양병원 제외), 위락시설, 장례시설 및 복합건축물로서 연면적 600m^2 이상인 경우에는 모든 층
④ 근린생활시설 중 목욕장, 문화 및 집회시설, 종교시설, 판매시설, 운수시설, 운동시설, 업무시설, 공장, 창고시설, 위험물 저장 및 처리 시설, 항공기 및 자동차 관련 시설, 교정 및 군사시설 중 국방·군사시설, 방송통신시설, 발전시설, 관광 휴게시설, 지하가(터널 제외)로서 연면적 1천m^2 이상인 경우에는 모든 층
⑤ 교육연구시설(교육시설 내 기숙사 및 합숙소 포함), 수련시설(수련시설 내 기숙사 및 합숙소를 포함하며, 숙박시설이 있는 수련시설은 제외), 동물 및 식물 관련 시설(기둥과 지붕만으로 구성되어 외부와 기류가 통하는 장소는 제외), 자원순환 관련 시설, 교정 및 군사시설(국방·군사시설 제외) 또는 묘지 관련 시설로서 연면적 2천m^2 이

상인 경우에는 모든 층

⑥ 노유자 생활시설의 경우에는 모든 층

⑦ ⑥에 해당하지 않는 노유자 시설로서 연면적 400m² 이상인 노유자 시설 및 숙박시설이 있는 수련시설로서 수용인원 100명 이상인 경우에는 모든 층

⑧ 의료시설 중 정신의료기관 또는 요양병원으로서 다음의 어느 하나에 해당하는 시설

　㉠ 요양병원(의료재활시설 제외)

　㉡ 정신의료기관 또는 의료재활시설로 사용되는 바닥면적의 합계가 300m² 이상인 시설

　㉢ 정신의료기관 또는 의료재활시설로 사용되는 바닥면적의 합계가 300m² 미만이고, 창살(철재·플라스틱 또는 목재 등으로 사람의 탈출 등을 막기 위하여 설치한 것을 말하며, 화재 시 자동으로 열리는 구조로 되어 있는 창살은 제외한다)이 설치된 시설

⑨ 판매시설 중 전통시장

⑩ 지하가 중 터널로서 길이가 1천m 이상인 것

⑪ 지하구

⑫ ③에 해당하지 않는 근린생활시설 중 조산원 및 산후조리원

⑬ ④에 해당하지 않는 공장 및 창고시설로서 「화재의 예방 및 안전관리에 관한 법률 시행령」 별표 2에서 정하는 수량의 500배 이상의 특수가연물을 저장·취급하는 것

⑭ ④에 해당하지 않는 발전시설 중 전기저장시설

라. 시각경보기를 설치해야 하는 특정소방대상물은 '다'에 따라 자동화재탐지설비를 설치해야 하는 특정소방대상물 중 다음의 어느 하나에 해당하는 것으로 한다.

① 근린생활시설, 문화 및 집회시설, 종교시설, 판매시설, 운수시설, 의료시설, 노유자시설

② 운동시설, 업무시설, 숙박시설, 위락시설, 창고시설 중 물류터미널, 발전시설 및 장례시설

③ 교육연구시설 중 도서관, 방송통신시설 중 방송국

④ 지하가 중 지하상가

마. 화재알림설비를 설치해야 하는 특정소방대상물은 판매시설 중 전통시장으로 한다.

바. 비상방송설비 설치 대상(위험물 저장 및 처리 시설 중 가스시설, 사람이 거주하지 않거나 벽이 없는 축사 등 동물 및 식물 관련 시설, 지하가 중 터널 및 지하구 제외)

① 연면적 3천5백m² 이상인 것은 모든 층

② 층수가 11층 이상인 것은 모든 층

③ 지하층의 층수가 3층 이상인 것은 모든 층

사. 자동화재속보설비를 설치해야 하는 특정소방대상물은 다음의 어느 하나에 해당하는 것으로 한다. 다만, 방재실 등 화재 수신기가 설치된 장소에 24시간 화재를 감시할 수 있는 사람이 근무하고 있는 경우에는 자동화재속보설비를 설치하지 않을 수 있다.

① 노유자 생활시설

② 노유자 시설로서 바닥면적이 500m² 이상인 층이 있는 것

③ 수련시설(숙박시설이 있는 것만 해당)로서 바닥면적이 500m² 이상인 층이 있는 것

④ 문화재 중 「문화재보호법」 제23조에 따라 보물 또는 국보로 지정된 목조건축물

⑤ 근린생활시설 중 다음의 어느 하나에 해당하는 시설

㉠ 의원, 치과의원 및 한의원으로서 입원실이 있는 시설

㉡ 조산원 및 산후조리원

⑥ 의료시설 중 다음의 어느 하나에 해당하는 것

㉠ 종합병원, 병원, 치과병원, 한방병원 및 요양병원(의료재활시설 제외)

㉡ 정신병원 및 의료재활시설로 사용되는 바닥면적의 합계가 500m² 이상인 층이 있는 것

⑦ 판매시설 중 전통시장

아. 통합감시시설을 설치해야 하는 특정소방대상물은 지하구로 한다.

자. 누전경보기는 계약전류용량(같은 건축물에 계약 종류가 다른 전기가 공급되는 경우에는 그중 최대계약전류용량을 말한다)이 100암페어를 초과하는 특정소방대상물(내화구조가 아닌 건축물로서 벽·바닥 또는 반자의 전부나 일부를 불연재료 또는 준불연재료가 아닌 재료에 철망을 넣어 만든 것만 해당)에 설치해야 한다. 다만, 위험물 저장 및 처리 시설 중 가스시설, 지하가 중 터널 및 지하구의 경우에는 그렇지 않다.

차. 가스누설경보기 설치 대상(가스시설이 설치된 경우만 해당)

① 문화 및 집회시설, 종교시설, 판매시설, 운수시설, 의료시설, 노유자 시설

② 수련시설, 운동시설, 숙박시설, 창고시설 중 물류터미널, 장례시설

(3) 피난구조설비

가. 피난기구는 특정소방대상물의 모든 층에 화재안전기준에 적합한 것으로 설치하여야 한다. 다만, 피난층, 지상 1층, 지상 2층(노유자 시설 중 피난층이 아닌 지상 1층과

피난층이 아닌 지상 2층은 제외한다), 층수가 11층 이상인 층과 위험물 저장 및 처리 시설 중 가스시설, 지하가 중 터널 또는 지하구의 경우에는 그렇지 않다.

나. 인명구조기구 설치 대상
① 방열복 또는 방화복(안전모, 보호장갑 및 안전화 포함), 인공소생기 및 공기호흡기를 설치해야 하는 특정소방대상물 : 지하층을 포함하는 층수가 7층 이상인 것 중 관광호텔 용도로 사용하는 층
② 방열복 또는 방화복(안전모, 보호장갑 및 안전화 포함) 및 공기호흡기를 설치해야 하는 특정소방대상물 : 지하층을 포함하는 층수가 5층 이상인 것 중 병원 용도로 사용하는 층
③ 공기호흡기를 설치해야 하는 특정소방대상물
   ㉠ 수용인원 100명 이상인 문화 및 집회시설 중 영화상영관
   ㉡ 판매시설 중 대규모 점포
   ㉢ 운수시설 중 지하역사
   ㉣ 지하가 중 지하상가
   ㉤ 물분무 등 소화설비 설치 대상 및 이산화탄소 소화설비(호스릴 이산화탄소 소화설비 제외)를 설치해야 하는 특정소방대상물

다. 유도등 설치 대상
① 피난구 유도등, 통로유도등 및 유도표지는 모든 특정소방대상물에 설치한다. 다만, 다음의 어느 하나에 해당하는 경우는 제외한다.
   ㉠ 동물 및 식물 관련 시설 중 축사로서 가축을 직접 가두어 사육하는 부분
   ㉡ 지하가 중 터널 및 지하구
② 객석유도등은 다음에 해당하는 특정소방대상물에 설치한다.
   ㉠ 유흥주점영업시설(손님이 춤을 출 수 있는 무대가 설치된 카바레, 나이트클럽 또는 그 밖에 이와 비슷한 영업시설만 해당)
   ㉡ 문화 및 집회시설
   ㉢ 종교시설, 운동시설
③ 피난유도선은 화재안전기준에서 정하는 장소에 설치한다.

라. 비상조명등 설치 대상(창고시설 중 창고 및 하역장, 위험물 저장 및 처리 시설 중 가스시설 및 사람이 거주하지 않거나 벽이 없는 축사 등 동물 및 식물 관련 시설 제외)
① 지하층을 포함하는 층수가 5층 이상인 건축물로서 연면적 3천m² 이상인 경우에는

　　　모든 층

　② ①에 해당하지 않는 특정소방대상물로서 그 지하층 또는 무창층의 바닥면적이 450m² 이상인 경우에는 해당 층

　③ 지하가 중 터널로서 그 길이가 500m 이상인 것

마. 휴대용 비상조명등 설치 대상

　① 숙박시설

　② 수용인원 100명 이상의 영화상영관, 판매시설 중 대규모 점포, 철도 및 도시철도 시설 중 지하역사, 지하가 중 지하상가

(4) 소화용수설비

상수도 소화용수설비를 설치해야 하는 특정소방대상물은 다음 각 목의 어느 하나에 해당하는 것으로 한다. 다만, 상수도 소화용수설비를 설치해야 하는 특정소방대상물의 대지 경계선으로부터 180m 이내에 지름 75mm 이상인 상수도용 배수관이 설치되지 않은 지역의 경우에는 화재안전기준에 따른 소화수조 또는 저수조를 설치해야 한다.

가. 연면적 5천m² 이상인 것. 다만, 위험물 저장 및 처리 시설 중 가스시설, 지하가 중 터널 또는 지하구의 경우에는 제외한다.

나. 가스시설로서 지상에 노출된 탱크의 저장용량의 합계가 100톤 이상인 것

다. 자원순환 관련 시설 중 폐기물 재활용 시설 및 폐기물 처분 시설

(5) 소화활동설비

가. 제연설비 설치 대상

　① 문화 및 집회시설, 종교시설, 운동시설 중 무대부 바닥면적 200m² 이상인 경우에는 해당 무대부

　② 문화 및 집회시설 중 영화상영관으로서 수용인원 100명 이상인 경우에는 해당 영화상영관

　③ 지하층이나 무창층에 설치된 근린생활시설, 판매시설, 운수시설, 숙박시설, 위락시설, 의료시설, 노유자 시설 또는 창고 시설(물류터미널로 한정한다)로서 해당 용도로 사용되는 바닥면적의 합계가 1천m² 이상인 경우 해당 부분

　④ 운수시설 중 시외버스정류장, 철도 및 도시철도 시설, 공항시설 및 항만시설의 대기실 또는 휴게시설로서 지하층 또는 무창층의 바닥면적이 1천m² 이상인 경우에는 모든 것

⑤ 지하가(터널 제외)로서 연면적 1천m² 이상인 것

⑥ 지하가 중 예상 교통량, 경사도 등 터널의 특성을 고려하여 행정안전부령으로 정하는 터널

⑦ 특정소방대상물(갓복도형 아파트 등은 제외)에 부설된 특별피난계단, 비상용 승강기의 승강장 또는 피난용 승강기의 승강장

나. 연결송수관설비 설치 대상(위험물 저장 및 처리 시설 중 가스시설 및 지하구 제외)

① 층수가 5층 이상으로서 연면적 6천m² 이상인 경우에는 모든 층

② ①에 해당하지 않는 특정소방대상물로서 지하층을 포함하는 층수가 7층 이상인 경우에는 모든 층

③ ① 및 ②에 해당하지 않는 특정소방대상물로서 지하층의 층수가 3층 이상이고 지하층의 바닥면적의 합계가 1천m² 이상인 경우에는 모든 층

④ 지하가 중 터널로서 길이가 1천m 이상인 것

다. 연결살수설비 설치 대상(지하구 제외)

① 판매시설, 운수시설, 창고시설 중 물류터미널로서 해당 용도로 사용되는 부분의 바닥면적의 합계가 1천m² 이상인 경우에는 해당 시설

② 지하층(피난층으로 주된 출입구가 도로와 접한 경우는 제외한다)으로서 바닥면적의 합계가 150m² 이상인 경우에는 지하층의 모든 층. 다만, 「주택법 시행령」 제46조제1항에 따른 국민주택규모 이하인 아파트 등의 지하층(대피시설로 사용하는 것만 해당)과 교육연구시설 중 학교의 지하층의 경우에는 700m² 이상인 것으로 한다.

③ 가스시설 중 지상에 노출된 탱크의 용량이 30톤 이상인 탱크시설

④ ① 및 ②의 특정소방대상물에 부속된 연결통로

라. 비상콘센트설비 설치 대상(위험물 저장 및 처리 시설 중 가스시설 및 지하구 제외)

① 층수가 11층 이상인 특정소방대상물의 경우에는 11층 이상의 층

② 지하층의 층수가 3층 이상이고 지하층의 바닥면적의 합계가 1천m² 이상인 것은 지하층의 모든 층

③ 지하가 중 터널로서 길이가 500m 이상인 것

마. 무선통신보조설비 설치 대상(위험물 저장 및 처리 시설 중 가스시설은 제외한다)은 다음의 어느 하나에 해당하는 것으로 한다.

① 지하가(터널 제외)로서 연면적 1천m² 이상인 것

② 지하층의 바닥면적의 합계가 3천m² 이상인 것 또는 지하층의 층수가 3층 이상이고

   지하층의 바닥면적의 합계가 1천m² 이상인 것은 지하층의 모든 층
   ③ 지하가 중 터널로서 길이가 500m 이상인 것
   ④ 지하구 중 공동구
   ⑤ 층수가 30층 이상인 것으로서 16층 이상 부분의 모든 층
바. 연소방지설비는 지하구(전력 또는 통신사업용인 것만 해당한다)에 설치해야 한다.

CHAPTER 3 건축설비

3.1 급수 및 급탕설비

1. 급배수설비

(1) 급수원

① 종류
  ㉠ 상수 : 지표들로부터 상수원을 취수하여 취수 → 송수 → 정수 → 배수 → 급수의 과정을 거친다.
  ㉡ 정수 : 지하수를 뜻한다. 보통 철분 등의 불순물이 많아 사용목적에 따라 사용한다.

② 경도(hardness of water)
  ㉠ 물 속에 녹아 있는 마그네슘의 양에 대응하는 탄산칼슘($CaCO_3$)의 100만분율(ppm)로 환산하여 표시한 것
  ㉡ 유해물질 판정기준이며 음료용으로는 300ppm 이하가 적당하다.

(2) 급수설비

① 수도직결방식

  수도 본관에서 수도관을 이끌어 건축물 내의 소요 개소에 직접 급수하는 방식이다.
  ㉠ 정전 중에도 급수가 가능하다.
  ㉡ 설비비 및 유지관리비가 저렴하다.
  ㉢ 급수오염의 가능성이 가장 작다.
  ㉣ 소규모 건물에 적합하다.

② 고가수조방식(옥상탱크 방식)

  양수펌프로 고가 탱크까지 양수하여 낙차에 의한 수압으로 각 층에 수급하는 방식이다.

㉠ 안정적인 수압으로 급수할 수 있고 배관 부속품의 파손이 적다.
㉡ 저수량이 확보되므로 단수 후에도 일정시간 동안 급수가 가능하다.
㉢ 대규모 급수설비에 적합하다.
㉣ 저수조 안에서 물이 오염될 가능성이 있어 저수시간이 길어지면 수질이 나빠지기 쉽다.
㉤ 설비비, 경상비가 높고 구조설계가 까다롭다.

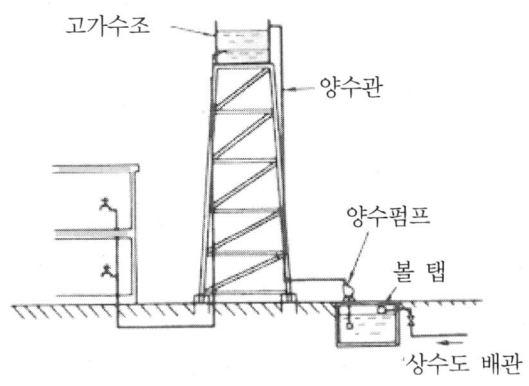

③ 압력탱크방식

수도 본관으로부터 최초 수조까지는 고가수조방식과 동일하지만 펌프로 압력탱크에 압입하여 이 압력으로 급수전까지 압송하는 방식이다.

㉠ 장점
  ⓐ 높은 곳에 탱크를 설치할 필요가 없으므로 건축구조를 강화할 필요가 없고 탱크의 설치 위치에 제한을 받지 않는다.
  ⓑ 고가시설이 필요하지 않으므로 건축물의 구조를 강화할 필요가 없다.
  ⓒ 부분적으로 고압을 필요로 하는 경우에 적합하다.

㉡ 단점
  ⓐ 최고, 최저 압의 차가 커서 급수압이 일정하지 않다.
  ⓑ 펌프의 양정이 길어서 시설비가 많이 든다.
  ⓒ 탱크는 압력에 견뎌야 하므로 제작비가 비싸다.
  ⓓ 저수량이 적어서 정전 시나 고장 시 급수가 중단된다.
  ⓔ 에어 컴프레서를 설치해서 때때로 공기를 공급해야 한다.
  ⓕ 취급이 간단하지 않으며 다른 방식에 비하여 고장이 잦다.

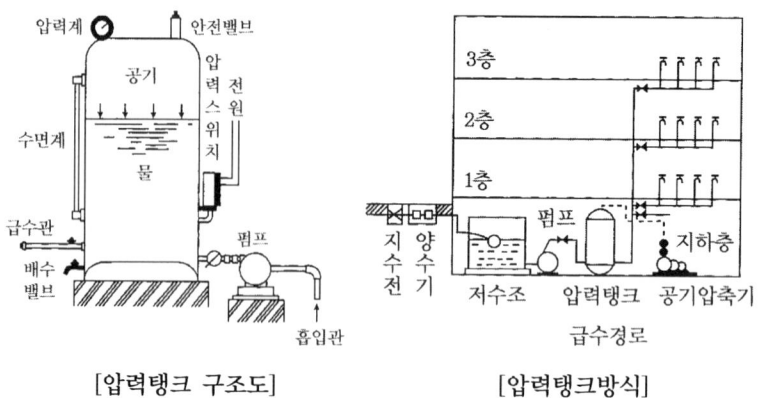

[압력탱크 구조도]   [압력탱크방식]

④ 펌프직송방식(tankless booster system)

수도 본관으로부터 인입관 등에 의해 물을 저수 탱크에 저수하여 급수 펌프만으로 건물 내의 소요 개소에 급수하는 방식으로 정속방식과 변속방식이 있다. 주택단지나 대규모 공장에 쓰인다.

㉠ 정속방식 : 여러 대의 펌프를 병렬로 설치하고 1대의 펌프를 항상 가동시켜 토출관의 압력변화 시 다른 펌프를 시동 또는 정지시킨다.

㉡ 변속방식 : 정속전동기와 변속장치를 조합하거나 또는 변속전동기를 사용하여 토출관의 압력변화를 감지하고 펌프의 회전수를 변화시킴으로써 양수량을 조절하는 방식이다.

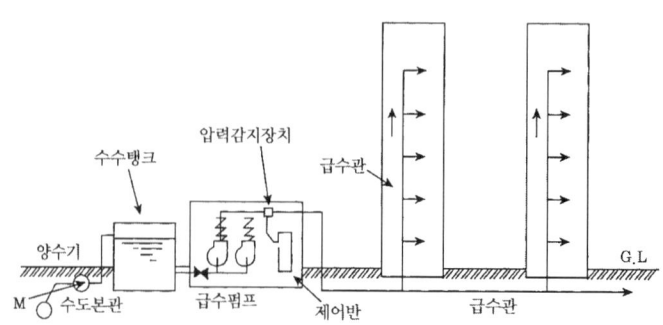

[탱크가 없는 부스터방식]

⑤ 초고층 건물의 급수방식

㉠ 고층 건물에 있어서는 최상층과 최하층의 수압차가 일정하지 않아 물을 사용하기가 곤란하다. 과대한 수압은 수격작용(water hammering)을 동반하고 그 결과 진동이 일어나 건물 내의 공해 요인이 되기도 한다. 그로 인해 급수계통을 건물의 상하층으

로 구분하여 급수압이 고르게 될 수 있도록 급수 조닝(zoning)을 할 필요가 있다.

ⓒ 조닝 방식에는 층별식, 중계식, 압력탱크방식, 조압펌프식, 감압밸브를 사용한 방식 등이 있다.

 **수격작용(water hammering)**

밸브를 닫을 때 순간적으로 압력이 상승하여 발생하는 음·진동이 밸브 배관을 손상시키는 현상. 수격작용을 방지하기 위해서는 밸브를 서서히 닫고 유속을 작게 하고 관경을 크게 해야 한다. 또한 밸브 근처에 공기실을 설치하는 것도 효과적인 방법이다.

(3) 대변기

① 하이 탱크 방식

  ㉠ 높은 곳에 세정탱크를 설치하고 급수관을 통하여 물을 채운 다음 이 물을 세정관을 통하여 변기에 사출하는 방식이다.

  ㉡ 바닥 점유면적은 작지만 소음이 크고 점검 및 보수가 불편하다.

  ㉢ 규격

   ⓐ 탱크용량 : 15L

   ⓑ 급수관의 관경 : 15mm

   ⓒ 세정관의 관경 : 32mm

   ⓓ 세정탱크 높이 : 1.9m 이상

② 로 탱크 방식

  ㉠ 하이 탱크방식에 비해 물의 사용량은 많지만 소음발생은 적다.

  ㉡ 탱크위치가 낮아서 고장이 나도 수리가 용이하고 단수 시에는 물을 공급하기가 편리하다.

  ㉢ 저압의 지역에서도 사용이 가능하다.

  ㉣ 규격

   ⓐ 급수관 관경 : 15mm

   ⓑ 세정관 관경 : 50mm

③ 세정밸브(플러시 밸브)식

  ㉠ 급수관에서 플러시 밸브를 거쳐 변기 급수구에 직결되고 플러시 밸브의 핸들을 작동함으로써 일정량의 물이 사출되어서 변기 내를 세정하는 방식이다.

  ㉡ 탱크가 필요 없어서 화장실을 넓게 사용할 수 있지만 소음은 크게 발생한다.

ⓒ 급수관은 최소 25mm가 되어야 하므로 일반 주택에서는 거의 사용하지 않고 주로 학교, 호텔, 사무소 등의 대규모 건축물에 적합하다.

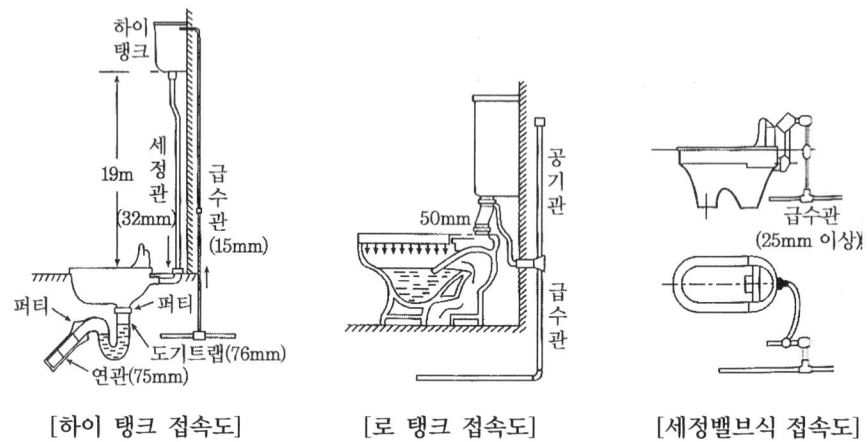

[하이 탱크 접속도]   [로 탱크 접속도]   [세정밸브식 접속도]

2. 급탕설비

(1) 개별식 급탕설비

① 특징

　㉠ 주택, 소규모 숙박시설, 작은 사무실 등에 적합한 방식이다.

　㉡ 배관 중의 열손실이 적은 편이며 비교적 시설비가 싸다.

　㉢ 급탕규모가 크면 가열기가 필요하므로 유지관리가 힘들다.

　㉣ 급탕개소마다 가열기 설치장소가 필요하며 값싼 연료를 쓰기가 곤란하다.

② 종류

　㉠ 순간 가열 방식(순간온수기)

　　ⓐ 급탕관의 일부를 가스나 전기로 가열시켜 직접 온수를 받는 방법이다.

　　ⓑ 배관길이는 9m 이하로 하며 장시간 연속 사용하는 경우 30m까지도 가능하다.

　　ⓒ 항상 적은 양의 온수를 필요로 하는 곳에 적합하다(주택, 미용실 등).

ⓛ 저탕식

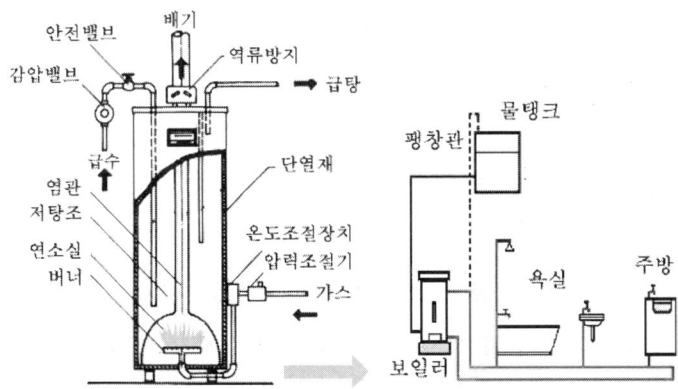

ⓐ 온수를 일시적으로 탱크 내에 저장했다가 필요 시 사용하는 방식이다.
ⓑ 일정량의 온수가 저장되어 있어 열손실이 발생한다.
ⓒ 온수의 공급량 및 범위 또는 공급개소가 비교적 많은 경우에 적합하다.
ⓓ 특정시간에 다량의 온수를 필요로 하는 대규모 주방, 고급주택, 체육관, 공장, 기숙사 등의 샤워장에서 사용된다.
ⓔ 배관에 의해 공급하는 경우 순환배관도 가능하므로, 순간식보다 규모가 큰 설비에 적합하다.

ⓒ 기수 혼합식

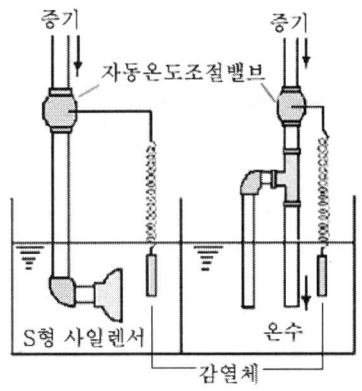

ⓐ 증기와 물을 혼합해서 온수를 만드는 방법으로, 증기를 직접 불어넣어 물을 가열하는 사일렌서 방식과 기수 혼합 밸브에 의해 증기와 물을 혼합하여 온수를 얻는 방

　　　　식이 있다.
　　　ⓑ 설비비용이 저렴한 편이고 설치가 간단하며 열효율이 높다.
　　　ⓒ 높은 증기압을 필요로 하며 스케일이 발생한다.
　　　ⓓ 물을 혼합할 때 소음이 발생되므로 설치 장소에 제한을 받는다.
　　　ⓔ 증기를 쉽게 얻을 수 있는 공장, 병원, 기숙사, 군부대 등에서 주로 사용된다.

(2) 중앙식 급탕설비

① 특징
　　㉠ 대규모 급탕방식으로 건물 전체에 걸쳐 온수를 공급하는 경우에 사용된다.
　　㉡ 기계실에 가열장치, 온수탱크, 순환펌프 등을 설치하고, 상향 또는 하향 등의 순환배관에 의해 필요한 장소에 온수를 공급하는 방식이다.
　　㉢ 저렴한 석탄, 등유, 중유, 증기 등을 열원으로 사용할 수 있다.
　　㉣ 열효율이 좋고 총 열량을 적게 할 수 있으며 관리가 용이하고 배관에 의해 어느 곳에서든 급탕할 수 있다.
　　㉤ 초기 설치비용이 크고 전문기술자가 필요하며 시공 후 기구증설로 인한 배관공사가 어렵다.
　　㉥ 입지 조건이나 이용자의 경향 등에 의해 극단적으로 동시 사용률이 높아지는 시기가 있어서 주의한다.
　　㉦ 정기적으로 저탕조나 배관을 70℃ 이상의 온수로 고온 살균하여 레지오넬라균 방지대책을 고려해야 한다.

② 종류
　　㉠ 직접 가열식
　　　ⓐ 온수보일러에서 저탕조를 거쳐 가열시킨 온수를 직접 각 층에 공급하는 방식이다.
　　　ⓑ 온수의 공급은 반탕관의 말단부에 순환펌프를 설치하여 순환시킨다.
　　　ⓒ 팽창관은 장치 안에서 발생하는 증기나 공기를 배출하여 물의 팽창에 의한 위험을 방지한다.

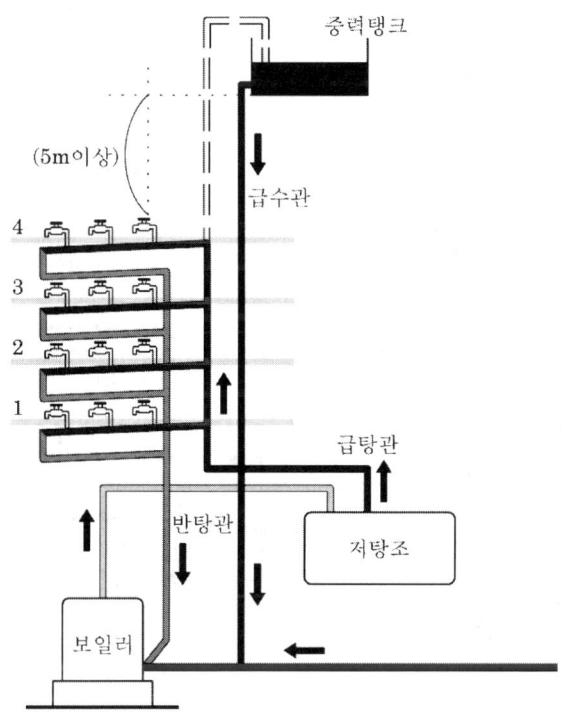

ⓓ 보일러에 새로운 물이 계속 보급되므로 불균일한 신축을 수반하며, 수질에 따라서는 보일러 내부에 스케일이 부착되어 열효율이 감소되고 보일러 부식에 의한 수명 단축과 파열의 위험이 있으므로 방식처리가 필요하다.

ⓔ 중압 또는 고압보일러가 사용되며, 보일러로의 급수는 중력탱크에 의한다. 중력탱크의 높이는 최상층의 수도꼭지에 충분한 수압을 주는 높이(5m 이상)로 한다.

ⓛ 간접 가열식

ⓐ 고온수나 증기를 이용하여 저탕조 내에 통과시켜 물을 간접 가열하는 방식이다.

ⓑ 증기나 고온수가 반복 순환하므로 보일러 내부의 스케일 발생이 적고 전열효율이 높다.

ⓒ 건물높이에 관계없이 저압보일러를 사용한다(가열코일 증기압 : 0.3~1kg/cm^2).

ⓓ 공조 설비와 병용이므로 열원단가가 낮아지고 시설비가 절약되며 유지관리상 편리하다.

ⓔ 난방과 급탕 보일러를 개별 설치할 필요가 없으며 호텔, 사무소, 병원, 아파트 등 대규모 건물에 쓰인다.

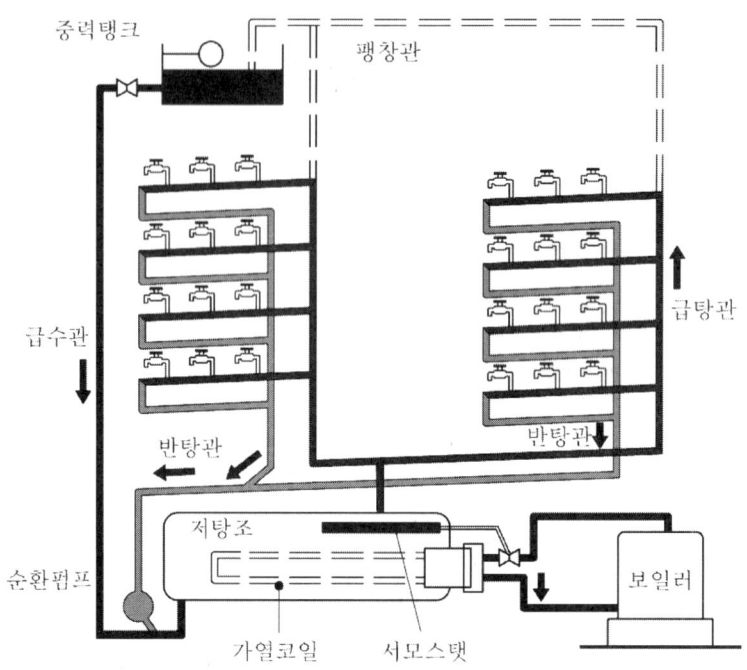

스케일(scale)

보일러 내부의 물 속 용해 고형물이 고온의 보일러 내에서 점차 농축, 축적되어 여러 가지의 화학적 또는 물리적 작용을 받아 결정을 석출하고, 이것이 전열면의 보일러 내면에 부착하여 굳어진 것을 말한다. 보일러의 열효율을 떨어뜨리고 부품의 수명을 단축시킨다.

(3) 급탕배관 설계

① 기본사항

㉠ 급탕온도 : 60~70℃

㉡ 사무용 건물의 1인당 하루 급탕량 : 7.5~11.5L/dc

② 배관방식

㉠ 단관식

ⓐ 온수를 급탕전까지 운반하는 배관을 단관으로만 설치한 것이다.

ⓑ 순환관이 없어서 순환하지 못한다. 소규모 건물에 적합하다.

㉡ 순환식(2관 혹은 복관식)

ⓐ 급탕관의 길이가 길 때 관내 온수의 냉각을 방지하기 위해 보일러에 급탕전까지의 공급관과 순환관을 배관하는 방식

ⓑ 대규모 건물에 적합하다.
ⓒ 순환의 방식
ⓐ 중력식 : 물의 온도차에 의한 밀도 차이로 자연 순환시키는 방식
ⓑ 강제식 : 순환펌프를 이용해서 강제적으로 온수를 순환시키는 방식
③ 배관 시공
㉠ 급탕관의 관경
ⓐ 최소 25A(mm) 이상
ⓑ 급수관경보다 한 단계 큰 치수의 관을 사용한다.
ⓒ 반탕관(최소 25A 이상)은 온도상승으로 인해 물의 부피가 증가하므로 급탕관보다 작은 치수를 사용한다.
㉡ 배관의 구배
ⓐ 중력순환식 : 1/150 이상
ⓑ 강제순환식 : 1/200 이상

3. 배수설비

(1) 배수의 종류

분류	특징
오수	배설물을 포함한 배수로 대변기, 소변기, 비데 등을 통한 배수
잡배수	세면기, 욕조, 싱크, 세탁 등에 의한 일반 배수
우수	옥상 및 마당에 떨어지는 빗물 배수
특수배수	공장, 병원, 방사선 시설 등의 배수

(2) 트랩

배수 계통 중 일부분에 물을 저수하여 물은 통하지만 공기나 가스를 제한함과 동시에 악취, 벌레 등이 실내로 침투하지 못하게 하는 기구를 뜻한다.

① 봉수
㉠ 하수관으로부터의 악취와 유독가스 및 해충의 침입을 막는다.
㉡ 봉수깊이 : 50~100mm

② 트랩의 종류
  ㉠ S트랩
    ⓐ 세면기, 대·소변기에 부착하여 바닥 밑의 배수 수평지관에 접속하여 사용한다.
    ⓑ 사이펀 작용을 일으키기 쉬운 형태로 봉수가 쉽게 파괴된다.
  ㉡ P트랩
    ⓐ 배수 수직지관에 접속하고 위생기구에 가장 많이 사용하며 봉수가 S트랩보다 안전하다.
  ㉢ U트랩
    ⓐ 가옥 배수, 메인 트랩이라고도 한다.
    ⓑ 배수 횡주관 도중에 설치하여 공공하수관의 하수 가스 역류 방지용으로 사용한다.
    ⓒ 수평배수관 도중에 설치할 경우 유속을 저해하는 단점이 있다.
  ㉣ 기타
    ⓐ 드럼 트랩 : 주방 싱크의 배수용 트랩으로 봉수가 잘 파괴되지 않으며 청소가 용이하다.
    ⓑ 벨 트랩 : 욕실 등의 바닥 배수용 트랩
    ⓒ 그리스 트랩 : 호텔이나 대규모 식당의 주방과 같이 기름기가 많이 발생하는 배수에서 기름기를 제거한다.
    ⓓ 가솔린 트랩 : 정비소, 세차장 등에서 사용한다.
    ⓔ 플라스터 트랩 : 치과 기공실, 정형외과 깁스실에서 사용한다.
    ⓕ 헤어 트랩 : 미용실, 이발소에서 머리카락을 걸러낸다.
    ⓖ 개러지 트랩 : 차고 내의 바닥 배수용
③ 봉수의 파괴 원인
  ㉠ 자기사이펀 작용 : 배수가 관 속을 가득 채워서 흐를 때 트랩 내 봉수가 모두 배수관 쪽으로 흡인되어 배출하는 현상으로 S트랩에서 특히 많이 발생한다.
  ㉡ 유인사이펀 작용 : 상층 배수입관에서 다량의 물이 일시에 낙하할 때 상층 기구의 봉수가 함께 딸려가는 현상
  ㉢ 분출작용 : 수평지관 또는 수지관 내를 일시에 다량의 배수가 흘러내리는 경우 그 물 덩어리가 일종의 피스톤 작용을 일으켜 공기의 압력에 의해 배수관 저층부의 기구에서 역으로 실내 쪽으로 역류시키는 현상을 말한다.

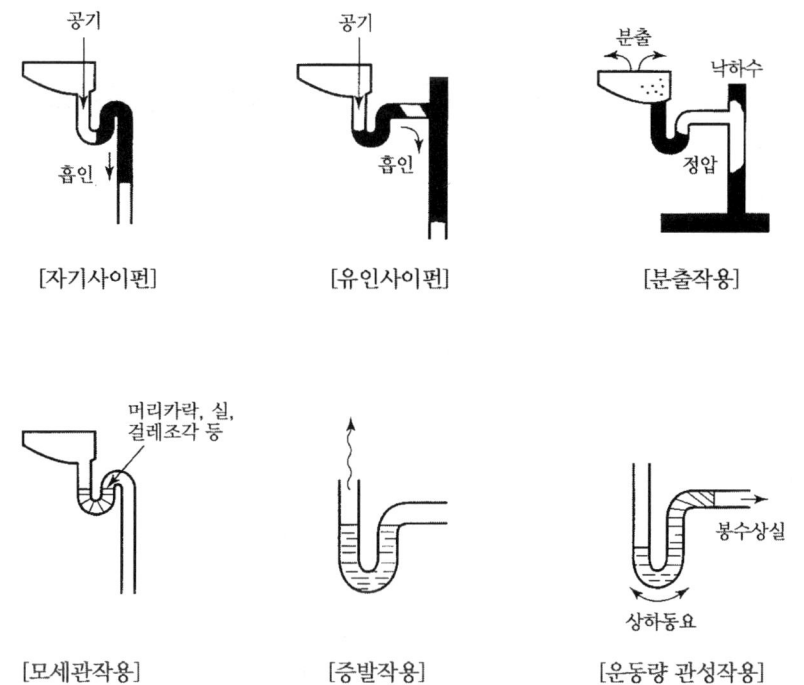

ⓔ 모세관현상 : 트랩의 오버플로관 부분에 머리카락, 설레의 실 등이 걸려 아래로 늘어뜨려져 있으면 모세관 작용으로 봉수가 서서히 흘러내려 말라버리는 현상이다. 불순물을 정기적으로 제거하여 이를 방지한다.

ⓜ 증발 : 위생기구를 장시간 사용하지 않아서 봉수가 증발하는 것을 말한다. 장기간 건물을 비우거나 청소를 오랫동안 하지 않은 곳에서 주로 발생한다. 기름을 조금 떨어뜨려 놓으면 방지된다.

ⓗ 운동량에 의한 관성 : 위생기구의 물을 갑자기 배수하는 경우 또는 강풍 등의 원인으로 배관 중에 급격한 압력변화가 일어났을 때 봉수가 배출되는 현상이다. 격자쇠를 설치하여 이를 방지한다.

(3) 배수관 설계
① 표준구배 : 1/50~1/100

② 배관 관경

기구	관경(mm)	기구	관경(mm)
음수기	32	샤워	50
세면기	32	공동목욕탕	75
대변기	75	요리수채(주택)	40
벽걸이 소변기	40	요리수채(영업)	50
비데	40	조합수채	40
오물수채	75	세탁수채	40
욕조	40	청소용 수채	50

③ 간접배수

㉠ 식료품·음료수·소독물 등을 저장하거나 취급하는 기기에서 배수관이 일반배수관에 직결되어 있으면, 배수관 내 흐름이 나빠지거나 막히게 되는 경우 오물이나 유해가스가 역류하여 이들 기기를 오염시킬 우려가 있다.

㉡ 이것을 방지하기 위해서는 이들 기기의 배수관은 일반배수계통에 직결하지 않고 일단 대기 중에 적절한 공간을 띄우고 물받이 용기(hopper)에 배수를 받은 다음 일반배수관에 접속해야 한다.

㉢ 이와 같은 방식을 간접배수(indirect waste)라 하며, 그 공간을 배수구 공간(drain outlet)이라 한다.

㉣ 간접배수를 필요로 하는 기기·장치 등

구분	기기·장치 명칭	
서비스용 기기	음료용	음수기, 음료용 냉수기, 급차기, 정수기
	냉장용	냉장고, 냉동고, 그 밖의 식품냉장·냉동기기
	주방용	박피기, 세미기, 제빙기, 식기세척기, 소독기, 조리용 싱크 등
	세탁기	세탁기, 탈수기
의료·연구용 기기		증류수장치, 멸균수장치, 멸균기, 멸균장치, 소독기, 세척기 등
수영풀		풀 자체의 배수, 오버플로 배수, 여과장치 역세수 주변 보도의 바닥배수
분수지		분수지 자체의 배수, 오버플로 배수, 여과장치 역세수

구분	기기·장치 명칭
배관·장치의 배수	저수조·팽창수조의 오버플로 및 배수 기기의 이슬받이 배수 상수·급탕·음료용 냉수펌프 상수·급탕·음료용 냉수계통의 물빼기 압력수조용 배출밸브 및 저탕조로부터의 배수 소화전 계통 및 스프링클러 계통의 물빼기 공기조화기기의 배수 냉동기, 냉각기, 열매로서 물을 사용하는 장치, 물재킷의 배수 상수용 수처리장치의 배수
온수계통 등의 배수	저탕조로부터의 배수 보일러, 열교환기 및 증기관 트랩 등의 배수

④ 설계·시공 시 주의사항

㉠ 통기, 배수 수직주관은 파이프 샤프트 내에 배관하고 변기는 되도록 수직관 가까이에 설치한다.

㉡ 배수배관은 점검 및 수리 시 배관 굴곡부나 분기점에 반드시 청소구를 설치한다.

㉢ 통기관은 넘침관까지 올려 세운 다음 배수수직관에 접속한다.

㉣ 2중 트랩이 되지 않게 배관해야 하며 기구 배수관의 곡관부에 다른 배관을 접속하지 않는다.

㉤ 드럼 트랩 등 트랩의 청소구를 열었을 때 하수 가스가 누설되지 않게 배관한다.

(4) 통기관

① 목적

㉠ 트랩의 봉수를 보호하고 배수의 흐름을 원활하게 한다.

㉡ 관내 수압을 일정하게 하고 관내 청결을 유지한다.

② 종류

㉠ 각개 통기관

ⓐ 각 위생기구마다 하나씩 통기관을 설치하는 가장 이상적 통기방식

ⓑ 자기사이펀의 경우에는 각개 통기방식 외에는 방지가 어렵다.

ⓒ 경제성이 낮고 시공이 어렵다.

ⓓ 관경은 최소 32mm 이상으로 하며 접속되는 배수관 구경의 1/2 이상으로 한다.

ⓒ 루프 통기관

    ⓐ 2~8개의 기구조를 일괄 통기하는 통기관으로 수직관에 접속하는 것은 회로 통기관, 신정 통기관에 접속하는 것은 환상 통기관이라 한다.

    ⓑ 관경은 40mm 이상, 배수수평지관과 통기수직관 중에서 작은 쪽 1/2 이상으로 한다.

    ⓒ 감당하는 수기구는 8개 이내로 한다.

ⓒ 신정 통기관

    ⓐ 최상층의 배수 수평지관이 배수 수직관에 연결된 통기관으로 옥상 등에 돌출시킨다.

    ⓑ 관경은 최소 75mm 이상으로 하며, 배수수직관의 관경보다 작게 해서는 안 된다.

ⓒ 도피 통기관

    ⓐ 환상 통기배관에서 통기 능률을 촉진시키기 위한 통기관

    ⓑ 관경은 최소 32mm 이상, 또는 접속하는 배수관 관경의 1/2 이상으로 한다.

ⓒ 결합 통기관

    ⓐ 고층 건물의 배수 수직관과 통기 수직주관을 접속하는 통기관

    ⓑ 5개층마다 설치해서 배수 수직주관의 통기를 촉진한다.

    ⓒ 관경은 최소 50mm 이상으로 하며, 통기수직관과 배수수직관 중에서 작은 것 이상으로 한다.

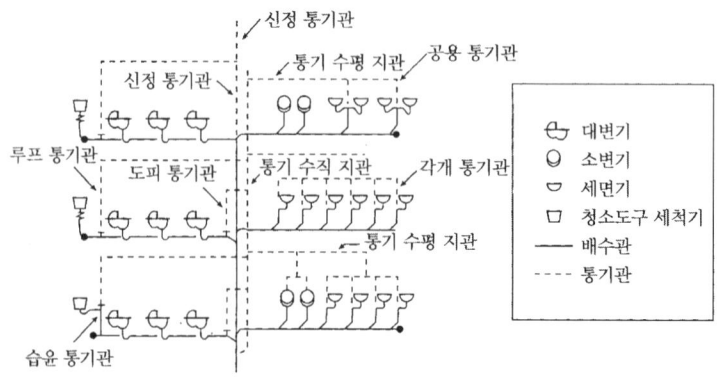

[통기관 계통도]

(5) 오수설비

① 정화순서

    오물 유입 → 부패조 → 산화조 → 소독조 → 방류

② 정화조의 성능

BOD(Bio-chemical Oxygen Demand, 생물학적 산소 요구량) 제거율

$$= \frac{\text{유입수 BOD} - \text{유출수 BOD}}{\text{유입수 BOD}} \times 100\%$$

③ 단계별 구조

부패조	• 부패조와 예비여과조를 조합하여 구성한다. • 혐기성균이 오물을 소화시킨다. • 부패조는 뚜껑으로 밀폐시킨다. • 오수 저유 깊이는 1~3m로 한다. • 부패조 유효용량은 유입 오수량 이틀분으로 한다.
여과조	• 내부 하단에 철근콘크리트 봉을 3cm 간격으로 설치한다. • 깬자갈을 얹어놓아 잘 걸리도록 한다. • 오수는 아래에서 위로 흐른다. • 쇄석층의 깊이는 1/2 정도로 한다. • 쇄석층의 윗면층은 오수면보다 10cm 낮게 한다.
산화조	• 호기성균에 의해 산화처리시킨다. • 쇄석층의 두께는 90cm 이상으로 한다 • 살수홈통 밑면과 정화조 바닥과의 간격 10cm 이상 • 쇄석받이 밑면과 정화조 바닥과의 간격 10cm 이상 • 배기관 높이는 지상 3m 이상으로 한다. • 산화조의 밑면은 소독조를 향하고 구배는 1/100 이상
소독조	• 소독액은 염소산나트륨, 염소산소다를 사용한다. • 약액조의 용량은 25L 이상(10일분 이상)으로 한다. • 산화조에서 나오는 각종 세균(대장균)을 멸균한다. • 주철제 뚜껑으로 덮고 신선한 외기를 산화조 아래로 보낸다.

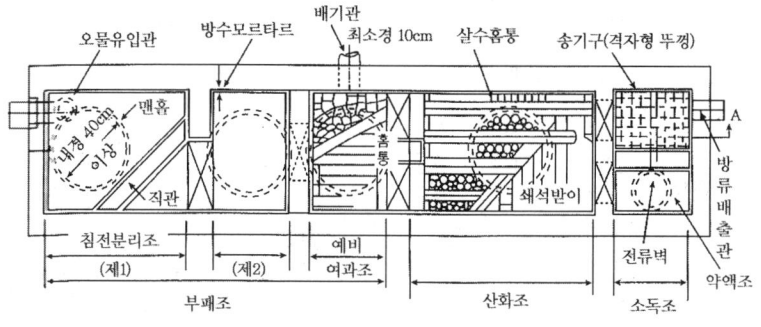

[정화조 평면도]

3.2 공기조화설비 및 기타 설비

1. 공기조화설비

실내 혹은 특정 공간의 공기를 적당하게 조정하여 온도, 습도, 기류 등 열적 환경 외에 먼지, 냄새, 유독가스, 박테리아 등의 질적 환경에 있어서도 쾌적한 조건을 유지하는 설비를 의미한다.

(1) 전공기식

공기 조화기로 냉·온풍을 만들어 덕트를 통해 송풍하는 방식이다.

① 단일덕트식

  ㉠ 냉난방 시 필요한 전 송풍량을 1개의 덕트로 분배한다.
  ㉡ 외기의 취입이나 중간기의 환기에 적합하며, 설치비가 저렴하고 관리 및 보수가 용이하다.
  ㉢ 천장 속 덕트 공간이 많이 차지하며 각 실, 각 층의 온도조절이 곤란하다.
  ㉣ 바닥 면적이 넓고 천장이 높은 극장, 공장 등의 중·소규모 건물에 적합하다.
  ㉤ 종류
    ⓐ 정풍량 방식 : 조절장치가 없이 공기 조화기에서 만들어진 공기를 같은 양으로 분배하는 방식. 송풍량이 일정하고 열 부하에 따라서 송풍 온습도를 변화시켜 온습도를 조절한다.
    ⓑ 가변풍량 방식 : 덕트의 관 끝에 VAT 터미널 유닛을 삽입하여 공기 온도는 일정하지만 송풍량을 실내 부하에 따라서 조절하는 방식이다.

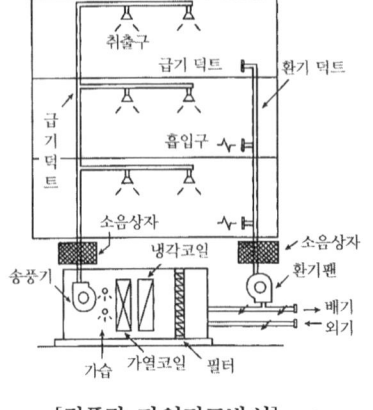

[정풍량 단일덕트방식]

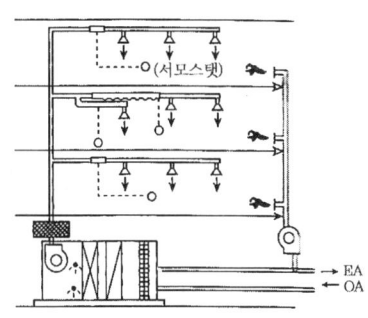

[가변풍량방식]

② 이중덕트 방식
　㉠ 온·냉풍을 각각 별개의 덕트로 보내고 각 실의 분출구에 설치된 혼합박스로 조절하여 배출하는 방식이다.
　㉡ 실별 조절이 가능하므로 온도 변화에 대응이 빠르고 냉난방이 동시에 가능하여 계절마다 전환이 필요하지 않다.
　㉢ 설비, 운전비가 비싸며 에너지 소비가 가장 큰 방식이다.
　㉣ 혼합 상자에서 소음과 진동이 생기며 단일덕트식보다 공간을 더 크게 차지한다.
　㉤ 고층 건물, 연면적이 큰 건축물에 적합하다.

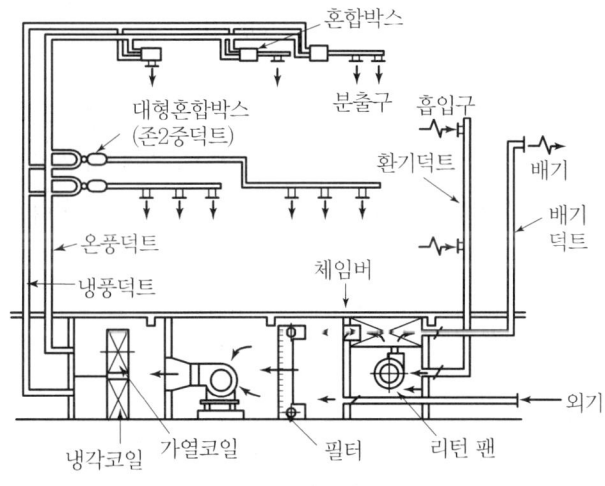

[2중 덕트방식]

③ 멀티존 유닛방식
　㉠ 냉·온풍을 만들어 각 지역별로 혼합한 후 각각의 덕트에 보내는 방식
　㉡ 배관 조절장치를 한 곳에 집중하며 여름과 겨울의 냉난방 시 에너지 혼합 손실이 적다.
　㉢ 다른 방식에 비해 냉동부하가 증가하며 중간기에는 혼합 손실이 생겨 에너지 손실이 크다.
　㉣ 중간 규모 이하의 건물에 적합하다.

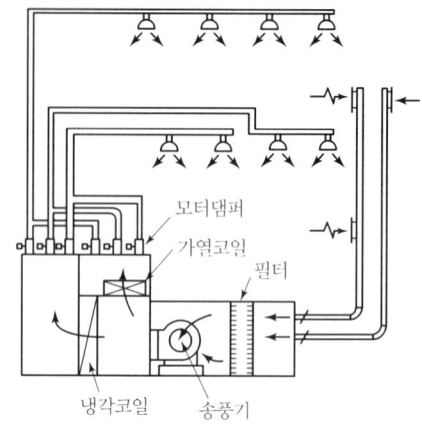

[멀티존 유닛방식]

(2) 수공기식

1차 공기조화기가 외기 및 환기를 처리한 다음 덕트로 방에 송풍하고, 실내의 2차 공기조화기에서는 냉·온수가 송입되어 실내공기를 재처리하는 방식이다.

① 각층 유닛방식
  ㉠ 각 층, 각 구역마다 공기조화 유닛을 설치하는 방식
  ㉡ 층 또는 구역별로 조건이 다른 건물에 사용되며 전공기식보다 덕트 공간을 좁힐 수 있는 이점이 있다.
  ㉢ 공기 조화기의 수가 많아지므로 기계가 점하는 면적, 설비비, 보수관리가 복잡해지는 단점이 있다.

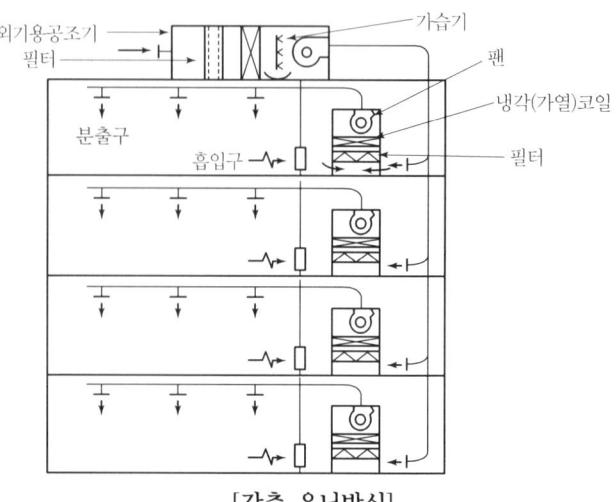

[각층 유닛방식]

각층 유닛방식은 개별 유닛의 처리방식에 따라 전공기식으로 분류될 수도 있다.

② 유인 유닛방식
  ㉠ 1차 공조기로부터 조화한 공기를 고속덕트를 통해 각 유닛에 송풍하면 1차 공기가 유인 유닛 속의 노즐을 통과할 때에 유인작용을 일으켜 실내공기를 2차 공기로 하여 유인한다.
  ㉡ 유인된 실내공기는 유닛 속 코일에 의해 냉각 또는 가열된 후 2차의 혼합공기로 되어 실내로 송풍된다.
  ㉢ 각 유닛마다 개별 제어가 가능하고 고속덕트를 사용하므로 덕트 공간을 작게 할 수 있다.
  ㉣ 실내 환경 변화에 대응이 용이하고 회전부가 없어 동력배선이 필요 없다.
  ㉤ 각 유닛마다 수배관을 설치하므로 누수의 염려가 있고 냉각 가열을 동시에 하는 경우 혼합손실이 발생한다.
  ㉥ 유인 성능 및 공간 문제 등으로 고성능 필터의 사용이 곤란하고 송풍량이 적어서 외기냉방의 효과가 적다.

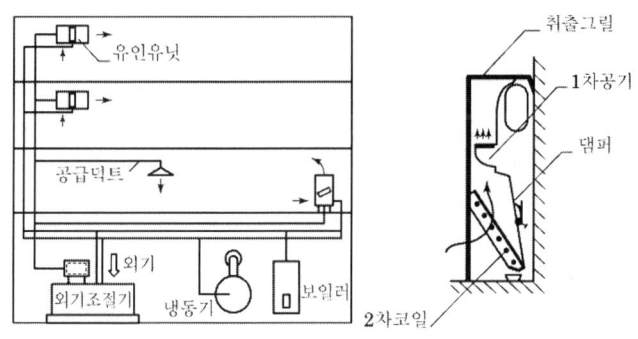

[유인 유닛방식]

(3) 전수식

덕트를 쓰지 않고 배관에 의해 냉·온수가 동시 또는 단독으로 실내에 처리된 유닛 속에 보내져서 방의 공기를 처리하는 방식이다.

① 팬코일 유닛
  ㉠ 소형 송풍기와 냉·온수 코일 및 필터 등을 구비한 소형 공조기를 각 실에 설치하여

중앙기계실로부터 냉·온수를 공급하여 공기조화를 하는 방식이다.

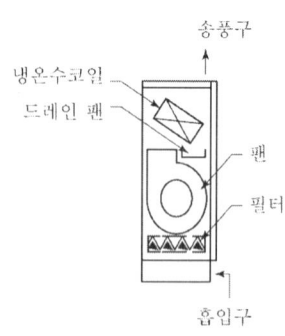

ⓒ 외기 공급별 분류
  ⓐ 실내공기 순환식 : 재실인원이 적은 경우 팬코일 유닛에 실내공기를 순환시켜 냉각 또는 가열한다.
  ⓑ 외기 도입식 : 팬코일 유닛이 설치된 벽을 통해 외기를 직접 도입하여 실내 환기와 혼합·냉각 또는 가열하여 취출한다.
  ⓒ 덕트병용 방식 : 중앙 공조기의 1차 공조기에서 외기를 조화하여 덕트를 통해 각 실로 공급하며 실내 유닛인 팬코일 유닛으로 실내 공기를 조화한다. 이 경우는 수공기식으로 볼 수 있다.
ⓒ 특징
  ⓐ 외주부의 창문 밑에 설치하면 콜드 드래프트를 방지할 수 있지만 수배관 누수의 염려가 있다.
  ⓑ 각 실별 제어가 가능하므로 부분부하가 많은 건물에서 경제적 운전이 가능하다.
  ⓒ 다수 유닛의 분산으로 관리가 어렵다.
  ⓓ 호텔 객실, 아파트처럼 여러 실로 나뉘어진 건축물에 적합하며 영화관과 같이 넓은 공간에는 부적합하다.
② 복사 냉난방 방식
건물 바닥 또는 벽 등의 구조체 내에 파이프 코일을 설치하고 냉·온수를 통하게 하여 냉난방하는 방식이다. 난방 쾌감도는 높지만 설비비용이 높고 보수가 까다롭다.

(4) 냉매식

송풍덕트나 냉·온수 배관이 없이 현장에서 냉매배관으로 실내공기를 직접 처리하는 방식이다. 대표적으로 패키지 유닛방식이 있으며, 냉동기를 내장한 공조기를 설치한 방식이다.

현장설치가 간단하고 공기가 짧아 설비비가 적게 드나 실내의 소음이 크다.

(5) 덕트

① 배치방식

개별덕트식	취출구마다 단독 설치. 풍량 조절 용이. 비용 및 점유공간 증가
간선덕트식	가장 간단한 방식. 비용 저렴. 점유 공간 절감
환상덕트식	덕트 끝을 연결하여 루프를 만드는 형식

② 송풍기
  ㉠ 후곡형 : 블레이드의 끝이 회전방향의 뒤쪽으로 굽은 형태로 그림과 같이 날개가 곡선으로 된 것과 직선으로 된 것이 있다. 효율이 높고 고속에서도 비교적 정숙한 운전을 할 수 있는 것으로 터보형 팬에 적용된다.
  ㉡ 다익형(원심형) : 블레이드 끝이 회전방향으로 굽은 전곡형으로 동일 용량에 대해서 다른 형식에 비해 회전수가 적다. 송풍기 크기가 작은 팬코일 유닛(FCU) 등에 적합하며, 저속 덕트용으로 쓰인다.
  ㉢ 익형 : 후곡형과 다익형을 개량한 것으로 박판을 접어서 유선형의 날개를 형성한 에어포일과 날개를 S자 모양으로 구부린 리미트로드 팬이 있다. 에어포일은 고속회전이 가능하며 소음이 작다. 리미트로드 팬은 풍량이 증가하면 과열되는 다익형을 보완한 것이다.

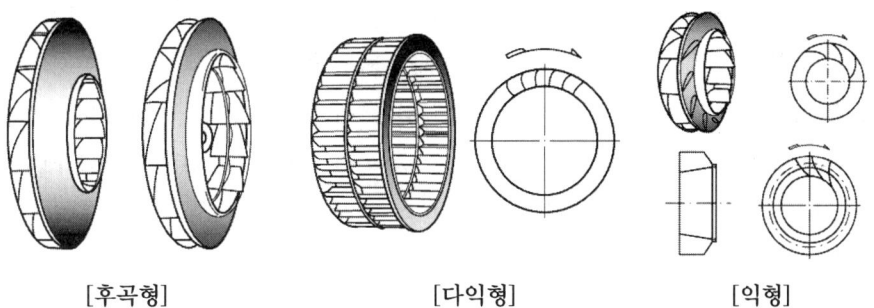

[후곡형]   [다익형]   [익형]

  ㉣ 방사형 : 블레이드가 방사형으로 평판형과 전곡형이 있다. 방사형은 자기청소(self cleaning)의 특성이 있어서 시멘트 공장과 같이 분진의 누적이 심하여 송풍기 날개의 손상이 우려되는 공장용 송풍기에 적합하다. 그러나 효율이나 소음면에서는 성능이 나쁘다.

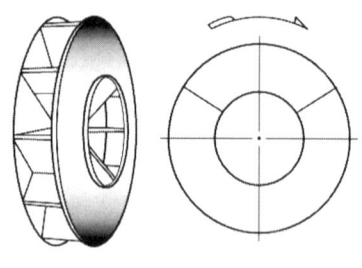 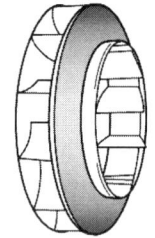 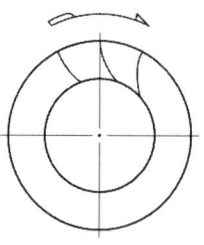

[평판형]　　　　　　　　　　　[전곡형]

　　ⓒ 관류형 : 원통 모양의 케이싱에 전동기를 직결한 날개 바퀴를 내장한 것으로, 공기는 원심력으로 내보내고 원통 내벽을 따라 방향을 바꿔 축방향으로 흐른다. 옥상형 환기선 등에 사용되고 있다.

　　ⓑ 축류형 : 관 모양의 하우징(housing) 내에 송풍기가 들어 있어서 덕트 도중에 설치하여 송풍압력을 높이거나 국소 통기 또는 대형 냉각탑 등에 쓰인다.

③ 취출구

　　덕트로부터 실내로 공기를 취출하는 부분의 기구를 뜻한다.

　　㉠ 노즐형 : 주로 공장이나 방송 스튜디오 등에서 사용되는 것으로 고속으로 넓은 공간에 취출될 수 있다. 취출속도는 10~15m/s 정도로 사용 시 소음이 작다.

　　㉡ 베인 격자형 : 벽에 설치되는 격자형 취출구로서 기류의 방향을 조정하는 가동베인과 고정베인형이 있다. 풍량을 조정할 수 있는 댐퍼가 조합된 것은 레지스터(register)라 하고, 댐퍼가 없는 것은 그릴(grille)이라 한다.

　　㉢ 아네모스탯형 : 여러 개의 뿔형 날개로 구성되어 있는 것으로 1차 공기에 의한 2차 공기의 유인성능이 좋고 풍속의 조절범위가 넓고 유도비가 높아 취출풍속이 크다. 확산반경이 크고 도달거리가 짧기 때문에 천장 취출구로 많이 사용된다.

　　㉣ 브리즈 라인형 : 길이가 1~2m, 폭이 약 50mm인 가늘고 긴 선형의 취출구이며, 천장에 설치하여 기류를 수직으로 하강시키고, 속 날개를 경사시키면 기류에 약간의 각도가 만들어진다.

④ 풍량제어 방식

회전수 제어	송풍기의 회전수를 조정하여 풍량을 변화시켜 덕트 내부 정압을 설정치 내로 유지하고, 유닛의 작동을 원활하게 한다. 축동력이 대폭 감소되는 방식
토출댐퍼 제어	가장 일반적이며 비용도 적게 들고 다익형이나 소형 송풍기에 적합한 방식. 계획 풍량에 얼마간의 여유를 계산해 놓고, 실제 사용 시에 댐퍼를 조정해서 소정 풍량으로 조절하며 사용할 수 있다.
흡입베인 제어	송풍기의 케이스 흡입구에 붙인 가변날개에 의해서 풍량을 조절하는 방법. 풍량이 큰 범위에서는 송풍기의 회전을 변경시키는 방법보다 효율이 좋다. 오히려 더 경제적이나 다익형 송풍기에는 별로 효과가 없고 한정 부하 팬, 터보 팬에서는 효과가 좋다. 이 제어는 수동으로 되나 온도, 습도에 따라서 자동으로 조절할 수 있다.
흡입댐퍼 제어	토출압은 흡입 댐퍼의 조정에 따라서 감소하고, 흡입압의 강화에 의해 가스비중이 감소한 비율만큼 동력도 작아지므로 일반 공조용의 송풍기와 같이 저압인 경우에는 거의 그 영향을 받지 않는다.

- 축동력 소요 : 토출댐퍼제어 > 흡입댐퍼제어 > 흡입베인제어 > 회전수제어
- 동력 절감률 : 회전수제어 > 흡입베인제어 > 흡입댐퍼제어 > 토출댐퍼제어

⑤ 덕트의 송풍량 계산

송풍량 $Q = \dfrac{q_s}{\gamma \cdot C \cdot \Delta T}$

여기서, q_s : 현열부하, γ : 비중, C : 비열, ΔT : 온도변화

A실의 냉방부하를 계산한 결과 현열부하가 8000W이다. 취출공기온도를 18℃로 할 경우 송풍량은? (단, 실온은 26℃, 공기의 밀도는 1.2kg/m³, 공기의 비열은 1.01kJ/kg·K이다.) [2013년 9월 출제]
① 약 825m³/h ② 약 1560m³/h ③ 약 2970m³/h ④ 약 4340m³/h
[풀이] ※ 1W=1J/s이므로 8000W=8kJ/s이며 각 답안의 단위가 시간당 송풍량이므로 3600초를 곱한다.

송풍량 $Q = \dfrac{q_s}{\gamma \cdot C \cdot \Delta T}$

$= \dfrac{8\text{kJ/s} \times 3600\text{s}}{1.2\text{kg/m}^3 \times 1.01\text{kJ/kg} \cdot \text{k} \times (26-18)} =$ 약 2970m³/h

여기서, q_s : 현열부하, γ : 비중, C : 비열, ΔT : 온도변화

2. 난방설비 및 전기설비

(1) 난방설비

① 증기난방

㉠ 수증기의 잠열로 난방하는 방식. 응축수는 환수관을 통하여 보일러에 환수된다.

㉡ 열의 운반능력이 크고 예열시간이 짧으며 방열면적이 작은 반면 비용이 저렴해서 경제적이다.

㉢ 난방 쾌감도가 낮고, 방열량 조절이 곤란하고 소음이 발생하며 보일러 취급에 기술을 요한다.

㉣ 학교, 사무실, 공장 등 대규모 공간에 사용한다.

㉤ 배관 방식에 의한 분류

　ⓐ 단관식 : 증기와 응축수가 동일배관에서 서로 역류

　ⓑ 복관식 : 증기관과 환수관을 각각 설치

㉥ 응축수 환수에 따른 분류

　ⓐ 중력 환수식 : 환수관이 약 1/100 정도의 선하향 구배로 되어 있어서 응축수 무게에 의한 고저차로 환수되는 방식

　ⓑ 기계 환수식 : 중력에 의하여 응축수를 탱크까지 환수시킨 후 응축수 펌프를 사용하여 보일러에 환수되는 방식

　ⓒ 진공 환수식 : 환수관 끝에 진공 펌프를 설치하여 장치 내의 공기를 제거하면서 펌프에 의해 보일러로 환수된다.

② 온수난방

㉠ 현열을 이용한 난방으로 가열 온수를 복관식 혹은 단관식 배관을 통하여 방열기에 공급한다.

㉡ 온도와 온수량 조절이 용이하고 방열기 표면온도가 낮으며 보일러 취급이 용이하고 안전한 편이다.

㉢ 증기난방에 비해 예열시간이 길고 방열면적과 배관이 커서 설비비용이 크다.

㉣ 동결의 우려가 크며 온수 순환시간이 길다.

㉤ 역환수식(Reverse Return) 배관법

　ⓐ 온수난방이나 급탕의 배관 시 공급관과 환수관의 길이를 거의 같게 하여 온수의 순환 시 유량을 균등하게 분배하기 위해 사용하는 배관법이다.

ⓑ 배관 공간을 많이 차지하고, 배관비가 많이 든다.
　ⓗ 리턴 콕 : 온수방열기의 환수밸브로 온수의 유량을 조절한다.
③ 복사난방
　㉠ 바닥 등의 구조체에 동관, 강관 등으로 코일을 배관하여 가열면을 형성하여 난방하는 방식이다.
　㉡ 온도분포가 균등하고 먼지상승을 억제하여 쾌감도가 높다.
　㉢ 방열기가 필요 없고 바닥면의 이용도가 높다.
　㉣ 표면 균열 및 매설배관 이상 시 수리 등의 변경이 곤란하고, 특수 시공을 해야 한다.
　㉤ 열손실을 막기 위한 단열층이 필요하다.
④ 온풍난방
　㉠ 가열한 공기를 직접 실내로 송풍하는 방식이다.
　㉡ 설비비용이 낮고 설비면적이 작으며 열용량이 작고 예열시간이 짧다.
　㉢ 설치가 쉽고 보수관리가 용이하며 자동 운전이 가능하다.
　㉣ 소음이 크고 쾌감도가 나쁜 편이며 풍량이 작을 시 상·하 온도 분포가 고르지 않다.
⑤ 지역난방
　㉠ 광범위한 지역을 1개 또는 몇 개의 열원으로 나누어 난방하는 방식으로 유지관리비가 저렴하다.
　㉡ 건물 내 유효면적이 증대되고 대기오염을 줄일 수 있다.
　㉢ 각 건물의 기기소음을 줄일 수 있고 화재 위험이 적다.
　㉣ 고층건물은 공급이 어렵고 배관 도중에 열손실이 크며 초기 시설비가 크게 발생한다.
　㉤ 숙련기술자의 설치가 필요하다.

(2) 전기설비

① 기초사항
　㉠ 전압 : 물질의 전기적 높이를 전위라 하고 그 차이를 전위차 혹은 전압이라 한다.
　　전압(V)=전류(I)×저항(R)
　㉡ 전류 : 도체의 단면을 단위 시간에 이동한 전기량을 말한다.
　　전류(I)=전압(V)/저항(R) 혹은 전류량(Q)/시간(T)
　㉢ 전력 : 전류가 단위시간에 하는 일의 양

Point 전압 종별

구분	직류	교류
저압	1500V 이하	1000V 이하
고압	1500V 초과 7000V 이하	1000V 초과 7000V 이하
특별 고압	7000V 초과	

② 변전실

건물의 전기 설비 용량이 어느 한도 이상의 크기가 되면 저압 인입으로는 전선이 매우 굵어지므로 고압 인입으로 하여 옥내에 설치되는 설비공간을 뜻한다.

㉠ 변전실의 면적은 평당 전기설비용량(kW)의 루트값으로 한다.
㉡ 변전실은 내화구조로 하고 위치는 부하의 중심에 가깝고 배전이 편리한 장소로 한다.
㉢ 외부로의 전원 인입이 쉽고 기기 반출입이 용이한 곳이어야 하며 습기 및 먼지가 적고 천장높이가 충분한 곳으로 한다.
㉣ 환기 및 조명설비를 갖춰야 하며 부식성 가스가 없는 장소이어야 한다.

③ 간선(인입구-분전반)

㉠ 간선은 동력선에서 분기되어 나오는 것을 말하며 주택은 각 실의 콘센트에 전원을 공급하는 선을 말한다.

㉡ 배선방식

구분	개요	용도
수지상식	• 배전반에서 한 개의 간선이 각 분전반을 거쳐 가며 공급되는 방식 • 전압 강하가 크다.	소규모 건물
평행식	• 배전반에서 각 분전반으로 단독 배선한다. • 전압 강하가 적은 반면 설비비가 많이 소요된다.	대규모 건물
병용식	• 평행식과 나뭇가지식의 병용방식으로 가장 많이 쓰이는 편이다.	

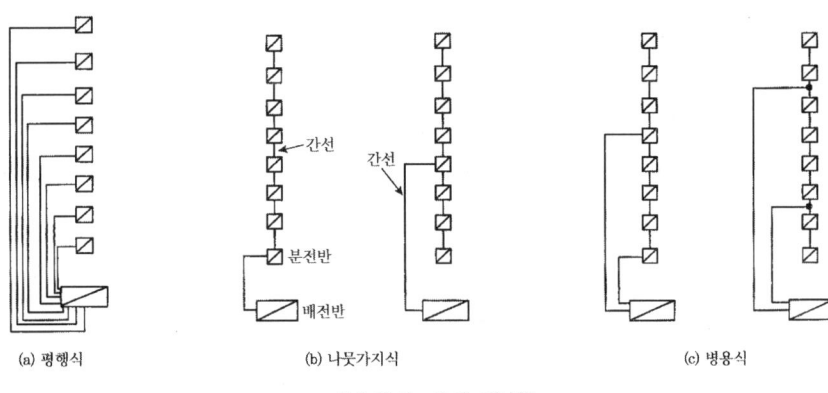

[간선의 배전 방식]

ⓒ 간선 설계 순서 : 부하용량 산정 → 전기방식·배선방식 결정 → 배선방법 결정 → 전선의 굵기 결정

④ 분전반

㉠ 배선된 간선을 다시 분기 배선하는 장치로 나무판 위에 컷아웃 스위치 또는 나이프 스위치를 배열한 극히 간단한 것부터 대리석반에 다수의 분기 개폐기, 보안기 및 모선을 취부하고, 혹은 유닛 스위치를 다수 조립한 것을 강판제의 상자 속에 수납한 것까지 있다. 나무 상자에 수납하는 경우에는 내면을 철판으로 감싼다.

㉡ 위치

ⓐ 각 층 부하의 중심에 가깝고 보수·조작이 안전한 곳

ⓑ 고층 건물은 가능한 한 파이프 샤프트 부근에 위치하는 것이 좋다.

ⓒ 전화용 단자함이나 소화전 박스와 조화롭게 배치한다.

ⓓ 간선인입 및 분기회로의 조작에 지장이 없는 곳이 적합하다.

> **Point**
> ① 아웃렛 : 전기 기기의 뒷판(rear pannel) 등에 붙어 있는 전기 콘센트를 말한다.
> ② 배전반 : 빌딩이나 공장에서는 송전선으로부터 고압의 전력을 받아 변압기로 저압으로 변환하여 각종 전기설비 계통으로 배전하는데, 배전을 하기 위한 장치가 배전반이다. 배전반에는 안전장치, 계기, 표시등, 계전기, 개폐기 따위를 배치하여 전로의 개폐나 기기의 제어와 감시를 쉽게 하는 것으로 스위치 보드라고도 한다.
> ③ 캐비닛 : 전기설비에서는 라디오, 텔레비전 수상기, 스테레오 장치 등의 기계 장치를 수납하는 케이스를 뜻한다.

⑤ 전기방식 및 전선관
  ㉠ 단상 2선식 : 소규모 주택(100V, 220V)
  ㉡ 단상 3선식 : 학교, 일반 사무실(100V, 200V)
  ㉢ 3상 3선식 : 공장 등의 동력전원으로 많이 사용된다(200V).
  ㉣ 3상 4선식 : 대규모 건축물
  ㉤ 전선관의 굵기
    ⓐ 3조건 : 안전전류(허용전류), 전압강하, 기계적 강도
    ⓑ 전선 4본 이상 삽입 시 전선 단면적의 40% 이하
    ⓒ 한 개의 전선관 속에 10가닥 이하
    ⓓ 전선 삽입 교체 시에 용이하도록 충분히 지름을 확보한다.
⑥ 스위치
  ㉠ 로터리 스위치 : 손잡이를 시계 방향으로 회전시켜 점멸하고 밝기를 조절한다.
  ㉡ 텀블러 스위치 : 손잡이를 상하 또는 좌우로 젖혀서 점멸시키며 가장 많이 사용한다.
  ㉢ 푸시버튼 스위치 : 눌러서 점멸한다.
  ㉣ 풀 스위치 : 천장 등의 높은 곳에 설치하여 늘어뜨린 끈을 당겨 점멸한다.
  ㉤ 코드 스위치 : 코드 중간에 접속해서 점멸하는 스위치
  ㉥ 3로 스위치 : 계단 2개소에서 점멸이 가능한 스위치
  ㉦ 기타 : 캐노피, 펜던트, 타임 스위치
⑦ 전기샤프트(Electronic Shaft)
  ㉠ 전기시설이 설치되고 유지, 관리를 할 수 있는 샤프트(배관 공간)를 말한다.
  ㉡ 전력용(EPS)과 정보통신용(TPS) 샤프트는 용도별로 구분하여 설치하는 것이 원칙이나 각 용도의 설치 장비 및 배선이 적은 경우 공용으로 사용한다.
  ㉢ 전기샤프트는 각 층마다 같은 위치에 설치하며 연면적 3000m^2 이상 건축물의 경우 1개 층을 기준하여 800m^2마다 설치하는 것을 원칙으로 한다. 다만, 용도에 따라 면적을 달리할 수 있다.
  ㉣ 전기샤프트의 면적은 보, 기둥부분을 제외하고 산정하며, 기기의 배치와 유지보수에 충분한 공간으로 하고, 건축적인 마감을 시행한다.
  ㉤ 점검구는 유지보수 시 기기의 반입 및 반출이 가능하도록 하여야 하며, 점검구 문의 폭은 90cm 이상으로 한다.

⑧ 화재감지기
  ㉠ 열 감지기
    ⓐ 감지방식

차동식	주위 온도가 일정 상승률 이상이 되는 경우에 작동
정온식	국소 온도가 기준보다 높아지는 경우 작동
보상식	온도 상승률이 일정값을 초과할 때 또는 온도가 일정값을 초과할 때 작동하는 방식

    ⓑ 감지영역

스포트형	국소 지역의 온도에 의해 작동
분포형	넓은 범위의 열 효과에 의해 작동

  ㉡ 연기 감지기

이온식	검지부에 연기가 들어가면 이온 전류가 변화하는 것을 이용하는 방식
광전식	주위 공기가 일정 농도의 연기를 포함하게 되는 경우 광전소자에 접하는 광량의 변화로 작동하는 감지기

⑨ 음향장치
  ㉠ 감지기가 화재를 감지하면 벨이나 사이렌으로 알리는 장치
  ㉡ 음량은 설치된 위치 중심 기준 1m 떨어진 곳에서 90폰 이상으로 한다.
  ㉢ 각 층마다 그 층의 각 부분으로부터 하나의 음향장치까지의 수평거리를 25m 이하가 되도록 설치한다.

3. 소방설비

(1) 개요

① 화재의 구분
  ㉠ A급 화재(백색화재, 일반화재) : 연소 후 재를 남기는 화재. 나무, 종이 등
  ㉡ B급 화재(황색화재, 유류, 가스) : 석유, 가스 등의 화재. 질식에 의한 소화
  ㉢ C급 화재(청색화재, 전기) : 전기 및 누전 원인. 물 사용 금지. 질식에 의한 소화
  ㉣ D급 화재(무색, 금속화재) : 나트륨, 마그네슘 등 활성금속에 의한 화재

② 소화 원리

질식소화	산소공급원을 차단하여 소화하는 방법(이산화탄소 소화설비)
제거소화	• 연소반응에 관계된 가연물이나 주위의 가연물을 제거하는 소화방법 • 강풍으로 가연성 증기를 날려 보내거나, 산불화재의 진행 방향을 앞질러 벌목하는 것이 해당된다. • 유전화재는 폭약으로 폭풍을 일으켜 소화하기도 한다.
냉각소화	연소 중인 가연물로부터 열을 뺏어 연소물을 착화온도 이하로 내리는 방법(스프링클러, 물분무 등)
억제소화	• 연소의 4요소 중 연속적인 산화반응, 즉 연쇄반응을 약화시켜 연소를 막아서 소화하는 것으로 화학적 작용에 의한 소화방법이다. • 부촉매 : 화학반응 속도를 느리게 하는 할로겐족 원소(불소, 염소, 브롬, 요오드) • 소화 효과(부촉매)의 크기 : 불소 < 염소 < 브롬 < 요오드
기타	• 피복소화 : 가연물 주위를 공기와 차단시켜 소화(이불, 담요 등으로 덮기) • 희석소화 : 수용성 액체(아세톤) 화재 시 물을 뿌려 연소농도를 희석하여 소화 • 유화소화(에멀전) : 비수용성 인화성 액체의 유류화재 시 액체표면에 불연성의 유막을 형성하여 소화

③ 소화설비의 분류

소화설비	소화기, 옥내소화전, 옥외소화전, 스프링클러, 물분무 등 설비(가스계 소화설비)
경보설비	자동화재탐지설비, 자동화재속보설비, 비상방송설비, 비상경보설비, 누전경보기
피난설비	유도등, 비상조명등, 피난사다리, 공기호흡기, 완강기, 인명구조기구
소화용수설비	상수도소화용수설비, 소화수조
소화활동설비	제연설비, 연결송수관설비, 연결살수설비, 무선통신보조설비, 비상콘센트설비

(2) 주요 소방설비

① 소화기

㉠ 각층마다 설치(소형 소화기 20m 이내, 대형 소화기는 30m 이내마다 배치)

㉡ 각층이 둘 이상의 거실로 구획된 경우 ㉠의 규정 외에 바닥면적 33m² 이상으로 구획된 각 거실마다 배치(아파트는 각 세대마다)

ⓒ 바닥으로부터 1.5m 이내에 설치할 것
② 옥내소화전
　㉠ 방수구
　　ⓐ 호스는 구경 40mm(호스릴 방식 25mm) 이상, 각 부분에 물을 뿌릴 수 있는 길이로 설치
　　ⓑ 바닥으로부터 높이 1.5m 이하에 설치
　　ⓒ 각 층마다 설치하고 각 부분으로부터 1개 방수구까지 수평거리 25m 이내
　　ⓓ 호스릴 방식의 경우 노즐을 쉽게 개폐할 수 있는 장치를 부착할 것
　㉡ 송수구
　　ⓐ 소방차가 쉽게 접근할 수 있고 잘 보이는 장소에 설치
　　ⓑ 송수구로부터 주 배관에 이르는 연결배관에는 개폐 밸브를 설치하지 않는다.(겸용 배관은 제외)
　　ⓒ 지면으로부터 높이 0.5m 이상 1m 이하의 위치에 설치
　　ⓓ 구경 65mm의 쌍구형 또는 단구형으로 할 것
　　ⓔ 송수구에는 이물질을 막기 위한 마개를 씌울 것
　　ⓕ 송수구의 가까운 부분 자동배수밸브 및 체크밸브를 설치할 것
　㉢ 수원 저수량 : 옥내소화전 설치개수가 가장 많은 층의 설치개수×2.6m² 이상
③ 옥외소화전설비
　㉠ 수원 저수량 : 옥외소화전의 설치개수에 7m²를 곱한 값 이상
　㉡ 호스접결구 : 지면으로부터 높이가 0.5m 이상 1m 이하의 위치에 설치하고, 특정소방대상물의 각 부분으로부터 하나의 호스접결구까지의 수평거리가 40m 이하가 되도록 설치하여야 한다.
　㉢ 호스 구경 : 65mm
　㉣ 방수압력 0.25MPa 이상, 방수량 350L/min 이상
　㉤ 노즐선단에서의 방수압력이 0.7MPa을 초과할 경우, 호스접결구 인입측에 감압장치를 설치하여야 한다.

④ 스프링클러설비
  ㉠ 주요 장치

반사판(deflector)	스프링클러헤드의 방수구에서 유출되는 물을 세분시키는 장치
프레임(Frame)	나사부분과 반사판을 연결하는 이음쇠
유수검지장치	본체 내 유수현상을 자동으로 검지하여 신호나 경보를 발하는 장치
일제개방밸브	개방형 스프링클러헤드를 사용하는 일제 살수식 스프링클러 설비에 설치하는 밸브. 화재발생 시 자동 또는 수동식 기동장치에 따라 밸브가 개방된다.
감열체(감열부)	내부에 유리구가 들어 있으며 평상 시 방수구를 막고 있다가, 화재 시 일정 온도가 되면 파괴 또는 용해되어 방수구가 열림으로써 스프링클러가 작동된다. 개방형 스프링클러는 감열부가 없다.

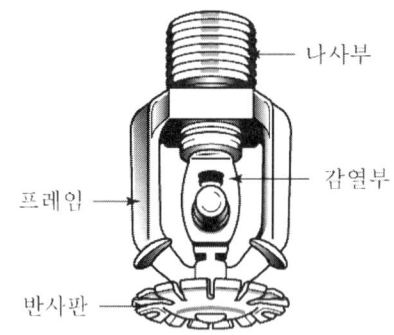

  ㉡ 배관

주배관	각 층을 수직으로 관통하는 배관
교차배관	직접 또는 주배관을 통해 가지배관에 급수하는 배관
가지배관	스프링클러헤드가 설치되어 있는 배관
급수배관	수원이나 옥외송수구로부터 급수하는 배관
신축배관	가지배관과 스프링클러헤드를 연결하는 배관. 구부릴 수 있도록 유연해야 한다.

  ㉢ 개방형 스프링클러
    헤드가 개방된 상태로 놓고 화재 시 송수한다.
    ⓐ 수원은 최대 방수구역에 설치된 스프링클러헤드의 개수가 30개 이하일 경우 설치된 헤드 개수에 1.6m³를 곱한 양 이상으로 한다.

ⓑ 30개를 초과하는 경우에는 다음 조항에 따라 산출된 가압송수장치의 1분당 송수량에 20을 곱한 양 이상이 되도록 한다.
- 가압송수장치의 정격토출압력은 하나의 헤드 선단에 0.1MPa 이상 1.2MPa 이하의 방수압력이 될 수 있게 하는 크기일 것
- 가압송수장치의 송수량은 0.1MPa의 방수압력 기준으로 80L/min 이상의 방수성능을 가진 기준 개수의 모든 헤드로부터의 방수량을 충족시킬 수 있는 양 이상의 것으로 할 것

ⓛ 폐쇄형 스프링클러헤드관

습식	배관 내 물이 차 있으며 가용편이 녹아 방수된다.
건식	배관 내 공기가 차 있다. 누수나 동파의 우려가 있는 곳에 쓰인다.

ⓐ 하나의 방호구역의 바닥면적은 3000m² 를 초과하지 않도록 한다.
ⓑ 한 방호구역에 1개 이상의 유수검지장치를 설치하되, 화재발생 시 접근이 쉽고 점검하기 편리한 장소에 설치한다.
ⓒ 하나의 방호구역은 2개 층에 미치지 아니하도록 할 것. 다만, 1개 층에 설치되는 스프링클러헤드의 수가 10개 이하인 경우와 복층형 구조의 공동주택에는 3개 층 이내로 할 수 있다.
ⓓ 유수검지장치를 실내에 설치하거나 보호용 철망 등으로 구획하여 바닥으로부터 0.8m 이상 1.5m 이하의 위치에 설치하되, 그 실 등에는 가로 0.5m 이상 세로 1m 이상의 출입문을 설치하고 그 출입문 상단에 "유수검지장치실"이라고 표시한 표지를 설치한다.
ⓔ 스프링클러헤드에 공급되는 물은 유수검지장치를 지나도록 할 것. 다만, 송수구를 통하여 공급되는 물은 예외로 한다.
ⓕ 자연낙차에 따른 압력수가 흐르는 배관 상에 설치된 유수검지장치는 화재 시 물의 흐름을 검지할 수 있는 최소한의 압력이 얻어질 수 있도록 수조의 하단으로부터 낙차를 두어 설치할 것

⑤ 연결송수관설비
ㄱ) 송수구
ⓐ 지면으로부터의 높이 : 0.5m 이상 1.0m 이하
ⓑ 구경 65mm의 쌍구형으로 할 것

ⓒ 연결송수관의 수직배관마다 1개 이상 설치
ⓓ 이물질을 막기 위한 마개를 씌울 것
ⓒ 배관
  ⓐ 주배관의 구경 : 100mm 이상(주배관 구경 100mm 이상인 옥내소화전·스프링클러·물분무 등 소화설비 배관과 겸용 가능)
  ⓑ 수직배관은 내화구조로 구획된 계단실(부속실 포함) 또는 파이프 덕트 등 화재의 우려가 없는 장소에 설치
ⓒ 방수구
  ⓐ 호스 접결구 설치 : 바닥으로부터 높이 0.5m 이상 1m 이하
  ⓑ 연결송수관설비의 전용방수구 또는 옥내소화전방수구로서 구경 65mm의 것으로 설치할 것
ⓔ 가압송수장치
  ⓐ 펌프 토출량 : 2,400L/min 이상(계단식 아파트는 1,200L/min)
  ⓑ 펌프 양정은 최상층에 설치된 노즐 선단의 압력이 0.35MPa 이상의 압력이 되도록 할 것
  ⓒ 송수구로부터 5m 이내의 보기 쉬운 장소에 바닥으로부터 높이 0.8m 이상 1.5m 이하로 설치

⑥ 자동화재탐지설비 수신기
  ㉠ 감지기나 발신기로부터 화재 발생 신호를 받아 경보음과 동시에 화재발생 장소를 램프로 표시한다.
  ㉡ 종류
    ⓐ P형 1급 수신기 : 상용전원 및 비상전원 간의 전환 등이 가능하며 회로 수에 제한이 없다. 4층 이상에 사용한다.
    ⓑ P형 2급 수신기 : 5회선 이하, 4층 미만 건물에 사용한다.
    ⓒ R형 수신기 : 고유의 신호를 수신하는 장치로, 숫자 등의 기록에 의해 표시되며 회선수가 매우 많은 동일 구내의 다수동이나 초고층 빌딩 등에 사용된다.
    ⓓ 기타 : M형, GP형, GR형

⑦ 화재감지기
  ㉠ 연기 감지기
    ⓐ 감지 방식

- 이온화식 : 감지기 안으로 유입된 연기 입자에 의한 이온전류의 변화를 이용(농도 변화 감지)
- 광전식 : 연기 입자에 의한 광전소자의 입사광량 변화를 이용(광량 변화 감지)

ⓑ 설치 장소
- 평상시 연기 발생이 없으며 열감지가 어려운 높이 20m 이내의 장소
- 벽 또는 보로부터 0.6m 이상 떨어진 곳
- 천장 또는 반자가 낮은 실내 또는 좁은 실내에 있어서는 출입구의 가까운 부분에 설치할 것
- 천장 또는 반자부근에 배기구가 있는 경우에는 그 부근에 설치할 것
- 복도 및 통로는 보행거리 30m마다, 계단 및 경사로는 수직거리 15m마다 1개 이상으로 할 것

ⓒ 열 감지기
ⓐ 감지방식

차동식	주위 온도가 일정 상승률 이상이 되는 경우에 작동
정온식	국소 온도가 기준보다 높아지는 경우 작동
보상식	온도 상승률이 일정값을 초과 시 또는 온도가 일정값 초과 시 작동

ⓑ 감지영역

스포트형	국소 지역의 온도에 의해 작동
분포형	넓은 범위의 열 효과에 의해 작동

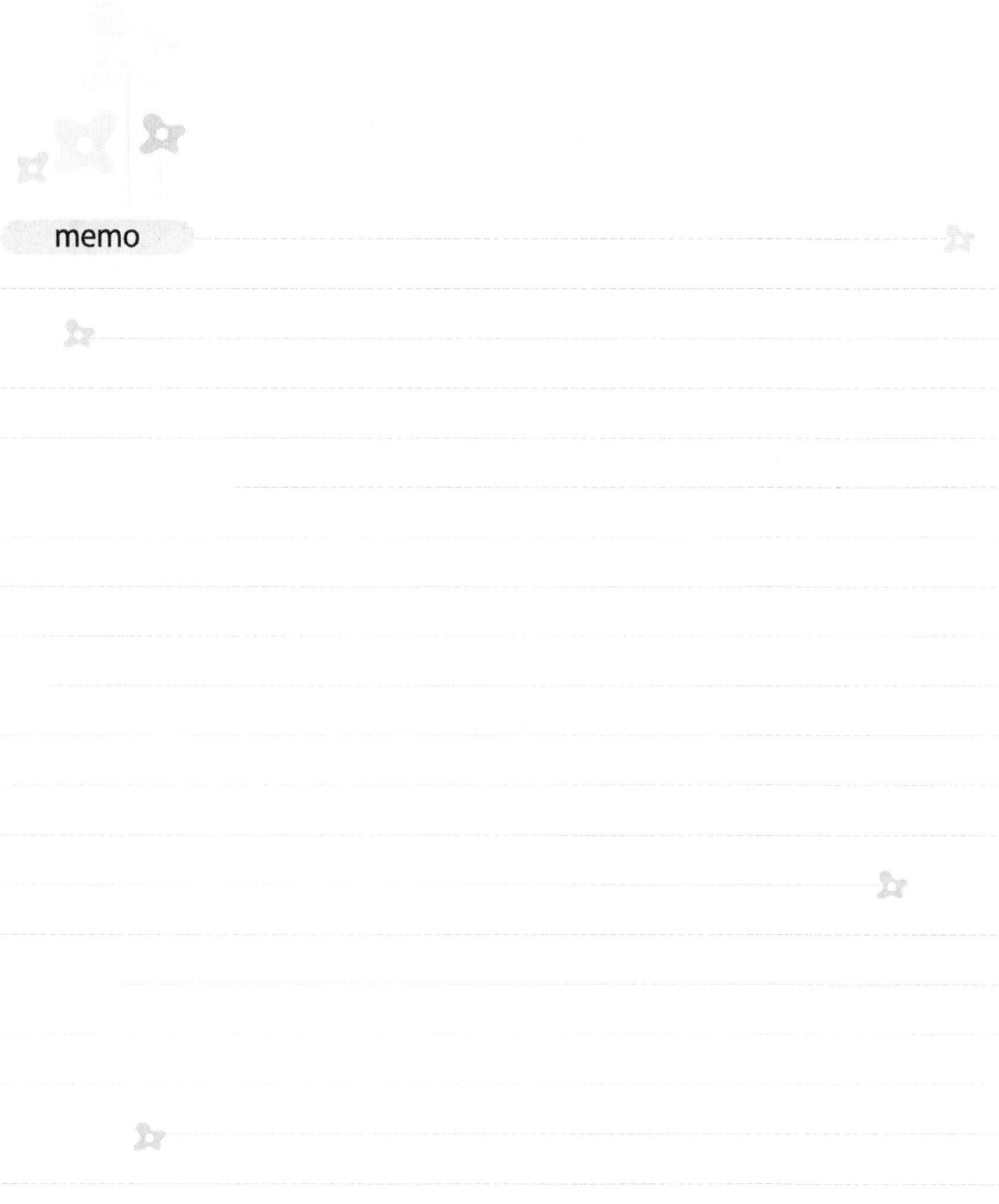

part 5

과년도 기출문제 및 CBT 복원문제

 참고사항
1. CBT 시험은 문제은행 방식으로 출제되므로 응시생마다 문제가 상이합니다.
2. 응시생의 기억을 토대로 복원한 문제이므로 실제와 조금 다를 수 있습니다.
3. 답안지를 따로 준비해서 120분 이내에 풀이하는 연습을 하세요.

실/내/건/축/기/사

※ 출제기준 변경 전 실시된 시험입니다.

[2021년 3월 7일 시행]

제1과목 : 실내디자인론

01 주택의 부엌가구 배치에 관한 설명으로 옳지 않은 것은?
① ㄷ자형의 작업대의 통로 폭은 1200~1500mm가 적당하다.
② 작업면이 넓어 작업효율이 가장 좋은 작업대의 배치는 ㄴ자형 배치이다.
③ 작업대는 준비대, 개수대, 조리대, 가열대, 배선대의 순으로 배열한다.
④ 냉장고, 개수대, 가열대를 연결하는 작업삼각형의 각 변의 합은 6600mm를 넘지 않도록 한다.

02 정지된 인체치수와 동작을 중심으로 한 인간공학적 측면에서 구분한 가구의 종류에 해당하지 않는 것은?
① 칸막이 가구
② 작업용 가구
③ 수납용 가구
④ 인체지지용 가구

03 실내디자인의 개념에 관한 설명으로 옳지 않은 것은?
① 기능보다 장식을 고려한 심미적 공간 창조 행위이다.
② 디자인 요소를 반영하여 인간환경을 구축하는 작업이다.
③ 디자인의 한 분야로서 인간생활의 쾌적성을 추구하는 활동이다.
④ 목적을 위한 행위이지만 그 자체가 목적이 아니고 특정한 효과를 얻기 위한 수단이다.

04 조명의 배광방식에 관한 설명으로 옳지 않은 것은?
① 반간접조명은 조도가 균일하고 은은하며 전반확산조명이라고도 한다.
② 직접조명은 경제적이지만 눈부심 현상과 강한 그림자가 생기는 단점이 있다.
③ 간접조명은 상향광속이 90~100%로, 반사광으로 조도를 구하는 조명방식이다.
④ 반직접조명은 마감재의 반사율에 의해 밝기의 정도가 영향을 받게 되므로 마감재의 질감과 색채 등을 고려한다.

05 다음 설명에 알맞은 디자인 원리는?

> 질적, 양적으로 전혀 다른 둘 이상의 요소가 동시적 혹은 계속적으로 배열될 때 상호의 특질이 한층 강하게 느껴지는 통일적 현상을 말한다.

① 균형
② 대비
③ 조화
④ 리듬

06 다음 중 주거공간의 효율을 높이고, 데드 스페이스(dead space)를 줄이는 방법과 가장 거리가 먼 것은?
① 플랫폼 가구를 활용한다.
② 기능과 목적에 따라 독립된 실로 계획한다.
③ 침대, 계단 밑 등을 수납공간으로 활용한다.
④ 가구와 공간의 치수체계를 통합하여 계획한다.

07 주택의 동선계획에 관한 설명으로 옳지 않은 것은?
① 가사노동의 동선은 가능한 한 남측에 위치시키도록 한다.
② 사용빈도가 높은 공간은 동선을 길게 처리하는 것이 좋다.
③ 동선이 교차하는 곳은 공간적 두께를 크게 하는 것이 좋다.
④ 개인, 사회, 가사노동권 등의 동선은 상호 간 분리하는 것이 좋다.

08 상점계획에서 파사드 구성에 요구되는 소비자 구매심리 5단계(AIDMA)에 속하지 않는 것은?
① 욕망(desire)   ② 기억(memory)
③ 주의(attention)   ④ 유인(attraction)

09 시스템 디자인(system design)에 관한 설명으로 옳은 것은?
① 디자인에서 시스템 적용은 모듈에 의한 표준화, 조립화와 연결된다.
② 시스템 가구는 형태적 측면에서 고려된 것으로 대량 생산과는 관계가 없다.
③ 시스템 키친(system kitchen)은 주방용기인 그릇 등의 디자인을 통합하는 작업이다.
④ 서비스 코어 시스템(service core system)은 가구나 조명 등 실내공간을 보조하는 시스템을 말한다.

10 마르셀 브로이어에 의해 디자인된 의자로, 강철 파이프를 구부려서 지지대 없이 만든 의자는?
① 체스카 의자   ② 파이미오 의자
③ 레드 블루 의자   ④ 바르셀로나 의자

11 다음 설명에 알맞은 블라인드의 종류는?

- 쉐이드(shade)라고도 한다.
- 창 이외에 칸막이나 스크린으로도 효과적으로 사용할 수 있다.

① 롤(roll) 블라인드
② 로만(roman) 블라인드
③ 버티컬(vertical) 블라인드
④ 베니션(venetian) 블라인드

12 균형의 원리에 관한 설명으로 옳지 않은 것은?
① 크기가 큰 것이 작은 것보다 시각적 중량감이 크다.
② 색의 중량감은 색의 속성 중 명도, 채도에 영향을 받는다.
③ 불규칙적인 형태가 기하학적 형태보다 시각적 중량감이 크다.
④ 단순하고 부드러운 질감이 복잡하고 거친 질감보다 시각적 중량감이 크다.

13 공간의 형태에 관한 설명으로 옳은 것은?
① 천장면이 모아진 삼각형의 공간에서는 높이에 대한 집중도와 중심성이 상대적으로 떨어진다.
② 원형이나 정사각형의 평면 중심에 강한 요

소를 도입하면 공간형태를 더욱 강조할 수 있다.
③ 공간의 형태는 일관성이나 축에 따라 자연적인 것과 유기적인 형태의 것으로 구분할 수 있다.
④ 천장면이 곡면일 경우 공간의 방향성은 공간의 중심으로 모이게 되며 정적인 분위기가 된다.

14 착시 현상의 사례 중 분트 도형의 내용으로 옳은 것은?
① 같은 길이의 수직선이 수평선보다 길어 보인다.
② 같은 길이의 직선이 화살표에 의해 길이가 다르게 보인다.
③ 사선이 2개 이상의 평행선으로 중단되면 서로 어긋나 보인다.
④ 같은 크기의 2개의 부채꼴에서 아래쪽의 것이 위의 것보다 커 보인다.

15 사무소 건축에서 유효율(rentable ratio)의 의미로 알맞은 것은?
① 연면적에 대한 대실면적의 비율
② 연면적에 대한 건축면적의 비율
③ 대지면적에 대한 바닥면적의 비율
④ 대지면적에 대한 건축면적의 비율

16 상점의 동선계획에 관한 설명으로 옳지 않은 것은?
① 고객동선은 고객의 편의를 위해 가능한 한 짧게 한다.
② 동선의 흐름은 공간적, 물리적인 흐름뿐만이 아니라 시각적인 흐름도 원활하도록 한다.
③ 고객동선은 흐름의 연속성이 상징적, 지각적으로 분할되지 않도록 수평적 바닥이 되도록 한다.
④ 동선은 고객동선, 종업원동선, 상품동선으로 구분할 수 있으며, 각각의 동선은 교차되지 않도록 한다.

17 공간의 차단적 구획방법에 속하지 않는 것은?
① 커튼 ② 열주
③ 조명 ④ 유리창

18 VMD(visual merchandising) 전개를 위한 상품 제안(merchandise presentation)의 세 가지 형식 중 IP(Item presentation)의 설명으로 옳지 않은 것은?
① 색상, 사이즈, 스타일, 소재 등으로 분류하여 진열한다.
② 개개의 상품을 분류, 정리하여 보기 쉽고 고르기 쉽게 진열한다.
③ 행거, 쇼케이스, 선반류 등 매장 내의 모든 집기류를 활용하여 진열한다.
④ 상반신, 소도구류 등을 활용하여 품목, 스타일, 색상 등을 중점적으로 표현한다.

19 다음 중 실내공간에서 단면의 비례를 결정하는 데 가장 기본적으로 고려하여야 하는 요소는?
① 개구부와 가구의 폭
② 인간의 시점과 천장고
③ 가구의 높이와 이용도
④ 공간의 가로 세로 비율

20 현장감을 가장 실감나게 표현하는 방법으로 하나의 사실 또는 주제의 시간상황을 일정한 시간에 고정시켜 연출하는 전시공간의 특수 전시 기법은?

① 디오라마 전시   ② 파노라마 전시
③ 아일랜드 전시   ④ 하모니카 전시

제2과목 : 색채학

21 다음 중 단맛의 느낌을 수반하는 배색은?
① 빨강, 핑크   ② 브라운, 올리브
③ 파랑, 갈색   ④ 초록, 회색

22 색채조절의 목적으로 가장 적합한 것은?
① 수익 증대를 주목적으로 한다.
② 작업의 활동적인 의욕을 높인다.
③ 주변 환경과의 조화를 무엇보다 우선시 한다.
④ 심미적인 조화를 우선적으로 고려한다.

23 다음 중 $L^*a^*b^*$ 색 모델에 관한 설명으로 틀린 것은?
① 균일 색 모델(uniform color model)이다.
② L^*은 밝기, a^*와 b^*는 색도 성분에 해당한다.
③ 균일 색 모델에는 $L^*a^*b^*$, $L^*u^*v^*$ 등의 모델이 존재한다.
④ green에서 magenta 사이의 색 단계는 b^* 축이다.

24 횃불놀이, TV나 영화 등에서 나타나는 색의 현상은?
① 정의 잔상   ② 부의 잔상
③ 연변 대비   ④ 색상 동화

25 망막에서 명소시의 색채시각과 관련된 광수용이 이루어지는 부분은?

① 간상체   ② 추상체
③ 봉상체   ④ 맹점

26 다음 중 음식점에서 가장 식욕을 돋우는 색상은?
① 10YR   ② 5G
③ 2.5B   ④ 7.5PB

27 동시 대비 중 무채색과 유채색 사이에 일어나지 않는 대비는?
① 명도 대비   ② 색상 대비
③ 채도 대비   ④ 보색 대비

28 다음 중 색입체에 관한 설명으로 틀린 것은?
① 색의 3속성을 3차원 공간에 계통적으로 배열한 것이다.
② 오스트발트 색체계의 색입체는 원형이다.
③ 먼셀 색체계의 색입체는 나무의 형태를 닮아 color tree라고 한다.
④ 색입체의 중심축은 무채색 축이다.

29 미도(美度) M=O/C라는 버크호프(G. D. Birkhoff) 공식에서 O는 질서성의 요소일 때 C는?
① 복잡성의 요소
② 대비성의 요소
③ 색온도의 요소
④ 색의 중량적 요소

30 하늘의 색과 같이 넓이의 느낌은 있으나 거리감이 불확실하고 물체감 없이 색 자체만을 느끼게 하는 색은?
① 표면색   ② 공간색
③ 광원색   ④ 면색

과년도 기출문제 및 CBT 복원문제 | **441**

31 디지털 색체계의 유형에 대한 설명으로 틀린 것은?
① HSB : 색의 3가지 기본 특성인 색상, 채도, 명도에 의해 표현하는 방식이다.
② RGB : 컴퓨터 모니터와 스크린 같은 빛의 원리로 컬러를 구현하는 장치에서 사용된다.
③ CMYK : 표현할 수 있는 컬러 범위는 RGB 형식보다 넓다.
④ L*a*b* : CIE가 1976년에 추천한 것으로 지각적으로 거의 균등한 간격을 가진 색공간에 의한 색상모형이다.

32 색의 속성에 관한 설명 중 틀린 것은?
① 빨강, 파랑, 노랑 등 다른 색과 구별되는 그 색만의 고유한 성질을 색상이라고 한다.
② 무채색 이외의 모든 색은 유채색이다.
③ 무채색은 채도가 0인 상태인 것을 말한다.
④ 물체색에는 백색, 회색, 흑색이 없다.

33 색과 색의 상징이 잘못 연결된 것은?
① 빨강 : 정열, 사랑
② 노랑 : 신앙, 소박
③ 파랑 : 젊음, 성실
④ 초록 : 희망, 휴식

34 배색된 색채들이 서로 공통되는 상태와 속성을 가질 때의 조화 원리는?
① 질서의 원리   ② 비모호성의 원리
③ 유사의 원리   ④ 대비의 원리

35 다음 중 보색 관계가 아닌 색은?
① 빨강 - 청록   ② 노랑 - 남색
③ 연두 - 보라   ④ 자주 - 주황

36 CIE 색체계에 대한 설명 중 옳은 것은?
① 국제색채위원회에서 정한 표색법이다.
② 현색계의 가장 대표적인 색체계이다.
③ XYZ 좌표계를 사용한다.
④ 적, 황, 청의 원색광을 적절히 혼합하여 모든 색을 만들 수 있다는 것에 기초한다.

37 터널의 출입구 부분에 조명이 집중되어 있고, 중심부로 갈수록 광원의 수가 적어지며 조도수준이 낮아지고 있다. 이것은 어떤 순응을 고려한 설계인가?
① 색순응   ② 명순응
③ 암순응   ④ 무채순응

38 다음 중 가장 가벼운 느낌을 주는 배색은?
① 초록 - 검정   ② 주황 - 노랑
③ 빨강 - 파랑   ④ 청록 - 초록

39 다음 중 페일(pale) 톤과 가장 가까운 것은?
① 저명도 저채도의 색
② 강하고 힘 있는 고채도의 색
③ 우아하고 부드러운 고명도와 저채도의 색
④ 탁하고 침울한 저명도와 고채도의 색

40 먼셀(Munsell) 색체계의 색표기 방법 중 명도가 가장 높은 색은?
① 2.5R 2/8   ② 10R 9/1
③ 5R 4/14   ④ 7.5Y 7/12

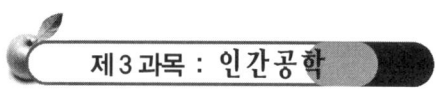

41 주파수가 같거나 배수인 다른 음을 만나서 음량이 증폭되는 현상은?

① 공명(resonance)
② 은폐(masking)
③ 간섭(interference)
④ 감쇠(damping)

42 인간공학적인 사고방식이 아닌 것은?
① 인간이 실수를 하여도 안전이 유지되도록 설비나 시스템을 설계한다.
② 설비나 시스템을 설계자의 개념이 아니라 사용자의 측면에서 설계한다.
③ 기본적으로 작업에 적합한 사람들을 선별하여 배치하는 방법(fitting the human to the task)을 선택한다.
④ 인간의 오류는 조작자뿐만 아니라 환경적 요인, 관리적 요인 등 복합적인 요인에 의한 것이므로 시스템적 사고방식이 필요하다.

43 근육의 대사(代謝)에 대한 설명으로 옳지 않은 것은?
① 운동에 의한 산소소비량은 일정 수준 이상 증가하지 않는다.
② 젖산은 유기성 과정에 의하여 물과 CO_2로 분해되어 발산된다.
③ 일반적으로 신체 활동 시 산소의 공급이 충분할 때 젖산이 많이 축적된다.
④ 일정 수준 이상의 활동이 종료된 후에도 일정 기간 동안은 산소가 더 필요하게 된다.

44 동작 경제의 원칙으로 옳지 않은 것은?
① 동작의 범위는 최소로 한다.
② 손의 동작은 항상 직선으로 동작한다.
③ 가능한 한 관성, 중력 등을 이용하여 작업한다.
④ 휴식시간을 제외하고는 양손을 동시에 쉬지 않도록 한다.

45 신체부위의 동작 유형에서 팔꿈치를 굽히는 것과 같이 신체 부위 간의 각도가 감소하는 동작을 무엇이라 하는가?
① 굴곡(flexion)   ② 신전(extention)
③ 하향(pronation) ④ 외전(abduction)

46 성인이 하루에 평균적으로 소모하는 에너지는 4300kcal이고, 기초대사와 여가(leisure)에 필요한 에너지는 2300kcal이라 할 때, 8시간의 근로시간 동안 소요되는 분당 에너지는 약 얼마인가?
① 2kcal/min   ② 4kcal/min
③ 8kcal/min   ④ 10kcal/min

47 다음 인간 또는 기계에 의해 수행되는 기본 기능의 과정 중 ( ) 안에 해당하는 기능은?

입력정보(information input) → ( ) → 정보 보관 및 처리(information storage & processing) → 행동(action function) → 출력(output)

① 감지(sensing)
② 피드백(feedback)
③ 대응 선택(response selection)
④ 시스템 환경(system environment)

48 소음에 의한 난청을 방지하기 위한 방법이 아닌 것은?
① 소음원을 격리시킨다.
② 주변에 차폐시설을 한다.
③ 주변의 배치를 재조정한다.
④ 소음원의 진동수를 4000Hz 전후로 조정한다.

49 하나의 계기 속에 여러 가지 모양의 시각적

표시방식을 서로 결합하여 사용하려고 할 때의 표시형식에 관한 설명으로 옳은 것은?
① 서로 관련성이 없는 표시형식만을 모아서 넣는다.
② 아름답게 보이기 위해서는 불필요한 표시형식을 넣어도 무방하다.
③ 고정, 이동부분, 눈금의 크기 등 각 요소의 표시형식을 통일한다.
④ 고정, 이동부분, 눈금의 크기 등 각 요소의 표시형식을 눈금면과 최대한 멀리 배치한다.

50 다음 중 의자에 앉아서 작업하는 작업대의 높이를 결정할 때 참고되는 신체치수와 가장 거리가 먼 것은?
① 오금 높이   ② 가슴 높이
③ 대퇴 높이   ④ 팔꿈치 높이

51 다음 중 조도(illumination)의 단위에 해당하는 것은?
① 칸델라(cd)   ② 풋캔들(fc)
③ 램버트(L)   ④ 루멘(lumen)

52 물리적 자극을 상대적으로 판단하는데 있어 특정 감각의 변화감지역은 사용되는 표준자극의 크기에 비례한다는 법칙은?
① Miller의 법칙   ② Taylor의 법칙
③ Weber의 법칙   ④ Newton의 법칙

53 작업장 조명방법에 대한 설명으로 옳지 않은 것은?
① 국소조명은 작업면 상의 필요한 장소에만 낮은 조도를 취하는 방법으로 눈의 피로를 감소시킬 수 있다.
② 전반조명은 작업면에 균등한 조도를 얻기 위해 광원을 일정한 간격과 일정한 높이로 배치한 조명방식이다.
③ 간접조명은 빛을 반사시켜 조명하는 방법으로 눈부심이 적지만 설치가 복잡하며 실내의 입체감이 적어진다.
④ 직접조명은 빛의 반사 없이 직접적으로 작업면에 도달하기 때문에 기구의 구조에 따라 눈부심이 발생할 수 있다.

54 촉각을 이용한 손잡이 설계 시 요구되는 일반적인 조건과 가장 거리가 먼 것은?
① 미끄러움이 적어야 한다.
② 촉각에 의해 식별할 수 있어야 한다.
③ 손잡이의 방향성을 한정시키지 않아야 한다.
④ 작업에 필요한 힘에 대하여 적당한 크기가 되어야 한다.

55 눈의 구조에 대한 설명으로 옳지 않은 것은?
① 안구의 벽은 공막(sclera), 맥락막(choroid), 망막(retina)으로 되어 있다.
② 수정체(lens)는 홍채 바로 뒤에 있는 투명한 물체로 양면이 돌출된 모양의 구조물이다.
③ 초자체(vitreous bidy)는 수정체와 망막 사이의 공간에 들어 있는 무색 투명한 조직이다.
④ 안방(chamber)은 각막부를 제외한 안구 전면과 안검의 후면을 덮고 있는 얇은 점막이다.

56 인간의 눈에 대한 설명으로 옳은 것은?
① 망막을 구성하고 있는 감광요소 중 간상세포는 색의 구분을 담당한다.
② 황반 부위에는 간상세포가 집중적으로 분포되어 있다.
③ 시력은 시각 1분의 역자승수를 표준단위로

사용한다.
④ 시각이란 보는 물체에 의한 눈에서의 대각이며, 일반적으로 분(') 단위로 나타낸다.

57 시각적 표시장치에 있어 Easterby가 주장한 표지 도안의 원칙에 관한 설명으로 옳지 않은 것은?
① 표지는 가능한 한 통일성이 있어야 한다.
② 테두리 속의 그림은 지각과정을 감소시킨다.
③ 그림의 경계는 대비(contrast)가 좋아야 한다.
④ 그림과 바탕의 구별이 분명하고 안정되어야 한다.

58 수치를 신속하고 정확하게 판독하기 위한 계기판의 지침으로 옳지 않은 것은?

59 인체의 각 기관계와 속하는 기관이 올바르게 짝지어진 것은?
① 순환계 : 심장
② 순환계 : 신경
③ 호흡기계 : 부신
④ 호흡기계 : 림프관

60 인체에서의 열교환 과정을 나타내는 열균형 방정식의 요소가 아닌 것은?
① 복사   ② 대류
③ 증발   ④ 전도

제4과목 : 건축재료

61 다음 중 유기질 단열재료가 아닌 것은?
① 연질 섬유판
② 세라믹 파이버
③ 폴리스틸렌 폼
④ 셀룰로즈 섬유판

62 점토소성제품 중 흡수성이 극히 작고 경도와 강도가 가장 크며, 소성온도는 1250~1430℃로써 고급타일이나 위생도기를 만드는 데 사용되는 것은?
① 토기   ② 자기
③ 석기   ④ 도기

63 조강포틀랜드시멘트를 사용하기에 가장 부적절한 것은?
① 긴급 공사
② 프리스트레스트 콘크리트
③ 매스 콘크리트
④ 동절기 공사

64 아스팔트 방수 재료에 관한 설명으로 옳지 않은 것은?
① 아스팔트 루핑은 펠트의 양면에 블로운 아스팔트를 피복하고, 그 표면에 가는 모래나 광물질 미분말을 부착한 시트상의 제품이다.
② 개량아스팔트 방수시트는 주로 토치 버너의 가열에 의해 공사가 이루어진다.
③ 아스팔트 프라이머는 콘크리트 바탕과 방수시트의 접착을 양호하게 유지하기 위한 바탕조정용 접착제이다.
④ 망상 아스팔트 루핑은 아스팔트의 절연 공

법에 사용된다.

65 콘크리트용 혼화제 중 AE감수제의 사용에 따른 효과로 옳지 않은 것은?
① 굳지 않은 콘크리트의 워커빌리티를 개선하고 재료 분리가 방지된다.
② 동결융해에 대한 저항성이 증대된다.
③ 건조수축이 감소된다.
④ 수밀성이 향상되고 투수성이 증가한다.

66 다음 설명에 해당하는 유리는?

> 열 적외선을 반사하는 은(銀) 소재 도막으로 코팅하여 방사율과 열관류율을 낮추고 가시광선 투과율을 높인 유리

① 강화유리　　② 접합유리
③ 로이유리　　④ 배강도유리

67 굳지 않은 콘크리트의 성질 중 굵은 골재의 분리에 영향을 주는 인자와 거리가 먼 것은?
① 골재의 강도　　② 골재의 종류
③ 단위수량　　　④ 골재의 입형

68 목재의 일반적 성질에 관한 설명으로 옳지 않은 것은?
① 섬유포화점 이상의 함수상태에서는 함수율의 증감에도 신축을 일으키지 않는다.
② 섬유포화점 이상의 함수상태에서는 함수율이 증가할수록 강도는 감소한다.
③ 기건상태란 통상 대기의 온도·습도와 평형을 이룬 목재의 수분 함유 상태를 말한다.
④ 섬유방향에 따라서 전기전도율은 다르다.

69 래커(lacquire)에 관한 설명으로 옳지 않은 것은?

① 도막형성은 주로 용제의 증발에 따른 건조에 의한다.
② 도막이 단단하지 않으며, 에나멜 도막은 내후성이 나쁘다.
③ 건조시간을 지연시킬 목적으로 시너(thinner)를 첨가하는 경우도 있다.
④ 안료를 배합하지 않은 것을 클리어 래커라 한다.

70 강화플라스틱(FRP)의 재료로서 전기절연성, 내열성, 내약품성이 뛰어나며 레진콘크리트용 수지, 도료, 접착제 등에 사용되는 수지는?
① 알키드 수지
② 실리콘 수지
③ 불포화 폴리에스테르 수지
④ 요소 수지

71 초고층 인텔리전트 빌딩이나, 핵융합로 등과 같이 강력한 자기장이 발생할 가능성이 있는 철골 구조물의 강재나, 철근 콘크리트용 봉강으로 사용되는 것은?
① 초고장력강
② 비정질(Amorphous) 금속
③ 구조용 비자성강
④ 고크롬강

72 목섬유(wood fiber)를 합성수지 접착제, 방부제 등을 첨가·결합시켜 만든 것으로 밀도가 균일하기 때문에 측면의 가공성이 매우 좋으나, 습기에 약하여 부스러지기 쉬운 것은?
① M.D.F　　　② 파티클 보드
③ 침엽수 제재목　④ 합판

73 내화점토질 벽돌은 최소 얼마 이상의 내화도를 가진 것을 의미하는가?

① 내화도 20 이상   ② 내화도 22 이상
③ 내화도 24 이상   ④ 내화도 26 이상

74 미장공사의 바탕조건으로 옳지 않은 것은?
① 미장층보다 강도는 크지만 강성은 작을 것
② 미장층과 유해한 화학반응을 하지 않을 것
③ 미장층의 경화, 건조에 지장을 주지 않을 것
④ 미장층의 시공에 적합한 흡수성을 가질 것

75 질이 단단하고 내구성 및 강도가 크며 외관이 수려하나 함유광물의 열팽창계수가 달라 내화성이 약한 석재로 외장, 내장, 구조재, 도로포장재, 콘크리트 골재 등에 사용되는 것은?
① 응회암   ② 화강암
③ 화산암   ④ 대리석

76 돌로마이트 플라스터에 관한 설명으로 옳지 않은 것은?
① 건조수축에 대한 저항성이 크다.
② 소석회에 비해 점성이 높고 작업성이 좋다.
③ 변색, 냄새, 곰팡이가 없으며 보수성이 크다.
④ 회반죽에 비해 조기강도 및 최종강도가 크다.

77 강의 기계적 성질과 관련된 항복비를 옳게 설명한 것은? (단, 응력-변형률 곡선 상 명칭을 기준으로 한다.)
① 항복점과 인장강도의 비
② 항복점과 압축강도의 비
③ 비례한계점과 인장강도의 비
④ 비례한계점과 압축강도의 비

78 목재의 건조 목적으로 보기 어려운 것은?
① 수축 및 균열 방지
② 강도 및 내구성의 증진
③ 균류에 의한 부식과 벌레에 의한 피해를 방지
④ 가공성의 증진

79 도장재료를 사용하는 목적이 아닌 것은?
① 구조체 강도 증가
② 표면보호 및 미화
③ 방습, 방화
④ 녹 방지

80 유리에 관한 설명으로 옳지 않은 것은?
① 망입유리는 화재 시 개구부에서의 연소를 방지하는 효과가 있으며, 유리파편이 거의 튀지 않는다.
② 복층유리는 단판유리보다 단열효과가 우수하므로 냉, 난방 부하를 경감시킬 수 있다.
③ 강화유리는 파손 시 파편이 작기 때문에 파편에 의한 손상사고를 줄일 수 있다.
④ 열선흡수유리는 유리 한 면에 열선반사막을 입힌 판유리로서, 가시광선의 투과율이 30% 정도 낮아 외부로부터 시선을 차단할 수 있다.

제5과목 : 건축일반

81 문화 및 집회시설 중 공연장의 개별 관람실의 출구 설치 기준에 관한 내용으로 틀린 것은? (단, 관람실의 바닥면적은 300m² 이다.)
① 관람실로부터 바깥쪽으로의 출구로 쓰이는 문은 안여닫이로 하여서는 안 된다.
② 관람실별로 2개소 이상 설치한다.
③ 각 출구의 유효너비는 1.5m 이상으로 한다.
④ 개별 관람실 출구의 유효너비의 합계는 최소 1.5m 이상으로 한다.

82 소방용품 중 피난구조설비를 구성하는 제품 또는 기기에 해당하지 않는 것은?
① 누전경보기 ② 공기호흡기
③ 통로유도등 ④ 완강기

83 일정 기준 이상의 방염성능이 있는 실내장식물 등을 설치하여야 하는 특정소방대상물에 해당하지 않는 것은?
① 층수가 15층인 아파트
② 숙박이 가능한 수련시설
③ 노유자시설
④ 의료시설

84 철근콘크리트 보의 늑근에 대한 설명으로 옳은 것은?
① 보의 양단일수록 많이 배근한다.
② 보의 중앙에는 필요하지 않다.
③ 보의 양단일수록 적게 배근한다.
④ 보의 중앙에서 많이 배근한다.

85 숙박시설의 객실 간 경계벽 구조의 기준이 틀린 것은? (단, 무근콘크리트조는 바름두께를 포함한 기준 수치이다.)
① 벽돌조로서 두께가 19cm 이상인 것
② 철근콘크리트조로서 두께가 8cm 이상인 것
③ 콘크리트블록조로서 두께가 19cm 이상인 것
④ 무근콘크리트조로서 두께가 10cm 이상인 것

86 건축물의 피난층 외의 층에서 피난층 또는 지상으로 통하는 직통계단을 설치할 때, 거실의 각 부분으로부터 계단에 이르는 보행거리 기준은 최대 얼마 이하가 되도록 하여야 하는가? (단, 기타의 경우는 고려하지 않는다.)
① 20m ② 30m
③ 70m ④ 100m

87 조적식구조에 대한 설명으로 틀린 것은?
① 조적식구조인 내력벽의 기초 중 기초판은 철근콘크리트구조 또는 무근콘크리트구조로 한다.
② 조적식구조인 내력벽으로 둘러싸인 부분의 바닥면적은 80m²를 넘을 수 없다.
③ 조적식구조인 내력벽의 길이는 8m를 넘을 수 없다.
④ 조적식구조인 내력벽의 두께는 바로 윗층의 내력벽의 두께 이상이어야 한다.

88 아르누보 건축가와 작품의 연결이 틀린 것은?
① 빅토르 오르타(Victor Horta) – 타셀 저택
② 안토니오 가우디(Antonio Gaudi) – 카사 밀라
③ 헥토르 귀마르(Hector Guimard) – 파리 지하철역 입구
④ 피터 베렌스(Peter Berens) – 구엘 공원

89 플레이트 거더(plate girder)를 구성하는 기본 원칙에 관한 설명으로 틀린 것은?
① 웨브 플레이트는 전단력을 부담하며 전단면에 대해 전단응력이 균등히 분포되는 것으로 생각한다.
② 플랜지는 휨에 의한 인장 및 압축력을 부담한다.
③ 스티프너는 플랜지 플레이트 및 웨브 플레이트의 좌굴 방지용이다.
④ 휨에 대한 내력 부족을 보완하기 위해 커버플레이트를 설치한다.

90 비상용승강기 승강장의 구조 기준에 대한 설

명으로 틀린 것은? (단, 건축물의 설비기준 등에 관한 규칙에 따른다.)
① 승강장의 바닥면적은 비상용승강기 1대에 대하여 6m² 이상이어야 한다. 다만, 옥외에 승강장을 설치하는 경우에는 그러하지 아니하다.
② 피난층이 있는 승강장의 출입구로부터 도로 또는 공지에 이르는 거리가 40m 이하이어야 한다.
③ 벽 및 반자가 실내에 접하는 부분의 마감재료는 불연재료로 하여야 한다.
④ 승강장의 창문·출입구 기타 개구부를 제외한 부분은 당해 건축물의 다른 부분과 내화구조의 바닥 및 벽으로 구획하여야 한다.

91 방염대상물품의 방염성능기준에서 불꽃에 의하여 완전히 녹을 때까지 불꽃의 접촉 횟수는 최소 몇 회 이상인가? (단, 소방청장이 정하여 고시하는 사항은 고려하지 않는다.)
① 2회　　② 3회
③ 5회　　④ 7회

92 우리나라에 현존하는 전통 목조건축 중에서 가장 오래된 건축물의 양식은?
① 주심포 양식　② 다포 양식
③ 익공 양식　　④ 민도리식

93 건축물의 피난·방화구조 등의 기준에 관한 규칙에 따라, 다음 중 거실의 용도에 따른 조도 기준이 가장 높은 것은? (단, 바닥에서 85cm의 높이에 있는 수평면의 조도를 기준으로 한다.)
① 독서　　② 일반 사무
③ 제도　　④ 회의

94 환기를 위하여 거실에 설치하는 창문 등의 최소 면적으로 옳은 것은? (단, 거실의 바닥면적은 300m²이며, 기계환기장치 및 중앙관리방식의 공기조화설비를 설치하지 않은 경우)
① 10m²　　② 15m²
③ 25m²　　④ 30m²

95 특정소방대상물의 소방안전관리 업무 중 소방시설관리업의 등록을 한 자에게 대행하게 할 수 있는 업무는?
① 소방계획서의 작업 및 시행
② 자위소방대 및 초기대응체계의 구성·운영·교육
③ 피난시설, 방화구획 및 방화시설의 유지·관리
④ 소방훈련 및 교육

96 목구조의 맞춤에 사용되는 보강철물의 연결이 틀린 것은?
① 띠쇠 – 왕대공과 ㅅ자보
② 감잡이쇠 – 왕대공과 평보
③ 안장쇠 – 큰 보와 작은 보
④ 듀벨 – 샛기둥과 층도리

97 공동 소방안전관리자 선임대상 특정소방대상물의 연면적 기준으로 옳은 것은? (단, 복합건축물의 경우)
① 2000m² 이상　② 3000m² 이상
③ 5000m² 이상　④ 10000m² 이상

98 건축물의 방화구획 설치기준과 관련하여, 10층 이하의 층은 바닥면적 얼마 이내마다 방화구획을 구획하여야 하는가? (단, 스프링클러와 같은 자동식 소화설비를 설치한 경우)
① 1천제곱미터 이내
② 2천제곱미터 이내

③ 3천제곱미터 이내
④ 4천제곱미터 이내

99 피난 용도로 쓸 수 있는 광장을 옥상에 설치해야 하는 시설 기준에 해당하는 것은?
① 5층 이상인 층이 공동주택의 용도로 쓰는 경우
② 5층 이상인 층이 학교의 용도로 쓰는 경우
③ 5층 이상인 층이 전시장의 용도로 쓰는 경우
④ 5층 이상인 층이 장례시설의 용도로 쓰는 경우

100 소방시설의 종류 및 각각에 해당하는 기계·기구 또는 설비의 연결이 잘못 짝지어진 것은?
① 소화설비 – 스프링클러설비
② 경보설비 – 자동화재탐지설비
③ 피난구조설비 – 방열복, 방화복
④ 소화활동설비 – 옥내소화전설비

제6과목 : 실내건축환경

101 공기 중의 음속이 344m/s, 주파수가 450Hz일 때 음의 파장(m)은?
① 0.33   ② 0.76
③ 1.31   ④ 6.25

102 반사형 단열재에 관한 설명으로 옳지 않은 것은?
① 반사하는 표면이 다른 재료와 접촉될 때 단열효과가 증가한다.
② 반사형 단열은 복사의 형태로 열이동이 이루어지는 공기층에 유효하다.
③ 중공벽 내의 중앙에 알루미늄박을 이중으로 설치하면 큰 단열효과가 있다.
④ 중공벽 내의 고온측면에 복사율이 낮은 알루미늄박을 설치하면 표면 열전달저항이 증가한다.

103 다음의 공기조화방식 중 전공기 방식(all air system)에 속하지 않는 것은?
① 단일덕트방식
② 2중덕트방식
③ 멀티존 유닛방식
④ 팬코일 유닛방식

104 다음 설명에 알맞은 기계식 환기방식은?

- 실내는 부압이 된다.
- 화장실, 욕실 등의 환기에 적합하다.
- 일반적으로 자연급기와 배기팬의 조합으로 구성된다.

① 흡출식 환기방식
② 압입식 환기방식
③ 병용식 환기방식
④ 중력식 환기방식

105 다음 중 표면결로의 방지 방법과 가장 관계가 먼 것은?
① 실내에서 수증기 발생을 억제한다.
② 방습층을 단열재의 실외측에 설치한다.
③ 환기에 의해 실내 절대습도를 저하한다.
④ 단열강화에 의해 실내측 표면온도를 상승시킨다.

106 가로×세로×높이가 각각 8m×7m×3m인 실내의 바닥, 천장, 벽의 흡음률이 각각 0.1, 0.3, 0.2일 때, 잔향시간은? (단, Sabine의 잔향공식 사용)

① 약 0.7초　② 약 1.5초
③ 약 2.5초　④ 약 3.3초

107 전등 1개의 광속이 1000lm인 전등 20개를 면적 100m²인 실에 점등했을 때 이 실의 평균 조도는? (단, 조명율은 0.5, 감광보상율은 1로 한다.)

① 20lx　② 50lx
③ 100lx　④ 200lx

108 조명에서 발생하는 눈부심에 관한 설명으로 옳지 않은 것은?

① 광원의 크기가 클수록 눈부심이 강하다.
② 광원의 휘도가 작을수록 눈부심이 강하다.
③ 광원이 시선에 가까울수록 눈부심이 강하다.
④ 배경이 어둡고 눈이 암순응 될수록 눈부심이 강하다.

109 다음 설명에 알맞은 전기설비 관련 장치는?

하나의 패널로 조립하도록 설계된 단위 패널의 집합체로 모선이나 자동 과전류 차단장치, 조명, 온도, 전력회로의 제어용 개폐기가 설치되어 있으며, 전면에서만 접근할 수 있는 것

① 아웃렛　② 분전반
③ 배전반　④ 캐비닛

110 트랩 봉수의 파괴 원인에 속하지 않는 것은?

① 공동 현상
② 모세관 현상
③ 자기사이펀 작용
④ 운동량에 의한 관성

111 자연환기에 관한 설명으로 옳지 않은 것은?

① 개구부 면적이 클수록 환기량은 많아진다.
② 실내외의 온도차가 클수록 환기량은 많아진다.
③ 일반적으로 공기유입구와 유출구 높이 차이가 클수록 환기량은 많아진다.
④ 2개의 창을 한 쪽 벽면에 설치하는 것이 양쪽 벽에 대면하여 설치하는 것보다 환기에 효과적이다.

112 통기관의 관경에 관한 설명으로 옳지 않은 것은?

① 신정통기관의 관경은 배수수직관의 관경보다 작게 해서는 안 된다.
② 각개통기관의 관경은 그것이 접속되는 배수관 관경보다 작게 해서는 안 된다.
③ 결합통기관의 관경은 통기수직관과 배수수직관 중 작은 쪽 관경 이상으로 한다.
④ 루프통기관의 관경은 배수수평지관과 통기수직관 중 작은 쪽 관경의 1/2 이상으로 한다.

113 플러시 밸브식 대변기에 관한 설명으로 옳지 않은 것은?

① 대변기의 연속사용이 가능하다.
② 일반 가정용으로 주로 사용된다.
③ 세정음은 유수음도 포함되기 때문에 소음이 크다.
④ 로 탱크식에 비해 화장실을 넓게 사용할 수 있다는 장점이 있다.

114 주광률에 대한 용어 설명으로 옳은 것은?

① 조명기구에 의한 상하방향으로의 배광정도를 나타내는 값
② 실내의 조도가 옥외의 조도 몇 %에 해당하는가를 나타내는 값

③ 램프 광속 중 조명범위에 유효하게 이용되는 광속의 비율을 나타내는 값
④ 조명시설을 어느 기간 사용한 후의 작업면상의 평균조도와 초기조도와의 비율을 나타내는 값

115 다음 설명에 알맞은 취출구의 종류는?

- 확산형 취출구의 일종으로 몇 개의 콘(cone)이 있어서 1차 공기에 의한 2차 공기의 유인성능이 좋다.
- 확산반경이 크고 도달거리가 짧기 때문에 천장 취출구로 많이 사용된다.

① 팬형　　② 웨이형
③ 노즐형　　④ 아네모스탯형

116 다공질재 흡음재료에 관한 설명으로 옳지 않은 것은?

① 주파수가 낮을수록 흡음률이 높아진다.
② 표면마감처리방법에 의해 흡음 특성이 변한다.
③ 두께를 늘리면 저주파수의 흡음률이 높아진다.
④ 강성벽 앞면의 공기층 두께를 증가시키면 저주파수의 흡음률이 높아진다.

117 열용량에 관한 설명으로 옳지 않은 것은?

① 열용량이 큰 물체는 일반적으로 비열이 작다.
② 열용량이 큰 물체로 둘러싸인 실은 시간지연 효과가 상대적으로 크다.
③ 열용량이 큰 물체는 온도를 올리기 위해 보다 많은 열량을 필요로 한다.
④ 열용량이 큰 물체는 가열된 후 식는 데에도 상대적으로 시간이 많이 소요된다.

118 실내에 1000cd의 전등이 있을 때, 이 전등으로부터 4m 떨어진 곳의 직각면 조도는?

① 62.5lx　　② 125lx
③ 250lx　　④ 500lx

119 전열에 관한 설명으로 옳은 것은?

① 벽체의 열전달저항은 벽체에 닿는 풍속이 클수록 크다.
② 벽이 결로 등에 의해 습기를 포함하면 열관류 저항이 커진다.
③ 유리의 열관류저항은 그 양측 표면 열전달저항의 합의 2배 값과 거의 같다.
④ 벽과 같은 고체를 통하여 유체(공기)에서 유체(공기)로 열이 전해지는 현상을 열관류라고 한다.

120 실내공기질 관리법령에 따른 오염물질에 속하지 않는 것은?

① 석면　　② 라돈
③ 일산화탄소　　④ 이산화유황

※ 출제기준 변경 전 실시된 시험입니다.   [2021년 5월 15일 시행]

제1과목 : 실내디자인론

01 인간의 지각, 즉 시각과 촉각 등으로는 직접 느낄 수 없고 개념적으로만 제시될 수 있는 형태로서 상징적 형태라고도 하는 것은?
① 현실적 형태   ② 인위적 형태
③ 이념적 형태   ④ 자연적 형태

02 침대의 종류 중 퀸(queen)의 크기로 가장 알맞은 것은?
① 1200mm×2000mm
② 1350mm×2000mm
③ 1500mm×2000mm
④ 2000mm×2000mm

03 단독주택의 거실에 관한 설명으로 옳지 않은 것은?
① 정원에 면한 창은 가능한 크게 하여 시각적 개방감을 얻도록 한다.
② 현관에서 가까운 곳에 위치하되 직접 면하는 것은 피하는 것이 좋다.
③ 거실의 규모는 가족 수, 주택의 규모, 접객 빈도, 주생활양식 등에 의해 결정된다.
④ 각 실에서의 접근이 용이하도록 각 실을 연결하는 동선의 분기점이면서 각 실로의 통로 역할을 하도록 한다.

04 질감(texture)에 관한 설명으로 옳지 않은 것은?
① 물체가 갖고 있는 표면상의 특징이다.
② 촉각적 질감과 시각적 질감으로 구분할 수 있다.
③ 매끄러운 질감은 빛을 흡수하며, 거친 질감은 빛을 반사한다.
④ 효과적인 질감 표현을 위해서는 색채와 조명을 동시에 고려하여야 한다.

05 상품제안(merchandise presentation)을 위한 페이싱(facing)의 형태에 속하지 않는 것은?
① 스톡(stock)
② 폴디드(folded)
③ 페이스 아웃(face out)
④ 슬리브 아웃(sleeve out)

06 다음 중 모듈과 그리드 시스템의 적용이 가장 곤란한 건물의 유형은?
① 사무소   ② 아파트
③ 미술관   ④ 병원

07 다음 중 유니버설 공간의 개념적 설명으로 가장 알맞은 것은?
① 상업공간
② 표준화된 공간

③ 모듈이 적용된 공간
④ 공간의 융통성이 극대화된 공간

08 POE(Post-Occupancy Evaluation)의 의미로 가장 알맞은 것은?
① 건축물을 사용해 본 후에 평가하는 것이다.
② 낙후 건축물의 이상 유무를 평가하는 것이다.
③ 건축물을 사용해 보기 전에 성능을 예상하는 것이다.
④ 건축도면 완성 후 건축주가 도면의 적정성을 평가하는 것이다.

09 주택의 침실계획에 관한 설명으로 옳지 않은 것은?
① 침대의 측면을 외벽에 붙이는 것이 이상적이다.
② 침대 배치는 실의 크기와 침대와의 균형, 통로 부분의 확보 등을 고려한다.
③ 침대의 머리부분(head)에 조명기구를 둘 경우 빛이 눈에 직접 들어오지 않도록 한다.
④ 침대 하부(머리부분의 반대편)는 통행에 불편하지 않도록 여유공간을 두는 것이 좋다.

10 건축화 조명에 관한 설명으로 옳지 않은 것은?
① 별도의 조명기구를 사용하지 않는 에너지 절약형 조명이다.
② 간접조명방식으로는 코브(cove) 조명, 캐노피(canopy) 조명 등이 있다.
③ 건축 구조체의 일부분이나 구조적인 요소를 이용하여 조명하는 방식이다.
④ 코니스(cornice) 조명은 벽면의 상부에 위치하여 모든 빛이 아래로 직사하도록 하는 조명 방식이다.

11 비교적 면적이 작고 정해진 부분에 높은 조도로 집중적인 조명효과가 필요한 곳에 이용되는 조명방식은?
① 전반조명 ② 국부조명
③ 장식조명 ④ 기능조명

12 디자인 원리 중 강조에 관한 설명으로 옳지 않은 것은?
① 힘의 조절로서 전체 조화를 파괴하는 역할을 한다.
② 구성의 구조 안에서 각 요소들의 시각적 계층 관계를 기본으로 한다.
③ 단조로움의 극복, 관심의 초점을 조성하거나 흥분을 유도할 때 적용한다.
④ 강조의 원리가 적용되는 시각적 초점은 주위가 대칭적 균형일 때 더욱 효과적이다.

13 업무공간의 책상배치 유형에 관한 설명으로 옳지 않은 것은?
① 십자형은 팀 작업이 요구되는 전문직 업무에 적용할 수 있다.
② 좌우대향(대칭)형은 비교적 면적 손실이 크며 커뮤니케이션 형성도 다소 힘들다.
③ 동향형은 책상을 같은 방향으로 배치하는 형태로 비교적 프라이버시의 침해가 적다.
④ 대향형은 커뮤니케이션 형성이 불리하여, 주로 독립성 있는 데이터 처리 업무에 적용된다.

14 주택에서 부엌의 일부에 간단한 식탁을 설치하거나 식당과 부엌을 한 공간에 구성한 형식은?
① 독립형   ② 다이닝 키친
③ 리빙 다이닝   ④ 다이닝 테라스

15 개구부에 관한 설명으로 옳지 않은 것은?
① 가구배치와 동선계획에 영향을 미친다.
② 고정창은 크기와 형태에 제약 없이 자유로이 디자인할 수 있다.
③ 측창은 같은 크기의 천창보다 3배 정도의 많은 빛을 실내로 유입시킨다.
④ 회전문은 출입하는 사람이 충돌할 위험이 없으며 방풍실을 겸할 수 있는 장점이 있다.

16 전통가구에 관한 설명으로 옳지 않은 것은?
① 농(籠)은 각 층이 분리되는 특징이 있다.
② 의걸이장은 보통 2칸으로 구성되며 주로 사랑방에서 사용되었다.
③ 머릿장은 주로 안방에 놓여 여성용품의 수장 기능을 담당하였다.
④ 반닫이는 책을 진열할 수 있도록 여러 층의 층널이 있고 네 면 사방이 트여있는 문방 가구이다.

17 사무소 건축과 관련하여 다음 설명에 알맞은 용어는?

- 고대 로마 건축의 실내에 설치된 넓은 마당 또는 주위에 건물이 둘러 있는 안마당을 의미한다.
- 실내에 자연광을 유입시켜 여러 환경적 이점을 갖게 할 수 있다.

① 코어
② 바실리카
③ 아트리움
④ 오피스 랜드스케이프

18 다음 중 공간이 가지는 3차원적 입체감을 가장 적합하게 표현한 용어는?
① 점과 선
② 기둥과 보
③ 질감과 색채
④ 볼륨과 매스

19 리듬(Rhythm)의 원리에 속하지 않는 것은?
① 점이
② 균형
③ 반복
④ 방사

20 상점의 동선계획에 관한 설명으로 옳지 않은 것은?
① 고객동선은 상품 구매 시간 단축을 위해 가능한 한 짧게 계획한다.
② 판매원동선은 가능한 한 짧게 만들어 일의 능률이 저하되지 않도록 한다.
③ 고객동선은 접근하기 쉽고 고객의 움직임이 자연스럽게 유도될 수 있도록 계획한다.
④ 관리동선은 사무실을 중심으로 종업원실, 창고, 매장 등이 최단거리로 연결되도록 한다.

제 2 과목 : 색 채 학

21 명소시에서 암소시로 이행할 때 붉은색은 어둡게 되고, 청색은 상대적으로 밝아지는 것과 관련이 있는 것은?
① 메타메리즘
② 색각이상
③ 푸르킨예 현상
④ 착시현상

22 장파장의 색상은 시간의 경과를 길게 느끼고 단파장의 색상은 시간의 경과를 짧게 느낀다는 색채의 기능주의적 사용법을 역설한 사람은?
① 하버트 리드
② 오토와그너
③ 파버 비렌
④ 요하네스 이텐

23 슈브뢸(M. E. Chevreul)의 색채조화론과 관계가 없는 것은?
① 도미넌트 컬러
② 보색 배색의 조화
③ 세퍼레이션 컬러
④ 동일 색상의 조화

24 불안감을 느끼는 사람에게 안정을 취하게 할 수 있는 공간색으로 적합한 것은?
① 파랑
② 흰색
③ 회색
④ 노랑

25 초등학교의 색채계획에 관한 설명으로 틀린 것은?
① 일반교실은 실내 어느 곳이나 충분한 조도가 있게 한다.
② 일반교실은 안정된 분위기를 위해 색상의 종류를 제한한다.
③ 미술실은 정확한 색분별을 위해 벽면과 바닥을 무채색으로 하는 것이 좋다.
④ 음악실은 즐거운 분위기를 위해 한색계통의 다양한 색채들을 사용한다.

26 색채조화에 관한 설명 중 틀린 것은?
① 색의 3속성을 고려한다.
② 색채조화에서 명도는 중요하지 않다.
③ 색상이 다르면 색조를 유사하게 한다.
④ 면적비에 따라 조화의 느낌이 달라질 수 있다.

27 오스트발트의 등색상 삼각형에 있어서 등백색계열을 나타내는 것은?
① pl – pi – pg
② la – na – pa
③ nl – ni – pi
④ lg – ni – pl

28 색 지각을 일으키는 가장 기본적인 요건은?
① 속성
② 프리즘
③ 빛
④ 망막

29 미각과 색채의 관계로 연결된 것 중 잘못된 것은?
① 쓴맛 : 회색
② 단맛 : 빨강
③ 신맛 : 연두
④ 짠맛 : 청록

30 병치가법혼색의 응용과 관련 있는 것은?
① 유화 그림
② 도장 작업
③ 컬러 TV
④ 천의 염색

31 감마(Gamma)에 대한 설명으로 틀린 것은?
① 컴퓨터 모니터 또는 이미지 전체의 기준 어둡기(밝기)를 말한다.
② 모니터 성능에 따라 CMYK 각각의 감마를 결정할 수 있다.
③ 기본 감마값에서 모니터의 상태에 따라 캘리브레이션을 할 수 있다.
④ 가장 일반적으로 통용되는 감마를 사용하는 것이 좋다.

32 오스트발트 색체계의 색상에 대한 설명이 틀린 것은?
① 24색상환으로 1~24로 표기한다.
② 색상은 헤링의 4원색을 기본으로 한다.
③ Red의 보색은 Sea Green이다.
④ Red는 1R~3R로, 색상번호는 1~3에 해당된다.

33 먼셀 색체계에서 색의 3속성에 대한 설명으로 틀린 것은?
① 기본 5색은 R, Y, G, B, P이다.

② KS에서 20색상환을 채택하고 있다.
③ 색의 포화도와 채도는 비례 관계에 있다.
④ 유채색 중 가장 명도가 낮은 색은 남색이다.

34 오스트발트 색채조화론의 내용과 관련된 용어가 아닌 것은?
① 등백계열의 조화
② 등순계열의 조화
③ 동등조화
④ 윤성조화

35 다음 중 명도가 가장 높은 색은?
① 회색　　　② 검정색
③ 흰색　　　④ 녹색

36 색을 정확히 보기 위한 관찰방법 설명으로 잘못된 것은?
① 색의 관찰은 몇 분간 조명광하에서 작업면의 유채색에 눈을 순응시키고 나서 한다.
② 시료면과 표준면을 때때로 좌우를 바꿔 넣어 비교한다.
③ 연속하여 비교작업을 하는 경우에는 몇 분 간격의 주기로 눈을 쉬면서 한다.
④ 선명한 색을 관찰한 직후에 엷은 색 또는 보색에 가까운 색상을 가진 색을 계속 비교해서는 안 된다.

37 주황색 위에 초록색을 놓으면 주황색은 더욱 붉게 보이고 초록색은 파랑 기미가 있는 초록으로 보이는 현상은?
① 색상대비　　　② 명도대비
③ 연변대비　　　④ 면적대비

38 채도에 따른 색의 구분을 할 때 명도는 높고 채도가 낮은 색은?
① 청색　　　② 명청색
③ 암청색　　　④ 탁색

39 영·헬름홀츠(Young-Helmholtz)의 3원색설에 관한 설명 중 옳은 것은?
① 추상체의 기능이 없고, 간상체의 기능만 있는 상태를 전색맹이라 한다.
② 황색과 백색의 감각과 대비 잔상을 잘 설명할 수 있다.
③ 동화작용에 의하여 백, 적, 황색의 감각이 생긴다.
④ 적, 녹, 황색이 기본색이어서 3원색설이라고 한다.

40 빛의 3원색의 설명으로 옳은 것은?
① 다른 색으로 분해 가능하다.
② 다른 색광의 혼합에 의해 만들 수 있다.
③ 이들 색을 모두 혼합하면 백색광이 된다.
④ 이들로부터 모든 색을 만들 수 없다.

제3과목 : 인간공학

41 근력 및 지구력에 관한 설명으로 옳지 않은 것은?
① 지구력이란 근력을 사용하여 특정 힘을 유지할 수 있는 능력이다.
② 신체 부위를 실제로 움직이는 상태일 때의 근력을 등속성 근력이라 한다.
③ 신체 부위를 실제로 움직이지 않으면서 고정 물체에 힘을 가하는 상태일 때의 근력을 등척성 근력이라 한다.
④ 근력이란 여러 번의 수의적인 노력에 의하여 근육이 등속성으로 낼 수 있는 힘의 최대치를 말한다.

42 양팔을 곧게 편 상태로 파악할 수 있는 최대 영역은?
① 정상작업영역(normal working area)
② 평면작업영역(working area in horizontal plan)
③ 최대작업영역(maximum working area)
④ 수직면작업영역(working area in vertical plan)

43 진동이 인간의 성능에 미치는 일반적인 영향에 관한 설명으로 옳지 않은 것은?
① 진동은 진폭에 비례하여 시력을 손상시킨다.
② 진동은 진폭에 비례하여 추적능력을 손상시킨다.
③ 진동은 안정되고 정확한 근육 조절을 요하는 작업에 부정적 영향을 준다.
④ 감시(monitoring), 형태 식별(pattern recognition) 등 중앙신경처리에 달린 임무는 진동의 영향을 가장 심하게 받는다.

44 인체 측정자료를 응용하여 작업공간을 설계할 때 평균치를 고려한 것은?
① 문의 높이
② 버스 손잡이 높이
③ 비상 탈출구의 크기
④ 슈퍼마켓의 계산대 높이

45 다음 상황에서의 시식별 능력을 의미하는 것은?

표적 물체나 관측자 또는 모두가 움직이는 경우에는 시력의 역치(threshold)가 감소하게 된다.

① 버니어시력(vernier acuity)
② 입체시력(stereoscopic acuity)
③ 동시력(dynamic visual acuity)
④ 최소가분시력(minimum separable acuity)

46 조도의 단위가 아닌 것은?
① nit
② lux
③ lumen/m^2
④ foot-candle(fc)

47 누적외상성 질환(CTDs)를 줄이기 위한 방법으로 적절하지 않은 것은?
① 반복적인 동작이 일어나지 않도록 한다.
② 조직(tissue)에 가해지는 압력을 줄일 수 있도록 한다.
③ 작업 중 발생하는 체열을 발산하기 위하여 작업장의 온도는 21℃ 이하로 유지한다.
④ 작업 자세에 있어 팔꿈치가 몸통의 중간위치보다 더 높이 올라가지 않도록 한다.

48 다음 ( ) 안에 들어갈 알맞은 것은?

( )은/는 수정체와 망막 사이의 공간에 있는 무색 투명한 젤리 모양의 조직으로 안구의 형태를 구형으로 유지하고 내압을 일정하게 하며 수정체에서 망막에 이르는 광선의 통로가 된다.

① 공막(sclera)
② 안검(eyelids)
③ 맥락막(choroid)
④ 초자체(vitreous body)

49 생체리듬에 관한 설명으로 옳은 것은?
① 감성적 리듬(Sensitivity rhythm)은 23일의 반복주기를 갖는다.
② 육체적 리듬(Physical rhythm)은 33일의 반복주기를 갖는다.
③ 위험일은 각각의 리듬이 (−)에서 (+)로, 또

는 (+)에서 (-)로 변화하는 점을 의미한다.
④ 지성적 리듬(Intellectual rhythm)은 주의력, 창조력, 예감 및 통찰력 등을 좌우한다.

50 자료의 통계분석에서 상관관계가 전혀 없음을 나타내는 상관계수(coefficient of correlation)는?
① -0.1　　② 0
③ 0.5　　④ +1.0

51 다음 설명에 해당하는 운동의 시지각은?

> 내가 타고 있는 지하철은 정지되어 있지만, 반대편의 지하철이 출발함에 따라 내가 타고 있는 지하철이 움직이는 것처럼 느껴진다.

① 안구운동　　② 유도운동
③ 운동잔상　　④ 사동운동

52 피부감각과 관련된 내용으로 옳지 않은 것은?
① 촉각과 압각의 경계는 분명하게 구분된다.
② 촉각수용기의 분포와 밀도는 신체 부위에 따라 다르다.
③ 온도감각은 일반적으로 점막에는 거의 분포되어 있지 않다.
④ 통각은 피부뿐만 아니라 피부 밑의 심부 및 내장에도 분포하고 있다.

53 적온(適溫)에서 추운환경으로 바뀔 때, 인체의 반응으로 옳지 않은 것은?
① 근육이 수축된다.
② 몸의 떨림이 생긴다.
③ 피부의 온도가 내려간다.
④ 피부를 경유하는 혈액의 순환량이 증가한다.

54 인체 골격이 하는 주요 기능이 아닌 것은?
① 신체 활동 수행
② 체강내의 장기를 보호
③ 신체를 지지하고 형상을 유지
④ 감각정보를 뇌와 척수로 전달

55 깜박이는 경고등(flashing light)의 깜박이는 속도로 가장 적당한 것은?
① 1초에 3회　　② 1초에 20회
③ 3초에 1회　　④ 5초에 1회

56 영상표시단말기(VDT) 취급근로자의 작업관리와 관련된 내용으로 옳지 않은 것은?
① 눈으로부터 화면까지의 시거리는 40cm 이상을 유지할 것
② 작업 화면상의 시야는 취급근로자의 시선 수평선상으로부터 아래로 10~15° 이내일 것
③ 단색화면일 경우 색상은 일반적으로 어두운 배경에 밝은 청색 또는 적색문자를 사용할 것
④ 작업자의 손목을 지지해 줄 수 있도록 작업대 끝면과 키보드의 사이는 15cm 이상을 확보할 것

57 시야의 넓이는 물체의 색깔에 따라 달라지는데 다음 중 시야의 넓이가 좁은 색에서부터 넓은 순으로 올바르게 나열한 것은?
① 녹색 → 적색 → 청색 → 황색 → 백색
② 녹색 → 황색 → 청색 → 적색 → 백색
③ 백색 → 적색 → 청색 → 황색 → 녹색
④ 백색 → 청색 → 황색 → 적색 → 녹색

58 원형 눈금 표시장치와 비교한 계수형 표시장치의 특징이 아닌 것은?
① 판독오차가 적다.

② 판독시간이 길다.
③ 변화와 추세를 알기 어렵다.
④ 변수의 상태나 조건의 관련범위를 파악하기 어렵다.

59 다음의 경우에 지표로서 이용하는 것은?

사람이 자동차나 비행기를 조종할 때 긴장감의 정도를 파악하기 위하여 심박수, 호흡률, 뇌 전위, 혈압 등을 조사한다.

① 생리적 변화   ② 심리적 변화
③ 시각적 변화   ④ 정신적 변화

60 귀의 구조 중에서 외이도와 중이의 경계 부위에 위치하며 소리 압력의 변화에 따라 진동하는 것은?
① 와우   ② 고막
③ 귀지선   ④ 반규관

제4과목 : 건축재료

61 건설용 강재(철근 등)의 재료시험 항목에서 일반적으로 제외되는 것은?
① 압축강도 시험
② 인장강도 시험
③ 굽힘 시험
④ 연신율 시험

62 합성수지 제품 중 경도가 크나 내열·내수성이 부족하여 외장재로는 부적당하며 내장재·가구재로 사용되는 것은?
① 폴리에스테르 강화판
② 멜라민 치장판
③ 페놀 수지판
④ 아크릴 평판

63 파티클 보드의 특징이 아닌 것은?
① 경량이다.
② 못질, 구멍 뚫기 등 가공이 용이하다.
③ 음, 열의 차단성이 우수하다.
④ 방향성에 따른 강도의 차이가 크다.

64 콘크리트 보강용으로 사용되고 있는 유리섬유에 관한 설명으로 옳지 않은 것은?
① 고온에 견디며, 불에 타지 않는다.
② 화학적 내구성이 있기 때문에 부식하지 않는다.
③ 전기절연성이 크다.
④ 내마모성이 크고, 잘 부서지거나 부러지지 않는다.

65 경석고 플라스터에 관한 설명으로 옳지 않은 것은?
① 강도가 크며 수축균열이 작다.
② 알칼리성으로 철의 부식을 방지한다.
③ 무수석고를 화학처리하여 제조한다.
④ 킨즈시멘트라고도 한다.

66 벽의 모르타르 바름 바탕용으로 가장 적합한 금속제품은?
① 메탈라스   ② 데크플레이트
③ 인서트   ④ 조이너

67 목재의 절대건조비중이 0.8일 때 이 목재의 공극율은?
① 약 42%   ② 약 48%
③ 약 52%   ④ 약 58%

68 수밀콘크리트의 배합에 관한 설명으로 옳지 않은 것은?

① 배합은 콘크리트의 소요의 품질이 얻어지는 범위 내에서 단위수량 및 물-결합재비는 되도록 작게 하고, 단위 굵은 골재량은 되도록 크게 한다.
② 콘크리트 소요 슬럼프는 되도록 작게 하여 180mm를 넘지 않도록 하며, 콘크리트 타설이 용이할 때에는 120mm 이하로 한다.
③ 물-결합재비는 60% 이하를 표준으로 한다.
④ 콘크리트의 워커빌리티를 개선시키기 위해 공기연행제, 공기연행감수제 또는 고성능 공기연행감수제를 사용하는 경우라도 공기량은 4% 이하가 되게 한다.

69 점토제품에서 S.K 번호가 나타내는 것은?

① 소성온도 ② 제품의 종류
③ 점토의 성분 ④ 수분 함유량

70 석재의 일반적인 성질에 관한 설명으로 옳지 않은 것은?

① 석재 중 석회암·대리석 등은 풍화에 약한 편이다.
② 흡수율은 동결과 융해에 대한 내구성의 지표가 된다.
③ 인장강도는 압축강도의 1/10~1/30 정도이다.
④ 단위용적질량이 클수록 압축강도는 작고, 공극률이 클수록 내화성이 작다.

71 다른 종류의 금속을 접촉시켰을 경우 이온화 경향이 커서 부식의 위험이 가장 큰 것은?

① 구리(Cu) ② 알루미늄(Al)
③ 철(Fe) ④ 은(Ag)

72 목재의 천연건조의 특성에 해당하지 않는 것은?

① 넓은 잔적(piling) 장소가 필요하지 않다.
② 비교적 균일한 건조가 가능하다.
③ 기후와 입지의 영향을 많이 받는다.
④ 열기건조의 예비건조로서 효과가 크다.

73 표준시방서에 따른 서중 콘크리트에 관한 설명으로 옳지 않은 것은?

① 하루 평균기온이 25℃를 초과하는 것이 예상되는 경우 서중 콘크리트로 시공한다.
② 콘크리트의 배합은 소요의 강도 및 워커빌리티를 얻을 수 있는 범위 내에서 단위수량을 적게 하고 단위 시멘트량이 많아지지 않도록 적절한 조치를 취하여야 한다.
③ 일반적으로는 기온 10℃의 상승에 대하여 단위수량은 2~5% 증가하므로 소요의 압축강도를 확보하기 위해서는 단위수량에 비례하여 단위 시멘트량의 증가를 검토하여야 한다.
④ 콘크리트를 타설할 때의 콘크리트의 온도는 30℃ 이하이어야 한다.

74 지하실과 같이 공기의 유통이 원활하지 않은 장소의 미장공사에 적당한 재료는?

① 시멘트 모르타르
② 회반죽
③ 돌로마이트 플라스터
④ 회사벽

75 수성페인트에 합성수지와 유화제를 섞은 것으로서 실내·외 어느 곳에서나 매우 광범위하게 사용되며, 피막의 먼지 등으로 오염된 것을 비눗물로도 쉽게 제거할 수 있는 장점을 가진 것은?

① 에나멜 페인트 ② 래커 에나멜
③ 에멀션 페인트 ④ 클리어 래커

76 방수재료 중 아스팔트 방수층을 시공할 때 제일 먼저 사용되는 재료는?
① 아스팔트
② 아스팔트 프라이머
③ 아스팔트 루핑
④ 아스팔트 펠트

77 유리 내부에 금속망을 삽입하고 압착·성형한 판유리로서 외부로부터의 충격에 강하고 파손될 때에도 유리파편이 튀지 않아 상해를 주지 않는 것은?
① 스팬드럴유리 ② 연마판유리
③ 로이유리 ④ 망입유리

78 시멘트의 수화반응에서 발생하는 수화열이 가장 낮은 시멘트는?
① 보통 포틀랜드시멘트
② 조강 포틀랜드시멘트
③ 중용열 포틀랜드시멘트
④ 백색 포틀랜드시멘트

79 건축재료의 화학조성에 의한 분류 중 무기재료에 포함되지 않는 것은?
① 콘크리트 ② 철강
③ 목재 ④ 석재

80 경질이며 흡습성이 적은 특성이 있으며 도로나 마룻바닥에 까는 두꺼운 벽돌로서 원료로 연와토 등을 쓰고 식염유로 시유 소성한 벽돌은?
① 검정벽돌 ② 광재벽돌
③ 날벽돌 ④ 포도벽돌

제5과목 : 건축일반

81 문화 및 집회시설 중 공연장의 개별 관람실의 바깥쪽에 있어, 그 양쪽 및 뒤쪽에 각각 복도를 설치하여야 하는 최소 바닥면적의 기준으로 옳은 것은?
① 개별 관람실의 바닥면적이 300m² 이상인 경우
② 개별 관람실의 바닥면적이 400m² 이상인 경우
③ 개별 관람실의 바닥면적이 500m² 이상인 경우
④ 개별 관람실의 바닥면적이 600m² 이상인 경우

82 시멘트 벽돌(표준형)을 가지고 2.0B의 가로벽을 쌓았을 때 벽의 두께로 가장 적합한 것은?
① 280mm ② 290mm
③ 340mm ④ 390mm

83 20층인 종합병원 건축물에서 6층 이상의 거실면적의 합계가 35000m²인 경우 승강기 최소 설치 대수는? (단, 16인승 이상의 승강기로 설치한다.)
① 7대 ② 8대
③ 9대 ④ 10대

84 건축물 내부의 마감재료를 방화에 지장이 없는 재료로 하여야 하는 대상건축물이 아닌 것은?
① 위험물저장 및 처리시설의 용도로 쓰는 건축물

② 제2종 근린생활시설 중 공연장의 용도로 쓰는 건축물
③ 창고로 쓰이는 바닥면적이 400m² 인 건축물
④ 5층 이상인 층 거실의 바닥면적의 합계가 500m² 인 건축물

85 조적구조에 관한 설명으로 틀린 것은?
① 내화성, 내구성 등의 성능을 고루 갖추면서 시공이 용이한 편이다.
② 기초침하 등으로 벽면에 쉽게 균열이 생긴다.
③ 저층의 비교적 소규모 건축물에 널리 쓰인다.
④ 횡력 및 충격에 강하고 습기에 의해 동파되지 않는다.

86 건축허가 등을 할 때 미리 소방본부장 또는 소방서장의 동의를 받아야 하는 건축물 등의 범위 기준으로 틀린 것은?
① 연면적이 200m² 이상인 수련시설
② 연면적이 200m² 이상인 노유자시설
③ 연면적이 250m² 이상인 정신의료기관
④ 연면적이 300m² 이상인 장애인 의료재활시설

87 지진이 발생할 경우 소방시설이 정상적으로 작동될 수 있도록 소방청장이 정하는 내진설계기준에 맞게 설치하여야 하는 소방시설이 아닌 것은? (단, 내진설계기준의 설정 대상 시설에 소방시설을 설치하는 경우)
① 옥내소화전설비
② 스프링클러설비
③ 물분무 등 소화설비
④ 무선통신보조설비

88 옥상광장 등의 설치와 관련한 아래 내용에서 ( ) 안에 들어갈 내용으로 옳은 것은?

옥상광장 또는 2층 이상인 층에 있는 노대(露臺)나 그 밖에 이와 비슷한 것의 주위에는 높이 ( ) 이상의 난간을 설치하여야 한다. 다만, 그 노대 등에 출입할 수 없는 구조인 경우에는 그러하지 아니하다.

① 1.0m ② 1.2m
③ 1.5m ④ 1.8m

89 특정소방대상물의 관계인이 소방청장이 정하여 고시하는 화재안전기준에 따라 소방시설을 갖추어야 하는 경우에 고려해야 하는 사항과 가장 거리가 먼 것은?
① 특정소방대상물의 수용인원
② 특정소방대상물의 규모
③ 특정소방대상물의 용도
④ 특정소방대상물의 위치

90 다음 중 바실리카식 교회의 평면과 관계가 없는 것은?
① 아일   ② 나르텍스
③ 네이브   ④ 나오스

91 소방시설법령에 따라 단독주택에 설치하여야 하는 소방시설로만 옳게 나열된 것은?
① 소화기 및 간이완강기
② 소화기 및 간이스프링클러
③ 소화기 및 단독경보형 감지기
④ 소화기 및 자동화재탐지설비

92 실내장식물을 방염성능기준 이상으로 설치하여야 하는 특정소방대상물에 해당하지 않는 것은?
① 의료시설
② 근린생활시설 중 의원
③ 방송통신시설 중 방송국

④ 층수가 15층인 아파트

93 우리나라 근대 건축물의 양식적 경향이 틀린 것은?
① 명동성당 - 고딕
② 서울역 - 르네상스
③ 경성 부민관 - 합리주의
④ 한국은행 본점 구관 - 로마네스크

94 공동 소방안전관리자를 선임하여야 하는 특정소방대상물이 아닌 것은? (단, 특정소방대상물 중 소방본부장 또는 소방서장이 지정하는 경우는 제외)
① 지하가
② 항공기 격납고를 포함한 공항시설
③ 판매시설 중 도매시장 및 소매시장
④ 복합건축물로서 연면적이 5000m² 이상인 것

95 건축물의 신축·증축·개축 등에 대한 행정기관의 동의 요구를 받은 소방본부장 또는 소방서장은 건축허가 등의 동의요구서류를 접수한 날부터 얼마 이내에 동의여부를 회신하여야 하는가? (단, 특급 소방안전관리대상물이 아닌 경우)
① 3일 이내 ② 4일 이내
③ 5일 이내 ④ 6일 이내

96 계단을 대체하여 설치하는 경사로의 경사도 기준으로 옳은 것은?
① 1 : 6을 넘지 아니할 것
② 1 : 7을 넘지 아니할 것
③ 1 : 8을 넘지 아니할 것
④ 1 : 9를 넘지 아니할 것

97 건축법령상 방화구획 등의 설치 기준에 따라, 방화구획의 규정을 적용하지 않거나 그 사용에 지장이 없는 범위에서 완화하여 적용할 수 있는 부분이 아닌 것은?
① 단독주택
② 복층형 공동주택이 세대별 층간 바닥 부분
③ 주요구조부가 내화구조 또는 불연재료로 된 주차장
④ 교정 및 군사시설 중 군사시설로써 집회, 체육, 창고 등의 용도로 사용되는 시설을 제외한 나머지 시설물

98 널 한 쪽에 홈을 파고 한 쪽에 혀를 내어 서로 물리게 하는 방법으로 못이 빠져나올 우려가 없어 마루널쪽매에 이상적인 것은?
① 맞댄쪽매 ② 빗댄쪽매
③ 제혀쪽매 ④ 딴혀쪽매

99 비상용 승강기를 설치하지 아니할 수 있는 건축물 기준으로 옳은 것은?
① 높이 31m를 넘는 각 층을 거실 외의 용도로 쓰는 건축물
② 높이 31m를 넘는 각 층의 바닥면적의 합계가 800m² 이하인 건축물
③ 높이 31m를 넘는 층수가 6개층 이상인 건축물
④ 높이 31m를 넘는 층수가 4개층 이하로서 당해 각 층의 바닥면적의 합계 600m² 이내마다 방화구획으로 구획된 건축물

100 철근콘크리트구조에서 철근을 일정 두께 이상의 콘크리트로 피복하는 이유로 가장 거리가 먼 것은?
① 콘크리트의 중성화 촉진
② 부재 내부 응력에 의한 균열 방지

③ 철근과 콘크리트의 일체성 증가
④ 화재 시 철근의 강도 저하 방지

제6과목 : 실내건축환경

101 다음 중 옥내조명의 설계 순서에서 가장 우선적으로 이루어져야 할 사항은?
① 광원의 선정
② 조명방식의 결정
③ 소요조도의 결정
④ 조명기구의 결정

102 일조율의 정의로 가장 알맞은 것은?
① 24시간에 대한 가조시간의 백분율
② 24시간에 대한 일조시간의 백분율
③ 가조시간에 대한 일조시간의 백분율
④ 일영시간에 대한 일조시간의 백분율

103 다음 설명에 알맞은 대변기의 세정방식은?

> 바닥으로부터 1.6m 이상 높은 위치에 탱크를 설치하고, 볼 탭을 통하여 공급된 일정량의 물을 저장하고 있다가 핸들 또는 레버의 조작에 의해 낙차에 의한 수압으로 대변기를 세정하는 방식

① 세출식
② 세락식
③ 로 탱크식
④ 하이 탱크식

104 다음 중 국소환기가 주로 사용되는 장소는?
① 실험실
② 주차장
③ 화장실
④ 공조기계실

105 건물 외벽의 한 쪽 표면에서 다른 쪽 표면으로 열이 이동되는 현상, 즉 벽체 내부에서 열이 이동하는 현상은?

① 열전도
② 열복사
③ 열관류
④ 열전환

106 복사난방에 관한 설명으로 옳지 않은 것은?
① 실내 바닥면적의 이용도가 높다.
② 열용량이 작아 방열량 조절이 용이하다.
③ 천장고가 높은 공간에서도 난방감을 얻을 수 있다.
④ 외기침입이 있는 공간에서도 난방감을 얻을 수 있다.

107 건축물 외벽의 표면결로 방지 방법으로 옳지 않은 것은?
① 냉교현상을 없앤다.
② 실내에서 발생하는 수증기를 억제한다.
③ 환기에 의해 실내 절대습도를 저하한다.
④ 실내벽 표면온도를 실내공기의 노점온도보다 낮게 한다.

108 두께 30cm의 콘크리트 벽체(λ=1.2W/m·K) 10m²에 1시간 동안 외부로 유출된 열량이 500W로 측정되었다. 벽체의 실내측 표면온도가 20℃일 경우, 실외측 표면온도는?
① 7.5℃
② 8.5℃
③ 9.5℃
④ 10.5℃

109 건축물의 급수방식에 관한 설명으로 옳지 않은 것은?
① 수도직결방식은 급수오염의 가능성이 가장 작다.
② 펌프직송방식은 고가수조를 설치할 필요가 없다.
③ 고가수조방식은 일정 지점에서의 공급압력이 일정하다.
④ 압력수조방식은 고압의 급수압을 일정하

게 유지할 수 있다.

110 중력환기에 관한 설명으로 옳지 않은 것은?
① 환기량은 개구부 면적에 비례하여 증가한다.
② 실내외의 온도차에 의한 공기의 밀도차가 원동력이 된다.
③ 개구부의 전후에 압력차가 있으면 고압측에서 저압측으로 공기가 흐른다.
④ 어떤 경우에서도 중성대의 하부가 공기의 유입측, 상부가 공기의 유출측이 된다.

111 할로겐 램프에 관한 설명으로 옳지 않은 것은?
① 휘도가 낮다.
② 형광 램프에 비해 수명이 짧다.
③ 흑화가 거의 일어나지 않는다.
④ 광속이나 색온도의 저하가 적다.

112 1명당 필요한 신선공기량이 $30m^3/h$일 때 정원이 800명, 실용적이 $6000m^3$인 강당의 1시간당 필요 환기횟수는?
① 1회　　② 2회
③ 3회　　④ 4회

113 다음 중 단열의 메카니즘에 속하지 않는 것은?
① 용량형 단열　② 반사형 단열
③ 저항형 단열　④ 투과형 단열

114 흡음재료의 특성에 관한 설명으로 옳은 것은?
① 다공성 흡음재는 저음역에서의 흡음률이 크다.
② 판진동 흡음재는 일반적으로 두꺼울수록 흡음률이 크다.
③ 다공성 흡음재의 흡음성능은 재료의 두께나 공기층 두께에 영향을 받지 않는다.
④ 판진동 흡음재의 경우, 흡음판을 기밀하게 접착하는 것보다 못으로 고정하여 진동하기 쉽게 하는 것이 흡음성능이 우수하다.

115 다음 설명에 알맞은 건축화조명방식은?

- 벽면 전체 또는 일부분을 광원화하는 방식이다.
- 광원을 넓은 벽면에 매입함으로서 비스타(vista)적인 효과를 낼 수 있으며 시선의 배경으로 작용할 수 있다.

① 코브 조명　② 광창 조명
③ 코퍼 조명　④ 코니스 조명

116 다음 중 벽체의 차음성능을 높이기 위한 방법과 가장 거리가 먼 것은?
① 벽체의 기밀성을 높인다.
② 벽체의 투과 손실을 낮춘다.
③ 음에 대한 반사율을 높인다.
④ 무겁고 두꺼운 재료를 사용한다.

117 음의 잔향시간에 관한 설명으로 옳지 않은 것은?
① 모든 실의 잔향시간은 짧을수록 좋다.
② 실내 벽면의 흡음율이 높으면 잔향시간은 짧아진다.
③ 음악당의 잔향시간은 강당의 잔향시간보다 긴 것이 좋다.
④ 음이 발생하여 음압 레벨이 60dB 낮아지는데 소요되는 시간을 말한다.

118 실지수(room index)에 관한 설명으로 옳지 않은 것은?

① 실의 형상을 나타내는 지수이다.
② 실지수는 큰 편이 조명의 효율이 좋다.
③ 일반적으로 가로, 세로가 넓은 경우 실지수가 크다.
④ 일반적으로 천장이 높은 경우가 낮은 경우보다 실지수가 크다.

119 다음 중 배수설비에서 트랩의 봉수가 자기 사이펀작용에 의해 파괴되는 것을 방지하기 위한 방법으로 가장 적절한 것은?
① S트랩을 사용한다.
② 각개 통기관을 설치한다.
③ 트랩 출구의 모발 등을 제거한다.
④ 봉수의 깊이를 15cm 이상으로 깊게 유지한다.

120 공기조화방식 중 단일덕트 재열방식에 관한 설명으로 옳지 않은 것은?
① 전공기방식의 특성이 있다.
② 재열기의 설치공간이 필요하다.
③ 잠열부하가 많은 경우나 장마철 등의 공조에 적합하다.
④ 부하특성이 다른 여러 개의 실이나 존이 있는 건물에 사용이 불가능하다.

실/내/건/축/기/사

※ 출제기준 변경 전 실시된 시험입니다.   [2021년 9월12일 시행]

제1과목 : 실내디자인론

01 면에 관한 설명으로 옳지 않은 것은?
① 곡면과 평면의 결합으로 대비 효과를 얻을 수 있다.
② 면의 구성방법에는 지배적 구성, 분리 구성, 일렬 구성, 자유 구성 등이 있다.
③ 실내 공간에서의 모든 형태는 면의 요소로 간주되며, 크게 이념적 면과 현실적 면으로 대별된다.
④ 면의 심리적 인상은 그 면이 놓인 위치, 질감, 색, 패턴 또는 다른 면과의 관계 등에 따라 차이를 나타낸다.

02 오피스 랜드스케이프(office landscape)에 관한 설명으로 옳지 않은 것은?
① 소음이 발생하기 쉽다.
② 공간의 독립성 확보가 용이하다.
③ 고정된 칸막이를 사용하지 않고 이동식을 사용한다.
④ 변화하는 업무의 흐름이나 작업 패턴에 신속하게 대응할 수 있다.

03 블라인드(blind)에 관한 설명으로 옳지 않은 것은?
① 롤 블라인드는 셰이드라고도 한다.
② 베네시안 블라인드는 수평형 블라인드이다.
③ 로만 블라인드는 날개의 각도로 채광량을 조절한다.
④ 베네시안 블라인드는 날개 사이에 먼지가 쌓이기 쉽다.

04 공간 내 패턴의 사용에 관한 설명으로 옳지 않은 것은?
① 수평의 줄무늬는 공간을 넓고 낮게 보이게 한다.
② 패턴은 선, 형태, 조명, 색채 등의 사용으로 만들어진다.
③ 지루하게 긴 벽체는 수직의 패턴을 이용하여 지루함을 줄인다.
④ 작은 공간에서 여러 패턴을 혼용하여 사용할 경우, 공간이 크고 넓게 보이게 된다.

05 다음 중 상점의 점두(shop facade) 디자인에서 고려할 사항과 가장 거리가 먼 것은?
① 경제성을 배제한 시각효과
② 개성적이고 인상적인 표현
③ 상점내부로의 고객유도 효과
④ 취급상품에 대한 시각적 표현

06 의자에 관한 설명으로 옳지 않은 것은?
① 스툴(stool)은 등받이와 팔걸이가 없는 형태의 보조의자이다.
② 오토만(Ottoman)은 좀 더 편안한 휴식을

위해 발을 올려놓는데도 사용된다.
③ 풀업 체어(Pull-up chair)는 필요에 따라 이동시켜 사용할 수 있는 간이의자이다.
④ 라운지 체어(Lounge chair)는 오래 전부터 식탁과 함께 사용되어온 식사를 위한 의자로 다이닝 체어라고도 한다.

07 한 선분을 길이가 다른 두 선분으로 분할했을 때 긴 선분에 대한 짧은 선분의 길이의 비가 전체 선분에 대한 긴 선분의 길이의 비와 같을 때 이루어지는 비례는?
① 황금비 ② 정수비례
③ 비대칭 분할 ④ 피보나치 비율

08 실내디자인 진행과정에 있어서, 조건설정 단계의 프로젝트별 조사 내용으로 옳지 않은 것은?
① 미술관 – 전시벽면의 마감과 조명형식
② 주택 – 거주자의 가족구성 및 생활양식
③ 상점 – 취급상품의 성격과 소비자의 취향
④ 레스토랑 – 취급하는 음식의 종류와 고객의 연령층

09 벽에 관한 설명으로 옳지 않은 것은?
① 실내공간의 형태와 규모를 결정하는 기본적인 요소이다.
② 외부환경으로부터 인간을 보호하고 프라이버시를 지켜준다.
③ 다른 요소들에 비해 시대와 양식에 의한 변화가 거의 없다.
④ 일반적으로 벽의 높이가 600mm 정도이면 공간을 한정할 수 있지만 감싸는 효과는 없다.

10 단독주택의 부엌에 관한 설명으로 옳은 것은?
① 일반적으로 부엌의 크기는 주택 연면적의 3% 정도로 한다.
② 부엌의 규모가 큰 경우 작업대의 배치방법은 일렬형이 주로 사용된다.
③ 일반적으로 작업대의 높이는 500~600mm, 깊이는 750~800mm로 한다.
④ 작업대는 작업순서를 고려하여 준비대→개수대→조리대→가열대→배선대 순서로 배치한다.

11 다음 설명에 알맞은 디자인 원리는?

질적, 양적으로 전혀 다른 둘 이상의 요소가 동시적 혹은 계속적으로 배열될 때 상호의 특징이 한 층 강하게 느껴지는 통일적 현상

① 균형 ② 대비
③ 리듬 ④ 비례

12 수직벽면을 빛으로 쓸어내리는 듯한 효과를 주기 위해 비대칭 배광방식의 조명기구를 사용하여 수직벽면에 균일한 조도의 빛을 비추는 조명 연출기법은?
① 그레이징(glazing) 기법
② 빔플레이(beam play) 기법
③ 월 워싱(wall washing) 기법
④ 그림자연출(shadow play) 기법

13 호텔의 실내계획에 관한 설명으로 옳은 것은?
① 현관은 퍼블릭 스페이스의 중심으로 로비, 라운지와 분리하지 않고 통합시킨다.
② 호텔의 동선은 이동하는 대상에 따라 고객, 종업원, 물품 등으로 구분되며 물품동선과 고객동선은 교차시키는 것이 좋다.
③ 프론트 오피스는 수평동선이 수직동선으로 전이되는 공간으로, 외관과 함께 호텔의

전체적인 인상을 보여주는 역할을 한다.
④ 주식당(main dining room)은 숙박객 및 외래객을 대상으로 하며 외래객이 편리하게 이용할 수 있도록 출입구를 별도로 설치하는 것이 좋다.

14 실내디자인에 관한 설명으로 옳은 것은?
① 실내공간을 사용목적에 따라 편리하고 쾌적한 분위기가 되도록 설계하는 것이다.
② 실내공간의 기능적, 정서적 측면을 다루는 분야로 환경적, 기술적인 부분은 제외된다.
③ 사용자를 위한 기능적 공간의 완성보다는 예술적 공간의 창조에 더 많은 가치를 둔다.
④ 사용자의 심미적이고 심리적인 면을 충족시키기 위하여 디자이너의 독창성과 개성은 배제한다.

15 사무실의 책상배치 유형 중 면적효율이 좋고 커뮤니케이션(communication) 형성에 유리하여 공동작업의 형태로 업무가 이루어지는 사무실에 적합한 유형은?
① 동향형　② 대향형
③ 자유형　④ 좌우대칭형

16 다음과 같은 주택 거실의 가구배치유형은?

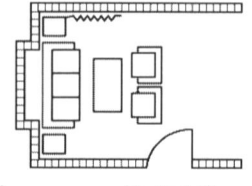

① 대면형　② U자형
③ 직선형　④ 코너형

17 다음과 같은 특징을 갖는 문의 종류는?

· 출입하는 사람이 충돌할 위험이 없으며 방풍실을 겸할 수 있는 장점이 있다.
· 호텔이나 은행 등 사람의 출입이 많은 장소에 설치된다.

① 회전문　② 접이문
③ 미닫이문　④ 여닫이문

18 다음 설명에 알맞은 건축화조명방식은?

벽의 상부에 길게 설치된 반사상자 안에 광원을 설치하여 모든 빛이 하부로 향하도록 하는 조명방식

① 코퍼 조명　② 광창 조명
③ 코니스 조명　④ 광천장 조명

19 다음 설명에 알맞은 사무소 건축의 코어 유형은?

· 유효율이 높은 계획이 가능한 형식이다.
· 내진구조가 가능함으로서 구조적으로 바람직한 형식이다.

① 편심코어형　② 독립코어형
③ 중심코어형　④ 양단코어형

20 단독주택의 현관에 관한 설명으로 옳지 않은 것은?
① 거실이나 침실의 내부와 직접 연결되도록 배치한다.
② 현관의 위치는 도로와의 관계, 대지의 형태 등에 의해 결정된다.
③ 바닥 마감재로는 내수성이 강한 석재, 타일, 인조석 등이 바람직하다.
④ 현관의 크기는 주택의 규모와 가족의 수, 방문객의 예상수 등을 고려한 출입량에 중점을 두어 계획하는 것이 바람직하다.

제2과목 : 색채학

21 다음 중 디바이스 종속적 색체계가 아닌 것은?
① RGB ② HSV
③ CIE XYZ ④ CMY

22 색의 주목성에 관한 설명 중 틀린 것은?
① 한색 계통이 주목성이 높다.
② 난색 계통이 주목성이 높다.
③ 고채도의 색이 주목성이 높다.
④ 명시도가 높은 색이 주목성이 높다.

23 먼셀(Munsell)의 색체계에 대한 설명이 틀린 것은?
① 중심축은 무채색으로 명도를 나타낸다.
② 중심부로 갈수록 채도가 높아진다.
③ 색상마다 최고 채도의 위치는 다르다.
④ 중심부에서 하단으로 내려가면 명도는 낮아진다.

24 가산혼합에서 녹색과 파랑의 혼합색은?
① 회색(gray) ② 시안(cyan)
③ 보라(purple) ④ 검정(black)

25 디지털 이미지의 특징 중 해상도(resolution)에 대한 설명으로 잘못된 것은?
① 동일한 해상도에서 큰 모니터가 더 선명하고, 작은 모니터일수록 선명도가 떨어진다.
② 하나의 이미지 안에 몇 개의 픽셀을 포함하는가에 대한 척도 단위로는 dpi를 사용한다.
③ 해상도는 픽셀들의 집합으로 한 시스템 내에서 픽셀의 개수는 정해져 있다.
④ 해상도는 디스플레이 모니터 안에 있는 픽셀의 숫자로 가로방향과 세로방향의 픽셀의 개수를 곱하면 된다.

26 파버 비렌(Faber Birren)의 색채조화론에서 사용되는 색조군에 대한 설명 중 옳은 것은?
① Tint : 흰색과 검정이 합쳐진 밝은 색조
② Tone : 순색과 흰색이 합쳐진 톤
③ Shade : 순색과 검정이 합쳐진 어두운 색조
④ Gray : 순색과 흰색 그리고 검정이 합쳐진 회색조

27 CIE 표색방법에 관한 설명 중 옳은 것은?
① 적, 녹, 청의 3색광을 혼합하여 3자 극치에 따른 표색 방법
② 색 필터의 중심으로 인한 다른 색상의 표색방법
③ 일정한 원색을 혼합하여 얻는 방법
④ 주관적인 색채 표시방법

28 다음 중 수식형용사를 적용한 색채표현이 옳은 것은? (KS 한국산업표준 기준)
① 어두운 보랏빛 회색
② 노란 밝은 주황
③ 자줏빛 흐린 분홍
④ 맑은 자주

29 망막 상에서 추상체와 간상체가 모두 활동하므로 시각적인 정확성을 기대하기 어려운 상태는?
① 색약 ② 맹점
③ 박명시 ④ 부분색맹

30 혼합되는 각각의 색 에너지(energy)가 합쳐져서 더 밝은 색을 나타내는 혼합은?

① 감산혼합　② 중간혼합
③ 가산혼합　④ 색료혼합

31 오스트발트(Ostwald) 조화론의 등색상 삼각형의 조화가 아닌 것은?
① 등순색 계열의 조화
② 등백색 계열의 조화
③ 등흑색 계열의 조화
④ 등명도 계열의 조화

32 똑같은 에너지를 가진 각 파장의 단색광에 의하여 생기는 밝기의 감각은?
① 시감도　② 명순응
③ 색순응　④ 항상성

33 맥스웰 디스크(Maxwell's Disk)와 관계가 있는 것은?
① 병치혼합　② 회전혼합
③ 감산혼합　④ 색료혼합

34 1976년 CIE가 추천하여 지각적으로 거의 균등한 간격을 가진 색공간은?
① HSV　② RGB
③ CMYK　④ CIE LAB

35 다음 중 가장 명도차가 큰 배색은?
① 파랑 - 빨강　② 연두 - 청록
③ 파랑 - 주황　④ 노랑 - 남색

36 빨강 위에 노랑보다 회색 위의 노랑이 더욱 선명하게 보이는 현상은?
① 색상 대비　② 계속 대비
③ 채도 대비　④ 보색 대비

37 먼셀(Munsell) 기호 중 신록이나 목장, 신선한 기운을 상징하기에 가장 적절한 색은?
① 10R 6/2　② 10G 2/3
③ 5GY 7/6　④ 10B 4/3

38 먼셀(Munsell)의 색체계에서 5R의 보색은?
① 5Y　② 5G
③ 5PB　④ 5BG

39 오스트발트(Ostwald) 등가색환에 있어서의 조화를 기호로 나타낸 것 중 보색조화에 해당하는 것은?
① 2ic - 4ic　② 8ni - 14ni
③ 4Pg - 12Pg　④ 2Pa - 14Pa

40 주변의 색에 순도를 올리면 그대로 색상이 유지되지 않고 채도의 단계에 따라 색상이 달라져 보이는 현상은?
① 베졸드 브뤼케 현상
② 색음 현상
③ 색각 항상 현상
④ 애브니 효과 현상

제3과목 : 인간공학

41 인간의 적합, 적응, 순응, 피로상태를 형태, 생리, 운동, 심리 등의 관점에서 연구하는 방법은?
① 반응 조사법
② 제품 분석법
③ 직접적 관찰법
④ 라이프 스타일(Life style) 분석법

42 주시안정시야의 좌우, 상부, 하부의 범위가 올바르게 나열된 것은?

① 좌우 : 10~15°, 상부 : 5~8°, 하부 : 12~15°
② 좌우 : 20~30°, 상부 : 10~20°, 하부 : 15~25°
③ 좌우 : 30~40°, 상부 : 20~30°, 하부 : 25~40°
④ 좌우 : 50~60°, 상부 : 30~40°, 하부 : 35~45°

43 의자 좌면의 너비를 결정하는 데 가장 적합한 규격은?

① 사용자의 평균 엉덩이 너비에 맞도록 규격을 정한다.
② 사용자의 중위수(median) 엉덩이 너비에 맞도록 규격을 정한다.
③ 사용자의 5퍼센타일(percentile) 엉덩이 너비에 맞도록 규격을 정한다.
④ 사용자의 95퍼센타일(percentile) 엉덩이 너비에 맞도록 규격을 정한다.

44 다음 중 신체 측정치에 영향을 끼칠 수 있는 변수(variability)로만 나열된 것은?

① 직업, 종교, 성별
② 인종, 계측장비, 종교
③ 나이, 직업, 계측장비
④ 인종, 나이, 성별

45 안전보건표지의 색채와 용도, 사용 예시가 바르게 연결된 것은?

① 녹색 – 금지 – 유해행위의 금지
② 빨간색 – 안내 – 피난소 통행표지
③ 파란색 – 지시 – 특정 행위의 지시
④ 노란색 – 금지 – 정지신호 및 특정 행위의 금지

46 일반적으로 조명시스템이 시각의 안정을 위해 갖추어야 할 조건으로 적합하지 않은 것은?

① 모든 공정의 작업면에는 국부조명을 사용하는 것이 바람직하다.
② 반사 눈부심의 처리를 위하여 휘도를 낮게 유지한다.
③ 직사 눈부심의 처리를 위하여 광원을 시선에서 멀리 위치시킨다.
④ 시각 작업의 효율을 높이기 위하여 개인별 시각 차이를 고려한다.

47 눈의 시세포에 관한 설명으로 옳은 것은?

① 원추세포는 색을 구분할 수 없다.
② 원추세포의 수는 간상세포의 수보다 많다.
③ 간상세포는 난색계열의 색을 구분할 수 있다.
④ 사람의 눈에는 1억개 이상의 간상세포가 있다.

48 폰(phon)에 관한 설명으로 옳은 것은?

① 1000Hz, 1dB인 음은 10phon이다.
② 특정 음과 같은 크기로 들리는 1000Hz 순음의 음압수준 값이다.
③ 1000Hz, 60dB인 음은 1000Hz, 40phon인 음보다 100배 큰 음이다.
④ phon값은 주파수 보정효과는 없으나 상대적인 크기를 나타낸다.

49 조도(illumination)의 단위에 해당하는 것은?

① lumen
② fc(foot-candle)
③ NIT(cd/m^2)
④ fL(foot-Lamberts)

50 외이(external ear)의 특징으로 옳은 것은?
① 내부에 귀지선이 있어 이물질의 침입을 방지한다.
② 고막, 고실, 이관, 정원창, 난원창으로 구성되어 있다.
③ 소리에너지를 받아 와우(cochlea)까지 전달해주는 역할을 한다.
④ 중간계 속에는 청각기인 콜티기관(organ of Corti)이 들어 있다.

51 시각표시장치에서 시차(parallax)를 줄이는 방법으로 가장 적절한 것은?
① 숫자와 눈금을 같은 색으로 칠한다.
② 가능한 한 끝이 둥근 지침을 사용한다.
③ 지침을 다이얼면과 최소한으로 붙인다.
④ 지침이 계속해서 회전하는 계기의 영점은 3시 방향에 둔다.

52 다음과 같은 인간-기계 통합체계를 컴퓨터 시스템과 비교할 때 빗금 친 (가)부분에 해당하는 컴퓨터시스템 구성요소는?

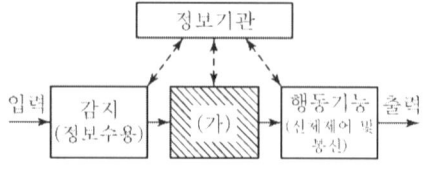

① 프린터(Printer)
② 중앙처리장치(CPU)
③ 감지장치(Sensor)
④ 펀치카드(Punch card)

53 다음 재료 중 흡음률이 가장 높은 것은?
① 벽돌   ② 대리석
③ 유리   ④ 소나무

54 인체의 감각기관을 통해 현존하는 환경의 자극에 대한 정보를 받아들이게 되는 과정을 무엇이라 하는가?
① 지각   ② 반응
③ 주의   ④ 선호도

55 조종-반응 비율(C/R비)에 대한 설명으로 옳지 않은 것은?
① C/R비가 클수록 조종장치는 민감하다.
② C/R비가 작으면 조종시간은 오래 걸린다.
③ 표시장치의 반응거리에 대한 조종장치를 이동한 거리의 비율이다.
④ 최적 C/R비는 조정시간과 이동시간의 합이 최소가 되는 점을 가리킨다.

56 다음 중 짐을 나르는 방법에 따른 산소소비량(에너지)이 가장 높은 것은?
① 배낭형태로 나른다.
② 머리에 이고 나른다.
③ 양손에 들고 나른다.
④ 등과 가슴을 이용하여 나른다.

57 동작경제의 원칙 중 작업장의 배치에 관한 원칙에 해당하는 것은?
① 공구의 기능을 결합하여 사용하도록 한다.
② 모든 공구나 재료는 자기 위치에 있도록 한다.
③ 가능하다면 쉽고도 자연스러운 리듬이 생기도록 동작을 배치한다.
④ 눈의 초점을 모아야 작업을 할 수 있는 경우는 가능하면 없애도록 한다.

58 진동이 인간의 성능에 미치는 영향에 관한 설명으로 옳지 않은 것은?
① 진동은 시성능을 저하시킨다.

② 진동은 추적 작업의 성능을 저하시킨다.
③ 진동은 인간의 운동 성능에는 별다른 영향을 주지 않는다.
④ 진동은 주로 중앙 신경계의 처리과정과 관련되는 과업의 성능에는 비교적 영향을 덜 받는다.

59 시각적 표시장치의 지침 설계 요령으로 적합한 것은?
① 끝이 둥근 지침을 사용하여 안정감을 높인다.
② 원형 눈금의 경우 지침의 색은 선단의 끝에만 칠한다.
③ 정확한 가독을 위하여 지침은 눈금면과 가능한 한 분리시킨다.
④ 지침의 끝은 작은 눈금과 맞닿되 겹치지는 않게 한다.

60 호흡계(respiratory system)에 관한 설명으로 옳지 않은 것은?
① 호흡계는 산소를 공급하고, 이산화탄소를 제거하는 일을 수행한다.
② 호흡계는 비강, 후두 등의 전도부와 폐포, 폐포관 등의 호흡부로 이루어진다.
③ 허파에서 공기와 혈액 사이에 일어나는 기체교환을 내호흡 또는 조직호흡이라 한다.
④ 호흡이란 생명현상을 유지하기 위하여 산소를 섭취하고 이산화탄소를 배출하는 일련의 과정을 말한다.

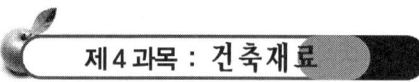
제4과목 : 건축재료

61 방사선 차단용으로 사용되는 시멘트 모르타르로 옳은 것은?
① 질석 모르타르
② 바라이트 모르타르
③ 아스팔트 모르타르
④ 활석면 모르타르

62 미장재료 중 고온소성의 무수석고를 특별한 화학처리를 한 것으로 킨즈 시멘트라고도 불리우는 것은?
① 경석고 플라스터
② 혼합석고 플라스터
③ 보드용 플라스터
④ 돌로마이트 플라스터

63 알루미늄 등 경금속의 접착에 쓰이는 합성수지는?
① 페놀 수지　② 에폭시 수지
③ 요소 수지　④ 알키드 수지

64 목재의 방부제에 관한 설명으로 옳지 않은 것은?
① 유성 및 유용성 방부제는 물에 의해 용출하는 경우가 많으므로 습윤의 장소에는 사용하지 않는다.
② 유성페인트를 목재에 도포하면 방습, 방부 효과가 있고 착색이 자유로워 외관을 미화하는데 효과적이다.
③ 황산동 1%용액은 방부성은 좋으나 철재를 부식시키며 인체에 유해하다.
④ 크레오소트 오일은 방부성은 우수하나 악취가 있고 흑갈색이므로 외관이 미려하지 않아 토대, 기둥 등에 주로 사용된다.

65 로이(Low-E) 유리에 관한 설명으로 옳지 않은 것은?
① 로이 유리는 대부분 복층유리 또는 삼중유리로 제작하여 사용한다.

② 하드로이는 유리 제조과정에서 금속이온을 스프레이 코팅하여 제작한다.
③ 소프트로이는 진공상태에서 금속코팅하여 제작한다.
④ 로이 복층유리 제작 시 아르곤 가스 충전은 열차단 효과를 저하시키므로 사용이 불가하다.

66 KS L 9007에서 규정하는 미장재료로 사용되는 소석회의 주요 품질평가항목이 아닌 것은?
① 분말도 잔량 ② 점도계수
③ 경도계수   ④ 응결시간

67 금속의 부식발생을 제어하기 위해 사용되는 방청도료와 가장 거리가 먼 것은?
① 광명단 조합 페인트
② 에칭 프라이머
③ 징크로메이트 도료
④ 수성페인트

68 재료에 하중이 반복하여 작용할 때 정적 강도보다 낮은 강도에서 파괴되는 것을 무엇이라고 하는가?
① 크리프 파괴 ② 전단 파괴
③ 피로 파괴   ④ 충격 파괴

69 수직면으로 도장하였을 경우 도장직후에 도막이 흘러내리는 현상의 발생 원인과 가장 거리가 먼 것은?
① 얇게 도장하였을 때
② 지나친 희석으로 점도가 낮을 때
③ 저온으로 건조시간이 길 때
④ airless 도장 시 팁이 크거나 2차압이 낮아 분무가 잘 안되었을 때

70 발포제로써 보드상으로 성형하여 단열재로 널리 사용되며 건축물의 천장재, 블라인드 등에도 널리 쓰이는 열가소성 수지는?
① 알키드 수지
② 요소 수지
③ 폴리스티렌 수지
④ 실리콘 수지

71 목재에 관한 설명으로 옳지 않은 것은?
① 섬유포화점이란 흡착 수분만이 최대 한도로 존재하는 상태를 말하며 그때의 함수율은 약 30%이다.
② 목재는 섬유포화점 이상의 함수상태에서는 함수율의 증감에 따라 신축하지 않으나 그 이하에서는 함수율에 비례하여 신축한다.
③ 섬유포화점 이상에서는 목재의 강도는 일정하나 그 이하에서는 함수율이 감소하면 강도도 감소한다.
④ 일반적으로 비중이 큰 목재일수록 강도는 커지는 반면 수축의 양은 많아진다.

72 건축용 세라믹 제품에 관한 설명으로 옳지 않은 것은?
① 다공벽돌은 내부의 무수히 많은 구멍으로 인해 절단, 못치기 등의 가공성이 우수하다.
② 테라코타는 건축물의 패러핏, 주두 등의 장식에 사용되는 공동의 대형 점토제품이다.
③ 위생도기는 철분이 많은 장석점토를 주원료로 사용한다.
④ 일반적으로 모자이크 타일 및 내장 타일은 건식법, 외장 타일은 습식법에 의해 제조된다.

73 무늬유리 및 망유리의 제조 방식으로 가장 적합한 것은?

① 프레스 방식   ② 롤 아웃 방식
③ 플로트 방식   ④ 인양 방식

74 굳지 않은 콘크리트의 성질을 표시하는 용어 중 거푸집 등의 형상에 순응하여 채우기 쉽고 재료의 분리가 일어나지 않는 성질을 말하는 것은?
① 워커빌리티(workability)
② 컨시스턴시(consistency)
③ 플라스티시티(plasticity)
④ 피니셔빌리티(finishability)

75 합성수지를 전색제로 쓰고 소량의 안료와 인산을 첨가한 것으로 금속면의 바름 바탕처리를 위한 도료는?
① 워시 프라이머   ② 오일 프라이머
③ 규산염 도료   ④ 역청질 도료

76 표면을 연마하여 고광택을 유지하도록 만든 시유 타일로 대형 타일에 많이 사용되며, 천연화강석의 색깔과 무늬가 표면에 나타나게 만들 수 있는 것은?
① 모자이크 타일   ② 징크 판넬
③ 논슬립 타일   ④ 폴리싱 타일

77 판두께 1.2mm 이하의 얇은 판에 여러 가지 모양으로 도려낸 철판으로서 환기공, 인테리어벽, 천장 등에 이용되는 금속 성형 가공제품은?
① 익스팬디드 메탈
② 펀칭 메탈
③ 키스톤 플레이트
④ 스팬드럴 패널

78 콘크리트 배합 시 시멘트 1m³, 물 2000L인 경우 물-시멘트비는? (단, 시멘트의 밀도는 3.15g/cm³이다.)
① 약 15.7%   ② 약 20.5%
③ 약 50.4%   ④ 약 63.5%

79 멤브레인(membrane) 방수층에 포함되지 않는 것은?
① 아스팔트 방수층
② 스테인리스 시트 방수층
③ 합성고분자계 시트 방수층
④ 도막 방수층

80 점토에 관한 설명으로 옳지 않은 것은?
① 점토의 색상은 철산화물 또는 석회물질에 의해 나타난다.
② 점토의 가소성은 점토입자가 미세할수록 좋다.
③ 압축강도와 인장강도는 거의 비슷하다.
④ 소성수축은 점토 중 휘발분의 양, 조직, 용융도 등이 영향을 준다.

제5과목 : 건축일반

81 로마건축의 5가지 오더(order)에 속하지 않는 것은?
① 도릭(doric)식
② 터스칸(tuscan)식
③ 콤포지트(composite)식
④ 로마네스트(romanesque)식

82 피난용승강기 승강장의 구조 기준으로 옳지 않은 것은?
① 승강장의 출입구를 제외한 부분은 해당 건

축물의 다른 부분과 내화구조의 바닥 및 벽으로 구획할 것
② 승강장은 각 층의 내부와 연결될 수 있도록 하되, 그 출입구에는 60+방화문 또는 60분 방화문을 설치할 것
③ 배연설비를 설치할 것
④ 실내에 접하는 부분(바닥 및 반자 등 실내에 면한 모든 부분을 말한다)의 마감(마감을 위한 바탕을 포함한다)은 난연재료로 할 것

83 한국의 목조건축에서 기둥을 위한 의장기법이 아닌 것은?
① 민도리 ② 귀솟음
③ 안쏠림 ④ 배흘림

84 건축물의 내부에 설치하는 피난계단의 구조에서 계단실의 실내에 접하는 부분의 마감에 쓰이는 재료는?
① 난연재료 ② 불연재료
③ 준불연재료 ④ 내수재료

85 소방시설법에서 정의하는 다음 내용에 해당하는 용어는?

> 소방시설 등을 구성하거나 소방용으로 사용되는 제품 또는 기기로서 대통령령으로 정하는 것을 말한다.

① 특정소방대상물 ② 소화용수설비
③ 소화설비 ④ 소방용품

86 상업지역 및 주거지역에서 건축물에 설치하는 냉방시설 및 환기시설의 배기구와 배기장치의 설치 기준으로 옳지 않은 것은?
① 건축물의 외벽에 배기구를 설치할 때에는 배기구가 떨어지는 것을 방지할 수 있도록 하여야 한다.
② 배기구는 도로면으로부터 3m 이상의 높이에 설치하여야 한다.
③ 배기장치에서 나오는 열기가 보행자에게 직접 닿지 않도록 설치하여야 한다.
④ 건축물의 외벽에 배기구 또는 배기장치를 설치할 때에 사용하는 보호장치는 부식을 방지할 수 있는 자재를 사용하거나 도장하여야 한다.

87 건축허가 등을 할 때 미리 소방본부장 또는 소방서장의 동의를 받아야 하는 건축물의 최소 연면적 기준으로 옳은 것은? (단, 학교시설인 경우)
① 100m² 이상 ② 200m² 이상
③ 300m² 이상 ④ 400m² 이상

88 다음은 건축물의 지하층과 피난층 사이의 개방공간 설치에 관한 사항이다. ( ) 안에 알맞은 것은?

> 바닥면적의 합계가 ( )m² 이상인 공연장·집회장·관람장 또는 전시장을 지하층에 설치하는 경우에는 각 실에 있는 자가 지하층 각 층에서 건축물 밖으로 피난하여 옥외계단 또는 경사로 등을 이용하여 피난층으로 대피할 수 있도록 천장이 개방된 외부 공간을 설치하여야 한다.

① 1500 ② 2000
③ 3000 ④ 4000

89 주요구조부가 내화구조 또는 불연재료로 된 연면적이 1000m²를 넘는 건축물에 설치하는 방화구획 기준이 옳지 않은 것은? (단, 스프링클러 기타 이와 유사한 자동식 소화설비

를 설치하지 않은 경우)
① 11층 이상의 부분 중 벽 및 반자의 실내에 접하는 부분의 마감을 불연재료로 한 경우에는 바닥면적 500m² 이내마다 구획한다.
② 매층마다 구획한다. 다만, 지하 1층에서 지상으로 직접 연결하는 경사로 부위는 제외한다.
③ 11층 이상의 층은 바닥면적 300m² 이내마다 구획한다.
④ 10층 이하의 층은 바닥면적 1000m² 이내마다 구획한다.

90 철골구조에 대한 설명 중 옳지 않은 것은?
① 소성변형능력이 커서 안정성이 높다.
② 고층 건물이나 장스팬 구조에 적당하다.
③ 부재가 세장하므로 좌굴의 위험성이 높다.
④ 내화력이 크므로 내화피복이 필요하지 않다.

91 건축물의 피난·방화구조 등의 기준에 관한 규칙상 방화구조의 기준으로 옳지 않은 것은?
① 철망모르타르로서 그 바름두께가 2cm 이상인 것
② 석고판 위에 시멘트 모르타르 또는 회반죽을 바른 것으로서 그 두께의 합계가 1.5cm 이상인 것
③ 시멘트 모르타르 위에 타일을 붙인 것으로서 그 두께의 합계가 2.5cm 이상인 것
④ 심벽에 흙으로 맞벽치기한 것

92 소방시설 중 소화설비에 해당하는 것은?
① 자동화재탐지설비
② 연결송수관설비
③ 연결살수설비
④ 소화기구

93 판매시설의 용도에 쓰이는 바닥면적이 최대인 층에 있어서의 바닥면적이 600m²일 때 피난층에 설치하는 건축물 바깥쪽으로의 출구의 유효너비의 합계는 최소 얼마 이상으로 하여야 하는가?
① 1.2m   ② 2.4m
③ 3.6m   ④ 4.8m

94 철근콘크리트구조의 성립 요건에 대한 설명 중 옳지 않은 것은?
① 인장력은 콘크리트가 부담하고, 압축력은 철근이 부담한다.
② 콘크리트는 철근이 녹스는 것을 방지한다.
③ 콘크리트와 철근이 강력히 부착되면 철근의 좌굴이 방지된다.
④ 철근과 콘크리트의 선팽창계수는 거의 같다.

95 조적식 구조에서 각 층의 대린벽으로 구획된 각 벽에 있어서 개구부 폭의 합계는 그 벽의 길이의 최대 얼마 이하로 하여야 하는가?
① 1/5   ② 1/3
③ 1/2   ④ 2/3

96 스프링클러설비를 설치하여야 하는 특정소방대상물 중 스프링클러설비를 모든 층에 설치하여야 하는 수용인원 기준으로 옳은 것은? (단, 동·식물원을 제외한 문화 및 집회시설의 경우)
① 50명 이상   ② 100명 이상
③ 200명 이상   ④ 300명 이상

97 비상조명등을 설치하여야 하는 특정소방대상물에 해당하는 것은?
① 창고시설 중 창고
② 창고시설 중 하역장

③ 위험물 저장 및 처리 시설 중 가스시설
④ 지하가 중 터널로서 그 길이가 500m 이상인 것

98 화재예방, 소방시설 설치·유지 및 안전관리에 관한 법령상 대통령령으로 정하는 특정소방대상물(신축하는 것만 해당)에 소방시설을 설치하려는 자는 그 용도, 위치, 구조, 수용인원, 가연물(可燃物)의 종류 및 양 등을 고려하여 설계하여야 하는데 이와 같은 설계를 무엇이라 하는가?
① 소방시설 특수설계
② 최적화설계
③ 성능위주설계
④ 소방시설 정밀설계

99 목구조 벽체의 수평력에 대한 보강 부재로 가장 유효한 것은?
① 가새   ② 토대
③ 통재기둥 ④ 샛기둥

100 방염성능기준 이상의 실내장식물을 설치하여야 하는 특정소방대상물에 해당하지 않는 것은?
① 아파트를 제외한 11층 이상인 건축물
② 옥내에 있는 수영장
③ 다중이용업소
④ 노유자시설

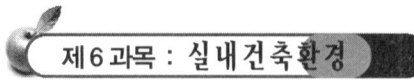

제6과목 : 실내건축환경

101 다음의 급수방식 중 수질오염의 가능성이 가장 큰 것은?
① 수도직결방식   ② 고가수조방식
③ 압력수조방식   ④ 펌프직송방식

102 다음의 공기조화방식 중 부하특성이 다른 여러 개의 실이나 존이 있는 건물에 적용이 가장 곤란한 것은?
① 이중덕트 방식
② 팬코일 유닛방식
③ 단일덕트 정풍량 방식
④ 단일덕트 변풍량 방식

103 다음의 잔향시간에 관한 설명 중 ( )에 알맞은 것은?

실내에 있는 음원에서 정상음을 발생하여 실내의 음향 에너지 밀도가 정상상태가 된 후 음원을 정지하면 수음점에서의 음향 에너지 밀도는 지수적으로 감쇠한다. 이때 음향 에너지 밀도가 정상상태일 때의 ( )이 되는데 요하는 시간이 잔향시간이다.

① $1/10^2$ ② $1/10^4$
③ $1/10^6$ ④ $1/10^8$

104 벽의 차음력에 관한 설명으로 옳지 않은 것은?
① 투과율이 작을수록 차음력은 커진다.
② 투과 손실(TL)이 작을수록 차음력은 커진다.
③ 일반적으로 벽의 두께가 두꺼울수록 차음력이 우수하다.
④ 흡음률이 동일할 경우 반사율이 높은 재료가 낮은 재료보다 차음력이 크다.

105 다음의 자동화재탐지설비의 감지기 중 연기 감지기에 속하는 것은?
① 광전식   ② 보상식

③ 차동식   ④ 정온식

106 실내공기질 관리법령에 따른 신축 공동주택의 실내공기질 측정항목에 속하지 않는 것은?
① 벤젠   ② 라돈
③ 자일렌   ④ 에틸렌

107 인체의 열적 쾌적감에 영향을 미치는 물리적 온열 4요소에 속하는 것은?
① 관류열   ② 복사열
③ 열용량   ④ 대사량

108 다음과 같은 재료로 구성된 벽체의 열관류율은? (단, 실내표면 열전달률은 9W/m^2·K, 실외표면 열전달률은 20W/m^2·K이다.)

재료	두께(mm)	열전도율(W/m·K)
모르타르	20	1.3
콘크리트	180	1.1
석고보드	10	0.6

① 2.5W/m^2·K   ② 2.8W/m^2·K
③ 3.1W/m^2·K   ④ 3.3W/m^2·K

109 습공기를 가습하였을 때의 상태변화로 옳은 것은? (단, 건구온도는 일정하다.)
① 엔탈피가 커진다.
② 노점온도가 낮아진다.
③ 습구온도가 낮아진다.
④ 절대습도가 작아진다.

110 다음의 설명에 알맞은 음의 성질은?

음파는 파동의 하나이기 때문에 물체가 진행방향을 가로막고 있다고 해도 그 물체의 후면에도 전달된다.

① 반사   ② 흡음
③ 간섭   ④ 회절

111 굴뚝효과(stack effect)의 가장 주된 발생 원은?
① 온도차   ② 유속차
③ 습도차   ④ 풍향차

112 재실자의 1인당 탄산가스 배출량이 0.03 m^3/h이고, 외부 신선한 공기의 CO_2 함유량은 0.03%이다. 이 경우 실내에 재실자가 30명이고 실내 CO_2 허용 한도를 0.12%로 하려면 필요환기량은?
① 200m^3/h   ② 600m^3/h
③ 1000m^3/h   ④ 1400m^3/h

113 다음 설명에 알맞은 건축화조명의 종류는?

벽에 형광등 기구를 설치해 목재, 금속판 및 투과율이 낮은 재료로 광원을 숨기며 직접 광은 아래쪽 벽이나 커튼을, 위쪽은 천장을 비추는 분위기 조명

① 코브 조명   ② 광창 조명
③ 광천장 조명   ④ 밸런스 조명

114 조명설비의 광원에 관한 설명으로 옳지 않은 것은?
① 형광 램프는 점등장치를 필요로 한다.
② 고압 나트륨 램프는 할로겐 전구에 비해 연색성이 좋다.
③ LED 램프는 수명이 길고 소비전력이 작다는 장점이 있다.

④ 고압 수은 램프는 광속이 큰 것과 수명이 긴 것이 특징이다.

115 대변기의 세정방식 중 플러시 밸브식에 관한 설명으로 옳은 것은?
① 대변기의 연속사용이 불가능하다.
② 급수관경과 필요 수압에 제한이 없어 급수압력이 낮은 곳에서도 사용이 용이하다.
③ 핸들 또는 레버의 조작에 의해 낙차에 의한 수압으로 대변기를 세정하는 방식이다.
④ 소음이 크고 단시간에 다량의 물이 필요하므로 가정용으로는 일반적으로 사용하지 않는다.

116 눈부심을 방지하기 위한 방법으로 옳지 않은 것은?
① 광원 주위를 밝게 한다.
② 휘도가 낮은 형광 램프를 사용한다.
③ 플라스틱 커버가 설치되어 있는 조명기구를 선정한다.
④ 시선을 중심으로 해서 30° 범위 내의 글레어 존(glare zone)에 광원을 설치한다.

117 배수 트랩에 관한 설명으로 옳지 않은 것은?
① 트랩은 배수능력을 촉진시킨다.
② 관 트랩에는 P트랩, S트랩, U트랩 등이 있다.
③ 트랩은 기구에 가능한 한 근접하여 설치하는 것이 좋다.
④ 트랩의 유효봉수깊이가 너무 낮으면 봉수가 손실되기 쉽다.

118 일사, 일조 조정을 위해 수평루버보다 수직루버의 설치가 더 효과적인 방위로만 연결된 것은?
① 동면과 서면   ② 남면과 북면
③ 동면과 남면   ④ 서면과 남면

119 실내 조도가 옥외 조도의 몇 %에 해당하는가를 나타내는 값은?
① 주광률   ② 보수율
③ 반사율   ④ 조명률

120 복사에 관한 설명으로 옳지 않은 것은?
① 주위 공기온도의 영향을 받는다.
② 태양으로부터 지구로 전달되는 열은 복사열이다.
③ 열을 전달하는 매질이 없어도 발생하는 현상이다.
④ 물체에서 복사되는 열량은 그 표면의 절대온도의 4승에 비례한다.

실/내/건/축/기/사

2022년 3월 5일 시행

제1과목 : 실내디자인계획

01 고정창에 관한 설명으로 옳지 않은 것은?
① 적정한 자연환기량 확보를 위해 사용된다.
② 크기에 관계없이 자유롭게 디자인할 수 있다.
③ 형태에 관계없이 자유롭게 디자인할 수 있다.
④ 유리와 같이 투명재료일 경우 창이 있는 것을 알지 못해 부딪힐 위험이 있다.

02 디자인의 원리에 관한 설명으로 옳은 것은?
① 균형은 정적인 경우에만 시각적 안정성을 가져올 수 있다.
② 강조는 힘의 조절로서 전체 조화를 파괴하는데 주로 사용된다.
③ 리듬은 청각의 원리가 시각적으로 표현된 것이라 할 수 있다.
④ 통일과 변화는 서로 대립되는 관계로, 동시 사용이 불가능하다.

03 질감(texture)에 관한 설명으로 옳지 않은 것은?
① 시각으로만 지각할 수 있는 어떤 물체 표면상의 특징을 말한다.
② 질감의 선택에서 중요한 것은 스케일, 빛의 반사와 흡수 등이다.
③ 효과적인 질감 표현을 위해서는 색채와 조명을 동시에 고려해야 한다.
④ 나무, 돌, 흙 등의 자연 재료는 인공적인 재료에 비해 따뜻함과 친근감을 준다.

04 다음 설명에 알맞은 특수전시기법은?

- 연속적인 주제를 연관성 있게 표현하기 위해 선(線)으로 연출하는 전시기법이다.
- 전체의 맥락이 중요하다고 생각될 때 사용된다.

① 디오라마 전시   ② 파노라마 전시
③ 아일랜드 전시   ④ 하모니카 전시

05 다음 각 공간의 관계가 주택 평면계획 시 고려되는 인접의 원칙에 속하지 않는 것은?
① 거실 - 현관   ② 식당 - 주방
③ 거실 - 식당   ④ 침실 - 다용도실

06 단독주택의 부엌에 관한 설명으로 옳은 것은?
① 작업대의 배치유형 중 일렬형은 대규모 부엌에 주로 이용된다.
② 일반적으로 부엌의 크기는 주택 연면적의 3% 정도가 가장 적당하다.
③ 일반적으로 작업대의 높이는 500~600mm, 깊이는 750~800mm가 적당하다.
④ 작업대는 능률적인 작업을 위해 준비대→개수대→조리대→가열대→배선대 순서로 배치한다.

07 생활에 적합한 건축을 위해 인체와 관련된 모듈의 사용에 있어 단순한 길이의 배수보다는 황금비례를 이용함이 타당하다고 주장한 사람은?

① 알바 알토
② 르 코르뷔지에
③ 월터 그로피우스
④ 미스 반 데어 로에

08 주택의 동선계획에 관한 설명으로 옳지 않은 것은?

① 가사노동의 동선은 가능한 한 남측에 위치시키도록 한다.
② 사용빈도가 높은 공간은 동선을 길게 처리하는 것이 좋다.
③ 동선이 교차하는 곳은 공간적 두께를 크게 하는 것이 좋다.
④ 개인, 사회, 가사노동권 등의 동선은 상호 간 분리하는 것이 좋다.

09 다음 중 VMD의 목적과 가장 거리가 먼 것은?

① 상품의 이미지를 높인다.
② 차별화 전략으로 활용한다.
③ 매장구성의 개성화를 추구한다.
④ 효율적인 유지보수가 용이하다.

10 POE(Post-Occupancy Evaluation)의 의미로 가장 알맞은 것은?

① 건축물을 사용해 본 후에 평가하는 것이다.
② 낙후 건축물의 이상 유무를 평가하는 것이다.
③ 건축물을 사용하기 전에 성능을 예상하는 것이다.
④ 건축도면 완성 후 건축주가 도면의 적정성을 평가하는 것이다.

11 건축제도에서 다음과 같은 재료구조 표시 기호(단면용)가 의미하는 것은?

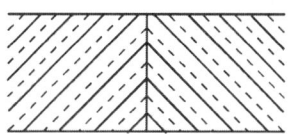

① 벽돌   ② 석재
③ 인조석   ④ 치장재

12 그리스의 오더 중 기단부는 단 사이에 수평 홈이 있으며, 주두는 소용돌이 형태의 나선형인 볼류트로 구성된 것은?

① 도릭 오더   ② 이오닉 오더
③ 터스칸 오더   ④ 코린티안 오더

13 스테인드글라스(Stained Glass)에 관한 설명으로 옳지 않은 것은?

① 스테인드글라스는 빛의 투과광을 주로 이용한다.
② 르네상스 시대에 스테인드글라스 예술이 대규모로 활성화되었다.
③ 스테인드글라스의 기원은 로마시대 초기의 교회 건물 내부에서 찾아볼 수 있다.
④ 아르누보를 통해 스테인드글라스 예술이 부활하였으나 곧 근대건축운동에 의해 쇠퇴하였다.

14 사무소 건축의 평면유형에 관한 설명으로 옳지 않은 것은?

① 2중 지역배치는 중복도식의 형태를 갖는다.
② 3중 지역배치는 저층의 소규모 사무소에 주로 적용된다.
③ 2중 지역배치에서 복도는 동서 방향으로 하는 것이 좋다.
④ 단일 지역배치는 경제성보다는 쾌적한 환경이나 분위기 등이 필요한 곳에 적합한

유형이다.

15 결정된 디자인으로 견적, 입찰, 시공 등 설계 이후의 후속 작업과 시공을 위한 제반 도서를 제작하는 설계 과정은?
① 기획설계   ② 기본설계
③ 실시설계   ④ 기본계획

16 상점의 쇼윈도에 관한 설명으로 옳지 않은 것은?
① 쇼윈도의 평면 형식 중 만입형은 점두의 진열면이 크다.
② 쇼윈도의 진열 바닥 높이는 일반적으로 상품의 종류에 따라 결정된다.
③ 쇼윈도의 단면 형식 중 다층형은 넓은 도로 폭을 지닌 상점에 적용하는 것이 좋다.
④ 쇼윈도의 배면 처리 형식 중 개방형은 폐쇄형에 비해 쇼윈도 진열 자체에 대한 주목성이 강조된다.

17 실내공간 구성 요소 중 벽(wall)에 관한 설명으로 옳지 않은 것은?
① 공간을 에워싸는 수직적 요소이다.
② 다른 요소에 비해 조형적으로 가장 자유롭다.
③ 외부세계에 대한 침입 방어의 기능을 갖는다.
④ 가구, 조명 등 실내에 놓여지는 설치물에 대해 배경적 요소가 된다.

18 실내 기본 요소 중 천장에 관한 설명으로 옳은 것은?
① 바닥과 함께 실내공간을 구성하는 수직적 요소이다.
② 바닥이나 벽에 비해 접촉빈도가 높으며 공간의 크기에 영향을 끼친다.
③ 천장을 낮추면 친근하고 아늑한 공간이 되고 높이면 확대감을 줄 수 있다.
④ 바닥은 시대와 양식에 의한 변화가 현저한 데 비해 천장은 매우 고정적이다.

19 포겐도르프 도형과 관련된 착시의 유형은?
① 방향의 착시   ② 길이의 착시
③ 다의도형 착시   ④ 역리도형 착시

20 사무소 건축의 실단위 계획 중 개실 시스템에 관한 설명으로 옳지 않은 것은?
① 독립성 확보가 용이하다.
② 공간의 길이에 변화를 줄 수 있다.
③ 전면적을 유효하게 이용할 수 있어 공간절약상 유리하다.
④ 연속된 복도 때문에 공간의 깊이에 변화를 줄 수 없다.

제2과목 : 색채 및 사용자 행태분석

21 아파트 건축물의 색채 계획 시 고려해야 할 사항이 아닌 것은?
① 개인적인 기호에 의하지 않고 객관성이 있어야 한다.
② 주변에서 가장 부각될 수 있게 독특한 색채를 사용한다.
③ 전체적으로 질서가 있어야 하며 적당한 변화가 있어야 한다.
④ 주거민을 위한 편안한 색채 디자인이 되어야 한다.

22 디지털 색채 시스템 중 HSB 시스템에 대한 설명으로 틀린 것은?

① 먼셀의 색채 개념인 색상, 명도, 채도를 중심으로 선택하도록 되어 있다.
② 프로그램 상에서는 H모드, S모드, B모드를 볼 수 있다.
③ H모드는 색상을 선택하는 방법이다.
④ B모드는 채도, 즉 색채의 포화도를 선택하는 방법이다.

23 먼셀 색체계에 관한 설명 중 잘못된 것은?
① R, Y, G, B, P의 5색과 그 보색인 5색을 추가하여 10색상을 기본으로 만든 것이다.
② 무채색의 명도는 숫자 앞에 N을 붙인다.
③ 채도 단위는 2단위를 기본으로 하였으나 저채도 부분에서는 실용적으로 1과 3을 추가하였다.
④ 유채색의 명도는 0.5 단위로 배열되어 0.5부터 9.5까지 19단계로 하였다.

24 빛의 성질과 색의 지각에 관한 설명 중 틀린 것은?
① 노란 바나나의 색을 자각하는 것은 빛의 반사와 관계가 있다.
② 파란 셀로판지를 통해 색을 지각하는 것은 빛의 투과와 관계가 있다.
③ 검은 도화지의 색을 지각하는 것은 빛의 흡수와 관계가 있다.
④ 하늘의 무지개 색을 지각하는 것은 빛의 회절과 관계가 있다.

25 다음 중 가장 가벼운 느낌을 주는 배색은?
① 파랑 – 검정   ② 노랑 – 흰색
③ 빨강 – 보라   ④ 청록 – 초록

26 색에 관한 설명 중 잘못된 것은?
① 황색은 녹색보다 진출하여 보인다.
② 주황색은 녹색보다 따뜻하게 느껴진다.
③ 황색은 청색보다 커 보인다.
④ 황색은 녹색보다 무겁게 느껴진다.

27 다음 중 색채조절의 목표가 아닌 것은?
① 안정성   ② 독창성
③ 능률성   ④ 심미성

28 PANTONE 색표집에 대한 설명으로 틀린 것은?
① 색의 기본 속성에 따라 논리적인 순서로 배열되어 있다.
② 1963년 미국의 로렌스 하버트가 고안하였다.
③ 매년 올해의 컬러를 발표하여 다양한 분야의 트렌드를 제안하고 있다.
④ 인쇄 및 소재별 잉크를 조색하여 제작한 실용적인 색표집이다.

29 색채가 지닌 심리적, 생리적, 물리학적 성질을 잘 활용하는 일을 색채조절(Color Conditioning)이라고 한다. 다음 중 색채조절이 특히 중요시되는 곳은?
① 옷가게   ② 공부방
③ 식료품점   ④ 생산공장

30 색료의 3원색을 혼합한 이론상의 결과는?
① 초록   ② 검정
③ 하양   ④ 시안

31 소파의 골격에 쿠션성이 좋도록 솜, 스펀지 등의 속을 많이 채워 넣고 천으로 감싼 소파로, 구조, 형태 및 사용상 안락성이 매우 큰 것은?
① 스툴   ② 카우치

③ 풀업 체어   ④ 체스터 필드

32 시스템 가구에 관한 설명으로 옳지 않은 것은?
① 단순미가 강조된 가구로 수납기능은 떨어진다.
② 규격화된 단위 구성재의 결합으로 가구의 통일과 조화를 도모할 수 있다.
③ 기능에 따라 여러 가지 형태로 조립, 해체가 가능하여 배치의 합리성을 도모할 수 있다.
④ 모듈계획을 근간으로 규격화된 부품을 구성하여 시공기간 단축 등의 효과를 가져올 수 있다.

33 인간 기준(human criteria)의 유형에 해당하지 않는 것은?
① 인간 성능 척도   ② 체계의 성능
③ 주관적 반응   ④ 생리학적 지표

34 인체 골격의 주요 기능으로 볼 수 없는 것은?
① 감각정보를 뇌와 척수로 전달한다.
② 신체를 지지하고 형상을 유지한다.
③ 골격 내부의 골수는 조혈작용을 한다.
④ 골격근의 기동적 수축에 따라 운동을 한다.

35 신체동작의 유형 중 굽은 팔꿈치를 펴는 동작과 같이 관절이 만드는 각도가 증가하는 동작은?
① 굴곡(flexion)
② 내전(adduction)
③ 외전(abduction)
④ 신전(extension)

36 눈의 구조와 기능에 관한 설명으로 옳은 것은?
① 간상세포는 색을 구별한다.
② 눈의 초점은 수정체의 두께가 조절되어 맞춰진다.
③ 어두운 상태에서는 주로 원추세포가 사용된다.
④ 빛이 망막의 전방에서 맺히는 현상을 원시라고 한다.

37 인체측정 자료의 적용 시 최소 집단치 설계를 적용해야 할 사항이 아닌 것은?
① 선반의 높이
② 조종장치까지의 거리
③ 등산용 로프의 강도
④ 엘리베이터 조작 버튼의 높이

38 신체활동의 에너지 소비량에 대한 설명으로 옳지 않은 것은?
① 작업 효율은 에너지 소비량에 반비례한다.
② 신체활동에 따른 에너지 소비량에는 개인차가 있다.
③ 어떤 작업에 대한 에너지가(價)는 수행방법에 따라 달라진다.
④ 신체적 동작 속도가 증가하면 에너지 소비량은 감소한다.

39 생리적 상태 변동을 전류로 변환하여 측정되는 것으로 뇌파 전위도를 기록하는 것은?
① EEG   ② EMG
③ ECG   ④ EOG

40 실현 가능성이 동일한 4개의 대안이 있을 경우 총 정보량은 몇 bit인가?
① 0.5   ② 1
③ 2   ④ 4

제3과목 : 시공 및 재료

41 다음은 공사현장에서 이루어지는 업무에 관한 설명이다. 이 업무의 명칭으로 옳은 것은?

> 공사 내용을 분석하고 공사 관리의 목적을 명확히 제시하여 작업의 순서를 반영하며 실내 공사의 작업을 세분화하고 집약시킨다. 공사의 종류에 따라 기술적인 순서와 상호관계를 정리하고 설계도서, 시방서, 물량산출서, 견적서를 기초로 작업에 투여되는 인력, 장비, 자재의 수량을 비교 검토한다.

① 실행예산편성   ② 공정계획
③ 작업일보작성   ④ 입찰참가신청

42 표준형 시멘트 벽돌을 사용하여 1.5B 쌓기로 벽을 쌓았을 때 벽의 두께로 가장 적합한 것은?

① 150mm   ② 190mm
③ 290mm   ④ 320mm

43 셀프 레벨링재에 관한 설명으로 옳지 않은 것은?

① 석고계 셀프 레벨링재는 석고, 모래, 경화지연제 및 유동화제로 구성된다.
② 시멘트계 셀프 레벨링재는 포틀랜드시멘트, 모래, 분산제 및 유동화제로 구성된다.
③ 석고계 셀프 레벨링재는 차수성이 좋아 옥외 및 실내에서 모두 사용한다.
④ 셀프 레벨링재 시공 후 요철부는 연마기로 다듬고, 기포는 된비빔 석고로 보수한다.

44 목재의 일반적인 성질에 관한 설명으로 옳지 않은 것은?

① 일반적으로 대부분의 목재가 인장강도에 비하여 압축강도가 크다.
② 섬유방향에 평행하게 힘을 가한 경우가 직각으로 가하는 경우보다 압축강도가 크다.
③ 생목재를 건조할 경우 함수율이 30% 이상에서는 목재가 수축을 일으키지 않는다.
④ 일반적으로 목재의 기건상태에서의 함수율은 10~15%이다.

45 파손방지, 도난방지 또는 진동이 심한 장소에 적합한 망입(網入)유리의 제조 시 사용되지 않는 금속선은?

① 철선   ② 황동선
③ 청동선   ④ 알루미늄선

46 공사 감리자가 시공의 적정성을 판단하기 위하여 수행하는 업무가 아닌 것은?

① 소방 완비 대상에 포함될 경우 법에 따른 적합한 설비를 하였는지를 확인하고 시공자가 관할 관청에 점검을 받도록 지도한다.
② 설계도서에 준하여 시공되었는지에 대한 내용으로 체크리스트에 작성하고 이를 활용하여 시공의 적정성을 점검한다.
③ 현장에서 제작 설치되는 제품의 규격과 제작 과정, 제작물의 작동 상태 등을 점검한다.
④ 감리자가 직접 준공도서를 작성하고 준공도서에 근거하여 시공 적정성을 파악한다.

47 수지성형품 중에서 표면경도가 크고 아름다운 광택을 지니면서 착색이 자유롭고 내열성이 우수한 것으로 마감재, 전기부품 등에 활용되는 수지는?

① 멜라민 수지   ② 에폭시 수지
③ 폴리우레탄 수지   ④ 실리콘 수지

48 보강 블록조에서 내력벽 길이의 총합계가

45m이고, 그 층의 건물면적이 300m²일 경우 내력벽의 벽량은?

① 10cm/m²   ② 15cm/m²
③ 30cm/m²   ④ 45cm/m²

49 강재의 응력-변형률 곡선에서 항복비란 항복점과 무엇에 대한 비율을 의미하는가?

① 인장강도점   ② 탄성한계점
③ 피로강도점   ④ 비례한계점

50 다음 점토제품 중 소성온도가 높은 것에서 낮은 순서로 옳게 배열된 것은?

① 자기 - 석기 - 도기 - 토기
② 자기 - 도기 - 석기 - 토기
③ 도기 - 자기 - 석기 - 토기
④ 도기 - 석기 - 자기 - 토기

51 공사원가계산서에 표기되는 비목 중 순공사원가에 해당되지 않는 것은?

① 직접재료비   ② 노무비
③ 경비   ④ 일반관리비

52 아스팔트 방수시공을 할 때 바탕재와의 밀착용으로 사용하는 것은?

① 아스팔트 컴파운드
② 아스팔트 모르타르
③ 아스팔트 프라이머
④ 아스팔트 루핑

53 얇은 강판에 마름모꼴의 구멍을 연속적으로 뚫어 그물처럼 만든 것으로 천장·벽 등의 미장 바탕에 사용되는 것은?

① 메탈라스   ② 인서트
③ 코너비드   ④ 논슬립

54 다음 도료 중 내알칼리성이 가장 적은 도료는?

① 페놀 수지 도료
② 멜라민 수지 도료
③ 초산 비닐 도료
④ 프탈산 수지 에나멜

55 실내건축공사 시 주로 사용되는 이동식 비계의 안전조치에 관한 설명으로 옳지 않은 것은?

① 갑작스런 이동 및 전도를 방지하기 위하여 아웃트리거(outrigger)를 설치한다.
② 작업발판 위에서 사다리를 안전하게 사용할 수 있도록 작업발판은 항상 수평을 유지한다.
③ 작업발판의 최대적재하중은 250킬로그램을 초과하지 않도록 한다.
④ 비계의 최상부에서 작업을 하는 경우에는 안전난간을 설치한다.

56 미장공사 시 사용되는 시멘트 모르타르 바름에 관한 설명으로 옳지 않은 것은?

① 시멘트와 모래를 혼합하고, 물을 부어서 잘 섞도록 하며, 비빔은 기계로 하는 것을 원칙으로 한다.
② 1회 비빔량은 2시간 이내 사용할 수 있는 양으로 한다.
③ 초벌 바름 또는 라스 먹임은 2주일 이상 방치하여 바름면 또는 라스의 겹침 부분에서 생길 수 있는 균열이나 처짐 등 흠을 충분히 발생시킨다.
④ 바름두께가 너무 얇을 경우에는 고름질을 하고 고름질 후에는 전면에서 거친면이 생기지 않도록 한다.

57 동바리 마루에서 마루널 바로 밑에 오는 부

재는 무엇인가?

① 동바리 ② 멍에
③ 장선 ④ 동바리돌

58 할렬인장강도시험에서 재하 하중이 120kN 에서 파괴된 지름 100mm, 길이 200mm인 콘크리트 시험체의 인장강도는?

① 약 2.0MPa ② 약 2.4MPa
③ 약 3.0MPa ④ 약 3.8MPa

59 타일공사 시 보양에 관한 설명으로 옳지 않은 것은?

① 타일을 붙인 후 3일간은 진동이나 보행을 금한다.
② 줄눈을 넣은 후 경화 불량의 우려가 있거나 24시간 이내에 비가 올 우려가 있는 경우에는 폴리에틸렌 필름 등으로 차단·보양한다.
③ 외부 타일 붙임인 경우에 태양의 직사광선을 최대한 받아 적정한 강도가 발현되도록 한다.
④ 한중공사 시 시공면 보호를 위해 외기의 기온이 2℃ 이하일 때에는 타일작업장 내의 온도가 10℃ 이상이 되도록 임시로 시공 부분을 보양하여야 한다.

60 운모계 광석을 800~1000℃ 정도로 가열 팽창시켜 체적이 5~6배로 된 다공질 경석으로 시멘트와 배합하여 콘크리트블록, 벽돌 등을 제조하는데 사용되는 것은?

① 암면(rock wool)
② 질석(vermiculite)
③ 트래버틴(travertine)
④ 석면(asbestos)

제4과목 : 실내디자인환경

61 다음과 같은 조건에서 재실인원이 60명인 강의실의 필요 환기량은?

[조건]
- 대기 중의 탄산가스 농도 : 300ppm
- 실내의 탄산가스 허용농도 : 1000ppm
- 1인당 탄산가스 토출량 : 0.017m^3/h

① 약 665m^3/h ② 약 845m^3/h
③ 약 1085m^3/h ④ 약 1460m^3/h

62 천장에 매달려 조명하는 조명방식으로 조명기구 자체가 빛을 발하는 액세서리 역할을 하는 것은?

① 코브(cove)
② 브라켓(bracket)
③ 펜던트(pendant)
④ 코니스(cornice)

63 다음은 소화기구의 설치에 관한 기준 내용이다. ( ) 안에 알맞은 것은?

각층마다 설치하되, 특정소방대상물의 각 부분으로부터 1개의 소화기까지의 보행거리가 소형 소화기의 경우에는 (㉠) 이내, 대형 소화기의 경우에는 (㉡) 이내가 되도록 배치할 것. 다만, 가연성 물질이 없는 작업장의 경우에는 작업장의 실정에 맞게 보행거리를 완화하여 배치할 수 있다.

① ㉠ 15m, ㉡ 20m
② ㉠ 20m, ㉡ 15m
③ ㉠ 20m, ㉡ 30m
④ ㉠ 30m, ㉡ 20m

64 저압옥내배선 공사 중 점검할 수 없는 은폐된 장소에서 시설할 수 없는 공사는?
① 금속관 공사
② 케이블 공사
③ 금속덕트 공사
④ 합성수지관(CD관 제외) 공사

65 일반적으로 하향 급수 배관방식을 사용하는 급수 방식은?
① 고가수조방식
② 수도직결방식
③ 압력수조방식
④ 펌프직송방식

66 건축적 채광방식 중 측창채광에 관한 설명으로 옳은 것은?
① 통풍, 차열에 유리하다.
② 근린 상황에 따른 채광 방해가 없다.
③ 편측채광의 경우 실내 조도 분포가 균일하다.
④ 투명 부분을 설치하더라도 해방감이 들지 않는다.

67 인터폰 설비의 통화망 구성 방식에 따른 분류에 속하지 않는 것은?
① 모자식   ② 상호식
③ 교차식   ④ 복합식

68 음의 세기 레벨이 30dB인 음의 세기는? (단, 기준음의 세기는 10^{-12}W/m²이다.)
① 10^{-12}W/m²   ② 10^{-9}W/m²
③ 10^{-6}W/m²   ④ 10^{-3}W/m²

69 다음 중 습공기 선도에 표현되어 있지 않은 것은?
① 비열   ② 엔탈피
③ 절대습도   ④ 습구온도

70 온수난방에 관한 설명으로 옳은 것은?
① 추운 지방에서도 동결의 우려가 없다.
② 온수의 잠열을 이용하여 난방하는 방식이다.
③ 증기난방에 비하여 열용량이 커서 예열시간이 길다.
④ 증기난방에 비하여 난방부하 변동에 따른 온도 조절이 어렵다.

71 실내공기질 관리법령에 따른 신축 공동주택의 실내공기질 측정항목에 속하지 않는 것은?
① 오존   ② 벤젠
③ 라돈   ④ 폼알데하이드

72 건축물의 면적 및 높이 등의 산정 원칙으로 옳지 않은 것은?
① 대지면적은 대지의 수평투영면적으로 한다.
② 건축물의 높이는 지표면으로부터 그 건축물의 상단까지의 높이로 한다.
③ 건축면적은 건축물의 외벽의 중심선으로 둘러싸인 부분의 수평투영면적으로 한다.
④ 용적률을 산정할 때의 연면적은 지하층의 면적을 포함한 건축물 각 층의 바닥면적의 합계로 한다.

73 공동주택 중 아파트로서 4층 이상인 층의 각 세대가 2개 이상의 직통계단을 사용할 수 없는 경우에는 발코니에 인접 세대와 공동으로 또는 각 세대별로 일정 요건을 모두 갖춘 대피공간을 하나 이상 설치하여야 하는데, 대피공간이 갖추어야 할 일정 요건으로 옳지

않은 것은?
① 대피공간은 바깥의 공기와 접할 것
② 대피공간은 실내의 다른 부분과 방화구획으로 구획될 것
③ 대피공간의 바닥면적은 각 세대별로 설치하는 경우에는 $2m^2$ 이상일 것
④ 대피공간의 바닥면적은 인접 세대와 공동으로 설치하는 경우에는 $2.5m^2$ 이상일 것

74 욕실 또는 조리장의 바닥과 그 바닥으로부터 높이 1m까지의 안쪽벽의 마감을 내수재료로 하여야 하는 대상에 속하지 않는 것은?
① 기숙사의 욕실
② 숙박시설의 욕실
③ 제1종 근린생활시설 중 목욕장의 욕실
④ 제2종 근린생활시설 중 일반음식점의 조리장

75 급수·배수·환기·난방 등의 건축설비를 건축물에 설치하는 경우 건축기계설비기술사 또는 공조냉동기계기술사의 협력을 받아야 하는 대상 건축물에 속하지 않는 것은?
① 연립주택
② 판매시설로서 해당 용도에 사용되는 바닥면적의 합계가 $2000m^2$인 건축물
③ 의료시설로서 해당 용도에 사용되는 바닥면적의 합계가 $2000m^2$인 건축물
④ 숙박시설로서 해당 용도에 사용되는 바닥면적의 합계가 $2000m^2$인 건축물

76 다음의 소방시설 중 소화활동설비에 속하는 것은?
① 방화복
② 연결살수설비
③ 옥외소화설비
④ 자동화재속보설비

77 건축법령상 건축물의 용도와 건축물의 연결이 옳지 않은 것은?
① 숙박시설 – 휴양 콘도미니엄
② 제1종 근린생활시설 – 치과의원
③ 동물 및 식물관련시설 – 동물원
④ 제2종 근린생활시설 – 노래연습장

78 비상용 승강기 승강장의 구조에 관한 기준 내용으로 옳지 않은 것은?
① 채광이 되는 창문이 있거나 예비전원에 의한 조명설비를 할 것
② 노대 또는 외부를 향하여 열 수 있는 창문이나 배연설비를 설치할 것
③ 옥내 승강장의 바닥면적은 비상용 승강기 1대에 대하여 $6m^2$ 이상으로 할 것
④ 벽 및 반자가 실내에 접하는 부분의 마감재료(마감을 위한 바탕은 제외한다)는 불연재료로 할 것

79 건축물의 건축허가 등을 할 때 미리 소방본부장 또는 소방서장의 동의를 받아야 하는 건축물의 연면적 기준은? (단, 업무시설의 경우)
① $100m^2$ 이상
② $200m^2$ 이상
③ $300m^2$ 이상
④ $400m^2$ 이상

80 문화 및 집회시설 중 공연장의 개별 관람실의 바닥면적이 $1000m^2$일 때, 개별 관람실 출구의 유효너비의 합계는 최소 얼마 이상으로 하여야 하는가?
① 4m
② 5m
③ 6m
④ 8m

실/내/건/축/기/사

2022년 4월 24일 시행

제1과목 : 실내디자인계획

01 상점의 디스플레이 기법으로서 VMD(Visual Merchandising Display)의 구성 요소에 속하지 않는 것은?
① IP(Item Presentation)
② VP(Visual Presentation)
③ SP(Special Presentation)
④ PP(Point of sale Presentation)

02 대칭적 균형에 대한 설명으로 옳지 않은 것은?
① 가장 완전한 균형의 상태이다.
② 공간에 질서를 주기가 용이하다.
③ 완고하거나 여유, 변화가 없이 엄격, 경직될 수 있다.
④ 풍부한 개성을 표현할 수 있어 능동의 균형이라고도 한다.

03 사무소 건축의 실단위계획 중 개실 시스템에 관한 설명으로 옳은 것은?
① 공용의 커뮤니티 형성이 쉽다.
② 독립성과 쾌적감의 이점이 있다.
③ 전면적을 유용하게 이용할 수 있다.
④ 칸막이벽이 없어 공사비가 저렴하다.

04 디자인 요소 중 점에 관한 설명으로 옳지 않은 것은?

① 기하학적으로 점은 크기와 위치만 있다.
② 많은 점을 일렬로 근접시키면 선으로 지각된다.
③ 공간에 한 점을 두면 구심점으로서 집중효과가 생긴다.
④ 같은 크기의 점이라도 놓이는 공간의 위치와 크기에 따라 각각 다르게 지각된다.

05 "Less is More"와 "Universal Space(보편적 공간)"의 개념을 주장한 건축가는?
① 르 코르뷔지에
② 루이스 설리반
③ 미스 반 데어 로에
④ 프랭크 로이드 라이트

06 건축제도의 글자 및 치수에 관한 설명으로 옳지 않은 것은?
① 숫자는 아라비아 숫자를 원칙으로 한다.
② 문장은 왼쪽에서부터 가로쓰기를 원칙으로 한다.
③ 치수 기입은 치수선 중앙 윗부분에 기입하는 것이 원칙이다.
④ 글자체는 수직 또는 15° 경사의 명조체로 쓰는 것을 원칙으로 한다.

07 주방 작업대의 배치 유형 중 ㄷ자형에 관한 설명으로 옳은 것은?
① 인접한 세 벽면에 작업대를 붙여 배치한 형태이다.

② 두 벽면을 따라 작업이 전개되는 전통적인 형태이다.
③ 좁은 면적 이용에 효과적이므로 소규모 부엌에 주로 이용된다.
④ 작업 동선이 길고 조리면적은 좁지만 다수의 인원이 함께 작업할 수 있다.

08 실내디자인의 계획 조건을 외부적 조건과 내부적 조건으로 구분할 경우, 다음 중 외부적 조건에 속하지 않는 것은?
① 입지적 조건   ② 경제적 조건
③ 건축적 조건   ④ 설비적 조건

09 실내공간 구성 요소 중 벽(Wall)에 관한 설명으로 옳지 않은 것은?
① 시각적 대상물이 되거나 공간에 초점적 요소가 되기도 한다.
② 가구, 조명 등 실내에 놓이는 설치물에 대해 배경적 요소가 되기도 한다.
③ 벽은 공간을 에워싸는 수직적 요소로 수평방향을 차단하여 공간을 형성한다.
④ 다른 요소들이 시대와 양식에 의한 변화가 현저한데 비해 벽은 매우 고정적이다.

10 상업공간의 설계 시 고려되는 고객의 구매심리(AIDMA)에 속하지 않는 것은?
① Attention   ② Interest
③ Design   ④ Memory

11 블라인드(blind)에 관한 설명으로 옳지 않은 것은?
① 롤 블라인드는 셰이드라고도 한다.
② 베네시안 블라인드는 수평형 블라인드이다.
③ 로만 블라인드는 날개의 각도로 채광량을 조절한다.
④ 베네시안 블라인드는 날개 사이에 먼지가 쌓이기 쉽다.

12 설치 위치에 따른 창의 종류에 관한 설명으로 옳지 않은 것은?
① 편측창은 실 전체의 조도분포가 비교적 균일하지 못하다는 단점이 있다.
② 천창은 같은 면적의 측창보다 광량이 많으며 조도분포도 비교적 균일하다.
③ 고창은 천장면 가까이에 높게 위치한 창으로 주로 환기를 목적으로 설치된다.
④ 정측창은 직사광선의 실내 유입이 많아 미술관, 박물관에서는 사용이 곤란하다.

13 이질의 각 구성 요소들이 전체로서 동일한 이미지를 갖게 하는 것으로, 변화와 함께 모든 조형에 대한 미의 근원이 되는 실내디자인의 구성 원리는?
① 대비   ② 조화
③ 리듬   ④ 통일

14 아르누보 디자인에 관한 설명으로 옳지 않은 것은?
① 정직한 디자인과 장인정신 강조
② 색감이 풍부한 일본 예술의 영향
③ 지역의 문화적 전통을 디자인에서 배제
④ 바로크의 조형적 형태와 로코코의 비대칭 원리 적용

15 현장감을 가장 실감나게 표현하는 방법으로 하나의 사실 또는 주제의 시간상황을 일정한 시간에 고정시켜 연출하는 전시공간의 특수 전시기법은?
① 디오라마 전시   ② 파노라마 전시
③ 아일랜드 전시   ④ 하모니카 전시

16 사무소 건축과 관련하여 다음 설명에 알맞은 용어는?

- 고대 로마 건축의 실내에 설치된 넓은 마당 또는 주위에 건물이 둘러 있는 안마당을 의미한다.
- 실내에 자연광을 유입시켜 여러 환경적 이점을 갖게 할 수 있다.

① 코어
② 바실리카
③ 아트리움
④ 오피스 랜드스케이프

17 단독주택의 현관에 관한 설명으로 옳지 않은 것은?

① 복도나 계단실 같은 연결 통로에 근접시켜 배치한다.
② 거실이나 침실의 내부와 직접 접하여 연결되도록 배치한다.
③ 현관의 위치는 도로와의 관계, 대지의 형태 등에 의해 결정된다.
④ 바닥 마감재로는 내수성이 강한 석재, 타일, 인조석 등이 바람직하다.

18 뮐러리어의 도형과 관련된 착시의 종류는?

① 방향의 착시
② 길이의 착시
③ 다의도형 착시
④ 위치에 의한 착시

19 주택의 부엌가구 배치에 관한 설명으로 옳지 않은 것은?

① ㄷ자형의 작업대의 통로 폭은 1200~1500mm가 적당하다.
② 작업면이 넓어 작업효율이 가장 좋은 작업대의 배치는 ㄴ자형 배치이다.
③ 냉장고, 개수대, 가열대를 연결하는 작업 삼각형의 각 변의 합은 6600mm를 넘지 않도록 한다.
④ 작업대는 작업 순서에 따라 준비대, 개수대, 조리대, 가열대, 배선대의 순으로 배열하는 것이 효율적이다.

20 다음의 건축제도 평면 표시기호 중 미들창을 나타내는 것은?

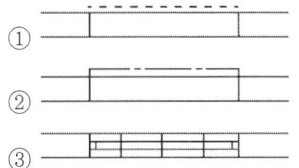

제2과목 : 색채 및 사용자 행태분석

21 문·스펜서(Moon·Spencer)의 색채조화론에서 조화가 되는 색의 관계에 해당되지 않는 것은?

① 통일 조화   ② 대비 조화
③ 동일 조화   ④ 유사 조화

22 색의 명시성에 주요인이 되는 것은?

① 연상의 차이   ② 색상의 차이
③ 채도의 차이   ④ 명도의 차이

23 환경 색채디자인을 진행하기 위한 과정이 순서대로 나열된 것은?

① 색채 설계→입지 조건 조사 분석→환경 색채 조사 분석→색채 결정 및 시공

② 환경 색채 조사 분석→색채 설계→입지 조건 조사 분석→색채 결정 및 시공
③ 입지 조건 조사 분석→색채 설계→환경 색채 조사 분석→색채 결정 및 시공
④ 입지 조건 조사 분석→환경 색채 조사 분석→색체 설계→색채 결정 및 시공

24 같은 형태(形態), 같은 면적에서 그 크기가 가장 크게 보이는 색은? (단, 그 색이 동일한 배경색 위에 있을 때)
① 고명도의 청색　② 고명도의 녹색
③ 고명도의 황색　④ 고명도의 자색

25 먼셀 기호 5YR 7/2의 의미는?
① 색상은 주황의 중심색, 채도 7, 명도 2
② 색상은 빨간 기미를 띤 노랑, 명도 7, 채도 2
③ 색상은 노란 기미를 띤 빨강, 명도 2, 채도 7
④ 색상은 주황의 중심색, 명도 7, 채도 2

26 조명에 의하여 물체의 색을 결정하는 광원의 성질은?
① 조명성　② 기능성
③ 연색성　④ 조색성

27 다음 중 두 색료를 혼합하여 무채색이 되는 것은?
① 검정+보라　② 주황+노랑
③ 회색+초록　④ 청록+빨강

28 정확한 색채를 실현하기 위한 컬러 매니지먼트 시스템(CMS)의 필요 조건으로 옳은 것은?
① 컬러 매니지먼트 시스템은 복잡해서 전문가만 이용할 수 있도록 해야 한다.
② 처리 속도는 중요하지 않다.
③ 컬러로 된 그래픽의 작성이나 화상의 준비에 각종 프로그램과의 호환성을 필요로 한다.
④ 컬러 매니지먼트에 필요한 데이터를 사용자 자신이 입력할 수는 없다.

29 색채 계획 과정에서 디자인에 적용하기 위하여 컬러 메뉴얼(color manual)을 작성하는 데 가장 필요한 능력은?
① 색채 조색 능력
② 색채 구성 능력
③ 컬러 이미지의 계획 능력
④ 아트 디렉션의 능력

30 공공건축공간(공장, 학교, 병원 등)의 색채환경을 위한 색채조절 시 고려해야 할 사항으로 거리가 먼 것은?
① 능률성　② 안전성
③ 쾌적성　④ 내구성

31 의자 및 소파에 관한 설명으로 옳지 않은 것은?
① 스툴은 등받이와 팔걸이가 없는 형태의 보조의자이다.
② 체스터필드는 사용상 안락성이 매우 크고 비교적 크기가 크다.
③ 풀업 체어는 필요에 따라 이동시켜 사용할 수 있는 간이 의자이다.
④ 세티는 고대 로마시대에 음식물을 먹거나 잠을 자기 위해 사용했던 긴 의자이다.

32 특정한 사용 목적이나 많은 물품을 수납하기 위해 건축화된 가구를 의미하는 것은?
① 유닛 가구　② 모듈러 가구
③ 붙박이 가구　④ 수납용 가구

33 인간의 눈 구조 중 망막의 감각세포에서 모양과 색을 인식할 수 있는 것은?
① 홍채 ② 초자체
③ 원추세포 ④ 간상세포

34 인간-기계시스템(man-machine system)을 수동, 자동, 기계화 체계로 분류할 때 기계화 체계의 예시로 적합한 것은?
① 자동교환기
② 자동차의 운전
③ 컴퓨터 공정 제어
④ 장인과 공구의 사용

35 근육 운동 시작 직후 혐기성 대사에 의하여 공급되어 소비되는 에너지원이 아닌 것은?
① 지방
② 글리코겐
③ 크레아틴 인산(CP)
④ 아데노신 삼인산(ATP)

36 의자 좌면의 너비를 결정하는데 가장 적합한 규격은?
① 사용자의 평균 엉덩이 너비에 맞도록 규격을 정한다.
② 사용자의 중위수(median) 엉덩이 너비에 맞도록 규격을 정한다.
③ 사용자의 5퍼센타일(percentile) 엉덩이 너비에 맞도록 규격을 정한다.
④ 사용자의 95퍼센타일(percentile) 엉덩이 너비에 맞도록 규격을 정한다.

37 근수축의 종류 중 중추신경으로부터 오는 흥분충동을 받을 때 항상 약한 수축상태를 지속하고 있는 것은?
① 연축(twitch) ② 긴장(tones)
③ 강축(tetanus) ④ 강직(rigor)

38 신체 동작의 유형 중 굴곡(flexion)에 해당하는 것은?
① 팔꿈치 굽히기
② 굽힌 팔꿈치 펴기
③ 다리를 옆으로 들기
④ 수평으로 편 팔을 수직으로 내리기

39 인간공학적 효과를 평가하는 기준과 가장 거리가 먼 것은?
① 체계의 상징성
② 훈련비용의 절감
③ 사용편의성의 향상
④ 사고나 오용으로부터의 손실 감소

40 정신적 피로도를 측정할 수 있는 방법으로 가장 거리가 먼 것은?
① 대뇌피질활동 측정
② 호흡순환기능 측정
③ 근전도(EMF) 측정
④ 점멸융합주파수(Flicker) 측정

제3과목 : 시공 및 재료

41 다음 석재 중 구조용으로 가장 적합하지 않은 것은?
① 사문암 ② 화강암
③ 안산암 ④ 사암

42 금속제품에 관한 설명으로 옳지 않은 것은?
① 스테인리스 강판은 내식성 및 내마모성이 우수하고 강도가 높을 뿐만 아니라 장식적

으로도 광택이 미려하다.
② 메탈폼은 금속재의 콘크리트용 거푸집으로서 치장 콘크리트 등에 사용된다.
③ 조이너는 벽, 기둥 등의 모서리 부분에 미장바름을 보호하기 위하여 묻어 붙인 것으로 모서리쇠라고도 한다.
④ 꺽쇠는 강봉 토막의 양 끝을 뾰족하게 하고, ㄷ자형으로 구부려 2개의 부재를 잇거나 엇갈리게 고정시킬 때 사용된다.

43 목구조의 부재 특성에 관한 설명으로 옳지 않은 것은?
① 가공 및 보수가 용이하며, 공사를 신속히 할 수 있다.
② 천연재료이므로 옹이, 엇결 등의 결점이 있다.
③ 일반적으로 중량에 비해 그 허용강도가 크고, 휨에 대하여 강한 편이다.
④ 인장력에 대한 저항 성능은 압축력, 전단력에 대한 저항 성능에 비하여 약하다.

44 목재에 주입시켜 인화점을 높이는 방화제와 가장 거리가 먼 것은?
① 물 유리   ② 붕산암모늄
③ 인산나트륨   ④ 인산암모늄

45 타일공사의 바탕처리에 관한 설명으로 옳지 않은 것은?
① 타일을 붙이기 전에 바탕의 들뜸, 균열 등을 검사하여 불량 부분은 보수한다.
② 여름에 외장타일을 붙일 경우에는 하루 전에 바탕면에 물을 적시는 행위를 금하도록 한다.
③ 타일붙임 바탕에는 뿜칠 또는 솔을 사용하여 물을 골고루 뿌린다.
④ 타일을 붙이기 전에 불순물을 제거한다.

46 원가절감을 목적으로 공사계약 후 당해 공사의 현장 여건 및 사전조사 등을 분석한 이후 공사 수행을 위하여 세부적으로 작성하는 예산은?
① 추경예산   ② 변경예산
③ 실행예산   ④ 도급예산

47 벽체 초벌미장에 대한 검측 내용으로 옳지 않은 것은?
① 하절기에는 초벌미장 후 살수양생을 검토한다.
② 벽체의 선형 및 평활도를 위하여 규준점을 설치한다.
③ 면 잡은 후 쇠빗 등으로 가늘고 고르게 긁어준다.
④ 신속한 건조를 위하여 통풍이 잘 되도록 조치한다.

48 시멘트의 발열량을 저감시킬 목적으로 제조한 시멘트로 수축이 작고 화학저항성이 크며 주로 매스콘크리트용으로 사용되는 것은?
① 중용열 포틀랜드 시멘트
② 조강 포틀랜드 시멘트
③ 백색 포틀랜드 시멘트
④ 팽창 시멘트

49 실내건축공사 공정별 내역서에서 각 품목에 따라 확인할 수 있는 정보로 옳지 않은 것은?
① 품명   ② 규격
③ 제조일자   ④ 단가

50 타일공사의 동시줄눈 붙이기 공법에 관한 설명으로 옳지 않은 것은? (단, KCS 기준)

① 붙임 모르타르를 바탕면에 5mm~8mm로 바르고 자막대로 눌러 평탄하게 고른다.
② 1회 붙임 면적은 4.5m² 이하로 하고 붙임 시간은 60분 이내로 한다.
③ 줄눈의 수정은 타일 붙임 후 15분 이내에 실시하고, 붙임 후 30분 이상이 경과했을 때에는 그 부분의 모르타르를 제거하여 다시 붙인다.
④ 타일의 줄눈 부위에 올라온 붙임 모르타르의 경화 정도를 보아 줄눈흙손으로 충분히 눌러 빈틈이 생기지 않도록 한다.

51 다음 그림과 같은 보강블록조의 평면도에서 X축 방향의 벽량을 구하면? (단, 벽체두께는 150mm이며, 그림의 모든 단위는 mm임)

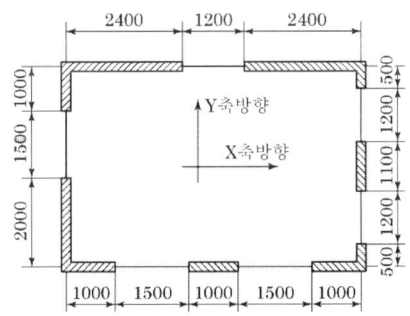

① 23.9cm/m²
② 28.9cm/m²
③ 31.9cm/m²
④ 34.9cm/m²

52 점토제품의 품질에 관한 설명으로 옳지 않은 것은?
① 점토소성벽돌 표면의 은회색 그라우트는 소성이 불충분할 때 발생한다.
② 포장도로용 벽돌이나 타일은 내마모성의 보유가 매우 중요하다.
③ 점토 벽돌의 품질은 압축강도, 흡수율 등으로 평가할 수 있다.
④ 화학적 안정성은 고온에서 소성한 제품이 유리하다.

53 표면건조포화상태의 잔골재 500g을 건조시켜 기건상태에서 측정한 결과 460g, 절대건조상태에서 측정한 결과 440g이었다. 잔골재의 흡수율은?
① 8%
② 8.7%
③ 12%
④ 13.6%

54 2장 이상의 판유리 등을 나란히 넣고, 그 틈새에 대기압에 가까운 압력의 건조한 공기를 채우고 그 주변을 밀봉·봉착한 것은?
① 열선 흡수 유리
② 배강도 유리
③ 강화 유리
④ 복층 유리

55 미장재료 중 고온소성의 무수 석고를 특별한 화학처리한 것으로 킨즈 시멘트라고도 불리우는 것은?
① 순석고 플라스터
② 혼합석고 플라스터
③ 보드용 석고 플라스터
④ 경석고 플라스터

56 안전관리 총괄책임자의 직무에 해당하지 않는 것은?
① 작업 진행상황을 관찰하고 세부 기술에 관한 지도 및 조언을 한다.
② 안전관리계획서의 작성 제출 및 안전관리를 총괄한다.
③ 안전관리관계자의 직무를 감독한다.
④ 안전관리비의 편성과 집행 내용을 확인한다.

57 표준시방서(KCS)에 따른 블라인드의 종류에 해당되지 않는 것은?

① 가로 당김 블라인드
② 세로 당김 블라인드
③ 두루마리 블라인드
④ 베네치안 블라인드

58 목재바탕의 무늬를 돋보이게 할 수 있는 도료는?
① 클리어 래커   ② 에나멜페인트
③ 수성페인트   ④ 유성페인트

59 방사선 차단용으로 사용되는 시멘트 모르타르로 옳은 것은?
① 질석 모르타르
② 아스팔트 모르타르
③ 바라이트 모르타르
④ 활석면 모르타르

60 건축용으로 판재지붕에 많이 사용되는 금속재는?
① 철   ② 동
③ 주석   ④ 니켈

제4과목 : 실내디자인환경

61 옥내소화전설비용 수조에 관한 설명으로 옳지 않은 것은?
① 수조의 내측에 수위계를 설치할 것
② 수조의 밑부분에는 청소용 배수밸브 또는 배수관을 설치할 것
③ 수조는 동결방지조치를 하거나 동결의 우려가 없는 장소에 설치할 것
④ 수조의 상단이 바닥보다 높은 때에는 수조의 외측에 고정식 사다리를 설치할 것

62 실내 조도가 옥외 조도의 몇 %에 해당하는가를 나타내는 값은?
① 주광률   ② 보수율
③ 반사율   ④ 조명률

63 다음 중 건축물의 소음대책과 가장 거리가 먼 것은? (단, 소음원이 외부에 있는 경우)
① 창문의 밀폐도를 높인다.
② 실내의 흡음률을 줄인다.
③ 벽체의 중량을 크게 한다.
④ 소음원의 음원세기를 줄인다.

64 점광원으로부터 수조면의 거리가 4배로 증가할 경우 조도는 어떻게 변화하는가?
① 2배로 증가한다.
② 4배로 증가한다.
③ 1/4로 감소한다.
④ 1/16로 감소한다.

65 급탕배관의 설계 및 시공상의 주의점으로 옳지 않은 것은?
① 중앙식 급탕설비는 원칙적으로 강제순환방식으로 한다.
② 수시로 원하는 온도의 탕을 얻을 수 있도록 단관식으로 한다.
③ 관의 신축을 고려하여 건물의 벽관통 부분의 배관에는 슬리브를 설치한다.
④ 순환식 배관에서 탕의 순환을 방해하는 공기가 정체하지 않도록 수평관에는 일정한 구배를 둔다.

66 복사난방에 관한 설명으로 옳은 것은?
① 천장이 높은 방의 난방은 불가능하다.
② 실내의 쾌감도가 다른 방식에 비하여 가장 낮다.

③ 열용량이 크기 때문에 방열량 조절에 시간이 걸린다.
④ 오기 침입이 있는 곳에서는 난방감을 얻을 수 없다.

67 다중이용시설 중 실내주차장의 경우, 이산화탄소의 실내공기질 유지 기준으로 옳은 것은?
① 100ppm 이하　② 500ppm 이하
③ 1000ppm 이하　④ 2000ppm 이하

68 다음의 공기조화방식 중 전공기방식에 속하지 않는 것은?
① 단일덕트방식
② 2중덕트방식
③ 팬코일 유닛방식
④ 멀티존 유닛방식

69 표면결로의 발생 방지 방법에 관한 설명으로 옳지 않은 것은?
① 단열 강화에 의해 표면온도를 상승시킨다.
② 직접가열이나 기류촉진에 의해 표면온도를 상승시킨다.
③ 수증기 발생이 많은 부엌이나 화장실에 배기구나 배기팬을 설치한다.
④ 높은 온도로 난방시간을 짧게 하는 것이 낮은 온도로 난방시간을 길게 하는 것보다 결로 발생 방지에 효과적이다.

70 전기시설물의 감전방지, 기기손상방지, 보호계전기의 동작 확보를 위해 실시하는 공사는?
① 접지공사
② 승압공사
③ 전압강하공사
④ 트래킹(Tracking) 공사

71 전기설비용 시설공간(실)에 관한 설명으로 옳지 않은 것은?
① 변전실은 부하의 중심에 설치한다.
② 발전기실은 변전실에서 멀리 떨어진 곳에 설치한다.
③ 중앙감시실은 일반적으로 방재센터와 겸하도록 한다.
④ 전기샤프트는 각 층에서 가능한 한 공급대상의 중심에 위치하도록 한다.

72 문화 및 집회시설 중 공연장의 개별 관람실 출구의 설치에 관한 기준 내용으로 옳지 않은 것은? (단, 개별 관람실의 바닥면적은 300m² 이상이다.)
① 관람실별 2개소 이상 설치할 것
② 각 출구의 유효너비는 1.5m 이상으로 할 것
③ 관람실로부터 바깥쪽으로의 출구로 쓰이는 문은 안여닫이로 할 것
④ 개별 관람실 출구의 유효너비의 합계는 개별 관람실의 바닥면적 100m²마다 0.6m의 비율로 산정한 너비 이상으로 할 것

73 다음의 소방시설 중 소화설비에 속하는 것은?
① 소화기구
② 연결살수설비
③ 연결송수관설비
④ 자동화재탐지설비

74 건축물의 바깥쪽에 설치하는 피난계단의 구조에 관한 기준 내용으로 옳지 않은 것은?
① 계단의 유효너비는 0.9m 이상으로 할 것
② 계단실에는 예비전원에 의한 조명설비를

할 것

③ 계단은 내화구조로 하고 지상까지 직접 연결되도록 할 것

④ 건축물의 내부에서 계단으로 통하는 출입구에는 60+방화문 또는 60분방화문을 설치할 것

75 다음은 옥내소화전설비를 설치하여야 하는 특정소방대상물에 관한 기준 내용이다. ( ) 안에 알맞은 것은?

> 건축물의 옥상에 설치된 차고 또는 주차장으로서 차고 또는 주차의 용도로 사용되는 부분의 면적이 ( ) 이상인 것

① 100m²　② 150m²
③ 180m²　④ 200m²

76 건축법상 다음과 같이 정의되는 용어는?

> 건축물의 노후화를 억제하거나 기능 향상 등을 위하여 대수선하거나 건축물의 일부를 증축 또는 개축하는 행위

① 재축　② 유지보수
③ 리모델링　④ 리노베이션

77 신축 또는 리모델링하는 공동주택은 시간당 최소 몇 회 이상의 환기가 이루어질 수 있도록 자연환기설비 또는 기계환기설비를 설치해야 하는가? (단, 30세대 이상의 공동주택의 경우)

① 0.3회　② 0.5회
③ 0.7회　④ 1.0회

78 다음 중 방화에 장애가 되는 용도제한과 관련하여 같은 건축물에 함께 설치할 수 없는 것은?

① 문화 및 집회시설 중 공연장과 위락시설

② 노유자시설 중 노인복지시설과 의료시설

③ 제1종 근린생활시설 중 산후조리원과 공동주택

④ 노유자시설 중 아동관련시설과 판매시설 중 도매시장

79 다음은 지하층과 피난층 사이의 개방공간 설치에 대한 기준 내용이다. ( ) 안에 알맞은 것은?

> 바닥면적의 합계가 ( ) 이상인 공연장·집회장·관람장 또는 전시장을 지하층에 설치하는 경우에는 각 실에 있는 자가 지하층 각 층에서 건축물 밖으로 피난하여 옥외 계단 또는 경사로 등을 이용하여 피난층으로 대피할 수 있도록 천장이 개방된 외부 공간을 설치하여야 한다.

① 500m²　② 1000m²
③ 3000m²　④ 5000m²

80 각 층의 거실면적이 각각 1000m²이며 층수가 12층인 업무시설에 설치해야 하는 승용승강기의 최소 대수는? (단, 8인승 승용승강기의 경우)

① 2대　② 3대
③ 4대　④ 5대

실/내/건/축/기/사

2022년 4회 복원문제

제1과목 : 실내디자인계획

01 사무소 건축에서 유효율(rentable ratio)의 의미로 알맞은 것은?
① 연면적에 대한 대실면적의 비율
② 연면적에 대한 건축면적의 비율
③ 대지면적에 대한 바닥면적의 비율
④ 대지면적에 대한 건축면적의 비율

02 전시공간의 평면 형태에 관한 설명으로 옳지 않은 것은?
① 직사각형은 공간 형태가 단순하고 분명한 성격을 지니기 때문에 지각이 쉽다.
② 부채꼴형은 관람자의 자유로운 선택이 가능하므로 대규모 전시공간에 적합하다.
③ 원형은 고정된 축이 없어 안정된 상태에서 지각이 어려워 방향감각을 잃을 수도 있다.
④ 자유형은 형태가 복잡하여 전체를 파악하기 곤란하므로 큰 규모의 전시공간에는 부적당하다.

03 다음 중 인간과 실내환경의 이론 중 행태학을 가장 올바르게 설명한 것은?
① 인간 신체의 해부학적 특성을 디자인에 적용시키기 위한 연구
② 인간의 시각, 청각, 촉각적 특징을 디자인에 적용시키기 위한 연구
③ 환경에서 인간의 잠재적 심리상태를 패턴화하여 디자인에 적용시키기 위한 연구
④ 인간의 지각, 심리, 행동의 특질을 패턴화하여 디자인에 적용시키기 위한 연구

04 다음 중 조닝(zoning) 계획에서 존(zone)의 설정 시 고려할 사항과 가장 거리가 먼 것은?
① 사용빈도 ② 사용시간
③ 사용행위 ④ 사용재료

05 주택 부엌에서 작업 삼각형(Work Triangle)의 꼭짓점에 해당하지 않는 것은?
① 냉장고 ② 가열대
③ 배선대 ④ 개수대

06 상품의 유효진열 범위 내에서 고객의 시선이 편하게 머물고 손으로 잡기에도 가장 편안한 높이인 골든 스페이스의 범위로 알맞은 것은?
① 450~850mm
② 850~1250mm
③ 1300~1500mm
④ 1500~1700mm

07 균형의 원리에 관한 설명으로 옳지 않은 것은?
① 크기가 큰 것이 작은 것보다 시각적 중량감이 크다.
② 기하학적 형태가 불규칙적인 형태보다 시각적 중량감이 크다.
③ 색의 중량감은 색의 속성 중 특히 명도, 채

도에 따라 크게 작용한다.
④ 복잡하고 거친 질감이 단순하고 부드러운 질감보다 시각적 중량감이 크다.

08 휴먼 스케일(Human Scale)에 관한 설명으로 옳지 않은 것은?
① 휴먼 스케일은 실내 공간계획에만 국부적으로 적용된다.
② 휴먼 스케일은 인간의 신체를 기준으로 파악, 측정되는 척도 기준이다.
③ 휴먼 스케일이 적절히 적용된 공간은 안정되고 안락감을 주는 환경이 된다.
④ 휴먼 스케일은 인간을 기준으로 계산하여 공간에 대해 감각적으로 가장 쾌적한 비율이다.

09 천창을 건축에 사용했을 때 장점으로 옳지 않은 것은?
① 건축계획의 자유도가 증가한다.
② 비막이 및 유지보수가 용이하다.
③ 벽면을 더욱 다양하게 활용할 수 있다.
④ 밀집된 건물에 둘러싸여 있어도 일정량의 채광을 확보할 수 있다.

10 업무공간에 칸막이(partition)를 계획할 때 주의할 사항으로 옳지 않은 것은?
① 흡음을 고려한 마감재를 사용한다.
② 기둥과 보의 위치를 고려해야 한다.
③ 창의 중간에 배치되는 것을 피한다.
④ 설비적인 분포에 차별화를 두어야 한다.

11 건축도면 중 평면도에 관한 설명으로 옳은 것은?
① 계획 설계도에 해당된다.
② 실의 배치 및 크기가 표현된다.
③ 건축물의 외관을 나타낸 직립투상도이다.
④ 천장 높이, 지붕 물매, 처마길이 등이 표현된다.

12 다음 중 상점 내 진열장 배치계획에서 가장 우선적으로 고려하여야 할 사항은?
① 동선의 흐름
② 조명의 조도
③ 바닥 마감재료
④ 진열장의 치수

13 건축제도의 기본 사항에 관한 설명으로 옳지 않은 것은?
① 투상법은 제3각법으로 작도함을 원칙으로 한다.
② 접은 도면의 크기는 A3의 크기를 원칙으로 한다.
③ 평면도, 배치도 등은 북을 위로 하여 작도함을 원칙으로 한다.
④ 입면도, 단면도 등은 위아래 방향을 도면지의 위아래와 일치시키는 것을 원칙으로 한다.

14 르 코르뷔지에(Le Corbusier)의 근대건축 5원칙과 거리가 먼 것은?
① 필로티
② 옥상정원
③ 철과 유리의 사용
④ 수평 띠창

15 실내공간 구성 요소 중 벽(wall)에 관한 설명으로 옳지 않은 것은?
① 공간을 에워싸는 수직적 요소이다.
② 다른 요소에 비해 조형적으로 가장 자유롭다.
③ 외부세계에 대한 침입 방어의 기능을 갖는다.

④ 가구, 조명 등 실내에 놓여지는 설치물에 대해 배경적 요소가 된다.

16 사무소 건축의 코어에 관한 설명으로 옳은 것은?
① 양단코어형은 2방향 피난에 이상적인 관계로 방재상 유리하다.
② 편심코어형은 기준층 바닥면적이 작은 경우에 적용이 불가능하다.
③ 독립코어형은 고층, 초고층의 대규모 사무소 건축에 주로 사용된다.
④ 중심코어형은 외코어라고도 하며 코어를 업무공간에서 별도로 분리시킨 유형이다.

17 실내 구성 요소 중 문에 관한 설명으로 옳지 않은 것은?
① 실내에서의 문의 위치는 내부공간에서의 동선을 결정한다.
② 사람이 출입하는 문의 폭은 일반적으로 900mm 정도이다.
③ 문의 치수는 기본적으로 사람의 출입을 기준으로 결정된다.
④ 여닫이문은 문틀의 홈으로 2~4개의 문이 미끄러져 닫히는 문으로 일반적으로 슬라이딩 도어라고 한다.

18 디자인 원리 중 점이(gradation)에 관한 설명으로 가장 알맞은 것은?
① 서로 다른 요소들 사이에서 평형을 이루는 상태
② 공간, 형태, 색상 등의 점차적인 변화로 생기는 리듬
③ 이질의 각 구성 요소들이 전체로서 동일한 이미지를 갖게 하는 것
④ 시각적 형식이나 한정된 공간 안에서 하나 이상의 형이나 형태 등이 단위로 계속 되풀이되는 것

19 다음 중 기능 분석 내용을 바탕으로 하여 구성 요소의 배치(lay-out)를 행할 때 고려해야 할 내용과 가장 거리가 먼 것은?
① 공간 상호 간의 연계성
② 색채 및 재료의 유사성
③ 출입형식 및 동선체계
④ 인체공학적 치수와 가구 크기

20 은행의 실내계획에 관한 설명으로 옳지 않은 것은?
① 은행의 고유의 색채, 심벌마크 등을 실내에 도입하여 이미지를 부각시킨다.
② 객장은 대기공간으로 고객에게 안전하고 편리한 서비스를 제공하는 시설을 구비하도록 한다.
③ 영업장과 객장의 효율적 배치로 사무 동선을 단순화하여 업무가 신속히 처리되도록 한다.
④ 도난방지를 위해 고객에게 심리적 긴장감을 주도록 영업장과 객장은 시각적으로 차단시킨다.

제2과목 : 색채 및 사용자 행태분석

21 의자와 디자이너의 연결이 옳지 않은 것은?
① 파이미오 의자 : 알바 알토
② 레드 블루 의자 : 미하엘 토넷
③ 체스카 의자 : 마르셀 브로이어
④ 바르셀로나 의자 : 미스 반 데어 로에

22 의자에 관한 설명으로 옳지 않은 것은?
① 스툴은 등받이와 팔걸이가 없는 형태의 보조의자이다.
② 오토만은 라운지 체어에 비해 등받이의 각도가 완만하다.
③ 풀업 체어는 필요에 따라 이동시켜 사용할 수 있는 간이의자이다.
④ 라운지 체어는 비교적 크기가 큰 의자로 편하게 휴식을 취할 수 있는 안락의자이다.

23 동시 대비 중 무채색과 유채색 사이에 일어나지 않는 대비는?
① 명도 대비   ② 색상 대비
③ 채도 대비   ④ 보색 대비

24 오스트발트 색체계에서 17gc의 'c'는 무엇을 뜻하는가?
① 색상   ② 순색량
③ 백색량   ④ 흑색량

25 모자이크, 직물 등의 병치혼합의 특징이 아닌 것은?
① 회전혼합과 같은 평균혼합이다.
② 중간혼색으로 가법혼색에 속한다.
③ 채도가 낮아지는 상태에서 중간색을 얻을 수 있다.
④ 병치혼합 원리를 이용한 효과를 '베졸드 효과(Bezold effect)'라고 한다.

26 NCS 색체계에 대한 설명이 옳은 것은?
① 독일 색채 연구소에서 만들어졌다.
② NCS 표기법은 미국에서 많이 사용되고 있다.
③ 기본적인 색은 Y, R, G의 3색이다.
④ 헤링의 4원색 이론을 바탕으로 한다.

27 맵핑의 방향에 따른 분류 방법이 아닌 것은?
① 명도 불변 클립핑 방법
② 명도의 중심점 클립핑 방법
③ 돌출점 클립핑 방법
④ 최장거리 클립핑 방법

28 다음 색에 관한 설명 중 틀린 것은?
① 푸르킨에 현상이란 명소시에서 암소시로 바뀔 때 단파장에 대한 효율이 높아지는 것이다.
② 적록색맹이란 적색과 녹색을 식별할 수 없는 색각 이상자를 말한다.
③ 색약은 채도가 낮은 색과 밝은 데서 보이는 색은 이상 없으나 채도가 높고 원거리의 색을 분별하는 능력이 부족한 것을 말한다.
④ 색맹이란 색을 지각하는 추상체의 결함으로 색을 분별하지 못하는 것을 말한다.

29 다음 중 '박하색'과 관련이 없는 이름이나 기호는 무엇인가?
① Mint   ② 2.5PB 9/2
③ 흰 파랑   ④ Indigo blue

30 컬러 매니지먼트의 필요 조건으로 적합한 것은?
① 컬러 매니지먼트 시스템은 복잡해도 전문가는 쉽게 이용할 수 있도록 해야 한다.
② 처리 속도는 중요하지 않다.
③ 컬러로 된 그래픽의 작성이나 화상의 준비에 각종 프로그램과의 호환성을 필요로 한다.
④ 컬러 매니지먼트에 필요한 데이터를 사용자 자신이 입력할 수는 없다.

31 다음 중 강함, 동적임, 화려함 등을 느낄 수 있는 배색은?
① 동일 색상의 배색
② 유사 색상의 배색
③ 반대 색상의 배색
④ 포 까마이외 배색

32 색광을 표시하는 표색계로 심리적이고 물리적인 빛의 혼색 실험 결과에 그 기초를 두는 것은?
① 현색계
② 지각색계
③ 혼색계
④ 물체색계

33 손잡이에 대한 일반적인 설명으로 맞는 것은?
① 손잡이의 치수는 조작에 필요한 힘의 크기와 관련이 없다.
② 작업용도에 따라 손잡이의 모양을 고려하여 설계하여야 한다.
③ 서랍의 손잡이는 재질의 차이에 따른 치수를 고려할 필요가 없다.
④ 조작력은 적으나 정밀한 눈금을 맞출 때에는 가급적 손잡이의 크기를 크게 한다.

34 다음 그림에 나타나는 착시 현상은?

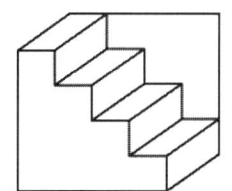

① 반전 착시
② 각도의 착시
③ 만곡 착시
④ 대소의 착시

35 표시장치에 있어 청각 표시장치가 시각 표시장치보다 더 적합한 경우는?
① 정보가 복잡하고 긴 경우
② 정보가 후에 재참조되는 경우
③ 정보가 시간적인 사상을 다루는 경우
④ 직무상 수신자가 한 곳에 머무르는 경우

36 10dB의 음량 증가는 몇 배의 음압 증가와 같은가?
① $\sqrt{10}$
② 10
③ 20
④ 100

37 시각 피로 원인 중 조절성 안정피로를 의미하는 것은?
① 신경쇠약이나 히스테리의 경우
② 망막에 맺히는 상이 두 눈에 차이가 날 경우
③ 노안과 원시, 난시, 초점 조절력의 쇠퇴 또는 마비되는 경우
④ 시선을 대상물에 집중시키는 기능의 이상이나 사시가 있는 경우

38 인체계측자료의 응용 원칙 중에서 인체계측 변수 분포의 1, 5, 10 백분위수 등과 같은 최소 집단치를 적용하여 설계해야 하는 것은?
① 문의 높이
② 선반의 높이
③ 그네의 지지중량
④ 의자의 너비

39 조종-반응 비율(Control-Response ratio)에 관한 설명으로 틀린 것은?
① 조종장치의 민감도를 나타내는 개념이다.
② 표시장치에 있어서 지침이 움직이는 총량에 대한 제어장치 움직임의 총량을 뜻한다.
③ 조종-반응 비율이 클수록 표시장치의 이동시간이 적게 걸리므로 정확한 제어가 용이하다.
④ 목표물에 대한 조종시간과 목표물로의 이

동시간을 고려하여 최적의 조종-반응 비율을 결정해야 한다.

40 영상표시단말기(Visual Display Terminal)를 취급하는 작업장에서 단말기의 바탕 색상이 검정색 계통인 경우 주변 환경의 조도(Lux)로 가장 적절한 것은?
① 100~300 ② 300~500
③ 500~700 ④ 700~1000

제3과목 : 시공 및 재료

41 물체를 투하하는 경우 위험방지를 위해 필요한 조치를 하여야 하는데 투하설비를 설치하여야 하는 물체 투하 장소의 최소 높이 기준으로 옳은 것은?
① 2m 이상 ② 3m 이상
③ 4m 이상 ④ 5m 이상

42 스팬드럴 유리에 대한 설명으로 틀린 것은?
① 건축물의 외벽 층간이나 내·외부 장식용 유리로 사용한다.
② 판유리 한쪽 면에 세라믹질의 도료를 도장한 후 고온에서 융착, 반강화한 것으로 내구성이 뛰어나다.
③ 색상이 다양하고 중후한 질감을 갖고 있으며 건축물의 모양에 따라 선택의 폭이 넓다.
④ 열깨짐의 위험이 있으므로 유리표면에 페인트 도장을 하거나 종이, 테이프 등을 부착하지 않는다.

43 도장공사에 대한 설명으로 옳지 않은 것은?
① 한랭시 또는 도장면에 습기가 있는 경우 작업하지 않는다.
② 초벌부터 정벌까지 같은 색으로 도장해야 한다.
③ 강풍이 불 땐 먼지가 묻을 수 있으므로 외부공사를 중단한다.
④ 야간엔 색이 잘못 칠해질 우려가 있으므로 작업을 하지 않는 것이 좋다.

44 미서기문의 마중대는 서로 턱솔 또는 딴혀를 대어 방풍적으로 물려지게 한다. 이것을 무엇이라 하는가?
① 지도리 ② 풍소란
③ 접문   ④ 문선

45 각종 금속재료에 대한 설명으로 옳지 않은 것은?
① 납은 방사선 투과도가 낮아 건축에서 방사선 차폐재료로 사용된다.
② 알루미늄은 대기 중에서 부식이 쉽게 일어나지만 알칼리나 해수에는 강하다.
③ 구리는 화장실처럼 암모니아가 있는 장소나, 시멘트 및 콘크리트 등 알칼리에 접하게 되면 부식의 우려가 있으므로 주의한다.
④ 니켈은 전연성이 풍부하고 내식성이 크며 아름다운 청백색 광택이 있어 공기 중이나 수중에서 변색이 거의 발생하지 않는다.

46 벽돌공사에 관한 주의사항으로 옳지 않은 것은?
① 벽돌은 품질, 등급별로 정리하여 사용 순서대로 쌓아둔다.
② 굳기 시작한 모르타르는 사용하지 않는다.
③ 벽돌쌓기 시 잔토막 또는 부스러기 벽돌을 쓰지 않는다.
④ 수직하중을 벽 전체에 고르게 분산시키기 위해 통줄눈으로 쌓는다.

47 네트워크 공정표 용어에 대한 설명으로 옳지 않은 것은?
① 작업(activity) : 프로젝트를 구성하는 작업 단위
② 결합점(event) : 작업의 시작과 종료를 표시하는 개시점, 종료점, 연결점
③ 플로트(float) : 네트워크 공정표에서 작업이 가지는 여유
④ 주공정선(Critical Path) : 임의의 두 결합점 간의 경로 중 소요시간이 가장 긴 경로

48 대형 타일에 주로 사용되며 표면을 연마하여 고광택을 유지하도록 만든 것은?
① 스크래치 타일 ② 논슬립 타일
③ 폴리싱 타일 ④ 모자이크 타일

49 그림에서 줄눈의 명칭이 틀린 것은?

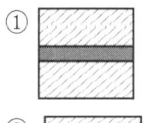
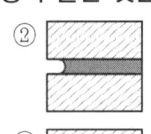
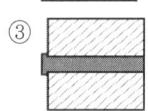

① 평줄눈 ② 오목줄눈
③ 내민줄눈 ④ 빗줄눈

50 외부 벽돌공사 시 백화현상 방지법으로 옳지 않은 것은?
① 줄눈 모르타르에 방수제를 섞는다.
② 흡수율이 적은 벽돌을 선택한다.
③ 가용성 염류가 포함되어 있는 해사를 사용한다.
④ 내외벽 사이 조적 하단부와 상단부에 통풍구를 만들어 통풍에 의한 건조상태를 유지한다.

51 중용열 포틀랜드 시멘트에 대한 설명으로 옳지 않은 것은?
① 수화열이 높아서 한중공사에 적합하다.
② 방사선 차단용으로 쓰인다.
③ 내구성이 크고 장기강도가 높다.
④ 초기 강도는 조강 포틀랜드 시멘트보다 낮다.

52 표준시방서 상의 도막방수 공법에 대한 설명으로 옳지 않은 것은?
① 저온 시공에서 우레탄 도막 방수재의 온도를 올릴 필요가 있는 경우, 방수용액을 직접 가열하지 않고 용기 외부를 가열하여 온도를 올린다.
② 2액형 방수재 사용 시 경화제 혼합은 모터의 출력이 크고 회전이 빠른 혼합기를 사용한다.
③ 방수재 점도 조절을 위해 희석제로 물을 사용할 경우, 사용량은 방수재에 대하여 5% 이내로 한다.
④ 반응경화형 또는 건조 도막형의 고무 아스팔트계 방수재를 벽면이나 치켜올림면에 사용할 경우, 방수재 제조자가 지정하는 비율에 따라 흘러내림 방지제로서 증점제를 사용할 수 있다.

53 화재 시 가열에 대하여 연소되지 않고 유해한 연기나 가스를 발생하지 않는 불연재료에 해당되지 않는 것은?
① 콘크리트 ② 석재
③ 알루미늄 ④ 목모 시멘트판

54 세라믹 재료의 특성에 관한 설명으로 옳지 않은 것은?
① 내열성, 화학저항성이 우수하다.
② 내후성은 취약하나, 가공이 용이하다.

③ 단단하고, 압축강도가 높다.
④ 전기절연성이 있다.

55 목재 또는 식물질을 절삭, 파쇄 등을 거쳐 작은 조각으로 하여 건조시킨 후 합성수지 접착제를 첨가하여 열압성형 제판한 제품으로 상판, 칸막이벽 등에 사용되는 것은?
① 파티클 보드   ② 집성목재
③ 섬유판   ④ 코르크판

56 그림과 같은 나무의 무게가 21kg이다. 이 나무의 함수율은? (단, 나무의 절건비중은 0.5이다.)

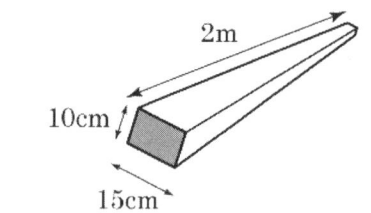

① 29%   ② 30%
③ 40%   ④ 50%

57 석고보드의 특성에 관한 설명으로 옳지 않은 것은?
① 흡수로 인해 강도가 현저하게 저하된다.
② 신축 변형이 커서 균열의 위험이 크다.
③ 부식이 안 되고 충해를 받지 않는다.
④ 단열성이 높다.

58 단열재에 관한 설명으로 옳지 않은 것은?
① 유리면 : 유리섬유로 만든 제품. 유리솜 또는 글라스울이라고도 한다.
② 석면 : 불연성, 보온성이 좋고 습기에도 강하여 널리 쓰이고 있다.
③ 펄라이트 : 경량이며 수분침투에 대한 저항성이 있어서 배관용 단열재로 쓰인다.
④ 암면 : 상온에서 열전도율이 낮아서 철골 내화피복재로 많이 이용된다.

59 목구조에서 보, 도리 등의 가로재가 서로 수평방향으로 만나는 귀부분을 안정한 삼각형 구조로 만드는 것으로, 가새로 보강하기 어려운 곳에 사용되는 부재는?
① 꿸대   ② 귀잡이보
③ 깔도리   ④ 버팀대

60 점토 및 점토제품에 대한 설명 중 옳지 않은 것은?
① 과소벽돌은 견고하기 때문에 일반구조용 재료로 적합하다.
② 규산 함유량이 높은 경우 산에 대한 저항성이 증가한다.
③ 건축용 점토제품의 색은 철화합물, 망간화합물, 소성온도 등에 따라 달라진다.
④ 3% 이상의 흡수율을 갖는 석기질과 도기질은 동해를 일으키기 쉬우므로 외부 사용은 적합하지 않다.

제4과목 : 실내디자인환경

61 벽체의 단열효과를 높이기 위한 방법으로 가장 알맞은 것은?
① 열교현상을 발생시킨다.
② 벽체 내부에 공기층을 설치한다.
③ 벽 구성재료의 두께를 얇게 한다.
④ 열전도율이 높은 재료를 사용한다.

62 타임랙(time-lag)에 관한 설명으로 옳지 않은 것은?
① 건물 외피의 열용량이 클수록 타임랙은 길

어진다.
② 실내기온의 변화가 외기온의 변화보다 늦어지는 현상이다.
③ 일반적으로 건물 외피를 구성하는 재료의 밀도가 클수록 타임랙은 길어진다.
④ 실내외 온도차에 직접적인 영향을 받으며, 온도차가 클수록 타임랙은 길어진다.

63 공기조화방식 중 전공기 방식에 관한 설명으로 옳지 않은 것은?
① 덕트 스페이스가 필요 없다.
② 중간기에 외기냉방이 가능하다.
③ 실내 유효 스페이스를 넓힐 수 있다.
④ 실내에 배관으로 인한 누수의 염려가 없다.

64 다음 중 습공기선도에 표현되어 있지 않은 것은?
① 산소함유량   ② 엔탈피
③ 습구온도   ④ 노점온도

65 주광률에 대한 용어 설명으로 옳은 것은?
① 조명기구에 의한 상하방향으로의 배광정도를 나타내는 값
② 실내의 조도가 옥외의 조도 몇 %에 해당하는가를 나타내는 값
③ 램프 광속 중 조명범위에 유효하게 이용되는 광속의 비율을 나타내는 값
④ 조명시설을 어느 기간 사용한 후 작업면상의 평균조도와 초기조도와의 비율을 나타내는 값

66 A실의 냉방부하를 계산한 결과 현열부하가 8000W이다. 취출공기온도를 18℃로 할 경우 송풍량은? (단, 실온은 26℃, 공기의 밀도는 $1.2kg/m^3$, 공기의 비열은 $1.01kJ/kg \cdot K$이다.)
① 약 $825m^3/h$ ② 약 $1560m^3/h$
③ 약 $2970m^3/h$ ④ 약 $4340m^3/h$

67 통기관의 관경 산정에 관한 설명으로 옳지 않은 것은?
① 신정 통기관의 관경은 배수수직관의 관경보다 작게 해서는 안 된다.
② 각개 통기관의 관경은 그것이 접속되는 배수관 관경보다 작게 해서는 안 된다.
③ 결합 통기관의 관경은 통기수직관과 배수수직관 중 작은 쪽 관경 이상으로 한다.
④ 루프 통기관의 관경은 배수수평지관과 통기수직관 중 작은 쪽 관경의 1/2 이상으로 한다.

68 다음 중 옥내 배선에 사용되는 전선의 굵기를 결정할 때 고려해야 할 요소가 아닌 것은?
① 전압강하   ② 허용전류
③ 기계적 강도   ④ 배선방법

69 물체가 잘 보이도록 하는 조명의 조건, 즉 가시성을 결정하는 요소와 가장 거리가 먼 것은?
① 주변과의 대비   ② 대상물의 밝기
③ 대상물의 형태   ④ 대상물의 크기

70 급수방식에 관한 설명으로 옳지 않은 것은?
① 압력수조방식은 급수 공급 압력의 변화가 심하다.
② 고가수조방식은 상향급수 배관방식이 주로 사용된다.
③ 수도직결방식은 고층으로의 급수가 어렵다는 단점이 있다.
④ 펌프직송방식은 저수조 내의 상수를 급수펌프로 건물의 필요한 곳에 직접 급수하는

방식이다.

71 건축물의 피난층 외의 층에서는 피난층 또는 지상으로 통하는 직통계단을 거실의 각 부분으로부터 계단에 이르는 보행거리가 최대 얼마 이하가 되도록 설치하여야 하는가?

① 20m ② 30m
③ 40m ④ 50m

72 문화 및 집회시설(전시장 및 동·식물원 제외) 용도에 쓰이는 건축물의 관람석 또는 집회실의 바닥면적이 200m^2 이상인 경우 반자의 높이는 최소 얼마 이상인가?

① 2.1m ② 2.7m
③ 3.6m ④ 4.0m

73 평지로 된 대지에 상점의 용도로 사용되는 지상 6층인 건축물의 피난층에 설치하는 바깥쪽으로의 출구 유효너비의 합계는 최소 얼마 이상으로 하여야 하는가? (단, 각 층의 바닥면적은 1층과 2층은 각각 1000m^2이고, 3층부터 6층까지는 각각 1500m^2이다.)

① 6m ② 9m
③ 12m ④ 36m

74 다음 중 방화구조에 속하지 않는 것은?

① 철망 모르타르로서 그 바름두께가 2cm인 것
② 시멘트 모르타르 위에 타일을 붙인 것으로서 그 두께의 합계가 2.5cm인 것
③ 심벽에 흙으로 맞벽치기한 것
④ 석고판 위에 시멘트 모르타르 또는 회반죽을 바른 것으로서 그 두께의 합계가 2cm인 것

75 옥내소화전설비를 설치하여야 하는 특정소방대상물의 설치 기준 중 옳은 것은? (단, 지하가 중 터널)

① 길이가 500m 이상인 터널
② 길이가 1000m 이상인 터널
③ 길이가 1500m 이상인 터널
④ 길이가 2000m 이상인 터널

76 특별피난계단에 설치하는 배연설비의 구조에 관한 기준 내용으로 옳지 않은 것은?

① 배연구 및 배연풍도는 불연재료로 할 것
② 배연구는 평상시에는 닫힌 상태를 유지할 것
③ 배연구는 평상시에 사용하는 굴뚝에 연결할 것
④ 배연기는 배연구의 열림에 따라 자동적으로 작동할 것

77 건축물에 설치하는 회전문의 설치 기준으로 옳지 않은 것은?

① 회전문의 위치는 계단이나 에스컬레이터로부터 2m 이상 거리를 둘 것
② 회전문의 회전속도는 분당회전수가 8회를 넘지 아니하도록 할 것
③ 회전문과 문틀 사이는 5cm 이상 간격을 확보하고 틈 사이를 고무와 고무펠트의 조합체 등을 사용하여 신체나 물건 등에 손상이 없도록 할 것
④ 회전문은 사용에 편리하게 양방향으로 회전할 수 있는 구조로 할 것

78 자동화재탐지설비를 설치하여야 하는 특정소방대상물에 속하지 않는 것은?

① 위락시설로서 연면적 600m^2 이상인 것
② 숙박시설로서 연면적 600m^2 이상인 것
③ 문화 및 집회시설로서 연면적 1000m^2 이

상인 것
④ 근린생활시설 중 목욕장으로서 연면적 800m² 이상인 것

79 건축허가 등을 할 때 미리 소방본부장 또는 소방서장의 동의를 받아야 하는 대상 건축물 등에 속하지 않는 것은?
① 항공기 격납고
② 연면적이 100m²인 수련시설
③ 차고·주차장으로 사용되는 층 중 바닥면적이 200m²인 층이 있는 시설
④ 지하층 또는 무창층이 있는 건축물로서 바닥면적이 150m²인 층이 있는 것

80 연면적 200m²를 초과하는 건축물에 설치하는 복도의 유효 너비 기준으로 옳은 것은? (단, 양옆에 거실이 있는 복도)
① 유치원 : 1.8m 이상
② 중학교 : 1.8m 이상
③ 초등학교 : 1.8m 이상
④ 오피스텔 : 1.8m 이상

실/내/건/축/기/사

2023년 1회 복원문제

제1과목 : 실내디자인계획

01 개방식 배치의 일종으로 의사전달의 커뮤니케이션과 작업 흐름의 실제적 패턴에 의한 레이아웃을 기초로 하는 것은?
① 유니버설 플랜
② 세포형 오피스
③ 복도형 오피스
④ 오피스 랜드스케이프

02 디자인 원리 중 대비에 관한 설명으로 옳지 않은 것은?
① 극적인 분위기를 연출하는 데 효과적이다.
② 상반된 요소의 거리가 멀수록 대비의 효과는 증대된다.
③ 지나치게 많은 대비의 사용은 통일성을 방해할 우려가 있다.
④ 모든 시각적 요소에 대하여 상반된 성격의 결합에서 이루어진다.

03 다음 중 주택의 실내 치수 계획으로 가장 부적절한 것은?
① 현관의 폭 : 1200mm
② 세면기의 높이 : 550mm
③ 부엌 작업대의 높이 : 800mm
④ 주택 내부의 복도 폭 : 900mm

04 선의 종류별 조형 효과에 관한 설명으로 옳은 것은?
① 사선은 약동감, 생동감의 느낌을 준다.
② 수평선은 상승감, 존엄성의 느낌을 준다.
③ 곡선은 미묘함, 불명료함 등 남성적인 느낌을 준다.
④ 수직선은 평화, 침착, 고요 등 주로 정적인 느낌을 준다.

05 업무공간의 책상 배치 유형에 관한 설명으로 옳지 않은 것은?
① 십자형은 팀 작업이 요구되는 전문직 업무에 적용할 수 있다.
② 좌우대향(대칭)형은 비교적 면적 손실이 크며 커뮤니케이션 형성도 다소 힘들다.
③ 동향형은 책상을 같은 방향으로 배치하는 형태로 비교적 프라이버시의 침해가 적다.
④ 대향형은 커뮤니케이션 형성이 불리하여, 주로 독립성 있는 데이터 처리 업무에 적용된다.

06 다음 그림과 같이 연속적인 주제를 연관성 있게 표현하기 위해 선(線)형으로 연출하는 특수전시기법은?

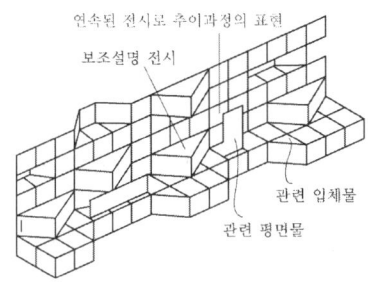

① 디오라마 전시
② 파노라마 전시
③ 아일랜드 전시
④ 하모니카 전시

07 상점의 판매형식 중 대면 판매에 관한 설명으로 옳지 않은 것은?
① 포장대나 계산대를 별도로 둘 필요가 없다.
② 귀금속과 같은 소형 고가품 판매점에 적합하다.
③ 고객과 마주 대하기 때문에 상품 설명이 용이하나.
④ 진열된 상품을 자유롭게 직접 접촉하므로 선택이 용이하다.

08 실내디자인 프로세스의 기본 계획 단계에 포함되지 않는 것은?
① 내부적 요구 분석
② 계획의 평가기준 설정
③ 기본 계획 대안들의 도면화
④ 건축적 요소와 설비적 요소의 분석

09 다음과 같은 특징을 갖는 사무소 건축의 코어 유형은?

- 단일용도의 대규모 전용사무소에 적합한 유형
- 2방향 피난에 이상적인 관계로 방재/피난상 유리

① 양단 코어   ② 독립 코어
③ 편심 코어   ④ 중심 코어

10 단면용 재료구조 표시 기호로 옳지 않은 것은?
① 구조재(목재) :
② 보조 구조재(목재) :
③ 치장재(목재) :
④ 지반선 :

11 실내장식물에 관한 설명으로 옳지 않은 것은?
① 공간을 강조하고 흥미를 높여 주는 효과가 있다.
② 주변 물건들과의 조화 등을 고려하여 선택한다.
③ 개성을 표현하는 자기 표현의 수단이 될 수 있다.
④ 기능은 없고 미적 효용성을 더해 주는 물품을 말한다.

12 건축도면 중 입면도에 표기해야 할 사항으로 적합한 것은?
① 창호의 형상
② 실의 배치와 넓이
③ 기초판 두께와 너비
④ 건축물과 기초와의 관계

13 질감에 관한 설명으로 옳은 것은?
① 재료 표면이 빛을 흡수하는 정도는 질감에 영향을 미치지 않는다.
② 시각으로 인식되는 질감과 촉각으로 인식되는 질감에는 차이가 없다.
③ 효과적인 질감 표현을 위해서는 색채와 조

명을 동시에 고려해야 한다.
④ 질감은 재료의 표면상태에 대한 느낌으로 흡음성과는 상관관계가 없다.

14 백화점 실내공간의 색채계획에 관한 설명으로 옳지 않은 것은?
① 색상은 조명효과와 고객의 시각 심리를 함께 고려하여 정한다.
② 구매욕구를 북돋우기 위해 악센트색을 넓은 면적에 적용한다.
③ 밝은 색조를 사용하면 어두운 색보다 공간의 크기가 확장되어 보인다.
④ 다양한 상품색이 혼합되어 있는 곳에서는 중채도의 색을 위주로 한 배색을 한다.

15 미술관 전시실의 순회유형에 관한 설명으로 옳은 것은?
① 연속 순회형식은 각 전시실을 독립적으로 폐쇄할 수 있다.
② 연속 순회형식은 각각의 전시실에 바로 들어갈 수 있다는 장점이 있다.
③ 중앙홀 형식에서 중앙홀이 크면 동선의 혼란은 없으나 장래의 확장에는 무리가 있다.
④ 갤러리 및 코리도 형식은 하나의 전시실을 폐쇄시키면 전체 동선의 흐름이 막히게 되므로 비교적 소규모 전시실에 적합하다.

16 형태의 지각 심리 중 형과 배경의 법칙에 관한 설명으로 옳지 않은 것은?
① 형은 가깝게 느껴지고 배경은 멀게 느껴진다.
② 명도가 낮은 것보다는 높은 것이 배경으로 인식되기 쉽다.
③ 대체적으로 면적이 작은 부분이 형이 되고, 큰 부분은 배경이 된다.
④ 형과 배경이 순간적으로 번갈아 보이면서 다른 형태로 지각되는 심리의 대표적인 예로 '루빈의 항아리'를 들 수 있다.

17 주택의 동선계획에 관한 설명으로 옳지 않은 것은?
① 가사노동의 동선은 가능한 한 남측에 위치시키도록 한다.
② 사용빈도가 높은 공간은 동선을 길게 처리하는 것이 좋다.
③ 동선이 교차하는 곳은 공간적 두께를 크게 하는 것이 좋다.
④ 개인, 사회, 가사노동권 등의 동선은 상호 간 분리하는 것이 좋다.

18 상점의 디스플레이 기법으로서 VMD(Visual merchandising)의 구성 요소에 속하지 않는 것은?
① IP(Item Presentation)
② VP(Visual Presentation)
③ SP(Special Presentation)
④ PP(Point of sale Presentation)

19 고딕건축양식에 관한 설명으로 옳지 않은 것은?
① 플라잉 버트레스를 사용함으로써 구조적인 문제를 해결하였다.
② 반원형 아치를 사용하고 창에는 스테인드글라스로 장식하였다.
③ 독일의 쾰른 대성당과 프랑스의 노트르담 대성당은 대표적인 고딕양식의 건물이다.
④ 독특한 장식적 수법이 발휘된 트레이서리가 발달하였다.

20 수평면, 수직면, 수직선과 수평선 및 기본색을 근간으로 하여 순수 기하학적 추상주의를

표방하는 사조는?
① 신조형주의(Neo Plasticism)
② 요소주의(Elementalism)
③ 순수주의(Purism)
④ 절대주의(Suprematism)

제2과목 : 색채 및 사용자 행태분석

21 JPG와 GIF의 장점만을 가진 포맷으로 트루컬러를 지원하고 비손실 압축을 사용하여 이미지 변형 없이 원래 이미지를 웹상에 그대로 표현할 수 있는 포맷 형식은?
① PCX
② BMP
③ PNG
④ PDF

22 NCS 표기법의 "S2030-Y90R"에 대한 설명 중 틀린 것은?
① NCS색 견본 두 번째 판(second edition)을 뜻한다.
② 20%의 검정색도와 30%의 유채색도이다.
③ YR의 혼합비율로 90%의 빨강 색도를 띤 노란색이다.
④ 90%의 노란 색도를 띤 빨간색을 뜻한다.

23 다음 중 순색의 채도가 높은 것끼리 짝지어진 것은?
① 노랑, 주황
② 회색, 초록
③ 연두, 청록
④ 초록, 파랑

24 비렌(Faber Birren)의 색채조화론에서 다음 중 가장 밝으면서 부드러운 톤은?
① Shade
② Tint
③ Gray
④ Color

25 색의 3속성 중 명도의 의미는?
① 색의 이름
② 색의 맑고 탁함의 정도
③ 색의 밝고 어두움의 정도
④ 색의 순도

26 잔상이나 대비현상을 간단하게 설명할 수 있는 색각이론을 만든 사람은?
① 영·헬름홀츠
② 헤링
③ 오스트발트
④ 먼셀

27 관용색명 중 원료에 따른 색명으로 맞는 것은?
① 피콕그린
② 베이지
③ 라벤더
④ 세피아

28 다음 중 감산혼합에 대한 설명 중 틀린 것은?
① 원색인 시안과 마젠타를 섞으면 2자색은 파랑색이 된다.
② 그 예로 인쇄출력물 등이 있다.
③ 2차색들은 색광혼합의 3원색과 동일하다.
④ 2차색들은 명도는 낮아지고 채도가 높아진다.

29 다음 중 색의 시인성을 높이기 위한 가장 좋은 방법은?
① 난색보다는 한색을 선택한다.
② 배경색과 명도차를 동일하게 한다.
③ 흰색바탕의 빨강색을 흰색바탕의 보라색으로 바꾼다.
④ 바탕색에 비하여 명도와 채도 차이를 크게 한다.

30 어떤 색이 같은 색상의 선명한 색 위에 위치

하면 원래의 색보다 훨씬 탁한 색으로 보이고 무채색 위에 위치하면 원래의 색보다 맑은 색으로 보이는 대비현상은?
① 명도 대비   ② 채도 대비
③ 색상 대비   ④ 연변 대비

31 다음의 가구에 관한 설명 중 ( ) 안에 들어갈 말로 알맞은 것은?

자유로이 움직이며 공간에 융통성을 부여하는 가구를 (㉠)라 하며, 특정한 사용 목적이나 많은 물품을 수납하기 위해 건축화된 가구를 (㉡)라 한다.

① ㉠ 고정가구,   ㉡ 가동가구
② ㉠ 이동가구,   ㉡ 가동가구
③ ㉠ 이동가구,   ㉡ 붙박이가구
④ ㉠ 붙박이가구, ㉡ 이동가구

32 시스템 가구에 관한 설명으로 옳은 것은?
① 기능보다 디자인 측면에서 단순미가 강조되어야 한다.
② 특정한 사용 목적이나 많은 물품을 수납하기 위해 건축화된 가구이다.
③ 기능에 따라 여러 가지 형으로 조립 및 해체가 가능하여 공간의 융통성을 꾀할 수 있다.
④ 모듈화된 단위 구성재의 결합을 통해 다양한 디자인으로 변형이 가능해야 하기 때문에 대량생산이 어렵다.

33 실내색채에 있어서 특히 천장에 적합한 반사율과 색으로 가장 적합한 것은?
① 반사율 약 50~60%의 청색, 남색
② 반사율 약 15~20%의 검정, 군청색
③ 반사율 약 15~30%의 녹색, 황토색, 회색
④ 반사율 약 80~90%의 백색, 상아(象牙)색, 크림(cream)색

34 눈의 시세포에 관한 설명으로 맞는 것은?
① 원추세포는 색을 구분할 수 없다.
② 원추세포의 수는 간상세포의 수보다 많다.
③ 간상세포는 난색계열의 색을 구분할 수 있다.
④ 사람의 한 눈에는 1억 3천만여개의 간상세포가 있다.

35 인간-기계 체계 분류 중 기계화 체계의 예로 적합한 것은?
① 자동교환기
② 자동차의 운전
③ 컴퓨터 공정제어
④ 장인과 공구의 사용

36 안전색과 그 일반적인 의미의 사용 예가 바르게 짝지어진 것은?
① 파랑-지시 표지
② 노랑-방화 표지
③ 빨강-안내 표지
④ 녹색-방사능 표지

37 수평 작업대 설계 시, 상완을 자연스럽게 수직으로 늘어뜨린 상태에서 전완을 뻗어 파악할 수 있는 영역은?
① 최대작업영역   ② 통상작업영역
③ 정상작업영역   ④ 대칭작업영역

38 신체 부위의 동작 중 그림의 "A" 방향에 해당하는 것은?

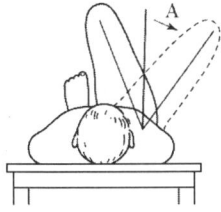

① 굴곡(flexion)
② 하향(pronation)
③ 외전(abduction)
④ 내전(adduction)

39 정신적 피로도를 평가하기 위한 측정방법과 가장 거리가 먼 것은?
① 대뇌피질활동 측정
② 호흡순환기능 측정
③ 근전도(EMG) 측정
④ 점멸융합주파수(Flicker)치 측정

40 소음에 의한 난청을 방지하기 위한 방법이 아닌 것은?
① 소음원을 격리시킨다.
② 주변에 차폐시설을 한다.
③ 주변의 배치를 재조정한다.
④ 소음원의 진동수를 4000Hz 전후로 조정한다.

제3과목 : 시공 및 재료

41 미장재료의 경화작용에 관한 설명으로 옳지 않은 것은?
① 시멘트 모르타르는 물과 화학반응을 일으켜 경화한다.
② 회반죽은 물과 화학반응을 일으켜 경화한다.
③ 반수석고는 가수 후 20~30분에서 급속 경화하지만, 무수석고는 경화가 늦기 때문

에 경화촉진제를 필요로 한다.
④ 돌로마이트 플라스터는 공기 중의 탄산가스와 화학반응을 일으켜 경화한다.

42 굳지 않은 콘크리트의 성질을 나타내는 용어에 관한 설명으로 옳지 않은 것은?
① 펌퍼빌리티(Pumpability)는 콘크리트 펌프를 사용하여 시공하는 콘크리트의 워커빌리티를 판단하는 하나의 척도로 사용된다.
② 워커빌리티(Workability)는 컨시스턴시에 의한 부어넣기의 난이도 정도 및 재료분리에 저항하는 정도를 나타낸다.
③ 플라스티시티(Plasticity)는 수량에 의해서 변화하는 콘크리트 유동성의 정도이다.
④ 피니셔빌리티(Finishability)는 마무리하기 쉬운 정도를 말한다.

43 표준시방서에 따른 에폭시계 도료 도장의 종류 중 내수, 내해수를 목적으로 사용할 때 가장 적합한 것은?
① 에폭시 에스테르 도료
② 2액형 에폭시 도료
③ 2액형 후도막 에폭시 도료
④ 2액형 타르 에폭시 도료

44 강관틀비계를 조립하여 사용하는 경우 준수해야 할 기준으로 옳지 않은 것은?
① 수직방향으로 6m, 수평방향으로 8m 이내마다 벽이음을 할 것
② 높이가 20m를 초과하거나 중량물의 적재를 수반하는 작업을 할 경우에는 주틀 간의 간격을 2.4m 이하로 할 것
③ 길이가 띠장 방향으로 4m 이하이고 높이가 10m를 초과하는 경우에는 10m 이내마다 띠장 방향으로 버팀기둥을 설치할 것

④ 주틀 간에 교차 가새를 설치하고 최상층 및 5층 이내마다 수평재를 설치할 것

45 추락재해방지 설비 중 근로자의 추락재해를 방지할 수 있는 설비로 작업발판 설치가 곤란한 경우에 필요한 설비는?
① 경사로
② 추락방호망
③ 고정사다리
④ 달비계

46 목재의 건조방법 중 천연건조에 관한 설명으로 옳지 않은 것은?
① 비교적 균일한 건조가 가능하다.
② 시설 투자비용 및 작업비용이 적다.
③ 건조 소요시간이 오래 걸린다.
④ 잔적장소가 좁아도 가능하다.

47 투명도가 높으므로 유기 유리라는 명칭이 있으며, 착색이 자유롭고 내충격 강도가 크고, 평판, 골판 등의 각종 형태의 성형품으로 만들어 채광판, 도어판, 칸막이벽 등에 쓰이는 합성수지는?
① 폴리스티렌 수지
② 에폭시 수지
③ 요소 수지
④ 아크릴 수지

48 다음 중 방청도료에 해당되지 않는 것은?
① 광명단 조합페인트
② 클리어 래커
③ 에칭 프라이머
④ 징크로메이트 도료

49 미장 바탕이 갖추어야 할 조건으로 옳지 않은 것은?
① 바름층과 유해한 화학반응을 하지 않을 것

② 바름층을 지지하는 데 필요한 접착강도를 얻을 수 있을 것
③ 바름층보다 강도, 강성이 크지 않을 것
④ 바름층의 경화, 건조를 방해하지 않을 것

50 네트워크 공정표에서 작업의 상호관계만을 도시하기 위하여 사용하는 화살선을 무엇이라 하는가?
① event
② dummy
③ activity
④ critical path

51 타일 크기가 10cm×10cm이고 가로세로 줄눈을 6mm로 할 때 면적 $1m^2$에 필요한 타일의 정미수량은?
① 94매
② 92매
③ 89매
④ 85매

52 건축공사 스프레이 도장방법에 관한 설명으로 옳지 않은 것은?
① 도장거리는 스프레이 도장면에서 300mm를 표준으로 한다.
② 매 회에 에어스프레이는 붓도장과 동등한 정도의 두께로 하고, 2회분의 도막 두께를 한 번에 도장하지 않는다.
③ 각 회의 스프레이 방향은 전회의 방향에 평행으로 진행한다.
④ 스프레이 할 때는 항상 평행이동하면서 운행의 한 줄마다 스프레이 너비의 1/3 정도를 겹쳐 뿜는다.

53 강화유리에 관한 설명으로 옳지 않은 것은?
① 보통 판유리를 2장 이상으로 접합한 것이다.
② 강화 열처리 후에 절단·구멍뚫기 등의 재가공이 극히 곤란하다.
③ 보통유리에 비해 3~5배 정도 강하다.

④ 충격을 받아 파손되면 유리조각이 잘게 부서진다.

54 목재 제품에 관한 설명으로 옳지 않은 것은?
① 내수합판 제조 시 페놀수지 접착제가 쓰인다.
② 합판을 만들 때 단판(veneer)을 홀수로 겹쳐 접착한다.
③ 집성목재는 보에 사용할 경우 응력 크기에 따라 변단면재를 만들 수 있다.
④ 집성목재 제조 시 목재를 겹칠 때 섬유방향이 상호 직각이 되도록 한다.

55 단백질계 접착제인 카세인 아교의 주성분은?
① 녹말
② 난백
③ 우유
④ 동물의 가죽이나 뼈

56 유성 에나멜 페인트에 관한 설명으로 옳지 않은 것은?
① 유성 바니시에 안료를 첨가한 것을 말한다.
② 내알칼리성이 우수하여 콘크리트면에 주로 사용된다.
③ 유성 페인트와 비교하여 건조시간, 도막의 평활 정도가 우수하다.
④ 유성 페인트와 비교하여 광택, 경도가 우수하다.

57 목재의 용적변화 팽창 및 수축에 관한 설명으로 옳지 않은 것은?
① 변재는 심재보다 용적변화가 일반적으로 크다.
② 비중이 클수록 용적변화가 적다.
③ 널결 폭이 곧은결 폭보다 크다.
④ 함수율이 섬유포화점보다 크게 되면 함수율이 증가하여도 용적변화는 거의 없다.

58 테라코타에 관한 설명으로 옳지 않은 것은?
① 장식용 점토제품으로 미술적 효과가 크다.
② 천연 석재보다 가볍다.
③ 화강암보다 내화성이 작다.
④ 주조법이나 압출성형을 통해 제작한다.

59 멤브레인(membrane) 방수층에 포함되지 않는 것은?
① 아스팔트 방수층
② 스테인리스 시트 방수층
③ 합성고분자계 시트 방수층
④ 도막 방수층

60 다음 그림 중 제혀쪽매에 해당하는 것은?

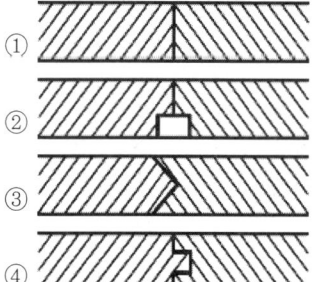

제4과목 : 실내디자인환경

61 건축화조명에 관한 설명으로 옳지 않은 것은?
① 캐노피 조명은 카운터 상부, 욕실의 세면대 상부 등에 설치된다.
② 광창 조명은 광원을 넓은 면적의 벽면에 매입하여 비스타(vista)적인 효과를 낼 수 있다.
③ 코니스 조명은 벽면의 상부에 위치하여 모

든 빛이 아래로 직사하도록 하는 조명방식이다.
④ 코브 조명은 창이나 벽의 상부에 부설된 조명으로 하향일 경우 벽이나 커튼을 강조하는 역할을 한다.

62 광원의 광색 및 색온도에 관한 설명으로 옳지 않은 것은?
① 색온도가 낮은 광색은 따뜻하게 느껴진다.
② 일반적으로 광색을 나타내는 데 색온도를 사용한다.
③ 주광색 형광램프에 비해 할로겐 전구의 색온도가 높다.
④ 일반적으로 조도가 낮은 곳에서는 색온도가 낮은 광색이 좋다.

63 다음과 같은 조건을 가진 실의 잔향시간은?

- 실의 용적 : 10000m
- 실내 총표면적 : 3000m²
- 실내 평균흡음률 : 0.35
- Sabine의 잔향시간 계산식 이용

① 약 1초 ② 약 1.5초
③ 약 2초 ④ 약 2.5초

64 수용장소의 수전설비용량에 대한 최대 수용전력의 비율을 백분율로 나타낸 것은?
① 수용률 ② 부등률
③ 역률   ④ 부하율

65 복사난방에 관한 설명으로 옳은 것은?
① 천장이 높은 방의 난방은 불가능하다.
② 실내의 쾌감도가 다른 방식에 비하여 가장 낮다.
③ 외기 침입이 있는 곳에서는 난방감을 얻을 수 없다.
④ 열용량이 크기 때문에 방열량 조절에 시간이 걸린다.

66 자연환기에 관한 설명으로 옳지 않은 것은?
① 개구부 면적이 클수록 환기량은 많아진다.
② 실내외의 온도차가 클수록 환기량은 많아진다.
③ 일반적으로 공기유입구와 유출구 높이 차이가 클수록 환기량은 많아진다.
④ 2개의 창을 한쪽 벽면에 설치하는 것이 양쪽 벽에 대면하여 설치하는 것보다 효과적이다.

67 음파는 파동의 하나이기 때문에 물체가 진행방향을 가로막고 있다고 해도 그 물체의 후면에도 전달된다. 이러한 현상을 무엇이라 하는가?
① 잔향 ② 굴절
③ 회절 ④ 간섭

68 실내에 발생열량이 70W인 기기가 있을 때, 실내공기를 20℃로 유지하기 위해 필요한 환기량은? (단, 외기온도 10℃, 공기의 밀도 1.2kg/m³, 공기의 정압비열 1.0kJ/kg·K)
① 10.8m³/h   ② 20.8m³/h
③ 30.8m³/h   ④ 40.8m³/h

69 전기설비용 시설공간(실)에 관한 설명으로 옳지 않은 것은?
① 변전실은 부하의 중심에 설치한다.
② 발전기실은 변전실에서 멀리 떨어진 곳에 설치한다.
③ 중앙감시실은 일반적으로 방재센터와 겸하도록 한다.

④ 전기샤프트는 각 층에서 가능한 한 공급대상의 중심에 위치하도록 한다.

70 급수설비의 급수 및 양수펌프로 주로 사용되는 펌프의 종류는?
① 회전식 펌프   ② 왕복식 펌프
③ 원심식 펌프   ④ 사류식 펌프

71 급수배관의 설계 및 시공상의 주의점에 관한 설명으로 옳지 않은 것은?
① 수평배관에는 공기나 오물이 정체하지 않도록 한다.
② 수평주관은 기울기를 주지 않고, 되도록 수평이 되도록 배관한다.
③ 주배관에는 적당한 위치에 플랜지 이음을 하여 보수점검을 용이하게 한다.
④ 음료용 급수관과 다른 용도의 배관이 크로스 커넥션(cross connection) 되지 않도록 한다.

72 외벽 중 비내력벽의 경우 내화구조로 인정받기 위한 기준으로 옳지 않은 것은?
① 철근콘크리트조 또는 철골철근콘크리트조로서 두께가 7cm 이상인 것
② 골구를 철골조로 하고 그 양면을 두께 3cm 이상의 철망모르타르 또는 두께 4cm 이상의 콘크리트블록·벽돌 또는 석재로 덮은 것
③ 철재로 보강된 콘크리트블록조·벽돌조 또는 석조로서 철재에 덮은 콘크리트블록 등의 두께가 4cm 이상인 것
④ 무근콘크리트조·콘크리트블록조·벽돌조 또는 석조로서 그 두께가 5cm 이상인 것

73 주요구조부를 내화구조로 하여야 하는 대상 건축물의 기준으로 옳지 않은 것은?

① 문화 및 집회시설 중 전시장의 용도로 쓰는 건축물로서 그 용도로 쓰는 바닥면적의 합계가 500m^2 이상인 건축물
② 창고시설의 용도로 쓰는 건축물로서 그 용도로 쓰는 바닥면적의 합계가 500m^2 이상인 건축물
③ 공장의 용도로 쓰는 건축물로서 그 용도로 쓰는 바닥면적의 합계가 1000m^2 이상인 건축물
④ 운동시설 중 체육관의 용도로 쓰는 건축물로서 그 용도로 쓰는 바닥면적의 합계가 500m^2 이상인 건축물

74 숙박시설의 객실 간 경계벽의 구조 및 설치 기준으로 옳지 않은 것은?
① 내화구조로 하여야 한다.
② 지붕 밑 또는 바로 위층의 바닥판까지 닿게 한다.
③ 철근콘크리트조의 경우에는 그 두께가 10cm 이상이어야 한다.
④ 콘크리트블록조의 경우에는 그 두께가 15cm 이상이어야 한다.

75 다음 중 모든 층에 스프링클러를 설치하여야 하는 경우가 아닌 것은?
① 문화 및 집회시설(동·식물원은 제외)로서 수용인원이 100명 이상인 것
② 층수가 11층 이상인 특정소방대상물
③ 판매시설로서 바닥면적의 합계가 1000m^2 이상인 것
④ 노유자 시설의 용도로 사용되는 시설의 바닥면적의 합계가 600m^2 이상인 것

76 아파트가 특급 소방안전관리대상물이 되기 위한 기준으로 옳은 것은?

① 50층 이상(지하층은 제외한다)이거나 지상으로부터 높이가 200m 이상인 아파트
② 30층 이상(지하층은 제외한다)이거나 지상으로부터 높이가 120m 이상인 아파트
③ 25층 이상(지하층은 제외한다)이거나 지상으로부터 높이가 100m 이상인 아파트
④ 연면적 10만m² 이상인 아파트

77 6층 이상의 거실면적의 합계가 12000m²인 교육연구시설에 설치하여야 할 승용승강기의 최소 설치 대수는? (단, 8인승 이상 15인승 이하의 승강기 기준)
① 2대   ② 3대
③ 4대   ④ 5대

78 소방시설법령에 따라 단독주택에 설치하여야 하는 소방시설을 옳게 나타낸 것은?
① 소화기 및 간이스프링클러
② 소화기 및 단독경보형 감지기
③ 소화기 및 자동화재탐지설비
④ 소화기 및 간이완강기

79 건축물의 피난·방화구조 등의 기준에 관한 규칙에 따른 60분+방화문의 열 차단 성능기준으로 옳은 것은?
① 열 차단 30분 이상
② 열 차단 45분 이상
③ 열 차단 60분 이상
④ 열 차단 75분 이상

80 상업지역 및 주거지역에서 건축물에 설치하는 냉방시설 및 환기시설의 배기구는 도로면으로부터 몇 m 이상의 높이에 설치해야 하는가?
① 1.8m 이상   ② 2m 이상
③ 3m 이상   ④ 4.5m 이상

실/내/건/축/기/사

2023년 2회 복원문제

제1과목 : 실내디자인계획

01 사무소 건축의 평면유형에 관한 설명으로 옳지 않은 것은?
① 2중 지역 배치는 중복도식의 형태를 갖는다.
② 3중 지역 배치는 저층의 소규모 사무소에 주로 적용된다.
③ 2중 지역 배치에서 복도는 동서 방향으로 하는 것이 좋다.
④ 단일 지역 배치는 경제성보다는 쾌적한 환경이나 분위기 등이 필요한 곳에 적합한 유형이다.

02 다음 중 기능 분석 내용을 바탕으로 하여 구성 요소의 배치(lay-out)를 행할 때 고려해야 할 사항과 가장 거리가 먼 것은?
① 공간 상호 간의 연계성
② 출입형식 및 동선체계
③ 색채 및 재료의 유사성
④ 인체공학적 치수와 가구 크기

03 POE(Post-Occupancy Evaluation)의 의미로 가장 알맞은 것은?
① 건축물을 사용해 본 후에 평가하는 것이다.
② 낙후 건축물의 이상 유무를 평가하는 것이다.
③ 건축물을 사용해 보기 전에 성능을 예상하는 것이다.
④ 건축도면 완성 후 건축주가 도면의 적정성을 평가하는 것이다.

04 아파트의 평면 형식 중 중복도형에 관한 설명으로 옳지 않은 것은?
① 부지의 이용률이 높다.
② 프라이버시가 좋지 않다.
③ 각 주호의 일조 조건이 동일하다.
④ 도심지 내의 독신자용 아파트에 적용된다.

05 다음 창호 표시 기호의 뜻으로 옳은 것은?

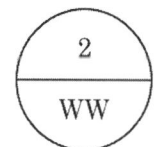

① 목재문 2번 ② 목재창 2개
③ 목재창 2번 ④ 목재문 2개

06 다음 중 상점 내 진열장 배치계획에서 가장 우선적으로 고려하여야 할 사항은?
① 동선의 흐름 ② 조명의 조도
③ 바닥 마감재료 ④ 진열장의 치수

07 주택의 욕실 계획에 관한 설명으로 옳지 않은 것은?
① 방수성, 방오성이 큰 마감재료를 사용한다.
② 욕실의 조명은 방습형 조명기구를 사용한다.
③ 욕실 바닥은 미끄럼을 방지할 수 있는 재료를 사용한다.
④ 모든 욕실에는 기능상 욕조, 변기, 세면기

가 통합적으로 갖추어져야 한다.

08 다음 각 공간의 관계가 주택 평면 계획 시 고려되는 인접의 원칙에 속하지 않는 것은?
① 거실-현관   ② 식당-주방
③ 거실-식당   ④ 침실-다용도실

09 디자인의 원리에 관한 설명으로 옳은 것은?
① 균형은 정적인 경우에만 시각적 안정성을 가져올 수 있다.
② 강조는 힘의 조절로서 전체 조화를 파괴하는 데 주로 사용된다.
③ 리듬은 청각의 원리가 시각적으로 표현된 것이라 할 수 있다.
④ 통일과 변화는 서로 대립되는 관계로, 동시 사용이 불가능하다.

10 도면표시기호 중 높이를 표시하는 기호는?
① THK   ② A
③ V   ④ H

11 다음 설명에 알맞은 블라인드의 종류는?

- 셰이드(shade)라고도 한다.
- 창 이외에 칸막이나 스크린으로도 효과적으로 사용할 수 있다.

① 롤(roll) 블라인드
② 로만(roman) 블라인드
③ 버티컬(vertical) 블라인드
④ 베니션(venetian) 블라인드

12 바우하우스(Bauhaus)에 관한 설명으로 가장 거리가 먼 것은?
① 20세기 아방가르드의 운동이나 양식들을 장식적이고 감각적으로 현대 감각에 맞도록 표현하기 위한 운동
② 1919년 그로피우스(W.Gropius)를 중심으로 독일의 바이마르(Weimar)에 창설된 조형학교의 명칭
③ 예술적 창작과 공학적 기술을 통합하려는 목표로서 새로운 조형 이념에 근거한 교육 기관
④ 건축, 조각, 회화뿐만 아니라 현대 디자인의 발전에 결정적인 영향을 주었으며, 대량 생산을 위한 원형 제작을 지향

13 다음의 평면형이 나타내는 극장의 유형은?

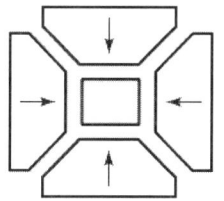

① 애리나형   ② 가변무대형
③ 프로시니엄형   ④ 오픈 스테이지형

14 창(window)에 관한 설명으로 옳은 것은?
① 고정창은 일반적으로 형태에 제약 없이 자유로이 디자인할 수 있다.
② 미서기창은 경사지게 열리므로 비나 눈이 올 때도 창을 열 수 있는 장점이 있다.
③ 여닫이창은 2짝 이상의 창문이 좌우로 개폐되며, 개폐에 있어 실내 공간을 고려할 필요가 없다.
④ 윈도우 월(window wall)은 밖으로 창과 함께 평면이 돌출된 형태로 아늑한 구석 공간을 형성할 수 있다.

15 디자인의 원리 중 조화(harmony)에 관한 설명으로 가장 적합한 것은?
① 인간의 주의력에 의해 감지되는 시각적 무

게의 평형상태를 의미한다.
② 디자인 요소들의 규칙적인 순환으로 나타나는 통제된 운동감을 의미한다.
③ 전체적인 구성 방법이 질적, 양적으로 모순 없이 질서를 이루는 것이다.
④ 중심점으로부터 확산되거나 집중된 양상을 구성하여 리듬을 이루는 것이다.

16 유니버설 디자인(Universal Design)의 개념과 가장 거리가 먼 것은?
① 공용화 설계
② 범용 디자인
③ 독창적 디자인
④ 모든 사람을 위한 디자인

17 실내공간을 수평 방향으로 구획할 때 다음 중 구획의 효과가 가장 큰 방법은?
① 바닥 색채를 달리한다.
② 천장 장식의 변화를 준다.
③ 바닥 마감재료를 달리한다.
④ 바닥면의 높이 차이를 두어 단으로 처리한다.

18 일종의 전시공간인 쇼룸(show room)의 계획에 관한 설명으로 옳지 않은 것은?
① 관람의 흐름은 막힘이 없어야 한다.
② 입구에는 세심한 디스플레이를 피한다.
③ 관람자가 한번 지나간 곳을 다시 지나가도록 한다.
④ 관람에 있어 시각적 혼란을 초래하지 않도록 전후좌우를 한꺼번에 다 보게 해서는 안 된다.

19 착시 현상 중 포겐도르프 도형을 가장 올바르게 표현한 것은?
① 같은 길이의 수직선이 수평선보다 길어 보인다.
② 같은 길이의 직선이 화살표에 의해 길이가 다르게 보인다.
③ 사선이 2개 이상의 평행선으로 중단되면 서로 어긋나 보인다.
④ 같은 크기의 도형이 상하로 겹쳐져 있을 때 위의 것이 커 보인다.

20 디자인에서 형태의 부분과 부분, 부분과 전체 사이의 크기, 모양 등의 시각적 질서, 균형을 결정하는데 유효하게 사용되는 디자인 원리는?
① 강조
② 비례
③ 리듬
④ 대비

제2과목 : 색채 및 사용자 행태분석

21 낮에 빨간 물체가 날이 저물어 어두워지면 어둡게 보이고, 또 낮에 파랗게 보이는 물체는 밝게 보이는 것은 무엇 때문인가?
① 연색성
② 메타메리즘
③ 푸르킨예 현상
④ 색각항상

22 다음 중 Lab 색 모델 설명으로 틀린 것은?
① 균일 색 모델(uniform color model)이다.
② L은 밝기, a와 b는 색도 성분에 해당한다.
③ 균일 색 모델에는 Lab, Luv 등의 모델이 존재한다.
④ green에서 magenta 사이의 색 단계는 b축이다.

23 오스트발트 색체계의 색상에 대한 설명이 틀린 것은?
① 24색상환으로 1~24로 표기한다.

② 색상은 헤링의 4원색을 기본으로 한다.
③ Red의 보색은 Sea Green이다.
④ Red는 1R~3R로, 색상번호는 1~3에 해당된다.

24 의자에 관한 설명으로 옳지 않은 것은?
① 스툴은 등받이와 팔걸이가 없는 형태의 보조의자이다.
② 오토만은 라운지 체어에 비해 등받이의 각도가 완만하다.
③ 풀업 체어는 필요에 따라 이동시켜 사용할 수 있는 간이의자이다.
④ 라운지 체어는 비교적 크기가 큰 의자로 편하게 휴식을 취할 수 있는 안락의자이다.

25 CIE 표색방법에 관한 설명 중 옳은 것은?
① 적, 녹, 청의 3색광을 혼합하여 3자극치에 따른 표색 방법
② 색필터의 중심으로 인한 다른 색상의 표색 방법
③ 일정한 원색을 혼합하여 얻는 방법
④ 주관적인 색채 표시방법

26 다음 중 동일색상의 배색은?
① 주황-갈색　② 주황-빨강
③ 노랑-연두　④ 노랑-검정

27 유리컵과 같은 투명체 속의 일정한 공간이 꽉 차있는 듯한 부피감을 느끼게 해주는 색은?
① 투명면색　② 투과색
③ 공간색　　④ 물체색

28 정육점에서 싱싱해 보이던 고기가 집에서는 그 색이 다르게 보이는 이유는?
① 색의 순응현상　② 색의 동화현상
③ 색의 연색성　　④ 색의 항상성

29 소극적인 인상을 주는 것이 특징으로 중명도, 중채도인 중간색계의 덜(dull) 톤을 사용하는 배색기법은?
① 포 까마이외 배색
② 까마이외 배색
③ 토널 배색
④ 톤 온 톤 배색

30 유채색의 수식형용사 중 '연한'을 뜻하는 것은? (단, 한국산업표준 KS 기준)
① pale　　② deep
③ vivid　④ dull

31 맥스웰 디스크(Maxwell's Disk)와 관계가 있는 것은?
① 병치혼합　② 회전혼합
③ 감산혼합　④ 색료혼합

32 다음 중 가장 무겁게 느껴지는 색은?
① 회색　② 초록
③ 노랑　④ 주황

33 한국의 전통가구 중 장에 관한 설명으로 옳지 않은 것은?
① 단층장은 머릿장이라고도 불린다.
② 이층장이나 삼층장은 보통 남성공간인 사랑방에서 사용되었다.
③ 이불장은 금침과 베개를 겹겹이 쌓아두는 장으로 보통 2층으로 된 것이 많다.
④ 의걸이장은 외관의장에 따라 만살의걸이, 평의걸이, 지장의걸이로 구분할 수 있다.

34 계기반에 각종 표시장치를 배치하는 원칙으로 적절하지 않은 것은?
① 중요성의 원칙
② 사용순서의 원칙
③ 사용빈도의 원칙
④ 동일형상 배치의 원칙

35 소음원(noise source)을 통제하는 방법과 가장 거리가 먼 것은?
① 소음원의 위치 변경
② 귀마개(earplug) 사용
③ 차폐장치 및 흡음재 사용
④ 덮개(enclosure) 등의 사용

36 인간공학적 효과를 평가하는 기준과 가장 거리가 먼 것은?
① 체계의 상징성
② 훈련비용의 절감
③ 사용편의성의 향상
④ 사고나 오용으로부터의 손실 감소

37 인체측정 데이터를 선정할 때 고려해야 할 사항으로 맞는 것은?
① 평균치를 사용하는 것이 가장 적절한 방법이다.
② 계측자의 응용에 있어서 누드상태의 계측치에 여유 치수를 더하여야 된다.
③ 수용공간이 중요한 고려 사항이라면 하위 5%나 이보다 작은 값이 적용되어야 한다.
④ 앉은 자세나 선 자세에서 팔의 도달을 문제점으로 한다면 상위 95%의 자료가 사용되어야 한다.

38 전신진동에 의한 신체적 영향으로 틀린 것은?
① 산소소비량이 증가되고, 폐환기도 촉진된다.
② 머리와 안면부에서는 20~30Hz의 진동에 공명한다.
③ 말초혈관이 수축되고 혈압이 상승하며, 맥박이 증가한다.
④ 혈액순환의 장애로 레이노(Raynaud) 현상이 발생한다.

39 정성적 표시장치가 사용되는 경우로 가장 거리가 먼 것은?
① 변수의 상태나 조건을 판정할 경우
② 변화 경향이나 변화율을 조사할 경우
③ 정확한 값을 판정할 필요가 있을 경우
④ 목표로 하는 값의 범위를 유지할 경우

40 산업안전보건기준에 관한 규칙상 근로자가 상시 작업하는 장소의 작업면 조도 중 보통 작업의 조도로 맞는 것은? (단, 갱내 작업장과 감광재료를 취급하는 작업장은 제외한다.)
① 75럭스 이상   ② 150럭스 이상
③ 300럭스 이상 ④ 750럭스 이상

제3과목 : 시공 및 재료

41 응결과 경화의 속도가 소석고에 비하여 매우 늦어 경화 촉진제로 화학처리하여 사용하며 경화 후 강도와 경도가 높고 광택을 갖는 미장재료는?
① 경석고 플라스터
② 보드용 플라스터
③ 돌로마이트 플라스터
④ 회반죽

42 판두께 1.2mm 이하의 얇은 판에 여러 가지 모양으로 도려낸 철판으로서 환기공, 인테리

어벽, 천장 등에 이용되는 금속 성형 가공제품은?
① 익스팬디드 메탈
② 키스톤 플레이트
③ 펀칭 메탈
④ 스팬드럴 패널

43 석고보드에 관한 설명으로 옳지 않은 것은?
① 부식이 잘 되고 충해를 받기 쉽다.
② 단열성이 높다.
③ 시공이 용이하고 표면 가공이 다양하다.
④ 흡수로 인해 강도가 현저하게 저하된다.

44 도료상태의 방수재를 바탕면에 여러 번 칠하여 얇은 수지 피막을 만들어 방수효과를 얻는 것으로 에멀션형, 용제형, 에폭시계 형태의 방수공법은?
① 시트방수
② 도막방수
③ 침투성 도포방수
④ 시멘트 모르타르 방수

45 콘크리트 슬래브의 거푸집 패널 또는 바닥판 등으로 사용하는 것은?
① 코너 비드
② 데크 플레이트
③ 익스팬디드 메탈
④ 퍼린

46 목재의 구조와 조직에 관한 설명으로 옳지 않은 것은?
① 목재의 방향에서 수목의 생장방향을 섬유방향이라 한다.
② 춘재(春材)는 추재(秋材)에 비하여 세포가 비교적 크고, 세포막은 얇으며 연약하다.
③ 변재는 심재보다 짙은 색을 띤다.
④ 평균 연륜폭(mm)은 나이테가 포함되는 길이를 나이테수로 나눈 값을 말한다.

47 합성수지 도료를 유성페인트와 비교한 설명으로 옳지 않은 것은?
① 건조시간이 빠르고 도막이 단단하다.
② 도막은 인화할 염려가 적어 방화성이 우수하다.
③ 비교적 두꺼운 도막을 만들 수 있다.
④ 내산, 내알칼리성이 있어 콘크리트면에 바를 수 있다.

48 중량 5kg인 목재를 건조시켜 전건중량이 4kg이 되었다. 건조 전 목재의 함수율은 몇 %인가?
① 20%   ② 25%
③ 30%   ④ 40%

49 합성수지 중에서 파이프, 튜브, 물받이통 등의 제품에 가장 많이 사용되는 열가소성 수지는?
① 페놀 수지   ② 멜라민 수지
③ 프란 수지   ④ 염화비닐 수지

50 작업장 출입구 설치 시 준수해야 할 사항으로 옳지 않은 것은?
① 출입구의 위치·수 및 크기가 작업장의 용도와 특성에 맞도록 한다.
② 출입구에 문을 설치하는 경우에는 근로자가 쉽게 열고 닫을 수 있도록 한다.
③ 주된 목적이 하역운반기계용인 출입구에는 보행자용 출입구를 따로 설치하지 않는다.
④ 계단이 출입구와 바로 연결된 경우에는 작업자의 안전한 통행을 위하여 그 사이에

1.2m 이상 거리를 두거나 안내표지 또는 비상벨 등을 설치한다.

51 다음은 산업안전보건법령에 따른 투하설비 설치에 관련된 사항이다. ( ) 안에 들어갈 내용으로 옳은 것은?

> 사업주는 높이가 ( )미터 이상인 장소로 부터 물체를 투하하는 경우 적당한 투하설 비를 설치하거나 감시인을 배치하는 등 위 험을 방지하기 위하여 필요한 조치를 하여 야 한다.

① 1   ② 2
③ 3   ④ 4

52 단열재료에 관한 설명으로 옳지 않은 것은?
① 단열재료는 보통 다공질의 재료가 많으며, 열전도율이 낮을수록 단열성능이 좋은 것이라 할 수 있다.
② 암면은 변질되지 않고 내구성이 뛰어나지만, 불에 타고 무겁다는 단점이 있다.
③ 단열재료의 대부분은 흡음성도 우수하므로 흡음재료로도 이용된다.
④ 유리면은 일반적으로 결로수가 부착되면 단열성이 크게 저하되므로 방습성이 있는 시트로 감싼 상태에서 사용된다.

53 아스팔트 루핑에 관한 설명으로 옳은 것은?
① 펠트의 양면에 스트레이트 아스팔트를 가열 용융시켜 피복한 것이다.
② 블론 아스팔트를 용제에 녹인 것으로 액상이다.
③ 석유, 석탄공업에서 경유, 중유 및 중유분을 뽑은 나머지로 대부분은 광택이 없는 고체로 연성이 전혀 없다.
④ 평지붕의 방수층, 슬레이트평판, 금속판 등의 지붕깔기바탕 등에 이용된다.

54 합성수지의 일반적인 성질에 관한 설명으로 옳지 않은 것은?
① 착색이 자유롭고 가공성이 우수하다.
② 내열성, 내화성이 작고 비교적 저온에서 연화된다.
③ 전성, 연성이 작아 표면에 상처가 나기 쉽다.
④ 내산, 내알칼리 등의 내화학성 및 전기절연성이 우수하다.

55 다음 중 목재의 방화제로 이용되는 것은?
① 제2인산암모늄   ② 코르타르
③ 황산동   ④ 불화소다

56 비철금속재료의 특성에 관한 설명으로 옳지 않은 것은?
① 동은 상온의 건조공기 중에서 변화하지 않으나 습기가 있으면 광택을 소실하고 녹청색으로 된다.
② 알루미늄은 비중이 비교적 작고 연질이며 강도도 낮다.
③ 납은 비중이 크고 연질이며 전성, 연성이 풍부하다.
④ 아연은 산 및 알칼리에 강하나 공기 중 및 수중에서는 내식성이 작다.

57 콘크리트 배합 시 시멘트 $1m^3$, 물 2000L인 경우 물-시멘트비는? (단, 시멘트의 밀도는 $3.15g/cm^3$이다.)
① 약 15.7%   ② 약 20.5%
③ 약 50.4%   ④ 약 63.5%

58 목재의 유용성 방부제로서 자극적인 냄새 등

으로 인체에 피해를 주기도 하여 사용이 규제되고 있는 것은?
① PCP 방부제
② 크레오소트유
③ 아스팔트
④ 불화소다 2% 용액

59 합성수지를 전색제로 쓰고 소량의 안료와 인산을 첨가한 도료는?
① 워시 프라이머   ② 오일 프라이머
③ 규산염 도료   ④ 역청질 도료

60 기본공정표와 상세공정표에 표시된 대로 공사를 진행시키기 위해 재료, 노력, 원척도 등이 필요한 기일까지 반입, 동원될 수 있도록 작성한 공정표는?
① 횡선식 공정표
② 열기식 공정표
③ 사선 그래프식 공정표
④ 일순식 공정표

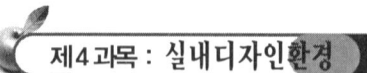

제4과목 : 실내디자인환경

61 개별급탕방식에 관한 설명으로 옳지 않은 것은?
① 배관의 열손실이 적다.
② 시설비가 비교적 싸다.
③ 규모가 큰 건축물에 유리하다.
④ 높은 온도의 물을 수시로 얻을 수 있다.

62 점광원으로부터 일정 거리 떨어진 수평면의 조도에 관한 설명으로 옳지 않은 것은?
① 광원의 광도에 비례한다.
② $\cos\theta$(입사각)에 비례한다.

③ 거리의 제곱에 반비례한다.
④ 측정점의 반사율에 비례한다.

63 다음의 조명에 관한 설명 중 ( ) 안에 알맞은 용어는?

실내 전체를 거의 똑같이 조명하는 경우를 (㉠)이라 하고, 어느 부분만을 강하게 조명하는 방법을 (㉡)이라 한다.

① ㉠ 직접조명, ㉡ 국부조명
② ㉠ 직접조명, ㉡ 간접조명
③ ㉠ 전반조명, ㉡ 국부조명
④ ㉠ 상시조명, ㉡ 간접조명

64 건축물의 에너지절약을 위한 단열계획으로 옳지 않은 것은?
① 외벽 부위는 외단열로 시공한다.
② 외피의 모서리 부분은 열교가 발생하지 않도록 단열재를 연속적으로 설치한다.
③ 건물의 창호는 가능한 한 작게 설계하되, 열손실이 적은 북측의 창면적은 가능한 한 크게 한다.
④ 창호 면적이 큰 건물에는 단열성이 우수한 로이(Low-E) 복층창이나 삼중창 이상의 단열성능을 갖는 창호를 설치한다.

65 벽체의 차음성을 높이기 위한 방법으로 옳지 않은 것은?
① 벽체의 기밀성을 높인다.
② 벽체의 투과 손실을 작게 한다.
③ 벽체는 되도록 무거운 재료를 사용한다.
④ 공명효과 및 일치효과가 발생되지 않도록 벽체를 설계한다.

66 공기조화방식 중 단일덕트 재열방식에 관한

설명으로 옳지 않은 것은?
① 전수방식의 특성이 있다.
② 재열기의 설치 공간이 필요하다.
③ 잠열부하가 많은 경우나 장마철 등의 공조에 적합하다.
④ 부하특성이 다른 여러 개의 실이나 존이 있는 건물에 적합하다.

67 다음 중 축동력이 가장 많이 소요되는 송풍기 풍량제어 방법은?
① 회전수 제어
② 토출 댐퍼 제어
③ 흡입 베인 제어
④ 흡입 댐퍼 제어

68 인체의 열적 쾌적감에 영향을 미치는 물리적 온열요소에 속하지 않는 것은?
① 기류
② 기온
③ 복사열
④ 공기의 밀도

69 다음 중 실내공기의 흡입구용으로만 사용되는 것은?
① 팬형
② 머시룸형
③ 브리즈 라인형
④ 아네모스탯형

70 그림과 같은 구조를 갖는 벽체의 열관류저항은?

[조건]
- 실내측 표면열전달률 : $9.3 W/m^2 \cdot K$
- 실외측 표면열전달률 : $23.2 W/m^2 \cdot K$
- 콘크리트 열전도율 : $1.8 W/m \cdot K$
- 모르타르 열전도율 : $1.6 W/m \cdot K$

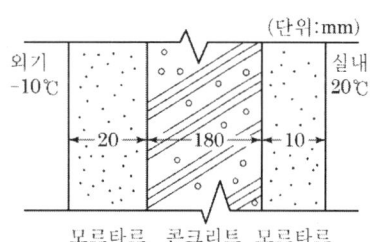

① $0.14 m^2 \cdot K/W$
② $0.27 m^2 \cdot K/W$
③ $0.42 m^2 \cdot K/W$
④ $0.56 m^2 \cdot K/W$

71 다음 설명에 알맞은 보일러의 종류는?

- 수직으로 세운 드럼 내에 연관 또는 수관이 있는 소규모의 패키지형으로 되어 있다.
- 설치 면적이 작고 취급이 용이하나 사용 압력이 낮다.

① 입형 보일러
② 수관보일러
③ 관류보일러
④ 주철제 보일러

72 유사 소방시설로 분류되어 설치가 면제되는 기준으로 옳게 연결된 것은? (단, 유사 소방시설이 화재안전기준에 적합하게 설치된 경우)
① 연소방지설비 설치→스프링클러설비 면제
② 물분무 등 소화설비 설치→스프링클러설비 면제
③ 무선통신보조설비 설치→비상방송설비 면제
④ 누전경보기 설치→비상경보설비 면제

73 제2종 근린생활시설 중 일반음식점 및 휴게음식점의 조리장의 안벽은 바닥으로부터 얼마의 높이까지 내수재료로 마감하여야 하는가?
① 0.3m
② 0.5m
③ 1m
④ 1.2m

74 방염성능기준 이상의 실내장식물 등을 설치하여야 하는 특정소방대상물에 해당되지 않는 것은?
① 근린생활시설 중 체력단련장
② 의료시설 중 종합병원
③ 층수가 15층인 아파트
④ 숙박이 가능한 수련시설

75 건축물의 피난층 또는 피난층의 승강장으로부터 건축물의 바깥쪽에 이르는 통로에 경사로를 설치하여야 하는 건축물이 아닌 것은?
① 승강기를 설치하여야 하는 건축물
② 교육연구시설 중 학교
③ 연면적 3000m²인 판매시설
④ 제1종 근린생활시설 중 마을회관

76 건축허가 등을 할 때 미리 소방본부장 또는 소방서장의 동의를 받아야 하는 건축물 등의 범위 기준으로 옳지 않은 것은?
① 노유자시설 및 수련시설로서 연면적이 200m² 이상인 것
② 차고·주차장으로 사용되는 바닥면적이 200m² 이상인 층이 있는 건축물이나 주차시설
③ 승강기 등 기계장치에 의한 주차시설로서 자동차 15대 이상을 주차할 수 있는 시설
④ 지하층 또는 무창층이 있는 건축물로서 바닥면적이 150m² 이상인 층이 있는 것

77 피난용 승강기 승강장의 구조에 관한 기준으로 옳지 않은 것은?
① 승강장의 출입구를 제외한 부분은 해당 건축물의 다른 부분과 내화구조의 바닥 및 벽으로 구획할 것
② 승강장은 각 층의 내부와 연결될 수 있도록 하되, 그 출입구에는 60분+방화문 또는 60분방화문을 설치할 것. 이 경우 방화문은 언제나 닫힌 상태를 유지할 수 있는 구조이어야 한다.
③ 배연설비를 설치할 것
④ 실내에 접하는 부분(바닥 및 반자 등 실내에 면한 모든 부분을 말한다)의 마감(마감을 위한 바탕을 포함한다)은 난연재료로 할 것

78 건축주가 건축물의 설계자로부터 구조 안전의 확인 서류를 받아 착공신고를 하는 때에 그 확인 서류를 허가권자에게 제출하여야 하는 경우에 해당되지 않는 것은?
① 높이가 10m인 건축물
② 기둥과 기둥 사이의 거리가 12m인 건축물
③ 3층 목구조건축물
④ 처마높이가 9m인 건축물

79 모든 층에 스프링클러설비를 설치하여야 하는 특정소방대상물의 기준으로 옳지 않은 것은?
① 의료시설 중 정신의료기관으로서 해당 용도로 사용되는 바닥면적 합계가 400m² 이상인 경우
② 판매시설, 운수시설 및 창고시설(물류터미널에 한정)로서 바닥면적 합계가 5000m² 이상인 경우
③ 층수가 6층 이상인 특정소방대상물의 경우
④ 문화 및 집회시설(동·식물원 제외)로서 무대부가 지하층·무창층 또는 4층 이상의 층에 있는 경우에는 무대부의 면적이 300m² 이상인 것

80 판매시설에서 판매시설의 용도에 쓰이는 피난층에 설치하는 건축물 바깥쪽으로의 출구의 유효너비 합계는 얼마인가? (단, 바닥면적이 최대인 층에 있어서의 해당 용도의 바닥면적이 7000m²인 경우)

① 30m ② 42m
③ 48m ④ 50m

실/내/건/축/기/사

2023년 4회 복원문제

제1과목 : 실내디자인계획

01 기업체가 자사제품의 홍보, 판매 촉진 등을 위해 제품 및 기업에 관한 자료를 소비자들에게 직접 호소하여 제품의 우위성을 인식시키고자 하는 전시공간은?
① 캐럴
② 쇼룸
③ 애리나
④ 랜드스케이프

02 공동주택의 평면형식 중 계단실형에 관한 설명으로 옳지 않은 것은?
① 각 세대의 채광 및 통풍이 양호하다.
② 각 세대의 프라이버시 확보가 용이하다.
③ 도심지 내의 독신자용 공동주택에 주로 사용된다.
④ 통행부 면적이 작은 관계로 건축물의 이용도가 높다.

03 역리도형 착시의 예로 가장 알맞은 것은?
① 분트 도형
② 루빈의 항아리
③ 펜로즈의 삼각형
④ 포겐도르프 도형

04 주택의 침실계획에 관한 설명으로 옳지 않은 것은?
① 침대의 측면은 외벽에 붙이는 것이 이상적이다.
② 침대 배치는 실의 크기와 침대와의 균형, 통로 부분의 확보 등을 고려한다.
③ 침대 하부(머리부분의 반대편)는 통행에 불편하지 않도록 여유공간을 두는 것이 좋다.
④ 침대의 머리부분(head)에 조명기구를 둘 경우 빛이 눈에 직접 들어오지 않도록 한다.

05 VMD에 관한 설명으로 옳지 않은 것은?
① VMD는 Visual Merchandising의 약자이다.
② VMD는 고객이 지향하는 이미지를 구체화시키는 판매전략으로서 디스플레이와 동일한 개념이다.
③ VMD는 상품계획에서부터 광고, 판매에 이르기까지 각 기능이 체계적으로 움직여야 하는 전략 수단이다.
④ 성공적인 VMD 전개는 VP(Visual Presentation), PP(Point of Presentation), IP(Item Presentation)가 충실할 때 가능하다.

06 전시공간의 특수전시방법 중 사방에서 감상해야 할 필요가 있는 조각물이나 모형을 전시하기 위해 벽면에서 띄어놓아 전시하는 방법은?
① 디오라마 전시
② 파노라마 전시
③ 하모니카 전시
④ 아일랜드 전시

07 다음 중 공간의 레이아웃에 관한 설명으로 가장 알맞은 것은?
① 조형적 아름다움을 부각하는 작업이다.
② 생활행위를 분석해서 분류하는 작업이다.
③ 공간에서의 이동패턴을 계획하는 동선계획이다.
④ 공간을 형성하는 부분과 설치되는 물체의 평면상 배치계획이다.

08 실내공간 구성 요소 중 벽(Wall)에 관한 설명으로 옳지 않은 것은?
① 시각적 대상물이 되거나 공간에 초점적 요소가 되기도 한다.
② 가구, 조명 등 실내에 놓여지는 설치물에 대해 배경적 요소가 되기도 한다.
③ 벽은 공간을 에워싸는 수직적 요소로 수평 방향을 차단하여 공간을 형성한다.
④ 다른 요소들이 시대와 양식에 의한 변화가 현저한 데 비해 벽은 매우 고정적이다.

09 실내디자인의 궁극적인 목적으로 가장 알맞은 것은?
① 공간의 품격을 높이는 것이다.
② 경제성 있는 공간을 창조하는 것이다.
③ 인간생활의 쾌적성을 추구하는 것이다.
④ 공간예술로서 모든 분야의 통합에 의한 감성적 요소의 부여에 있다.

10 디자인 표현 중에서 반복, 교체, 점진 등을 통해 나타나는 디자인 원리는?
① 균형 ② 강조
③ 리듬 ④ 대비

11 동선계획에 관한 설명으로 옳은 것은?
① 동선의 속도가 빠른 경우 단 차이를 두거나 계단을 만들어 준다.
② 동선의 빈도가 높은 경우 동선 거리를 연장하고 곡선으로 처리한다.
③ 동선이 복잡해질 경우 별도의 통로공간을 두어 동선을 독립시킨다.
④ 동선의 하중이 큰 경우 통로의 폭을 좁게 하고 쉽게 식별할 수 있도록 한다.

12 은행의 영업장 계획에 관한 설명으로 옳지 않은 것은?
① 고객이 지나는 동선은 되도록 짧게 한다.
② 책임자석은 담당계가 보이는 위치에 배치한다.
③ 사무의 흐름을 고려하여 서로 상관관계가 깊은 부분은 가능한 한 접근 배치한다.
④ 시선을 차단시키는 구조벽체나 기둥을 사용하여 고객부문과 업무부문을 차단한다.

13 사무실의 책상 배치 유형 중 면적효율이 좋고 커뮤니케이션(communication) 형성에 유리하여 공동작업의 형태로 업무가 이루어지는 사무실에 적합한 유형은?
① 동향형 ② 대향형
③ 자유형 ④ 좌우대칭형

14 시스템 가구에 관한 설명으로 옳지 않은 것은?
① 단순미가 강조된 가구로 수납기능은 떨어진다.
② 규격화된 단위 구성재의 결합으로 가구의 통일과 조화를 도모할 수 있다.
③ 기능에 따라 여러 가지 형태로 조립, 해체가 가능하여 배치의 합리성을 도모할 수 있다.
④ 모듈계획을 근간으로 규격화된 부품을 구성하여 시공기간 단축 등의 효과를 가져올

수 있다.

15 다음 제도기호는 어떤 재료의 단면표시인가?

① 합판 ② 치장목재
③ 석재 ④ 잡석다짐

16 부분 커튼으로 창문의 반 정도만 가리도록 만든 형태의 커튼은?

① 새시 커튼
② 드로우 커튼
③ 글라스 커튼
④ 드레이퍼리 커튼

17 실내디자인 프로세스의 기본 계획 단계에 포함되지 않는 것은?

① 내부적 요구 분석
② 계획의 평가기준 설정
③ 기본 계획 대안들의 도면화
④ 건축적 요소와 설비적 요소의 분석

18 우리나라의 한옥에 관한 설명으로 옳지 않은 것은?

① 창과 문은 좌식생활에 따른 인체치수를 고려하여 만들어졌다.
② 기단을 높여 통풍이 잘 되도록 하여 땅의 습기를 제거하였다.
③ 미닫이문, 들문 등의 사용으로 내부공간의 융통성을 도모하였다.
④ 남부지방의 경우 겨울철 난방을 고려하여 기밀하고 폐쇄적인 내부공간 구성으로 계획하였다.

19 균형의 유형 중 대칭적 균형에 관한 설명으로 옳은 것은?

① 완고하거나 여유, 변화가 없이 엄격, 경직될 수도 있다.
② 가장 완전한 균형의 상태로 공간에 질서를 주기가 어렵다.
③ 자연스러우며 풍부한 개성을 표현할 수 있어 능동의 균형이라고도 한다.
④ 물리적으로 불균형이지만 시각상 힘의 정도에 의해 균형을 이루는 것을 말한다.

20 고딕건축 양식의 특징과 관련 없는 것은?

① 첨두아치(Pointed arch)
② 트레이서리(Tracery)
③ 플라잉 버트레스(Flying buttress)
④ 펜덴티브(Pendentive)

제2과목 : 색채 및 사용자 행태분석

21 색의 혼합에 관한 설명으로 틀린 것은?

① 색료 혼합의 3원색은 magenta, yellow, cyan이다.
② 색광 혼합의 2차색은 색료 혼합의 3원색이 된다.
③ 색료 혼합은 혼합하면 할수록 채도가 낮아진다.
④ 색광 혼합은 혼합하면 할수록 명도와 채도가 높아진다.

22 푸르킨예 현상에 대한 설명 중 틀린 것은?

① 눈의 추상체가 낮에만 반응하기 때문에 생기는 현상이다.
② 파란색의 공이 밤에는 밝은 회색처럼 보이는 현상이 이에 속한다.

③ 밝은 곳에서 어두운 곳으로 갈수록 단파장의 감도가 높아진다.
④ 점차 밝아질수록 장파장의 감도가 떨어진다.

23 의자 및 소파에 관한 설명으로 옳지 않은 것은?
① 스툴은 등받이와 팔걸이가 없는 형태의 보조의자이다.
② 카우치는 이동하기 쉽도록 잡기 편하게 구성된 간이의자이다.
③ 세티는 동일한 2개의 의자를 나란히 합해 2인이 앉을 수 있도록 한 의자이다.
④ 라운지 체어는 비교적 큰 크기의 의자로 편하게 휴식을 취할 수 있는 안락의자이다.

24 디자이너와 의자의 연결이 옳지 않은 것은?
① 알바 알토 : 파이미오 의자
② 미하엘 토넷 : 레드 블루 의자
③ 마르셀 브로이어 : 체스카 의자
④ 미스 반 데어 로에 : 바르셀로나 의자

25 잔상이나 대비현상을 간단하게 설명할 수 있는 색각이론을 만든 사람은?
① 영·헬름홀츠   ② 헤링
③ 오스트발트   ④ 먼셀

26 기억색에 대한 설명으로 가장 옳은 것은?
① 대상의 실제색과 같게 기억한다.
② 대상의 표면색보다 선명하게 기억한다.
③ 대상의 실제색보다 더 채도가 낮은 것으로 기억한다.
④ 대상의 실제색보다 색상차를 크게 기억한다.

27 디지털 색채 시스템 중 HSB 시스템에 대한 설명으로 틀린 것은?

① 먼셀의 색채개념인 색상, 명도, 채도를 중심으로 선택하도록 되어 있다.
② 프로그램상에서는 H모드, S모드, B모드를 볼 수 있다.
③ H모드는 색상을 선택하는 방법이다.
④ B모드는 채도, 즉 색채의 포화도를 선택하는 방법이다.

28 검정 사각형 사이로 백색 띠가 교차하는 공간 중앙에 회색 잔상이 느껴지게 되는데 이와 같은 현상은?

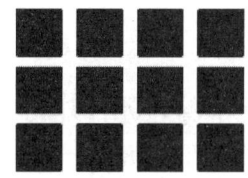

① 푸르킨예 현상
② 동화현상
③ 융합현상
④ 허먼 그리드 현상

29 오스트발트(Ostwald) 조화론의 등색상 삼각형의 조화가 아닌 것은?
① 등순색 계열의 조화
② 등백색 계열의 조화
③ 등흑색 계열의 조화
④ 등명도 계열의 조화

30 7YR에 대한 설명으로 옳은 것은?
① Y와 R의 중간 색상으로 R에 더 가깝다.
② Y와 R이 같은 비율로 혼합되어 있다.
③ Y와 R의 중간 색상으로 Y에 더 가깝다.
④ 직관적 표기법으로 알 수가 없다.

31 용도별 실내 색채에 관한 다음 설명 중 틀린 것은?

① 한색계의 색채 공간은 정신적 활동에 적합하다.
② 병원 수술실에 가장 많이 쓰이는 색은 청록색이다.
③ 공장에서 안전이 요구되는 부위에는 안전 색채를 배색하는 것이 좋다.
④ 독서실 벽은 순백색으로 배색한 것이 눈의 피로를 줄여서 좋다.

32 다음 중 CYAN이 되는 RGB 코드는?
① (0, 255, 255)   ② (255, 255, 0)
③ (255, 0, 255)   ④ (255, 0, 0)

33 시각표시단말기(VDT) 사용에 관한 설명으로 적합하지 않은 것은?
① 화면상의 문자와 배경과의 휘도비(contrast)를 높인다.
② 눈으로부터 화면까지의 시거리는 40cm 이상을 유지한다.
③ 아랫팔은 손등과 일직선을 유지하여 손목이 꺾이지 않도록 한다.
④ 작업자의 시선은 수평선상으로부터 아래로 10~15° 이내가 되도록 한다.

34 다음 중 암순응 현상에 관한 설명으로 틀린 것은?
① 암순응(암조응)을 위하여 원추세포가 왕성하게 작용한다.
② 들어오는 빛의 양을 늘이기 위해 동공이 확대된다.
③ 명순응보다 오래 걸리며, 완전 암순응에는 30~40분 정도가 소요된다.
④ 암조응이 되어 있는 눈은 적색이나 보라색에 둔감해진다.

35 자극의 지각에 있어 JND(Just Noticeable Difference)가 의미하는 것은?
① 자극 포화치
② 최소 절대 식별치
③ 자극 둔화치
④ 자극 변화 감지역치

36 공기 중에 흡수되는 음에너지를 무시할 수 있는 거리에서 점음원으로부터 받는 음의 강도(단위면적당 출력)는 어떻게 되는가?
① 거리에 비례하여 감소한다.
② 거리의 평방근에 비례하여 감소한다.
③ 거리의 역자승(逆自乘)에 비례하여 감소한다.
④ 음에너지가 흡수되지 않을 때에는 감소하지 않는다.

37 신체활동의 에너지 소비에 대한 설명으로 적합하지 않은 것은?
① 작업 효율은 에너지 소비에 반비례한다.
② 신체활동에 따른 에너지 소비량에는 개인차가 있다.
③ 어떤 작업에 대한 에너지가는 수행방법에 따라 달라진다.
④ 신체적 동작 속도가 증가하면 에너지 소비량은 감소한다.

38 도로 표지판이 가져야 할 요건이 아닌 것은?
① 적당한 거리에서 볼 수 있어야 한다.
② 지리적 경계 내에서 표준화되어야 한다.
③ 상징하고자 하는 것을 시각적으로 암시해야 한다.
④ 다른 표지판과 구별이 어렵도록 디자인, 색상을 최대한 유사하게 해야 한다.

39 인체계측에 있어서 구조적 인체치수에 관한 설명으로 맞는 것은?
① 표준 자세에서 움직이지 않는 피측정자를 대상으로 신체의 각 부위를 측정한다.
② 신체의 각 부위 간에 수행하는 기능에 따라 영향을 받으며 여러 가지 변수가 내재해 있다.
③ 손을 뻗어 잡을 수 있는 한계는 팔길이만의 함수가 아니고 어깨 움직임, 몸통 회전, 등 구부림 등에 의해서도 영향을 받는다.
④ 신체적 기능을 수행할 때 각 신체부위가 독립적으로 움직이는 것이 아니라 서로 조화를 이루어 움직이기 때문에 이 치수가 사용된다.

40 넓은 의미에서 인간-기계 시스템을 특징짓는 방법 중 인간에 의한 제어 역할의 정도에 따라 분류했을 때 적당하지 않은 것은?
① 제어 시스템　② 자동화 시스템
③ 수동 시스템　④ 기계화 시스템

제3과목 : 시공 및 재료

41 기성 철물제품에 관한 설명 중 옳지 않은 것은?
① 코너비드는 기둥, 벽 등의 모서리에 대어 미장바름을 보호하는 철물이다.
② 미끄럼막이(non-slip)는 계단의 디딤판 끝에 대어 오르내릴 때 미끄러지지 않게 하는 철물이다.
③ 와이어 라스는 탄소강 박판에 일정한 방향으로 등간격의 절단면을 내고 옆으로 길게 늘여서 그물코 모양으로 한 것으로 익스팬디드 메탈(Expanded matal)이라고도 한다.
④ 인서트(insert)는 콘크리트 슬래브 밑에 반자틀, 기타 구조물을 달아매고자 할 때 사용된다.

42 점토기와 중 훈소와에 해당하는 설명은?
① 소소와에 유약을 발라 재소성한 기와
② 기와 소성이 끝날 무렵에 식염증기를 충만시켜 유약 피막을 형성시킨 기와
③ 저급점토를 원료로 900~1000℃로 소소하여 만든 것으로 흡수율이 큰 기와
④ 건조제품을 가마에 넣고 연료로 장작이나 솔잎 등을 써서 검은 연기로 그을려 만든 기와

43 벤토나이트 방수재료에 관한 설명으로 옳지 않은 것은?
① 팽윤특성을 지닌 가소성이 높은 광물이다.
② 콘크리트 시공 조인트용 수팽창 지수재로 사용된다.
③ 콘크리트 믹서를 이용하여 혼합한 벤토나이트와 토사를 롤러로 전압하여 연약한 지반을 개량한다.
④ 염분을 포함한 해수에서는 벤토나이트의 팽창반응이 강화되어 차수력이 강해진다.

44 콘크리트 배합 설계 시 물의 양은 $150L/m^3$, 시멘트의 양은 $100L/m^3$로 하였을 경우 물-시멘트비는? (단, 시멘트의 밀도는 3.14 g/m^3임)
① 34%　② 48%
③ 67%　④ 85%

45 타일공사 모르타르 바탕 만들기에 대한 설명 중 옳지 않은 것은?
① 바탕고르기 모르타르를 바를 때에는 타일

의 두께와 붙임 모르타르의 두께를 고려하여 2회에 나누어서 바른다.
② 바름두께가 10mm 이상일 경우에는 1회에 10mm 이하로 하여 나무흙손으로 눌러 바른다.
③ 타일붙임면의 바탕면은 평탄하게 하고, 바탕면의 평활도는 바닥의 경우 3m당 ±3mm, 벽의 경우는 2.4m당 ±3mm로 한다.
④ 바닥면은 물고임이 없도록 구배를 유지하되, 1/150을 넘지 않도록 한다.

46 석고보드에 관한 설명으로 옳지 않은 것은?
① 주원료인 소석고에 혼화제를 넣고 물로 반죽하여 2장의 강인한 보드용 원지 사이에 채워 넣어 제조한 것이다.
② 내수성, 탄력성은 우수하나 단열성, 방수성은 좋지 않다.
③ 벽, 천장, 칸막이 등에 주로 사용된다.
④ 연하고 부서지기 쉬우므로 고정할 때는 못 등이 주로 사용되지만, 그 부근이 파손될 우려가 있다.

47 금속재료의 녹막이를 위하여 사용하는 바탕칠 도료는?
① 알루미늄 페인트
② 광명단
③ 에나멜 페인트
④ 실리콘 페인트

48 목재의 방화에 관한 설명 중 옳지 않은 것은?
① 목재 표면에 방화페인트 등을 도포하여 화염의 접근을 방지한다.
② 암모니아염류의 약제를 도포 또는 주입하여 가연성 가스의 발생을 적게 하거나 인화를 곤란하게 한다.
③ 크레오소트 오일을 사용하여 가연성 분해가스의 발산을 방지한다.
④ 목재 표면에 플라스터 바름을 하여 위험온도에 달하지 않도록 한다.

49 네트워크 공정표 작성 시 EST와 EFT의 계산방법 중 옳은 것은?
① 작업의 흐름에 따라 역행 계산한다.
② 선행작업이 없는 첫 작업의 LST는 프로젝트의 개시 시간과 동일하다.
③ 어느 작업의 EFT는 그 작업의 EST에 소요일수를 더하여 구한다.
④ 복수의 작업에 종속되는 작업의 EST는 선행작업 중 EFT의 최솟값으로 한다.

50 다음 중 직접공사비에 포함되지 않는 것은?
① 외주비   ② 일반관리비
③ 경비   ④ 재료비

51 시멘트의 분말도에 관한 설명 중 옳지 않은 것은?
① 분말이 미세할수록 비표면적값은 적다.
② 분말이 미세할수록 수화속도가 빠르다.
③ 분말이 과도하게 미세한 것은 풍화되기 쉽다.
④ 분말이 미세할수록 강도의 발현속도가 빠르다.

52 인서트(insert)의 재질로 가장 적합한 것은?
① 주철   ② 알루미늄
③ 목재   ④ 구리

53 합판에 관한 설명으로 옳지 않은 것은?
① 함수율 변화에 의한 신축변형이 크고 방향성이 있다.

② 3장 이상의 홀수의 단판(Veneer)을 접착제로 붙여 만든 것이다.
③ 곡면가공을 하여도 균열이 생기지 않는다.
④ 표면가공법으로 흡음효과를 낼 수가 있고 의장적 효과도 높일 수 있다.

54 콘크리트 슬럼프 시험(Slump test)의 목적은?
① 물-시멘트의 용적비 계산
② 물-시멘트의 중량비 계산
③ 시공연도 측정
④ 콘크리트의 강도 측정

55 파티클 보드의 성질 중 옳지 않은 것은?
① 고습도의 조건에서 사용하기 위해서는 방습 및 방수처리가 필요하다.
② 상판, 칸막이벽, 가구 등에 이용된다.
③ 음 및 열의 차단성이 우수하다.
④ 합판에 비해 면내 강성은 떨어지나 휨강도는 우수하다.

56 길이 50m, 높이 3m, 1.0B 시멘트벽돌 벽쌓기 시 정미량은 얼마인가? (단, 벽돌규격은 표준형)
① 11250장   ② 22350장
③ 23468장   ④ 33600장

57 내산・내알칼리성이 특히 우수하고 내마모성이 좋아 콘크리트 및 모르타르 바탕면 등에 사용되는 합성수지 도료는?
① 요소 수지 도료
② 에폭시 수지 도료
③ 알키드 수지 도료
④ 멜라민 수지 도료

58 건축물 등의 바깥쪽으로 설치하는 추락방호망의 내민 길이는 벽면으로부터 얼마 이상이어야 하는가?
① 2m   ② 3m
③ 4m   ④ 5m

59 외부에 노출되는 마감용 벽돌로서 벽돌면의 색깔, 형태, 표면의 질감 등의 효과를 얻기 위한 것은?
① 광재벽돌   ② 내화벽돌
③ 치장벽돌   ④ 포도벽돌

60 무기질 단열재료 중 내열성이 높은 광물섬유를 이용하여 만드는 제품으로 불에 타지 않으며 가볍고, 단열성, 흡음성이 뛰어난 것은?
① 연질섬유판
② 암면
③ 셀룰로오스 섬유판
④ 경질우레탄폼

제4과목 : 실내디자인환경

61 변전실의 위치 결정 시 고려할 사항으로 옳지 않은 것은?
① 부하의 중심위치에서 멀 것
② 외부로부터 전원의 인입이 편리할 것
③ 발전기실, 축전지실과 인접한 장소일 것
④ 기기를 반입, 반출하는 데 지장이 없을 것

62 굴뚝효과(stack effect)의 가장 주된 발생원은?
① 온도차   ② 유속차
③ 습도차   ④ 풍향차

63 벽체의 단열 성능 향상을 위한 방법으로 옳지 않은 것은?
① 반사형 단열재는 중공벽 중간에 설치한다.
② 단열재는 되도록 건조한 상태로 유지하는 것이 좋다.
③ 저항형 단열재는 재료 내 기포가 많이 포함된 것을 사용한다.
④ 벽체의 재료와 재료 사이에는 공기층이 생기지 않도록 밀착시켜 부착한다.

64 투과손실에 관한 설명으로 옳지 않은 것은?
① 간벽의 차음성능을 나타낸다.
② 공진이 발생되면 투과손실이 저하된다.
③ 일치효과가 발생할수록 투과손실은 증가한다.
④ 단일벽체의 질량이 클수록 투과손실은 증가한다.

65 조명시설에서 보수율의 정의로 가장 알맞은 것은?
① 정광원에서의 조도율
② 광속 총량에 대한 작업면의 빛의 양의 비율
③ 실의 가로, 세로, 광원의 높이의 관계를 나타낸 지수
④ 조명시설을 어느 기간 사용한 후의 작업면상의 평균 조도와 초기 조도와의 비

66 급탕배관의 설계 및 시공상 주의사항으로 옳지 않은 것은?
① 중앙식 급탕설비는 원칙적으로 중력식 순환 방식으로 한다.
② 급탕밸브나 플랜지 등의 패킹은 내열성 재료를 선택하여 시공한다.
③ 관의 신축을 고려하여 건물의 벽 관통부분의 배관에는 슬리브를 끼운다.
④ 관의 신축을 고려하여 배관의 굽힘 부분에는 스위블 이음으로 접합한다.

67 공기조화방식 중 이중덕트방식에 관한 설명으로 옳지 않은 것은?
① 전공기방식이다.
② 부하특성이 다른 다수의 실이나 존에도 적용할 수 있다.
③ 덕트 샤프트나 덕트 스페이스가 필요 없거나 작아도 된다.
④ 냉·온풍의 혼합으로 인한 혼합손실이 있어서 에너지 소비량이 많다.

68 배수 수직관 내의 압력변화를 방지 또는 완화하기 위해, 배수 수직관으로부터 분기·입상하여 통기 수직관에 접속하는 통기관은?
① 각개 통기관   ② 루프 통기관
③ 결합 통기관   ④ 신정 통기관

69 화재 발생 시 가압된 물이 분사될 때 헤드의 축심을 중심으로 한 반원 상에 균일하게 분산시키는 스프링클러는 무엇인가?
① 개방형 스프링클러 헤드
② 조기 반응형 스프링클러 헤드
③ 측벽형 스프링클러 헤드
④ 건식 스프링클러 헤드

70 전기샤프트(ES)에 관한 설명으로 옳지 않은 것은?
① 각 층마다 같은 위치에 설치한다.
② 전기샤프트의 점검구 문의 폭은 90cm 이상으로 한다.
③ 전력용과 정보통신용과 같이 용도별로 구분하여 설치하는 것이 원칙이다.
④ 전기샤프트의 면적은 보, 기둥을 포함하여

산정하고, 건축적인 마감은 하지 않는다.

71 벽 및 반자의 실내에 접하는 부분의 마감이 불연재료이고, 자동식 소화설비가 설치된 각 층 바닥면적이 1000m² 인 업무시설의 11층은 최소 몇 개의 영역으로 방화구획하여야 하는가?
① 2개의 영역으로 구획
② 3개의 영역으로 구획
③ 5개의 영역으로 구획
④ 층간 방화구획

72 건축물에 설치하는 지하층의 비상탈출구에 관한 기준으로 옳지 않은 것은?
① 비상탈출구에서 피난층 또는 지상으로 통하는 복도나 직통계단까지 이르는 피난통로의 유효너비는 최소 0.9m 이상으로 할 것
② 비상탈출구의 문은 피난방향으로 열리도록 할 것
③ 비상탈출구는 출입구로부터 3m 이상 떨어진 곳에 설치할 것
④ 비상탈출구의 유효너비는 0.75m 이상으로 하고, 유효높이는 1.5m 이상으로 할 것

73 비상경보설비를 설치하여야 할 특정소방대상물의 연면적 기준은? (단, 지하가 중 터널 또는 사람이 거주하지 않거나 벽이 없는 축사 등 동·식물 관련시설은 제외한다.)
① 300m² 이상   ② 400m² 이상
③ 500m² 이상   ④ 600m² 이상

74 특별피난계단의 구조에 관한 기준 중 옳지 않은 것은?
① 계단실 및 부속실의 실내에 접하는 부분의 마감은 불연재료로 할 것
② 계단실에는 노대 또는 부속실에 접하는 부분 외에는 건축물의 내부와 접하는 창문 등을 설치하지 아니할 것
③ 건축물의 내부에서 부속실로 통하는 출입구에는 30분 방화문을 설치할 것
④ 출입구의 유효너비는 0.9m 이상으로 할 것

75 소방시설법에서 정의하는 다음 내용에 해당하는 용어는?

> 소방시설 등을 구성하거나 소방용으로 사용되는 제품 또는 기기로서 대통령령으로 정하는 것을 말한다.

① 특정소방대상물   ② 소화설비
③ 소방용품   ④ 소화용수설비

76 대통령령으로 정하는 특정소방대상물(신축하는 것만 해당)에 소방시설을 설치하려는 자는 그 용도, 위치, 구조, 수용인원, 가연물(可燃物)의 종류 및 양 등을 고려하여 설계하여야 하는데 이와 같은 설계를 무엇이라 하는가?
① 소방시설 특수설계
② 최적화 설계
③ 성능위주설계
④ 소방시설 정밀설계

77 특급 소방안전관리대상물에 두어야 할 소방안전관리자의 선임대상자가 되기 위한 기준으로 옳지 않은 것은?
① 소방기술사
② 5년 이상 1급 소방안전관리대상물의 소방안전관리자로 근무한 실무경력이 있고, 소방방재청장이 정하여 실시하는 특급 소방안전관리대상물의 소방안전관리에 관

한 시험에 합격한 사람
③ 소방공무원으로 15년 이상 근무한 경력이 있는 자
④ 소방설비기사의 자격을 취득한 후 5년 이상 1급 소방안전관리대상물의 소방안전관리자로 근무한 실무경력이 있는 사람

78 방염성능기준 이상의 실내장식물 등을 설치하여야 하는 특정소방대상물이 아닌 것은?
① 근린생활시설 중 체력단련장
② 건축물의 옥내에 있는 종교시설
③ 의료시설 중 종합병원
④ 층수가 11층 이상인 아파트

79 다음은 피난용도의 옥상광장을 설치하기 위한 건축법령이다. ( ) 안에 들어갈 내용으로 옳은 것은?

> ( ) 이상인 층이 문화 및 집회시설(전시장 및 동·식물원은 제외한다), 종교시설, 판매시설, 위락시설 중 주점영업 또는 장례시설의 용도로 쓰는 경우에는 피난 용도로 쓸 수 있는 광장을 옥상에 설치하여야 한다.

① 5층　　② 6층
③ 7층　　④ 11층

80 화재가 발생할 경우 사용하는 피난구조설비에 해당되지 않는 것은?
① 자동화재속보설비
② 인공소생기
③ 비상조명등
④ 완강기

실/내/건/축/기/사

2024년 1회 복원문제

제1과목 : 실내디자인계획

01 벽에 관한 설명으로 옳지 않은 것은?
① 공간을 둘러싸는 수직적 요소이다.
② 공간의 형태와 크기를 결정하는 요소이다.
③ 벽의 높이가 600mm 정도이면 공간을 시각적으로 차단하는 기능을 한다.
④ 공간과 공간을 구분하고 분리함으로써 시각적, 청각적 프라이버시를 제공할 수 있다.

02 한국의 전통가구 중 반닫이에 관한 설명으로 옳지 않은 것은?
① 반닫이는 우리나라 전역에 걸쳐서 사용되었다.
② 전면 상반부를 문짝으로 만들어 상하로 여는 가구이다.
③ 반닫이는 주로 양반층에서 장이나 농 대신에 사용하던 가구이다.
④ 반닫이 안에는 의복, 책, 제기 등을 보관하였고, 위에는 이불을 얹거나 항아리, 소품 등을 얹어두었다.

03 단독주택에서 부엌의 합리적인 규모 결정 시 고려할 사항과 가장 관계가 먼 것은?
① 작업대의 면적
② 주택의 연면적
③ 가족구성원의 연령
④ 작업인의 동작에 필요한 공간

04 공간의 분할 방법은 차단적 구획, 심리·도덕적 구획, 지각적 구획으로 구분할 수 있다. 다음 중 지각적 구획에 속하는 것은?
① 커튼의 사용
② 마감재료의 변화
③ 천장면의 높이 변화
④ 바닥면의 높이 변화

05 다음과 같은 특징을 갖는 부엌의 유형은?

- 다른 유형에 비해 부엌의 기능성과 청결감을 높일 수 있다.
- 음식을 식탁까지 운반해야 하는 불편이 있다.

① 오픈 키친
② 독립형 부엌
③ 다이닝 키친
④ 반독립형 부엌

06 실내공간의 형태에 관한 설명으로 옳지 않은 것은?
① 원형의 공간은 내부로 향한 집중감을 주어 중심이 더욱 강조된다.
② 정방형의 공간은 조용하고 정적인 반면, 딱딱하고 형식적인 느낌을 준다.
③ 천장이 모아진 삼각형의 공간은 방향성의 중립을 유지하여 긴장감이 없다.
④ 장방형의 공간에서 길이가 폭의 두 배를 넘게 되면 공간의 사용과 가구배치가 자유롭지 못하게 된다.

07 휴먼 스케일에 관한 설명으로 옳지 않은 것은?
① 인간의 신체를 기준으로 파악되고 측정되는 척도 기준이다.
② 휴먼 스케일은 기념비적 건축물에 주로 적용되며, 엄숙, 경건한 공간을 형성한다.
③ 휴먼 스케일의 적용은 추상적, 상징적이 아닌 기능적인 척도를 추구하는 것이다.
④ 휴먼 스케일이 잘 적용된 실내공간은 심리적, 시각적으로 안정되고 편안한 느낌을 준다.

08 상점건축에서 쇼윈도우, 출입구 및 홀의 입구 부분을 포함한 평면적인 구성 요소와 아케이드, 광고판, 사인, 외부장치를 포함한 입체적인 구성 요소의 총체를 의미하는 것은?
① 파사드(facade)
② 스테이지(stage)
③ 쇼케이스(show case)
④ P.O.P(point of purchase)

09 상점의 진열대 배치 형식 중 직렬배치형에 관한 설명으로 옳은 것은?
① 고객의 이동 흐름이 늦다는 단점이 있다.
② 고객의 통행량에 따라 부분적으로 통로 폭을 조절하기 어렵다.
③ 진열대 등의 배치와 고객의 동선을 굴절 또는 곡선형으로 구성시킨 형식이다.
④ 주통로 다음의 제2통로를 주통로에 대해 45°가 이루어지도록 진열대를 배치한 형식이다.

10 주택 거실의 가구 배치 방법 중 소파를 두 벽면에 연결시켜 배치하는 형식으로 시선이 마주치지 않아 안정감이 있는 것은?
① 대면형
② ㄷ자형
③ 코너형
④ 직선형

11 형태의 지각심리 중 불완전한 형이나 그룹을 완전한 하나의 형 혹은 그룹으로 완성하여 지각한다는 법칙을 의미하는 것은?
① 근접성
② 폐쇄성
③ 유사성
④ 연속성

12 다음 중 조닝(zoning) 계획에서 존(zone)의 설정 시 고려할 사항과 가장 거리가 먼 것은?
① 사용빈도
② 사용시간
③ 사용행위
④ 사용재료

13 다음 중 건축가와 작품의 연결이 옳지 않은 것은?
① 루이스 설리반 - 웨인라이트 빌딩
② 미스 반 데어 로에 - 바르셀로나 파빌리온
③ 르 코르뷔지에 - 낙수장
④ 오토 바그너 - 빈 우체국

14 조화에 관한 설명으로 옳은 것은?
① 단순조화는 대체적으로 온화하며 부드럽고 안정감이 있다.
② 유사조화는 통일보다 대비에 더 치우쳐 있다고 볼 수 있다.
③ 단순조화는 다양한 주제와 이미지들이 요구될 때 주로 사용하는 방식이다.
④ 대비조화는 형식적, 외형적으로 시각적인 동일 요소의 조합을 통하여 주로 성립된다.

15 디자인 원리 중 조화를 가장 적절히 표현한 것은?
① 중심축을 경계로 형태의 요소들이 시각적으로 균형을 이루는 상태
② 전체적인 구성 방법이 질적, 양적으로 모

순 없이 질서를 이루는 것
③ 저울의 원리와 같이 중심축을 경계로 양측이 물리적으로 힘의 안정을 구하는 현상
④ 규칙적인 요소들의 반복으로 디자인에 시각적인 질서를 부여하는 통제된 운동감각

16 VMD(visual merchandising)의 구성에 속하지 않는 것은?
① IP
② PP
③ VP
④ POP

17 다음 설명에 알맞은 블라인드의 종류는?

- 밑에서부터 접혀지는 수평형 블라인드의 일종
- 접혀진 폭의 정도로 채광량을 조절한다.

① 롤(roll) 블라인드
② 로만(roman) 블라인드
③ 버티컬(vertical) 블라인드
④ 베니션(venetian) 블라인드

18 다음의 표시 기호와 명칭의 연결이 옳지 않은 것은?

① 회전문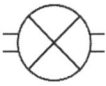
② 쌍여닫이문
③ 망사창
④ 접이문

19 실내 디자인의 목표에 대한 설명 중 틀린 것은?
① 인간에게 적합한 환경을 추구한다.
② 인간의 편리성을 위해 좌식의 실내 디자인을 추구한다.
③ 인간을 존중하고 인간 생활 환경의 질을 향상시킨다.
④ 인간의 생활 기능(작업, 휴식, 취침, 취식)을 충족시킨다.

20 중세의 건축양식이 시대순으로 바르게 나열된 것은?
① 초기기독교양식 – 르네상스양식 – 비잔틴양식 – 고딕양식
② 초기기독교양식 – 고딕양식 – 르네상스양식 – 비잔틴양식
③ 초기기독교양식 – 고딕양식 – 비잔틴양식 – 르네상스양식
④ 초기기독교양식 – 비잔틴양식 – 고딕양식 – 르네상스양식

제2과목 : 색채 및 사용자 행태분석

21 안전색채 사용에 대한 설명이 틀린 것은?
① 제품안전 라벨에 안전색을 사용하여 주목성을 높인다.
② 초록은 지시의 의미를 가지며, 의무실, 비상구, 대피소 등에 사용된다.
③ 안전색채는 다른 물체의 색과 쉽게 식별되어야 한다.
④ 노랑과 검정 대비색 조합 안전표지는 잠재적 위험을 경고하는 의미를 가진다.

22 컬러 TV의 브라운관 형광면에는 빨강(Red), 녹색(Green), 파랑(blue)색들이 발광하는 미소한 형광 물체에 의하여 혼색된다. 이러한 방법은 어떤 혼색에 해당되는가?
① 동시감법 혼색
② 계시가법 혼색
③ 병치가법 혼색
④ 색료감법 혼색

23 다음 중 색에 대한 설명으로 틀린 것은?

① 물체의 색이 눈의 망막에 의해 지각된다.
② 반사, 흡수, 투과를 거쳐 지각된다.
③ 인간의 눈을 통해 지각되는 물리적 현상이다.
④ 연상과 상징 등과 함께 경험되는 심리적 현상과 관계가 없다.

24 다음 중 색료를 혼합하여 만들 수 없는 색은?
① 주황　　② 노랑
③ 연두　　④ 남색

25 색채의 시간성과 속도감에 대한 설명 중 옳은 것은?
① 3속성 중 명도가 주로 큰 영향을 미친다.
② 장파장의 색은 시간이 길게 느껴진다.
③ 단파장의 색은 속도가 빠르게 느껴진다.
④ 저명도의 색은 속도가 빠르게 느껴진다.

26 주택의 색채계획에 관한 설명 중 가장 타당한 것은?
① 거실은 즐거운 분위기를 주기 위해 고채도의 색을 사용한다.
② 부엌의 작업대는 지저분해지기 쉬우므로 저명도의 색을 사용한다.
③ 욕실은 일반적으로 청결한 분위기를 위해 고명도의 색을 사용한다.
④ 침실은 차분한 분위기를 주기 위해 저명도의 한색을 사용한다.

27 정상적인 눈을 가진 사람도 미소(微小)한 색을 볼 때 일어나는 색각 혼란은?
① 색상 이상
② 잔상 현상
③ 소면적 제3색각 이상
④ 주관색 현상

28 디지털 색채 체계의 유형 중 설명이 틀린 것은?
① HSB : 색의 3가지 기본 특성인 색상, 채도, 명도에 의해 표현하는 방식이다.
② RGB : 컴퓨터 모니터와 스크린 같은 빛의 원리로 컬러를 구현하는 장치에서 사용된다.
③ CMYK : 표현할 수 있는 컬러 범위는 RGB 형식보다 넓다.
④ L*a*b* : CIE가 1976년에 추천하여 지각적으로 거의 균등한 간격을 가진 색공간에 의한 색상모형이다.

29 가산혼합에서 빨강과 파랑의 혼합색은?
① 회색(gray)
② 시안(cyan)
③ 마젠타(magenta)
④ 검정(black)

30 JPEG 이미지 파일형식에 대한 설명으로 틀린 것은?
① 파일 용량이 작고 풍부한 색감의 표현이 가능하여 웹디자인 시 많이 사용된다.
② JPEG 포맷은 256색이라는 한계를 갖는다.
③ 압축률을 높일수록 이미지의 손상이 커지므로 사용 시 압축정도를 조절해야 한다.
④ 호환성이 우수하다.

31 다음 그림의 의자 명칭은 무엇인가?

① 토넷 의자(Thonet Chair)
② 체스카 의자(Cesca chair)

③ 투겐하트 의자(Tugendhat chair)
④ 바르셀로나 의자(Barcelona chair)

32 다음에서 설명하는 의자의 명칭은?

- 이지 체어보다 가볍고 작으며 팔걸이가 없다.
- 위로 세워진 등받이는 긴장감을 주므로 학습용에 좋다.

① 폴딩 체어(folding chairs)
② 풀업 체어(pull-up chairs)
③ 사이드 체어(side chairs)
④ 라운지 체어(lounge chairs)

33 촉각적 표시장치에서 사용될 수 있는 촉각적 암호화(coding) 방법으로 적합하지 않은 것은?

① 형상 암호화
② 표면 촉감 암호화
③ 색상 암호화
④ 크기 암호화

34 경고표지판 제작 시 고려해야 할 사항으로 적합하지 않은 것은?

① 문장이 간결해야 한다.
② 눈에 잘 띄어야 한다.
③ 내용을 강조해야 한다.
④ 은유적인 단어를 사용해야 한다.

35 10dB의 음량증가는 몇 배의 음압증가와 같은가?

① $\sqrt{10}$ ② 10
③ 20 ④ 100

36 학습(learning)과 관련된 설명으로 옳은 것은?

① 성인교육에서는 외적 보상이 업무와 관련된 내재적 보상보다 효과적이다.
② 학습을 통하여 배운 내용은 실제 사회생활로 전이되기 어렵다.
③ 일반적으로 긍정적 보상(상)보다 부정적 보상(벌)이 효과적이다.
④ Gagné의 누적 학습순서모형에 따르면 자극-반응관계를 이용한 교육이 개념교육보다 선행되어야 한다.

37 다음 중 손잡이에 대한 일반적인 설명으로 옳은 것은?

① 손잡이의 치수는 조작에 필요한 힘의 크기와 관련이 없다.
② 조작력은 작으나 정밀한 눈금을 맞출 때에는 가급적 손잡이의 크기를 크게 한다.
③ 서랍의 손잡이는 재질의 차이에 따른 치수를 고려할 필요가 없다.
④ 작업 용도에 따라 손잡이의 모양을 고려하여 설계하여야 한다.

38 한국인 인체치수조사 사업에 있어 인체측정의 부위별 기준점과 그 정의에 대한 설명으로 틀린 것은?

① 손끝점 : 셋째 손가락의 끝
② 발끝점 : 셋째 발가락의 끝
③ 목앞점 : 목밑 둘레선에서 앞 정중선과 만나는 곳
④ 머리마루점 : 머리 수평면을 유지할 때 머리 부위 정중선상에서 가장 위쪽

39 다음 중 픽토그램(pictogram)에 해당하는 것은?

① ☑ ② ☎
③ △ ④ ◀■▶

40 작업장의 온도가 높고, 소음관리 시스템의 효

율이 떨어졌을 때, 이를 개선하기 위하여 고려할 사항으로 가장 거리가 먼 것은?
① 시각적 고려
② 냉난방 고려
③ 작업시스템 고려
④ 기계장치 설비사항 고려

제3과목 : 시공 및 재료

41 단열재료에 대한 설명 중 옳지 않은 것은?
① 열전도율이 높을수록 단열성능이 좋다.
② 같은 두께인 경우 경량재료인 편이 단열에 더 효과적이다.
③ 보통 다공질 재료가 많이 쓰인다.
④ 단열재료의 대부분은 흡음성도 우수하므로 흡음재로서도 이용된다.

42 벽돌쌓기에 대한 설명으로 옳지 않은 것은?
① 영식 쌓기는 모서리에 반절 또는 이오토막을 사용한다.
② 미식 쌓기는 막힌줄눈이 많이 생겨 구조적으로 영식 쌓기보다 튼튼하다.
③ 불식 쌓기는 통줄눈이 많이 생기며 의장적 효과를 나타내기 위한 벽체에 사용된다.
④ 화란식 쌓기는 모서리에 칠오토막을 사용하고 주로 내력벽에 사용된다.

43 목재 방부제 중 방부성은 좋으나 목질부를 약화시켜 전기전도율이 증가되고 비내구성인 수용성 방부제는?
① 황산동 1% 용액
② 염화 제2수은 1% 용액
③ 불화소다 2% 용액
④ 염화아연 4% 용액

44 쇄석을 골재로 사용하는 콘크리트의 가장 큰 결점은 무엇인가?
① 시공연도 불량
② 압축강도 저하
③ 골재입자의 부착강도 저하
④ 유동성의 급격한 증가

45 열가소성 수지 중 투광성이 높고 경량이며 내후성과 내약품성, 역학적 성질이 뛰어나기 때문에 유리 대용품으로서 광범위하게 이용되고 있는 것은?
① 염화비닐 수지
② 폴리에틸렌 수지
③ 메타크릴 수지
④ 폴리프로필렌 수지

46 합금에 대한 설명으로 옳지 않은 것은?
① 구조용 특수강은 탄소강에 니켈·망간 등을 첨가하여 강인성을 높인 것이다.
② 황동은 구리와 주석으로 된 합금이며 산·알칼리에 침식되지 않는다.
③ 스테인리스강은 크롬 및 니켈 등을 함유하며 탄소량이 적고 내식성이 우수하다.
④ 강의 합금인 내후성 강은 부식되는 정도가 보통강의 1/3~1/10 정도이다.

47 지하방수에 대한 설명으로 옳지 않은 것은?
① 바깥방수는 깊은 지하실에서 유리하다.
② 바깥방수에는 보통 시트나 아스팔트 방수 및 벤토나이트 방수법이 많이 쓰인다.
③ 안방수는 시공이 어렵고 보수가 쉽지 않은 단점이 있다.
④ 안방수는 시트나 아스팔트 방수보다 액체방수를 많이 활용한다.

48 유리의 풍화작용에 영향을 미치지 않는 요소는?
① 탄산가스, 아황산가스, 황화수소 등과 같은 공기 중의 가스
② 태양광의 적외선 및 가시광선
③ 비바람 등에 의한 충격작용
④ 습한 공기나 산화되기 쉬운 미립자 부착

49 다음 중 유기질 단열재료에 해당되지 않는 것은?
① 셀룰로오스 섬유판
② 연질 섬유판
③ 폴리스티렌 폼
④ 규산 칼슘판

50 팽창시멘트의 용도에 해당하지 않는 것은?
① 바닥 슬래브의 균열제거용
② 역타설 콘크리트의 이어치기 개선용
③ 수조 등 콘크리트 구조물의 케미컬 스트레스 도입용
④ 석유 채유(採油)과정에서 주위의 물 또는 기름 유입 방지용

51 표준시방서에 따른 인조석 및 테라조 바름의 내용으로 옳지 않은 것은?
① 테라조 바르기의 줄눈 나누기는 $1.2m^2$ 이내로 하며, 최대 줄눈 간격은 2m 이하로 한다.
② 테라조를 바른 후 5~7일이 경과한 후 경화 정도를 보아 갈아내기를 한다.
③ 인조석 바름의 정벌바름 두께는 7.5mm를 표준으로 한다.
④ 바닥 줄눈은 청동제를 사용하여 시공한다.

52 목재의 역학적 성질에서 가력방향이 섬유와 평행할 경우, 목재의 강도 중 크기가 가장 작은 것은?
① 압축강도 ② 휨강도
③ 인장강도 ④ 전단강도

53 목재의 절대 건조 비중이 0.3일 때 이 목재의 공극률은?
① 약 80.5% ② 약 78.7%
③ 약 58.3% ④ 약 52.6%

54 점토제품의 품질에 관한 설명으로 옳지 않은 것은?
① 점토는 불순물 함유량이 높을수록 비중이 커진다.
② 포장도로용 벽돌이나 타일은 내마모성의 보유가 매우 중요하다.
③ 점토 벽돌의 품질은 압축강도, 흡수율 등으로 평가할 수 있다.
④ 화학적 안정성은 고온에서 소성한 제품이 유리하다.

55 다음에서 재료와 할증률의 연결이 옳지 않은 것은?
① 시멘트 블록 : 4%
② 유리 : 1%
③ 타일 : 5%
④ 시멘트 벽돌 : 5%

56 말구지름 20cm, 길이가 5.5m인 통나무가 5개 있다. 이 통나무의 재적으로 옳은 것은?
① $0.3m^3$ ② $1.1m^3$
③ $1.8m^3$ ④ $2.1m^3$

57 연질타일계 바닥재에 대한 설명 중 옳지 않은 것은?

① 고무계 타일은 내마모성이 우수하고 내수성이 있다.
② 리놀륨계 타일은 내유성이 우수하고 탄력성이 있으나 내알칼리성, 내마모성, 내수성이 약하다.
③ 전도성 타일은 정전기 발생이 우려되는 반도체, 전기·전자제품의 생산 장소에 주로 사용된다.
④ 아스팔트 타일은 내마모성과 내유성이 우수하여 실내주차장 바닥재로 많이 사용된다.

58 유리블록(Glass Block)에 관한 설명으로 옳지 않은 것은?
① 유리블록은 블록모양으로 된 유리제의 중공블록이다.
② 벽에 사용 시 부드러운 광선이 들어오고 유리창보다 균일한 확산광이 얻어진다.
③ 열전도율이 벽돌의 1/4 정도여서 실내의 냉·난방에 효과가 있다.
④ 음향 투과손실은 보통 판유리보다 작다.

59 시멘트에 관한 설명으로 옳지 않은 것은?
① 시멘트의 분말도는 단위중량에 대한 표면적, 즉 비표면적에 의하여 표시된다.
② 시멘트의 밀도는 일반적으로 $3.15g/cm^3$ 정도이다.
③ 시멘트는 응결 경화 시 팽창성 균열이 생겨 변형이 일어난다.
④ 포틀랜드시멘트는 수화반응의 진행과 동시에 열을 발산한다.

60 시멘트의 조성화합물 중 수화반응이 늦고 장기강도를 증진시키며 수화열 저감에 따른 건조수축 감소 및 28일 이후의 강도를 지배하는 것은?

① $3CaO \cdot SiO_2$
② $2CaO \cdot SiO_2$
③ $4CaO \cdot Al_2O_3 \cdot Fe_2O_3$
④ $3CaO \cdot Al_2O_3$

제4과목 : 실내디자인환경

61 여러 음이 혼합적으로 들리는 경우에서도 대화 상대의 소리만을 선택적으로 들을 수 있는 것과 관련된 현상은?
① 칵테일 파티 효과
② 마스킹 효과
③ 간섭 효과
④ 코인시던스 효과

62 음의 잔향시간에 관한 설명으로 옳지 않은 것은?
① 실용적이 클수록 잔향시간은 커진다.
② 실의 사용목적과 상관없이 최적잔향시간은 동일하다.
③ 실내 벽면의 흡음률이 높을수록 잔향시간은 짧아진다.
④ 잔향시간이란 음이 발생하여 60dB 낮아지는 데 소요되는 시간을 말한다.

63 옥내소화전설비에서 송수구의 설치 높이 기준은?
① 지면으로부터 높이 0.5m 이하의 위치
② 지면으로부터 높이 0.5m 이상 1.0m 이하의 위치
③ 지면으로부터 높이 1.0m 이상 1.5m 이하의 위치
④ 지면으로부터 높이 1.5m 이상 2.0m 이하의 위치

64 지구에 도달하는 자외선 가운데 인간의 건강과 깊은 관계가 있으며 건강선이라고도 불리우는 것은?
① X선 ② 감마선
③ 가시광선 ④ 도르노선

65 급수배관의 설계 및 시공에 관한 설명으로 옳지 않은 것은?
① 구조체의 관통부는 슬리브를 사용한다.
② 음료용 배관과 비음료용 배관을 크로스 커넥션하지 않는다.
③ 수격작용이 발생할 우려가 있는 곳에는 에어 체임버를 설치한다.
④ 급수관과 배수관이 교차될 때는 배수관의 아랫부분에 급수관을 매설한다.

66 복사에 의한 전열에 관한 설명으로 옳은 것은?
① 고체 표면과 유체 사이의 열전달 현상이다.
② 일반적으로 흡수율이 작은 표면은 복사율이 크다.
③ 물체에서 복사되는 열량은 그 표면의 절대온도의 2승에 비례한다.
④ 알루미늄박과 같은 금속의 연마면은 복사율이 0.02 정도로 매우 작다.

67 급탕배관에 관한 설명으로 옳은 것은?
① 배관은 하향 구배로 하는 것이 원칙이다.
② 탕비기 주위의 급탕배관은 가능한 한 짧게 하고 공기가 체류하지 않도록 한다.
③ 배관은 신축에 견디도록 가능하면 요철부가 많도록 배관하는 것이 원칙이다.
④ 물이 뜨거워지면 수중에 포함된 공기가 분리되기 쉽고, 이 공기는 배관의 상부에 모여서 급탕의 순환을 원활하게 한다.

68 다음 중 주방의 식물성, 동물성 기름에서 발생한 화재를 의미하는 것은?
① A급 화재 ② B급 화재
③ C급 화재 ④ K급 화재

69 급탕량의 산정 방식에 속하지 않는 것은?
① 급탕단위에 의한 방법
② 사용 기구수로부터 산정하는 방법
③ 사용 인원수로부터 산정하는 방법
④ 저탕조의 용량으로부터 산정하는 방법

70 다음 중 차폐계수가 가장 큰 유리의 종류는? (단, ( ) 안의 수치는 유리의 두께임)
① 보통 유리(3mm) ② 흡열 유리(3mm)
③ 흡열 유리(6mm) ④ 흡열 유리(12mm)

71 건축물 지하층에 환기설비를 설치해야 하는 거실바닥면적 합계의 최소기준은?
① 200m² 이상 ② 500m² 이상
③ 1000m² 이상 ④ 2000m² 이상

72 건축법 시행령에서 노유자시설 중 아동관련시설 또는 노인복지시설과 판매시설 중 도매시장 또는 소매시장을 같은 건축물 안에 함께 설치할 수 없도록 한 이유는?
① 방화에 장애가 되는 용도를 제한하기 위해서
② 설비 설치 기준이 상이하므로
③ 차음, 소음 기준을 확보하기 위해서
④ 건축물의 구조 안전을 위해서

73 소방용품 중 피난구조설비를 구성하는 제품 또는 기기와 가장 거리가 먼 것은?
① 발신기 ② 구조대
③ 완강기 ④ 통로유도등

74 내화구조의 성능기준에 따른 건축물 구성부재의 품질시험을 실시할 경우 내화시간기준이 가장 낮은 구성부재는? (단, 주거시설의 경우)

① 기둥
② 내벽을 구성하는 내력벽
③ 지붕틀
④ 바닥

75 건축물에 설치하는 경계벽이 소리를 차단하는 데 장애가 되는 부분이 없도록 하여야 하는 구조 기준으로 옳지 않은 것은?

① 철근콘크리트조로서 두께가 10cm 이상인 것
② 무근콘크리트조로서 두께가 10cm 이상인 것
③ 콘크리트블록조로서 두께가 19cm 이상인 것
④ 벽돌조로서 두께가 15cm 이상인 것

76 지표면으로부터 건축물의 지붕틀 또는 이와 유사한 수평재를 지지하는 벽·깔도리 또는 기둥의 상단까지의 높이를 무엇이라 하는가?

① 반자높이
② 층고
③ 처마높이
④ 건축물의 높이

77 건축물의 구조 기준 등에 관한 규칙에 따른 조적식 구조에 관한 기준으로 옳지 않은 것은?

① 조적식 구조인 내력벽의 기초는 연속기초로 하여야 한다.
② 조적식 구조인 건축물 중 2층 건축물에 있어서 2층 내력벽의 높이는 3m를 넘을 수 없다.
③ 조적식 구조인 내력벽의 길이는 10m를 넘을 수 없다.
④ 조적식 구조인 내력벽으로 둘러싸인 부분의 바닥면적은 80m²를 넘을 수 없다.

78 벽이 내화구조가 되기 위한 기준으로 옳지 않은 것은?

① 철근콘크리트조로서 벽의 두께가 10cm 이상인 것
② 철골철근콘크리트조로서 벽의 두께가 10cm 이상인 것
③ 벽돌조로서 벽의 두께가 15cm 이상인 것
④ 고온·고압의 증기로 양생된 경량기포콘크리트패널로서 두께가 10cm 이상인 것

79 30층 호텔을 건축하는 경우에 6층 이상의 거실면적의 합계가 25000m²이다. 16인승 승용승강기로 설치하는 경우에는 최소 몇 대 이상을 설치하여야 하는가?

① 6대
② 8대
③ 10대
④ 12대

80 손궤의 우려가 있는 토지에 대지를 조성하는 경우의 조치사항에 관한 내용으로 옳지 않은 것은?

① 성토 또는 절토하는 부분의 경사도가 1 : 1.5 이상으로서 높이가 1m 이상인 부분에는 옹벽을 설치한다.
② 옹벽의 높이가 4m 이상일 경우에만 콘크리트구조를 적용한다.
③ 옹벽의 외벽면에는 이의 지지 또는 배수를 위한 시설 외의 구조물이 밖으로 튀어나오지 아니하게 한다.
④ 건축사에 의하여 해당 토지의 구조안전이 확인된 경우에는 조치가 불필요하다.

실/내/건/축/기/사

2024년 2회 복원문제

제1과목 : 실내디자인계획

01 다음 중 유니버설 공간의 개념적 설명으로 가장 알맞은 것은?
① 상업공간
② 표준화된 공간
③ 모듈이 적용된 공간
④ 공간의 융통성이 극대화된 공간

02 개구부에 관한 설명으로 옳은 것은?
① 가구배치와 동선계획에 영향을 받지 않는다.
② 고정창은 크기와 형태에 제약없이 자유로이 디자인할 수 있다.
③ 천창은 같은 크기의 측창보다 3배 정도의 많은 빛을 실내로 유입시킬 수 있다.
④ 회전문은 문의 회전으로 인해 방풍과 보온에 어려움이 있다.

03 주택의 각 실 계획에 대한 내용으로 옳지 않은 것은?
① 실의 사용상 특징에 따라 유사한 기능의 실은 하나의 집단(group)으로 배치하는 계획을 한다.
② 거실은 주거의 중심에 두고 응접실과 객실은 현관에서 최대한 멀리 배치한다.
③ 침실, 서재, 노인실은 조용한 곳에 두며 작업실은 부출입구 가까이에 집중시킨다.
④ 부엌, 욕실, 화장실, 세면실, 세탁실 등 일련의 작업실들은 작업의 연결 관계를 고려하여 배치한다.

04 공사 완료 후 디자인 책임자가 시공이 설계에 따라 성공적으로 진행되었는지의 여부를 확인할 수 있는 것은?
① 계약서
② 시방서
③ 감리보고서
④ 체크리스트

05 백화점의 에스컬레이터 배치 유형 중 교차식 배치에 관한 설명으로 옳은 것은?
① 연속적으로 승강할 수 없다.
② 점유면적이 다른 유형에 비해 작다.
③ 고객의 시야가 다른 유형에 비해 넓다.
④ 고객의 시선이 1방향으로만 한정된다는 단점이 있다.

06 부엌 작업대의 배치 유형 중 ㄱ자형에 관한 설명으로 옳지 않은 것은?
① 일반적으로 작업대의 길이는 1500mm 미만이 적합하다.
② 작업을 위한 동작 범위가 일정한 범위에 놓이므로 편리하다.
③ 한쪽 면에 싱크대를, 다른 면에 가스레인지를 설치하면 능률적이다.
④ 여유공간에 식탁을 배치하여 식당 겸 부엌으로 사용하는 경우에 적합하다.

07 그리드 플래닝(grid planning)에 관한 설명으로 옳지 않은 것은?
① 그리드 플래닝은 논리적이고 합리적인 디자인 전개를 가능하게 한다.
② 그리드가 단순화되고 보편적인 법칙에 종속되면 틀에 박힌 계획이 되기 쉽다.
③ 직사각형 그리드는 가장 기본적인 형태의 그리드로 좌우 대칭이기에 중립적이며 방향성도 없다.
④ 정사각형 그리드는 일반적으로 황금비율에 의한 그리드이거나 경제적 스팬에 준한 그리드를 사용한다.

08 디자인 원리 중 비례에 관한 설명으로 옳지 않은 것은?
① 황금비례는 1 : 1.618의 비율을 갖는다.
② 일반적으로 A : B로 표현되며 두 개만의 양적 비교를 의미한다.
③ 황금비례는 고대 그리스인들이 창안한 기하학적 분할 방식이다.
④ 디자인에서 형태의 부분과 부분, 부분과 전체 사이의 크기, 모양 등의 시각적 질서, 균형을 결정하는 데 사용된다.

09 동선의 3요소에 속하지 않는 것은?
① 시간   ② 하중
③ 속도   ④ 빈도

10 실내디자인의 영역에 관한 설명으로 가장 알맞은 것은?
① 건축구조물에 의해 형성된 내부 공간만을 대상으로 한다.
② 건축물의 구조 및 재료에 대한 지식을 가지고 구조적인 해석을 할 수 있어야 한다.
③ 실내디자인의 영역은 건축물의 실내 공간을 주 대상으로 하며, 도시환경이나 가로 공간에서도 발견된다.
④ 실내디자인은 건축 공간의 심리적 문제 해결이나 독자적인 표현을 대상으로 하며 건축물의 매스나 형태 디자인을 주 영역으로 한다.

11 1920년대 파리에서 열렸던 전시회에 그 기원을 두고 있으며 기본형태의 반복, 동심원, 지그재그 등 기하학적인 것에 대한 취향이 두드러지게 나타난 양식은?
① 아트 앤 크래프트
② 아방가르드
③ 아르데코
④ 아르누보

12 로마네스크 건축의 실내 공간 디자인의 특징에 대한 설명으로 부적합한 것은?
① 네이브 부분의 천장에 목조 트러스가 주로 사용되었다.
② 높은 천장고를 형성하기 위한 구조적 기초가 닦였다.
③ 3차원적인 기둥 간격의 단위로 구성되어졌다.
④ 교차 그로인 볼트를 볼 수 있다.

13 다음 중 주거공간의 조닝(zoning)의 방법과 가장 거리가 먼 것은?
① 융통성에 의한 구분
② 주 행동에 의한 구분
③ 사용시간에 의한 구분
④ 프라이버시 정도에 따른 구분

14 다음 제도 표시기호 중에서 인조석을 나타내는 것은?

① 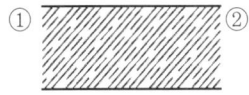 ②
③  ④

15 질감에 관한 설명으로 옳지 않은 것은?
① 거친 질감은 가벼운 느낌을 주며 같은 색채라도 강하게 느껴진다.
② 효과적인 질감 표현을 위해서는 색채와 조명을 동시에 고려해야 한다.
③ 질감의 선택에서 중요한 것은 스케일, 빛의 반사와 흡수, 촉감 등이다.
④ 좁은 실내 공간을 넓게 느껴지도록 하기 위해서는 표면이 곱고 매끄러운 재료를 사용하는 것이 좋다.

16 다음 중 난독수택의 현관 위치 결정에 가장 주된 영향을 끼치는 것은?
① 용적률   ② 건폐율
③ 도로의 위치   ④ 주택의 규모

17 건축설계에서 모듈(Module) 시스템의 효과에 대한 설명으로 옳지 않은 것은?
① 대량생산   ② 표준화
③ 시공기간 증가   ④ 비용 절감

18 전시공간의 평면 형태에 관한 설명으로 옳지 않은 것은?
① 직사각형은 공간 형태가 단순하고 분명한 성격을 지니기 때문에 지각이 쉽다.
② 부채꼴형은 관람자의 자유로운 선택이 가능하므로 대규모 전시공간에 적합하다.
③ 원형은 고정된 축이 없어 안정된 상태에서 지각이 어려워 방향감각을 잃을 수도 있다.
④ 자유형은 형태가 복잡하여 전체를 파악하기 곤란하므로 큰 규모의 전시공간에는 부적당하다.

19 다음 중 일광조절장치에 속하지 않는 것은?
① 커튼   ② 루버
③ 코니스   ④ 블라인드

20 장식품(accessory)에 관한 설명으로 옳지 않은 것은?
① 실내디자인을 완성하게 하는 보조적인 역할을 한다.
② 실내 공간의 성격, 크기, 마감재료, 색채 등을 고려하여 그 종류를 선정한다.
③ 디자인의 의도에 따라 실의 분위기나 시각적 효과를 좌우하는 요소가 될 수 있다.
④ 디자인의 완성도를 높이기 위하여 도입하는 것으로서 심미적 감상 목적의 물품만을 말한다.

제2과목 : 색채 및 사용자 행태분석

21 문·스펜서 조화론의 단점으로 옳은 것은?
① 무채색과의 관계를 생략하고 있다.
② 전통적 조화론을 무시하고 있다.
③ 명도, 채도를 고려하지 않았다.
④ 색의 연상, 기호, 상징성은 고려하지 않았다.

22 7월 탄생석(보석)의 색으로 힘, 권력 등을 상징하고, 심장질환 치료 등의 효과와 의미를 갖는 색은?
① 초록   ② 빨강
③ 파랑   ④ 보라

23 시안(Cyan)과 마젠타(Magenta)의 색료를 혼합하면 무슨 색이 되는가?
① 검정   ② 파랑
③ 노랑   ④ 흰색

24 다음 중 순색의 채도가 가장 낮은 것은?
① 노랑   ② 빨강
③ 청록   ④ 보라

25 채도에 대한 설명으로 옳은 것은?
① 순색으로 반사율이 높은 색이 채도가 높다.
② 반사량이 적은 색이 채도가 높다.
③ 채도에서는 포화도가 존재하지 않는다.
④ 무채색도 채도값이 있다.

26 눈 – 카메라의 구조 – 역할이 바르게 연결된 것은?
① 각막 – 렌즈 – 핀트 조절
② 홍채 – 조리개 – 빛을 굴절시키고 초점을 형성
③ 망막 – 필름 – 상이 맺히는 부분
④ 수정체 – 렌즈 – 빛의 강약에 따라 동공의 크기 조절

27 텔레비전의 모니터나 액정모니터 등과 같이 R, G, B로 색을 표현하는 혼색방법은?
① 동시감법 혼색   ② 계시가법 혼색
③ 병치가법 혼색   ④ 색료감법 혼색

28 디바이스 종속 색체계에 대한 설명으로 옳은 것은?
① CIE XYZ 색체계 예시를 들 수 있다.
② 동일한 제조 회사에서 생산하는 모든 컬러 디바이스 모델은 서로 색체계가 같다.
③ 디지털 색채를 다루는 전자장비들 간에 호환성이 없다.
④ 제조업체가 다른 컬러 디바이스 모델 간에는 색채정보가 같다.

29 다음 중 한국산업표준(KS)을 기준으로 기본색 빨강의 색상범위에 해당하는 것은?
① 5RP 3.5/4.5   ② 5YR 8/4
③ 10R 9/5   ④ 7.5R 4/14

30 보기는 어떤 기준의 색명인가??

[보기]
sepia   prussian blue
lavender   emerald green

① 계통색명   ② 표준색명
③ 관용색명   ④ 일반색명

31 한국의 전통가구 중 반닫이에 관한 설명으로 옳지 않은 것은?
① 반닫이는 우리나라 전역에 걸쳐서 사용되었다.
② 전면 상반부를 문짝으로 만들어 상하로 여는 가구이다.
③ 반닫이는 주로 양반층에서 장이나 농 대신에 사용하던 가구이다.
④ 반닫이 안에는 의복, 책, 제기 등을 보관하였고, 위에는 이불을 얹거나 항아리, 소품 등을 얹어 두었다.

32 음식 그릇을 올려놓는 작은 상으로 사각, 육각, 팔각 등의 형태로 만들어진 전통가구의 명칭은?
① 소반   ② 교자상
③ 두리반   ④ 공고상

33 시각적 표시장치의 유형 중 원하는 값으로부터의 대략적인 편차나 고도 등과 같이 시간적인 변화 방향을 알아보는 데 가장 적합한 형태는?
① 계수형(digital)
② 동목형(moving scale)
③ 그림표시형(pictogram)
④ 동침형(moving pointer)

34 시야의 넓이는 물체의 색깔에 따라 달라지는데 다음 중 시야가 좁아지는 색에서부터 넓어지는 색으로 올바르게 나열한 것은?
① 녹색<적색<청색<황색<백색
② 녹색<황색<청색<적색<백색
③ 백색<적색<청색<황색<녹색
④ 백색<청색<황색<적색<녹색

35 두 소리의 강도를 하나씩 음압으로 측정한 결과 뒤의 소리가 처음보다 음압이 100배 증가하였다면 이때 dB 수준은 얼마인가?
① 10   ② 40
③ 100   ④ 200

36 다음 중 역치(threshold)에 관한 설명으로 옳은 것은?
① 오래 지속된 자극의 감각이 소멸되는 현상이다.
② 감각을 일으키는 것이 가능한 최소의 자극 강도를 말한다.
③ 감각기관에서 느끼는 자극의 최대 한계값이다.
④ 반복되는 자극이 감각기관에 끼치는 피해 정도를 의미한다.

37 다음 중 조종장치와 표시장치의 관계를 나타낸 조종-반응비율(C/R비)에 관한 설명으로 옳지 않은 것은?
① 최적의 C/R비는 조종시간과 이동시간을 나타내는 두 곡선의 교차점 부근이 된다.
② C/R비가 크면 감도(sensitivity)가 좋고, C/R비가 작으면 감도가 나쁘다.
③ 노브(knob)의 C/R비는 손잡이 1회전 시 움직이는 표시장치 이동거리의 역수로 나타낸다.
④ C/R비가 작은 경우에는 조종장치를 조금만 움직여도 표시장치의 지침은 많이 이동하게 된다.

38 종이의 반사율이 75%이고, 인쇄된 글자의 반사율이 15%일 경우 대비는 약 몇 %인가?
① -400%   ② -80%
③ 80%   ④ 400%

39 계기판(計器板)의 눈금 숫자를 표시하는 방법으로 가장 적절하지 않은 것은?
① 0-1-2-3-4-5
② 0-3-6-9-12-15
③ 0-5-10-15-20-25
④ 0-100-200-300-400-500

40 다음 중 Weber의 법칙에 관한 설명으로 틀린 것은?
① 한계효용체감의 법칙과 동일한 의미이다.
② I를 기준자극, ΔI를 변화감지역(JND)이라 하면 "$\Delta I/I=$상수"로 일정하다.
③ 동일한 양의 인식의 증가를 얻기 위해서 자극은 선형적으로 증가하여야 한다.
④ 기준자극이 커질수록 동일한 크기의 자극을 얻기 위해서는 더 강한 자극을 주어야 한다.

제3과목 : 시공 및 재료

41 연강 철선을 전기 용접하여 정방형 또는 장방형으로 만든 것으로 블록을 쌓을 때나 보호 콘크리트를 타설할 때 사용하며 균열을 방지하고 교차 부분을 보강하기 위해 사용하는 금속제품은?
① 와이어 로프 ② 코너 비드
③ 와이어 메시 ④ 메탈폼

42 점토의 물리적 성질에 대한 설명으로 틀린 것은?
① 점토의 인장강도는 압축강도의 약 5배 정도이다.
② 입자의 크기는 보통 $2\mu m$ 이하의 미립자이지만 모래 정도의 것도 약간 포함되어 있다.
③ 공극률은 점토의 입자 간에 존재하는 모공 용적으로 입자의 형상, 크기에 관계한다.
④ 점토입자가 미세하고 양질의 점토일수록 가소성이 크고, 가소성이 너무 클 때는 모래 또는 샤모테를 섞어 조절한다.

43 실리콘(Silicon) 수지에 관한 설명으로 옳지 않은 것은?
① 탄력성, 내수성 등이 아주 우수하기 때문에 접착제, 도료로서 주로 사용된다.
② 70~80℃의 고온에서는 연화되는 단점이 있다.
③ 가소물이나 금속을 성형할 때 이형제로 쓸 수 있을 정도로 피복력이 있다.
④ 발수성이 있기 때문에 건축물, 전기절연물 등의 방수에 쓰인다.

44 고로슬래그 쇄석에 대한 설명 중 틀린 것은?
① 철의 생산 과정에서 용광로에 생기는 광재를 공기 중 서서히 냉각시켜 경화된 것을 파쇄하여 입도를 고른 것이다.
② 다른 암석을 사용한 콘크리트보다 건조 수축이 크다.
③ 투수성은 보통 골재를 사용한 콘크리트보다 크다.
④ 다공질이기 때문에 흡수율이 높다.

45 수목이 성장 도중 세로방향의 외상으로 수피가 말려들어간 것을 뜻하는 흠의 종류는?
① 옹이 ② 송진구멍
③ 혹   ④ 껍질박이

46 톱밥을 압축 가공하여 만드는 인조 목재판인 MDF(Medium Density Fiberboard)의 장점이 아닌 것은?
① 천연목재보다 강도가 크고 변형이 적다.
② 재질이 천연목재보다 균일하다.
③ 천연목재에 비해 습기에 강하다.
④ 다양한 형태의 시공이 용이하다.

47 다음 중 아스팔트의 물리적 성질에 있어 아스팔트의 견고성 정도를 평가한 것은?
① 신도 ② 침입도
③ 내후성 ④ 인화점

48 다음 바름벽 재료의 분류와 역할의 연결로서 틀린 것은?
① 결합재료 : 경화되어 바름벽에 필요한 강도를 발휘시키기 위한 재료로서, 바름벽의 기본 소재이다.
② 보강재료 : 균열방지를 위하여 부분적으로 사용되는 선상 또는 메시상의 재료이다.

③ 부착재료 : 못, 스테이플, 커터침 등 바람벽 마감과 바탕재료를 붙이는 역할을 하는 재료이다.
④ 바탕재료 : 시공성, 균열, 탈락방지를 위하여 첨가되는 재료이다.

49 다음 중 경량골재에 해당하는 것은?
① 자철광
② 팽창 혈암
③ 중정석
④ 산자갈

50 AE제를 사용한 콘크리트에 대한 설명으로 틀린 것은?
① AE제를 쓰지 않아도 생기는 공기를 entrained air라 한다.
② AE제를 사용함으로써 콘크리트의 블리딩이 감소된다.
③ AE제만 사용하는 것보다는 감수제를 병용하면 워커빌리티 개선에 더욱 효과가 크다.
④ AE제를 사용하면 농결융해 작용에 대한 내동해성이 증가한다.

51 유리의 성질에 관한 설명으로 옳지 않은 것은?
① 보통유리는 대부분의 자외선을 투과시킨다.
② 열전도율 및 열팽창률이 작다.
③ 광선에 대한 성질은 유리의 성분, 두께, 표면의 평활도 등에 따라 다르다.
④ 약산에는 침식되지 않지만 염산·황산·질산 등에는 서서히 침식된다.

52 목재의 압축강도에 영향을 미치는 원인에 대하여 설명한 것으로 틀린 것은?
① 기건비중이 클수록 압축강도는 증가한다.
② 가력방향이 섬유방향과 평행일 때 압축강도는 최대가 된다.
③ 섬유포화점 이상에서 목재의 함수율이 커질수록 압축강도는 계속 낮아진다.
④ 옹이가 있으면 압축강도는 저하하고 옹이지름이 클수록 더욱 감소한다.

53 점토 반죽에 샤모테를 첨가하여 사용하는 경우가 있다. 이 샤모테의 사용 목적은?
① 가소성 조절용
② 용융성 조절용
③ 경화시간 조절용
④ 강도 조절용

54 다음 제시된 석재 중 평균 내구연한이 가장 작은 것은?
① 화강석
② 조립사암
③ 세립사암
④ 백운석

55 뒷면은 영식 쌓기 또는 화란식 쌓기로 하고 표면에는 치장벽돌을 써서 5~6켜는 길이 쌓기로 하며, 다음 1켜는 마구리쌓기로 하여 뒷벽 돌에 물려서 쌓는 벽돌쌓기 방식은?
① 영롱쌓기
② 불식쌓기
③ 엇모쌓기
④ 미식쌓기

56 지붕공사에 사용되는 아스팔트 싱글제품 중 단위 중량이 $10.3 kg/m^2$ 이상 $12.5 kg/m^2$ 미만인 것은?
① 경량 아스팔트 싱글
② 일반 아스팔트 싱글
③ 중량 아스팔트 싱글
④ 초중량 아스팔트 싱글

57 조적조에서 테두리보를 설치하는 이유로 틀린 것은?
① 수직 균열을 방지한다.
② 가로 철근을 정착시킨다.

③ 벽체에 하중을 균등히 분포시킨다.
④ 집중하중을 받는 부분을 보강한다.

58 길이 4.5m, 높이 3m인 벽을 두께 0.5B와 1.0B로 각각 쌓을 때 표준형 점토벽돌의 구매량으로 알맞은 것은?
① 0.5B : 1013매, 1.0B : 2012매
② 0.5B : 1044매, 1.0B : 2012매
③ 0.5B : 1044매, 1.0B : 2073매
④ 0.5B : 1064매, 1.0B : 2113매

59 KS 규정에 의한 보통포틀랜드시멘트(1종)의 응결 시간 기준으로 옳은 것은? (단, 비카시험에 의하며, 초결(이상)-종결(이하)로 표기)
① 60분 - 6시간   ② 45분 - 6시간
③ 60분 - 10시간   ④ 45분 - 10시간

60 알루미늄 새시의 특징으로 옳지 않은 것은?
① 비중이 철재의 1/3로 경량이다.
② 쉽게 녹슬어서 철재 새시보다 사용연한이 짧다.
③ 가공이 용이하다.
④ 열고 닫음이 경쾌하다.

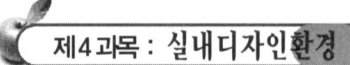
제4과목 : 실내디자인환경

61 다음 설명에 알맞은 공기조화용 송풍기의 종류는?

- 저속 덕트용으로 사용된다.
- 동일 용량에 대해서 송풍기 용량이 적다.
- 날개의 끝부분이 회전방향으로 굽은 전곡형이다.

① 익형   ② 다익형
③ 관류형   ④ 방사형

62 자연환기량에 관한 설명으로 옳은 것은?
① 풍속이 높을수록 적어진다.
② 실내외의 압력차가 클수록 적어진다.
③ 실내외의 온도차가 작을수록 많아진다.
④ 공기유입구와 유출구의 높이의 차이가 클수록 많아진다.

63 흡음재료 중 연속기포 다공질 재료에 관한 설명으로 옳지 않은 것은?
① 유리면, 암면 등이 사용된다.
② 중·고음역에서 높은 흡음률을 나타낸다.
③ 일반적으로 두께를 늘리면 흡음률이 커진다.
④ 재료 표면의 공극을 막는 표면 처리를 할 경우 흡음률이 커진다.

64 복사에 관한 설명으로 옳지 않은 것은?
① 물체에서 복사되는 열량은 그 표면의 절대온도의 4승에 비례한다.
② 복사열전달은 직접 전달되기 때문에 주위에 있는 벽체의 표면온도에 영향을 받지 않는다.
③ 알루미늄박과 같은 금속의 연마면은 복사율이 매우 작으므로 단열판으로 사용이 가능하다.
④ 물질의 표면에 복사열 에너지가 닿으면 그 일부는 물질 내부에 흡수되고 일부는 반사되고, 나머지는 투과된다.

65 급탕설비에 관한 설명으로 옳은 것은?
① 중앙식 급탕방식은 소규모 건물에 유리하다.
② 개별식 급탕방식은 가열기의 설치공간이 필요없다.

③ 중앙식 급탕방식의 간접가열식은 소규모 건물에 주로 사용된다.
④ 중앙식 급탕방식의 직접가열식은 보일러 안에 스케일 부착의 우려가 있다.

66 수증기의 제거를 목적으로 환기를 하려고 한다. 수증기 발생량이 12kg/h이고 환기의 절대습도가 0.008kg/kg′일 때 실내 절대습도를 0.01kg/kg′으로 유지하기 위한 환기량은? (단, 공기의 밀도는 1.2kg/m³이다.)
① 4800m³/h ② 5000m³/h
③ 5200m³/h ④ 5400m³/h

67 다음과 같은 두께 10cm의 경량콘크리트 벽체의 열관류율은?

- 벽체 열전도율 : 0.17W/m·K
- 실내측 표면 열전달률 : 9.28W/m²·K
- 실외측 표면 열전달률 : 23.2W/m²·K

① 0.85W/m²·K ② 1.35W/m²·K
③ 1.85W/m²·K ④ 2.15W/m²·K

68 전기설비의 설계도서 중 기기의 정격, 계통의 전기적 접속관계를 간단한 심볼과 약도(단선)로 나타낸 것은?
① 계통도   ② 배선도
③ 배치도   ④ 단선 결선도

69 건축물 배수시스템의 통기관에 관한 설명으로 옳지 않은 것은?
① 결합통기관은 배수수직관과 통기수직관을 연결한 통기관이다.
② 회로(루프)통기관은 배수횡지관 최하류와 배수수직관을 연결한 것이다.
③ 신정통기관은 배수수직관을 상부로 연장하여 옥상 등에 개구한 것이다.
④ 특수통기방식(섹스티아 방식, 소벤트 방식)은 통기수직관을 설치할 필요가 없다.

70 공기조화방식 중 팬코일 유닛 방식에 관한 설명으로 옳은 것은?
① 소음발생이 적다.
② 전수 방식이므로 수배관으로 인한 누수의 우려가 있다.
③ 콜드 드래프트 방지가 어렵다.
④ 각 실의 유닛은 중앙공조실에서 통제한다.

71 건축법령의 관련 규정에 의하여 설치하는 거실의 반자는 그 높이를 최소 얼마 이상으로 하여야 하는가?
① 2.1m   ② 2.3m
③ 2.6m   ④ 2.7m

72 소방시설의 관계가 서로 잘못 짝지어진 것은?
① 소화설비-스프링클러 설비
② 경보설비-자동화재 탐지설비
③ 피난설비-유도등 및 유도표지
④ 소화활동설비-옥내소화전설비

73 건축법에 따른 단독주택의 소유자가 설치하여야 하는 주택용 소방시설에 해당하는 것은?
① 소화기   ② 인공소생기
③ 비상방송설비 ④ 연결송수관설비

74 특정소방대상물이 특급 소방안전관리대상물로 되기 위한 최소 연면적 기준은? (단, 아파트는 제외)
① 5만m² 이상   ② 10만m² 이상
③ 15만m² 이상 ④ 20만m² 이상

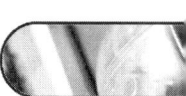

75 바닥으로부터 높이 1m까지 안벽의 마감을 내수재료로 하여야 하는 대상이 아닌 것은?
① 제1종 근린생활시설 중 치과의원의 치료실
② 제2종 근린생활시설 중 휴게음식점의 조리장
③ 제1종 근린생활시설 중 목욕장의 욕실
④ 제2종 근린생활시설 중 일반음식점의 조리장

76 건축물의 내부에 설치하는 피난계단의 구조에 대한 기준으로 옳지 않은 것은?
① 계단실은 창문·출입구 기타 개구부를 제외한 당해 건축물의 다른 부분과 내화구조의 벽으로 구획할 것
② 계단실의 바깥쪽과 접하는 창문 등은 당해 건축물의 다른 부분에 설치하는 창문 등으로부터 2m 이상의 거리를 두고 설치할 것
③ 계단실의 실내에 접하는 부분은 난연재료로 할 것
④ 건축물의 내부와 접하는 계단실의 창문 등은 망입유리의 붙박이창으로서 그 면적을 각각 1m² 이하로 할 것

77 특정소방대상물 중 교육연구시설에 해당하는 것은?
① 무도학원   ② 자동차정비학원
③ 자동차운전학원   ④ 연수원

78 건축물을 건축하거나 대수선하는 경우 해당 건축물의 설계자는 국토교통부령으로 정하는 구조 기준 등에 따라 그 구조의 안전을 확인하여야 하는데 이 대상에 속하지 않는 건축물은?
① 층수가 5층인 건축물
② 연면적이 2000m²인 건축물
③ 처마높이가 8m인 건축물
④ 기둥과 기둥 사이의 거리가 15m인 건축물

79 환기·난방 또는 냉방시설의 풍도가 방화구획을 관통하여 그 관통부분 또는 이에 근접한 부분에 댐퍼를 설치하고자 할 때, 설치하는 댐퍼의 재료로 철판을 사용할 경우 철판의 두께는 최소 얼마 이상으로 하여야 하는가?
① 0.5mm   ② 1.0mm
③ 1.5mm   ④ 2.0mm

80 특정소방대상물에 사용하는 방염대상물품의 방염성능검사를 실시하는 자로 옳은 것은?
① 소방본부장   ② 소방서장
③ 소방방재청장   ④ 안전행정부장관

실/내/건/축/기/사

2024년 3회 복원문제

제1과목 : 실내디자인계획

01 실내공간의 동선에 관한 설명으로 옳지 않은 것은?
① 동선은 사람이나 물건이 움직이는 선을 연결한 것을 말한다.
② 동선은 성격이 다른 동선일지라도 교차시켜서 계획하는 것이 바람직하다.
③ 동선은 짧으면 효율적이지만 공간의 성격에 따라 길게 처리하기도 한다.
④ 동선은 빈도, 속도, 하중의 3요소를 가지며, 이들 요소의 정도에 따라 거리의 장단, 폭의 대소가 결정된다.

02 상점의 판매형식 중 대면판매에 관한 설명으로 옳지 않은 것은?
① 포장대나 계산대를 별도로 둘 필요가 없다.
② 귀금속과 같은 소형 고가품 판매점에 적합하다.
③ 고객과 마주 대하기 때문에 상품 설명이 용이하다.
④ 진열된 상품을 자유롭게 직접 접촉하므로 선택이 용이하다.

03 상점계획에서 진열창의 현휘현상(glare)을 방지하는 방법으로 옳지 않은 것은?
① 곡면유리를 사용한다.
② 진열창의 유리를 경사지게 넣는다.
③ 진열창의 외부에 차양을 붙인다.
④ 내부를 외부보다 어둡게 조명한다.

04 사무소 공간 구성 중 아트리움(atrium)에 관한 설명으로 옳지 않은 것은?
① 실내 조경을 통해 자연 요소의 도입이 가능하다.
② 빛 환경의 관점에서 전력 에너지의 절약이 이루어진다.
③ 개방형 업무공간으로 작업중심의 레이아웃으로 구성된다.
④ 내부 공간의 긴장감을 이완시키는 지각적 카타르시스가 가능하다.

05 분트 도형 착시에 대한 설명으로 옳은 것은?
① 같은 길이의 수직선이 수평선보다 길어 보인다.
② 같은 길이의 직선이 화살표에 의해 길이가 다르게 보인다.
③ 사선이 2개 이상의 평행선으로 중단되면 서로 어긋나 보인다.
④ 같은 크기의 2개의 부채꼴에서 아래쪽의 것이 위의 것보다 커 보인다.

06 아라베스크(Arabesque) 장식문양과 거리가 먼 내용은?
① 식물의 잎, 꽃, 열매 등이 우아한 곡선으로 연결된 장식문양
② 이슬람 건축이나 공예품의 특징인 환상적

인 분위기를 형성하는 장식요소
③ 괴기스러울 정도로 복잡하게 조립한 부자연스러운 장식요소
④ 아라비아풍의 장식요소

07 호텔의 기능에 따른 소요실의 명칭으로 옳은 것은?
① 관리부분 : 식당, 라운지
② 숙박부분 : 보이실, 린넨실
③ 요리부분 : 연회실, 커피숍
④ 공공부분 : 배선실, 주방

08 버내큘러 디자인에 관한 설명으로 옳지 않은 것은?
① 디자인 과정이 다소 불투명하고 익명성을 갖는다.
② 디자인의 기능성보다는 미적 측면을 강조한 디자인이다.
③ 문화적인 사물에 나타난 그 지역의 민속적 특성을 일컫는 표현이다.
④ 전통적인 도구(도끼, 망치 등), 철물류(경첩, 자물쇠 등), 가사도구 등도 해당한다.

09 사무소의 실단위 계획 중 개방식 배치에 관한 설명으로 옳지 않은 것은?
① 커뮤니케이션에 융통성이 있다.
② 개인 업무 공간의 독립성이 좋아진다.
③ 모든 면적을 유용하게 이용할 수 있다.
④ 실의 길이나 깊이에 변화를 줄 수 있다.

10 주택의 현관에 관한 설명으로 옳지 않은 것은?
① 거실이나 침실의 내부와 직접 연결되도록 배치한다.
② 복도나 계단실 같은 연결 통로에 근접시켜 배치한다.
③ 현관의 위치는 도로와의 관계, 대지의 형태 등에 의해 결정된다.
④ 바닥 마감재로는 내수성이 강한 석재, 타일, 인조석 등이 바람직하다.

11 다음 중 좋은 실내디자인을 판단하는 척도로서 우선순위가 가장 낮은 것은?
① 유행성　　② 기능성
③ 심미성　　④ 경제성

12 쇼룸의 공간구성은 상품전시공간, 상담공간, 어트랙션(attraction) 공간, 서비스공간, 통로공간, 출입구를 포함한 파사드로 구성되어진다. 다음 중 어트랙션 공간에 관한 설명으로 가장 알맞은 것은?
① 진열되는 상품을 디스플레이하기 위한 공간으로 진열대와 진열기구, 연출기구 등이 필요하다.
② 입구에서 관람객의 시선을 집중시켜 쇼룸의 내부로 관람객을 유인하는 역할을 한다.
③ 전시상품에 대한 정보를 알리거나 관람자를 안내하기 위한 공간이다.
④ 구매상담을 도와주고 관람자를 통제하는 공간이다.

13 다음 설명에 알맞은 주택 부엌의 유형은?

- 작업대 길이가 2m 정도인 소형 주방가구가 배치된 간이 부엌의 형식이다.
- 사무실이나 독신자 아파트에 주로 설치된다.

① 키친 네트　　② 오픈 키친
③ 독립형 부엌　　④ 다용도 부엌

14 다음 설명에 알맞은 창의 종류는?

벽면 전체를 창으로 처리하는 것으로 어떤 창보다도 큰 조망과 보다 많은 투과광량을 얻는다.

① 윈도우 월 ② 보우 윈도우
③ 베이 윈도우 ④ 픽처 윈도우

15 강연, 콘서트, 독주, 연극공연 등에 가장 많이 사용되며, 연기자가 일정한 방향으로만 관객을 대하는 극장의 평면형은?

① 애리나(arena)형
② 프로시니엄(proscenium)형
③ 오픈 스테이지(open stage)형
④ 센트럴 스테이지(central stage)형

16 제도 문자 표시에 대한 설명으로 옳지 않은 것은?

① 가로방향의 치수기입은 치수선 상단 중앙부에 쓴다.
② 글자체는 고딕체로 쓰는 것을 원칙으로 한다.
③ 치수의 단위는 cm이며 단위기호는 반드시 기입한다.
④ 글자는 수직 또는 15° 경사로 쓰는 것을 원칙으로 한다.

17 공사 완료 후 디자인 책임자가 시공이 설계에 따라 성공적으로 진행되었는지의 여부를 확인할 수 있는 것은?

① 계약서 ② 시방서
③ 공정표 ④ 감리보고서

18 다음 중 평면표시 기호와 명칭의 연결이 틀린 것은?

① 회전문 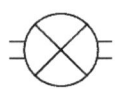 ② 망사창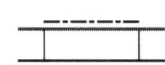
③ 자재문 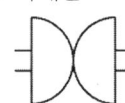 ④ 미서기창

19 형태(form)의 지각심리에 관한 설명으로 옳지 않은 것은?

① 연속성은 유사배열로 구성된 형들이 연속되어 보이는 하나의 그룹으로 지각되는 법칙이다.
② 반전도형은 루빈의 항아리로 설명되며, 배경과 도형이 동시에 지각되는 법칙이다.
③ 유사성은 비슷한 형태, 색채, 규모, 질감, 명암, 패턴의 그룹을 하나의 그룹으로 지각하려는 경향을 말한다.
④ 폐쇄성은 불완전한 형이나 그룹을 폐쇄하거나 완전한 하나의 형, 혹은 그룹으로 완성하여 지각되는 법칙을 말한다.

20 주거공간을 개인공간, 사회공간, 노동공간, 보건·위생공간 등으로 구분할 때, 다음 중 사회공간에 속하는 것은?

① 현관, 욕실 ② 침실, 욕실
③ 서재, 침실 ④ 거실, 식당

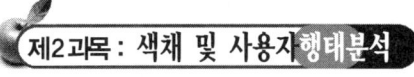

21 물체를 조명하는 광원색의 성질(분광분포)에 따라서 같은 물체라도 색이 달라져 보이게 되는 것은?

① 명시성(明視性) ② 연색성(演色性)

③ 메타메리즘   ④ 푸르킨예 현상

22 저드(D.B. Judd)의 색채조화론에서 '친근성의 원리'를 옳게 설명한 것은?
① 공통점이나 속성이 비슷한 색은 조화된다.
② 자연계의 색으로 쉽게 접하는 색은 조화된다.
③ 규칙적으로 선택된 색들끼리 잘 조화된다.
④ 색의 속성 차이가 분명할 때 조화된다.

23 동일 색상 내에서 톤의 차이를 두어 배색하는 방법으로 명도 그라데이션을 주로 활용하는 배색기법은?
① 톤온톤(Tone on Tone) 배색
② 톤인톤(Tone in Tone) 배색
③ 리피티션(Repetition) 배색
④ 세퍼레이션(Separation) 배색

24 어떤 색채가 매체, 주변색, 광원, 조도 등이 서로 다른 환경하에서 관찰될 때 다르게 보이는 현상은?
① 색영역 매핑(color gamut mapping)
② 컬러 어피어런스(color appearance)
③ 메타머리즘(metamerism)
④ 디바이스 조정(device calibration)

25 모니터의 색온도에 관한 설명으로 틀린 것은?
① 색온도의 단위는 K(Kelvin)를 사용하고, 사용자가 임의로 모니터의 색온도를 설정할 수 있다.
② 모니터의 색온도가 높아지면 전반적으로 불그스레한 느낌을 준다.
③ 자연에 가까운 색을 구현하기 위해서는 모니터의 색온도를 6500K로 설정하는 것이 좋다.
④ 모니터의 색온도가 9300K로 설정되면 흰색이나 회색계열의 색들은 청색이나 녹색조의 색을 띤다.

26 색과 색의 관계가 가까워져 색의 차이를 좁히는 현상은?
① 잔상   ② 리프만 효과
③ 동화현상   ④ 푸르킨예 현상

27 비렌(Birren)의 색과 형의 연결로 틀린 것은?
① 빨강색-정사각형
② 노랑색-삼각형
③ 파랑색-오각형
④ 주황색-직사각형

28 먼셀 색체계의 5가지 기본 색상이 아닌 것은?
① R   ② Y
③ G   ④ C

29 다음 관용색명 중 동물의 이름과 관련된 색명은?
① prussian blue   ② peach
③ cobalt blue   ④ salmon pink

30 의자 및 소파에 관한 설명으로 옳지 않은 것은?
① 카우치(couch)는 몸을 기댈 수 있도록 좌판의 한쪽 끝이 올라간 형태를 갖는다.
② 체스터필드(chesterfield)는 쿠션성이 좋도록 솜, 스펀지 등을 채워 넣은 소파이다.
③ 풀업 체어(pull-up chair)는 필요에 따라 이동시켜 사용할 수 있는 간이의자로 가벼운 느낌의 형태를 갖는다.
④ 세티(settee)는 몸을 축 늘여 쉰다는 의미를 가진 소파로, 머리와 어깨부분을 받칠 수 있도록 한쪽 부분이 경사져 있다.

31 유닛 가구(unit furniture)에 관한 설명으로 옳은 것은?
① 규격화된 단일가구로 다목적으로 사용이 불가능하다.
② 가구의 형태를 변화시킬 수 없으며 고정적인 성격을 갖는다.
③ 특정한 사용목적이나 많은 물품을 수납하기 위해 건축화된 가구를 의미한다.
④ 공간의 조건에 맞도록 조합시킬 수 있으므로 공간의 이용효율을 높일 수 있다.

32 다음 커서(cursor) 위치 조정장치 중 속도가 가장 빠른 것은?
① 키보드 ② 트랙볼
③ 조이스틱 ④ 터치스크린

33 다음 중 인체측정자료를 이용하여 설계할 때 응용원칙과 적용의 연결이 적절하지 않은 것은?
① 최대치-문의 높이
② 조절식-의자의 높이
③ 최소치-그네의 줄 강도
④ 최소치-버스의 손잡이 높이

34 디자인 프리젠테이션에 대한 설명 중 가장 부적합한 것은?
① 2차원, 3차원 도면이나 모형 등을 활용하여 고객의 이해를 돕는다.
② 컴퓨터 및 멀티미디어 등 최신 표현기법의 활용이 일반화되는 경향이다.
③ 디자이너가 1개의 디자인을 결정하여 고객에게 전달하는 과정이다.
④ 디자이너와 고객 간의 긴밀하고 긴요한 의사전달 방법이다.

35 근육의 대사 작용에서 근육 피로의 원인이 되는 물질은?
① 젖산 ② 단백질
③ 포도당 ④ 글리코겐

36 다음 중 소음수준의 측정단위로 표시되는 것은?
① dB(A) ② dB(C)
③ dB(F) ④ dB(L)

37 고온의 작업환경에서 인체의 반응으로 가장 거리가 먼 것은?
① 체표면의 증가
② 피부혈관의 확장
③ 체내의 염분 손실
④ 근육의 긴장과 떨림

38 다음 중 시각적 암호의 사용에 있어 숫자, 색, 영문자, 구성암호를 이용할 경우 주어진 임무(종류의 판별)에 대한 성능이 가장 우수한 것부터 낮은 순으로 올바르게 나열한 것은?
① 색＞숫자＞영문자＞구성암호
② 숫자＞색＞영문자＞구성암호
③ 영문자＞색＞숫자＞구성암호
④ 구성암호＞색＞숫자＞영문자

39 인체 계측치를 응용할 때 주의할 점으로 적합하지 않은 것은?
① 사람은 항상 움직이므로 여유 있는 치수를 설정해야 한다.
② 일반적으로 신체 각 부위의 너비와 두께는 체중과 반비례 관계이다.
③ 모든 신체치수가 평균치에 속하는 사람이 매우 적음을 유의해야 한다.
④ 조절식 또는 극단치의 적용이 부적절한 경우에는 평균치를 기준으로 설계한다.

40 다음 중 시각적 점멸 융합 주파수(VFF)에 영향을 주는 변수들에 대한 설명으로 옳은 것은?
① 연습의 효과는 아주 크다.
② 휘도만 같으면 색은 VFF에 영향을 주지 않는다.
③ VFF는 조명 강도의 대수치에 지수적으로 비례한다.
④ 시표와 주변의 휘도가 같을 때에 VFF는 최소가 된다.

제3과목 : 시공 및 재료

41 목재 접합부에 사용하는 철물과 철물이 저항하는 응력의 종류가 잘못 연결된 것은?
① 산지는 전단력에 저항
② 듀벨은 휨모멘트에 저항
③ 볼트는 인장력에 저항
④ 못은 전단력에 저항

42 다음 중 비닐벽지에 속하지 않는 것은?
① 비닐실크벽지 ② 엠보싱 벽지
③ 발포벽지 ④ 케미컬 벽지

43 석재 갈기의 공정 중 일반적으로 광택기구를 사용하여 광내기를 처리하는 공정은?
① 거친갈기 ② 물갈기
③ 본갈기 ④ 정갈기

44 한중 콘크리트 시공 시 주의사항에 대한 설명으로 옳지 않은 것은?
① 보통 또는 조강포틀랜드시멘트와 함께 감수제를 사용한다.
② 재료의 적정온도를 위하여 시멘트를 가열하여 보관한다.
③ 타설 시 콘크리트 온도는 10℃ 이상 20℃ 이하의 범위로 한다.
④ 초기 동해 방지에 필요한 압축강도를 얻기 위하여 단열보온양생 등을 실시한다.

45 점토제품 시공 후 발생하는 백화에 관한 설명으로 옳지 않은 것은?
① 타일 등의 시유 소성한 제품은 시멘트 중의 경화체가 백화의 주된 요인이 된다.
② 작업성이 나쁠수록 모르타르의 수밀성이 저하되어 투수성이 커지게 되고, 투수성이 커지면 백화 발생이 커지게 된다.
③ 점토제품의 흡수율이 크면 모르타르 중의 함유수를 흡수하여 백화 발생을 억제한다.
④ 모르타르의 물시멘트비가 크게 되면 잉여수가 증대되고, 이 잉여수가 증발할 때 가용 성분의 용출을 발생시켜 백화 발생의 원인이 된다.

46 보통 투명 창유리에 관한 설명 중 옳지 않은 것은?
① 맑은 것은 90% 이상의 가시광선을 투과시킨다.
② 보통 소다석회유리가 사용된다.
③ 불연재료이긴 하나 단열용이나 방화용으로는 부적합하다.
④ 건강에 유익한 자외선을 충분히 투과시킨다.

47 그림과 같은 나무의 무게가 28kg이다. 이 나무의 함수율은? (단, 나무의 절건비중은 0.5이다.)

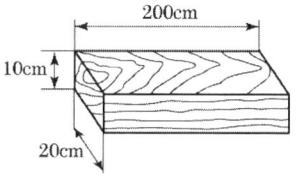

① 25% ② 28.5%
③ 40% ④ 50%

48 합성수지와 체질 안료를 혼합한 입체무늬 모양을 내는 뿜칠용 도료로 콘크리트 및 모르타르 바탕에 도장하는 도료는?
① 본타일
② 다채무늬 도료
③ 규산염 도료
④ 알루미늄 도료

49 금속부식을 방지하기 위한 방법 중 옳은 것은?
① 큰 변형을 받은 금속은 불림하여 사용한다.
② 이종금속의 인접 또는 접촉 사용을 금한다.
③ 표면은 가급적 포습된 상태로 사용한다.
④ 부분적인 녹은 제거하지 않고 사용해도 된다.

50 단층 목구조 건축물에서 일반적으로 사용되지 않는 부재는?
① 토대   ② 통재기둥
③ 멍에   ④ 중도리

51 목재의 신축에 대한 설명 중 옳은 것은?
① 동일 나뭇결에서 심재는 변재보다 신축이 크다.
② 섬유포화점 이상에서는 함수율에 따른 신축 변화가 크다.
③ 일반적으로 곧은결폭보다 널결폭이 신축의 정도가 크다.
④ 신축의 정도는 수종과는 상관없이 일정하다.

52 왕대공 지붕틀의 부재 중 인장재가 아닌 것은?
① ㅅ자보   ② 평보
③ 왕대공   ④ 달대공

53 콘크리트용 잔골재의 단위용적질량이 1.5 kg/l이고 절건밀도가 2.7g/cm^{3}일 때 잔골재의 공극률은 약 얼마인가?
① 24%   ② 34%
③ 44%   ④ 54%

54 암석을 이루고 있는 조암광물에 대한 설명으로 옳지 않은 것은?
① 각섬석·휘석은 검정색을 띤다.
② 방해석은 산에 쉽게 용해된다.
③ 흑운모는 백운모에 비해 안정도가 떨어진다.
④ 석영은 산·알칼리에 약하다.

55 다음 공사비의 구성 내용 중 옳지 않은 것은?
① 공사원가 : 순공사비+현장경비
② 순공사비 : 직접공사비+간접공사비
③ 직접공사비 : 재료비+노무비+외주비+일반관리비
④ 노무비 : 직접노무비+간접노무비

56 트래버틴(travertine)에 관한 설명으로 옳지 않은 것은?
① 석질이 불균일하고 다공질이다.
② 변성암으로 황갈색의 반문이 있다.
③ 탄산석회를 포함한 물에서 침전, 생성된 것이다.
④ 특수 외장용 장식재로서 주로 사용된다.

57 유리가 불화수소에 부식하는 성질을 이용하여 5mm 이상 판유리면에 그림, 문자 등을 새긴 유리는?
① 스테인드유리   ② 망입유리
③ 에칭유리   ④ 내열유리

58 플라스틱 재료의 열적 성질에 관한 설명으로 옳지 않은 것은?

① 내열온도는 일반적으로 열경화성 수지가 열가소성 수지보다 크다.
② 열에 의한 팽창 및 수축이 크다.
③ 실리콘 수지는 열변형 온도가 150℃ 정도이며, 내열성이 낮다.
④ 가열을 심하게 하면 분자 간의 재결합이 불가능하여 강도가 현저하게 저하되는 현상이 발생한다.

59 다음 네트워크 공정표의 최종 공사완료일은 며칠인가?

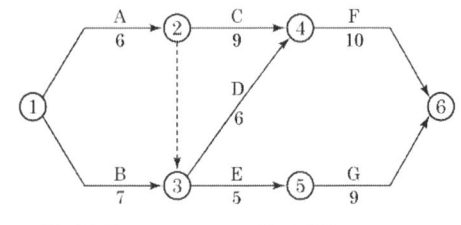

① 20일　　② 22일
③ 23일　　④ 25일

60 강재의 항복비를 옳게 나타낸 것은?
① 탄성한도/인장강도
② 인장강도/탄성한도
③ 인장강도/항복점
④ 항복점/인장강도

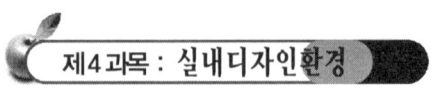

제4과목 : 실내디자인환경

61 절대습도를 가장 올바르게 표현한 것은?
① 포화수증기량에 대한 백분율
② 습공기 1kg당 포함된 수증기의 질량
③ 일정한 온도에서 더 이상 포함할 수 없는 수증기량
④ 습공기를 구성하고 있는 건공기 1kg당 포함된 수증기의 질량

62 외단열과 내단열 공법에 관한 설명으로 옳지 않은 것은?
① 내단열은 외단열에 비해 실온변동이 작다.
② 내단열로 하면 내부결로의 발생 위험이 크다.
③ 외단열로 하면 건물의 열교현상을 방지할 수 있다.
④ 단시간 간헐난방을 하는 공간은 외단열보다는 내단열이 유리하다.

63 건축화 조명 중 코브(cove) 조명에 관한 설명으로 옳은 것은?
① 광원을 넓은 면적의 벽면에 매입하여 비스타(vista)적인 효과를 낼 수 있다.
② 벽면의 상부에 위치하여 모든 빛이 아래로 직사하도록 하는 직접조명방식이다.
③ 천장, 벽의 구조체에 의해 광원의 빛이 천장 또는 벽면으로 가려지게 하여 반사광으로 간접 조명하는 방식이다.
④ 건축구조체로 천장에 조명기구를 설치하고 그 밑에 루버나 유리, 플라스틱 같은 확산 투과판으로 천장을 마감처리하여 설치하는 조명방식이다.

64 용적 5000m³, 잔향시간 1.6초인 실내공간의 잔향시간을 1초로 만들기 위해 추가적으로 필요한 흡음력은?
① 220m²　　② 275m²
③ 300m²　　④ 450m²

65 다음의 조명에 관한 설명 중 ( ) 안에 알맞은 것은?

실내 전체를 거의 똑같이 조명하는 경우를 (ⓐ)이라 하고, 어느 부분만을 강하게 조명하는 방법을 (ⓑ)이라 한다.

① ⓐ 전반조명, ⓑ 간접조명
② ⓐ 직접조명, ⓑ 간접조명
③ ⓐ 전반조명, ⓑ 국부조명
④ ⓐ 직접조명, ⓑ 국부조명

66 다음 중 S트랩에서 자기사이펀 작용에 의한 봉수의 파괴를 방지하기 위한 방법으로 가장 알맞은 것은?

① 트랩의 내표면을 매끄럽게 한다.
② 트랩을 정기적으로 청소하여 이물질을 제거한다.
③ 트랩과 위생기구가 연결되는 관의 관경을 트랩의 관경보다 더 크게 한다.
④ 트랩의 유출부분 단면적이 유입부분 단면적보다 큰 것을 설치한다.

67 전기설비에서 다음과 같이 정의되는 것은?

> 정상적인 회로조건에서 전류를 보내면서 차단할 수 있고, 또한 일정한 시간동안만 전류를 보낼 수도 있으며, 단락회로와 같은 비정상적인 특별 회로조건에서 전류를 차단시키기 위한 장치

① 단로스위치
② 절환스위치
③ 누전차단기
④ 과전류차단기

68 통기배관에 관한 설명으로 옳지 않은 것은?

① 통기수직관을 우수수직관과 연결해서는 안 된다.
② 통기수직관의 하단은 배수수직관에 60° 이상의 각도로 접속한다.
③ 루프통기관의 인출 위치는 배수수평지관 최상류 기구의 하단측으로 한다.
④ 루프통기관에 연결되는 기구수가 많을 경우 도피통기관을 추가로 설치한다.

69 임의 주파수에서 벽체를 통해 입사 음에너지의 1%가 투과하였을 때 이 주파수에서 벽체의 음투과손실은?

① 10dB
② 20dB
③ 30dB
④ 40dB

70 냉방부하를 계산한 결과, 현열부하 90000W인 건물의 송풍공기량은? (단, 취출온도차는 10℃이고, 공기의 비열은 1.21kJ/m³·K이다.)

① 약 26777m³/h
② 약 33242m³/h
③ 약 37814m³/h
④ 약 42150m³/h

71 건축법상 승용승강기를 설치하여야 하는 대상건축물의 선정 기준은?

① 건축물의 용도와 거실바닥면적
② 층수와 연면적
③ 층수와 거실바닥면적의 합계
④ 건축물의 용도와 연면적

72 특급 소방안전관리대상물의 관계인이 소방안전관리자를 선임하는 기준으로 틀린 것은?

① 소방기술사의 자격이 있는 사람
② 소방청장이 실시하는 특급 소방안전관리대상물의 소방안전관리에 관한 시험에 합격한 사람
③ 소방공무원으로 15년 이상 근무한 경력이 있는 사람
④ 소방설비기사의 자격을 취득한 후 5년 이상 1급 소방안전관리대상물의 소방안전관리자로 근무한 실무경력이 있는 사람

73 건축물을 건축하거나 대수선하는 경우에 구조기준 및 구조계산에 따라 그 구조의 안전을 확인하여야 하는 최소기준을 열거한 것으

로 옳지 않은 것은?

① 층수가 3층 이상인 건축물
② 연면적이 1000m² 이상인 건축물
③ 처마높이가 13m 이상인 건축물
④ 기둥과 기둥 사이의 거리가 10m 이상인 건축물

74 방화구조가 되기 위한 기준으로 옳지 않은 것은?

① 철망모르타르로서 그 바름두께가 1.5cm 이상인 것
② 석고판 위에 시멘트모르타르 또는 회반죽을 바른 것으로서 그 두께의 합계가 2.5cm 이상인 것
③ 심벽에 흙으로 맞벽치기한 것
④ 시멘트모르타르 위에 타일을 붙인 것으로서 그 두께의 합계가 2.5cm 이상인 것

75 소규모 건축물의 구조기준에 따른 조적조에서의 개구부에 대한 설명으로 옳지 않은 것은?

① 각 층의 대린벽으로 구획된 각 벽에서 개구부 폭의 합계는 그 벽길이의 1/2 이하로 하여야 한다.
② 하나의 층에 있어서의 개구부와 그 바로 위층에 있는 개구부와의 수직거리는 90cm 이상이어야 한다.
③ 벽에 설치하는 개구부에 있어서는 각 층마다 그 개구부 상호간 또는 개구부와 대린벽 중심과의 수평거리는 그 벽두께의 2배 이상으로 하여야 한다.
④ 폭이 1.8m를 넘는 개구부의 상부에는 철근콘크리트 구조의 윗인방을 설치하여야 한다.

76 화재예방, 소방시설 설치·유지 및 안전관리에 관한 법령에 따라 원칙적으로 화재안전정책에 관한 기본계획을 계획 시행 전년도 8월 31일까지 관계 중앙행정기관의 장과 협의를 거쳐 계획 시행 전년도 9월 30일까지 수립하여야 하는 자는?

① 소방청장 ② 시·도지사
③ 소방서장 ④ 국무총리

77 해당 법령에서 정하는 내화구조에 해당하는 기준으로 옳은 것은? (단, 벽체의 경우)

① 철근콘크리트조 또는 철골철근콘크리트조로서 두께가 5cm 이상인 것
② 철재로 보강된 콘크리트블록조·벽돌조 또는 석조로서 철재에 덮은 콘크리트 블록 등의 두께가 5cm 이상인 것
③ 벽돌조로서 두께가 10cm 이상인 것
④ 고온·고압의 증기로 양생된 경량기포 콘크리트 패널 또는 경량기포 콘크리트 블록조로서 두께가 5cm 이상인 것

78 건축물에 설치하는 급수·배수의 용도로 쓰이는 배관설비의 설치 및 구조기준으로 옳지 않은 것은?

① 승강기의 승강로 안에는 승강기의 운행에 필요한 배관설비와 다른 배관설비도 함께 설치한다.
② 배관설비를 콘크리트에 묻는 경우 부식의 우려가 있는 재료는 부식방지조치를 하여야 한다.
③ 건축물의 주요부분을 관통하여 배관하는 경우 건축물의 구조내력에 지장이 없도록 해야 한다.
④ 압력탱크 및 급탕설비에는 폭발 등의 위험을 막을 수 있는 시설을 설치하여야 한다.

79 대수선의 범위에 관한 기준으로 옳지 않은 것은?
① 내력벽을 증설 또는 해체하거나 그 벽면적을 30m² 이상 수선 또는 변경하는 것
② 기둥을 증설 또는 해체하거나 세 개 이상 수선 또는 변경하는 것
③ 보를 증설 또는 해체하거나 두 개 이상 수선 또는 변경하는 것
④ 방화벽 또는 방화구획을 위한 바닥 또는 벽을 증설 또는 해체하거나 수선 또는 변경하는 것

80 실내마감이 불연재료이고 자동식 소화설비가 설치된 각 층 바닥면적이 3000m²인 업무시설의 11층은 최소 몇 개의 영역으로 방화구획하여야 하는가?
① 층간 방화구역
② 2개의 영역으로 구획
③ 3개의 영역으로 구획
④ 5개의 영역으로 구획

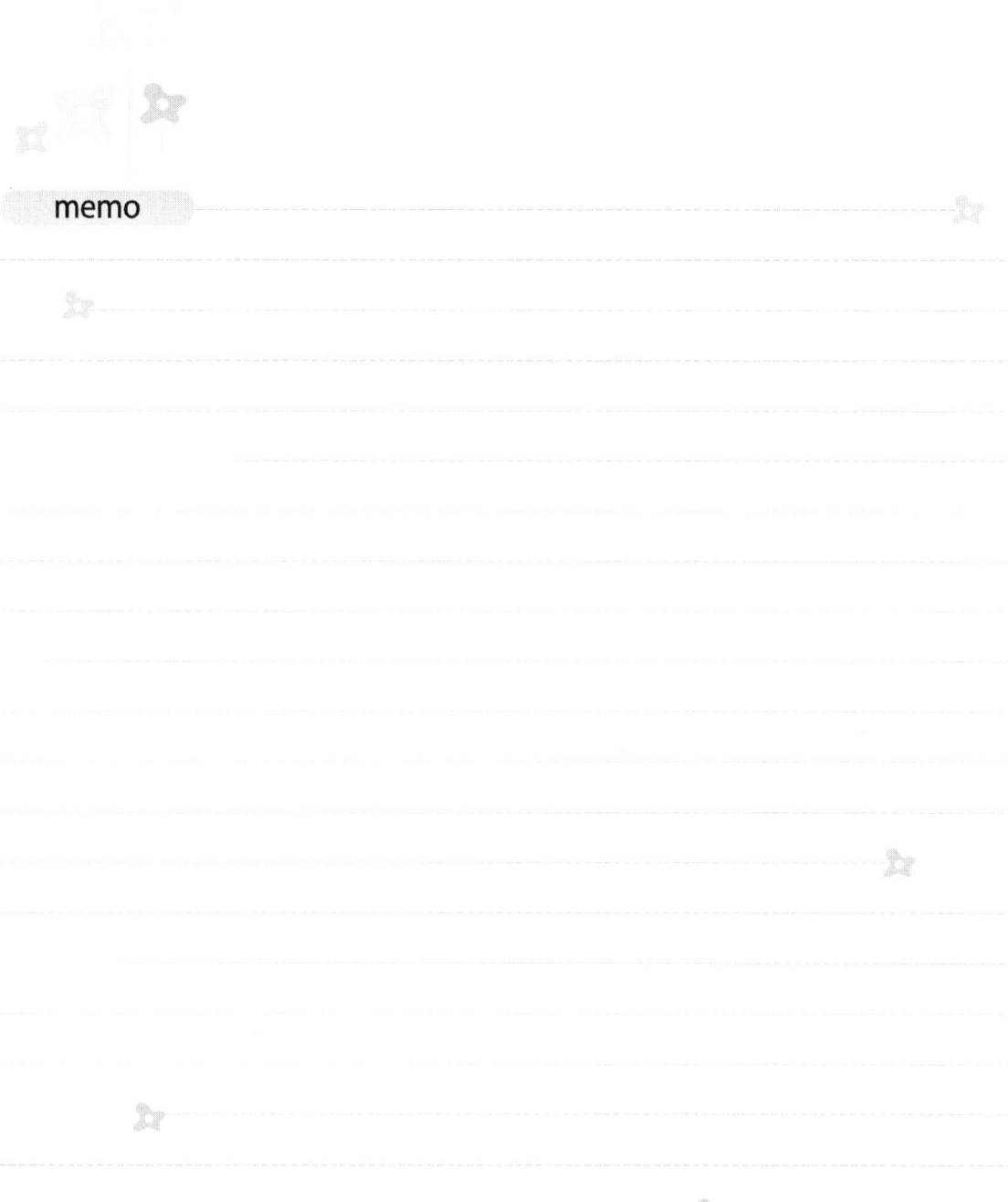

part 6

모의고사

실/내/건/축/기/사

모의고사 제1회

제1과목 : 실내디자인계획

01 리듬의 효과를 위해 사용되는 요소에 속하지 않는 것은?
① 반복
② 방사
③ 점진
④ 조화

02 실내장식물에 관한 설명으로 옳지 않은 것은?
① 수석이나 수족관은 감상 위주의 장식물에 속한다.
② 실내장식물은 기능이 없으므로 장식적인 효과만을 고려한다.
③ 실내장식물은 공간을 강조하고 흥미를 높여주는 효과가 있다.
④ 실내장식물은 개성을 나타내는 자기표현의 수단이 될 수 있다.

03 황금비를 바탕으로 한 대수 개념의 모듈 체계인 모듈러(modulor)의 개념을 만든 건축가는?
① 알바 알토
② 르 코르뷔지에
③ 미스 반 데어 로에
④ 프랭크 로이드 라이트

04 선의 종류별 조형 효과에 관한 설명으로 옳은 것은?
① 사선은 약동감, 생동감의 느낌을 준다.
② 수평선은 상승감, 존엄성의 느낌을 준다.
③ 곡선은 미묘함, 불명료함 등 남성적인 느낌을 준다.
④ 수직선은 평화, 침착, 고요 등 주로 정적인 느낌을 준다.

05 실내 기본요소 중 천장에 관한 설명으로 옳은 것은?
① 바닥과 함께 실내공간을 구성하는 수직적 요소이다.
② 바닥이나 벽에 비해 접촉빈도가 높으며 공간의 크기에 영향을 끼친다.
③ 바닥은 시대와 양식에 의한 변화가 현저한데 비해 천장은 매우 고정적이다.
④ 천장을 낮추면 친근하고 아늑한 공간이 되고 높이면 확대감을 줄 수 있다.

06 부엌 작업대의 배치 유형 중 ㄱ자형에 관한 설명으로 옳지 않은 것은?
① 일반적으로 작업대의 길이는 1500mm 미만이 적합하다.
② 작업을 위한 동작 범위가 일정한 범위에 놓이므로 편리하다.
③ 한쪽 면에 싱크대를, 다른 면에 가스레인지를 설치하면 능률적이다.
④ 여유공간에 식탁을 배치하여 식당 겸 부엌으로 사용하는 경우에 적합하다.

07 연속적인 주제를 시간적인 연속성을 가지고 선형으로 연출하는 전시방법은?

① 하모니카 전시
② 파노라마 전시
③ 아일랜드 전시
④ 아이맥스 전시

08 개구부에 관한 설명으로 옳지 않은 것은?
① 한 공간과 인접된 공간을 연결시킨다.
② 가구배치와 동선계획에 영향을 미친다.
③ 벽체를 대신하여 건축구조 요소로 사용된다.
④ 창의 크기와 위치, 형태는 창에서 보이는 시야의 특징을 결정한다.

09 다음 설명에 알맞은 실내디자인의 조건은?

> 최소의 자원을 투입하여 공간의 사용자가 최대로 만족할 수 있는 효과가 이루어지도록 하여야 한다.

① 기능적 조건
② 심미적 조건
③ 경제적 조건
④ 물리·환경적 조건

10 벽의 상부에 길게 설치된 반사상자 안에 광원을 설치, 모든 빛이 하부로 향하도록 하는 건축화 조명방식은?
① 코브 조명   ② 광창 조명
③ 코니스 조명 ④ 광천장 조명

11 사무소의 실단위계획 중 개방식 배치에 관한 설명으로 옳지 않은 것은?
① 전체 면적을 유효하게 이용할 수 있다.
② 개인의 프라이버시가 결여되기 쉽다.
③ 방의 길이나 깊이에 변화를 줄 수 있다.
④ 자연채광 외에 별도의 인공조명이 불필요하다.

12 상점건축에서 쇼윈도, 출입구 및 홀의 입구 부분을 포함한 평면적인 구성 요소와 아케이드, 광고판, 사인, 외부장치를 포함한 입체적인 구성 요소의 총체를 의미하는 것은?
① 파사드(facade)
② 스테이지(stage)
③ 쇼케이스(show case)
④ P.O.P(point of purchase)

13 다음에서 설명하고 있는 아이디어 창출기법은?

> - 일정한 주제에 대해 구성원이 자유발언을 하여 아이디어를 찾아내는 방법이다.
> - 어떤 발언이라도 그에 대한 비판을 해서는 안 된다.

① 브레인 스토밍   ② 버즈 세션
③ 롤 플레잉   ④ 시네틱스

14 상점 쇼윈도의 눈부심 방지 방법으로 옳지 않은 것은?
① 곡면유리를 사용한다.
② 쇼윈도 상부에 차양을 설치하여 햇빛을 차단한다.
③ 내부 조도를 외부 도로면의 조도보다 어둡게 처리한다.
④ 유리를 경사지게 처리하여 외부 영상이 시야에 들어오지 않게 한다.

15 건축물과 건축양식의 연결이 옳지 않은 것은?
① 아크로폴리스(Acropolis)-그리스건축
② 오벨리스크(Obelisk)-메소포타미아건축
③ 판테온(Pantheon) 신전-로마건축
④ 아미앵(Amiens) 성당-고딕건축

16 다음 중 선긋기의 유의사항으로 옳은 것은?
① 모든 종류의 선은 일목요연하게 같은 굵기로 긋는다.
② 축척과 도면의 크기에 따라 선의 굵기를 다르게 한다.
③ 한번 그은 선은 중복해서 여러 번 긋는다.
④ 가는 선일수록 선의 농도를 낮게 조정한다.

17 로마시대의 주택에 관한 설명으로 옳지 않은 것은?
① 판사(pansa)의 주택같은 부유층의 도시형 주거는 주로 보도에 면하여 있었다.
② 인술라(insula)에는 일반적으로 난방시설과 개인목욕탕이 설치되었다.
③ 빌라(villa)는 상류신분의 고급 교외별장이다.
④ 타블리눔(tablinum)은 가족의 중요 문서 등이 보관되어 있는 곳이었다.

18 다음 중 건축제도의 치수기입에 관한 설명으로 옳지 않은 것은?
① 협소한 간격이 연속될 때에는 인출선을 사용하여 치수를 쓴다.
② 치수는 특별히 명시하지 않는 한 마무리 치수로 표시한다.
③ 치수기입은 치수선에 평행하게 도면의 왼쪽에서 오른쪽으로, 아래로부터 위로 읽을 수 있도록 기입한다.
④ 치수기입은 항상 치수선 중앙 아랫부분에 기입하는 것이 원칙이다.

19 치수를 자 또는 삼각자의 눈금으로 잰 후 제도지에 같은 길이로 분할할 때 사용하는 제도 용구는?
① 디바이더 ② 운형자
③ 컴퍼스 ④ T자

20 다음 중 척도에 대한 설명으로 옳은 것은?
① 척도는 배척, 실척, 축척 3종류가 있다.
② 배척은 실물과 같은 크기로 그리는 것이다.
③ 축척은 일정한 비율로 확대하는 것이다.
④ 축척은 1/1, 1/15, 1/100, 1/250, 1/350이 주로 사용된다.

제2과목 : 실내디자인 색채 및 사용자행태 분석

21 다음 설명에 알맞은 가구의 종류는?

> 가구와 인간과의 관계, 가구와 건축구체와의 관계, 가구와 가구와의 관계 등을 종합적으로 고려하여 적합한 치수를 산출한 후 이를 모듈화시킨 각 유닛이 모여 전체 가구를 형성한 것이다.

① 시스템 가구 ② 붙박이 가구
③ 그리드 가구 ④ 수납용 가구

22 먼셀 색입체를 무채색 축을 통하여 수직으로 절단한 단면은?
① 등색상면
② 등명도면
③ 등채도면
④ 등명도면과 등채도면

23 오스트발트 표색계의 순색량은 무엇으로 표기하는가?
① C ② W
③ H ④ B

24 오스트발트 표색계에 대한 설명으로 틀린 것은?

① B에서 W방향으로 a, c, e, g, i, l, n, p로 나누어 표기한다.
② 등색상 삼각형에서 BC와 평행선상에 있는 색들은 백색량이 같은 색계열이다.
③ 등색상 삼각형에서 WB와 평행선상에 있는 색들은 순색량이 같은 색계열이다.
④ WB측에서 백색의 혼량비는 베버와 페흐너의 법칙에 따라 등비급수적인 변화를 한다.

25 물체표면의 색은 빛이 각 파장에 어떠한 비율로 반사되는가에 따라 판단되는데 이것을 무엇이라 하는가?
① 분광분포율 ② 분광반사율
③ 분광조성   ④ 분광

26 오스트발트의 색채조화에서 등색상 3각형의 C와 B의 평행선상에 있는 색은?
① 등백 계열
② 등흑 계열
③ 등순 계열
④ 등흑 계열과 무채색

27 오스트발트의 조화론 중 등백계열 조화에 해당되는 것은?
① pa-ia-ca   ② pa-pg-pn
③ ca-ga-ge   ④ gc-lg-pl

28 색채계획에 있어서 가장 요구되는 디자이너의 자질은?
① 즉흥적이고 연상적인 감각을 가져야 한다.
② 기능성에 주안을 둔 과학적, 이성적 처리 능력이 필요하다.
③ 감각적인 것에 치중하여야 한다.
④ 심미적인 관점에서 계획해야 한다.

29 황색이나 레몬색에서 과일냄새를 느끼는 것과 같은 감각현상은?
① 시인성   ② 상징성
③ 공감각   ④ 시감도

30 모니터의 색온도에 관한 설명으로 틀린 것은?
① 색온도의 단위는 K(Kelvin)를 사용하고, 사용자가 임의로 모니터의 색온도를 설정할 수 있다.
② 모니터의 색온도가 높아지면 전반적으로 붉그스레한 느낌을 준다.
③ 자연에 가까운 색을 구현하기 위해서는 모니터의 색온도를 6500K로 설정하는 것이 좋다.
④ 모니터의 색온도가 9300K로 설정되면 흰색이나 회색계열의 색들은 청색이나 녹색조의 색을 띤다.

31 다음 중 마르셀 브로이어(Marcel Breuer)가 디자인한 의자는?
① 판톤 의자
② 적청 의자
③ 바실리 의자
④ 바르셀로나 의자

32 다음의 소파(sofa)에 대한 설명 중 옳지 않은 것은?
① 소파가 침대를 겸용할 수 있는 것을 소파베드라 한다.
② 체스터필드는 고대 로마시대 음식물을 먹거나 잠을 자기 위해 사용했던 긴 의자로 좌판의 한쪽 끝이 올라간 형태이다.
③ 라운지 소파는 편히 누울 수 있도록 쿠션이 좋으며 머리와 어깨부분을 받칠 수 있도록 한쪽 부분이 경사져 있다.

④ 세티는 동일한 두 개의 의자를 나란히 합해 2인이 앉을 수 있도록 한 것이다.

33 인간의 눈의 구조에서 망막의 감각세포에서 모양과 색을 인식할 수 있는 것은?
① 원추세포 ② 초자체
③ 간상세포 ④ 홍채

34 다음 설명에 해당하는 양립성의 종류로 옳은 것은?

> 가스레인지의 우측 조절기를 돌리면, 우측 노즐의 불 조절이 가능하고, 좌측 조절기를 돌리면, 좌측 노즐의 불 조절이 가능하도록 설계하였다.

① 공간 양립성 ② 개념 양립성
③ 운동 양립성 ④ 제어 양립성

35 소음이 존재하는 경우, 신호의 검출도를 증가시키는 방법으로 옳은 것은?
① 신호의 세기를 감소시킨다.
② 소음은 한쪽 귀에만, 신호는 양쪽 귀에 들리게 한다.
③ 신호의 주파수를 소음 세기가 낮은 영역의 주파수로 바꾼다.
④ 신호의 주파수에 해당하는 주파수 영역(즉, 임계대역폭)의 소음 세기를 늘린다.

36 시각적 표시장치의 지침 설계 원칙으로 적절하지 않은 것은?
① 뾰족한 지침을 사용할 것
② 지침을 눈금면과 밀착시킬 것
③ 지침의 색은 선단에서 눈금의 중심까지 칠할 것
④ 지침의 끝은 작은 눈금과 겹치도록 할 것

37 정보의 입력에 있어 청각장치보다 시각장치를 이용하는 것이 더 유리한 경우는?
① 정보의 내용이 복잡한 경우
② 수신자가 자주 이동하는 경우
③ 정보가 다음에 재참조되지 않는 경우
④ 정보의 내용이 즉각적인 행동을 요구하는 경우

38 신체 각 부위의 운동에 대한 설명으로 틀린 것은?
① 굴곡(flexion) : 관절에서의 각도가 감소하는 동작
② 신전(extension) : 관절에서의 각도가 증가하는 동작
③ 외전(abduction) : 몸의 중심선으로부터의 회전 동작
④ 내선(medial rotation) : 몸의 중심선을 향하여 안쪽으로 회전하는 동작

39 인체측정치의 최대 집단치를 적용하는 대상으로 적절하지 않은 것은?
① 탈출구의 넓이
② 출입문의 높이
③ 그네의 지지 하중
④ 버스의 손잡이 높이

40 조도(illumination)의 단위에 해당하는 것은?
① lumen
② fc(foot-candle)
③ NIT(cd/m^2)
④ fL(foot-Lamberts)

제3과목 : 실내디자인 시공 및 재료

41 아스팔트의 분류 중 천연 아스팔트에 해당하는 것은?
① 스트레이트 아스팔트
② 블론 아스팔트
③ 아스팔트 컴파운드
④ 레이크 아스팔트

42 내열성은 높지 않으나 우수한 단열성 때문에 냉동기기에 많이 사용되는 단열재는?
① 규산칼슘판 ② 폴리우레탄폼
③ 세라믹 섬유 ④ 펄라이트판

43 내약품성, 내마모성이 우수하여, 화학공장의 방수층을 겸한 바닥 마무리로 가장 적합한 것은?
① 에폭시 도막방수
② 아스팔트 방수
③ 무기질 침투방수
④ 합성고분자 방수

44 콘크리트의 건조수축에 관한 설명으로 옳지 않은 것은?
① 동일 물시멘트비의 경우 단위수량이 많을수록 콘크리트의 수축량이 증가한다.
② 골재 중에 포함된 미립분이나 점토, 실트는 일반적으로 건조수축을 감소시킨다.
③ 골재가 경질이고 탄성계수가 클수록 적게 된다.
④ 시멘트의 종류도 건조수축량에 영향을 끼치는 요인이다.

45 다음 중 재료와 용도의 연결이 옳지 않은 것은?

① 코르크판 : 흡음재
② 규조토 : 보온재
③ 광명단 : 방수재
④ 바니시 : 투명도료

46 수경성 미장재료가 아닌 것은?
① 돌로마이트 플라스터
② 시멘트 모르타르
③ 혼합석고 플라스터
④ 순석고 플라스터

47 점토제품 공정에 대한 설명으로 옳지 않은 것은?
① 소성은 보통 터널요에 넣어서 서서히 가열한다.
② 시유는 반드시 소성 전에 제품의 표면에 고르게 바른다.
③ 건조는 자연건조 또는 소성가마의 여열을 이용한다.
④ 반죽은 조합된 점토에 물을 부어 비벼 수분이나 경도를 균질하게 하고, 필요한 점성을 부여한다.

48 목재에 관한 설명 중 옳지 않은 것은?
① 섬유포화점이란 흡착 수분만이 최대한도로 존재하는 상태를 말하며 그때의 함수율은 약 30%이다.
② 목재는 섬유포화점 이상의 함수상태에서는 함수율의 증감에 따라 신축하지 않으나 그 이하에서는 함수율에 비례하여 신축한다.
③ 섬유포화점 이상에서는 목재의 강도는 일정하나 그 이하에서는 함수율이 감소하면 강도도 감소한다.
④ 동일 건조상태이면 비중이 큰 것일수록 강도, 탄성계수가 크다.

49 타일 크기가 10cm×10cm이고 가로세로 줄눈을 6mm할 때 면적 1m²에 필요한 타일의 정미수량은?
① 97매   ② 92매
③ 89매   ④ 85매

50 시멘트 600포대를 저장할 수 있는 시멘트 창고의 최소 필요면적으로 옳은 것은?
① 18.46m²   ② 21.64m²
③ 23.25m²   ④ 25.84m²

51 벽면적 4.8m² 크기에 1.5B 두께로 붉은 벽돌을 쌓고자 할 때 벽돌의 소요매수는?
① 925매   ② 963매
③ 1108매   ④ 1245매

52 돌로마이트 플라스터 바름에 대한 설명 중 옳지 않은 것은?
① 정벌바름은 반죽하여 12시간 정도 지난 후 사용한다.
② 바름두께가 균일하지 못하면 균열이 발생하기 쉽다.
③ 돌로마이트 플라스터는 수경성이므로 해초풀을 적당한 비율로 배합해서 사용해야 한다.
④ 시멘트와 혼합하여 2시간 이상 경과한 것은 사용할 수 없다.

53 목공사에 사용되는 철물에 대한 설명 중 옳지 않은 것은?
① 못의 길이는 박아대는 재두께의 2.5배 이상이며, 마구리 등에 박는 것은 3.0배 이상으로 한다.
② 감잡이쇠는 큰 보에 걸쳐 작은 보를 받게 하고, 안장쇠는 평보를 대공에 달아매는 경우 또는 평보와 ㅅ자보의 밑에 쓰인다.
③ 볼트 구멍은 볼트 지름보다 3mm 이상 커서는 안 된다.
④ 듀벨은 볼트와 같이 사용하여 듀벨에는 전단력, 볼트에는 인장력을 분담시킨다.

54 합성고무와 열가소성 수지를 사용하여 1겹으로 방수효과를 내는 공법은?
① 도막방수   ② 시트방수
③ 아스팔트방수   ④ 표면도포방수

55 벽돌에 생기는 백화를 방지하기 위한 방법으로 옳지 않은 것은?
① 10% 이하의 흡수율을 가진 양질의 벽돌을 사용한다.
② 벽돌면 상부에 빗물막이를 설치한다.
③ 파라핀 도료를 발라 염류가 나오는 것을 방지한다.
④ 줄눈 모르타르에 석회를 넣어 바른다.

56 지하방수에 대한 설명으로 옳지 않은 것은?
① 바깥방수는 깊은 지하실에서 유리하다.
② 바깥방수에는 보통 시트나 아스팔트 방수 및 벤토나이트 방수법이 많이 쓰인다.
③ 안방수는 시공이 어렵고 보수가 쉽지 않은 단점이 있다.
④ 안방수는 시트나 아스팔트 방수보다 액체 방수를 많이 활용한다.

57 창문 위에 건너질러 상부에서 오는 하중을 좌우벽으로 전달시키기 위하여 설치하는 보는?
① 기초보   ② 인방보
③ 토대   ④ 테두리보

58 목재에 사용하는 방부제에 해당되지 않는 것은?

① 크레오소트 유(Creosote oil)
② 콜타르(Coal tar)
③ 카세인(Casein)
④ P.C.P(Penta Chloro Phenol)

59 다음 중 바니시 칠하기 순서를 바르게 연결한 것은?

   ㉠ 바탕처리   ㉡ 눈먹임
   ㉢ 색올림   ㉣ 왁스 문지름

① ㉠ → ㉡ → ㉢ → ㉣
② ㉠ → ㉢ → ㉡ → ㉣
③ ㉡ → ㉠ → ㉢ → ㉣
④ ㉡ → ㉢ → ㉠ → ㉣

60 목재의 무늬나 바탕의 재질을 잘 보이게 하는 도장 방법은?

① 유성페인트 도장
② 에나멜페인트 도장
③ 합성수지 페인트 도장
④ 클리어 래커 도장

● **제 4과목 : 실내디자인 환경**

61 건축관계법규상 내화구조로 인정될 수 없는 것은?

① 철재로 보강된 유리블록 또는 망입유리로 된 지붕
② 단면이 30cm×30cm인 철근콘크리트조 기둥
③ 벽돌조로서 두께가 15cm인 벽
④ 철골조로 된 계단

62 건축허가 등을 할 때 미리 소방본부장 또는 소방서장의 동의를 받아야 하는 건축물 등의 범위 기준으로 옳지 않은 것은?

① 노유자시설 및 수련시설로서 연면적이 $200m^2$ 이상인 것
② 차고・주차장으로 사용되는 층 중 바닥면적 $200m^2$ 이상인 층이 있는 시설
③ 승강기 등 기계장치에 의한 주차시설로서 자동차 15대 이상을 주차할 수 있는 시설
④ 지하층 또는 무창층이 있는 건축물로서 바닥면적 $150m^2$ 이상인 층이 있는 것

63 건축물 내부 피난계단의 설치 기준으로 옳지 않은 것은?

① 계단실은 창문・출입구 기타 개구부를 제외한 당해 건축물의 다른 부분과 내화구조의 벽으로 구획할 것
② 계단실의 실내에 접하는 부분의 마감은 난연재료로 할 것
③ 계단실에는 예비전원에 의한 조명설비를 할 것
④ 계단실의 바깥쪽과 접하는 창문 등은 당해 건축물의 다른 부분에 설치하는 창문 등으로부터 2m 이상의 거리를 두고 설치할 것

64 건축법상 방화구획을 설치하는 목적으로 가장 적합한 것은?

① 이웃 건축물로부터의 인화방지
② 동일 건축물 내에서의 화재확산방지
③ 화재 시 건축물의 붕괴방지
④ 화재 시 화재진압의 원활

65 소방용품 중 피난구조설비를 구성하는 제품 또는 기기와 가장 거리가 먼 것은?

① 발신기   ② 구조대

③ 완강기 ④ 통로 유도등

66 방염성능기준 이상의 실내장식물을 설치하여야 하는 특정소방대상물이 아닌 것은?
① 층수가 11층 이상인 것(아파트 제외)
② 의료시설 중 종합병원
③ 건축물의 옥내에 위치한 수영장
④ 근린생활시설 중 체력단련장

67 판매시설의 당해 용도로 쓰이는 층의 최대 바닥면적이 500m²일 때 피난층에 설치하는 건축물의 바깥쪽으로 나가는 출구의 유효너비 합계는 최소 얼마 이상인가?
① 2.5m ② 3m
③ 3.5m ④ 5m

68 소화활동설비에 포함되지 않는 것은?
① 제연설비 ② 연결송수관설비
③ 비상방송설비 ④ 비상콘센트설비

69 다음 중 차폐계수가 가장 큰 유리의 종류는? (단, ( ) 안의 수치는 유리의 두께임)
① 보통 유리(3mm)
② 흡열 유리(3mm)
③ 흡열 유리(6mm)
④ 흡열 유리(12mm)

70 천창채광에 관한 설명으로 옳지 않은 것은?
① 통풍에 불리하다.
② 비막이에 불리하다.
③ 좁은 실에서 해방감 확보가 용이하다.
④ 근린의 상황에 의해 채광을 방해받는 경우가 적다.

71 각종 광원에 관한 설명으로 옳지 않은 것은?
① 형광램프는 점등장치를 필요로 한다.
② 할로겐 전구는 소형화할 수 없는 단점이 있다.
③ 고압 수은 램프는 광속이 큰 것과 수명이 긴 것이 특징이다.
④ 메탈할라이드 램프는 고압 수은 램프보다 효율과 연색성이 우수하다.

72 풍력에 의한 환기량을 계산하려고 한다. 건물이 받고 있는 풍속만을 2배로 증가시켰을 경우 환기량의 변화는? (단, 기타 조건은 동일함)
① 1배 증가 ② 2배 증가
③ 4배 증가 ④ 8배 증가

73 다음 중 단열의 메커니즘에 속하지 않는 것은?
① 용량형 단열 ② 반사형 단열
③ 저항형 단열 ④ 투과형 단열

74 다음 중 배수설비에서 봉수가 자기사이펀 작용에 의해 파괴되는 것을 방지하기 위한 방법으로 가장 적절한 것은?
① S트랩을 사용한다.
② 각개 통기관을 설치한다.
③ 트랩 출구의 모발 등을 제거한다.
④ 봉수의 깊이를 15cm 이상으로 깊게 유지한다.

75 전기설비의 전압 구분에서 저압에 대한 기준으로 옳은 것은?
① 교류 110V 이하, 직류 220V 이하
② 교류 220V 이하, 직류 100V 이하
③ 교류 750V 이하, 직류 600V 이하
④ 교류 1000V 이하, 직류 1500V 이하

76 다음 설명에 알맞은 조명방식은?

> 작업구역에는 전용의 국부조명방식으로 조명하고, 기타 주변 환경에 대하여는 간접조명과 같은 낮은 조도레벨로 조명하는 방식을 말한다.

① TAL 조명방식
② 건축화 조명방식
③ 플로어형 조명방식
④ LED 램프 조명방식

77 다음 설명에 알맞은 공기조화설비의 취출구는?

> - 확산형 취출구의 일종으로 몇 개의 콘(cone)이 있어서 1차 공기에 의한 2차 공기의 유인성능이 좋다.
> - 확산반경이 크고 도달거리가 짧기 때문에 천장취출구로 많이 사용된다.

① 팬형　　　　② 노즐형
③ 아네모스탯형　④ 브리즈 라인형

78 음의 세기가 10^{-10}W/m^2인 음의 세기 레벨은? (단, 기준음의 세기는 10^{-12}W/m^2이다.)

① 10dB　　　② 20dB
③ 30dB　　　④ 40dB

79 건축화 조명에 관한 설명으로 옳지 않은 것은?

① 조명기구의 배치방식에 의하면 대부분 전반조명 방식에 해당된다.
② 건축물의 천장이나 벽을 조명기구 겸용으로 마무리하는 것이다.
③ 천장면 이용방식으로는 코너 조명, 코니스 조명, 밸런스 조명 등이 있다.
④ 조명기구 독립설치 방식에 비해 빛의 공간 배분 및 미관상 뛰어난 조명효과가 있다.

80 다음 중 욕실, 화장실 등에 자연급기와 배기팬이 조합된 환기를 설치하는 이유로 가장 알맞은 것은?

① 실내외의 온도차에 의한 환기가 이루어지게 하기 위해
② 환기량을 정확하게 유지하고 확실한 환기가 되도록 하기 위해
③ 실내에서 발생되는 취기 등이 다른 공간으로 유출되지 않도록 하기 위해
④ 실내의 압력을 외부보다 높여 실외 공기가 실내로 유입되지 않도록 하기 위해

실/내/건/축/기/사

모의고사 제2회

● 제1과목 : 실내디자인 계획

01 시스템 디자인(system design)에 관한 설명으로 옳은 것은?
① 디자인에서 시스템 적용은 모듈에 의한 표준화, 조립화와 연결된다.
② 시스템 가구는 형태적 측면에서 고려된 것으로 대량 생산과는 관계가 없다.
③ 시스템 키친(system kitchen)은 주방용기인 그릇 등의 디자인을 통합하는 작업이다.
④ 서비스 코어 시스템(service core system)은 가구나 조명 등 실내공간을 보조하는 시스템을 말한다.

02 현실적 형태 중 자연형태에 관한 설명으로 옳지 않은 것은?
① 자연계에 존재하는 모든 것으로부터 보이는 형태를 말한다.
② 기하학적인 형태는 불규칙한 형태보다 비교적 가볍게 느껴진다.
③ 단순한 부정형의 형태를 취하기도 하지만 경우에 따라서는 체계적인 기하학적인 특징을 갖는다.
④ 시각과 촉각 등으로 직접 느낄 수 없고 개념적으로만 제시될 수 있는 형태로 순수형태라고도 한다.

03 거실의 가구 배치에 관한 설명으로 옳지 않은 것은?

① ㄱ자형은 시선이 마주치지 않아 안정감이 있다.
② 일자형은 거실의 폭이 좁은 경우에 많이 이용된다.
③ 대면형은 일자형에 비해 가구 자체가 차지하는 면적이 작다.
④ ㄷ자형은 단란한 분위기를 주며 여러 사람과의 대화 시에 적합하다.

04 전시공간에 관한 설명으로 옳지 않은 것은?
① 전시의 성격은 영리적 전시와 비영리적 전시로 나눌 수 있다.
② 공간의 형태와 규모에 관련된 물리적 요건들이 전시공간 특성을 좌우한다.
③ 전체 동선체계는 이용자 동선과 관리자 동선으로 대별되며 서로 통합되도록 계획한다.
④ 전시실 순회 유형에 따라 전시실 상호 간 결합 형식이 결정되며 전체의 전시 계획에 영향을 미친다.

05 전시방법 중 현장감을 실감나게 표현하는 방법으로 하나의 사실 또는 주제의 시간 상황을 고정시켜 연출하는 것은?
① 멀티비전 ② 디오라마 전시
③ 아일랜드 전시 ④ 하모니카 전시

06 조명의 연출기법 중 수직벽면을 빛으로 쓸어내리는 듯한 효과를 주기 위해 비대칭 배광 방식의 조명기구를 사용하여 수직벽면에 균

일한 조도의 빛을 비추는 기법은?
① 스파클 기법　② 월 워싱 기법
③ 실루엣 기법　④ 그레이징 기법

07 사무실의 책상배치 유형 중 면적효율이 좋고 커뮤니케이션(communication) 형성에 유리하여 공동작업의 형태로 업무가 이루어지는 사무실에 적합한 유형은?
① 동향형　② 대향형
③ 자유형　④ 좌우대칭형

08 상품계획, 상점계획, 판촉, 접객서비스 등의 제반 요소를 시각적으로 구체화시켜 상점이미지를 고객에게 인식시키는 표현전략을 무엇이라 하는가?
① POP
② VMD
③ TOKEN DISPLAY
④ VOLUME SPACE DISPLAY

09 다음 설명에 알맞은 건축화 조명은?

- 사용자의 얼굴에 적당한 조도를 분배하기 위해 벽면이나 천장면의 일부를 돌출시켜 조명을 설치한 것이다.
- 주로 카운터 상부, 욕실의 세면대 상부 등에 설치한다.

① 코브 조명　② 광창 조명
③ 광천장 조명　④ 캐노피 조명

10 다음과 가장 관계가 깊은 사람은?

- "less is more"
- 인테리어의 엄격한 단순성
- 바르셀로나 파빌리온

① 루이스 설리번
② 르 코르뷔지에
③ 미스 반 데어 로에
④ 프랭크 로이드 라이트

11 다음 중 디자인에서 형태의 부분과 부분, 부분과 전체 사이의 크기, 모양 등의 시각적 질서, 균형을 결정하는 데 가장 효과적으로 사용되는 디자인 원리는?
① 강조　② 비례
③ 리듬　④ 통일

12 공간의 차단적 구획에 사용되는 것은?
① 조명　② 조각
③ 블라인드　④ 낮은 칸막이

13 상점의 쇼윈도에 관한 설명으로 옳지 않은 것은?
① 쇼윈도의 평면 형식 중 만입형은 점두의 진열면이 크다.
② 쇼윈도의 진열 바닥 높이는 일반적으로 상품의 종류에 따라 결정된다.
③ 쇼윈도의 단면 형식 중 다층형은 넓은 도로 폭을 지닌 상점에 적용하는 것이 좋다.
④ 쇼윈도의 배면 처리 형식 중 개방형은 폐쇄형에 비해 쇼윈도 진열 자체에 대한 주목성이 강조된다.

14 본 뜻은 "이상하다", 즉 이상한 형태를 하고 있으며 비정형적이고 기괴하다는 뜻을 의미하며 1600~1750년 사이의 서양 예술사조를 지칭하는 것은?
① 바로크　② 로코코
③ 고딕　④ 비잔틴

15 건축물과 건축시대의 연결이 옳지 않은 것은?

① 봉정사 극락전 : 고려시대
② 부석사 무량수전 : 고려시대
③ 수덕사 대웅전 : 조선 초기
④ 불국사 극락전 : 조선 후기

16 실내디자인의 프로세스를 조사분석(Programming) 단계와 디자인 단계로 나눌 때 조사분석 단계에 속하지 않는 것은?
① 문제점의 인식
② 정보의 수집
③ 아이디어 스케치
④ 종합분석

17 다음 중 A2 제도용지의 규격으로 옳은 것은? (단, 단위는 mm임)
① 841×1189
② 594×941
③ 420×594
④ 297×420

18 트레이싱지에 대한 설명 중 옳은 것은?
① 계획 도면의 스케치에 주로 사용한다.
② 연질이어서 쉽게 찢어진다.
③ 습기에 약하다.
④ 오래 보관되어야 할 도면의 제도에 쓰인다.

19 도면표시기호 중 두께를 표시하는 기호는?
① THK
② A
③ V
④ H

20 다음 중 T자를 사용하여 그을 수 있는 선은?
① 포물선
② 수평선
③ 사선
④ 곡선

제2과목 : 실내디자인 색채 및 사용자행태분석

21 소파의 골격에 쿠션성이 좋도록 솜, 스펀지 등의 속을 많이 채워 넣고 천으로 감싼 소파로, 구조, 형태상뿐만 아니라 사용상 안락성이 매우 큰 것은?
① 스툴
② 카우치
③ 풀업 체어
④ 체스터필드

22 다음 중 정지된 인체치수와 동작을 중심으로 한 인간공학적 측면에서 분류한 가구의 종류에 속하지 않는 것은?
① 유닛 가구
② 인체지지용 가구
③ 작업용 가구
④ 수납용 가구

23 오스트발트의 색채조화론 중에서 틀린 것은?
① 색의 기호가 동일한 두 색은 조화한다.
② 색의 기호 중 앞의 문자가 동일한 두 색은 조화한다.
③ 색상이 동일한 두 색은 조화한다.
④ 색의 기호 중 앞의 문자와 뒤의 문자가 동일한 색은 조화하지 않는다.

24 보색에 대한 설명으로 틀린 것은?
① 보색인 2색은 색상환상에서 90° 위치에 있는 색이다.
② 두 가지 색광을 섞어 백색광이 될 때 이 두 가지 색광을 서로 상대색에 대한 보색이라고 한다.
③ 두 가지 색의 물감을 섞어 회색이 되는 경우, 그 두 색은 보색관계이다.
④ 물감에서 보색의 조합은 빨강-청록, 초록-자주이다.

25 한국의 전통색 중 동쪽, 봄을 의미하는 오정색은?
① 녹색　　　② 청색
③ 백색　　　④ 홍색

26 주광 아래서나 어떤 색광 아래서 흰종이를 같은 흰색으로 지각하는 현상은?
① 색각항상　　② 베졸드 효과
③ 색순응　　　④ 잔상

27 청색에 흰색물감을 혼합하였을 때의 변화는?
① 청색보다 명도, 채도 모두 높아졌다.
② 청색보다 명도는 높아졌고 채도는 낮아졌다.
③ 청색보다 명도는 낮아졌고 채도는 높아졌다.
④ 청색보다 명도, 채도 모두 낮아졌다.

28 심리·물리적인 빛의 혼색실험에 기초하여 색을 표시하는 표색계에 해당되는 것은?
① 혼색계　　　② 현색계
③ 먼셀 표색계　④ 물체색계

29 실내배색의 일반적인 원리로 적합하지 않은 것은?
① 벽은 실내에서 가장 많이 시야에 들어오는 부위로 벽색이 실내 분위기에 큰 영향을 준다.
② 천장색은 보통 고명도색이 좋고, 이 경우 조명효율도 향상된다.
③ 걸레받이는 변화를 주기 위해 벽색과 현저히 구별되는 색상의 고명도색이 좋다.
④ 바닥색은 벽과 구별되는 것이 좋고, 동색상일 경우는 벽보다 명도가 낮은 것이 무난하다.

30 색채판별능력, 색채조절능력을 요구하며 색채계획에서 가장 먼저 진행해야 할 단계는?
① 색채환경분석　② 색채심리분석
③ 색채전달계획　④ 디자인에 적용

31 색의 지각현상에 대한 설명 중 틀린 것은?
① 명시도는 그 색 고유의 특성이라기보다는 배경과의 관계에 의해 결정된다.
② 장파장 쪽의 색상은 진출·팽창해 보이고, 단파장 쪽의 색상은 후퇴·수축해 보인다.
③ 부의 잔상이란 자극을 제거한 후에도 원자극과 동일한 감각 경험을 일으키는 것이다.
④ 고명도, 고채도, 난색이 일반적으로 주목성이 높다.

32 먼셀 표색계에 대한 설명 중 옳은 것은?
① 모든 색은 흑(B)+백(W)+순색(C)=100%가 되는 혼합비에 의하여 구성되어 있다.
② 먼셀의 색상에서 기본색은 빨강, 노랑, 녹색, 파랑, 보라의 5색이다.
③ 먼셀 표색계는 복원추체 모양이다.
④ 무채색 축을 중심으로 24색상을 가진 등색상 삼각형이 배열되어 있다.

33 다음에서 설명하는 용어는?

- 기호 및 그래픽 디자인의 일러스트레이션, 사진, 구조 등을 도해하여 표현한 그림이다.
- 추상적인 개념이나 전체적인 흐름 등을 나타내어 정보 전달이나 이해를 쉽게 하는 데 도움을 준다.

① 체크 시트　② 다이어그램
③ 조직도　　　④ 목업 디자인

34 인간-기계체계(man-machine system)에 대한 설명으로 적합하지 않은 것은?
① 인간과 기계가 유기적으로 결합되어 있다.
② 인간과 기계는 일반적으로 독립적으로 행위를 수행한다.
③ 기계의 작동 결과를 알기 위해서는 표시장치가 필요하다.
④ 인간의 의도를 기계에 전달하기 위해서는 조종장치가 필요하다.

35 망막의 두 가지 광수용기에 대한 설명으로 틀린 것은?
① 간상체는 명암(흑백)을 인식한다.
② 간상체는 주로 밤에 기능을 한다.
③ 원추체는 황반(favea)에 집중되어 있다.
④ 원추체에 이상이 생길 경우에는 야맹증에 걸리게 된다.

36 근육 운동을 시작한 직후에는 혐기성 대사에 의하여 에너지가 공급된다. 이때 소비되는 에너지원이 아닌 것은?
① 지방
② 글리코겐
③ 크레아틴인산(CP)
④ 아데노신삼인산(ATP)

37 소리의 현상이 아닌 것은?
① 순응(順應) ② 반사(反射)
③ 회절(回折) ④ 공명(共鳴)

38 조용한 사무실에서 속삭임을 들을 수 있는 최대 소음 수준은?
① 20dB   ② 40dB
③ 80dB   ④ 100dB

39 소음이 작업능률에 미치는 영향이 아닌 것은?
① 간헐소음이나 충격소음은 정상소음에 비해 방해가 크다.
② 소음은 작업의 정확성보다 전체 작업량에 많은 영향을 미친다.
③ 무의미한 정상소음은 음압수준 90dB을 넘지 않는 한 작업능률에는 영향을 미치지 않는다.
④ 저주파 소음보다는 2000Hz를 넘는 고주파 성분을 지닌 소음이 작업능률에 더 많은 영향을 미친다.

40 밝은 곳에서 어두운 곳으로 갈수록 단파장의 감도가 높아져 파란색이 더 눈에 띄게 되는 현상을 무엇이라 하는가?
① 명소시 현상
② 푸르킨예 현상
③ 암소시 현상
④ 메타메리즘 현상

제3과목 : 실내디자인 시공 및 재료

41 와이어로프로 매단 비계 권상기에 의해 상하로 이동시킬 수 있는 공사용비계의 명칭은?
① 시스템 비계   ② 틀비계
③ 달비계   ④ 쌍줄비계

42 유성에나멜 페인트에 관한 설명 중 옳지 않은 것은?
① 안료에 유성바니시를 혼합한 액상재료이다.
② 알루미늄 페인트는 유성에나멜 페인트의 일종이다.
③ 도막은 광택이 있고 경도가 크다.
④ 안료나 휘발성 용제를 적게 혼합하면 무광택 에나멜이 된다.

43 특별한 공법이나 재료가 필요한 공사에 대해 설명하는 문서를 무엇이라 하는가?
① 표준시방서   ② 특기시방서
③ 약술시방서   ④ 안내시방서

44 다음 시멘트 모르타르 중 방수 모르타르에 속하지 않는 것은?
① 질석 모르타르
② 규산질 모르타르
③ 발수제 모르타르
④ 액체방수 모르타르

45 목재의 역학적 성질에 관한 설명으로 옳은 것은?
① 목재의 기건비중을 측정하면 목재의 강도 상태를 추정할 수 있다.
② 섬유포화점 이하에서는 함수율 감소에 따라 강도 및 이성이 증대된다.
③ 가력방향에 따른 목재강도는 응력방향의 수직인 경우가 최대가 된다.
④ 동일한 수종인 경우 목재의 역학적 성질은 동일하다.

46 말구지름 20cm, 길이가 5.5m인 통나무가 5개가 있다. 이 통나무의 재적으로 옳은 것은?
① $0.3m^3$ ② $1.1m^3$
③ $1.8m^3$ ④ $2.1m^3$

47 목재의 절취단면을 나타내는 용어가 아닌 것은?
① 횡단면   ② 수심단면
③ 방사단면 ④ 접선단면

48 다음 재료 중 할증률의 연결이 틀린 것은?
① 블록 : 4%
② 유리 : 1%
③ 타일 : 5%
④ 시멘트 벽돌 : 5%

49 창호철물과 창호의 연결로 옳지 않은 것은?
① 도어 체크(door check) - 미닫이문
② 플로어 힌지(floor hinge) - 자재 여닫이문
③ 크레센트(crescent) - 오르내리창
④ 레일(rail) - 미서기창

50 건축공사비의 원가 구성 항목이 아닌 것은?
① 재료비   ② 노무비
③ 경비   ④ 도급공사비

51 멤브레인 방수에 속하지 않는 방수공법은?
① 시멘트 액체 방수
② 합성고분자 시트 방수
③ 도막 방수
④ 아스팔트 방수

52 점토제품에서 S.K 번호가 나타내는 것은?
① 소성온도   ② 제품종류
③ 점토의 성분 ④ 수분함유량

53 U자형 줄눈에 충전하는 실링재를 밑면에 접착시키지 않기 위해 붙이는 테이프로 3면접착에 의한 파단을 방지하기 위한 것은?
① FRP(fiber reinforced plastics)
② 아스팔트 프라이머(asphalt primer)
③ 본드 브레이커(Bond braker)
④ 블로운 아스팔트(blown asphalt)

54 공동도급방식(Joint Venture)에 관한 설명으로 옳은 것은?

① 2명 이상의 수급자가 어느 특정 공사에 대하여 협동으로 공사계약을 체결하는 방식이다.
② 발주자, 설계자, 공사관리자의 세 전문집단에 의하여 공사를 수행하는 방식이다.
③ 발주자와 수급자가 상호신뢰를 바탕으로 팀을 구성하여 공동으로 공사를 수행하는 방식이다.
④ 공사수행방식에 따라 설계/시공(D/B)방식과 설계/관리(D/M)방식으로 구분한다.

55 벽돌조 건물에서 벽량이란 해당 층의 바닥면적에 대한 무엇의 비를 말하는가?
① 벽면적의 총합계
② 내력벽 길이의 총합계
③ 높이
④ 벽두께

56 콘크리트의 건조수축에 관한 설명으로 옳지 않은 것은?
① 시멘트의 화학성분이나 분말도에 따라 건조수축량은 변화한다.
② 콘크리트의 건조수축을 적게 하기 위해서 배합 시 가능한 한 단위수량을 적게 한다.
③ 사암이나 점판암을 골재로 이용한 콘크리트는 건조수축량이 큰 편이고, 석영, 석회암을 이용한 것은 작은 편이다.
④ 콘크리트의 습윤양생기간은 건조수축에 크게 영향을 주며 이 기간이 길면 길수록 건조수축은 적어진다.

57 벽두께 1.0B, 벽면적 $30m^2$ 쌓기에 소요되는 벽돌의 정미량은? (단, 벽돌은 표준형을 사용한다.)
① 3900매
② 4095매
③ 4470매
④ 4604매

58 다음 공정표에서 주공정선 공사기간은 총 며칠인가?

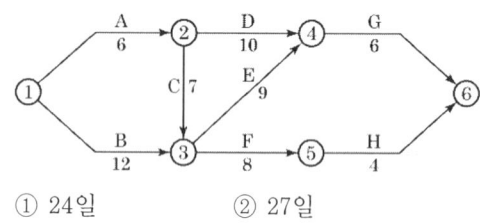

① 24일
② 27일
③ 28일
④ 30일

59 면적 10×20m인 바닥에 클링커 타일 180×180mm, 줄눈 간격 10mm로 시공할 경우 타일 수량은 얼마인가? (단, 할증은 고려하지 않는다.)
① 2551장
② 2770장
③ 5541장
④ 5708장

60 건물높이 4m, 가로와 세로가 각각 30m, 15m인 평면에 필요한 내부비계면적은 얼마인가?
① $388.8m^2$
② $405m^2$
③ $450m^2$
④ $504m^2$

제4과목 : 실내디자인 환경

61 실내마감이 불연재료이고 자동식 소화설비가 설치된 각 층 바닥면적이 $1000m^2$인 업무시설의 11층은 최소 몇 개의 영역으로 방화구획하여야 하는가?
① 층간 방화구획
② 2개의 영역으로 구획
③ 3개의 영역으로 구획
④ 5개의 영역으로 구획

62 1층의 층고는 5m, 2층부터 11층까지의 층고는 3m, 각 층의 바닥면적은 2000m²인 업무시설에 설치하여야 하는 비상용 승강기의 최소 대수는?

① 설치대상이 아님
② 1대
③ 2대
④ 3대

63 6층 이상인 건축물로서 배연설비를 설치하여야 하는 대상이 아닌 것은?

① 수련시설 중 유스호스텔
② 운동시설
③ 의료시설 중 정신병원
④ 관광휴게시설

64 공동주택과 오피스텔의 난방설비를 개별난방방식으로 하는 경우에 대한 기준으로 옳은 것은?

① 보일러의 연도는 개별연도로 설치한다.
② 보일러실의 공기 흡입구와 배기구는 사용 중이지 않을 경우는 닫힌 구조로 한다.
③ 기름보일러를 설치하는 경우에는 기름저장소를 보일러실 내부에 배치한다.
④ 보일러실과 거실 사이의 경계벽은 출입구를 제외하고는 내화구조의 벽으로 구획한다.

65 스프링클러설비를 설치하여야 하는 특정소방 대상물 중 스프링클러설비를 모든 층에 설치하여야 하는 수용인원의 기준으로 옳은 것은? (단, 문화 및 집회시설로서 동·식물원은 제외)

① 50명 이상
② 100명 이상
③ 200명 이상
④ 300명 이상

66 온수난방에 관한 설명으로 옳은 것은?

① 추운 지방에서도 동결의 우려가 없다.
② 온수의 잠열을 이용하여 난방하는 방식이다.
③ 증기난방에 비하여 난방부하 변동에 따른 온도 조절이 어렵다.
④ 증기난방에 비하여 열용량이 커서 예열시간이 길다.

67 잔향시간에 관한 설명으로 옳지 않은 것은?

① 실내의 잔향음의 대소를 평가하는 지표이다.
② 잔향시간이 너무 길면 음의 명료도가 저하된다.
③ 잔향시간은 실내가 확산음장이라고 가정하여 구해진 개념이다.
④ 음악감상을 주로 하는 실은 대화를 주로 하는 실보다 짧은 잔향시간이 요구된다.

68 건축물의 에너지절약을 위한 단열계획 내용으로 옳지 않은 것은?

① 외벽 부위는 내단열로 시공한다.
② 건물의 창 및 문은 가능한 한 작게 설계한다.
③ 외벽의 모서리 부분은 단열재를 연속적으로 설치한다.
④ 발코니 확장을 하는 공동주택에는 로이(Low-E) 복층창이나 삼중창을 설치한다.

69 용적이 5000m³인 극장의 잔향시간을 1.6초에서 0.8초로 줄이기 위해 추가로 필요한 흡음력은? (단, Sabine의 잔향시간 계산식 사용)

① 약 200m²
② 약 500m²
③ 약 1000m²
④ 약 1500m²

70 중력환기에 관한 설명으로 옳지 않은 것은?

① 중력환기량은 개구부 면적에 비례하여 증

가한다.
② 중력환기량은 실내외의 온도차가 클수록 많아진다.
③ 실내외의 온도차에 의한 공기의 밀도차가 원동력이 된다.
④ 중성대의 하부는 항상 공기의 유출측, 상부는 공기의 유입측이 된다.

71 다음 중 건축물의 소음대책과 가장 거리가 먼 것은? (단, 소음원이 외부에 있는 경우)
① 창문의 밀폐도를 높인다.
② 실내의 흡음률을 줄인다.
③ 벽체의 중량을 크게 한다.
④ 소음원의 음원세기를 줄인다.

72 조명에서 발생하는 눈부심에 관한 설명으로 옳지 않은 것은?
① 광원의 크기가 클수록 눈부심이 강하다.
② 광원의 휘도가 작을수록 눈부심이 강하다.
③ 광원이 시선에 가까울수록 눈부심이 강하다.
④ 배경이 어둡고 눈이 암순응될수록 눈부심이 강하다.

73 실내외의 공기유출의 방지 효과와 아울러 출입인원을 조절할 목적으로 설치하는 문은?
① 회전문   ② 미서기문
③ 미닫이문 ④ 여닫이문

74 급수방식 중 수도직결방식에 관한 설명으로 옳지 않은 것은?
① 고층으로의 급수가 어렵다.
② 급수압력이 항상 일정하다.
③ 정전으로 인한 단수의 염려가 없다.
④ 위생 측면에서 바람직한 방식이다.

75 수조면의 단위 면적에 입사하는 광속으로 정의되는 용어는?
① 조도   ② 광도
③ 휘도   ④ 광속발산도

76 통기관의 설치 목적으로 옳지 않은 것은?
① 배수관 내의 물의 흐름을 원활히 한다.
② 은폐된 배수관의 수리를 용이하게 한다.
③ 사이펀 작용 및 배압으로부터 트랩의 봉수를 보호한다.
④ 배수관 내에 신선한 공기를 유통시켜 관내의 청결을 유지한다.

77 다음 중 간접 배수를 하지 않아도 되는 것은?
① 세면대   ② 제빙기
③ 세탁기   ④ 식기세척기

78 어느 점광원에서 1m 떨어진 곳의 직각면 조도가 200lx일 때, 이 광원에서 2m 떨어진 곳의 직각면 조도는?
① 25lx   ② 50lx
③ 100lx   ④ 200lx

79 간접조명기구에 관한 설명으로 옳지 않은 것은?
① 직사 눈부심이 없다.
② 매우 넓은 면적이 광원으로서의 역할을 한다.
③ 일반적으로 발산광속 중 상향광속이 90~100% 정도이다.
④ 천장, 벽면 등은 빛이 잘 흡수되는 색과 재료를 사용하여야 한다.

80 조명기구를 사용하는 도중에 광원의 능률 저하나 기구의 오염, 손상 등으로 조도가 점차

저하되는데, 인공조명 설계 시 이를 고려하여 반영하는 계수는?
① 광도　　　　② 조명률
③ 실지수　　　④ 감광 보상률

실/내/건/축/기/사

모의고사 제3회

● 제1과목 : 실내디자인 계획

01 사무소 건축의 코어 유형에 관한 설명으로 옳지 않은 것은?
① 중심코어형은 유효율이 높은 계획이 가능한 형식이다.
② 편심코어형은 기준층 바닥면적이 작은 경우에 적합하다.
③ 양단코어형은 2방향 피난에 이상적이며, 방재상 유리하다.
④ 독립코어형은 코어 프레임을 내진구조로 할 수 있어 구조적으로 가장 바람직한 유형이다.

02 전시공간의 순회 유형 중 연속순회형식에 관한 설명으로 옳지 않은 것은?
① 전시실이 연속적으로 연결된 형식이다.
② 많은 작품을 연속하여 전시할 수 있는 대규모 전시실에 적합하다.
③ 비교적 동선이 단순하여 다소 지루하고 피곤한 느낌을 줄 수 있다.
④ 한 실을 폐쇄하면 다음 공간으로의 이동이 불가능한 단점이 있다.

03 주택의 거실계획에 관한 설명으로 옳지 않은 것은?
① 실내의 다른 공간과 유기적으로 연결될 수 있도록 통로화시킨다.
② 거실을 가능한 한 남향으로 하여 일조와 조망, 통풍이 잘 되도록 한다.
③ 거실의 규모는 가족수, 가족 구성, 전체 주택의 규모 등에 영향을 받는다.
④ 거실의 평면은 정사각형보다 한 변이 너무 짧지 않은 직사각형이 가구배치 등에 효과적이다.

04 호텔 객실의 평면계획에서 침대 및 가구의 배치에 영향을 끼치는 요인과 가장 거리가 먼 것은?
① 객실의 층수
② 욕실의 위치
③ 반침의 위치
④ 실의 폭과 길이의 비

05 상점의 진열대 배치형식 중 직렬배치형에 관한 설명으로 옳은 것은?
① 고객의 이동 흐름이 늦다는 단점이 있다.
② 고객의 통행량에 따라 부분적으로 통로 폭을 조절하기 어렵다.
③ 진열대 등의 배치와 고객의 동선을 굴절 또는 곡선형으로 구성시킨 형식이다.
④ 주통로 다음의 제2통로를 주통로에 대해 45°가 이루어지도록 진열대를 배치한 형식이다.

06 실내 기본 요소 중 벽에 관한 설명으로 옳지 않은 것은?
① 공간의 형태에 영향을 끼치는 윤곽적 요소

이다.
② 시점보다 낮은 벽은 공간의 폐쇄성이 요구되는 곳에 사용된다.
③ 가구, 조명 등 실내에 놓여지는 설치물에 대한 배경적 요소이다.
④ 공간을 에워싸는 수직적 요소로 수평방향을 차단하여 공간을 형성하는 기능을 갖는다.

07 형태의 지각심리(게슈탈트 심리학)에 따른 그룹핑의 법칙에 속하지 않는 것은?
① 근접성　　② 유사성
③ 연속성　　④ 개방성

08 실내의 채광조절을 위한 장치에 속하지 않는 것은?
① 루버　　② 커튼
③ 블라인드　　④ 벤틸레이터

09 생활에 적합한 건축을 위해 인체와 관련된 모듈의 사용에 있어 단순한 길이의 배수보다는 황금비례를 이용함이 타당하다고 주장한 사람은?
① 알바 알토
② 르 코르뷔지에
③ 월터 그로피우스
④ 미스 반 데어 로에

10 다음 설명에 알맞은 실내디자인 프로세스에 있어서의 아이디어 창출기법은?

> 전체구성원을 소그룹으로 나누고 각각의 소그룹이 개별적인 토의를 벌인 뒤 각 그룹의 결론을 패널 형식으로 토론하고, 전체적인 결론을 내리는 방법이다.

① 시네틱스　　② 버즈 세션
③ 롤 플레잉　　④ 브레인 스토밍

11 건축화조명을 직접조명방식과 간접조명방식으로 구분할 경우, 다음 중 직접조명방식에 속하는 것은?
① 코브 조명
② 코퍼 조명
③ 광천장 조명
④ 밸런스 조명(상향조명)

12 디자인 원리에 관한 설명으로 옳지 않은 것은?
① 대비는 극적인 분위기를 연출하는 데 효과적이다.
② 균형은 정적이든 동적이든 시각적 안정성을 가져올 수 있다.
③ 리듬은 규칙적인 요소들의 반복으로 나타나는 통제된 운동감이다.
④ 강조는 규칙성이 갖는 단조로움을 극복하기 위해 공간 전체의 조화를 파괴하는 것이다.

13 사무소 건축과 관련하여 다음 설명에 알맞은 용어는?

> - 고대 로마 건축의 실내에 설치된 넓은 마당 또는 주위에 건물이 둘러 있는 안마당을 의미한다.
> - 실내에 자연광을 유입시켜 여러 환경적 이점을 갖게 할 수 있다.

① 코어
② 바실리카
③ 아트리움
④ 오피스 랜드스케이프

14 주택의 평면계획 시 공간의 조닝 방법이 아닌 것은?
① 가족 전체와 개인에 의한 조닝

② 정적 공간과 동적 공간에 의한 조닝
③ 주간과 야간의 사용시간에 의한 조닝
④ 실의 크기에 의한 조닝

15 로코코시대 실내디자인에 관한 설명 중 옳지 않은 것은?
① 바로크의 인상에 비해 세련되고 아름다운 곡선으로 표현된다.
② 기능별로 여러 개의 방을 실제 사용하기 편하게 배치하였다.
③ 개인 위주의 프라이버시를 중요시하였다.
④ 로코코 양식은 르네상스 말기에 이탈리아에서 시작되었다.

16 서양건축에서 석재로 마감된 벽면을 육중하고 대담한 효과를 주기 위해, 주로 1층이나 건물의 양단부에 거친 수법으로 처리하는 방식은?
① 러스티케이션(Rustication)
② 몰딩(Molding)
③ 모자이크(Mosaic)
④ 테라코타(Terra Cotta)

17 건축도면의 치수에 대한 설명으로 옳지 않은 것은?
① 치수는 특별히 명시하지 않는 한 마무리치수로 표시한다.
② 치수 기입은 치수선 중앙 윗부분에 기입하는 것이 원칙이다.
③ 치수선의 양 끝 표시는 화살 또는 점으로 표시할 수 있으며, 같은 도면에서 2종을 혼용할 수 있다.
④ 협소한 간격이 연속될 때에는 인출선을 사용하여 치수를 쓴다.

18 제도 연필의 경도에서 무르기로부터 굳기의 순서대로 옳게 나열한 것은?
① HB − B − F − H − 2H
② B − HB − F − H − 2H
③ B − F − HB − H − 2H
④ HB − F − B − H − 2H

19 투시도법의 종류 중 평행 투시도법이라고도 불리며, 일반적으로 실내투시도 작성 시 사용되는 것은?
① 1소점 투시도법
② 2소점 투시도법
③ 3소점 투시도법
④ 유각 투시도법

20 주택의 평면도에 표시되어야 할 사항이 아닌 것은?
① 가구의 높이
② 기준선
③ 벽, 기둥, 창호
④ 실의 배치와 넓이

제2과목 : 실내디자인 색채 및 사용자행태분석

21 한국의 전통가구 중 반닫이에 관한 설명으로 옳지 않은 것은?
① 반닫이는 우리나라 전역에 걸쳐서 사용되었다.
② 전면 상반부를 문짝으로 만들어 상하로 여는 가구이다.
③ 반닫이는 주로 양반층에서 장이나 농 대신에 사용하던 가구이다.
④ 반닫이 안에는 의복, 책, 제기 등을 보관하였고, 위에는 이불을 얹거나 항아리, 소품 등을 얹어 두었다.

22 다음 설명에 알맞은 의자의 종류는?

- 필요에 따라 이동시켜 사용할 수 있는 간이 의자로, 크지 않으며 가벼운 느낌의 형태를 갖는다.
- 이동하기 쉽도록 잡기 편하고 들기에 가볍다.

① 카우치 ② 이지 체어
③ 풀업 체어 ④ 체스터필드

23 문·스펜서의 색채조화에 적용되는 미도의 일반적 논리가 아닌 것은?

① 균형있게 잘 선택된 무채색의 배색 미도가 높다.
② 등색상의 조화는 매우 쾌적한 경향이 있다.
③ 등색상 및 등채도의 단순한 배색이 미도가 높다.
④ 명도차이가 작을수록 미도가 높다.

24 SD법으로 제품의 색채 이미지를 조사하려고 한다. 단어의 이미지가 잘못 짝지어진 것은?

① 부드럽다 – 딱딱하다
② 따뜻하다 – 차갑다
③ 동적이다 – 정적이다
④ 화려하다 – 아름답다

25 다음 색 중 보색 관계가 아닌 것은?

① 빨강 – 청록 ② 노랑 – 남색
③ 연두 – 보라 ④ 자주 – 주황

26 오프셋 인쇄 과정에 있어서 기본 색도는?

① 6도 ② 5도
③ 4도 ④ 3도

27 디지털 색채체계의 유형에 대한 설명으로 틀린 것은?

① HSB : 색의 3가지 기본 특성인 색상, 채도, 명도에 의해 표현하는 방식이다.
② RGB : 컴퓨터 모니터와 스크린 같은 빛의 원리로 컬러를 구현하는 장치에서 사용된다.
③ CMYK : 표현할 수 있는 컬러 범위는 RGB 형식보다 넓다.
④ L*a*b : CIE가 1976년에 추천하여 지각적으로 거의 균등한 간격을 가진 색공간에 의한 색상모형이다.

28 반대색상의 배색은 어떤 느낌을 주는가?

① 화합적이고 고요하다.
② 정적이고 차분하다.
③ 박력있고 동적인 느낌을 준다.
④ 대비가 약하고 안정감을 준다.

29 다음 중 한국산업표준(KS)을 기준으로 기본색 빨강의 색상범위에 해당하는 것은?

① 5RP 3.5/4.5 ② 5YR 8/4
③ 10R 9/5 ④ 7.5R 4/14

30 동일 색상 내에서 '톤을 겹친다.'라는 의미로 두 가지 색의 명도 차를 비교적 크게 두어 배색하는 방법은?

① 톤 온 톤(Tone on Tone) 배색
② 톤 인 톤(Tone in Tone) 배색
③ 리피티션(Repetition) 배색
④ 세퍼레이션(Separation) 배색

31 디지털 색채 시스템 중 HSB 시스템에 대한 설명으로 틀린 것은?

① 먼셀의 색채개념인 색상, 명도, 채도를 중심으로 선택하도록 되어 있다.

② 프로그램상에서는 H모드, S모드, B모드를 볼 수 있다.
③ H모드는 색상을 선택하는 방법이다.
④ B모드는 채도, 즉 색채의 포화도를 선택하는 방법이다.

32 색의 대비현상에 관한 설명으로 틀린 것은?
① 명도대비 : 명도가 다른 두 색이 서로의 영향으로 명도차가 더 크게 나타나는 현상
② 연변대비 : 두 색의 경계부분에서 색의 3속성별로 대비현상이 더욱 강하게 나타나는 현상
③ 계시대비 : 어떤 색이 다른 색에 둘러싸여 일정한 거리 이상에서 주변색과 같아 보이는 현상
④ 보색대비 : 보색관계인 두 색이 서로의 영향으로 각각의 채도가 더 높게 보이는 현상

33 소음이 청력에 영향을 미치는 요인이 아닌 것은?
① 소음의 강약
② 소음의 속도
③ 개인적인 감수성
④ 소음의 고저인 주파수

34 빛의 반사율에 관한 공식으로 맞는 것은?
① 반사율(%) = $\dfrac{조도}{거리^2} \times 100$
② 반사율(%) = $\dfrac{광도}{조명} \times 100$
③ 반사율(%) = $\dfrac{조도발산도}{조명} \times 100$
④ 반사율(%) = $\dfrac{광속발산도}{거리^2} \times 100$

35 촉각에 관한 설명으로 틀린 것은?
① 촉각과 압각의 경계는 분명하게 구분된다.
② 촉각수용기의 분포와 밀도는 신체 부위에 따라 다르다.
③ 온도감각은 일반적으로 점막에는 거의 분포되어 있지 않다.
④ 통각은 피부뿐 아니라 피부 밑의 심부 및 내장에도 분포하고 있다.

36 영상표시단말기(VDT)를 취급하는 근로자에게 제공할 키보드의 경사로 가장 적합한 각도는?
① 5~15°
② 5~25°
③ 10~35°
④ 10~45°

37 다음은 일반적인 연구조사에 사용되는 기준으로 무엇을 설명한 것인가?

기준 척도는 측정하고자 하는 변수 이외의 다른 변수들의 영향을 받아서는 안 된다.

① 적절성
② 반복성
③ 신뢰성
④ 무오염성

38 일반적으로 보통글자의 경우 가장 알맞은 종횡비(세로 : 가로)는? (단, 계기판이나 눈금에서의 경우이다.)
① 2 : 1
② 2 : 3
③ 3 : 2
④ 4 : 3

39 시력표에서 식별할 수 있는 최소표적의 시각이 2분(′)이라면 이 사람의 시력은 얼마인가?
① 0.5
② 1.0
③ 1.5
④ 2.0

40 관절에서 몸의 뼈와 뼈를 결합시켜주는 기능을 하는 것은?

① 건(tendon)
② 근육(muscles)
③ 척수(spinal cord)
④ 인대(ligament)

제3과목 : 실내디자인 시공 및 재료

41 각 미장재료별 경화형태로 옳지 않은 것은?
① 회반죽 - 수경성
② 시멘트 모르타르 - 수경성
③ 돌로마이트 플라스터 - 기경성
④ 테라조 현장바름 - 수경성

42 목재의 방부제에 해당하지 않는 것은?
① 황산구리 1% 용액
② 불화소다 2% 용액
③ 테레빈유
④ 염화아연 4% 용액

43 석재의 일반적 성질에 관한 설명으로 옳지 않은 것은?
① 석재의 강도는 비중에 비례한다.
② 석재의 공극률이 크면 동결융해 반복으로 동해하기 쉽다.
③ 석재의 함수율이 높을수록 강도가 저하된다.
④ 석재의 강도 중에서 가장 큰 것은 인장강도이며, 압축, 휨 및 전단강도는 인장강도에 비하여 매우 작다.

44 MDF의 특성에 관한 설명 중 옳지 않은 것은?
① 한번 고정철물을 사용한 곳에는 재시공이 어렵다.
② 천연목재보다 강도가 크고 변형이 적다.
③ 재질이 천연목재보다 균일하다.
④ 무게가 가볍고 습기에 강하다.

45 콘크리트 배합설계에서 골재의 수분함유상태의 기준으로 옳은 것은?
① 절건상태   ② 표건상태
③ 기건상태   ④ 습윤상태

46 목재의 일반적 특성에 해당하지 않는 것은?
① 열전도율이 작다.
② 비강도(比强度)가 크다.
③ 차음성이 작다.
④ 섬유방향에 따라 강도 차이가 있다.

47 석고 플라스터에 대한 설명으로 옳지 않은 것은?
① 시멘트에 비해 경화속도가 느리다.
② 내화성을 갖고 있다.
③ 경화, 건조 시 치수 안정성을 갖는다.
④ 물에 용해되는 성질이 있어 물을 사용하는 장소에는 부적합하다.

48 스트레이트 아스팔트와 비교한 합성고무 혼입 아스팔트의 특징이 아닌 것은?
① 감온성이 크다.
② 인성이 크다.
③ 내노화성이 크다.
④ 탄성 및 충격저항이 크다.

49 수장 및 장식용 금속제품으로 천장, 벽 등에 보드를 붙이고 그 이음새를 감추는 데 사용하는 것은?
① 코너비드   ② 조이너
③ 펀칭 메탈   ④ 스팬드럴 패널

50 각재의 마구리 치수가 12cm×12cm, 길이가 240cm, 목재의 건조 전 질량이 25kg, 절대 건조상태가 될 때까지 건조 후 질량이 20kg 이었다면 이 목재의 함수율은 얼마인가?
① 10% ② 15%
③ 20% ④ 25%

51 목재의 외관을 손상시키며 강도와 내구성을 저하시키는 목재의 흠에 해당하지 않는 것은?
① 갈라짐(Crack) ② 옹이(Knot)
③ 지선(脂腺) ④ 수피(樹皮)

52 다음 중 회반죽의 주요 배합재료로 가장 알맞은 것은?
① 생석회, 해초풀, 여물, 수염
② 소석회, 모래, 해초풀, 여물
③ 소석회, 돌가루, 해초풀, 수염
④ 돌가루, 모래, 해초풀, 여물

53 건물에 통상 사용되는 도료 중 내후성, 내알칼리성, 내산성 및 내수성이 가장 좋은 것은?
① 에나멜 페인트
② 페놀 수지 바니시
③ 알루미늄 페인트
④ 에폭시 수지 도료

54 다음 중 단열재에 관한 설명으로 옳지 않은 것은?
① 열전도율이 낮은 것일수록 단열효과가 좋다.
② 열관류율이 높은 재료는 단열성이 낮다.
③ 같은 두께인 경우 경량재료인 편이 단열효과가 나쁘다.
④ 단열재는 보통 다공질의 재료가 많다.

55 다음 중 창호공사에 쓰이는 철물이 아닌 것은?
① 도어 클로저(Door Closer)
② 플로어 힌지(Floor Hinge)
③ 피벗 힌지(Pivot Hinge)
④ 프리 액세스 플로어(Free Access Floor)

56 다음과 같은 철근 콘크리트조 건축물에서 외줄 비계면적으로 옳은 것은? (단, 비계 높이는 건축물의 높이로 함)

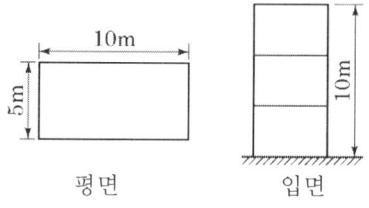

① 300m² ② 336m²
③ 372m² ④ 400m²

57 조적벽 40m²를 쌓는데 필요한 벽돌량은? (단, 표준형 벽돌 0.5B 쌓기, 할증은 고려하지 않음)
① 2850장 ② 3000장
③ 3150장 ④ 3500장

58 90cm×210cm의 양판문에 대한 전체 칠 면적은 얼마인가? (단, 문 매수는 40개이며, 간단한 구조의 양면칠이다.)
① 151.2m² ② 226.8m²
③ 302.4m² ④ 75.6m²

59 재료별 할증률을 표기한 것으로 옳은 것은?
① 시멘트벽돌 : 3%
② 강관 : 7%
③ 단열재 : 7%
④ 봉강 : 5%

60 Network(네트워크) 공정표의 장점이라고 볼 수 없는 것은?

① 작업 상호 간의 관련성을 알기 쉽다.
② 공정계획의 초기 작성시간이 단축된다.
③ 공사의 진척 관리를 정확히 할 수 있다.
④ 공기 단축 가능 요소의 발견이 용이하다.

제 4과목 : 실내디자인 환경

61 물체가 잘 보이도록 하는 조명의 조건, 즉 가시성을 결정하는 요소와 가장 거리가 먼 것은?

① 주변과의 대비   ② 대상물의 밝기
③ 대상물의 형태   ④ 대상물의 크기

62 반간접 조명방식에 대한 설명으로 옳은 것은?

① 광원으로부터 모든 방향으로 빛이 투사되는 방식
② 빛의 60~90%를 반사면에 투사시킨 반사광과 함께 나머지를 직접 조명분으로 조명하는 방식
③ 천장, 벽 등에 반사된 빛만을 사용하는 방식
④ 특정장소와 위치에 빛을 투사하는 방식

63 다음은 「건축물의 구조기준 등에 관한 규칙」에 따른 조적식 구조 개구부의 구조에 관한 사항이다. ( ) 안에 들어갈 내용으로 옳은 것은?

폭이 ( )를 넘는 개구부의 상부에는 철근콘크리트구조의 윗인방을 설치하여야 한다.

① 1.2m   ② 1.5m
③ 1.8m   ④ 2.0m

64 다음 조건으로 해당 층에 대한 무창층 여부를 판단하고자 한다. 판단 결과로 가장 적합한 것은? (단, 조건의 창과 문은 관련 법규의 개구부 조건을 모두 만족한다.)

[조건]
- 바닥면적=300m^2
- 창 크기=1m×1m=1m^2, 창의 개수 : 4개
- 문 크기=1m×2m=2m^2, 문의 개수 : 2개

① 설치된 창의 개수가 기준을 초과하여 무창층이 아니다.
② 개구부의 면적의 합계가 기준을 초과하여 무창층이 아니다.
③ 설치된 문의 개수가 기준을 초과하여 무창층이 아니다.
④ 개구부의 면적의 합계가 기준을 만족하여 무창층에 해당된다.

65 건축물의 건축주가 관련법령에 따른 착공신고를 하는 때에 해당 건축물의 설계자로부터 구조 안전의 확인 서류를 받아 허가권자에게 제출하여야 하는 경우의 건축물 기준으로 옳지 않은 것은?

① 층수가 2층 이상인 건축물
② 높이가 13m 이상인 건축물
③ 처마높이가 9m 이상인 건축물
④ 기둥과 기둥 사이의 거리가 9m 이상인 건축물

66 다음은 「건축물의 피난·방화구조 등의 기준에 관한 규칙」 중 내화시험에 따른 방화문의 성능기준에 관한 사항이다. ( ) 안에 들어갈 내용으로 옳은 것은?

60분+방화문 : 연기 및 불꽃 차단 (A) 이상, 열 차단 (B) 이상

① A : 1시간, B : 50분
② A : 1시간, B : 30분
③ A : 2시간, B : 50분
④ A : 2시간, B : 30분

67 건축물에 설치하는 회전문의 설치 기준으로 옳지 않은 것은?
① 회전문의 위치는 계단이나 에스컬레이터로부터 2m 이상 거리를 둘 것
② 회전문의 회전속도는 분당회전수가 8회를 넘지 아니하도록 할 것
③ 회전문과 문틀 사이는 5cm 이상 간격을 확보하고 틈 사이를 고무와 고무펠트의 조합체 등을 사용하여 신체나 물건 등에 손상이 없도록 할 것
④ 회전문은 사용에 편리하게 양방향으로 회전할 수 있는 구조로 할 것

68 소음의 분류 중 음압 레벨의 변동 폭이 좁고, 측정자가 귀로 들었을 때 음의 크기가 변동하고 있다고는 생각되지 않는 종류의 음은?
① 변동소음   ② 간헐소음
③ 충격소음   ④ 정상소음

69 습공기를 가습하였을 때의 상태변화로 옳은 것은? (단, 건구온도는 일정하다.)
① 엔탈피가 커진다.
② 노점온도가 낮아진다.
③ 습구온도가 낮아진다.
④ 절대습도가 작아진다.

70 흡음재료에 관한 설명으로 옳은 것은?
① 판진동 흡음재의 흡음판은 기밀하게 접착할수록 흡음률이 커진다.
② 판진동 흡음재의 흡음판은 막진동하기 쉬운 얇은 것일수록 흡음률이 낮다.
③ 다공성 흡음재는 중·고주파에서의 흡음률은 크지만 저주파수에서는 급격히 저하된다.
④ 공동공명기는 배후 공기층의 두께를 증가시키면 최대 흡음률의 위치가 고음역으로 이동한다.

71 분전반에 관한 설명으로 옳지 않은 것은?
① 분전반은 각 층마다 설치한다.
② 분전반은 분기회로의 길이가 30m 이상이 되도록 설계한다.
③ 분전반은 매입형, 반매입형, 노출벽부형과 전기 전용실에 설치 가능한 자립형이 있다.
④ 분전반은 실내의 사용성을 고려하여 복도 또는 코어부분에 설치하고, 전기 배선용 샤프트(ES)가 설치된 경우 ES 내에 수납한다.

72 인체의 열적 쾌적감에 영향을 미치는 물리적 온열 4요소에 속하지 않는 것은?
① 기온   ② 습도
③ 기류   ④ 공기의 청정도

73 국소식 급탕방식에 관한 설명으로 옳지 않은 것은?
① 급탕개소마다 가열기의 설치 스페이스가 필요하다.
② 급탕개소가 적은 비교적 소규모의 건물에 채용된다.
③ 급탕배관의 길이가 길어 배관으로부터의 열손실이 크다.
④ 용도에 따라 필요한 개소에서 필요한 온도의 탕을 비교적 간단하게 얻을 수 있다.

74 다음 중 벽체의 차음 성능을 높이기 위한 방법과 가장 거리가 먼 것은?
① 벽체의 기밀성을 높인다.
② 벽체의 투과손실을 낮춘다.
③ 음에 대한 반사율을 높인다.
④ 무겁고 두꺼운 재료를 사용한다.

75 다음 설명에 알맞은 급수방식은?

- 위생성 및 유지·관리 측면에서 가장 바람직한 방식이다.
- 정전으로 인한 단수의 염려가 없다.
- 고층으로의 급수가 어렵다.

① 고가탱크방식　② 압력탱크방식
③ 수도직결방식　④ 펌프직송방식

76 크기가 2m×0.8m, 두께 40mm, 열전도율이 0.14W/m·K인 목재문의 내측 표면온도가 15℃, 외측 표면온도가 5℃일 때, 이 문을 통하여 1시간 동안에 흐르는 전도열량은?
① 0.056W　② 0.56W
③ 5.6W　④ 56W

77 실내 조도가 옥외 조도의 몇 %에 해당하는가를 나타내는 값은?
① 주광률　② 보수율
③ 반사율　④ 조명률

78 다음 중 명시적 조명의 적용이 가장 곤란한 곳은?
① 교실　② 서재
③ 집무실　④ 레스토랑

79 자연환기에 관한 설명으로 옳지 않은 것은?
① 풍력환기는 건물의 외벽면에 가해지는 풍압이 원동력이 된다.
② 일반적으로 공기 유입구와 유출구 높이의 차가 클수록 중력환기량은 많아진다.
③ 자연환기량은 개구부의 위치와 관련이 있으며, 개구부의 면적에는 영향을 받지 않는다.
④ 바람이 있을 때에는 중력환기와 풍력환기가 경합하므로 양자가 서로 다른 것을 상쇄하지 않도록 개구부의 위치에 주의한다.

80 1000cd의 전등이 2m 직하에 있는 책상 표면을 비추고 있을 때, 이 책상 표면의 조도는?
① 200lx　② 250lx
③ 500lx　④ 1000lx

실/내/건/축/기/사

모의고사 제4회

제1과목 : 실내디자인 계획

01 균형의 원리에 관한 설명으로 옳지 않은 것은?
① 크기가 큰 것이 작은 것보다 시각적 중량감이 크다.
② 불규칙적인 형태가 기하학적 형태보다 시각적 중량감이 크다.
③ 복잡하고 거친 질감이 단순하고 부드러운 것보다 시각적 중량감이 크다.
④ 색의 명도가 같을 경우, 고채도의 색이 저채도의 색보다 시각적 중량감이 크다.

02 기업체가 자사제품의 홍보, 판매 촉진 등을 위해 제품 및 기업에 관한 자료를 소비자들에게 직접 호소하여 제품의 우위성을 인식시키고자 하는 전시공간은?
① 캐럴
② 쇼룸
③ 애리나
④ 랜드스케이프

03 책상을 같은 방향으로 배치하는 형태로 비교적 프라이버시의 침해가 적은 사무실 책상배치의 유형은?
① 동향형
② 대향형
③ 십자형
④ 자유형

04 선에 관한 설명으로 옳지 않은 것은?
① 사선은 너무 많이 사용하면 불안정한 느낌을 줄 수 있다.
② 수직선은 무한, 확대, 영원, 안정, 고요 등 주로 정적인 느낌을 준다.
③ 여러 개의 선을 이용하여 움직임, 속도감, 방향을 시각적으로 표현할 수 있다.
④ 반복되는 선의 굵기와 간격, 방향을 변화시키면 2차원에서 부피와 깊이를 느끼게 표현할 수 있다.

05 주택의 침실계획에 관한 설명으로 옳지 않은 것은?
① 침대의 측면은 외벽에 붙이는 것이 이상적이다.
② 침대 배치는 실의 크기와 침대와의 균형, 통로 부분의 확보 등을 고려한다.
③ 침대 하부(머리부분의 반대편)는 통행에 불편하지 않도록 여유공간을 두는 것이 좋다.
④ 침대의 머리 부분에 조명기구를 둘 경우 빛이 눈에 직접 들어오지 않도록 한다.

06 19세기 말부터 20세기 초에 걸쳐 벨기에와 프랑스를 중심으로 모리스와 미술·공예운동의 영향을 받아서 과거의 양식과 결별하고 식물이 갖는 단순한 곡선형태를 인테리어 가구 구성에 이용한 예술운동은?
① 아르데코
② 아르누보
③ 아방가르드
④ 컨템퍼러리

07 다음 설명에 알맞은 디자인 원리는?

- 변화와 함께 모든 조형에 대한 미의 근원이 된다.
- 디자인 대상의 전체에 미적 질서를 주는 기본 원리이다.

① 강조 ② 통일
③ 리듬 ④ 대비

08 빛의 각도를 이용하는 방법으로 벽면 마감재료의 재질감을 강조하는 조명의 연출 기법은?
① 스파클 기법 ② 실루엣 기법
③ 글레이징 기법 ④ 빔 플레이 기법

09 다음 중 공간의 레이아웃에 관한 설명으로 가장 알맞은 것은?
① 조형적 아름다움을 부각하는 작업이다.
② 생활행위를 분석해서 분류하는 작업이다.
③ 공간에서의 이동패턴을 계획하는 동선계획이다.
④ 공간을 형성하는 부분과 설치되는 물체의 평면상 배치계획이다.

10 실내공간 구성 요소 중 벽(Wall)에 관한 설명으로 옳지 않은 것은?
① 시각적 대상물이 되거나 공간에 초점적 요소가 되기도 한다.
② 가구, 조명 등 실내에 놓여지는 설치물에 대해 배경적 요소가 되기도 한다.
③ 벽은 공간을 에워싸는 수직적 요소로 수평방향을 차단하여 공간을 형성한다.
④ 다른 요소들이 시대와 양식에 의한 변화가 현저한 데 비해 벽은 매우 고정적이다.

11 다음 중 상점의 매장 내 진열장을 배치계획을 할 때 가장 중심적으로 고려해야 할 사항은?

① 고객동선
② 영업시간
③ 조명의 조도
④ 진열 케이스의 수

12 공간의 차단적 구획에 사용되는 것으로, 필요에 따라 공간을 구획할 수 있어 공간의 사용에 융통성을 줄 수 있는 것은?
① 커튼 ② 열주
③ 조명 ④ 알코브

13 실내디자인의 프로세스를 조사분석 단계와 디자인 단계로 나눌 경우, 다음 중 조사분석 단계에 속하지 않는 것은?
① 종합분석
② 정보의 수집
③ 문제점의 인식
④ 아이디어 스케치

14 우리나라의 한옥에 관한 설명으로 옳지 않은 것은?
① 창과 문은 좌식생활에 따른 인체치수를 고려하여 만들어졌다.
② 기단을 높여 통풍이 잘 되도록 하여 땅의 습기를 제거하였다.
③ 미닫이문, 들문 등의 사용으로 내부공간의 융통성을 도모하였다.
④ 남부지방의 경우 겨울철 난방을 고려하여 기밀하고 폐쇄적인 내부 공간구성으로 계획하였다.

15 서양 고전건축에서 실내 벽의 후퇴부로서 주로 조각상의 배치와 장식을 위해 구성된 요소는?
① 나오스(Naos)

② 니치(Niche)
③ 애디큘라(Aedicula)
④ 네이브(Nave)

16 다음 중 그리스 신전 건축의 구성 요소가 아닌 것은?
① 엔타블레처(Entablature)
② 버트레스(Buttress)
③ 페디먼트(Pediment)
④ 캐피탈(Capital)

17 사무소 건축에서 유효율(rentable ratio)의 의미로 알맞은 것은?
① 연면적에 대한 대실면적의 비율
② 연면적에 대한 건축면적의 비율
③ 대지면적에 대한 바닥면적의 비율
④ 대지면적에 대한 건축면적의 비율

18 다음 중 건축설계도면에서 배경을 표현하는 목적과 가장 관계가 먼 것은?
① 건축물의 스케일감을 나타내기 위해서
② 건축물의 용도를 나타내기 위해서
③ 건축물 내부 평면상의 동선을 나타내기 위해서
④ 주변대지의 성격을 표시하기 위해서

19 제도 시 선을 긋는 방법에 대한 설명 중 옳지 않은 것은?
① 수직선은 위에서 아래로 긋는다.
② 필기구는 선을 긋는 방향으로 약간 기울인다.
③ T자는 몸체와 머리가 직각이 되어 흔들리지 않도록 제도판에 밀착시켜 사용한다.
④ 일정한 힘을 가하여 일정한 속도로 긋는다.

20 다음 평면 표시기호는 무엇을 의미하는가?

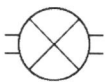

① 자재여닫이문   ② 쌍미닫이문
③ 회전문   ④ 외여닫이문

제2과목 : 실내디자인 색채 및 사용자행태분석

21 의자 및 소파에 관한 설명으로 옳지 않은 것은?
① 스툴은 등받이와 팔걸이가 없는 형태의 보조의자이다.
② 카우치는 이동하기 쉽도록 잡기 편하게 구성된 간이의자이다.
③ 세티는 동일한 2개의 의자를 나란히 합해 2인이 앉을 수 있도록 한 의자이다.
④ 라운지체어는 비교적 큰 크기의 의자로 편하게 휴식을 취할 수 있는 안락의자이다.

22 필요에 따라 가구의 형태를 변화시킬 수 있어 고정적이면서 이동적인 성격을 갖는 가구로, 규격화된 단일가구를 원하는 형태로 조합하여 사용할 수 있으므로 다목적으로 사용이 가능한 것은?
① 붙박이가구   ② 유닛가구
③ 가동가구   ④ 원목가구

23 색의 혼합에 관한 설명으로 틀린 것은?
① 색료 혼합의 3원색은 magenta, yellow, cyan이다.
② 색광 혼합의 2차색은 색료 혼합의 3원색이 된다.
③ 색료 혼합은 혼합하면 할수록 채도가 낮아진다.
④ 색광 혼합은 혼합하면 할수록 명도와 채도

가 높아진다.

24 디지털 기기의 색 공간 변환 목적이 아닌 것은?
① 디지털 컬러를 처리하는 장비들 사이의 컬러영역을 분리시키기 위함
② 영상처리 과정에서 영상의 분할, 특징 추출, 복원, 향상 등을 정확하게 수행하기 위함
③ 영상물 제작 과정에서 영상의 합성, 수정, 보완 등을 정확하고 용이하게 수행하기 위함
④ 컴퓨터 그래픽스에서 렌더링, 특수효과 처리, 실사영상과 CG 영상의 합성, 수정, 보완 등을 정확하고 용이하게 수행하기 위함

25 문·스펜서 조화론의 단점으로 옳은 것은?
① 무채색과의 관계를 생략하고 있다.
② 전통적 조화론은 무시하고 있다.
③ 명도, 채도를 고려하지 않았다.
④ 색의 연상, 기호, 상징성은 고려하지 않았다.

26 전자장비들 간에 RGB 정보가 서로 호환성이 없는 이유가 아닌 것은?
① 입력 장비마다 각각 다른 감광도(感光度)를 가지고 있으므로
② 입력 장비마다 각각 다른 인간의 시감체계를 가지고 있으므로
③ 디스플레이 장비의 전자총(電子銃) 성능이 다르므로
④ 모니터마다 화면의 표면을 코팅하는 컬러 발광 물질이 다르므로

27 색의 지각현상에 관한 설명 중 틀린 것은?

① 난색이 한색보다 팽창되어 보인다.
② 검정색 배경 위의 고명도 색이 저명도 색보다 명시도가 높다.
③ 한색이 난색보다 주목성이 높다.
④ 고명도 색이 저명도 색보다 팽창되어 보인다.

28 서로 조화되지 않는 두 색을 조화되게 하기 위한 일반적인 방법으로 가장 타당한 것은?
① 두 색의 사이에 백색 또는 검정색을 배치하였다.
② 두 색 중 한 색과 반대되는 색을 두 색의 사이에 배치하였다.
③ 두 색 중 한 색과 유사한 색을 두 색의 사이에 배치하였다.
④ 두 색의 혼합색을 만들어 두 색의 사이에 배치하였다.

29 다음의 먼셀 기호 중 신록이나 목장, 신선한 기운을 상징하기에 가장 적절한 색은?
① 10R 6/2 ② 10G 2/3
③ 5GY 7/6 ④ 10B 4/3

30 흰색 배경의 회색보다 검정색 배경의 회색이 더 밝게 보이는 것은?
① 보색대비 ② 채도대비
③ 명도대비 ④ 색상대비

31 KS의 일반 색명이 근거를 두고 있는 국제표준은?
① ASA ② CIE
③ ISCC-NIST ④ NCS

32 오스트발트 색체계의 설명으로 틀린 것은?
① 먼셀 색체계에 비해 직관적이다.

② 색입체가 대칭구조를 이루고 있다.
③ 기본색은 yellow, red, ultramarine, sea green이다.
④ la-na-pa는 등흑색계열을 나타낸다.

33 오스트발트 등가색환에 있어서의 조화를 기호로 나타낸 것 중 보색조화에 해당하는 것은?
① 2ic - 4ic
② 8ni - 14ni
③ 4Pg - 12Pg
④ 2Pa - 14Pa

34 다음 중 신체 부위의 동작과 설명이 올바르게 연결된 것은?
① 굴곡(flexion)이란 관절이 만드는 각도가 증가하는 동작을 말한다.
② 신전(extension)이란 관절이 만드는 각도가 감소하는 동작을 말한다.
③ 외전(abduction)이란 신체 중심선을 향한 동작을 말한다.
④ 회전(rotation)이란 분절의 운동궤적이 원뿔을 형성하는 동작을 말한다.

35 다음 중 신호검출이론(SDT)에 대한 설명으로 옳은 것은?
① 쉽게 식별할 수 없는 두 독립상태 상황에 적용된다.
② 신호가 약하거나 노이즈가 많을수록 감도는 커진다.
③ 신호와 노이즈는 모두 F-분포를 따른다고 가정한다.
④ 신호검출을 간섭하는 노이즈(noise)가 항상 있는 것은 아니다.

36 기술의 발전은 비교적 낮은 비용과 높은 신뢰도로 인간 음성(speech)의 합성을 가능하게 했다. 다음 중 음성 합성 체계의 유형이 아닌 것은?
① 암호화 합성(coding-synthesis)
② 분석-합성(analysis-synthesis)
③ 규칙에 의한 합성(synthesis by rule)
④ 정수화 녹음(digital recording)

37 다음 중 장기적으로 소음에 노출될 때의 청력손실에 대한 설명으로 틀린 것은?
① 장기적으로 소음에 노출됨에 따른 청력손실은 회복 가능하다.
② 청력손실의 정도는 노출 소음수준에 따라 증가한다.
③ 청력손실은 4000Hz 정도에서 크게 나타난다.
④ 강한 소음은 노출시간에 따라 청력손실이 증가한다.

38 암실 내의 고정된 빛을 응시하고 있으면 움직이는 것처럼 보이는 현상을 무엇이라 하는가?
① 가현운동
② 자동운동
③ 암순응
④ 자극운동

39 시각적 표시장치의 유형 중 원하는 값으로부터의 대략적인 편차 또는 고도 등 그 시간적인 변화 방향을 알아보는 데 가장 적합한 형태는?
① 계수형(digital)
② 동목형(moving scale)
③ 그림표시형(pictogram)
④ 동침형(moving pointer)

40 입식작업대의 높이는 작업의 종류 및 내용에 따라 달라진다. 다음 중 일반적으로 입식작

업대 높이의 기준이 되는 것은?
① 어깨높이   ② 가슴높이
③ 허리높이   ④ 팔꿈치 높이

제3과목 : 실내디자인 시공 및 재료

41 목재의 성질에 관한 설명 중 틀린 것은?
① 섬유포화점 이하에서는 함수율의 감소에 따라 강도가 증대한다.
② 변재는 심재보다 수축률이 크다.
③ 목재 섬유 방향의 전단강도는 압축강도에 비해 현저하게 작다.
④ 목재의 수축률은 섬유방향이 널결방향에 비하여 크다.

42 목재 건조의 목적 및 효과와 가장 거리가 먼 것은?
① 강도의 증진
② 내화성의 증진
③ 중량의 경감
④ 부패의 방지

43 콘크리트 중의 공기량에 대한 설명으로 옳지 않은 것은?
① AE제의 혼입량이 증가할수록 공기량은 증가한다.
② 콘크리트의 온도가 높아질수록 공기량은 증가한다.
③ 시멘트의 분말도 및 단위시멘트량이 증가하면 공기량은 감소한다.
④ 슬럼프가 커지면 공기량은 증가한다.

44 아스팔트 방수시공을 할 때 바탕재와의 밀착용으로 사용하는 것은?
① 아스팔트 컴파운드
② 아스팔트 모르타르
③ 아스팔트 프라이머
④ 아스팔트 루핑

45 점토의 성질에 대한 설명으로 틀린 것은?
① 양질의 점토는 건조상태에서 현저한 가소성을 나타내며 점토 입자가 미세할수록 가소성은 나빠진다.
② 점토의 주성분은 실리카와 알루미나이다.
③ 인장강도는 점토의 조직에 관계하며 입자의 크기가 큰 영향을 준다.
④ 점토제품의 색상은 철산화물 또는 석회물질에 의해 나타난다.

46 건축재료의 요구 성능 중 마감재료에서 필요성이 가장 적은 항목은?
① 화학적 성능
② 역학적 성능
③ 내구 성능
④ 방화·내화 성능

47 강화유리에 관한 설명으로 틀린 것은?
① 유리 표면에 강한 압축응력층을 만들어 파괴강도를 증가시킨 것이다.
② 강도는 플로트 판유리에 비해 3~5배 정도이다.
③ 주로 출입문이나 계단 난간, 안전성이 요구되는 칸막이 등에 사용된다.
④ 깨어질 때는 판유리 전체가 파편으로 잘게 부서지지 않는다.

48 목재 또는 기타 식물질을 작은 조각으로 하여 충분히 건조시킨 후 합성수지 접착제와 같은 유기질 접착제를 첨가하여 열압 제조한 목재 제품은?

① 집성목재　② 파티클 보드
③ 코펜하겐 리브　④ 코르크 보드

49 스팬드럴 유리에 대한 설명으로 틀린 것은?
① 건축물의 외벽 층간이나 내·외부 장식용 유리로 사용한다.
② 판유리 한쪽 면에 세라믹질의 도료를 도장한 후 고온에서 융착, 반강화한 것으로 내구성이 뛰어나다.
③ 색상이 다양하고 중후한 질감을 갖고 있으며 건축물의 모양에 따라 선택의 폭이 넓다.
④ 열깨짐의 위험이 있으므로 유리표면에 페인트 도장을 하거나 종이, 테이프 등을 부착하지 않는다.

50 도장결함 중 주름 발생 현상의 방지대책으로 가장 적합한 것은?
① 도료의 점도를 낮춘다.
② 교반을 충분하게 하고 겹칠을 한다.
③ 바탕과 도료와의 심한 온도차를 피한다.
④ 도포 후 즉시 직사광선을 쬐이지 않는다.

51 아스팔트의 물리적 성질에 대한 설명 중 옳은 것은?
① 감온성은 블로운 아스팔트가 스트레이트 아스팔트보다 크다.
② 유동성은 블로운 아스팔트가 스트레이트 아스팔트보다 크다.
③ 신도는 스트레이트 아스팔트가 블로운 아스팔트보다 크다.
④ 접착성은 블로운 아스팔트가 스트레이트 아스팔트보다 크다.

52 네트워크(Network) 공정표의 장점이라고 볼 수 없는 것은?

① 작업 상호 간의 관련성 파악이 용이하다.
② 진도 관리를 명확하게 실시할 수 있으며 적절한 조치를 취할 수 있다.
③ 작업의 선후관계 및 소요 일정 파악이 용이하다.
④ 작성 및 검사에 특별한 기능이 필요 없고, 경험이 없는 사람도 쉽게 작성할 수 있다.

53 다음 통나무 비계의 각 부 명칭으로 옳지 않은 것은?

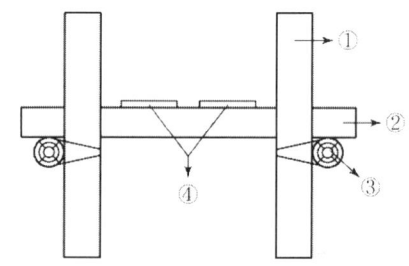

① 비계기둥　② 비계다리
③ 띠장　④ 비계발판

54 가로 30m, 세로 15m인 건물의 실내장식을 하기 위한 내부 비계 면적은 얼마인가?
① 360m²　② 405m²
③ 450m²　④ 495m²

55 다음 치장줄눈 중 명칭이 바르게 연결된 것은?

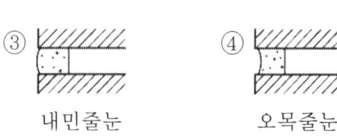

56 벽돌벽의 균열 원인 중 설계 요인에 해당되지 않는 것은?

① 기초의 부동침하
② 건물의 평면, 입면의 불균형
③ 모르타르 바름의 들뜨기 현상
④ 불균형 하중

57 페인트칠의 경우 초벌과 재벌 등을 도장할 때마다 색을 약간씩 다르게 하는 주된 이유는?
① 희망하는 색을 얻기 위하여
② 색이 진하게 되는 것을 방지하기 위하여
③ 착색안료를 낭비하지 않고 경제적으로 사용하기 위하여
④ 초벌, 재벌 등 페인트칠 횟수를 구별하기 위해서

58 방수 공사에서 안방수와 바깥방수를 비교한 설명으로 옳지 않은 것은?
① 바탕 만들기에서 안방수는 따로 만들 필요가 없으나 바깥방수는 따로 만들어야한다.
② 경제성(공사비)에서는 안방수는 비교적 저렴한 편인 방면 바깥방수는 고가인 편이다.
③ 공사시기에서 안방수는 본공사에 선행해야 하나 바깥방수는 자유로이 선택할 수 있다.
④ 안방수는 바깥방수에 비해 시공이 간편하다.

59 가설건축물 중 시멘트창고에 관한 설명으로 옳지 않은 것은?
① 바닥구조는 일반적으로 마루널깔기로 한다.
② 창고의 크기는 시멘트 100포당 2~3m²로 하는 것이 바람직하다.
③ 공기의 유통이 잘 되도록 개구부를 가능한 크게 한다.
④ 벽은 널판붙임으로 하고 장기간 사용하는 것은 함석붙이기로 한다.

60 벽마감공사에서 규격 200×200mm인 타일을 줄눈너비 10mm로 벽면적 100m²에 붙일 때 붙임매수는 몇 장인가? (단, 할증율 및 파손은 없는 것으로 가정한다.)
① 2238장   ② 2248장
③ 2258장   ④ 2268장

제4과목 : 실내디자인 환경

61 숙박시설의 객실 간 경계벽의 구조 및 설치 기준으로 틀린 것은?
① 내화구조로 하여야 한다.
② 지붕 밑 또는 바로 위층의 바닥판까지 닿게 한다.
③ 철근콘크리트구조의 경우에는 그 두께가 10cm 이상이어야 한다.
④ 콘크리트블록조의 경우에는 그 두께가 15cm 이상이어야 한다.

62 건축물의 내부에 설치하는 피난계단의 구조에서 계단실의 실내에 접하는 부분의 마감에 쓰이는 재료는?
① 난연재료   ② 불연재료
③ 준불연재료 ④ 내수재료

63 다음은 지하층과 피난층 사이의 개방공간 설치에 대한 건축관계법령이다. ( ) 안에 알맞은 것은?

> 바닥면적의 합계가 ( ) 이상인 공연장·집회장·관람장 또는 전시장을 지하층에 설치하는 경우에는 각 실에 있는 자가 지하층 각 층에서 건축물 밖으로 피난하여 옥외 계단 또는 경사로 등을 이용하여 피난층으로 대피할 수 있도록 천장이 개방된 외부 공간을 설치하여야 한다.

① 500m² ② 1000m²
③ 3000m² ④ 5000m²

64 배연설비설치와 관련하여 배연창의 유효면적은 1m² 이상으로서 그 면적의 합계가 건축물 바닥면적의 최소 얼마 이상으로 하여야 하는가?

① 1/10 이상 ② 1/20 이상
③ 1/100 이상 ④ 1/200 이상

65 소방청장, 소방본부장 또는 소방서장은 소방특별조사를 하려면 며칠 전에 관계인에게 조사대상, 조사기간 및 조사사유 등을 서면으로 알려야 하는가?

① 5일 ② 7일
③ 9일 ④ 12일

66 비상조명등을 설치하여야 하는 특정소방대상물에 해당되는 것은?

① 창고시설 중 창고
② 위험물 저장 및 처리 시설 중 가스시설
③ 창고시설 중 하역장
④ 지하가 중 터널로서 그 길이가 500m 이상인 것

67 특급 소방안전관리대상물에 두어야 할 소방안전관리자의 선임대상자가 되기 위한 기준으로 옳지 않은 것은?

① 소방기술사
② 5년 이상 1급 소방안전관리대상물의 소방안전관리자로 근무한 실무경력이 있고, 국민안전처장관이 실시하는 특급 소방안전관리대상물의 소방안전관리에 관한 시험에 합격한 사람
③ 소방공무원으로 15년 이상 근무한 경력이 있는 자
④ 소방설비기사의 자격을 취득한 후 5년 이상 1급 소방안전관리대상물의 소방안전관리자로 근무한 실무경력이 있는 사람

68 음의 세기 $10^{-10} W/m^2$을 음의 세기 레벨(dB)로 환산하면 얼마인가?

① 10dB ② 20dB
③ 30dB ④ 40dB

69 공기조화방식 중 유인 유닛방식에 관한 설명으로 옳은 것은?

① 유인 유닛에는 동력(전기) 배선을 하여야 한다.
② 각 유닛마다 제어가 가능하므로 개별실 제어가 가능하다.
③ 외기 냉방의 효과가 크나, 부하변동에 따른 적응성이 나쁘다.
④ 저속덕트만을 사용하므로, 마찰손실이 적어 열매 운송 동력이 적게 든다.

70 불쾌 글레어의 발생 원인과 가장 거리가 먼 것은?

① 휘도가 높은 광원
② 시선에 노출된 광원
③ 눈에 입사하는 광속의 과다
④ 물체와 그 주위 사이의 저휘도 대비

71 다음 설명에 알맞은 환기방식은?

- 기계력에 의하여 급기를 하므로 실내의 압력이 외부보다 높아지고 공기가 실외에서 유입하는 경우가 적다.
- 병원의 수술실과 같이 외부의 오염공기 침입을 피하는 실에 이용된다.

① 흡출식 ② 압입식

③ 중력식　　　　④ 풍력식

72 고가수조방식의 급수방식에 관한 설명으로 옳지 않은 것은?
① 급수압력이 일정하다.
② 위생성 측면에서 가장 바람직한 방식이다.
③ 대규모의 급수 수요에 쉽게 대응할 수 있다.
④ 단수 시에도 일정량의 급수를 계속할 수 있다.

73 문화 및 집회시설 중 공연장의 개별관람실의 바닥면적이 1500㎡일 경우, 출구는 최소 몇 개 이상 설치하여야 하는가? (단, 각 출구의 유효 너비를 2m로 하는 경우)
① 3개소　　　　② 4개소
③ 5개소　　　　④ 6개소

74 음의 성질에 관한 설명으로 옳지 않은 것은?
① 음의 파장은 음속과 주파수를 곱한 값이다.
② 인간의 가청주파수의 범위는 20~20000Hz 이다.
③ 마스킹 효과(Masking effect)는 음파의 간섭에 의해 일어난다.
④ 음파가 한 매질에서 타 매질로 통과할 때 구부러지는 현상을 음의 굴절이라 한다.

75 반사형 단열재에 관한 설명으로 옳지 않은 것은?
① 반사하는 표면이 다른 재료와 접촉될 때 단열효과가 증가한다.
② 반사형 단열은 복사의 형태로 열이동이 이루어지는 공기층에 유효하다.
③ 중공벽 내의 중앙에 알루미늄박을 이중으로 설치하면 큰 단열효과가 있다.
④ 중공벽 내의 고온측면에 복사율이 낮은 알루미늄박을 설치하면 표면 열전달저항이 증가한다.

76 다음 중 불쾌지수의 산정 요소로만 구성된 것은?
① 기온, 습도
② 기온, 기류
③ 기온, 습도, 기류
④ 기온, 습도, 기류, 복사열

77 채광방식에 관한 설명으로 옳은 것은?
① 측창채광은 천창채광에 비해 채광량이 많다.
② 천창채광은 측창채광에 비해 조도 분포의 균일화에 유리하다.
③ 측창채광은 천창채광에 비해 시공이 어려우며, 비막이에 불리하다.
④ 천창채광은 측창채광에 비해 근린의 상황에 따라 채광을 방해받는 경우가 많다.

78 옥내소화전방수구는 바닥으로부터의 높이가 최대 얼마 이하가 되도록 설치하여야 하는가?
① 0.9m　　　　② 1.2m
③ 1.5m　　　　④ 1.8m

79 실내에 발생열량이 70W인 기기가 있을 때, 실내 공기를 20℃로 유지하기 위해 필요한 환기량은? (단, 외기온도 10℃, 공기의 밀도 1.2 kg/㎥, 공기의 정압비열 1.01kJ/kg·K)
① 10.8㎥/h　　② 20.8㎥/h
③ 30.8㎥/h　　④ 40.8㎥/h

80 건축물의 에너지절약 설계기준에 따른 건축부문의 권장사항으로 옳지 않은 것은?

① 실의 용도 및 기능에 따라 수평, 수직으로 조닝계획을 한다.
② 공동주택은 인동간격을 넓게 하여 저층부의 일사 수열량을 증대시킨다.
③ 건축물의 체적에 대한 외피면적의 비 또는 연면적에 대한 외피면적의 비는 가능한 한 크게 한다.
④ 거실의 층고 및 반자 높이는 실의 용도와 기능에 지장을 주지 않는 범위 내에서 가능한 한 낮게 한다.

실/내/건/축/기/사

모의고사 제5회

● 제1과목 : 실내디자인 계획

01 점에 관한 설명으로 옳지 않은 것은?
① 점을 연속해서 배열하면 선의 느낌을 받는다.
② 많은 점을 근접시켜 배열하면 면으로 느껴진다.
③ 어떤 물체든지 확대하거나, 가까이서 보면 점으로 보인다.
④ 나란히 있는 점의 간격에 따라 집합, 분리의 효과를 얻는다.

02 공간의 분할 중 심리·도덕적 구획의 방법에 속하지 않는 것은?
① 커튼
② 낮은 칸막이
③ 바닥면의 변화
④ 천장면의 변화

03 공간구성의 유형에 관한 설명으로 옳지 않은 것은?
① 선형 공간구성이란 일련의 공간의 반복으로 이루어진 선형적인 연속이다.
② 집합형 공간구성은 구심형 공간구성과 선형 공간구성의 두 가지 요소를 조합한 것이다.
③ 구심형 공간구성은 중앙의 우세한 중심공간과 그 주위의 수많은 제2의 공간으로 이루어진다.
④ 격자형 공간구성은 공간 속에서의 위치와 공간 상호 간의 관계가 3차원적 격자 패턴 속에서 질서정연하게 배열되는 형태 및 공간으로 구성된다.

04 실내디자인에 관한 설명으로 옳지 않은 것은?
① 실내디자인은 디자인 요소를 반영하여 인간 환경을 구축하는 작업이다.
② 실내디자인은 예술에 속하므로 미적인 관점에서만 그 성공여부를 판단할 수 있다.
③ 실내디자인은 목적을 위한 행위이나 그 자체가 목적이 아니고 특정한 효과를 얻기 위한 수단이다.
④ 실내디자인은 실내공간을 보다 편리하고 쾌적한 환경으로 창조해 내는 문제해결의 과정과 그 결과이다.

05 오피스 랜드스케이프(office landscape)에 관한 설명으로 옳지 않은 것은?
① 소음이 발생하기 쉽다.
② 공간의 독립성이 확보되고 형태가 명확하다.
③ 고정된 칸막이를 사용하지 않고 이동식을 사용한다.
④ 변화하는 업무의 흐름이나 작업 패턴에 신속하게 대응할 수 있다.

06 건축화조명 중 천장, 벽의 구조체에 의해 광원의 빛이 천장 또는 벽면으로 가려지게 하여 반사광으로 간접 조명하는 방식은?
① 코브 조명
② 밸런스 조명

③ 코니스 조명 ④ 캐노피 조명

07 다음 설명에 알맞은 주택 부엌가구의 배치 유형은?

- 작업면이 넓어 작업 효율이 좋다.
- 평면계획상 부엌에서 외부로 통하는 출입구의 설치가 곤란하다.

① 일렬형 ② ㄷ자형
③ 병렬형 ④ ㄱ자형

08 다음 중 시스템 가구의 디자인 조건과 가장 거리가 먼 것은?

① 가구는 비규격화된 디자인으로 한다.
② 인체공학에 의한 인체치수와 동작에 적합하도록 한다.
③ 재배열과 교체가 용이하고, 이동 가능하도록 한다.
④ 구성재와 결합시켜 통일과 조화를 꾀하며, 융통성을 크게 한다.

09 실내디자인의 구성 원리 중 규칙적인 요소들의 반복으로 디자인에 시각적인 질서를 부여하는 통제된 운동 감각은?

① 비례 ② 리듬
③ 균형 ④ 통일

10 상품 진열계획에서 고객에게 가장 편한 진열 높이를 말하는 골든 스페이스(golden space)의 범위는?

① 400~850mm
② 850~1250mm
③ 1250~1500mm
④ 1500~1800mm

11 전시공간의 특수전시기법에 관한 설명으로 옳은 것은?

① 하모니카 전시는 통일된 전시내용이 규칙적으로나 반복적으로 나타날 때 적용이 용이하다.
② 파노라마 전시는 벽이나 천장을 직접 이용하지 않고 전시공간의 중앙에 전시물을 배치하는 전시기법이다.
③ 아일랜드 전시는 현장감을 가장 실감나게 표현하는 기법으로 한정된 공간 속에서 배경스크린과 실물의 종합전시가 이루어진다.
④ 디오라마 전시는 연속적인 주제를 연관성 깊게 표현하기 위해 선형으로 연출하는 전시기법으로 맥락이 중요하다고 생각될 때 사용된다.

12 기하학적 형태에 관한 설명으로 옳지 않은 것은?

① 유기적 형태를 가진다.
② 인공적 형태의 특징을 느끼게 한다.
③ 규칙적이며 단순 명쾌한 감각을 준다.
④ 수학적인 법칙과 함께 생기며 뚜렷한 질서를 가진다.

13 디자인 요소 중 패턴에 관한 설명으로 옳지 않은 것은?

① 인위적인 패턴의 구성은 반복을 명확히 함으로써만 이루어진다.
② 패턴을 취급할 때 중요한 것은 그 공간 속에 있는 모든 패턴성을 갖는 것과의 조화 방법이다.
③ 연속성있는 패턴은 리듬감이 생기는데 그 리듬이 공간의 성격이나 스케일과 맞도록 해야 한다.
④ 패턴은 인위적으로 구성되는 것도 있으나

어떤 단위화된 재료가 조합될 때 저절로 생기는 것이다.

14 로마네스크 건축에 대한 설명으로 옳지 않은 것은?

① 내부 장식에 스테인드글라스(stained glass)를 사용하였다.
② 건축실례로 성 소피아 성당이 있다.
③ 평면형식이 라틴 크로스(Latin Cross)로 되어 있다.
④ 클러스터드 피어는 지붕으로 향한 강한 수직성과 공간감을 자아낸다.

15 우리나라 전통건축물에 사용되는 단청에 대한 설명 중 틀린 것은?

① 단청에 사용되는 색은 흔히 오방색(五方色)으로 일컫는 청색, 백색, 적색, 흑색 및 황색을 주로 사용한다.
② 단청은 목조건축물 이외에 고분, 공예품 등에도 사용하였으며 서화에 병용되기도 하였다.
③ 단청은 건물의 미화와 내구적인 보호를 위해 사용되었다.
④ 단청기법에는 모로단청, 금단청, 가칠단청이 사용되었으며, 이 가운데 가장 복잡, 화려한 것은 모로단청이다.

16 다음과 같은 특징을 갖는 극장의 평면형은?

- 중앙무대형이라고도 하며 관객이 연기자를 360°로 둘러싸고 관람하는 형식이다.
- 무대의 배경을 만들지 않으므로 경제적이지만 무대장치의 설치에 어려움이 따른다.

① 가변형   ② 애리나형
③ 프로세니엄형   ④ 오픈 스테이지형

17 업무공간에 칸막이(partition)를 계획할 때 주의할 사항으로 옳지 않은 것은?

① 흡음을 고려한 마감재를 사용한다.
② 기둥과 보의 위치를 고려해야 한다.
③ 창의 중간에 배치되는 것을 피한다.
④ 설비적인 분포에 차별화를 두어야 한다.

18 다음 중 실내공간의 평면계획에서 가장 우선적으로 고려해야 할 것은?

① 마감재료   ② 공간의 동선
③ 공간의 색채   ④ 공간의 환기

19 다음 중 선의 표시가 잘못된 것은?

① 숨은선 : 실선
② 중심선 : 일점쇄선
③ 치수선 : 가는 실선
④ 상상선 : 이점쇄선

20 도면에 선을 그을 때의 유의사항 중 옳지 않은 것은?

① 일정한 힘을 가하여 일정한 속도로 긋는다.
② 필기구는 선을 긋는 방향으로 약간 기울인다.
③ 일점쇄선과 파선은 간격이 일정하게 한다.
④ 제도용 삼각자는 정확성을 위해 눈금이 있는 것을 사용한다.

제2과목 : 실내디자인 색채 및 사용자행태분석

21 다음의 가구에 관한 설명 중 ( ) 안에 들어갈 말로 알맞은 것은?

자유로이 움직이며 공간에 융통성을 부여하는 가구를 (㉠)라 하며, 특정한 사용 목적이나 많은 물품을 수납하기 위해 건축화된 가구를 (㉡)라 한다.

① ㉠ 고정가구, ㉡ 가동가구
② ㉠ 이동가구, ㉡ 가동가구
③ ㉠ 이동가구, ㉡ 붙박이가구
④ ㉠ 붙박이가구, ㉡ 이동가구

22 데 스틸(De Stijl) 운동의 색채와 면 구성을 적용하여 리트벨트(Rietvelt)가 디자인한 의자의 이름은?

① 매킨토시 체어(Mackintosh Chair)
② 몬드리안 체어(Mondrian Chair)
③ 블랙 앤 화이트 체어(Black and White Chair)
④ 레드 앤 블루 체어(Red and Blue Chair)

23 대비현상과는 달리 인접된 색과 닮아 보이는 현상은?

① 잔상현상   ② 퇴색현상
③ 동화현상   ④ 연상감정

24 채도에 관한 설명 중 틀린 것은?

① 색이 순수할수록 채도가 높고, 탁하거나 흐릴수록 채도가 낮다.
② 무채색이 포함되지 않은 색이 채도가 가장 높고 이를 순색이라 한다.
③ 순색에 흰색을 섞는 양이 많아질수록 채도는 높아진다.
④ 무채색은 채도가 없다.

25 JPG와 GIF의 장점만을 가진 포맷으로 트루컬러를 지원하고 비손실 압축을 사용하여 이미지 변형 없이 원래 이미지를 웹상에 그대로 표현할 수 있는 포맷 형식은?

① PCX   ② BMP
③ PNG   ④ PDF

26 분광광도계를 이용하여 색편의 분광반사율을 측정했을 때 가장 정확하게 색좌표가 계산되는 색체계는?

① Munsell 색체계   ② Hering 색체계
③ CIE 색체계   ④ Ostwald 색체계

27 디지털 색채의 유형 중 RGB 형식에 대한 설명으로 옳은 것은?

① 인쇄물이나 그림과 같이 컬러 재생 매체에 사용된다.
② 3가지 기본색인 빨강(red), 초록(green), 파랑(blue)을 모두 100%씩 혼합하면 검은색이 된다.
③ 감법혼색으로 2차색은 원색보다 어두워진다.
④ 컴퓨터 화면의 스크린은 24비트 색배열 조정장치를 사용할 경우 최대 약 1677만 가지의 색을 만들어낼 수 있다.

28 오스트발트 색체계에 관한 설명으로 틀린 것은?

① 노랑을 기준으로 전체 24색상으로 이루어져 있다.
② 톤은 무채색을 제외하고 각 색상당 28색으로 이루어져 있다.
③ 원래 색채의 배색을 위한 조화를 목적으로 제작되었다.
④ 색채조화매뉴얼(CHM)에는 모두 40색상으로 구성된다.

29 물체색에 대한 설명 중 틀린 것은?

① 빛을 대부분 반사시키면 흰색이 된다.
② 빛을 완전히 흡수하면 이상적인 검정색이 된다.
③ 빛의 일부는 반사하고 일부는 흡수하면 회색이 된다.

④ 빛의 반사율은 0%~100%가 현실적으로 존재한다.

30 맥스웰 디스크(Maxwell's Disk)와 관계가 있는 것은?
① 병치혼합 ② 회전혼합
③ 감산혼합 ④ 색료혼합

31 우리 눈에서 무채색의 지각뿐 아니라 유채색의 지각도 함께 일으키는 능력은 어디서 이루어지는가?
① 추상체 ② 간상체
③ 수정체 ④ 홍채

32 배색에 대한 설명으로 틀린 것은?
① 화려하고 강렬한 느낌을 위해서는 색상차를 크게 하여 배색한다.
② 채도차가 큰 배색은 면적을 조절하여 안정감을 주어야 한다.
③ 유사색상 배색 시에는 명도차, 채도차를 비슷하게 하여 조화되게 한다.
④ 명쾌한 배색이 되기 위해서는 명도차를 크게 하여 배색한다.

33 다음 중 인간의 눈에 대한 설명으로 옳은 것은?
① 망막을 구성하고 있는 감광요소 중 간상세포는 색의 구분을 담당한다.
② 황반 부위에는 간상세포가 집중적으로 분포되어 있다.
③ 시각이란 보는 물체에 의한 눈에서의 대각이며, 일반적으로 분(′) 단위로 나타낸다.
④ 시력은 시각 1분의 역자승수를 표준단위로 사용한다.

34 다음 중 소리와 청각에 대한 설명으로 적절하지 않은 것은?
① 기온이 오르면 소리의 전달속도가 감소한다.
② 2가지 음의 주파수 비율이 2 : 1일 때 이것을 1옥타브라 한다.
③ 인간의 감각은 일반적으로 주파수가 낮은 음보다 높은 음이 감도가 좋다.
④ 점음원으로부터의 단위면적당 출력은 반사나 굴절이 없는 한 거리의 제곱에 반비례하여 작아진다.

35 다음 중 소음원에 대한 소음의 제어로 가장 적절한 것은?
① 해당 설비의 진동량이나 진동 부분을 조정하여 감소시킨다.
② 고주파 소음을 내는 장치를 사용한다.
③ 저주파 소음은 고주파의 소음보다 방향성이 크므로 차폐물 또는 방해물을 설치한다.
④ 대형 저속 송풍기보다 소형 고속 송풍기를 설치한다.

36 다음 중 신체 부위의 운동 형태와 그 예를 바르게 나열한 것은?
① 조작동작 : 망치질하기
② 연속동작 : 부품이나 공구잡고 있기
③ 반복동작 : 자동차 핸들의 조종하기
④ 계열동작 : 피아노 연주나 타이핑하기

37 다음 중 1촉광의 점광원으로부터 1m 떨어진 곡면에 비추는 광의 밀도를 나타내는 단위는?
① lux ② lambert
③ lumen ④ foot-candle

38 다음 중 진동이 인간성능에 끼치는 일반적인

영향으로 틀린 것은?

① 안정되고 정확한 근육 조절을 요하는 작업은 진동에 의해서 그 능력이 저하된다.
② 진동은 진폭에 비례하여 시력을 손상시킨다.
③ 진동은 진폭에 비례하여 추적 능력을 손상하며 낮은 진동수에서 가장 심하다.
④ 반응시간, 형태 식별 등 주로 중앙 신경처리에 달린 임무는 진동의 영향을 많이 받는다.

39 자동차 제동페달을 효율적으로 사용하기 위해서는 대퇴부와 경부의 각도를 어느 정도 유지하는 것이 가장 적절한가?

① 90도　　② 180도
③ 120도　　④ 150도

40 다음 중 부품의 일반적인 위치를 정할 때 적용하는 부품 배치의 원칙으로만 나열된 것은?

① 중요성의 원칙, 사용빈도의 원칙
② 중요성의 원칙, 공정순서의 원칙
③ 기능별 배치의 원칙, 부품크기의 원칙
④ 기능별 배치의 원칙, 사용공정의 원칙

● 제3과목 : 실내디자인 시공 및 재료

41 목재의 수축팽창에 관한 설명 중 옳지 않은 것은?

① 변재는 심재보다 수축률 및 팽창률이 일반적으로 크다.
② 섬유포화점 이상의 함수상태에서는 함수율이 클수록 수축률 및 팽창률이 커진다.
③ 수종에 따라 수축률 및 팽창률에 상당한 차이가 있다.
④ 수축이 과도하거나 고르지 못하면 할렬, 비틀림 등이 생긴다.

42 다음 미장재료 중 공기 중의 탄산가스와 반응하여 경화하는 것은?

① 돌로마이트 플라스터
② 시멘트 모르타르
③ 석고 플라스터
④ 킨스 시멘트

43 다음 중 해수에 접하는 구조물에 가장 적합한 시멘트는?

① 보통포틀랜드시멘트
② 조강포틀랜드시멘트
③ 고로시멘트
④ 중용열포틀랜드시멘트

44 목재용 방화제의 종류에 해당되지 않는 것은?

① 방화페인트
② 규산나트륨
③ 불화소다 2% 용액
④ 제2인산암모늄

45 아스팔트 방수 재료에 관한 설명으로 옳지 않은 것은?

① 아스팔트 루핑은 펠트의 양면에 블로운 아스팔트를 피복하고, 그 표면에 가는 모래나 광물질 미분말을 부착한 시트상의 제품이다.
② 개량아스팔트 방수시트는 주로 토치 버너의 가열에 의해 공사가 이루어진다.
③ 아스팔트 프라이머는 콘크리트 바탕과 방수시트의 접착을 양호하게 유지하기 위한 바탕조정용 접착제이다.
④ 망상 아스팔트 루핑은 아스팔트의 절연 공법에 사용된다.

46 점토소성제품에 관한 설명으로 옳지 않은

것은?
① 보통 토기, 도기, 자기 및 석기 등으로 나뉘는데, 이들은 원료 및 소성온도에 따라 분류된다.
② 토기는 주로 마루타일 또는 클링커 타일로 활용된다.
③ 도기의 흡수성은 자기에 비하여 크다.
④ 자기는 조직이 치밀하고 견고하여 주로 타일 및 위생도기로 많이 사용된다.

47 굳지 않은 콘크리트의 워커빌리티에 영향을 주는 요소와 가장 거리가 먼 것은?
① 시멘트의 강도
② 단위 수량
③ 골재의 입도 및 입형
④ 혼화재료

48 다음 중 건축용 단열재와 거리가 먼 것은?
① 유리면(glass wool)
② 암면(rock wool)
③ 펄라이트판
④ 테라코타

49 유리가 불화수소에 부식하는 성질을 이용하여 5mm 이상 판유리면에 그림, 문자 등을 새긴 유리는?
① 스테인드 유리   ② 망입 유리
③ 에칭 유리   ④ 내열 유리

50 스프레이 건(spray gun)을 사용해서 표면마감을 할 때 가장 유리한 도료는?
① 래커   ② 바니시
③ 유성페인트   ④ 에나멜

51 각종 접착제에 관한 설명 중 옳지 않은 것은?

① 동물질 아교는 비교적 접착력이 크고 취급하기 용이하나 내수성이 부족하다.
② 페놀 수지 접착제는 목재, 금속, 플라스틱 및 이들 이종재(異種材) 간의 접착에 사용된다.
③ 에폭시 수지 접착제는 목재, 석재의 접합에는 적당하나 금속 접합에는 사용할 수 없다.
④ 비닐 수지 접착제는 내열성, 내수성이 떨어져 옥외 사용에는 적당하지 않다.

52 다음 특수유리와 사용장소의 조합이 적절하지 않은 것은?
① 병원의 일광욕실 - 자외선 투과 유리
② 진열용 창 - 무늬유리
③ 채광용 지붕 - 프리즘 유리
④ 형틀 없는 문 - 강화 유리

53 시공성 및 일체형 확보를 위해 사용되는 플라스틱 바름 바닥재에 대한 설명으로 옳지 않은 것은?
① 폴리우레탄 바름바닥재 - 공기 중의 수분과 화학반응하는 경우 저온과 저습에서 경화가 늦으므로 5℃ 이하에서는 촉진제를 사용한다.
② 에폭시 수지 바름바닥재 - 수지 페이스트와 수지 모르타르용 결합재에 경화제를 혼합하면 생기는 기포의 혼입을 막도록 소포제를 첨가한다.
③ 불포화폴리에스테르 바름바닥재 - 표면경도(탄력성), 신축성 등이 폴리우레탄에 가까운 연질이고 페이스트, 모르타르, 골재 등을 섞어서 사용한다.
④ 프란수지 바름바닥재 - 탄력성과 미끄럼 방지에 유리하여 체육관에 많이 사용한다.

54 CPM 공정표 작성 시에 EST와 EFT의 계산 방법 중 옳지 않은 것은?
① 작업의 흐름에 따라 전진 계산한다.
② 선행작업이 없는 첫 작업의 EST는 프로젝트의 개시시간과 동일하다.
③ 어느 작업의 EFT는 그 작업의 EST에 소요일수를 더하여 구한다.
④ 복수의 작업에 종속되는 작업의 EST는 선행작업 중 EFT의 최솟값으로 한다.

55 골재의 함수상태에 관한 설명으로 옳지 않은 것은?
① 절대건조상태 : 대기 중에서 골재의 표면이 완전히 건조된 상태
② 습윤상태 : 골재입자의 내부에 물이 채워져 있고, 표면에도 물이 부착되어 있는 상태
③ 표면건조포화상태 : 골재입자의 표면에 물은 없으나 내부의 공극에는 물이 꽉 차 있는 상태
④ 공기 중 건조상태 : 실내에 방치한 경우 골재입자의 표면과 내부의 일부가 건조한 상태

56 단순 조적 블록쌓기에 관한 설명으로 옳지 않은 것은?
① 살두께가 큰 편을 아래로 하여 쌓는다.
② 특별한 지정이 없으면 줄눈은 10mm가 되게 한다.
③ 하루의 쌓기 높이는 1.5m 이내를 표준으로 한다.
④ 줄눈 모르타르는 쌓은 후 줄눈누르기 및 줄눈파기를 한다.

57 방수공사용 아스팔트의 종류 중 표준용융온도가 가장 낮은 것은?
① 1종 ② 2종
③ 3종 ④ 4종

58 다음 중 공사시방서에 기재하지 않아도 되는 사항은?
① 건물 전체의 개요
② 공사비 지급방법
③ 시공방법
④ 사용재료

59 길이 100m, 높이 2.4m인 블록벽 시공 시 소요되는 블록량은 얼마인가? (단, 블록은 기본형 150×190×390, 할증률 4%)
① 2880매 ② 3048매
③ 3120매 ④ 3360매

60 습윤상태의 모래 800g을 건조로에서 건조시켜 절대건조상태 720g으로 되었다. 이 모래의 표면수율은? (단, 이 모래의 흡수율은 5%이다.)
① 5.00% ② 5.26%
③ 5.55% ④ 5.82%

제4과목 : 실내디자인 환경

61 조명방법 중 간접 조명에 관한 설명으로 옳은 것은?
① 작업상 필요한 장소만 조명하는 방법이다.
② 효율이 좋으나 음영이 생기기 쉽다.
③ 광원을 천장에 매달기 때문에 파손의 위험이 적으나 전력소비량이 많다.
④ 광이 천장면이나 벽면에 부딪친 다음 반사된 광선이 조명면에 비치는 방법이다.

62 어느 실내에서 수평면 조도를 측정하여 다음 값을 얻었다. 이 실의 균제도는?

- 최고 조도 : 2000lx
- 최저 조도 : 200lx

① 0.1　　② 2
③ 4　　　④ 10

63 문화 및 집회시설 중 공연장의 각 층별 바닥면적이 1500m²이고 각 층별 거실면적이 1000m²일 때, 이 공연장에 설치하여야 하는 승용승강기의 최소 대수는? (단, 공연장의 층수는 10층이며, 8인승 승강기 적용)

① 3대　　② 4대
③ 5대　　④ 6대

64 물분무 등 소화설비를 설치하여야 할 차고·주차장에 어떤 소방시설을 화재안전기준에 적합하게 설치하면 물분무 등 소화설비를 면제받을 수 있는가?

① 옥내소화전설비
② 연결송수관설비
③ 자동화재탐지설비
④ 스프링클러설비

65 건축물의 3층 이상의 층에 직통계단 외에 그 층으로부터 지상으로 통하는 옥외피난계단을 따로 설치하여야 하는 용도의 기준으로 옳지 않은 것은?

① 제2종 근린생활시설 중 공연장(해당용도로 쓰는 바닥면적의 합계가 300m² 이상인 경우)의 용도에 쓰이는 층으로서 그 층 거실 바닥면적의 합계가 300m² 이상인 것
② 위락시설 중 주점영업의 용도에 쓰이는 층으로서 그 층 거실 바닥면적의 합계가 400m² 이상인 것
③ 문화 및 집회시설 중 공연장의 용도로 쓰이는 층으로서 그 층의 거실의 바닥면적의 합계가 300m² 이상인 것
④ 문화 및 집회시설 중 집회장의 용도에 쓰이는 층으로서 그 층의 거실의 바닥면적의 합계가 1000m² 이상인 것

66 단독주택 및 공동주택의 거실에 환기를 위하여 설치하는 창문 등의 면적은 최소 얼마 이상이어야 하는가? (단, 기계환기장치 및 중앙관리방식의 공기조화 설비를 설치하지 않은 경우)

① 거실 바닥면적의 5분의 1
② 거실 바닥면적의 10분의 1
③ 거실 바닥면적의 15분의 1
④ 거실 바닥면적의 20분의 1

67 다음 중 소화활동설비에 속하지 않는 것은?

① 연결송수관 설비
② 스프링클러 설비
③ 연결살수 설비
④ 비상콘센트 설비

68 피뢰설비 설치 기준으로 옳지 않은 것은?

① 피뢰설비의 재료는 최소 단면적이 피복이 없는 동선을 기준으로 수뢰부, 인하도선 및 접지극은 30mm² 이상이거나 이와 동등 이상의 성능을 갖출 것
② 돌침은 건축물의 맨 윗부분으로부터 25cm 이상 돌출시켜 설치하되, 「건축물의 구조기준 등에 관한 규칙」 제9조에 따른 설계하중에 견딜 수 있는 구조일 것
③ 피뢰설비는 한국산업표준이 정하는 피뢰레벨 등급에 적합한 피뢰설비일 것

④ 피뢰설비의 인하도선을 대신하여 철골조의 철골구조물과 철근콘크리트조의 철근구조체 등을 사용하는 경우에는 전기적 연속성이 보장될 것

69 공기조화방식 중 이중덕트방식에 관한 설명으로 옳지 않은 것은?
① 전공기방식의 특성이 있다.
② 혼합상자에서 소음과 진동이 생긴다.
③ 부하특성이 다른 다수의 실이나 존에는 적용할 수 없다.
④ 냉·온풍의 혼합으로 인한 혼합손실이 있어서 에너지 소비량이 많다.

70 건축물의 에너지절약을 위한 계획 방법으로 옳지 않은 것은?
① 공동주택은 인동간격을 넓게 하여 저층부의 일사 수열량을 증대시킨다.
② 건축물은 대지의 향, 일조 및 주풍향 등을 고려하여 배치하며, 남향 또는 남동향 배치를 한다.
③ 건축물의 체적에 대한 외피면적의 비 또는 연면적에 대한 외피면적의 비는 가능한 한 크게 한다.
④ 거실의 층고 및 반자 높이는 실의 용도와 기능에 지장을 주지 않는 범위 내에서 가능한 한 낮게 한다.

71 인화성 액체, 가연성 액체, 타르, 오일 및 인화성 가스와 같은 유류가 타고 나서 재가 남지 않는 화재를 의미하는 것은?
① A급 화재　② B급 화재
③ C급 화재　④ K급 화재

72 다음 중 옥내조명의 설계에서 가장 먼저 이루어지는 작업은?
① 광원의 선정
② 소요조도의 결정
③ 조명방식의 결정
④ 조명기구 배치의 결정

73 다공질재 흡음재료에 관한 설명으로 옳지 않은 것은?
① 주파수가 낮을수록 흡음률이 높아진다.
② 표면마감처리방법에 의해 흡음 특성이 변한다.
③ 두께를 늘리면 저주파수의 흡음률이 높아진다.
④ 강성벽 앞면의 공기층 두께를 증가시키면 저주파수의 흡음률이 높아진다.

74 0.5L의 물을 5℃에서 60℃로 올리는 데 필요한 열량은? (단, 물의 비열은 4.2kJ/kg·K, 물의 밀도는 1kg/L이다.)
① 63.0kJ　② 115.5kJ
③ 127.5kJ　④ 180.0kJ

75 열전도율에 관한 설명으로 옳지 않은 것은?
① 기체는 고체보다 열전도율이 작다.
② 액체는 고체보다 열전도율이 작다.
③ 철근콘크리트의 열전도율은 강재보다 작다.
④ 열전도율이 크면 클수록 열전도 저항도 커진다.

76 다음 중 건물증후군(Sick Building Syndrome)과 가장 밀접한 관계가 있는 것은?
① VOCs　② 기온
③ 습도　④ 일사량

77 실내에 있어서 인체 표면과 벽·천장·바닥

면 등 주벽면과의 열복사가 재실자의 쾌적감에 미치는 영향을 측정하기 위하여 Vernon에 의해 고안된 온도계는?

① 자기 온도계 ② 카타 온도계
③ 글로브 온도계 ④ 아스만 온도계

78 다음의 자동화재탐지설비의 감지기 중 연기감지기에 속하는 것은?

① 광전식 ② 보상식
③ 차동식 ④ 정온식

79 다음과 같은 재료로 구성된 벽체의 열관류율은? (단, 벽체의 내표면 열전달률은 8.3W/$m^2 \cdot$K, 외표면 열전달률은 16.6W/$m^2 \cdot$K이다.)

재료	벽돌	석고보드
두께(mm)	190	50
열전도율 (W/$m^2 \cdot$K)	0.84	0.05

① 0.02W/$m^2 \cdot$K
② 0.04W/$m^2 \cdot$K
③ 0.52W/$m^2 \cdot$K
④ 0.71W/$m^2 \cdot$K

80 채광방식 중 측창채광에 관한 설명으로 옳지 않은 것은?

① 천창채광에 비해 비막이에 유리하다.
② 근린의 상황에 의한 채광 방해의 우려가 있다.
③ 편측채광의 경우 실내 조도분포가 불균일하다.
④ 동일 면적의 천창채광에 비해 채광량이 3배 정도 많다.

실/내/건/축/기/사

모의고사 제6회

제1과목 : 실내디자인 계획

01 착시 현상의 사례 중 분트 도형의 내용으로 옳은 것은?
① 같은 길이의 수직선이 수평선보다 길어 보인다.
② 같은 길이의 직선이 화살표에 의해 길이가 다르게 보인다.
③ 사선이 2개 이상의 평행선으로 중단되면 서로 어긋나 보인다.
④ 같은 크기의 2개의 부채꼴에서 아래쪽의 것이 위의 것보다 커 보인다.

02 실내디자인의 영역에 관한 설명으로 옳지 않은 것은?
① 건축 구조물에 의해 형성된 내부공간만을 대상으로 한다.
② 영리성 유무에 따라 영리공간과 비영리공간으로 구분할 수 있다.
③ 가구 디자인도 실내 디자인의 영역에 포함되나 독립적으로 이루어질 수도 있다.
④ 대상 공간의 생활 목적에 따라 주거공간, 사무공간, 상업공간, 전시공간, 특수공간 등으로 나눌 수 있다.

03 주택의 부엌에서 작업 삼각형(work triangle)의 구성에 속하지 않는 것은?
① 냉장고
② 배선대
③ 가열대
④ 개수대

04 다음 설명에 알맞은 건축화조명은?

- 벽면의 상부에 위치하여 모든 빛이 아래로 직사하도록 하는 조명방식이다.
- 벽면 부착물이나 벽면 자체에 시각적인 흥미를 준다.

① 광창 조명
② 코브 조명
③ 코니스 조명
④ 광천장 조명

05 실내디자인의 계획 조건을 외부적 조건과 내부적 조건으로 구분할 경우, 다음 중 내부적 조건에 속하는 것은?
① 일조 조건
② 개구부의 위치
③ 소화설비의 위치
④ 의뢰인의 공사예산

06 실내디자인 프로세스에서 다음과 같은 아이디어 창출기법은?

- 서로 관련이 없어 보이는 것들을 조합하여 새로운 것을 도출해낸다.
- 직접적인 해결책보다 은유적인 것에서 출발하여 점점 구체적인 방법으로 접근해 간다.

① 시네틱스
② 브레인 스토밍
③ 버즈 세션
④ 롤 플레잉

07 극장의 관객석에서 무대 위 연기자의 세밀한 표정이나 몸동작을 볼 수 있는 시선거리의

생리적 한도는?
① 10m ② 15m
③ 22m ④ 35m

08 상점계획에서 파사드 구성에 요구되는 소비자 구매심리 5단계에 속하지 않는 것은?
① 욕망(desire)
② 기억(memory)
③ 주의(attention)
④ 유인(attraction)

09 주택의 욕실 계획에 관한 설명으로 옳지 않은 것은?
① 방수성, 방오성이 큰 마감재료를 사용한다.
② 욕실의 조명은 방습형 조명기구를 사용한다.
③ 욕실은 침실전용으로 설치하는 것이 이상적이다.
④ 모든 욕실에는 기능상 욕조, 변기, 세면기가 통합적으로 갖추어지게 하여야 한다.

10 약동감, 생동감 넘치는 에너지와 운동감, 속도감을 주는 선의 종류는?
① 곡선 ② 사선
③ 수직선 ④ 수평선

11 다음의 실내디자인 원리 중 인간생활의 기능적 해결과 가장 밀접한 관계를 갖고 있는 것은?
① 리듬 ② 척도
③ 조화 ④ 패턴

12 계단에 부딪치며 떨어지는 계단식 폭포를 무엇이라 하는가?
① 벽천 ② 브라켓
③ 타피스트리 ④ 캐스케이드

13 균형의 원리에 관한 설명으로 옳지 않은 것은?
① 크기가 큰 것이 작은 것보다 시각적 중량감이 크다.
② 불규칙적인 형태가 기하학적 형태보다 시각적 중량감이 크다.
③ 색의 중량감은 색의 속성 중 특히 명도, 채도에 따라 크게 작용한다.
④ 단순하고 부드러운 질감이 복잡하고 거친 것보다 시각적 중량감이 크다.

14 실내 기본 요소에 관한 설명으로 옳은 것은?
① 바닥은 공간의 영역 조정 기능이 없다.
② 천장을 낮추면 친근하고 아늑한 공간이 되고 높이면 확대감을 줄 수 있다.
③ 눈높이보다 낮은 벽은 공간을 분할하고 높은 벽은 영역을 표시하거나 경계를 나타낸다.
④ 천장은 공간을 에워싸는 수직적 요소로 수평방향을 차단하여 공간을 형성하는 기능을 한다.

15 특이한 조형과 규칙이 없는 평면으로 대표되는 롱샹 성당을 건축한 사람은?
① 존 포프(John R. Pope)
② 미스 반 데어 로에(Mies van der Rohe)
③ 프랭크 로이드 라이트(F.L. Wright)
④ 르 코르뷔지에(Le Corbusier)

16 로코코 양식의 가장 대표적인 디자이너로 볼 수 있는 사람은?
① 페테르 플뢰트너(Peter Flotner)
② 우그 샴벵(Hugues Sambin)
③ 프랑수아 쿠빌리에(Francois Cuvillies)
④ 윌리암 모리스(William Morris)

17 건축제도에 필요한 제도 용구와 설명이 옳게

연결된 것은?

① T자 - 주로 철재로 만들며, 원형을 그릴 때 사용한다.
② 운형자 - 합판을 많이 사용하며 원호를 그릴 때 주로 사용한다.
③ 자유 곡선자 - 원호 이외의 곡선을 자유자재로 그릴 때 사용한다.
④ 삼각자 - 플라스틱 재료로 많이 만들며, 15°, 50°의 삼각자 두 개를 한 쌍으로 많이 사용한다.

18 건축제도 시 유의사항으로 옳지 않은 것은?

① 수평선은 왼쪽에서 오른쪽으로 긋는다.
② 삼각자끼리 맞댈 경우 틈이 생기지 않고 면이 곧고 흠이 없어야 한다.
③ 선긋기는 시작부터 끝까지 굵기가 일정하게 한다.
④ 조명은 우측 상단에 설치하는 것이 좋다.

19 평면도는 건물의 바닥면으로부터 보통 몇 m 높이에서 절단한 수평 투상도인가?

① 0.5m ② 1.2m
③ 1.8m ④ 2.0m

20 설계도면의 종류 중 실시설계도에 해당되는 것은?

① 구상도 ② 조직도
③ 전개도 ④ 동선도

제2과목 : 실내디자인 색채 및 사용자행태분석

21 마르셀 브로이어에 의해 디자인된 의자로, 강철 파이프를 구부려서 지지대 없이 만든 의자는?

① 체스카 의자
② 파이미오 의자
③ 레드 블루 의자
④ 바르셀로나 의자

22 다음 설명에 알맞은 거실의 가구배치 방법은?

- 시선이 마주치지 않아 안정감이 있다.
- 비교적 작은 면적을 차지하기 때문에 공간 활용이 높고 동선이 자연스럽게 이루어지는 장점이 있다.

① 대면형 ② ㄱ자형
③ ㄷ자형 ④ 복합형

23 다음 중 두 색료를 혼합하여 무채색이 되는 것은?

① 검정+보라 ② 주황+노랑
③ 회색+초록 ④ 청록+빨강

24 점묘법으로 그린 그림이 일정 거리에서 보면 혼색되어 보인다. 이와 관련 있는 적합한 혼색은?

① 색료혼색 ② 감법혼색
③ 병치혼색 ④ 계시가법혼색

25 부의 잔상(negative after image)에 대한 설명으로 맞는 것은?

① 어떤 색을 응시하다가 눈을 옮기면 먼저 본 색의 반대색이 잔상으로 생긴다.
② 빨간 성냥불을 어두운 곳에서 돌리면 길고 선명한 빨간 원이 그려진다.
③ 사진원판과 같이 원자극의 흑색은 흑색으로, 백색은 백색으로 변화를 갖지 않는다.
④ 원자극과 흡사한 잔상으로 등색(等色) 잔상이 있다.

26 어떤 색채가 매체, 주변색, 광원, 조도 등이 서로 다른 환경하에서 관찰될 때 다르게 보이는 현상은?
① 색영역 맵핑(color gamut mapping)
② 컬러 어피어런스(color appearance)
③ 메타머리즘(metamerism)
④ 디바이스 조정(device calibration)

27 터널의 출입구 부분에 조명이 집중되어 있고, 중심부에 갈수록 광원의 수가 적어지며 조도수준이 낮아지고 있다. 이것은 어떤 순응을 고려한 설계인가?
① 색순응　② 명순응
③ 암순응　④ 무채순응

28 색역 압축 방법(color gamut compression method)은 무엇을 극복하기 위하여 고안된 방법인가?
① 색역이 다른 컬러 간의 차이
② 색역이 다른 컬러들의 좌표 재현
③ 색역이 다른 컬러들의 색역 맵핑 수행
④ 색역이 다른 클립핑 방법

29 영·헬름홀츠의 삼원색설에 관한 설명 중 맞는 것은?
① 색의 단계와 관계있다.
② 빛의 흡수와 관계있다.
③ 색의 보색과 관계있다.
④ 색은 망막의 시세포와 관계있다.

30 소극적인 인상을 주는 것이 특징으로 중명도, 중채도인 중간색조의 덜(dull) 톤을 사용하는 배색기법은?
① 포 까마이외 배색
② 까마이외 배색
③ 토널 배색
④ 톤 온 톤 배색

31 우리가 영화를 볼 때 규칙적으로 화면이 연결되어 언제나 상이 지속되어 보이는 것은 어떤 현상에 의한 것인가?
① 푸르킨예 현상
② 잔상현상
③ 동화현상
④ 베졸드 브뤼케 현상

32 오스트발트 색상환은 무엇을 기본으로 하여 만들어졌는가?
① 먼셀의 5원색
② 뉴턴의 프리즘
③ 헤링의 4원색
④ 영·헬름홀츠의 3원색

33 색의 삼속성이 아닌 것은?
① 색상 - Hue
② 명도 - Value
③ 채도 - Chroma
④ 색조 - Tone

34 다음 중 행동과정을 통한 인간실수의 분류로 적합하지 않은 것은?
① Input Error
② Omission Error
③ Feed Back Error
④ Information processing Error

35 인간공학에 있어 자극들 사이, 반응들 사이, 혹은 자극-반응 조합의 공간, 운동, 혹은 개념적 관계가 인간의 기대와 모순되지 않도록 하는 것을 무엇이라 하는가?

① 순응(adaptation)
② 양립성(compatibility)
③ 접근 용이성(accessibility)
④ 조절 가능성(adjustability)

36 다음 중 인간의 눈에 관한 설명으로 옳은 것은?
① 암순응이 명순응보다 빠르다.
② 원추세포는 색을 구별할 수 있다.
③ 수정체가 두꺼워지면 원시안이 된다.
④ 빛을 감지하는 간상세포는 수정체에 존재한다.

37 다음 중 적색 글씨를 청색 바탕에 표시하면 입체로 보이며 눈이 피로해지는 이유로 옳은 것은?
① 색입체시 현상 때문이다.
② 극성(Polarity) 현상 때문이다.
③ 푸르킨예(Prukinje) 현상 때문이다.
④ 적색과 청색에 약시 현상 때문이다.

38 다음 중 통화 이해도가 높은 것부터 낮은 순서대로 올바르게 나열한 것은?
① 문장>단어>음절
② 음절>단어>문장
③ 단어>음절>문장
④ 문장>음절>단어

39 인간의 절대적 판단(absolute judgement) 능력을 정보량으로 나타낼 경우 가장 적합한 것은?
① 3bits   ② 8bits
③ 10bits   ④ 16bits

40 다음 중 인간의 귀가 4000Hz 부근에서 가장 민감한 이유를 올바르게 설명한 것은?
① 4000Hz 부근에서 머리의 공명이 가장 잘 일어나기 때문이다.
② 고막이 특정주파수에 민감하게 반응하기 때문이다.
③ 귀의 구조상 귀의 공진주파수가 4000Hz 부근이기 때문이다.
④ 4000Hz의 음이 가장 멀리 퍼지기 때문이다.

제3과목 : 실내디자인 시공 및 재료

41 가설공사에서 공통가설공사에 해당되지 않는 가설물은?
① 현장사무실   ② 낙하 방지망
③ 가설울타리   ④ 임시 화장실

42 시멘트 풍화에 대한 설명으로 옳지 않은 것은?
① 시멘트가 저장 중 공기와 접촉하여 공기 중의 수분 및 이산화탄소를 흡수하면서 나타나는 수화반응이다.
② 풍화한 시멘트는 강열감량이 감소한다.
③ 시멘트가 풍화하면 밀도가 떨어진다.
④ 풍화는 고온다습한 경우 급속도로 진행된다.

43 바닥용으로 사용되는 모자이크 타일의 재질로서 가장 적당한 것은?
① 도기질   ② 자기질
③ 석기질   ④ 토기질

44 천연수지·합성수지 또는 역청질 등을 건성유와 같이 열반응시켜 건조제를 넣고 용제에 녹인 것은?
① 페인트   ② 래커

③ 에나멜   ④ 바니시

45 콘크리트에 금속, 유리, 합성수지 등의 단섬유(短纖維)가 혼입 보강되면 주로 어느 성질이 향상되는가?
① 인성 및 내충격성
② 흡음성 및 차음성
③ 압축강도
④ 방수성 및 내열성

46 평판 성형되어 유리 대체재로서 사용되는 것으로 유기질 유리라고 불리우는 것은?
① 페놀 수지   ② 폴리에틸렌 수지
③ 요소 수지   ④ 아크릴 수지

47 미장재료 중 회반죽에 대한 설명으로 옳지 않은 것은?
① 경화속도가 느리고, 점성이 적다.
② 일반적으로 연약하고, 비내수적이다.
③ 여물은 접착력 증대를, 해초풀은 균열 방지를 위해 사용된다.
④ 모래는 바름 두께가 클수록 많이 넣지만 정벌용에는 넣지 않는다.

48 절대건조밀도가 2.6g/cm³이고, 단위용적질량이 1750kg/m³인 굵은 골재의 공극률은?
① 30.5%   ② 32.7%
③ 34.7%   ④ 36.2%

49 목구조의 접합철물로 적합하지 않은 것은?
① 꺾쇠   ② 듀벨
③ 보통볼트   ④ 드라이브 핀

50 KS F 3113(구조용 합판)에 따른 구조용 합판의 품질 기준에 해당하지 않는 항목은?
① 접착성   ② 함수율
③ 비중   ④ 휨강도

51 정부에서 시행 중인 청정건강주택 건설기준에는 7개의 최소 기준을 모두 충족하고 3개 이상의 권장기준을 적용하도록 하고 있다. 여기에서 3개 이상의 권장기준에서 요구하는 기능성 건축자재와 가장 거리가 먼 것은?
① 흡방습 건축자재
② 항균 성능 건축자재
③ 음이온방출 건축자재
④ 항곰팡이 성능 건축자재

52 점토제품의 소성에 관한 설명으로 옳지 않은 것은?
① 소성시간이 소성온도보다 제품에 미치는 영향이 더 크다.
② 소성온도 측정은 Seger cone법 또는 열전대에 의한다.
③ 소성온도와 시간은 점토성분, 제품종류에 따라 다르다.
④ 소성온도 범위는 800~1500℃ 정도이다.

53 목재에 주입시켜 인화점을 높이는 방화제와 가장 거리가 먼 것은?
① 물 유리   ② 붕산암모늄
③ 인산나트륨   ④ 인산암모늄

54 단열재의 선정 조건에 관한 설명으로 옳지 않은 것은?
① 사용연한에 따른 변질이 없을 것
② 유독성 가스가 발생되지 않을 것
③ 열전도율과 흡수율이 낮을 것
④ 구조재로 활용 가능한 정도의 역학적인 강

도를 가질 것

55 금속판에 관한 설명으로 옳지 않은 것은?
① 알루미늄판은 경량이고 열반사도 좋으나 알칼리에 약하다.
② 스테인리스 강판은 내식성이 필요한 제품에 사용된다.
③ 함석은 철판에 주석도금을 한 것으로 아황산가스에 약하다.
④ 연판은 X선 차단효과가 있고 내식성도 크다.

56 표준형 벽돌을 1.5B로 쌓을 경우, 1000장으로 쌓는 벽면적은 얼마인가?
① $3.27m^2$
② $3.36m^2$
③ $4.35m^2$
④ $4.46m^2$

57 다음은 마루널 이중깔기 순서이다. ( ) 안에 들어갈 알맞은 공정을 순서대로 바르게 쓴 것은?

동바리 – (㉠) – (㉡) – 밑창널 깔기
– (㉢) – 마루널 깔기

① 장선 – 멍에 – 단열재 깔기
② 멍에 – 장선 – 단열재 깔기
③ 장선 – 멍에 – 방수지 깔기
④ 멍에 – 장선 – 방수지 깔기

58 10cm각, 길이 2m인 목재가 있다. 이 목재의 중량이 15kg이면 목재의 함수율은 얼마인가? (단, 전건비중은 $0.5g/cm^3$이다.)
① 33%
② 50%
③ 67%
④ 75%

59 네트워크 공정표에 사용되는 용어에 대한 설명으로 틀린 것은?

① Critical path : 처음작업부터 마지막작업에 이르는 모든 경로 중에서 가장 긴 시간이 걸리는 경로
② Activity : 작업을 수행하는데 필요한 시간
③ Float : 각 작업에 허용되는 시간적인 여유
④ Event : 작업과 작업을 결합하는 점 및 프로젝트의 개시점 혹은 종료점

60 다음은 도배시공에 관한 내용이다. 초배지 1회 바름 시 필요한 도배면적은 얼마인가?

• 바닥면적 : 4.5m×6.0m
• 높이 : 2.6m
• 문 크기 : 0.9m×2.1m
• 창문 크기 : 1.5m×3.6m

① $47.01m^2$
② $54.30m^2$
③ $74.31m^2$
④ $81.60m^2$

제4과목 : 실내디자인 환경

61 조명에서 불쾌 글레어의 발생 원인으로 옳지 않은 것은?
① 휘도가 높은 광원
② 시선 부근에 노출된 광원
③ 눈에 입사하는 광속의 과다
④ 물체와 그 주위 사이의 저휘도 대비

62 조명 수준과 과업 퍼포먼스(performance)와의 관계를 올바르게 설명한 것은?
① 조명 수준이 증가함에 따라 과업 퍼포먼스는 감소한다.
② 과업 퍼포먼스는 조명 수준과 관계없이 일정하다.
③ 조명 수준이 적정 수준 이상이 되면 과업 퍼포먼스는 더 이상 증가하지 않는다.

④ 조명 수준과 과업 퍼포먼스는 선형적 비례 관계를 가진다.

63 오피스텔의 모든 층에 주거용 자동소화장치를 설치하여야 하는 기준은 몇 층 이상인가?
① 20층　　② 25층
③ 30층　　④ 40층

64 공장의 용도로 쓰는 건축물의 주요구조부를 내화구조로 하기 위한 바닥면적의 합계는 최소 얼마 이상인가?
① 2000㎡　　② 3000㎡
③ 4000㎡　　④ 5000㎡

65 건축물의 설계자가 건축물에 대한 구조의 안전을 확인하는 경우에 건축구조기술사의 협력을 받아야 하는 경우에 해당되지 않는 것은?
① 6층 이상인 건축물
② 다중이용 건축물
③ 특수구조 건축물
④ 깊이 10m 이상의 토지 굴착공사

66 방화구획의 설치 기준으로 옳지 않은 것은?
① 주요구조부가 내화구조 또는 불연재료로 된 건축물로서 연면적 1000㎡ 넘는 건축물에 해당된다.
② 방화구획은 내화구조의 바닥, 벽 및 갑종방화문으로 구획하여야 한다.
③ 기준에 적합한 자동방화셔터로도 방화구획을 할 수 있다.
④ 주요구조부가 내화구조 또는 불연재료로 된 주차장에 반드시 설치하여야 한다.

67 커튼, 실내장식물 등의 방염대상물품의 방염성능 기준 중 불꽃에 의하여 완전히 녹을 때까지 불꽃의 접촉횟수는 몇 회 이상인가?
① 2회　　② 3회
③ 5회　　④ 7회

68 소방관계법규에서 정의하는 다음 내용에 해당하는 용어는?

> 소방시설 등을 구성하거나 소방용으로 사용되는 제품 또는 기기로서 대통령령으로 정하는 것을 말한다.

① 특정소방대상물　　② 소화활동설비
③ 소방용품　　④ 소화용수설비

69 다음 설명에 알맞은 광원의 종류는?

> • 점등장치를 필요로 하며, 광질이 좋고 고효율로서 경제적이며 취급도 쉬워 현재 일반 조명광원의 주류를 이루고 있다.
> • 옥내외 전반조명, 국부조명에 적합하다.

① 형광램프
② 할로겐전구
③ 고압나트륨램프
④ 저압나트륨램프

70 실내 탄산가스 농도를 900ppm으로 유지하기 위한 필요환기량은? (단, 1인당 탄산가스 토출량이 0.013㎥/h·인, 외기 중의 탄산가스 농도는 400ppm이다.)
① 26㎥/h·인　　② 39㎥/h·인
③ 52㎥/h·인　　④ 65㎥/h·인

71 환기에 관한 설명으로 옳지 않은 것은?
① 자연환기량은 실내외의 온도차가 클수록 많아진다.
② 풍력환기는 건물의 외벽면에 가해지는 풍

압이 원동력이 된다.
③ 개구부의 전후에 압력차가 있으면 고압측에서 저압측으로 공기가 흐른다.
④ 많은 환기량을 요구하는 실에는 반드시 자연환기와 기계환기를 병용하여야 한다.

72 각종 급수방식에 관한 설명으로 옳지 않은 것은?
① 고가수조방식은 급수압력이 일정하다.
② 수도직결방식은 위생성 측면에서 바람직한 방식이다.
③ 압력수조방식은 단수 시에 일정량의 급수가 가능하다.
④ 펌프직송방식은 일반적으로 하향급수 배관방식으로 배관이 구성된다.

73 흡음재료에 관한 설명으로 옳지 않은 것은?
① 천공판 공명기에 다공재를 넣으면 고주파수의 흡음률이 감소된다.
② 판진동 흡음재는 흡음판이 막진동하기 쉬운 얇은 것일수록 흡음률이 크다.
③ 다공성 흡음재는 재료의 두께를 증가시키면 저주파수의 흡음률이 증가된다.
④ 단일공동 공명기는 공명에 의하여 특정 주파수의 음만을 효과적으로 흡음한다.

74 차음에 관한 설명으로 옳지 않은 것은?
① 두꺼운 양탄자는 아이들이 뛰는 것에 의한 충격음의 차음성능이 크다.
② 체육관 아래층에의 마루충격을 저감하기 위해 슬래브를 두껍게 하는 것이 좋다.
③ 집합주택의 인접세대 간의 차음성능은 복도와 베란다창에서의 우회음에도 영향을 받는다.
④ 작은 환기공에서의 투과음은 큰 창에서의 투과음과 비교해 양적으로 작지만, 청감상 문제가 되기도 한다.

75 열교현상에 관한 설명으로 옳지 않은 것은?
① 열교현상이 발생하면 구조체 전체의 단열성이 저하된다.
② 열교현상이 발생하는 부위는 표면온도가 높아지므로 표면결로의 발생이 억제된다.
③ 조적조 건물의 경우 외단열이 내단열에 비해 열교현상 방지에 효과적이다.
④ 벽이나 바닥, 지붕 등의 건물부위에 단열이 연속되지 않은 부분이 있을 때 발생한다.

76 간접조명에 관한 설명으로 옳지 않은 것은?
① 조명률이 낮다.
② 실내면 반사율의 영향이 크다.
③ 국부적으로 고조도를 얻기 용이하다.
④ 경제성보다 분위기를 목표로 하는 장소에 적합하다.

77 최대수요전력을 구하기 위한 것으로 최대수요전력의 총부하용량에 대한 비율을 백분율로 나타낸 것은?
① 부하율   ② 부등률
③ 수용률   ④ 감광보상률

78 다음의 공기조화방식 중 전공기방식에 속하지 않는 것은?
① 단일 덕트방식
② 2중 덕트방식
③ 팬코일 유닛방식
④ 멀티존 유닛방식

79 어느 중공벽의 열관류율값이 $1.0 \text{W/m}^2 \cdot \text{K}$이다. 이 벽체에 단열재를 덧붙여서 열관류

율값을 0.5W/m²·K로 낮추려 할 때 요구되는 단열재의 두께는? (단, 단열재의 열전도율은 0.032W/m·K이다.)

① 약 22mm ② 약 27mm
③ 약 32mm ④ 약 37mm

80 음의 크기 레벨에 관한 다음 설명 중 틀린 것은?

① 같은 음압 레벨이라도 주파수가 다르면 같은 크기로 감각되지 않는다.
② 100sone은 20phon이다.
③ 1sone은 1000Hz 순음의 음세기 레벨 40dB의 음 크기이다.
④ 음의 크기(sone) 값이 2배, 3배 등으로 증가하면 감각량의 크기도 2배, 3배 등으로 증가한다.

part 7

과년도 기출문제 및 CBT 복원문제 해설 및 정답

과년도 문제 해설 및 정답

2021년 실내건축기사

2021년 3월 7일(제1회)

01 ②
작업효율이 가장 좋은 작업대의 배치는 ㄷ자형 배치이다.

02 ①
가구의 인간공학적 구분

인체지지용 가구 (인체계 가구)	직접 인체를 지지하는 가구. 의자, 침대 등
작업용 가구 (준인체계 가구)	간접적으로 인체를 지지하고 동작에 보조가 되는 가구. 테이블, 작업대, 책상 등
정리수납용 가구 (건축계 가구)	수납을 목적으로 하는 가구. 벽장, 서랍, 선반 등

03 ①
실내디자인은 기능을 우선으로 고려해야 한다.

04 ①
배광방식에 따른 조명의 분류

※ 전반확산조명은 광원이 모든 방향으로 개방된 형태를 뜻하며, 반간접조명은 대부분의 빛이 상향으로 비춰지고 일부의 빛이 하향하는 형태이다.

05 ②
대비

성질이나 질량이 전혀 다른 둘 이상의 것이 동일한 공간에 배열될 때 서로의 특징을 한층 돋보이게 하는 현상이다.

06 ②
데드 스페이스(dead space)를 줄이기 위해서는 복합적이고 융통성이 높은 공간계획을 하는 것이 좋다.

07 ②
사용빈도가 높은 공간은 동선을 짧게 처리해야 효율이 높아지고 노동력을 절감시킬 수 있다.

08 ④
소비자 구매심리 5단계(AIDCA 혹은 AIDMA)
㉠ 주의를 끌 것 : Attention
㉡ 고객의 흥미를 끌 것 : Interest
㉢ 구매 욕구를 일으킬 것 : Desire
㉣ 구매를 확신 또는 구매의사를 기억하게 할 것 : Confidence, Memory
㉤ 구매결정을 유발할 것 : Action

09 ①
② 시스템 가구는 표준화, 조립화로 인해 대량 생산을 가능하게 한다.
③ 시스템 키친(system kitchen)은 가구의 크기 및 형태 등이 통합된 주방을 말한다.
④ 서비스 코어 시스템(service core system)은 주방, 화장실, 욕실 등의 배관을 한 곳에 집중 배치하여 코어로 만드는 시스템으로 설비비가 절약이 된다.

10 ①
체스카 의자
마르셀 브로이어(Marcelbreuer, 1927)의 딸, 체스

카(Chesca)의 이름에서 유래한 의자로 캔틸레버 프레임 형태로 만든 의자이다.

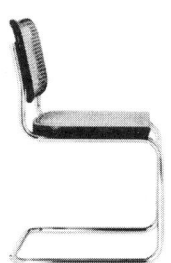

11 ①
① 롤 블라인드(Roll blind) : 돌돌 말아 올려 차양을 만드는 블라인드. 쉐이드라고도 한다.
② 로만 블라인드(Roman blind) : 밑에서부터 접혀지는 블라인드. 수평형 블라인드의 일종으로 볼 수 있으나 수평형 블라인드의 경우 날개의 각도로 채광량을 조절할 수 있으나 로만 블라인드는 오로지 접혀진 폭의 정도로만 조절이 가능하다.
③ 수직형 블라인드(Vertical blind) : 수직으로 뻗은 날개로 햇빛을 차단하는 블라인드
④ 수평형 블라인드(Venetian Blind) : 날개의 각도로 채광량을 조절하거나 각도가 닫힌 상태로 블라인드의 수직폭에 변화를 주어 채광량을 조절할 수도 있다.

12 ④
시각적 균형의 원리
- 거칠고 복잡한 질감은 부드럽고 단순한 것보다 시각적 중량감이 크다.
- 어두운 색상은 밝은 색상보다, 한색은 난색보다 시각적 중량감이 크다.
- 사선이나 톱니모양의 선은 수직선이나 수평선보다 시각적 중량감이 크다.
- 기하학적인 형태는 불규칙한 형태보다 가볍게 느껴진다.

13 ②
원형이나 정사각형의 평면 중심에 강한 요소를 도입하면 공간형태를 더욱 강조할 수 있으며, 천장면이 모아진 삼각형의 공간에서는 높이에 대한 집중도와 중심성이 높아진다.

14 ①

분트 도형
길이가 같은 두 개의 직선이 수직을 이루고 있을 때, 수직선이 수평선이 더 길게 느껴진다.

15 ①
유효율(rentable ratio)
연면적에 대한 임대(대실)면적의 비율. 기준층에서는 80%, 전체에서 70~75% 정도가 적합하다.

16 ①
고객동선은 가능한 한 길게 하여 상품과의 접촉빈도를 높인다.

17 ③
공간의 구획

차단적 구획	칸막이에 의해 내부공간을 수평, 수직으로 구획해서 몇 개의 실로 구분하는 것(고정벽, 이동벽, 커튼, 블라인드, 유리창, 열주, 수납장 등)
심리, 도덕적 구획	공간을 부분적으로 분할하는 것(낮은 칸막이, 가구, 기둥, 식물, 바닥 또는 천장면의 단차 변화)
지각적 구획	조명을 사용하거나 마감재료의 변화, 통로나 복도, 공간형태의 변화, 앨코브(alcove) 공간을 만들어 하나의 실에서 양분되는 이미지를 가지고 구획하는 것

18 ④
VMD의 구성
- IP(Item Presentation) : 기본 상품의 정리. 선반, 행거
- PP(Point of Sale Presentation) : 한 유닛에서 대표되는 상품 진열. 상반신, 소도구류 등을 활용

- VP(Visual Presentation) : 상점의 이미지 패션 테마의 종합적인 표현. 파사드, 메인스테이지, 쇼윈도

19 ②

실내공간에서 단면의 비례는 인간의 시점과 천장고를 고려하여 결정한다.

20 ①

① 디오라마 전시 : 현장감을 가장 실감나게 표현하며 한정된 공간 속에서 배경 스크린과 실물의 종합 전시로 이루어진다.
② 파노라마 전시 : 벽면 전시와 오브제 전시를 병행하는 유형으로 연속적인 주제를 시간적 연속성을 가지고 연출되는 전시방법이다.
③ 아일랜드 전시 : 사방에서 전시물을 감상할 수 있도록 벽에서 떨어뜨려 배치하는 방법이다.
④ 하모니카 전시 : 전시평면이 하모니카 흡입구처럼 동일한 공간으로 연속되어 배치되는 전시기법으로 전시내용이 통일된 형식 속에서 반복되어 나타나는 방법으로 동일 종류의 전시물을 전시할 때 유리하다.

21 ①

빨강과 핑크는 보편적으로 단맛을 수반한다.

22 ②

색채조절의 목적
- 사고, 재해를 감소시키고 능률을 향상시킨다.
- 생활과 작업에 활기를 높여준다.
- 기분전환을 유도하고 눈의 긴장과 피로를 감소시킨다.

23 ④

헤링의 4원색설에 기초를 두며 L은 명도, a와 b는 각각 빨강–초록, 노랑–파랑의 보색축이라는 값으로 색상을 정의하고 있다.

24 ①

정의 잔상
- 원자극과 색이나 밝기가 같은 잔상
- 어두운 밤에 불꽃놀이를 보면 불꽃과 같은 밝기나 색상의 잔상이 보인다.

25 ②

추상체(cone)
망막의 시세포의 일종으로 밝은 곳에서 움직이고, 색각 및 시력에 관계한다. 망막 중심 부근에서 가장 조밀하고 주변으로 갈수록 적게 된다. 조명도 0.1lx 이상에서 활동한다.

26 ①

난색 계열의 색상이 식욕을 돋운다.

27 ②

색상 대비는 색상이 있는 유채색 간의 대비이다.

28 ②

오스트발트 색입체는 무채색 축을 중심으로 색상환에 따라 등색상 삼각형을 배열하면 복원추체 모양이 된다.

29 ①

버크호프 미도 공식

$$미도(M) = \frac{질서의\ 요소(O)}{복잡성의\ 요소(C)}$$

- 질서의 요소 (O)=색상 미적계수+명도 미적계수+채도 미적계수
- 복잡성의 요소(C)=색 수+색상 차가 있는 색 조합의 수+명도 차가 있는 색 조합의 수+채도 차가 있는 색 조합의 수

30 ④

면색(평면색)
하늘색이라든가 작은 구멍을 통해서 보이는 색과 같은 개념으로, 색의 구체적인 지각 표현이 배제된 순수색의 감각을 가능하게 한다.

31 ③

표현할 수 있는 컬러 범위는 RGB 형식이 CMYK보다 넓다.

32 ④

물체색에는 무채색(백색, 회색, 흑색)도 있다.

33 ②

노랑(Y)의 상징

명랑, 희망, 활기, 팽창

34 ③

색채 조화의 원리
① 질서의 원리 : 색채 조화는 의식할 수 있고, 효과적인 반응을 일으키는 계획에 따라 선택된 색채들일 때 생긴다.
② 비모호성(명료성)의 원리 : 두 색 이상의 배색을 선택할 때, 모호하지 않은 명료한 색을 선택하여 배색할 때 조화가 일어난다.
③ 동류의 원리 : 가까운 색채끼리의 배색은 친근감을 주고, 조화를 느끼게 한다.
④ 유사의 원리 : 배색된 색채들이 서로 공통되는 상태, 속성에 관계되어 있을 때 조화를 느끼게 된다.
⑤ 대비의 원리 – 배색된 색채들이 상태와 속성이 반대됨에도 불구하고 조화를 느끼게 되는 것이다.

35 ④

보색 관계
자주 – 녹색, 주황 – 파랑

36 ③
① 국제조명위원회에서 정한 표색법이다.
② 혼색계의 가장 대표적인 색체계이다.
④ RGB 원색광의 혼합만으로 모든 색을 만들 수 있다는 것에 기초하는 것은 아니다.

37 ③

암순응(dark adaption)
• 밝은 곳에서 어두운 곳으로 전환 시의 순응을 뜻한다.
• 약 5분 정도의 추상체 순응단계를 거친 후 30분 내외의 간상체 순응단계로 이어진다.
• 어두운 곳에서 추상체는 색 감수성을 잃고, 간상체에 의존하게 된다.

38 ②

보기 중에서 명도가 가장 높은 주황-노랑이 가벼운 느낌을 준다.

39 ③

① dark
② vivid
④ deep

40 ②

먼셀 색체계는 H(색상) V(명도)/C(채도)로 표기한다.

41 ①

공명 resonance
음을 발생하는 하나의 물체로부터 나오는 음에너지를 다른 물체가 흡수하여 같이 소리를 내기 시작하는 현상. 실내에서 공명이 발생하면 균등한 음의 분포를 얻기가 힘들다.

42 ③

작업에 적합한 사람들을 선별 배치하는 것보다는, 작업에 대한 교육 및 훈련을 실시하고 위험요인을 제거하는 것이 인간공학적인 사고방식이다.

43 ③

신체 활동 시 산소의 공급이 불충분할 때 젖산이 많이 축적된다.

44 ②

급격한 방향 전환을 배제하고, 동작의 경로를 자연스러운 흐름대로 하는 것이 좋다.

45 ①
② 신전(extention) : 신체의 부위를 곧게 펴거나 각도를 늘리는 동작
③ 하향(pronation) : 직각상태에서 손등을 위로 보이게 돌리는 동작
④ 외전(abduction) : 신체의 중앙이나 신체의 부분이 붙어있는 부위에서 멀어지는 방향으로 움직이는 동작

46 ②

※ 1일 소모 에너지에서 기초대사와 여가에 필요한 에너지를 뺀 후, 480분으로 나눈다.
$$\frac{4300-2300}{8\times 60}=4.16\text{kcal/min}$$

47 ①
인간 또는 기계에 의해 수행되는 기본 기능의 과정
입력정보 → 감지 → 정보 보관 및 처리 → 행동 → 출력

48 ④
청력 손실은 4000Hz 전후에서 나타난다.

49 ③
① 서로 관련성이 있는 표시형식을 넣는다.
② 불필요한 표시형식은 배제한다.
④ 고정, 이동부분, 눈금의 크기 등 각 요소의 표시형식을 눈금면과 최대한 가깝게 하되 겹치지 않도록 배치한다.

50 ②
좌식 작업대 높이는 오금, 대퇴부, 팔꿈치 높이를 참고하여 결정한다.

51 ②
풋캔들(Foot Candle)
조도를 나타내는 단위. 풋캔들은 1피트(약 30cm) 거리에서 표준 크기의 촛불 1개가 내는 빛의 양을 말한다. 1fc는 약 10.76lx에 해당한다.

52 ③
Weber의 법칙
- 물리적 자극을 상대적으로 판단하는데 있어, 변화 감지역은 사용되는 표준자극의 크기에 비례한다는 법칙이다.
- 기준자극이 커질수록 동일한 크기의 자극을 얻기 위해서는 더 강한 자극이 주어야 한다.
- 감각의 강도를 등차급수적으로 늘리기 위해서는 자극의 크기를 등비급수적으로 늘려야 한다고 정의된다.

53 ①
국소조명은 작업면과 배경의 적정한 조도차를 유지함으로서 눈의 피로를 감소시킬 수 있다.

54 ③
손잡이의 방향성을 한정시킴으로써, 눈으로 보지 않고도 쉽게 조작할 수 있도록 한다.

55 ④
안방(chamber)
각막과 수정체 사이에 있는 공동을 가리킨다. 안방은 홍채 앞쪽에 있는 넓은 전안방과 홍채의 뒤쪽에 있는 후안방으로 나뉘며, 전안방과 후안방은 홍채와 수정체 사이의 간극에 의하여 서로 통하고 있다. 안방의 내부는 홍채·모양체에서 분비되는 안방수로 차 있다.

56 ④
① 망막을 구성하고 있는 감광요소 중 간상세포는 밝기의 구분을 담당한다.
② 황반 부위에는 원추세포가 집중적으로 분포되어 있다.
③ 시력은 시각의 역수를 표준단위로 사용한다.

57 ②
테두리 속의 그림은 지각과정을 증가시킨다.

58 ②
계기판 지침의 끝은 뾰족하게 해야 한다.

59 ①
② 신경 : 신경계
③ 부신 : 내분비계
④ 림프관 : 순환계

60 ④
인체에서의 열교환은 복사, 대류, 증발, 호흡으로 이루어진다.

61 ②
- 무기질 단열재 : 유리섬유, 암면, 세라믹 파이버, 펄라이트판, 규산 칼슘판, ALC 등
- 유기질 단열재 : 경질 우레탄폼, 셀룰로즈 섬유판, 연질 섬유판, 발포 폴리스티렌, 코르크판 등

62 ②
점토재료의 분류

	토기	도기	석기	자기
소성 온도	790 ~1000℃	1100 ~1230℃	1160 ~1350℃	1230 ~1460℃
흡수율	20%	10%	3~10%	0~1%
제품	기와, 벽돌, 토관	타일, 위생도기	경질기와, 도관 바닥 용 타일	자기질 타 일, 모자이 크 타일

63 ③
매스 콘크리트(mass concrete)
댐, 교각처럼 구조물의 단면치수가 큰 콘크리트를 말한다. 콘크리트가 경화할 때 수화열에 의해 내부와 표면에 온도차가 생겨 열변형력을 유발하기 때문에 균열이 생길 염려가 있으므로, 수화열이 적은 시멘트를 사용하고 혼합재로서 플라이애시 등을 사용한다. 또 시멘트를 제외한 재료를 냉각하거나 타설한 콘크리트를 냉각하기도 한다.

64 ④
망상 아스팔트 루핑은 망상의 원지에 아스팔트를 침투시켜 만든 제품으로 돌출물 주위 보강재로 사용하며, 설면 공법에 사용되는 것은 구멍 뚫린 아스팔트 루핑이다.

65 ④
AE감수제
감수성능이 높은 혼화제로 워커빌리티 개선, 동결융해 저항성 증대, 건조수축 감소의 효과를 얻는다. 투수성은 감소하는 경향이 있다.

66 ③
LOW-e 유리
은(銀) 소재 도막을 코팅한 제품으로, 적외선을 반사하여 열관류율은 낮추고 가시광선 투과율과 단열성능을 높인 특수유리이다.

67 ①
골재의 강도와 분리는 관계가 적다. 골재의 분리는 쇄석콘크리트일수록, 최대치수가 지나치게 클수록, 단위 수량이 너무 많은 경우, 입도·입형이 적절치 않을 때 잘 일어난다.

68 ②
섬유포화점 이상의 함수상태에서는 강도 변화가 거의 없다.

69 ②
에나멜 래커
클리어 래커에 안료를 넣은 것으로, 유성 에나멜 페인트에 비해 도막은 얇으나 내후성이 좋고 견고하다. 기계적 성질도 우수하고 닦으면 윤이 나는 불투명 도료이다.

70 ③
불포화 폴리에스테르 수지
열경화성 수지로 전기절연성, 내열성, 내약품성이 좋고 가압성형이 가능한 수지. 유리섬유를 보강재로 한 FRP는 강도가 매우 크다. 커튼월, 창틀, 덕트, 파이프, 도료, 욕조, 큰 성형품, 접착제로 사용된다.

71 ③
비자성강(non-magnetic steel)
오스테나이트 조직을 가지며 자기적 성질이 전혀 없는 구조용 강의 총칭이다. 14% 이상이 망간을 함유한 비자성강은 주조는 할 수 있으나 절삭가공은 할 수 없다. 25% 이상 니켈을 함유한 것도 비자성인데, 이것은 압연가공이 가능하다. 핵융합로나 자기부상열차와 같이 초전도 기술에 관계하여 극저온 하에서도 쓰인다. 따라서 비자성강은 극저온 강인강의 역할을 겸하는 것도 많으며, 상온에서 극저온까지의 온도 구역에서 강도와 인성이 높다. 건축용 금속재료로는 초고층 인텔리전트 빌딩이나, 핵융합로 등과 같이 강력한 자기장이 발생할 가능성이 있는 철골 구조물의 강재나, 철근 콘크리트용 봉강으로 사용된다.

72 ①
중밀도 섬유판 MDF(Medium Density Fiberboard)
- 목재의 톱밥, 섬유질 등을 압축가공해서 목재가 가진 리그닌 단백질을 이용, 목재섬유를 고착시켜 만든 것이다.
- 비중은 0.4~0.8 정도이며, 천연목재보다 재질이 균일하면서 강도는 크고 변형이 적다.
- 습기에 약하고 무게가 많이 나가는 것이 단점이나 마감이 깔끔하여 많이 쓰인다.

649

　　밀도가 균일하기 때문에 측면의 가공성이 매우 좋고 표면에 무늬인쇄가 가능하여 인테리어용으로 많이 사용된다.

73 ④

　　내화점토 벽돌은 내화도 26(소성온도 1,580℃) 이상의 내화도를 가진 것으로, 크기는 보통벽돌보다 약간 크다.

74 ①

　　미장공사의 바탕은 강성도 큰 것이 좋다.

75 ②

　　화강암
- 석영, 장석, 운모, 각섬석 등의 광물질이 포함되어 다양한 무늬와 색을 띠는 수려한 외관의 석재이다.
- 압축강도가 높아서 구조재로도 쓰이며 내장재나 콘크리트의 골재로도 쓰인다.
- 함유광물의 열팽창계수가 달라 내화도가 낮고 세밀한 가공이 어려운 것이 단점이다.

76 ①

　　돌로마이터 플라스터 바름
- 원료 : 돌로마이트(마그네시아 석회)+모래+여물
- 점성이 높아서 풀을 혼합할 필요가 없으며, 응결시간이 비교적 긴 편이다.
- 건조수축이 커서 균열이 생기므로 여물을 사용한다.
- 습기 및 물에 약해서 지하실에는 사용하지 않는다.

77 ①

　　항복비
　　항복점/인장강도점(항복비가 낮을수록 항복점과 인장강도 사이의 격차는 크다)

78 ④

　　목재의 건조 목적
- 목재의 중량을 가볍게 한다.
- 부패나 충해를 방지한다.
- 목재의 강도를 증가시킨다.
- 수축이나 균열, 변형이 일어나지 않게 한다.
- 도장이나 약재 처리가 용이하게 한다.

79 ①

　　도장의 목적
- 방습, 방청 등으로 인한 내구성 향상
- 색채, 무늬, 광택 등의 미적 효과
- 전기 절연성, 내수성, 방음성, 방사선 차단 등의 특수 성능 부여

　　※ 도장을 한다고 해서 구조체 자체의 강도가 커지는 것은 아니다.

80 ④

　　열선흡수유리
　　보통판유리에 산화철, 니켈, 코발트를 첨가시켜 열선흡수를 크게 한 유리. 단열유리라고도 한다. 적외선은 흡수하고 가시광선 투과율은 좋은 편이다.

81 ④

　　개별 관람실 출구의 유효너비의 합계는 관람실 바닥면적 $100m^2$마다 0.6m의 비율로 산정한 너비 이상으로 하여야 한다.

82 ①

　　누전경보기는 경보설비에 해당된다.

83 ①

　　방염성능기준 이상의 실내장식물 등을 설치하여야 하는 특정소방대상물
　　㉠ 근린생활시설 중 의원, 조산원, 산후조리원, 체력단련장, 공연장 및 종교집회장
　　㉡ 건축물의 옥내에 있는 시설로서 문화 및 집회시설, 종교시설, 운동시설(수영장은 제외)
　　㉢ 의료시설, 노유자시설 및 숙박이 가능한 수련시설, 숙박시설
　　㉣ 방송통신시설 중 방송국 및 촬영소, 다중이용업소, 교육연구시설 중 합숙소
　　㉤ ㉠~㉣에 해당하지 않는 것으로서 11층 이상인 것(아파트는 제외)

84 ①

　　늑근
- 보의 전단력 보강근으로 주근의 직각방향으로 배근한다.
- 전단력은 단부로 갈수록 커지므로 단부에서는 늑근 간격을 촘촘히 배근한다.
- 늑근의 말단은 135° 이상의 갈고리를 만든다.

85 ②

숙박시설의 객실 간 경계벽 구조 기준

벽체의 구조	기준두께
철근콘크리트조, 철골철근콘크리트조	10cm 이상
무근콘크리트조, 석조	10cm 이상 〈시멘트모르타르, 회반죽 또는 석고플라스터 바름두께 포함〉
콘크리트블록조, 벽돌조	19cm 이상

86 ②

피난층 외의 층에서 거실 각 부분으로부터의 피난층 또는 지상으로 통하는 직통계단(경사로 포함)에 이르는 보행거리

구분	보행거리
원칙	30m 이하
주요구조부가 내화구조 또는 불연재료로 된 건축물 (지하층에 설치하는 바닥면적 합계 300m² 이상 공연장·집회장·관람장 및 전시장 제외)	50m 이하 (16층 이상 공동주택 : 40m 이하)
자동화 생산시설에 스프링클러 등 자동식 소화설비를 설치한 공장 (국토교통부령으로 정하는 공장인 경우)	75m 이하 (무인화 공장은 100m)

87 ③

조적식구조인 내력벽의 길이는 10m를 넘을 수 없다.

88 ④

구엘 공원은 안토니오 가우디의 작품이며, 피터 베렌스의 대표 건축물은 베를린의 터빈 공장이 있다.

89 ③

스티프너는 웨브 플레이트의 좌굴을 방지하는 부재이며 플랜지를 보강하는 것은 커버 플레이트이다.

90 ②

피난층이 있는 승강장의 출입구(승강장이 없는 경우에는 승강로의 출입구)로부터 도로 또는 공지에 이르는 거리가 30m 이하이어야 한다.

91 ②

방염성능대상물품의 성능기준

㉠ 버너의 불꽃을 제거한 때부터 불꽃을 올리며 연소하는 상태가 그칠 때까지 시간은 20초 이내일 것
㉡ 버너의 불꽃을 제거한 때부터 불꽃을 올리지 아니하고 연소하는 상태가 그칠 때까지 시간은 30초 이내일 것
㉢ 탄화한 면적은 50cm² 이내, 탄화한 길이는 20cm 이내일 것
㉣ 불꽃에 의하여 완전히 녹을 때까지 불꽃의 접촉 횟수는 3회 이상일 것
㉤ 소방청장이 정하여 고시한 방법으로 발연량을 측정하는 경우 최대연기밀도는 400 이하일 것

92 ①

봉정사 극락전

경상북도 안동시 서후면 태장리 봉정사에 있는 고려시대의 불전. 우리나라에 현존하는 전통 목조건축 중에서 가장 오래된 주심포 양식의 건축물이다. 기둥머리와 소로의 굽이 안쪽으로 굽어 있는 점, 대들보 위에 산 모양에 가까운 복화반대공을 배열하고 있는 점, 첨차 끝에 쇠서를 두지 않은 점 등으로 미루어 부석사 무량수전보다 양식적으로 선행하는 것으로 여겨졌다. 1972년에 해체 수리할 때 발견된 1625년(인조 3)의 상량문에 1363년(공민왕 12)에 건물의 지붕을 중수한 사실이 기록되어 있어서, 적어도 고려 중기인 12~13세기에 세워진 우리나라에서 가장 오래된 목조건물임이 밝혀지게 되었다.

93 ③

거실의 용도구분		조도구분	바닥 위 85cm의 수평면의 조도(럭스)
1. 거주		• 독서·식사·조리	150
		• 기타	70
2. 집무		• 설계·제도·계산	700
		• 일반사무	300
		• 기타	150

거실의 용도구분		조도구분 바닥 위 85cm 의 수평면의 조도(럭스)
3. 작업	• 검사·시험·정밀검사·수술	700
	• 일반작업·제조·판매	300
	• 포장·세척	150
	• 기타	70
4. 집회	• 회의	300
	• 집회	150
	• 공연·관람	70
5. 오락	• 오락 일반	150
	• 기타	30
기타		1란 내지 5란 중 가장 유사한 용도에 관한 기준을 적용한다.

94 ②

환기를 위하여 거실에 설치하는 창문 등의 최소 면적은 거실 바닥면적의 1/20 이상으로 한다.

$300 \times \dfrac{1}{20} = 15\text{m}^2$

95 ③

특정소방대상물의 소방안전관리 업무 중 소방시설관리업의 등록을 한 자에게 대행하게 할 수 있는 업무
- 피난시설, 방화구획 및 방화시설의 유지·관리
- 소방시설이나 그 밖의 소방 관련 시설의 유지·관리

96 ④

듀벨은 전단력 저항을 위해 사용하는 보강철물이다.

97 ③

공동 소방안전관리자 선임대상 특정소방대상물
ⓐ 11층 이상 건축물
ⓑ 지하가(지하의 인공구조물 안에 설치된 상점 및 사무실, 그 밖에 이와 비슷한 시설이 연속하여 지하도에 접하여 설치된 것과 그 지하도를 합한 것을 말한다.)
ⓒ 연면적 5000m² 이상 또는 층수가 5층 이상인 복합건축물
ⓓ 판매시설 중 도매시장 및 소매시장

98 ③

기본적으로 10층 이하의 층은 1000m² 이내마다 방화구획으로 구획한다. 다만 자동식 소화설비가 설치된 경우에는 3000m² 이내마다 구획할 수 있다.

99 ④

5층 이상인 층이 제2종 근린생활시설 중 공연장·종교집회장·인터넷컴퓨터게임시설제공업소(해당 용도 바닥면적 합계가 각각 300m² 이상인 경우), 문화 및 집회시설(전시장 및 동·식물원 제외), 종교시설, 판매시설, 위락시설 중 주점영업 또는 장례시설의 용도로 쓰는 경우에는 피난 용도로 쓸 수 있는 광장을 옥상에 설치하여야 한다.

100 ④

옥내소화전설비는 소화설비에 해당된다.

101 ②

파장 = $\dfrac{\text{속도}}{\text{주파수}} = \dfrac{344\text{m/s}}{450\text{Hz}(\text{cyde/s})} = 0.76\text{m}$

※ 헤르츠[Hz] : 진동수의 단위로 물체가 일정 왕복 운동을 지속적으로 반복할 경우 초당 반복 운동의 횟수를 말한다.

※ 파장(주기) : 일정한 진동운동의 파동을 관찰할 때 마루와 마루 사이의 거리, 혹은 골과 골 사이의 거리

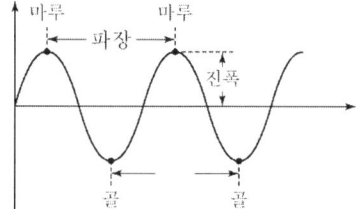

102 ①

반사형 단열재는 중공벽 내의 저온측면에 흡수율이 낮은 광택성 금속박판을 설치하여 표면저항을 높이는 방식이다.

103 ④

팬코일 유닛방식은 전수방식이다.

104 ①
3종 환기(흡출식)
자연급기에 배기팬의 조합으로 실내 압력이 부압(−)이 된다. 실내의 냄새나 유해 물질을 다른 실로 흘려보내지 않는다. 화장실, 욕실 등 악취가 발생하는 곳의 환기에 적합하다.

105 ②
방습층을 단열재의 실내측에 설치하는 것이 좋다.

106 ①
- Sabine의 잔향식 : $T = K \dfrac{V}{A}$

T : 잔향시간(sec)
K : 비례상수(0.162)
V : 실의 용적 = $8 \times 7 \times 3 = 168 m^2$
A : 흡음력 = 평균흡음률 × 실내표면적
  $= (8 \times 7 \times 0.1) + (8 \times 7 \times 0.3) + (30 \times 3 \times 0.2)$
  $= 40.4$

∴ $0.162 \times \dfrac{168}{40.4} = 0.07$ 초

107 ③
평균조도

$E = \dfrac{F \times U \times M \times N}{A}$

$= \dfrac{1000 \times 20 \times 0.5 \times 1}{100 m^2} = 100 lx$

F = 사용광원 1개의 광속
A = 방의 면적
E = 작업면의 평균조도
U = 조명률
M = 보수율(유지율)

108 ②
광원의 휘도가 클수록 눈부심이 강하다.

109 ②
분전반
배전반에서 배선된 간선을 다시 분기 배선하는 장치. 하나의 패널로 조립하도록 설계된 단위 패널의 집합체로 모선이나 자동 과전류 차단장치, 조명, 온도, 전력회로의 제어용 개폐기가 설치되어 있으며, 전면에서만 접근할 수 있다. 목재판에 컷아웃 스위치 또는 나이프 스위치를 배열한 극히 간단한 것도 있고, 대리석에 다수의 분기 개폐기와 보안기 및 모선을 취부하거나 혹은 유닛 스위치를 다수 조립한 것을 강판제의 상자 속에 수납한 것이 있다. 목재 상자에 수납하는 경우에는 내면을 철판으로 감싼다.

110 ①
공동 현상(cavatation)
펌프에 유입된 물 속 기포가 압력을 받아 붕괴되며 발생하는 충격파로 인해 임펠러나 케이싱 등을 파손시키는 현상. 트랩의 봉수 파괴에는 관계가 없다.

111 ④
2개의 창을 한 쪽 벽면에 설치하는 것보다 양쪽 벽에 대면하여 설치하는 것이 환기에 효과적이다.

112 ②
각개통기관의 관경은 최소 32mm 이상으로 하며, 접속되는 배수관 구경의 1/2 이상으로 한다.

113 ②
세정밸브(플러시 밸브)식 대변기
㉠ 급수관에서 플러시 밸브를 거쳐 변기 급수구에 직결되고 플러시 밸브의 핸들을 작동함으로써 일정량의 물이 사출되어서 변기 내를 세정하는 방식이다.
㉡ 탱크가 필요 없어서 화장실을 넓게 사용할 수 있지만 소음은 크게 발생한다.
㉢ 급수관은 최소 25mm가 되어야 하므로 일반 주택에서는 거의 사용하지 않고 주로 학교, 호텔, 사무소 등의 대규모 건축물에 적합하다.

114 ②
주광률
실내 조도를 자연채광에 의해 얻을 경우 야외조도는 매 순간 변화하므로 실내의 조도도 변화한다. 채광 설계에서 이와 같은 변화의 기준을 정하기는 어려우므로 실내 조도가 옥외 조도의 몇 %인지를 나타내는 주광률을 적용한다.

115 ④

아네모스탯형
여러 개의 뿔형 날개로 구성되어 있는 취출구. 1차 공기에 의한 2차 공기의 유인성능이 좋고 풍속의 조절범위가 넓고 유도비가 높아 취출풍속이 크다. 확산반경이 크고 도달거리가 짧기 때문에 천장 취출구로 많이 사용된다.

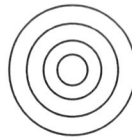 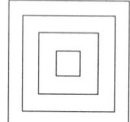

116 ①

다공질재 흡음재는 고주파음의 흡음률이 높고 재료의 두께나 공기층 두께를 증가시킴으로써 저주파수의 흡음률을 증가시킬 수 있다.

117 ①

열용량
어떤 물질의 온도를 1℃ 또는 1K 높이는데 필요한 열량. 열을 가하거나 빼앗을 때 물체의 온도가 얼마나 쉽게 변하는지를 알려주는 값이다. 단위 질량에 대한 열용량은 비열이라고 하며 따라서 열용량이 크면 비열이 크다는 의미가 된다.

118 ①

$$\frac{1000}{4^2} = 62.5 lx$$

119 ④

① 벽체의 열전달저항은 벽체에 닿는 풍속이 클수록 낮다.
② 벽이 결로 등에 의해 습기를 포함하면 열관류 저항이 낮아진다.
③ 유리의 열관류저항은 그 양측 표면 열전달 저항의 합과 거의 같다.

120 ④

실내공기질 관리법 시행규칙에서 지정하는 오염물질
미세먼지(PM-10), 이산화탄소, 폼알데하이드, 총부유세균(TAB), 일산화탄소, 이산화질소, 라돈, 휘발성 유기화합물(VOCs), 석면, 오존, 초미세먼지, 곰팡이, 벤젠, 톨루엔, 에틸벤젠, 자일렌, 스티렌

2021년 5월 15일(제2회)

01 ③

이념적 형태
인간의 지각, 즉 시각과 촉각 등으로 직접 느낄 수 없고 개념적으로만 제시될 수 있는 형태로서 순수형태와 추상형태로 나뉜다.

02 ③

침대 규격
- 싱글베드(single bed) : 900~1000mm×1875~2000mm
- 더블베드(double bed) : 1350~1400mm×2000mm
- 퀸 베드(queen bed) : 1500mm×2000mm
- 킹 베드(king bed) : 2000×2000mm

03 ④

거실의 위치는 주택 내 다른 실의 중심적 위치가 좋다. 그러나 거실 공간 자체가 통로화되면 휴식, TV 시청, 담소와 같은 거실 본연의 기능에 지장을 주므로 금지해야 한다.

04 ③

매끄러운 질감은 빛을 반사하며, 거친 질감은 빛을 흡수한다.

05 ①

상품 페이싱(facing)의 유형
① 폴드드(folded)
  - 접거나 개어서 진열하는 것을 의미한다.
  - 주로 선반류나 테이블 위에 많은 양을 진열할 수 있다.
  - 디자인이 부분적으로만 보이며 컬러, 사이즈별로 배열이 용이하다.
  - 전체적인 디자인과 색채 확인이 불가능하다는 단점이 있다.
② 페이스아웃(face out)
  - 상품의 전면이 보이도록 하는 진열방법
  - 디자인을 한눈에 보여줄 수 있다.
  - 행어랙에 진열된 상품 중 어필하고자 하는 상품을 선택해 관련 상품과 코디네이트시켜 맨

앞줄에 걸어주는 진열기법
③ 슬리브아웃(sleeve out)
- 상품의 전면이 보이지 않고 소매만 노출시켜 많은 양의 상품을 진열하는 방법.
- 고객의 입장에서 상품을 집기 쉬운 방향으로, 즉 소매의 위치를 한쪽 방향으로 보여주는 진열 기법
- 페이스에 보여주는 상품들과 바로 같이 코디해서 입을 수 있는 컬러나 스타일에 통일성이 있는 상품들을 함께 진열하여 보는 즐거움과 고르는 즐거움을 함께 제공한다.

06 ③
그리드 시스템
일정한 규격의 그리드를 계획의 보조 도구로 사용하여 디자인을 전개하는 방법. 공간의 변화에 따른 대응이 용이하므로 논리적이고 합리적인 디자인 전개를 가능하게 하는 공간구성 기법이다. 주택, 사무소, 병원, 숙박시설 등 특정 평면이 반복되는 건축물에 적용할 수 있다. 미술관은 다양한 전시물과 그에 맞는 관람형태에 맞는 평면을 구성해야 하므로, 그리드 시스템의 적용은 권장되지 않는다.

07 ④
유니버설 공간(universal design)
공간의 융통성이 극대화되고 모든 사람을 배려할 수 있는 디자인이 적용된 공간

08 ①
POE(Post-Occupancy Evaluation) : 거주 후 평가
완공된 주택이나 건물을 사용해 본 거주자, 사용자의 평가를 조사, 분석하여 다음에 진행할 설계나 시공 등에 해당 내용을 반영하는 것을 말한다.

09 ①
침대 머리 쪽을 창이 없는 외벽에 면하게 하는 것이 바람직하다.

10 ①
건축화 조명
천장, 벽, 기둥과 같은 건축 부분에 광원을 만들어 실내를 조명하는 것을 말한다. 눈부심이 적고 고급스러운 분위기 연출이 가능하나, 이를 위해 광원을 간접조명 또는 전반조명방식으로 처리하므로 직접조명에 비해 설치 비용 및 유지 비용이 증가하고 조명효율 및 경제성은 낮다.

11 ②
- **국부조명법** : 실내에서 각 구역별 필요 조도에 따라 부분적 또는 국소적으로 설치하는 것이며, 일반적으로 조명기구를 작업대에 직접 설치하거나 작업부의 천장에 매다는 형태가 된다.
- **전반조명법** : 실내 전체를 일정하게 조명하는 보편적인 방식이다. 광원을 일정한 간격과 높이로 배치하여 눈의 피로가 적다. 사고나 재해발생도 낮은 편이다.

12 ①
강조
강약에 단계를 주어 디자인 일부에 주어지는 초점이나 의도적인 변화를 말한다. 공간에서 색채나 형태를 강조함으로써 전체의 성격을 명백하게 규정한다. 구성의 구조 안에서 각 요소들의 시각적 계층관계를 기본으로 한다. 단조로움의 극복, 관심의 초점을 조성하거나 흥분을 유도할 때 적용한다.

13 ④
대향형
책상이 서로 마주보는 형식으로 면적 효율이 좋고 커뮤니케이션에 유리하다. 전화, 전기 배선관리가 용이하지만 마주보기 때문에 프라이버시가 침해된다.

14 ②
다이닝 키친(DK)
가정 전형적인 형태로 주방의 한 부분에 식탁을 설치하는 형식. 가사 동선상 편리한 형태이며 주방의 조리공간과 근접해 있으므로 식사분위기는 좋지 못하다.

15 ③
천창은 같은 크기의 측창보다 3배 정도의 많은 빛을 실내로 유입시킨다.

16 ④
반닫이
서민층에서 널리 사용된 전통 목재가구로 장이나

농을 대신한 수납용 가구이다. 앞판의 위쪽 반만을 문짝으로 하여 아래로 젖혀 여닫는다. 책, 옷 등을 넣어두는 큰 궤로 참나무나 느티나무 같은 두꺼운 널빤지로 만들어 묵직하게 무쇠 장식을 하였다.

17 ③
아트리움(Atrium)
고대 로마 건축에서 지붕이 개방되어 빗물이나 물을 받기 위한 사각 웅덩이가 있는 중정을 의미한다. 초기 기독교 교회정면에서 이어진 주랑이 사면에 있고 중앙에 세정식을 위한 분수가 있는 앞마당을 뜻하는데, 근래에 와서는 최근에 지어진 호텔, 사무실 건축물, 또는 기타 대형 건축물 등에서 볼 수 있는 유리로 지붕이 덮여진 실내공간을 일컫는 용어로 사용되고 있다.

18 ④
- **양감(volume)** : 입체가 차지하는 공간의 크기를 뜻하며, 부피의 크기가 주는 느낌을 의미한다.
- **매스(mass)** : 부피를 가진 하나의 덩어리로 느껴지는 물체나 인체의 부분

19 ②
리듬
규칙적인 요소들의 반복으로 디자인에 시각적인 질서를 부여하는 통제된 운동감각을 말한다. 리듬의 원리로는 반복, 점층, 대립, 변이, 방사 등이 사용된다.

20 ①
고객동선은 상품 구매 시간을 늘리기 위해 되도록 길게 계획한다.

21 ③
푸르킨예(Purkinje) 현상
명소시에서 암소시 상태로 옮겨질 때 빨간 계통의 색은 어둡게 보이게 되고, 파랑 계통의 색은 반대로 시감도가 높아져서 밝게 보이기 시작하는 시각각에 관한 현상을 말한다.

22 ③
파버 비렌(Faber Birren)
미국의 색채 학자. 인간이 색채를 지각하는 것은 카메라나 과학 기기와 같이 자극에 대한 단순 반응이 아니라 정신적 반응에 지배된다고 전제하였다. 그 예로 색채는 어떠한 형태를 연상시킨다고 하였으며, 색 삼각형을 작도하여 순색 자리에 시각적, 심리학적 순색을 놓고 흰색과 검정을 삼각형의 각 꼭짓점에 놓음으로써 오스트발트 색채 체계 이론을 수용한 색채 조화이론을 제시하였다.

23 ④
슈브뢸(M. E. Chevreul)의 색채조화론
색의 3속성에 근거한 독자적 색채 체계를 만들어 유사성과 대비성의 관계에서 조화를 규명하고 "색채의 조화는 유사성의 조화와 대조에서 이루어진다."라는 학설을 내세웠으며 현대 색채조화론으로 발전시켰다.
- **인접색의 조화** : 색상환에서 보면 배열이 가까운 관계에 있는 인접 색채끼리는 시각적 안정감이 있는 인접색의 조화가 이루어진다.
- **반대색의 조화** : 반대색의 동시 대비 효과는 서로 상대색의 강도를 높여주며, 오히려 쾌적감을 준다고 표현할 수 있다.
- **근접 보색의 조화** : 보색 조화의 격조 높은 다양한 효과를 얻을 수 있는 대비가 근접 보색을 쓰는 방법이다. 즉, 하나의 기조색(基調色)이 그 양 옆의 정반대색의 두 색과 결합하는 것이다.
- **등간격 3색의 조화** : 색상환에서 등간격 3색의 배열에 있는 3색의 배합을 가리키는데, 근접 보색의 배열보다 한층 화려하고 원색적인 효과를 가질 수 있는 방법이다.

24 ①
파랑은 차분함, 신뢰감, 안정감을 부여한다.

25 ④
초등학교는 전체적으로 한색보다 난색계통의 색채를 사용하는 것이 좋다.

26 ②

색채조화는 색상, 명도, 채도 모두 중요한 요소이다.

27 ①

앞글자가 백색, 뒷글자가 흑색을 나타낸다.

28 ③

색채지각은 물체의 표면이 반사하는 파장의 빛을 감지하는 것이다.

29 ①

맛과 연상되는 색채
- 단맛 : 빨강색, 주황색, 적색을 띤 노란색
- 달콤한 맛 : 핑크색
- 신맛 : 녹색을 띤 황색, 황색을 띤 녹색
- 짠맛 : 연한 녹색과 흰색, 연한 청색과 회색
- 쓴맛 : 짙은 청색, 짙은 갈색, 자색

30 ③

병치혼합(병치가법혼합)
- 서로 다른 색이 조밀하게 병치되어 있어 서로 혼합되어 보이는 현상
- 색의 혼합이기보다 옆에 배치해두고 본다는 시각적인 혼합이라 할 수 있다.
- PC, TV 모니터 등에서 사용된다.
- 신인상파(점묘파) 화가들이 병치혼합을 주로 사용하였다.

31 ②

감마(Gamma)
- 컴퓨터 모니터 또는 이미지 전체의 기준 어둡기(밝기)를 말한다.
- 모니터 성능에 따라 RGB 각각의 감마를 결정할 수 있다.
- 기본 감마값에서 모니터의 상태에 따라 캘리브레이션을 할 수 있다.
- 가장 일반적으로 통용되는 감마를 사용하는 것이 좋다.

32 ④

Red의 색상번호는 7~9에 해당된다.

33 ②

KS 규정에서는 기본 10색상환을 기준으로 하며, 이를 20, 50, 100색상환으로 세분화할 수 있다.

34 ③

오스트발트 색채조화 원리
무채색의 조화, 등백 계열 조화, 등흑 계열 조화, 등순 계열 조화, 등색 삼각형 조화, 등가치색 계열 조화, 윤성 조화

35 ③

흰색의 명도가 가장 높고 검정이 가장 낮다.

36 ①

정확한 색의 관찰을 위해서는 흰색에 눈을 순응시키고 나서 하는 것이 바람직하다.

37 ①

색상대비(Hue Contrast)
두 가지 이상의 색을 동시에 볼 때 각 색상의 차이가 실제의 색과는 달라 보이는 현상. 배경이 되는 색이나 근집색의 보색 잔상의 영향으로 색상이 몇 단계 이동된 느낌을 받는다.

38 ②

- 명청색 : 청색에 흰색을 섞어 명도가 높아지는 색
- 암청색 : 청색에 검정을 섞어 명도가 낮아지는 색
- 청색(靑色, clear color) : 등색상면에 있어서 각 명도 단계로서 가장 채도가 높은 색을 말한다.
- 탁색 : 청색에 회색을 섞어 탁한 느낌을 주는 색

39 ①

②, ③ 헤링의 4원색설에 대한 설명이다.
④ 적, 녹, 청이 기본색이다.

40 ③

① 다른 색으로 분해할 수 없다.
② 다른 색광의 혼합에 의해 만들어지지 않는다.
④ 이들로부터 다양한 색을 만들 수 있다.

41 ④

- 근력 : 한 번의 수의적인 노력에 의해서 근육이 등

적으로 낼 수 있는 힘의 최대치
- 지구력 : 근력을 사용하여 특정 힘을 유지할 수 있는 능력이다.

42 ③

수평 작업대의 작업영역
- 최대작업영역 : 상완과 전완을 곧게 뻗어 닿을 수 있는 영역. 모든 부품과 도구는 이 범위 내에 위치해야 한다.
- 정상작업영역 : 상완을 자연스럽게 수직으로 내린 상태에서 전완을 뻗어 닿는 영역. 주요 부품과 도구들을 이 영역 내에 위치시킨다.

43 ④

감시(monitoring), 형태 식별(pattern recognition) 등 중앙신경처리에 달린 임무는 진동의 영향을 비교적 덜 받는다.

44 ④

평균치 설계
특정한 가구나 장비 등의 설계에 있어서 최소 집단치나 최대 집단치를 설계하는 것이 부적합하고, 조절 범위 내의 설계로 하기에도 부적절한 경우 부득이하게 평균치를 기준으로 설계를 하여야 하는 경우가 있다. 은행 카운터, 쇼핑몰 계산대 등에 적용된다.

45 ③

동시력(動視力, dynamic visual acuity)
일반적으로 움직이고 있는 물체를 주시하고 있을 때의 시력을 의미한다. 자신이 움직이고 있을 때의 시력도 동시력이라 할 수 있으며 일반적으로 속도가 높으면 동시력은 저하된다. 정지상태에서의 시력이 1.2인 경우 10km/h에서는 평균 1.0이고, 40km/h에서는 0.8, 80km/h에서는 0.7로 저하된다. 속도가 빠르면 빠를수록 노면이나 주위풍경의 흐름이 빨라져 물체가 무엇인지 인지하기 곤란하게 된다.

46 ①

NIT는 휘도의 단위이다.

47 ③

누적외상증(CTDs Cumulative Trauma Disorders)
특정 신체 부위를 반복적으로 사용하여 통증이 생기는 질환의 총칭이다. 장시간 지속적이고 반복적인 작업을 하는 사람들에게 주로 나타나는 직업병으로, 특정 신체 부위 및 근육의 과도한 사용으로 인해 근육, 관절, 혈관, 신경 등에 미세한 손상이 발생하는 일종의 만성적인 근골계 질환이다. 손목의 신경이 인대에 눌리거나 염증이 생겨 통증을 일으키는 손목터널증후군(CTS)과 힘줄을 싸고 있는 힘줄집에 염증이 생기는 건염(Tendinitis) 등이 CTDs에 포함된다. 이를 방지하기 위해서는 특정 부위의 반복 사용을 가급적 줄이고, 가해지는 압력을 줄이는 것이 좋다. 또한 팔꿈치가 몸통의 중앙부보다 높지 않게 해야 부담을 줄일 수 있다.

48 ④

초자체
수정체 뒤와 망막 사이에 안구의 형태를 구형으로 유지하는 젤리 형태의 조직. 안구 내 압력을 일정하게 해주고 수정체에서 망막에 이르는 빛의 통로가 된다.

49 ③

생체리듬 관련 이론은 유사과학으로 판명됐음에도, 산업인력공단은 여전히 시험문제에 출제하고 있습니다. 수험생께서는 일단 출제되는 문제의 답만 기억하시고 전체 내용을 숙지하는 것은 권하지 않습니다.

50 ②

상관계수(correlation coefficient)
두 개의 변인을 측정했을 때 한 변인의 변화에 따라 그에 대응하는 다른 변인이 어떻게 변화하느냐의 관계를 표시해 주는 통계치로서, 상관의 정도를 일종의 지수로 표시한 값이다. 변인 X와 변인 Y간의 상관계수로 표시하며, 그 값은 +1.00에서 -1.00 사이의 값을 취한다. X와 Y의 상관계수가 +1.0이면 두 변인은 완전히 일대일로 대응하면서 변화한다는 뜻이고, 상관계수가 0이면 두 변인이 서로 완전히 독립되어 있다는 것, 즉 아무 상관이 없음을 의미한다.

51 ②

주요 운동착각
㉠ 자동운동 : 캄캄한 방에 작은 불빛 하나만 있으면 정지되어 있는데도 불구하고 움직이는 것처럼 보인다.
㉡ 유도운동 : 두 대상 사이의 거리가 변화할 때 유도되는 운동 감각. 자기가 탄 기차는 움직이지 않는데도, 곁에 있는 기차가 움직이면 자기가 탄 기차가 움직이는 것처럼 보이는 것으로 알 수 있다.
㉢ 가현운동 : 정지하고 있는 대상물이 급속히 나타나거나 소멸하는 것을 반복하면 마치 운동하는 것처럼 인식되는 현상을 말한다. 영화의 영상은 가현운동을 활용한 것이다.

52 ①
촉각과 압각의 경계는 명확하게 구분되지 않는다.

53 ④
적온에서 추운 환경으로 바뀌면 혈액이 심장으로 쏠려서, 피부를 경유하는 혈액의 순환량이 감소한다.

54 ④
④는 신경계의 기능이다.

55 ①
깜박이는 경고등의 점멸 속도는 초당 3회가 적당하며, 너무 빠를 경우 계속 켜진 것처럼 보인다.

56 ③
단색화면일 경우 색상은 일반적으로 어두운 배경에 밝은 황, 녹색 또는 백색문자를 사용하고 적색 또는 청색의 문자는 가급적 사용하지 않도록 한다.

57 ①
색(감)시야(visual field for color)
색 감각이 망막부위에 따라 다르기 때문에 나타나는 시야에 있어 색각의 분포상태를 말한다. 정상 색각자의 시야 중심부에서는 빨강, 초록, 파랑을 지각할 수 있는 3색시이지만, 그 주변부에서는 파랑, 노랑의 계통 밖에 지각되지 않는 2색시가 된다. 더욱 더 주변으로 가면 명암 밖에 지각되지 않은 단색시가 된다. 색시야는 색조에 따라 다르고, 흰색, 노랑, 파랑, 빨강, 초록의 순서로 좁아진다.

58 ②
계수형(Digital) 표시장치
정확한 값을 기계, 전자적 수치로 나타낸다. 특정값을 정확하고 신속하게 읽기에 용이하며 판독 오차가 적고 판독시간이 빠르다. 다만 시간적 변화량 등의 표시에는 부적합하다.

59 ①
신체반응의 척도
ⓐ 생리적 변화 : 심전도, 심박수, 호흡, 뇌 전위, 혈압, 산소 소비량
ⓑ 정신적 변화 : 부정맥, 뇌전도, 동공반응

60 ②
고막
외이와 중이의 경계에 위치하는 얇고 투명한 막이다. 소리자극에 의해 진동하여 귓속뼈를 통해서 내이의 달팽이관까지 소리진동을 전달하는 역할을 한다. 고막은 피부층, 중간층, 점막층 세 층으로 되어 있으나, 일부분은 두 층으로 되어 있어서 상대적으로 약한 부분도 있다.

61 ①
건설용 강재의 재료시험 항목
인장강도, 연신율, 굽힘성, 항복강도 등

62 ②
멜라민 치장판
두꺼운 종이에 페놀수지를 침투, 부착시킨 바탕에 색종이나 나무 무늬판 등을 붙이고 멜라민 수지를 침투시킨 종이를 씌우고 가압 성형한 판재이다. 주로 내장재・가구재로 쓰이며 내열성 및 내수성이 다소 부족하여 외장에는 쓰지 않는다.

63 ④
파티클 보드는 방향에 따른 강도의 차이가 없다.

64 ④
유리섬유(glass fiber)
용융한 유리를 섬유 모양으로 한 광물섬유. 전기절연성이 크고 화학적 내구성이 있기 때문에 부식하지 않는다. 또한 고온에 견디고 불에 타지 않는 장점이 있다. 내마모성은 다소 낮고 쉽게 부러진다.

65 ②
경석고 플라스터는 산성을 띠므로 철을 부식시킬 우려가 있다.

66 ①
메탈라스
박강판에 일정한 간격의 다각형 금을 내고 이것을 옆으로 잡아당겨 그물코 모양으로 만든 것으로 벽, 천장의 모르타르 바름 바탕용에 쓰인다.

67 ②
목재의 공극률= $(1 - \dfrac{0.8}{1.54}) \times 100 ≒ 48(\%)$

68 ③
수밀콘크리트
방수성능을 얻기 위해 밀도를 높인 콘크리트. 물과 시멘트의 혼합비를 50% 이하로 하여 공극을 작게 하고 실리카겔 미분 혼화재 등을 함께 넣어 만드는 콘크리트로 지하실·수중 구조물·지붕 슬래브 등 특히 수밀성을 필요로 하는 부분에 사용된다. 물시멘트비는 50% 이하로 하고 적정 슬럼프는 12~15cm 정도이다. 워커빌리티 개선을 위해 AE제 등을 사용하더라도 공기량은 4% 이하가 되게 하고 굵은 골재의 비율을 높인다.

69 ①
세게르 콘(SK) No는 소성온도를 나타낸다. 내화벽돌은 미색으로 600~2000℃의 고온에 견디는 벽돌로 세게르 콘(SK) No. 26(소성온도 1,580℃) 이상의 내화도를 기준으로 한다.

70 ④
단위용적질량이 클수록 압축강도는 크고, 공극률이 클수록 내화성이 크다.

71 ②
금속의 이온화 경향
K>Ca>Na>Mg>Al>Cr>Mn>Zn>Fe>Ni>Sn>H>Cu>Hg>Ag>Pt>Au

72 ①
목재를 대기건조하기 위해서는 넓은 잔적(piling) 장소가 요구된다.

73 ④
서중 콘크리트
- 일평균기온이 25℃ 이상인 곳에서 사용하는 콘크리트이다.
- 높은 기온으로 인한 수분의 증발 및 슬럼프 저하에 대한 조치가 필요하다.
- 골재와 물은 가능한 한 낮은 온도의 상태로 사용하고 가급적 단위수량 및 시멘트량을 적게 한다.

74 ①
공기의 유통이 원활하지 않은 장소의 미장공사에는 수경성 미장재료를 쓰는 것이 좋다.

75 ③
에멀션 페인트
- 수성페인트에 합성수지와 유화제를 섞은 페인트
- 물이 증발하며 수지입자가 굳는 융착건조 경화가 된다.
- 건조시간이 빠르고 실내외에 광범위한 사용이 가능하다.
- 오염된 피막을 쉽게 청소할 수 있다.

76 ②
아스팔트 프라이머
블로운 아스팔트를 용제에 녹인 것으로 아스팔트 방수의 바탕처리재로 이용된다. 콘크리트 등의 모체에 침투가 용이하여 콘크리트와 아스팔트 부착이 잘 되도록 가장 먼저 도포한다.

77 ④
망입유리
- 용융유리 사이에 금속그물을 넣어 롤러로 압착·성형한 판유리
- 외부로부터의 충격에 강하고 파손될 때에도 유리 파편이 튀지 않는다.
- 철, 황동, 아연, 알루미늄 등의 금속선을 사용한다.

78 ③
중용열 포틀랜드시멘트
실리카와 산화철의 비중을 높이고 석회와 알루미나 등을 적게 한 시멘트. 수화 시 발열량이 적어 수축

이 적고 균열이 없어서 안정성이 높다. 내식성, 내구성이 좋으며 방사선 차단 효과가 있다. 댐 축조, 콘크리트 포장, 원자력 발전소 등 매스콘크리트에 사용된다.

79 ③

탄소를 주체로 하는 화합물을 유기물이라 하고 그 외의 것은 무기물이라 한다. 동식물에서 발생하는 재료도 유기재료에 해당된다.

80 ④

포도벽돌

도로나 옥상 포장에 사용되는 벽돌. 잘 구워진 붉은 벽돌을 사용하기도 하지만 보통은 석기질로 제조된다. 마멸이나 충격에 강하고 흡수율이 작으며 내화성도 큰 편이다.

81 ①

개별 관람실의 바닥면적이 300m² 이상인 문화 및 집회시설 중 공연장은 그 양쪽 및 뒤쪽에 각각 복도를 설치하여야 한다.

82 ④

표준형 벽돌 2.0B 쌓기의 두께

190mm+10mm+190mm=390mm

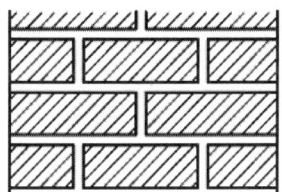

83 ③

(8인승 기준) 승용승강기 대수

$= 2 + \dfrac{35000m^2 - 3000m^2}{2000m^2} = 18$대

문제는 16인승 승강기 기준이므로 이 값의 1/2인 9대가 최소 설치 대수이다.

84 ③

창고로 쓰이는 바닥면적이 600m²(스프링클러나 그 밖에 이와 비슷한 자동식 소화설비를 설치한 경우 1200m²) 이상인 건축물은 건축물 내부의 마감 재료를 방화에 지장이 없는 재료로 하여야 한다.

85 ④

조적구조는 횡력 및 충격에 취약하다.

86 ③

연면적 300m² 이상인 정신의료기관은 건축허가 등을 할 때 미리 소방본부장 또는 소방서장의 동의를 받아야 한다. 다만, 입원실이 없는 정신건강의학과 의원은 제외한다.

87 ④

지진 발생 시 소방시설이 정상적으로 작동될 수 있도록 소방청장이 정하는 내진설계기준에 맞게 설치하여야 하는 소방시설은 옥내소화전설비, 스프링클러설비, 물분무 등 소화설비를 말한다.

88 ②

옥상광장 또는 2층 이상인 층에 있는 노대나 그 밖에 이와 비슷한 것의 주위에는 높이 1.2m 이상의 난간을 설치하여야 한다.(출입할 수 없는 구조인 경우 제외)

89 ④

화재안전기준에 따라 갖추어야 하는 소방시설은 특정소방대상물의 용도와 수용인원 및 규모를 기준으로 정한다.

90 ④

나오스

그리스 신전에서 신상을 안치하는 벽체로 둘러싸인 내실

※ 바실리카식 교회 평면은 로마 시대의 바실리카가 초기 기독교 교회 예배당으로 변경되어 사용된 것으로 나르텍스, 네이브, 아일, 앱스로 구성되어 있다.

91 ③

다음 각 호의 주택 소유자는 대통령령으로 정하는 소방시설(소화기 및 단독경보형 감지기)를 설치하여야 한다.

1) 「건축법」 제2조 제2항 제1호의 단독주택
2) 「건축법」 제2조 제2항 제2호의 공동주택(아파

트 및 기숙사 제외)

92 ④

방염성능기준 이상의 실내장식물 등을 설치하여야 하는 특정소방대상물
㉠ 근린생활시설 중 의원, 조산원, 산후조리원, 체력단련장, 공연장 및 종교집회장
㉡ 건축물의 옥내에 있는 시설로서 문화 및 집회시설, 종교시설, 운동시설(수영장은 제외)
㉢ 의료시설, 노유자시설 및 숙박이 가능한 수련시설, 숙박시설
㉣ 방송통신시설 중 방송국 및 촬영소, 다중이용업소, 교육연구시설 중 합숙소
㉤ ㉠~㉣에 해당하지 않는 것으로서 11층 이상인 것(아파트는 제외)

93 ④

한국은행 본점 구관은 르네상스 양식의 건축물이다.

94 ②

공동소방안전관리자 선임대상 특정소방대상물
ⓐ 11층 이상 건축물
ⓑ 지하가(지하의 인공구조물 안에 설치된 상점 및 사무실, 그 밖에 이와 비슷한 시설이 연속하여 지하도에 접하여 설치된 것과 그 지하도를 합한 것을 말한다.)
ⓒ 연면적 5000m² 이상 또는 층수가 5층 이상인 복합건축물
ⓓ 판매시설 중 도매시장 및 소매시장

95 ③

건축물의 신축·증축·개축 등에 대한 행정기관의 동의 요구를 받은 소방본부장 또는 소방서장은 건축허가 등의 동의요구서류를 접수한 날부터 5일 이내에 동의여부를 회신해야 한다.

96 ③

계단에 대체되는 경사로
• 경사로는 1 : 8 이하로 할 것
• 재료 마감은 표면을 거친 면으로 하거나 미끄러지지 않는 재료로 마감할 것

97 ④

교정 및 군사시설 중 군사시설로써 집회, 체육, 창고 등의 용도로 사용되는 시설은 방화구획의 규정을 적용하지 않거나 그 사용에 지장이 없는 범위에서 완화하여 적용할 수 있다.

98 ③

제혀쪽매
널 한쪽에 홈을 파고 딴 쪽에 혀를 내어 물리고, 혀 위에서 빗 못질하므로, 진동이 있는 마루널에도 못이 빠져나올 우려가 없다. 보행진동에 대하여 가장 저항성이 크고 마루널의 접합에 가장 좋은 쪽매 방법이다.

99 ①

비상용 승강기를 설치하지 않아도 되는 경우
• 높이 31m를 넘는 각 층을 거실 외의 용도로 쓰는 건축물
• 높이 31m를 넘는 각 층의 바닥면적의 합계가 500m² 이하인 건축물
• 높이 31m를 넘는 층수가 4개 층 이하로서 당해 각 층의 바닥면적의 합계 200m²(벽 및 반자가 실내에 접하는 부분의 마감을 불연재료로 한 경우에는 500m²) 이내마다 방화구획으로 구획한 건축물

100 ①

철근을 일정 두께 이상의 콘크리트로 피복하는 이유
• 철근의 내화성 및 내구성 유지
• 철근과 콘크리트의 부착력 증대
• 부재 내부 응력에 의한 균열 방지

101 ③

조명설계 순서
소요조도 결정 → 광원(전구) 종류 결정 → 조명방식 및 기구 선정 → 광속 계산 및 전등개수 결정 → 배치

102 ③

일조율
해가 뜨고 질 때까지 직사광이 구름에 가려지지 않고 직접 비춘 시간의 비율을 나타낸다. (일조시간/가조시간)×100으로 나타낸다.

103 ④

하이 탱크식 대변기

높은 곳에 세정탱크를 설치하는 것으로 핸들 또는 레버의 조작에 의해 낙차에 의한 수압으로 대변기를 세정하는 방식이다. 설치면적 이용의 이점이 있으나 낙차에 의한 소음이 발생되고 설치나 보수작업이 다소 곤란하다. 또한 보조수관이 없어서 사이편식이나 사이편 제트식은 사용이 곤란하다.

104 ①

국소 환기

오염이 생긴 장소에서 오염물질이 실 전반에 확산되기 전에 배기하는 방법으로 가장 효율이 좋은 오염 제거 방법이다. 실험실과 같은 특수장소에서 주로 사용된다.

105 ①

열전도

건물 외벽의 한 쪽 표면에서 다른 쪽 표면으로 열이 이동되는 현상

106 ②

복사난방

- 바닥 등의 구조체에 동관, 강관 등으로 코일을 배관하여 가열면을 형성하여 난방하는 방식이다.
- 온도분포가 균등하고 먼지상승을 억제하여 쾌감도가 높다.
- 방열기가 필요 없고 바닥면의 이용도가 높다.
- 천장이 높거나 외기가 침입해도 난방감을 얻을 수 있다.
- 표면 균열 및 매설배관 이상 시 수리 등의 변경이 곤란하고, 특수 시공을 해야 한다.
- 열용량이 크기 때문에 방열량 조절에 시간이 걸리며, 열손실을 막기 위한 단열층이 필요하다.

107 ④

표면결로를 방지하기 위해선 실내벽 표면온도를 실내공기의 노점온도보다 높게 해야 한다.

108 ①

전도열량 $Q_c = \dfrac{\lambda}{d} \cdot A \cdot \Delta t \, (\text{W/mK})$

[λ : 열전도율(W/mK), d : 벽체두께(m),
A : 벽면적(m^2),] Δt : 내외측 온도차(℃)

$500\text{W} = \dfrac{1.2\text{W/mK} \times 10\text{m}^2 \times (20-x)}{0.3\text{m}}$ 이므로

$(20-x) = 12.5℃$

∴ $x = 7.5℃$

109 ④

압력탱크방식

장점	• 높은 곳에 탱크를 설치할 필요가 없으므로 건축물의 구조를 강화할 필요가 없다. • 고가시설이 필요하지 않으므로 건축물의 구조를 강화할 필요가 없다. • 부분적으로 고압을 필요로 하는 경우에 적합하다. • 탱크의 설치 위치에 제한을 받지 않는다.
단점	• 최고, 최저압의 차가 커서 급수압이 일정하지 않다. • 펌프의 양정이 길어서 시설비가 많이 든다. • 탱크는 압력에 견디어야 하므로 제작비가 비싸다. • 저수량이 적어서 정전 시나, 고장 시 급수가 중단된다. • 에어 컴프레서를 설치해서 때때로 공기를 공급해야 한다. • 취급이 간단하지 않으며 다른 방식에 비하여 고장이 잦다.

110 ④

데워진 공기는 상승하므로 보편적으로 상부가 유출, 하부가 유입측이 된다. 그러나 날씨나 바람과 같은 기상의 영향도 있고, 천장형 에어컨이나 창문 주변의 유닛과 같은 설비의 영향도 존재한다. 따라서 유출측과 유입측이 고정되는 것은 아니다.

111 ①

할로겐 램프(halogen lamp)

진공 상태의 유리구 안에 할로겐 물질을 주입하여 텅스텐의 증발을 더욱 억제한 램프이다. 일반 백열전구에 비해 수명이 2~3배 길며 백열전구에서 종종 나타나는 유리구 내벽의 흑화현상이 발생하지 않아 광속 저하가 7% 정도로 낮다. 또한 전력 소모가 적고 연색성도 좋으며 백열전구에 비해 1/20 정도로 크기가 작고 가벼워 자동차 헤드라이트용이나 비행장의 활주로, 무대 조명, 백화점·미술관·상

점 등의 스포트라이트용과 인테리어 조명의 광원으로 많이 사용된다. 휘도는 매우 높은 편이다.

112 ④

$$\frac{800명 \times 30m^3/h}{6000m^3} = 4회/h$$

113 ④

단열형태의 분류
㉠ 저항형(기포형) 단열 : 기포형으로 된 단열재의 내부에서 공기를 정지시켜 대류를 막는 방식이다.
㉡ 반사형 단열 : 중공벽 내의 저온측면에 흡수율이 낮은 광택성 금속박판을 설치하여 표면저항을 높인 방식이다.
㉢ 용량형 단열 : 건축물 외피의 축열용량을 이용한 방식으로, 단위면적당 질량과 비열이 큰 재료를 건축물 외표면에 사용하여 건물 내부에 영향을 주는 시간을 지연시키는 방식이다.

114 ④

① 다공성 흡음재는 고음역에서의 흡음률이 크다.
② 판진동 흡음재는 얇아서 진동이 잘 될수록 흡음률이 크다.
③ 다공성 흡음재의 흡음성능은 재료의 두께나 공기층 두께에 따라 달라진다.

115 ②

광창 조명
벽면에 광원을 설치하고 전면을 반투명 확산재료로 가려서 눈부심을 줄이는 조명방식. 지하철 광고판 등에서 볼 수 있다.

116 ②

투과 손실
• 음에너지가 재료나 구조물에 부딪치고 흡수되어 얼마나 감소하였는지의 정도를 투과 손실이라 한다.
• 음의 투과율이 작을수록 차음력은 커지며 벽체의 두께와 질량에 차음력은 비례한다.

117 ①

예배당이나 음악당은 잔향시간이 적당히 길수록 좋으며, 강의장 및 TV 스튜디오 등 음의 명확한 전달이 필요한 장소는 잔향시간이 짧아야 한다.

118 ④

실지수
• 실의 형상에 따라 조명의 효율이 달라지는 것을 나타낸 것이다.
• 천장이 낮고 가로, 세로가 넓은 경우에는 실지수가 커지고 반대의 경우에는 작아진다.

119 ②

비용은 많이 들지만 위생기구마다 하나씩 통기관을 설치하는 각개 통기관 방식이 봉수 파괴 방지에 가장 좋다.

120 ④

단일덕트 재열방식
송풍구 말단에 재열기를 설치하여 온도제어를 하는 방식. 부하특성이 다른 여러 개의 실이나 존이 있는 건물에 적합하며, 가열에 의해 감습이 되므로 잠열부하가 많은 경우나 장마철 등의 공조에 적합하다. 재열장치에 온수를 쓰기도 하지만 기본적으로 전공기방식에 해당된다.

2021년 9월 12일(제4회)

01 ③
실내 공간의 모든 형태가 면의 요소로 간주된다고 볼 수는 없다.

02 ②
오피스 랜드스케이프(office landscape)
- 고정 칸막이벽과 복도를 없애고 스크린, 서류장 등을 활용하여 융통성 있게 계획한다.
- 업무의 흐름이나 방식에 따라 유기적인 공간 구성을 하는 방법이다.
- 규모 조절이 가능하며 경제적으로 대처할 수 있다.
- 개실형 사무공간에 비해서는 독립성이 결여된다.

03 ③
- 로만 블라인드(Roman blind) : 밑에서부터 접혀지는 블라인드. 수평형 블라인드의 경우 날개의 각도로 채광량을 조절할 수 있다면, 로만 블라인드는 오로지 접혀진 폭의 정도로만 조절이 가능하다.
- 수평 블라인드(Venetian Blind) : 날개의 각도로 채광량을 조절하거나 각도가 닫힌 상태로 블라인드의 수직폭에 변화를 주어 채광량을 조절할 수 있다.

04 ④
작은 공간에서 여러 패턴을 혼용하면 공간이 좁아 보이게 된다.

05 ①
파사드 디자인에서도 경제성이 고려되어야 한다.

06 ④
라운지 체어(lounge chairs)
가장 편하게 휴식을 취할 수 있는 의자로 비교적 크다. 팔걸이, 발걸이, 머리받침이 조합되는 것이 보통이며 안락감을 위해 각도 조절, 회전 등이 가능한 기계장치가 부수적으로 추가된다.

07 ①
황금비
선이나 면적을 가장 이상적으로 둘로 나눌 때는 큰 것(a)과 작은 것(b)의 비가 큰 것과 작은 것의 합에 대한 큰 것의 비와 같게 하는 비로, 근사값이 약 1.618인 무리수이다. (a : b = a + b : a)

08 ①
벽면의 마감이나 조명형식은 디자인 단계에서 실행한다.

09 ③
- 바닥 : 변화가 거의 없는 요소이다.
- 천장 : 변화가 자유로운 요소이다.

10 ④
① 부엌의 크기는 주택 연면적의 8% 내외가 적당하다.
② 부엌의 규모가 큰 경우 U자나 L자형 작업대를 사용하는 것이 좋다.
③ 주방 작업대 높이는 750~850mm, 깊이는 450~550mm로 한다.

11 ②
대비
성질이나 질량이 전혀 다른 둘 이상의 것이 동일한 공간에 배열될 때 서로의 특징을 한층 돋보이게 하는 현상이다.

12 ③
월 워싱(wall washing)
수직벽면을 빛으로 쓸어내리는 듯한 효과를 주기 위해 수직벽면에 균일한 조도로 빛을 비추는 기법이다. 광원과 조명기구의 종류 및 조명 방식에 따라 다양한 효과를 가질 수 있다. 바닥이나 천장에도 조명을 비추어 같은 효과를 가질 수 있는데 이를 플로어 워싱(floor washing), 실링 워싱(ceiling washing)이라 한다.

13 ④
① 퍼블릭 스페이스는 공용 공간과 최대한 독립되어야 한다.
② 물품동선과 고객동선은 격리되어야 한다.
③ 로비에 대한 설명이다.

14 ①
② 환경적, 기술적인 부분도 다뤄야 한다.
③ 기능적 공간의 완성에 심혈을 기울여야 한다.
④ 디자이너의 독창성과 개성도 반영되어야 한다.

15 ②
① 동향형
  • 책상을 같은 방향으로 배치하여 통로 구분이 명확해진다.
  • 프라이버시 침해는 낮지만 대향형보다 면적효율이 떨어진다.
③ 자유형 : 낮은 칸막이로 1인 작업 공간이 주어지는 형태. 독립성을 요하는 전문직이나 간부급에 적당하다.
④ 좌우대칭형
  • 조직의 융합을 꾀하기 쉽고 정보처리나 잡무 동작의 효율이 좋은 형식
  • 배치에 따른 면적손실이 크고 커뮤니케이션 형성이 다소 힘들다.

16 ①
① 대면형 : 테이블을 두고 마주앉는 형으로 가족 중심의 거실보다 응접실용으로 적당하다.
② U자형 : 전통적인 단란형으로 TV, 정원, 벽난로를 보고 있는 편안한 분위기를 꾀할 수 있다.
③ 직선형 : 일렬로 의자를 배치하는 방법으로 대화에는 부자연스러운 배치이다. 넓은 공간에서 다른 배치의 보조로 사용하거나 또는 좁은 공간에 좋다.
④ 코너형 : 가구를 두 벽면에 연결시켜 배치하는 형식으로 시선이 마주치지 않아 안정감이 있다. 비교적 적은 면적을 차지하기 때문에 공간 활용이 높고 동선이 자연스럽게 이루어지는 장점이 있다.

17 ①
회전문은 문이 회전하면서 양쪽의 칸으로 한 사람씩 출입하기 때문에 동선이 분리되고, 문이 완전히 개방되지 않으므로 방풍 및 방온효과가 있다.

18 ③
① 코퍼 조명 : 천장을 원형이나 4각형으로 파내고 내부에 광원을 매립한 조명. 단조로운 천장면에 포인트를 줄 수 있다.
② 광창조명 : 광원을 넓은 면적의 벽면에 매입, 시선에 안락한 배경으로 작용한다. 지하철 광고판 등에서 사용한다.
④ 광천장 조명 : 천장에 조명기구를 설치하고 그 밑에 창호지나 반투명 아크릴과 같은 확산성 재료를 이용해서 마감 처리하여 마치 넓은 천장 표면 자체가 조명인 것처럼 연출한다.

19 ③
① 편심코어형 : 각 층 평면이 크지 않고 길이도 짧은 형태의 건물에 적용된다.
② 독립코어형 : 별도의 동으로 코어를 처리하는 형태. 분할 및 개방이 용이하며 공간을 코어에 구애받지 않고 계획할 수 있다. 단, 방재는 불리하며 내진구조 구성이 까다롭다. 또한 각종 배관이 길어지고 설치에 제약도 많아진다.
④ 양단코어형 : 비교적 평면이 긴 형태의 중·대규모 사무용 건물에 적합하다. 건축법규 상 내부에서 직통계단까지의 피난거리 제한에 따라 2방향 피난이 가능하게 만든 형태이다.

20 ①
현관은 거실이나 침실 내부와 직접 연결되는 것을 피해야 한다.

21 ③
• 디바이스 종속 색체계 : 인간의 시감각이 아니라 특정 전자장비에 필요한 디지털 색 데이터의 수치화에 사용하는 색체계를 말한다. RGB, HSV, CMY 등이 해당된다.
• 디바이스 독립 색체계 : 인간의 시감각으로 감지할 수 있는 모든 색의 영역을 100% 사용하여 정의할 수 있는 색채공간을 말한다. CIE XYZ 색체계가 해당된다.

22 ①
난색 계통의 주목성이 높다.

23 ②
먼셀 색입체의 중심부에서 멀어질수록 채도가 높아진다.

24 ②

가산혼합의 혼합색
- 빨강(Red)+초록(Green)=노랑(Yellow)
- 파랑(Blue)+초록(Green)=시안(Cyan)
- 파랑(Blue)+빨강(Red)=마젠타(Magenta)
- 빨강(Red)+초록(Green)+파랑(Blue)=흰색(White)

25 ①

동일한 해상도에서 작은 모니터가 더 선명하고, 큰 모니터로 갈수록 선명도가 떨어진다.

26 ③

① Tint : 순색 + 흰색
② Tone : 흰색 + 검정 + 순색
④ Gray : 흰색 + 검정

27 ①

CIE 표준 표색계
1931년 국제조명위원회(CIE)에서 가법혼색의 원리를 기본으로 심리·물리적인 빛의 혼색실험에 기초한 색을 표시하는 방법으로 가장 과학적이고 국제적인 기준이 되는 색표시 방법이다. 3가지 기본 자극색인 빨강, 초록, 청자를 정3각형의 한 점으로 구하고 각기 X, Y, Z라고 하는 3각 좌표 위에서 나타내는 표색계를 만들었으므로 XYZ 표색계라고도 한다.

28 ①

조합색은 두 개의 기본 색이름을 조합하여 부르고, 색이름 앞에 수식형용사를 붙인다.
※ '맑은'은 KS 표준 유채색 형용사에 해당되지 않는다.

29 ③

박명시(薄明視 : mesopic vision)
추상체와 간상체가 같이 작용할 때를 말하며 날이 저물기 직전의 약간 어두움이 깔리기 시작할 무렵에 작용한다. 사물의 색채와 형태를 약간 식별할 수 있으나 정확성은 떨어진다.

30 ③

- 가산혼합 : 명도가 높아지는 혼합
- 감산혼합 : 명도가 낮아지는 혼합

31 ④

오스트발트 등색상 삼각형의 조화
ⓐ 무채색의 조화 : 무채색의 축에서 같은 간격으로 선택된 배색은 조화를 이룬다.
ⓑ 등백 계열 조화 : 등백 계열(기호 앞글자가 같은) 선 위에서 일정한 간격으로 나열하면 조화를 이룬다.
ⓒ 등흑 계열 조화 : 등흑 계열(기호 뒷글자가 같은) 선 위에서 일정한 간격으로 나열하면 조화를 이룬다.
ⓓ 등순 계열 조화 : 등색상 삼각형의 수직 방향에 있는 선상의 색들은 순색의 비율이 같아 조화를 이룬다.
ⓔ 이등변 삼각형 조화 : 등색상 삼각형 위에서 임의의 한 색과 이등변 삼각형으로 만나는 색은 조화를 이룬다.
ⓕ 등가치색 계열 조화 : 백색량, 흑색량, 순색량이 모두 같고 색상번호가 다른 색은 색상 간격에 따라 조화를 이룬다.

32 ①

시감도
각 파장의 단색광에 의해 생긴 밝기의 감각을 말한다. 단색광의 에너지가 같아도 인간의 눈은 같은 밝기로 느끼지 않으며 가장 밝게 느끼는 555nm의 파장인 황록색을 최대시감도로 하고 각 파장별 감도를 비교하여 표시한 곡선을 비시감도 곡선이라 한다.

33 ②

회전혼합
망막의 동일부에 2개 이상의 색자극이 매우 빠르게 번갈아 도달하면 각각의 색자극을 구별하지 못하고 혼색된 상태로 지각한다. 이러한 혼색을 회전혼합이라 한다.

34 ④

CIE Lab
국제 색상체계 표준화인 CIE에서 발표한 색체계로 서로 다른 환경에서도 이미지의 색상을 최대한 유지시켜 주기 위한 컬러모드이다. L(명도), a와 b(각각 빨강/초록, 노랑/파랑의 보색축)라는 값으로 색상을 정의하고 있다.

35 ④
① 명도차 1   ② 명도차 2
③ 명도차 1   ④ 명도차 4

36 ③
채도 대비
두 색의 채도차가 클수록 채도가 더 높아 보이는 대비현상

37 ③
신선한 기운의 표현은 밝은 연두색이 적합하다.

38 ④
빨강의 보색은 청록이다.

39 ④
오스트발트 등가색환에서 보색조화는 색상번호 12 간격인 경우가 해당된다.

40 ④
색의 효과
- 베졸드 브뤼케 현상 : 빛의 세기가 높아지면 색상이 같아 보이는 위치가 달라지는 현상
- 색음 현상 : 주변색의 보색이 중심에 있는 색에 겹쳐져 보이는 현상. 색을 띤 그림자라는 의미로 괴테 현상이라고도 한다.
- 애브니 효과 : 순도를 높이면 같은 파장의 색이라도 그 색상이 다르게 보이는 현상

41 ①
반응 조사법
인간의 적합, 적응, 순응, 피로상태를 형태, 생리, 운동, 심리 등의 관점에서 연구하는 방법

42 ③
주시안정시야 범위
좌우 : 30~40°, 상부 : 20~30°, 하부 : 25~40°

43 ④

사용자의 최대 엉덩이 너비에 맞도록 규격을 정한다.

44 ④
각종 신체 측정치는 인종, 나이, 성별의 영향을 직접적으로 받는 변수이다.

45 ③
안전보건표지 색채
- 빨강 : 방화(소화기·소화전), 금지(바리케이드), 정지(긴급 정지버튼)
- 주황 : 위험(위험표지, 기계 안전커버 내면)
- 노랑 : 주의(장애물, 과속 방지턱), 명시(출구)(검정 : 노랑과 주황을 눈에 잘 띄게 하는 배경, 보호색으로 사용)
- 녹색 : 안전(안전 깃발), 구급(구급상자, 보호구 상자), 피난(비상구)
- 파랑 : 지시(주차 방향, 소재 표시), 주의(수리 중)

46 ①
국부조명은 대비가 커서 눈의 피로를 유발하므로 공정의 특성에 따라 전반조명과 적당한 비율로 조합하는 것이 좋다.

47 ④
① 원추세포가 색의 구분을 담당한다.
② 원추세포의 수는 간상세포보다 훨씬 적다.
③ 간상세포는 명암만을 구분한다.

48 ②
phon(폰)
- 귀에 들리는 소리의 크기가 같다고 느껴지는 1000Hz 순음의 음압수준 값이다.
- 같은 크기로 들리는 소리를 주파수별 음압수주를 측정하여 등감도곡선을 얻는다.
- 1000Hz, 1dB인 음은 1phon이다.

49 ②
풋캔들(Foot Candle)
조도를 나타내는 단위. 풋캔들은 1피트(약 30cm) 거리에서 표준 크기의 촛불 1개가 내는 빛의 양을 말한다. 1fc는 약 10.76lux에 해당한다.

50 ①
② 고막은 중이에 속한다.
③ 중이의 침골, 추골, 고막등골이 고막의 진동을 내이의 난원창에 전달한다.
④ 나선기관(Organ of Corti)은 내이에 속한다.

51 ③
① 숫자와 눈금을 같은 색으로 칠하는 것이 중요한 게 아니라, 지침이 숫자나 눈금과 같은 색인 것이 중요하다.
② 가능한 한 끝이 뾰족한 지침을 사용한다.
④ 지침이 계속 회전하는 계기의 영점은 12시 방향에 둔다.

52 ②
컴퓨터 시스템의 중앙처리장치(CPU)가 정보처리 및 의사결정을 담당한다.

53 ④
가볍고 공극이 많은 목재의 흡음률이 보기의 재료 중 가장 크다.

54 ①
• 지각(perception) : 인체의 감각기관을 통하여 현존하는 환경의 자극에 대한 정보를 감지하여 받아들이는 과정
• 인지(cognition) : 받아들인 정보를 저장, 조직, 재편성, 추출하는 과정

55 ①
C/R비가 작을수록 민감한 조종장치이다.

56 ③
짐을 나르는 방법의 산소소비량은 양손>목도>어깨>이마>배낭>머리>등·가슴 순이다.

57 ②
작업장 배치에 관한 원칙
• 공구나 재료는 지정된 위치에 놓여 있어야 한다.
• 공구나 재료, 제어장치들은 사용위치에 가깝게 놓여야 한다.
• 작업대와 의자의 높이는 쉽게 앉거나 서서 일하기 쉬워야 한다.

58 ③
진동은 인간의 운동 성능에 큰 영향을 끼친다.

59 ④
① 끝이 뾰족한 지침을 사용한다.
② 원형 눈금의 경우 지침의 색은 선단에서 눈금의 중심까지 칠한다.
③ 시차를 없애기 위하여 지침을 눈금면과 밀착시킨다.

60 ③
• 외호흡 : 허파에서 공기와 혈액 사이에 일어나는 기체교환
• 내호흡 : 세포가 산소를 이용하여 ATP의 형태로 에너지를 얻는 과정

61 ②
• 질석 모르타르 : 경량구조용
• 바라이트 모르타르 : 방사선 차단용
• 아스팔트 모르타르 : 내산성 바닥용
• 합성수지 모르타르 : 광택용
• 활석면 모르타르 : 단열, 균열 방지용

62 ①
경석고 플라스터
• 킨즈 시멘트라고도 한다.
• 경화가 소석고에 비해 늦어서 경화촉진제를 섞어 만든다.
• 마감표면의 강도와 경도가 크며 응결 시 다소 수축이 일어난다.
• 표면이 산성을 띠므로 작업 시 스테인리스 스틸 흙손을 사용해야 한다.

63 ②
에폭시 수지 접착제
급경성의 접착제로 내수성, 내습성, 내약품성, 전기절연성이 우수하고 금속, 도자기, 유리 등 다양한 종류의 물질을 강하게 접착시킨다. 피막이 단단하고 유연성이 부족하며 별도의 경화제가 필요하다.

64 ①
유성 및 유용성 방부제는 물에 용출하지 않으므로 습윤한 장소에 쓸 수 있다.

65 ④

아르곤 가스는 밀도가 높고 무거운 비활성 기체로 로이 유리의 단열효과를 높여준다.

66 ④

KS L 9007 소석회의 품질평가항목
화학성분, 분말도, 점도계수, 안전성 시험, 경도계수

67 ④

방청도료
금속재 표면의 부식방지를 목적으로 도장하는 재료로써 광명단, 징크로메이트, 알루미늄 도료, 크롬산아연, 에칭 프라이머, 유성페인트 등이 사용된다.

68 ③

피로 파괴
빗물이 계속 떨어져서 돌에 구멍이 뚫리듯, 고체재료에 반복 응력을 연속해서 가하면 인장강도보다 훨씬 낮은 응력에서 재료가 파괴되는 것을 말한다. 기계나 구조물에 있어서 실제로 일어나는 파괴에는 재료의 피로에 의한 파괴가 많으며, 재료의 강도를 파악하는데 정하중이나 충격하중 이상으로 필요한 경우가 많다.

69 ①

수직면 도장 직후 도막이 흘러내리는 원인
- 너무 두껍게 도장하였을 때
- 지나친 희석으로 점도가 낮을 때
- 저온으로 건조시간이 길 때
- 에어리스 도장 시 팁이 크거나 2차 압력이 낮아 분무가 잘 안됐을 때

70 ③

폴리스티렌 수지(스티롤 수지)
열가소성 수지로 무색투명, 전기절연성, 내수성, 내약품성이 크다. 발포 제품으로 단열재로 널리 쓰이며 파이프, 채광창으로도 사용된다.

71 ③

목재의 강도는 섬유포화점 이상에서 일정하며, 그 이하에서는 함수율이 감소하면 강도가 증가한다.

72 ③

위생도기 재료는 철분 함유량이 적은 고령토가 많이 쓰인다.

73 ②

무늬유리는 롤 아웃 방식(roll out process)으로 제조되는 판유리로서, 투명유리의 한 면에 여러 가지 모양의 무늬를 만들어 장식적 효과를 내고 실내 의장 겸 시야차단을 한다.

74 ③

플라스티시티(Plasticity)
성형성. 구조체에 타설된 콘크리트가 거푸집에 잘 채워질 수 있는지의 난이 정도를 뜻한다.

75 ①

워시 프라이머(wash primer)
합성수지(비닐부티랄 수지)의 용액에 소량의 안료와 인산을 첨가한 도료. 철면에 도장하여 금속표면 처리와 녹 방지 도막 형성을 동시에 할 수 있다.

76 ④

폴리싱 타일
자기질 타일의 일종으로 흡수율과 휨강도를 증가시킨 것으로, 표면을 연마하여 고광택을 얻어내어 다양한 색과 디자인의 바닥시공이 가능한 타일이다.

77 ②

펀칭 메탈
금속판에 여러 가지 무늬의 구멍을 펀칭한 철물제품. 환기구, 라디에이터 커버 등으로 사용한다.

78 ④

$$\frac{2000000g}{1000000cm^3 \times 3.15g} \times 100(\%) = 63.49\%$$

79 ②

방수공법의 분류
- 멤브레인(mambrane) 방수 : 아스팔트 루핑, 도막 방수층, 합성고분자 시트 등의 각종 루핑류를 방수 바탕에 접착시켜 막모양의 방수층을 형성시키는 공법
- 금속판 방수 : 동판, 납판 또는 스테인리스 등으로

방수층을 형성하는 공법
- 시멘트 액체 방수 : 방수성이 높은 모르타르로 방수층을 만드는 공법
- 침투성 방수 : 경화된 표면에 발수성이 있는 유, 무기질계의 침투성 방수제를 침투시켜서 방수층을 형성하는 공법

80 ③
점토재료의 압축강도는 인장강도의 5배 정도이다.

81 ④
로마건축의 5가지 오더(order)
도릭, 이오니아, 코린트, 터스칸, 콤포지트

82 ④
피난용승강기 승강장의 벽 및 반자가 실내에 접하는 부분의 마감재료(마감을 위한 바탕을 포함한다)는 불연재료로 한다.

83 ①
민도리는 초가집이나 평이한 기와집을 위한 소규모 주택에 사용되는 것으로, 창방과 주두가 생략된 형식의 주택에 쓰이는 도리다.

84 ②
옥내 피난계단 계단실의 실내에 접하는 부분의 마감은 불연재료로 해야 한다.

85 ④
소방용품
소방시설 등을 구성하거나 소방용으로 사용되는 제품 또는 기기로서 대통령령으로 정하는 것

86 ②
상업지역 및 주거지역에서 도로에 접한 대지의 건축물에 설치하는 냉방시설 및 환기시설의 배기구는 도로면으로부터 2m 이상의 높이에 설치하거나 배기장치의 열기가 보행자에게 직접 닿지 아니하도록 설치하여야 한다.

87 ①
연면적 100m² 이상인 학교시설은 건축허가 등을 함에 있어서 미리 소방본부장 또는 소방서장의 동의를 받아야 한다.

88 ③
지하층과 피난층 사이의 개방공간
바닥면적의 합계가 3000m² 이상인 공연장·집회장·관람장 또는 전시장을 지하층에 설치하는 경우에는 각 실에 있는 자가 지하층 각 층에서 건축물 밖으로 피난하여 옥외 계단 또는 경사로 등을 이용하여 피난층으로 대피할 수 있도록 천장이 개방된 외부 공간을 설치하여야 한다.

89 ③
11층 이상의 층은 실내마감이 불연재료인 경우 500m² 이내마다, 불연재료가 아닌 경우 200m² 이내마다 구획한다.

90 ④
철골구조는 내화력이 부족하므로 내화피복을 해야 한다.

91 ②
방화구조의 기준

구 조 부 분	방화구조 조건
철망모르타르 바르기	바름두께 2cm 이상
석고판 위에 시멘트 모르타르 또는 회반죽을 바른 것	두께의 합계 2.5cm 이상
시멘트모르타르 위에 타일을 붙인 것	
심벽에 흙으로 맞벽치기한 것	두께에 관계없이 인정
기타 한국산업규격이 정하는 바에 의하여 시험한 결과 방화 2급 이상에 해당하는 것	

92 ④
소방설비의 분류
- 소화설비 : 소화기, 옥내소화전, 옥외소화전, 스프링클러, 자동소화장치, 물분무 등 설비
- 경보설비 : 자동화재탐지설비, 자동화재속보설비, 비상방송설비, 비상경보설비, 누전경보기
- 피난구조설비 : 유도등, 비상조명등, 피난사다리, 공기호흡기, 완강기
- 소화용수설비 : 상수도소화용수, 소화수조

- 소화활동설비 : 제연설비, 연결송수관설비, 연결살수설비, 무선통신보조설비, 비상콘센트설비

93 ③

$$600\text{m}^2 \times \frac{0.6}{100} = 3.6\text{m}^2$$

94 ①

철근은 인장력을 부담하고, 콘크리트는 압축력을 부담한다.

95 ③

대린벽으로 구획된 벽에서 개구부의 너비 합계는 그 벽 길이의 1/2 이하로 한다.

96 ②

문화 및 집회시설(동·식물원 제외), 종교시설(주요구조부가 목조인 것 제외), 운동시설(물놀이형 시설 제외한다)로서 다음의 어느 하나에 해당하는 경우에는 모든 층에 스프링클러설비를 설치하여야 한다.
- 수용인원이 100명 이상인 것
- 영화상영관 용도로 쓰이는 층의 바닥면적이 지하층 또는 무창층인 경우 500m² 이상, 그 밖의 층은 1000m² 이상인 것
- 무대부가 지하층·무창층 또는 4층 이상의 층에 있는 경우에는 무대부의 면적이 300m² 이상인 것
- 무대부가 1~3층(무창층이 아닌 층)에 있는 경우에는 무대부의 면적이 500m² 이상인 것

97 ④

비상조명등 설치 대상(창고시설 중 창고 및 하역장, 위험물 저장 및 처리 시설 중 가스 시설은 제외)
㉠ 지하층을 포함하는 층수가 5층 이상인 건축물로서 연면적 3000m² 이상인 것
㉡ ㉠에 해당하지 않는 특정소방대상물로서 그 지하층 또는 무창층의 바닥면적이 450m² 이상인 경우에는 그 지하층 또는 무창층
㉢ 지하가 중 터널로서 그 길이가 500m 이상인 것

98 ③

대통령령으로 정하는 특정소방대상물(신축만 해당)에 소방시설을 설치하려는 자는 그 용도, 위치, 구조, 수용 인원, 가연물(可燃物)의 종류 및 양 등을 고려하여 설계하여야 한다. 이를 성능위주설계라 한다.

※ 성능위주설계 대상
1. 연면적 20만m² 이상인 특정소방대상물(단, 아파트 등은 제외)
2. 다음 중 하나에 해당하는 특정소방대상물(단, 아파트 등은 제외)
   ㉠ 건축물의 높이가 100미터 이상인 특정소방대상물
   ㉡ 지하층을 포함한 층수가 30층 이상인 특정소방대상물
3. 연면적 3만 제곱미터 이상인 특정소방대상물로서 다음 중 하나에 해당하는 특정소방대상물
   ㉠ 철도 및 도시철도 시설
   ㉡ 공항시설
4. 하나의 건축물에 영화상영관이 10개 이상인 특정소방대상물

99 ①

가새
사각형을 이루는 구조체의 대각선을 잇는 경사재로 수평력 저항에 가장 효과적이다.

100 ②

방염성능기준 이상의 실내장식물 등을 설치하여야 하는 특정소방대상물
㉠ 근린생활시설 중 의원, 조산원, 산후조리원, 체력단련장, 공연장 및 종교집회장
㉡ 건축물의 옥내에 있는 시설로서 문화 및 집회시설, 종교시설, 운동시설(수영장은 제외)
㉢ 의료시설, 노유자시설 및 숙박이 가능한 수련시설, 숙박시설
㉣ 방송통신시설 중 방송국 및 촬영소, 다중이용업소, 교육연구시설 중 합숙소
㉤ ㉠~㉣에 해당하지 않는 것으로서 11층 이상인 것(아파트는 제외)

101 ②

고가수조방식(옥상탱크 방식)
양수펌프로 고가 탱크까지 양수하여 낙차에 의한 수압으로 각 층에 수급하는 방식이다.
㉠ 안정적인 수압으로 급수할 수 있고 배관 부속품

의 파손이 적다.
ⓒ 저수량이 확보되므로 단수 후에도 일정시간 동안 급수가 가능하다.
ⓒ 대규모 급수설비에 적합하다.
ⓒ 저수조 안에서 물이 오염될 가능성이 있어 저수시간이 길어지면 수질이 나빠지기 쉽다.
ⓒ 설비비, 경상비가 높고 구조설계가 까다롭다.

102 ③
단일덕트식 공조설비
ⓒ 냉난방 시 필요한 전 송풍량을 1개의 덕트로 분배한다.
ⓒ 외기의 취입이나 중간기의 환기에 적합하며, 설치비가 저렴하고 관리 및 보수가 용이하다.
ⓒ 천장 속 덕트 공간이 많이 차지하며 각 실, 각 층의 온도조절이 곤란하다.
ⓒ 바닥 면적이 넓고 천장이 높은 극장, 공장 등의 중·소규모 건물에 적합하다.
ⓒ 종류
 ⓐ 정풍량 방식 : 조절장치 없이 공기조화기에서 만들어진 공기를 같은 양으로 분배하는 방식. 송풍량이 일정하고 열 부하에 따라서 송풍 온습도를 변화시켜 온도를 조절한다.
 ⓑ 가변풍량 방식 : 덕트의 관 끝에 VAT 터미널 유닛을 삽입하여 공기 온도는 일정하지만 송풍량을 실내 부하에 따라서 조절하는 방식이다.
 ⓒ 재열 방식 : 송풍구 말단에 재열기를 설치하여 온도제어를 하는 방식. 부하특성이 다른 여러 개의 실이나 존이 있는 건물에 적합하며, 가열에 의해 감습이 되므로 잠열부하가 많은 경우나 장마철 등의 공조에 적합하다.

103 ③
잔향시간
실내의 일정한 세기의 음을 내어 정상상태로 한 후 이것을 멈추어 실내의 평균 에너지 밀도가 처음의 $1/10^6$, 음압으로서 $1/10^3$이 될 때까지의 시간으로서 실내의 평균 레벨이 60dB 감소하는데 필요한 시간을 말한다.

104 ②
벽체의 투과 손실이 커야 차음성이 높아진다.

105 ①
광전식 연기 감지기
주위의 공기가 일정한 농도의 연기를 포함하게 되는 경우에 작동하는 것으로서 일국소의 연기에 의하여 광전소자에 접하는 광량의 변화로 작동하는 것

106 ④
신축 공동주택의 실내공기질 측정항목(권고 기준)

폼알데히드	$210\mu g/m^3$ 이하
벤젠	$30\mu g/m^3$ 이하
톨루엔	$1000\mu g/m^3$ 이하
에틸벤젠	$360\mu g/m^3$ 이하
자일렌	$700\mu g/m^3$ 이하
스티렌	$300\mu g/m^3$ 이하
라돈	$148Bq/m^3$ 이하

※ μg : 마이크로그램(백만분의 1그램)
※ Bq : 베크렐(방사능 단위. 1초 동안에 1개의 원자핵이 붕괴하는 방사능(1dps)을 1베크렐이라 한다.)

107 ②
인체의 열적 쾌적감에 영향을 미치는 물리적 온열 요소 : 기온, 기류, 습도, 복사열

108 ②
열관류율(K)
$$= \frac{1}{\frac{1}{9} + \frac{0.02}{1.3} + \frac{0.18}{1.1} + \frac{0.01}{0.6} + \frac{1}{20}}$$
$$= 2.8 W/m^2 \cdot K$$

109 ①
습공기를 가습하면 엔탈피가 커지고, 노점온도, 습구온도, 절대습도 모두 높아진다.

110 ④
회절
음의 진행 중 장애물이 있으면 음파가 직진하지 않고 그 뒤쪽으로 돌아가는 현상

111 ①
굴뚝효과(stack effect)

실 외벽에 개구부가 있으면 고온의 실내 공기는 위쪽으로 나가고, 저온의 실외 공기는 아래로 유입되는 현상. 연돌효과라고도 한다.

112 ③
환기량

$$Q = \frac{K}{C - C_0} = \frac{0.03 \times 30}{0.0012 - 0.0003}$$
$$= \frac{0.9}{0.0009} = 1000 \text{m}^3/\text{h}$$

- Q : 필요환기량
- C : 실내허용 CO_2 농도
- C_0 : 외기의 CO_2 농도
- K : 재실인원의 CO_2 토출량

113 ④
① 코브 조명 : 천장 또는 벽면 상부를 비춘 반사광으로 간접 조명한다. 부드럽고 균등하며 눈부심이 없는 빛을 제공하여 보조조명으로 중요하게 쓰인다.
② 광창 조명 : 광천장과 같은 방식으로 광원을 넓은 면적의 벽면에 매입, 시선에 안락한 배경으로 작용한다. 지하철 광고판 등에서 사용한다.
③ 광천장 조명 : 천장에 조명기구를 설치하고 그 밑에 창호지나 반투명 아크릴과 같은 확산성 재료를 이용해서 마감 처리하여 마치 넓은 천장 표면 자체가 조명인 것처럼 연출한다.
④ 밸런스 조명 : 코브와 코니스를 혼합한 형태로 천장 방향과 바닥 방향 양쪽으로 빛을 비춘다.

114 ②
나트륨 램프는 수명이 길고 소비전력이 작지만, 연색성은 매우 나쁘며 노란색이 강조된다.

115 ④
세정밸브(플러시 밸브)식
㉠ 급수관에서 플러시 밸브를 거쳐 변기 급수구에 직결되고 플러시 밸브의 핸들을 작동함으로써 일정량의 물이 사출되어서 변기 내를 세정하는 방식이다.
㉡ 탱크가 필요 없어서 화장실을 넓게 사용할 수 있지만 소음은 크게 발생한다.
㉢ 급수관은 최소 25mm가 되어야 하므로 일반 주택에서는 거의 사용하지 않고 주로 학교, 호텔, 사무소 등의 대규모 건축물에 적합하다.

116 ④
글레어(현휘, 눈부심)를 방지하기 위한 방법
- 휘도가 낮은 광원(형광램프)을 사용한다.
- 플라스틱 커버가 되어 있는 조명기구를 선정한다.
- 시선을 중심으로 해서 30° 범위 내의 글레어 존에는 광원을 설치하지 않는다.
- 광원 주위를 밝게 한다.

117 ①
트랩은 배수능력을 저하시키므로, 봉수깊이가 너무 깊지 않도록 유의한다.

118 ①
동쪽과 서쪽은 해가 뜨고 지는 방향이므로, 태양광선의 수직 입사범위가 넓다. 따라서 수직루버를 설치하면 일사 및 일조 조정이 용이해진다.

119 ①
주광률
실내 조도를 자연채광에 의해 얻을 경우 야외조도는 매 순간 변화하므로 실내의 조도도 변화한다. 채광 설계에서 이와 같은 변화의 기준을 정하기는 어려우므로 실내 조도가 옥외 조도의 몇 %인지를 나타내는 주광률을 적용한다.

120 ①
열복사
어떤 온도의 물체에서 발하는 열에너지가 복사선을 투과하는 공간을 빛과 같이 일정 속도로 나아가 발열체에서 떨어진 다른 물체에 도달하면 다시 열에너지로 바뀌는 것과 같은 전파에 의한 전열을 뜻한다. 물체에서 복사되는 열량은 그 표면의 절대온도의 4승에 비례한다. 또한 주변의 공기온도는 열복사에 영향을 끼치지 않는다.

과년도 문제 해설 및 정답

2022년 실내건축기사

2022년 3월 5일(제1회)

01 ①
고정창은 개폐 기능이 없고 빛을 유입시키는 것을 목적으로 한다. 상점의 쇼윈도나 밀폐된 냉방공간 등에 사용된다.

02 ③
리듬
음악의 박자처럼 규칙적인 요소들의 반복으로 디자인에 시각적인 질서를 부여하는 통제된 운동감각을 말한다. 리듬의 원리로는 반복, 점층, 대립, 변이, 방사 등이 사용된다.
① 균형은 정적이 아닌 요소에서도 시각적 안정성을 가져올 수 있다.
② 강조는 단조로움의 극복, 관심의 초점을 조성하거나 흥분을 유도할 때 적용한다.
④ 통일과 변화는 상반되는 성질을 지니고 있으면서도 서로 긴밀한 유기적 관계를 유지한다.

03 ①
질감(Texture)
손으로 만지면 어떤 느낌이 든다는 것을 경험을 통해 알고 있는데 이것이 물체의 질감이다. 질감은 재료로서 구체화되기 때문에 재질에 대한 감각적 체험이 중요하다. 질감 선택 시 촉감, 스케일, 빛의 반사와 흡수 등을 고려한다.

04 ②
① 디오라마 전시 : 현장감을 가장 실감나게 표현하며 한정된 공간 속에서 배경 스크린과 실물의 종합전시로 이루어진다.
② 파노라마 전시 : 벽면 전시와 오브제 전시를 병행하는 유형으로 연속적인 주제를 시간적 연속성을 가지고 연출되는 전시방법이다.
③ 아일랜드 전시 : 사방에서 전시물을 감상할 수 있도록 벽에서 떨어뜨려 배치하는 방법이다.
④ 하모니카 전시 : 전시평면이 하모니카 흡입구처럼 동일한 공간으로 연속되어 배치되는 전시기법으로 전시내용이 통일된 형식 속에서 반복되어 나타나는 방법으로 동일 종류의 전시물을 전시할 때 유리하다.

05 ④
침실은 사적인 공간이고 다용도실은 가사노동공간이므로 가깝게 배치하지 않는 것이 좋다.

06 ④
① 작업대의 배치유형 중 일렬형은 소규모 부엌에 주로 이용된다.
② 일반적으로 부엌의 크기는 주택 연면적의 8% 정도가 가장 적당하다.
③ 부엌 작업대의 높이는 850mm 내외, 깊이는 550mm 내외가 적당하다.

07 ②
르 코르뷔지에
스위스 태생의 프랑스 건축가. 황금비례를 이용한 인체의 치수에 바탕을 둔 모듈러 시스템을 창안하고 디자인에 응용하였다. '집은 살기 위한 기계'라는 건축관을 표방하기도 한 합리적 국제주의 건축사상의 대표주자로 근대건축 국제회의를 주재하기도 했다. 주요 작품으로 롱샹 성당, 사보이 주택 등이 있다.

08 ②
사용빈도가 높은 공간은 동선을 짧게 처리하여 피로도를 낮추도록 한다.

09 ④

VMD(visual merchandising)
상품과 고객 사이에서 치밀하게 계획된 정보 전달 수단으로 장식된 시각적 요소와 고객 간에 커뮤니케이션을 꾀하고자 하는 디스플레이의 기법이다. 다른 상점과 차별화하여 상업공간을 아름답고 개성 있게 하는 것도 VMD의 기본 전개 방법이다.

10 ①

POE(Post-Occupancy Evaluation) : 거주 후 평가
완공된 주택이나 건물을 사용해 본 거주자, 사용자의 평가를 조사, 분석하여 다음에 진행할 설계나 시공 등에 해당 내용을 반영하는 것을 말한다.

11 ②

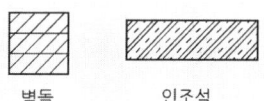

벽돌   인조석   치장재(목재)

12 ②

① 도릭 오더 : 그리스 오더 중 가장 먼저 사용되었다. 의장이 간소하고 건물에 장중한 느낌을 준다.
② 이오닉 오더 : 이오니아 지방에서 발달한 양식으로 도릭 오더보다 이후에 사용되었다. 소용돌이 형태의 볼류트가 대표적인 특징이다.
③ 터스칸 오더 : 로마 건축양식에 사용된 오더. 도리아보다 더 간소한 의장을 사용한다.
④ 코린티안 오더 : 그리스 오더 3가지 중 가장 나중에 사용되었다. 아칸서스 나무 형태를 주두 장식으로 디자인했다.

13 ②

스테인드글라스는 비잔틴 양식에서 처음 쓰였고, 로마네스크 건축에서는 고창에 장식용으로 많이 쓰이다가 고딕 건축에 이르러 전성기를 이루게 되었다.

14 ②

복도에 의한 사무소 평면유형
- 편복도식(단일 지역배치) : 복도의 한 쪽에 사무실을 두는 형식. 소규모에 적합하며 비교적 고비용이 소모된다. 통풍, 자연채광, 근무 분위기 등이 좋아야 하는 곳에 적용된다.
- 중복도식(2중 지역배치) : 중간에 복도를 두고 양쪽에 사무실을 두는 형식. 복도는 동서 방향으로 두며 주계단과 부계단을 사용할 수 있다.
- 2중 복도식(3중 지역배치) : 복도를 2중으로 두고 평면은 방사선 형태가 되는 형식. 고층 전용 사무실에 주로 사용된다. 서비스 부분은 중심에 위치하며 부가적인 인공조명과 기계환기가 필요하다. 경제적이며 구조나 디자인 적용에 이점이 있다.

15 ③

실내디자인 프로세스
- 기획 : 공간의 사용목적, 예산, 완성 후 운영에 이르기까지의 전체 관련사항을 종합 검토하는 단계
- 기본계획 : 계획조건의 파악(외부적 조건, 내부적 조건), 기본 개념 설정, 계획의 평가기준 설정을 하는 단계
- 기본설계 : 기본 구상(구상을 위한 도면), 시각화 과정, 대안들의 작성, 대안의 평가, 의뢰인의 승인·설득, 결정안, 도면화(프리젠테이션), 모델링, 조정, 최종 결정안을 완성하는 단계
- 실시설계 : 기본설계를 토대로 시공이 가능하도록 세부적인 디테일 도면까지 그리는 단계
- 감리 : 도면대로 시공이 되고 있는지를 감시, 감독하는 단계

16 ④

쇼윈도 배면 처리
- 개방형 : 쇼윈도 밖에서 내부를 볼 수 있는 방식으로 상점 내부의 인상을 즉시 전달할 수 있다.
- 폐쇄형 : 쇼윈도 밖에서 상점 내부가 보이지 않도록 차단한 방식으로 디스플레이에 대한 주목성이 크다.

17 ②

실내공간 구성 요소 중 가장 자유로운 것은 천장이다.

18 ③

① 천장은 바닥과 함께 실내공간을 구성하는 수평적 요소이다.
② 바닥이나 벽에 비해 접촉빈도가 낮고 공간의 높이를 결정한다.

④ 바닥은 시대와 양식에 의한 변화가 거의 없는데 반해서 천장은 매우 자유롭다.

19 ①

포겐도르프 도형
방향의 착시에 대한 예시로, 눈으로 보기엔 왼쪽 위의 선이 오른쪽과 이어지는 것처럼 보이지만 실제로는 아래 직선이 이어진다.

20 ③

개실형 시스템
- 복도를 두고 작은 공간의 실로 구획되는 사무공간으로 복도형 오피스라고도 한다.
- 공간구획에 있어 개실의 세포형 오피스와 여러 명을 위한 집단형 오피스로 구분된다.
- 독립성과 업무의 쾌적감이 보장되며 소음차단에 유리하다.
- 경제성과 효율성이 낮고 공간의 융통성이 떨어진다.

21 ②

아파트 건축물은 높고 형태가 크므로 주변 환경과 어울리는 색채를 사용하는 것이 좋다.

22 ④

HSV 또는 HSB 시스템
- 색공간의 3차원 모델에 색상(Hue), 채도(Saturation), 명도(Value 또는 Brightness)의 3가지 축으로 위치시켜서, 이 3가지 값으로 색을 설명하고 측정하는 체계를 뜻한다.
- 모든 색은 3차원 공간의 중심축 주위에 배열되며 축에서 멀어지면 채도가 높아진다.
- 중심축은 명도를 나타내며 위로 가면 흰색, 아래로 가면 검정색이 된다.

23 ④

유채색의 명도는 0부터 10까지 11단계로 하였다.

24 ④

- 하늘의 무지개 색을 지각하는 것은 빛의 간섭과 관계가 있다.
- 간섭색 : 물체의 표면이 막으로 입혀 있어 빛의 간섭이 일어나는 경우에 보이는 색. 진주조개나 전복껍질 또는 물 위에 얇게 떠 있는 기름이나 비누 물거품, 무지개 등에서 볼 수 있다.

25 ②

명도가 높을수록 가벼운 느낌을 준다.

26 ④

색의 중량감
- 색의 무게감은 명도의 영향을 가장 크게 받는다.
- 고명도일수록 가볍게, 저명도일수록 무겁게 느껴진다.
- 색상, 채도의 영향은 적은 편이나, 난색은 비교적 가볍고 한색은 비교적 무겁게 느껴진다.

27 ②

색채조절의 목적
- 기분전환을 유도하고 눈의 긴장과 피로를 감소시킨다.
- 생활과 작업에 활기를 높여준다.
- 보다 빠른 판단을 할 수 있다.
- 사고, 재해를 감소시키고 능률을 향상시킨다.
- 유지, 관리를 쉽게 하고 경제성을 높인다.

28 ①

PANTONE 색표집
인쇄 및 소재별 잉크를 조색하여 제작한 미국 팬톤사의 색표집. 컬러 수는 유광판 1015색, 무광판 1013가지이다. 유광판 표기는 coated의 약자인 C를 색표의 뒷부분에 추가하고, 무광판은 uncoated의 약자인 U를 뒤에 첨부한다.
※ 팬톤 컬러는 기본 속성에 의한 논리적인 순서로 배열되어 있지 않다.

29 ④

생산공장은 다양한 기계가 사용되고 안전사고가 발생할 수 있으므로 색채조절의 역할이 상당히 중요하다.

30 ②

감산혼합(감법혼색)

- 혼합할수록 더 어두워지는 물감(색료)의 혼합을 말한다.
- 색료의 혼합(그림물감, 인쇄잉크, 염료 등)으로 섞을수록 명도가 낮아진다.

31 ④
① 스툴(stool) : 등받이는 없고 좌판과 다리만 있는 형태의 의자
② 카우치(couch) : 고대 로마시대 음식물을 먹거나 잠을 자기 위해 사용했던 긴 의자에서 유래된 가구. 천을 씌운 긴 의자로 한쪽만 팔걸이가 있고 기댈 수 있는 낮은 등받이가 있는 소파
③ 풀업 체어(pull-up chairs) : 이동하기 쉽고 잡기 편하며 여러 개를 겹쳐 들고 운반하기 쉬운 간이 의자
④ 체스터 필드(chester field) : 속을 아주 많이 넣고 천이나 가죽으로 씌운 커다란 전형적인 소파

32 ①
시스템 가구는 수납기능도 높일 수 있다.

33 ②
체계의 성능은 기계의 기준에 해당된다.

34 ①
감각정보를 뇌와 척수로 전달하는 것은 신경의 기능이다.

35 ④
① 굴곡(flexion) : 관절이 만드는 각도가 감소하는 동작
② 내전(adduction) : 사지를 몸의 중심선에 가깝게 하는 동작
③ 외전(abduction) : 사지를 몸의 중심선에 멀어지게 하는 동작

36 ②
① 간상세포는 명암을 구별하고, 원추세포는 색을 구별한다.
③ 어두운 상태에서는 주로 간상세포가 사용된다.
④ 빛이 망막의 전방에서 맺히는 현상을 근시라고 한다.

37 ③
1. 최대 집단치 설계
   - 대상 집단에 대해 인체측정치의 상위 백분위 수를 기준으로 설계한다.(90, 95, 99퍼센타일)
   - 출입문의 높이, 등산용 로프 강도 등에 적용된다.(최소 얼마 이상)
   - 로프 강도를 최상위 체중에 해당하는 사람이 쓸 수 있게 만들면 그보다 가벼운 사람들도 쓸 수 있다.
2. 최소 집단치 설계(최대 치수)
   - 대상 집단에 대해 인체측정치의 하위 백분위 수를 기준으로 설계한다.(1, 5, 10퍼센타일)
   - 선반 높이, 엘리베이터 버튼 높이, 비행기 조종간 거리 등에 적용된다.(최대 얼마 이하)
   - 엘리베이터 버튼을 어린 아이가 누를 수 있게 설계하면 그보다 큰 사람도 사용 가능하다.

38 ④
신체적 동작 속도가 증가하면 에너지 소비량은 증가한다.

39 ①
① EEG(Electro-EncephaloGram, 뇌전도) : 뇌 신경 사이에 신호가 전달될 때 생기는 전기의 흐름으로, 심신의 상태에 따라 각각 다르게 나타나며 뇌의 활동 상황을 측정하는 가장 중요한 지표이다.
② EMG(Electro-MyoGraphy, 근전도) : 근육의 전기적 활성도. 근육은 신경의 지배를 받고 근육 자체에도 미세한 전류가 항상 흐르고 있기 때문에 이를 바늘이나 전극 등으로 확인한 값이다.
③ ECG(Electro-CardioGram, 심전도) : 심장의 전기적 활동을 증폭하여 기록한 지표로, 심장 상태를 측정하거나 손상 범위 진단 시 이용된다.
④ EOG(Electro-OculoGram, 안구전도) : 안구 운동을 전기적으로 기록한 것이다. 망막을 사이에 두고 각막측이 양(+), 공막측이 음(-)인 정지 전위가 발생한다. 안구의 수평운동 검출을 위해서는 눈시울과 눈초리에, 수직운동 검출을 위해서는 안검 상하에 각각 한 쌍의 전극을 꽂아 전위차를 기록한다. 안구가 정면을 향하고 있을 때는 전위차가 없지만 회전하면 각막이 이동한 쪽의 전극이 다른 것에 비하여 좀 더 양(+)이 된다.

40 ③
- 실현 가능성이 동일한 N개의 대안이 있을 때 총 정보량은 H bit로 쓰며 다음과 같이 구한다.
  $H = \log_2 N \quad (N = 2^H)$
- 가능성이 동일한 대안이 2개일 때 정보량은 1bit 이며, 4개일 때 정보량은 2bit이다.

41 ②
① 실행예산 : 공사량을 정밀히 계상(計上)하고 실시원가를 기입하여 공사원가를 산출한 공사실시의 예산
③ 작업일보 : 하루 동안의 작업 현황을 기록하여 관리하는 문서
④ 입찰 : 공사의 도급에 있어 다수의 신청희망자로부터 각자의 낙찰희망 예정가격을 기입한 신청서를 제출·입찰하게 하여 가장 유리한 내용을 제시한 입찰자와 계약을 체결하는 방식

42 ③
190mm+10mm+90mm=290mm

43 ③
석고계 셀프 레벨링재는 물이 닿지 않는 실내에서만 사용한다.

44 ①
대부분의 목재는 인장강도에 비하여 압축강도가 작다.

45 ③
망입유리
- 용융유리 사이에 금속그물을 넣어 롤러로 압착·성형한 판유리
- 외부로부터의 충격에 강하고 파손될 때에도 유리 파편이 튀지 않는다.
- 철, 황동, 아연, 알루미늄 등의 금속선을 사용한다.

46 ④
준공도서는 설계자 및 시공자가 작성한다.

47 ①
멜라민 수지
멜라민과 포름알데히드의 가열축합반응에 의해 얻어지는 열경화성 합성수지. 내수성, 내열성, 내약품성이 좋고, 목재와의 접착성이 우수하며 착색도 자유롭다. 가구의 표면치장판, 내수합판 등에 쓰인다.

48 ②
벽량 = $\dfrac{\text{내력벽 길이 합계}}{\text{면적}} = \dfrac{4500\text{cm}}{300\text{m}^2} = 15\text{cm/m}^2$

49 ①
항복비=항복점/인장강도점
※ 항복비가 크면 항복점과 인장강도 사이의 격차는 작다는 뜻이다.

50 ①
- 점토제품의 소성온도 : 자기>석기>도기>토기
- 점토제품의 흡수율 : 토기>도기>석기>자기

51 ④
- 총공사비 : 공사 원가+부가 이윤+일반관리비 부담금
- 순공사비 : 직접공사비+간접공사비
- 직접공사비 : 재료비+노무비+외주비+경비

52 ③
아스팔트 프라이머
블로운 아스팔트를 용제에 녹인 것으로 아스팔트 방수의 바탕처리재로 이용된다. 콘크리트 등의 모체에 침투가 용이하여 콘크리트와 아스팔트 부착이 잘 되도록 가장 먼저 도포한다.

53 ①
메탈라스
박강판에 일정한 간격의 다각형 금을 내고 이것을 옆으로 잡아당겨 그물코 모양으로 만든 것으로 벽, 천장의 모르타르 바름 바탕용에 쓰인다.

54 ④
프탈산 수지 에나멜
프탈산 수지 바니시로 안료를 반죽한 것. 가격이 저렴하고 내구성, 내후성, 내열성이 좋은 편이지만 내알칼리성은 다소 나쁜 편이어서 시멘트, 콘크리트 표면 도장에는 적합하지 않다.

55 ②
이동식 비계의 안전조치
- 이동식 비계의 바퀴에는 뜻밖의 갑작스러운 이동 또는 전도를 방지하기 위하여 브레이크·쐐기 등으로 바퀴를 고정시킨 다음 비계의 일부를 견고한 시설물에 고정하거나 아웃트리거(outrigger, 전도 방지용 지지대)를 설치하는 등 필요한 조치를 할 것
- 승강용 사다리는 견고하게 설치할 것
- 비계의 최상부에서 작업을 하는 경우에는 안전난간을 설치할 것
- 작업발판은 항상 수평을 유지하고 작업발판 위에서 안전난간을 딛고 작업을 하거나 받침대 또는 사다리를 사용하여 작업하지 않도록 할 것
- 작업발판의 최대적재하중은 250kg을 초과하지 않도록 할 것

56 ④
고름질
바름두께 또는 마감두께가 두꺼울 때 혹은 요철이 심할 때 적정한 바름두께 또는 마감두께가 될 수 있도록 초벌 바름 위에 발라 붙여주는 것 또는 그 바름층

57 ③
동바리 마루 설치 순서 (아래 → 위)
동바리돌 → 동바리기둥 → 멍에 → 장선 → 마루널

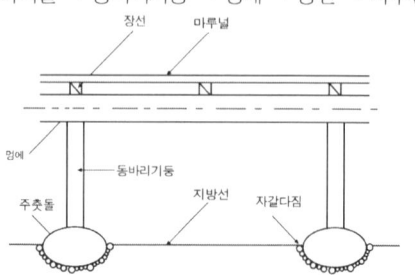

58 ④
할렬인장강도
$$T = \frac{2P}{\pi l d} = \frac{2 \times 120\text{kN}}{\pi \times 100\text{mm} \times 200\text{mm}} = \frac{240000\text{N}}{62800\text{mm}^2}$$
$$= 3.82 \text{N/mm}^2$$
여기서, P : 최대 재하 하중, l : 공시체 길이,
d : 공시체 지름

59 ③
외부 타일이 태양의 직사광선을 과도하게 받으면 오픈타임(부착 가능 시간)이 급격히 짧아질 수 있으므로 이에 대한 조치가 필요하다.

60 ②
질석(vermiculite)
운모계 광석을 800~1000℃ 정도로 가열 팽창시켜 체적이 5~6배로 된 다공질 경석. 산에 쉽게 분해되고, 양이온 교환능력이 크다. 내열재료 및 방음재로서 널리 이용되고 있다.

61 ④
필요 환기량
$$Q = \frac{K}{C - C_0} = \frac{0.017 \times 60}{0.001 - 0.0003} = \frac{1.02}{0.0007}$$
$$= 1457 \text{m}^3/\text{h} ≒ 약 1460 \text{m}^3/\text{h}$$
여기서, Q : 필요 환기량
C : 실내허용 CO_2 농도
C_0 : 외기의 CO_2 농도
K : 재실인원의 CO_2 토출량
※ 1ppm = 1/1000000 m^3

62 ③
① 코브(cove) : 천장, 벽면에 광원을 감추고 천장과 벽 상부에 반사되는 빛으로 조명하는 방식
② 브라켓(bracket) : 벽체에 부착하는 조명방식의 총칭
③ 펜던트(pendant) 조명 : 파이프나 와이어에 달아 천장에 매단 조명 방식
④ 코니스(cornice) : 벽면의 상부에 위치하여 모든 빛이 아래로 직사하도록 하는 조명방식

63 ③
- 소화기는 다음 각 목의 기준에 따라 설치할 것 (NFSC 101)
가) 각 층마다 설치하되, 특정소방대상물의 각 부분으로부터 1개의 소화기까지의 보행거리가 소형 소화기의 경우에는 20m 이내, 대형 소화기의 경우에는 30m 이내가 되도록 배치할 것. 다만, 가연성 물질이 없는 작업장의 경우에는 작업장의 실정에 맞게 보행거리를 완화하여 배치할 수 있다.

나) 특정소방대상물의 각 층이 둘 이상의 거실로 구획된 경우에는 가)의 규정에 따라 각 층마다 설치하는 것 외에 바닥면적이 33m² 이상으로 구획된 각 거실(아파트의 경우에는 각 세대를 말한다)에도 배치할 것

64 ③

금속덕트 배관은 옥내 건조한 노출장소 또는 점검 가능한 은폐장소에 한하여 시설할 수 있다.
※ 옥내 점검 가능한 은폐 장소 및 점검 불가능한 은폐 장소에서 모두 시설할 수 있는 공사 : 금속관 공사, 합성수지관(경질비닐관) 공사, 애자 사용 공사, 케이블 공사, 가요전선관 공사

65 ①

고가수조방식(옥상탱크 방식)
양수펌프로 고가 탱크까지 양수하여 낙차에 의한 수압으로 각 층에 수급하는 방식이다.
- 안정적인 수압으로 급수할 수 있고 배관 부속품의 파손이 적다.
- 저수량이 확보되므로 단수 후에도 일정시간 동안 급수가 가능하다.
- 저수조 안에서 물이 오염될 가능성이 있어 저수시간이 길어지면 수질이 나빠지기 쉽다.
- 설비비, 경상비가 높고 구조설계가 까다롭다.

66 ①

측창채광(lateral lighting)
- 창의 면이 수직의 벽에 붙어있는 형태의 창문을 말한다.
- 비막이・통풍・실내온도의 조절에 유리하고 개폐와 조작이 쉽다.
- 청소 및 관리가 용이하다.
- 조도분포가 불균일하고 근린 상황에 의한 방해 우려가 있다.
- 실 깊이에 제한을 받아서 넓은 실에서는 불리하며, 소규모 건물에 적합하다.

67 ③

인터폰 접속방식

모자식	• 1대의 모기에 여러 대의 자기를 접속하는 방식 • 자기끼리는 접속할 수 없다.
상호식	• 원하는 곳 모두 상호접속이 가능한 방식
복합식	• 모자식과 상호식을 결합한 방식

68 ②

$10\log \dfrac{x}{10^{-12}} = 30\text{dB}$ 이므로 $\dfrac{x}{10^{-12}} = 10^3$ 이어야 한다.
∴ $x = 10^{-9} \text{W/m}^2$

69 ①

습공기 선도를 구성하는 요소
건구온도, 습구온도, 노점온도, 절대습도, 상대습도, 엔탈피, 현열비 등
※ 비열은 습공기 선도에 표시되지 않는다.

70 ③

온수난방
- 온수의 현열을 이용한 난방으로, 단관 혹은 복관식 배관을 통하여 방열기에 온수를 공급한다.
- 온도 및 수량 조절이 용이하고 방열기 표면온도가 낮으며, 보일러 취급이 용이하고 안전한 편이다.
- 열용량이 커서 증기난방에 비해 예열시간이 길고 방열면적과 배관이 커서 설비 비용이 크다.
- 추운 지방에서 동결 우려가 크며 온수 순환시간이 길다.

71 ①

신축 공동주택의 실내공기질 측정항목(권고기준)

폼알데히드	210μg/m³ 이하
벤젠	30μg/m³ 이하
톨루엔	1000μg/m³ 이하
에틸벤젠	360μg/m³ 이하
자일렌	700μg/m³ 이하
스티렌	300μg/m³ 이하
라돈	148Bq/m³ 이하

※ μg : 마이크로그램(백만분의 1그램)
※ Bq : 베크렐(방사능 단위. 1초 동안에 1개의 원자핵이 붕괴하는 방사능(1dps)을 1베크렐이라 한다.)

72 ④
용적률을 산정할 때 지하층의 면적은 연면적에 포함되지 않는다.

73 ④
대피공간의 바닥면적은 인접 세대와 공동으로 설치하는 경우 3m² 이상, 각 세대별로 설치하는 경우 2m² 이상이어야 한다.

74 ①
제1종 근린생활시설(일반목욕장의 욕실, 휴게음식점의 조리장)과 제2종 근린생활시설(일반음식점, 휴게음식점의 조리장), 숙박시설에서 욕실 또는 조리장의 바닥과 그 바닥으로부터 높이 1m까지의 안벽의 마감은 내수재료로 하여야 한다.

75 ②
연면적 10000m² 이상인 건축물(창고시설 제외) 또는 에너지를 대량으로 소비하는 건축물로서 아래에 해당하는 건축물에 급수·배수(配水)·배수(排水)·환기·난방·소화·배연·오물처리 설비 및 승강기 설비를 설치하는 경우 건축기계설비기술사 또는 공조냉동기계기술사의 협력을 받아야 한다.

기준	해당용도 바닥면적
아파트 및 연립주택	무관
냉동냉장시설·항온항습시설 또는 특수청정시설로서 당해 용도에 사용되는 건축물	500m² 이상
목욕장, 물놀이형 시설 및 수영장(실내에 설치된 경우로 한정)	500m² 이상
기숙사, 의료시설, 유스호스텔, 숙박시설	2000m² 이상
판매시설, 연구소, 업무시설 문화 및 집회시설(동·식물원 제외), 종교시설, 교육연구시설(연구소 제외), 장례식장	3000m² 이상

76 ②
소방설비의 분류
- 소화설비 : 소화기, 옥내소화전, 옥외소화전, 스프링클러, 자동소화장치, 물분무 등 설비
- 경보설비 : 자동화재탐지설비, 자동화재속보설비, 비상방송설비, 비상경보설비, 누전경보기
- 피난구조설비 : 유도등, 비상조명등, 피난사다리, 공기호흡기, 방화복, 완강기
- 소화용수설비 : 상수도소화용수, 소화수조
- 소화활동설비 : 제연설비, 연결송수관설비, 연결살수설비, 무선통신보조설비, 비상콘센트설비

77 ③
- 동물 및 식물관련시설 : 축사, 도축장, 가축시설, 작물 재배사, 화초 온실 등
※ 동·식물원은 문화 및 전시공간에 해당된다.

78 ④
비상용 승강기 승강장의 벽 및 반자가 실내에 접하는 부분의 마감재료는 불연재료로 해야 하며, 마감을 위한 바탕 또한 포함해야 한다.

79 ④
6층 이상 또는 연면적 400m² 이상인 건축물은 건축허가 등을 할 때 미리 소방본부장 또는 소방서장의 동의를 받아야 한다.

80 ③
$$1000m^2 \times \frac{0.6m}{100m^2} = 6m$$

2022년 4월 24일(제2회)

01 ③

VMD의 구성
- IP(Item Presentation) : 기본 상품의 정리. 선반, 행거
- PP(Point of Sale Presentation) : 한 유닛에서 대표되는 상품 진열. 상반신, 소도구류 등을 활용
- VP(Visual Presentation) : 상점의 이미지 패션 테마의 종합적인 표현. 파사드, 메인스테이지, 쇼윈도

02 ④

④는 비대칭 균형에 대한 설명이다.

03 ②

개실 시스템(single office)
- 복도를 중심으로 작은 공간의 실로 구획되는 유형으로 편복도 · 중복도식으로 분류된다.
- 1~2인용 세포형 오피스와 여러 명을 위한 집단형 오피스로 구분된다.
- 업무의 독립성과 쾌적한 환경이 보장되며 소음차단에 유리하다.
- 공간의 깊이에 변화를 줄 수 없어 효율성이 낮고 융통성이 떨어진다.

04 ①

기하학적으로 점은 크기가 없고 위치만 있다.

05 ③

미스 반 데어 로에
- 현대 건축의 대표 재료인 철과 유리를 써서 커튼월 공법과 강철구조를 기본 형식으로 이용하였다.
- "적을수록 풍부하다(Less is More)."라는 주장 대로 철과 유리라는 단순하고 제한적인 재료에 의해 다양한 건축적 언어를 구사하였다.
- 융통성이 극대화된 Universal Space(보편적 공간) 개념을 주장하였다.
- 대표작품 : 바르셀로나 박람회 독일관, 판스워스 주택, 시그램 빌딩

06 ④

건축제도의 글자체는 수직 또는 15° 경사의 고딕체로 쓰는 것을 원칙으로 한다.

07 ①

ㄷ자형(U자형) 주방

인접된 3면의 벽에 ㄷ자형으로 배치한 형태이다. 가장 편리하고 능률적인 작업대의 배치지만, 평면 계획상 외부로 통하는 출입구 설치나 식탁과의 연결이 다소 불편하다. 작업대의 통로 폭은 1,200~1,500mm 정도가 적당하다. 대규모의 부엌에 많이 사용된다.

08 ②

실내디자인의 계획 조건
㉠ 외부적 조건
- 입지적 조건 : 교통수단, 도로관계, 상권 등 지역의 규모와 배후지에 대한 입지 조건을 비롯하여 방위, 기후, 일조 조건 등의 자연적 조건도 이에 포함된다.
- 건축적 조건 : 공간의 형태, 규모, 주출입구, 개구부 현황과 채광, 방음, 파사드 등
- 설비적 조건 : 위생설비, 배관위치, 급배수설비, 상하수도 시설, 환기시설, 냉난방설비, 소방설비, 전기설비 등
- 기타 조건 : 건물주의 요구사항, 임차계약상황, 건물 등기 등

㉡ 내부적 조건
- 계획의 목적, 실의 개수와 규모, 의뢰자의 경제적 예산 및 요구사항, 공간사용자의 행위 등
- 공간 사용자의 수, 행위의 흐름, 빈도, 사용시간 등

09 ④

실내공간의 구성 요소 중 천장은 다른 요소들이 시대와 양식에 의한 변화가 현저한데 비해 바닥은 매우 고정적이다.

10 ③

D는 Desire(구매 욕구)를 의미한다.

11 ③

로만 블라인드(Roman blind)

밑에서부터 접혀지는 블라인드. 수평 블라인드의 일종으로 볼 수 있으나 수평 블라인드의 경우 날개의 각도로 채광량을 조절하지만 로만 블라인드는 오로지 접혀진 폭의 정도로만 조절이 가능하다.

12 ④

정측창은 천창과 측창의 장점을 합친 것으로 시선을 분산시키지 않으면서 직사광선의 실내 유입을 적절하게 할 수 있어 미술관, 박물관에서 많이 사용된다.

13 ④

통일(unity)
디자인 대상의 전체 중 각 부분, 각 요소의 여러 다른 점을 정리해 동일한 이미지를 이루고 미적 질서를 부여하는 기본 원리로서 디자인의 가장 중요한 속성이다.

14 ③

아르누보 디자인의 특징
- 아름다운 디자인을 추구하고 정교한 장인정신이 담긴 수공예를 추구하였다.
- 지역 고유의 문화적 전통을 디자인에 반영하였다.
- 19C 중후반 유럽에서 유행한 자포니즘(일본풍) 영향을 받았다.
- 자연에서 볼 수 있는 곡선을 적극 활용하였다.

15 ①

① 디오라마 전시 : 현장감을 가장 실감나게 표현하며 한정된 공간 속에서 배경스크린과 실물의 종합전시로 이루어진다.
② 파노라마 전시 : 벽면 전시와 오브제 전시를 병행하는 유형으로 연속적인 주제를 시간적 연속성을 가지고 연출되는 전시방법이다.
③ 아일랜드 전시 : 사방에서 전시물을 감상할 수 있도록 벽에서 떨어뜨려 배치하는 방법이다.
④ 하모니카 전시 : 전시평면이 하모니카 흡입구처럼 동일한 공간으로 연속되어 배치되는 전시기법으로 전시내용이 통일된 형식 속에서 반복되어 나타나는 방법으로 동일 종류의 전시물을 전시할 때 유리하다.

16 ③

아트리움(Atrium)
- 고대 로마 건축에서 지붕이 개방되어 빗물이나 물을 받기 위한 사각 웅덩이가 있는 중정을 의미한다.
- 초기 기독교 교회 정면에서 이어진 주랑이 사면에 있고 중앙에 세정식을 위한 분수가 있는 앞마당을 뜻한다.
- 근래에 와서는 최근에 지어진 호텔, 사무실 건축물, 대형 상점 건축물 등에서 유리로 지붕이 덮여진 실내공간을 일컫는 용어로 사용되고 있다.

17 ②

현관은 거실이나 침실 내부와 직접 연결되는 것을 피해야 한다.

18 ②

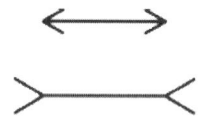

- 뮐러–라이어 착시 : 같은 길이의 직선임에도 화살표 방향의 차이로 인해 서로 다른 길이로 보인다.

19 ②

작업면이 넓어 작업효율이 가장 좋은 작업대의 배치는 ㄷ자형 배치이다.

20 ④

① 망사창, ② 셔터창, ③ 연속창

21 ①

문·스펜서의 색채조화론의 조화 원리
동일 조화, 유사 조화, 대비 조화

22 ④

명시성
- 대상의 존재나 형상이 보이기 쉬운 정도를 뜻하며 색을 구분할 수 있는 식별거리와 관련이 있다.
- 명도의 영향이 가장 크며 그 색 고유의 특성에 의한 것보다는 배경과의 관계에 의해 결정된다.
- 검정색이 배경일 때 노란색 심벌이 가장 명시도가

높다.

23 ④

환경 색채디자인 진행 순서
입지 조건 조사 분석 → 환경 색채 조사 분석 → 색체 설계 → 색채 결정 및 시공

24 ③
고명도, 고채도, 난색 계열의 색은 진출, 팽창하는 성질이 있다.

25 ④

먼셀 표색계의 색표기
색상, 명도, 채도(H V/C)의 순으로 기입한다.

26 ③

연색성
같은 물체색이라도 조명에 따라 다르게 보이는 현상을 말한다. 광원에 의해 조명되어 나타나는 물체의 색을 연색이라 하고, 태양광(주광)을 기준으로 하여 어느 정도 주광과 비슷한 색상을 연출할 수 있는가를 나타내는 지표가 연색성이다.

27 ④
청록과 빨강은 보색 관계로, 혼합하면 무채색이 된다.

28 ③

컬러 매니지먼트 시스템(CMS)
디지털 영상 시스템에서 이미지 스캐너, 디지털 카메라, 모니터, TV 화면, 필름 프린터, 컴퓨터 프린터와 같은 여러 장치의 화상이나 그래픽 컬러를 정확하게 재현하게끔 데이터를 변환하기 위해서 그와 관련되는 모든 주변기기의 컬러 공간을 조정하는 것으로 주된 목적은 색 장치 간에 있어 양호한 일치점을 얻는 것이다. 가령 비디오 한 프레임의 색들은 컴퓨터 LCD 모니터, 플라즈마 TV 화면, 인쇄된 포스터에 동일하게 나타나야 한다. 색 관리는 장치들이 필요한 색 강도를 전달할 수 있다면 이러한 모든 장치들에 같은 모습으로 나타낼 수 있게 도와준다. 이러한 시스템에 의해 컬러 재현의 반복 예측이 가능하며 초심자도 쉽게 활용할 수 있도록 간단해야 한다.

29 ④

색채 계획 순서
㉠ 색채 환경 분석
  • 기업 및 상품의 색채, 선전색, 포장색 등 경합 업체의 관용색 분석과 색채 예측 데이터의 수집이 필요하다.
  • 색채의 예측 데이터 수집 능력, 색채의 변별, 조색 능력이 필요하다.
㉡ 색채 심리 분석
  • 기업 이미지, 색채, 유행 이미지를 측정한다.
  • 심리 조사 능력, 색채 구성 능력이 필요하다.
㉢ 색채 전달 계획
  • 기업 및 상품의 색채와 광고 색채를 결정한다.
  • 타사의 제품과 차별화시키는 마케팅 능력과 컬러 컨설턴트 능력이 필요하다.
㉣ 디자인에 적용
  • 색채의 규격 및 시방서의 작성, 컬러 매뉴얼의 작성이 필요하다.
  • 아트 디렉션의 능력이 요구된다.

30 ④
색채조절과 내구성은 직접적인 연관성이 없다.

31 ④

세티(Settee)
동일한 두 개의 의자를 나란히 합해 2인이 앉을 수 있도록 한 의자

32 ③

붙박이 가구(built-in furniture)
건물과 일체화하여 만든 가구. 배치에 따른 혼란을 없애고 공간을 최대한 활용할 수 있다.

33 ③

추상체(원추세포)
밝은 곳에서 반응하여 색상 인식의 기능을 담당한다.

34 ②
• 수동 체계 : 인간의 힘을 동력원으로 사용하여 작업하는 도구(망치, 자전거)
• 기계화 체계 : 동력은 기계가 제공하고 인간은 조종장치를 사용하여 통제한다.(자동차)
• 자동 체계 : 감지, 정보처리 및 의사 결정 행동을

포함한 모든 임무를 기계가 수행하며 인간은 주로 감시, 프로그램, 정비 유지 등의 기능을 수행한다. (무인공장, 로봇, 전자동 에어컨)

35 ①

근육 운동 초기에 혐기성 대사(무산소)가 진행된다. 근육 수축에 필요한 에너지는 포도당이나 글리코겐이 분해되어 만들어지는데, 근육은 이 에너지를 직접 사용할 수 없어서 아데노신 삼인산(ATP) 분자에 에너지를 저장한다. 이 ATP가 아데노신 이인산(ADP)과 인산 라디칼로 분해되면 세포가 사용할 수 있는 에너지가 방출된다. 크레아틴 인산(CP)은 또 다른 중간 에너지원으로, ATP 생성을 위한 에너지 저장소 역할을 한다.

36 ④

의자 좌면의 너비는 95퍼센타일의 큰 체격을 가진 소유자가 앉을 수 있도록 설계한다.

37 ②

① 연축(twitch) : 단일자극에 의해 단시간 발생하는 근육의 단일 수축
② 긴장(tones) : 중추신경으로부터 오는 흥분충동을 받아서 근육이 항상 약한 수축상태를 지속하는 현상
③ 강축(tetanus) : 골격근이 수축 할 때 짧은 간격으로 전기적 자극을 계속 받아서, 골격근에서 이완 없이 지속적인 수축이 일어나는 현상
④ 강직(rigor) : 골격근이 각종 원인으로 지속적으로 수축, 경화를 일으키는 현상. 대표적인 예로 대부분의 동물은 사후에 강직이 발생한다.

38 ①

굴곡(flexion)
관절이 만드는 각도가 감소하는 동작을 말한다.

39 ①

인간공학적 효과의 평가 기준
훈련비용 절감, 사용편의성 향상, 사고나 오용으로부터의 손실 감소, 생산 및 보전경제성 증가, 인력 이용률 개선 등

40 ③

근전도는 생리적 피로도 측정에 적합하다.

41 ①

사문암
감람석 또는 섬록암이 변질된 변성암. 색조는 암녹색 바탕에 흑백색의 아름다운 무늬가 있고 경질이나, 풍화성이 있어서 주로 실내 장식용으로 사용된다.

42 ③

조이너(joiner)
바닥, 벽 , 천장 등에 인조석, 보드류를 붙여댈 때 이음 줄눈으로 쓰인다.

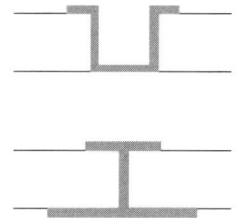

※ 코너비드 : 벽, 기둥 등의 모서리 부분에 미장 바름을 보호하기 위하여 사용하는 금속제품

43 ④

인장력에 대한 목재의 저항 성능은 압축력, 전단력에 대한 저항 성능에 비하여 강하다.

44 ①

방화(염)제
목재의 인화점을 높여 연소를 지연시키거나 화재의 전파를 막는 목적으로 사용하는 처리제를 말한다. 목재의 방화제로는 인산암모늄, 황산암모늄, 규산나트륨, 탄산나트륨 등이 있다.

45 ②

모르타르의 물을 타일이 흡수하지 않아야 하므로 여름에도 물을 적시는 작업이 필요하다.

46 ③

실행예산
- 공사 실행에 필요한 수량을 정밀히 파악하여 공사 원가를 산출하는 예산서
- 도급 견적은 낙찰을 위한 것이므로 보다 세밀한

산출을 하여 양질의 공사를 진행할 수 있도록 계획한다.
• 공사 시기, 현장 여건, 재료 수급 현황을 충분히 고려하여 산출한다.

47 ④
초벌미장 작업 후 통풍이 과도하게 발생하면 건조에 의한 균열이 발생할 수 있다.

48 ①
중용열 포틀랜드 시멘트
수화 시 발열량이 적어 수축이 적고 균열이 방지되어 안정성이 높다. 내식성, 내구성이 좋으며 방사선 차단 효과가 있다. 댐 축조, 콘크리트 포장, 원자력 발전소 등 매스콘크리트에 사용된다.

49 ③
공정별 내역서에 제조일자는 기재되지 않는다.

50 ②
동시줄눈 붙이기 1회 붙임 면적은 $1.5m^2$ 이하로 하고 붙임 시간은 20분 이내로 하여야 한다.

51 ②
• 벽량 = $\dfrac{x축\ 벽길이\ 합계}{실면적}$

= $\dfrac{240cm \times 2 + 100cm \times 3}{6m \times 4.5m}$

= $\dfrac{780cm}{27m^2} = 28.9cm/m^2$

52 ①
점토소성벽돌 표면의 은회색 그라우트는 소성이 과도할 때 발생한다.

53 ④
• 골재 흡수율 = $\dfrac{흡수량}{전건재\ 중량} \times 100\%$

= $\dfrac{500g - 440g}{440g} \times 100\% = 13.63\%$

54 ④
복층 유리(Pair Glass)

2~3장의 판유리를 간격을 두고 겹친 후 틈새를 진공으로 하거나 특수한 공기를 넣어서 제조한 유리제품으로 페어 글라스라고도 한다. 방음 및 단열, 결로 방지용 유리로 쓰인다.

55 ④
경석고 플라스터
• 고온소성의 무수 석고를 특별한 화학처리한 미장재료로 킨즈 시멘트라고도 한다.
• 경화가 소석고에 비해 늦어서 경화촉진제를 섞어 만든다.
• 마감표면의 강도와 경도가 크며 응결 시 다소 수축이 발생한다.
• 표면이 산성을 띠므로 작업 시 스테인리스 스틸 흙손을 사용해야 한다.

56 ①
안전총괄책임자가 수행하여야 할 직무의 범위
• 안전관리계획서의 작성 및 제출
• 안전관리 관계자의 업무 분담 및 직무 감독
• 안전사고가 발생할 우려가 있거나 안전사고가 발생한 경우의 비상동원 및 응급조치
• 안전관리비의 집행 및 확인
• 협의체의 운영
• 안전관리에 필요한 시설 및 장비 등의 지원
• 자체안전점검 실시 및 점검 결과에 따른 조치에 대한 지휘·감독
• 안전교육의 지휘·감독

57 ②
표준시방서(KCS 41 51 06)에서 분류하는 블라인드 공사
베네치안 블라인드, 두루마리(감아올림) 블라인드, 가로 당김 블라인드

58 ①
클리어 래커
• 안료를 섞지 않은 투명 래커로, 목재면의 투명 도장용으로 쓴다.
• 도막은 얇지만 견고하고 광택이 좋다.
• 내수성 및 내알칼리성은 큰 편이나, 내후성이 낮아서 내부용 위주로 쓴다.

59 ③
- 질석 모르타르 : 경량구조용
- 바라이트 모르타르 : 방사선 차단용
- 아스팔트 모르타르 : 내산성 바닥용
- 활석면 모르타르 : 단열, 균열 방지용

60 ②
동판은 가공이 용이하고 외관이 미려해서 판재지붕으로 많이 사용된다.

61 ①
옥내소화전설비용 수위계는 수조의 외측에 설치해야 한다. 다만, 구조상 불가피한 경우에는 수조의 맨홀 등을 통하여 수조 안의 물의 양을 쉽게 확인할 수 있도록 하여야 한다.

62 ①
주광률
실내 조도를 자연채광에 의해 얻을 경우 야외 조도는 매 순간 변화하므로 실내의 조도도 변화한다. 채광 설계에서 이와 같은 변화의 기준을 정하기는 어려우므로 실내 조도가 옥외 조도의 몇 %인지를 나타내는 주광률을 적용한다.

63 ②
소음원이 외부에 있는 경우 실내의 흡음률을 줄이는 것은 소음방지대책으로 적합하지 않다.

64 ④
조도는 점광원과 수조면 사이 거리의 제곱에 반비례한다.

65 ②
수시로 원하는 온도의 탕을 얻으려면 복관식으로 하는 것이 좋다.

66 ③
복사난방
- 바닥 등의 구조체에 동관, 강관 등으로 코일을 배관하여 가열면을 형성하여 난방하는 방식이다.
- 온도분포가 균등하고 먼지상승을 억제하여 쾌감도가 높다.
- 방열기가 필요 없고 바닥면의 이용도가 높다.
- 천장이 높거나 외기가 침입하는 장소도 난방감을 얻을 수 있다.
- 표면 균열 및 매설배관 이상 시 수리 등의 변경이 곤란하고, 특수 시공을 해야 한다.
- 열용량이 크기 때문에 방열량 조절에 시간이 걸리며, 열손실을 막기 위한 단열층이 필요하다.

67 ③
다중이용시설 중 실내주차장의 이산화탄소 농도는 1000ppm 이하로 유지하여야 한다.

68 ③
팬코일 유닛방식은 전수방식이다.

69 ④
표면결로 방지책
- 실온을 높이고 외벽의 단열 강화로 실내측 표면온도를 상승시킨다.
- 실내측 벽의 표면풍속을 크게 한다.
- 실내에서 수증기 발생을 억제하고 난방이 안 된 방으로부터의 수증기 침입을 억제한다.
- 잦은 환기로 실내 절대습도를 낮추고 벽 근처 공기층의 기류가 정체되지 않도록 한다.
- 낮은 온도로 난방시간을 짧게 하는 것이 높은 온도로 난방시간을 짧게 하는 것보다 결로 발생 방지에 효과적이다.

70 ①
접지(earth, 接地)
전기회로나 전기기기의 일부를 대지와 도선으로 연결하여 기기의 전위를 대지의 전위와 같은 0으로 유지하는 것을 말한다. 지구의 지반은 거대한 도체이며 전위가 0이므로 접지를 하면 전기기기도 지구의 일부가 되어 전위가 0으로 유지된다. 전류는 전위차가 있을 때 흐르는 것이므로, 이론상 접지가 되어 있는 전기기기에 사람의 몸이 닿아도 감전되지 않는다. 높은 건물 꼭대기에 피뢰침을 설치하는 것도 접지를 응용한 것으로 전기 사고를 예방하여 번개의 강한 전류로부터 건물을 보호하기 위한 것이며, 전기시설물의 감전 및 손상방지를 위해 실시하기도 한다. 접지 시에는 구리판·구리선·구리관을 비롯하여 흑연·탄소 등을 주재료로 한 판 또는 막대를 습기가 많은 땅 속에 묻어 도체로 접지하고 있다.

71 ②
변전실은 부하의 중심위치와 가깝게 둔다.

72 ③
문화 및 집회시설 중 공연장의 개별 관람실에서 관람실로부터 바깥쪽으로의 출구로 쓰이는 문은 밖여닫이로 하여야 한다.

73 ①
소방시설의 분류
- 소화설비 : 소화기, 옥내소화전, 옥외소화전, 스프링클러, 자동소화장치, 물분무 등 설비
- 경보설비 : 자동화재탐지설비, 자동화재속보설비, 비상방송설비, 비상경보설비, 누전경보기
- 피난구조설비 : 유도등, 비상조명등, 피난사다리, 공기호흡기, 완강기
- 소화용수설비 : 상수도소화용수, 소화수조
- 소화활동설비 : 제연설비, 연결송수관설비, 연결살수설비, 무선통신보조설비, 비상콘센트설비

74 ②
건축물의 바깥쪽에 설치하는 피난계단은 조명설비 설치의무 대상이 아니다.

75 ④
건축물의 옥상에 설치된 차고 또는 주차장으로서 차고 또는 주차의 용도로 사용되는 부분의 면적이 200m² 이상인 경우 옥내소화전설비를 설치하여야 한다.

76 ③
건축법령에서 정의하는 리모델링이란 건축물의 노후화를 억제하거나 기능 향상 등을 위하여 대수선하거나 일부 증축하는 행위를 말한다.

77 ②
신축 또는 리모델링하는 다음 항목의 주택 또는 건축물은 시간당 0.5회 이상의 환기가 이루어질 수 있도록 자연환기설비 또는 기계환기설비를 설치해야 한다.
1. 30세대 이상의 공동주택
2. 주택을 주택 외의 시설과 동일건축물로 건축하는 경우로서 주택이 30세대 이상인 건축물

78 ④
건축법 시행령 제47조(방화에 장애가 되는 용도의 제한)
②항에 따라 다음 각 호의 어느 하나에 해당하는 용도의 시설은 같은 건축물에 함께 설치할 수 없다.

같은 건축물에 함께 설치할 수 없는 것		
노유자시설 중 아동 관련 시설 또는 노인복지시설	← 공존 불가 →	판매시설 중 도매시장 또는 소매시장
단독주택(다중주택, 다가구주택에 한정한다), 공동주택 제1종 근린생활시설 중 조산원 또는 산후조리원	← 공존 불가 →	제2종 근린생활시설 중 다중생활시설

79 ③
지하층과 피난층 사이의 개방공간
바닥면적의 합계가 3000m² 이상인 공연장·집회장·관람장 또는 전시장을 지하층에 설치하는 경우에는 각 실에 있는 자가 지하층 각 층에서 건축물 밖으로 피난하여 옥외 계단 또는 경사로 등을 이용하여 피난층으로 대피할 수 있도록 천장이 개방된 외부 공간을 설치하여야 한다.

80 ②
업무시설 승용승강기 대수
$$= 1 + \frac{(7 \times 1000)\text{m}^2 - 3000\text{m}^2}{2000\text{m}^2} = 3\text{대}$$

2022년 4회 복원문제

01 ①

유효율(rentable ratio)
연면적에 대한 임대(대실)면적의 비율. 기준층에서는 80%, 전체에서 70~75% 정도가 적합하다.

02 ②

전시공간의 평면 형태
① 직사각형 : 공간 형태가 단순하고 분명한 성격의 평면 유형. 지각이 쉽고 명쾌한 관람이 가능하지만 단조롭다.
② 부채꼴형 : 관람자가 빠른 판단으로 다양한 선택을 할 수 있는 자유 관람 형태의 평면. 변화가 발생하면 관람자의 혼란이 야기될 수 있다. 소규모의 단일 주제 전시관에 적합하다.
③ 원형 : 전시실의 중앙에 핵심 전시물을 놓고 주변에 유사 또는 하위 성격의 전시물을 배치함으로써 전시의 주제를 강조하는 형태. 고정된 축이 없어 다소 불안정한 관람이 될 수 있다.
④ 자유형 : 형태가 복잡하면 한 눈에 들어오지 않아 전체적 파악이 어려우므로 전체 조망이 가능한 한정 공간에 적합하다.
⑤ 선형 : 한 방향으로 전시물을 관람하는 형태. 소규모의 폭이 좁은 전시공간에 적용된다.
⑥ 작은 실의 조합 : 각 실마다 개성을 부여하거나 별도의 주제, 연속적이면서 단락이 나누어지는 실을 구성할 수 있다. 관람자가 자유롭게 이동할 수 있도록 동선 유도장치가 필요한 유형으로 수직, 수평적 연속성을 부여할 수 있다.

03 ④

행태학
인간의 지각, 심리, 행동의 특질을 패턴화하여 디자인에 적용시키기 위한 연구를 하는 학문
ex) 게슈탈트의 형태심리

04 ④

주거공간의 조닝(zoning) 계획
생활공간, 사용시간, 주 행동, 행동반사, 사용자의 프라이버시 및 사용빈도 등을 고려한다.

05 ③

주방의 주요 부분인 냉장고, 싱크대, 가열대를 작업삼각형(work triangle)이라 하며, 이 길이가 짧아야 능률적 동선이 된다.

06 ②

골든 스페이스(golden space)
고객의 시선이 가장 편하게 머물고 손으로 잡기에도 가장 편안한 높이를 말하며 850~1250mm이다.

07 ②

시각적 균형의 원리
• 크기가 큰 것이 작은 것보다 시각적 중량감이 크다.
• 어두운 색상은 밝은 색상보다, 한색은 난색보다 시각적 중량감이 크다.
• 거칠고 복잡한 질감은 매끈하고 단순한 것보다 시각적 중량감이 크다.
• 불규칙적인 형태는 기하학적인 형태보다 시각적 중량감이 크다.
• 사선이나 톱니모양의 선은 수직선이나 수평선보다 시각적 중량감이 크다.
• 기하학적인 형태는 불규칙한 형태보다 가볍게 느껴진다.

08 ①

휴먼 스케일(Human Scale)
건축물, 실내 공간, 가구, 장식 등의 치수를 인간의 신체를 기준으로 파악, 측정하여 설계에 반영하는 척도. 휴먼 스케일은 실내 공간계획뿐 아니라 외부 공간의 계획에도 폭넓게 적용된다.

09 ②

천창 채광
• 자동차 선루프처럼 천장의 위치에서 지면과 수평을 이루는 형태의 창이다.
• 조도분포가 균일해지며 많은 빛을 받아들일 수 있다(측창의 약 3배).
• 근린 환경이나 인접 건물의 영향을 받지 않고 채광을 할 수 있다.
• 차열, 통풍 및 비막이에 불리하고 조작 및 유지보수가 어렵다.
• 비개방적이고 폐쇄적인 느낌이 들어 실내가 좁아 보인다.

- 창 이외의 천장부분과 휨도 대비가 크게 일어날 우려가 있다.

10 ④

설비의 분포는 가급적 통일적으로 규격화시키는 것이 바람직하다.

11 ②

① 계획 설계도 : 구상도, 동선도, 면적도표, 조직도 등
③ 건축물의 외관을 나타낸 직립투상도는 입면도이다.
④ 천장 높이, 지붕 물매, 처마길이 등은 단면도에서 표현된다.

12 ①

상점의 진열장 배치
동선의 흐름을 우선적으로 고려하여 결정한다.

13 ②

접은 도면의 크기는 A4의 크기를 원칙으로 한다.

14 ③

르 코르뷔지에의 근대건축 5원칙
필로티, 자유평면, 자유입면, 연속된 수평 띠창, 옥상정원

15 ②

조형적으로 가장 자유로운 실내 구성 요소는 천장이다.

16 ①

배치 형태에 따른 코어의 분류
ⓐ 독립코어형 : 별도의 동으로 코어를 처리하는 형태. 분할 및 개방이 용이하며 공간을 코어에 구애받지 않고 계획할 수 있다. 그러나 방재상 불리하며 내진구조 구성이 까다롭다. 또한, 덕트·배관 등이 길어지고 설치에 제약도 많아진다.
ⓑ 중앙코어형 : 각 층의 평면이 매우 넓은 고층 건물에 적용된다. 주로 튜브 구조의 형식을 띤다.
ⓒ 편심코어형 : 각 층 평면이 크지 않고 길이도 짧은 형태의 건물에 적용된다.
ⓓ 양단코어형 : 비교적 평면이 긴 형태의 중·대규모 사무용 건물에 적합하다. 건축법규상 내부에서 직통계단까지의 피난거리 제한에 따라 2방향 피난이 가능하게 만든 형태이다.
ⓔ 분산코어형 : 편심코어의 발전형으로 메인코어 이외에 피난 및 설비 샤프트 등 서브코어가 있는 형식이다.

17 ④

여닫이문
정첩으로 한 축을 고정시켜 부채꼴로 회전하며 개폐되는 문. 작동이 용이하고 간단한 철물로 조작되며 외기를 차단시키고 방음에 매우 효과적이어서 가장 일반적인 형태이다. 개폐 시 회전을 위한 공간이 필요하다.
※ ④는 미서기문에 대한 설명이다.

18 ②

① 균형, ② 점이, ③ 통일, ④ 반복

19 ②

㉠ 공간의 레이아웃(layout) : 공간을 형성하는 부분과 설치되는 물체의 평면상 배치계획
㉡ 실내 디자인의 레이아웃 단계에서 고려해야 할 내용
- 출입형식 및 동선체계
- 인체공학적 치수와 가구의 크기(가구의 크기와 점유면적)
- 공간 상호 간의 연계성(zoning)

20 ④

은행의 영업장과 객장은 원칙적으로 구분이 없어야 한다. 특히 객장은 가급적 살롱 같은 이미지(편안하고 친근한 느낌)를 구현하여 이용자의 긴장감을 완화시켜 주는 것이 좋다.

21 ②

- 레드 블루 의자 : 게리 리트펠트
- 토넷 의자 : 미하일 토넷

22 ②

오토만(ottoman)
등받이나 팔걸이가 없이 천으로 씌운 낮은 의자로 발을 올려놓는 데 사용되는 스툴의 일종이며, 그 명칭은 18C 터키 오토만 왕조에서 유래하였다. 일반 스툴과의 차이는 소파 등의 부속가구로 함께 쓰인

다는 점이다.

23 ②

색상 대비
색상이 다른 유채색을 대비시켰을 때 원색과 달라 보이는 대비이다. 이때 배경과 도형은 서로 각 색상환 둘레에서 반대 방향으로 기울어져 보인다. 예를 들어 노랑 배경의 주황은 배경보다 멀어져 빨간색에 가까워지고, 빨강 배경의 주황은 배경보다 멀어져 노란색에 가깝게 보인다.

24 ④

17(색상), g(백색량), c(흑색량)

25 ③

중간 혼합 시 명도와 채도는 혼합되는 색의 중간값이 된다.

26 ④

NCS(Natural Color System) 색체계
헤링의 반대 색설(4원색설)에 기초하여 스웨덴 공업규격으로 제정되었다. 흰색, 검정, 빨강, 초록, 파랑, 노랑의 6가지 색을 기본색으로 구성한다. 스웨덴, 노르웨이, 스페인 등 유럽 일부 국가에서 사용되고 있다.

27 ④

- 색 영역 클리핑 : 디바이스의 색 영역 밖에 존재하는 색의 좌표 위치만 그 디바이스의 색 영역 가장자리로 클리핑(끌어다 붙이기)하는 것을 말한다. 이 방법은 영역 밖의 색만 바뀌는 방식이다.
- 클리핑 방법 : 명도 불변 클리핑, 명도 중심점 클리핑, 돌출점 클리핑, 최단거리 클리핑

28 ③

색약(color amblyopia)
색 분별 능력이 정상보다 부족한 증상을 말한다. 망막 추상체의 선천적 기능 이상 또는 후천적으로 추상체가 손상되거나 시각 경로의 이상으로 정상적인 색 분별 능력이 부족하게 된다. 밝은 곳에서 채도가 높은 색을 볼 때에는 정상인과 차이가 없으나, 채도가 낮은 경우에는 식별을 못하거나 단시간의 색 분별이 어렵다.

29 ④

박하색
연한 파랑을 뜻하며 먼셀 표기법상 2.5PB 9/2로 나타낸다.
※ Indigo blue는 어두운 파랑이다.

30 ③

컬러 매니지먼트
디지털 영상 시스템에서 이미지 스캐너, 디지털 카메라, 모니터, TV 화면, 프린터와 같은 여러 장치의 화상이나 그래픽 컬러를 정확하게 재현하게끔 데이터를 변환하기 위해서 그와 관련되는 모든 주변기기의 컬러 공간을 조정하는 것으로 주된 목적은 색 장치 간에 있어 양호한 일치점을 얻는 것이다. 가령 비디오 한 프레임의 색들은 컴퓨터 LCD 모니터, 플라즈마 TV 화면, 인쇄된 포스터에 동일하게 나타나야 한다. 색 관리는 장치들이 필요한 색 강도를 전달할 수 있다면 이러한 모든 장치에 같은 모습으로 나타낼 수 있게 도와준다. 이러한 시스템에 의해 컬러 재현의 반복 예측이 가능하며 초심자도 쉽게 활용할 수 있도록 간단해야 한다.

31 ③

반대 색상의 배색
색상환의 중심에 대하여 반대 위치에 있는 보색의 배색을 말한다. 이러한 배색은 매우 강인하고 동적인 느낌을 준다.

32 ③

ⓐ 혼색계(Color mixing system)
  ⓐ 색광을 표시하는 표색계로 심리적이고 물리적인 빛의 혼색 실험 결과에 그 기초를 두는 체계이다.
  ⓑ 모든 색은 적절하게 선정된 3가지 색광을 가산혼합시켜 등색시킨다는 원리가 적용된다.
  ⓒ 대표적으로 CIE 표준색체계가 있다.
ⓑ 현색계(Color appearance system)
  ⓐ 색 전체를 합리적으로 질서 있게 표시하고 구체적인 색표로 나타내는 시스템이다.
  ⓑ 구체적인 특정 착색물체를 색표 등으로 표준을 정하고 번호와 기호 등을 붙여 표시한다.
  ⓒ 먼셀 색체계, 오스트발트 색체계, NCS 색체계, PCCS 색체계 등이 해당된다.

※ 오스트발트 표색계는 현색계로 분류되지만 혼색계의 특성도 가지고 있다.

33 ②
① 손잡이의 치수는 조작에 필요한 힘의 크기에 맞게 한다.
③ 서랍의 손잡이는 재질의 차이에 따른 치수를 고려한다.
④ 조작력은 적으나 정밀한 눈금을 맞출 때에는 가급적 손잡이의 크기를 작게 한다.

34 ①
반전도형
도형과 배경 양쪽이 교대로 도형과 배경처럼 지각되는 도형. 둘 중 하나가 도형으로 지각되면 나머지 하나는 반드시 배경으로 지각된다.

35 ③
청각 표시장치가 시각 표시장치보다 적합한 경우
- 정보가 짧고 간단할 때
- 정보가 후에 재참조되지 않을 때
- 정보가 시간적인 event를 다룰 때
- 정보가 즉각적인 행동을 요구할 때
- 수신자의 시각 계통이 과부하 상태일 때
- 수신 장소가 너무 밝거나 암순응 유지가 필요할 때
- 직무상 수신자가 자주 움직이는 경우

36 ①
$10dB = 20\log\left(\dfrac{P}{1}\right)$

$\therefore P = 10^{\frac{1}{2}} = \sqrt{10}$

37 ③
시각 피로
㉠ 조절성 안정피로 : 원시, 난시, 노안의 초기 등 주로 모양근(毛樣筋)의 조절 피로가 원인인 것
㉡ 근육성 안정피로 : 사시(斜視), 사위(斜位), 폭주부전(輻輳不全) 등 주로 외안근(外眼筋)의 피로가 원인이 되는 것
㉢ 증후성 안정피로 : 결막염, 안검연염(眼瞼緣炎) 등이 있을 때 나타나는 것
㉣ 부등상성 안정피로 : 좌우의 근시의 도수가 현저하게 다른 등 좌우의 눈에 생기는 동일 물체의 상이 다른 경우에 볼 수 있는 것
※ 신경성 안정피로 : 신경쇠약, 히스테리 등의 질환에서 볼 수 있는 것

38 ②
최소 집단치 설계(최대 치수)
ⓐ 대상 집단에 대해 인체측정치의 하위 백분위수를 기준으로 설계한다(1, 5, 10퍼센타일).
ⓑ 선반 높이, 엘리베이터 버튼 높이, 비행기 조종간 거리 등에 적용된다(최대 얼마 이하).
ⓒ 엘리베이터 버튼을 어린 아이가 누를 수 있게 설계하면 그보다 큰 사람도 사용 가능하다.

39 ③
조종–반응 비율(control/response ratio : C/R비)
- 표시장치의 이동거리에 대한 조종장치를 이동한 거리의 비율이다.
- 표시장치에서 지침의 움직이는 총량에 대한 제어장치 움직임의 총량으로 민감도를 의미한다.
- 최적 C/R비는 조정시간과 이동시간의 합이 최소가 되는 점을 가리킨다.
- C/R비가 감소함에 따라 이동시간은 급격히 감소하다가 안정된다. 또한 이에 따른 조정시간은 반대의 형태를 갖는다.
- C/R비가 낮을수록 민감한 제어이며 조종시간은 오래 걸린다.

40 ②
단말기의 바탕 색상이 검정색 계통일 때 주변 환경의 조도(Lux)는 300럭스 이상 500럭스 이하를 유지하도록 하여야 한다.

41 ②
사업주는 높이 3m 이상인 장소로부터 물체를 투하하는 경우, 적당한 투하설비를 설치하거나 감시인을 배치하는 등 위험을 방지하기 위하여 필요한 조치를 하여야 한다.

42 ④
스팬드럴 유리
- 판유리의 한쪽 면에 무기질 도료를 코팅한 후 열처리한 유리제품이다.
- 불투명하게 되므로 프라이버시 보호가 가능하다.

- 색상으로 인한 디자인 효과가 있다.
- 보통 유리에 비해 내열성과 강도가 우수하다.

43 ②

도장작업 시 초벌과 재벌의 색에 차이를 둠으로써 칠한 횟수를 구별할 수 있다.

44 ②

① 지도리 : 돌쩌귀, 문장부 등의 통칭으로 회전문 등에 사용되는 철물
② 풍소란 : 창호가 닫혔을 때 틈새로 바람이 들어오지 않도록 서로 턱솔 또는 딴혀 등으로 맞물리게 하는 것
③ 접문 : 여러 쪽의 좁은 문짝을 경첩 등으로 연결하여 접어서 여닫는 문
④ 문선 : 문꼴을 보기 좋게 만들고 주위 벽의 마무리를 좋게 하도록 하는 누름대

45 ②

알루미늄은 알칼리 및 해수에 침식이 되므로, 콘크리트·해수 접촉부·흙에 매립되는 부분은 사용을 금하거나 특별히 주의를 기울여야 한다.

46 ④

수직하중을 벽 전체에 고르게 분산시키기 위해 막힌 줄눈쌓기를 한다.

47 ④

- 최장 패스(Longest Path) : 임의의 두 결합점 간의 경로 중 소요시간이 가장 긴 경로
- 주공정선(Critical Path) : 개시 결합점에서 종료 결합점에 이르는 경로 중 가장 긴 경로

48 ③

폴리싱 타일
자기질 타일의 일종으로 흡수율과 휨강도를 증가시킨 제품이다. 또한 표면을 연마하여 고광택을 얻어내어 다양한 색과 디자인의 바닥시공이 가능한 타일이다.

49 ①

①은 민줄눈이다.

50 ③

모르타르용 모래는 염분이 포함되지 않는 것을 사용한다.

51 ①

수화열이 낮아서 서중 콘크리트에 적합하다.

52 ②

모터의 출력이 크고 회전이 빠른 혼합기를 사용하면 기포가 생성되어 핀홀의 원인이 되므로 회전이 느린 것을 사용한다.

53 ④

- 불연재료 : 콘크리트, 석재, 벽돌, 유리, 알루미늄 등
- 준불연재료 : 석고보드, 목모 시멘트판 등
- 난연재료 : 난연 합판, 난연 플라스틱 등

54 ②

세라믹(Ceramics)
비금속 또는 무기질 재료를 높은 온도에서 가공, 성형하여 만든 제품의 총칭으로 대개 도자기류를 의미한다. 세라믹 재료는 매우 단단하고 압축강도가 높으며 전기절연성이 있다. 내구성, 내수성이 우수하며, 내후성이 좋고 미끄럼 방지 기능도 있다. 내열성, 전기절연성 및 화학저항성도 높아서 바닥재 등으로 많이 사용된다. 고온 소성을 해야 하므로 가공성이 용이한 것은 아니다.

55 ①

파티클 보드(particle board, chip board)
㉠ 목재의 작은 조각을 모아 건조시킨 후 합성수지 접착제 등을 첨가하여 열압 제판한 것이다.
㉡ 표면에 무늬목 또는 합성수지계 시트나 도료 등을 사용하여 치장판으로 쓰기도 한다.
㉢ 특징
  ⓐ 온도와 습도에 의한 변형이 거의 없으나 부패방지를 위해서는 방습처리가 요구된다.
  ⓑ 음 및 열의 차단성이 우수하여 방음 및 단열재로 쓰인다.
  ⓒ 방향성이 없으며 못이나 나사 등의 지보력도 일반 목재와 같다.
  ⓓ 합판에 비해 휨강도는 떨어지나 면내 강성은 우수하다.

56 ③
- 목재 전건재 무게
  $= 200\text{cm} \times 15\text{cm} \times 10\text{cm} \times 0.5 = 15\text{kg}$
- 목재 함수율 $= \dfrac{21\text{kg} - 15\text{kg}}{15\text{kg}} \times 100\% = 40\%$

57 ②
석고보드(gypsum board)
- 소석고에 경량성 및 탄성을 주기 위해 톱밥, 펄라이트 및 섬유 등의 혼합물을 물로 이겨 양면에 두꺼운 종이를 밀착시킨 후 판상으로 성형한 판재이다.
- 방부·방화성이 크고, 흡습성이 적은 편이어서 천장 및 벽 마감재로 널리 쓰인다.
- 부식이나 충해 피해가 거의 없으며, 신축 변형 및 균열이 적고 단열성도 비교적 좋다.
- 흡수에 의한 강도 저하가 생길 수 있다.

58 ②
석면은 발암물질로 지정되어 몇 해 전부터는 그 사용이 제한 또는 금지되었다.

59 ②
귀잡이
보, 도리 등의 가로재가 수평으로 맞추어지는 귀부분을 보강하기 위하여 대는 빗재로, 가새로 보강하기 어려운 곳에 사용된다.

60 ①
과소품 벽돌
아주 높은 온도로 소성하여 견고하고 두드리면 청음이 나는 벽돌. 흡수율은 낮으나 형상이 다소 불규칙하여 구조용으로는 부적당하다. 주로 장식용이나 기초 조적재 등으로 쓰인다.

61 ②
벽체 내부에 기밀한 공기층이 있다면, 보편적으로 쓰이는 어떤 단열재보다도 훨씬 단열성이 크다.

62 ④
타임렉(Time-lag)
열용량이 0인 벽체 내에서 발생하는 열류의 피크에 대하여 주어진 구조체에서 일어나는 피크의 지연시간. 쉽게 말해서 타임렉이 짧으면 난방의 유무에 따라 실내온도가 빨리 데워지고 식혀진다고 할 수 있다. 실내외 온도차가 크면 고온측에서 저온측으로의 열전달이 증가하므로 타임렉은 짧아진다.

63 ①
전공기 방식
공기 조화기로 냉·온풍을 만들어 덕트를 통해 송풍하는 방식이다. 공기 운반을 위해 천장 내부의 덕트 스페이스를 필요로 하지만, 팬코일 유닛처럼 개별 유닛은 사용하지 않으므로 실내 유효 공간을 넓힐 수 있다. 또한 수배관이 필요 없으므로 누수의 우려도 없다.

64 ①
습공기선도를 구성하는 요소
건구온도, 습구온도, 노점온도, 절대습도, 상대습도, 엔탈피, 현열비 등

65 ②
주광률
실내 조도를 자연채광에 의해 얻을 경우 야외 조도는 매 순간 변화하므로 실내의 조도도 변화한다. 채광 설계에서 이와 같은 변화의 기준을 정하기는 어려우므로 실내 조도가 옥외 조도의 몇 %인지를 나타내는 주광률을 적용한다.

66 ③
송풍량(Q)

$$Q = \dfrac{q_s}{\gamma \cdot C \cdot \Delta T}$$

$$= \dfrac{8\text{kJ/s} \times 3600\text{s}}{1.2\text{kg/m}^3 \times 1.01\text{kJ/kg}\cdot\text{K} \times (26-18)}$$

$= 약\ 2970\text{m}^3/\text{h}$

q_s : 현열부하 γ : 비중
C : 비열 ΔT : 온도변화

※ 1W=1J/s이므로 8000W=8kJ/s이다. 보기의 단위가 시간당 송풍량이므로 3600초를 곱한다.

67 ②
각개 통기관의 관경은 최소 32mm 이상으로 하며, 접속되는 배수관 구경의 1/2 이상으로 한다.

68 ④

- 옥내 배선의 전선 굵기 결정 요소 : 기계적 강도, 허용전류, 전압강하
- 송전선로의 전선 굵기 결정 요소 : 경제허용전류, 전압강하, 연속 및 단시간 허용전류, 순시 허용전류, 코로나손

69 ③

조명의 4요소(가시성 결정 요소)
대상물의 밝기, 배경과의 대비, 대상물의 크기, 대상물의 움직임(노출시간)

70 ②

고가수조방식
- 지하저수탱크에 물을 받아서 양수펌프로 옥상의 수조에 양수하여 낙차에 의한 수압으로 각 층에 급수한다.
- 안정적 수압으로 급수가 가능하며 배관부속품이 파손될 가능성이 적다.
- 저수량 확보로 단수 후에도 일정 시간 급수가 가능하며 대규모 급수가 가능하다.
- 저수조가 오염될 우려가 있으며 설비 및 경상비가 높고 하중의 증가로 구조보강에 대한 고려가 필요하다.

71 ②

직통계단의 설치
건축물의 피난층 외의 층에서 피난층 또는 지상으로 통하는 직통계단을 거실의 각 부분으로부터 계단에 이르는 보행거리가 30m 이하가 되도록 설치해야 한다.

72 ④

거실의 반자높이

건축물의 용도	반자높이	예외 규정
일반용도의 거실	2.1m 이상	• 공장 • 창고시설 • 위험물 저장 및 처리시설 • 동물 및 식품관련 시설 • 분뇨 및 쓰레기처리 시설 • 묘지 관련 시설
• 문화 및 집회시설(전시장 및 동·식물원 제외) • 종교시설 및 장례식장 • 위락시설 중 유흥주점 ※ 관람석 또는 집회실로서 바닥면적 200㎡ 이상	4.0m 이상 (노대 아랫부분 : 2.7m 이상)	기계환기장치를 설치한 경우

73 ②

판매시설의 용도에 쓰이는 피난층에 설치하는 건축물의 바깥쪽으로의 출구의 유효너비의 합계는 해당 용도에 쓰이는 바닥면적이 최대인 층에 있어서의 해당 용도의 바닥면적 100㎡마다 0.6m의 비율로 산정한 너비 이상으로 하여야 한다.

$$\therefore 1500\text{m}^2 \times \frac{0.6\text{m}}{100\text{m}^2} = 9\text{m}$$

74 ④

방화구조의 기준

구 조 부 분	방화구조 조건
철망 모르타르 바르기	바름두께 2cm 이상
석고판 위에 시멘트 모르타르 또는 회반죽을 바른 것	두께의 합이 2.5cm 이상
시멘트 모르타르 위에 타일을 붙인 것	
심벽에 흙으로 맞벽치기한 것	두께에 관계없이 인정
기타 한국산업규격이 정하는 바에 의하여 시험한 결과 방화 2급 이상에 해당하는 것	

75 ②

지하가 중 터널로서 길이가 1000m 이상인 터널은 옥내소화전설비를 설치해야 한다.

76 ③

배연구 및 배연풍도는 불연재료로 하고, 화재가 발생한 경우 원활하게 배연시킬 수 있는 규모로서 외기 또는 평상시에 사용하지 아니하는 굴뚝에 연결해야 한다.

77 ④

회전문은 출입에 지장이 없도록 일정한 방향으로 회전하는 구조로 해야 한다.

78 ④
- 공동주택 중 아파트 등·기숙사 및 숙박시설의 경우에는 모든 층
- 근린생활시설(목욕장은 제외), 의료시설(정신의료기관 및 요양병원은 제외), 위락시설, 장례시설 및 복합건축물로서 연면적 600m² 이상인 경우에는 모든 층
- 근린생활시설 중 목욕장, 문화 및 집회시설, 종교시설, 판매시설, 운수시설, 운동시설, 업무시설, 공장, 창고시설, 위험물 저장 및 처리 시설, 항공기 및 자동차 관련 시설, 교정 및 군사시설 중 국방·군사시설, 방송통신시설, 발전시설, 관광 휴게시설, 지하가(터널은 제외)로서 연면적 1천m² 이상인 경우에는 모든 층
- 교육연구시설(교육시설 내에 있는 기숙사 및 합숙소를 포함), 수련시설(수련시설 내에 있는 기숙사 및 합숙소를 포함하며, 숙박시설이 있는 수련시설은 제외), 동물 및 식물 관련 시설(기둥과 지붕만으로 구성되어 외부와 기류가 통하는 장소는 제외), 자원순환 관련 시설, 교정 및 군사시설(국방·군사시설은 제외) 또는 묘지 관련 시설로서 연면적 2천m² 이상인 경우에는 모든 층

79 ②
노유자 시설 및 수련시설의 경우 200제곱미터 이상이면 건축허가 등을 할 때 미리 소방본부장 또는 소방서장의 동의를 받아야 한다.

80 ④

복도의 유효 너비

구분	양 옆에 거실이 있는 복도	기타
유치원·초등학교·중학교·고등학교	2.4m 이상	1.8m 이상
공동주택·오피스텔	1.8m 이상	1.2m 이상
당해 층 거실바닥면적 합계 200m² 이상	1.5m 이상 (의료시설 1.8m 이상)	1.2m 이상

과년도 문제 해설 및 정답

2023년 실내건축기사

2023년 1회 복원문제

01 ④

오피스 랜드스케이프(office landscape)
- 오픈 오피스의 단점을 보완한 개방 사무 공간의 형식
- 직급 서열 등에 의한 획일적 배치에서 벗어나, 업무의 흐름이나 방식에 따라 유기적인 공간 구성을 하는 방법이다.
- 변화하는 작업의 패턴에 따라 공간의 조절이 가능하며 신속하고 경제적으로 대처할 수 있다.
- 개실형에 비해서 소음 발생이 쉽고 독립성이 결여된다.

02 ②

상반된 요소의 거리가 가까울수록 대비의 효과가 커진다.

03 ②

세면기 높이는 750mm 내외가 적당하다.

04 ①

선의 종류와 느낌
㉠ 직선
  - 수평선 : 안정, 평화, 침착, 정적, 무한, 평등
  - 수직선 : 엄격성, 위엄성, 절대, 위험, 단정, 신앙, 고상함
  - 사선 : 운동, 변화, 반항, 공간감
㉡ 곡선 : 우아하고 여성적 이미지를 가지며 유연성을 갖고 감정적이다.

05 ④

대향형
- 책상이 서로 마주보는 형식으로 커뮤니케이션에 유리한 유형이다.
- 전화, 전기 배선관리가 용이하지만 프라이버시는 나쁘다.

06 ②

① 디오라마 전시 : 현장감을 가장 실감나게 표현하며 한정된 공간 속에서 배경스크린과 실물의 종합전시로 이루어진다.
② 파노라마 전시 : 벽면 전시와 오브제 전시를 병행하는 유형. 연속적인 주제를 시간적 연속성을 가지고 연출한다.
③ 아일랜드 전시 : 벽이나 천장을 이용하지 않고 전시물의 입체물을 중심으로 전시공간에 배치하는 방법이다.
④ 하모니카 전시 : 전시평면이 하모니카 흡입구처럼 동일한 공간으로 연속되어 배치되는 전시기법. 전시내용이 통일된 형식 속에서 반복되어 나타나는 방법으로 동일 종류의 전시물을 전시할 때 유리하다.

07 ④

㉠ 대면 판매
  - 쇼케이스를 가운데 두고 점원이 고객을 마주보며 판매하는 형식
  - 상품 설명이 용이하고 점원의 위치가 고정된다.
  - 진열면적이 작은 고가, 소형 상품매장에 적합하다.
  - 쇼케이스가 넓어지면 상점 분위기가 부드럽지 못하게 된다.
㉡ 측면 판매 형식
  - 점원과 고객이 진열상품을 같은 방향으로 보며 판매하는 형식
  - 상품을 쉽게 만질 수 있어서 충동적 구매 및 선택이 용이하다.
  - 진열면적이 넓은 상점에 적합하며 점원의 위치

고정이 어렵다.
• 상품의 설명 및 포장은 다소 불편하다.

08 ③
기본 계획 대안들의 도면화는 설계 단계에서 이루어진다.

09 ①
① 양단 코어형 : 비교적 평면이 긴 형태의 단일용도로 중·대규모 사무용 건물에 적합하다. 내부에서 직통계단까지의 피난거리는 법령에 따라 2방향 피난이 가능하게 만든 형태이다.
② 독립 코어형 : 별도의 동으로 코어를 처리하는 형태. 분할 및 개방이 용이하며 공간을 코어에 구애받지 않고 계획할 수 있지만 방재상 불리하며 내진구조 구성이 까다롭다. 또한, 덕트·배관 등이 길어지고 설치에 제약도 많아진다.
③ 편심 코어형 : 각 층 평면이 크지 않고 길이도 짧은 형태의 건물에 적용된다.
④ 중앙 코어형 : 각 층의 평면이 매우 넓은 고층건물에 적용된다. 주로 튜브구조의 형식을 띤다.

10 ④

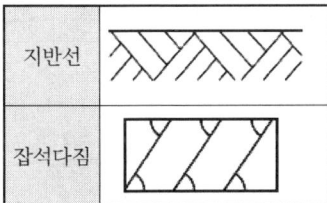

11 ④
실내장식물의 분류
• 기능성 장식품 : 생활에 필요한 기능을 갖춘 장식품(가전제품, 화초, 조명기구, 병풍 등)
• 감상용 장식품 : 감상 위주의 물품(골동품, 수석, 분재, 관상수, 화초류 등)
• 기념용 장식품 : 취미활동이나 전문직종 활동으로 취득한 기념품(트로피, 상패, 메달 등)

12 ①
입면도
• 건물의 외형 혹은 실내의 각 면을 직립 투상한 도면
• 창호의 형상, 벽면의 마감재료 등을 나타낸다.

13 ③
① 질감에 따라 재료 표면이 빛을 흡수하는 정도가 다르다.
② 시각으로 인식되는 질감과 촉각으로 인식되는 질감에 차이가 있는 경우도 있다.
④ 질감은 재료의 표면상태에 대한 느낌이므로 흡음성과도 연관이 있다.

14 ②
악센트색을 넓은 면적에 적용하면 상품으로의 시선 유도 및 집중에 방해가 될 수 있다.

15 ③
① 연속 순회형식은 각 전시실을 독립적으로 폐쇄할 수 없다.
② 연속 순회형식은 각각의 전시실에 바로 들어갈 수 없고 정해진 동선을 강제로 따라야 한다.
④ 갤러리 및 코리도(복도) 형식은 각각의 전시실을 폐쇄시킬 수 있다.

16 ②
반전도형
• 도형과 배경 양쪽이 교대로 도형과 배경처럼 지각되는 도형
• 둘 중 하나가 도형으로 지각되면 나머지 하나는 반드시 배경으로 지각된다.
• 명도가 높은 것이 도형으로, 낮은 것이 배경으로 인식되기 쉽다.

17 ②
사용빈도가 높은 공간은 동선을 짧게 처리하여 효율을 높이고 노동력을 절감하게끔 한다.

18 ③
VMD의 구성
• IP(Item Presentation) : 기본 상품의 정리. 선반, 행거
• PP(Point of Sale Presentation) : 한 유닛에서 대표되는 상품 진열. 상단 전시, 테마 진열
• VP(Visual Presentation) : 상점의 이미지 패션 테마의 종합적인 표현. 파사드, 메인 스테이지, 쇼윈도
※ POP(Point of Purchase) : 구매시점 광고. 새

로운 상품 소개 및 브랜드에 대한 정보를 제공하거나 상품의 사용법, 특성, 가격 등을 안내하는 역할을 한다.

19 ②
고딕건축양식에서는 첨두아치가 주로 사용되었다.

20 ①
신조형주의(Neo Plasticism)
몬드리안과 반 데스버그, 리트펠트 등이 모여서 만든 잡지의 이름에서 유래한, 네덜란드에서 생겨난 신조형주의 운동으로 추상 미술의 한 유파이다. 네덜란드어 표현인 데스틸(De Stijl)로 더 알려져 있다. 수평면, 수직면, 수직선과 수평선 및 기본색을 근간으로 하여 순수 기하학적 추상주의를 표방하는 사조로, 색의 사용보다 색면 구성을 강조하여 구성에 있어서의 질서와 배분을 더 고려하는 것이 특징이다. 강한 원색 대비를 통한 비례를 보여 주는 몬드리안의 '빨강, 파랑, 노랑의 구성 2'가 대표작이다.

21 ③
① PCX
- ZSoft 사에 의해 개발된 페인트브러시 비트맵 파일
- RLE(Run-Length Encoding) 방식이라는 간단한 압축 방법을 통해서 그래픽 정보를 압축한다.

② BMP
- MS사가 윈도우 사용자를 위해 개발된 고유의 그래픽 파일 형식이다.
- 데이터를 비효율적으로 저장함으로써 파일의 용량이 심하게 커지는 경향이 있다.

③ PNG
- JPEG와 GIF의 장점을 합친 파일 포맷으로, 다른 파일로 변환 시 이미지 손상이 없다.
- 풍부한 색 표현이 가능하면서 GIF처럼 투명한 배경을 만들 수 있다.
- 지원되지 않는 브라우저나 프로그램들이 있다.

④ PDF
- Adobe Systems에서 만든 문서파일 유형으로 윈도우, 애플 맥, 안드로이드 등 거의 모든 운영체제에서 사용 가능하다.
- 원본 문서의 글꼴, 이미지, 그래픽, 문서 형태 등이 그대로 유지된다.

22 ④
NCS 표기법
- NCS에서의 모든 색은 '뉘앙스-색상'으로 표기하며, 앞의 S는 견본 2번째 판(second edition)을 뜻한다.
- 2030에서 20은 검정색도, 30은 유채색도이다. 따라서 흰색도는 100-(20+30)=50이 된다.
- Y90R에서 90은 뒤에 오는 색상의 유채색도를 뜻한다. 따라서 총 90%의 유채색도 중 빨강 90%, 노랑이 10% 차지하므로 전체 색에서 빨강과 노랑은 각각 27%와 3%를 차지한다.

23 ①
먼셀 기본 10색상의 표준색 기초

색명	빨강 (R)	주황 (YR)	노랑 (Y)	연두 (GY)	녹색 (G)
H V/C	5R 4/14	5YR 6/12	5Y 8/14	5GY 7/10	5G 5/10
색명	청록 (BG)	파랑 (B)	남색 (PB)	보라 (P)	자주 (RP)
H V/C	5BG 5/10	5B 5/10	5PB 4/12	5P 4/10	5RP 4/12

24 ②

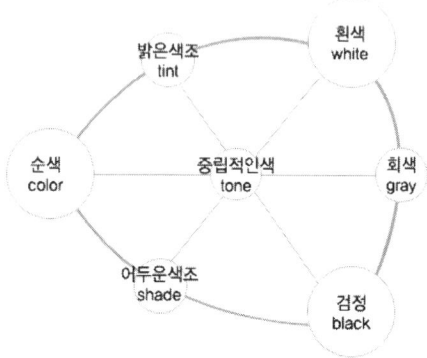

① Shade : Black+Color
② Tint : White+Color
③ Gray : White+Black
④ Color : 순색

25 ③

명도(Value)

색의 밝고 어두운 정도. 보통 0부터 10까지 11단계로 나뉜다.

26 ②

헤링의 반대색설(4원색설)

- 망막에 존재하는 빨강-초록, 노랑-파랑, 흰색-검정의 감각을 수용하는 3종의 시각세포가 있다고 주장했다.
- 빛에 의해 분해(이화작용)와 합성(동화작용)이라는 반대의 작용을 동시에 일으켜, 그 반응의 비율에 따라 색의 지각이 이루어지게 된다는 학설이다.
- 반대색설은 대비 및 잔상 등의 현상의 설명에 용이하다.

27 ④

① 피콕그린 : 공작의 목에서 날개 쪽의 윤택 있는 녹색
② 베이지 : 원모 모직물의 옅고 흐린 노랑
③ 라벤더 : 허브 종의 하나인 라벤더 꽃의 연한 보라색
④ 세피아 : 오징어 먹물의 흑갈색

28 ④

감산혼합의 2차색은 명도, 채도 모두 낮아진다.

29 ④

시인성(視認性)

- 대상의 존재나 형상 구별이 쉬운 정도. 색채의 경우 주위의 색과 얼마나 구별이 잘 되는지를 나타낸다.
- 가장 중요 조건은 명도차가 클수록 높아지며, 채도 차 역시 시인성을 높인다.
- 그 색 고유의 특성에 의한 것이라기보다는 배경과의 관계에 의해 결정된다.

30 ②

채도 대비

- 두 색의 채도차가 클수록 채도가 더 높아 보이는 대비현상
- 회색 배경 위의 중채도 녹색은 고채도 녹색 배경 위에 있을 때보다 채도가 더 높아 보인다.

31 ③

자유로이 움직이며 공간에 융통성을 부여하는 가구를 이동가구라 하며, 특정한 사용 목적이나 많은 물품을 수납하기 위해 건축화된 가구를 붙박이가구(고정가구)라 한다.

32 ③

시스템 가구

- 원하는 형태로 분해, 조립이 용이하게 만든 가변적 가구를 뜻한다.
- 기능에 따라 다양한 배치가 가능하고 가구배치계획에 합리성을 부여한다.
- 동선 흐름에 근거하여 배치함으로써 명확한 공간 구분이 가능하다.
- 모듈화된 단위 구성재를 대량생산할 수 있다.

33 ④

실내면 반사율 권장치

천장 80~90% > 벽 40~60% > 탁상, 작업대 25~45% > 바닥 15~30%

34 ④

① 원추세포는 색을 지각한다.
② 원추세포의 수는 약 7백만 개, 간상세포는 약 1억 3천만여개가 있다.
③ 간상세포는 색의 명암만을 감지한다.

35 ②

인간-기계 체계(Man-machine System) 분류

① 수동 체계 : 수공구나 기타 보조물로 이루어지며 자신의 신체적인 힘을 동력원으로 사용하여 작업을 통제하는 인간사용자와 연결되는 체계를 말한다.(망치, 자전거)
② 반자동(기계화) 체계 : 여러 종류의 동력 공작기계와 같이 고도로 통합된 부품들로 구성된다. 변화가 별로 없는 기능을 수행하도록 설계하고 동력은 기계가 제공하고 인간은 조종 장치를 사용하여 통제하는 체계이다.(자동차 운전)
③ 자동 체계 : 인간의 개입이 최소화되고 감지, 정보처리 및 의사 결정 행동을 포함한 모든 임무를 기계가 수행하며 인간은 주로 감시, 프로그램, 정비유지 등의 기능을 수행한다.(자동교환기, 컴퓨터 공정제어, 전자동 에어컨)

36 ①

안전색채

㉠ 빨강 : 방화(소화기·소화전), 금지(바리케이드), 정지(긴급 정지버튼)
㉡ 주황 : 위험(위험표지, 기계 안전 커버 내면)
㉢ 노랑 : 주의(과속 방지턱), 명시(출구)
㉣ 검정 : 노랑과 주황을 눈에 잘 띄게 하는 배경, 보호색으로 사용
㉤ 녹색 : 안전(안전 깃발), 구급(구급상자, 보호구 상자), 피난(비상구)
㉥ 파랑 : 지시(주차 방향, 소재 표시), 주의(수리 중)
㉦ 자주 : 방사능

37 ③

수평 작업대의 작업영역

• 정상작업영역 : 상완을 자연스럽게 수직으로 내린 상태에서 전완을 뻗어 닿는 영역. 주요 부품과 도구들을 이 영역 내에 위치시킨다.
• 최대작업영역 : 상완과 전완을 곧게 뻗어 닿을 수 있는 영역. 모든 부품과 도구는 이 범위 내에 위치해야 한다.

38 ③

외전(abduction)

신체의 중앙이나 신체의 부분이 붙어 있는 부위에서 멀어지는 방향으로 움직이는 동작

39 ③

근전도(EMG) 측정은 육체적 피로도를 평가하는 지표이다.

40 ④

4000Hz 전후는 청력손실이 가장 큰 주파수 영역이다.

41 ②

회반죽은 공기 중 탄산가스에 의해 경화하는 기경성 미장재료이다.

42 ③

Plasticity(성형성)

• 거푸집에 쉽게 다져 넣을 수 있는 정도
• 변형의 속도와 저항성

43 ④

표준시방서에 따른 에폭시계 도료 도장의 종류

도장 종류	사용 목적	바탕 종류
에폭시 에스테르 도료	미약한 내산, 내알칼리 목적	철재면
2액형 에폭시 도료	내산, 내알칼리, 내수 목적	철, 아연도금면
		콘크리트, 모르타르
2액형 후도막 에폭시 도료		철, 아연도금면
		콘크리트, 모르타르
2액형 타르 에폭시 도료	내수, 내해수 목적	철재면
		콘크리트, 모르타르

44 ②

높이가 20미터를 초과하거나 중량물의 적재를 수반하는 작업을 할 경우에는 주틀 간의 간격을 1.8미터 이하로 해야 한다.

45 ②

추락방호망

• 추락재해방지 설비 중 근로자의 추락재해를 방지할 수 있는 설비
• 작업발판 설치가 곤란한 경우에 쓰인다.

46 ④

목재 천연건조(자연건조법)

• 특정 기계장치를 이용하지 않고 자연적으로 목재를 건조하는 방법
• 기계를 사용하지 않으므로 시설 투자비용 및 작업 비용이 적다.
• 건조에 장시간이 소요되며 목재를 잔적할 수 있는 넓은 공간이 필요하다.

47 ④

아크릴 수지

• 유기 유리라고도 하며 광선 및 자외선의 투과성이 좋고, 투명성, 유연성, 내후성, 내화학 약품성이 우수하다.
• 착색이 자유롭지만 마모가 쉽게 발생한다.
• 채광판, 칸막이판, 창유리, 문짝, 조명기구 등으로 사용한다.

48 ②

방청도료
- 금속재 표면의 부식방지를 목적으로 도장하는 재료
- 광명단, 징크로메이트, 알루미늄 도료, 에칭 프라이머, 크롬산 아연 등이 사용된다.

49 ③
미장 바탕은 바름층보다 강도, 강성이 커야 한다.

50 ②
① 결합점(event) : 작업의 시작과 종료를 표시하는 개시점, 종료점, 연결점은 ○로 표시하며 작업의 진행방향으로 번호를 순차적으로 부여한다.
② 더미(dummy) : 작업의 상호관계를 연결시키는 점선 화살표로 명목상 작업이나 시간적 요소는 없다.
③ 작업(activity) : 프로젝트를 구성하는 작업단위로 → 위에 작업명, 아래에 작업일수를 표시한다.
④ 주공정선(Critical Path) : 개시 결합점에서 종료 결합점에 이르는 경로 중 가장 긴 경로

51 ③
$$\frac{1\text{m}^2}{(0.1+0.006)\times(0.1+0.006)} = 88.9 ≒ 89매$$

52 ③
각 회의 스프레이 방향은 직전 회차 방향에 직각으로 진행한다.

53 ①
강화유리
- 500~600℃에서 가열 후 특수장치를 이용, 균등하게 급랭시킨 유리
- 강도는 보통 유리보다 3~5배 크고 충격강도는 7배나 된다.
- 파손 시 가루처럼 산란하여 파편에 의한 위험이 적다.
- 열처리 후에는 가공 및 절단이 불가능하다.
※ ①은 접합유리에 대한 설명이다.

54 ④
집성목재는 목재를 겹칠 때 섬유방향을 평행으로 한다.

55 ③
카세인
- 지방질을 빼낸 우유를 자연 산화시키거나 황산, 염산 등을 가하여 카세인을 분리한 다음, 물로 씻어 55℃ 정도의 온도로 건조한 것으로 흰색을 띠며 지방이 함유된 것은 크림색으로 나타난다.
- 알코올, 물, 에테르에는 녹지 않고 알칼리에 잘 녹는다.
- 목재, 리놀륨을 접착, 수성 페인트의 원료가 된다.

56 ②
에나멜 페인트
- 유성 바니시에 안료를 혼합한 유색 불투명 도료로서 유성 페인트와 유성 바니시의 중간제품이다.
- 건조가 늦지만 유성 페인트보다 광택 및 경도가 우수하다.
- 내알칼리성은 유성 페인트처럼 양호한 편이 아니므로 콘크리트 표면에서의 사용은 부적합하다.

57 ②
비중이 큰 목재일수록 강도는 커지는 반면, 수축량과 뒤틀림은 많아지고 기계가공성이 나쁘다.

58 ③
테라코타
- 속을 비게 하여 소성한 점토제품으로 패러핏, 버팀벽, 기둥주두, 돌림띠 등에 사용한다.
- 미적인 제품으로 색도 석재보다 다채롭고 모양을 임의로 만들 수 있다.
- 화강암보다 내화도가 높고 대리석보다 풍화에 강해서 외장으로 많이 쓰인다.

59 ②
멤브레인(mambrane) 방수
아스팔트 루핑, 고분자 시트 등의 각종 루핑류를 방수 바탕에 접착시켜 막 모양의 방수층을 형성시키는 공법
※ 금속판 방수 : 동판, 납판 또는 스테인리스 등으로 방수층을 형성하는 공법

60 ④
① 맞댄쪽매, ② 틈막이대쪽매, ③ 오늬쪽매

61 ④

코브 조명
천장 또는 벽면 상부를 비춘 반사광으로 간접 조명한다. 부드럽고 균등하며 눈부심이 없는 빛을 제공하여 보조 조명으로 중요하게 쓰인다.

62 ③
주광색 형광램프의 색온도는 5500~6500K 정도이며, 할로겐 램프의 색온도는 3000~4000K 정도이다.

63 ②

잔향시간 $T = K\dfrac{V}{A} = 0.161 \times \dfrac{10000}{0.35 \times 3000} = 1.53$

K : 비례상수(0.161)
V : 실의 용적
A : 흡음력($\bar{a}$[평균흡음률]×S[실내표면적])

64 ①

수용률
- 수용설비가 동시에 사용되는 정도
- 주상변압기 등의 적정 공급 설비용량을 파악하기 위하여 사용한다.
- 수용률 = $\dfrac{\text{최대 수용전력[kW]}}{\text{총부하 설비용량[kW]}} \times 100\%$

65 ④

복사난방
- 바닥 등의 구조체에 동관, 강관 등으로 코일을 배관하여 가열면을 형성하여 난방하는 방식
- 온도분포가 균등하고 먼지 상승을 억제하여 쾌감도가 높다.
- 방열기가 필요 없고 바닥면의 이용도가 높다.
- 천장이 높거나 외기가 침입해도 난방감을 얻을 수 있다.
- 표면 균열 및 매설배관 이상 시 수리 등의 변경이 곤란하고, 특수 시공을 해야 한다.
- 열용량이 크기 때문에 방열량 조절에 시간이 걸리며, 열손실을 막기 위한 단열층이 필요하다.

66 ④
2개의 창을 한쪽 벽면에 설치하는 것보다 양쪽 벽에 대면하여 설치하는 것이 더 효과적이다.

67 ③
① 잔향 : 실내에서 어떤 음원이 갑자기 사라져도 그 음이 남아 있는 현상
② 굴절 : 매질이 다른 곳을 통과하는 음의 속도가 달라져서 전파방향이 바뀌거나 소리가 흡수될 때 일어나며 진동수는 변하지 않는다.
③ 회절 : 음의 진행 중 장애물이 있으면 파동은 직진하지 않고 그 뒤쪽으로 돌아가는 현상
④ 간섭 : 양쪽에서 나온 음이 어떤 점에 도달하면 서로 강하게 하거나 약화시키거나 하는 현상

68 ②

실온 유지를 위한 환기량 계산

$Q = \dfrac{H}{C \times r \times (t_1 - t_0)}$

Q : 환기량   H : 발생열량
C : 공기의 비중   r : 공기의 비열
t_1 : 유지온도 t_0 : 외기온도

발생열량에서 1W=1J/s이므로 70W=0.07kJ/s이며, 시간당 환기량이므로 3600초를 곱한다.

$\therefore Q = \dfrac{0.07 \text{kJ/s} \times 3600\text{s}}{1.2 \times 1.01 \times (20-10)} = 20.79 \text{m}^3/\text{h}$

69 ②
발전기실은 변전실과 가깝게 설치한다.

70 ③

펌프의 용도
- 원심식 펌프 : 급수, 급탕, 배수 등 건축설비에 주로 사용한다.
- 사류식 펌프 : 상하수도용, 냉각수순환용, 공업용수용 등으로 쓰인다.
- 축류식 펌프 : 양정이 낮고(10m 이하) 송출량이 많은 곳에 사용한다.
- 왕복식 펌프 : 양수량이 적고 양정이 높은 곳에 사용한다. 플런저 펌프(모래섞인 물), 워싱턴 펌프(보일러 급수용), 피스톤 펌프(공장 급수용) 등이 있다.

71 ②
- 수평주관은 기울기를 주어야 한다.
- 중력순환식 : 1/150 이상, 강제순환식 : 1/200 이상

72 ④
무근콘크리트조·콘크리트블록조·벽돌조 또는 석조로서 그 두께가 7cm 이상인 비내력벽을 내화구조로 인정한다.

73 ③
공장의 용도로 쓰는 건축물로서 그 용도로 쓰는 바닥면적의 합계가 2000m² 이상인 건축물은 주요구조부를 내화구조로 하여야 한다(국토교통부령으로 정한 화재위험이 작은 공장은 제외).

74 ④
콘크리트블록조, 벽돌조의 경우에는 그 두께가 19cm 이상이어야 한다.

75 ③
판매시설로서 바닥면적의 합계가 5000m² 이상인 특정소방대상물의 모든 층에 스프링클러를 설치하여야 한다.

76 ①
특급 소방안전관리대상물
㉠ 50층 이상(지하층 제외)이거나 지상으로부터 높이가 200m 이상인 아파트
㉡ 30층 이상(지하층 포함)이거나 지상으로부터 높이가 120m 이상인 특정소방대상물
㉢ ㉡에 해당하지 아니하는 특정소방대상물로서 연면적이 10만m² 이상인 특정소방대상물(아파트 제외)

77 ③
승용승강기 대수
$= 1 + \dfrac{s - 3000m^2}{3000m^2} = 1 + \dfrac{12000m^2 - 3000m^2}{3000m^2} = 4$대

78 ②
다음 각 호의 주택의 소유자는 소화기 및 단독경보형 감지기를 설치하여야 한다.
ⓐ 단독주택
ⓑ 공동주택(아파트 및 기숙사는 제외한다)

79 ①

방화문 성능 기준
• 60분+방화문 : 연기 및 불꽃 차단 60분 이상, 열 차단 30분 이상
• 60분 방화문 : 연기 및 불꽃 차단 60분 이상
• 30분 방화문 : 연기 및 불꽃 차단 30분 이상 60분 미만

80 ②
상업지역 및 주거지역에서 도로(막다른 도로로서 그 길이가 10m 미만인 경우를 제외)에 접한 대지의 건축물에 설치하는 냉방시설 및 환기시설의 배기구는 도로면으로부터 2m 이상의 높이에 설치하거나 배기장치의 열기가 보행자에게 직접 닿지 아니하도록 설치하여야 한다.

2023년 2회 복원문제

01 ②

복도에 의한 사무소 평면유형
- 편복도식(단일 지역 배치) : 복도의 한쪽에 사무실을 두는 형식. 소규모에 적합하며 비교적 고비용이 소모된다. 통풍, 자연채광, 근무 분위기 등이 좋아야 하는 곳에 적용된다.
- 중복도식(2중 지역 배치) : 중간에 복도를 두고 양쪽에 사무실을 두는 형식. 복도는 동서 방향으로 두며 주계단과 부계단을 사용할 수 있다.
- 2중 복도식(3중 지역 배치) : 복도를 2중으로 두고 평면은 방사선 형태가 되는 형식. 고층 전용 사무실에 주로 사용된다. 서비스 부분은 중심에 위치하며 부가적인 인공조명과 기계환기가 필요하다.

02 ③

공간의 레이아웃(lay-out)
- 공간을 형성하는 부분과 설치되는 물체의 평면상 배치계획
- 실내 디자인의 레이아웃(layout) 단계에서 고려해야 할 내용 : 출입형식 및 동선체계, 인체공학적 치수, 가구의 크기와 점유면적, 공간 상호 간의 연계성(zoning)

03 ①

POE(Post-Occupancy Evaluation)
- 사용 후 평가 또는 거주 후 평가를 의미한다.
- 사무실이나 주택을 완공한 후 사용자의 만족도를 수치로 평가하는 기법이다.
- 접근성, 편의성, 관리감독, 쾌적함 등 여러 기준을 평가한다.

04 ③

중복도형 아파트
- 건물의 중앙에 있는 복도 양쪽에 단위 주거가 배치되는 형식으로 부지 이용률이 높고 고밀도화에 좋은 형식이다.
- 단위주거의 평면상 배치계획이 어렵고, 채광, 통풍 등의 실내 환경이 불균등하다.
- 각 세대의 일조 조건이 상이하고 독립성이 낮으며 화재 시 방연 및 대피도 까다롭다.
- 주로 도시형 1인 주택 및 독신자 아파트에 적용된다.

05 ③

창호 표시 기호

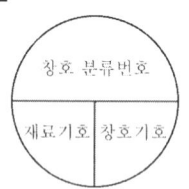

W : 목재   W : 창문
S : 강   D : 출입문
Ss : 스테인리스강   S : 셔터
P : 플라스틱   AL : 알루미늄

06 ①

상점의 진열장 배치는 고객동선의 흐름을 우선적으로 고려하여 결정한다.

07 ④

욕실은 필요에 따라 욕조, 변기, 세면기를 분리하여 설치할 수도 있다.

08 ④

침실은 개인 공간이고, 다용도실은 가사노동공간이므로 분리시켜야 한다.

09 ③

① 균형은 비대칭과 같은 동적 이미지에서도 시각적 안정성을 가져올 수 있다.
② 강조는 디자인 일부에 주어지는 초점이나 의도적인 변화이다.
④ 통일과 변화는 상반되는 성질을 지니고 있으면서도 서로 긴밀한 유기적 관계를 유지한다.

10 ④

THK : 두께, A : 면적, V : 용적

11 ①

① 롤 블라인드(Roll blind) : 돌돌 말아 올려 차양을 만드는 블라인드. 셰이드라고도 한다.
② 로만 블라인드(Roman blind) : 밑에서부터 접

혀지는 블라인드. 수평형 블라인드의 경우 날개의 각도로 채광량을 조절할 수 있으나 로만 블라인드는 접힌 폭으로만 채광량을 조절한다.

③ 수직형 블라인드(Vertical blind) : 수직으로 뻗은 날개로 햇빛을 차단하는 블라인드

④ 수평형 블라인드(Venetian Blind) : 날개의 각도로 채광량을 조절하거나 각도가 닫힌 상태로 블라인드의 수직폭에 변화를 주어 채광량을 조절할 수도 있다.

12 ①
바우하우스(Bauhaus)
- 건축가 그로피우스(Walter Gropius)가 바이마르에 1919년에 설립한 공예, 건축, 디자인 등의 종합예술학교
- 그로피우스와 칸딘스키, 클레 등이 교수진으로 활동하며 장식에 중점을 두던 기존의 건축과 예술 대신 예술적 창작과 공학적 기술을 통합하려는 목표를 세웠다.
- 건축, 조각, 회화뿐만 아니라 현대 디자인의 발전에 결정적인 영향을 주었으며, 대량 생산을 위한 원형 제작을 지향하였다.

13 ①
애리나(arena)형 극장
관람석이 사방을 둘러싼 형태로 관객은 연기자에게 좀 더 근접하여 관람할 수 있다. 배경이 없는 스포츠경기, 마당놀이, 판소리 등에 적합하다.

14 ①
② 미서기창은 수직 형태이므로 비가 올 경우 창을 열기가 곤란하다.
③ 여닫이창은 창문이 호를 그리며 개폐되므로 회전 반경을 고려해야 한다.
④ 윈도우 월(window wall)은 벽면 전체를 창으로 처리하여 개방감이 높다.

15 ③
① 균형, ② 리듬, ④ 방사

16 ③
유니버설 디자인(Universal design)
- 연령, 성별, 국적, 문화, 장애의 유무에도 상관없이 누구나 손쉽게 쓸 수 있는 공간이나 제품을 만드는 디자인을 뜻한다.
- 범용디자인 혹은 공용디자인이라고 할 수 있다.
- 대중교통 등의 손잡이, 일용품 등이나 서비스, 또 주택이나 도로의 설계 등 넓은 분야에서 쓰이는 개념이다.

17 ④
- 색채, 장식, 마감재의 변화에 의한 공간 구획은 가장 소극적인 지각적 구획에 해당된다.
- 바닥에 높이차를 두면 비교적 적극적인 구획(심리・도덕적 구획) 효과를 얻을 수 있다.

18 ③
쇼룸의 동선계획 시 관람의 흐름이 막히지 않아야 하므로 관람자가 한번 지났던 곳은 다시 지나지 않도록 한다.
※ 쇼룸(show room) : 진열매장, 전시실, 컨벤션홀 등의 공간에 영구적 또는 일정기간 기업의 PR이나 판매촉진을 목적으로 각종 소재나 상품, 제조공정 등을 전시해서 일반대중에게 공개하는 장소 혹은 전시행위

19 ③
포겐도르프 착시(Poggendorf illusion)
평행하는 두 선분에 다른 선분(사선)을 엇갈리게 교차시킨 다음 평행선 안쪽의 사선 부분을 제거하면 평행선 바깥의 두 사선 부분이 어긋난(동일선상에 있지 않은) 것처럼 보이는 착시. 창문 밖의 전선이 블라인드에 가려져 있을 때, 전선의 조각들이 어긋나 보이는 데에서 비슷한 효과를 볼 수 있다.

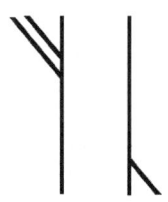

20 ②
비례
- 건축물이나 조형물의 각 부분 또는 부분과 전체와의 관계

- 인체 측정을 통한 비례의 작용은 추상적, 상징적 비율이 아닌 기능적인 비율을 추구하는 것
- 공간의 비례는 평면, 단면, 입면의 3차원으로 동시에 고려해야 한다.
- 비례의 원리는 대소의 분량, 장단의 차이, 부분과 부분 또는 부분과 전체와의 수량적 관계가 미적으로 분할되기 위한 것이다.

21 ③

푸르킨예(Purkinje) 현상
- 명소시에서 암소시 상태로 옮겨질 때 빨간 계통의 색은 어둡게 보이게 되고, 파랑 계통의 색은 반대로 시감도가 높아져서 밝게 보이기 시작하는 시감각에 관한 현상을 말한다.
- 날이 어두워지면 가장 먼저 보이지 않는 색은 빨강이며, 다른 색은 추상체에서 간상체로 작용이 옮겨감에 따라 색이 사라져 회색으로 느껴진다. 따라서 비상계단 등의 발 닿는 윗부분의 색은 파랑 계통의 밝은 색으로 하면 쉽게 식별할 수 있다.

22 ④

Lab 시스템
국제 색상체계 표준화인 CIE에서 발표한 색체계로 서로 다른 환경에서도 이미지의 색상을 최대한 유지시켜 주기 위한 컬러 모드이다. L(명도), a와 b는 각각 빨강/초록, 노랑/파랑의 보색축이라는 값으로 색상을 정의하고 있다.

23 ④

오스트발트 색상환에서 Red의 색상번호는 7~9에 해당한다.

24 ②

오토만(ottoman)
등받이나 팔걸이가 없이 천으로 씌운 낮은 의자로 발을 올려놓는 데 사용되는 스툴의 일종이며 그 명칭은 18C 터키 오토만 왕조에서 유래하였다. 일반 스툴과의 차이는 소파 등의 부속가구로 함께 쓰인다는 점이다.

25 ①

CIE 표준 표색계
1931년 국제조명위원회(CIE)에서 가법혼색의 원리를 기본으로 심리·물리적인 빛의 혼색실험에 기초한 색을 표시하는 방법으로 가장 과학적이고 국제적인 기준이 되는 색표시방법이다. 3가지 기본 자극색인 빨강, 초록, 청자를 정3각형의 한 점으로 구하고 각기 X, Y, Z라고 하는 3각 좌표 위에서 나타내는 표색계를 만들었으므로 XYZ 표색계라고도 한다.

26 ①
- 주황 : 5YR 6/12
- 갈색 : 2.5YR 4/8

※ 연두 : 5GY, 노랑 : 5Y, 빨강 : 5R

27 ③

공간색(Volume color)
유리병 속 액체나 얼음 덩어리처럼 3차원 공간의 투명한 물질로 채워진 부피에서 느끼는 색

28 ③

색의 연색성
같은 물체색이라도 조명에 따라 다르게 보이는 현상. 정육점의 붉은 조명은 고기의 신선도를 높여보이게 한다.

29 ③
① 포 까마이외 배색 : 까마이외 배색과 비슷하나 조금 더 톤의 구분이 되는 배색. 패션계에서는 톤의 차나 색상 차가 적어 온화한 느낌의 배색을 총칭한다.
② 까마이외 배색 : 아주 유사한 색의 배색으로 멀리서 보면 거의 한 가지 색으로 보이는 배색. 마치 그라데이션과 같은 느낌이 나타난다.
③ 토널 배색 : 기본 톤으로 중명도, 중채도인 탁한(dull) 톤을 사용한 배색 방법으로 전체적으로 안정되며 편안한 느낌을 준다.
④ 톤 온 톤 배색 : 동일 색상이나 인접 또는 유사 색상 내에서 톤의 조합에 따른 배색 방법

30 ①

유채색의 수식 형용사(KS 기준)
선명한-vivid, 흐린-soft, 탁한-dull, 밝은-light, 어두운-dark, 진(한)-deep, 연(한)-pale

31 ②

회전혼합

망막의 동일부에 2개 이상의 색자극이 매우 빠르게 번갈아 도달하면 각각의 색자극을 구별하지 못하고 혼색된 상태로 지각한다. 이러한 혼색을 회전혼합 또는 계시혼합이라 한다. 2색 이상이 칠해진 팽이나 돌림판의 회전에서 나타나며, 맥스웰 디스크는 회전혼합을 시험하는 원판이다.

32 ①

색의 무게감은 명도에 의해 좌우된다. 고명도일수록 가볍게, 저명도일수록 무겁게 느껴진다. 색상과 채도의 영향은 작은 편이나, 난색(따뜻한 색)은 비교적 가볍고 한색(차가운 색)은 비교적 무겁게 느껴진다.

33 ②

이층장이나 삼층장은 보통 여성공간인 안방에서 사용되었다.

34 ④

부품 및 표시장치 배치의 4원칙

중요성의 원칙, 사용빈도의 원칙, 기능별 배치의 원칙, 사용순서의 원칙

35 ②

귀마개는 소음의 강도를 낮춰주는 역할을 하지만, 소음원 자체를 통제하는 방법은 되지 못한다.

36 ①

인간공학적 효과를 평가하는 기준
- 훈련비용의 절감
- 사용편의성 향상
- 사고 및 오용으로부터의 손실 감소
- 과제(작업)의 수행 정확도 및 시간 단축
- 사용자의 안전 및 건강

37 ②

계측자의 응용에 있어서는 옷을 입은 상태나 동작 범위를 감안하여, 누드상태의 계측치에 여유 치수를 더해야 한다.

38 ④

레이노 증후군

날이 추워지거나 심리적 변화에 의해 손발가락 혈관의 연축(순간적인 자극으로 혈관이 오그라들었다가 다시 제 모습으로 이완되는 것)이 촉발되고 허혈발작으로 피부 색조가 창백해지거나 청색증과 같은 변화를 보이면서 통증, 손발 저림 등의 감각 변화가 동반되는 현상을 말한다.
진동에 의한 영향과는 거리가 멀다.

39 ③

정성적 표시장치
- 가변 변수의 대략적 값을 나타내어 변화의 추세, 비율 등을 알기에 적합하다.
- 색을 이용하여 각 범위 값을 암호화하여 설계를 최적화한다.
- 목표 범위를 유지하거나, 상태를 점검하고 판정하는 데 사용한다.
  ex) 과속, 과열 영역을 붉은색으로 표시

40 ②

사업주는 근로자가 상시 작업하는 장소의 작업면 조도를 다음 기준에 맞도록 하여야 한다. 단, 갱내 작업장과 감광재료를 취급하는 작업장은 제외한다.
- 초정밀작업 : 750럭스(lux) 이상
- 정밀작업 : 300럭스 이상
- 보통작업 : 150럭스 이상
- 그 밖의 작업 : 75럭스 이상

41 ①

경석고 플라스터
- 킨즈 시멘트라고도 한다.
- 경화가 소석고에 비해 늦어서 경화촉진제를 섞어 만든다.
- 마감표면의 강도와 경도가 크며 응결 시 다소 수축이 일어난다.
- 표면이 산성을 띠어 쇠못 등을 부식시키므로 작업 시 스테인리스 스틸 흙손을 사용해야 한다.

42 ③

펀칭 메탈

금속판에 여러 가지 무늬의 구멍을 펀칭한 철물제품으로, 환기구, 라디에이터 커버 등으로 사용한다.

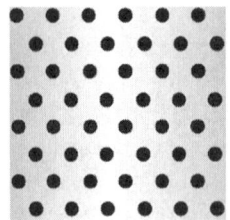

43 ①

석고보드(gypsum board)
- 소석고에 경량성 및 탄성을 주기 위해 톱밥, 펄라이트 및 섬유 등의 혼합물을 물로 이겨 양면에 두꺼운 종이를 밀착시킨 후 판상으로 성형한 판재이다.
- 방부·방화성이 커서 천장 및 벽 마감재로 널리 쓰인다.
- 부식이나 충해 발생이 거의 없다.
- 신축변형 및 균열이 적고 단열성도 좋은 편이다.
- 흡습성은 낮은 편이지만 흡수로 인한 강도저하는 발생한다.

44 ②

도막방수 공법
- 도료상의 방수재를 바탕면에 여러 번 칠하여 상당한 두께의 방수막을 만드는 방수방법으로 고분자계 방수공법의 일종이다.
- 사용재료는 내후, 내수, 내알칼리, 내마모, 난연성 등의 여러 가지 성질을 구비해야 한다.
- 에멀션형, 용제형, 에폭시계 형태로 구분된다.
- 시공이 간편하며, 누수사고가 생기면 아스팔트 방수에 비해 보수가 용이하다.
- 균일한 두께를 확보하기 어렵고 두꺼운 층을 만들 수 없다.

45 ②

데크 플레이트(deck plate)
파형(波形)으로 성형된 판재를 뜻하며, 단면을 사다리꼴 모양 또는 사각형 모양으로 성형함으로써 면외 방향의 강성과 길이 방향의 내좌굴성을 높인 것이다. 철골조 보에 걸어 지주 없이 쓰이는 바닥판이나, 콘크리트 슬래브의 거푸집 패널 또는 바닥판으로 많이 사용되고 있다.

46 ③
변재는 심재보다 옅은 색을 띤다.

47 ③
도막의 두께는 유성페인트 쪽이 더 두껍다.

48 ②

목재의 함수율
$$= \frac{건조\ 전\ 중량 - 전건재\ 중량}{전건재\ 중량} \times 100(\%)$$
$$= \frac{5\text{kg} - 4\text{kg}}{4\text{kg}} \times 100(\%) = 25\%$$

49 ④

염화비닐 수지
- 내산, 내알칼리성 및 내후성이 크고 내수성이 작은 열가소성 수지
- 경질성이지만 가소제의 혼합으로 유연한 고무형태 제품을 제조할 수 있다.
- 필름, 시트, 지붕재, 파이프, 튜브, 물받이통 등 다양한 건축재료로 쓰인다.

50 ③
주된 목적이 하역운반기계용인 출입구에는 인접하여 보행자용 출입구를 따로 설치해야 한다.

51 ③
사업주는 높이가 3미터 이상인 장소로부터 물체를 투하하는 경우 적당한 투하설비를 설치하거나 감시인을 배치하는 등 위험을 방지하기 위하여 필요한 조치를 하여야 한다.

52 ②

암면
- 안산암, 현무암 등의 암석이나 니켈, 망가니즈의 광재 등의 혼합물에 석회석을 섞은 것을 원료로 한다.
- 경량이고 내화성이 우수하며, 열전도율은 작고 흡음률이 높아서 단열재 및 흡음재로서 널리 쓰인다.

53 ④

아스팔트 루핑
- 아스팔트 펠트의 양면에 아스팔트 컴파운드를 피

복한 다음 그 위에 활석, 운모 등의 미분말을 부착시킨 것이다.
- 평지붕 방수층, 슬레이트 평판, 금속판 등의 지붕 깔기 바탕 등에 사용된다.

54 ③

합성수지는 전성과 연성이 커서 가공성이 우수하다.

55 ①

목재의 인화점을 높이는 방화(염)제
인산암모늄, 황산암모늄, 규산나트륨, 탄산나트륨 등이 있다.

56 ④

아연은 공기 및 수중에서도 내식성이 커서 방식용 도금재료로 널리 쓰인다.

57 ④

$$\frac{2000kg}{1000L \times 3.15kg} \times 100(\%) = 약\ 63.5\%$$

58 ①

PCP(pentachlorophenol) 방부제
방부력이 강한 무색의 유성 방부제로서 착색이 가능하나 독성이 강해 사용에 주의를 요한다.

59 ①

워시 프라이머(wash primer)
- 합성수지(비닐 부티랄 수지)의 용액에 소량의 안료와 인산을 첨가한 도료
- 철면에 도장하여 금속표면 처리와 녹 방지 도막 형성을 동시에 할 수 있다.

60 ②

열기식 공정표
- 기본공정표와 상세공정표에 표시된 대로 공사를 진행시키기 위해 재료, 노력, 원척도 등이 필요한 기일까지 반입, 동원될 수 있도록 작성한 공정표
- 전문지식 없이도 쉽게 이해할 수 있지만 작업의 상관관계나 진도 관계를 파악하기는 어렵다.

61 ③

개별급탕방식
- 긴 배관이 필요 없고 배관 중 열손실이 적다.
- 급탕개소가 작은 소규모 건물에 적합하며 비용이 적다.
- 수시로 온수를 사용할 수 있으며 용도에 따라 필요한 개소에서 온수를 간단하게 얻을 수 있다.
- 급탕개소마다 가열기의 설치 스페이스가 필요하다.
- 급탕 규모가 크면 가열기가 필요하므로 유지관리가 힘들다.
- 저렴한 연료를 쓰기 어렵다.

62 ④

반사율은 표면에 도달하는 (소요)조명과 광속발산도(광도)의 관계이고, 조도는 어떤 물체나 표면에 도달하는 광의 밀도이다. 따라서 입사되는 빛의 양이 조도와 반사율 모두에 영향을 준다. 다만, 반사율은 빛이 도달하는 재료 자체의 성질에 따라 달라지므로 조도와 무조건 비례 또는 반비례 관계가 될 수는 없다.

63 ③

조명배치방식의 분류
㉠ 전반조명방식 : 실내 전체를 일정하게 조명하는 보편적인 방식이다. 계획과 설치가 용이하고, 책상의 배치나 작업 대상물이 바뀌어도 대응이 용이하다.
㉡ 국부조명방식 : 실내에서 각 구역별 필요 조도에 따라 부분적 또는 국소적으로 설치하는 것이며, 일반적으로 조명기구를 작업대에 직접 설치하거나 작업부의 천장에 매다는 형태가 된다.
㉢ 국부적 전반조명방식 : 넓은 실내공간에서 각 구역별 작업이나 활동영역을 고려하여 일반적인 장소에는 평균조도로서 조명하고, 세밀한 작업을 하는 구역에는 고조도로 조명하는 방식이다.
㉣ TAL 조명방식(Task & Ambient Lighting) : 작업구역(Task)에는 전용의 국부조명방식으로 조명하고, 기타 주변(Ambient) 환경에 대하여는 간접조명과 같은 낮은 조도레벨로 조명하는 방식을 말한다. 여기서 주변조명은 직접 조명방식도 포함되며, 사무실에서 사무자동화가 추진되면서 VDT(Visual Display Terminal) 직업 환경에 따라 고안된 것이다.

64 ③

열손실은 햇빛이 들지 않는 북측에서 가장 크게 발생하므로, 북측의 창면적은 가능한 한 작게 해야 한다.

65 ②

투과 손실
- 음에너지가 재료나 구조물에 부딪치고 흡수되어 얼마나 감소하였는지의 정도를 투과 손실이라 한다.
- 음의 투과율이 작을수록 차음력은 커지며 벽체의 두께와 질량에 차음력은 비례한다.

66 ①

단일덕트 재열방식
- 송풍구 말단에 재열기를 설치하여 온도제어를 하는 방식
- 부하특성이 다른 여러 개의 실이나 존이 있는 건물에 적합하며, 가열에 의해 감습이 되므로 잠열부하가 많은 경우나 장마철 등의 공조에 적합하다.
- 재열장치에 온수를 쓰기도 하지만 기본적으로 전공기방식에 해당된다.

67 ②
- 축동력 소요 순서 : 토출 댐퍼 제어 > 흡입 댐퍼 제어 > 흡입 베인 제어 > 회전수 제어
- 동력 절감률 : 회전수 제어 > 흡입 베인 제어 > 흡입 댐퍼 제어 > 토출 댐퍼 제어

68 ④

물리적 온열요소
기온, 기류, 습도, 복사열

69 ②
① 팬형 취출구 : 천장용 취출구. 1매의 평판을 가지고 급기를 수평방향으로 바꾸어 주위로 취출하는 형식이다.
② 머시룸형 흡입구 : 버섯모양의 흡입구. 철물이나 두꺼운 철판으로 만든 원형 흡입구로 극장 등의 좌석 밑에 설치하여 바닥면의 오염공기 및 먼지를 흡입하고 기류가 침체되는 걸 방지한다.
③ 브리즈 라인형 : 가늘고 긴 선형 취출구. 천장에 설치하여 기류를 수직으로 하강시키고, 속 날개를 기울이면 기류에 약간의 각도가 만들어진다.
④ 아네모스탯형 : 여러 개의 뿔형 날개로 구성되어 있는 것으로 1차 공기에 의한 2차 공기의 유인 성능이 좋고 풍속의 조절범위가 넓고 유도비가 높아 취출풍속이 크다. 확산반경이 크고 도달거리가 짧기 때문에 천장 취출구로 많이 사용된다.

70 ②

열관류저항
$= \dfrac{1}{9.3} + \dfrac{0.02}{1.6} + \dfrac{0.18}{1.8} + \dfrac{0.01}{1.6} + \dfrac{1}{23.2} = 0.269 \text{m}^2 \cdot \text{K/W}$

71 ①

입형 보일러
- 수직으로 세운 드럼 내에 연관 또는 수관이 있는 소규모의 패키지형이다.
- 협소한 곳에 설치 가능하고 가격이 저렴하며 취급이 용이하다.
- 사용압력이 낮고 관내 청소가 불편하다.

72 ②
- 스프링클러설비의 면제 : 물분무 등 소화설비를 기준에 적합하게 설치한 경우 그 설비의 유효범위(해당 소방시설이 화재를 감지·소화 또는 경보할 수 있는 부분)에서 스프링클러설비의 설치가 면제된다.
- 비상경보설비의 면제 : 단독경보형 감지기를 2개 이상의 단독경보형 감지기와 연동하여 설치하는 경우 그 설비의 유효범위에서 비상경보설비의 설치가 면제된다.
- 비상방송설비의 면제 : 자동화재탐지설비 또는 비상경보설비와 같은 수준 이상의 음향을 발하는 장치를 부설한 방송설비를 화재안전기준에 적합하게 설치한 경우 그 설비의 유효범위에서 비상방송설비의 설치가 면제된다.

73 ③

제2종 근린생활시설 중 일반음식점 및 휴게음식점의 조리장의 안벽은 바닥으로부터 1m 높이까지 내수재료로 마감하여야 한다.

74 ③

방염성능기준 이상의 실내장식물 등을 설치하여야 하는 특정소방대상물
㉠ 근린생활시설 중 의원, 조산원, 산후조리원, 체력단련장, 공연장 및 종교집회장

ⓒ 건축물의 옥내에 있는 시설로서 문화 및 집회시설, 종교시설, 운동시설(수영장은 제외)
ⓒ 의료시설, 노유자시설 및 숙박이 가능한 수련시설, 숙박시설
ⓔ 방송통신시설 중 방송국 및 촬영소, 다중이용업소, 교육연구시설 중 합숙소
ⓜ ㉠~㉣에 해당하지 않는 것으로서 11층 이상인 것(아파트는 제외)

75 ③

다음에 해당하는 건축물의 피난층 또는 피난층의 승강장으로부터 건축물의 바깥쪽에 이르는 통로에는 경사로를 설치하여야 한다.
㉠ 제1종 근린생활시설 중 지역자치센터, 파출소, 지구대, 소방서, 우체국, 방송국, 보건소, 공공도서관, 지역건강보험조합 등 동일한 건축물 안에 당해 용도에 쓰이는 바닥면적의 합계가 1000m² 미만인 것
㉡ 제1종 근린생활시설 중 마을회관, 마을공동작업소, 마을공동구판장, 변전소, 양수장, 정수장, 대피소, 공중화장실
㉢ 연면적이 5000m² 이상인 판매시설, 운수시설
㉣ 교육연구시설 중 학교
㉤ 업무시설 중 국가 또는 지방자치단체의 청사와 외국공관의 건축물로서 제1종 근린생활시설에 해당하지 않는 것
㉥ 승강기를 설치해야 하는 건축물

76 ③

승강기 등 기계장치에 의한 주차시설의 소방본부장 또는 소방서장 동의를 받아야 하는 대상인 자동차는 20대 이상이다.

77 ④

실내에 접하는 부분(바닥 및 반자 등 실내에 면한 모든 부분)의 마감(마감을 위한 바탕을 포함)은 불연재료로 해야 한다.

78 ①

구조 안전의 확인 서류 제출 기준
① 높이가 13m 이상인 건축물
② 기둥과 기둥 사이의 거리가 10m 이상인 건축물
③ 2층 이상인 건축물(목구조 건축물은 3층 이상)
④ 처마높이가 9m 이상인 건축물

79 ①

의료시설 중 정신의료기관으로서 해당 용도로 사용되는 바닥면적 합계가 600m² 이상인 경우, 모든 층에 스프링클러설비를 설치하여야 한다.

80 ②

판매시설 중 도매시장, 소매시장, 상점의 출구 너비
피난층에 설치하는 건축물 바깥쪽으로의 출구는 당해용도에 쓰이는 바닥면적이 최대인 층의 바닥면적 100m²마다 0.6m의 비율로 산정한 너비 이상으로 하여야 한다.

∴ $\frac{7000}{100} \times 0.6 = 42\text{m}$

2023년 4회 복원문제

01 ②

쇼룸
진열매장, 전시실, 회사 내, 혹은 전시·기획 컨벤션 홀 등의 일정한 스페이스에 영구적 또는 일정기간 기업의 PR이나 판매촉진을 목적으로 각종 소재나 상품, 제조공정 등을 전시해서 일반대중에게 공개하는 장소 혹은 전시행위를 말한다.
- 물품을 전시하여 관람자들에게 전시물을 쉽게 해설해 주는 목적을 가진다.
- 메이커의 쇼룸은 상품을 전시하고 그 품질, 성능, 효용 등에 관해 소비자의 이해를 돕고 구매의욕을 촉진시킨다.

02 ③

계단실형 공동주택
- 계단실, 엘리베이터 홀에서 마주보는 두 세대가 바로 연결되는 형식
- 각 세대의 앞뒤 벽면이 외벽에 면하기 때문에 채광, 통풍에 유리하다.
- 출입이 편리하고 독립성이 크며 통로면적이 작아서 건축물의 이용도가 높다.
- 전용면적이 줄어들고 엘리베이터 이용률이 낮다.
※ 도심지 내의 독신자용 공동주택에 주로 적용되는 것은 중복도식이다.

03 ③

펜로즈의 삼각형
막대 세 개로 만들어진 삼각형 모양의 도형으로 3차원의 공간에서는 불가능하지만 2차원의 평면에 가능한 것처럼 그려 놓은 도형이다.

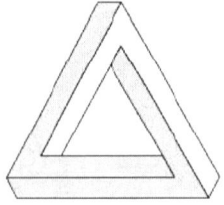

04 ①

주택 침실 내의 침대 배치 방법
- 침대 머리 쪽에는 창이 없는 외벽에 면하게 한다.
- 침대 양쪽에 통로를 두고(싱글 베드는 예외), 한쪽을 75cm 이상 되게 한다.
- 침실 내의 주요 통로 폭은 90cm 이상 되도록 한다.
- 침대 아래 발치 쪽은 90cm 이상의 여유를 둔다.
- 싱글 침대인 경우 긴 측면을 내벽에 면하게 배치한다.

05 ②

㉠ VMD(Visual MerchanDising)
- 상품계획, 상점계획, 판촉 등을 시각화시켜 상점 이미지를 고객에게 인식시키는 판매 전략을 뜻한다.
- VMD는 디스플레이의 기법 중 하나로 볼 수 있다.

㉡ VMD의 구성
- IP(Item Presentation) : 기본 상품의 정리. 선반, 행거
- PP(Point of Sale Presentation) : 한 유닛에서 대표되는 상품 진열. 상단 전시, 테마 진열
- VP(Visual Presentation) : 상점의 이미지 패션테마의 종합적인 표현. 파사드, 메인스테이지, 쇼윈도

06 ④

① 디오라마 전시 : 현장감을 가장 실감나게 표현하며 한정된 공간 속에서 배경스크린과 실물의 종합전시로 이루어진다.
② 파노라마 전시 : 벽면전시와 오브제 전시를 병행하는 유형으로 연속적인 주제를 시간적 연속성을 가지고 연출되는 전시방법이다.
③ 하모니카 전시 : 전시평면이 하모니카 흡입구처럼 동일한 공간으로 연속되어 배치되는 전시기법으로 전시내용이 통일된 형식 속에서 반복되어 나타나는 방법으로 동일 종류의 전시물을 전시할 때 유리하다.
④ 아일랜드 전시 : 사방에서 전시물을 감상할 수 있도록 벽에서 떨어뜨려 배치하는 방법이다.

07 ④

㉠ 공간의 레이아웃(layout) : 공간을 형성하는 부분과 설치되는 물체의 평면상 배치계획
㉡ 실내 디자인의 레이아웃(layout) 단계에서 고려

해야 할 내용
- 출입형식 및 동선체계
- 인체공학적 치수와 가구의 크기(가구의 크기와 점유면적)
- 공간 상호 간의 연계성(zoning)

08 ④

벽은 실내공간 요소 중 시선이 가장 많이 머무는 곳으로 시대와 양식에 의한 변화가 큰 편이다. 이러한 변화가 적은 요소는 바닥이다.
※ ④는 천장에 대한 설명이다.

09 ③

실내디자인의 궁극적인 목적
인간이 거주하는 공간의 기능성과 쾌적함을 추구하는 것이다.

10 ③

리듬
- 규칙적인 요소들의 반복으로 디자인에 시각적인 질서를 부여하는 통제된 운동감을 말한다.
- 리듬의 효과를 위해 사용되는 원리로 반복, 점진, 대립, 변이, 방사가 있다.

11 ③

① 동선의 속도가 빠른 경우 보행자의 안전과 편의를 위해 단 차이나 계단을 두지 않는 것이 좋다.
② 동선의 빈도가 높은 경우 거리를 줄이고 직선으로 처리한다.
④ 동선의 하중이 큰 경우 폭을 넓게 한다.

12 ④

은행의 영업장과 객장은 원칙적으로 구분이 없어야 한다. 특히 객장은 가급적 편안하고 친근한 느낌을 구현하여 이용자의 긴장감을 완화시켜 주는 것이 좋다.

13 ②

사무공간 책상 배치 유형
㉠ 동향형
- 책상을 같은 방향으로 배치하여 통로 구분이 명확해진다.
- 프라이버시 침해는 낮지만 대향형보다 면적효율이 나빠진다.

㉡ 대향형
- 책상이 서로 마주보는 형식으로 면적 효율이 좋고 커뮤니케이션에 유리하다.
- 전화, 전기 배선관리가 용이하지만 마주보기 때문에 프라이버시가 침해된다.

㉢ 좌우대향형
- 조직의 융합을 꾀하기 쉽고 정보처리나 잡무동작의 효율이 좋은 형식
- 배치에 따른 면적손실이 크고 커뮤니케이션 형성이 다소 힘들다.

㉣ 십자형
- 4개의 책상이 맞물려 십자를 이루도록 배치한 형식으로 커뮤니케이션이 좋다.
- 그룹작업을 하는 전문 직업에 적합한 유형이다.

㉤ 자유형
- 낮은 칸막이로 1인 작업 공간이 주어지는 형태
- 독립성을 요하는 전문직이나 간부급에 적당하다.

14 ①

시스템 가구
- 원하는 형태로 분해, 조립이 용이하게 만든 가변적 가구를 뜻한다.
- 규격화된 단위 구성재의 결합으로 가구의 통일과 조화를 도모할 수 있다.
- 기능에 따라 다양한 배치가 가능하고 가구배치 계획에 합리성을 부여한다.
- 동선흐름에 근거하여 배치함으로써 명확한 공간 구분이 가능하다.
- 모듈화된 단위 구성재를 대량 생산할 수 있다.

15 ①

② 치장목재

③ 석재
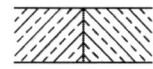

④ 잡석다짐
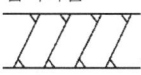

16 ①

커튼의 분류

새시 커튼	창문의 절반 정도만을 친 형태의 커튼으로 주로 투명성이 있는 재료로 만들어진다.
글라스 커튼	투명한 소재로 유리창의 한 부분에 항상 드리워져 있는 형태의 커튼
드로우 커튼	창문의 레일을 이용해 펼쳤다 접을 수 있도록 설치한 커튼
드레이퍼리 커튼	창문에 느슨하게 걸려 있는 중량감 있는 커튼

17 ③
대안들의 도면화는 설계 단계에 해당된다.

18 ④
남부지방은 겨울철에도 기후가 비교적 온화하여 개방적인 공간 구성으로 계획하였다.

19 ①
대칭적 균형
- 대칭은 균형에서 가장 정형의 구성 요소이다.
- 질서를 주는 방법이 용이하며 통일감을 얻기 쉽다.
- 엄격하고 딱딱한 느낌을 주기도 한다.
- 대칭의 유형은 좌우 대칭과 방사 대칭이 있다.

20 ④
펜덴티브 돔(pendentive dome)
정사각형 평면에 돔을 올리는 구조법으로 비잔틴 건축에서 주로 사용되었다.

21 ④
색광 혼합은 혼합하면 할수록 명도는 높아지지만 채도는 낮아진다.

22 ④
푸르킨예 현상
체코의 생리·조직학자 푸르킨예가 발견한 현상. 색광에 대한 시감도가 명암순응 상태에 의해 달라지는 현상으로 여러 명암순응의 상태에서 시감도 곡선을 구하면 명순응의 정도가 높아지게 됨에 따라서 시감도 곡선의 극대점이 장파장측으로 기울며 반대로 암순응의 정도가 높아지면 단파장측으로 기운다. 그 때문에 명순응 시에는 빨강이나 주홍이 상대적으로 밝게 보이며 암순응 시에는 파란색이 밝게 보인다.

23 ②
카우치(couch)
천을 씌운 긴 의자로 한쪽만 팔걸이가 있고 기댈 수 있는 낮은 등받이가 있는 소파
※ ②는 풀업체어에 대한 설명이다.

24 ②
레드 앤 블루 체어(Red and Blue Chair)
게리 리트펠트가 디자인한 의자. 등을 기대는 합판과 그것을 지지하는 가장 본질적인 요소 두 가지만 남긴 형태로 만들었다. 편안함과 기능성보다는 모더니즘의 이상을 직접 보고 만질 수 있는 물질의 형태로 옮겨 놓은 작품으로 평가받는다.

25 ②
헤링의 4원색설(반대색설)
세 쌍의 망막 시세포인 백흑 시세포, 적녹 시세포, 황청 시세포의 여섯 감각을 색의 기본 감각으로 하고 이것들의 시세포는 빛의 자극을 받는 것에 따라서 각각 동화작용 또는 이화작용이 일어나고 모든 색의 감각이 생긴다고 하는 것이다. 이 설을 기초로 해서 적(red), 녹(green), 황(yellow), 청(blue)을 심리적 원색이라 한다. 잔상, 대비현상을 설명하는 데 적합한 색각이론이다.

26 ②
기억색

- 대상의 표면색에 대한 무의식적 추론에 의해 결정되는 색채
- 기억하는 동안 실물보다 더 강조된다.
- 색상은 원색에 가까워지게 되고, 명도와 채도 또한 높아진다.
- 예를 들어 사과는 빨갛다고 기억하지만 대부분의 사과는 빨강 이외의 색이 많이 섞여 있다.

27 ④

HSV 또는 HSB 시스템

㉠ 색공간의 3차원 모델에 색상(Hue), 채도(Saturation), 명도(Value 또는 Brightness)의 3가지 축으로 위치시켜서, 이 3가지 값으로 색을 설명하고 측정하는 체계를 뜻한다.
- H모드 : 색상을 선택하는 방법
- S모드 : 채도, 즉 색채의 포화도를 선택하는 방법
- B모드 : 명도를 선택하는 방법

㉡ 모든 색은 3차원 공간의 중심축 주위에 배열되며 축에서 멀어지면 채도가 높아진다.

㉢ 중심축은 명도를 나타내며 위로 가면 흰색, 아래로 가면 검정이 된다.

28 ④

허먼(헤르만) 그리드 현상(Hermann Grid Illusion)

근접해 있는 2색을 망막 세포가 지각할 때 두 색의 차이가 원래보다 강조된 상태로 지각되는 경우가 있는데, 이는 교차되는 지점에 잔상이 생겨 대비 효과를 보이기 때문이다. 이를 허먼 그리드 현상이라하며 일종의 연변대비라 할 수 있다. 그림처럼 백색띠가 교차하는 곳에 그림자가 보이는데, 이는 백색교차 부분이 다른 곳에 비해 검은색으로부터 멀어지므로 대비가 약해져 거무스름하게 보이는 것이다.

29 ④

오스트발트 색채조화 원리

- 무채색의 조화 : 무채색의 축에서 같은 간격으로 선택된 배색은 조화를 이룬다.
- 등백 계열 조화 : 등백 계열(기호 앞글자가 같은) 선 위에서 일정한 간격으로 나열하면 조화를 이룬다.
- 등흑 계열 조화 : 등흑 계열(기호 뒷글자가 같은) 선 위에서 일정한 간격으로 나열하면 조화를 이룬다.
- 등순 계열 조화 : 등색상 삼각형의 수직 방향에 있는 선상의 색들은 순색의 비율이 같아 조화를 이룬다.
- 등색 삼각형 조화 : 등색상 삼각형 위에서 임의의 한 색과 이등변 삼각형으로 만나는 색은 조화를 이룬다.
- 등가치색 계열 조화 : 백색량, 흑색량, 순색량이 모두 같고 색상번호가 다른 색은 색상 간격에 따라 조화를 이룬다.
- 윤성 조화 : 오스트발트 색입체의 등색상 삼각형 속의 한 색을 지나는 수직선의 등순계열과 아래, 위 사변의 평행하는 선 등흑계열, 등백계열 및 수평으로 자른 원 등가색환에 놓인 색은 모두 조화를 이룬다.

30 ③

두 기본색의 중간색은 각각 5가 중심이 되며, 숫자가 커질수록 앞 글자 색에 가까워진다.

31 ④

순백색의 벽은 반사광에 의한 눈의 피로를 유발할 수 있다.

32 ①

세 개의 숫자는 순서대로 R, G, B의 색광량을 지칭한다. 따라서 시안은 G와 B의 2차색이므로 (0, 255, 255)가 된다.
- RED(255, 0, 0)
- GREEN(0, 255, 0)
- BLUE(0, 0, 255)
- MAGENTA(255, 0, 255)
- YELLOW(255, 255, 0)

33 ①

VDT(Visual Display Terminal)의 작업환경

- 시선에서 화면까지는 40~45cm가 적당하며 70cm는 넘지 않는 것이 좋다.
- 자판 높이는 팔꿈치와 같거나 조금 낮아야 하며 키보드의 경사도는 5~15° 정도로 하여 손목이 꺾이지 않도록 한다.
- 작업자의 시선은 수평선상으로부터 아래로 10~15° 이내가 되도록 한다.
- 화면상의 문자와 배경과의 휘도비(contrast)가 높지 않도록 한다.
- 밝은 바탕의 어두운 색 글씨를 사용하고 작업자는

창문을 등지고 앉도록 한다.
- 주변부의 조도는 300~500lux 정도로 지나치게 밝거나 어둡지 않게 한다.

34 ①

암순응 시에는 간상세포가 작용한다.

35 ④

JND(최소 식별 차이/자극 변화 감지역치)

두 자극 사이의 차이를 식별할 수 있는 최소 강도 차이를 뜻한다. 베버의 법칙에 의하면 여러 감각을 대상으로 수행된 많은 연구에서 표준 자극(S)의 강도가 클수록 최소 식별 차이(JND)도 증가하며, 아주 넓은 범위에 걸쳐 표준 자극에 대한 최소 식별 차이의 비율이 일정(K)하다는 것을 발견하였다. 이 법칙은 K(베버의 비)=JND/S의 형태로 표현된다.

36 ③

거리의 역자승 법칙

음원에서 거리가 멀어지면 거리의 제곱에 반비례하여 음압이 감소한다. 이 법칙은 빛에서도 적용된다.

37 ④

신체적 동작 속도가 증가하면 에너지 소비량도 증가한다.

38 ④

도로 표지판은 다른 표지판과 구별이 쉽도록 디자인과 색상을 최대한 다르게 해야 한다.

39 ①

- 구조적 인체치수 : 표준 자세에서 움직이지 않는 피측정자를 대상으로 신체 각 부위를 측정한 치수
- 기능적 인체치수 : 움직이는 신체 자세로부터 측정한 치수. 어떤 기능을 수행할 때 각 신체부위는 독립적으로 움직이기보다는 서로 조화를 이루어 움직이기 때문에 이 치수가 유용하게 쓰인다.

40 ①

인간-기계 체계의 분류

수동 체계	수동체계는 수공구나 기타 보조물로 이루어지며 자신의 신체적인 힘을 동력원으로 사용하여 작업을 통제하는 인간사용자와 연결(자전거, 손수레 등)
기계화 체계	여러 종류의 동력 공작기계와 같이 고도로 통합된 부품들로 구성. 변화가 별로 없는 기능을 수행하도록 설계. 동력은 전형적인 기계가 제공되며 운전자의 기능이란 조정장치를 사용하여 통제(자동차)
자동 체계	체계가 완전히 자동화된 경우에는 감지. 정보처리 및 의사 결정 행동을 포함한 모든 임무를 수행. 신뢰성이 완전한 자동 체계란 인간은 주로 감시(minitor), 프로그램, 정비유지 등의 기능을 수행

41 ③

와이어 라스(wire lath)

지름 0.9~1.2mm의 철선 또는 아연 도금 철선을 가공하여 만든 것으로 모르타르 바름 바탕에 쓰인다.
※ ③은 메탈 라스에 대한 설명이다.

42 ④

- 훈소와 : 가마에 넣고 장작이나 솔잎 등을 태워 그을린 기와. 주로 회흑색을 띠며 방수성이 있고 강도가 좋다.
- 소소와 : 저급점토를 원료로 하여 900~1000℃로 소소하여 만든 기와로 흡수율이 큰 편이다.
- 시유와 : 소소와에 유약을 발라 재소성한 기와. 경질 표면이며 광택이 나고 방수성이 높다. 다양한 색을 낼 수 있어 고급 지붕재로 사용한다.
- 오지기와 : 기와 소성이 끝날 무렵 연소실에 식염을 넣어 식염증기를 발생시키면 이 증기가 응축된다. 이런 과정에 의해 광택이 나고 표면이 매끈하며 견고한 기와를 오지기와라 한다.

43 ④

㉠ 벤토나이트
- 운모와 같은 결정구조를 갖는 단사정계에 속하는 광물인 몬모릴로나이트가 주로 들어 있는 점토를 말한다.
- 물을 흡착하여 팽윤성(점토가 물을 흡수하여 부푸는 성질)이 크고 가소성이 높다.
- 명칭은 미국 와이오밍주에서 산출되는 백악기 지층에서 산출된 것에 유래되었다.

- 이물질과 접촉하면 팽창반응이 낮아지며 염분의 경우에 현저히 더 떨어진다.
ⓒ 벤토나이트 방수의 특징
- 자체 보수성이 있고 화학변화가 적어 영구적 방수기능을 기대할 수 있다.
- 시공이 간편하고 공기가 단축된다.
- 인체에 무해하다.

44 ②

물시멘트비(W/C)

$$W/C = \frac{물의\ 중량}{시멘트의\ 중량} = \frac{물의\ 부피 \times 비중}{시멘트의\ 부피 \times 비중}$$

$$= \frac{150l/m^3 \times 1.0}{100l/m^3 \times 3.14} ≒ 약\ 48\%$$

45 ④

바닥면은 물고임이 없도록 구배를 유지하되, 1/100을 넘지 않도록 한다.

46 ②

석고보드(gypsum board)
- 소석고에 경량성 및 탄성을 주기 위해 톱밥, 펄라이트 및 섬유 등의 혼합물을 물로 이겨 양면에 두꺼운 종이를 밀착시킨 후 판상으로 성형한 판재이다.
- 방부・방화성이 크고, 흡습성이 적은 편이어서 천장 및 벽 마감재로 널리 쓰인다.
- 부식이나 충해 피해가 거의 없으며, 신축변형 및 균열이 적고 단열성도 비교적 좋다.
- 흡수에 의한 강도 저하가 생길 수 있다.

47 ②
- 광명단 : 연단이라고도 하며 적색 안료에서 사용한다. 피마자유와 혼합하여 만들어 밀착력이 높고 도막의 질이 조밀해서 풍화에 비교적 잘 견디는 방청도료로 철재도장에 많이 사용된다.
- 녹막이칠 도료 : 광명단, 아연 분말 도료, 징크로메이트 도료 등

48 ③

크레오소트 오일은 목재의 방부제로 사용된다.

49 ③

① 작업의 흐름에 따라 전진 계산한다.

② 선행작업이 없는 첫 작업의 EST는 프로젝트의 개시 시간과 동일하다.
④ 복수의 작업에 종속되는 작업의 EST는 선행작업 중 EFT의 최댓값으로 한다.

50 ②
- 직접공사비 : 재료비, 외주비, 노무비, 경비
※ 일반관리비 : 기업 유지 관리에 소요되는 비용

51 ①

분말이 미세할수록 비표면적(입자의 총 단면적)은 크다.

52 ①

인서트(insert)
- 각종 철물을 부착하기 위해 미리 콘크리트 슬래브나 벽체에 매립하는 철물
- 주철은 단단하고 부식성이 낮으므로 인서트 재료로 적합하다.
※ 나머지 재료는 콘크리트와의 접촉 성질이나 내구성 등에서 인서트로 사용하기에 부적합하다.

53 ③

합판
- 3장 이상의 얇은 단판(veneer)을 섬유방향이 직교하도록 겹쳐서 접착제로 붙여 만든 제품이다.
- 접합하는 판의 숫자는 홀수(3, 5, 7)로 겹쳐 양면의 결방향을 같게 한다.
- 건조에 의한 수축, 변형이 적고 방향성이 없다.
- 일반 판재에 비해 균질하며 강도가 높은 제품을 만들 수 있다.
- 균열 발생이 적고, 곡면 가공도 가능하다.
- 표면의 가공을 통해 흡음효과도 낼 수 있으며 의장효과도 가능하다.

54 ③

슬럼프 시험
- 굳지 않은 콘크리트의 시공연도(Workability)와 반죽 질기(Consistency)를 확인하는 시험
- 슬럼프 콘에 콘크리트를 3회로 나누어 다진 다음, 콘을 들어올려서 가라앉은 콘크리트 더미의 최상단 높이와 슬럼프 콘의 높이 차를 측정한다.

55 ④

파티클 보드
- 목재의 작은 조각(particle)을 모아서 충분히 건조시킨 후 합성수지 접착제 등을 첨가하여 열압 제판한 제품으로 칩보드라고도 한다.
- 온도와 습도에 의한 변형이 거의 없고 면내 강성이 일반목재나 합판에 비해 뒤떨어지지 않는다.
- 음 및 열의 차단성이 우수하여 주로 방음 및 단열재로 쓰인다.

56 ②

벽돌 정미량=벽 면적×단위 수량
=50m×3m×149장
=22350장

57 ②

에폭시 수지 도료
접착력이 크고 방수성이 우수하고, 내산·내알칼리성이 특히 크며, 내마모성이 좋아서 바닥도장에 널리 쓰이고 있다.

58 ②

건축물 등의 바깥쪽으로 설치하는 경우 추락방호망의 내민 길이는 벽면으로부터 3미터 이상 되도록 한다.

59 ③

치장 벽돌(face brick, dressed brick)
- 색이나 형태 및 질감 등 원하는 효과를 내기 위한 목적으로 특수 제작한 벽돌
- 건축물의 내외장, 담, 화단 등의 마감재로 쓰인다.
- 보통 벽돌을 다소 곱게 구워 만들기도 하고 유약을 바르는 대신 착색제를 쓰는 등 다양한 방법으로 제조한다.

60 ②

암면
안산암, 현무암 등의 암석이나 니켈, 망가니즈의 광재 등의 혼합물에 석회석을 섞은 것을 원료로 한다. 경량이고 내화성이 우수하며, 열전도율은 작고 흡음률이 높아서 단열재 및 흡음재로서 널리 쓰인다.

61 ①

변전실은 부하의 중심위치와 가깝게 둔다.

62 ①

중력환기(온도차에 의한 환기)
- 실내외 온도 차이에 의해 공기밀도가 달라서 환기가 일어난다.
- 실내에서는 천장부분의 차가운 공기의 밀도가 작고 바닥부분의 따뜻한 공기의 밀도가 커서 대류가 일어난다.
- 굴뚝효과(stack effect : 연돌효과) : 실 외벽에 개구부가 있으면 실내 공기는 위쪽으로 나가고 실외 공기는 아래로 유입되는 현상으로 연돌효과라고도 한다.
- 중성대 : 실내외 압력차가 0(공기의 유출입이 없는 면)

63 ④

재료와 재료 사이의 공기층은 단열 성능을 높이는 요인이 된다.

64 ③

일치효과(coincident effect)
고체인 차음벽에서는 종파뿐만 아니라 굴곡파도 발생한다. 이때 차음벽으로 입사하는 음파의 파장과 이 차음벽의 굴곡파 파장이 일치하게 되면 음파는 에너지 손실이 거의 없이 차음벽을 통과하게 된다. 이렇게 투과손실이 감소하는 현상을 일치효과라고 한다. 결국 차음벽이 해당 주파수의 음원과 같은 역할을 하게 되는 것으로 차음벽의 기능을 발휘할 수 없게 된다.

65 ④

보수율
- 조명시설을 어느 기간 사용한 후 작업면상의 평균 조도와 초기 조도와의 비
- 조명시설의 조도는 설비의 사용 시간 경과와 함께 램프 자체의 광속 감쇠, 램프·조명기구의 더러움, 천장, 벽, 바닥 등의 실내면의 반사율 저하 등에 의해 내려간다.

66 ①

중앙식 급탕설비는 순환펌프를 사용하여 온수를 순환시키는 강제 순환 방식을 적용한다.

67 ③

온풍과 냉풍 덕트가 따로 필요하므로 덕트 스페이스가 많이 소요된다.

68 ③

결합 통기관
- 배수 수직관 내 압력변화를 방지 및 완화시키기 위해, 배수 수직관과 통기 수직관을 접속하는 통기관
- 주로 고층 건물에서 5개 층마다 설치하여 배수수직주관의 통기를 촉진한다.
- 관경은 최소 50mm 이상, 통기수직관과 동일 관경 이상으로 한다.

69 ③

① 개방형 스프링클러 헤드 : 감열체 없이 방수구가 항상 열려져 있는 스프링클러 헤드
② 조기 반응형 헤드 : 표준형보다 기류온도 및 기류속도에 따라 조기에 반응하는 스프링클러 헤드
③ 측벽형 스프링클러 헤드 : 가압된 물이 분사될 때 헤드 축심을 중심으로 한 반원 상에 균일하게 분산시키는 헤드
④ 건식 스프링클러 헤드 : 물과 오리피스가 분리되어 동파를 방지할 수 있는 스프링클러 헤드

70 ④

전기샤프트(ES)
- 전기시설이 설치되고 유지, 관리를 할 수 있는 샤프트(배관 공간)
- 전력용(EPS)과 정보통신용(TPS)과 같이 용도별로 구분하여 설치하는 것이 원칙이나 각 용도의 설치 장비 및 배선이 적은 경우는 공용으로 사용한다.
- 전기샤프트는 각 층마다 같은 위치에 설치한다.
- 전기샤프트는 연면적 3000㎡ 이상 건축물의 경우 1개 층을 기준하여 800㎡마다 설치하는 것을 원칙으로 한다.
- 전기샤프트의 면적은 보, 기둥 부분을 제외하고 산정하며, 기기의 배치와 유지보수에 충분한 공간으로 하고, 건축적인 마감을 시행한다.
- 점검구는 유지보수 시 기기의 반입 및 반출이 가능하도록 하여야 하며, 점검구 문의 폭은 90cm 이상으로 한다.

71 ④

실내마감이 불연재료이고 자동식 소화설비가 설치된 경우, 10층 이하의 층은 3000㎡ 이내마다 방화구획하며, 11층 이상의 층은 1500㎡ 이내마다 방화구획하여야 한다. 따라서 각 층 바닥면적이 1000㎡인 업무시설의 11층은 1개 영역의 층간 방화구획으로 하면 된다.

72 ①

지하층의 비상탈출구에서 피난층 또는 지상으로 통하는 복도나 직통계단까지 이르는 피난통로의 유효 너비는 최소 0.75m 이상으로 하여야 한다.

73 ②

비상경보설비 설치 대상
모래·석재 등 불연재료 공장 및 창고시설, 위험물 저장 및 처리 시설 중 가스시설, 사람이 거주하지 않거나 벽이 없는 축사 등 동물 및 식물 관련 시설 및 지하구는 제외한다.
㉠ 연면적 400㎡ 이상인 것은 모든 층
㉡ 지하층 또는 무창층의 바닥면적이 150㎡ (공연장의 경우 100㎡) 이상인 것은 모든 층
㉢ 지하가 중 터널로서 길이가 500m 이상인 것
㉣ 50명 이상의 근로자가 작업하는 옥내 작업장

74 ③

건축물의 내부에서 부속실로 통하는 출입구에는 60분 방화문 또는 60분+방화문을 설치해야 한다.

75 ③

소방시설법에서 정의하는 용어
- 소방시설 : 소화설비, 경보설비, 피난구조설비, 소화용수설비, 그 밖에 소화활동설비로서 대통령령으로 정하는 것
- 소방시설등 : 소방시설과 비상구(非常口), 그 밖에 소방 관련 시설로서 대통령령으로 정하는 것
- 특정소방대상물 : 소방시설을 설치하여야 하는 소방대상물로서 대통령령으로 정하는 것
- 소방용품 : 소방시설 등을 구성하거나 소방용으로 사용되는 제품 또는 기기로서 대통령령으로 정하

는 것

76 ③

대통령령으로 정하는 특정소방대상물(신축만 해당)에 소방시설을 설치하려는 자는 그 용도, 위치, 구조, 수용 인원, 가연물(可燃物)의 종류 및 양 등을 고려하여 설계하여야 한다. 이를 성능위주설계라 한다.

※ 성능위주설계 대상
1. 연면적 20만㎡ 이상인 특정소방대상물. 다만, 공동주택 중 주택으로 쓰이는 층수가 5층 이상인 주택(이하 이 조에서 "아파트 등"이라 한다)은 제외
2. 다음 각 목의 특정소방대상물
   ㉠ 50층 이상(지하층 제외)이거나 지상으로부터 높이가 200m 이상인 아파트 등
   ㉡ 30층 이상(지하층 포함)이거나 지상으로부터 높이가 120m 이상인 특정소방대상물(아파트 등은 제외)
   ㉢ 연면적 3만㎡ 이상인 특정소방대상물로서 다음 각 목의 어느 하나에 해당하는 특정소방대상물
      ⓐ 철도 및 도시철도 시설
      ⓑ 공항시설
   ㉣ 하나의 건축물에 영화상영관이 10개 이상인 특정소방대상물
   ㉤ 지하연계 복합건축물에 해당하는 특정소방대상물

77 ③

특급 소방안전관리대상물에 선임해야 하는 소방안전관리자의 자격
① 소방기술사 또는 소방시설관리사의 자격이 있는 사람
② 소방설비기사 자격 취득 후 5년 이상 1급 소방안전관리대상물의 소방안전관리자로 근무한 실무경력이 있는 사람
③ 소방설비산업기사 자격 취득 후 7년 이상 1급 소방안전관리대상물의 소방안전관리자로 근무한 실무경력이 있는 사람
④ 소방공무원으로 20년 이상 근무한 경력이 있는 사람
⑤ 소방청장이 실시하는 특급 소방안전관리대상물의 소방안전관리에 관한 시험에 합격한 사람

78 ④

방염성능기준 이상의 실내장식물 등을 설치하여야 하는 특정소방대상물
㉠ 근린생활시설 중 의원, 조산원, 산후조리원, 체력단련장, 공연장 및 종교집회장
㉡ 건축물의 옥내에 있는 시설로서 문화 및 집회시설, 종교시설, 운동시설(수영장은 제외)
㉢ 의료시설, 노유자시설 및 숙박이 가능한 수련시설, 숙박시설
㉣ 방송통신시설 중 방송국 및 촬영소, 다중이용업소, 교육연구시설 중 합숙소
㉤ ㉠~㉣에 해당하지 않는 것으로서 11층 이상인 것(아파트는 제외)

79 ①

5층 이상인 층이 제2종 근린생활시설 중 공연장·종교집회장·인터넷컴퓨터게임시설제공업소(해당 용도 바닥면적 합계 각각 300㎡ 이상인 경우), 문화 및 집회시설(전시장 및 동·식물원 제외), 종교시설, 판매시설, 위락시설 중 주점영업 또는 장례시설의 용도로 쓰는 경우에는 피난 용도로 쓸 수 있는 광장을 옥상에 설치하여야 한다.

80 ①

소방시설의 구분
- 소화설비 : 소화기, 옥내소화전, 옥외소화전, 스프링클러, 물분무 등 설비(가스계 소화설비)
- 경보설비 : 자동화재탐지설비, 자동화재속보설비, 비상방송설비, 비상경보설비
- 피난구조설비 : 완강기, 인공소생기, 유도등, 비상조명등
- 소화용수설비 : 상수도소화용수, 소화수조
- 소화활동설비 : 제연설비, 연결송수관설비, 연결살수설비, 무선통신보조설비, 비상콘센트

과년도 문제 해설 및 정답

2024년 실내건축기사

2024년 1회 복원문제

01 ③

벽의 구분
- 상징적 경계 : 높이 600mm 이하의 벽이나 담장을 말한다. 통행과 시선이 자유로우며, 상징적으로 두 공간을 구분해준다.
- 시각적 개방 : 높이 1100~1200mm의 경계. 시각적으로 개방감을 주며 시각적 연속성을 부여한다.
- 시각적 차단 : 높이 1800mm 이상 경계. 시각적으로 완전히 차단되며, 실의 성격을 갖는 공간이 형성되고 프라이버시를 강하게 한다.

02 ③

반닫이
서민층에서 널리 사용된 전통 가구로 앞판의 위쪽 반만을 문짝으로 하여 아래로 젖혀 여닫는다. 책, 옷 등을 넣어두는 큰 궤로 참나무나 느티나무 같은 두꺼운 널빤지로 만들어 묵직하게 무쇠장식을 하였다.

03 ③

주방의 규모는 가족 수, 주택 연면적, 작업대 면적, 동작에 필요한 공간 등에 의해 결정된다.

04 ②

공간의 분할 방법

차단적 구획	고정벽, 이동벽, 커튼, 블라인드, 유리창, 열주, 수납장 등에 의해 내부공간을 구획해서 별개의 실로 구분하는 방법
심리, 도덕적 구획	완전한 분할이 아니며 가구, 기둥, 식물, 조각, 바닥 및 천장면의 단차 등의 구성요소로 공간이 임의 구분되는 방법
지각적 구획	조명, 마감재 변화, 공간형태의 변화 등으로 이미지가 분할되는 것

05 ②

주방의 유형
- 독립형 : 부엌이 별도로 독립된 형태. 주방의 기능성과 성질감이 높지만 공간점유율도 커진다.
- 반독립형 : 부엌이 인접한 거실이나 식사공간과 겸하는 LDK, DK, LD 형식이 해당된다. 작업동선이 짧으며 좁은 공간을 넓게 활용할 수 있다. 칸막이나 해치 도어, 커튼 등으로 공간을 구분하며 환기에 유의한다.
- 오픈 키친 : 반독립형 부엌과 같으나 칸막이 구획 없이 완전히 개방된 형식. 부엌과 인접한 공간과는 오픈 플래닝으로 처리하되 낮은 수납장, 식탁과 별도로 마련된 카운터로 영역을 구분한다. 여러 기능이 한곳에 모아지므로 환기, 통풍, 난방, 부엌의 설비에 유의한다. 주로 원룸시스템에서 많이 적용한다.
- 키친 네트 : 작업대 길이가 2m 이내인 간이 부엌. 사무실이나 독신용 아파트에 많이 설치된다.
- 아일랜드 키친 : 취사용 작업대가 하나의 섬처럼 실내에 설치되어 있다.

06 ③

천장이 모아진 삼각형의 공간은 방향성을 명확하게 드러내어 집중과 긴장감을 유발한다.

07 ②

기념비적 건축물은 과장되고 웅장한 스케일을 적용하여 이용자로 하여금 경건함, 엄숙함을 느끼도록 유도한다.

08 ①

파사드(facade)

건물의 정면을 의미함과 동시에 디자인에 있어서 건축물의 출입구 및 홀의 입구, 벽 마감재, 쇼윈도, 간판, 광고판, 광고탑, 네온사인 등을 포함한 건축물 또는 점포 전체의 얼굴로서 공간의 첫 인상을 정하는 부분을 말한다. 기업 이미지 또는 상점의 상품에 대한 첫 인상을 주는 부분이므로 강인한 이미지를 줄 수 있도록 계획한다.

09 ②

직렬배치형

㉠ 판매대가 입구에서 내부방향으로 향하여 직선적인 형태로 배치되는 형식이다.
㉡ 통로를 직선형으로 하여 고객의 흐름이 빠르게 된다.
㉢ 주로 식품, 가전제품 등의 매장에서 쓰인다.

10 ③

① 대면형 : 테이블을 두고 마주앉는 형식. 가족 중심의 거실보다 응접실에 적당하다.
② ㄷ자형 : 전통적인 단란형으로 TV · 정원 · 벽난로를 보고 있는 편안한 분위기를 조성할 수 있다.
③ 코너형 : 가구를 두 벽면에 연결시켜 배치하는 형식으로 시선이 마주치지 않아 안정감이 있다. 비교적 작은 면적을 차지하기 때문에 공간 활용이 높고 동선이 자연스럽게 이루어지는 장점이 있다.
④ 직선형 : 일렬로 의자를 배치하는 방법으로 대화에는 부자연스러운 배치이다. 넓은 공간에서 다른 배치의 보조로 사용하거나 또는 좁은 공간에 좋다.

11 ②

형태 지각심리

- 접근성 : 가까이 있는 시각 요소들을 패턴이나 그룹으로 인지하게 되는 지각심리
- 유사성 : 형태와 색깔, 크기 등이 유사할 경우 연관되어 보이는 지각심리
- 연속성 : 하나의 형식으로 시작한 형태는 그 형식이 연속되는 것으로 보이는 지각심리
- 폐쇄성 : 불완전한 시각 요소들을 완전한 형태로 지각하려는 심리
- 단순성 : 눈에 익숙한 간단한 형태로 형태를 지각하려는 심리

12 ④

조닝(zoning)

공간 내에서 이루어지는 다양한 행동의 목적, 공간, 사용시간, 입체 동작 상태 등에 따라 공간의 성격이 달라진다. 공간의 내용이나 성격에 따라서 구분되는 공간을 구역(zone)이라 하며, 이 구역을 구분하는 것을 조닝이라 한다. 주거공간의 조닝계획은 생활공간, 사용시간, 주 행동, 행동반사, 사용자의 프라이버시 및 사용빈도에 의한 분류 등으로 구분할 수 있다.

13 ③

르 코르뷔지에

스위스 태생의 프랑스 건축가. 인체의 치수에 바탕을 둔 모듈시스템을 창안하고 디자인에 응용한 '집은 살기 위한 기계'라는 건축관을 표방하기도 하였다. 주요 작품으로 롱샹 성당, 사보이 주택 등이 있다.

14 ①

② 유사조화는 대비보다 통일에 가깝다.
③ 단순조화는 단일 주제나 동일 이미지가 요구될 때 사용한다.
④ 대비조화는 형식적, 외형적으로 상반되는 요소의 조합을 통하여 주로 성립된다.

15 ②

조화

두 개 이상의 요소 또는 부분적인 상호관계에서 이들이 서로 배척 없이 서로 어울리면서 통일되어 전체적으로 미적, 감각적인 효과를 극대화시키며 발휘하는 상태를 말한다.

16 ④

VMD의 구성

① IP(Item Presentation) : 기본상품의 정리. 선반, 행거
② PP(Point of Sale Presentation) : 한 유닛에서 대표되는 상품 진열. 상단 전시, 테마 진열
③ VP(Visual Presentation) : 상점의 이미지 패션테마의 종합적인 표현. 파사드, 메인스테이지, 쇼윈도
※ POP(Point of Purchase) : 상점 내에 전시되는 상품을 보조하는 부분으로 새로운 상품소개 및 브랜드에 대한 정보를 제공하거나 상품의 사용법, 특성, 가격 등을 안내하는 역할을 한다.

17 ②
① 롤 블라인드(Roll blind) : 돌돌 말아 올려 차양을 만드는 블라인드. 쉐이드라고도 한다.
③ 수직형 블라인드(Vertical blind) : 수직으로 뻗은 날개로 햇빛을 차단하는 블라인드
④ 수평형 블라인드(Venetian blind) : 날개의 각도로 채광량을 조절하거나 각도가 닫힌 상태로 블라인드의 수직폭에 변화를 주어 채광량을 조절할 수도 있다.

18 ③
③은 셔터창이며, 망사창은 파선으로 표시한다.

19 ②
인간의 편리성을 위해서는 입식의 실내디자인을 추구하는 것이 바람직하다.

20 ④
초기기독교 양식 → 비잔틴 양식 → (로마네스크) → 고딕 양식 → 르네상스 양식

21 ②
초록은 안전, 구급의 의미를 가지며, 의무실, 비상구, 대피소 등에 사용된다.

22 ③
병치혼합(병치가법혼합)
• 서로 다른 색이 조밀하게 병치되어 있어 서로 혼합되어 보이는 현상
• 색의 혼합이기보다 옆에 배치해두고 본다는 시각적인 혼합이라 할 수 있다.

• 사진인쇄, 컬러인쇄나 컬러TV 등에서 사용된다.
• 점묘파 화가들이 병치혼합을 주로 사용하였다.

23 ④
색채지각은 연상과 상징 등과 함께 경험되는 심리적 현상과 밀접한 연관성을 가진다.

24 ②
노랑은 색료의 혼합으로 얻을 수 없는 기본색이다. 단, 색광의 혼합으로는 얻을 수 있다.

25 ②
색채의 흥분·진정, 시간성·속도감
• 3속성 중 색상이 주로 큰 영향을 미친다.
• 난색은 흥분 효과가 있고, 한색은 진정 효과가 있다.
• (고명도·고채도, 난색, 장파장)색은 시간이 길게, 속도감은 빠르게 느껴진다.
• (저명도·저채도, 한색, 단파장)색은 시간이 짧게, 속도감은 느리게 느껴진다.

26 ③
① 거실은 안정감을 줄 수 있는 무채색 또는 중간채도의 색을 사용한다.
② 부엌 작업대는 밝은 색을 사용하여 청결유지에 용이하도록 한다.
④ 침실은 따뜻한 분위기를 줄 수 있는 난색을 사용한다.

27 ③
소면적 제3색각 이상
정상 시감각을 갖고 있어도 아주 작은 면적의 색을 볼 때 색각 이상자와 유사한 색각 혼란이 오는 것을 의미한다. 예를 들어 아주 작은 크기로 섞인 동그라미 안에 칠해진 검정과 남색은 명확하게 구분하기 어렵다.

28 ③
CMYK
감산혼합의 3원색인 C(시안), M(마젠타), Y(노랑)의 3색에 K(검정)를 포함한 4색을 조합해서 사용하는 색채모드로 주로 인쇄에서 사용된다. 이론상 3원색을 모두 혼합하면 검정을 얻을 수 있으나 실제

로는 완전한 검정을 구현할 수 없으므로 검정색 잉크를 별도로 추가하여 4색을 기본으로 한다. CMYK는 인쇄과정의 제약으로 RGB에 비해 색상의 구현 범위가 좁다.

29 ③
가산혼합의 혼합색
- 빨강(Red)+초록(Green)=노랑(Yellow)
- 파랑(Blue)+초록(Green)=시안(Cyan)
- 파랑(Blue)+빨강(Red)=마젠타(Magenta)
- 빨강(Red)+초록(Green)+파랑(Blue)=흰색(White)

30 ②
JPEG(joint photographic experts group)
풀 컬러와 그레이 스케일의 압축을 위하여 고안된 형식으로 GIF에 비해 데이터의 압축 효율이 좋다. GIF는 256색을 표시할 수 있는데 반해 JPEG는 1600만 색상을 표시할 수 있어 고해상도 표시장치에 적합하다. 또한 이미지를 만드는 사람이 이미지의 질과 파일의 크기를 조절할 수 있어 유용하다. 가령 이미지가 큰 파일을 아주 작은 크기의 파일로 압축하려 하면 이미지의 질이 그만큼 떨어지게 된다. 그러나 JPEG 압축기술을 이용하면 이를 적절히 조절하여 이미지에 손상에 가지 않도록 이미지를 압축할 수 있다.

31 ④
바르셀로나 의자(Barcelona Chair)
1929년 바르셀로나 국제 전시회인 독일 전시장에 비치된 의자로 건축가 미스 반 데어 로에가 디자인했다. 스틸 소재의 X자 다리가 인상적이다.

32 ③
① 폴딩 체어(folding chairs) : 접어서 보관 및 운반할 수 있는 의자
② 풀업 체어(pull-up chairs) : 이동하기 쉽고 잡기 편하며 여러 개를 겹쳐 들고 운반하기 쉬운 간이 의자
④ 라운지 체어(lounge chairs) : 가장 편하게 휴식을 취할 수 있는 의자. 반쯤 기댄 자세에서 휴식을 취할 수 있으며, 팔걸이, 발걸이, 머리받침이 조합되는 것이 보통이다. 안락감을 위해 각도

조절, 회전 등이 가능한 기계장치가 부수적으로 추가된다.

33 ③
색상은 시각적 암호화 방법에 사용된다.

34 ④
은유적인 단어가 아니라 직관적인 단어를 사용해야 한다.

35 ①
P_0=기준음압, P_1=측정음의 음압일 때
$10\text{dB} = 20\log\left(\dfrac{P_1}{P_0}\right)$ 이므로 $10\text{dB} = 20\log(10^{\frac{1}{2}})$
$\therefore \dfrac{P_1}{P_2} = \sqrt{10}$

36 ④
학습(learning)의 특징
- 성인교육에서는 외적 보상보다 업무와 관련된 내재적 보상이 효과적이다.
- 학습을 통하여 배운 내용은 실제 사회생활로 전이된다.
- 긍정적 보상(상)이 부정적 보상(벌)보다 효과적이다.
- Gagné의 누적 학습순서모형에 따르면 자극-반응관계를 이용한 교육이 개념교육보다 선행되어야 한다.

37 ④
① 손잡이의 치수는 조작에 필요한 힘의 크기에 맞춰 만들어야 한다.
② 조작력은 작으나 정밀한 눈금을 맞출 때에는 가급적 손잡이의 크기를 작게 한다.
③ 서랍의 손잡이는 재질의 차이에 따라 치수를 달리한다.

38 ②
발끝점
첫째 또는 둘째발가락 중 더 긴 발가락의 끝

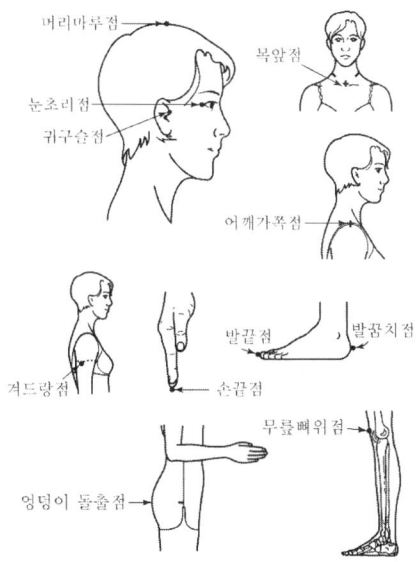

39 ②
픽토그램(pictogram)
그림(picture)과 전보(telegram)의 합성어. 국제적인 행사 등에서의 사용을 목적으로 제작된 그림문자이자, 언어를 초월해서 직감으로 이해할 수 있도록 표현된 그래픽 심벌을 말한다. 픽토그램은 의미하는 내용을 상징적으로 시각화하여 사전에 교육을 받지 않고도 모든 사람이 즉각적으로 이해할 수 있어야 하므로 단순하고 의미가 명료해야 한다.

40 ①
작업장의 온도가 높고, 소음관리 시스템의 효율이 떨어졌을 때는 냉방조치를 취하고 소음을 줄일 수 있도록 기계장치와 작업시스템을 점검하는 조치가 필요하다.

41 ①
열전도율이 낮아야 단열성능이 좋다.

42 ②
구조적으로 가장 튼튼한 것은 영식 쌓기이다.

43 ④
수용성 방부제
- 황산구리 1% 용액 : 방부력은 좋으나 철근부식의 우려가 있으며 인체에 유해하다.
- 염화 제2수은 1% 용액 : 방부효과가 우수하지만 철물 사용 시 부식현상이 일어나며 인체에 유해하다.
- 플루오르화나트륨(불화소다) 2% 용액 : 철재, 인체에 모두 무해하며 페인트 도장이 가능하지만 고가이며 내구성이 비교적 좋지 않다.
- 염화아연 4% 용액 : 방부성은 좋지만 흡수성이 있어 목질부를 약화시키고 전기전도율이 높아지고 페인트칠은 곤란해지는 단점이 있다.

44 ①
쇄석 콘크리트
강도가 큰 암석을 분쇄하여 만든 쇄석자갈을 조골재로 한 콘크리트. 보통 콘크리트에 비해 모난 골재가 서로 엉겨 유동성이 적고 가공성과 시공연도가 나쁘지만, 이런 점을 주의하여 작업하면 강도는 커진다.

45 ③
메타크릴 수지
열가소성 합성수지의 일종으로 투명도가 높고 자외선 투과율이 보통유리보다 높다. 표면광택이 우수하고 내약품성 및 내후성도 좋으며, 역학적 성질이 뛰어나고 굴절률도 높아서 유기유리로서 용도가 넓다.

46 ②
황동은 구리와 아연의 합금으로 내구성이 좋으며 건축 부품, 창호 철물 등으로 사용된다.

47 ③
안방수는 바깥방수보다 시공이 용이하고 보수가 쉽다.

48 ②
유리의 화학적 성질
- 약산에는 침식되지 않지만, 염산, 황산, 질산 등에는 서서히 침식된다.
- 불화수소에 의해 규산 성분을 잃게 되는데 이 성질을 이용하여 유리면에 눈금이나 표지를 만들기도 한다.
- 공기 중의 탄산가스나 암모니아, 황화수소, 아황산가스 등에 오랜 시간 노출되면 변색, 마모된다.
- 자외선, 라듐, X선에 침식되어 분해, 착색, 반점

등이 생긴다.

49 ④
- 유기질 단열재 : 경질 우레탄폼, 셀룰로오스 섬유판, 연질 섬유판, 발포 폴리스티렌, 코르크판 등
- 무기질 단열재 : 유리섬유, 암면, 세라믹 파이버, 펄라이트판, 규산 칼슘판, ALC 등

50 ④

팽창시멘트
- 경화 도중 팽창을 주어 수축률을 20~30% 정도 감소시키고 철근에 케미컬 프리스트레스를 주는 시멘트이다.
- 석회, 보크사이트, 석고를 원료로 하여 소성 후 분쇄한 것을 포틀랜드 시멘트에 혼합하여 제조한다.
- 흄관 등 거푸집 구속 증기양생을 하는 콘크리트 제품에 혼입하여 균열을 제거하고 강도를 증가시킨다.
- 바닥슬래브 등에 균열을 제거하기 위한 현장 콘크리트용으로 쓰인다.
- 역타설 콘크리트에 혼입하여 이어치기의 개선에 쓰인다.
- 수조 등의 콘크리트 구조물에 케미컬 스트레스를 도입한다.

51 ④

바닥 줄눈은 황동제를 사용한다.

52 ④

가력방향이 섬유와 평행할 경우, 목재의 강도 크기는 일반적으로 인장강도 > 휨강도 > 압축강도 > 전단강도 순이다.

53 ①

공극률(V) = $(1 - \dfrac{\text{전건비중}}{1.54}) \times 100(\%)$ 이므로

∴ 공극률(V) = $(1 - \dfrac{0.3}{1.54}) \times 100 ≒ 80.5(\%)$

54 ①

점토는 불순물 함유량이 높을수록 비중이 작아진다.

55 ③

타일의 할증률은 3%이다.

56 ②

통나무는 보통 길이 1m마다 둘레가 1.5~2cm씩, 즉 길이의 1/60씩 밑둥이 굵어진다. 따라서 총길이 6m 미만과 이상인 것으로 구분하여 계산하는데, 주어진 통나무의 길이는 5.5m이므로 통나무 마구리 지름을 한 변으로 하는 정사각형을 밑둥으로 하는 직육면체로 체적을 계산한다. 이렇게 하면 양끝에서 남는 부분과 모자라는 부분이 거의 일치하여 통나무 부피의 근사값을 구할 수 있다.

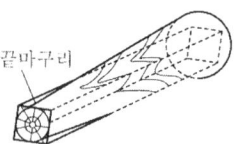

따라서 통나무의 총 재적은
$0.2m \times 0.2m \times 5.5m \times 5$개 $= 1.1m^3$ 이다.

57 ④

아스팔트 타일
- 작업 후 직사광선을 받으면 다소 수축하여 맞춤새 틈이 벌어지는 단점이 있다.
- 보통 두께 3mm, 길이 30cm 크기가 주로 쓰이며 접착제로 붙여 시공한다.
- 염화비닐계 타일과 비교하여 내마모성, 내유성은 떨어지지만, 내수, 내습, 내산성이 좋아서 물을 많이 쓰는 곳에 적합하다.
- 내열성이 없기 때문에 온도가 높거나 열을 받는 곳에는 사용하지 않는 것이 좋다.

58 ④

유리블록(Glass Block)
속빈 상자모양의 유리 2장을 맞대어 붙이는 방식으로 제작된다. 저압 공기가 들어 있어 실내가 보이지 않게 하고 채광을 하며 환기는 불가능하다. 가시광선의 투과율은 70~80%이며 차음 효과는 보통 판유리보다 좋고, 칸막이 벽, 방음 및 단열, 장식용으로 쓰인다.

59 ③

시멘트는 응결 초기 경화열에 의한 수축균열이 일어난다. 이를 방지하기 위해 저열시멘트나 중용열

시멘트 등의 재료를 사용하고 응결지연제를 첨가하기도 한다.

60 ②
시멘트 화합물의 분류

규산3칼슘 (C₃S) 3CaO·SiO₂	28일 이전의 조기강도에 기여하는 성분으로 조강포틀랜드시멘트에 많이 포함된다. 수화열이 크며 경화속도가 빠르다.
규산2칼슘 (C₂S) 2CaO·SiO₂	28일 이후의 장기강도에 기여하는 성분으로 중용열포틀랜드시멘트에 많이 포함된다.
알루민산3칼슘 (C₃A) 3CaO·Al₂O₃	1일 이내 수화에 영향을 주며 높은 수화열이 발생하며 응결이 빠르므로 석고로 조절한다. 이 성분은 시멘트 내에서 황산염과 반응하여 체적변화를 일으키므로 사용에 주의해야 한다.
알루민산철4칼슘(C₄AF) 4CaO·Al₂O₃·Fe₂O₃	산화철을 포함하여 콘크리트의 색에 영향을 주며 황산염에 대한 저항력이 뛰어나다.

61 ①
칵테일 파티 효과(cocktail party effect)
파티와 같이 분주한 곳에서 여러 사람들이 모여 시끄럽게 이야기하고 있음에도 자신이 관심 갖는 사람의 이야기를 골라 들을 수 있는 현상을 말한다. 소음 속에서도 한 화자에게만 주의하고 유사한 공간위치에서 들려오는 다른 대화를 선택적으로 걸러내는 능력을 묘사하기도 한다.

62 ②
최적잔향시간은 실의 용도에 따라 다르게 적용된다.

63 ②
옥내소화전의 송수구는 지면으로부터 높이가 0.5m 이상 1m 이하의 위치에 설치해야 한다.

64 ④
도르노선(=건강선, 생명선)
자외선 중 파장이 270~320nm인 것에 해당한다. 생체에 미치는 작용이 가장 강하고, 적외선과는 달리 열작용이 없으므로 냉선이라고도 하며, 여러 가지 화학적 변화를 일으키기 때문에 화학선이라고도 한다. 자외선은 에르고스테롤로부터 비타민 D를 형성하는 작용이 있지만 피부를 검게 태우고 피부암 유발요인이 된다.

65 ④
급수관과 배수관은 교차매설을 하지 않는 것이 좋지만, 부득이하게 교차될 때는 배수관의 윗부분에 급수관을 매설한다.

66 ④
① 복사는 물질을 구성하는 원자 집단이 열에 의해서 들뜨게 되어, 그 결과 전자기파를 복사하는 현상이다. 물이나 공기와 같은 매개체가 없는 진공상태의 우주에서도 열복사가 발생한다.
② 흡수율이 큰 표면이 복사율도 크다.
③ 물체의 복사열량은 그 표면 절대온도의 4제곱에 비례한다(슈테판-볼츠만 법칙).

67 ②
① 급탕배관은 상향 구배로 하는 것이 원칙이다.
③ 배관에 신축이음쇠를 설치하고 요철은 되도록 두지 않고 배관한다.
④ 순환펌프를 사용하여 급탕관과 반탕관 내 온수의 순환을 원활하게 해야 한다.

68 ④
화재 분류
- A급 화재(백색화재) : 연소 후 재를 남기는 화재로 일반화재를 말함. 나무, 종이 등
- B급 화재(황색화재) : 석유, 가스 등의 화재. 질식에 의한 소화
- C급 화재(청색화재) : 전기 및 누전 원인. 물 사용 금지. 질식에 의한 소화
- D급 화재(무색) : 나트륨, 마그네슘 등 활성 금속에 의한 화재
- K급 화재(주방화재) : 동·식물유를 취급하는 주방 조리기구에서 일어나는 화재

69 ④
급탕량의 산정 방식
급탕단위 산정, 사용 기구수 산정, 사용 인원수 산정

70 ①

일사 차폐물에 의해 차폐된 후의 실내에 침입하는 일사열의 비율을 일사 차폐계수라 하며, 두께 3mm의 투명한 보통 유리창으로부터 침입하는 일사열을 1로 하여 이를 기준으로 계산한다.

※ 일사취득열량은 유리창의 차폐계수에 비례한다.

유리	차폐계수
보통 유리 3mm	1.00
보통 유리 6mm	0.95
보통 유리 12mm	0.85
흡수 유리 6mm	0.69
흡수 유리 12mm	0.53

71 ③

지하층 거실의 바닥면적의 합계가 1000m² 이상인 층에는 환기설비를 설치하여야 한다.

72 ①

방화에 장애가 되는 용도의 제한
다음 각 호의 어느 하나에 해당하는 용도의 시설은 같은 건축물에 함께 설치할 수 없다.

- 노유자시설 중 아동관련시설 또는 노인복지시설과 판매시설 중 도매시장 또는 소매시장
- 단독주택(다중주택, 다가구주택에 한정), 공동주택, 제1종 근린생활시설 중 조산원 또는 산후조리원과 제2종 근린생활시설 중 다중생활시설

73 ①

피난구조설비
피난기구(미끄럼대·피난사다리·구조대·완강기·다수인 피난장비·승강식 피난기), 인명구조기구(방열복·방화복·안전헬멧·보호장갑·안전화·인공소생기·공기호흡기), 유도등(피난구유도등·통로유도등·유도표지·객석유도등), 비상조명등 및 휴대용 비상조명등

74 ③

주거시설(단독주택 중 다중주택·다가구주택·공관, 공동주택, 숙박시설, 의료시설)의 내화구조 성능기준

층수/최고 높이(m)		벽						보·기둥	바닥	지붕틀
		외벽			내벽					
		내력벽	비내력벽		내력벽	비내력벽				
			연소우려가 있는 부분 (가)	연소우려가 없는 부분 (나)		간막이벽 (다)	샤프트실의 구획벽 (라)			
12/50	초과이하	2	1	0.5	2	2	2	3	2	1
	이하	2	1	0.5	2	1	1	2	2	0.5
4/20 이하		1	1	0.5	1	1	1	1	1	0.5

(단위 : 시간)

75 ④

가구·세대 등 간 소음 방지를 위하여 국토교통부령으로 정하는 바에 따라 설치하는 경계벽 및 바닥 기준

벽체의 구조	기준 두께
철근콘크리트조, 철골철근콘크리트조	10cm(15cm) 이상
무근콘크리트조, 석조	10cm(20cm) 이상 〈시멘트모르타르, 회반죽 또는 석고플라스터 바름두께 포함〉
콘크리트블록조, 벽돌조	19cm(20cm) 이상
조립식 주택부재인 콘크리트판	12cm 이상(다가구주택 및 공동주택만 해당)
각 항목 외에 국토교통부장관이 정하여 고시하는 기준에 따라 국토교통부장관이 지정하는 자 또는 한국건설기술연구원장이 실시하는 품질시험에서 그 성능이 확인된 것	

76 ③

처마높이
지표면으로부터 건축물의 지붕틀 또는 깔도리 상단(목조), 기둥 상단높이(철골·RC), 테두리보(조적) 아래

77 ②

조적식 구조인 건축물 중 2층 건축물에 있어서 2층 내력벽의 높이는 4m를 넘을 수 없다.

78 ③

벽의 내화구조 기준
㉠ 철근콘크리트조 또는 철골철근콘크리트조로서 두께가 10cm 이상인 것
㉡ 골구를 철골조로 하고 그 양면을 두께 4cm 이상의 철망모르타르 또는 두께 5cm 이상의 콘크리트블록·벽돌 또는 석재로 덮은 것
㉢ 철재로 보강된 콘크리트블록조·벽돌조 또는 석조로서 철재에 덮은 콘크리트블록 등의 두께가 5cm 이상인 것
㉣ 벽돌조로서 벽의 두께가 19cm 이상인 것
㉤ 고온·고압의 증기로 양생된 경량기포콘크리트 패널 또는 경량기포콘크리트블록조로서 두께가 10cm 이상인 것

79 ①
30층 호텔(숙박시설)의 6층 이상 거실면적은 25000m² 이므로

$$1 + \frac{25000\text{m}^2 - 3000\text{m}^2}{2000\text{m}^2} = 12$$

16인승 승강기를 설치하여야 하므로(÷2) 최소 6대 이상을 설치하여야 한다.

80 ②
손궤의 우려가 있는 토지에 대지를 조성하는 경우 다음의 조치를 하여야 한다. 다만, 건축사 또는 건축구조기술사에 의하여 해당 토지의 구조안전이 확인된 경우는 제외한다.
① 성토 또는 절토하는 부분의 경사도가 1:1.5 이상으로서 높이가 1m 이상인 부분에는 옹벽을 설치할 것
② 옹벽 높이가 2m 이상인 경우 이를 콘크리트구조로 할 것(옹벽에 관한 기술적 기준에 적합한 경우 제외)
③ 옹벽의 외벽면에는 이의 지지 또는 배수를 위한 시설외의 구조물이 밖으로 튀어 나오지 아니하게 할 것
④ 옹벽의 윗가장자리로부터 안쪽으로 2m 이내에 묻는 배수관은 주철관, 강관 또는 흄관으로 하고, 이음부분은 물이 새지 아니하도록 할 것
⑤ 옹벽에는 3m²마다 하나 이상의 배수구멍을 설치하여야 하고, 옹벽의 윗가장자리로부터 안쪽으로 2m 이내에서의 지표수는 지상으로 또는 배수관으로 배수하여 옹벽의 구조상 지장이 없도록 할 것
⑥ 성토부분의 높이는 법령에 따른 대지의 안전 등에 지장이 없는 한 인접대지의 지표면보다 0.5m 이상 높게 하지 아니할 것(절토에 의하여 조성된 대지 등 허가권자가 지형조건상 부득이하다고 인정하는 경우 제외)

2024년 2회 복원문제

01 ④

유니버설 스페이스(Universal space, 보편적 공간)
미스 반 데어 로에의 대표적 건축개념으로 그가 얘기한 'less is more'와 상통한다. 가장 기능적인 공간은 어떤 특정 기능을 갖지 않고 최소한의 장식과 최대한의 여유 공간을 가짐으로써 어떠한 목적, 어떠한 사용자, 어떠한 환경으로 변화하더라도 그것에 적응하여 사용될 수 있는 융통성이 극대화된 공간이라는 의미를 가진다.

02 ②

① 개구부는 가구배치와 동선계획에 큰 영향을 미친다.
③ 측창은 같은 크기의 천창보다 3배 정도의 많은 빛을 실내로 유입시킬 수 있다.
④ 회전문은 출입하는 사람이 충돌할 위험이 없으며 방풍실을 겸할 수 있는 장점이 있다.

03 ②

• 거실은 주거의 중심에 두되, 통로로 사용되지 않도록 주의해야 한다.
• 응접실과 객실은 방문객을 위한 공간이므로 가급적 현관에서 가깝게 배치한다.

04 ③

• 감리보고서(supervision report) : 감리담당자 또는 감리를 겸하는 설계자가 공사에 대한 감리업무를 수행하고 그 결과에 대해 보고하기 위해 작성하는 문서
• 공사 체크리스트(construction checklist) : 공사에 대한 사항들을 점검하기 위하여 작성한 서식. 공사 시 반드시 검사해야 할 사항에 대하여 기록한 것을 말하며 관련 법규를 준수하였는지, 공사에 대한 사업승인은 받았는지, 설계도면대로 시공을 하였는지 등에 대한 내용을 기입한다.
• 시방서(Specification) : 설계도면에서 나타낼 수 없는 사항을 문서로 적어서 규정한 것으로 사양서라고도 한다. 일반적으로 사용재료의 재질·품질·치수, 시공법과 주의사항, 공사의 성능, 특정 재료·공법 등의 지정, 완성 후의 기술적 및 외관상의 요구, 그 외 일반적인 총칙이 표시된다. 도면과 함께 설계의 중요한 부분을 이룬다.

05 ②

에스컬레이터 배치 형식

㉠ 직렬형 : 승객 시야가 가장 넓지만, 점유 면적이 크다.

㉡ 병렬단속형
• 에스컬레이터의 위치 확인이 쉽고 시야가 넓다.
• 승강이 혼잡하고 한 방향만 바라본다.
• 교통이 불연속적이고 서비스가 나쁘다.

㉢ 병렬연속형
• 교통이 이어지고 승강이 확실히 분할된다.
• 시야가 넓고 위치 확인이 쉽다.
• 시선이 마주치고 면적이 커진다.

ㄹ 교차형
- 점유면적이 가장 작고 승강 구분이 명확하여 혼잡이 적다.
- 시야가 좁고 위치 표시가 어렵다.

06 ①
ㄱ자형 부엌의 규모는 개수대, 가열대, 준비대(냉장고)의 중심을 정점으로 하는 작업삼각형의 길이를 5m 내외로 하는 것이 적합하다.

07 ④
황금비율에 의한 그리드는 직사각형으로 나타난다.

08 ②
비례
- 건축물이나 조형물의 각 부분 또는 부분과 전체와의 관계를 의미한다.
- 인체 측정을 통한 비례의 작용은 추상적, 상징적 비율이 아닌 기능적인 비율을 추구하는 것이다.
- 공간의 비례는 평면, 단면, 입면의 3차원으로 동시에 고려해야 한다.
- 비례의 원리는 대소의 분량, 장단의 차이, 부분과 부분 또는 부분과 전체와의 수량적 관계가 미적으로 분할되기 위한 것이다.

09 ①
동선의 3요소
속도(또는 길이), 빈도, 하중

10 ③
① 상업공간의 파사드, 주거공간의 서비스 야드와 같은 외부 공간도 실내디자인의 영역이 될 수 있다.
② 구조 및 재료에 대한 지식이 도움은 될 수 있으나, 구조적 해석이 실내디자인의 필수불가결한 업무영역이라 볼 수는 없다.
③ 실내디자인의 영역은 실내공간을 주 대상으로 함과 동시에 도시환경이나 가로공간에 연계되어 나타날 수도 있다. 이는 건물 외부에서 접근을 유도할 수 있는 디자인 요소들인 간판, 쇼윈도, 파사드 디자인 등이 있기에 도시환경과 가로공간까지 실내디자인의 영역이 닿는다고 말할 수 있다.
④ 실내디자인의 영역은 실내공간이 주가 되며 공간의 실용적 사용과 쾌적한 거주성을 반영하는 보편적 표현이 수반되어야 한다.

11 ③
아르데코(Art Deco)
20세기 초반 프랑스에서 등장한 시각 예술, 건축 및 디자인 양식이다. 아르누보가 수공예를 중시하며 곡선의 선율을 강조하고 공업과의 타협을 받아들이지 않았던 반면, 아르데코는 공업적 대량 생산을 미술과 결합시켜 기능적이고 고전적인 직선미를 추구하였다는 차이점이 있다.

12 ①
로마네스크 건축의 네이브 천장에는 석조 볼트가 적용되었다(배럴볼트와 리브볼트 혼용).

13 ①
조닝(zoning)
공간 내에서 이루어지는 다양한 행동의 목적, 공간, 사용시간, 입체 동작 상태 등에 따라 공간의 성격이 달라진다. 공간의 내용이나 성격에 따라서 구분되는 공간을 구역(zone)이라 하며, 이 구역을 구분하는 것을 조닝이라 한다. 주거공간의 조닝계획은 생활공간, 사용시간, 주 행동, 행동반사, 사용자의 프라이버시 및 사용빈도에 의한 분류 등으로 구분할 수 있다.

14 ①
② 콘크리트(강자갈)
③ 벽돌벽
④ 차단재(보온, 흡수, 방수 등)

15 ①

거친 질감은 무거운 느낌을 준다.

16 ③

단독주택의 현관은 동선에서 매우 중요한 주출입구이므로 도로 위치에 주된 영향을 받는다.

17 ③

모듈(Module)
구성재의 크기를 정하기 위한 치수의 조직으로서 건축의 계획상·생산상·사용상에 편리한 치수의 측정단위이다. 모듈 시스템을 적용하면 설계 작업이 단순화되고, 건축 구성재의 대량생산이 용이해지고, 생산단가가 저렴해지고, 현장작업이 단순하므로 공사기간을 단축할 수 있다.

18 ②

전시공간의 평면형태
㉠ 원형 : 전시실의 중앙에 핵심 전시물을 놓고 주변에 유사한 성격, 하위 성격의 전시물을 배치함으로써 전시의 주제를 강조하는 형태. 고정된 축이 없어 다소 불안정한 관람이 될 수 있는 단점이 있다.
㉡ 선형 : 한 방향으로 전시물을 관람하는 형태. 소규모의 폭이 좁은 전시공간에 적용된다.
㉢ 부채꼴형 : 관람자가 빠른 판단으로 다양한 선택을 할 수 있는 자유 관람 형태의 평면. 변화가 발생하면 관람자의 혼란이 야기될 수 있다. 소규모의 단일 주제 전시관에 적합하다.
㉣ 직사각형 : 공간형태가 단순하고 분명한 성격의 평면유형. 지각이 쉽고 명쾌한 관람이 될 수 있으나 다소 단조롭다.
※ 작은 실의 조합 : 각 실마다 개성을 부여하거나 별도의 주제, 연속적이면서 단락이 나누어지는 실을 구성할 수 있다. 관람자가 자유롭게 이동할 수 있도록 동선 유도장치가 필요한 유형으로 수직, 수평적 연속성을 부여할 수 있다.
※ 자유평면 : 형태가 복잡하면 한 눈에 들어오지 않아 전체적 파악이 어려우므로 전체조망이 가능한 한정공간에 적합하다.

19 ③

코니스(cornice)
유래는 고대 그리스 신전의 장식돌림띠로 서양식 건축 벽면 상부에 돌출된 수평돌림대를 일컫는다. 보통 벽면 상단 근처에 둘러져져 추녀 아래 외관을 돋보이게 하며, 층별로 두어 벽면 전체에 시각적으로 안정감을 준다. 장식적인 효과와 함께 벽면을 빗물로부터 보호하는 역할을 하는 추녀돌림띠를 말하기도 한다.

20 ④

병풍, 조명기구, 화초와 같이 기능적인 장식품도 있다.

21 ④

정량적 취급을 위해 색채의 연상·기호·상징성과 같은 복잡한 요인은 생략, 단순화시켰다는 비판이 있다.

22 ②

빨강은 7월 탄생석인 루비의 색으로, 정열·에너지·권력 등을 상징하고 심장질환 치료 등의 효과와 의미를 갖는다.

23 ②

- 마젠타(Magenta)+노랑(Yellow)=빨강(Red)
- 노랑(Yellow)+시안(Cyan)=초록(Green)
- 시안(Cyan)+마젠타(Magenta)=파랑(Blue)
- 마젠타(Magenta)+노랑(Yellow)+파랑(Cyan)= 검정(Black)

24 ③

기본 10색의 명도(V), 채도(C) 비교

색명	빨강(R)	주황(YR)	노랑(Y)	연두(GY)	녹색(G)
V/C	4/14	6/12	9/14	7/10	5/8
색명	청록(BG)	파랑(B)	남색(PB)	보라(P)	자주(RP)
V/C	5/6	4/8	3/12	4/12	4/12

25 ①

② 반사량이 높은 색이 채도가 높다.
③ 채도란 순색의 포화도를 뜻한다.
④ 무채색은 채도값이 없다.

26 ③

눈의 구조와 기능

- 각막 : 눈의 앞쪽 창문에 해당되는 이 부분은 광선을 질서 정연한 모양으로 굴절시킴으로써 보는 과정의 첫 단계를 담당한다(카메라에 빛이 들어오는 전면부분).
- 동공(동공 내 홍채) : 조절이 가능한 광선의 통로로 홍채를 통해 눈으로 들어오는 빛의 양을 조절(카메라의 조리개 역할)
- 수정체 : 각막, 방수, 동공을 통과하는 빛의 물체를 잘 볼 수 있도록 핀트를 맞추어 주므로 카메라의 렌즈에 해당된다(카메라의 렌즈 역할).
- 망막 : 빛이 수정체를 통과하면 수정체는 눈의 안쪽 후면 2/3를 덮고 있는 얇은 반투명 벽지 모양의 망막에 정확히 초점을 맞춘다(카메라의 필름 역할).
- 초자체 : 수정체 뒤와 망막 사이에 안구의 형태를 구형으로 유지하는 액체

27 ③

병치혼합(병치가법혼합)

- 서로 다른 색이 조밀하게 병치되어 있어 서로 혼합되어 보이는 현상
- 색의 혼합이기보다 옆에 배치해두고 본다는 시각적인 혼합이라 할 수 있다.
- PC, TV 모니터 등에서 사용된다.
- 신인상파(점묘파) 화가들이 병치혼합을 주로 사용하였다.

28 ③

디바이스 종속 색체계(device dependent color system)

인간의 시점이 아니라 각각의 디지털 장비 작동에 적합한 디지털 색 데이터를 사용하는 색체계. 모니터·휴대폰·디지털 카메라 등의 전자 장비는 각 특성에 따라 구현 색채 범위가 각각 다르므로 장비 간의 호환성이 없고 색채 정보가 서로 다르다. 따라서 같은 사물이라도 장비에 따라 다른 색채로 구현될 수 있다. (종속) RGB, (종속) CMY, HSB, LAB 시스템 등이 해당된다.

29 ④

한국산업표준(KS) 기준 기본색의 색상 범위

색상	범위	색상	범위
빨강	2.5R - 7.5R	주황	10R - 10YR
노랑	10YR - 7.5Y	연두	10Y - 2.5G
초록	10Y - 5BG	청록	7.5BG - 7.5B
파랑	2.5B - 5PB	남색	5PB - 10PB
보라	7.5PB - 10P	자주	2.5RP - 2.5R
분홍	10P - 7.5YR	갈색	7.5R - 5GY

30 ③

관용색명(慣用色名, individual color name)

고유색명 중에서 비교적 잘 알려져 옛부터 습관적으로 사용되고 있는 색명을 말한다. 고유한 색명으로 동물, 식물, 지명, 인명 등이며 피부색(살색), 쥐색 등의 동물과 관련된 색이름 및 밤색, 살구색 등 식물과 관련된 이름이 있다.

31 ③

반닫이

서민층에서 널리 사용된 전통 목재가구로 장이나 농을 대신한 수납용 가구이다. 앞판의 위쪽 반만을 문짝으로 하여 아래로 젖혀 여닫는다. 책, 옷 등을 넣어두는 큰 궤로 참나무나 느티나무 같은 두꺼운 널빤지로 만들어 묵직하게 무쇠 장식을 하였다.

32 ①

② 교자상 : 명절이나 축하연 때 음식을 차려 놓는 직사각형 또는 원형의 큰 상
③ 두리반 : 여러 사람들이 둘러 앉아 먹을 수 있게 만든 크고 둥근 소반. 받침이 각기둥 형태로 되어 있다.
④ 공고상 : 대궐·관청에서 관원이 숙식할 때, 상노가 음식을 차려 검은 보자기나 기름종이로 덮어서 이고 나른 음식상. 반면(盤面)은 보통 12모로 되어 있으며, 다리 부분 양쪽에 손을 넣어서 잡을 수 있도록 구멍이 뚫려 있다.

33 ④

① 계수형(Digital) : 정확한 값을 기계·전자적 수치로 나타낸다. 특정값을 정확하고 신속하게 읽기에 용이하며 판독 오차가 적고 판독시간이 빠르다. 단, 시간적 변화량 등의 표시에는 부적합하다.
② 동목형(고정지침) : 눈금이 움직이고 지침은 고정된 형식. 표시값이 변화하는 범위가 크고 계기판의 눈금을 작게 할 수 있는 형태. 역시 아날로그 장치에서 흔히 쓰이며 체중계 등에 쓰인다.
③ 그림표시형(Pictogram) : 변수의 대략적인 수치·변화의 추세 및 비율 등을 알고자 할 때 쓰이며 그림문자를 사용한다.
④ 동침형(가동지침) : 눈금이 고정되고 지침이 이동하는 형식으로 아날로그 표시장치에서 볼 수 있다. 대체적인 값이나 연속과정의 변화하는 값을 표시하기에 가장 적합하다. 값의 범위가 크면 비교적 적은 눈금판에는 모두 표시하기 곤란한 단점이 있다. 라디오 주파수 눈금, 오디오 볼륨 및 톤 레벨 표시 등에서 쓰인다.

34 ①

색시야(visual field for color)
색 감각이 망막부위에 따라 다르기 때문에 나타나는 시야에 있어 색각의 분포상태를 말한다. 정상 색각자의 시야 중심부에서는 빨강, 초록, 파랑을 지각할 수 있는 3색시이지만, 그 주변부에서는 파랑, 노랑의 계통 밖에 지각되지 않는 2색시가 된다. 더욱더 주변으로 가면 명암 밖에 지각되지 않는 단색시가 된다. 색시야는 색조에 따라 다르고, 흰색, 노랑, 파랑, 빨강, 초록의 순서로 좁아진다.

35 ②

$$\text{dB 수준} = 20\log\left(\frac{P_1}{P_0}\right)$$
$$= 20\log\left(\frac{100}{1}\right) = 20\log(10^2) = 40\text{dB}$$

여기서, P_0 : 기준음압, P_1 : 측정음압

36 ②

역치(threshold)
• 사람이 감각할 수 있는 자극의 최소량
• 절대역(자극역) : 어떤 자극을 탐지하는 데 필요한 최소한도의 자극 강도
• 최소식별차이(JND : Just Noticeable Difference) : 두 자극의 차이를 변별할 수 있는 최소한의 차이를 뜻한다. 즉, 두 자극 간의 변화 또는 차이를 탐지할 수 있는 감각체계의 능력으로 탐지 가능한 자극의 최소변화(차이식역)를 JND라고 한다.

37 ②

C/R비가 작을수록 민감한 제어이며 조종시간은 오래 걸린다.

38 ③

대비
$$= \frac{\text{종이의 반사율} - \text{글자의 반사율}}{\text{종이의 반사율}}$$
$$= \frac{75\% - 15\%}{75\%} \times 100(\%) = 80\%$$

39 ②

계기판의 눈금 숫자를 표시할 때 눈금의 수열은 1씩 증가하는 수열이 가장 좋고, 5, 10, 100씩 증가하는 수열도 나쁘지 않다. 2.5, 3, 4, 6씩 증가하는 것은 좋지 않은 방법이다.

40 ③

Weber의 법칙
• 물리적 자극을 상대적으로 판단하는데 있어, 변화 감지역은 사용되는 표준자극의 크기에 비례한다는 법칙이다.
• 한계효용체감의 법칙과 동일한 의미이다.
• I를 기준자극, ΔI를 JND라 하면 $\Delta I/I = C$(상수)로 일정하다.
• 기준자극이 커질수록 동일한 크기의 자극을 얻기 위해서는 더 강한 자극이 주어야 한다.
• 감각의 강도를 등차급수적으로 늘리기 위해서는 자극의 크기를 등비급수적으로 늘려야 한다고 정의된다.
• JND(최소식별차이, Just Noticeable Difference) : 두 자극의 차이를 변별할 수 있는 최소한의 차이다. 즉, 두 자극 간의 변화 또는 차이를 탐지할 수 있는 감각체계의 능력으로 탐지 가능한 자극 최소변화(차이식역)를 JND라고 한다.

41 ③

와이어 메시(wire mesh)
연강 철선을 격자형으로 짜서 접점을 전기 용접한 금속제품. 방형 또는 장방형으로 만들어 블록을 쌓을 때나 보호 콘크리트를 타설할 때 사용하여 균열을 방지하고 교차 부분을 보강하기 위해 사용한다.

42 ①

점토의 인장강도는 압축강도의 1/5 정도이다.

43 ②

실리콘(Silicon) 수지
열경화성 수지 중 하나로, 다른 합성수지에 비하여 내열성 및 내한성이 극히 우수하고(-80~260℃), 전기절연성 및 내수성·발수성·방수성이 우수한 수지이다. 접착제, 도료, 도막 방수재 및 실링재 등으로 사용된다.

44 ②

고로 슬래그
제철 공업의 용광로에서 철광석·석회석·코크스 등을 원료로 하여 선철을 제조할 때 얻어지는 부산물로 철광석 중에 불순물로서 포함되는 암석류가 석회와 화합하여 생긴 것을 말한다. 급랭 분쇄된 염기 1.4도 이상의 것은 그 잠재 수경성을 이용하여 고로 시멘트의 제조에 쓰인다. 자갈 모양으로 파쇄된 쇄석은 콘크리트 골재로서 사용된다. 이를 사용한 콘크리트는 다른 암석을 사용한 콘크리트보다 건조 수축이 감소한다.
※ 고로 시멘트와 고로 슬래그 쇄석을 사용한 콘크리트는 서로 다르다는 것을 유의한다.

45 ④

목재의 흠
- 껍질박이(입피) : 성장 도중 외상에 의하여 수피가 목재 내부로 말려들어간 것
- 옹이 : 본줄기에서 가지가 생기면서 발생하는 섬유의 교차부분
- 갈라짐 : 건조 등에 의해 내부에 갈라짐이 발생
- 썩음 : 부패균에 의해 섬유가 파괴됨
- 송진구멍 : 나이테 사이에 송진이 생기는 흠

46 ③

중밀도 섬유판(MDF, Medium Density Fiberboard)
섬유질, 특히 장섬유를 가진 수종의 나무를 분쇄하여 섬유질을 추출한 후 양표면용과 Core용의 섬유질을 분리하고 접착제를 투입하여 층을 쌓은 후 프레스로 눌러 표면 연마(Sending) 처리한 제품을 말한다.
- 천연목재보다 강도가 크고 변형이 적다.
- 습기에 약하고 무게가 많이 나가는 것이 단점이나 마감이 깔끔하여 많이 쓰인다.
- 곡면가공이 용이하여 다양한 형태로 만들 수 있어 인테리어 내장용으로 많이 사용된다.

47 ②

아스팔트의 침입도(PI, Penetration Index)
- 아스팔트의 경도를 표시한 값. 클수록 부드러운 아스팔트이다.
- 0.1mm 관입 시 침입도 PI=1로 본다(25℃, 100g, 5sec 조건으로 측정).
- 아스팔트 양부 판정 시 가장 중요하다. 침입도와 연화점은 반비례 관계이다.

48 ④

바탕재료는 바름을 할 대상물체의 재료(목재, 금속, 졸대, 벽돌, 콘크리트)를 말한다.

49 ②

팽창 혈암
혈암(頁岩)을 고온으로 소성, 팽창 발포시킨 인공 경량골재

50 ①

AE제를 쓰지 않아도 콘크리트 중에 함유된 부정형한 기포를 갇힌 공기(entrapped air)라고 한다.

51 ①

보통유리는 대부분의 자외선을 차단한다.

52 ③

섬유포화점 이상에서는 목재의 함수율에 관계없이 목재의 강도가 일정하고 섬유포화점 이하에서 함수율이 작아질수록 강도는 계속 커진다.

53 ①

샤모테(chamotte)

규산(SiO_2), 알루미나(Al_2O_3) 등을 주성분으로 하는 내화점토의 소성 분말을 말한다. 점토광물은 약 15%의 수분을 함유하므로 그대로 성형·소성하면 수축하여 변형·균열이 생긴다. 따라서 샤모트를 첨가하면 가소성을 좋게 하고 변형 및 균열을 방지하는 효과가 있다.

54 ②

석재의 내구연한
- 화강암 : 75~200년
- 대리석 : 60~100년
- 백운석 : 30~500년
- 석회암 : 20~40년
- 조립사암(입경 0.5mm 이상) : 5~15년
- 세립사암(입경 0.25mm 이하) : 20~50년

55 ④

① 영롱쌓기 : 벽면에 구멍이 나도록 쌓는 방식
② 불식쌓기 : 한 켜에 길이와 마구리가 번갈아 들어간다. 통줄눈이 생기므로 장식벽체로 사용한다.
③ 엇모쌓기 : 45° 각도로 쌓아서 벽돌 모서리가 면에 나오는 방식

56 ②

아스팔트 싱글의 구분(표준시방서 기준)

분류	단위 중량
일반 아스팔트 싱글	$10.3kg/m^2$ 이상, $12.5kg/m^2$ 미만
중량 아스팔트 싱글	$12.5kg/m^2$ 이상, $14.2kg/m^2$ 미만
초중량 아스팔트 싱글	$14.2kg/m^2$ 이상

57 ②

테두리보는 각 층의 내력벽 위에 연속해서 돌린 철근콘크리트보로서 분산된 벽체를 일체로 하여, 상부에서 오는 하중을 균등히 분포시키고, 집중하중을 받는 부분을 보강하기 위해서 설치한다. 또한 세로 철근의 정착과 벽면의 수직균열 방지 역할도 한다.

58 ③

벽돌 구매량=벽면적×단위수량×할증률
- 0.5B 쌓기 시 구매량
  = 4.5m×3m×75×1.03 ≒ 1044매
- 1.0B 쌓기 시 구매량
  = 4.5m×3m×149×1.03 ≒ 2073매

59 ③

보통 포틀랜드 시멘트의 응결시간
초결 1시간, 종결 10시간

60 ②

알루미늄 새시는 철재보다 부식에 강하고 사용연한이 길다.

61 ②

① 익형 : 후곡형과 다익형을 개량한 것. 박판을 접어서 유선형의 날개를 형성한 에어포일과 날개를 S자 모양으로 구부린 리미트로드 팬이 있다. 에어포일은 고속회전이 가능하며 소음이 작다. 리미트로드 팬은 풍량이 증가하면 과열되는 다익형을 보완한 것이다.
③ 관류형 : 원통 모양의 케이싱에 전동기를 직결한 날개바퀴를 내장한 것으로, 공기는 원심력으로 내보내고 원통 내벽을 따라 방향을 바꿔 축방향으로 흐른다. 옥상형 환기선 등에 사용되고 있다.
④ 방사형 : 블레이드가 방사형인 것으로 평판형과 전곡형이 있다. 자기청소(self cleaning)의 특성이 있어서 시멘트 공장과 같이 분진의 누적이 심하여 송풍기 날개의 손상이 우려되는 공장용 송풍기에 적합하다. 그러나 효율이나 소음면에서는 성능이 나쁘다.

62 ④

자연환기량은 풍속이 높을수록, 실내외 온도차와 압력차가 클수록, 공기유입구와 유출구의 높이차가 클수록 커진다.

63 ④

다공질형 흡음재
글라스울, 암면 등의 광물, 식물섬유류처럼 모세관이나 연속기포로 되어 있는 재료에 음이 입사하면 음파는 그 세공 속으로 전파하여 주벽과의 마찰이나 점성저항 및 재료 소섬유의 진동 등으로 음에너

지의 일부가 열에너지로 소비된다.
- 고주파음의 흡음률이 높고 재료의 두께나 공기층 두께를 증가시킴으로써 저주파수의 흡음률을 증가시킬 수 있다.
- 다공질 재료의 표면이 다른 재료에 의하여 피복되어 통기성이 저해되면 중·고주파수에서의 흡음률이 저하된다.
- 재료 표면의 공극을 막는 마감을 하지 말고 부착법과 배후공기층 관리를 철저히 해야 한다.

64 ②

복사는 고온의 물체 표면에서 저온의 물체 표면으로 공간을 통해 전자파에 의해 열이 전달되는 형태이다. 따라서 직접 접촉하지 않는 벽체의 표면온도에도 영향을 받게 된다.

65 ④

① 중앙식 급탕방식은 대규모 건물에 유리하다.
② 개별식 급탕방식은 가열기의 설치공간이 요구된다.
③ 중앙식 급탕방식의 간접가열식은 대규모 건물에 적합하다.

66 ②

습도유지를 위한 필요환기량

$$Q = \frac{W}{1.2(G_1 - G_0)} = \frac{12}{1.2(0.01 - 0.008)} = 5000 \, m^3/h$$

W : 실내의 수증기 발생량(kg/h)
G_1 : 실내공기의 절대습도(kg/kg')
G_0 : 신선공기의 절대습도(kg/kg')
1.2 : $1m^3$의 건조공기의 질량(kg), 즉 밀도

67 ②

열관류율(K)

$$K = \frac{1}{\frac{1}{a_1} + \frac{d}{\lambda} + \frac{1}{a_2}} = \frac{1}{\frac{1}{9.28} + \frac{0.1}{0.17} + \frac{1}{23.5}}$$

≒ $1.35 W/m^2 \cdot K$

68 ④

단선 결선도(single-line diagram)

배선이나 전기기기, 기구 등의 전기적인 연결을 상(相)의 수나 선의 수, 공간적 위치에 관계없이 간략한 심볼과 한 선으로 그려서 나타내는 결선도

69 ②

루프 통기관

2~8개의 기구조를 일괄 통기하는 통기관으로, 수직관에 접속하는 것은 회로 통기관, 신정 통기관에 접속하는 것은 환상 통기관이라 한다.

70 ②

팬코일 유닛 방식

전동기 직결의 소형 송풍기, 냉·온수 코일 및 필터 등을 구비한 실내형 소형공조기를 각 실에 설치하여 중앙기계실로부터 냉온수를 공급하여 공기조화를 하는 전수(水)방식이다.
- 전공기식에 비해 덕트 면적이 작다.
- 유닛을 창문 밑에 설치하면 콜드 드래프트를 줄일 수 있다.
- 각 실의 유닛은 수동으로도 제어할 수 있고, 개별 제어가 쉽다.
- 외기공급설비의 별도 설비가 요구되며 다수 유닛의 분산으로 관리가 어렵다.
- 전수 방식이므로 수배관으로 인한 누수가 우려된다.
- 팬코일 유닛 내에 있는 팬으로부터의 소음이 있다.
- 호텔 객실, 아파트 등에서 사용한다.

71 ①

거실의 반자높이

건축물의 용도	반자높이	예외 규정
일반용도의 거실	2.1m 이상	• 공장 • 창고시설 • 위험물 저장 및 처리시설 • 동물 및 식품관련 시설 • 분뇨 및 쓰레기처리 시설 • 묘지 관련 시설
• 문화 및 집회시설(전시장 및 동·식물원 제외) • 종교시설 및 장례식장 • 위락시설 중 유흥주점 ※ 관람석 또는 집회실로서 바닥면적 $200m^2$ 이상	4.0m 이상 (노대 아랫부분 : 2.7m 이상)	기계환기장치를 설치한 경우

72 ④

소방설비의 분류
- 소화설비 : 소화기, 옥내소화전, 옥외소화전, 스프링클러, 물분무 등 설비(가스계 소화설비)
- 경보설비 : 자동화재 탐지설비, 비상방송설비, 비상경보설비
- 피난구조설비 : 피난기구, 유도등, 비상조명등
- 소화용수설비 : 상수도소화용수, 소화수조
- 소화활동설비 : 제연설비, 연결송수관설비, 연결살수설비, 무선통신보조설비, 비상콘센트

73 ①

다음 각 호의 주택 소유자는 대통령령으로 정하는 소방시설(소화기 및 단독경보형 감지기)을 설치하여야 한다.
① 「건축법」 제2조 제2항 제1호의 단독주택
② 「건축법」 제2조 제2항 제2호의 공동주택(아파트 및 기숙사 제외)

74 ②

특급 소방안전관리대상물의 범위
① 50층 이상(지하층 제외)이거나 지상으로부터 높이가 200m 이상인 아파트
② 30층 이상(지하층 포함)이거나 지상으로부터 높이가 120m 이상인 특정소방대상물(아파트 제외)
③ ②에 해당하지 아니하는 특정소방대상물로서 연면적이 10만m² 이상인 특정소방대상물(아파트 제외)

75 ①

내수재료의 마감
제1종 근린생활시설(일반목욕장의 욕실, 휴게음식점의 조리장)과 제2종 근린생활시설(일반음식점, 휴게음식점의 조리장), 숙박시설에서 욕실 또는 조리장의 바닥과 그 바닥으로부터 높이 1m까지의 안벽의 마감은 내수재료로 하여야 한다.

76 ③

계단실의 벽체는 내화구조로 하고, 마감은 불연재료로 하며, 계단은 피난층 혹은 지상까지 직접 연결되도록 한다.

77 ④
① 위락시설
②, ③ 자동차 관련시설

78 ③

높이 13m 이상이거나 처마높이 9m 이상인 건축물은 구조계산에 따라 구조안전을 확인하여야 한다.

79 ③

환기·난방 또는 냉방시설의 풍도가 방화구획을 관통할 경우 그 관통부 또는 이에 근접한 부분에 다음 기준에 적합한 댐퍼를 설치한다.
- 철재로서 철판의 두께가 1.5mm 이상인 것
- 화재 발생 시 연기 발생·온도 상승에 의하여 자동적으로 닫힐 것
- 닫힌 경우에는 방화에 지장이 있는 틈이 생기지 아니할 것
- 산업표준화법에 의한 한국산업규격상 방화 댐퍼의 방연시험 방법에 적합한 것

80 ③

특정소방대상물에서 사용하는 방염대상물품은 소방방재청장(대통령령으로 정하는 방염대상물품의 경우 시·도지사)이 실시하는 방염성능검사를 받은 것이어야 한다.

2024년 3회 복원문제

01 ②
성격이 다른 동선은 교차되지 않도록 계획해야 한다.

02 ④
④는 측면판매에 대한 설명이다.

03 ④
상점 진열창의 현휘(눈부심) 현상 방지방법
① 주간 시 : 외부의 조도가 내부의 조도보다 10~30배 정도 더 밝을 때 반사가 생긴다.
  • 진열창 내의 밝기를 외부보다 더 밝게 한다(천공이나 인공조명 사용).
  • 차양을 달아 외부에 그늘을 형성한다(만입형이 유리).
  • 유리면을 경사지게 하고 특수한 곡면 유리를 사용한다.
  • 건너편의 건물이 비치는 것을 방지하기 위해 가로수를 심는다.
② 야간 시 : 광원에 의해 반사가 생긴다.
  • 광원을 감춘다.
  • 눈에 입사하는 광속을 적게 한다.

04 ③
아트리움(Atrium)
고대 로마 건축에서 지붕이 개방되어 빗물이나 물을 받기 위한 사각 웅덩이가 있는 중정을 의미한다. 초기 기독교 교회 정면에서 이어진 주랑이 사면에 있고 중앙에 세정식을 위한 분수가 있는 앞마당을 뜻하는데, 현대건축에선 기업 사옥·쇼핑몰과 같은 대규모 건축물 등에서 볼 수 있는 유리로 지붕이 덮여진 실내공간을 일컫는 용어로 사용되고 있다.
※ 아트리움은 개방형 업무공간이 아닌 휴식공간으로 활용된다.

05 ①

분트 도형
길이가 같은 두 개의 직선이 수직을 이루고 있을 때, 수직선이 수평선이 더 길게 느껴진다.
※ ② 뮐러 리어의 도형, ③ 포겐도르프 도형, ④ 자스트로 착시

06 ③
아라베스크(Arabesque) 문양
이슬람 건축과 미술에서 광범위하게 볼 수 있는 곡선 장식 무늬이다. 덩굴과 같은 식물이 뒤얽힌 모양을 아름답게 도안하여 나타낸 당초 무늬를 지칭하는데, 넓은 뜻으로는 복잡하게 이어지는 기하학 도형과 무늬화된 아라비아 문자도 아라베스크 문양에 포함된다. 이슬람 건축물인 모스크의 장식 문양으로 주로 사용했으며 건축물의 벽의 장식과 서책의 표지, 공예품 등에 폭넓게 사용하며 이슬람의 독특한 양식을 구축하였다.

07 ②
호텔의 기능에 따른 소요실 분류
㉠ 숙박부분 : 객실, 보이실, 메이드실, 린넨실
㉡ 공공부분 : 홀, 로비, 라운지, 식당, 연회장
㉢ 관리부분 : 프런트 오피스, 클로크 룸, 지배인실, 창고
㉣ 요리부분 : 주방, 배선실, 팬트리, 식품 창고
㉤ 설비부분 : 보일러실, 기계실, 세탁실

08 ②
버내큘러 디자인(Vernacular Design)
특정 문화 또는 지역에서 사용하는 일상적 관습이나 풍토에 의해 자연스럽게 형성된 디자인. 한 개인의 독창적 산물이 아닌 집단과 지역의 산물이며, 생태학적 결과이므로 미적 요소보다는 기능성이 중요시되며 누가 처음 창안했다거나 세부적인 디자인 과정은 거의 알려지지 않는 특징이 있다.

09 ②
오픈 오피스(개방형 배치)
• 단일공간에 경영관리, 직급에 따라 업무별로 분할해서 배치하는 형식
• 가구와 비품이 이동하기 쉽고 부서 간에 벽과 문이 없어 시설 및 관리비가 줄어든다.
• 그리드 플래닝을 적용하여 복도, 통로면적이 최소

화로 절약되고 공간낭비가 없어 사용할 수 있는 면적이 커진다.
- 동선이 자유롭고 커뮤니케이션도 용이하며 일반직에 대한 관리직의 감독이 용이하다.
- 프라이버시가 나쁘고 소음과 산만한 분위기로 업무능률이 저하될 수 있다.

※ 딱딱하고 획일적인 배치가 되므로 커뮤니케이션에 융통성을 부여하는 것은 어렵다.

10 ①
현관은 거실과 근접하되 직접 연결되는 것은 피해야 하며, 침실은 반드시 거실, 현관과 같은 공적인 공간으로부터 직접 연결되어서는 안 된다.

11 ①
유행은 시간에 따라 선호도가 달라지므로 되도록 유행을 크게 타지 않는 디자인을 하는 것이 바람직하다.

12 ②
쇼룸의 공간구성
- 상품전시공간 : 진열되는 상품을 디스플레이하기 위한 공간으로 진열대와 진열기구, 연출기구 등이 필요하다.
- 상담공간 : 관람자에게 상품에 대한 지식, 효율성 등의 정보를 설명하거나 구매상담에 응하기 위한 공간
- 어트랙션 공간 : 입구에서 관람객의 시선을 집중시켜 쇼룸의 내부로 관람객을 유인하는 역할을 한다. 전시 의도와 내용을 전달하기 위해 영상 디스플레이 장치, 모형, 동적 디스플레이 장치, 또는 실물 등의 기타 상징물이 놓이는 공간이다.
- 서비스 공간 : 전시상품에 대한 정보를 알리거나 관람자를 안내하기 위한 공간이다.
- 파사드 : 쇼윈도우의 출입구, 홀의 입구 뿐만 아니라 광고판, 광고탑, 사인 등을 포함한다.

13 ①
② 오픈 키친 : 칸막이와 같은 구획 시설물이 없이 완전히 개방된 형태의 주방
③ 독립형 부엌 : 부엌이 일실로 독립된 형태
④ 다용도 부엌 : 주방 외에 다른 가사활동도 겸할 수 있는 형태의 부엌

14 ①
② 보우 윈도우(bow window) : 곡선 형태로 볼록하게 내밀어진 창
③ 베이 윈도우(bay window) : 평면이 돌출된 형태의 창으로 장식품이나 화분을 두거나 간이 휴식공간을 마련할 수 있는 형식의 돌출창
④ 픽처 윈도우(Picture Window) : 바닥부터 천장까지 닿은 커다란 창

15 ②
프로시니엄(Proscenium)형 극장
- 연기자가 일정한 방향으로 공연하고 관객은 무대 정면을 바라보는 형태이다.
- 강연, 콘서트, 독주, 연극 등에 좋은 유형이다.

16 ③
치수의 단위는 mm이며, 단위기호 기입은 생략한다.

17 ④
감리보고서(supervision report)
감리전문회사에서 파견된 감리담당자 또는 감리를 겸하는 설계자가 공사에 대한 감리업무를 수행하고 그 결과에 대해 보고하기 위해 작성하는 문서. 감리담당자는 설계대로 시공되고 공사가 잘 진행되었는지 확인하고 이를 보고서로 제출하여야 한다. 또한 공사감리를 시행한 건축주는 감리 중간보고인지 완료보고인지 구분하여 공사 적합 여부를 확인하게 되어 있다. 그리고 관계법규에 의한 보고서 양식으로 각 항목에 해당하는 내용을 빠짐없이 기록하여 감리보고서를 해당 관청에 제출하도록 한다.

18 ②
②는 셔터창이다.

19 ②
도형과 배경의 법칙
도형과 배경이 순간적으로 번갈아 보이면서 다른 형태로 지각되는 심리. 루빈의 항아리와 같이 그림과 바탕이 교체되는 도형을 반전도형이라고 한다.

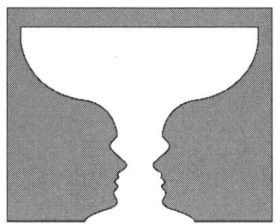

20 ④
- 개인공간 : 침실, 서재, 어린이방, 노인침실, 작업실
- 사회공간 : 식사실, 거실, 현관, 응접실
- 노동공간 : 주방, 세탁실, 가사실, 다용도실
- 보건·위생공간 : 화장실, 욕실

21 ②
① 명시성 : 두 가지 이상의 색·선·모양을 대비시켰을 때, 눈에 잘 보이는 성질
③ 메타머리즘(Metamerism, 조건등색) : 광원의 연색성과는 달리 서로 다른 두 가지 색이 하나의 광원 아래에서 같은 색으로 보이는 현상
④ 푸르킨예 현상 : 명순응시에는 빨강이나 주황이 상대적으로 밝게 보이고 암순응시에는 파란색이 밝게 보이는 현상

22 ②
저드(D.B. Judd)의 색채조화론(정성적 조화론)
- 질서의 원리 : 질서 있는 계획에 따라 선택될 때 색채는 조화된다.
- 친근성(숙지)의 원리 : 자연계의 색과 같이 쉽게 접하는 배색이 조화를 이룬다.
- 동류(공통·유사)의 원리 : 배색된 색들끼리 공통된 양상과 성질이 내포되어 있을 때 조화된다.
- 비모호성(명료성)의 원리 : 색상 차나 명도, 채도, 면적의 차이가 분명한 배색이 조화롭다.

23 ①
톤온톤(Tone on Tone) 배색
말 그대로 해석하면 '톤을 겹친다'라는 의미로, 동일 색상 내에서 톤의 차이를 두어 배색하는 방법이다. 예를 들어 동일 색상이면서 농담의 차이가 있는 밝은 베이지와 어두운 브라운의 배색이 그 전형적인 예이다.

24 ②
컬러 어피어런스(color appearance)
분석적 지각이 아닌 감성적, 시각적 지각 측면에서 외양상 보이는 대로 지각하게 되는 주관적인 색의 현시 방법. 조명 조건, 재질, 관측 위치에 따라 색이 다르게 보이는 특성을 뜻하며, 심리·물리학의 측면에서 보면 조명과 관찰 조건이 결합된 분광적 측면의 시각적 지각을 의미한다.

25 ②
색온도
발광되는 빛이 온도에 따라 색상이 달라지는 것을 절대온도(°K)로 표시한 것이다. 빛을 전혀 반사하지 않는 완전 흑체를 가열하면 온도에 따라 각기 다른 색의 빛이 나오는데 온도가 높을수록 파장이 짧은 청색 계통, 온도가 낮을수록 적색 계통의 빛이 나온다. 이때 가열한 온도와 그때 나오는 색의 관계를 기준으로 색온도를 정한다. 주변에서 흔히 보는 태양광은 5500~7000°K, 카메라 플래시는 5600~6000°K, 할로겐은 4000°K 전후, 백열등은 2500~3600°K, 촛불은 1800~2000°K가 된다. 온도가 높아질수록 빨간색 → 주황색 → 노란색 → 흰색 → 파란색의 과정으로 변한다.

26 ③
동화현상
- 대비효과와는 반대 현상으로, 옆에 있는 색과 닮은 색으로 변해 보이는 현상이다.
- 색상동화, 명도동화, 채도동화가 있으나 이들은 모두 동시적으로 일어나는 현상으로 줄무늬와 같이 주위를 둘러싼 면적이 작거나 하나의 좁은 시야에 복잡하고 섬세하게 배치되었을 때에 일어난다.

27 ③
비렌의 색과 형
- 적색-사각형
- 주황색-직사각형
- 녹색-육각형
- 노랑-삼각형
- 보라-타원
- 파랑-원(운동감 부여)

28 ④
먼셀 색체계의 기본 5색
R(빨강), Y(노랑), G(초록), B(파랑), P(보라)

29 ④
- prussian blue : 18세기 초 베를린에서 만들어진 안료의 색으로, 베를린 블루라고도 한다.
- peach : 잘 익은 복숭아처럼 약간의 노르스름한 빛을 띤 연분홍색
- cobalt blue : 알루민산 코발트가 주성분인 안료의 짙은 파랑색
- salmon pink : 연어살의 분홍빛에서 딴 색명

30 ④
세티(settee)
동일한 두 개의 의자를 나란히 합해 2인이 앉을 수 있도록 한 의자이다.
※ 라운지 소파 : 편히 누울 수 있도록 쿠션이 좋으며, 머리와 어깨부분을 받칠 수 있도록 한쪽 부분이 경사져 있다.

31 ④
유닛 가구
㉠ 디자인이나 치수를 조정하여 1세트로 조합된 형태의 가구
㉡ 책꽂이와 컴퓨터 책상, 수납장, 의자 등이 사용자의 편의에 맞게 위치를 변경하여 효율적으로 배치될 수 있다.

32 ④
사람의 손가락으로 직접 커서 위치를 조정하는 터치스크린의 조정 속도가 가장 빠르다.

33 ③
- 최소치 설계 : 의자의 높이, 선반의 높이, 엘리베이터 조작 버튼의 높이 등과 같이 도달거리에 관련된 것들의 치수 설계에는 5퍼센타일을 사용하는 경우가 많다.
- 최대치 설계 : 문, 탈출구 통로와 같은 여유 공간에 관련된 치수 설계에는 95퍼센타일을 사용하는 것이 보다 많은 사람들에게 만족할 만한 치수 설계가 될 수 있다. 그네 강도의 경우 최소한 얼마 이상이라는 치수를 적용하는 최대 집단치 설계에 해당된다.

34 ③
디자이너는 복수의 디자인 안을 만들어서 고객에게 전달하는 것이 좋다.

35 ①
근육에 공급되는 산소량이 부족한 경우 혈액 중에 젖산이 축적되며, 이는 근육 피로의 원인이 된다. 젖산은 유기성 과정에 의하여 물과 CO_2로 분해되어 발산된다. 일정 수준 이상의 활동이 종료된 후에도 한동안 산소가 더 필요하게 된다.

36 ①
A-가중데시벨[dB(A)]
- 사람의 귀로 들을 수 있는 음의 크기를 주파수에 대한 가중치 필터를 적용하여 상대적 단위(dB)로 나타낸 값을 말한다.
- 사람의 귀는 주파수 1000Hz 이하의 조용한 소리에서는 주파수가 낮아질수록 덜 민감하게 느끼기 때문에 실제로는 시끄러워도 주파수가 낮으면 조용하게 느끼게 된다. 이러한 특성을 반영한 것이 dB(A)이다.
- 컴퓨터 냉각용 팬의 소음 크기를 나타내는 등 여러 방면에서 널리 사용되고 있다.
- 큰 소리는 주파수에 따라 느끼는 정도가 거의 평탄하기 때문에 이러한 특성을 표현한 것이 dB(C)이다.
- A형과 C형의 중간에 B형이 있으나 거의 사용되지 않는다.
- dB(A)는 평가 데시벨(deciBell Adjusted)이라고도 한다.

37 ④
④는 저온의 작업환경에서 나타나는 인체 반응이다.

38 ②
숫자의 판별이 가장 용이하고, 구성암호가 가장 난해하다.

39 ②
일반적으로 신체 각 부위의 너비와 두께는 체중과 비례관계이다.

40 ②
점멸 융합 주파수(Flicker Fusion Frequence)
- 빛을 일정한 속도로 점멸시키면 '반짝반짝'하게

보이지만 그 속도를 증가시키면 계속 켜져 있는 것처럼 한 점으로 보이는 주파수를 뜻한다.
- 항상 일정한 값이 아니며 피로 상태에 있을 때 주파수가 떨어진다.
- 대뇌기능을 표현해주는 것으로, 정신피로의 척도로 사용되고 있다.
- 연습의 효과는 아주 적다.
- 휘도만 같으면 색은 VFF에 영향을 주지 않는다.
- VFF는 조명 강도의 대수치에 선형적으로 비례한다.
- 시표와 주변의 휘도가 같을 때에 VFF는 최대로 된다.
※ 점멸 융합 주파수는 4~5회에서 약 30Hz로 보며, 60Hz에서는 대부분의 사람이 계속 켜져 있는 것처럼 보인다.

41 ②
듀벨
㉠ 보의 이음부분에 볼트와 함께 보강철물로 사용된다.
㉡ 두 부재 사이의 전단력에 저항하는 목구조용 철물이다.

42 ②
엠보싱 벽지는 일반 종이벽지에 엠보싱 처리만 한 것이다.

43 ④
① 거친갈기 : 석재 갈기 마무리 중에서 가장 간단한 방법. 톱다듬이나 잔다듬한 판석을 원반에 걸어 샌드 페이퍼로 마무리한다.
② 물갈기 : 칠면 혹은 곱게 다듬은 석재면을 물 묻힌 연마나 숫돌 등으로 곱게 갈아 마무리하는 것
③ 본갈기 : 잔다듬한 표면을 금강사, 모래 등을 이용하여 연마해 매끄럽고 정교한 면을 만들어 광을 내는 것
④ 정갈기 : 연마재를 사용하여 표면을 평평하게 처리한 후 광내기 퍼프로 광택을 내어 마무리한 것

44 ②
한중 콘크리트 시공
- 콘크리트 타설 시의 온도는 10℃ 이상이어야 한다.
- 사용 수량은 가능한 한 적게 하며 시멘트 중량의 1% 이내 범위에서 염화칼슘을 가하거나 AE제를 사용하는 것이 좋다.
- 물과 골재는 가열하는 것이 가능하지만 시멘트를 가열해서는 안 된다.
- 빙설이 섞여 있거나 동결해 있는 골재는 그대로 사용할 수 없다.

45 ③
점토제품의 흡수율이 크면 모르타르 함유수를 흡수하여 백화 발생이 촉진된다.

46 ④
보통 유리의 주성분인 산화제2철이 자외선을 대부분 흡수하고 가시광선을 90% 이상 통과시킨다.

47 ③
- 목재 절건재의 무게
  $= 200cm \times 10cm \times 20cm \times 0.5g/cm^3 = 20kg$
- 목재 함수율
  $= \dfrac{28kg - 20kg}{20kg} \times 100(\%) = 40\%$

48 ①
- 본타일 : 타일 도장재의 일종으로 합성수지와 체질 안료를 혼합한 입체무늬 모양을 내는 뿜칠용 도료이다. 다채무늬 페인트 감과 달리 단색성으로 타일의 입체감만을 표현하며 부착력, 강도, 내후성이 높은 재료이다.
- 다채무늬 도료 : 2색 이상의 도료가 서로 용해 혼합되지 않도록 불용성 매체 속에 입자 모양으로 분산시켜 만들며, 1회의 분무 도포로 여러 가지 색이 포함되어 생기는 도료를 말한다.

49 ②
금속의 방식법
- 균질의 금속재료를 선택하고 사용할 때 큰 변형을 주지 않는다.
- 표면을 평활, 청결하게 하고, 건조한 상태를 유지하며, 녹은 작은 부분이어도 빨리 제거한다.
- 되도록 다른 금속재료끼리는 인접 또는 접촉시켜 사용하지 않는다.

- 가공 중에 생긴 변형은 가능한 한 풀림, 뜨임 등에 의하여 제거하여 사용한다.
- 도료나 내식성이 큰 금속으로 표면에 피막하여 보호한다.

50 ②
통재기둥
- 1층과 2층의 기둥이 하나의 부재로 이어진 것으로 중요한 모서리나 중간에 5~7m 길이로 배치한다.
- 단층 목조 건축물에서는 일반적으로 사용되지 않는다.

51 ③
일반적으로 널결이 곧은결에 비해 신축변화가 크게 생긴다.

52 ①
왕대공 지붕틀의 주요 부재와 받는 힘
㉠ 인장재 : 평보, 왕대공, 달대공
㉡ 압축재 : ㅅ자보, 빗대공

53 ③
공극률 = $\dfrac{2.7 - 1.5}{2.7} \times 100(\%) ≒ 44\%$

54 ④
석영
- 순수한 재료의 비중이 2.65이고, 무색, 흰색, 노랑, 빨강, 검정 등 여러 가지 색조를 나타내는 석재이다.
- 보통은 투명 또는 반투명하지만 때로는 불투명한 것도 있다.
- 유리상 광택이 강하며, 플루오르화수소산을 제외한 산과 알칼리에 대해 안정한 편이다.
- 광택과 화학적으로 안정한 성질 때문에 창문의 재료로 많이 쓰인다.
- 수정이라 부르는 것이 바로 석영이다.

55 ③
직접공사비 : 재료비+노무비+외주비+경비

56 ④
트래버틴의 주용도는 내장재이다.

57 ③
에칭 유리
- 불화수소 처리과정을 거쳐 유리 표면에 그림, 문자 등을 새겨 넣은 제품이다.
- 문양을 새겨 넣는 과정에서 유리의 강도가 낮아지게 되므로 에칭 유리의 두께는 최소 5mm 이상으로 하며, 8~10mm 제품이 가장 많다.
- 유리에 새겨진 문양이 빛을 분산시켜 시선을 차단할 뿐 아니라 반투명의 채광 효과로 은은한 분위기를 연출할 수 있다.

58 ③
실리콘(Silicon) 수지
열경화성 수지로 다른 플라스틱 재료에 비하여 내열성 및 내한성이 극히 우수하고(사용범위 -80~260℃), 전기절연성 및 내수성·발수성·방수성이 우수한 수지로 도막 방수재 및 실링재 등으로 사용된다.

59 ④
CP(주공정선)은 A → C → F이며, 총 소요일은 25일이다.

60 ④
항복비=항복점/인장강도

61 ④
절대습도(AH, Absolute Humidity)
단위중량(1kg)의 건조 공기 중에 포함되어 있는 수증기의 양(kg)

62 ①
내단열은 외단열에 비해 실온변동이 크다.

63 ③
① 광창 조명, ② 코니스 조명, ④ 광천장 조명

64 ③
잔향시간 $T = K\dfrac{V}{A}$
K : 비례상수(0.161)

V : 실의 용적
A : 흡음력($\bar{a}$[평균흡음률]×S[실내표면적])

용적이 5000m²인 실내공간의 잔향시간이 1.6초일 때 흡음력 A는 $5000 \times \frac{0.161}{1.6}$ = 약 500m²이다.

따라서 잔향시간이 1초가 되기 위한 흡음력은 $5000 \times \frac{0.161}{0.8} = 805$m²이므로 추가로 필요한 흡음력은 약 300m²이다.

65 ③
- ⊙ 전반확산조명 : 직접조명과 간접조명이 결합된 형태. 공간 전체를 균일하게 밝히며 눈의 피로가 적다.
- ⓒ 국부조명 : 특정부분만을 강하게 조명하여 강조를 하는 방법. 주로 스포트라이트가 사용된다.

66 ④
자기사이펀 방지대책
- 각개 통기관을 시공하고, 가급적 S트랩보다 P트랩을 쓴다.
- 배수구 바닥면의 구배가 완만한 기구를 쓴다.
- 트랩의 유출부분 단면적을 유입부분보다 크게 한다.

67 ④
① 단로스위치 : 1개 지점에서 On, Off가 이루어지는 1회선 스위치
② 절환스위치 : 전기회로의 절환에 사용되는 스위치. 로터리 스위치처럼 다접점, 다회로는 많지 않다. 약전용의 초소형부터 전등회로에 사용하는 3로 스위치, 전열기의 전력 절환 스위치 등이 있다.
③ 누전차단기 : 기기의 내부에서 누전사고가 발생했을 때나 외부 상자나 프레임 등에 접촉할 때 감전하는 것을 예방하기 위하여 사용한다. 전류 동작형과 전압 동작형이 있다.
④ 과전류차단기 : 전기회로에 정격전류 이상의 전류가 흐를 때 이로 인한 사고 예방을 위해 전류의 흐름을 끊는 기계이다. 퓨즈와 같은 용도로 사용되나 퓨즈는 한번 작동되면 새로운 것으로 교체해야 하지만 누전차단기는 계속 사용할 수 있다. 사용 용도에 따라 가정용에서부터 고압용까지 여러 종류의 차단기가 있다.

68 ②
통기수직관의 하단은 배수수직관에 45° 이상의 각도로 접속하거나 배수수평관에 접속하여 배수수직관 하부에서 발생하는 배수 계통의 높은 압력을 도출시킨다.

69 ②
투과손실(TL)
$TL = 10\log\frac{1}{100} = 10\log 10^{-2} = -20$dB

70 ①
- ⊙ 현열부하 H = 90kW × 3600kJ/h = 324000kJ/h
- ⓒ 송풍량 $Q = \frac{H}{C \times \gamma \times \Delta t}$
  $= \frac{324000}{1.21 \times 1 \times 10} = 26776.8$m³/h

여기서, C : 공기의 정압비열
γ : 공기의 비중량
Δt : 두 지점간 온도차
※ 지문에서 공기의 비중량이 주어지지 않았으므로 1로 계산한다.

71 ②
승용승강기의 설치대상
층수가 6층 이상으로서 연면적 2000m² 이상인 건축물
[예외] 층수가 6층인 건축물로서 각층 거실 바닥면적 300m² 이내마다 1개소 이상 직통계단을 설치한 경우

72 ③
소방공무원으로 근무경력이 20년 이상이어야 특급 소방안전관리대상물의 소방안전관리자로 선임될 수 있다.

73 ③
처마높이의 경우 9m 이상일 때, 구조기준 및 구조계산에 따라 그 구조의 안전을 확인하여야 한다.

74 ①

방화구조의 기준

구조 부분	방화구조 조건
철망모르타르 바르기	바름두께 2cm 이상
석고판 위에 시멘트 모르타르 또는 회반죽을 바른 것	두께의 합계 2.5cm 이상
시멘트모르타르 위에 타일을 붙인 것	
심벽에 흙으로 맞벽치기한 것	두께에 관계없이 인정
기타 한국산업규격이 정하는 바에 의하여 시험한 결과 방화 2급 이상에 해당하는 것	

75 ②

조적조의 경우 아래층과 위층 개구부 간 수직거리는 60cm 이상이어야 한다.

76 ①

소방청장은 화재안전정책에 관한 기본계획을 계획 시행 전년도 8월 31일까지 관계 중앙행정기관의 장과 협의를 마친 후 계획 시행 전년도 9월 30일까지 수립하여야 한다.

77 ②

① 철근콘크리트조 또는 철골철근콘크리트조로서 두께 10cm(비내력벽은 7cm) 이상인 것
③ 벽돌조로서 두께가 19cm 이상인 것
④ 고온·고압의 증기로 양생된 경량기포 콘크리트 패널 또는 경량기포 콘크리트 블록조로서 두께가 10cm 이상인 것

78 ①

급수·배수 등의 용도에 쓰는 배관설비의 설치 및 구조

- 배관설비를 콘크리트에 묻는 재료는 부식방지조치를 할 것
- 건축물의 주요부분을 관통하는 배관은 구조내력에 지장이 없도록 할 것
- 승강기의 승강로 안에는 승강기의 운행에 필요한 배관설비 외의 배관설비를 설치하지 않을 것
- 압력탱크 및 급탕설비에는 폭발 등의 위험을 막을 수 있는 시설을 설치할 것

79 ③

보를 증설 또는 해체하거나 세 개 이상 수선 또는 변경하는 것이 대수선의 범위에 속한다.

80 ②

방화구획의 기준

규모	구획 기준		비고
10층 이하의 층	바닥면적 1000m²(3000m²) 이내마다 구획		수평 기준
수직 구획	매 층마다 구획. 다만, 지하 1층에서 지상으로 직접 연결하는 경사로 부위는 제외		
11층 이상의 층	실내마감이 불연재료의 경우	바닥면적 500m² (1500m²) 이내마다 구획	( ) 면적은 스프링클러 등 자동식 소화설비를 설치한 경우
	실내마감이 불연재료가 아닌 경우	바닥면적 200m² (600m²) 이내마다 구획	

※ 실내마감이 불연재료이고 자동식소화설비가 설치된 경우 1500m² 이내마다 방화구획으로 해야 하므로 3000m²인 업무시설의 11층 이상 층은 2개의 영역으로 방화구획해야 한다.

part 8

모의고사 해설 및 정답

모의고사 해설 및 정답

모의고사 해설 제1회

01 ④

리듬

규칙적인 요소들의 반복으로 디자인에 시각적인 질서를 부여하는 통제된 운동감각. 리듬의 효과를 위해 사용되는 요소로 반복, 점진, 대립, 변이, 방사가 있다.

02 ②

가전제품류, 조명기구, 스크린(병풍) 등은 생활에 필요한 실용적 기능과 장식적 효과가 모두 고려되는 실내장식물이다.

03 ②

르 코르뷔지에의 모듈러(Le modulor)

인체의 수직 치수를 기본으로 해서 황금비를 적용, 전개하고 여기서 등차적 배수를 더한 것으로서 인체 각 부위의 비례에 바탕을 둔 치수 계열이다. 르 코르뷔지에가 모듈러를 설정하고 적용한 첫 건축물은 마르세이유의 주택 단지이다.

04 ①

선의 종류와 느낌

- 직선
  ⓐ 수평선 : 안정, 평화, 침착, 정적, 무한, 평등
  ⓑ 수직선 : 엄격성, 위엄성, 절대, 위험, 단정, 신앙, 고상함
  ⓒ 사선 : 차가움과 따뜻함이 포함된 운동성(약동감)을 나타내며 불안정한 느낌을 준다.(운동, 변화, 반항, 공간감)
- 곡선 : 우아하고 여성적 이미지를 가지며 유연성을 갖고 감정적이다.

05 ④

① 천장은 수평적 요소이다.
② 천장은 바닥이나 벽에 비해 접촉빈도가 거의 없다.
③ 천장은 시대와 양식에 의한 변화가 현저한데 비해 바닥은 매우 고정적이다.

06 ①

ㄱ자형 부엌의 규모는 개수대, 가열대, 준비대(냉장고)의 중심을 정점으로 하는 작업삼각형의 길이를 5m 내외로 하는 것이 적합하다.

07 ②

하모니카 전시

전시평면이 하모니카 흡입구처럼 동일한 공간으로 연속되어 배치되는 전시기법으로 전시내용이 통일된 형식 속에서 반복되어 나타나는 방법으로 동일 종류의 전시물을 전시할 때 유리하다.

08 ③

개구부는 건축구조 요소로 활용될 수 없으며 하중의 영향을 받지 않아야 한다.

09 ③

실내디자인의 조건

- 기능적 조건 : 공간 규모, 동선, 공간의 용도 및 기능, 각 실 배치 등을 고려한다.
- 물리·환경적 조건 : 기상, 기후, 냉난방, 일조, 환기 등을 고려한다.
- 정서적 조건 : 사용자의 서정적 생활요소, 심리적 만족감, 예술적 가치 등을 고려한다.
- 경제적 조건 : 건축주의 경제적 상황을 고려하여, 최소 비용으로 사용자의 만족을 최대로 끌어낼 수 있도록 한다.

10 ③

코니스 조명

천장 또는 천장 가까이에 장착되고 반사상자 등으로 옆면을 가려서 빛은 아래를 향해서만 떨어진다.

천장이 상승하는 효과를 낼 수 있어 실내가 높아 보이며 재질감있는 벽면의 드라마틱한 특성을 강조해준다.

11 ④
개방식 배치라 해도 자연 채광 외에 별도의 인공조명을 설치하여 국부적으로 조도가 불균일해지는 문제를 해결해야 한다.

12 ①
파사드(facade)
건물의 정면을 의미함과 동시에 디자인에 있어서 건축물의 출입구 및 홀의 입구, 벽 마감재, 쇼윈도, 간판, 광고판, 광고탑, 네온사인 등을 포함한 건축물 또는 점포 전체의 얼굴로서 공간의 첫 인상을 정하는 부분을 말한다. 기업 이미지 또는 상점의 상품에 대한 첫 인상을 주는 부분이므로 강인한 이미지를 줄 수 있도록 계획한다.

13 ①
브레인 스토밍(brain storming)
특정 주제에 대해 구성원이 자유발언을 통한 아이디어를 제시하여 발상을 찾아내려는 방법이다. 이 기법의 원리는 한 사람보다 다수인 쪽이 제기되는 아이디어가 많고, 아이디어 수가 많을수록 질적으로 우수한 아이디어가 나올 가능성이 많으며, 비판이 없으면 아이디어가 더 많아진다는 것을 기본으로 한다. 따라서 브레인 스토밍에서는 어떠한 발언이라도 그에 대한 비판을 해서는 안 되며, 오히려 자유분방하고 엉뚱하기까지 한 의견을 출발점으로 해서 아이디어를 전개시켜 나가도록 하고 있다.

14 ③
내부 조도를 외부 도로면의 조도보다 밝게 처리한다.

15 ②
오벨리스크(Obelisk)
고대 이집트 건축의 신전 입구에 태양신앙의 상징으로 세워진 기념비. 하나의 거대한 석재로 만들며 단면은 사각형이고 위로 올라갈수록 가늘어져 끝은 피라미드형으로 뾰족하게 마무리된다.

16 ②
축척과 도면의 크기에 따라 선의 굵기를 다르게 한다.

17 ②
인술라(insula)
- AD 2세기경 로마시대의 아파트
- 대부분이 벽돌로 건설되었고 몇몇은 콘크리트로 건설되었다.
- 지방에서 로마로 밀려드는 주민을 수용하기 위해 지어졌다.
- 1층은 필로티로 개방된 부분에 상점과 공장이 도로 방향으로 열려 있고, 외부 계단을 통해 서로 연결된 위층들은 작은 주거공간으로 분할되어 있는 형식이다.
- 물은 거리의 우물에서 길어오는 식이고, 변소는 계단참 등에 설치했으나 배관이 제대로 되어 있지 않았다.
- 난방과 취사시설은 거의 없고 창문은 대부분 유리 없이 개방된 상태로 쓰였다.

18 ④
치수기입은 항상 치수선 중앙 윗부분에 기입하는 것이 원칙이다.

19 ①
디바이더
치수를 자 또는 삼각자의 눈금으로 잰 후 제도지에 같은 길이로 분할할 때 사용한다.

20 ①
② 배척은 실물보다 크게 그리는 것이다.
③ 축척은 일정한 비율로 축소하는 것이다.
④ 축척은 1/50, 1/100, 1/200, 1/300이 주로 사용된다.

21 ①
시스템 가구
원하는 형태로 분해, 조립이 용이하게 만든 가변적 가구를 뜻한다.
- 넓은 공간에 다양한 배치가 가능하고 가구배치계획에 합리성을 부여한다.
- 동선흐름에 근거한 배치를 통해 명확한 공간구분

이 가능하다.

22 ①
색입체를 수직면으로 자르면 무채색 축 좌우에 등색 상면이 보이고 수평으로 자르면 등명도면이 보인다.

23 ①
※ 오스트발트 색체계의 3가지 요소
  ⓐ 모든 파장의 빛을 완전히 흡수하는 이상적인 검정(B, black)
  ⓑ 모든 파장의 빛을 완전히 반사하는 이상적인 흰색(W, white)
  ⓒ 특정 파장영역의 빛만 완전히 반사하고 다른 파장은 모두 흡수하는 이상적인 순색(C, full color)
※ 오스트발트 색체계의 모든 색은 3가지 요소의 혼합량에 의해 나타낼 수 있다.
  ⓐ 유채색 : B+W+C=100%
  ⓑ 무채색 : B+W=100%

24 ①
오스트발트 표색계의 무채색 색량 기호는 W에서 B 방향으로 a, c, e, g, i, l, n, p로 나누어 표기한다.

25 ②
분광반사율
물체색이 스펙트럼 효과에 의해 빛을 반사하는 각 파장별(단색광) 세기를 말한다. 물체의 색은 표면에서 반사되는 빛의 각 파장별 분광 분포(분광반사율)에 따라 여러 가지 색으로 정의되며, 조명에 따라 다른 분광반사율이 나타난다.

26 ①
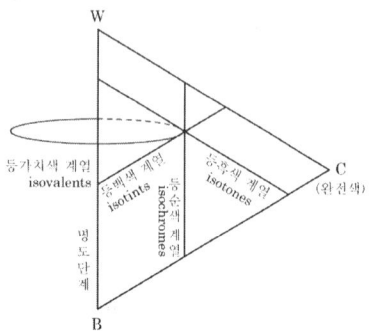

- 등백 계열 − C와 B의 평행선상
- 등흑 계열 − C와 W의 평행선상
- 등순 계열 − W와 B의 평행선상(수직선)

27 ②
① pa-ia-ca : 등흑계열 조화(뒷글자 동일)
② pa-pg-pn : 등백계열 조화(앞글자 동일)
③ ca-ga-ge : 등색상삼각형의 조화(등흑 − 등백 조화의 조합)
④ gc-lg-pl : 등순계열의 조화(순색과 백색의 비율 동일)

28 ②
색채계획을 하는 디자이너는 감각적이고 심미적인 요소도 일정 부분 중요하게 다뤄야 하지만 우선적으로는 기능성에 주안을 둔 과학적, 이성적 처리능력이 요구된다. 디자인이라는 행위 자체가 순수예술이 아니며 실용적, 기능적 요구를 실현해야 하기 때문이다.

29 ③
공감각
- 어떤 감각기관에 주어진 자극으로 인해 다른 감각기관도 반응을 일으키는 것을 말한다.
- 어느 특정 음을 들으면 일정 색이 떠오르는 것을 색청(color-hearing)이라 하며, 어느 색을 보면 음이 느껴지는 것을 음시(音視)라고 한다.
- 난색·한색의 연상 또는 노랑에서 과일의 신맛을 느끼는 것도 공감각에 해당된다.

30 ②
색온도(Color Temperature)
열을 받는 물체가 전자파를 방산하면서 내는 물체색의 온도로 단위는 절대온도(K)를 사용한다. 흑체(Black Body)가 열을 받을 때의 상태를 기준으로 하여 나타낸 것으로 색온도 변화는 빨간색−주황색−노란색−흰색−파란색 순으로 높아진다.

31 ③
① 판톤 의자 − 베르너 판톤
② 적청 의자 − 게리 리트펠트
④ 바르셀로나 의자 − 미스 반 데어 로에

32 ②
- 체스터필드 : 속을 많이 넣고 천이나 가죽으로 씌운 커다란 소파
- 카우치 : 고대 로마시대 음식을 먹거나 취침을 위해 사용한 긴 의자에서 유래된 것으로, 한쪽만 팔걸이가 있고 등받이가 낮은 소파 또는 좌판 한쪽을 올려 몸을 기대거나 침대로 겸용할 수 있도록 한 의자를 뜻한다.

33 ①
추상체(cone)
망막의 시세포의 일종으로 밝은 곳에서 움직이고, 색각 및 시력에 관계한다. 망막 중심 부근에서 가장 조밀하고 주변으로 갈수록 적게 된다. 조명도 0.1lux 이상에서 활동한다.

34 ①
양립성(兩立性 : coMPatibility)
자극-반응 조합의 공간, 운동 혹은 개념적 관계가 인간의 기대와 모순되지 않는 성질
- 공간 양립성 : 어떤 사물들 특히 표시장치나 조종장치에서 물리적 형태나 공간적인 배치의 양립성 (오른쪽 버튼을 누르면 오른쪽 기계가 작동한다)
- 운동 양립성 : 표시장치, 조종장치, 체계반응의 운동방향의 양립성(핸들을 시계방향으로 돌리면 차가 오른쪽으로 이동한다.)
- 개념 양립성 : 어떤 암호 체계에서 청색이 정상을 나타내듯 사람들이 가지고 있는 개념적 연상의 양립성(빨간색 버튼-온수, 파란색 버튼-냉수)

35 ③
소음 존재 환경에서 신호의 검출도를 증가시키는 방법
- 신호의 세기를 증가시킨다.
- 신호의 주파수를 소음 세기가 낮은 영역의 주파수로 바꾼다.
- 신호의 주파수에 해당하는 주파수영역(즉, 임계대역폭)의 소음 세기를 줄인다.

36 ④
지침의 끝과 눈금의 사이는 가능한 한 좁게 하되 (1.6mm 이상) 겹치거나 숫자를 덮어서는 안 된다.

37 ①
시각장치가 청각장치보다 유리한 경우
- 정보가 길고 복잡할 때
- 정보가 나중에 재참조될 때
- 정보가 공간적인 위치를 다룰 때
- 정보가 즉각적인 행동을 요구하지 않을 때
- 수신자의 청각 계통이 과부하 상태일 때
- 수신 장소가 너무 시끄러울 때

38 ③
외전(abduction)
몸의 중심선으로부터 멀어지는 동작

39 ④
최대 집단치 설계(최소 치수)
ⓐ 대상 집단에 대해 인체측정치의 상위 백분위 수를 기준으로 설계한다.(90, 95, 99퍼센타일)
ⓑ 출입문의 높이, 등산용 로프 강도 등에 적용된다.(최소 얼마 이상)
ⓒ 로프 강도를 최상위 체중에 해당하는 사람이 쓸 수 있게 만들면 그보다 가벼운 사람들도 쓸 수 있다.

40 ②
① lumen : 광속
② fc(foot-candle) : 조도
③ NIT(cd/m^2) : 휘도
④ fL(foot-Lamberts) : 광속발산도

41 ④
천연 아스팔트
ⓐ 로크 아스팔트(rock asphalt) : 다공질 암석의 틈새에서 형성된 아스팔트로 방수, 내수, 포장 공사 등에 쓰인다.
ⓑ 레이크 아스팔트(lake asphalt) : 지표면에 호수처럼 괴어 형성된 아스팔트로 중남미 지역에서 주로 생산된다.
ⓒ 아스팔트 타이트(asphaltite) : 석유가 지층이나 암석의 틈에 침입한 후 지열 및 공기 등의 작용으로 탄력성이 크게 형성된 것으로 바닥재, 절연재, 방수재료의 원료로 쓰인다.

42 ②
폴리우레탄폼

폴리올(Polyol)과 이소시아네이트(Isocyanate)를 주재료로 하고 발포제, 촉매제, 안정제, 난연제 등을 혼합시켜 얻어지는 발포 생성물로서 단열성이 크고 공사현장에서 발포시공이 가능하며 화학약품에 대하여 안전한 재료이다. 그러나 사용시간이 경과함에 따라 부피가 줄어들고 점차 열전도율이 높아지는 단점이 있다. 따라서 내열성은 높지 않으나 우수한 단열성 때문에 냉동기기에 많이 사용되는 단열재이다.

43 ①
에폭시 도막방수
내약품성, 내마모성이 좋아서 화학공장의 방수층을 겸한 마무리재로 쓰인다. 바탕 콘크리트의 균열보수나 다른 방수 공법의 보조재로 쓰이기도 하며, 접착성이 있어 시트 방수의 접착제로도 사용된다.

44 ②
건조수축
- 단위시멘트량과 단위수량이 많을수록 건조수축은 증가한다.
- 온도는 높을수록, 습도는 낮을수록 증가한다.
- 골재가 경질이고 탄성계수가 클수록 건조수축은 감소한다.
- 콘크리트 부재치수가 클수록 건조가 진행되지 않으므로 건조수축은 감소한다.
- 골재 중 포함된 미립분, 점토, 실트가 많을수록 건조수축은 증가한다.
- 공기량이 많으면 공극으로 인해 건조수축은 증가한다.
- 습윤양생기간은 건조수축과 직접적 연관이 적다.

45 ③
광명단
일산화납(lead monoxide)을 400~450℃로 장시간 가열하여 만든 황적색의 분말로 철재 방청에 쓰인다. 납이 주재료인 만큼 비중이 크고 저장이 다소 까다롭다.

46 ①
미장재료의 분류
ⓐ 기경성 미장재료 : 공기 중의 탄산가스와 반응하여 경화하는 재료
– 진흙질, 회반죽, 돌로마이트 플라스터
ⓑ 수경성 미장재료 : 물과 작용하여 경화하고 차차 강도가 커지는 재료
– 석고 플라스터, 무수석고(경석고) 플라스터, 시멘트 모르타르, 인조석 바름

47 ②
- 시유 : 점토제품에 유약을 바르는 작업을 말한다. 일반적으로는 초벌 후 유약을 바른 뒤 재벌을 하며, 경우에 따라서는 초벌 전에 바르기도 한다.
- 점토제품의 제조 공정 : 원료조합 → 반죽 → 숙성 → 건조 → 성형 → 시유 → 소성
- 건조된 제품에 시유를 한 후 소성을 하는 것이 기본 공정이지만, 1차 소성을 먼저 한 후에 시유하여 재소성할 수도 있다.

48 ③
목재의 강도는 섬유포화점 이상에서 일정하며, 그 이하에서는 함수율이 감소하면 강도가 증가한다.

49 ③
$$\frac{1m^3}{(0.1+0.006)^2} = 88.9 ≒ 89매$$

50 ①
시멘트 창고면적
$$= 0.4 \times \frac{시멘트\ 포대수}{쌓기\ 단수} = 0.4 \times \frac{600}{13} = 18.46m^2$$
※ 쌓기 단수는 특정이 되지 않을 경우 최대 13포로 적용한다.

51 ③
벽돌량(소요량)
= 벽면적 × (단위수량 × 할증률)
= $4.8m^2 \times 224 \times 1.03 = 1108$장

52 ③
돌로마이트 플라스터는 점성이 커서 해초풀을 쓰지 않는다.

53 ②
안장쇠는 큰 보에 걸쳐 작은 보를 받게 하고, 감잡이쇠는 평보를 대공에 달아매는 경우 또는 평보와

ㅅ자보의 밑에 쓰인다.

54 ②
시트방수
합성고무나 합성수지, 또는 개량 아스팔트를 주원료로 만든 방수 시트를 겹쳐 붙여서 방수층을 형성하는 공법
- 제품이 규격화되어 두께가 균일한 면을 얻을 수 있다.
- 시공이 신속하여 공기가 단축된다.
- 누수 발생 시 국부적인 보수가 어렵다.
- 시트 상호 간 이음부위의 결함이 우려된다.

55 ④
석회는 빗물을 만나 백화를 형성하게 되므로, 줄눈에 방수제를 발라 밀실 시공해야 한다.

56 ③
안방수는 바깥방수보다 시공이 용이하고 보수가 쉽다.

57 ②
조적조는 인장력에 취약하므로 개구부에 인방보를 쓴다거나 아치를 이용하는 등의 방법을 모색한다.

58 ③
카세인은 동물성 단백질계 접착제로 목재용 접착제나 수성 페인트의 원료로 쓰인다.

59 ①
바니시 칠하기 일반 순서
바탕처리 → 눈먹임 → 색올림 → 왁스 문지름

60 ④
클리어 래커
- 안료를 섞지 않은 투명 래커로, 목재면의 투명 도장용으로 쓰인다.
- 도막이 얇지만, 견고하고 광택이 좋다.
- 내수성 및 내알칼리성은 큰 편이나, 내후성이 낮아서 내부용 위주로 쓰인다.

61 ③
벽돌조 벽체는 두께가 19cm 이상이어야 내화구조로 인정된다.

62 ③
차고・주차장 또는 주차용도로 사용되는 시설로 다음에 해당되는 것은 건축허가 등을 할 때 미리 소방본부장 또는 소방서장의 동의를 받아야 한다.
㉠ 차고・주차장으로 사용되는 층 중 바닥면적 200 m^2 이상 층이 있는 시설
㉡ 승강기 등 기계장치에 의한 주차시설로 자동차 20대 이상을 주차할 수 있는 시설

63 ②
옥내 피난계단 계단실의 실내에 접하는 부분의 마감은 불연재료로 해야 한다.

64 ②
방화구획이란 건축물에 화재 발생 시 화재가 건물 전체로 확산되지 않도록 내부공간을 구획하는 것을 뜻한다. 주요 구조부가 내화구조 또는 불연재료로 된 건축물로서 연면적이 1000m^2를 넘는 것은 관련 법규에 따라 내화구조의 바닥, 벽 및 갑종 방화문(자동방화셔터 포함)등으로 구획하여야 한다.

65 ①
피난구조설비를 구성하는 제품 또는 기기
- 피난사다리, 구조대, 완강기(간이완강기 및 지지대 포함)
- 공기호흡기(충전기 포함), 피난구유도등, 통로유도등, 객석유도등 및 예비 전원이 내장된 비상조명등

66 ③
방염성능기준 이상의 실내장식물 등을 설치하여야 하는 특정소방대상물
㉠ 근린생활시설 중 의원, 조산원, 산후조리원, 체력단련장, 공연장 및 종교집회장
㉡ 건축물의 옥내에 있는 시설로서 문화 및 집회시설, 종교시설, 운동시설(수영장은 제외)
㉢ 의료시설, 노유자시설 및 숙박이 가능한 수련시설, 숙박시설
㉣ 방송통신시설 중 방송국 및 촬영소, 다중이용업소, 교육연구시설 중 합숙소
㉤ ㉠~㉣에 해당하지 않는 것으로서 11층 이상인

것(아파트는 제외)

67 ②

$$500\text{m}^2 \times \frac{0.6\text{m}}{100\text{m}^2} = 3\text{m}$$

68 ③

소방시설의 분류
- 소화설비 : 소화기, 옥내소화전, 옥외소화전, 스프링클러, 물분무 등 설비(가스계 소화설비)
- 경보설비 : 자동화재탐지설비, 자동화재속보설비, 비상방송설비, 비상경보설비, 누전경보기
- 피난구조설비 : 피난기구, 유도등, 비상조명등
- 소화용수설비 : 상수도소화용수, 소화수조
- 소화활동설비 : 제연설비, 연결송수관설비, 연결살수설비, 무선통신보조설비, 비상콘센트설비

69 ①

일사 차폐물에 의해 차폐된 후의 실내에 침입하는 일사열의 비율을 일사 차폐계수라 한다. 흡열성능이 있는 유리는 모두 기준이 되는 3mm 두께의 보통유리보다 차폐계수가 낮아진다.

70 ③

천창채광
- 창의 면이 천장의 위치에서 지면과 수평을 이루는 형태의 창이다.
- 조도분포가 균일해지며 많은 빛을 받아들일 수 있다(측창 채광량의 3배 정도).
- 근린 환경이나 인접 건물의 영향을 받지 않고 채광을 할 수 있다.
- 통풍과 열의 조절, 빗물 차단에 불리하고 조작 및 유지가 어렵다.
- 비개방적이고 폐쇄적인 느낌이 들어 실내가 좁아 보인다.

71 ②

할로겐 램프(halogen lamp)
일반 백열전구에 비해 수명이 2~3배 길며 백열전구에서 종종 나타나는 유리구 내벽의 흑화현상이 발생하지 않아 광속 저하가 7% 정도로 낮다. 백열전구에 비해 1/20 정도로 크기가 작고 가볍다.

72 ②

풍력에 의한 환기량은 풍속에 비례한다. 따라서 다른 조건이 동일한 상태에서 건물이 받는 풍속만 2배 증가하면 환기량도 2배 증가한다.

73 ④

단열형태의 분류
㉠ 저항형(기포형) 단열 : 기포형으로 된 단열재의 내부에서 공기를 정지시켜 대류를 막는 방식이다.
㉡ 반사형 단열 : 중공벽 내의 저온측면에 흡수율이 낮은 광택성 금속박판을 설치하여 표면저항을 높인 방식이다.
㉢ 용량형 단열 : 건축물 외피의 축열용량을 이용한 방식으로, 단위면적당 질량과 비열이 큰 재료를 건축물 외표면에 사용하여 건물 내부에 영향을 주는 시간을 지연시키는 방식이다.

74 ②

비용이 많이 들지만 위생기구마다 하나씩 통기관을 설치하는 각개 통기관 방식이 봉수 보호에 가장 이상적이다.

75 ④

전압 종별 기준
- 저압 : 직류 1500V 이하 교류 1000V 이하
- 고압 : 직류 1500V 초과 7000V 이하, 교류 1000V 초과 7000V 이하

76 ①

TAL 조명방식(Task & Ambient Lighting)
작업구역(Task)에는 전용의 국부조명방식으로 조명하고, 기타 주변(Ambient) 환경에 대하여는 간접조명과 같은 낮은 조도레벨로 조명하는 방식을 말한다. 컴퓨터를 주로 사용하는 사무공간과 같은 VDT(Visual Display Terminal) 환경에 적합하도록 고안됐다.

77 ③

① 팬형 취출구 : 천장용으로 1매의 평판을 가지고 급기를 수평방향으로 바꾸어 주위로 취출하는 형식
② 노즐형 취출구 : 취출 기류의 도달거리가 길고

발생소음도 적은 형식으로, 공장이나 스튜디오 등에서 사용된다. 고속으로 넓은 공간에 취출될 수 있으며, 취출속도는 10~15m/s 정도로 사용 시 소음이 적다.
④ 브리즈 라인형 : 길이가 1~2m, 폭이 약 50mm인 가늘고 긴 선형의 취출구로, 천장에 설치하여 기류를 수직으로 하강시키며, 내부 날개에 경사를 주어 기류에 약간의 각도를 줄 수도 있다.

78 ②

$$10\log\frac{10^{-10}}{10^{-12}} = 10\log 10^2 = 20\text{dB}$$

79 ③

코니스 조명과 밸런스 조명은 벽면을 이용하는 조명방식이다.

80 ③
흡출식 환기
실내 압력이 부압(-)이 된다. 실내의 냄새나 유해물질을 다른 실로 흘려보내지 않는다.

모의고사 해설 및 정답

모의고사 해설 제2회

01 ①
② 시스템 가구(system furniture)는 모듈러 계획의 일종으로 대량 생산이 용이하고 시공 기간 단축 및 공사비 절감의 효과를 가질 수 있다.
③ 시스템 키친(system kitchen)은 주부의 동선을 고려하여 가구의 크기 및 형태 등이 통합된 주방을 말한다.
④ 서비스 코어 시스템(service core system)은 주방, 화장실, 욕실 등의 배관을 한 곳에 집중 배치하여 코어로 만드는 시스템으로 설비비가 절약된다.

02 ④
이념적 형태
인간의 지각, 즉 시각과 촉각 등으로 직접 느낄 수 없고 개념적으로만 제시될 수 있는 형태로서 순수형태와 추상형태로 나뉜다.
ⓐ 순수형태 : 순수형태는 현실형태와 대립하는 동시에 모든 형태의 기본이 되는 기초이다. 즉 순수형태의 기본 형식은 기하학에 있어서와 같이 점, 선, 면, 입체를 말하며 현실형태를 구성하는 원소로 표현하는 기반이다.
ⓑ 추상적 형태 : 구체적인 형태를 생략하거나 과장된 표현으로 재구성된 형태이다. 이렇게 재구성된 형태는 원형을 알아보거나 유추하기가 어렵게 된다.

03 ③
일자형이 면적을 가장 작게 차지한다.

04 ③
전시공간의 이용자(관람) 동선과 관리자 동선은 서로 구분되도록 계획해야 한다.

05 ②
디오라마 전시
한정된 공간 속에서 배경 스크린과 실물을 종합적으로 전시하고 음향 및 조명장치를 이용하여 현장감을 가장 실감나게 표현하는 전시방법으로 하나의 사실 또는 주제의 시간 상황을 고정시켜 연출하는 것이다.

06 ②
월 워싱(wall washing) 기법
수직벽면을 빛으로 쓸어내리는 듯한 효과를 주기 위해 수직벽면에 균일한 조도로 빛을 비추는 기법이다. 코니스 조명과 같은 건축화 조명으로 공간 상승, 확대의 느낌을 주며 광원과 조명기구의 종류나 조명 방식에 따라 다양한 효과를 가질 수 있다. 바닥이나 천장에도 조명을 비추어 같은 효과를 가질 수 있는데 이를 플로어 워싱(floor washing), 실링 워싱(ceiling washing)이라 한다.

07 ②
대향형
- 책상이 서로 마주보는 형식으로 커뮤니케이션에 유리하며 공동 작업에 적합하다.
- 전화, 전기배선 관리가 용이하지만 마주보기 때문에 프라이버시가 침해된다.

08 ②
VMD(visual merchandising)
상품과 고객 사이에서 치밀하게 계획된 정보 전달 수단으로 장식된 시각적 요소와 고객 간에 커뮤니케이션을 꾀하고자 하는 디스플레이 기법이다. 다른 상점과 차별화하여 상업공간을 아름답고 개성있게 하는 것도 VMD의 기본 전개 방법이다.
- VMD의 구성
  ㉠ IP : 기본 상품의 정리. 선반, 행거
  ㉡ PP : 한 유닛에서 대표되는 상품 진열. 상단 전시, 테마 진열

ⓒ VP : 상점의 이미지 패션 테마의 종합적인 표현. 파사드, 메인스테이지, 쇼윈도

09 ④
① 코브 조명 : 천장 및 벽의 구조체에 의해 광원의 빛이 천장 또는 벽면으로 가려지게 하여 반사광으로 간접 조명한다.
② 광창 조명 : 광천장과 같은 방식으로 광원을 넓은 면적의 벽면에 매입, 시선에 안락한 배경으로 작용한다.
③ 광천장 조명 : 천장에 조명기구를 설치하고 그 밑에 창호지나 반투명 아크릴과 같은 확산성 재료를 이용해서 마감처리하여 마치 넓은 천장 표면 자체가 조명인 것처럼 연출한다.

10 ③
미스 반 데어 로에(Mies Van der Rohe : 1886~1969)
ⓐ 현대 건축의 대표적인 철과 유리를 주재료로 하여 커튼월 공법과 강철구조를 건축의 기본형식으로 이용하였다.
ⓑ "적을수록 풍부하다.(Less is More)"라는 주장대로 철과 유리라는 단순하고 제한적인 재료에 의해 다양한 건축적 언어를 구사하였다.
ⓒ 특히 철골구조의 가능성을 추구한 건축가로 유니버설 스페이스(Universal Space, 보편적 공간) 개념을 주장한 건축가이다.
ⓓ 대표작품 : 바르셀로나 박람회 독일관(1929), I.I.T 공대 크라운 홀(1956), 시그램 빌딩(1958)

11 ②
비례
ⓐ 건축물이나 조형물의 각 부분 또는 부분과 전체와의 수량적 관계를 말한다.
ⓑ 인체 측정을 통한 비례의 적용은 추상적, 상징적 비율이 아닌 기능적인 비율을 추구한다.
ⓒ 공간의 비례는 평면, 단면, 입면의 3차원으로 동시에 고려해야 한다.
ⓓ 형태의 부분과 부분, 부분과 전체 사이의 크기, 모양 등의 시각적 질서, 균형을 결정한다.

12 ③
차단적 구획
칸막이에 의해 내부공간을 수평, 수직으로 구획해서 몇 개의 실로 구분하는 것이다. 칸막이는 고정벽, 이동벽, 커튼, 블라인드, 유리창, 열주, 수납장 등이 쓰인다.

13 ④
개방형 쇼윈도는 매장 내부가 보이므로 폐쇄형에 비해 쇼윈도 진열 상품 자체에 대한 주목성은 떨어진다.

14 ①
바로크 건축
• 어원은 일그러진 진주라는 포르투갈어로 17세기 유럽(주로 이탈리아)에서 발전한 양식
• 르네상스 양식에서 변형된 것으로 자유로우면서 개성적인 건축을 추구한다.
• 건축의 규모가 크고 새로운 평면형식과 공간을 창조하였다.
• 비례와 균형을 중시하는 르네상스의 명쾌한 건축과는 달리 바로크건축은 강렬한 극적효과를 추구하였다.

15 ③
수덕사 대웅전은 고려 충렬왕 때 건립되었다.

16 ③
아이디어 스케치는 실질적인 디자인 단계로 분류된다.

17 ③
용지 규격(mm)
• A0 : 840×1189
• A1 : 594×841
• A2 : 420×594
• A3 : 297×420
• A4 : 210×297

18 ③
트레이싱지
원도를 투사하기 위해서나 도면작도를 위해 사용되는 투명성이 약하게 있는 종이. 비교적 질긴 편이나 습기에 취약하므로 장기보관에는 적합하지 않다.

19 ①

A : 면적, V : 용적, H : 높이

20 ②

T자는 수평선을 그을 때 쓰는 제도용구이다.

21 ④

① 스툴 체어(stool chairs) : 등받이는 없고 좌판과 다리만 있는 형태의 의자로서 가벼운 작업이나 잠시 휴식을 취할 때 유용하다.
② 카우치(couch) : 천을 씌운 긴 의자로 한쪽만 팔걸이가 있고 기댈 수 있는 낮은 등받이가 있는 소파
③ 풀업 체어(pull-up chairs) : 이동하기 쉽고 잡기 편하며 여러 개를 겹쳐 들고 운반하기 쉬운 간이 의자이다.

22 ①

유닛 가구는 가동성에 대한 분류이다.

23 ④

오스트발트 색채계에서 색의 기호 중 앞의 문자와 뒤의 문자가 동일한 색은 조화될 수 있다. 예를 들어 ea와 ie의 경우, ea-gc-ie-lg-ni의 수직축으로 이어지므로 등순계열 조화에 해당되며, ea-ia-ie의 조합으로 등색상삼각형의 조화에 해당되기도 한다.

24 ①

보색인 2색은 색상환상에서 180° 위치에 있다.

25 ②

오정색의 상징

색채	오행	계절	방위	풍수	오륜	신체
파랑	목(木)	봄	동	청룡	인	간장
빨강	화(火)	여름	남	주작	예	심장
노랑	토(土)	토용(土用)	중앙	황룡	신	위장
흰색	금(金)	가을	서	백호	의	폐
검정	수(水)	겨울	북	현무	지	신장

26 ①

색의 항상성

빛의 강도와 분광분포가 바뀌거나 눈의 순응상태가 바뀌어도 눈으로 지각되는 색이 변화하지 않는 것을 색의 항상성이라 한다. 어두운 공간에서 종이를 보면 회색이 아닌 흰색으로 인지하는 것은 항상성과 관계가 있다.

27 ②

청색(靑色, clear color)

색입체에서 가장 바깥쪽의 표면에 위치하는 색, 다시 말해 가장 채도가 높은 색을 뜻한다. 청색에 흰색 물감을 혼합하면 명도는 높아지고 채도는 낮아지게 된다.

28 ①

혼색계

색광을 표시하는 색체계로 심리, 물리적인 빛의 혼색 실험에 기초를 두는 체계. 영·헬름홀츠에 의한 RGB 등의 3원색 이론에서 출발한 CIE(국제 조명 위원회) 표준 표색계가 가장 대표적인 예이다. 사용자가 환경을 임의로 설정하여 측정할 수 있으며 광원의 영향을 받지 않고 지표에 의한 정확한 측정과 색표계 변환, 오차 적용 등이 가능하다. 그러나 실제 현색계 색표와 많은 차이가 있을 수 있으며 측색에 필요한 특정 기기가 있어야 한다.

29 ③

벽 하부의 걸레받이는 오염되기 쉬우므로 벽의 색보다 어두운 색상으로 하는 것이 좋다.

30 ①

※ 색채 계획 순서
  색채환경분석 → 색채심리분석 → 색채전달계획 → 디자인에 적용

※ 색채 환경 분석
  • 기업 및 상품 색채, 선전색, 포장색 등 경합업체의 관용색 분석
  • 색채 예측 데이터 수집
  • 색채의 변별, 조색 능력 필요

31 ③

부의 잔상

색이나 밝기가 원자극의 반대로 나타나는 잔상으로

'음성 잔상'이라고도 한다. 무채색의 경우 반대되는 명암이 나타나며, 유채색의 경우 원자극의 보색이 잔상으로 나타난다.

32 ②
나머지 항목은 모두 오스트발트 표색계에 대한 설명이다.

33 ②
다이어그램
다이어그램은 점, 선, 면 등의 기하학적인 기본 요소들과 기호 및 그래픽 디자인의 일러스트레이션, 사진, 구조 등을 도해하여 표현한 그림이다. 추상적인 개념이나 전체적인 흐름 등을 나타낼 때 다이어그램을 사용하면 정보 전달이나 이해를 쉽게 하는 데 도움을 준다. 메시지를 단순하게 텍스트 위주로 제시하기보다는 도해화해 제시함으로써 효과적인 전달이 가능한 것이 큰 장점이다.

34 ②
인간-기계체계(man-machine system)
주변 환경 속에서 인간과 기계가 특정한 목적을 수행하기 위하여 결합된 집합체를 뜻한다.

35 ④
야맹증은 원추체가 아닌 간상체와 관련이 있다.

36 ①
근육 운동 초기엔 혐기성 대사(무산소)가 진행된다. 근육 수축에 필요한 에너지는 포도당이나 글리코겐이 분해되어 만들어지는데, 근육은 이 에너지를 직접 사용할 수 없어서 아데노신삼인산(ATP) 분자에 에너지를 저장한다. 이 ATP가 아데노신이인산(ADP)과 인산 라디칼로 분해되면 세포가 사용할 수 있는 에너지가 방출된다. 크레아틴인산(CP)은 또 다른 중간 에너지원으로, ATP 생성을 위한 에너지 저장소 역할을 한다.

37 ①
빛에 대한 시각의 적응을 순응이라 한다.

38 ②
소음의 정도
① 20dB : 나뭇잎 부딪히는 소리
② 40dB : 도서관, 조용한 사무실의 속삭임
③ 80dB : 전철 지나가는 소리
④ 100dB : 자동차 경적, 철길 소음

39 ②
소음은 작업의 정확성이나 작업의 성능에 영향을 미친다. 특히 경계 임무, 복잡한 정신부하 작업, 고도의 인식능력을 요구하는 작업 등은 소음으로 인해 성능이 떨어진다.

40 ②
푸르킨예(Purkinje) 현상
명소시에서 암소시 상태로 옮겨질 때 빨간 계통의 색은 어둡게 보이게 되고, 파랑 계통의 색은 반대로 시감도가 높아져서 밝게 보이기 시작하는 시감각에 관한 현상을 말한다.

41 ③
달비계
와이어로프로 매단 비계 권상기에 의해 상하로 이동시킬 수 있는 비계. 건축물 완공 후에는 외부수리, 치장공사, 유리창 청소 등을 위해 사용한다.

42 ④
에나멜 페인트는 안료나 휘발성 용제를 많이 혼합할수록 무광택이 된다.

43 ②
특수공법이나 특수재료가 필요한 공사를 설명하는 문서. 표준시방서가 공사 시행의 적정을 기하기 위해 표준이 되는 사항을 명시한 것이라면, 특기시방서는 표준시방서에 없는 내용을 보충하고 해당 공사만의 특별한 사항 및 전문적인 사항을 기록한 문서라 할 수 있다.

44 ①
질석 모르타르
시멘트에 다공질인 질석을 혼합한 모르타르로, 단열 및 방음용으로 사용한다.

45 ①
② 섬유포화점 이하에서는 함수율 감소에 따라 강

도가 커지지만 인성은 감소한다.
③ 가력방향에 따른 목재강도는 응력방향의 수평인 경우가 최대가 된다.
④ 동일한 수종인 경우 목재의 역학적 성질은 함수율 등에 따라 달라진다.

46 ②
길이가 6m 미만인 통나무 재적은 말구지름을 한 변으로 하는 각재로 산정하여 계산한다.
$0.2 \times 0.2 \times 5.5 \times 5 = 1.1 m^3$

47 ②
목재 절취단면
- 횡단면 : 수목 생장방향과 직각으로 절취하여 생기는 단면
- 방사단면 : 연륜과 직각으로 수목의 축방향을 따라 절취하여 생기는 단면
- 접선단면 : 연륜과 접선으로 수목의 축방향을 따라 절취하여 생기는 단면

48 ③
타일 : 3%

49 ①
도어 체크는 여닫이문에 쓰인다.

50 ④
직접공사비
재료비+노무비+외주비+경비

51 ①
멤브레인(mambrane) 방수
아스팔트 루핑, 합성수지, 시트 등의 각종 루핑류를 방수 바탕에 접착시켜 막 형태의 방수층을 형성시키는 공법

52 ①
점토제품의 SK(Seger's Keger Cone, SK)는 소성온도를 나타내며 내화 벽돌의 소성온도 기준은 최소 SK26 이상이다.

53 ③

본드 브레이커(Bond braker)
U자형 줄눈에 충전하는 실링재를 줄눈 밑면에 접착시키지 않기 위해 붙이는 테이프. 3면 접착에 의한 파단을 방지하기 위해 사용하며, 백업재는 본드 브레이커를 겸용한다.

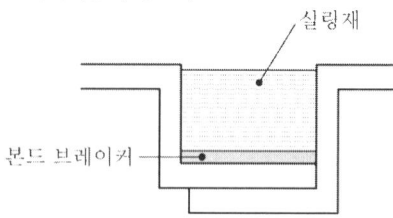

54 ①
공동도급방식(Joint Venture)
2명 이상의 수급자가 어느 특정 공사에 대하여 협동으로 공사계약을 체결하는 방식이다. 공사의 확실성이 보장되고 위험이 분산되며 신용도 또한 높아진다. 그러나 단일 회사의 공사보다 경비가 증가하고 이해관계 충돌이 생길 수 있다. 또한 하자 발생 시 책임회피의 문제도 발생할 수 있다.

55 ②
벽량
내력벽의 전체 길이(cm)를 합한 것을 그 층의 바닥면적(m^2)으로 나누어 얻은 값을 말한다. 보강 블록조에서는 최소 벽량 $15cm/m^2$ 이상이어야 한다.

56 ④
콘크리트의 습윤양생기간은 건조수축과 직접적 연관이 적다.

57 ③
벽돌량(정미량)
벽면적×단위수량= $30m^2 \times 149 = 4,470$장

58 ③
C.P(주공정선)은 ① → ② → ③ → ④ → ⑥이며, 공사기간은 28일이다.

59 ③
타일량= $\dfrac{10 \times 20}{(0.18+0.01)^2} = \dfrac{200}{0.0361} = 5,541$장

60

내부비계면적 = $450 \times 0.9 = 405 m^2$

61 ①

실내마감이 불연재료이고 자동식 소화설비가 설치된 경우, 10층 이하의 층은 $3000m^2$ 이내마다 방화구획하며, 11층 이상의 층은 $1500m^2$ 이내마다 방화구획하여야 한다. 따라서 각 층 바닥면적이 $1000m^2$ 인 업무시설의 11층은 1개 영역의 층간 방화구획으로 하면 된다.

62 ③

높이 31m를 초과하는 층은 11층 하나이므로
$1 + \dfrac{2000 - 1500}{3000} = 1.166.. ≒ 2$대가 된다.

63 ③

배연설비의 설치대상
㉠ 6층 이상인 건축물로서 다음 각 목의 어느 하나에 해당하는 용도로 쓰는 건축물
- 제2종 근린생활시설 중 공연장, 종교집회장, 인터넷컴퓨터게임시설제공업소 및 다중생활시설 (해당 용도 바닥면적의 합계 $300m^2$ 이상인 경우만 해당)
- 문화 및 집회시설, 종교시설, 판매시설, 운수시설
- 의료시설(요양병원 및 정신병원 제외), 교육연구시설 중 연구소
- 노유자시설 중 아동 관련 시설, 노인복지시설 (노인요양시설 제외)
- 수련시설 중 유스호스텔, 운동시설, 업무시설, 숙박시설, 위락시설, 관광휴게시설, 장례식장
㉡ 층수에 관계없는 건축물
- 의료시설 중 요양병원 및 정신병원
- 노유자시설 중 노인요양시설·장애인 거주시설 및 장애인 의료재활시설
- 제1종 근린생활시설 중 산후조리원

64 ④

① 보일러의 연도는 공동연도로 설치한다.
② 보일러실의 공기 흡입구와 배기구는 항상 개방된 구조로 한다.
③ 기름보일러를 설치하는 경우에는 기름저장소를 보일러실 외의 장소에 배치한다.

65 ②

문화 및 집회시설(동·식물원 제외), 종교시설(주요구조부가 목조인 것 제외), 운동시설(물놀이형 시설 제외한다)로서 다음의 어느 하나에 해당하는 경우에는 모든 층에 스프링클러설비를 설치하여야 한다.
- 수용인원이 100명 이상인 것
- 영화상영관 용도로 쓰이는 층의 바닥면적이 지하층 또는 무창층인 경우 $500m^2$ 이상, 그 밖의 층은 $1000m^2$ 이상인 것
- 무대부가 지하층·무창층 또는 4층 이상의 층에 있는 경우에는 무대부의 면적이 $300m^2$ 이상인 것
- 무대부가 1~3층(무창층이 아닌 층)에 있는 경우에는 무대부의 면적이 $500m^2$ 이상인 것

66 ④

온수난방
- 현열을 이용한 난방으로, 단관 혹은 복관식 배관을 통하여 방열기에 온수를 공급한다.
- 온도 및 수량 조절이 용이하고 방열기 표면온도가 낮으며, 보일러 취급이 용이하고 안전한 편이다.
- 증기난방에 비해 예열시간이 길고 방열면적과 배관이 커서 설비 비용이 크다.
- 동결 우려가 크며 온수 순환시간이 길다.

67 ④

음악감상을 주로 하는 실은 대화를 주로 하는 실보다 잔향시간을 길게 하는 것이 좋다.

68 ①

외벽 부위는 외단열로 하는 것이 에너지절약에 효과적이다.

69 ②

잔향시간
$$T = K \dfrac{V}{A}$$

K : 비례상수(0.161)
V : 실의 용적
A : 흡음력($\bar{a}$[평균흡음률] $\times S$[실내표면적])

용적이 $5000m^3$ 인 극장의 잔향시간이 1.6초일 때 흡음력(A)은 $5000 \times \dfrac{0.161}{1.6} ≒ 503m^2$ 이다. 잔향시간

이 0.68초가 되려면 흡음력은 $5000 \times \dfrac{0.161}{0.8} ≒ 1006\text{m}^2$이므로 추가로 필요한 흡음력은 약 500m^2이다.

70 ④

데워진 공기는 상승하므로 보편적으로 상부가 유출, 하부가 유입측이 된다. 그러나 날씨나 바람과 같은 기상의 영향도 있고, 천장형 에어컨이나 창문 주변의 유닛과 같은 설비의 영향도 존재한다. 따라서 유출측과 유입측이 고정되는 것은 아니다.

71 ②

실내 흡음률이 높아야 외부 소음의 영향을 줄일 수 있다.

72 ②

눈부심 발생 및 증가 요인
- 주위가 어둡고 눈이 암순응되어 있는 경우
- 광원의 휘도가 높은 경우
- 광원이 시선에 가까운 경우
- 광원의 겉보기 면적이 크거나 광원의 수가 많은 경우

73 ①

회전문은 문이 회전하면서 양쪽의 칸으로 한 사람씩 출입하기 때문에 동선이 분리되어 충돌할 위험이 적고 문이 완전히 열리지 않기 때문에 방풍 및 방온효과가 있다.

74 ②

수도직결방식
- 소규모 건물이나 낮은 건물에 쓰인다.
- 물의 오염가능성이 가장 적다.
- 정전 시일 때도 급수를 계속할 수 있다.
- 수도 압력 변화(주변시설의 물 사용량 변화)에 따라 급수압이 변하고 단수 시에는 급수가 안 된다.

75 ①

① 조도 : 수조면의 단위면적에 입사하는 광속. 즉, 어떤 면에 투사되는 광속을 면적으로 나눈 것이다.
② 광도 : 점광원에서 어느 방향으로 그 점광원을 정점으로 하는 단위 입체각당 나오는 광속
③ 휘도 : 빛을 발산하는 면을 어느 방향에서 봤을 때의 밝기를 나타내는 측광량
④ 광속발산도 : 조도와는 반대로 면의 단위면적에서 발산하는 광속을 말한다. 즉, 조도는 그 면이 받은 광속을 뜻한다면 광속발산도는 받은 광속을 다시 발산하는 정도라고 할 수 있다.

76 ②

통기관의 설치 목적
- 사이펀 작용 등으로부터 트랩 내 봉수를 보호하고 배수의 흐름을 원활하게 한다.
- 관내 수압을 일정하게 하고 배수관 내에 신선공기를 유통시켜 관내의 청결을 유지한다.

77 ①

간접 배수
식료품·음료수·소독물 등을 저장하거나 취급하는 기기에서 배수관이 일반배수관에 직결되어 있으면, 배수관 내 흐름이 나빠지거나 막히게 되는 경우 오물이나 유해가스가 역류하여 이들 기기를 오염시킬 우려가 있다. 이것을 방지하기 위해서는 이들 기기의 배수관은 일반배수계통에 직결하지 않고 일단 대기 중에 적절한 공간을 띄우고 물받이 용기(hopper)에 배수를 받은 다음 일반배수관에 접속해야 한다. 이와 같은 방식을 간접 배수(indirect waste)라 하며, 그 공간을 배수구 공간(drain outlet)이라 한다.
※ 세면기, 소변기, 대변기 등은 직접 배수관으로 연결한다.

78 ②

조도 $= \dfrac{\text{광도}}{\text{거리}^2}$ 이므로 1m 떨어진 곳의 직각면 조도가 200lx인 광원의 광도는 200cd이다.

따라서 2m 떨어진 곳의 직각면 조도는 $\dfrac{200}{2^2} = 50\text{lx}$이다.

79 ④

간접조명을 쓰는 천장, 벽면 등은 빛이 잘 반사되는 색과 재료를 사용하여야 한다.

80 ④

감광보상률
조명의 조도 저하를 고려하여 광원 교환 또는 청소 때까지 필요한 조도를 유지할 수 있도록 여유를 두는 비율

모의고사 해설 및 정답

모의고사 해설 제3회

01 ④
독립코어형
별도의 동으로 코어를 처리하는 형태. 분할 및 개방이 용이하며 공간을 코어에 구애받지 않고 계획할 수 있으나 방재상 불리하며 내진구조 구성이 까다롭다. 또한, 덕트·배관 등이 길어지고 설치에 제약도 많아진다.

02 ②
연속순회형식
- 긴 직사각형 또는 다각형 평면의 전시실이 연속적으로 연결된 형식이다.
- 동선이 단순하고 공간을 절약할 수 있지만, 많은 실을 순서대로 관람하다보면 피곤하고 지루해질 수 있다.
- 전시실을 폐쇄하게 되면 전체 동선이 막히게 된다.

03 ①
거실의 위치는 남향으로 하고 햇빛과 통풍이 좋아야 하며 주택 내 다른 실의 중심적 위치가 좋다. 그러나 거실 공간 자체가 통로화되면 휴식, TV 시청, 담소와 같은 거실 본연의 기능에 지장을 주므로 금지해야 한다.

04 ①
호텔 객실의 침대 및 가구배치는 실의 폭과 길이의 비, 욕실과 반침(의류·침구 수납)의 위치를 고려하여 결정한다.

05 ②
직렬배치형
진열대가 매장 내에서 직선적으로 구성된 형식. 고객의 흐름이 가장 빠르며 부문별 상품진열이 용이하다. 고객의 이동은 원활한 편이지만 기획 상품이나 특별 할인 등으로 특정 구간에 고객이 몰려 혼잡하게 되어도 부분적으로 통로 폭을 조절하기는 어렵다. 식품, 침구, 가전제품, 식기, 서적 등 상품이 큰 측면판매의 업종에서 많이 볼 수 있다.

06 ②
공간의 폐쇄성이 요구되는 곳에서는 시점보다 높은 벽을 사용해야 한다.

07 ④
형태의 지각심리
- 유사성 : 형태와 색깔, 크기 등이 유사할 경우 그룹으로 인지되는 지각심리
- 접근성 : 가까이 있는 시각 요소들을 패턴이나 그룹으로 인지하게 되는 지각심리
- 연속성 : 점들의 연속이 선으로 지각되어 형태를 만드는 지각심리
- 폐쇄성 : 불완전한 시각 요소들을 완전한 형태로 지각하려는 심리

08 ④
벤틸레이터는 환기장치이다.

09 ②
르 코르뷔지에
스위스 태생의 프랑스 건축가. 황금비례를 이용한 인체의 치수에 바탕을 둔 모듈러 시스템을 창안하고 디자인에 응용하였다. '집은 살기 위한 기계'라는 건축관을 표방하기도 한 합리적 국제주의 건축사상의 대표주자로 근대건축 국제회의를 주재하기도 했다. 주요 작품으로 롱샹 성당, 사보이 주택 등이 있다.

10 ②
버즈 세션(Buzz Session)
집단의 구성원 모두가 적극적으로 참가하여 발언할

수 있도록 한 소집단 토의법. 구성원을 3~6명의 소그룹으로 나누어 개별 토의를 벌인 뒤, 각 그룹의 결론을 패널 형식으로 토론하고 최후의 리더가 전체적인 결론을 내리는 토의법이다. 참가자 전원이 발언할 수 있으며 각 그룹은 진행자를 신속히 정해서 개별 의견을 빨리 취합하는 것이 요구된다.

11 ③

건축화조명의 분류
- 직접조명방식 : 광천장 조명, 광창 조명, 캐노피 조명
- 간접조명방식 : 코브 조명, 코퍼 조명, 밸런스(상향) 조명

12 ④

강조는 규칙성이 갖는 단조로움을 극복하기 위해 공간의 일부에 변화나 초점을 부여하는 것이다.

13 ③

아트리움(Atrium)
고대 로마 건축에서 지붕이 개방되어 빗물이나 물을 받기 위한 사각 웅덩이가 있는 중정을 의미하다 초기 기독교 교회의 정면에서 이어진 주랑이 사면에 있고 중앙에 세정식을 위한 분수가 있는 앞마당을 뜻하는데 근래에 와서는 최근에 지어진 호텔, 사무실 건축물, 또는 기타 대형 건축물 등에서 볼 수 있는 유리로 지붕이 덮여진 실내공간을 일컫는 용어로 사용되고 있다.

14 ④

조닝(Zoning)
공간을 어떤 특징에 따라 영역을 나누는 것으로 사용자의 특성, 사용 목적, 사용 빈도, 사용시간, 사용 행위 등을 고려하여 계획한다.

15 ④

로코코 양식은 바로크의 말기인 18C 프랑스를 중심으로 개인의 독립성을 위주로 한 양식이다.

16 ①

러스티케이션(Rustication)
석재의 가운데 부분을 거칠게 처리하거나 뚜렷이 튀어나오도록 가장자리를 평평하게 깎아내는 방법을 말한다. 르네상스 초기의 이탈리아 건축가들은 전통적인 방식을 더 발전시켜 15세기 궁전들을 장식하는 데 이를 효과적으로 사용했다.

17 ③

치수선의 양 끝 표시는 같은 도면에서 한 가지로 사용한다.

18 ②

B로 갈수록 무르고 진하며 H로 갈수록 단단하고 연하다.

19 ①

1소점 투시도법(평행 투시도법)
육면체의 한 면이 화면에 평행으로 놓여 있어 수평 및 수직의 모서리는 연장하더라도 수평이 되나, 깊이 방향은 수평선상의 어느 1점에 모이게 된다. 이와 같이 하나의 소점이 깊이를 좌우하도록 작도하는 도법을 1소점 투시도법이라 한다. 측면에 아무런 특징이 없고, 내부의 상세도를 표현해야 할 경우에 쓰인다.

20 ①

가구의 높이는 실내입면도에 표시된다.

21 ③

반닫이
서민층에서 널리 사용된 전통 목재가구로 장이나 농을 대신한 수납용 가구이다. 앞판의 위쪽 반만을 문짝으로 하여 아래로 젖혀 여닫는다.

22 ③

① 카우치 : 한쪽만 팔걸이가 있고 등받이가 낮은 소파 또는 좌판 한쪽을 올려 몸을 기대거나 침대로 겸용할 수 있도록 한 의자
② 이지 체어 : 라운지 체어와 유사하지만 상대적으로 작고 기계적 장치나 부수적인 기능이 제외된 의자
④ 체스터필드 : 속을 아주 많이 넣고 가죽이나 천으로 씌운 커다란 전형적인 소파

23 ④

명도차가 작을수록 미도가 높은 것이 아니라 명도

차가 있는 색의 조합 수가 적을수록 미도가 높은 것이다.

24 ④

SD법(Semantic Differential Method)
1959년 미국의 심리학자 찰스 오스굿이 고안한 개념의 의미 분석법. 의미 분화법 또는 의미 미분법이라고도 번역한다. 일반적으로 [크다 – 작다], [좋다 – 나쁘다], [빠르다 – 느리다]와 같이 상반되는 의미의 형용어를 짝지은 '평정(評定)척도'를 사용하여 사용자가 회사 상품 및 상표 등의 목적물에 대해 어떠한 이미지를 갖고 또 태도를 취하고 있는가를 측정하기 위해 사용한다.

25 ④

자주의 보색은 녹색, 주황의 보색은 파랑이다.

26 ③

오프셋 인쇄(offset printing)
평판을 이용하는 인쇄법의 일종. 판면에 인쇄 잉크를 묻혀 이것을 고무 롤러에 한차례 전사한 다음, 종이에 전사하는 방법을 말한다. 오프셋 인쇄에서는 판면에 묻은 인쇄 잉크를 직접 종이에 전사하는 방법보다도 품질이 나쁜 종이에 훌륭한 인쇄를 하는 것이 가능하다. 오프셋 인쇄는 4도(CMYK) 인쇄를 기본 색도로 한다.

27 ③

CMYK
- 인쇄물이나 그림과 같은 장치에서 사용되는 체계로 빛의 일부 파장을 흡수하고 표현색만 반사하는 잉크의 특성을 이용하여 색을 표현한다.
- 감법혼합의 원리상 시안(C), 마젠타(M), 노랑(Y)을 모두 혼합해도 순수한 검정을 얻을 수 없으므로 별도의 검정(K) 잉크를 추가하여 색을 나타낸다.
- RGB보다는 색의 구현 범위가 좁기 때문에 컴퓨터 프로그램을 이용한 인쇄물 디자인은 미리 CMYK 체계를 적용하고 작업해야 한다.

28 ③

반대색상의 배색은 색상환의 중심에 대하여 반대위치에 있는 보색의 배색을 말한다. 이러한 배색은 매우 강인하고 동적인 느낌을 준다.

29 ④

한국산업표준(KS) 기준 기본색의 색상 범위

빨강 2.5R – 7.5R	주황 10R – 10YR
노랑 10YR – 7.5Y	연두 10Y – 2.5G
초록 10Y – 5BG	청록 7.5BG – 7.5B
파랑 2.5B – 5PB	남색 5PB – 10PB
보라 7.5PB – 10P	자주 2.5RP – 2.5R
분홍 10P – 7.5YR	갈색 7.5R – 5GY

30 ①

- 톤 온 톤(Tone on Tone) 배색 : 겹쳐진 톤이란 의미로, 동일 또는 유사 색상으로 명도차를 비교적 크게 설정하는 배색
- 톤 인 톤(Tone in Tone) 배색 : 비슷한 톤의 조합에 의한 배색. 종래의 개념은 동일 색상을 의미했으나, 최근에는 톤을 통일하고 색상은 자유롭게 선택한 배색도 톤 인 톤으로 분류한다.
- 리피티션(Repetition) 배색 : 체크무늬와 같이 2가지 이상 색을 반복하는 배색. 2색 간에 통일성이 결여되어도 반복을 통해 질서가 부여되는 것이 특징이다.
- 세퍼레이션(Separation) 배색 : 조화되지 않는 2색 사이에 자극이 없는 무채색을 놓거나, 명도 또는 채도가 다른 색을 삽입하여 분리시키는 것만으로 새로운 효과를 얻는 배색을 뜻한다.

31 ④

HSV 또는 HSB 시스템
- 색공간의 3차원 모델에 색상(Hue), 채도(Saturation), 명도(Value 또는 Brightness)의 3가지 축으로 위치시켜서, 이 3가지 값으로 색을 설명하고 측정하는 체계를 뜻한다.
- 모든 색은 3차원 공간의 중심축 주위에 배열되며 축에서 멀어지면 채도가 높아진다.
- 중심축은 명도를 나타내며 위로 가면 흰색, 아래로 가면 검정이 된다.

32 ③

계시대비
- 어떤 색을 보고 난 후 다른 색을 볼 때 먼저 본 색의 영향으로 다르게 보이는 현상이다.
- 먼저 본 색과 나중에 보는 색이 혼색으로 되어 시간적으로 연속해서 생기는 대비 현상이다.

• 빨간색만을 잠시 주시한 후 노란색을 보면 연두색에 가까워 보인다.

33 ②
소음의 속도는 청력과 큰 연관이 없다.

34 ②
반사율은 표면에 도달하는 조도(소요조명)와 광속발산도(광도)의 관계이다.

35 ①
촉각의 특징
• 촉각에 예민한 부위는 손가락 끝, 입술, 혀끝 등이다.
• 민감도가 부위에 따라 다르고 개인마다 다르다.
• 접촉 후 반사적으로 판단하며, 판단동작이 가장 확실하다.
• 통각, 압각 등의 감각과 독립적으로 분리될 수 없고 입체감이 없다.

36 ①
VDT(Visual Display Terminal)의 환경조건
• 자판 높이는 팔꿈치와 같거나 조금 낮아야 하며 키보드의 경사도는 5~15°가 좋다.
• 화면은 시선과 직각이어야 하므로 약간 뒤로 기울이는 것이 좋다.
• 주변부의 조도는 300~500lux 정도로 지나치게 밝거나 어둡지 않게 한다.

37 ④
연구조사에 사용되는 3가지 기준
ⓐ 적절성 : 기준이 의도된 목적에 적당하다고 판단돼야 한다.
ⓑ 무오염성 : 기준 척도는 측정하고자 하는 변수 외에 다른 변수들의 영향을 받아서는 안 된다.
ⓒ 기준 척도의 신뢰성 : 반복 실험 시 재현할 수 있는 신뢰성을 갖추어야 한다.

38 ③
계기판이나 눈금에서의 글자 종횡비는 3 : 2 정도가 적당하다.

39 ①
시력은 시각의 역수이므로 최소표적의 시각이 2분(′)인 사람의 시력은 0.5이다.

40 ④
① 건(tendon) : 힘줄. 골격근을 골격에 부착시키는 섬유조직이다.
② 근육(muscles) : 근세포들이 모여서 된 집단. 가로무늬근 조직과 민무늬근 조직, 심근조직 등이 있다.
③ 척수(spinal cord) : 뇌의 연수로부터 척추로 뻗어 있는 주요 신경로를 말한다.
④ 인대(ligament) : 관절에서 몸의 뼈와 뼈를 결합시켜주는 기능을 한다.

41 ①
미장재료의 경화형태별 분류
• 기경성 미장재료 : 공기 중의 탄산가스와 반응하여 경화하는 것
 - 진흙, 회반죽, 돌로마이트 플라스터
• 수경성 미장재료 : 물과 작용하여 경화하고 강도가 커지는 것
 - 석고 플라스터, 시멘트 모르타르, 인조석 바름, 테라조 바름

42 ③
테레빈유
송진을 수증기로 증류하여 얻은 것으로, 페인트의 희석제로 사용하여 도료의 시공성을 증대시킨다.

43 ④
일반적으로 석재는 압축강도가 가장 크고, 인장·휨·전단강도는 압축강도에 비해 매우 작은 편이다.

44 ④
중밀도 섬유판(MDF : Medium Density Fiberboard)
• 목재의 톱밥, 섬유질 등을 압축가공해서 목재가 가진 리그닌 단백질을 이용, 목재섬유를 고착시켜 만든 것이다.
• 비중은 0.4~0.8 정도이며, 천연목재보다 재질이 균일하면서 강도는 크고 변형이 적다.
• 습기에 약하고 무게가 많이 나가는 것이 단점이나 마감이 깔끔하여 많이 쓰인다.
• 밀도가 균일하기 때문에 측면의 가공성이 매우

좋고 표면에 무늬인쇄가 가능하여 인테리어용으로 많이 사용된다.

45 ②
콘크리트 배합설계 시 골재의 수분함유상태는 표면건조 내부포수상태를 기준으로 한다.

46 ③
목재는 내부 공극이 있어서 차열 및 차음성이 비교적 큰 편이다.

47 ①
석고 플라스터는 시멘트에 비해 경화속도가 빠르다.

48 ①
고무(화) 아스팔트(rubberized asphalt)
합성고무를 분말 액상 또는 세편상으로 혼합 용해한 아스팔트. 아스팔트에 미리 첨가하는 것과 혼합물 혼입 시 골재 등과 동시에 첨가하는 것이 있다. 고무 아스팔트는 스트레이트 아스팔트에 비해 탄성·인성·내충격성이 크고, 감온성은 작아지며 골재와의 접착성은 좋아진다.

49 ②
조이너(joiner)
바닥, 벽, 천장 등에 인조석, 보드류를 붙여댈 때 이음새를 감추고 장식적으로 쓰이는 줄눈이다.

50 ④
목재의 함수율 = $\dfrac{25\text{kg} - 20\text{kg}}{20\text{kg}} \times 100(\%) = 25\%$
※ 건조 전후의 중량이 모두 제시되어 있으므로, 목재 치수는 계산에 필요하지 않다.

51 ④
수피(樹皮, bark)
나무줄기의 코르크 형성층보다 바깥 조직을 말한다. 넓은 뜻으로는 수목의 형성층의 바깥쪽에 있는 모든 조직을 말하고, 좁은 뜻으로는 현재 기능을 영위하고 있는 체관부보다 바깥 부분을 말한다.

52 ②
회반죽 재료

소석회, 모래, 해초풀, 여물

53 ④
에폭시 수지 도료는 내후성, 내알칼리성, 내산성 및 내수성이 가장 좋다.

54 ③
같은 두께인 경우 경량재료인 편이 단열효과가 좋다.

55 ④
프리 액세스 플로어(Free Access Floor)
전기, 통신 관련 케이블 및 배선 등을 바닥 아래로 들어갈 수 있도록 한 이중마루바닥으로 덮개 등을 열어 배선을 사용하고 관리, 보수할 수 있다.

56 ②
A=(건물 외주길이+3.6m)×건물높이
　 =33.6×10=336m²

57 ②
벽돌량=벽면적×단위수량=40×75=3000장

58 ②
0.9m×2.1m×40개×3배=226.8m²
※ 양판문의 칠면적은 안목면적의 3~4배로 하되 간단한 구조는 3배, 복잡한 구조는 4배로 계산한다.

59 ④
- 시멘트벽돌, 강관의 할증률 : 5%
- 단열재의 할증률 : 10%

60 ②
네트워크 공정표는 초기 작성시간이 오래 걸리는 편이다.

61 ③
조명의 4요소(가시성 결정 요소)
대상물의 밝기, 배경과의 대비, 대상물의 크기, 대상물의 움직임(노출시간)

62 ②

반간접 조명
상향광 60~90%, 하향광 40~10% 정도의 비율에 의한 반간접광으로 비치는 배광방식

63 ③

조적식 구조의 개구부 설치 시, 폭이 1.8m를 넘을 경우에는 개구부 상부에 철근콘크리트 구조의 인방을 설치해야 한다.

64 ④

개구부 면적의 합계가 8m²로, 바닥면적 300m²의 1/30(10m²) 이하이므로 무창층에 해당된다.

65 ④

기둥과 기둥 사이의 거리가 10m 이상인 건축물은 착공신고 시 건축주가 설계자로부터 구조 안전 확인 서류를 받아 허가권자에게 제출해야 한다.

66 ②

방화문 성능 기준

60분+방화문	연기 및 불꽃 차단 60분 이상, 열 차단 30분 이상
60분방화문	연기 및 불꽃 차단 60분 이상
30분방화문	연기 및 불꽃 차단 30분 이상 60분 미만

67 ④

회전문은 출입에 지장이 없도록 일정한 방향으로 회전하는 구조로 하여야 한다.

68 ④

- 정상소음 : 음압 레벨의 변동 폭이 좁고, 음의 크기가 변동하고 있다고 생각되지 않는 종류의 소음
- 간헐소음 : 일정 시간 동안 발생과 멈춤을 규칙 혹은 불규칙하게 반복하는 시간적 패턴의 소음
- 변동소음 : 소음 레벨이 시간적으로 일정하지 않고 연속적으로 상당한 범위에 걸쳐 변화하는 소음
- 충격소음 : 물리적 충격에 의해 발생하는 소음
- 생활소음 : 일상생활 중 발생하는 다양한 소음. 차량 및 사람의 이동 소음, 확성기 소음, 공사 소음, 항공기 소음 등

69 ①

엔탈피
0℃의 건조공기와 0℃의 물을 기준으로 하여 측정한 습공기가 갖는 열량. 공기의 온도나 습도가 증가하면 엔탈피도 함께 증가한다.

70 ③

① 판진동 흡음재의 흡음판은 기밀하게 접착하는 것보다 진동하기 쉬울수록 흡음률이 커진다.
② 판진동 흡음재의 흡음판은 진동하기 쉬운 얇은 판일수록 흡음률이 높다.
④ 공동공명기는 배후 공기층의 두께를 증가시킬수록 저음역의 흡음률이 커진다.

71 ②

분전반의 위치
- 각 층 부하의 중심에 가깝고 보수·조작이 안전한 곳에 설치한다.
- 고층 건물은 가능한 한 파이프 샤프트 부근에 위치하는 것이 좋다
- 전화용 단자함이나 소화전 박스와 조화롭게 배치한다.
- 간선인입 및 분기회로의 조작에 지장이 없는 곳이 적합하다.

72 ④

물리적 온열 4요소
기온, 습도, 기류, 복사열

73 ③

국소식(개별식) 급탕설비의 특징
- 주택, 소규모 숙박시설, 작은 사무실 등에 적합한 방식이다.
- 배관 중의 열손실이 적은 편이며 비교적 시설비가 낮다.
- 급탕규모가 크면 가열기가 필요하므로 유지관리가 힘들다.
- 급탕개소마다 가열기 설치장소가 필요하며 값싼 연료를 쓰기가 곤란하다.

74 ②

벽체의 투과손실이 커야 차음성이 높아진다.

75 ③
수도직결방식
- 수도 본관에서 수도관을 이끌어 건축물 내의 소요개소에 직접 급수하는 방식
- 정전 중에도 급수가 가능하다.
- 설비비 및 유지관리비가 저렴하다.
- 급수오염의 가능성이 가장 적다.
- 소규모 건물에 적합하다.

76 ④
$$Q_c = \frac{\lambda}{d} \cdot A \cdot \Delta t \, (\text{W/m} \cdot \text{K})$$

λ : 열전도율(W/m·K)　d : 벽체 두께(m)
A : 벽면적(m²)
Δt : 내외측 온도차(℃)

전도열량 $Q = \dfrac{0.14\text{W/mK} \times 1.6\text{m}^2 \times (15-5)}{0.04\text{m}}$

　　　　　$= 56\text{W}$

77 ①
주광률
실내 조도를 자연채광에 의해 얻을 경우 야외조도는 매순간 변화하므로 실내의 조도도 변화한다. 채광 설계에서 이와 같은 변화의 기준을 정하기는 어려우므로 실내 조도가 옥외 조도의 몇 %인지를 나타내는 주광률을 적용한다.

78 ④
교실, 서재, 집무실 등은 독서나 업무의 원활함을 위해 명시성이 높은 조명을 적용해야 하지만 레스토랑은 음식에 대한 식욕을 높임과 동시에 우아하고 편안한 분위기를 연출해야 하므로 명시적 조명의 적용은 적합하지 않다.

79 ③
자연환기량은 풍속과 개구부의 면적에 비례한다.

80 ②
$\dfrac{1000}{2^2} = 250\text{lx}$

모의고사 해설 및 정답

모의고사 해설 제4회

01 ④

동일 명도에서는 저채도의 색이 고채도의 색보다 시각적 중량감이 크다.

02 ②

쇼룸

진열매장, 전시실, 회사 내, 혹은 전시·기획 컨벤션 홀 등의 일정한 스페이스에 영구적 또는 일정기간 기업의 PR이나 판매촉진을 목적으로 각종 소재나 상품, 제조공정 등을 전시해서 일반대중에게 공개하는 장소 혹은 전시행위를 말한다.
- 물품을 전시하여 관람자들에게 전시물을 쉽게 해설해 주는 목적을 가진다.
- 메이커의 쇼룸은 상품을 전시하고 그 품질, 성능, 효용 등에 관해 소비자의 이해를 돕고 구매의욕을 촉진시킨다.

03 ①

동향형
- 책상을 같은 방향으로 배치하는 유형으로 통로 구분이 명확해진다.
- 프라이버시 침해가 최소화된다.
- 대향형에 비해 면적효율은 떨어진다.

04 ②

②는 수평선에 대한 설명이다.

05 ①

침대 머리쪽을 창이 없는 외벽에 면하게 하는 것이 좋다.

06 ②

① 아방가르드 : 전위(前衛)예술을 의미한다. 현재의 보통적 사고와 사례에 비추어 획기적이거나, 납득하기 어렵다거나, 초현실적이거나 한 예술의 형식이며, 예술이 과거에 대한 참조가치를 인정하는 자세와 달리 항상 새로운 것을 추구하는 경향을 띤다.
② 아르데코 : 장식포스터를 의미하는 용어로서 기계적이고 대칭적이며, 기하학적인 형태를 추구하였다. 건축, 공예 등 생활의 전반적인 영역에 영향을 끼쳤다.
③ 컨템포러리 : 2차 세계대전 후, 20세기 중반 미국을 중심으로 성장하고 발전한 양식을 말한다. 인테리어 디자인의 역사상 처음으로 유럽이 아닌 미국이 양식을 주도한 것이었다. 전쟁 직후 전세계를 사로잡은 민주주의의 이상에 대한 희망과 믿음은 디자인에 평등주의, 역학, 그리고 기술적 전문성 등을 표현하게 하였다.

07 ②

통일(unity)

디자인 대상의 전체 중 각 부분, 각 요소의 여러 다른 점을 정리해 관계를 맺으면서 미적 질서를 부여하는 기본 원리로서 디자인의 가장 중요한 속성이다. 변화를 원심적 활동이라 한다면, 통일은 구심적 활동이라 할 수 있다.

08 ③

글레이징 기법(galzing)

빛의 각도를 이용하는 방법으로 수직면과 평행한 광선을 벽에 비춘다. 벽면 마감재의 재질감을 강조시키며 벽면을 분할하여 천장이 낮아 보인다. 글레이징 효과를 내기 위해 매입등은 천장 끝에서 150~300mm 정도 거리를 두고 설치한다.

09 ④

공간의 레이아웃(layout)

공간을 형성하는 부분과 설치되는 물체의 평면상 배치계획

※ 실내 디자인의 레이아웃(layout) 단계에서 고려

해야 할 내용
㉠ 출입형식 및 동선체계
㉡ 인체공학적 치수와 가구의 크기(가구의 크기와 점유면적)
㉢ 공간 상호 간의 연계성(zoning)

10 ④
벽은 실내공간 요소 중 시선이 가장 많이 머무는 곳으로 시대와 양식에 의한 변화가 큰 편이다. 이러한 변화가 적은 요소는 바닥이다.

11 ①
상점의 배치 계획에 있어서 가장 우선적으로 고려할 것은 물건을 구매하는 고객의 동선이다.

12 ①
커튼은 시각적 차단을 통해 공간을 분할하면서도 개폐가 가능하므로 공간사용에 융통성을 부여할 수 있다.

13 ④
아이디어 스케치는 디자인 단계에 속한다.

14 ④
남부지방은 겨울철에도 기후가 비교적 온화하여 개방적인 공간구성으로 계획하였다.

15 ②
① 나오스(Naos) : 신실. 그리스 신전에서 신상을 안치하는 벽체로 둘러싸인 내실
② 니치(Niche) : 유럽 건축에서 오래 전부터 사용해 온 형태로 실내 벽면의 후퇴부에 조각상의 배치나 장식을 위해 구성되며 평면은 반원형, 윗부분은 반돔형인 것이 많다. 벽면을 파지 않고 트롱프뢰유(trompe-l'oeil)로 장식한 것도 있다.
③ 애디큘라(Aedicula) : 로마 건축에서는 작은 사당으로 정면 열주와 페디먼트를 가지는 형태이다. 후에 나오스를 페디먼트나 기둥으로 둘러싸 장식하는 것으로 변화하며 르네상스 이후에는 창 주위에 장식한 작은 페디먼트와 기둥을 총칭하는 용어로도 쓰인다.
④ 네이브(Nave) : 신랑. '배'라는 의미의 라틴어 '나비스(navis)'에서 유래한 건축 용어로 초기 기독교의 바실리카식 교회당의 내부 중앙 부분으로 측랑(aisle)이 양쪽에 붙어 있는데, 열주에 의해 구분된다. 정면, 현관 복도에서 내진에 이르는 중앙의 긴 부분으로 사람들이 모이는 장소로 사용된다.

16 ②
버트레스(Buttress)
외벽 밖으로 돌출되어 벽체를 지탱하는 부축벽으로 로마네스크 건축에서 리브 볼트의 발전과 함께 하나의 고유양식이 되었으며 고딕 건축에서는 플라잉 버트레스로 발전하였다.

17 ①
유효율(rentable ratio)
연면적에 대한 임대(대실)면적의 비율. 기준층에서는 80%, 전체에서 70~75% 정도가 적합하다.

18 ③
배경은 건물 주변의 환경, 스케일 및 건물의 주 용도를 표현하고자 할 때 적당하게 나타낸다.

19 ①
수직선은 아래에서 위로 올려 긋는다.

20 ③

자재여닫이문	쌍여닫이문	셔터문

21 ②
카우치(couch)
천을 씌운 긴 의자로 한쪽만 팔걸이가 있고 기댈 수 있는 낮은 등받이가 있는 소파
※ ②는 풀업체어에 대한 설명이다.

22 ②
유닛가구
필요에 따라 가구의 형태를 변화시킬 수 있고 고정성과 이동성의 이중적 성격을 갖는 가구로, 규격화

된 단일가구를 원하는 형태로 조합하여 사용할 수 있으므로 다목적으로 사용이 가능하다.

23 ④
색광 혼합은 혼합하면 할수록 명도는 높아지지만 채도는 낮아진다.

24 ①
색채를 취급하는 다양한 장비들은 각각의 고유 하드웨어에 의한 디바이스 의존색에 차이가 있어 색채 재현에 차이가 발생하게 된다. 따라서 색 공간 변환은 이러한 색신호를 통합·표준화해서 정확한 원본의 색을 구현해내는 작업 수행을 정확하고 용이하게 할 수 있게 한다.

25 ④
문·스펜서 색채조화론
- 종래의 감성적이던 배색조화론을 검토하여 보편적 원리를 기초로 하여 색채 조화를 정량적으로 체계화한 것이다.
- 배색조화에 대한 면적비나 아름다움의 정도를 계산에 의한 계량이 가능하도록 시도한 것에 높은 평가를 받는다.
- 정량적 취급을 위해 색채의 연상·기호·상징성과 같은 복잡한 요인은 생략하여 단순화시켰다는 비판이 있다.

26 ②
②는 인간의 시감각에 대한 특징이며 전자장비의 특성과는 관계가 없다.

27 ③
난색계통의 색은 한색계통의 색보다 주목성이 높다.

28 ①
서로 조화되지 않는 두 색의 사이에 무채색을 배치하면 조화 효과를 낼 수 있다.

29 ③
신록, 목장과 같은 신선한 느낌의 색은 보기 중 연두색 계열인 ③번이 가장 어울린다.

30 ③
명도대비(Lightness Contrast)
어두운 색 사이의 밝은 색은 한층 더 밝게 느껴지고, 밝은 색 가운데 있는 어두운 색은 더욱 어둡게 느껴지는 현상

31 ③
ISCC-NIST 색명법
전미 색채 협의회(ISCC)에 의해서 1939년에 고안된 일반색명법으로 먼셀 색입체에 위치하는 색을 267개의 단위로 나누고, 다섯 개의 명도 단계와 일곱 가지의 색상을 나타내는 기본색과 세 가지 보조색으로 색명을 지정, 그들을 수식하는 형용사로 사용한다.

32 ①
오스트발트 색체계는 모든 색이 같은 모양의 등색상 삼각형 안에 배치되어 있고 먼셀 색체계와 같이 삼속성에 근거한 색체계와는 달리 지각적 등간격성이 확립되어 있지 않아 측색을 위한 척도로 삼기에 불충분하고 직관적이지 못하다.

33 ④
오스트발트 등가색환에 있어서의 보색조화는 색상 번호 차가 12간격인 경우가 해당된다.

34 ④
① 굴곡(flexion)이란 관절이 만드는 각도가 감소하는 동작을 말한다.
② 신전(extension)이란 관절이 만드는 각도가 증가하는 동작을 말한다.
③ 외전(abduction)이란 신체의 중심선에서 멀어지는 동작을 말한다.

35 ①
신호검출이론(SDT : signal detection theory)
- 심리 물리학적 결정에 포함되는 감각과정과 판단과정에 관한 이론으로 검출을 간섭하는 잡음 속에서 신호를 검출할 때, 신호에 대한 옳은 반응과 잡음일 때에 반응하는 잘못을 측정한다.
- 신호 판정의 4가지 반응대안
  ⓐ 정확판정(Hit) : 신호 출현 시 신호라 판정. P(S|S)

ⓑ 허위경보(False Alarm) : 잡음만 있을 때 신호로 판정. P(S|N)
ⓒ 검출실패(Miss) : 신호가 나타나도 잡음으로 판정. P(N|S)
ⓓ 잡음 정확판단(Correct Noise) : 잡음만 있을 때 잡음이라 판정. P(N|N)
- 신호가 약하거나 노이즈가 많을수록 감도는 작아진다.
- 쉽게 식별할 수 없는 두 독립상태 상황에 적용된다.

36 ①

음성 합성 체계의 유형
- 디지털 기록(digital recording) : 음성을 디지털화하여 컴퓨터 기억장치에 보관하는 방법. 용량이 커지는 단점이 있다.
- 분석-합성(analysis-synthesis) : 디지털화된 음성을 보다 압축된 형식으로 변환하는 방법. 선형 예측 코드화나 파형 매개변수 코드화 등의 방법으로 저장할 음성 정보의 양을 최소화한다.
- 규칙에 의한 합성(synthesis by rule) : 기본 음성의 생성 규칙, 단어와 문장의 조합 규칙, 운율 생성 규칙 등에 기초하여 인간의 음성 없이도 새로운 어휘를 만들 수 있고 문자를 직접 음성으로 변환할 수도 있다.

37 ①

장기적으로 소음에 노출됨에 따른 청력손실은 회복이 불가능하다.

38 ②

3가지 주요 운동착각
- 자동운동 : 캄캄한 방에서 조그만 불빛을 보여주면 비록 이 불빛이 정지되어 있는데도 불구하고 움직이는 것처럼 보이는 현상
- 가현운동 : 객관적으로 정지하고 있는 대상물이 급속히 나타나든가 소멸하는 것으로 인하여 일어나는 운동으로 마치 대상물이 운동하는 것처럼 인식되는 현상을 말한다.
- 유도운동 : 두 대상 사이의 거리가 변화할 때 유도되는 운동 감각. 자기가 탄 기차는 움직이지 않는데도, 곁에 있는 기차가 움직이면 자기가 탄 기차가 움직이는 것처럼 보인다.

39 ④

시각적 표시장치의 유형
- 동침형(가동지침) : 눈금이 고정되고 지침이 이동하는 형식으로 아날로그 표시장치에서 볼 수 있다. 대체적인 값이나 연속과정의 변화하는 값을 표시하기에 가장 적합하다. 라디오 주파수 눈금, 오디오 볼륨 및 톤 레벨 표시 등에서 쓰인다.
- 동목형(고정지침) : 눈금이 움직이고 지침은 고정된 형식으로 표시값이 변화하는 범위가 크고 계기판의 눈금을 작게 할 수 있는 형태. 주로 아날로그 체중계 등에 쓰인다.
- 계수형(Digital) : 정확한 값을 기계, 전자적 수치로 나타낸다. 특정값을 정확하고 신속하게 읽기에 용이하며 판독 오차가 적고 판독시간이 빠르다. 단, 시간적 변화량 등의 표시에는 부적합하다.
- 회화형(Pictogram) : 변수의 대략적 표시값, 변화의 추세 및 비율 등을 알고자 할 때 쓰이며 그림 문자를 사용한다.

40 ④

입식 작업대는 팔꿈치 높이를 기준으로 한다.

41 ④

목재의 수축률은 널결방향이 섬유방향에 비하여 크다.

42 ②

목재의 건조 목적
강도 증가, 변형 제거, 도료·주입제·접착제 효과 증대, 부패 방지 등

43 ②

콘크리트 온도가 증가하면 공기량은 감소한다.

44 ③

아스팔트 프라이머
블로운 아스팔트를 용제에 녹인 것으로 아스팔트 방수의 바탕처리재로 이용된다. 콘크리트 등의 모체에 침투가 용이하여 콘크리트와 아스팔트 부착이 잘되도록 가장 먼저 도포한다.

45 ①

양질의 점토는 습윤상태에서 현저한 가소성을 나타

내며 점토 입자가 미세할수록 가소성이 좋다.

46 ②
마감재료는 실내외에 노출되는 건축물 표면의 장식성, 내구성 등을 높이는 것이 목적이며 역학적 성능은 구조재료에 요구되는 항목이다.

47 ④
강화유리는 파손 시 유리 전체가 파편으로 잘게 부서져 파편에 의한 위험이 보통유리보다 적다.

48 ②
파티클 보드
목재의 작은 조각(particle)을 모아서 충분히 건조시킨 후 합성수지 접착제 등을 첨가하여 열압 제판한 제품으로 칩보드라고도 한다.
- 온도와 습도에 의한 변형이 거의 없다.
- 음 및 열의 차단성이 우수하여 방음 및 단열재로 쓰인다.
- 방향성이 없으며 못이나 나사 등의 지보력도 일반 목재와 같다.

49 ④
스팬드럴 유리
판유리의 한쪽 면에 무기질 도료를 코팅한 후 열처리한 유리제품. 불투명하게 되므로 프라이버시 보호가 가능하고 색상으로 인한 디자인 효과가 있으며 보통 유리에 비해 내열성과 강도가 우수하다.

50 ④
도장작업 시 발생하는 주름의 가장 큰 요인은 작업 표면에 높은 온도가 가해져서 급속건조가 되는 경우이다. 따라서 도포 후에 즉시 직사광선을 쬐이지 않는 것이 좋다.

51 ③
감온성(아스팔트의 굳기 및 점도 등이 온도 변화에 따라 변화하는 성질), 유동성, 신도, 접착성 모두 고체인 블로운 아스팔트보다 액체상태에 가까운 스트레이트 아스팔트가 더 크다.

52 ④
네트워크 공정표는 작성 경험이 많아야 하며, 작성과 검사에 필요한 특별 기능이 있다.

53 ②
②는 장선이다.

54 ②
$30 \times 15 \times 0.9 = 405m^2$

55 ④
① 평줄눈, ② 빗줄눈, ③ 볼록줄눈

56 ③
시공 요인에 의한 균열
- 벽돌 및 모르타르 강도 부족
- 재료의 신축성
- 모르타르 바름의 들뜨기 현상
- 다져 넣기의 부족
- 이질재와의 접합부

57 ④
페인트를 칠할 때 초벌과 재벌의 색에 차이를 둠으로써 칠한 횟수를 구별할 수 있다.

58 ③
공사기간에는 바깥방수는 본공사에 선행해야 하나 안방수는 자유로이 선택할 수 있다.

59 ③
시멘트의 응결을 방지하기 위해 되도록 개구부 면적을 최소화해야 한다.

60 ④
$\dfrac{100}{(0.2+0.01)^2} = 2267.57 ≒ 2268$장

61 ④
숙박시설의 객실 간 경계벽을 콘크리트블록조, 벽돌조로 할 경우에는 19cm 이상으로 하여야 한다.

62 ②
피난계단의 계단실 벽체는 내화구조로 하고, 내부 마감은 불연재료로 하여야 한다.

63 ③
지하층과 피난층 사이의 개방공간
바닥면적의 합계가 3000m² 이상인 공연장·집회장·관람장 또는 전시장을 지하층에 설치하는 경우에는 각 실에 있는 자가 지하층 각 층에서 건축물 밖으로 피난하여 옥외 계단 또는 경사로 등을 이용하여 피난층으로 대피할 수 있도록 천장이 개방된 외부 공간을 설치하여야 한다.

64 ③
배연창 유효면적은 1m² 이상으로서 건축물 바닥면적의 1/100 이상이어야 한다.

65 ②
소방청장, 소방본부장 또는 소방서장은 소방특별조사를 하려면 7일 전에 관계인에게 조사대상, 조사기간 및 조사사유 등을 서면으로 알려야 한다. 다만, 다음의 경우는 예외로 한다.
- 화재, 재난·재해가 발생할 우려가 뚜렷하여 긴급하게 조사할 필요가 있는 경우
- 소방특별조사의 실시를 사전에 통지하면 조사목적을 달성할 수 없다고 인정되는 경우

66 ④
비상조명등 설치대상(창고시설 중 창고 및 하역장, 위험물 저장 및 처리 시설 중 가스시설은 제외)
㉠ 지하층을 포함하는 층수가 5층 이상인 건축물로서 연면적 3천m² 이상인 것
㉡ ㉠에 해당하지 않는 특정소방대상물로서 그 지하층 또는 무창층의 바닥면적이 450m² 이상인 경우에는 그 지하층 또는 무창층
㉢ 지하가 중 터널로서 그 길이가 500m 이상인 것

67 ③
소방공무원으로 20년 이상 근무한 경력이 있는 사람을 특급 소방안전관리대상물의 소방안전관리자로 선임할 수 있다.

68 ②
음의 세기레벨
㉠ 어떤 음의 세기가 기준치의 몇 배인가를 나타내는 것 $10^{-16} W/cm^2$
㉡ 기준치 : $10^{-12} W/m^2 = 10^{-16} W/cm^2$
(건강한 귀로 들을 수 있는 1000Hz의 순음의 세기)
㉢ dB 수준 IL= $10\log\left(\dfrac{I_1}{I_0}\right)$
(I_0=기준음의 세기, I_1=측정음의 세기)
음의 세기가 $10^{-10} W/m^2$일 때 음의 세기 레벨(dB)은 $10\log\dfrac{10^{-10}}{10^{-12}} = 10\log 10^2 = 20dB$이다.

69 ②
유인 유닛방식
㉠ 1차 공조기로부터 조화한 공기를 고속 덕트를 통해 각 유닛에 송풍하면 1차 공기가 유인 유닛 속의 노즐을 통과할 때에 유인작용을 일으켜 실내공기를 2차 공기로 하여 유인한다.
㉡ 유인된 실내공기는 유닛 속 코일에 의해 냉각 또는 가열된 후 2차의 혼합공기로 되어 실내로 송풍된다.
㉢ 각 유닛마다 개별 제어가 가능하고 고속 덕트를 사용하므로 덕트 공간을 작게 할 수 있다.

70 ④
불쾌 글레어(discomport glare)
- 신경 쓰이거나 불쾌한 느낌을 주는 눈부심
- 원인 : 휘도가 높은 광원, 시선 부근에 노출된 광원, 눈에 입사하는 광속의 과다, 물체와 그 주위 사이의 고휘도 대비

71 ②
환기방식

방식	급기	배기	환기량	비고
제1종 환기 (병용식)	기계	기계	임의, 일정	병원, 공연장
제2종 환기 (압입식)	기계	자연	임의, 일정	반도체 공장, 무균실, 수술실
제3종 환기 (흡출식)	자연	기계	임의, 일정	주방, 화장실 등 열·냄새가 있는 곳
제4종 환기 (중력식)	자연	자연	한정, 부정	필요환기량이 적은 경우

72 ②
고가에 설치하는 저수조가 오염될 우려가 있고 설

비 및 경상비가 높으며 하중의 증가로 구조 보강에 대한 고려가 필요하다.

73 ③

$1500\text{m}^2 \times \dfrac{0.6\text{m}}{100\text{m}^2} = 9\text{m}$ 이상

단, 각 출구의 너비는 2m이므로 5개 이상 설치해야 한다.

74 ①

음의 파장은 음속을 주파수로 나눈 값이다.

75 ①

반사형 단열
- 반사형 단열은 복사의 형태로 열 이동이 이루어지는 공기층에 유효하다.
- 중공벽 내의 저온측면에 흡수율이 낮은 광택성 금속박판을 설치하면 표면 저항이 증가된다.
- 반사하는 표면이 다른 재료와 접촉되어 있으면 전도열이 생겨 단열효과가 떨어진다.
- 벽에 생긴 결로나 금속 표면의 먼지층은 흡수율과 복사율을 증가시키며 반사형 단열재료의 효율을 감소시킨다.

76 ①

불쾌지수
기상상태로 인해 인간이 느끼는 불쾌감의 정도로 기온과 습도를 통해 산정한다.

77 ②

① 측창채광은 천창채광에 비해 채광량이 적다.
③ 측창채광은 천창채광에 비해 시공이 쉽고 비막이에 유리하다.
④ 천창채광은 측창채광에 비해 근린의 상황에 따라 채광을 방해받는 경우가 적다.

78 ③

옥내소화전방수구는 바닥으로부터의 높이가 1.5m 이하가 되도록 설치하여야 한다.

79 ②

1W=1J/s이므로 70W=0.07kJ/s이며 각 답안의 단위가 시간당 환기량이므로 3600초를 곱한다.

송풍량(Q)는

$$Q = \dfrac{q_s}{\gamma \cdot C \cdot \Delta T}$$

$$= \dfrac{0.07\text{kJ/s} \times 3600\text{s}}{1.2\text{kg/m}^3 \times 1.01\text{kJ/kg} \cdot \text{K} \times (20-10)}$$

$$= \text{약 } 20.8\text{m}^3/\text{h}$$

(q_s=현열부하, γ=비중, C=비열, ΔT=온도변화)

80 ③

일사조건에 따른 건축계획
㉠ 건축물의 체적에 비해 외피면적이 적을수록 열 손실이 적다.
㉡ 태양열을 이용하는 주택은 서쪽으로 기울어진 방위가 좋다.
㉢ 건축물의 형태가 동서로 긴 남향으로 지어지면 여름철에는 태양 남중고도가 높아 실내로 들어오는 일사가 적고, 겨울철은 반대로 많아지게 된다.
㉣ 공동주택은 인동간격을 넓게 하여 저층부의 일사 수열량을 증대시킨다.
㉤ 거실의 층고 및 반자 높이는 실의 용도와 기능에 지장을 주지 않는 범위 내에서 가능한 낮게 한다.

모의고사 해설 및 정답

모의고사 해설 제5회

01 ③

점이나 선도 확대하거나 가까이서 보면 면으로 보인다.

02 ①

심리 · 도덕적 구획

완전히 공간을 분할하지 않고 낮은 칸막이, 가구, 기둥, 벽난로, 식물, 조각 등과 같은 구성 요소나 바닥, 천장면의 단차의 변화로 인해 구획하는 방법을 의미한다.

※ 커튼은 차단적 구획에 해당된다.

03 ②

집합형 공간 구성

- 기하학적 형태의 반복으로 특정 공간이 강조되지 않고 위계질서는 약하다.
- 공간 구성 내에서 받아들일 수 있는 것으로 크기와 형태 기능은 다르지만 인접성·대칭성 또는 축과 같은 시각적 질서에 의해 연결되는 공간이 형성된다.

04 ②

실내디자인은 순수예술이 아니므로 사용자의 만족과 같은 기능적 요소에서도 그 성공 여부를 판단할 수 있다.

05 ②

오피스 랜드스케이프(office landscape)

- 질서 없이 업무의 흐름에 따라 배치하는 형식으로, 기하학적 양상이나 모듈 적용을 하지 않는다.
- 그리드 플래닝에서 벗어나서 작업의 흐름과 의사전달 등을 감안하여 능률적인 레이아웃을 구현한다.
- 고정 칸막이벽과 복도를 없애고 스크린, 서류장 등을 활용하여 융통성 있게 계획한다.
- 마감재는 흡음성 재료를 사용하고 소음이 발생하는 회의실과 휴게실은 격리시킨다.

※ ②는 싱글 오피스에 대한 설명이다.

06 ①

코브 조명

천장, 벽의 구조체에 의해 광원의 빛이 천장 또는 벽면으로 가려지게 하여 반사광으로 간접 조명한다. 부드럽고 균등하며 눈부심이 없는 빛을 제공하여 보조 조명으로 중요하게 쓰인다.

07 ②

ㄷ자형 주방

인접된 3면의 벽에 ㄷ자형으로 배치한 형태이다. 가장 편리하고 능률적인 작업대의 배치지만 평면계획상 외부로 통하는 출입구 설치나 식탁과의 연결이 다소 불편하다. 대규모의 부엌에 많이 사용된다.

08 ①

시스템 가구의 디자인 조건

- 규격화된 디자인, 융통성과 경제성
- 견고한 조립과 이동의 편리함, 설비의 신축성 있는 디자인
- 인체공학적 치수 및 동작에 적합한 디자인 적용
- 개폐, 이동으로 인한 소음의 최소화

09 ②

리듬

규칙적인 요소들의 반복으로 디자인에 시각적인 질서를 부여하는 통제된 운동 감각을 말하며, 리듬의 원리로는 반복, 점층, 대립, 변이, 방사 등이 사용된다.

10 ②

고객의 시선이 가장 편하게 머물고 손으로 잡기에도 가장 편안한 높이는 850~1250mm 높이로 이 범위를 골든 스페이스(golden space)라 한다.

11 ①
② 입체 전시
③ 디오라마 전시
④ 파노라마 전시

12 ①
기하학적 형태는 수학적 원칙에 의해 인공적으로 형성된 것으로, 규칙적이며 단순 명쾌한 감각을 준다. 유기적 형태는 자연적인 형태에서 나타난다.

13 ①
인위적 패턴의 구성은 불규칙적 변화와 대비를 통해서도 이루어질 수 있다.

14 ②
성 소피아 성당은 비잔틴 양식의 건축물이다.

15 ④
모로단청
머리단청이라고도 한다. 부재 끝부분에만 간단하게 문양을 넣고 부재 중간은 긋기만을 하여 가칠상태로 두는 것으로 전체적으로 단아한 느낌을 주는 단청이다. 주로 사찰 누각, 궁궐의 부속건물 등에 많이 사용한다.

16 ②
애리나(arena)형 평면
- 관람석이 사방을 둘러싼 형태로 관객은 연기자에게 좀 더 근접하여 관람할 수 있다.
- 배경이 없는 스포츠 경기, 마당놀이, 판소리 등에 적합하다.

17 ④
설비의 분포는 가급적 통일적으로 규격화시키는 것이 바람직하다.

18 ②
평면계획 시에는 동선을 먼저 고려한다.

19 ①
숨은선은 파선으로 표시한다.

20 ④
건축제도에서는 스케일을 사용하므로 삼각자는 눈금이 있을 필요가 없다.

21 ③
자유로이 움직이며 공간에 융통성을 부여하는 가구를 이동가구라 하며, 특정한 사용 목적이나 많은 물품을 수납하기 위해 건축화된 가구를 붙박이가구라 한다.

22 ④
레드 앤 블루 체어(Red and Blue Chair)
1918년 네덜란드의 디자이너 게리트 리트벨트가 만든 의자. 데 스틸의 영향으로 빨강과 흑백색을 이용하는 색채와 직각의 면 구성을 적용한 의자이다.

23 ③
동화현상
- 대비효과와 반대되는 것으로, 근접한 색이 서로 닮아 보이는 현상이다.
- 색상동화, 명도동화, 채도동화가 있으며 이들은 모두 동시적으로 일어나는 현상으로 줄무늬같이 주위를 둘러싼 면적이 작거나 하나의 좁은 시야에 복잡하고 섬세하게 배치되었을 때에 일어난다.
- 회화, 그래픽 디자인, 직물 디자인 등의 모든 배색조화에 필수적인 요소이다.

24 ③
순색에 다른 색을 섞는 양이 많아질수록 채도는 낮아진다.

25 ③
PNG(Portable Network Graphic)
JPG와 GIF의 장점만을 가진 그래픽 포맷으로 무손실 압축방식을 사용하여 이미지 질의 변화가 없고 8·24·32비트로 나누어 저장할 수 있기 때문에 풍부한 색상표현이 가능하다. 단, JPG나 GIF에 비해 용량이 크고 PNG에 대한 웹이나 프로그램들의 지원이 아직 부족한 편이다.

26 ③
CIE 표준 표색계
1931년 국제조명위원회(CIE)에서 가법혼색의 원

리를 기본으로 심리·물리적인 빛의 혼색실험에 기초한 색을 표시하는 방법으로 가장 과학적이고 국제적인 기준이 되는 색표시 방법이다. 3가지 기본 자극색인 빨강, 초록, 청자를 정삼각형의 한 점으로 구하고 각기 X, Y, Z라고 하는 3각 좌표 위에서 나타내는 표색계를 만들었으므로 XYZ 표색계라고도 한다.

27 ④
① 인쇄물에선 CMYK 형식을 주로 사용한다.
② 3가지 기본색인 빨강(red), 초록(green), 파랑(blue)을 모두 100%씩 혼합하면 흰색이 된다.
③ 가법혼색으로 2차색은 원색보다 밝아진다.

28 ④
색채조화매뉴얼(Color Harmony Manual)
1942년 미국의 CCA에서 오스트발트 색채계를 근간으로 제작한 공업디자인용 매뉴얼이다. 오스트발트 색상환은 초록계통에 비해 빨강계열이 섬세하지 못한 점을 보안하기 위해 오스트발트의 24색 외에 6색을 첨가한 30색으로 구성했다.

29 ④
완전한 반사율 0%의 검정색과 반사율 100%의 흰색은 현실적으로 재현이 불가능에 가깝다.

30 ②
맥스웰 디스크는 색의 혼합을 시험하는 원판이며 회전혼합과 관계가 있다.

31 ①
추상체(day vision)
사람의 눈에 약 700만개 정도가 맹점을 제외한 전 망막에 분포되어 있는 명소시인 망막의 시세포의 일종으로서 밝은 곳에서 동작하고, 색각 및 시력에 관계한다. 명암의 판단뿐만 아니라 유채색의 지각도 함께 일으킨다. 올빼미는 추상체는 없고 간상체만 있으며 닭이 해만 지면 닭장으로 들어가는 것은 추상체만 있고 간상체가 없기 때문이다.

32 ③
유사색상의 배색은 명도와 채도의 차이를 달리하는 것이 효과적이다.

33 ③
① 망막을 구성하고 있는 감광요소 중 간상세포는 명암의 구분을 담당한다.
② 황반 부위에는 원추세포가 집중적으로 분포되어 있다.
④ 시력 1.0이란 최소 시각이 1분(分)인 시력을 말한다.

34 ①
기온이 오르면 소리의 전달속도는 증가한다.

35 ①
② 장치 자체에서 소음이 나지 않는 것을 사용한다.
③ 저주파 소음보다 고주파 소음의 방향성이 크다.
④ 대형 저속 송풍기 쪽이 소형 고속 송풍기보다 소음이 적다.

36 ④
동작의 종류
- 반복동작 : 하나 또는 여러 개의 성지과녁을 향한 단일동작의 반복(망치질)
- 계열동작 : 다수의 작업이 이루어지지만 궁극적으로는 단일 목표를 갖는 동작(타이핑, 피아노)
- 연속동작 : 동작 중 근육 조절이 필요한 동작(자동차 핸들 조작)
- 조작동작 : 계기판을 보고 조정하는 동작(속도조절)
- 정지동작 : 신체 부위를 일정 시간 특정 위치로 유지하는 동작(부품이나 공구를 들고 있는 것)

37 ①
- 럭스(lux) : 1cd의 점광원으로부터 1m 떨어진 구면에 비추는 광의 밀도
- 풋-캔들(foot-candle) : 야드-파운드법에서의 조도 단위로 기호는 fc. 1루멘의 광속으로 $1ft^2$의 넓이를 똑같이 비출 때의 조도이다.
  [$1fc = 1lm/ft^2 = 10.674lx$]
- 루멘(lumen) : 광원으로부터 발산되는 빛의 양인 광속의 단위
- 램버트(lambert) : 휘도 단위로, 완전 확산면에서 1cm당 1루멘의 광속발산도를 지닐 때의 휘도를 1람베르트라 한다. 기호는 [L]이다.

38 ④
반응시간, 감시, 형태 식별 등 주로 중앙 신경처리에 달린 임무는 진동의 영향을 덜 받는다.

39 ③
자동차의 브레이크, 액셀러레이터 페달과 같이 많은 힘을 요구하는 페달의 부착에서 대퇴부(허벅지)와 경부(종아리)의 가장 쾌적한 각도는 120°이다.

40 ①
부품 배치의 4원칙
- 부품의 위치를 정하기 위한 기준 : 중요성의 원칙, 사용 빈도의 원칙
- 구체적 배치 결정의 원칙 : 기능별 배치의 원칙, 사용 순서의 원칙

41 ②
목재의 수축 및 팽창은 자유수의 영향을 거의 받지 않고 결합수의 흡수 및 건조에 영향을 받으므로 섬유포화점 이하에서 현저하게 나타난다.

42 ①
돌로마이트 플라스터, 회반죽과 같은 기경성 미장재료는 공기 중의 탄산가스와 반응하여 경화한다.

43 ③
고로시멘트
- 조기강도는 적으나, 장기강도가 높고, 내열성이 크고, 수밀성이 양호하다.
- 건조수축이 크며, 응결시간이 느린 편으로 충분한 양생이 필요하다.
- 해수에 대한 저항성이 커서 해안, 항만공사에 쓰인다.

44 ③
화재 시 목재의 연소를 늦추는 방화(염)제로는 인산암모늄, 황산암모늄, 규산나트륨, 탄산나트륨 등이 있다.
※ 불화소다 2% 용액은 목재 방부제로 쓰인다.

45 ④
망상 아스팔트 루핑는 망상의 원지에 아스팔트를 침투시켜 만든 제품으로 돌출물 주위 보강재로 사용한다.
※ 절연 공법에 사용되는 것은 구멍 뚫린 아스팔트 루핑이다.

46 ②
토기는 기와, 벽돌, 토관 제조에 쓰인다.

47 ①
시공연도(Workability)의 결정 요인
골재의 성질, 모양, 입도, 혼화재료, 단위수량 및 단위시멘트량, 비비기 시간 등
※ 시멘트의 강도에 의한 영향은 거의 없다.

48 ④
테라코타
- 속을 비게 하여 소성한 점토제품으로 버팀벽, 기둥 주두, 돌림띠 등에 사용한다.
- 미적인 제품으로 색도 석재보다 다채롭고 모양을 임의로 만들 수 있다.
- 화강암보다 내화도가 높고 대리석보다 풍화에 강해서 외장으로 많이 쓰인다.

49 ③
에칭 유리
부식 유리라고도 한다. 유리면에 부식액의 방호막을 붙이고 이 막을 모양에 맞게 오려내고 그 부분에 유리 부식액을 발라 소요 모양으로 만들어 장식용으로 사용한다. 빛은 들어오지만 시선은 차단된다.

50 ①
래커(Lacquer)
- 건조속도가 빨라서 스프레이 작업에 적합하며, 도막이 견고하고 광택이 좋은 고급 도료이다.
- 도막이 얇으며 부착력이 다소 약하다.

51 ③
에폭시 수지 접착제
급경성의 접착제로 내수성, 내습성, 내약품성, 전기절연성이 우수하고, 금속, 도자기, 유리 등 다양한 종류의 물질을 강하게 접착시킨다. 피막이 단단하고 유연성이 부족하며 고가의 접착제이다.

52 ②

무늬유리

롤 아웃 방식(roll out process)으로 제조되는 판유리로서 투명유리의 한 면에 여러 가지 모양의 무늬를 만들어 장식적 효과를 내고 실내 의장 겸 투시방지를 위한 제품이다. 시야를 차단하므로 진열용 창에는 적합하지 않다.

53 ④

푸란수지 바름바닥재는 내산성이 요구되는 실험대나 공장 바닥 등에 사용된다.

54 ④

복수의 작업에 종속되는 작업의 EST는 선행 작업 중 EFT의 최댓값으로 한다.
※ EST : 가장 빠른 개시시각
※ EFT : 가장 빠른 종료시각

55 ①

절대건조상태

105±5℃의 온도에서 중량변화가 없을 때까지 골재를 건조시킨 상태로, 골재의 표면 및 공극 내 수분이 완전히 증발된 상태를 뜻한다.

56 ①

단순 조적 블록조에서는 살두께가 큰 편을 위로 오게 쌓아야 한다.

57 ①

방수공사용 아스팔트의 종별 용융온도

1종	220~230℃
2종	240~250℃
3, 4종	260~270℃

58 ②

공사비 지급방법은 계약서에 명시한다.

59 ③

기본형 블록 단위수량은 할증률을 포함하여 m^2당 13장이므로
∴ 블록량 = $100 \times 2.4 \times 13$장 = 3120장

60 ④

$\dfrac{흡수량}{절대건조중량} \times 100(\%) = 5\%$이므로, 표면건조중량을 x라 하면

$\dfrac{x - 720}{720} \times 100(\%) = 5\%$

$x - 720g = 36g$ ∴ $x = 756g$

따라서

표면수율 = $\dfrac{표면수량}{표면건조중량} \times 100(\%)$

$= \dfrac{800 - 756}{756} \times 100(\%) = 5.82\%$

61 ④

간접 조명

광량의 90~100%를 상향으로 하여 천장, 벽의 상부를 비추어 반사면의 밝기로 조명하는 방식으로 조도가 균일하고 음영이 가장 적어서 부드러운 분위기 연출에 좋지만 조명효율이 낮고 유지보수가 어려워서 경제성은 떨어진다.

62 ①

균제도

휘도나 조도, 주광률 등의 최대치에 대한 최소치의 비이다.

$U = \dfrac{(휘도, 조도, 주광률의) 최소치}{(휘도, 조도, 주광률의) 최대치} = \dfrac{200lx}{2000lx} = 0.1$

63 ①

6층 이상 층의 거실면적 합계(S)
= $1000m^2 \times (6 \sim 10)$층 = $5000m^2$

승용승강기 대수 = $2 + \dfrac{5000 - 3000m^2}{2000m^2} = 2 + 1 = 3$대

64 ④

물분무 등 소화설비를 설치하여야 하는 차고·주차장에 스프링클러설비를 화재안전기준에 적합하게 설치한 경우에는 그 설비의 유효범위에서 설치가 면제된다.

65 ②

건축물의 3층 이상인 층(피난층은 제외)으로서 다음 각 호의 어느 하나에 해당하는 용도로 쓰는 층에는 직통계단 외에 그 층으로부터 지상으로 통하는

옥외피난계단을 따로 설치하여야 한다.
- 제2종 근린생활시설 중 공연장(해당 용도로 쓰는 바닥면적의 합계가 300m² 이상인 경우만 해당)
- 문화 및 집회시설 중 공연장, 위락시설 중 주점영업의 용도로 쓰는 층으로서 그 층 거실의 바닥면적 합계 300m² 이상인 것
- 문화 및 집회시설 중 집회장의 용도로 쓰는 층으로서 그 층 거실의 바닥면적의 합계가 1000m² 이상인 것

66 ④

거실의 채광 및 환기

① 거실의 채광 및 환기 등을 위한 창문 등의 면적은 다음 기준에 적합하도록 설치하여야 한다.

구분	건축물의 용도	창문 등의 면적	예외 규정
채광	• 단독주택의 거실 • 공동주택의 거실	거실바닥 면적의 1/10 이상	거실의 용도에 따른 규정의 조도 이상의 조명
환기	• 학교의 교실 • 의료시설의 병실 • 숙박시설의 객실	거실바닥 면적의 1/20 이상	기계장치 및 중앙관리방식의 공기조화설비를 설치한 경우

② 수시로 개방할 수 있는 미닫이로 구획된 2개의 거실은 거실의 채광 및 환기를 위한 규정을 적용함에 있어서 이를 1개의 거실로 본다.

67 ②

스프링클러는 소화설비에 해당된다.

68 ①

피뢰설비의 재료는 최소 단면적이 피복이 없는 동선을 기준으로 수뢰부 35mm² 이상, 인하도선 16mm² 이상, 접지극 50mm² 이상이거나 이와 동등 이상의 성능을 갖춰야 한다.

69 ③

이중덕트 방식

㉠ 온·냉풍을 각각 별개의 덕트로 보내고 각 실의 분출구에 혼합박스를 설치하여 실온별로 혼합 조절하여 배출하는 방식

㉡ 실별 조절이 가능해서 온도 변화에 대응이 빠르고 냉난방이 동시에 가능하여 계절마다 전환이 필요치 않다.

㉢ 부하 특성이 다른 다수의 실이나 존에 적용할 수 있다.

㉣ 설비, 운전비가 비싸고 에너지 소비가 가장 큰 방식이다.

㉤ 혼합상자에서 소음과 진동이 생기며 덕트가 이중이므로 공간을 크게 차지한다.

70 ③

일사조건에 따른 건축계획

㉠ 건축물의 체적에 비해 외피면적이 적을수록 열손실이 적다.

㉡ 태양열을 이용하는 주택은 서쪽으로 기울어진 방위가 좋다.

㉢ 건축물의 형태가 동서로 긴 남향으로 지어지면 여름철에는 태양 남중고도가 높아 실내로 들어오는 일사가 적고 겨울철은 반대로 많아지게 된다.

㉣ 공동주택은 인동간격을 넓게 하여 저층부의 일사 수열량을 증대시킨다.

㉤ 거실의 층고 및 반자 높이는 실의 용도와 기능에 지장을 주지 않는 범위 내에서 가능한 한 낮게 한다.

71 ②

화재 분류

① A급 화재(백색화재, 일반화재) : 연소 후 재를 남기는 화재, 나무, 종이 등

② B급 화재(황색화재, 유류, 가스) : 석유, 가스 등의 화재, 질식에 의한 소화

③ C급 화재(청색화재, 전기) : 전기 및 누전 원인, 물 사용 금지, 질식에 의한 소화

④ D급 화재(무색, 금속화재) : 나트륨, 마그네슘 등 활성금속에 의한 화재

⑤ K급 화재(주방화재, 동식물유) : 동식물유를 취급하는 주방 조리기구에서 일어나는 화재

72 ②

조명설계의 순서

소요조도 결정 → 광원 선택 → 조명방식 선정 → 조명기구 선정 → 광속 계산(조명기구 수 산정) → 광원 배치

73 ①

다공질형 흡음재
- 글라스울, 암면 등 공극이 많은 재료에 음이 입사하면, 음파는 그 세공 속으로 전파하여 주벽과의 마찰이나 점성저항 및 재료 소섬유의 진동 등으로 음에너지의 일부가 열에너지로 소비되는 형태로 흡음이 이루어진다.
- 고주파음의 흡음률이 높고 재료의 두께나 공기층 두께를 증가시킴으로써 저주파수의 흡음률을 증가시킬 수 있다.
- 다공질 재료의 표면이 다른 재료에 의하여 피복되어 통기성이 저해되면 중, 고주파수에서의 흡음률이 저하된다.
- 재료 표면의 공극을 막는 마감을 하지 말고 부착법과 배후공기층 관리를 철저히 해야 한다.

74 ②
열량 Q=0.5×4.2×(60−5)=115.5kJ/h
※ 물의 비중은 1이므로 0.5L 물의 질량은 0.5kg이다.

75 ④
열전도율이 크면 클수록 열전도 저항은 작아진다.

76 ①
휘발성 유기화합물(VOC$_S$)은 주로 실내에 영향을 미치는 오염물질로서 건물증후군(SBS, Sick Building Syndrome)의 주원인이 된다. 각종 건자재에서 배출되는 휘발성 유기화합물(VOC$_S$), 포름알데히드(HCHO) 등 각종 오염물질들이 아토피성 피부염, 두통 등 각종 질환의 원인이 되고 있다.

77 ③
글로브 온도계
- 기온과 복사의 종합 효과를 측정하는 것을 목적으로 만든 온도계로 1930년 버논(H. M. Vernon)에 의해 고안되었다.
- 외부 표면을 흑색 무광택으로 처리한 직경 15cm의 속이 빈 밀폐 구리공 중심에 온도계의 구부가 위치한다.
- 풍속이 적을 때는 기온과 복사의 종합 효과를 잘 나타내므로 이용해도 되나, 풍속이 큰 곳에서의 측정은 적절하지 못하다(1m/sec 이하에서 사용).

78 ①
화재감지기
- 광전식 연기감지기 : 주위 공기가 일정 농도의 연기를 포함하게 되는 경우 광전소자에 접하는 광량의 변화로 작동하는 감지기
- 이온식 연기감지기 : 검지부에 연기가 들어가면 이온 전류가 변화하는 것을 이용하는 감지기
- 차동식 열감지기 : 주위 온도가 일정 상승률 이상이 되는 경우에 작동하는 것으로서 넓은 범위에서의 열 효과에 의하여 작동하는 분포형과 국소적 열효과에 의하여 작동하는 스포트형이 있다.
- 정온식 열감지기 : 주위 온도가 기준보다 높아지는 경우 작동하는 것으로 외관이 전선으로 되어 있는 감지선형과 전선이 아닌 스포트형이 있다.
- 보상식 열감지기 : 차동식과 정온식 성능을 겸용한 것으로서 둘 중 하나의 기능이 작동되면 신호를 발한다.

79 ④
열관류율
$$k = \cfrac{1}{\cfrac{1}{a_0} + \sum \cfrac{d}{\lambda} + \cfrac{1}{a_1}}$$
$$= \cfrac{1}{\cfrac{1}{16.6} + \cfrac{0.05}{0.05} + \cfrac{0.19}{0.84} + \cfrac{1}{8.3}} = 0.71 \text{W/m}^2 \cdot \text{K}$$

여기서, a_1, a_0 : 실내외의 열전달률
d : 벽체의 두께(m)
λ : 벽체의 열전도율

80 ④
측창채광
- 창의 면이 수직의 벽에 붙어 있는 형태의 창문을 말한다.
- 통풍과 실내온도의 조절과 비막이에 유리하고 개폐와 조작이 쉽고 청소 및 관리가 용이하다.
- 측창채광에 의한 주광은 실내에서 수평으로 흐른다.
- 조도분포가 불균일하고 실 깊이에 제한을 받아서 넓은 실에서는 불리하다.
- 일반 주택이나 소규모 건물에 적합하다.
- 동일 면적의 천창채광에 비해 채광량이 1/3 정도로 작다.

모의고사 해설 및 정답

모의고사 해설 제6회

01 ①

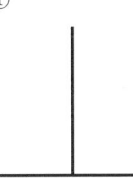

분트 도형
길이가 같은 두 개의 직선이 수직을 이루고 있을 때, 수직선이 수평선이 더 길게 느껴진다.
② 뮐러 리어의 도형
③ 포겐도르프 도형
④ 자스트로 착시

02 ①
외부에 개방되어 노출된 테라스나 상점의 파사드, 주택의 서비스 야드와 같은 외부 공간도 대상이 될 수 있다.

03 ②
주방의 주요 부분인 냉장고, 싱크대, 가열대를 작업 삼각형(work triangle)이라 하며 이 길이가 짧아야 동선이 능률적이 된다.

04 ③
코니스 조명
천장 또는 천장 가까이에 장착되고 옆면을 가려 빛은 아래를 향해서만 떨어진다. 천장이 상승하는 효과를 낼 수 있어 실내가 높아 보이며 재질감 있는 벽면의 드라마틱한 특성을 강조해 준다.

05 ④
※ 외부적 조건
- 입지적 조건 : 프로젝트 대상 지역에 대한 교통수단, 도로관계, 상권 등 지역의 규모와 배후지에 대한 입지조건을 비롯하여 방위, 기후, 일조 조건 등의 자연적 조건도 이에 포함된다.
- 건축적 조건 : 공간의 형태, 규모, 주출입구, 개구부 현황과 채광, 방음, 파사드 등을 파악해야 한다.
- 설비적 조건 : 위생, 급배수, 상하수도, 환기, 냉난방, 소방, 전기설비 등을 파악한다.
- 기타 조건 : 건물주의 요구사항, 임차계약상황, 건물 등기 등이 해당된다.

※ 내부적 조건
- 계획의 목적, 실의 개수와 규모, 의뢰자의 예산 및 요구사항, 공간사용자의 행위 등을 파악해야 한다.
- 공간 사용자의 수, 행위의 흐름, 빈도, 사용시간 등을 분석하여 동선, 규모, 기능에 반영한다.

06 ①
시네틱스(Synetics)
서로 관련이 없어 보이는 것들을 조합하여 새로운 것을 도출해내는 집단 아이디어 발상법. 문제 상황을 직접 해결하기보다 유추를 통한 은유적인 해결책에서 시작하여 점점 구체적인 방법으로 접근해 가는 방식으로 이루어진다.

07 ②
관람거리
㉠ A구역 : 배우의 표정이나 동작을 상세히 감상할 수 있는 사선 거리의 생리적 한도(15m)
㉡ B구역 : 현실적으로 최대 수용을 하기 위해 정하는 1차 허용 한도(22m)
㉢ C구역 : 배우의 일반적인 동작만 감상하는 데 지장이 없는 2차 허용한도(35m)

08 ④
구매를 충동시키는 구매심리 5단계(AIDCA 혹은 AIDMA)
㉠ 주의를 끌 것 : Attention
㉡ 고객의 흥미를 끌 것 : Interest

ⓒ 구매 욕구를 일으킬 것 : Desire
ⓔ 구매를 확신 또는 구매의사를 기억하게 할 것 : Confidence, Memory
ⓜ 구매결정을 유발할 것 : Action

09 ④

욕실은 기능상 욕조, 변기, 세면기를 공간별로 분할하여 배치하는 것도 효과적이다.

10 ②

사선은 차가움과 따뜻함이 포함된 운동성(약동감)을 나타내며 불안정한 느낌을 준다(운동, 변화, 반항, 공간감).

11 ②

척도(Scale)
- 스케일은 물체의 크기와 인체의 관계 그리고 물체 상호 간의 관계를 말한다.
- 실내와 그 내부에 배치되는 가구와 같은 요소들의 체적, 인간의 척도와 인간의 동작 범위를 고려한 공간 관계 형성, 그리고 무엇보다도 이런 요소들의 실제적인 크기 등을 고려해야 한다.
- 실내디자인에서의 스케일은 그 공간의 사용목적에 따라 적용방법이 다를 수 있다.

12 ④

캐스케이드(Cascade)
계단식 폭포를 의미하며 다른 의미로는 건축설계에서 각 층의 단면을 계단식으로 구성하는 것, 또는 위치, 높이차를 두고 설치되어 단계적으로 점등, 점멸을 반복하는 조명장치를 뜻하기도 한다.

13 ④

거칠고 복잡한 질감은 부드럽고 단순한 것보다 시각적 중량감이 크다.

14 ②

① 바닥도 고저차를 주어 공간의 영역을 조정할 수 있다.
③ 눈높이보다 낮은 벽은 공간을 분할하는 기능이 약하다.
④ 벽에 대한 설명이다.

15 ④

롱샹 성당
르 코르뷔지에(Le Corbusier)가 설계한 프랑스의 성당으로, 기존에 규격화되고 합리적인 설계를 해온 코르뷔지에 자신의 작품들과 완전히 대치되는 건축물로 평가받는다. 비정형적인 곡선미를 강조하며 평면과 내부 공간은 규칙에 구애받지 않고 자유롭게 설계되었다.

16 ③

프랑수아 쿠빌리에(Francois Cuvillies)
로코코 양식의 대표 디자이너. 브륄의 아우구스투스부르크 성, 님펜부르크 궁전 등의 작품이 있다.

17 ③

① T자 : 알파벳 T형태로 생겨 제도판의 왼쪽 가장자리에 T의 머리를 맞춰놓고 수평선을 긋는다.
② 운형자 : 여러 가지 곡선으로 이루어진 판 모양의 자로 각종 곡선을 그릴 때 사용한다.
④ 삼각자 : 30°, 45°의 삼각자 두 개를 한 쌍으로 사용한다.

18 ④

오른손잡이가 많은 것을 감안하여 좌측 상단에 설치하는 것이 좋다.

19 ②

평면도는 건축물을 1.2m 정도 높이에서 수평으로 절단하였을 때의 수평투상도이다.

20 ③

구상도, 조직도, 동선도는 계획설계도에 해당된다.

21 ①

- 체스카 의자 : 마르셀 브로이어가 디자인한 의자로 자신의 딸 체스카(Chesca)의 이름을 인용했다. 프레임이 강철 파이프를 구부려서 지지대 없이 만든 캔틸레버 형태를 띠고 있다.
- 파이미오 의자 : 핀란드 건축가 알바 알토에 의해 디자인된 것으로 자작나무 합판을 성형하여 만들었으며 접합부위가 없고 목재가 지닌 재료의 단순성을 최대로 살린 의자이다.
- 레드블루 의자 : 1918년 게릿 리트펠트가 디자인

한 의자로 데 스틸 건축의 대표작인 슈뢰더 하우스에 비치되었다. 뼈대만 앙상하게 남은 형태와 빨강과 파랑의 조합이 특징이다.
• 바르셀로나 의자(Barcelona Chair) : 1929년 바르셀로나 국제 전시회인 독일 전시장에 비치된 의자로 건축가 미스 반 데어 로에가 디자인했다. 스틸 소재의 X자 다리가 인상적이다.

22 ②

ㄱ자형 배치
시선이 마주치지 않아 안정감이 있고 1인용 의자의 배치에 의해 변화를 꾀할 수 있다. 비교적 작은 면적을 차지하기 때문에 공간 활용이 높고 동선이 자연스럽게 이루어진다.

23 ④

보색관계의 색은 혼합하면 무채색이 된다.

24 ③

병치혼합(병치가법혼합)
• 서로 다른 색이 조밀하게 병치되어 있어 서로 혼합되어 보이는 현상
• 색의 혼합이기보다 옆에 배치해두고 본다는 시각적인 혼합이라 할 수 있다.
• 사진인쇄, 컬러인쇄나 컬러 TV 등에서 사용된다.
• 점묘파 화가들이 병치혼합을 주로 사용하였다.
• 1965년경에 미국에서 소개되기 시작한 옵 아트(Optical Art)도 색채와 명암의 시각적 혼합을 시도했다.

25 ①

잔상의 분류
• 정의 잔상 : 자극으로 생긴 상의 밝기와 색이 똑같은 느낌으로 계속해서 보이는 현상
• 부의 잔상 : 자극으로 생긴 상의 밝기나 색상 등이 정반대로 느껴지는 현상

26 ②

컬러 어피어런스(color appearance)
분석적 지각이 아닌 감성적, 시각적 지각 측면에서 외양상 보이는 대로 지각하게 되는 주관적인 색의 현시 방법. 조명 조건, 재질, 관측 위치에 따라 색이 다르게 보이는 특성을 뜻하며 심리 물리학의 측면에서 보면 조명과 관찰 조건이 결합된 분광적 측면의 시각적 지각을 의미한다.

27 ③

터널의 입구 부분을 밝게 하고, 중심으로 갈수록 서서히 조도를 저하시키는 조명방법을 완화조명이라 하며 이것은 암순응을 고려한 조명계획이다.

28 ①

색역 압축 방법(color gamut compression method)
원본 색영역과 중심선까지의 거리를 일정 비율로 압축하여 재현 색영역 안으로 이동시키는 방법
• 명도 불변 압축법 : 명도 값은 유지한 채로 원본 색영역의 모든 색 좌표를 채도 축에 평행하게 이동시켜 재현 색영역 범위 안으로 압축시킨다.
• 명도 중심점 압축법 : 원본 색영역의 모든 색 좌표를 명도 축 중심점 방향으로 이동시켜 재현 색영역 범위 안으로 압축시킨다.
• 돌출점 압축방법 : 가장자리 계산 단계에서 설정한 각각의 색상각에 대하여 재현 색영역의 최대 채도 값을 갖는 돌출점을 찾고, 이 돌출점에서 채도 축에 평행하게 이동하여 명도 축과 만나는 닻점을 향해 원본 색영역의 색을 재현 색영역 범위 안으로 압축시킨다.

29 ④

영 · 헬름홀츠 3원색설
영국의 물리학자 토마스 영이 1892년에 발표했던 3원색설을 독일의 생리학자 헬름홀츠가 발전시킨 것이다. 영은 색광혼합의 실험 결과에서 주로 물리적인 가산혼합의 현상에 대해서 주목하여 적·녹·짙은 보랏빛(청)의 3색을 3원색으로 했으며 헬름홀츠는 망막에 분포한 적·녹·청의 3종의 시세포에 의하여 여러 색 지각이 일어난다고 주장한 설이다.

30 ③

• 토널 배색 : 기본 톤으로 중명도, 중채도인 탁한(dull) 톤을 사용하는 배색 방법으로 전체적으로 안정되며 편안한 느낌을 준다.
• 포 까마이외 배색 : 까마이외 배색과 비슷하나 조금 더 톤의 구분이 되는 배색. 패션계에서는 톤의 차나 색상 차가 적어 온화한 느낌의 배색을 총칭한다.

- 까마이외 배색 : 아주 유사한 색의 배색으로 멀리서 보면 거의 한 가지 색으로 보이는 배색. 마치 그라데이션과 같은 느낌이 나타난다.
- 톤 온 톤 배색 : 동일 색상이나 인접 또는 유사 색상 내에서 톤의 조합에 따른 배색 방법

31 ②
영화 화면의 연결은 정의 잔상에 의한 효과이다.

32 ③
오스트발트 색상환은 헤링의 4원색인 빨강, 노랑, 녹색, 파랑의 4개의 색상 사이에 각기 중간색을 끼워 황(Yellow), 주황(Orange), 적(Red), 자(Violet), 청(Blue), 청록(Blue Green), 녹(Green), 황록(Yellow Green)의 8가지 주요 색상이 되게 하고 이것을 3분할하여 24색상환이 되게 하였다.

33 ④
색의 3속성은 색상, 명도, 채도의 3가지이며 색상은 색의 차이, 명도는 색상의 밝은 정도, 채도는 색상의 선명한 정도를 나타낸다.

34 ②
행동 과정을 통한 인간실수의 분류
입력 과오(input error), 정보처리 과오(information processing error), 의사결정 과오(decision making error), 출력 과오(output error), 제어 과오(feed back error)

35 ②
양립성(兩立性 : compatibility)
자극-반응 조합의 공간, 운동 혹은 개념적 관계가 인간의 기대와 모순되지 않는 성질
- 공간적 양립성 : 어떤 사물들 특히 표시장치나 조종장치에서 물리적 형태나 공간적인 배치의 양립성
- 운동 양립성 : 표시장치, 조종장치, 체계반응의 운동방향의 양립성
- 개념적 양립성 : 어떤 암호 체계에서 청색이 정상을 나타내듯이 사람들이 가지고 있는 개념적 연상의 양립성

36 ②
① 명순응이 암순응보다 빠르다.
③ 수정체가 두꺼워지면 근시안이 된다.
④ 빛을 감지하는 간상세포는 망막의 주변부에 분포한다.

37 ①
색입체시
물체에서 반사 또는 방출되는 빛의 파장들이 수정체를 통과할 때 색수차에 의해 굴절율이 달라서 망막 앞, 뒤로 상이 생겨 3차원 효과를 일으키는 현상을 말한다. 컴퓨터의 화면에 적색과 청색을 동시에 사용하면 대부분의 사람들은 적색은 돌출해 보이고 청색은 후퇴된 것으로 느끼게 된다.

38 ①
통화 이해도
음성 메시지를 수화자가 얼마나 정확하게 인지할 수 있는지에 대한 척도로 문장>단어>음절 순으로 이해도가 높다.

39 ①
인간이 절대적으로 식별할 수 있는 수는 보통 8개 내외이며 이는 3bits에 해당한다.

40 ③
귀의 구조상 귀의 공진주파수가 4000Hz 부근이기 때문에 가장 민감하며 청력손실도 크게 일어난다.

41 ②
※ 공통 가설공사 : 공사 전반에 걸쳐 공통으로 사용되는 것으로 운영 및 관리에 필요한 가설시설
  - 가설 운반로, 가설 울타리, 가설 창고
  - 현장사무실, 임시 화장실, 공사용수 설비, 공사용 동력설비
※ 직접 가설공사 : 건축 공사의 직접적인 수행을 위해 필요한 시설
  - 규준틀, 비계, 안전시설, 건축물 보양설비
  - 낙하물 방지설비, 양중 및 운반시설, 타설시설

42 ②
강열감량(ignition loss)
어떤 재료가 가열되면 수분, 결정수, 탄산가스, 휘발성 물질 등은 강열에 의해서 방출되고 이로 인해

질량이 감소한다. 이런 현상을 강열감량이라 하는데 시멘트의 경우 풍화가 진행한다거나 혼합물이 존재하면 이 값이 커진다.

43 ②
- 토기 : 기와, 벽돌
- 도기 : 위생도기, 타일
- 석기 : 클링커 타일, 도관
- 자기 : 모자이크 타일

44 ④
바니시(Vanish)
천연수지·합성수지 또는 역청질 등을 건성유 또는 휘발성 용제로 용해한 것으로, 주로 옥내 목부바탕의 투명 마감도료로 사용된다.
- 유성 바니시(Oil varnish) : 유용성 수지+건성유(용제)+희석재. 무색 또는 담갈색의 투명도료로서 보통 니스라고 한다. 목재 내부용으로 쓰인다.
- 휘발성 바니시 : 수지+휘발성 용제+안료. 건조가 빠르고(약 30분), 견고성, 광택이 좋다. 내장, 가구용(마감용으로는 부적당)으로 쓰인다.

45 ①
콘크리트에 금속, 유리, 합성수지 등의 단섬유가 혼입 보강되면 인성 및 내충격성이 향상된다.
※ 단섬유(短纖維) : 면, 양모, 삼, 합성섬유 등을 짧게 자른 섬유

46 ④
아크릴 수지
- 유기 유리라고도 하며 광선 및 자외선의 투과성이 좋고 투명성, 유연성, 내후성, 내화학 약품성이 우수하다.
- 착색이 자유롭지만 마모가 쉽게 발생하며 다소 고가이다.
- 채광판, 칸막이판, 창유리, 문짝, 조명기구 등으로 사용한다.

47 ③
여물은 균열 방지를 위해, 해초풀은 점도 증가를 위해 사용된다.

48 ②

$$공극률 = (1 - \frac{단위용적질량}{절대건조밀도}) \times 100\%$$
$$= (1 - \frac{1.75}{2.6}) \times 100\% = 약 32.7\%$$

49 ④
드라이브 핀
구조체나 강재 등에 다른 부재를 고정시키기 위해 사용하는 핀으로 콘크리트용과 강재용이 있다

50 ③
구조용 합판(KS F 3113)의 품질 기준
휨강도, 압축강도, 접착성, 함수율, 못 접합부 전단내력, 못 인발저항, 방충성, 흡습성, 난연성

51 ③
㉠ 건강친화형 주택 의무기준 : 친환경 건축자재의 적용, 입주 전 플러쉬아웃(Flush-out) 실시, 단위세대의 환기성능 확보, 친환경 생활제품의 적용, 건축자재·접착제·도장재의 시공관리기준 엄수
㉡ 건강친화형 주택 권장기준 : 흡방습 건축자재, 흡착 건축자재, 항곰팡이 건축자재, 항균 건축자재

52 ①
점토제품의 성질은 소성온도에 의해 거의 결정된다.

53 ①
목재 방화(염)제
인산암모늄, 황산암모늄, 규산나트륨, 탄산나트륨 등

54 ④
단열재는 변질이 잘 안되고 연소 시 유독가스를 발생시키지 않으며 열전도율과 흡수율이 낮은 것이 좋다. 단열재의 강도가 구조재로 활용될 정도로 높을 필요는 없다.

55 ③
함석판은 철판에 아연도금을 한 것이다.

56 ④
벽돌량=단위수량×벽면적이므로

벽면적=벽돌량÷단위수량=1000÷224=4.46m²

57 ④

마루널 이중깔기

동바리 – 멍에 – 장선 – 밑창널 깔기 – 방수지 깔기 – 마루널 깔기

58 ②

목재의 전건재 중량

= 10cm×10cm×200cm×0.5g/cm³ = 10kg

∴ 함수율 = $\frac{15kg - 10kg}{10kg} \times 100(\%) = 50\%$

59 ②

activity
프로젝트를 구성하는 작업의 종류

60 ③

천장면적 : 4.5×6.0=27m²
벽면적 :
= {2(4.5+6.0)×2.6}-{(0.9×2.1)+(1.5×3.6)}
= 54.6-7.29=47.31m²
∴ 합계 : 27+47.31=74.31m²

61 ④

불쾌 글레어(discomport glare)
신경 쓰이거나 불쾌한 느낌을 주는 눈부심
※ 주요 원인 : 휘도가 높은 광원, 시선 부근에 노출된 광원, 눈에 입사하는 광속의 과다, 물체와 그 주위 사이의 고휘도 대비

62 ③

- 실내 조명수준을 정하는 근거는 블랙웰(Blackwell)의 가시도(visibility)에 관한 실험 결과에 의해 결정된다.
- 조명 수준이 적정 수준 이상이 되면 과업 퍼포먼스는 더 이상 증가하지 않는다.

63 ③

주거용 주방자동소화장치를 설치하여야 하는 특정소방대상물
아파트 등 및 30층 이상 오피스텔의 모든 층

64 ①

공장의 용도로 쓰는 건축물의 바닥면적 합계가 2000m² 이상인 건축물은 주요구조부를 내화구조로 해야 한다. 단, 화재의 위험이 적다고 국토교통부령으로 정하는 공장은 제외한다.

65 ④

깊이 10m 이상의 토지 굴착공사는 토목분야 기술자격 취득자의 협력을 받아야 한다.

66 ④

주요구조부가 내화구조 또는 불연재료로 된 주차장은 방화구획의 규정을 적용하지 않거나 그 사용에 지장이 없는 범위에서 완화하여 적용할 수 있다.

67 ②

소방시설 설치유지 및 안전관리에 관한 법률에 의한 방염성능기준
방염대상물품의 종류에 따른 구체적인 방염성능기준은 다음에 해당하는 기준의 범위 내에서 소방방재청장이 정하여 고시하는 바에 의한다.
① 버너의 불꽃을 제거한 때부터 불꽃을 올리며 연소하는 상태가 그칠 때까지 시간은 20초 이내
② 버너의 불꽃을 제거한 때부터 불꽃을 올리지 아니하고 연소하는 상태가 그칠 때까지 시간은 30초 이내
③ 탄화한 면적은 50cm² 이내, 탄화한 길이는 20cm 이내
④ 불꽃에 의하여 완전히 녹을 때까지 불꽃의 접촉 횟수는 3회 이상
⑤ 소방방재청장이 정하여 고시한 방법으로 발연량을 측정하는 경우 최대 연기밀도는 400 이하

68 ③

소방용품이란 소방시설 등을 구성하거나 소방용으로 사용되는 제품 또는 기기로서 대통령령으로 정하는 것을 말한다.

69 ①

형광등
- 수은과 아르곤의 혼합가스를 봉입한 방전관으로 유리관 내에 자외선을 발생하고 이것이 유리관 내벽에 도포된 형광물질을 유도방출하여 발광하

는 방전등이다.
- 백열전구보다 10배 정도 수명이 길고 눈부심도 적으며 발광온도도 낮은 편이다. 또한 같은 전력으로 백열등보다 3~4배의 조도를 얻어 에너지 절약효과가 있다.
- 형광체의 색을 다양하게 할 수 있고 빛의 확산이 좋지만 자외선이 방출된다.
- 점등에 시간이 걸리며 빛의 어른거림이 발생하고 자외선 전구 내부에 흑화가 발생한다.

70 ①

환기량 $Q = \dfrac{K}{C - C_0}$

K : CO_2 발생량(m^3/h)
C : 실내허용농도(m^3/m^3)
C_0 : 신선외기의 CO_2 농도(m^3/m^3)

∴ $Q = \dfrac{0.013}{0.0009 - 0.0004} = 26 m^3/h \cdot 인$

※ $1ppm = 1/1000000 m^3$

71 ④

쾌적한 환기를 위해서는 자연환기를 우선적으로 고려하는 것이 바람직하지만, 많은 환기량을 요구하는 실에서는 기계환기가 보다 더 효율적이므로 여건에 따라서 선택하는 것이 좋다. 반드시 자연환기와 기계환기를 병용해야 하는 것은 아니다.

72 ④

펌프직송방식(tankless booster system)
수도 본관으로부터 인입관 등에 의해 물을 저수탱크에 저수하여 급수 펌프만으로 건물 내의 소요 개소에 급수하는 방식으로 정속방식과 변속방식이 있다. 펌프직송방식은 일반적으로 상향급수식 배관이 구성된다.

73 ①

천공판 공명기에 다공재를 넣으면 고주파수의 흡음률이 증가된다.

74 ①

두꺼운 양탄자는 아이들이 뛰는 것과 같은 중충격음의 차음성능은 떨어지지만 구두굽이 부딪히는 것과 같은 경충격음의 차음 성능에는 효과가 있다.

75 ②

열교현상이 발생하는 부위는 표면온도가 낮아져서 표면결로의 발생이 증가된다.

76 ③

국부조명에 적합한 것은 직접조명이다.

77 ③

수용률
수용장소에 설치된 전체 설비용량에 대하여 실제 사용하고 있는 부하의 최대전력을 백분율로 표시한 것

수용률 = $\dfrac{최대사용전력}{부하설비용량} \times 100\%$

78 ③

팬코일 유닛방식은 전수방식이다.

79 ③

열관류율(K) = $\dfrac{1}{\dfrac{1}{a_1} + \dfrac{d}{\lambda} + \dfrac{1}{a_2}}$ [$W/m^2 \cdot K$]

중공벽의 열관류율값이 $1.0 W/m^2 \cdot K$이면
$\dfrac{1}{a_1} + \dfrac{d}{\lambda} + \dfrac{1}{a_2} = 1$이란 뜻이다.
따라서 단열재를 추가할 경우
$\dfrac{1}{1.0 + \dfrac{d}{0.032}} = 0.5 W/m^2 \cdot K$이므로, d = 약 $32mm$

80 ②

손(sone)
- 청각의 감각량으로서 음의 감각적 크기를 보다 직접적으로 표시하기 위한 단위이다.
- 1손(sone)은 40폰(phon)에 해당되며 손(sone)값을 2배로 하면 10phon씩 증가한다.
※ 1손=40phon, 2손=50phon, 4손=60phon)

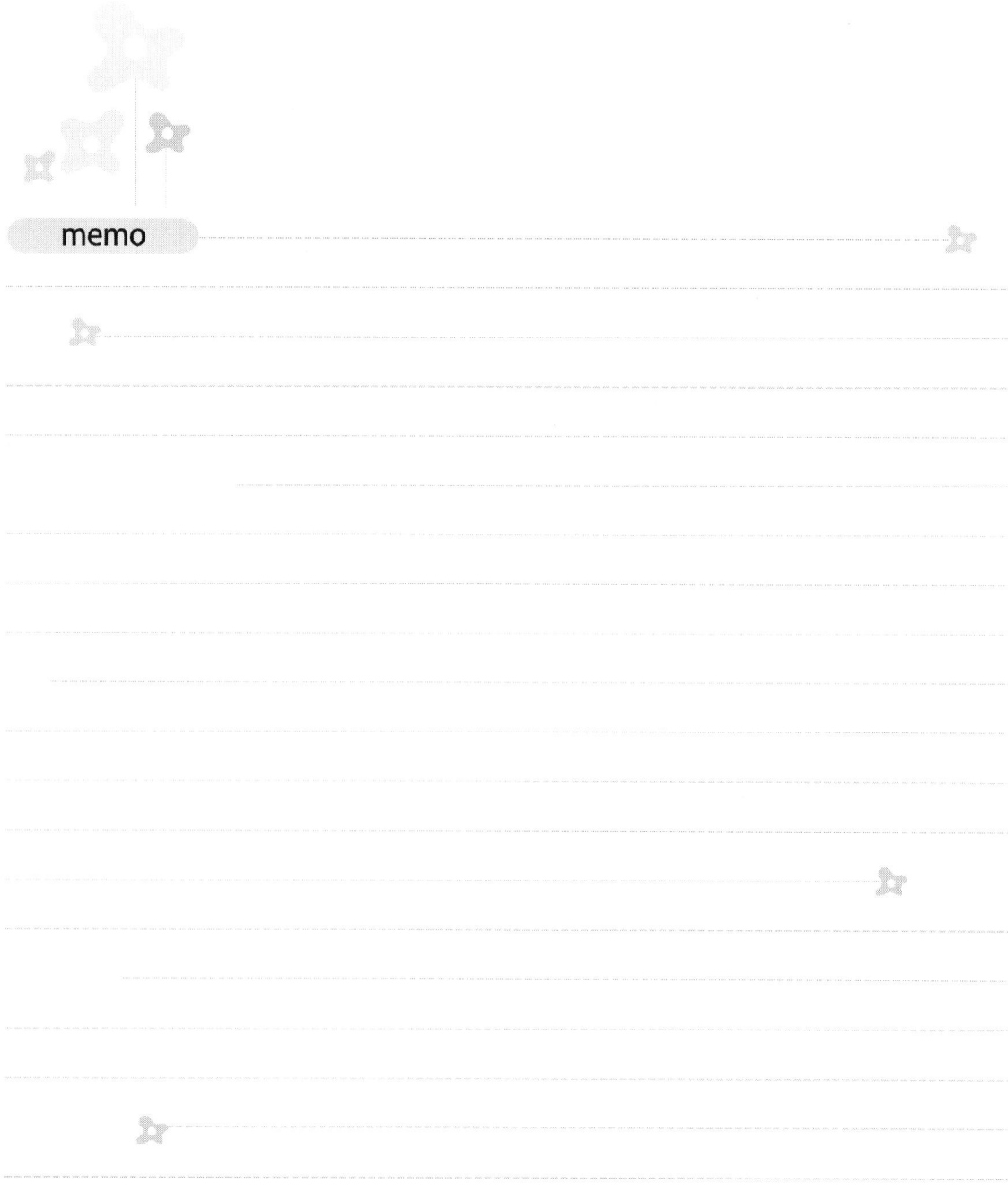

실내건축기사 필기 문제해설

1판 1쇄 발행	2012년 2월 05일	9판 1쇄 발행	2020년 1월 05일
2판 1쇄 발행	2013년 1월 05일	10판 1쇄 발행	2021년 1월 30일
3판 1쇄 발행	2014년 1월 05일	11판 1쇄 발행	2022년 1월 05일
4판 1쇄 발행	2015년 1월 05일	12판 1쇄 발행	2023년 1월 05일
5판 1쇄 발행	2016년 1월 15일	13판 1쇄 발행	2024년 1월 05일
6판 1쇄 발행	2017년 1월 05일	14판 1쇄 발행	2025년 1월 05일
7판 1쇄 발행	2018년 1월 05일		
8판 1쇄 발행	2019년 1월 05일		
8판 2쇄 발행	2019년 5월 05일		

지은이 이 상 화
펴낸이 김 주 성
펴낸곳 도서출판 엔플북스
주 소 경기도 구리시 체육관로 113번길 45. 114-204(교문동, 두산)
전 화 (031)554-9334
F A X (031)554-9335

등 록 2009. 6. 16 제398-2009-000006호

정가 **36,000원**
ISBN 978 - 89 - 6813 - 417 - 3 13540

※ 파손된 책은 교환하여 드립니다.
　본 도서의 내용 문의 및 궁금한 점은 저희 카페에 오셔서 글을 남겨주시면 성의껏 답변해 드리겠습니다.
　http://cafe.daum.net/enplebooks